经典译丛·人工智能与智能系统

非 线 性 系 统

（第三版）

Nonlinear Systems

Third Edition

［美］ Hassan K. Khalil 著

朱义胜 董 辉 李作洲 等译

电子工业出版社
Publishing House of Electronics Industry
北京·BEIJING

内 容 简 介

本书为美国密歇根州立大学电气与计算机工程专业研究生教材。全书内容按数学知识的由浅入深分成了四个部分。基本分析部分介绍了非线性系统的基本概念和基本分析方法;反馈系统分析部分介绍了输入-输出稳定性、无源性和反馈系统的频域分析;现代分析部分介绍了现代稳定性分析的基本概念、扰动系统的稳定性、扰动理论和平均化,以及奇异扰动理论;非线性反馈控制部分介绍了反馈控制的基本概念和反馈线性化,并给出了几种非线性设计工具,如滑模控制、李雅普诺夫再设计、反步设计法、基于无源的控制和高增益观测器等。全书已根据作者 2020 年 12 月所发勘误表进行了内容更正。

本书既可以作为研究生第一学期非线性系统课程的教材,也可以作为工程技术人员、应用数学专业人员的自学教材或参考书。

版权贸易合同登记号　图字:01-2003-4492

图书在版编目(CIP)数据

非线性系统:第三版/(美)哈森·K.哈里尔(Hassan K. Khalil)著;朱义胜等译. —北京:电子工业出版社,2022.1
(经典译丛. 人工智能与智能系统)
书名原文:Nonlinear Systems, Third Edition
ISBN 978-7-121-42776-3

I. ①非… II. ①哈… ②朱… III. ①非线性系统(自动化)-高等学校-教材 IV. ①TP271

中国版本图书馆 CIP 数据核字(2022)第 014795 号

责任编辑:马　岚
印　　刷:三河市鑫金马印装有限公司
装　　订:三河市鑫金马印装有限公司
出版发行:电子工业出版社
　　　　　北京市海淀区万寿路 173 信箱　邮编　100036
开　　本:787×1092　1/16　印张:33　字数:845 千字
版　　次:2022 年 1 月第 1 版(原著第 3 版)
印　　次:2025 年 2 月第 3 次印刷
定　　价:149.00 元

凡所购买电子工业出版社图书有缺损问题,请向购买书店调换。若书店售缺,请与本社发行部联系,联系及邮购电话:(010)88254888,88258888。

质量投诉请发邮件至 zlts@phei.com.cn,盗版侵权举报请发邮件至 dbqq@phei.com.cn。

本书咨询联系方式:classic-series-info@phei.com.cn。

中文版序言

It is my pleasure and honor to write a preface to the Chinese translation of my book *Nonlinear Systems*. I am grateful to the Chinese scientists who took on such tremendous task. For me, as the author, the most gratifying return of writing this book is to know that many colleagues and students have used it and found it to be useful. This feeling can only increase knowing that the book will now be available to the largest scientific community in the world in its native language.

Hassan Khalil
East Lansing, Michigan, USA

——译文——

很荣幸能为我的著作的中译本写此序言,也非常感激为翻译此书付出极大心血的中国学者。作为本书原作者,我写这本书的最大回报莫过于得知众多同行及学生在使用本书,而且从中受益匪浅。中译本的出版让我更加感到欣慰,因为占世界科学界人数最多的中国读者,今后可以直接用自己的母语学习本书了。

译 者 序

非线性是自然界和工程技术领域里最普遍的现象。非线性系统的研究在近年来取得了可喜的进展，特别是以微分几何为工具发展起来的精确线性化方法，受到了普遍的重视。通过利用 Lie 括号以及微分同胚等基本工具研究非线性系统的状态、输入及输出变量之间的依赖关系，系统地建立了非线性控制系统可控制、可观测及可检测的充分或必要条件，特别是全局状态精确线性化和输入-输出精确线性化方法的发展，使复杂的非线性问题在一定条件下可以转化为线性问题来处理。加上计算机的普及和现代计算技术的发展，人们逐步对非线性系统有了进一步的了解。诸如非线性系统中的分岔、混沌、分形和奇怪吸引子等现象越来越引起学者们的兴趣，使其在生物学、化学、气象学、经济学、物理学和工程技术领域的应用也更加广泛。

目前，"非线性系统"在国外已经被许多工科院校列入相关专业研究生的学位课程或必修课。本书是美国密歇根州立大学电气与计算机工程专业的研究生教材，并得到读者的广泛认可。目前国内也出版了数十种关于非线性系统理论与应用方面的优秀教材和专著，但国外一些代表性著作在国内尚未普及，因此把国外优秀教材介绍给我国工程专业技术人员和学生是十分必要的。

本书作者 Hassan K. Khalil 博士是美国密歇根州立大学电气与计算机工程系的杰出教授，1989 年由于其在"奇异扰动理论及其在控制中的应用"所取得的成就被选为 IEEE 会士（IEEE Fellow 是 IEEE 最高级会员，也是会员的最高荣誉）。多年来他一直从事非线性系统的教学和研究工作。

本书内容翔实，论证严谨，具有很强的系统性。全书按照数学知识的由浅入深编写而成。内容大体分成四部分：基本分析、反馈系统分析、现代分析和非线性反馈控制。从第 5 章开始，每个章节都相对独立，或者仅需要用到前面章节中的少量知识，使阅读具有较大的灵活性。为了避免学生过早地接触压缩映射原理，本书将结构存在性和唯一性定理的证明移至附录中。

本书在前面两个版本的基础上，增加了近年来非线性控制中比较成功的一些内容，例如无源性和基于无源控制的扩展处理方法、高增益反馈、递归法、迭代方法、最优稳定控制和观测器，另外在二阶系统分析中还引入了分岔的概念。

参加全书翻译的有：董辉（序、前言和第 1 章至第 3 章）、李作洲（第 12 章和第 14 章以及全部附录）、李汝来（第 9 章至第 11 章）、沈红林（第 4 章）、周晓龙（第 5 章）、李斌斌（第 6 章）、赵柏山（第 7 章）、周芸（第 8 章）和桑士伟（第 13 章）。全书译文经朱义胜教授和董辉副教授统一整理，并对全部译稿进行了详细的审校。

为便于读者对照英文原著，本书中的符号正斜体等的形式，尽量与英文版保持了一致。在翻译过程中，我们还按照作者给出的原书第三版的勘误表（本书付印前的最新版为 2020 年 12 月版）对照原书内容对译文一一进行了修改。虽然我们已尽了最大努力，但由于涉足非线性系统领域比较晚，专业知识和英语水平有限，译文中有不当和疏漏之处，敬请读者提出宝贵意见。

前　　言

本书是为研究生一年级的非线性系统或控制课程编写的①,也可以作为工程技术人员或应用数学研究人员的参考书。它是作者在密歇根州立大学多年执教非线性系统课程的结晶。学习这门课程的学生应具备电子工程、机械工程或应用数学的基础知识,这门课的先修课程是以与 Antsaklis and Michel[9],Chen[35],Kailath[94]或 Rugh[158]同等水平的教材讲授的线性系统研究生层次课程。如果学生具备了线性系统的知识,就不必为引入"状态"一词而担心学生难于理解,也就可以自由引用"传递函数""状态转移矩阵"和其他一些线性系统的概念。此外,学生还应具备工程专业或数学专业的研究生应有的一般数学基础,如微积分、微分方程和矩阵理论等。附录中汇集了一些书中用到的数学知识。

本书在写作中按章循序渐进地插入了数学内容,因此第 2 章是基础知识。实际上这一章可以在本科高年级学习,即使在低年级学习也没有困难,这也是把李雅普诺夫稳定性分为两部分讨论的原因。在4.1节到4.3节,引入了自治系统李雅普诺夫稳定性的实质,在这里不必担心一致性和$\mathcal{K}$类函数等术语的学术性。在4.4节到4.6节以更适用于非自治系统的一般方式提出了李雅普诺夫稳定性问题,并允许进一步研究现代稳定性理论。第 4 章末引入的数学内容是为了让学生能顺利地学习其余内容。

附录中给出了一些较高水平的数学公式的证明,这些证明不必在课堂上讲授。把这些内容加进来一方面是因为课程内容本身的需要,另一方面是考虑到一些学生需要或希望学习这部分内容,例如要继续研究非线性系统或控制理论的博士生等,这些学生可以以自学的方式继续学习附录中的内容。

本书出版第三版的主要目的在于:

1. 使本书(特别是前面的章节)更适合一年级的研究生使用。以第 3 章所做的改动为例,将所有有关数学背景的内容、收缩映射定理、存在性及唯一性定理的证明都归入附录,而其他内容与第二版相比可读性更强。

2. 重新组织内容结构,使构造非线性系统或其控制过程更容易。从结构上看,本书可以分为四部分,如下页图所示。第一部分、第二部分和第三部分主要是非线性系统的分析过程,而第一部分、第二部分和第四部分的内容主要是非线性控制过程。

3. 更新第二版的内容,包括了一些近年来在非线性控制中证明是有用的观点或成果。第三版的新意在于:扩充了无源和基于无源的控制、滑模控制和高增益观测器的内容,此外还在二阶系统中引入了分岔。在学术方面,读者会看到在第 10 章和第 11 章中 Kurzweil 的逆李雅普诺夫定理,以及有关积分控制和增益定序法的新成果。

4. 更新了习题。第三版新增了170多道习题。

---

① 登录华信教育资源网(www.hxedu.com.cn)可注册并免费下载本书相关资料。采用本书作为教材的授课教师,可联系 te_service@phei.com.cn 获得本书的习题解答。——编者注

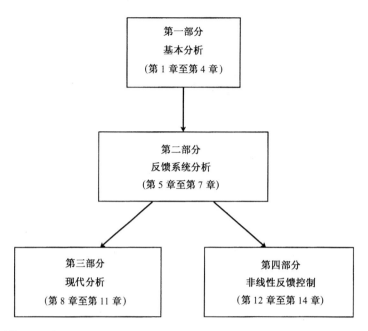

在本书的写作过程中,我得到了许多同事、学生和读者的支持。他们通过讨论、建议、更正以及一些建设性的意见和对前两版的反馈为我提供了极大的帮助。要答谢的人实在太多,想把他们的名字一一列出,又恐挂一漏万,谨在此向曾帮助过我的每一个人表示深深的谢意。

我还要特别感谢为我提供写作环境的密歇根州立大学,以及支持我研究非线性反馈控制的美国国家科学基金会。

书中的所有计算公式,包括微分方程的数值解,都是用 MATLAB 和 Simulink 完成的,插图用 MATLAB 或 LATEX 绘图工具生成。

我很希望本书尽善尽美,但错误之处在所难免,如发现错误请发邮件给 khalil@msu.edu,本人将不胜感激。

Hassan K. Khalil

目　　录

第1章　绪　　论

工程技术人员在分析和设计电路、机械系统、控制系统和其他工程学科中的非线性动力学系统时，需要吸收和消化大量的非线性分析工具。本书引入了一些这样的工具，特别是强调了用李雅普诺夫（Lyapunov）方法进行非线性系统稳定性分析，并从输入-输出和无源透视方面对反馈系统的稳定性给予特别关注。我们还提出了用于检测和分析"自由"振荡的工具，包括描述函数法。此外还引入了扰动理论的渐近工具，包括一般扰动和奇异扰动。最后，我们介绍了一些非线性反馈控制工具，包括线性化、增益定序法、积分控制、反馈线性化、滑模控制、李雅普诺夫再设计、反步法（backstepping）、基于无源性的控制和高增益观测器。

1.1　非线性模型和非线性现象

我们将处理由如下有限个耦合一阶常微分方程建模的动力学系统：

$$\begin{aligned}
\dot{x}_1 &= f_1(t, x_1, \cdots, x_n, u_1, \cdots, u_p) \\
\dot{x}_2 &= f_2(t, x_1, \cdots, x_n, u_1, \cdots, u_p) \\
&\vdots \qquad \vdots \\
\dot{x}_n &= f_n(t, x_1, \cdots, x_n, u_1, \cdots, u_p)
\end{aligned}$$

其中，$\dot{x}_i$ 表示 x_i 对时间变量 t 的导数，$u_1, u_2, \cdots, u_p$ 为输入变量。$x_1, x_2, \cdots, x_n$ 称为状态变量，表示动力学系统对其过去状态的记忆。通常用向量符号以紧凑的形式写出这组方程。定义

$$x = \begin{bmatrix} x_1 \\ x_2 \\ \vdots \\ \vdots \\ x_n \end{bmatrix}, \quad u = \begin{bmatrix} u_1 \\ u_2 \\ \vdots \\ u_p \end{bmatrix}, \quad f(t, x, u) = \begin{bmatrix} f_1(t, x, u) \\ f_2(t, x, u) \\ \vdots \\ f_n(t, x, u) \end{bmatrix}$$

把 n 个一阶微分方程重写为一个 n 维一阶向量微分方程：

$$\dot{x} = f(t, x, u) \tag{1.1}$$

式（1.1）称为状态方程，x 称为状态，u 称为输入。有时，把另一个方程

$$y = h(t, x, u) \tag{1.2}$$

与式（1.1）联立，定义一个 q 维输出向量 y，该向量包含了与动力学系统分析有关的变量，如一些物理上可测量的变量或一些需要以特殊方式表现的变量。我们把式（1.2）称为输出方程，把方程（1.1）和方程（1.2）统称为状态空间模型，或简称为状态模型。有限维物理系统的数学

模型并不总以状态模型的形式出现,但我们总可以仔细选择状态变量,以这种方式建立物理系统的模型。本章后面给出的例题和习题将说明状态模型的多种功能。

本书大部分分析是处理状态方程,无须输入 u 的显式表示,即所谓的无激励状态方程

$$\dot{x} = f(t, x) \tag{1.3}$$

无激励状态方程并不一定意味着系统的输入为零。可以把输入指定为一个给定时间的函数 $u = \gamma(t)$,一个给定状态的反馈函数 $u = \gamma(x)$,或同时是时间和状态的函数 $u = \gamma(t, x)$。把 $u = \gamma$ 代入方程(1.1)中,消去 u,就会产生无激励状态方程。

当函数 f 与 t 没有明显关系时,会出现一个特例,即

$$\dot{x} = f(x) \tag{1.4}$$

这种情况下的系统称为自治系统或时不变系统。自治系统的特点是不随时间原点的移动而改变,因为时间变量从 t 变化到 $\tau = t - a$ 时不会改变状态方程的右边。如果系统不是自治的,就称为非自治系统或时变系统。

处理状态方程的一个重要概念是平衡点的概念。对于状态空间中的点 $x = x^*$,只要系统状态从点 x^* 开始,在将来任何时刻都将保持在点 x^* 不变,那么这一点就称为方程(1.3)的平衡点。对于方程(1.4)的自治系统,平衡点是如下方程的实根:

$$f(x) = 0$$

平衡点可以是孤立的,也就是说在其邻域内不会有另一个平衡点,否则可能有一个平衡点的连续统(a continuum of equilibrium points)。

对于线性系统,状态模型(1.1)~(1.2)具有如下特殊形式:

$$\begin{aligned} \dot{x} &= A(t)x + B(t)u \\ y &= C(t)x + D(t)u \end{aligned}$$

我们假设读者熟悉线性系统中基于叠加原理的分析方法。由于我们是从线性系统进入非线性系统的,因此将面对更难的情形。叠加原理不再成立,分析方法将包含更高深的数学理论。因为我们已知线性系统的有力分析方法,所以分析非线性系统的第一步通常是将其在某些特定点上线性化,并分析得到的线性模型。这是工程惯例,也是常用的方法。毫无疑问,只要允许,就应该尽可能地通过线性化来分析非线性系统的特性。然而,仅仅线性化是不够的,我们还必须开发用于分析非线性系统的方法。线性化有两个基本限制。第一,由于线性化是在工作点附近的近似,因此仅能预测出这一点邻域内非线性系统的"局部"特性,而无法预测出远离工作点的"非局部"特性,当然也就无法预测整个状态空间的"全局"特性。第二,非线性系统动力学远比线性系统动力学丰富,有一些"本质上的非线性"只有在非线性条件下才能发生,因此无法由线性模型描述或预测。以下给出了几个本质上是非线性现象的例子。

- **有限逃逸时间**　非稳定线性系统的状态只有当时间趋于无穷时才会达到无穷,而非线性系统的状态可以在有限时间内达到无穷。
- **多孤立平衡点**　线性系统只有一个孤立平衡点,这样它就只有一个吸引系统状态的稳态工作点,而与初始状态无关。非线性系统可以有多个孤立平衡点,其状态可能收敛于几个稳态工作点之一,收敛于哪个工作点取决于系统的初始状态。

- **极限环** 对于振荡的线性时不变系统,必须在虚轴上有一对特征值,这是在有扰动的条件下几乎不可能保持的非鲁棒条件。即使我们能做到,振荡幅度也将取决于初始状态。在现实生活中,只有非线性系统才能产生稳定振荡,有些非线性系统可以产生频率和幅度都固定的振荡,而与初始状态无关。这类振荡就是一个极限环。

- **分频振荡、倍频振荡或殆周期振荡** 稳定线性系统的输出信号频率与输入信号频率相同。而非线性系统在周期信号激励下,可以产生具有输入信号频率的分频或倍频振荡,甚至可以产生殆周期振荡,其中一个例子就是周期振荡频率之和,而不是每个振荡频率的倍频。

- **混沌** 非线性系统的稳态特性可能更为复杂,它既不是平衡点,也不是周期振荡或殆周期振荡,这种特性通常称为混沌。有些混沌运动显示出随机性,尽管系统是确定的。

- **特性的多模式** 同一非线性系统显示出两种或多种模式是很正常的。无激励系统可能有不止一个极限环。具有周期激励的系统可能会显示倍频、分频或更复杂的稳态特性,这取决于输入信号的幅度和频率。甚至可能当激励幅度和频率平滑变化时,也会显示出不连续的跳跃性能模式。

本书仅讨论前三种现象[①],多平衡点和极限环将在下一章讲到二阶自治系统时介绍,有限逃逸时间现象将在第 3 章中介绍。

1.2 示例

1.2.1 单摆方程

考虑图 1.1 所示的单摆,l 表示摆杆的长度,m 表示摆锤的质量,假设杆是硬质的且质量为零。用 θ 表示杆与通过中心点的竖直轴间的夹角。单摆在竖直平面内自由摆动,摆锤以半径为 l 的圆运动。为了写出单摆的运动方程,先来确定作用在摆锤上的力。有一个向下的重力 mg,g 为重力加速度。还有一个阻碍运动的摩擦力,假设与摆锤的速度成正比,摩擦系数为 k。运用牛顿第二运动定律,可写出沿切线方向的运动方程

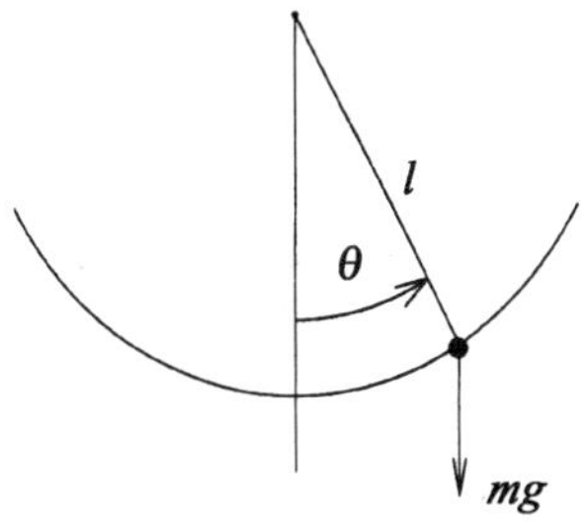

图 1.1 单摆

$$ml\ddot{\theta} = -mg\sin\theta - kl\dot{\theta}$$

写沿切线方向的运动方程的好处是方程中不出现杆的张力,因为它在法线方向上。写中心点的运动方程也可得到与上式相同的方程。为得到单摆的状态模型,我们取状态变量 $x_1 = \theta$,$x_2 = \dot{\theta}$,状态方程为

$$\dot{x}_1 = x_2 \tag{1.5}$$

$$\dot{x}_2 = -\frac{g}{l}\sin x_1 - \frac{k}{m}x_2 \tag{1.6}$$

为求平衡点,设 $\dot{x}_1 = \dot{x}_2 = 0$ 并解方程求 x_1 和 x_2:

$$0 = x_2$$

$$0 = -\frac{g}{l}\sin x_1 - \frac{k}{m}x_2$$

① 要阅读有关激励振荡、混沌、分岔及其他重要内容,请参阅文献[70],文献[74],文献[187]和文献[207]。

平衡点位于$(n\pi,0)$，$n=0,\pm1,\pm2,\cdots$。从单摆的物理描述看，很显然单摆仅有两个平衡点，对应于$(0,0)$和$(\pi,0)$，其他平衡点与这两个平衡点重合，平衡点数对应于单摆停在两个平衡点之一前所进行的全摆动的次数。例如，如果单摆在停于垂直向下的位置之前进行了m次完全360°循环，那么从数学意义上讲，可以说单摆的平衡点为$(2m\pi,0)$。我们在研究单摆时，将只关心两个"非平凡的"平衡点$(0,0)$和$(\pi,0)$，在物理上可看出这两个平衡位置彼此差异很大。单摆确实可以停留在平衡点$(0,0)$上，但在平衡点$(\pi,0)$上几乎不可能保持静止，因为来自平衡点的一个无穷小的干扰就会使单摆偏离该平衡点。这两个平衡点的区别在于其稳定性质，这一点我们将进行深入研究。

有时忽略摩擦阻力有助于研究单摆方程，即设$k=0$，得到的系统

$$\dot{x}_1 = x_2 \tag{1.7}$$

$$\dot{x}_2 = -\frac{g}{l}\sin x_1 \tag{1.8}$$

在某种意义上说是保守系统，即如果给单摆一个初始推力，它就会永远保持无衰减振荡，能量在动能和势能之间相互转换而无耗散。当然这是不现实的，但给出了单摆特性，也有助于求出当摩擦系数k很小时单摆方程的近似解。如果能运用单摆的力矩T，就可以得到另一种形式的单摆方程，力矩可看成如下方程的控制输入：

$$\dot{x}_1 = x_2 \tag{1.9}$$

$$\dot{x}_2 = -\frac{g}{l}\sin x_1 - \frac{k}{m}x_2 + \frac{1}{ml^2}T \tag{1.10}$$

有趣的是，用与单摆方程相似的方程可对几个毫无关系的物理系统建模。这样的例子有与无限长总线连接的同步发电机的模型(见习题1.8)、约瑟夫森(Josephson)结电路模型(见习题1.9)和锁相环模型(见习题1.11)，因而单摆方程非常重要。

1.2.2 隧道二极管电路

考虑图1.2[①]所示的隧道二极管电路，隧道二极管的特性为$i_R=h(v_R)$，电路中的储能元件是电容C和电感L，假设它们是线性时不变的，可由如下方程对其建模：

$$i_C = C\frac{dv_C}{dt} \quad 和 \quad v_L = L\frac{di_L}{dt}$$

其中，i是通过元件的电流，v是其两端的电压，下标表示特指的元件。为写出系统的状态模型，取$x_1=v_C$，$x_2=i_L$作为状态变量，$u=E$为常数输入。为写出x_1的状态方程，需要把i_C表示为状态变量x_1,x_2和输入u的函数，运用基尔霍夫电流定律，流过结点◎的电流的代数和为零，可写出方程

$$i_C + i_R - i_L = 0$$

因此
$$i_C = -h(x_1) + x_2$$

同样，需要把v_L表示为状态变量x_1,x_2和输入u的函数，运用基尔霍夫电压定律，左边回路中各元件电压降的代数和为零，可写出方程

---

① 本图以及图1.3和图1.7都取自文献[39]。

$$v_C - E + Ri_L + v_L = 0$$

$$v_L = -x_1 - Rx_2 + u$$

因此

现在就可以写出电路的状态模型

$$\dot{x}_1 = \frac{1}{C}[-h(x_1) + x_2] \tag{1.11}$$

$$\dot{x}_2 = \frac{1}{L}[-x_1 - Rx_2 + u] \tag{1.12}$$

设 $\dot{x}_1 = \dot{x}_2 = 0$ 并解方程

$$0 = -h(x_1) + x_2$$

$$0 = -x_1 - Rx_2 + u$$

求解 x_1 和 x_2, 即可确定系统的平衡点。因此方程

$$h(x_1) = \frac{E}{R} - \frac{1}{R}x_1$$

的根即为平衡点。

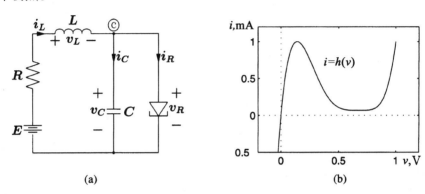

图 1.2 (a)隧道二极管;(b)隧道二极管 v_R-i_R 特性

图 1.3 形象地表明,对于 E 和 R 的某个值,方程有三个孤立的根,对应于系统的三个孤立平衡点。平衡点的数目会随 E 和 R 值的变化而变化。例如,如果 R 不变而增大 E,则只会得到一个平衡点,只有 Q_3 存在。另一方面,如果保持 R 不变而减小 E,最后就只有平衡点 Q_1。假设我们讨论多平衡点的情况,在电路的实验装置中可以观察这些平衡点中的哪一个呢?答案取决于平衡点的稳定性质,第 2 章将再讨论这个问题,并给出答案。

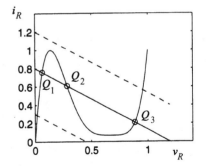

图 1.3 隧道二极管电路的平衡点

1.2.3 质量-弹簧系统

在图 1.4 所示的质量-弹簧机械系统中,在水平面上滑动并通过弹簧连接到竖直表面的物体 m 受到一个外力 F 的作用。定义物体距参考点的位移为 y,根据牛顿运动定律,有

$$m\ddot{y} + F_f + F_{sp} = F$$

其中,F_f 是摩擦阻力,F_{sp} 是弹簧的回复力。设 F_{sp} 只是位移 y 的函数,即 $F_{sp} = g(y)$,同时假设参考点位于 $g(0) = 0$ 处,外力 F 由我们设定。对于不同的 F, F_f 和 g,会出现几个有趣的自治和非自治二阶系统模型。

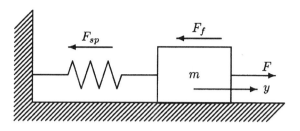

图 1.4　质量-弹簧机械系统

位移相对较小时,弹簧的回复力可用线性函数 $g(y) = ky$ 建模,其中 k 是弹性系数。但是当位移较大时,回复力与 y 是非线性关系。例如,函数

$$g(y) = k(1 - a^2 y^2)y, \quad |ay| < 1$$

的模型称为软化弹簧,即超过某一特定位移时,较大的位移增量所产生的力的增量较小。另一方面,函数

$$g(y) = k(1 + a^2 y^2)y$$

的模型称为硬化弹簧,即当超过某一特定位移时,较小的位移增量所产生的力的增量较大。

阻力 F_f 包括静摩擦力、库仑摩擦力和黏滞摩擦力。当物体静止时,静摩擦力 F_s 与水平面平行,其大小限制在 $\pm \mu_s mg$,$0 < \mu_s < 1$ 是静摩擦系数。F_s 在其取值范围内无论取何值都保持物体静止。当物体开始运动时,一定有一个作用在物体上的力克服由静摩擦引起的运动阻力。在没有外力,即 $F = 0$ 时,静摩擦力将与弹簧的回复力平衡,并当 $|g(y)| \leq \mu_s mg$ 时保持平衡。一旦运动开始,作用在与运动相反方向上的阻力 F_f,可按照滑动速度的函数 $v = \dot{y}$ 建立模型。由库仑摩擦引起的阻力 F_c,其大小为常数 $\mu_k mg$,μ_k 是动摩擦系数,即

$$F_c = \begin{cases} -\mu_k mg, & \text{当 } v < 0 \\ \mu_k mg, & \text{当 } v > 0 \end{cases}$$

当物体在黏滞介质,如空气或润滑剂中运动时,会有由于黏滞性引起的摩擦力。这个力通常按照速度的非线性函数建立模型,即 $F_v = h(v)$,$h(0) = 0$。当速度较小时,可假设 $F_v = cv$。图 1.5(a) 和图 1.5(b)所示分别为库仑摩擦力和库仑摩擦力加线性黏滞摩擦力的例子,图 1.5(c)所示为静摩擦力大于库仑摩擦力时的例子,而图 1.5(d)所示的是与图 1.5(c)相似的情况,但随着速度增大,力连续减小,称为斯特里贝克(Stribeck)效应。

对于硬化弹簧,考虑线性黏滞摩擦力和一个周期外力 $F = A\cos \omega t$,可得到达芬(Duffing)方程

$$m\ddot{y} + c\dot{y} + ky + ka^2 y^3 = A\cos \omega t \tag{1.13}$$

这是研究具有周期激励的非线性系统的经典例子。

对于线性弹簧,考虑静态摩擦力、库仑摩擦力和线性黏滞摩擦力,当外力为零时可得到

$$m\ddot{y} + ky + c\dot{y} + \eta(y, \dot{y}) = 0$$

其中
$$\eta(y, \dot{y}) = \begin{cases} \mu_k mg\, \text{sign}(\dot{y}), & |\dot{y}| > 0 \\ -ky, & \dot{y} = 0 \text{ 且 } |y| \leq \mu_s mg/k \\ -\mu_s mg\, \text{sign}(y), & \dot{y} = 0 \text{ 且 } |y| > \mu_s mg/k \end{cases}$$

当 $\dot{y} = 0$ 且 $|y| \leq \mu_s mg/k$ 时,可由平衡条件 $\ddot{y} = \dot{y} = 0$ 得到 $\eta(y, \dot{y})$ 的值。取 $x_1 = y$,$x_2 = \dot{y}$,状态模型为

$$\dot{x}_1 \ = \ x_2 \tag{1.14}$$

$$\dot{x}_2 \ = \ -\frac{k}{m}x_1 - \frac{c}{m}x_2 - \frac{1}{m}\eta(x_1, x_2) \tag{1.15}$$

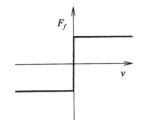

(a) 库仑摩擦力

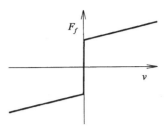

(b) 库仑摩擦力加线性摩擦力

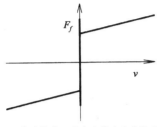

(c) 静摩擦力、库仑摩擦力和线性黏
　　滞摩擦力

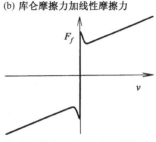

(d) 静摩擦力、库仑摩擦力和线性
　　黏滞摩擦力——Stribeck效应

图 1.5　摩擦力模型示例

注意,该状态模型的两个特点。首先,它有一组平衡点,而不是一个孤立的平衡点;其次,等式右边的函数是状态变量的不连续函数,这是由于在建立摩擦力模型时的理想化造成的。人们希望物理摩擦力由其静态摩擦力平滑地转化到滑动摩擦力,而不是理想情况下的突变[①]。但理想化的不连续简化了分析,例如,当 $x_2 > 0$ 时可由线性模型

$$\dot{x}_1 \ = \ x_2$$

$$\dot{x}_2 \ = \ -\frac{k}{m}x_1 - \frac{c}{m}x_2 - \mu_k g$$

建立系统模型。同样,当 $x_2 < 0$ 时可由线性模型

$$\dot{x}_1 \ = \ x_2$$

$$\dot{x}_2 \ = \ -\frac{k}{m}x_1 - \frac{c}{m}x_2 + \mu_k g$$

建立系统模型。这样,在每个区域都可以通过线性分析预测系统特性。这就是一个所谓分段线性分析的例子,系统在状态空间的不同区域都可用线性模型表示,当从一个区域变化到另一个区域时只是系数改变而已。

1.2.4　负阻振荡器

图 1.6 所示为一类重要电子振荡器的基本电路结构。假设电感和电容是线性时不变的无源元件,即 $L > 0, C > 0$。电阻是具有 v-i 特性为 $i = h(v)$ 的有源电路,如图 1.6 所示,函数

---

① 从静摩擦到滑动摩擦的过渡可由动力学摩擦力模型获得,参见文献[12]和文献[144]。

$h(\cdot)$满足条件
$$h(0) = 0, \quad h'(0) < 0$$
$$h(v) \to \infty \quad \text{当 } v \to \infty, \quad h(\dot v) \to -\infty \quad \text{当 } v \to -\infty$$

其中$h'(v)$是$h(v)$对v的一阶导数。这样的v-i特性是可以实现的,例如图 1.7 所示的双隧道二极管电路,隧道二极管特性如图 1.2 所示。运用基尔霍夫电流定律可写出方程:

$$i_C + i_L + i = 0$$

即
$$C\frac{dv}{dt} + \frac{1}{L}\int_{-\infty}^{t} v(s)\, ds + h(v) = 0$$

对t求一次微分,并两边同乘以L,得

$$CL\frac{d^2v}{dt^2} + v + Lh'(v)\frac{dv}{dt} = 0$$

上式可写成与非线性系统理论中一些大家熟知的公式相一致的形式,为此把时间变量t变换为$\tau = t/\sqrt{CL}$,v对t的导数与对τ的导数有下述关系:

$$\frac{dv}{d\tau} = \sqrt{CL}\frac{dv}{dt}, \qquad \frac{d^2v}{d\tau^2} = CL\frac{d^2v}{dt^2}$$

把v对τ的导数记为$\dot v$,电路方程可写为

$$\ddot v + \varepsilon h'(v)\dot v + v = 0$$

其中$\varepsilon = \sqrt{L/C}$,该方程是李纳(Liénard)方程

$$\ddot v + f(v)\dot v + g(v) = 0 \tag{1.16}$$

的特例,当
$$h(v) = -v + \tfrac{1}{3}v^3$$

时,电路方程的形式为
$$\ddot v - \varepsilon(1 - v^2)\dot v + v = 0 \tag{1.17}$$

该方程称为范德波尔(Van der Pol)方程。Van der Pol 用该方程研究真空管电路中的振荡,它是非线性振荡理论的基本例子。此方程有一个周期解,在唯一的平衡点$v = \dot v = 0$吸引除零解以外的所有其他解。为写出电路的状态模型,取$x_1 = v, x_2 = \dot v$,得

$$\dot x_1 = x_2 \tag{1.18}$$
$$\dot x_2 = -x_1 - \varepsilon h'(x_1)x_2 \tag{1.19}$$

注意,选择电容两端的电压和流过电感的电流作为状态变量,即可获得另一个状态模型。状态变量记为$z_1 = i_L, z_2 = v_C$,则状态模型由下式给出:

$$\frac{dz_1}{dt} = \frac{1}{L}z_2$$
$$\frac{dz_2}{dt} = -\frac{1}{C}[z_1 + h(z_2)]$$

由于第一个状态模型是对时间变量$\tau = t/\sqrt{CL}$的,我们写出对τ的模型

$$\dot z_1 = \frac{1}{\varepsilon}z_2 \tag{1.20}$$
$$\dot z_2 = -\varepsilon[z_1 + h(z_2)] \tag{1.21}$$

对 x 和 z 的状态模型看上去不一样,但它们是同一系统的等效表示。通过坐标变换

$$z = T(x)$$

这些模型就能相互获得,由此可看出它们是等效的。由于既有 x 又有 z 与电路物理变量的关系,因此不难找出映射 $T(\cdot)$,

$$
\begin{aligned}
x_1 &= v = z_2 \\
x_2 &= \frac{dv}{d\tau} = \sqrt{CL}\frac{dv}{dt} = \sqrt{\frac{L}{C}}[-i_L - h(v_C)] = \varepsilon[-z_1 - h(z_2)]
\end{aligned}
$$

这样

$$z = T(x) = \begin{bmatrix} -h(x_1) - (1/\varepsilon)x_2 \\ x_1 \end{bmatrix}$$

其逆映射为

$$x = T^{-1}(z) = \begin{bmatrix} z_2 \\ -\varepsilon z_1 - \varepsilon h(z_2) \end{bmatrix}$$

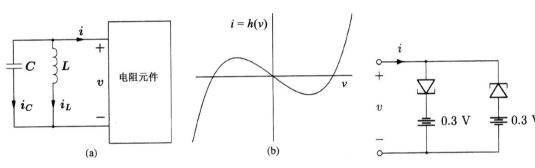

图 1.6　(a)基本振荡电路;(b)典型的驱动点特性　　图 1.7　双隧道二极管负阻电路

1.2.5　人工神经网络

　　人工神经网络利用分布式信息处理及其固有的并行计算能力模拟生物结构。图 1.8 所示为实现神经网络模型的一个电路,称为霍普菲尔德(Hopfield)模型。该电路基于一个与一些放大器连接的 RC 网络,放大器的输入-输出特性由 $v_i = g_i(u_i)$ 给出,其中 u_i 和 v_i 是第 i 个放大器的输入电压和输出电压,函数 $g_i(\cdot): R \rightarrow (-V_M, V_M)$ 是一个以 $-V_M$ 和 V_M 为渐近线的 S 状函数,如图 1.9 所示,是连续可微的单调递增函数,当且仅当 $u_i = 0$ 时,$g_i(u_i) = 0$。$g_i(\cdot)$ 可能的情况有

$$g_i(u_i) = \frac{2V_M}{\pi}\arctan\left(\frac{\lambda\pi u_i}{2V_M}\right), \quad \lambda > 0$$

和

$$g_i(u_i) = V_M\frac{e^{\lambda u_i} - e^{-\lambda u_i}}{e^{\lambda u_i} + e^{-\lambda u_i}} = V_M\tanh(\lambda u_i), \quad \lambda > 0$$

其中,λ 决定 $g_i(u_i)$ 在 $u_i = 0$ 点的斜率。这种 S 状输入-输出特性可用运算放大器实现。电路中每个放大器都包含一个输出为 $-v_i$ 的反相放大器,这就允许选择与给定输入所连接的放大器输出的符号。输出 v_i 和 $-v_i$ 通常由同一运算放大器电路的两个输出端提供,这一对非线性放大器称为"神经元"。电路中每个放大器的输入还有一个 RC 模块。电容 $C_i > 0$ 和电阻 $\rho_i > 0$ 表示第 i 个放大器输入端的所有并联电容和并联电阻。由基尔霍夫电流定律,在第 i 个放大器输入结点,有

$$C_i \frac{du_i}{dt} = \sum_j \frac{1}{R_{ij}}(\pm v_j - u_i) - \frac{1}{\rho_i}u_i + I_i = \sum_j T_{ij}v_j - \frac{1}{R_i}u_i + I_i$$

其中
$$\frac{1}{R_i} = \frac{1}{\rho_i} + \sum_j \frac{1}{R_{ij}}$$

T_{ij}表示带符号的电导,其大小为$1/R_{ij}$,其符号通过选择第j个放大器的正负输出决定,I_i是一个恒定的输入电流。对于含有n个放大器的电路,可由n个一阶微分方程描述其运动。为写出状态方程,选择状态变量为$x_i = v_i, i = 1, 2, \cdots, n$,则有

$$\dot{x}_i = \frac{dg_i}{du_i}(u_i) \times \dot{u}_i = \frac{dg_i}{du_i}(u_i) \times \frac{1}{C_i}\left(\sum_j T_{ij}x_j - \frac{1}{R_i}u_i + I_i\right)$$

定义
$$h_i(x_i) = \frac{dg_i}{du_i}(u_i)\Big|_{u_i = g_i^{-1}(x_i)}$$

可把状态方程写为
$$\dot{x}_i = \frac{1}{C_i}h_i(x_i)\left[\sum_j T_{ij}x_j - \frac{1}{R_i}g_i^{-1}(x_i) + I_i\right] \qquad (1.22)$$

$i = 1, 2, \cdots, n$。注意,由于$g_i(\cdot)$的S状特性,函数$h_i(\cdot)$满足
$$h_i(x_i) > 0, \quad \forall \ x_i \in (-V_M, V_M)$$

系统的平衡点就是n个联立方程
$$0 = \sum_j T_{ij}x_j - \frac{1}{R_i}g_i^{-1}(x_i) + I_i, \quad 1 \leqslant i \leqslant n$$

的根,它们由S状特性、线性电阻连接和输入电流决定。用$u_i, i = 1, 2, \cdots, n$作为状态变量,可得到同样的状态模型。

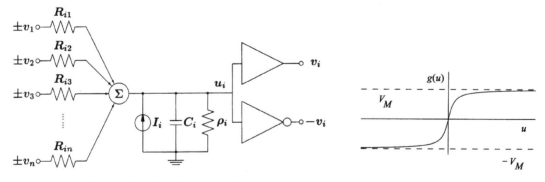

图 1.8　霍普菲尔德人工神经网络　　　　　　图 1.9　霍普菲尔德网络中的典型
　　　　　　　　　　　　　　　　　　　　　放大器输入-输出特性

神经网络的稳定性分析严格取决于是否满足对称条件$T_{ij} = T_{ji}$,4.2 节将给出一个当$T_{ij} = T_{ji}$时的分析示例,而9.5 节将给出一个$T_{ij} \neq T_{ji}$的分析示例。

1.2.6　自适应控制

考虑由模型
$$\dot{y}_p = a_p y_p + k_p u$$

描述的一阶线性系统，u 是输入控制，y_p 是测得的输出，我们把这一系统看成设备。假设希望得到一个闭环系统，其输入-输出特性由如下参考模型描述：
$$\dot{y}_m = a_m y_m + k_m r$$

r 是参考输入，且选择的模型用 $y_m(t)$ 表示闭环系统希望得到的输出，这一目的可由反馈控制
$$u(t) = \theta_1^* r(t) + \theta_2^* y_p(t)$$

达到。假设设备参数 a_p 和 k_p 已知，$k_p \neq 0$，且选择控制器参数 θ_1^* 和 θ_2^* 为
$$\theta_1^* = \frac{k_m}{k_p} \quad 且 \quad \theta_2^* = \frac{a_m - a_p}{k_p}$$

当 a_p 和 k_p 已知时，可以考虑输入控制器
$$u(t) = \theta_1(t) r(t) + \theta_2(t) y_p(t)$$

时变增益 $\theta_1(t)$ 和 $\theta_2(t)$ 运用已有数据，即 $r(\tau)$，$y_m(\tau)$，$y_p(\tau)$ 和 $u(\tau)$ 进行在线（on-line）调节（即在系统运行中调节），$\tau < t$。自适应就是使 $\theta_1(t)$ 和 $\theta_2(t)$ 的值逐渐逼近标称值 θ_1^* 和 θ_2^*，选择自适应准则应基于稳定性考虑，一个称为梯度算法[①]的准则是运用
$$\begin{aligned} \dot{\theta}_1 &= -\gamma(y_p - y_m) r \\ \dot{\theta}_2 &= -\gamma(y_p - y_m) y_p \end{aligned}$$

其中，γ 是正常数，决定自适应的速度。这一自适应控制定律假设 k_p 的符号是已知的，而且不失一般性地取为正值。为写出描述满足自适应控制定律的闭环系统的状态模型，把输出误差 e_o 和参数误差 ϕ_1 和 ϕ_2 定义为
$$e_o = y_p - y_m, \quad \phi_1 = \theta_1 - \theta_1^*, \quad \phi_2 = \theta_2 - \theta_2^*$$

更为方便。利用 θ_1^* 和 θ_2^* 的定义，参考模型可写为
$$\dot{y}_m = a_p y_m + k_p(\theta_1^* r + \theta_2^* y_m)$$

另一方面，设备输出 y_p 满足方程
$$\dot{y}_p = a_p y_p + k_p(\theta_1 r + \theta_2 y_p)$$

上面两式相减，可得到误差方程
$$\begin{aligned} \dot{e}_o &= a_p e_o + k_p(\theta_1 - \theta_1^*) r + k_p(\theta_2 y_p - \theta_2^* y_m) \\ &= a_p e_o + k_p(\theta_1 - \theta_1^*) r + k_p(\theta_2 y_p - \theta_2^* y_m + \theta_2^* y_p - \theta_2^* y_p) \\ &= (a_p + k_p \theta_2^*) e_o + k_p(\theta_1 - \theta_1^*) r + k_p(\theta_2 - \theta_2^*) y_p \end{aligned}$$

这样，闭环系统就可由下面的非线性非自治三阶状态模型描述：
$$\dot{e}_o = a_m e_o + k_p \phi_1 r(t) + k_p \phi_2 [e_o + y_m(t)] \tag{1.23}$$
$$\dot{\phi}_1 = -\gamma e_o r(t) \tag{1.24}$$
$$\dot{\phi}_2 = -\gamma e_o [e_o + y_m(t)] \tag{1.25}$$

---

① 这一自适应准则将在 8.3 节中证明。

这里用到方程$\dot{\phi}_i(t) = \dot{\theta}_i(t)$,且把$r(t)$和$y_m(t)$写为时间的显函数,以强调系统的非自治特点,信号$r(t)$和$y_m(t)$是闭环系统的外部驱动输入。

如果已知k_p,则可以得到较为简单的系统模型。在这种情况下可以取$\theta_1 = \theta_1^*$,且只有θ_2需要在线调节,闭环模型可以简化为

$$\dot{e}_o = a_m e_o + k_p \phi[e_o + y_m(t)] \tag{1.26}$$

$$\dot{\phi} = -\gamma e_o[e_o + y_m(t)] \tag{1.27}$$

这里去掉了ϕ_2的下标。如果控制设计的目的是使设备输出y_p为零,则取$r(t) \equiv 0$,因此$y_m(t) \equiv 0$,且闭环模型简化为自治二阶模型:

$$\dot{e}_o = (a_m + k_p \phi)e_o$$
$$\dot{\phi} = -\gamma e_o^2$$

设$\dot{e}_o = \dot{\phi} = 0$,得到一个代数方程
$$0 = (a_m + k_p \phi)e_o$$
$$0 = -\gamma e_o^2$$

由此确定系统的平衡点。对所有ϕ值系统的平衡点都在$e_o = 0$,即系统在$e_o = 0$有一组平衡点,而没有孤立的平衡点。

这里描述的特殊自适应控制方法称为直接参考模型自适应控制。"参考模型"一词源于控制器的任务与给定的闭环参考模型相匹配,而"直接"一词用于表示控制器参数直接适合一种控制方法,利用该方法能在线估计设备参数a_p和k_p,并用估计值计算控制器参数[①]。自适应控制问题能产生一些有趣的非线性模型,我们将用这些模型说明本书中的一些稳定性问题和微扰技术。

1.2.7　一般非线性问题

在前面的例子中,我们看到的是物理系统建模中的一些典型非线性问题,如非线性电阻、非线性摩擦力和S状非线性等,本节将讨论其他一些典型非线性问题。图1.10所示为四个典型的无记忆非线性问题。之所以称为无记忆、零记忆或静态,是因为非线性系统在任一时刻的输出仅由该时刻的输入决定,而与历史输入无关。

图1.10(a)所示的是由符号函数

$$\mathrm{sgn}(u) = \begin{cases} 1, & u > 0 \\ 0, & u = 0 \\ -1, & u < 0 \end{cases} \tag{1.28}$$

描述的理想中继器,其非线性特性可由机电中继器、晶闸管电路和其他开关器件实现。

图1.10(b)所示的是一个理想的饱和非线性问题。饱和特性在实际放大器(如电放大器、磁放大器、气动放大器或液压放大器)、电动机及其他设备中是很普遍的,也常用来作为限幅器限定变量的范围。定义饱和函数

$$\mathrm{sat}(u) = \begin{cases} u, & |u| \leqslant 1 \\ \mathrm{sgn}(u), & |u| > 1 \end{cases} \tag{1.29}$$

表示归一化的饱和非线性特性,并按照$k\,\mathrm{sat}(u/\delta)$得到图1.10(b)。

---

① 要了解更多的自适应控制问题,可参阅文献[5]、文献[15]、文献[87]、文献[139]或文献[168]。

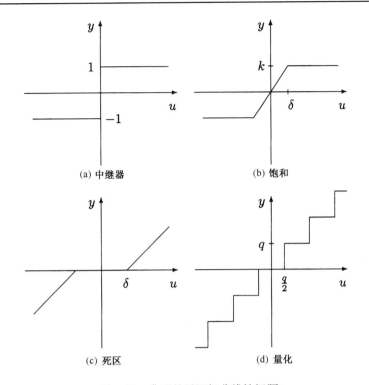

(a) 中继器 (b) 饱和

(c) 死区 (d) 量化

图 1.10 典型的无记忆非线性问题

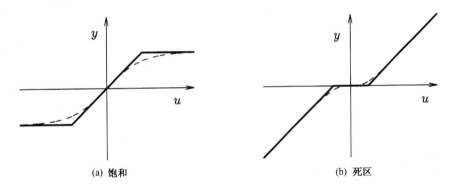

(a) 饱和 (b) 死区

图 1.11 由分段线性特性(实线)近似的饱和和死区非线性的实际特性(虚线)

图 1.10(c)所示为理想的死区非线性特性,这是典型的电子管和其他一些放大器在输入信号较小时的特性。用于图 1.10(b)和图 1.10(c)中表示饱和特性和死区特性的分段线性函数是实际中平滑函数的近似,如图 1.11 所示。

图 1.10(d)所示是量化非线性特性,是信号模-数转换的典型例子。

我们还常常遇到一些输入-输出特性有记忆的非线性部件,也就是说,任一时刻的输出与全部历史输入有关,图 1.12、图 1.15(b)和图 1.16 所示为三个迟滞型的此类特性曲线。图 1.12 为迟滞中继。当输入为较高的负电压时,输出处于低电平 L_-。随着输入增大,输出保持在 L_-,直到输入达到 S_+。当输入高于 S_+ 时,输出转换到高电平 L_+,并当输入电压继续升高时保持不变。现在如果减小输入,则输出将保持在 L_+,直到输入超过 S_-。在这一点输出转换到低电平 L_-,且当输入为低电压时保持不变。这种输入-输出特性是可以产生的,例如,

图 1.13所示的运算放大器电路就可以产生这样的输入-输出特性[①]。电路中的运算放大器和二极管都是理想的,理想运算放大器反相输入端(−)电压等于同相输入端(+)电压,并且两个输入端的电流均为零。理想二极管的 v-i 特性如图 1.14 所示。当输入电压 u 较高且为负值时,二极管 D_1 和 D_3 导通,而 D_2 和 D_4 截止[②]。因为两个放大器的反相输入端都是虚地的,所以通过 R_5 和 D_3 的电流为零,且 D_3 的输出也是虚地的。因此,输出电压 $y = -(R_3/R_4)E$。只要流过 D_1 的电流为正,这种状态就保持不变,即

$$i_{D1} = \frac{R_3 E}{R_4 R_7} - \frac{u}{R_6} > 0 \iff u < \frac{R_3 R_6 E}{R_4 R_7}$$

当增大输入电压 u 时,输出 y 将保持在 $(R_3/R_4)E$,直到输入电压达到 $R_3 R_6 E/R_4 R_7$。若超过这个值,则二极管 D_1 和 D_3 将截止,而 D_2 和 D_4 将导通。与上面的情况相似,因为两个放大器的反相输入端都是虚地的,所以通过 R_5 和 D_4 的电流为零,且 D_4 的输入也是虚地的。因此,输出电压 $y = (R_2/R_1)E$。只要流过 D_2 的电流为正,这种状态就保持不变,即

$$i_{D2} = \frac{u}{R_6} + \frac{R_2 E}{R_1 R_7} > 0 \iff u > -\frac{R_2 R_6 E}{R_1 R_7}$$

这样即可得到图 1.12 所示的输入-输出特性,其中

$$L_- = -\frac{R_3 E}{R_4}, \quad L_+ = \frac{R_2 E}{R_1}, \quad S_- = -\frac{R_2 R_6 E}{R_1 R_7}, \quad S_+ = \frac{R_3 R_6 E}{R_4 R_7}$$

在例2.1 中将会看到,对于1.2.2 节的隧道二极管电路,当其输入电压远低于电路的动态特性时,会产生类似的特性。

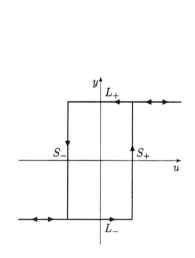

图 1.12　迟滞中继

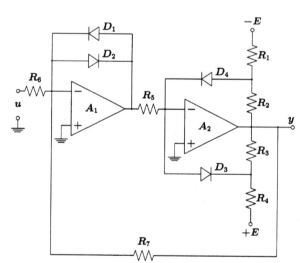

图 1.13　实现图 1.12 迟滞中继的运算放大器电路

---

① 该电路选自文献[204]。

② 要理解为什么当 D_3 导通时 D_1 也导通,可注意当 D_1 导通时 A_1 输出端的电压是 V_d,为二极管的导通电压。由此产生通过 R_5 的电流 V_d/R_5,指向 A_2。由于 A_2 的输入电流为零,所以流过 R_5 的电流也一定流过 D_3。在二极管模型中,我们忽略了偏置电压 V_d,因此也忽略了流过 R_5 和 D_3 的电流。

另一类迟滞非线性是间隙特性,如图 1.15(b)所示,这在齿轮中是常见的。为说明间隙特性,图 1.15(a)的草图给出了一对配套齿轮间的一个小缝隙。假设被驱动的齿轮有较高的摩擦惯性比,使得当驱动齿轮开始减速时,其表面在 L 处保持接触。图 1.15(b)为其输入-输出特性,给出从动轮 y 与驱动轮 u 的角度间的关系。从图 1.15(a)的位置开始,当驱动轮旋转一个小于 a 的角度时,从动轮不动。当转动角大于 a 时,在

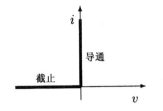

图 1.14 理想二极管的 v-i 特性

L 处建立触点,且从动轮按照输入-输出特性的 A_oA 段随驱动轮转动。若驱动轮反方向转动,则在点 U 建立触点前转动的角度为 2a。在此运动过程中,角度 y 保持不变,得到特性曲线的 AB 段。触点 U 建立后,从动轮随驱动轮转动,得到特性曲线的 BC 段,直到下一个反方向转动得到曲线的 CDA 段。这样,幅度大于 a 的周期输入就产生了图 1.15(b)的 ABCD 迟滞循环。注意,若输入幅度较大,则迟滞循环将是 A'B'C'D',这类迟滞特性与图 1.12 所示的中继迟滞特性的重要区别是,后者的迟滞循环与其输入幅度无关。

图 1.16 是典型的磁性材料的迟滞特性,与间隙相似,其迟滞循环也与输入幅度有关[1]。

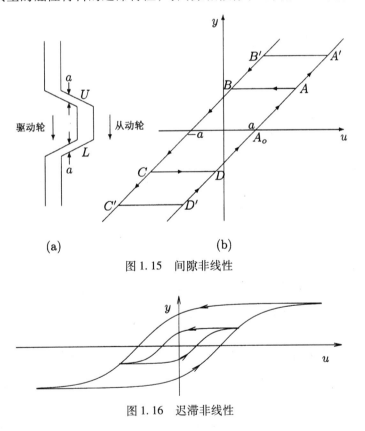

图 1.15 间隙非线性

图 1.16 迟滞非线性

---

① 建立图 1.15(b)和图 1.16 所示的迟滞特性模型相当复杂,文献[106],文献[126]和文献[203]给出了各种建模方法。

1.3 习题

1.1 描述大量物理非线性系统的数学模型是 n 阶微分方程

$$y^{(n)} = g\left(t, y, \dot{y}, \cdots, y^{(n-1)}, u\right)$$

其中,u 和 y 都是标量变量。以 u 作为输入,y 作为输出,求状态模型。

1.2 考虑由 n 阶微分方程

$$y^{(n)} = g_1\left(t, y, \dot{y}, \cdots, y^{(n-1)}, u\right) + g_2\left(t, y, \dot{y}, \cdots, y^{(n-2)}\right)\dot{u}$$

描述的单输入-单输出系统,g_2 是其自变量的可微函数。以 u 作为输入,y 作为输出,求状态模型。提示:取 $x_n = y^{(n-1)} - g_2\left(t, y, \dot{y}, \cdots, y^{(n-2)}\right)u$。

1.3 考虑由 n 阶微分方程

$$y^{(n)} = g\left(y, \cdots, y^{(n-1)}, z, \cdots, z^{(m)}\right), \quad m < n$$

描述的单输入-单输出系统,z 是输入,y 是输出。通过在输入端添加 m 个串联的积分器扩展系统的动态范围,并定义 $u = z^{(m)}$ 作为扩展系统的输入,如图 1.17 所示。用 $y, \cdots, y^{(n-1)}$ 和 $z, \cdots, z^{(m-1)}$ 作为状态变量,求扩展系统的状态模型。

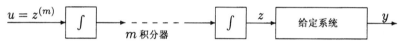

图 1.17 习题 1.3

1.4 一个 m 连杆机器人的非线性动力学问题[171,185]可表示为

$$M(q)\ddot{q} + C(q, \dot{q})\dot{q} + D\dot{q} + g(q) = u$$

其中,q 是 m 维广义坐标向量,表示结合位置,u 是 m 维控制(转动力矩)输入,$M(q)$ 是对称惯性矩阵,对于所有 $q \in R^m$ 都是正定的。$C(q, \dot{q})\dot{q}$ 用于说明离心力和科里奥利(Coriolis)力。对于所有 $q, \dot{q} \in R^m$,矩阵 C 满足 $\dot{M} - 2C$ 是斜对称矩阵,其中 $\dot{M}$ 是 $M(q)$ 对于 t 的全微分。$D\dot{q}$ 用于说明黏滞阻尼,D 是半正定对称矩阵。$g(q)$ 表示重力,由 $g(q) = [\partial P(q)/\partial q]^{\mathrm{T}}$ 给出,其中 $P(q)$ 是由于重力产生的所有连杆的全部势能。选择适当的状态变量,求出状态方程。

1.5 有一个具有软连接的单链路控制机[185],当忽略阻尼时,其非线性动力学方程由下式给出:

$$I\ddot{q}_1 + MgL\sin q_1 + k(q_1 - q_2) = 0$$
$$J\ddot{q}_2 - k(q_1 - q_2) = u$$

其中,q_1 和 q_2 是角位置,I 和 J 是转动惯量,k 是弹簧系数,M 是总质量,L 是距离,u 是转动力矩输入。为该系统选择状态变量,并写出状态方程。

1.6 一个具有软连接的 m 连杆机器人[185]的非线性动力学方程为:

$$M(q_1)\ddot{q}_1 + h(q_1, \dot{q}_1) + K(q_1 - q_2) = 0$$
$$J\ddot{q}_2 - K(q_1 - q_2) = u$$

其中，q_1 和 q_2 是 m 维广义坐标向量，$M(q_1)$ 和 J 是对称非奇异惯性矩阵，u 是 m 维控制输入，$h(q, \dot{q})$ 表示离心力、科里奥利力和重力，K 是联合（joint）弹簧系数的对角矩阵。为该系统选择状态变量，并写出状态方程。

1.7 图 1.18 所示为两个系统的反馈连接，传递函数 $G(s)$ 表示的是一个线性时不变系统，$z = \psi(t, y)$ 定义了一个非线性时变部件。变量 r, u, y 和 z 是维数相同的向量，$\psi(t, y)$ 是向量值函数。以 r 作为输入，y 作为输出，求状态模型。

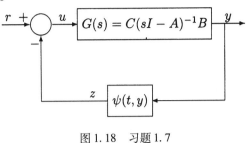

图 1.18   习题 1.7

1.8 一个与无限长总线（infinite bus）连接的同步发电机由下式表示[148]：

$$M\ddot{\delta} = P - D\dot{\delta} - \eta_1 E_q \sin\delta$$
$$\tau\dot{E}_q = -\eta_2 E_q + \eta_3 \cos\delta + E_{FD}$$

其中，δ 是用弧度表示的角度，E_q 是电压，P 是机械输入功率，E_{FD} 是场电压（输入），D 是阻尼系数，M 是惯性系数，τ 是时间常数，η_1, η_2 和 η_3 是常数参数。

(a) 用 δ，$\dot{\delta}$ 和 E_q 作为状态变量，写出状态方程。

(b) 设 $P = 0.815, E_{FD} = 1.22, \eta_1 = 2.0, \eta_2 = 2.7, \eta_3 = 1.7, \tau = 6.6, M = 0.0147, D/M = 4$，求出所有平衡点。

(c) 假设 τ 比较大，使 $\dot{E}_q \approx 0$。证明假设 E_q 为常数，可简化为单摆方程。

1.9 图 1.19 所示的电路中含有一个非线性电感，电路由与时间相关的电流源驱动。假设非线性电感是约瑟夫森结[39]，其特性为 $i_L = I_0 \sin k\phi_L$，其中 ϕ_L 是电感的磁通量，I_0 和 k 是常数。

(a) 用 ϕ_L 和 v_C 作为状态变量，求状态方程。

(b) 选择 i_L 和 v_C 作为状态变量会更容易吗？

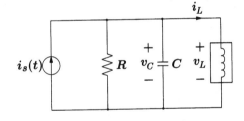

图 1.19   习题 1.9 和习题 1.10

1.10 图 1.19 所示的电路中含有一个非线性电感，电路由与时间相关的电流源驱动。假设非线性电感的特性为 $i_L = L\phi_L + \mu\phi_L^3$，其中 ϕ_L 是电感的磁通量，L 和 μ 是正常数。

(a) 用 ϕ_L 和 v_C 作为状态变量，求状态方程。

(b) 当 $i_s = 0$ 时，求所有平衡点。

1.11 锁相环[64]可由图 1.20 的方框图表示。设 $\{A, B, C\}$ 是标量，是严格正则传递函数（strictly proper transfer function）$G(s)$ 的一个最小实现。假设 A 的所有特征值都具有负实部，$G(0) \neq 0$，且 θ_i 为常数。设 z 是 $\{A, B, C\}$ 实现的状态。

(a) 证明该闭环系统可由如下状态方程表示：

$$\dot{z} = Az + B\sin e, \qquad \dot{e} = -Cz$$

(b) 求系统的所有平衡点。

(c) 证明当 $G(s) = 1/(\tau s + 1)$ 时，该闭环模型与单摆方程的模型一致。

1.12 考虑图 1.21 所示的质量-弹簧系统,假设弹簧是线性的,非线性黏滞阻尼由 $c_1\dot{y} + c_2\dot{y}|\dot{y}|$ 描述。求描述系统运动的状态方程。

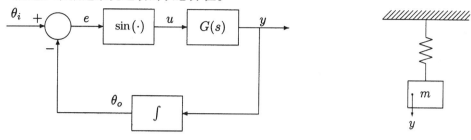

图 1.20 习题 1.11   图 1.21 习题 1.12

1.13 图 1.22 的结构是一个机械系统的例子[7],其摩擦力在某一区域可以为负。一个由线性弹簧固定的物体 m,在传动带上以速度 v_0 做匀速运动,弹簧的弹性系数为 k_1 和 k_2。由传动带施加的摩擦力 $h(v)$ 是相对速度 $v = v_0 - \dot{y}$ 的函数。假设当 $|v| > 0$ 时,$h(v)$ 是光滑函数。除了摩擦力,假设还有一个线性黏滞摩擦力正比于 $\dot{y}$。

(a) 写出物体 m 的运动方程。

(b) 只分析 $|\dot{y}| \ll v_0$ 的区域,可通过 $h(v_0) - \dot{y}h'(v_0)$ 用泰勒级数逼近 $h(v)$,利用该近似降价系统模型。

(c) 考虑到 1.2.3 节讨论的摩擦力模型,描述哪种摩擦力特性 $h(v)$ 会使系统具有负摩擦力?

1.14 图 1.23 所示为一个坡度为 θ 的道路上运动的车辆,v 是车的速度,M 是其质量,F 是由发动机产生的牵引力。假设摩擦力有库仑摩擦力和线性黏滞摩擦力,拉力正比于 v^2。把 F 看成控制输入,θ 作为扰动输入,求系统的状态模型。

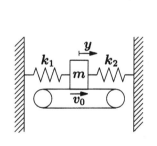

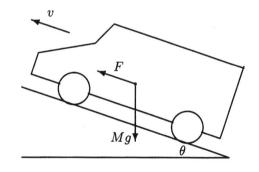

图 1.22 习题 1.13   图 1.23 习题 1.14

1.15 考虑图 1.24 所示的倒摆[110]。单摆的支点装在一个沿水平方向运动的小车上,小车由电机驱动,电机在小车上施加水平方向的力 F。图中还给出了单摆的受力分析:重心的力 mg,水平方向的反作用力 H,以及作用于支点的竖直方向的反作用力 V。写出单摆重心在水平方向和竖直方向上的牛顿定律,有

$$m \frac{d^2}{dt^2}(y + L\sin\theta) = H, \qquad m \frac{d^2}{dt^2}(L\cos\theta) = V - mg$$

取对重心的力矩可得到转矩方程

$$I\ddot{\theta} = VL\sin\theta - HL\cos\theta$$

而小车在水平方向上的牛顿定律为

$$M\ddot{y} = F - H - k\dot{y}$$

其中，m 是单摆的质量，M 是小车的质量，L 是重心到支点的距离，I 是单摆对重心的转动惯量，k 是摩擦系数，y 是支点的位移，θ 是单摆转动的角度（顺时针测量），g 是重力加速度。

（a）运用给定的微分法消去 V 和 H，证明运动方程简化为：

$$I\ddot{\theta} = mgL\sin\theta - mL^2\ddot{\theta} - mL\ddot{y}\cos\theta$$

$$M\ddot{y} = F - m\left(\ddot{y} + L\ddot{\theta}\cos\theta - L\dot{\theta}^2\sin\theta\right) - k\dot{y}$$

（b）对 $\ddot{\theta}$ 和 $\ddot{y}$ 解上面的方程，证明

$$\begin{bmatrix} \ddot{\theta} \\ \ddot{y} \end{bmatrix} = \frac{1}{\Delta(\theta)} \begin{bmatrix} m+M & -mL\cos\theta \\ -mL\cos\theta & I+mL^2 \end{bmatrix} \begin{bmatrix} mgL\sin\theta \\ F + mL\dot{\theta}^2\sin\theta - k\dot{y} \end{bmatrix}$$

其中，$\Delta(\theta) = (I+mL^2)(m+M) - m^2L^2\cos^2\theta \geqslant (I+mL^2)M + mI > 0$

（c）用 $x_1 = \theta, x_2 = \dot{\theta}, x_3 = y$ 和 $x_4 = \dot{y}$ 作为状态变量，用 $u = F$ 作为控制输入，写出状态方程。

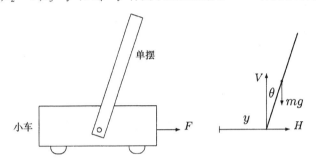

图 1.24　习题 1.15 的倒摆

1.16　图 1.25 是一个带有旋转制动装置的平移振荡器系统[205]示意图。该系统是一个用线性弹簧连接到固定参考框架上的物体 M 的平台，弹簧系数为 k，平台只可以在平行于弹簧轴线的水平面运动，在平台上有一个由直流电机驱动的检测质量，其质量为 m，对其质心的转动惯量为 I，质心到转轴的距离为 L，加于检测质量的控制力矩用 u 表示。旋转的检测质量产生一个可控制的力，使平台的平衡运动衰减。忽略摩擦力，可推导出该系统的模型。图 1.25 所示为检测质量受到的力 F_x，F_y 及力矩 u。写出质心的牛顿运动定律方程及其质心的力矩方程，有

$$m\frac{d^2}{dt^2}(x_c + L\sin\theta) = F_x, \quad m\frac{d^2}{dt^2}(L\cos\theta) = F_y, \quad I\ddot{\theta} = u + F_yL\sin\theta - F_xL\cos\theta$$

其中，θ 为检测质量转角位置（逆时针测量），平台在反方向及在弹簧恢复力方向的受力为 F_x 和 F_y，写出平台的牛顿定律方程为

$$M\ddot{x}_c = -F_x - kx_c$$

x_c 是平台的平衡位置。

（a）运用给定的微分法消去 F_x 和 F_y，证明运动方程可简化为

$$D(\theta)\begin{bmatrix} \ddot{\theta} \\ \ddot{x}_c \end{bmatrix} = \begin{bmatrix} u \\ mL\dot{\theta}^2\sin\theta - kx_c \end{bmatrix}, \quad 其中 D(\theta) = \begin{bmatrix} I+mL^2 & mL\cos\theta \\ mL\cos\theta & M+m \end{bmatrix}$$

(b) 对于 $\ddot{\theta}$ 和 $\ddot{x}_c$ 解上面的方程,证明

$$\begin{bmatrix} \ddot{\theta} \\ \ddot{x}_c \end{bmatrix} = \frac{1}{\Delta(\theta)} \begin{bmatrix} m+M & -mL\cos\theta \\ -mL\cos\theta & I+mL^2 \end{bmatrix} \begin{bmatrix} u \\ mL\dot{\theta}^2\sin\theta - kx_c \end{bmatrix}$$

其中, $\Delta(\theta) = (I+mL^2)(m+M) - m^2L^2\cos^2\theta \geqslant (I+mL^2)M + mI > 0$

(c) 用 $x_1 = \theta, x_2 = \dot{\theta}, x_3 = x_c$ 和 $x_4 = \dot{x}_c$ 作为状态变量,u 作为控制输入,写出状态方程。

(d) 求系统的所有平衡点。

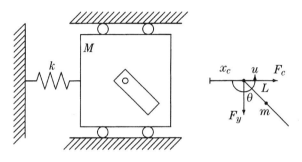

图 1.25　带有旋转制动装置的平移振荡器系统

1.17 直流电机的动力学方程[178]为

$$\begin{aligned} v_f &= R_f i_f + L_f \frac{di_f}{dt} \\ v_a &= c_1 i_f \omega + L_a \frac{di_a}{dt} + R_a i_a \\ J\frac{d\omega}{dt} &= c_2 i_f i_a - c_3 \omega \end{aligned}$$

第一个是励磁回路的方程,v_f, i_f, R_f 和 L_f 分别表示电压、电流、电阻和电感。电枢回路由第二个方程描述,相应的变量为 v_a, i_a, R_a 和 L_a。第三个方程是轴的力矩方程,J 是电机的惯量,c_3 是阻尼系数,$c_1 i_f \omega$ 一项是电枢回路产生的反电动势,$c_2 i_f i_a$ 是电枢电流与励磁电路磁通的相互作用产生的力矩。

(a) 对于他励直流电机,电压 v_a 和 v_f 是独立控制输入。选择适当的状态变量,求状态方程。

(b) 只讨论(a)中场控直流电机的状态方程,其中 v_f 是控制输入,v_a 保持常数。

(c) 只讨论(a)中电枢控制的直流电机的状态方程,其中 v_a 是控制输入,v_f 保持常数,能降低这种情况下模型的阶数吗?

(d) 对于并励直流电机,励磁绕组与电枢绕组并联,且在励磁绕组中串联一个电阻 R_x 以限制磁通量,即 $v = v_a = v_f + R_x i_f$。以 v 作为控制输入,写出状态方程。

1.18 图 1.26 为一个磁悬浮系统的示意图,一个磁性小球通过电磁体处于悬浮状态,电磁体的电流由小球位置测得的反馈光控制可参阅文献[211]的 192 页至 200 页。该系统是构造悬浮物体的基本组成部分,用于陀螺仪、加速计和快速列车中。小球的运动方程为

$$m\ddot{y} = -k\dot{y} + mg + F(y,i)$$

其中,m 是小球的质量,$y \geqslant 0$ 是小球距参考点 $y=0$(小球在线圈旁的位置)的垂直距离

（向下），k 是黏滞摩擦系数，g 是重力加速度，$F(y,i)$ 是电磁体产生的力，电磁体的电感与小球的位置有关，可用如下模型表示：

$$L(y) = L_1 + \frac{L_0}{1 + y/a}$$

其中，L_1，L_0 和 a 是正常数。该模型表示电感具有最大值时的情况，此时小球在线圈旁，当小球移动至 $y = \infty$ 时，其值为一个常数。$E(y,i) = \frac{1}{2} L(y) i^2$ 为电磁体中存储的能量，则力 $F(y,i)$ 由下式给出：

$$F(y,i) = \frac{\partial E}{\partial y} = -\frac{L_0 i^2}{2a(1 + y/a)^2}$$

当线圈电路由电压为 v 的电压源驱动时，由基尔霍夫电压定律可得关系式 $v = \dot{\phi} + Ri$，R 是电路中串联的电阻，$\phi = L(y)i$ 是磁通匝链数。

（a）用 $x_1 = y$，$x_2 = \dot{y}$ 和 $x_3 = i$ 作为状态变量，$u = v$ 作为控制输入，求状态方程。

（b）假设在某一位置 $r > 0$ 小球达到理想平衡。分别求保持平衡时 i 和 v 的稳态值 I_{ss} 和 V_{ss}。

下面三个习题是流体系统的例子[41]。

1.19 在图 1.27 所示的流体系统中，液体贮存于一个开口水槽内。h 是液体表面距槽底的高度，$A(h)$ 是水槽的横截面积，它是 h 的函数。液体体积 $v = \int_0^h A(\lambda) d\lambda$。对于密度为 ρ 的液体，其绝对压强为 $p = \rho g h + p_a$，p_a 是大气压强（假设为常数），g 是重力加速度。液体流入水槽的流速为 w_i，通过阀门流出水槽的流速服从流压关系，用 $w_o = k\sqrt{\Delta p}$ 表示。在流动情况下，$\Delta p = p - p_a$。取 $u = w_i$ 作为控制输入，$y = h$ 作为输出。

（a）用 h 作为状态变量，确定状态模型。

（b）用 $p - p_a$ 作为状态变量，确定状态模型。

（c）求保持输出为恒定值 r 所需的 u_{ss}。

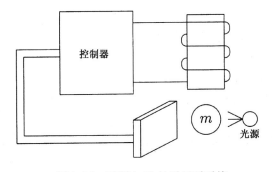

图 1.26　习题 1.18 的磁悬浮系统

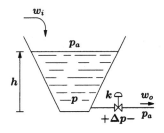

图 1.27　习题 1.19

1.20 在图 1.28 所示的流体系统中，匀速离心泵向一个水槽注入液体，液体通过管子和阀门流出水槽的流速服从 $w_o = k\sqrt{p - p_a}$，图 1.29 所示为泵速的特性曲线，用 $\Delta p = \phi(w_i)$ 表示，其逆函数只要有定义，就由 $w_i = \phi^{-1}(\Delta p)$ 表示，当泵工作时 $\Delta p = p - p_a$。水槽的横截面积是均匀的，因此有 $v = Ah$，$p = p_a + \rho g v / A$，式中变量的定义与上题相同。

（a）用 $(p - p_a)$ 作为状态变量，确定状态模型。

（b）求系统的所有平衡点。

1.21 在图 1.30 所示的流体系统中,阀门流速服从 $w_1 = k_1 \sqrt{p_1 - p_2}$ 和 $w_2 = k_2 \sqrt{p_2 - p_a}$。泵的特性,即 $(p_1 - p_a)$ 与 w_p 的关系如图 1.29 所示,各部件及变量的定义与前两题相同。

(a) 用 $(p_1 - p_a)$ 和 $(p_2 - p_a)$ 作为状态变量,求状态方程。

(b) 求系统的所有平衡点。

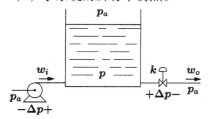

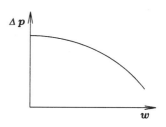

图 1.28   习题 1.20   图 1.29   典型离心泵特性

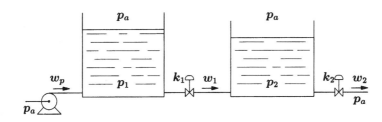

图 1.30   习题 1.21 的流体系统

1.22 考虑一个由生物菌体和培养基构成的生化反应器,其中生物菌细胞吸收培养基[23],图 1.31 为其示意图。假设反应器混合良好,且其体积 V 为常数。令 x_1 和 x_2 分别为生物菌细胞和培养基的浓度(数量/体积),x_{1f} 和 x_{2f} 是相应的原料流浓度,r_1 为生物菌新生率(数量/体积/时间),r_2 为培养基的消耗率,F 为流速(体积/时间)。根据生物基和培养基的物质平衡写出其动态模型为

$$生物菌积累率 = 流入量 - 流出量 + 新生量$$
$$培养基的消耗率 = 流入量 - 流出量 - 消耗量$$

新生率 r_1 的模型为 $r_1 = \mu x_1$,μ 为新生系数,是 x_2 的函数。假设在原料流中没有生物菌,所以 $x_{1f} = 0$,减少率 $d = F/V$ 是常数,产量 $Y = r_1/r_2$ 也是常数。

(a) 用 x_1 和 x_2 作为状态变量,求状态模型。

(b) 当 $\mu = \mu_m x_2 / (k_m + x_2)$ 时,求所有平衡点。μ_m 和 k_m 为正常数,并设 $d < \mu_m$。

(c) 当 $\mu = \mu_m x_2 / (k_m + x_2 + k_1 x_2^2)$ 时,求所有平衡点。μ_m, k_m 和 k_1 为正常数,并设 $d < \max_{x_2 \geq 0} \{\mu(x_2)\}$。

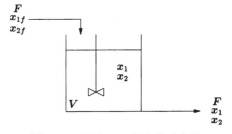

图 1.31   习题 1.22 的生化反应器

第2章 二阶系统

二阶自治系统在非线性系统的研究中占有重要的地位,因为其解轨线可由平面内的曲线表示,这有利于定性观察系统的特性。本章以二阶系统为基础,引入了非线性系统的一些基本概念,特别着眼于非线性系统平衡点附近的特性、非线性振荡现象和分岔。

二阶自治系统可由两个标量微分方程表示:

$$\dot{x}_1 = f_1(x_1, x_2) \tag{2.1}$$

$$\dot{x}_2 = f_2(x_1, x_2) \tag{2.2}$$

令 $x(t) = (x_1(t), x_2(t))$ 是方程(2.1)和方程(2.2)的解[①],初始状态为 $x_0 = (x_{10}, x_{20})$,即 $x(0) = x_0$。对于所有 $t \geq 0$,$x(t)$ 的解在 x_1-x_2 平面的轨线是一条通过点 x_0 的曲线,该曲线称为方程(2.1)和方程(2.2)始于点 x_0 的轨线或轨道。x_1-x_2 平面通常称为状态平面或相平面,方程(2.1)和方程(2.2)的右边表示曲线的切向量 $\dot{x}(t) = (\dot{x}_1(t), \dot{x}(t))$,用向量符号表示为

$$\dot{x} = f(x)$$

其中 $f(x)$ 是向量 $(f_1(x), f_2(x))$,我们把 $f(x)$ 看成状态平面的向量场,即对平面内的每一点 x 都赋一个向量 $f(x)$。为易于观察,把 $f(x)$ 表示为基于 x 的向量,也就是说,把从 x 到 $x + f(x)$ 的有向线段赋给 x。例如,如果 $f(x) = (2x_1^2, x_2)$,则在 $x = (1,1)$ 处画一个箭头,从 $(1,1)$ 指向 $(1,1) + (2,1) = (3,2)$(见图 2.1)。在整个平面内的每一点重复进行上述步骤,即可得到一个向量场图。图 2.2 所示即为没有摩擦力时的单摆方程

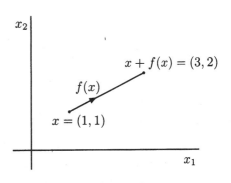

图 2.1　向量场表示

$$\dot{x}_1 = x_2$$
$$\dot{x}_2 = -10\sin x_1$$

的向量场图。对于图中的一个给定点 x,其箭头的长度正比于 $f(x)$ 的长度,即 $\sqrt{f_1^2(x) + f_2^2(x)}$。有时为方便起见,在各点画等长的箭头。由于某一点的向量场是通过该点轨线的切线,因此实际上可以由场向量图构造轨线。从给定的初始点 x_0 出发,在点 x_0 沿向量场移动,即可构造从点 x_0 开始的轨线,这样到达新的一点 x_a,然后在点 x_a 沿向量场继续构造轨线。如果仔细重复这一过程,并且把相邻点选得足够近,就可以得到通过点 x_0 的合理的近似轨线。在图 2.2 中,仔细进行前面的步骤,会看到通过 $(2,0)$ 的轨线是一条闭合的曲线。

---

① 假设有唯一解。

　　所有轨线或解的曲线称为方程(2.1)和方程(2.2)的相图。构造相图的(近似)图形可通过画出从分布于整个 x_1-x_2 平面的大量初始状态开始的轨线实现。由于已有解一般非线性微分方程的大量数值子程序,因此很容易通过计算机仿真构造相图(2.5 节给出了一些提示)。注意,由于轨线中未出现时间 t,所以不可能恢复出解 $(x_1(t), x_2(t))$ 与给定轨线的关系。因此轨线只是定性给出相关解的特性,而不是定量特性。例如,闭合轨线表明有一个周期解,即系统具有持续振荡,而收缩螺线表明是减幅振荡。本章其余部分将通过相图定性分析二阶系统的特性。

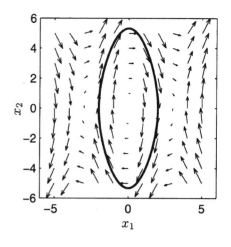

图 2.2　无摩擦力时单摆方程的向量场图

2.1　线性系统的特性

　　考虑线性时不变系统

$$\dot{x} = Ax \tag{2.3}$$

A 是 2×2 实矩阵。对于给定的初始状态 x_0,方程(2.3)的解由下式给出

$$x(t) = M \exp(J_r t) M^{-1} x_0$$

其中,J_r 是 A 的实若尔当(Jordan)型,M 是实满秩矩阵,满足 $M^{-1}AM = J_r$。对于 A 的不同特征值,其若尔当型可能取下面的三种形式之一:

$$\begin{bmatrix} \lambda_1 & 0 \\ 0 & \lambda_2 \end{bmatrix}, \qquad \begin{bmatrix} \lambda & k \\ 0 & \lambda \end{bmatrix}, \qquad \begin{bmatrix} \alpha & -\beta \\ \beta & \alpha \end{bmatrix}$$

k 为 0 或 1。当特征值 λ_1 和 λ_2 为两个不相等的实数时对应于第一种形式,当特征值为两个相等的实数时对应于第二种形式,当特征值 λ_1 和 λ_2 为复数 $\lambda_{1,2} = \alpha \pm j\beta$ 时对应于第三种形式。在分析中必须明确区分这三种情况,此外对于实特征值,还必须单独分析至少一个特征值为零的情况。在这种情况下,原点不是孤立的平衡点,其特性与其他情况截然不同。

第一种情况　两个特征值都为实数,$\lambda_1 \neq \lambda_2 \neq 0$

　　此时,$M = [v_1, v_2]$,v_1 和 v_2 是与 λ_1 和 λ_2 对应的特征向量。进行坐标变换 $z = M^{-1}x$,则系统转化为两个去耦一阶微分方程

$$\dot{z}_1 = \lambda_1 z_1, \qquad \dot{z}_2 = \lambda_2 z_2$$

对于给定的初始状态 (z_{10}, z_{20}),其解由下式给出:

$$z_1(t) = z_{10}e^{\lambda_1 t}, \qquad z_2(t) = z_{20}e^{\lambda_2 t}$$

在两个方程中消去 t,可得

$$z_2 = c z_1^{\lambda_2/\lambda_1} \tag{2.4}$$

$c = z_{20}/(z_{10})^{\lambda_2/\lambda_1}$。允许常数 c 取 R 内的任意值,系统的相图可由式(2.4)生成的一组曲线给出,相图的形状与 λ_1 和 λ_2 的符号有关。

　　首先考虑两个特征值都为负时的情况。为不失一般性,设 $\lambda_2 < \lambda_1 < 0$,这样当 t 趋于无穷

时,两个指数项 $e^{\lambda_1 t}$ 和 $e^{\lambda_2 t}$ 都趋于零。此外,由于 $\lambda_2 < \lambda_1 < 0$,$e^{\lambda_2 t}$ 比 $e^{\lambda_1 t}$ 较快趋于零,因此称 λ_2 为快特征值,λ_1 为慢特征值。同样,称 v_2 为快特征向量,v_1 为慢特征向量。比值 λ_2/λ_1 大于 1,轨线沿式(2.4)的曲线趋于 z_1-z_2 平面的原点,曲线的斜率由下式给出:

$$\frac{dz_2}{dz_1} = c \frac{\lambda_2}{\lambda_1} z_1^{[(\lambda_2/\lambda_1)-1]}$$

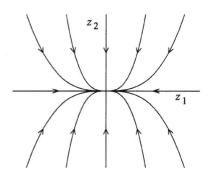

由于 $[(\lambda_2/\lambda_1)-1]$ 是正的,当 $|z_1|$ 趋于零时,曲线斜率趋于零,当 $|z_1|$ 趋于无穷时,曲线斜率趋于无穷,因此当轨线趋于原点时与 z_1 轴相切,而当轨线趋于无穷时与 z_2 轴平行。由此,可画出一组典型的轨线,如图 2.3 所示。变换到 x 坐标系,即可得到如图 2.4(a)所示的一组典型相图。注意,在 x_1-x_2 平面,轨线当趋于原点时与慢特征向量 v_1 相切,而当远离原点时与快特征向量 v_2 平行。这种情况下的平衡点 $x = 0$ 称为稳定结点。

图 2.3　模型坐标中稳定结点的相图

当 λ_1 和 λ_2 均为正时,相图会保持图 2.4(a)的特性,但轨线方向相反,这是由于指数项 $e^{\lambda_1 t}$ 和 $e^{\lambda_2 t}$ 随 t 增大按指数规律增加,图 2.4(b)所示为 $\lambda_2 > \lambda_1 > 0$ 时的相图,此时平衡点 $x = 0$ 称为非稳定结点。

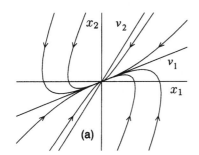 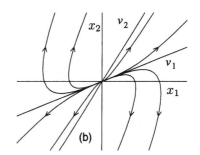

图 2.4　相图。(a)稳定结点;(b)非稳定结点

现在假设两个特征值符号相反,设 $\lambda_2 < 0 < \lambda_1$。此刻,当 t 趋于无穷时 $e^{\lambda_1 t}$ 趋于无穷,而 $e^{\lambda_2 t}$ 趋于零,因此把 λ_2 称为稳定特征值,λ_1 称为非稳定特征值。相应地,v_2 和 v_1 分别称为稳定特征向量和非稳定特征向量。式(2.4)的指数 (λ_2/λ_1) 为负,因此这组轨线在 z_1-z_2 平面为图 2.5(a)所示的典型形式,呈双曲线形状。当 $|z_1|$ 趋于无穷时轨线与 z_1 轴相切,当 $|z_1|$ 趋于零时轨线与 z_2 轴相切。只有四条沿坐标轴的轨线与这些双曲线形状不同,两条沿 z_2 轴的轨线当 t 趋于无穷时趋于原点,因此称为稳定轨线,而两条沿 z_1 轴的轨线当 t 趋于无穷时趋于无穷,因此称为非稳定轨线。在 x_1-x_2 平面的相图如图 2.5(b)所示,这里沿稳定向量 v_2 的是稳定轨线,而沿非稳定向量 v_1 的是非稳定轨线,此时的平衡点称为鞍点。

第二种情况　特征值为复数,$\lambda_{1,2} = \alpha \pm j\beta$

经坐标变换 $z = M^{-1}x$,系统(2.3)的形式转换为

$$\dot{z}_1 = \alpha z_1 - \beta z_2, \qquad \dot{z}_2 = \beta z_1 + \alpha z_2$$

方程的解是振荡的,用极坐标

$$r = \sqrt{z_1^2 + z_2^2}, \qquad \theta = \arctan\left(\frac{z_2}{z_1}\right)$$

表示可更方便,得到两个去耦的一阶微分方程

$$\dot{r} = \alpha r, \qquad \dot{\theta} = \beta$$

对于给定的初始状态(r_0, θ_0),其解由下式给出:

$$r(t) = r_0 e^{\alpha t}, \qquad \theta(t) = \theta_0 + \beta t$$

这是z_1-z_2平面的对数螺旋曲线。对于不同的α值,轨线取图2.6所示的三种形式之一。当$\alpha < 0$时,螺线收敛于原点;当$\alpha > 0$时,螺线由原点向外发散;当$\alpha = 0$时,轨线为半径为r_0的圆。图2.7所示为在x_1-x_2平面内的轨线,如果$\alpha < 0$,则平衡点$x = 0$称为稳定焦点;如果$\alpha > 0$,则平衡点称为非稳定焦点;如果$\alpha = 0$,则平衡点称为中心。

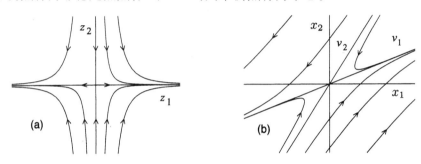

图2.5　鞍点的相图。(a)在模型坐标中;(b)在原坐标中

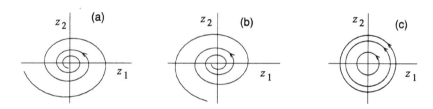

图2.6　特征值为复数时的典型轨线。(a)$\alpha < 0$;(b)$\alpha > 0$;(c)$\alpha = 0$

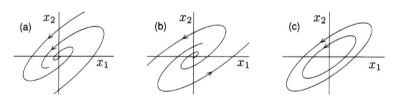

图2.7　相图。(a)稳定焦点;(b)非稳定焦点;(c)中心

第三种情况　多重非零特征值,$\lambda_1 = \lambda_2 = \lambda \neq 0$

　　经坐标变换$z = M^{-1}x$,系统(2.3)的形式转换为

$$\dot{z}_1 = \lambda z_1 + k z_2, \qquad \dot{z}_2 = \lambda z_2$$

对于给定的初始状态(z_{10}, z_{20}),其解由下式给出:

$$z_1(t) = e^{\lambda t}(z_{10} + kz_{20}t), \qquad z_2(t) = e^{\lambda t}z_{20}$$

消去 t,可得到轨线方程
$$z_1 = z_2\left[\frac{z_{10}}{z_{20}} + \frac{k}{\lambda}\ln\left(\frac{z_2}{z_{20}}\right)\right]$$

图2.8 所示为 $k=0$ 时轨线的形式,图2.9 所示为 $k=1$ 时轨线的形式。其相图与只有一个结点的相图相似,因此当 $\lambda < 0$ 时,平衡点 $x = 0$ 称为稳定结点;当 $\lambda > 0$ 时,平衡点称为非稳定结点。但要注意图2.8 和图2.9 所示的结点并不具有在图2.3 和图2.4 中所见的渐近快慢特性。

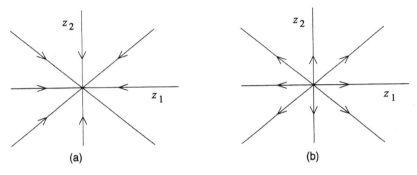

图2.8 $k=0$ 时非零多重特征值情况下的相图。(a)$\lambda < 0$;(b)$\lambda > 0$

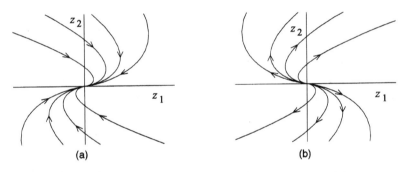

图2.9 $k=1$ 时非零多重特征值情况下的相图。(a)$\lambda < 0$;(b)$\lambda > 0$

在讨论一个或两个特征值为零的退化情况之前,我们先总结 $x = 0$ 为孤立平衡点时系统的几个特性。我们已经看到系统显示了六种不同特性的相图,各相图对应于不同类型的平衡点:稳定结点、非稳定结点、鞍点、稳定焦点、非稳定焦点和中心。平衡点的类型完全由 A 的特征值所在的位置决定。注意系统的总体(整个相平面)特性由平衡点的类型决定,这是线性系统的特点。在下一节研究非线性系统的特性时会看到,平衡点的类型仅决定了在这一点邻域内轨线的特性。

第四种情况　一个特征值为零或两个特征值均为零

当 A 的特征值一个为零或两个都为零时,相图在一定程度上具有衰退特性,此时矩阵 A 具有非平凡零空间。在 A 的零空间中的任何向量都是系统的平衡点,也就是说系统有一个平衡点子空间,而不是一个平衡点。零空间可以是一维的,也可以是二维的。如果是二维的,则矩阵 A 将为零矩阵,这就是平凡情况,即平面内的每一点都是平衡点。当零空间是一维的时,A 的若尔当型的形状取决于零特征值的重数。当 $\lambda_1 = 0$ 而 $\lambda_2 \neq 0$ 时,矩阵 M 由 $M = [v_1, v_2]$ 给出,其中

v_1 和 v_2 是与之相关的特征向量,注意 v_1 生成 A 的零空间。经变量代换 $z = M^{-1}x$ 后,可得

$$\dot{z}_1 = 0, \qquad \dot{z}_2 = \lambda_2 z_2$$

其解为
$$z_1(t) = z_{10}, \qquad z_2(t) = z_{20}e^{\lambda_2 t}$$

指数项的增长或衰减,取决于 λ_2 的符号。图 2.10 所示为在 x_1-x_2 平面的相图,当 $\lambda_2 < 0$ 时,所有轨线收敛于平衡点子空间,而当 $\lambda_2 > 0$ 时,由平衡点子空间向外发散。

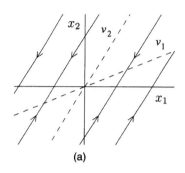 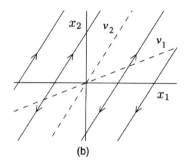

图 2.10　相图。(a)$\lambda_1 = 0, \lambda_2 < 0$;(b)$\lambda_1 = 0, \lambda_2 > 0$

当两个特征值均在原点时,经变量代换 $z = M^{-1}x$ 后,可得

$$\dot{z}_1 = z_2, \qquad \dot{z}_2 = 0$$

其解为

$$z_1(t) = z_{10} + z_{20}t, \qquad z_2(t) = z_{20}$$

$z_{20}t$ 的增大或减小取决于 z_{20} 的符号,z_1 轴是平衡点子空间。图 2.11 所示为系统在 x_1-x_2 平面的相图,虚线是平衡点子空间。图 2.11 的相图与图 2.10 大不相同,轨线从平衡点子空间以外出发,平行于平衡点子空间移动。

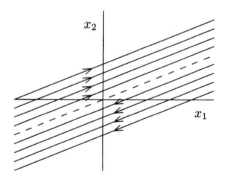

图 2.11　$\lambda_1 = \lambda_2 = 0$ 时的相图

研究线性系统在平衡点 $x = 0$ 的特性很重要,因为在许多情况下,可以通过将系统在平衡点线性化并研究所得线性系统的特性,推出非线性系统在其平衡点附近的局部特性。如何确定线性化近似,在很大程度上取决于系统在扰动条件下的各种定性相图。通过检测线性扰动的特例,我们可以深入理解线性系统在扰动条件下的特性。假设 A 有不同的特征值,考虑 $A + \Delta A$,其中 ΔA 是 2×2 实矩阵,其元素为任意小量。由矩阵扰动理论[①]可知,矩阵的特征值取决于其参数,这就是说,对于给定的任何正数 ε,总存在一个正数 δ,使得如果 A 的每一个元素的扰动幅度都小于 δ,那么扰动矩阵 $A + \Delta A$ 的特征值都将在以 A 的特征值为圆心,以 ε 为半径的开圆盘内。因而,A 的位于右半开平面(正实部)或左半开平面(负实部)的任何特征值,在任意小的扰动后,仍分别保持在其半平面内。另一方面,虚轴上的特征值在扰动发生后,既可能进入右半平面,也可能进入左半平面,因为无论 ε 多么小,中心在虚轴

----

① 参见文献[67]的第 7 章。

的圆盘都会向两个半平面延伸。因此可得到这样的结论：如果 $\dot{x} = Ax$ 的平衡点 $x = 0$ 是结点、焦点或鞍点，那么对于足够小的扰动，$\dot{x} = (A + \Delta A)$ 的平衡点 $x = 0$ 的类型将与之相同。如果平衡点是中心，情况则大不相同。考虑在中心的实若尔当型扰动

$$\begin{bmatrix} \mu & 1 \\ -1 & \mu \end{bmatrix}$$

其中，μ 是扰动参数。当 μ 为正时，被扰动系统的平衡点是一个非稳定焦点，当 μ 为负时则是一个稳定焦点。无论 μ 多么小，只要不是零，上述结论都是成立的。因为定性地讲，稳定焦点和非稳定焦点的相图与中心的相图是不同的，我们知道有扰动时中心平衡点是不存在的。结点、焦点和鞍点平衡点称为结构稳定的，因为在无穷小的扰动下仍保持其特性不变[1]，而中心平衡点不是结构稳定的。出现两种不同的情况是由于 A 的特征值的位置不同，特征值在虚轴上对扰动很敏感，这就引入了双曲平衡点的定义：如果 A 没有实部为零的特征值，那么原点 $x = 0$ 就称为 $\dot{x} = Ax$ 的一个双曲平衡点[2]。

当 A 有多重非零实特征值时，无穷小的扰动会产生一对复特征值，因此稳定（或非稳定）结点会继续保持为稳定（或非稳定）结点，或者变为稳定（或非稳定）焦点。

当 A 有零特征值时，人们希望扰动使特征值偏离零点，从而导致相图发生较大变化。然而已经证明，一个特征值为零和两个特征值都为零的情况极不相同（$A \neq 0$）。在第一种情况中，零特征值的扰动会得到一个实特征值 $\lambda_1 = \mu$，μ 可正可负。由于其他特征值 λ_2 不同于零特征值，其扰动会使 λ_2 偏离零点。但我们正在讨论任意小的扰动，$|\lambda_1| = |\mu|$ 远小于 $|\lambda_2|$。由此可知，如果两个特征值是不相等的实数，则被扰动系统的平衡点是结点还是鞍点，取决于 λ_2 和 μ 的符号，这已经是相图的重要变化。然而，进一步研究相图会对系统的特性有更深刻的理解。当 $\lambda_2 < 0$ 时，由于 $|\lambda_1| \ll |\lambda_2|$，指数项 $e^{\lambda_2 t}$ 随 t 的变化比 $e^{\lambda_1 t}$ 的快得多，得到具有一个结点和一个鞍点的典型相图（见图 2.12）。这些相图与图 2.10(a)所示的相图有些相似之处，特别是始于特征向量 v_1 的轨线（几乎）沿平行于特征向量 v_2 的直线收敛于特征向量 v_1，当轨线逼近 v_1 时，与 v_1 相切并沿 v_1 运动。当 $\mu < 0$ 时，沿 v_1 的运动收敛于原点（稳定结点）；而当 $\mu > 0$ 时，沿 v_1 的运动趋向无穷（鞍点）。这一特性是奇异扰动系统的特征，将在第 11 章中讨论。

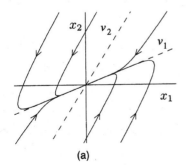 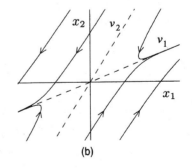

图 2.12　$\lambda_1 = 0$，$\lambda_2 < 0$ 时被扰动系统的相图。(a)$\mu < 0$；(b)$\mu > 0$

① 结构稳定性更严格和一般的定义参见文献[81]的第 6 章。
② 双曲平衡点的定义可扩展到高维系统，也可扩展到非线性系统被赋予线性化的特征值后的平衡点。

当 A 的两个特征值都为零时,扰动的效果更具戏剧性。考虑四种可能的若尔当型扰动

$$\begin{bmatrix} 0 & 1 \\ -\mu^2 & 0 \end{bmatrix}, \quad \begin{bmatrix} \mu & 1 \\ -\mu^2 & \mu \end{bmatrix}, \quad \begin{bmatrix} \mu & 1 \\ 0 & \mu \end{bmatrix}, \quad \begin{bmatrix} \mu & 1 \\ 0 & -\mu \end{bmatrix}$$

其中,μ 是扰动参数,可正可负。显而易见,这四种情况的平衡点分别是中心、焦点、结点和鞍点。换句话说,具有孤立平衡点的所有可能相图都来自扰动。

2.2 多重平衡点

对于线性系统 $\dot{x} = Ax$,如果 A 没有零特征值,即如果 $\det(A) \neq 0$,那么系统在 $x = 0$ 处有一个孤立平衡点。当 $\det(A) = 0$ 时,系统有平衡点的连续统(闭联集)。这些仅是线性系统可能具有的平衡点模式,非线性系统可以有多重孤立的平衡点。在下面的两个例子中,我们将研究 1.2.2 节提出的隧道二极管电路和 1.2.1 节提出的单摆方程的特性,这两个系统都具有多重孤立平衡点。

例 2.1 隧道二极管电路的状态模型由下式给出:

$$\begin{aligned} \dot{x}_1 &= \frac{1}{C}[-h(x_1) + x_2] \\ \dot{x}_2 &= \frac{1}{L}[-x_1 - Rx_2 + u] \end{aligned}$$

假设电路参数为[①] $u = 1.2$ V,$R = 1.5$ kΩ $= 1.5 \times 10^3$ Ω,$C = 2$ pF $= 2 \times 10^{-12}$ F 和 $L = 5$ μH $= 5 \times 10^{-6}$ H,测量时间为纳秒级,电流 x_2 和 $h(x_1)$ 的单位是 mA,状态模型为

$$\begin{aligned} \dot{x}_1 &= 0.5[-h(x_1) + x_2] \\ \dot{x}_2 &= 0.2(-x_1 - 1.5x_2 + 1.2) \end{aligned}$$

假设 $h(\cdot)$ 由下式给出:

$$h(x_1) = 17.76x_1 - 103.79x_1^2 + 229.62x_1^3 - 226.31x_1^4 + 83.72x_1^5$$

设 $\dot{x}_1 = \dot{x}_2 = 0$,并解该方程求平衡点。可验证有三个平衡点,分别是 $(0.063, 0.758)$,$(0.285, 0.61)$ 和 $(0.884, 0.21)$。图 2.13 是由计算机程序生成的系统相图。相图中三个平衡点分别用 Q_1、Q_2 和 Q_3 表示。从相图看出,除了两条逼近 Q_2 的特殊轨线,其他所有轨线都逼近 Q_1 或 Q_3。平衡点 Q_2 附近的轨线具有鞍点的形式,而 Q_1 和 Q_3 附近的轨线具有结点的形式。两条逼近 Q_2 的特殊轨线是鞍点的稳定轨线,它们形成的曲线把平面分成两半部分,所有始于左半边的曲线都逼近 Q_1,而所有始于右半边的轨线都逼近 Q_3。这条特殊曲线称为分界线,因为它把平面分成具有不同特性的两个区域[②]。根据经验,我们将根据电容电压和电感电流的初始值,决定研究两个稳态工作点 Q_1 或 Q_3 中的哪一个。在实际中从不观察位于 Q_2 的平衡点,因为随处存在的物理噪声会引起轨线由 Q_2 发散,即使有可能对 Q_2 建立准确的初始条件。

---

① 数据取自文献[39]。
② 一般来说,状态平面分解为几个区域,每个区域的轨线可能显示不同的特性。分隔这些区域的曲线称为分界线。

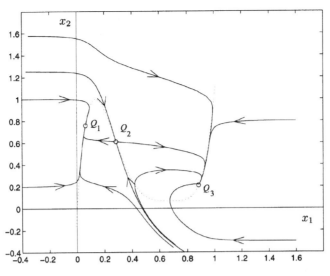

图 2.13   例 2.1 中的隧道二极管电路的相图

图 2.13 所示的相图告诉我们隧道二极管电路的全局特性,所选择的 x_1 和 x_2 的范围显示了系统的所有定性特点,这一范围以外的相图不具有任何新的特性。

具有多重平衡点的隧道二极管电路,因为有两个稳态工作点,因而称为双稳态电路,已用于计算机中的存储器。平衡点 Q_1 代表二进制状态"0",而平衡点 Q_3 代表二进制状态"1"。通过幅度足够大的触发信号可实现 Q_1 到 Q_3 的触发,或其相反过程,在此期间允许轨线在分界线两边运动。例如,如果电路起始工作点在 Q_1,给电压源 u 施加正脉冲会使轨线进入分界线的右边,脉冲则必须有足够的幅度,使负载线提高到图 2.14 的虚线以上,还要有足够的宽度允许轨线进入分界线的右边。

如果我们把电路看成输入为 $u = E$,输出为 $y = v_R$ 的系统,则还可揭示出电路的另一特点。假设开始时 u 值较小,系统只有一个平衡点 Q_1。一个瞬态周期后,系统处于工作点 Q_1。现在逐渐增大 u,使电路在 u 每次增加后处于一个平衡点。对于 u 的某个取值范围,Q_1 是唯一的平衡点。在图 2.15 所示的系统输入输出特性曲线上,这一范围对应于 EA 段。当输入增加到大于 A 时,电路会有两个稳态工作点,在 AB 段为 Q_1,在 CD 段为 Q_3。由于 u 是逐渐增加的,所以初始条件在 Q_1 附近,且电路将稳定在 Q_1 处,因此输出将在 AB 段。继续增大 u,电路会达到只有一个平衡点 Q_3 的状态,因而在一个瞬态周期后,电路将稳定在 Q_3 处。在输入输出特性曲线上,以由 B 到 C 阶跃的形式出现。当 u 较大时,输出将保持在 CF 段。假设现在开始逐渐减小 u,首先只有一个平衡点 Q_3,即输出将沿 FC 段移动。当 u 超过对应于点 C 的某一值时,电路将有两个稳态工作点 Q_1 和 Q_3,但电路会稳定在 Q_3,因为其初始条件较接近 Q_3,因此输出将在 CD 段。当 u 最终减小到对应于 D 的某一值时,电路将只有 Q_1 一个平衡点,其特性曲线出现由 D 到 A 的阶跃。因此系统的输入输出特性表现为迟滞特性。注意,在绘制图 2.15 所示的输入输出特性曲线时忽略了系统的动态特性,当输入相对于系统的动态缓慢变化使两个稳态工作点之间的瞬态时间可以忽略时,这样做是合理的[①]。   △

[①] 这一论述在第 11 章提出的奇异扰动理论中证明。

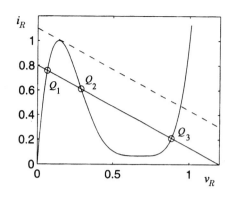

图2.14 触发过程中隧道二极管电路负载线的调整   图2.15 隧道二极管电路的迟滞特性

例2.2 考虑有摩擦力的单摆方程

$$\dot{x}_1 = x_2$$
$$\dot{x}_2 = -10\sin x_1 - x_2$$

图2.16是由计算机生成的相图,该相图对x_1轴以2π为周期。这样,只要画出$-\pi \le x_1 \le \pi$一个竖条内的相图即可捕捉到系统特性的全部不同特征。如前所述,平衡点$(0,0)$, $(2\pi,0)$和$(-2\pi,0)$等,都对应于下面的平衡点$(0,0)$,靠近这些平衡点的轨线具有稳定焦点的模式。而平衡点$(\pi,0)$和$(-\pi,0)$等,对应于上面的平衡点$(\pi,0)$,靠近这些平衡点的轨线具有鞍点的模式。在鞍点$(\pi,0)$和$(-\pi,0)$处的稳定轨线形成了几条分界线,分界线所包含的区域内的所有轨线都向内趋近平衡点$(0,0)$。图形周期性重复。轨线可以逼近不同的平衡点,至于逼近哪个平衡点与其在下面的平衡点处稳定之前所进行的全摆动数一致。例如,从点A和点B开始的轨线初始位置相同,但速度不同,始于点A的轨线在平衡点处稳定之前进行减幅振荡,而始于点B的轨线其初始动能较大,在开始减幅振荡前进行了一次全摆动。还要注意,"非稳定"平衡点$(\pi,0)$在实际中无法维持,因为噪声会引起轨线从这一位置向外发散。   △

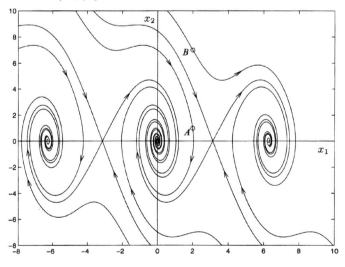

图2.16 例2.2中的单摆方程的相图

2.3 平衡点附近的特性

例 2.1 和例 2.2 的相图显示,每个平衡点邻域内的特性与 2.1 节线性系统的特性非常相似。实际上,图 2.13 中 Q_1,Q_2 和 Q_3 附近的轨线分别与相应的稳定结点、鞍点和稳定结点附近的轨线相似。同样,图 2.16 中 $(0,0)$ 和 $(\pi,0)$ 附近的轨线也分别与相应的稳定焦点和鞍点的特性相似。本节将会看到,无须画出相图也能知道平衡点附近的特性,这些特性是由一般特性得出的,几种特殊情况除外,即非线性系统平衡点附近的特性可通过对该点线性化确定。

设 $p = (p_1,p_2)$ 是非线性系统(2.1)~(2.2)的平衡点,并假设函数 f_1 和 f_2 连续可微。将方程(2.1)和方程(2.2)的右边在点 (p_1,p_2) 处按泰勒级数展开,可得

$$\dot{x}_1 = f_1(p_1,p_2) + a_{11}(x_1 - p_1) + a_{12}(x_2 - p_2) + \text{H.O.T.}$$
$$\dot{x}_2 = f_2(p_1,p_2) + a_{21}(x_1 - p_1) + a_{22}(x_2 - p_2) + \text{H.O.T.}$$

其中,
$$a_{11} = \left.\frac{\partial f_1(x_1,x_2)}{\partial x_1}\right|_{x_1=p_1,x_2=p_2}, \qquad a_{12} = \left.\frac{\partial f_1(x_1,x_2)}{\partial x_2}\right|_{x_1=p_1,x_2=p_2}$$
$$a_{21} = \left.\frac{\partial f_2(x_1,x_2)}{\partial x_1}\right|_{x_1=p_1,x_2=p_2}, \qquad a_{22} = \left.\frac{\partial f_2(x_1,x_2)}{\partial x_2}\right|_{x_1=p_1,x_2=p_2}$$

H. O. T. 表示展开式的高阶项,即形如 $(x_1 - p_1)^2$,$(x_2 - p_2)^2$ 和 $(x_1 - p_1) \times (x_2 - p_2)$ 等项。因为 (p_1,p_2) 是平衡点,有

$$f_1(p_1,p_2) = f_2(p_1,p_2) = 0$$

但由于我们只对 (p_1,p_2) 附近的轨线感兴趣,因此定义

$$y_1 = x_1 - p_1, \qquad y_2 = x_2 - p_2$$

并把状态方程写为
$$\dot{y}_1 = \dot{x}_1 = a_{11}y_1 + a_{12}y_2 + \text{H.O.T.}$$
$$\dot{y}_2 = \dot{x}_2 = a_{21}y_1 + a_{22}y_2 + \text{H.O.T.}$$

如果只关心平衡点附近足够小的邻域,高阶项可以忽略,则舍去这些高阶项并用线性状态方程
$$\dot{y}_1 = a_{11}y_1 + a_{12}y_2$$
$$\dot{y}_2 = a_{21}y_1 + a_{22}y_2$$

逼近非线性状态方程。用向量形式表示,有

$$\dot{y} = Ay$$

其中,
$$A = \begin{bmatrix} a_{11} & a_{12} \\ a_{21} & a_{22} \end{bmatrix} = \left.\begin{bmatrix} \frac{\partial f_1}{\partial x_1} & \frac{\partial f_1}{\partial x_2} \\ \frac{\partial f_2}{\partial x_1} & \frac{\partial f_2}{\partial x_2} \end{bmatrix}\right|_{x=p} = \left.\frac{\partial f}{\partial x}\right|_{x=p}$$

矩阵 $[\partial f/\partial x]$ 称为 $f(x)$ 的雅可比矩阵,A 是雅可比矩阵在点 p 的计算值。

我们有理由希望非线性系统在平衡点的一个小邻域内的轨线接近其在该点线性化后系统的轨线。实际上[1],如果线性化后状态方程的原点对于不同的特征值是一个稳定(或非稳定)结点、一个稳定(或非稳定)焦点或一个鞍点,那么在平衡点的一个小邻域内,非线性状态方程的轨线就会具有像一个稳定(或非稳定)结点、一个稳定(或非稳定)焦点或一个鞍点的特性。

---

① 文献[76]中有线性化特性的证明。假设函数 $f_1(x_1,x_2)$ 和 $f_2(x_1,x_2)$ 在平衡点 (p_1,p_2) 的邻域内有连续一阶偏导数的条件下是成立的。高维系统线性化结果的论述将在第 4 章中证明(见定理 4.7)。

因此,如果线性化后的状态方程在平衡点附近具有同样的特性,就把非线性状态方程(2.1) ~ (2.2)的平衡点称为稳定(或非稳定)结点、稳定(或非稳定)焦点或鞍点。例 2.1 和例 2.2 的平衡点类型可通过线性化确定,而不必构造系统的全局相图。

例 2.3 对于例 2.1 中隧道二极管电路的函数 $f(x)$,其雅可比矩阵为

$$\frac{\partial f}{\partial x} = \begin{bmatrix} -0.5h'(x_1) & 0.5 \\ -0.2 & -0.3 \end{bmatrix}$$

其中, $\qquad h'(x_1) = \dfrac{dh}{dx_1} = 17.76 - 207.58x_1 + 688.86x_1^2 - 905.24x_1^3 + 418.6x_1^4$

分别计算三个平衡点 $Q_1 = (0.063, 0.758)$, $Q_2 = (0.285, 0.61)$ 和 $Q_3 = (0.884, 0.21)$ 的雅可比矩阵,得到三个矩阵

$$A_1 = \begin{bmatrix} -3.598 & 0.5 \\ -0.2 & -0.3 \end{bmatrix}, \qquad \text{特征值:} -3.57, -0.33$$

$$A_2 = \begin{bmatrix} 1.82 & 0.5 \\ -0.2 & -0.3 \end{bmatrix}, \qquad \text{特征值:} 1.77, -0.25$$

$$A_3 = \begin{bmatrix} -1.427 & 0.5 \\ -0.2 & -0.3 \end{bmatrix}, \qquad \text{特征值:} -1.33, -0.4$$

因此, Q_1 是稳定结点, Q_2 是鞍点, Q_3 是稳定结点。 $\qquad\qquad\qquad\qquad\qquad$ △

例 2.4 例 2.2 中单摆方程的函数 $f(x)$ 的雅可比矩阵为

$$\frac{\partial f}{\partial x} = \begin{bmatrix} 0 & 1 \\ -10\cos x_1 & -1 \end{bmatrix}$$

把两个平衡点 $(0,0)$ 和 $(\pi,0)$ 代入雅可比矩阵,可得

$$A_1 = \begin{bmatrix} 0 & 1 \\ -10 & -1 \end{bmatrix}, \qquad \text{特征值:} -0.5 \pm j3.12$$

$$A_2 = \begin{bmatrix} 0 & 1 \\ 10 & -1 \end{bmatrix}, \qquad \text{特征值:} -3.7, 2.7$$

因此,平衡点 $(0,0)$ 是稳定焦点,而平衡点 $(\pi,0)$ 是鞍点。 $\qquad\qquad\qquad\qquad$ △

注意前面的线性化特性只考虑了线性化后的状态方程在虚轴上没有特征值的情况,也就是说原点是线性系统的双曲型平衡点。把这个定义延伸到非线性系统,如果一个平衡点的雅可比矩阵在虚轴上没有特征值,这个平衡点就是双曲型的。如果雅可比矩阵在虚轴上有特征值,非线性状态方程在平衡点附近的特性与线性化后的状态方程就会完全不同。这并不奇怪,如果考虑到前面讨论的关于线性扰动施加于原点不是双曲型平衡点的线性系统时的特性,就很容易理解了。下面的例题讨论线性化状态方程原点是中心的情况。

例 2.5 系统 $\qquad\qquad\qquad \begin{aligned} \dot{x}_1 &= -x_2 - \mu x_1(x_1^2 + x_2^2) \\ \dot{x}_2 &= x_1 - \mu x_2(x_1^2 + x_2^2) \end{aligned}$

有一个平衡点在原点,在原点线性化后,状态方程的特征值为 $\pm j$。因此,原点就是线性系

统的中心平衡点。用极坐标

$$x_1 = r\cos\theta, \qquad x_2 = r\sin\theta$$

表示非线性系统以确定其特性,从而有

$$\dot{r} = -\mu r^3, \qquad \dot{\theta} = 1$$

从这些方程很容易看出,非线性系统的轨线特点,当 $\mu > 0$ 时与稳定焦点相似,当 $\mu < 0$ 时与非稳定焦点相似。   △

上面的例子说明,在线性化状态方程中描述的中心特性在非线性状态方程中不一定成立。

前面没有讨论线性化状态方程的多重特征值为一个结点的情况。习题2.5证明了非线性状态方程经线性化后有一个稳定结点,而其轨线表现出稳定焦点特性。然而应该说明的是,光滑函数 $f(x)$ 不会有这一现象发生。特别是,如果 $f_1(x_1,x_2)$ 和 $f_2(x_1,x_2)$ 在平衡点的邻域内是解析函数①,那么下面的论述成立②:对于线性化状态方程,如果原点是稳定(或非稳定)结点,那么无论线性化后的特征值是否相同,在平衡点的一个小邻域内,非线性状态方程的轨线都将表现出类似稳定(或非稳定)结点的特性。

线性化为确定平衡点的类型提供了有用的信息,当构造二阶系统的全局相图时,无论是图解法还是数值解法都要用到线性化。事实上构造相图的第一步就是计算所有平衡点,并通过线性化确定出那些孤立平衡点的类型,这将为在平衡点的邻域内希望得到的相图给出一个清晰的概念。

2.4 极限环

振荡是动力学系统中发生的最重要的现象之一,当系统具有一个非平凡周期解

$$x(t+T) = x(t), \quad \forall\, t \geqslant 0$$

时就会振荡,$T > 0$。"非平凡"一词排除了对应于平衡点的常数解。常数解满足前面的方程,但它不是我们在讨论振荡解或周期解时想要的,除非特殊情况,因此无论何时谈及周期解都是指非平凡平衡点。在相图中周期解的图形是一条闭合的曲线,通常称为周期轨道或闭轨道。

在2.1节中我们已经看到一个振荡的例子,特征值为 $\pm j\beta$ 的二阶线性系统。系统的原点是中心,且其轨线是闭合轨道,当系统变换为实若尔当型时,其解由下式给出:

$$z_1(t) = r_0\cos(\beta t+\theta_0), \qquad z_2(t) = r_0\sin(\beta t+\theta_0)$$

其中, $$r_0 = \sqrt{z_1^2(0)+z_2^2(0)}, \qquad \theta_0 = \arctan\left[\frac{z_2(0)}{z_1(0)}\right]$$

因此系统有一个幅度为 r_0 的持续振荡,一般称为谐振器。如果把图2.17的线性LC电路看成一个谐振器模型,那么可以看出,导致这一振荡的物理机制是贮存在电容电场里的能量与贮存在电感磁场里的能量交换(无耗散)。但是对此线性振荡器有两个基本问题,其一是鲁棒性问题,右边(线性或非线性)的无穷小扰动都会破坏振荡。也就是说线性振荡器不是结构稳定的。事实上不可能建立实现谐振器的LC电路,因为无论开始贮存在电容和电感中的能量有

---

① 即 f_1 和 f_2 具有收敛的泰勒级数表达式。

② 参见文献[115]第188页的定理3.4。

多少,都要被线圈的电阻损耗掉。即使成功地建立了线性振荡,仍要面对第二个问题:振荡的幅度取决于初始条件。

非线性振荡器可以消除线性振荡器的这两个基本问题,建立具有如下特性的物理非线性振荡器是可能的:

图 2.17　线性 LC 电路谐振器

- 非线性振荡器是结构稳定的
- 振荡幅度(稳态时)与初始条件无关

1.2.4 节的负阻振荡器就是这样的非线性振荡器。系统的状态方程由下式给出:

$$\dot{x}_1 = x_2$$
$$\dot{x}_2 = -x_1 - \varepsilon h'(x_1)x_2$$

其中,函数 h 满足 1.2.4 节所述的某些性质,系统只有一个平衡点,$x_1 = x_2 = 0$。在该点的雅可比矩阵为

$$A = \frac{\partial f}{\partial x}\bigg|_{x=0} = \begin{bmatrix} 0 & 1 \\ -1 & -\varepsilon h'(0) \end{bmatrix}$$

由于 $h'(0) < 0$,原点既是非稳定结点,又是非稳定焦点,由 $\varepsilon h'(0)$ 的值决定。在两种情况中,所有始于原点附近的轨线都从原点向无穷远处发散。原点的这种排斥特性是由电阻性元件在原点处的负阻特性造成的。这就是说电阻性元件是"有源的"且提供能量,写出能量变化率的表达式可看到这一点。在任意时刻 t,贮存在电容和电感中的全部能量为

$$E = \tfrac{1}{2}Cv_C^2 + \tfrac{1}{2}Li_L^2$$

在 1.2.4 节已知　　　　$v_C = x_1, \qquad i_L = -h(x_1) - \frac{1}{\varepsilon}x_2$

将 $\varepsilon = \sqrt{L/C}$ 代入,可写出能量表达式为

$$E = \tfrac{1}{2}C\{x_1^2 + [\varepsilon h(x_1) + x_2]^2\}$$

能量变化率为
$$\begin{aligned}
\dot{E} &= C\{x_1\dot{x}_1 + [\varepsilon h(x_1) + x_2][\varepsilon h'(x_1)\dot{x}_1 + \dot{x}_2]\} \\
&= C\{x_1 x_2 + [\varepsilon h(x_1) + x_2][\varepsilon h'(x_1)x_2 - x_1 - \varepsilon h'(x_1)x_2]\} \\
&= C[x_1 x_2 - \varepsilon x_1 h(x_1) - x_1 x_2] \\
&= -\varepsilon C x_1 h(x_1)
\end{aligned}$$

上面的表达式说明,在原点附近,由于 $|x_1|$ 较小,$x_1 h(x_1)$ 为负值,所以轨线获得能量。它也说明存在一个区域带 $-a \le x_1 \le b$,轨线在带内获得能量,在带外失去能量。带的边界 $-a$ 和 b 是 $h(x_1) = 0$ 的根,如图 2.18 所示。随着轨线在带内带外移动,在带内获得能量和在带外失去能量有一个能量交换。如果在一个循环内沿一条轨线的净能量交换是零,就会发生稳定振荡,这样的轨线就是闭轨道。它证明了负阻振荡有一个孤立的闭轨道,这将在下面的例子,范德波尔振荡器中说明。

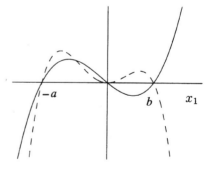

图 2.18　$h(x_1)$(虚线)和 $-x_1 h(x_1)$(实线),说明当 $-a \le x_1 \le b$ 时 $\dot{E}$ 是正的

例 2.6 图 2.19(a)、图 2.19(b)和图 2.20(a)所示为范德波尔方程

$$\dot{x}_1 = x_2 \tag{2.5}$$

$$\dot{x}_2 = -x_1 + \varepsilon(1-x_1^2)x_2 \tag{2.6}$$

当参数 ε 取三个不同值时的相图,三个值分别为一个较小值 0.2,一个中等值 1.0 和一个较大值 5.0。这三种情况的相图都显示出有一个唯一的闭轨道吸引所有从轨道出发的轨线。当 $\varepsilon = 0.2$ 时,闭轨道是一条平滑轨道,为半径接近于 2 的圆,这是 ε 较小时(如 $\varepsilon < 0.3$)的典型情况。当 $\varepsilon = 1.0$ 时,闭轨道的形状是扭曲的圆,如图 2.19(b)所示。当 ε 较大,为 5.0 时,闭轨道严重扭曲,如图 2.20(a)所示。在这种情况下,如果选择状态变量为 $z_1 = i_L, z_2 = v_C$,则可得到一个更具启发性的相图,此时状态方程为

$$\dot{z}_1 = \frac{1}{\varepsilon}z_2$$

$$\dot{z}_2 = -\varepsilon(z_1 - z_2 + \frac{1}{3}z_2^3)$$

图 2.20(b)所示为 $\varepsilon = 5.0$ 时在 z_1-z_2 平面的相图,除了各个角(接近竖直),闭轨道非常接近曲线 $z_1 = z_2 - (1/3)z_2^3$。闭轨道的竖起部分可以看成当其到达角时,闭轨道从曲线的一个分支跳到另一个分支。发生跳跃现象的振荡通常称为张弛振荡,这是 ε 较大($\varepsilon > 3.0$)时的典型相图。 △

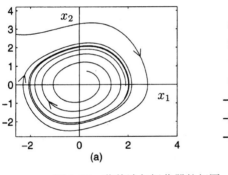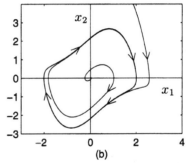

图 2.19 范德波尔振荡器的相图。(a)$\varepsilon = 0.2$;(b)$\varepsilon = 1.0$

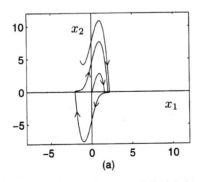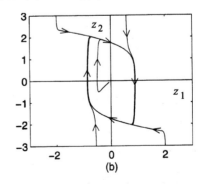

图 2.20 当 $\varepsilon = 5.0$ 时的范德波尔振荡相图。(a)在 x_1-x_2 平面;(b)在 z_1-z_2 平面

在例 2.6 中看到的闭轨道与谐振器的闭轨道不同。在谐振中有一个闭轨道的连续统,而在范德波尔振荡器的例子中只有一个孤立的周期轨道,孤立的周期轨道称为极限环。范德波尔振荡器极限环的性质是,当 t 趋于无穷时,极限环邻域内的所有轨线最终都趋于极限环。具

有这一性质的极限环归类到稳定极限环。我们还将遇到非稳定极限环,其性质是,当 t 趋于无穷时,所有始于接近极限环的任意一点的轨线都将远离极限环(见图 2.21)。下面看一个非稳定极限环的例子,考虑反向时间的范德波尔方程,即

$$
\begin{aligned}
\dot{x}_1 &= -x_2 \\
\dot{x}_2 &= x_1 - \varepsilon(1 - x_1^2)x_2
\end{aligned}
$$

该系统的相图除了箭头反向,其余与范德波尔振荡器完全相同,因此该极限环是不稳定的。

例 2.6 中的范德波尔振荡器的极限环取了两个极限情况,即 ε 非常小和非常大的两个特例,这些特例可通过渐近方法解析地描述。在第 10 章中将用平均化法推导 ε 趋于零时极限环的特殊形式,在第 11 章中将用奇异扰动法推导 ε 趋于无穷时极限环的特殊形式。

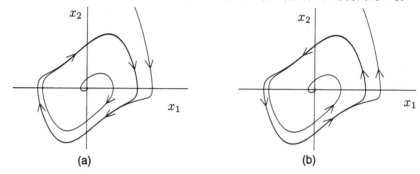

图 2.21   (a)稳定极限环;(b)不稳定极限环

2.5　相图的数值构造

现在已有大量常微分方程数值解法的计算机程序,这些程序可有效地用于构造二阶系统的相图。本节将给出一些适于初学者的提示[1]。

构造相图的第一步是求出所有平衡点,并通过线性化确定那些孤立平衡点的类型。

画轨线包括三个步骤[2]:

- 在状态平面内选择一个边界框,在框内画出轨线。边界框为

$$
x_{1min} \leqslant x_1 \leqslant x_{1max}, \qquad x_{2min} \leqslant x_2 \leqslant x_{2max}
$$

- 在边界框内选择初始点(初始条件)
- 计算轨线

首先讨论计算轨线。为求出通过点 x_0 的轨线,以正向时间(t 为正)和反向时间(t 为负)解方程

$$
\dot{x} = f(x), \quad x(0) = x_0
$$

反向时间
$$
\dot{x} = -f(x), \quad x(0) = x_0
$$

的解与正向时间的解相等,但是变量代换 $\tau = -t$ 改变了等式右边的符号,正向轨线的箭头指向远离 x_0 的方向,而反向轨线的箭头指向 x_0。解反向时间方程是得到在非稳定焦点、非稳定

---

① 这些提示取自文献[149]的第 10 章,其中包含较多关于如何产生更丰富相图的内容。

② 第四个步骤略去了,即给轨线加上箭头。本书中可以很方便地用手画出。

结点和非稳定极限环的邻域内一个好相图的唯一方法,轨线在边界框内一直是连续的。如果关心处理时间,则可以当轨线收敛于平衡点时加一个停止判据。

边界框的选择应显示出轨线的所有基本特性,由于有些特性预先不知道,所以应即时调整边界框,但最初应利用所有已知信息。例如,所有平衡点都应包含在框内。当轨线走出边界框时应注意,该轨线或者无边界,或者被一个稳定极限环吸引。

选择初始点的最简单方法是把平衡点均匀地放入整个边界框的网格内。然而在空间均匀设置初始条件,很少能产生轨线在空间的均匀分布。较好的办法是画出已计算好的轨线后交互地选择初始点。由于大多计算机程序都有成熟的绘图工具,因而这种方法是非常可行的。

对于鞍点,可用线性化产生稳定和非稳定轨线,这是常用的方法,正如在例 2.1 和例 2.2 中所见,鞍点的稳定轨线定义了一条分界线。设线性化后的特征值为 $\lambda_1 > 0 > \lambda_2$,相应的特征向量为 v_1 和 v_2。当非线性鞍点的稳定轨线和非稳定轨线趋近平衡点 p 时,将分别与稳定特征向量 v_2 和非稳定特征向量 v_1 相切。因此从初始点 $x_0 = p \pm \alpha v_1$ 可产生两条非稳定轨线,同样从初始点 $x_0 = p \pm \alpha v_2$ 可产生两条稳定轨线。非稳定轨线的主要部分由正向时间的解产生,而稳定轨线的主要部分由反向时间的解产生。

2.6　周期轨道的存在

平面内的周期轨道具有特殊性,因为它把平面分成轨道内和轨道外两部分,这就有可能获得检测二阶系统周期轨道存在或不存在的准则,这里不涉及高阶系统线性化。这些准则中最值得一提的是 Poincaré-Bendixson 定理、Bendixson 准则和指数法。

考虑二阶自治系统

$$\dot{x} = f(x) \tag{2.7}$$

其中 $f(x)$ 是连续可微的。Poincaré-Bendixson 定理给出方程(2.7)存在周期轨道的条件。这里不给出定理的正式表述[1],但将给出该定理的一个推论,这个推论总结了在实际中应如何应用该定理。该推论称为 Poincaré-Bendixson 准则。

引理 2.1 (Poincaré-Bendixson 准则)　　考虑系统(2.7),设 M 是平面内的一个有界闭子集,使

- M 不包含平衡点,或只包含一个平衡点,使雅可比矩阵 $[\partial f / \partial x]$ 在该点有实部为正的特征值(因此特征值是非稳定焦点或非稳定结点)
- 每条始于 M 的轨线在将来所有时刻都保持在 M 内,那么 M 包含系统(2.7)的一个周期轨道。　　　　　　　　　　　　　　　　　　　　　　　　　　　　◇

该准则告诉我们,平面内的有界轨线随时间趋于无穷一定会逼近周期轨道或平衡点。如果 M 内不包含平衡点,那么它一定包含一个周期轨道。如果 M 内只包含一个满足上述条件的平衡点,那么该点邻域内的所有轨线都将向远离这一点的方向运动。因此可以选择一条围绕平衡点的简单闭合曲线[2],使曲线上的向量场指向场外[3]。通过重新定义 M,排除曲线围绕的

---

① 关于 Poincaré-Bendixson 定理的叙述和证明参见文献[143]或本书第二版。

② 简单闭合曲线把平面分成曲线内的有界区域和曲线外的无界区域(如圆、椭圆和多边形等)。

③ 见习题 4.33。

区域(见图 2.22),就完成了 M 的定义,使其不包含平衡点,而所有轨线都包含在内。

作为一种研究轨线是否包含在集 M 内的工具,考虑一条由方程 $V(x) = c$ 定义的简单闭合曲线,其中 $V(x)$ 是连续可微的,并且在曲线内 $V(x) = c$。如果 $f(x)$ 与梯度向量 $\nabla V(x)$ 的内积是负的,即

$$f(x) \cdot \nabla V(x) = \frac{\partial V}{\partial x_1}(x)f_1(x) + \frac{\partial V}{\partial x_2}(x)f_2(x) < 0$$

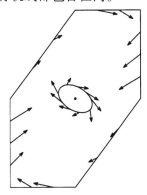

图 2.22 重新定义的集合 M 排除了非稳定焦点或结点的邻域

则曲线上点 x 的向量场 $f(x)$ 方向向内。如果 $f(x)\nabla V(x) > 0$,那么向量场 $f(x)$ 方向向外。如果 $f(x)\nabla V(x) = 0$,则与曲线相切。只有当向量场在其边界某一点上方向向外时,轨线才可留下一个集。因此,对集合 $M = \{V(x) \le c\}$,当 $c > 0$ 时,如果在边界 $V(x) = c$ 上 $f(x)\nabla V(x) \le 0$,那么轨线就在 M 内。对于形如 $M = \{W(x) \ge c_1, V(x) \le c_2\}$ 的环形区域,当 $c_1 > 0$ 且 $c_2 > 0$ 时,如果在 $V(x) = c_2$ 上 $f(x)\nabla V(x) \le 0$,且在 $W(x) = c_1$ 上 $f(x)\nabla W(x) \ge 0$,则轨线在 M 内。

下面两个例题将说明准则的应用,而第三个例子是 1.2.4 节中负阻振荡器的一个重要应用。

例 2.7 考虑谐振器
$$\begin{aligned} \dot{x}_1 &= x_2 \\ \dot{x}_2 &= -x_1 \end{aligned}$$

和环形区域 $M = \{c_1 \le V(x) \le c_2\}$,其中 $V(x) = x_1^2 + x_2^2, c_2 > c_1 > 0$。$M$ 是有界闭集,由于系统只在原点 $(0,0)$ 有一个平衡点,所以 M 是有界闭集,不包含平衡点。因为 $f(x)\nabla V(x) = 0$ 处处成立,所以轨线在 M 内。因此根据 Poincaré-Bendixson 准则可知,在 M 内有一个周期轨道。

$\triangle$

前面的例子强调 Poincaré-Bendixson 准则保证了周期轨道的存在,但这不是唯一的。从前面谐振器的研究中可知,在 M 内有一个周期轨道的连续统。

例 2.8 系统
$$\begin{aligned} \dot{x}_1 &= x_1 + x_2 - x_1(x_1^2 + x_2^2) \\ \dot{x}_2 &= -2x_1 + x_2 - x_2(x_1^2 + x_2^2) \end{aligned}$$

在原点有唯一的平衡点,其雅可比矩阵

$$\frac{\partial f}{\partial x}\bigg|_{x=0} = \begin{bmatrix} 1 - 3x_1^2 - x_2^2 & 1 - 2x_1 x_2 \\ -2 - 2x_1 x_2 & 1 - x_1^2 - 3x_2^2 \end{bmatrix}_{x=0} = \begin{bmatrix} 1 & 1 \\ -2 & 1 \end{bmatrix}$$

的特征值为 $1 \pm j\sqrt{2}$。设 $M = \{V(x) \le c\}$,其中 $V(x) = x_1^2 + x_2^2$,且 $c > 0$。很明显 M 是有界闭集,且只包含一个平衡点,在平衡点处雅可比矩阵的特征值实部为正。在 $V(x) = c$ 的表面,有

$$\begin{aligned} \frac{\partial V}{\partial x_1}f_1 + \frac{\partial V}{\partial x_2}f_2 &= 2x_1[x_1 + x_2 - x_1(x_1^2 + x_2^2)] + 2x_2[-2x_1 + x_2 - x_2(x_1^2 + x_2^2)] \\ &= 2(x_1^2 + x_2^2) - 2(x_1^2 + x_2^2)^2 - 2x_1 x_2 \\ &\le 2(x_1^2 + x_2^2) - 2(x_1^2 + x_2^2)^2 + (x_1^2 + x_2^2) \\ &= 3c - 2c^2 \end{aligned}$$

其中用到不等式 $|2x_1x_2| \leqslant x_1^2 + x_2^2$。选择 $c \geqslant 1.5$ 就可以保证所有轨线都包含在 M 内,因此,由 Poincaré-Bendixson 准则可知在 M 内有一个周期轨道。 △

例 2.9 1.2.4 节的负阻振荡器根据二阶微分方程

$$\ddot{v} + \varepsilon h'(v)\dot{v} + v = 0$$

建立模型,其中 ε 是正常数,h 满足条件

$$h(0) = 0, \quad h'(0) < 0, \quad \lim_{v \to \infty} h(v) = \infty, \quad \lim_{v \to -\infty} h(v) = -\infty$$

为简化分析,对上述条件加以限制

$$h(v) = -h(-v), \quad h(v) < 0 \text{ 当 } 0 < v < a, \quad h(v) > 0 \text{ 当 } v > a$$

图 1.6(b) 的典型函数以及范德波尔振荡器的函数 $h(v) = -v + (1/3)v^3$ 满足这些条件。选择状态变量

$$x_1 = v, \quad x_2 = \dot{v} + \varepsilon h(v)$$

可得状态模型

$$\begin{aligned} \dot{x}_1 &= x_2 - \varepsilon h(x_1) \\ \dot{x}_2 &= -x_1 \end{aligned} \tag{2.8}$$

该模型在原点有唯一的平衡点。我们从证明每个以顺时针方向围绕平衡点旋转的非平衡解开始分析,最后把状态平面分成四个区域,这四个区域由两条曲线

$$x_2 - \varepsilon h(x_1) = 0, \quad x_1 = 0$$

交叉确定(见图 2.23)。该图也显示出式 (2.8) 的向量场 $f(x)$ 在四个区域以及各区域交界处的方向。不难看出,从 x_2 轴上半部分的点 $A = (0, p)$ 开始的解描述了图 2.24 所示的圆弧轨道的一般特性,圆弧与 x_2 轴下半部分在点 E 相交,交点与起始点 A 有关。用 $(0, -\alpha(p))$ 表示 E,我们将证明,如果 p 选得足够大,那么 $\alpha(p) < p$。考虑函数

$$V(x) = \tfrac{1}{2}(x_1^2 + x_2^2)$$

为证明 $\alpha(p) < p$,只要证明 $V(E) - V(A) < 0$ 即可,因为

$$V(E) - V(A) = \tfrac{1}{2}[\alpha^2(p) - p^2] \stackrel{\text{def}}{=} \delta(p)$$

$V(x)$ 的导数为

$$\dot{V}(x) = x_1\dot{x}_1 + x_2\dot{x}_2 = x_1x_2 - \varepsilon x_1 h(x_1) - x_1x_2 = -\varepsilon x_1 h(x_1)$$

这样,当 $x_1 < a$ 时,$\dot{V}$ 为正,当 $x_1 > a$ 时,$\dot{V}$ 为负。现在

$$\delta(p) = V(E) - V(A) = \int_{AE} \dot{V}(x(t))\, dt$$

右边的积分沿由 A 到 E 的弧线进行,如果 p 较小,则整个弧线处于 $0 < x_1 < a$ 的带内,那么 $\delta(p)$ 为正。随着 p 增加,一部分弧线会出现在带外,即图 2.24 中的 BCD 段。在这种情况下,可根据弧线在 $0 < x_1 < a$ 的带内还是带外,以不同的方式计算积分。因此把积分分为三部分:

$$\delta(p) = \delta_1(p) + \delta_2(p) + \delta_3(p)$$

其中,$\delta_1(p) = \displaystyle\int_{AB} \dot{V}(x(t))\, dt, \quad \delta_2(p) = \displaystyle\int_{BCD} \dot{V}(x(t))\, dt, \quad \delta_3(p) = \displaystyle\int_{DE} \dot{V}(x(t))\, dt$

考虑第一项 $\delta_1(p) = -\displaystyle\int_{AB} \varepsilon x_1 h(x_1)\, dt = -\displaystyle\int_{AB} \varepsilon x_1 h(x_1)\, \frac{dt}{dx_1}\, dx_1$

将方程(2.8)中的 dx_1/dt 代入上式,得

$$\delta_1(p) = -\int_{AB} \varepsilon x_1 h(x_1) \frac{1}{x_2 - \varepsilon h(x_1)}\, dx_1$$

其中,沿弧线 AB 段,x_2 是给定的 x_1 的函数,显然 $\delta_1(p)$ 为正。注意,对于弧线 AB 段,随着 p 增加,$x_2 - \varepsilon h(x_1)$ 增加,因此 $\delta_1(p)$ 随着 p 趋于无穷而减小。同理可以证明,第三项 $\delta_3(p)$ 为正,且随着 p 趋于无穷而减小。现在考虑第二项

$$\delta_2(p) = -\int_{BCD} \varepsilon x_1 h(x_1)\, dt = -\int_{BCD} \varepsilon x_1 h(x_1)\, \frac{dt}{dx_2}\, dx_2$$

把方程(2.8)中的 dx_2/dt 代入,得

$$\delta_2(p) = \int_{BCD} \varepsilon h(x_1)\, dx_2$$

其中,沿弧线 BCD 段,x_1 是给定的 x_2 的函数。由于 $h(x_1) > 0$ 且 $dx_2 < 0$,右边的积分为负。随着 p 增大,弧线 $ABCDE$ 移到右边,$\delta_2(p)$ 的积分区域增大。随着 p 减小,$\delta_2(p)$ 的积分区域减小,显然 $\lim\limits_{p\to\infty}\delta_2(p) = -\infty$。简言之,我们已经证明

- 当 $r > 0$ 时,如果 $p < r$,则 $\delta(p) > 0$
- 当 $p \geq r$ 时,随着 p 趋于无穷,$\delta(p)$ 单调减小到负无穷

图 2.25 为函数 $\delta(p)$ 的图形。显然,通过选择足够大的 p 即可保证 $\delta(p)$ 为负,因此 $\alpha(p) < p$。

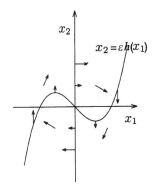
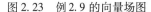

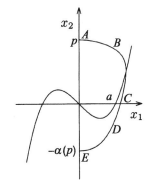

图 2.23　例 2.9 的向量场图　　　　　　图 2.24　例 2.9 的轨道 $ABCDE$

注意到 $h(\cdot)$ 是奇函数,由对称性可推出,如果 $(x_1(t), x_2(t))$ 是方程(2.8)的解,那么 $(-x_1(t), -x_2(t))$ 也是方程(2.8)的解。因此,如果已知存在一个图 2.24 中的路径 $ABCDE$,那么该路径对原点的映像就是另一条路径。考虑点 A 为 $(0, p)$,E 为 $(0, -\alpha(p))$,其中 $\alpha(p) < p$,弧线 $ABCDE$ 形成一条闭合曲线,其对原点的映像和与弧线相接的 x_2 轴也形成一条闭合曲线(见图 2.26)。设 M 是闭合曲线环绕的区域,当 $t \geq 0$ 时,在 $t = 0$ 时始于 M 内的每条轨线都会保持在 M 内。这是由于在 x_2 轴上部分向量场的方向以及解的唯一性使各轨线不相交造成的。现在 M 是有界闭集,且有唯一的平衡点在原点。在原点的雅可比矩阵为

$$A = \left.\frac{\partial f}{\partial x}\right|_{x=0} = \begin{bmatrix} 0 & 1 \\ -1 & -\varepsilon h'(0) \end{bmatrix}$$

由于 $h'(0) < 0$,其特征值实部为正。这样,根据 Poincaré-Bendixson 准则可知在 M 内有一个闭轨道。

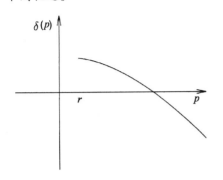

图 2.25   例 2.9 中函数 $\delta(p)$ 的图形

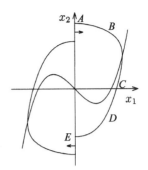

图 2.26   例 2.9 中形成的闭合曲线

用同样的方法可以超越 Poincaré-Bendixson 准则,证明该闭合轨道是唯一的。注意,由于前面讲到的对称性,当且仅当 $\alpha(p) = p$ 时,系统可能有一个闭轨道。由图 2.25 可见,仅有一个 p 值满足此条件,因此只有一个闭轨道。进一步可以证明,每个非平衡点的解以螺线形式趋向唯一的闭轨道。为说明这一点,设 $p_0 > 0$ 是唯一满足 $\alpha(p) = p$ 的 p 值,考虑 x_2 轴上的一点 $(0, p)$,$p > p_0$。如前所述,通过点 $(0, p)$ 的轨线与 x_2 轴下半部分在点 $(0, -\alpha(p))$ 相交,这里 $\alpha(p) < p$。由于对称性,通过点 $(0, -\alpha(p))$ 的轨线将与 x_2 上半轴的点 $(0, \sigma(p))$ 相交,$p_0 \leqslant \sigma(p) < p$。上界可由对称性得出,而下界由于 $\sigma(p)$ 小于 p_0,所以轨线一定与闭轨道相交。映射 $p \rightarrow \sigma(p)$ 是连续的,由初始状态解的连续性决定[1]。再次从 $(0, \sigma(p))$ 开始,轨线在点 $(0, \sigma^2(p))$ 回到 x_2 的上半轴,这里 $p_0 \leqslant \sigma^2(p) < \sigma(p)$。由归纳法可生成一个序列 $\sigma^n(p)$,满足

$$p_0 \leqslant \sigma^{n+1}(p) < \sigma^n(p), \quad n = 1, 2, \cdots$$

序列 $\sigma^n(p)$ 有一个极限为 $p_1 \geqslant p_0$。注意,根据 $\sigma(\cdot)$ 的连续性,极限 p_1 应满足

$$\sigma(p_1) - p_1 = \lim_{n \to \infty} \sigma(\sigma^n(p)) - p_1 = p_1 - p_1 = 0$$

根据闭轨道的唯一性,一定有 $p_1 = p_0$。这就证明了当 t 趋于无穷时,p 的轨线以螺线形式趋于唯一的闭轨道。当 $p < p_0$ 时也成立。   △

下一个结果称为 Bendixson 准则,可用于排除某些存在周期轨道的情况。

引理 2.2 (Bendixson 准则)   如果在平面上的简单连通区域[2] D 内,表达式 $\partial f_1 / \partial x_1 + \partial f_2 / \partial x_2$ 不总是为零,且符号不变,那么系统 (2.7) 在 D 内没有周期闭轨道。   ◇

证明: 在系统 (2.7) 的任何轨道上有 $dx_2 / dx_1 = f_2 / f_1$,因此在任何闭轨道 γ 上有

$$\int_\gamma f_2(x_1, x_2) \, dx_1 - f_1(x_1, x_2) \, dx_2 = 0$$

---

[1]   见定理 3.4 的证明。

[2]   对于 D 内的每一个简单闭合曲线 C,如果 C 的内部区域也是 D 的子集,那么区域 D 就是简单连通的。任意圆的内部都是简单连通的,但环形区域 $0 < c_1 \leqslant x_1^2 + x_2^2 \leqslant c_2$ 不是简单连通的。直观地讲,就是简单连通等价于没有"洞"。

这就是说,与格林(Green)定理

$$\int\!\!\int_S \left(\frac{\partial f_1}{\partial x_1} + \frac{\partial f_2}{\partial x_2} \right) dx_1\, dx_2 = 0$$

比较,S 在 γ 内。如果在 D 上 $\partial f_1/\partial x_1 + \partial f_2/\partial x_2 > 0$(或 <0),就无法找到一个区域 $S \subset D$ 使后面的等式成立,也就是在 D 内不存在一个完整的闭轨道。 □

例 2.10 考虑系统
$$\begin{aligned} \dot{x}_1 &= f_1(x_1, x_2) = x_2 \\ \dot{x}_2 &= f_2(x_1, x_2) = ax_1 + bx_2 - x_1^2 x_2 - x_1^3 \end{aligned}$$

并设 D 是整个平面,有
$$\frac{\partial f_1}{\partial x_1} + \frac{\partial f_2}{\partial x_2} = b - x_1^2$$

因此,如果 $b < 0$,就不可能有闭轨道。 △

现在用存在周期轨道与平衡点的关系总结这部分内容,这个结果用到了平衡点的庞加莱(Poincaré)指数。对于给定的二阶系统(2.7),设 C 是不通过系统(2.7)的任何平衡点的一条简单闭合曲线,考虑向量场 $f(x)$ 在点 p 的方向,$p \in C$。设 p 以逆时针方向遍历 C,向量 $f(x)$ 连续旋转,且在返回到初始位置上时,已经旋转了一个角度 $2\pi k$,k 为整数,这里角度是逆时针测量的。整数 k 称为闭合曲线 C 的指数。如果选择 C 为围绕孤立平衡点 $\bar{x}$ 的圆,k 就称为 $\bar{x}$ 的指数。通过检测向量场证明下面的定理的过程留给读者(见习题 2.25)。

引理 2.3

(a) 结点、焦点或中心的指数是 $+1$。

(b) (双曲)鞍点的指数是 -1。

(c) 闭轨道的指数是 $+1$。

(d) 不包含任何平衡点的闭合曲线的指数是 0。

(e) 闭合曲线的指数等于曲线内所有平衡点的指数之和。 ◇

作为该引理的推论,有如下推论:

推论 2.1 在任何闭轨道 γ 内,一定至少有一个平衡点。假设 γ 内的平衡点是双曲型的,那么如果 N 是结点数,S 是鞍点数,则必有 $N - S = 1$。 ◇

回顾平衡点是双曲型的情况,如果该点的雅可比矩阵在虚轴上没有特征值,则该平衡点是双曲型的。如果平衡点不是双曲型的,那么其指数不可能是 ± 1(见习题 2.26)。

指数法常用于排除在平面上的某区域存在周期轨道的情况。

例 2.11 系统
$$\begin{aligned} \dot{x}_1 &= -x_1 + x_1 x_2 \\ \dot{x}_2 &= x_1 + x_2 - 2x_1 x_2 \end{aligned}$$

有两个平衡点 $(0,0)$ 和 $(1,1)$,在这两点的雅可比矩阵为
$$\left[\frac{\partial f}{\partial x} \right]_{(0,0)} = \begin{bmatrix} -1 & 0 \\ 1 & 1 \end{bmatrix}, \qquad \left[\frac{\partial f}{\partial x} \right]_{(1,1)} = \begin{bmatrix} 0 & 1 \\ -1 & -1 \end{bmatrix}$$

因此,$(0,0)$ 是鞍点,而 $(1,1)$ 是稳定焦点。可被周期轨道包围的平衡点的唯一组合是一个单焦点,其他可能性是不存在的,如周期轨道不可能包围两个平衡点。 △

2.7 分岔

二阶系统的特性由其平衡点和周期轨道的模式及其稳定性质决定。在实际中很重要的一点是在无穷小的扰动下系统能否保持其特性，如果能保持，就说系统是结构稳定的。本节主要讨论结构稳定性的余集。实际上我们更关心那些会改变系统的平衡点或周期轨道，或改变其稳定性质的平衡点。例如，考虑由参数 μ 决定的系统

$$\dot{x}_1 = \mu - x_1^2$$
$$\dot{x}_2 = -x_2$$

当 $\mu > 0$ 时，系统有两个平衡点 $(\sqrt{\mu}, 0)$ 和 $(-\sqrt{\mu}, 0)$。在点 $(\sqrt{\mu}, 0)$ 线性化，可得到雅可比矩阵

$$\begin{bmatrix} -2\sqrt{\mu} & 0 \\ 0 & -1 \end{bmatrix}$$

说明 $(\sqrt{\mu}, 0)$ 是稳定结点，而在点 $(-\sqrt{\mu}, 0)$ 线性化可得到雅可比矩阵

$$\begin{bmatrix} 2\sqrt{\mu} & 0 \\ 0 & -1 \end{bmatrix}$$

说明 $(-\sqrt{\mu}, 0)$ 是一个鞍点。随着 μ 减小，鞍点和结点互相逼近，在 $\mu = 0$ 时相遇，而当 $\mu < 0$ 时消失。当 μ 通过零时，会在系统的相图上看到一个戏剧性的变化。图 2.27 所示是 μ 值为正、为零和为负时系统的相图。当 μ 值为正时，无论其多么小，在 $\{x_1 > -\sqrt{\mu}\}$ 内的所有轨线都在稳定结点达到稳态。当 μ 值为负时，所有轨线最终都逃向无穷。系统的这种特性的变化称为分岔。一般来说，分岔就是当参数变化时，平衡点、周期轨道或稳定性质的改变。参数称为分岔参数，发生变化处的参数值称为分岔点。在前面的例子中，分岔参数是 μ，分岔点是 $\mu = 0$。

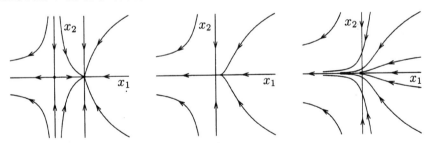

图 2.27 $\mu > 0$（左），$\mu = 0$（中）和 $\mu < 0$（右）时鞍点分岔的相图

前面例子中的分岔可由图 2.28(a) 所示的分岔图表示，该图绘出了平衡点的模（或范数）与分岔参数的关系，稳定结点由实线表示，鞍点由虚线表示。一般情况下，分岔图的坐标是平衡点或周期轨道的模值，实线表示稳定结点、稳定焦点和稳定极限环，而虚线表示非稳定结点、非稳定焦点和非稳定极限环。图 2.28(a) 表示的分岔称为鞍结点分岔，因为它是由鞍点和结点相遇产生的。注意，雅可比矩阵在平衡点有一个为零的特征值，这是图 2.28(a) 到图 2.28(d) 的一般特性，这几个图都是零特征值分岔的例子。图 2.28(b) 所示为跨临界（transcritical）分岔，其平衡点在分岔过程中始终存在，但其稳定特性发生了变化。例如，系统

$$\dot{x}_1 = \mu x_1 - x_1^2$$
$$\dot{x}_2 = -x_2$$

有两个点$(0,0)$和$(\mu,0)$。在点$(0,0)$的雅可比矩阵为

$$\begin{bmatrix} \mu & 0 \\ 0 & -1 \end{bmatrix}$$

这表明,当$\mu<0$时$(0,0)$是稳定结点,而当$\mu>0$时$(0,0)$是鞍点。而点$(\mu,0)$的雅可比矩阵为

$$\begin{bmatrix} -\mu & 0 \\ 0 & -1 \end{bmatrix}$$

这表明,当$\mu<0$时$(\mu,0)$是鞍点,而当$\mu>0$时$(\mu,0)$是稳定结点。所以,当平衡点在整个分岔点$\mu=0$都存在时,$(0,0)$从稳定结点变为鞍点,而$(\mu,0)$从鞍点变为稳定结点。

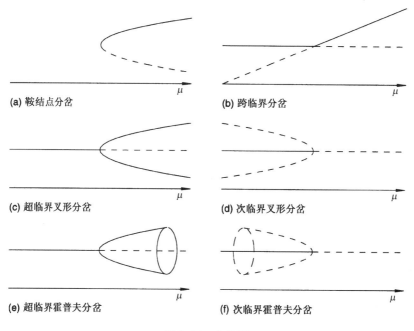

(a) 鞍结点分岔　　　　　　　　　　　　(b) 跨临界分岔

(c) 超临界叉形分岔　　　　　　　　　　(d) 次临界叉形分岔

(e) 超临界霍普夫分岔　　　　　　　　　(f) 次临界霍普夫分岔

图 2.28　分岔图

　　在描述图 2.28 中的其他分岔前,应首先注意到前面两个例子的重要区别。在后一个例子中,过分岔点引起原点处的平衡点从稳定结点变为鞍点,但同一时刻在$(\mu,0)$处产生一个稳定结点,当μ较小时将接近原点,这意味着分岔对系统性能的影响并不显著。例如,假设系统有一个负的μ值使原点为稳定结点,画出其相图可看出,在$\{x_1>\mu\}$内的所有轨线当时间趋于无穷时都趋向原点。假设μ的标称值模值较小,以至于一个小的扰动就可使μ变为正值,那么原点将是一个鞍点,且在$(\mu,0)$处将会有一个稳定结点。其相图会说明$\{x_1>0\}$内的所有轨线随时间趋于无穷而趋向稳定结点$(\mu,0)$。当μ值较小时,系统的稳态工作点将接近原点。所以当被扰动系统没有理想的稳态特性时,就接近该标称系统。这种情况与鞍结点分岔的例子大不相同。假设标称系统有一个正的μ值,使$\{x_1>-\sqrt{\mu}\}$内的所有轨线,当时间趋于无穷时都趋向稳定结点$(\sqrt{\mu},0)$。如果μ的标称值较小,一个小的扰动就会使μ变为负值,那么稳定结点一起消失,轨线将偏离理想的稳态工作点,甚至发散到无穷远处。由于对稳态特性的影响不同,在跨临界分岔例子中的分岔称为安全分岔或软分岔,而鞍结点分岔中的分岔称为危险分岔或硬分岔。

在分析图 2.28(c)和图 2.28(d)的分岔图时,也把分岔分为安全和危险两种情况,两图分别表示超临界叉形分岔和次临界叉形分岔。第一种情况是以系统

$$\dot{x}_1 = \mu x_1 - x_1^3$$
$$\dot{x}_2 = -x_2$$

为例的。当 $\mu < 0$ 时,在原点有唯一的平衡点,通过计算雅可比矩阵,可知原点是稳定结点。当 $\mu > 0$ 时,有三个平衡点 $(0,0)$,$(\sqrt{\mu},0)$ 和 $(-\sqrt{\mu},0)$。雅可比矩阵的计算说明 $(0,0)$ 是鞍点,而另外两个平衡点是稳定结点。这样,当 μ 通过分岔点 $\mu = 0$ 时,在原点处的稳定结点分岔为一个鞍点,并产生两个稳定结点 $(\pm\sqrt{\mu},0)$。新产生的稳定结点的模值随 μ 增加而增大,因此 μ 小时模值较小。次临界叉形分岔是以系统

$$\dot{x}_1 = \mu x_1 + x_1^3$$
$$\dot{x}_2 = -x_2$$

为例的。当 $\mu < 0$ 时有三个平衡点、一个稳定结点 $(0,0)$ 和两个鞍点 $(\pm\sqrt{-\mu},0)$。当 $\mu > 0$ 时有唯一的平衡点 $(0,0)$,为鞍点。这样当 μ 通过平衡点 $\mu = 0$ 时,稳定结点与鞍点 $(\pm\sqrt{-\mu},0)$ 在原点相遇,并分岔为鞍点。比较超临界叉形分岔和次临界叉形分岔很容易看出,超临界叉形分岔是安全分岔,而次临界叉形分岔是危险分岔。实际上,如果当 $\mu < 0$ 时系统在稳定结点 $(0,0)$ 处有一个标称工作点,那么当 μ 被扰动变为一个小的正值时,超临界叉形分岔保证了系统接近稳态工作,而次临界叉形分岔的轨线会偏离标称工作点。

在简化的例子中,我们总是讨论零特征值分岔。注意,在危险分岔中轨线发散至无穷,在更复杂的例子中,系统可能有其他平衡点或周期轨道不受所考虑分岔的影响。偏离平衡点的轨线会被另一个平衡点或周期轨道吸引,而不是发散于无穷,下面的例子将说明这种情况。

例 2.12　考虑 1.2.2 节中的隧道二极管电路

$$\dot{x}_1 = \frac{1}{C}\left[-h(x_1) + x_2\right]$$
$$\dot{x}_2 = \frac{1}{L}\left[-x_1 - Rx_2 + \mu\right]$$

图 1.2 为二极管的 v-i 特性曲线 $h(\cdot)$,μ 是常数输入。现在我们研究当 μ 变化时的分岔情况。系统的平衡点是曲线 $x_2 = h(x_1)$ 与负载线 $x_2 = (\mu - x_1)/R$ 的交点。由图 2.29(a) 和例 2.1 以及例 2.3 可知,当 $\mu < A$ 时,在左边的线上有一个稳定结点;当 $A < \mu < B$ 时,有三个平衡点,在中间的线上有一个鞍点,在另外两条线上各有一个稳定结点;当 $\mu > B$ 时,在右边的线上有一个稳定结点,图 2.29(b) 为其分岔图。在 $\mu = A$ 和 $\mu = B$ 处各有一个鞍结点分岔,当一个稳定结点与一个鞍点相遇而消失时,偏离的轨线被另一个稳定结点吸引,该稳定结点不受分岔的影响。　　　　　　　　　　　　　　　　　　　　　　　　　　　△

当稳定结点在分岔点失去稳定性时,雅可比矩阵通过零点。如果稳定焦点失去稳定性会怎样呢? 此时一对复共轭特征值会通过虚轴,图 2.28(e) 和图 2.28(f) 是这种情况的例子。图 2.28(e) 称为超临界霍普夫(Hopf)分岔,图 2.28(f) 称为次临界霍普夫分岔[①]。超临界霍普

---

① Andronov-Hopf 分岔和 Poincaré-Andronov-Hopf 分岔也被认为是 Poincaré 和 Andronov 的早期贡献。

夫分岔以如下系统为例:

$$\begin{aligned}
\dot{x}_1 &= x_1(\mu - x_1^2 - x_2^2) - x_2 \\
\dot{x}_2 &= x_2(\mu - x_1^2 - x_2^2) + x_1
\end{aligned}$$

取

$$x_1 = r\cos\theta, \qquad x_2 = r\sin\theta$$

则系统可用极坐标表示为

$$\dot{r} = \mu r - r^3, \qquad \dot{\theta} = 1$$

系统在原点有唯一的平衡点,μ 的符号不同时对应的相图如图 2.30 所示。当 $\mu < 0$ 时,原点是稳定焦点,所有轨线都被其吸引;而当 $\mu > 0$ 时,原点为非稳定焦点,但有一个稳定极限环吸引所有的轨线,零解除外。极限环为 $r = \sqrt{\mu}$,说明振荡幅度随 μ 增大而增大,且当 μ 值较小时幅度也较小。由于当稳定焦点因小的扰动消失时,系统会有小幅度的稳态振荡,因此它是安全分岔。为理解分岔过程中特征值的特性,注意原点的雅可比矩阵

$$\begin{bmatrix} \mu & -1 \\ 1 & \mu \end{bmatrix}$$

其特征值为 $\mu \pm j$,当 μ 从负值增大到正值时,这两个特征值从左到右穿过虚轴。

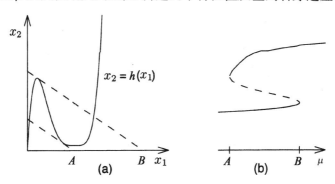

图 2.29　例 2.12 的图。(a)确定平衡点;(b)分岔图

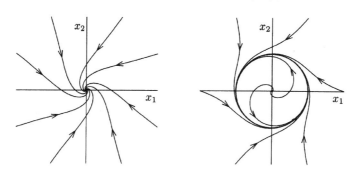

图 2.30　$\mu < 0$(左)和 $\mu > 0$(右)时超临界霍普夫分岔例子的相图

次临界霍普夫分岔以如下系统为例:

$$\begin{aligned}
\dot{x}_1 &= x_1\left[\mu + (x_1^2 + x_2^2) - (x_1^2 + x_2^2)^2\right] - x_2 \\
\dot{x}_2 &= x_2\left[\mu + (x_1^2 + x_2^2) - (x_1^2 + x_2^2)^2\right] + x_1
\end{aligned}$$

取

$$\dot{r} = \mu r + r^3 - r^5, \qquad \dot{\theta} = 1$$

可将系统用极坐标表示。系统在原点有唯一的平衡点,当 $\mu < 0$ 时是稳定焦点,而当 $\mu > 0$ 时是非稳定焦点。由方程

$$0 = \mu + r^2 - r^4$$

可确定系统的极限环。当 $\mu < 0$ 时,有两个极限环 $r^2 = (1 \pm \sqrt{1+4\mu})/2$。画出 $\dot{r} = r(\mu + r^2 - r^4)$ 与 r 的关系(见图 2.31),可以看出极限环 $r^2 = (1 + \sqrt{1+4\mu})/2$ 是稳定的,而极限环 $r^2 = (1 - \sqrt{1+4\mu})/2$ 是非稳定的。当 $|\mu|$ 较小时,非稳定极限环可由 $r^2 = -\mu$ 逼近。当 $\mu > 0$ 时,只有一个稳定极限环 $r^2 = (1 + \sqrt{1+4\mu})/2$。这样,当 μ 从负值增加到正值时,原点处的稳定焦点随非稳定极限环消失,并且分岔为非稳定焦点,如图 2.28(f) 的分岔图所示。注意,在分岔图中未显示稳定极限环,因为 μ 的变化只改变了它的模值。次临界霍普夫分岔是危险分岔,因为在原点处标称稳定焦点的微小扰动都会迫使轨线偏离原点,而被稳定极限环吸引。

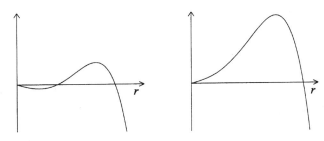

图 2.31 $\mu < 0$(左)和 $\mu > 0$(右)时的 $\mu r + r^3 - r^5$ 曲线

图 2.28 表示的所有分岔都发生在一个平衡点的邻域内,因此称为局部分岔。还有发生在状态平面较大区域的全局分岔。无法在平衡点的小邻域内描述全局分岔,这里仅给出一个全局分岔的例子[①]。考虑系统

$$\begin{aligned} \dot{x}_1 &= x_2 \\ \dot{x}_2 &= \mu x_2 + x_1 - x_1^2 + x_1 x_2 \end{aligned}$$

有两个平衡点 $(0,0)$ 和 $(1,0)$ 线性化后可见,$(0,0)$ 总是鞍点,而当 $-1 < \mu < 1$ 时,$(1,0)$ 是非稳定焦点。我们只分析 $-1 < \mu < 1$ 的区域。图 2.32 所示为 μ 取四个不同值时的相图。当 $\mu = -0.95$ 和 $\mu = -0.88$ 时的相图是 $\mu < \mu_c \approx -0.8645$ 时的典型相图,而当 $\mu = -0.8$ 时的相图是 $\mu > \mu_c$ 时的典型相图。当 $\mu < \mu_c$ 时,有一个稳定极限环包围非稳定焦点,当 μ 向 μ_c 增大时,极限环膨胀,并最终与鞍点 $\mu = \mu_c$ 接触,产生一条始于鞍点又止于鞍点的轨线,这样的轨线称为同宿轨道。当 $\mu > \mu_c$ 时,极限环消失。注意,发生分岔对平衡点 $(0,0)$ 和 $(1,0)$ 没有任何改变,这类全局分岔称为鞍点连接或同宿分岔。

---

① 其他例子参见文献[187]。

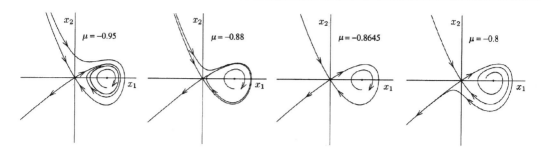

图 2.32   鞍点连接分岔

2.8   习题

2.1   求出以下各系统的平衡点,并确定各孤立平衡点的类型。

(1) $\dot{x}_1 = -x_1 + 2x_1^3 + x_2$, $\dot{x}_2 = -x_1 - x_2$

(2) $\dot{x}_1 = x_1 + x_1 x_2$, $\dot{x}_2 = -x_2 + x_2^2 + x_1 x_2 - x_1^3$

(3) $\dot{x}_1 = [1 - x_1 - 2h(x)]x_1$, $\dot{x}_2 = [2 - h(x)]x_2$

(4) $\dot{x}_1 = x_2$, $\dot{x}_2 = -x_1 + x_2(1 - x_1^2 + 0.1x_1^4)$

(5) $\dot{x}_1 = (x_1 - x_2)(1 - x_1^2 - x_2^2)$, $\dot{x}_2 = (x_1 + x_2)(1 - x_1^2 - x_2^2)$

(6) $\dot{x}_1 = -x_1^3 + x_2$, $\dot{x}_2 = x_1 - x_2^3$

在第三个系统中,$h(x) = x_2/(1 + x_1)$。

2.2   求出以下各系统的平衡点,并确定各孤立平衡点的类型。

(1) $\dot{x}_1 = x_2$, $\dot{x}_2 = -x_1 + \frac{1}{16}x_1^5 - x_2$

(2) $\dot{x}_1 = 2x_1 - x_1 x_2$, $\dot{x}_2 = 2x_1^2 - x_2$

(3) $\dot{x}_1 = x_2$, $\dot{x}_2 = -x_2 - \psi(x_1 - x_2)$

在第三个系统中,如果 $|y| \leqslant 1$,则有 $\psi(y) = y^3 + 0.5y$;如果 $|y| > 1$,则有 $\psi(y) = 2y - 0.5$。

2.3   构造习题 2.1 中各系统的相图,并讨论系统的特性。

2.4   下列四个系统的相图如图 2.33 所示。

(1) $\dot{x}_1 = x_2$, $\dot{x}_2 = x_1 - 2\arctan(x_1 + x_2)$

(2) $\dot{x}_1 = 2x_1 - x_1 x_2$, $\dot{x}_2 = 2x_1^2 - x_2$

(3) $\dot{x}_1 = x_2$, $\dot{x}_2 = -x_1 + x_2(1 - 3x_1^2 - 2x_2^2)$

(4) $\dot{x}_1 = -(x_1 - x_1^2) + h(x)$, $\dot{x}_2 = -(x_2 - x_2^2) + h(x)$

在第四个系统中,$h(x) = 1 - x_1 - x_2$。在各相图中标出箭头方向,并讨论每个系统的特性。

2.5   系统 $\dot{x}_1 = -x_1 - \dfrac{x_2}{\ln \sqrt{x_1^2 + x_2^2}}$, $\dot{x}_2 = -x_2 + \dfrac{x_1}{\ln \sqrt{x_1^2 + x_2^2}}$

在原点有一个平衡点。

(a)   在原点对系统线性化,证明原点是线性系统的稳定结点。

(b) 求非线性系统在原点附近的相图,证明该相图与稳定焦点相似。

     提示:把方程用极坐标表示。

(c) 说明(a)和(b)的结果为何不同。

2.6 考虑系统
$$\dot{x}_1 = -x_1 + ax_2 - bx_1x_2 + x_2^2$$
$$\dot{x}_2 = -(a+b)x_1 + bx_1^2 - x_1x_2$$

其中 $a > 0, b \neq 0$。

(a) 求出系统的所有平衡点。

(b) 对所有 $a > 0, b \neq 0$ 的值,确定各孤立平衡点的类型。

(c) 构造下列各种情况下的相图,并讨论系统的特性。

     i. $a = b = 1$

     ii. $a = 1, b = -\frac{1}{2}$

     iii. $a = 1, b = -2$

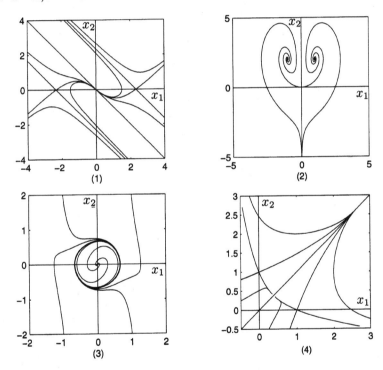

图 2.33 习题 2.4 的相图

2.7 考虑 1.2.4 节的负阻振荡器
$$h(v) = -v + v^3 - \frac{1}{5}v^5 + \frac{1}{105}v^7$$

$\varepsilon = 1$。构造 x 轴上的相图,并讨论系统的特性。

2.8 考虑系统 $\dot{x}_1 = x_2, \quad \dot{x}_2 = -x_1 + \frac{1}{16}x_1^5 - x_2$

(a) 求出所有平衡点,并确定各孤立平衡点的类型。

(b) 不用计算机程序,画出系统的相图。

2.9 对于漫游控制,可根据牛顿第二定律对平坦道路上车辆的纵向运动建模,其模型为一阶微分方程

$$m\dot{v} = u - K_c \operatorname{sgn}(v) - K_f v - K_a v^2$$

其中,m 是车辆的质量,v 是其速度,u 是发动机产生的牵引力,$K_c \operatorname{sgn}(v)$ 是库仑摩擦力,$K_f v$ 是黏滞摩擦力,$K_a v^2$ 是空气阻力,系数 K_c,K_f 和 K_a 非负。当用 PI 控制时,$u = K_I \sigma + K_P(v_d - v)$,$v_d$ 是理想速度,σ 是积分器 $\dot{\sigma} = v_d - v$ 的状态,K_I 和 K_P 是正常数。只考虑 $v \geq 0$ 的区域。

（a）用 $x_1 = \sigma$,$x_1 = v$ 作为状态变量,求系统的状态模型。

（b）设 v_d 为正常数,求出所有平衡点并确定各平衡点的类型。

（c）构造相图并讨论系统的特性,各参数值为 $m = 1500$ kg,$K_c = 110$ N,$K_f = 2.5$ N/m/s,$K_a = 1$ N/m²/s²,$K_I = 15$,$K_P = 500$ 和 $v_d = 30$ m/s。

（d）当 K_I 增大到 150 时,重复(c),并与(c)的特性进行比较。

（e）当用饱和函数把 u 限制在 $0 \leq u \leq 1800$ N时重复(c),并与(c)的特性进行比较。

2.10 考虑 1.2.2 节中的隧道二极管电路,取 $E = 0.2$ V,$R = 0.2$ kΩ,其余数据与例 2.1 相同。

（a）求出所有平衡点,并确定各点的类型。

（b）构造相图并讨论电路的特性。

2.11 取 $E = 0.4$ V,$R = 0.2$ kΩ,重复上题。

2.12 考虑 1.2.4 节的霍普菲尔德神经网络模型,$n = 2$,$V_M = 1$,$T_{21} = T_{12} = 1$。当 $i = 1,2$ 时,取 $I_i = 0$,$C_i = 1$,$\rho_i = 1$,$T_{ii} = 0$,$g_i(u) = (2/\pi)\arctan(\lambda \pi u/2)$。

（a）求出所有平衡点,并确定各点的类型。

（b）当 $\lambda = 5$ 时,构造相图并讨论系统的特性。

2.13 一个文氏桥振荡器的等效电路[40]如图 2.34 所示,$g(v_2)$ 是电压控制的电压源。

（a）用 $x_1 = v_1$,$x_2 = v_2$ 作为状态变量,证明其状态模型为

$$\begin{aligned} \dot{x}_1 &= \frac{1}{C_1 R_1}[-x_1 + x_2 - g(x_2)] \\ \dot{x}_2 &= -\frac{1}{C_2 R_1}[-x_1 + x_2 - g(x_2)] - \frac{1}{C_2 R_2}x_2 \end{aligned}$$

（b）设 $C_1 = C_2 = R_1 = R_2 = 1$,$g(v) = 3.234v - 2.195v^3 + 0.666v^5$,构造相图并讨论系统的特性。

2.14 考虑质量弹簧系统,其库仑摩擦力为

$$m\ddot{y} + ky + c\dot{y} + \eta(y,\dot{y}) = 0$$

η 与 1.2.3 节的定义相同。用分段线性分析法画出相图(无数值数据)并讨论系统的特性。

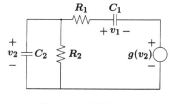

图 2.34　习题 2.13

2.15 考虑系统　$\dot{x}_1 = x_2$,　　$\dot{x}_2 = u$

控制输入 u 取 ±1。

（a）画出 $u = 1$ 时的相图。

（b）画出 $u = -1$ 时的相图。

(c) 把两个系统叠加,开发一个系统,实现在 ± 1 之间的开关控制,使状态平面内的任何一点都可以在有限时间内运动到原点。

2.16 一个捕食系统的模型[202]为

$$\dot{x}_1 = x_1(1 - x_1 - ax_2), \qquad \dot{x}_2 = bx_2(x_1 - x_2)$$

x_1 和 x_2 是无量纲的量,分别与猎物和捕食者的数量成正比,a 和 b 是正常数。

(a) 求出所有平衡点并确定各点的类型。

(b) 当 $a = 1$,$b = 0.5$ 时,在第一象限($x_1 \geq 0$,$x_2 \geq 0$)内构造相图,并讨论系统的特性。

2.17 用 Poincaré-Bendixson 准则证明以下各系统有一个周期轨道。

(1) $\ddot{y} + y \;=\; \varepsilon\dot{y}(1 - y^2 - \dot{y}^2)$

(2) $\dot{x}_1 \;=\; x_2,$ $\dot{x}_2 \;=\; -x_1 + x_2(2 - 3x_1^2 - 2x_2^2)$

(3) $\dot{x}_1 \;=\; x_2,$ $\dot{x}_2 \;=\; -x_1 + x_2 - 2(x_1 + 2x_2)x_2^2$

(4) $\dot{x}_1 \;=\; x_1 + x_2 - x_1 h(x),$ $\dot{x}_2 \;=\; -2x_1 + x_2 - x_2 h(x)$

在第四个系统中,$h(x) = \max\{|x_1|, |x_2|\}$。

2.18 [保守系统]考虑二阶系统 $\dot{x}_1 = x_2$, $\dot{x}_2 = -g(x_1)$

当 $z \in (-a, a)$,但 $z \neq 0$ 时,g 是连续可微的,且 $zg(z) > 0$。考虑能量函数

$$V(x) = \tfrac{1}{2}x_2^2 + \int_0^{x_1} g(z)\,dz$$

(a) 证明在系统运动过程中,$V(x)$ 保持常数不变。

(b) 证明当 $\|x(0)\|$ 足够小时,每个解都是周期的。

(c) 假设当 $z \in (-\infty, \infty)$,但 $z \neq 0$ 时,$zg(z) > 0$,且

$$\int_0^y g(z)\,dz \to \infty, \quad |y| \to \infty$$

证明每个解都是周期解。

(d) 假设 $g(z) = -g(-z)$ 并设 $G(y) = \int_0^y g(z)dz$,证明通过点 $(A, 0)$ 的轨线由下式给出:

$$x_2 = \pm\sqrt{2[G(A) - G(x_1)]}$$

(e) 利用(d)的结果证明,通过点 $(A, 0)$ 的闭轨道的振荡周期是

$$T(A) = 2\sqrt{2}\int_0^A \frac{dy}{[G(A) - G(y)]^{1/2}}$$

(f) 讨论如何用(d)中的轨线方程构造系统的相图。

2.19 用前面习题的结果构造以下各系统的相图,并研究其周期解。

(1) $g(x_1) = \sin x_1,$ (2) $g(x_1) = x_1 + x_1^3,$ (3) $g(x_1) = x_1^3$

在每种情况中给出通过点 $(1, 0)$ 的周期轨道的振荡周期。

2.20 证明以下各系统没有极限环:

(1) $\dot{x}_1 \;=\; -x_1 + x_2,$ $\dot{x}_2 \;=\; g(x_1) + ax_2, \;\; a \neq 1$

(2) $\dot{x}_1 \;=\; -x_1 + x_1^3 + x_1 x_2^2,$ $\dot{x}_2 \;=\; -x_2 + x_2^3 + x_1^2 x_2$

$$(3) \quad \dot{x}_1 \;=\; 1 - x_1 x_2^2, \qquad\qquad \dot{x}_2 \;=\; x_1$$

$$(4) \quad \dot{x}_1 \;=\; x_1 x_2, \qquad\qquad\quad \dot{x}_2 \;=\; x_2$$

$$(5) \quad \dot{x}_1 \;=\; x_2 \cos(x_1), \qquad\quad \dot{x}_2 \;=\; \sin x_1$$

2.21 考虑系统　　　　　$\dot{x}_1 = -x_1 + x_2(x_1 + a) - b, \qquad \dot{x}_2 = -cx_1(x_1 + a)$

a,b 和 c 是正常数,且 $b > a$。设

$$D = \left\{ x \in R^2 \mid x_1 < -a, \qquad x_2 < \frac{x_1 + b}{x_1 + a} \right\}$$

（a）证明每条始于 D 内的轨线在所有未来时刻都停留在 D 内。

（b）证明通过任何一点 $x \in D$ 都不可能存在周期轨道。

2.22 考虑系统　　　　　$\dot{x}_1 = ax_1 - x_1 x_2, \qquad \dot{x}_2 = bx_1^2 - cx_2$

a,b 和 c 是正常数,且 $c > a$。设 $D = \{x \in R^2 \mid x_2 \geqslant 0\}$

（a）证明每条始于 D 内的轨线在所有未来时刻都停留在 D 内。

（b）证明通过任何一点 $x \in D$ 都不可能存在周期轨道。

2.23 （见文献[85]）考虑系统

$$\dot{x}_1 = x_2, \qquad \dot{x}_2 = -[2b - g(x_1)]ax_2 - a^2 x_1$$

a 和 b 是正常数,且

$$g(x_1) = \begin{cases} 0, & |x_1| > 1 \\ k, & |x_1| \leqslant 1 \end{cases}$$

（a）用 Bendixson 准则证明,当 $k < 2b$ 时,没有周期轨道。

（b）用 Poincaré-Bendixson 准则证明,当 $k > 2b$ 时有周期轨道。

2.24 考虑一个二阶系统,并假设集合 $M = \{x_1^2 + x_2^2 \leqslant a^2\}$ 具有性质:始于 M 内的所有轨线在未来任何时刻都会停留在 M 内。证明 M 包含一个平衡点。

2.25 通过分析向量场证明引理2.3。

2.26 （见文献[70]）证明以下各系统中原点不是双曲型的平衡点,求出原点的指数,并证明其不是 ± 1。

$$(1) \quad \dot{x}_1 \;=\; x_1^2, \qquad\qquad \dot{x}_2 \;=\; -x_2$$

$$(2) \quad \dot{x}_1 \;=\; x_1^2 - x_2^2, \qquad \dot{x}_2 \;=\; 2x_1 x_2$$

2.27 求出以下各系统随 μ 变化时的分岔,并对其进行分类。

$$(1) \quad \dot{x}_1 = x_2, \qquad \dot{x}_2 = \mu(x_1 + x_2) - x_2 - x_1^3 - 3x_1^2 x_2$$

$$(2) \quad \dot{x}_1 = -x_1^3 + x_2, \qquad \dot{x}_2 = -(1+\mu^2)x_1 + 2\mu x_2 - \mu x_1^3 + 2(x_2 - \mu x_1)^3$$

$$(3) \quad \dot{x}_1 = x_2, \qquad \dot{x}_2 = \mu - x_2 - x_1^2 - 2x_1 x_2$$

$$(4) \quad \dot{x}_1 = x_2, \qquad \dot{x}_2 = -(1+\mu^2)x_1 + 2\mu x_2 + \mu x_1^3 - x_1^2 x_2$$

$$(5) \quad \dot{x}_1 = x_2, \qquad \dot{x}_2 = \mu(x_1 + x_2) - x_2 - x_1^3 + 3x_1^2 x_2$$

$$(6) \quad \dot{x}_1 = x_2, \qquad \dot{x}_2 = \mu(x_1 + x_2) - x_2 - x_1^2 - 2x_1 x_2$$

2.28 下面的系统用于分析生物系统中抑制神经和刺激神经之间的相互作用[195],其最简单的形式是描述两根神经的作用,x_1 表示刺激神经的输出,x_2 表示抑制神经的输出。x_1

和 x_2 的演化由下式描述：

$$\dot{x}_1 = -\frac{1}{\tau}x_1 + \tanh(\lambda x_1) - \tanh(\lambda x_2)$$

$$\dot{x}_2 = -\frac{1}{\tau}x_2 + \tanh(\lambda x_1) + \tanh(\lambda x_2)$$

其中 $\tau > 0$ 是特征时间常数，$\lambda > 0$ 是放大增益。

（a）用 Poincaré-Bendixson 准则证明当 $\lambda\tau > 1$ 时，系统有一个周期轨道。

（b）构造 $\tau = 1, \lambda = 2$ 时的相图，并讨论系统的特性。

（c）当 $\tau = 1, \lambda = 1/2$ 时重复（b）。

（d）求出当 $\mu = \lambda\tau$ 变化时发生的分岔，并对其进行分类。

2.29 有一种化学振荡器[187]，用于分析实验系统的级别，其模型为

$$\dot{x}_1 = a - x_1 - \frac{4x_1 x_2}{1 + x_1^2}, \qquad \dot{x}_2 = bx_1\left(1 - \frac{x_2}{1 + x_1^2}\right)$$

其中，x_1 和 x_2 是无量纲的量，表示某种化学成分的浓度，a 和 b 是正常数。

（a）用 Poincaré-Bendixson 准则证明当 $b < 3a/5 - 25/a$ 时，系统有一个周期轨道。

（b）构造 $a = 10, b = 2$ 时的相图，并讨论系统的特性。

（c）当 $a = 10, b = 4$ 时重复（b）。

（d）求出当 a 固定，b 变化时系统发生的分岔，并对其进行分类。

2.30 一个生化反应器可由如下模型表示：

$$\dot{x}_1 = \left(\frac{\mu_m x_2}{k_m + x_2} - d\right)x_1, \qquad \dot{x}_2 = d(x_{2f} - x_2) - \frac{\mu_m x_1 x_2}{Y(k_m + x_2)}$$

其中的状态变量和非负常数 d, μ_m, k_m, Y 和 x_{2f} 与习题 1.22 中的定义相同，设 $\mu_m = 0.5$，$k_m = 0.1, Y = 0.4, x_{2f} = 4$。

（a）求出当 $d > 0$ 时系统的所有平衡点，并确定各平衡点的类型。

（b）研究当 d 变化时系统发生的分岔。

（c）构造 $d = 0.4$ 时的相图，并讨论系统的特性。

2.31 一个生化反应器可由如下模型表示：

$$\dot{x}_1 = \left(\frac{\mu_m x_2}{k_m + x_2 + k_1 x_2^2} - d\right)x_1, \qquad \dot{x}_2 = d(x_{2f} - x_2) - \frac{\mu_m x_1 x_2}{Y(k_m + x_2 + k_1 x_2^2)}$$

其中的状态变量和非负常数 d, μ_m, k_m, k_1, Y 和 x_{2f} 与习题 1.22 中的定义相同，设 $\mu_m = 0.5$，$k_m = 0.1, k_1 = 0.5, Y = 0.4, x_{2f} = 4$。

（a）求出当 $d > 0$ 时系统的所有平衡点，并确定各平衡点的类型。

（b）研究当 d 变化时系统发生的分岔。

（c）构造 $d = 0.1$ 时的相图，并讨论系统的特性。

（d）当 $d = 0.25$ 时重复（c）。

（e）当 $d = 0.5$ 时重复（c）。

第 3 章 基 本 性 质

本章将讲述常微分方程解的基本性质,如存在性、唯一性、由初始条件决定的连续性以及由参数决定的连续性等。这些性质是状态方程 $\dot{x} = f(t,x)$ 的本质,而该方程是物理系统常用的数学模型。在进行单摆等物理实验时,我们希望从给定时刻 t_0 的初始条件开始实验,系统将运动,且在(至少紧接着 t_0 的)将来时刻 $t > t_0$ 定义其状态。对于确定系统,如果可以精确地重复实验,我们希望在 $t > t_0$ 时精确地得到同样的运动和同样的状态。对于根据系统在 t_0 时刻的状态预测其未来状态的数学模型,初值问题

$$\dot{x} = f(t,x), \qquad x(t_0) = x_0 \tag{3.1}$$

必须有唯一解。这就是将在 3.1 节提出的存在性和唯一性问题,还要证明对上式右边的函数 $f(t,x)$ 施加某些约束条件就可以保证存在性和唯一性。3.1 节用到的重要约束条件是利普希茨(Lipschitz)条件,由该条件可知在 (t_0, x_0) 的某个邻域内,对于所有 (t,x) 和 (t,y),$f(t,x)$ 满足不等式[①]

$$\|f(t,x) - f(t,y)\| \leqslant L\|x - y\| \tag{3.2}$$

一个数学模型成立的基础是其数值解的连续性。至少我们希望由模型得到的解对于已知条件任意小的误差,不会引起有较大的误差。初值问题(3.1)的已知条件就是初始状态 x_0,初始时刻 t_0 和等式右边的函数 $f(t,x)$。对初始条件 (t_0, x_0) 和对 f 的参数的连续依赖性将在 3.2 节中讨论。如果 f 对其参数是可微的,那么方程的解也对这些参数可微,这将在 3.3 节中给予证明,并用于推导灵敏度方程。灵敏度方程描述参数的微小变化对系统性能的影响。3.2 节和 3.3 节得出的连续性和可微性结论仅对有限时间区间成立,无限时间区间的连续性将在引入稳定性概念之后给出[②]。

本章最后简述比较原理,它将通过微分方程 $\dot{u} = f(t,u)$ 的解,给出标量可微不等式 $\dot{v} \leqslant f(t,v)$ 解的边界。

3.1 存在性和唯一性

本节将推导初值问题(3.1)解的存在性和唯一性的充分条件。根据方程(3.1)在区间 $[t_0, t_1]$ 的解,我们设定一个连续函数 $x : [t_0, t_1] \to R^n$,使其对于所有 $t \in [t_0, t_1]$,$\dot{x}(t)$ 有定义,且 $\dot{x}(t) = f(t, x(t))$。如果 $f(t,x)$ 对于 t 和 x 连续,那么解 $x(t)$ 一定连续可微。假设 $f(t,x)$ 对于 x 连续,但对于 t 分段连续,那么 $x(t)$ 就仅可能是分段连续可微的。$f(t,x)$ 对于 t 分段连续的假设,包括了 $f(t,x)$ 取决于时变输入,即输入随时间变化的情况。

给定初始条件的微分方程可能有几个解。例如,标量方程

---

① $\|\cdot\|$ 表示 p 范数,其定义见附录 A。
② 见 9.4 节。

$$\dot{x} = x^{1/3}, \qquad x(0) = 0 \tag{3.3}$$

有一个解为 $x(t) = (2t/3)^{3/2}$，这不是唯一的解，因为 $x(t) \equiv 0$ 是其另一个解。注意方程(3.3)的右边对于 x 连续，显然 $f(x)$ 对其自变量的连续性不足以保证其解的唯一性，必须对函数 f 施加其他条件。解的存在性问题不是很严格。事实上，$f(t,x)$ 对其自变量连续保证了至少有一个解，这里不做证明[①]，我们只证明一个用到利普希茨条件的简单定理，以说明解的存在性和唯一性。

定理 3.1（局部存在性和唯一性） 设 $f(t,x)$ 对 t 分段连续，且满足利普希茨条件

$$\|f(t,x) - f(t,y)\| \leqslant L\|x - y\|$$

$\forall x, y \in B = \{x \in R^n \mid \|x - x_0\| \leqslant r\}, \forall t \in [t_0, t_1]$，那么存在 $\delta > 0$，使状态方程 $\dot{x} = f(t,x)$，$x(t_0) = x_0$ 在 $[t_0, t_0 + \delta]$ 内有唯一解。 $\diamond$

证明：见附录 C.1。 $\square$

定理 3.1 的重要假设是利普希茨条件式(3.2)，满足式(3.2)的函数称为对于 x 是利普希茨的，且正常数 L 称为利普希茨常数，也用局部利普希茨和全局利普希茨指明利普希茨条件成立的区域。首先对仅由 x 确定的 f 引入这一概念。在定义域 D（开连通集），若 $D \subset R^n$ 内的每一点都有一个邻域 D_0，使得 f 对于 D_0 内各点都满足利普希茨条件式(3.2)，则称函数 $f(x)$ 是局部利普希茨的，其利普希茨常数为 L_0。若对于 W 内具有相同利普希茨常数 L 的所有各点，f 都满足式(3.2)，则称 f 在 W 内是利普希茨的。因为利普希茨条件可能不是对 D 内所有各点都一致（具有同一常数 L）成立，所以一个定义域 D 内的局部利普希茨函数不必在 D 内是利普希茨的。但是，一个定义域 D 内的局部利普希茨函数在 D 的每个紧子集（有界闭集）内是利普希茨的（见习题 3.19）。如果一个函数 $f(x)$ 在 R^n 内是利普希茨的，即认为该函数是全局利普希茨的。这一定义可扩展到函数 $f(t,x)$，如果假设该函数对给定时间区间内的所有 t，利普希茨条件一致成立，例如，如果每一点 $x \in D$ 都有一个邻域 D_0，具有相同的利普希茨常数 L_0，使 f 在 $[a,b] \times D_0$ 内满足式(3.2)，那么 $f(t,x)$ 在 $[a,b] \times D \subset R \times R^n$ 内对于 x 是局部利普希茨的。如果对每一个紧区间 $[a,b] \subset [t_0, \infty)$，$f(t,x)$ 在 $[a,b] \times D$ 内对于 x 是局部利普希茨的，则称 $f(t,x)$ 在 $[t_0, \infty) \times D$ 内对于 x 是局部利普希茨的。如果函数 $f(t,x)$ 对所有 $t \in [a,b]$ 和 W 内所有各点（具有相同的利普希茨常数 L）都满足式(3.2)，那么 $f(t,x)$ 在 $[a,b] \times W$ 内对于 x 是利普希茨的。

当 $f: R \to R$ 时，利普希茨条件可写成

$$\frac{|f(y) - f(x)|}{|y - x|} \leqslant L$$

其意义是，在 $f(x)$ 对 x 的曲线上，连接 $f(x)$ 任意两点的一条直线，其斜率的绝对值不可能大于 L。因此任何在某一点斜率为无穷大的函数 $f(x)$，在该点都不是利普希茨的。例如，任何不连续函数在不连续点都不是利普希茨的。另一个例子是方程(3.3)的函数 $f(x) = x^{1/3}$，它在 $x = 0$ 点不是利普希茨的，因为当 x 趋于零时，$f'(x) = (1/3)x^{-2/3}$ 趋于无穷。另外，如果 $|f'(x)|$ 在某一区间

---

① 证明见文献[135]的定理 2.3。

以常数 k 为界,那么 $f(x)$ 在这一区间是利普希茨的,利普希茨常数为 $L = k$。这一结果可扩展到向量值函数,在引理 3.1 中证明。

引理 3.1 设 $f : [a, b] \times D \to R^m$ 在某一定义域 $D \subset R^n$ 内是连续的。假设 $[\partial f/\partial x]$ 存在,且在 $[a, b] \times D$ 上连续。如果对于一个凸子集 $W \subset D$,存在一个常数 $L \geq 0$,使得在 $[a, b] \times W$ 内

$$\left\| \frac{\partial f}{\partial x}(t, x) \right\| \leq L$$

那么,对于所有 $t \in [a, b]$,$x \in W$ 和 $y \in W$,有

$$\| f(t, x) - f(t, y) \| \leq L \| x - y \| \qquad \diamond$$

证明: 设 $\| \cdot \|_p$ 是对于任意 $p \in [1, \infty]$ 的底范数(underlying norm),$q \in [1, \infty]$ 由关系式 $1/p + 1/q = 1$ 确定。固定 $t \in [a, b]$,$x \in W$,$y \in W$,对于所有 $s \in R$ 定义 $\gamma(s) = (1 - s)x + sy$,使 $\gamma(s) \in D$。由于 $W \subset D$ 是凸子集,当 $0 \leq s \leq 1$ 时 $\gamma(s) \in W$。取 $z \in R^m$,使[1]

$$\| z \|_q = 1, \qquad z^T[f(t, y) - f(t, x)] = \| f(t, y) - f(t, x) \|_p$$

设 $g(s) = z^T f(t, \gamma(s))$。由于 $g(s)$ 是实值函数,在开区间 $[0, 1]$ 内连续可微。根据均值定理,存在 $s_1 \in (0, 1)$,使

$$g(1) - g(0) = g'(s_1)$$

当 $s = 0$,$s = 1$ 时计算 g,并根据链式法则计算 $g'(s)$,得

$$z^T[f(t, y) - f(t, x)] = z^T \frac{\partial f}{\partial x}(t, \gamma(s_1))(y - x)$$

$$\| f(t, y) - f(t, x) \|_p \leq \| z \|_q \left\| \frac{\partial f}{\partial x}(t, \gamma(s_1)) \right\|_p \| y - x \|_p \leq L \| y - x \|_p$$

其中用到 Hölder 不等式 $|z^T w| \leq \| z \|_q \| w \|_p$。 □

引理 3.1 说明利普希茨常数可通过计算 $[\partial f/\partial x]$ 求得。

函数的利普希茨性比连续性更强。显然,如果 $f(x)$ 在 W 上是利普希茨的,那么它在 W 上就是一致连续的(见习题 3.20)。反之则不成立,从函数 $f(x) = x^{1/3}$ 即可看出它是连续的,但在 $x = 0$ 点不是局部利普希茨的。下一个引理将论述利普希茨性要比连续可微性弱。

引理 3.2 如果在某一定义域 $D \subset R^n$ 内,$f(t, x)$ 和 $[\partial f/\partial x](t, x)$ 在 $[a, b] \times D$ 内是连续的,那么 f 在 $[a, b] \times D$ 上对于 x 是局部利普希茨的。 $\diamond$

证明: 对于 $x_0 \in D$,设 r 足够小,使球 $D_0 = \{ x \in R^n \mid \| x - x_0 \| \leq r \}$ 包含在 D 内,D_0 是紧凸集。由连续性可知,$[\partial f/\partial x]$ 在 $[a, b] \times D_0$ 上有界,设 L_0 是 $\| \partial f/\partial x \|$ 在 $[a, b] \times D_0$ 上的界,由引理 3.1 可知,f 在 $[a, b] \times D_0$ 上是利普希茨的,利普希茨常数为 L_0。 □

把引理 3.1 的证明扩展到证明下面的引理,作为习题留给读者(见习题 3.22)。

引理 3.3 如果 $f(t, x)$ 和 $[\partial f/\partial x](t, x)$ 在 $[a, b] \times R^n$ 上连续,那么当且仅当 $[\partial f/\partial x]$ 在 $[a, b] \times R^n$ 上一致有界时,f 在 $[a, b] \times R^n$ 上对于 x 是全局利普希茨的。 $\diamond$

---

[1] 这样的 z 总是存在的,见习题 3.21。

例3.1 函数
$$f(x) = \begin{bmatrix} -x_1 + x_1 x_2 \\ x_2 - x_1 x_2 \end{bmatrix}$$

在 R^2 上连续可微,因此在 R^2 上是局部利普希茨的。但是,它不是全局利普希茨的,因为 $[\partial f/\partial x]$ 在 R^2 上不是一致有界的。在 R^2 的任何紧子集上,f 是利普希茨的。假设只想计算在凸集 $W = \{x \in R^2 \mid |x_1| \leqslant a_1, |x_2| \leqslant a_2\}$ 上的一个利普希茨常数,雅可比矩阵由下式给出:

$$\left[\frac{\partial f}{\partial x}\right] = \begin{bmatrix} -1 + x_2 & x_1 \\ -x_2 & 1 - x_1 \end{bmatrix}$$

利用 R^2 上对向量的范数 $\|\cdot\|_\infty$ 和矩阵的导出阵模,有

$$\left\|\frac{\partial f}{\partial x}\right\|_\infty = \max\{|-1 + x_2| + |x_1|, |x_2| + |1 - x_1|\}$$

W 内的所有点都满足

$$|-1 + x_2| + |x_1| \leqslant 1 + a_2 + a_1, \qquad |x_2| + |1 - x_1| \leqslant a_2 + 1 + a_1$$

因此
$$\left\|\frac{\partial f}{\partial x}\right\|_\infty \leqslant 1 + a_1 + a_2$$

利普希茨常数可取为 $L = 1 + a_1 + a_2$。 △

例3.2 函数
$$f(x) = \begin{bmatrix} x_2 \\ -\mathrm{sat}(x_1 + x_2) \end{bmatrix}$$

在 R^2 上不是连续可微的,通过检验 $f(x) - f(y)$ 来检验函数的利普希茨性。利用 R^2 上对向量的 $\|\cdot\|_2$ 和饱和函数 $\mathrm{sat}(\cdot)$ 满足

$$|\mathrm{sat}(\eta) - \mathrm{sat}(\xi)| \leqslant |\eta - \xi|$$

可得
$$\begin{aligned} \|f(x) - f(y)\|_2^2 &\leqslant (x_2 - y_2)^2 + (x_1 + x_2 - y_1 - y_2)^2 \\ &= (x_1 - y_1)^2 + 2(x_1 - y_1)(x_2 - y_2) + 2(x_2 - y_2)^2 \end{aligned}$$

利用不等式

$$a^2 + 2ab + 2b^2 = \begin{bmatrix} a \\ b \end{bmatrix}^{\mathrm{T}} \begin{bmatrix} 1 & 1 \\ 1 & 2 \end{bmatrix} \begin{bmatrix} a \\ b \end{bmatrix} \leqslant \lambda_{\max}\left\{\begin{bmatrix} 1 & 1 \\ 1 & 2 \end{bmatrix}\right\} \times \left\|\begin{bmatrix} a \\ b \end{bmatrix}\right\|_2^2$$

可得
$$\|f(x) - f(y)\|_2 \leqslant \sqrt{2.618}\,\|x - y\|_2, \quad \forall\, x, y \in R^2$$

这里用到了半正定对称矩阵的性质,即对于所有 $x \in R^n$, $x^{\mathrm{T}} P x \leqslant \lambda_{\max}(P) x^{\mathrm{T}} x$,其中 $\lambda_{\max}(\cdot)$ 是矩阵的最大特征值。如果我们用更保守的不等式

$$a^2 + 2ab + 2b^2 \leqslant 2a^2 + 3b^2 \leqslant 3(a^2 + b^2)$$

就会得到一个更为保守的(更大的)利普希茨常数,这样得到的利普希茨常数为 $L = \sqrt{3}$。 △

在上面的两个例子中,一个用到 $\|\cdot\|_\infty$,另一个用到 $\|\cdot\|_2$。由于范数是等价的,所以在 R^n 上选择哪种范数并不影响函数的利普希茨性,只影响利普希茨常数的值(见习题3.5)。例3.2说明,式(3.2)的利普希茨条件不能唯一地定义利普希茨常数 L。如果式(3.2)满足某一正常数 L,那么它就满足任何大于 L 的常数。通过定义 L 是满足式(3.2)的最小常数,即可消除这一非唯一性,但一般不必这么做。

定理3.1是局部定理,因为它仅在区间$[t_0, t_0+\delta]$保证了存在性和唯一性,其中δ可以非常小,也就是说对δ没有控制。因此,我们不能确保在给定时间区间$[t_0, t_1]$内的存在性和唯一性。然而,可以通过重复应用局部定理扩展存在区间。从时间t_0开始,初始状态为$x(t_0)=x_0$。定理(3.1)说明存在一个正常数δ(取决于x_0),使状态方程(3.1)在时间区间$[t_0, t_0+\delta]$上有唯一解。现在,把$t_0+\delta$作为新的初始时间,把$x(t_0+\delta)$作为新的初始状态,就可以应用定理(3.1)在$t_0+\delta$上建立解的存在性。如果在$(t_0+\delta, x(t_0+\delta))$上满足定理的条件,就存在$\delta_2 > 0$,使方程在通过点$(t_0+\delta, x(t_0+\delta))$的区间$[t_0+\delta, t_0+\delta+\delta_2]$上有唯一解。把$[t_0, t_0+\delta]$和$[t_0+\delta, t_0+\delta+\delta_2]$上的解拼在一起,即可建立在区间$[t_0, t_0+\delta+\delta_2]$上唯一解的存在性。这一概念可重复应用以保持解的扩展。但一般情况下解的存在区间不能无限扩展,因为定理3.1的条件可能会不再成立。存在一个最大区间$[t_0, T)$,使始于(t_0, x_0)的唯一解存在[1]。一般来说T可能小于t_1,随着t趋于T,解不再属于任何紧集,在其内f对于x是局部利普希茨的(见习题3.26)。

例3.3　考虑标量系统　　　　　　　$\dot{x} = -x^2, \qquad x(0) = -1$

对于所有$x \in R$,函数$f(x) = -x^2$是局部利普希茨的,因此它在R的任何紧子集上都是利普希茨的,在$[0, 1)$上存在唯一解

$$x(t) = \frac{1}{t-1}$$

当t趋于1时,$x(t)$不再属于任何紧子集。　　　　　　　　　　　　　　　　　　　△

用"有限逃逸时间"一词描述轨迹在有限时间内逃到无穷远处的现象。在例3.3中我们说轨迹在$t=1$处有一个有限逃逸时间。

在前面例3.3的讨论中,会提出这样的问题:什么时候可以保证解的无限扩展？解决这一问题的途径之一是需要附加条件,以保证解$x(t)$总是在$f(t, x)$对于x是一致利普希茨的集内。这一问题将在下一个定理中通过要求f满足全局利普希茨条件得到解决。该定理建立了在区间$[t_0, t_1]$内唯一解的存在性,其中t_1可以任意大。

定理3.2(全局存在性和唯一性)　　假设$f(t, x)$对t分段连续,且满足
$$\|f(t, x) - f(t, y)\| \leq L\|x - y\|$$
$\forall x, y \in R^n, \forall t \in [t_0, t_1]$,那么状态方程$\dot{x} = f(t, x), x(t_0) = x_0$在$[t_0, t_1]$内有唯一解。　　◇

证明:见附录C.1。　　　　　　　　　　　　　　　　　　　　　　　　　　　　□

例3.4　考虑线性系统

$$\dot{x} = A(t)x + g(t) = f(t, x)$$

其中$A(t)$和$g(t)$是t的分段连续函数,在任何有限时间区间$[t_0, t_1]$内,$A(t)$的元素是有界的,因此$\|A(t)\| \leq a$,$\|A\|$是任意导出阵模。由于对所有$x, y \in R^n$和$t \in [t_0, t_1]$,有
$$\|f(t, x) - f(t, y)\| = \|A(t)(x - y)\| \leq \|A(t)\| \, \|x - y\| \leq a\|x - y\|$$

所以满足定理3.2的条件。定理3.2说明线性系统在$[t_0, t_1]$内有唯一解。由t_1可以任意大,可得出这样的结论:如果$\forall t \geq t_0$,$A(t)$和$g(t)$分段连续,那么$\forall t \geq t_0$系统有唯一解。因此,系统不可能有有限逃逸时间。　　　　　　　　　　　　　　　　　　　　　　△

---

[1]　这一论述的证明参见文献[81]的8.5节或文献[135]的2.3节。

对于例 3.4 的线性系统,定理 3.2 所要求的利普希茨条件是合理的。一般来说,非线性系统可能没有这种情况。应该区别定理 3.1 的局部利普希茨条件和定理 3.2 的全局利普希茨条件。由连续可微性指明,函数的局部利普希茨性要求函数基本上是光滑的。除了将物理现象理想化的不连续非线性,希望物理系统模型右边的函数具有局部利普希茨性是合理的。不是局部利普希茨的连续函数的这种例外情况,在实际中极少出现。此外,全局利普希茨性是严格的,很多物理系统的模型不能满足它。构造不具有全局利普希茨性,但具有全局唯一解的光滑而有意义的例子很容易,这是定理 3.2 保守的一面。

例 3.5 考虑标量系统
$$\dot{x} = -x^3 = f(x)$$

由于雅可比函数 $\partial f / \partial x = -3x^2$ 不是全局有界的,因此函数 $f(x)$ 不满足全局利普希茨条件。然而对任何初始状态 $x(t_0) = x_0$,方程有唯一解

$$x(t) = \text{sign}(x_0) \sqrt{\frac{x_0^2}{1 + 2x_0^2(t - t_0)}}$$

对于任何 $t \geq t_0$ 都成立。 △

考虑到全局利普希茨条件的保守性,常用具有全局存在性和唯一性定理,该定理要求函数 f 仅是局部利普希茨的。下面的定理满足了这一要求,但必须知道关于系统解的更多信息。

定理 3.3 设对于所有 $t \geq t_0$ 和定义域 $D \subset R^n$ 内的 x, $f(t,x)$ 对 t 分段连续,对 x 是局部利普希茨的,并设 W 是 D 的一个紧子集,$x_0 \in W$,并假设

$$\dot{x} = f(t,x), \quad x(t_0) = x_0$$

的每个解都在 W 内,那么对于所有 $t \geq t_0$,系统有唯一解。 ◇

证明: 回顾前面例 3.3 中扩展解的讨论。根据定理 3.1,在 $[t_0, t_0 + \delta]$ 内存在唯一的局部解。设 $[t_0, T)$ 是存在区间的最大值,我们想要证明 $T = \infty$。回顾一下(见习题 3.26),如果 T 有限,那么解一定不再属于 D 的任何紧子集。由于解永远不会离开紧集 W,所以 $T = \infty$。 □

应用定理 3.3 可以检验是否每个解都在紧子集中的假设成立,而无须解微分方程。在第 4 章中将会看到研究稳定性的李雅普诺夫法在这方面非常有价值。现在通过一个简单的例子说明该定理的应用。

例 3.6 仍考虑例 3.5 的系统
$$\dot{x} = -x^3 = f(x)$$

函数 $f(x)$ 在 R 上是局部利普希茨的。如果在任何时刻 $x(t)$ 是正的,导数 $\dot{x}(t)$ 就一定是负的。同样,如果 $x(t)$ 是负的,导数 $\dot{x}(t)$ 就一定是正的。因此从任何初始条件 $x(0) = a$ 开始的解都不可能离开紧集 $\{x \in R \mid |x| \leq |a|\}$。这样,无须计算解,就可以根据定理 3.3 得出结论:对于所有 $t \geq 0$,方程有唯一解。 △

3.2 连续性与初始条件和参数的关系

我们感兴趣的是状态方程(3.1)的解,它与初始状态 x_0,初始时间 t_0 和方程右边的函数 $f(t,x)$ 有关。由积分关系

$$x(t) = x_0 + \int_{t_0}^{t} f(s, x(s)) \, ds$$

可明显看出对初始时间的连续依赖,我们将其作为习题留给读者。我们主要关心解对初始状态 x_0 和函数 f 的连续依赖关系。设 $y(t)$ 是方程(3.1)的一个解,始于 $y(t_0) = y_0$ 且定义在时间紧区间 $[t_0, t_1]$ 上。如果始于 y_0 附近的解定义在同一时间区间且在这一区间内彼此接近,则该解连续依赖于 y_0。用 ε-δ 语言可描述为:给定 $\varepsilon > 0$,存在 $\delta > 0$,使得对于球 $\{x \in R^n \mid \|x - y_0\| < \delta\}$ 内的所有 z_0,方程 $\dot{x} = f(t, x)$,$z(t_0) = z_0$ 在 $[t_0, t_1]$ 内有唯一解 $z(t)$,且对于所有 $t \in [t_0, t_1]$ 满足 $\|z(t) - y(t)\| < \varepsilon$。用类似方法可定义对方程右边函数 f 的连续依赖,但为了精确地叙述定义,需要 f 扰动的数学表达式。一个可能的表达式就是用函数序列 f_m 代替 f,当 m 趋于无穷时,f_m 一致收敛于 f。对于每个函数 f_m,方程 $\dot{x} = f_m(t, x)$,$x(t_0) = x_0$ 的解由 $x_m(t)$ 表示。如果当趋于无穷时,$x_m(t)$ 趋于 $x(t)$,就说解连续依赖于方程右边的函数。这一方法略显复杂,这里不加赘述[①]。更为严格但更简单的表达式是假设 f 连续依赖于一组常数参数,即 $f = f(t, x, \lambda)$,$\lambda \in R^p$。常数参数可以是表示系统的物理参数,对这些参数的扰动研究可说明由于参数老化造成的建模误差或变化。设 $x(t, \lambda_0)$ 是 $\dot{x} = f(t, x, \lambda_0)$,$x(t_0, \lambda_0) = x_0$ 定义在 $[t_0, t_1]$ 上的解。如果对于任意 $\varepsilon > 0$,存在 $\delta > 0$ 使得对于球 $\{\lambda \in R^p \mid \|\lambda - \lambda_0\| < \delta\}$ 内的所有 λ,方程 $\dot{x} = f(t, x, \lambda)$,$x(t_0, \lambda) = x_0$ 在 $[t_0, t_1]$ 内有唯一解,且对于所有 $t \in [t_0, t_1]$ 满足 $\|x(t, \lambda) - (t, \lambda_0)\| < \varepsilon$,则称解连续依赖于 λ。

与初始状态的连续依赖和与参数的连续依赖可同时研究,我们将从一个简单的结果开始,绕过存在性和唯一性问题,集中讨论解的封闭性(closeness of solutions)。

定理 3.4 设 $f(t, x)$ 在 $[t_0, t_1] \times W$ 上对于 t 分段连续,且对于 x 是利普希茨的,利普希茨常数为 L,其中 $W \subset R^n$ 是开连通集,设 $y(t)$ 和 $z(t)$ 分别是方程

$$\dot{y} = f(t, y), \quad y(t_0) = y_0$$

和

$$\dot{z} = f(t, z) + g(t, z), \quad z(t_0) = z_0$$

的解,对于所有 $t \in [t_0, t_1]$,有 $y(t), z(t) \in W$。假设对于 $\mu > 0$,有

$$\|g(t, x)\| \leqslant \mu, \quad \forall \, (t, x) \in [t_0, t_1] \times W$$

那么　　　　$$\|y(t) - z(t)\| \leqslant \|y_0 - z_0\| \exp[L(t - t_0)] + \frac{\mu}{L} \{\exp[L(t - t_0)] - 1\} \qquad \diamond$$

证明: 解 $y(t)$ 和 $z(t)$ 由

$$\begin{aligned} y(t) &= y_0 + \int_{t_0}^{t} f(s, y(s)) \, ds \\ z(t) &= z_0 + \int_{t_0}^{t} [f(s, z(s)) + g(s, z(s))] \, ds \end{aligned}$$

给出。两个方程相减,并取范数,得

---

① 用该方法得到的连续依赖参数可参阅文献[43]的1.3节,文献[75]的1.3节或文献[135]的2.5节。

$$\|y(t) - z(t)\| \leqslant \|y_0 - z_0\| + \int_{t_0}^{t} \|f(s, y(s)) - f(s, z(s))\| \, ds$$

$$+ \int_{t_0}^{t} \|g(s, z(s))\| \, ds$$

$$\leqslant \gamma + \mu(t - t_0) + \int_{t_0}^{t} L\|y(s) - z(s)\| \, ds$$

其中 $\gamma = \|y_0 - z_0\|$。对函数 $\|y(t) - z(t)\|$ 应用 Gronwall-Bellman 不等式（见引理 A.1），得到

$$\|y(t) - z(t)\| \leqslant \gamma + \mu(t - t_0) + \int_{t_0}^{t} L[\gamma + \mu(s - t_0)] \exp[L(t - s)] \, ds$$

对右边进行分步积分，得

$$\|y(t) - z(t)\| \leqslant \gamma + \mu(t - t_0) - \gamma - \mu(t - t_0) + \gamma \exp[L(t - t_0)]$$

$$+ \int_{t_0}^{t} \mu \exp[L(t - s)] \, ds$$

$$= \gamma \exp[L(t - t_0)] + \frac{\mu}{L} \{\exp[L(t - t_0)] - 1\}$$

证毕。 □

有了定理 3.4，就可以证明下面的定理，该定理说明解的连续性与初始状态和参数的关系。

定理 3.5 设 $f(t, x, \lambda)$ 在 $[t_0, t_1] \times D \times \{\|\lambda - \lambda_0\| \leqslant c\}$ 上对 (t, x, λ) 分段连续，且对 x 是局部利普希茨的（对 t 和 λ 是一致的），其中 $D \subset R^n$ 是开连通集。设 $y(t, \lambda_0)$ 是 $\dot{x} = f(t, x, \lambda_0)$，$y(t_0, \lambda_0) = y_0 \in D$ 的解。假设对于所有 $t \in [t_0, t_1]$，$y(t, \lambda_0)$ 有定义，且属于 D，那么对于给定的 $\varepsilon > 0$，存在 $\delta > 0$，如果

$$\|z_0 - y_0\| < \delta, \qquad \|\lambda - \lambda_0\| < \delta$$

那么 $\dot{x} = f(t, x, \lambda)$，$z(t_0, \lambda) = z_0$，有定义在 $[t_0, t_1]$ 上的唯一解 $z(t, \lambda)$，且 $z(t, \lambda)$ 满足

$$\|z(t, \lambda) - y(t, \lambda_0)\| < \varepsilon, \quad \forall t \in [t_0, t_1] \qquad \diamondsuit$$

证明： 由 $y(t, \lambda_0)$ 对 t 的连续性和在 $[t_0, t_1]$ 上的紧性可知，$y(t, \lambda_0)$ 在 $[t_0, t_1]$ 上是有界的。在解 $y(t, \lambda_0)$ 周围由

$$U = \{(t, x) \in [t_0, t_1] \times R^n \mid \|x - y(t, \lambda_0)\| \leqslant \varepsilon\}$$

定义一条管子 U（见图 3.1）。假设 $U \subset [t_0, t_1] \times D$，如果不满足该条件，则应用 $\varepsilon_1 < \varepsilon$ 代换 ε，ε_1 应足够小，以保证 $U \subset [t_0, t_1] \times D$，并继续用 ε_1 进行证明。U 是紧集，因此 $f(t, x, \lambda)$ 在 U 上对 x 是利普希茨的，其利普希茨常数为 L。由 f 对 λ 的连续性，对于任意 $\alpha > 0$，存在 $\beta > 0$（$\beta < c$），使

$$\|f(t, x, \lambda) - f(t, x, \lambda_0)\| < \alpha, \ \forall (t, x) \in U, \ \forall \|\lambda - \lambda_0\| < \beta$$

取 $\alpha < \varepsilon$，且 $\|z_0 - y_0\| < \alpha$。根据局部存在性和唯一性定理，在某一时间区间 $[t_0, t_0 + \Delta]$ 内，一定存在唯一解 $z(t, \lambda)$。这个解从管子 U 内部开始，并且只要在管内就可以扩展。我们将证明，选择一个足够小的 α，使对于所有 $t \in [t_0, t_1]$，解总保持在 U 内。特别地，设 τ 为解离开管子的第一时间，证明可以使 $\tau > t_1$。在时间区间 $[t_0, \tau]$ 上，当 $\mu = \alpha$ 时满足定理 3.4 的条件。因此

$$\|z(t,\lambda) - y(t,\lambda_0)\| \quad < \quad \alpha \exp[L(t-t_0)] + \frac{\alpha}{L}\{\exp[L(t-t_0)] - 1\}$$

$$< \quad \alpha\left(1 + \frac{1}{L}\right)\exp[L(t-t_0)]$$

选择 $\alpha \leqslant \varepsilon L \exp[-L(t_1-t_0)]/(1+L)$，以保证解 $z(t,\lambda)$ 在区间 $[t_0,t_1]$ 内不能离开管内。因此 $z(t,\lambda)$ 定义在 $[t_0,t_1]$ 内且满足 $\|z(t,\lambda) - y(t,\lambda_0)\| < \varepsilon$。取 $\delta = \min\{\alpha,\beta\}$，证毕。　　□

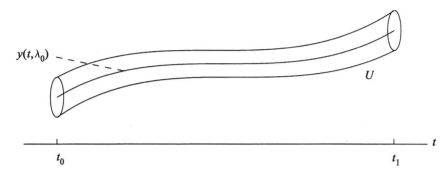

图 3.1　围绕解 $y(t,\lambda_0)$ 构造的一条管子

3.3　解的可微性和灵敏度方程

假设对于所有 $(t,x,\lambda) \in [t_0,t_1] \times R^n \times R^p$，$f(t,x,\lambda)$ 对于 (t,x,λ) 连续，且对于 x 和 λ 有一阶偏导数，设 λ_0 是 λ 的一个标称值，并假设标称状态方程

$$\dot{x} = f(t,x,\lambda_0), \qquad x(t_0) = x_0$$

在 $[t_0,t_1]$ 上有唯一解 $x(t,\lambda_0)$。由定理 3.5 可知，当所有 λ 足够接近 λ_0，即 $\|\lambda - \lambda_0\|$ 足够小时，状态方程　　　　　$\dot{x} = f(t,x,\lambda), \qquad x(t_0) = x_0$

在 $[t_0,t_1]$ 上有唯一解 $x(t,\lambda)$，该解接近于标称解 $x(t,\lambda_0)$。f 对于 x 和 λ 的连续可微性是指附加性质，即解 $x(t,\lambda)$ 对于 λ_0 附近的 λ 是可微的，为说明这一点，取

$$x(t,\lambda) = x_0 + \int_{t_0}^{t} f(s,x(s,\lambda),\lambda) \, ds$$

求对 λ 的偏导数，可得

$$x_\lambda(t,\lambda) = \int_{t_0}^{t} \left[\frac{\partial f}{\partial x}(s,x(s,\lambda),\lambda) \, x_\lambda(s,\lambda) + \frac{\partial f}{\partial \lambda}(s,x(s,\lambda),\lambda)\right] ds$$

其中 $x_\lambda(t,\lambda) = [\partial x(t,\lambda)/\partial \lambda]$，$[\partial x_0/\partial \lambda] = 0$，因为 x_0 与 λ 无关。对 t 求微分，即可看出 $x_\lambda(t,\lambda)$ 满足微分方程

$$\frac{\partial}{\partial t}x_\lambda(t,\lambda) = A(t,\lambda)x_\lambda(t,\lambda) + B(t,\lambda), \quad x_\lambda(t_0,\lambda) = 0 \tag{3.4}$$

其中，　　　　$A(t,\lambda) = \left.\frac{\partial f(t,x,\lambda)}{\partial x}\right|_{x=x(t,\lambda)}, \quad B(t,\lambda) = \left.\frac{\partial f(t,x,\lambda)}{\partial \lambda}\right|_{x=x(t,\lambda)}$

当 λ 足够接近 λ_0 时，矩阵 $A(t,\lambda)$ 和 $B(t,\lambda)$ 在 $[t_0,t_1]$ 上有定义，因此 $x_\lambda(t,\lambda)$ 也定义在同一区间。在 $\lambda = \lambda_0$ 处，式(3.4)的右边仅与标称解 $x(t,\lambda_0)$ 有关。设 $S(t) = x_\lambda(t,\lambda_0)$，那么

$S(t)$ 就是方程

$$\dot{S}(t) = A(t,\lambda_0)S(t) + B(t,\lambda_0), \quad S(t_0) = 0 \tag{3.5}$$

的唯一解。函数 $S(t)$ 称为灵敏度函数,式(3.5)称为灵敏度方程。灵敏度函数给出解受参数变化影响的一阶估值,也可用于当 λ 足够接近标称值 λ_0 时逼近系统方程的解。当 $\| \lambda - \lambda_0 \|$ 较小时,$x(t,\lambda)$ 可在标称解 $x(t,\lambda_0)$ 附近按泰勒级数展开,得

$$x(t,\lambda) = x(t,\lambda_0) + S(t)(\lambda - \lambda_0) + 高阶项$$

忽略高阶项,解 $x(t,\lambda)$ 可由

$$x(t,\lambda) \approx x(t,\lambda_0) + S(t)(\lambda - \lambda_0) \tag{3.6}$$

近似。这里不去验证这个近似值,在第 10 章讨论扰动理论时验证。式(3.6)的意义是,知道标称解和灵敏度函数,就足以逼近在以 λ_0 为中心的小球内对所有 λ 值的解。

计算灵敏度函数 $S(t)$ 的步骤可总结如下:

- 解标称状态方程的标称解 $x(t,\lambda_0)$。
- 计算雅可比矩阵

$$A(t,\lambda_0) = \left.\frac{\partial f(t,x,\lambda)}{\partial x}\right|_{x=x(t,\lambda_0),\lambda=\lambda_0}, \quad B(t,\lambda_0) = \left.\frac{\partial f(t,x,\lambda)}{\partial \lambda}\right|_{x=x(t,\lambda_0),\lambda=\lambda_0}$$

- 解灵敏度方程(3.5)求 $S(t)$。

在上述步骤中,需要解非线性标称状态方程和线性时变灵敏度方程。除了某些简单的情况,我们必须求这些方程的数值解。另一个计算 $S(t)$ 的方法是同时求标称解和灵敏度函数,可以对初始状态方程附加变分方程(3.4),然后设 $\lambda = \lambda_0$,获得 $(n + np)$ 阶增广方程

$$\begin{aligned}
\dot{x} &= f(t,x,\lambda_0), & x(t_0) &= x_0 \\
\dot{S} &= \left[\frac{\partial f(t,x,\lambda)}{\partial x}\right]_{\lambda=\lambda_0} S + \left[\frac{\partial f(t,x,\lambda)}{\partial \lambda}\right]_{\lambda=\lambda_0}, & S(t_0) &= 0
\end{aligned} \tag{3.7}$$

这样就可用数值方法求解。注意,如果初始状态方程是自治的,也就是说,$f(t,x,\lambda) = f(x,\lambda)$,那么增广方程(3.7)也是自治的。后面的步骤将在下面的例题中说明。

例 3.7　考虑锁相环模型

$$\begin{aligned}
\dot{x}_1 &= x_2 & &= f_1(x_1,x_2) \\
\dot{x}_2 &= -c\sin x_1 - (a + b\cos x_1)x_2 & &= f_2(x_1,x_2)
\end{aligned}$$

并假设参数 a,b 和 c 的标称值为 $a_0 = 1, b_0 = 0, c_0 = 1$,则标称系统为

$$\begin{aligned}
\dot{x}_1 &= x_2 \\
\dot{x}_2 &= -\sin x_1 - x_2
\end{aligned}$$

雅可比矩阵 $[\partial f/\partial x]$ 和 $[\partial f/\partial \lambda]$ 由下式给出:

$$\frac{\partial f}{\partial x} = \begin{bmatrix} 0 & 1 \\ -c\cos x_1 + bx_2\sin x_1 & -(a + b\cos x_1) \end{bmatrix}$$

$$\frac{\partial f}{\partial \lambda} = \begin{bmatrix} \dfrac{\partial f}{\partial a} & \dfrac{\partial f}{\partial b} & \dfrac{\partial f}{\partial c} \end{bmatrix} = \begin{bmatrix} 0 & 0 & 0 \\ -x_2 & -x_2\cos x_1 & -\sin x_1 \end{bmatrix}$$

计算标称参数 $a=1,b=0,c=1$ 时的雅可比矩阵,得

$$\frac{\partial f}{\partial x}\Big|_{标称} = \begin{bmatrix} 0 & 1 \\ -\cos x_1 & -1 \end{bmatrix}$$

$$\frac{\partial f}{\partial \lambda}\Big|_{标称} = \begin{bmatrix} 0 & 0 & 0 \\ -x_2 & -x_2\cos x_1 & -\sin x_1 \end{bmatrix}$$

设 $$S = \begin{bmatrix} x_3 & x_5 & x_7 \\ x_4 & x_6 & x_8 \end{bmatrix} = \begin{bmatrix} \dfrac{\partial x_1}{\partial a} & \dfrac{\partial x_1}{\partial b} & \dfrac{\partial x_1}{\partial c} \\ \dfrac{\partial x_2}{\partial a} & \dfrac{\partial x_2}{\partial b} & \dfrac{\partial x_2}{\partial c} \end{bmatrix}\Big\|_{标称}$$

可给出方程(3.7)

$$
\begin{aligned}
\dot{x}_1 &= x_2, & x_1(0) &= x_{10} \\
\dot{x}_2 &= -\sin x_1 - x_2, & x_2(0) &= x_{20} \\
\dot{x}_3 &= x_4, & x_3(0) &= 0 \\
\dot{x}_4 &= -x_3\cos x_1 - x_4 - x_2, & x_4(0) &= 0 \\
\dot{x}_5 &= x_6, & x_5(0) &= 0 \\
\dot{x}_6 &= -x_5\cos x_1 - x_6 - x_2\cos x_1, & x_6(0) &= 0 \\
\dot{x}_7 &= x_8, & x_7(0) &= 0 \\
\dot{x}_8 &= -x_7\cos x_1 - x_8 - \sin x_1, & x_8(0) &= 0
\end{aligned}
$$

该方程的解是当初始状态为 $x_{10}=x_{20}=1$ 时计算的。图3.2(a)所示的 x_3,x_5 和 x_7 分别是 x_1 对 a,b 和 c 的灵敏度。图3.2(b)所示的是 x_2 相应的曲线。从这些图上可以看出,解对参数 c 变化时的灵敏度比对参数 a 和 b 变化时的灵敏度高,这与解其他初始状态方程是一致的。 $\triangle$

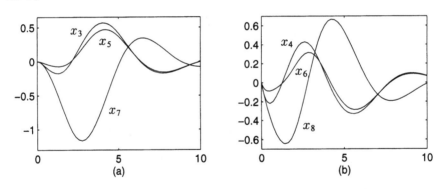

图3.2 例3.7的灵敏度函数

3.4 比较原理

研究状态方程 $\dot{x}=f(t,x)$ 时,常常需要计算其解 $x(t)$ 的边界,而不是解本身。Gronwall-Bellman 不等式(见引理 A.1)是用于这一目的的方法之一,另一方法就是比较引理。比较引理用于某一时间区间内,标量可微函数 $v(t)$ 的导数对于所有 t 都满足形如 $\dot{v}(t)\leqslant f(t,v(t))$ 的不等式,该不等式称为微分不等式,满足这一不等式的函数 $v(t)$ 称为微分不等式的解。比较引理把微分不等式 $\dot{v}(t)\leqslant f(t,v(t))$ 的解与微分方程 $\dot{u}=f(t,u)$ 的解相比较。该引理甚至可用于当 $v(t)$ 不可微,但有一个满足微分不等式的上右导数 $D^+v(t)$ 时的情况。上右导数 $D^+v(t)$ 的定义见附录 C.2。我们只需要知道下面两点:

- 如果 $v(t)$ 对于 t 可微,那么 $D^+ v(t) = \dot{v}(t)$。

- 如果

$$\frac{1}{h}|v(t+h) - v(t)| \leqslant g(t, h), \quad \forall \, h \in (0, b]$$

且

$$\lim_{h \to 0^+} g(t, h) = g_0(t)$$

那么,$D^+ v(t) \leqslant g_0(t)$。

极限 $h \to 0^+$ 是指 h 从上面趋于零。

引理 3.4(比较引理) 考虑标量微分方程

$$\dot{u} = f(t, u), \quad u(t_0) = u_0$$

对于所有 $t \geqslant 0$ 和所有 $u \in J \subset R$,$f(t, u)$ 对于 t 连续可微,且对于 u 是局部利普希茨的。设 $[t_0, T]$(T 可以是无限的)是解 $u(t)$ 存在的最大区间,并且假设对于所有 $t \in [t_0, T)$,有 $u(t) \in J$。设 $v(t)$ 是连续函数,其上右导数 $D^+ v(t)$ 对于所有 $t \in [t_0, T)$,$v(t) \in J$ 满足微分不等式

$$D^+ v(t) \leqslant f(t, v(t)), \quad v(t_0) \leqslant u_0$$

那么,对于所有 $t \in [t_0, T)$,有 $v(t) \leqslant u(t)$。 $\diamond$

证明:见附录 C.2。 $\square$

例 3.8 标量微分方程 $\quad \dot{x} = f(x) = -(1 + x^2)x, \quad x(0) = a$

对于某一 $t_1 > 0$ 在 $[0, t_1]$ 上有唯一解,这是因为 $f(x)$ 对 x 是局部利普希茨的。设 $v(t) = x^2(t)$,则函数 $v(t)$ 是可微的,其导数为

$$\dot{v}(t) = 2x(t)\dot{x}(t) = -2x^2(t) - 2x^4(t) \leqslant -2x^2(t)$$

因此 $v(t)$ 满足微分不等式

$$\dot{v}(t) \leqslant -2v(t), \quad v(0) = a^2$$

设 $u(t)$ 是微分方程

$$\dot{u} = -2u, \quad u(0) = a^2 \quad \Rightarrow \quad u(t) = a^2 e^{-2t}$$

的解。所以根据比较引理,解 $x(t)$ 对于所有 $t \geqslant 0$ 都有定义,且满足

$$|x(t)| = \sqrt{v(t)} \leqslant e^{-t}|a|, \quad \forall \, t \geqslant 0 \qquad \triangle$$

例 3.9 标量微分方程 $\quad \dot{x} = f(t, x) = -(1 + x^2)x + e^t, \quad x(0) = a$

对于某一 $t_1 > 0$ 在 $[0, t_1]$ 上有唯一解,这是因为 $f(t, x)$ 对于 x 是局部利普希茨的。与上例相似,我们求 $|x(t)|$ 的上界。与例 3.8 一样,从 $v(t) = x^2(t)$ 开始。v 的导数为

$$\dot{v}(t) = 2x(t)\dot{x}(t) = -2x^2(t) - 2x^4(t) + 2x(t)e^t \leqslant -2v(t) + 2\sqrt{v(t)}e^t$$

可对此微分不等式应用比较引理,但得到的微分方程不易求解。考虑选择另一个 $v(t)$,设 $v(t) = |x(t)|$,当 $x(t) \neq 0$ 时,函数 $v(t)$ 是可微的,其导数为

$$\dot{v}(t) = \frac{d}{dt}\sqrt{x^2(t)} = \frac{x(t)\dot{x}(t)}{|x(t)|} = -|x(t)|[1 + x^2(t)] + \frac{x(t)}{|x(t)|}e^t$$

由于 $1 + x^2(t) \geqslant 1$,因此有 $-|x(t)|[1 + x^2(t)] \leqslant -|x(t)|$ 和 $\dot{v}(t) \leqslant -v(t) + e^t$。而当

$x(t) = 0$ 时,有

$$\frac{|v(t+h) - v(t)|}{h} = \frac{|x(t+h)|}{h} = \frac{1}{h}\left|\int_t^{t+h} f(\tau, x(\tau))\, d\tau\right|$$

$$= \left| f(t,0) + \frac{1}{h}\int_t^{t+h} [f(\tau, x(\tau)) - f(t, x(t))]\, d\tau \right|$$

$$\leqslant |f(t,0)| + \frac{1}{h}\int_t^{t+h} |f(\tau, x(\tau)) - f(t, x(t))|\, d\tau$$

由于 $f(t, x(t))$ 是 t 的连续函数,因此给定 $\varepsilon > 0$,存在 $\delta > 0$,使得对于所有 $|\tau - t| < \delta$, $|f(\tau, x(\tau)) - f(t, x(t))| < \varepsilon$,因此,对于所有 $h < \delta$,有

$$\frac{1}{h}\int_t^{t+h} |f(\tau, x(\tau)) - f(t, x(t))|\, d\tau < \varepsilon$$

说明

$$\lim_{h\to 0^+} \frac{1}{h}\int_t^{t+h} |f(\tau, x(\tau)) - f(t, x(t))|\, d\tau = 0$$

这样,只要 $x(t) = 0$,就有 $D^+ v(t) \leqslant |f(t,0)| = e^t$。因此,对于所有 $t \in [0, t_1)$,有

$$D^+ v(t) \leqslant -v(t) + e^t, \quad v(0) = |a|$$

设 $u(t)$ 是线性微分方程 $\qquad \dot{u} = -u + e^t, \quad u(0) = |a|$

的解,由比较引理可得

$$v(t) \leqslant u(t) = e^{-t}|a| + \frac{1}{2}\left[e^t - e^{-t}\right], \quad \forall\, t \in [0, t_1)$$

对于每个有限的 $t_1, v(t)$ 的上界都是有限的,只有当 t_1 趋于无穷时趋于无限。因此,解 $x(t)$ 对于所有 $t \geqslant 0$ 都有定义,且满足

$$|x(t)| \leqslant e^{-t}|a| + \frac{1}{2}\left[e^t - e^{-t}\right], \quad \forall\, t \geqslant 0 \qquad\qquad \triangle$$

3.5　习题

3.1　对下面给出的每个函数 $f(x)$,求(a) f 是否连续可微;(b) f 是否为局部利普希茨的; (c)是 f 否连续;(d) f 是否为全局利普希茨的。

(1) $f(x) = x^2 + |x|$　　　　　　　　(2) $f(x) = x + \operatorname{sgn}(x)$

(3) $f(x) = \sin(x)\operatorname{sgn}(x)$　　　　　　(4) $f(x) = -x + a\sin(x)$

(5) $f(x) = -x + 2|x|$　　　　　　　(6) $f(x) = \tan(x)$

(7) $f(x) = \begin{bmatrix} ax_1 + \tanh(bx_1) - \tanh(bx_2) \\ ax_2 + \tanh(bx_1) + \tanh(bx_2) \end{bmatrix}$

(8) $f(x) = \begin{bmatrix} -x_1 + a|x_2| \\ -(a+b)x_1 + bx_1^2 - x_1 x_2 \end{bmatrix}$

3.2　设 $D_r = \{x \in R^n \mid \|x\| < r\}$。下列各系统由 $\dot{x} = f(t, x)$ 表示,求 (a)对于足够小的 r,在 D_r 上,f 对 x 是否为局部利普希茨的;(b)对于任意有限的 $r > 0$, 在 D_r 上,f 对 x 是否为局部利普希茨的;(c) f 对 x 是为否全局利普希茨的。

(1) 具有摩擦力和常数输入力矩的单摆方程(见 1.2.1 节)。

(2) 隧道二极管电路(见例 2.1)。

(3) 具有线性弹簧、线性黏滞阻力、库仑摩擦力且外力为零时的质量-弹簧方程(见 1.2.3 节)。

(4) 范德波尔振荡器(见例 2.6)。

(5) 三阶自适应控制系统的闭环方程(见 1.2.6 节)。

(6) 系统 $\dot{x} = Ax - B\psi(Cx)$,其中 A,B 和 C 分别是 $n \times n, n \times 1$ 和 $1 \times n$ 阶矩阵,$\psi(\cdot)$ 为图 1.10(c)所示的死区非线性特性。

3.3 证明如果 $f_1:R \to R$ 和 $f_2:R \to R$ 是局部利普希茨的,那么 $f_1 + f_2$,$f_1 f_2$ 和 $f_2 \circ f_1$ 都是局部利普希茨的。

3.4 设 $f:R^n \to R^n$ 定义为

$$f(x) = \begin{cases} \frac{1}{\|Kx\|} Kx, & g(x)\|Kx\| \geqslant \mu > 0 \\ \frac{g(x)}{\mu} Kx, & g(x)\|Kx\| < \mu \end{cases}$$

其中,$g:R^n \to R$ 是局部利普希茨的,且非负,K 是常数矩阵。证明 $f(x)$ 在 R^n 的任何紧子集上都是利普希茨的。

3.5 设 $\|\cdot\|_\alpha$ 和 $\|\cdot\|_\beta$ 在 R^n 上有两个不同的 p 范数。证明:$f:R^n \to R^m$ 对 $\|\cdot\|_\alpha$ 是利普希茨的,当且仅当它对 $\|\cdot\|_\beta$ 是利普希茨的时。

3.6 设 $f(t,x)$ 对于 t 分段连续,对于 x 是局部利普希茨的,且

$$\|f(t,x)\| \leqslant k_1 + k_2\|x\|, \quad \forall (t,x) \in [t_0, \infty) \times R^n$$

(a) 证明式(3.1)的解对存在解的所有 $t \geqslant t_0$,满足

$$\|x(t)\| \leqslant \|x_0\| \exp[k_2(t - t_0)] + \frac{k_1}{k_2}\{\exp[k_2(t - t_0)] - 1\}$$

(b) 该解存在有限逃逸时间吗?

3.7 设 $g:R^n \to R^n$ 对于所有 $x \in R^n$ 连续可微,$f(x)$ 由下式定义:

$$f(x) = \frac{1}{1 + g^T(x)g(x)} g(x)$$

证明 $\dot{x} = f(x), x(0) = x_0$ 对于所有 $t \geqslant 0$ 有唯一解。

3.8 证明状态方程

$$\begin{aligned} \dot{x}_1 &= -x_1 + \frac{2x_2}{1 + x_2^2}, & x_1(0) = a \\ \dot{x}_2 &= -x_2 + \frac{2x_1}{1 + x_1^2}, & x_2(0) = b \end{aligned}$$

对于所有 $t \geqslant 0$ 有唯一解。

3.9 假二阶系统 $\dot{x} = f(x)$ 有一个极限环,$f(x)$ 是局部利普希茨的。证明任何始于极限环包围的区域内的解都不可能存在有限逃逸时间。

3.10 当 L 和 C 与其标称值不同时,推导例 2.1 中隧道二极管电路的灵敏度方程。

3.11 当 ε 与其标称值不同时,推导例 2.6 中范德波尔振荡器的灵敏度方程。要求使用 x 轴的状态方程。

3.12 使用 z 轴上的状态方程重复上面的习题。

3.13 当参数 a, b, c 与其标称值 $a_0 = 1, b_0 = 0, c_0 = 1$ 不同时,推导系统

$$\dot{x}_1 = \arctan(ax_1) - x_1 x_2, \qquad \dot{x}_2 = bx_1^2 - cx_2$$

的灵敏度方程。

3.14 考虑系统

$$\dot{x}_1 = -\frac{1}{\tau}x_1 + \tanh(\lambda x_1) - \tanh(\lambda x_2)$$

$$\dot{x}_2 = -\frac{1}{\tau}x_2 + \tanh(\lambda x_1) + \tanh(\lambda x_2)$$

其中 λ 和 τ 是正常数。

(a) 当 λ 和 τ 与其标称值 λ_0 和 τ_0 不同时,推导系统的灵敏度方程。

(b) 证明 $r = \sqrt{x_1^2 + x_2^2}$ 满足微分不等式

$$\dot{r} \leqslant -\frac{1}{\tau}r + 2\sqrt{2}$$

(c) 运用比较引理证明状态方程的解满足不等式

$$\|x(t)\|_2 \leqslant e^{-t/\tau}\|x(0)\|_2 + 2\sqrt{2}\tau(1 - e^{-t/\tau})$$

3.15 运用比较引理证明状态方程

$$\dot{x}_1 = -x_1 + \frac{2x_2}{1 + x_2^2}, \qquad \dot{x}_2 = -x_2 + \frac{2x_1}{1 + x_1^2}$$

的解满足不等式 $\qquad \|x(t)\|_2 \leqslant e^{-t}\|x(0)\|_2 + \sqrt{2}(1 - e^{-t})$

3.16 运用比较引理求标量方程

$$\dot{x} = -x + \frac{\sin t}{1 + x^2}, \quad x(0) = 2$$

的解的上界。

3.17 考虑方程(3.1)的初值问题,并设 $D \subset R^n$ 是包含 $x = 0$ 的定义域。假设对于所有 $t \geqslant t_0$,方程(3.1)的解 $x(t)$ 属于 D,且在 $[t_0, \infty) \times D$ 上有 $\|f(t, x)\|_2 \leqslant L\|x\|_2$。证明

(a) $$\left| \frac{d}{dt}[x^{\mathrm{T}}(t)x(t)] \right| \leqslant 2L\|x(t)\|_2^2$$

(b) $$\|x_0\|_2 \exp[-L(t - t_0)] \leqslant \|x(t)\|_2 \leqslant \|x_0\|_2 \exp[L(t - t_0)]$$

3.18 设 $y(t)$ 是非负标量函数,满足不等式

$$y(t) \leqslant k_1 e^{-\alpha(t - t_0)} + \int_{t_0}^{t} e^{-\alpha(t - \tau)}[k_2 y(\tau) + k_3] \, d\tau$$

其中 k_1, k_2 和 k_3 是非负常数,α 是正常数,且满足 $\alpha > k_2$。运用 Gronwall-Bellman 不等式证明

$$y(t) \leqslant k_1 e^{-(\alpha - k_2)(t - t_0)} + \frac{k_3}{\alpha - k_2}\left[1 - e^{-(\alpha - k_2)(t - t_0)}\right]$$

提示:取 $z(t) = y(t)e^{\alpha(t - t_0)}$,并求 z 满足的不等式。

3.19 设 $f : R^n \to R^n$ 在定义域 $D \subset R^n$ 内是局部利普希茨的,$S \subset D$ 是紧集。证明存在一个正常数 L,使得对于所有 $x, y \in S$,有

$$\|f(x) - f(y)\| \leqslant L\|x - y\|$$

提示：集 S 可由有限个邻域覆盖，即

$$S \subset N(a_1, r_1) \cup N(a_2, r_2) \cup \cdots \cup N(a_k, r_k)$$

分别考虑下面两种情况：

- 对于某个 i，有 $x, y \in S \cap N(a_i, r_i)$
- 对于任何 i，有 $x, y \notin S \cap N(a_i, r_i)$。在这种情况下，$\|x - y\| \geqslant c$，$c > 0$

第二种情况要用到 $f(x)$ 在 S 上一致有界。

3.20 证明如果 $f: R^n \to R^n$ 在 $W \subset R^n$ 上是利普希茨的，$f(x)$ 在 W 上就是一致连续的。

3.21 对于任何 $x \in R^n - \{0\}$ 和 $p \in [1, \infty)$，由

$$y_i = \frac{x_i^{p-1}}{\|x\|_p^{p-1}} \operatorname{sign}(x_i^p)$$

定义 $y \in R^n$。证明 $y^T x = \|x\|_p$ 和 $\|y\|_q = 1$，其中 $q \in (1, \infty]$ 由 $1/p + 1/q = 1$ 确定。当 $p = \infty$ 时，求一个向量 y，满足 $y^T x = \|x\|_\infty$ 和 $\|y\|_1 = 1$。

3.22 证明引理 3.3。

3.23 设 $f(x)$ 是把凸定义域 $D \subset R^n$ 映射到 R^n 上的一个连续可微函数。设 D 包含原点 $x = 0$ 和 $f(0) = 0$，证明

$$f(x) = \int_0^1 \frac{\partial f}{\partial x}(\sigma x) \, d\sigma \, x, \quad \forall x \in D$$

提示：当 $0 \leqslant \sigma \leqslant 1$ 时，设定 $g(\sigma) = f(\sigma x)$，并运用 $g(1) - g(0) = \int_0^1 g'(\sigma) d\sigma$。

3.24 设 $V: R \times R^n \to R$ 连续可微。假设对于所有 $t \geqslant 0$，有 $V(t, 0) = 0$，且

$$V(t, x) \geqslant c_1\|x\|^2; \quad \left\|\frac{\partial V}{\partial x}(t, x)\right\| \leqslant c_4\|x\|, \quad \forall (t, x) \in [0, \infty) \times D$$

其中 c_1 和 c_4 是正常数，且 $D \subset R^n$ 是包含原点 $x = 0$ 的凸定义域。

(a) 证明对于所有 $x \in D$，有 $V(t, x) \leqslant \frac{1}{2} c_4 \|x\|^2$。

提示：运用表达式 $V(t, x) = \int_0^1 \frac{\partial V}{\partial X}(t, \sigma x) d\sigma x$。

(b) 证明常数 c_1 和 c_4 必须满足 $2c_1 \leqslant c_4$。

(c) 证明 $W(t, x) = \sqrt{V(t, x)}$ 满足利普希茨条件

$$|W(t, x_2) - W(t, x_1)| \leqslant \frac{c_4}{2\sqrt{c_1}}\|x_2 - x_1\|, \quad \forall t \geqslant 0, \forall x_1, x_2 \in D$$

3.25 设 $f(t, x)$ 在 $[t_0, t_1] \times D$ 上某一定义域 $D \subset R^n$ 内，对于 t 分段连续，对于 x 是局部利普希茨的，W 是 D 的紧子集，$x(t)$ 是 $\dot{x} = f(t, x)$ 始于 $x(t_0) = x_0 \in W$ 的解。假设 $x(t)$ 有定义，且对于所有 $t \in [t_0, T)$，有 $x(t) \in W$，$T < t_1$。

(a) 证明 $x(t)$ 在 $[t_0, T)$ 上一致连续。

(b) 证明 $x(T)$ 有定义且属于 W，$x(t)$ 是 $[t_0, T]$ 上的一个解。

(c) 证明存在 $\delta > 0$，使解可扩展到 $[t_0, T + \delta]$。

3.26 设 $f(t,x)$ 在 $[t_0,t_1] \times D$ 上某一定义域 $D \subset R^n$ 内,对于 t 分段连续,对于 x 是局部利普希茨的, $y(t)$ 是方程(3.1)在最大开区间 $[t_0,T) \subset [t_0,t_1]$ 上的解, $T < \infty$。设 W 是 D 的紧子集,证明存在 $t \in [t_0,T)$,使 $y(t) \notin W$。

提示:运用前面的习题。

3.27 (见文献[43])设 $x_1: R \to R^n$ 和 $x_2: R \to R^n$ 是可微函数,当 $a \leqslant t \leqslant b$ 时

$$\|x_1(a) - x_2(a)\| \leqslant \gamma, \quad \|\dot{x}_i(t) - f(t,x_i(t))\| \leqslant \mu_i, \quad i = 1,2$$

成立。如果 f 满足式(3.2)的利普希茨条件,证明

$$\|x_1(t) - x_2(t)\| \leqslant \gamma e^{L(t-a)} + (\mu_1 + \mu_2) \left[\frac{e^{L(t-a)} - 1}{L} \right], \quad a \leqslant t \leqslant b$$

3.28 证明:在定理3.5的假设下,方程(3.1)的解连续取决于初始时刻 t_0。

3.29 设 $f(t,x)$ 及其对 x 的偏导数在所有 $(t,x) \in [t_0,t_1] \times R^n$ 内对 (t,x) 连续。设 $x(t,\eta)$ 是方程(3.1)始于 $x(t_0) = \eta$ 的解,并假设 $x(t,\eta)$ 在 $[t_0,t_1]$ 上有定义。证明 $x(t,\eta)$ 对 η 连续可微,并求 $[\partial x/\partial \eta]$ 满足的变量方程。

提示:用 $y = x - \eta$ 把方程(3.1)变换为

$$\dot{y} = f(t, y + \eta), \quad y(t_0) = 0$$

η 为参数。

3.30 设 $f(t,x)$ 及其对 x 的偏导数在所有 $(t,x) \in R \times R^n$ 内对 (t,x) 连续。设 $x(t,a,\eta)$ 是方程(3.1)始于 $x(a) = \eta$ 的解,并假设 $x(t,a,\eta)$ 在 $[a,t_1]$ 上有定义。证明 $x(t,a,\eta)$ 对 a 和 η 连续可微,并设 $x_a(t)$ 和 $x_\eta(t)$ 分别表示 $[\partial x/\partial a]$ 和 $[\partial x/\partial \eta]$,证明 $x_a(t)$ 和 $x_\eta(t)$ 满足等式

$$x_a(t) + x_\eta(t) f(a,\eta) \equiv 0, \quad \forall \, t \in [a,t_1]$$

3.31 (见文献[43])设 $f: R \times R \to R$ 是连续函数。假设 $f(t,x)$ 对于每个固定的 t 值对 x 是局部利普希茨的,而且是非减的。设 $x(t)$ 是 $\dot{x} = f(t,x)$ 在区间 $[a,b]$ 上的解, $a \leqslant t \leqslant b$ 时连续函数 $y(t)$ 满足积分不等式

$$y(t) \leqslant x(a) + \int_a^t f(s, y(s)) \, ds$$

证明在整个区间内有 $y(t) \leqslant x(t)$。

第4章　李雅普诺夫稳定性

在系统理论和工程中,稳定性理论起着主导作用。在动力学系统的研究中会出现各种不同的稳定性问题。本章主要讨论平衡点的稳定性,在后面几章里还将介绍其他各种稳定性,如输入-输出稳定性和周期性轨道的稳定性等。平衡点的稳定性特征一般由李雅普诺夫(Lyapunov)理论确定,Lyapunov 是俄国的数学家和工程师,他建立了稳定性的基础理论。如果所有始于平衡点附近的解始终保持在这一点附近,那么该平衡点是稳定的,反之则平衡点不稳定。如果所有始于平衡点附近的解不仅保持在平衡点附近,而且随时间趋于无穷而趋向平衡点,则该平衡点是渐近稳定的。4.1 节对这些概念进行了精确阐述,并给出了自治系统李雅普诺夫法的基本理论。4.2 节给出了 LaSalle 对李雅普诺夫法基本理论的扩展。对于线性时不变系统 $\dot{x}(t) = Ax(t)$,平衡点 $x = 0$ 的稳定性特征可完全由 A 的特征值所处的位置确定,4.3 节将讨论这一内容。同时这一节还将说明何时在平衡点对系统线性化,以及如何确定线性化后该点的稳定性。4.4 节将介绍广泛用于本章以及本书其余部分的 $\mathcal{K}$ 类函数和 $\mathcal{KL}$ 类函数。4.5 节和 4.6 节把李雅普诺夫法扩展到了非自治系统。在 4.5 节定义了非自治系统的一致稳定性、一致渐近稳定性和指数稳定性等概念,并用李雅普诺夫法验证了这些定义。4.6 节将研究线性时变系统及其线性化。

李雅普诺夫稳定性理论给出了稳定性和渐近稳定性等的充分条件,但没有指出这些充分条件是否也是必要条件。有些定理至少从概念上确定了许多李雅普诺夫稳定性定理中的给定条件实际上也是必要条件,这样的定理一般称为逆定理,逆定理将在 4.7 节中提出。此外,还将用指数稳定性的逆定理证明,对于非线性系统的一个平衡点,当且仅当在该点线性化后的系统在原点处有一个指数稳定的平衡点时,原平衡点是指数稳定的。

李雅普诺夫稳定性分析可用于证明系统解的有界性,即使系统没有平衡点。这部分内容将在 4.8 节给予证明,这一节还介绍了一致有界性和毕竟有界性的概念。最后,4.9 节介绍了输入-状态稳定性的概念,这就将李雅普诺夫稳定性理论自然地引申到有输入的系统中。

4.1　自治系统

考虑自治系统
$$\dot{x} = f(x) \tag{4.1}$$

其中,$f : D \to R^n$ 是从定义域 $D \subset R^n$ 到 R^n 上的局部利普希茨映射。假定 $\bar{x} \in D$ 是方程(4.1)的平衡点,即 $f(\bar{x}) = 0$。我们的目的是确定 $\bar{x}$ 的稳定性特征,并对其进行研究。为方便起见,在此声明所有定义和定理都是对平衡点在 R^n 上的原点,即 $\bar{x} = 0$ 时的情况而言。这样做并不失一般性,因为经过变量代换总可以把平衡点变换为原点。假设 $\bar{x} \neq 0$,经 $y = x - \bar{x}$ 变换后,y 的导数为
$$\dot{y} = \dot{x} = f(x) = f(y + \bar{x}) \stackrel{\text{def}}{=} g(y), \quad 其中 \ g(0) = 0$$

对于新变量 y,系统在原点处有平衡点。于是,我们总假定 $f(x)$ 满足 $f(0) = 0$,并研究原点 $x = 0$ 的稳定性。

定义 4.1　对于方程(4.1)的平衡点 $x = 0$,

- 如果对于每个 $\varepsilon > 0$,都存在 $\delta = \delta(\varepsilon) > 0$,满足

$$\|x(0)\| < \delta \Rightarrow \|x(t)\| < \varepsilon, \quad \forall \, t \geqslant 0$$

则该平衡点是稳定的;

- 如果不稳定,该平衡点就是非稳定的;
- 如果稳定,且可选择适当的 δ,满足

$$\|x(0)\| < \delta \Rightarrow \lim_{t \to \infty} x(t) = 0$$

则该平衡点是渐近稳定的。

在稳定性理论中,要求采用 ε-δ 语言的描述形式。为了证明原点的稳定性,对于任何一个给定的方程和精心指定的 ε 值,必须构造一个 δ 值,δ 的构造可能与 ε 有关,以使始于原点的 δ 邻域内的轨线始终在 ε 邻域内。1.2.1 节的单摆一例可用于说明三种类型的稳定性质。单摆方程为

$$
\begin{aligned}
\dot{x}_1 &= x_2 \\
\dot{x}_2 &= -a\sin x_1 - bx_2
\end{aligned}
$$

该方程有两个平衡点 $(x_1 = 0, x_2 = 0)$ 和 $(x_1 = \pi, x_2 = 0)$。设 $b = 0$,忽略摩擦力,在第 2 章(见图 2.2)中可以看到,第一个平衡点邻域内的轨线是闭轨道,于是可以保证始于与该平衡点足够近的轨线始终在以该平衡点为中心的特定球域内,因此稳定性满足 ε-δ 语言的要求。但是,第一个平衡点不是渐近稳定的,因为始于该平衡点的轨线最终并未趋于该平衡点,而是保持为闭轨道。当考虑摩擦力时 $(b > 0)$,原点处的平衡点变为稳定焦点。从稳定焦点的相图也可以看出,稳定性满足 ε-δ 条件的要求。另外,始于平衡点近处的轨线随着 t 趋于无穷而趋于该平衡点。在 $x_1 = \pi$ 处的平衡点是鞍点,显然不满足 ε-δ 条件,因为对于任何足够小的 $\varepsilon > 0$,总存在一条轨线会离开球域 $\{x \in R^n \mid \|x - \bar{x}\| \leqslant \varepsilon\}$,即使当 $x(0)$ 任意接近平衡点 $\bar{x}$。

实际上,定义 4.1 是要求方程(4.1)的解对于所有 $t \geqslant 0$ 都有定义[①]。函数 f 的局部利普希茨性无法保证方程(4.1)解的全局存在性,但后面将要证明李雅普诺夫定理需要的附加条件会保证解的全局存在性,这一内容将作为定理 3.3 的应用加以讨论。

定义了平衡点的稳定性和渐近稳定性后,下一步是找出确定稳定性的方法。在单摆例子中使用的方法依赖于单摆方程的相图,对这一方法的推广实际上需要求出方程(4.1)的所有解,尽管这样做可能很困难,甚至是不可能的;然而,用能量的概念也能得到我们已得到的关于单摆稳定平衡点的结论。将单摆的能量 $E(x)$ 定义为动能与势能之和,选择势能的参考点,使 $E(0) = 0$,即

$$E(x) = \int_0^{x_1} a\sin y \, dy + \frac{1}{2}x_2^2 = a(1 - \cos x_1) + \frac{1}{2}x_2^2$$

当忽略摩擦力时 $(b = 0)$,系统是保守系统,也就是说系统没有能量损耗。因此,系统在运动过程中 E 为常数,即沿系统的轨线有 $dE/dt = 0$。因为当 c 较小时,$E(x) = c$ 表示一条绕 $x = 0$ 的闭等高线(周线),同样可得到 $x = 0$ 是稳定平衡点的结论。在考虑摩擦的情况下 $(b > 0)$,系统在运动过程中有能量损耗,即沿系统的轨线有 $dE/dt \leqslant 0$。由于摩擦力的作用,系统在运动中

不可能始终保持能量 E 为常数,而是逐渐减少,最终为零。这表明轨线随着 t 趋于无穷而趋近 $x=0$,因而有可能通过检验 E 沿系统轨线的导数确定平衡点的稳定性。1892 年,Lyapunov 证明了能够用某些其他函数代替能量以确定平衡点的稳定性。设 $V:D\rightarrow R$ 为定义在包含原点的 $D\subset R^n$ 上的连续可微函数,V 沿方程(4.1)轨线的导数用 $\dot{V}(x)$ 表示,有

$$\dot{V}(x) = \sum_{i=1}^{n}\frac{\partial V}{\partial x_i}\dot{x}_i = \sum_{i=1}^{n}\frac{\partial V}{\partial x_i}f_i(x)$$

$$= \left[\begin{array}{cccc}\frac{\partial V}{\partial x_1}, & \frac{\partial V}{\partial x_2}, & \cdots, & \frac{\partial V}{\partial x_n}\end{array}\right]\left[\begin{array}{c}f_1(x)\\f_2(x)\\\vdots\\f_n(x)\end{array}\right] = \frac{\partial V}{\partial x}f(x)$$

V 沿系统轨线的导数与系统方程有关,因而系统不同,$\dot{V}(x)$ 也不同。如果 $\phi(t;x)$ 是方程(4.1)在 $t=0$ 时刻始于初始状态 x 的解,那么

$$\dot{V}(x) = \frac{d}{dt}V(\phi(t;x))\Big|_{t=0}$$

于是,如果 $\dot{V}(x)$ 为负,则 V 将减少沿系统(4.1)的解。下面是李雅普诺夫稳定性定理。

定理4.1　设 $x=0$ 是方程(4.1)的一个平衡点,$D\subset R^n$ 是包含原点的定义域。设 $V:D\rightarrow R$ 是连续可微函数,如果

$$V(0) = 0, \quad V(x) > 0 \quad \text{在 } D-\{0\}\text{内} \tag{4.2}$$

$$\dot{V}(x) \leqslant 0 \quad \text{在 } D\text{内} \tag{4.3}$$

那么,原点 $x=0$ 是稳定的。此外,如果

$$\dot{V}(x) < 0 \quad \text{在 } D-\{0\}\text{内} \tag{4.4}$$

那么,原点 $x=0$ 是渐近稳定的。　　　　　$\diamondsuit$

证明:给定 $\varepsilon>0$,选择 $r\in(0,\varepsilon]$,满足

$$B_r = \{x\in R^n \mid \|x\|\leqslant r\} \subset D$$

设 $\alpha = \min_{\|x\|=r}V(x)$,则由式(4.2)可得 $\alpha>0$。取 $\beta\in(0,\alpha)$,并设

$$\Omega_\beta = \{x\in B_r \mid V(x)\leqslant\beta\}$$

那么,Ω_β 在 B_r 内[①](见图 4.1)。集合 Ω_β 具有下面的性质,即当 $t\geqslant0$ 时,在 $t=0$ 时刻始于 Ω_β 内的任何轨线都保持在 Ω_β 内,这是由式(4.3)得到的,因为

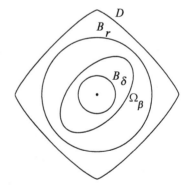

图 4.1　证明定理 4.1 中各集合的几何表示

$$\dot{V}(x(t))\leqslant 0 \Rightarrow V(x(t))\leqslant V(x(0))\leqslant\beta, \; \forall\, t\geqslant 0$$

由于 Ω_β 是紧集[②],所以由定理 3.3 可得出这样的结论:只要 $x(0)\in\Omega_\beta$,则对于所有 $t\geqslant0$,方

---

① 　该结论可由反证法证明。假定 Ω_β 不在 B_r 内,那么存在一点 $p\in\Omega_\beta$ 在 B_r 的边界上,在该点有 $V(p)\geqslant\alpha>\beta$,但对于所有 $x\in\Omega_\beta$,有 $V(x)\leqslant\beta$,与假设矛盾。

② 　由定义可知 Ω_β 是闭集,又因为它包含于 B_r 内,所以有界。

程(4.1)有唯一解。因为 $V(x)$ 连续且 $V(0)=0$，故存在 $\delta>0$ 满足

$$\|x\| \leqslant \delta \;\Rightarrow\; V(x)<\beta$$

那么， $B_\delta \subset \Omega_\beta \subset B_r$

并且 $x(0)\in B_\delta \Rightarrow x(0)\in\Omega_\beta \Rightarrow x(t)\in\Omega_\beta \Rightarrow x(t)\in B_r$

因此 $\|x(0)\|<\delta \Rightarrow \|x(t)\|<r\leqslant\varepsilon,\;\forall\,t\geqslant0$

说明平衡点 $x=0$ 是稳定的。现在假设式(4.4)也成立，为证明渐近稳定性，需要证明当 t 趋于无穷时，$x(t)$ 趋于零，即对于每个 $a>0$，存在 $T>0$，使对于所有 $t>T$ 都有 $\|x(t)\|<a$。重复前面的证明过程可知，对于每个 $a>0$，可选择 $b>0$，满足 $\Omega_b\subset B_a$。因此，足以证明当 t 趋于无穷时，$V(x(t))$ 趋于零。由于 $V(x(t))$ 是单调递减函数，且下界为零

$$V(x(t)) \to c\geqslant0 \quad \text{当}\; t\to\infty$$

为证明 $c=0$，采用反证法。假设 $c>0$，由 $V(x)$ 的连续性可知，存在 $d>0$ 使 $B_d\subset\Omega_c$。极限 $V(x(t))\to c>0$ 是指对于所有 $t\geqslant0$，轨线 $x(t)$ 位于球 B_d 之外。设 $-\gamma=\max_{d\leqslant\|x\|\leqslant r}\dot V(x)$，该式是成立的，因为连续函数 $\dot V(x)$ 在紧集 $\{d\leqslant\|x\|\leqslant r\}$[①] 上有最大值。由式(4.4)可知，$-\gamma<0$，从而有

$$V(x(t))=V(x(0))+\int_0^t \dot V(x(\tau))\,d\tau \leqslant V(x(0))-\gamma t$$

该不等式的右边最终为负，故与假设 $c>0$ 相矛盾。   □

　　满足式(4.2)和式(4.3)的连续可微函数 $V(x)$ 称为李雅普诺夫函数。对于某个 $c>0$，曲面 $V(x)=c$ 称为李雅普诺夫面或等位面。图 4.2 的李雅普诺夫面使定理更直观明了，它显示了当 c 增大时李雅普诺夫面的变化情况。条件 $\dot V\leqslant0$ 是指当轨线与李雅普诺夫面 $V(x)=c$ 相交，并会向 $\Omega_c=\{x\in R^n\,|\,V(x)\leqslant c\}$ 内运动，而永远不会再运

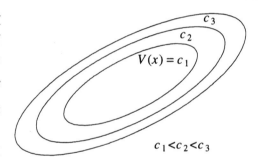

图 4.2　李雅普诺夫函数的等位面

动到该区域以外。当 $\dot V<0$ 时，轨线从一个李雅普诺夫面向内部 c 较小的李雅普诺夫面运动。随着 c 的减小，李雅普诺夫面 $V(x)=c$ 最终缩小到原点，这说明轨线随着时间增加而趋于原点。如果只知道 $\dot V\leqslant0$，则并不能确定轨线是否趋于原点[②]，但可以肯定原点是稳定的，因为通过要求初始条件 $x(0)$ 位于包含于任意球域 B_ε 内的李雅普诺夫面内，轨线就可以包含于该球域内。

　　满足条件(4.2)的函数 $V(x)$ 称为是正定的，即 $V(x)$ 满足 $V(0)=0$，且当 $x\neq0$ 时 $V(x)>0$。如果当 $x\neq0$ 时 $V(x)\geqslant0$，则称 $V(x)$ 是半正定的。如果 $-V(x)$ 是正定的或半正定的，则称 $V(x)$ 是负定的或半负定的。如果 $V(x)$ 不属于上述四种情况中的任何一种，则称 $V(x)$ 为不定的。有了上述定义，李雅普诺夫定理可重述为：如果存在一个连续可微的正定函数 $V(x)$，使 $\dot V(x)$ 为半负定的，那么原点是稳定的；如果使 $\dot V(x)$ 为负定的，那么原点是渐近稳定的。

　　有一类标量函数很容易确定其正定性，即二次型

---

①　参见文献[10]的定理4.20。

②　参见4.2节的 LaSalle 定理。

$$V(x) = x^{\mathrm{T}}Px = \sum_{i=1}^{n}\sum_{j=1}^{n} p_{ij}x_i x_j$$

其中 P 是实对称矩阵。当且仅当 P 的所有特征值都为正(或非负)时,$V(x)$ 是正定的(或半正定的);当且仅当 P 的所有前主子式为正(或 P 的所有主子式非负)时,$V(x)$ 也是正定的(或半正定的)[①]。如果 $V(x) = x^{\mathrm{T}}Px$ 是正定的(或半正定的),则称矩阵 P 是正定的(或半正定的),记为 $P > 0$(或 $P \geqslant 0$)。

例 4.1　考虑
$$\begin{aligned}
V(x) &= ax_1^2 + 2x_1 x_3 + ax_2^2 + 4x_2 x_3 + ax_3^2 \\
&= [x_1\ x_2\ x_3]\begin{bmatrix} a & 0 & 1 \\ 0 & a & 2 \\ 1 & 2 & a \end{bmatrix}\begin{bmatrix} x_1 \\ x_2 \\ x_3 \end{bmatrix} = x^{\mathrm{T}}Px
\end{aligned}$$

P 的前主子式是 a, a^2 和 $a(a^2 - 5)$。因此,如果 $a > \sqrt{5}$,那么 $V(x)$ 是正定的。如果 $V(x)$ 是负定的,那么 $-P$ 的所有前主子式都应该是正的。即,矩阵 P 的各前主子式的符号应该是正负交替的:奇数主子式为负,偶数主子式为正。因而,当 $a < -\sqrt{5}$ 时,$V(x)$ 是负定的。通过计算所有主子式,可知如果 $a \geqslant \sqrt{5}$,则 $V(x)$ 是半正定的;如果 $a \leqslant -\sqrt{5}$,则 $V(x)$ 是半负定的;当 $a \in (-\sqrt{5}, \sqrt{5})$ 时,$V(x)$ 是不定的。　　△

不必求解微分方程(4.1)即可运用李雅普诺夫定理,但另一方面又没有求李雅普诺夫函数的系统方法。在某些情况下,李雅普诺夫函数自然存在,如电气系统和机械系统中的能量函数。在另外一些情况中,基本上用尝试法求解,但并不像想象的那么困难。通过回顾本书讲到的各种实例及应用,我们将给出一些求李雅普诺夫函数的概念和方法。

例 4.2　考虑一阶微分方程　　　　　　$\dot{x} = -g(x)$

其中,$g(x)$ 是区间 $(-a, a)$ 上的局部利普希茨函数,且满足

$$g(0) = 0;\quad xg(x) > 0,\ \forall\, x \neq 0\ \text{且}\ x \in (-a, a)$$

图 4.3 可能为 $g(x)$ 的一条曲线。该系统在原点处有一个孤立的平衡点。在这个简单例子中,不难看出原点是渐近稳定的,因为根据导数 $\dot{x}$ 的符号,始于原点两边的解会向原点处运动。为应用李雅普诺夫定理得出同样的结论,考虑函数

$$V(x) = \int_0^x g(y)\,dy$$

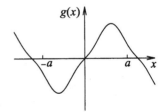

图 4.3　例 4.2 中的一条可能的非线性曲线

在 $D = (-a, a)$ 上,$V(x)$ 是连续可微的,$V(0) = 0$,且对于所有 $x \neq 0$ 有 $V(x) > 0$。这样,$V(x)$ 就是一个备选的李雅普诺夫函数。为看清 $V(x)$ 是否确实是李雅普诺夫函数,可沿系统的轨线对 $V(x)$ 求导,有

$$\dot{V}(x) = \frac{\partial V}{\partial x}[-g(x)] = -g^2(x) < 0,\ \forall\, x \in D - \{0\}$$

从而由定理 4.1 可知原点是渐近稳定的。　　△

---

① 在矩阵理论中,这是众所周知的,其证明参见文献[21]或文献[63]。

例 4.3 研究无摩擦的单摆方程,即

$$\dot{x}_1 = x_2$$
$$\dot{x}_2 = -a\sin x_1$$

在原点处平衡点的稳定性。一个自然的备选李雅普诺夫函数是能量函数

$$V(x) = a(1 - \cos x_1) + \tfrac{1}{2}x_2^2$$

显然,$V(0) = 0$ 且在区间 $-2\pi < x < 2\pi$ 内 $V(x)$ 是正定的。$V(x)$ 沿系统轨线的导数为

$$\dot{V}(x) = a\dot{x}_1\sin x_1 + x_2\dot{x}_2 = ax_2\sin x_1 - ax_2\sin x_1 = 0$$

因此,满足定理 4.1 的条件式(4.2)和式(4.3),所以原点是稳定的。又由 $\dot{V}(x) \equiv 0$ 可知原点不是渐近稳定的,因为在所有未来时刻始于李雅普诺夫曲面 $V(x) = c$ 内的轨线始终保持在同一面内。　　　　　　　　　　　　　　　　　　　　　　　△

例 4.4 再研究具有摩擦的单摆方程

$$\dot{x}_1 = x_2$$
$$\dot{x}_2 = -a\sin x_1 - bx_2$$

同样是以 $V(x) = a(1 - \cos x_1) + (1/2)x_2^2$ 作为备选的李雅普诺夫函数。

$$\dot{V}(x) = a\dot{x}_1\sin x_1 + x_2\dot{x}_2 = -bx_2^2$$

导数 $\dot{V}(x)$ 是半负定的,而不是负定的,因为无论 x_1 取何值,当 $x_2 = 0$ 时都有 $\dot{V}(x) = 0$。也就是说,沿着 x_1 轴有 $\dot{V}(x) = 0$,由此仅可得出原点是稳定的结论。然而,从单摆方程的相图已得出当 $b > 0$ 时原点是渐近稳定的结论,而能量李雅普诺夫函数却不能说明这一点。在后面的 4.2 节中可看到,由 LaSalle 定理可得到不同的结论。现在,寻找一个具有负定 $\dot{V}(x)$ 的李雅普诺夫函数 $V(x)$。从能量李雅普诺夫函数入手,用更为一般的二次型 $(1/2)x^{\mathrm{T}}Px$ 代换 $(1/2)x_2^2$,则有

$$\begin{aligned}V(x) &= \tfrac{1}{2}x^{\mathrm{T}}Px + a(1 - \cos x_1)\\ &= \tfrac{1}{2}[x_1\ x_2]\begin{bmatrix} p_{11} & p_{12}\\ p_{12} & p_{22}\end{bmatrix}\begin{bmatrix} x_1\\ x_2\end{bmatrix} + a(1 - \cos x_1)\end{aligned}$$

其中 P 为 2×2 的正定矩阵。为使二次型 $(1/2)x^{\mathrm{T}}Px$ 正定,矩阵 P 的元素必须满足

$$p_{11} > 0, \quad p_{11}p_{22} - p_{12}^2 > 0$$

导数 $\dot{V}(x)$ 为

$$\begin{aligned}\dot{V}(x) &= (p_{11}x_1 + p_{12}x_2 + a\sin x_1)x_2 + (p_{12}x_1 + p_{22}x_2)(-a\sin x_1 - bx_2)\\ &= a(1 - p_{22})x_2\sin x_1 - ap_{12}x_1\sin x_1 + (p_{11} - p_{12}b)x_1x_2 + (p_{12} - p_{22}b)x_2^2\end{aligned}$$

现在,希望选择合适的 p_{11},p_{12} 和 p_{22},使 $\dot{V}(x)$ 负定。由于向量积项 $x_2\sin x_1$ 和 x_1x_2 的符号不定,所以取 $p_{22} = 1$,$p_{11} = bp_{12}$ 将其消去。这样,因为 $V(x)$ 是正定的,所以 p_{12} 一定满足 $0 < p_{12} < b$。取 $p_{12} = b/2$,则 $\dot{V}(x)$ 为

$$\dot{V}(x) = -\tfrac{1}{2}abx_1\sin x_1 - \tfrac{1}{2}bx_2^2$$

对于所有 $0 < |x_1| < \pi$，有 $x_1 \sin x_1 > 0$。取 $D = \{x \in R^2 \mid |x_1| < \pi\}$，则在 D 上 $V(x)$ 是正定的，而 $\dot{V}(x)$ 是负定的。这样就可以根据定理 4.1 推出原点是渐近稳定的。　　　　　　　△

上一例强调了李雅普诺夫稳定性定理的一个重要特征，即定理的条件只是充分条件。没有备选的满足稳定性或渐近稳定性条件的李雅普诺夫函数，并不意味着平衡点不是稳定的或渐近稳定的，它只说明这种稳定性质不能用备选的李雅普诺夫函数确定。只有通过进一步研究，才能确定平衡点是否稳定（或渐近稳定）。

例 4.4 运用倒推法求李雅普诺夫函数，先研究导数 $\dot{V}(x)$ 的表达式，再反过来选择 $V(x)$ 的参数，使 $\dot{V}(x)$ 为负定的。这是求李雅普诺夫函数时常用的思想，一种利用该思想推出的方法称为可变梯度法。为了说明此方法，令 $V(x)$ 是 x 的标量函数，$g(x) = \nabla V = (\partial V/\partial x)^{\mathrm{T}}$。沿方程 (4.1) 轨线的导数 $\dot{V}(x)$ 为

$$\dot{V}(x) = \frac{\partial V}{\partial x} f(x) = g^{\mathrm{T}}(x) f(x)$$

现在想要选择 $g(x)$，使其作为正定函数 $V(x)$ 的梯度，并同时使 $\dot{V}(x)$ 为负定。不难证明（见习题 4.5），当且仅当雅可比矩阵 $[\partial g/\partial x]$ 为对称矩阵，即

$$\frac{\partial g_i}{\partial x_j} = \frac{\partial g_j}{\partial x_i}, \quad \forall\, i, j = 1, \cdots, n$$

时，$g(x)$ 是某个标量函数 $V(x)$ 的梯度。在此条件下，首先选择 $g(x)$，使 $g^{\mathrm{T}}(x) f(x)$ 为负定的，然后由积分

$$V(x) = \int_0^x g^{\mathrm{T}}(y)\, dy = \int_0^x \sum_{i=1}^n g_i(y)\, dy_i$$

计算函数 $V(x)$。该积分路径是沿原点到 x 的任意路径[①]，一般取沿轴线的积分，即

$$V(x) = \int_0^{x_1} g_1(y_1, 0, \cdots, 0)\, dy_1 + \int_0^{x_2} g_2(x_1, y_2, 0, \cdots, 0)\, dy_2$$
$$+ \cdots + \int_0^{x_n} g_n(x_1, x_2, \cdots, x_{n-1}, y_n)\, dy_n$$

上式中 $g(x)$ 的一些参数未定，可通过选择这些参数以保证 $V(x)$ 正定。利用可变梯度法可得到例 4.4 中的李雅普诺夫函数。下面用更一般的系统说明此方法，而不重复前面的例题。

例 4.5　考虑二阶系统　　　　$\begin{aligned} \dot{x}_1 &= x_2 \\ \dot{x}_2 &= -h(x_1) - a x_2 \end{aligned}$

其中，$a > 0$，$h(\cdot)$ 为局部利普希茨函数，$h(0) = 0$，且当 $y \neq 0$ 时 $y h(y) > 0$，$y \in (-b, c)$，b 和 c 为正常数。单摆方程是该系统的一个特例。为运用可变梯度法，选择一个二阶向量 $g(x)$，使其满足

$$\frac{\partial g_1}{\partial x_2} = \frac{\partial g_2}{\partial x_1}$$

$$\dot{V}(x) = g_1(x) x_2 - g_2(x)[h(x_1) + a x_2] < 0, \quad 当\ x \neq 0$$

---

① 梯度向量的线积分与路径无关（见文献 [10] 的定理 10.37）。

且
$$V(x) = \int_0^x g^{\mathrm{T}}(y)\, dy > 0, \quad 当\ x \neq 0$$

设
$$g(x) = \begin{bmatrix} \alpha(x)x_1 + \beta(x)x_2 \\ \gamma(x)x_1 + \delta(x)x_2 \end{bmatrix}$$

其中标量函数 $\alpha(\cdot), \beta(\cdot), \gamma(\cdot)$ 和 $\delta(\cdot)$ 待定。为了满足对称要求,有

$$\beta(x) + \frac{\partial \alpha}{\partial x_2}x_1 + \frac{\partial \beta}{\partial x_2}x_2 = \gamma(x) + \frac{\partial \gamma}{\partial x_1}x_1 + \frac{\partial \delta}{\partial x_1}x_2$$

导数 $\dot{V}(x)$ 为

$$\dot{V}(x) = \alpha(x)x_1x_2 + \beta(x)x_2^2 - a\gamma(x)x_1x_2 - a\delta(x)x_2^2 - \delta(x)x_2h(x_1) - \gamma(x)x_1h(x_1)$$

为了消去向量积项,选择

$$\alpha(x)x_1 - a\gamma(x)x_1 - \delta(x)h(x_1) = 0$$

使

$$\dot{V}(x) = -[a\delta(x) - \beta(x)]x_2^2 - \gamma(x)x_1h(x_1)$$

为了简化选择,令 $\delta(x) = \delta$ 为常数,$\gamma(x) = \gamma$ 为常数,$\beta(x) = \beta$ 为常数,那么 $\alpha(x)$ 仅与 x_1 有关,同时选择 $\beta = \gamma$ 以满足对称性要求。这样,$g(x)$ 化简为

$$g(x) = \begin{bmatrix} a\gamma x_1 + \delta h(x_1) + \gamma x_2 \\ \gamma x_1 + \delta x_2 \end{bmatrix}$$

通过积分,得到

$$\begin{aligned}
V(x) &= \int_0^{x_1} [a\gamma y_1 + \delta h(y_1)]\, dy_1 + \int_0^{x_2} (\gamma x_1 + \delta y_2)\, dy_2 \\
&= \tfrac{1}{2}a\gamma x_1^2 + \delta \int_0^{x_1} h(y)\, dy + \gamma x_1 x_2 + \tfrac{1}{2}\delta x_2^2 = \tfrac{1}{2}x^{\mathrm{T}}Px + \delta \int_0^{x_1} h(y)\, dy
\end{aligned}$$

其中
$$P = \begin{bmatrix} a\gamma & \gamma \\ \gamma & \delta \end{bmatrix}$$

选择 $\delta > 0, 0 < \gamma < a\delta$,即可保证 $V(x)$ 正定,$\dot{V}(x)$ 负定。例如,取 $\gamma = ak\delta, 0 < k < 1$,得到的李雅普诺夫函数为

$$V(x) = \frac{\delta}{2}x^{\mathrm{T}} \begin{bmatrix} ka^2 & ka \\ ka & 1 \end{bmatrix} x + \delta \int_0^{x_1} h(y)\, dy$$

该函数在 $D = \{x \in R^2 \mid -b < x_1 < c\}$ 上满足定理 4.1 的条件(4.2)和条件(4.4)。因此,原点是渐近稳定的。   △

当原点 $x = 0$ 渐近稳定时,我们就要确定轨线距原点会有多远,以及当趋于无穷时轨线是否仍然收敛于原点。由此引出吸引区的定义(也称渐近稳定区域,吸引域或 basin)。设 $\phi(t;x)$ 是方程(4.1)在 $t = 0$ 时始于初始状态 x 的解,那么吸引区可定义为对于所有 $t \geq 0$,$\phi(t;x)$ 都有定义,且满足 $\lim_{t \to \infty} \phi(t;x) = 0$ 的所有点 x 组成的集合。用解析法很难求出准确的吸引区,甚至根本不可能。但李雅普诺夫函数可用于估计吸引区,即找出包含于吸引区的集合。从定理 4.1 的证明可以看出,如果在 D 上存在一个满足渐近稳定性条件的李雅普诺夫函数,并且

如果 $\Omega_c = \{x \in R^n \mid V(x) \leq c\}$ 有界且包含于 D 内,那么每一条始于 Ω_c 内的轨线都保持在 Ω_c 内,且当 t 趋于无穷时趋于原点。因此 Ω_c 就是吸引区的一个估计值。但估计值可能是保守的,也就是说,Ω_c 可能比实际的吸引区小得多。8.2 节将给出几个估计吸引区的相关例题,并设想几种扩大估计区间的方法。这里我们想提出另一个问题:在什么条件下吸引区会是整个空间 R^n。要说明这一情况,只要证明对于任何初始状态 x,无论 $\|x\|$ 多大,当 t 趋于无穷时,轨线 $\phi(t;x)$ 都趋于原点。如果原点处的渐近稳定平衡点有这样的性质,则称该平衡点是全局渐近稳定的。再次回顾定理 4.1 的证明,可以看出如果任意一点 $x \in R^n$ 都包含在有界集 Ω_c 内,就可以确定全局渐近稳定性。显然,当这个条件成立时,定理的条件一定在全局范围内成立,即 $D = R^n$。但这还不够,还需要更多条件,以保证 R^n 内任何一点都包含在有界区域 Ω_c 内。问题是当 c 较大时,Ω_c 不必是有界的。例如,考虑函数

$$V(x) = \frac{x_1^2}{1 + x_1^2} + x_2^2$$

图 4.4 所示是 c 为不同正数时的李雅普诺夫曲面 $V(x) = c$。当 c 较小时,曲面 $V(x) = c$ 是闭合的,因此 Ω_c 有界,因为当 $r > 0$ 时,它包含在闭球 B_r 内。这是由于 $V(x)$ 是连续的,而且是正定的。当 c 增大到某一值时,曲面 $V(x) = c$ 张开,Ω_c 变为无界。保证对于 $c > 0$ 的所有值都使 Ω_c 有界的附加条件是

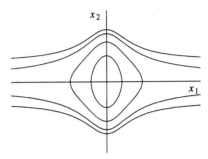

图 4.4　函数 $V(x) = x_1^2/(1 + x_1^2) + x_2^2$ 的李雅普诺夫曲面

$$V(x) \to \infty \quad \text{当} \quad \|x\| \to \infty$$

满足这一条件的函数称为是径向无界(radially unbounded)的。

定理 4.2　设 $x = 0$ 是方程(4.1)的平衡点,$V: R^n \to R$ 是一个连续可微函数,且满足

$$V(0) = 0 \quad \text{且} \quad V(x) > 0, \ \forall\, x \neq 0 \tag{4.5}$$

$$\|x\| \to \infty \ \Rightarrow \ V(x) \to \infty \tag{4.6}$$

$$\dot{V}(x) < 0, \ \forall\, x \neq 0 \tag{4.7}$$

那么,$x = 0$ 是全局渐近稳定的。　　　　　　　　　　　　　　　　　　　　　　$\diamondsuit$

证明:给定任意一点 $p \in R^n$,设 $c = V(p)$。条件(4.6)表示对于任意 $c > 0$,存在 $r > 0$,只要 $\|x\| > r$,则 $V(x) > c$。因此 $\Omega_c \subset B_r$,说明 Ω_c 有界。其余证明同定理 4.1。　　　　$\square$

定理 4.2 称为 Barbashin-Krasovskii 定理。习题 4.8 给出了一个反例,证明该定理的径向无界条件是必要的。

例 4.6　再次考虑例 4.5 的系统。但这次假设对于所有 $y \neq 0$,$yh(y) > 0$ 成立。李雅普诺夫函数

$$V(x) = \frac{\delta}{2} x^{\mathrm{T}} \begin{bmatrix} ka^2 & ka \\ ka & 1 \end{bmatrix} x + \delta \int_0^{x_1} h(y)\, dy$$

对于所有 $x \in R^2$ 都为正定的,且径向无界。由于 $0 < k < 1$,其导数

$$\dot{V}(x) = -a\delta(1-k)x_2^2 - a\delta k x_1 h(x_1)$$

对于所有 $x \in R^2$ 都是负定的,所以原点是全局渐近稳定的。   △

如果原点 $x=0$ 是系统的一个全局渐近稳定平衡点,那么它必是系统唯一的平衡点。这是因为如果存在另一个平衡点 $\bar{x}$,那么始于 $\bar{x}$ 的轨线在 $t \geqslant 0$ 时就会保持在 $\bar{x}$ 处,因而轨线不会趋于原点,这与原点是全局渐近稳定的要求相矛盾。因此,全局渐近稳定性不研究多平衡点系统的问题,如单摆系统。

定理 4.1 和定理 4.2 是关于确定平衡点稳定性和渐近稳定性的定理,还有关于确定非稳定平衡点不稳定性的定理。在这些定理中,最常用的是 Chetaev 定理,即定理 4.3。在给出定理之前,我们先引入几个在定理叙述中将要用到的名词。设 $V:D \to R$ 是包含原点 $x=0$ 的 $D \subset R^n$ 上的一个连续可微函数。假设 $V(0)=0$,且存在任意接近原点的某一点 x_0,满足 $V(x_0)>0$。选择 $r>0$,使球 $B_r = \{x \in R^n \mid \|x\| \leqslant r\}$ 包含在 D 内,并设

$$U = \{x \in B_r \mid V(x) > 0\} \tag{4.8}$$

集合 U 是包含在 B_r 内的非空集,其边界是曲面 $V(x)=0$ 和球 $\|x\| = r$。由于 $V(0)=0$,所以原点在 B_r 内,位于 U 的边界上。注意 U 可能包含不止一个分量。图 4.5 所示为当 $V(x) = (x_1^2 - x_2^2)/2$ 时的集合 U。如果 $V(0)=0$,且存在任意接近原点的某一点 x_0,满足 $V(x_0)>0$,那么总可以构造集合 U。

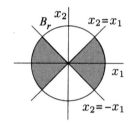

图 4.5 $V(x) = \frac{1}{2}(x_1^2 - x_2^2)$ 时的集合 U

定理 4.3   设 $x=0$ 是方程(4.1)的平衡点。设 $V:D \to R$ 是连续可微函数,满足 $V(0)=0$,且对于具有任意小 $\|x_0\|$ 的某一点 x_0,有 $V(x_0)>0$。按照式(4.8)定义一个集合 U,并假设在 U 内有 $\dot{V}(x)>0$,那么 $x=0$ 就是非稳定平衡点。   ◇

证明: 点 x_0 在 U 内,且有 $V(x_0)=a>0$。始于 $x(0)=x_0$ 的轨线 $x(t)$ 一定会离开集合 U。为了说明这一点,注意到只要 $x(t)$ 在 U 内,就有 $V(x(t)) \geqslant a$,这是因为在 U 内有 $\dot{V}(x)>0$。设

$$\gamma = \min\{\dot{V}(x) \mid x \in U \ \text{和} \ \ V(x) \geqslant a\}$$

由于连续函数 $\dot{V}(x)$ 在紧集 $\{x \in U \text{ 和 } V(x) \geqslant a\} = \{x \in B_r \text{ 和 } V(x) \geqslant a\}$[①]内有最小值,所以上式成立。那么 $\gamma>0$,且有

$$V(x(t)) = V(x_0) + \int_0^t \dot{V}(x(s)) \, ds \geqslant a + \int_0^t \gamma \, ds = a + \gamma t$$

该不等式说明 $x(t)$ 不可能永远保持在 U 内,因为 $V(x)$ 的边界在 U 上。由于 $V(x(t)) \geqslant a$,所以 $x(t)$ 不可能通过曲面 $V(x)=0$ 而离开 U,只能通过球面 $\|x\| = r$ 离开 U。因为对于具有任意小 $\|x_0\|$ 的 x_0,都会发生上述情况,因此原点是不稳定的。   □

在 Chetaev 定理之前,我们已经证明了几个不稳定性定理,但它们都是该定理的推论(见习题 4.11 和习题 4.12)。

---

① 参见文献[10]的定理 4.20。

例 4.7　考虑二阶系统
$$\dot{x}_1 = x_1 + g_1(x)$$
$$\dot{x}_2 = -x_2 + g_2(x)$$

其中，$g_1(\cdot)$ 和 $g_2(\cdot)$ 是局部利普希茨函数，并在原点的一个邻域 D 内满足不等式

$$|g_1(x)| \leqslant k\|x\|_2^2, \quad |g_2(x)| \leqslant k\|x\|_2^2$$

该不等式表明 $g_1(0) = g_2(0) = 0$，因此原点是平衡点。考虑函数

$$V(x) = \tfrac{1}{2}(x_1^2 - x_2^2)$$

在直线 $x_2 = 0$ 上，对于任意接近原点的点，有 $V(x) > 0$。图 4.5 给出了集合 U。$V(x)$ 沿系统轨线的导数为

$$\dot{V}(x) = x_1^2 + x_2^2 + x_1 g_1(x) - x_2 g_2(x)$$

$x_1 g_1(x) - x_2 g_2(x)$ 一项的模满足不等式

$$|x_1 g_1(x) - x_2 g_2(x)| \leqslant \sum_{i=1}^{2} |x_i| \cdot |g_i(x)| \leqslant 2k\|x\|_2^3$$

$$\dot{V}(x) \geqslant \|x\|_2^2 - 2k\|x\|_2^3 = \|x\|_2^2(1 - 2k\|x\|_2)$$

对 r 进行选择，使 $B_r \subset D$ 且 $r < 1/(2k)$。显然，定理 4.3 的所有条件都得到满足，所以原点是不稳定的。　　　　　　　　　　　　　　　　　　　　　　　　　　△

4.2　不变原理

在研究带摩擦的单摆方程时（见例 4.4），我们知道能量李雅普诺夫函数不能满足定理 4.1 的渐近稳定性条件，因为 $\dot{V}(x) = -bx_2^2$ 只是半负定的。但要注意，$\dot{V}(x)$ 除了在直线 $x_2 = 0$ 上有 $\dot{V}(x) = 0$，其余 $\dot{V}(x)$ 处处为负。为使系统保持条件 $\dot{V}(x) = 0$，其轨线必须为直线 $x_2 = 0$。除非 $x_1 = 0$，但这是不可能的，因为由单摆方程可推出下面的结果：

$$x_2(t) \equiv 0 \Rightarrow \dot{x}_2(t) \equiv 0 \Rightarrow \sin x_1(t) \equiv 0$$

因此，在直线 $x_2 = 0$ 的一部分 $-\pi < x_1 < \pi$ 上，系统只有在 $x = 0$ 处保证了 $\dot{V}(x) = 0$ 的条件。因此，$V(x(t))$ 必定减小到零，并且当 t 趋于无穷时 $x(t)$ 趋于零。这与系统特性一致，即由于摩擦力的作用，系统在运动中能量不可能保持不变。

如前所述，如果在原点的邻域内能够找到一个李雅普诺夫函数，其沿系统轨线的导数是半负定的，并且如果能够确定除原点以外，轨线不能保持在满足 $\dot{V}(x) = 0$ 的点上，原点就是渐近稳定的。这一思想来源于 LaSalle 的不变原理，这是本节的中心内容。为了叙述并证明 LaSalle 定理，先引入几个定义。设 $x(t)$ 是方程（4.1）的解，如果存在一个序列 $\{t_n\}$，当 n 趋于无穷时 t_n 趋于无穷，使得当 n 趋于无穷时 $x(t_n)$ 趋于 p，则称点 p 为 $x(t)$ 的一个正极限点。把 $x(t)$ 的所有正极限点组成的集合称为 $x(t)$ 的正极限集。如果

$$x(0) \in M \Rightarrow x(t) \in M, \quad \forall \, t \in R$$

即，如果一个解在某一时刻属于 M，那么它在所有未来时刻和过去时刻都属于 M，则集合 M 称为方程（4.1）的不变集。如果

$$x(0) \in M \Rightarrow x(t) \in M, \quad \forall \, t \geqslant 0$$

则称 M 为正不变集。或者说,如果对于每个 $\varepsilon > 0$,存在 $T > 0$,满足

$$\mathrm{dist}(x(t), M) < \varepsilon, \quad \forall\, t > T$$

其中,$\mathrm{dist}(p, M)$ 表示点 p 到 M 的距离,即从 p 到 M 内任意一点的最小距离。更准确地说,如果

$$\mathrm{dist}(p, M) = \inf_{x \in M} \|p - x\|$$

则当 t 趋于无穷时,$x(t)$ 趋于 M。通过检验平面内的渐近稳定平衡点和稳定极限环,可进一步说明这几个概念。渐近稳定平衡点是始于足够接近平衡点的每个解的正极限集。稳定极限环是始于足够接近极限环的每个解的正极限集,当 t 趋于无穷时解趋于极限环。但要注意,解并不能趋于极限环上的任意指定点。即,我们说当 t 趋于无穷时解 M 趋于极限环,并不意味着极限 $\lim\limits_{t \to \infty} x(t)$ 存在。平衡点区和极限环是不变集,因为对于所有 $t \in R$,始于这两个集的解都保持在集内。集合 $\Omega_c = \{x \in R^n \mid V(x) \leq c\}$ 是正不变集,其中对于所有 $x \in \Omega_c$,有 $\dot{V}(x) \leq 0$,因为始于 Ω_c 内的解在所有 $t \geq 0$ 时刻,都始终保持在 Ω_c 内,正如在定理 4.1 的证明中所见。

下面的引理给出极限集的基本性质,其证明在附录 C.3 中给出。

引理 4.1　如果方程(4.1)的解 $x(t)$ 有界,且当 $t \geq 0$ 时属于 D,那么其正极限集 L^+ 是非空不变紧集,且当 t 趋于无穷时 $x(t)$ 趋于 L^+。　　　　　　$\diamondsuit$

下面是 LaSalle 定理。

定理 4.4　设 $\Omega \subset D$ 是方程(4.1)的一个正不变紧集。设 $V : D \to R$ 是连续可微函数,在 Ω 内满足 $\dot{V}(x) \leq 0$。设 E 是 Ω 内所有点的集合,满足 $\dot{V}(x) = 0$,M 是 E 内的最大不变集。那么当 t 趋于无穷时,始于 Ω 内的每个解都趋于 M。　　　　　　$\diamondsuit$

证明:设 $x(t)$ 是方程(4.1)始于 Ω 内的解。由于在 Ω 内有 $\dot{V}(x) \leq 0$,所以 $V(x(t))$ 是 t 的递减函数。由于 $V(x)$ 在紧集 Ω 上连续,所以在 Ω 下方有界,因此当 t 趋于无穷时 $V(x(t))$ 有极限 a。因为 Ω 是闭集,所以正极限集 L^+ 在 Ω 内。对于任意 $p \in L^+$,存在序列 t_n,当 n 趋于无穷时,t_n 趋于无穷,$x(t_n)$ 趋于 p。根据 $V(t)$ 的连续性,有 $V(p) = \lim\limits_{n \to \infty} V(x(t_n)) = a$。因此,在 L^+ 上有 $V(x) = a$。由于 L^+ 是不变集(根据引理 4.1),故在 L^+ 上有 $\dot{V}(x) = 0$。因此

$$L^+ \subset M \subset E \subset \Omega$$

由于 $x(t)$ 有界,所以当 t 趋于无穷时,$x(t)$ 趋于 L^+(见引理 4.1),因此当 t 趋于无穷时,$x(t)$ 趋于 M。　　　　　　$\square$

与李雅普诺夫定理不同,定理 4.1 不要求函数 $V(x)$ 正定。还要注意,构造集合 Ω 不必与构造函数 $V(x)$ 相联系。但在许多应用中,构造 $V(x)$ 本身就保证了 Ω 的存在。特别地,如果 $\Omega_c = \{x \in R^n \mid V(x) \leq c\}$ 有界,且在 Ω_c 内 $\dot{V}(x) \leq 0$,则可取 $\Omega = \Omega_c$。如果 $V(x)$ 正定,则当 $c > 0$ 足够小时 Ω_c 有界[1],如果 $V(x)$ 不正定,则上述结论不一定成立。例如,如果 $V(x) = (x_1 - x_2)^2$,则无论 c 多么小,Ω_c 都不会有界。如果 $V(x)$ 径向无界,即当 $\|x\|$ 趋于无穷时 $V(x)$ 趋于无穷,那么 Ω_c 对于任何 c 值都有界,这一点不论 $V(x)$ 是否正定都为真。

---

①　Ω_c 可以有多于一个的连通区,即包含原点的有界连通区。

如果想要说明当 t 趋于无穷时 $x(t)$ 趋于零,就需要确定原点是 E 中最大的不变集。通过证明除了平凡解 $x(t) \equiv 0$,没有其他解能保持在 E 内,即可做到这一点。对这种情况专门研究定理 4.4,并取 $V(x)$ 正定,即可得到下面两个推论,两者都是定理 4.1 和定理 4.2 的扩展[①]。

推论 4.1　设 $x = 0$ 是方程 (4.1) 的一个平衡点,$V : D \rightarrow R$ 是 D 上连续可微的正定函数,D 包含原点 $x = 0$,且在 D 内满足 $\dot{V}(x) \leqslant 0$。设 $S = \{x \in D \mid \dot{V}(x) = 0\}$,并假设除了平凡解 $x(t) \equiv 0$,没有其他解同样保持在 S 内,那么原点是渐近稳定的。　　　　　　　　◇

推论 4.2　设 $x = 0$ 是方程 (4.1) 的一个平衡点,$V : R^n \rightarrow R$ 是连续可微且径向无界的正定函数,对于所有 $x \in R^n$ 有 $\dot{V}(x) \leqslant 0$。设 $S = \{x \in R^n \mid \dot{V}(x) = 0\}$,并假设除了平凡解 $x(t) \equiv 0$,没有其他解同样保持在 S 内,那么原点是全局渐近稳定的。　　　　　　　　◇

当 $\dot{V}(x)$ 负定时,$S = \{0\}$,那么推论 4.1 和推论 4.2 分别与定理 4.1 和定理 4.2 一致。

例 4.8　考虑系统
$$\dot{x}_1 = x_2$$
$$\dot{x}_2 = -h_1(x_1) - h_2(x_2)$$

其中 $h_1(\cdot)$ 和 $h_2(\cdot)$ 为局部利普希茨函数,且满足
$$h_i(0) = 0, \quad y h_i(y) > 0, \quad \forall y \neq 0 \text{ 且 } y \in (-a, a)$$

该系统在原点有一孤立平衡点。系统可能还有其他平衡点,取决于函数 $h_1(\cdot)$ 和 $h_2(\cdot)$。系统可以看成以 $h_2(x_2)$ 作为摩擦力项的一般单摆,因此备选李雅普诺夫函数可取类能量函数
$$V(x) = \int_0^{x_1} h_1(y) \, dy + \frac{1}{2} x_2^2$$

设 $D = \{x \in R^2 \mid -a < x_i < a\}$,$V(x)$ 在 D 内正定,且有
$$\dot{V}(x) = h_1(x_1) x_2 + x_2 [-h_1(x_1) - h_2(x_2)] = -x_2 h_2(x_2) \leqslant 0$$

半负定。为求出 $S = \{x \in D \mid \dot{V}(x) = 0\}$,注意到
$$\dot{V}(x) = 0 \Rightarrow x_2 h_2(x_2) = 0 \Rightarrow x_2 = 0, \quad \text{因为} -a < x_2 < a$$

因此,$S = \{x \in D \mid x_2 = 0\}$。设 $x(t)$ 同样是属于 S 的一个解:
$$x_2(t) \equiv 0 \Rightarrow \dot{x}_2(t) \equiv 0 \Rightarrow h_1(x_1(t)) \equiv 0 \Rightarrow x_1(t) \equiv 0$$

于是,能同样保持在 S 内的唯一解是平凡解 $x(t) \equiv 0$。因此,原点是渐近稳定的。　　△

例 4.9　再次考虑例 4.8 的系统,但这次设 $a = \infty$,并假定 $h_1(\cdot)$ 满足附加条件
$$\int_0^y h_1(z) \, dz \rightarrow \infty, \quad \text{当} |y| \rightarrow \infty$$

李雅普诺夫函数 $V(x) = \int_0^{x_1} h_1(y) \, dy + (1/2) x_2^2$ 径向无界。与前例相似,可以证明在 R^2 内 $\dot{V}(x) \leqslant 0$,且集合
$$S = \{x \in R^2 \mid \dot{V}(x) = 0\} = \{x \in R^2 \mid x_2 = 0\}$$

不包含除平凡解以外的其他解。因此,原点是全局渐近稳定的。　　△

[①]　推论 4.1 和推论 4.2 又称为 Barbashin 定理和 Krasovskii 定理。Barbashin 和 Krasovskill 在 LaSalle 引入不变原理之前证明了这两个推论。

　　LaSalle 定理不仅放宽了李雅普诺夫定理对函数负定的要求,而且从三个不同的方向扩展了李雅普诺夫定理。首先,LaSalle 定理给出了吸引区的估计值,此估计值不必形如 $\Omega_c = \{x \in R^n \mid V(x) \leqslant c\}$。定理 4.4 中的集合 Ω 可以是任何正的不变紧集,8.2 节中将利用该特性得到较不保守的吸引区的估计区间。第二,LaSalle 定理可用于有一个平衡点集的系统中,而不是只有一个孤立平衡点的系统中,这将通过 1.2.6 节的一个简单自适应控制的应用实例说明。第三,函数 $V(x)$ 不一定是正定的,这一特性的应用将通过 1.2.5 节中的神经网络应用实例说明。

例 4.10　考虑一阶系统
$$\dot{y} = ay + u$$

以及自适应控制律
$$u = -ky, \qquad \dot{k} = \gamma y^2, \quad \gamma > 0$$

取 $x_1 = y, x_2 = k$,则闭系统表示为
$$\begin{aligned} \dot{x}_1 &= -(x_2 - a)x_1 \\ \dot{x}_2 &= \gamma x_1^2 \end{aligned}$$

直线 $x_1 = 0$ 是一个平衡点集。我们想要证明当 t 趋于无穷时,轨线趋近平衡点集,这意味着自适应控制器将 y 调节到了零。考虑备选李雅普诺夫函数
$$V(x) = \frac{1}{2}x_1^2 + \frac{1}{2\gamma}(x_2 - b)^2$$

其中 $b > a$。V 沿系统轨线的导数为
$$\dot{V}(x) = x_1 \dot{x}_1 + \frac{1}{\gamma}(x_2 - b)\dot{x}_2 = -x_1^2(x_2 - a) + x_1^2(x_2 - b) = -x_1^2(b - a) \leqslant 0$$

因此,$\dot{V}(x) \leqslant 0$。由于 $V(x)$ 径向无界,所以集合 $\Omega_c = \{x \in R^2 \mid V(x) \leqslant c\}$ 是正不变紧集。这样,取 $\Omega = \Omega_c$,定理 4.4 中的所有条件都得到满足。集合 E 由 $E = \{x \in \Omega_c \mid x_1 = 0\}$ 给出。因为直线 $x_1 = 0$ 上的任意一点都是平衡点,所以 E 是不变集。因而,该例中 $M = E$。从定理 4.4 中可得,当 t 趋于无穷时,始于 Ω_c 内的每条轨线都趋于 E,即 t 趋于无穷时 $x_1(t)$ 趋于零。而且,由于 $V(x)$ 是径向无界的,所以该结论是全局适用的,即结论对于所有初始条件 $x(0)$ 都成立,因为对于任何 $x(0)$ 都可以选择足够大的常数 c,使 $x(0) \in \Omega_c$。　　　　　△

　　注意,例 4.10 中的李雅普诺夫函数与常数 b 有关,要求 b 满足 $b > a$。由于在自适应控制问题中常数 a 未知,因而不可能知道常数 b 的精确值,但我们知道 b 是存在的。这就使李雅普诺夫法的另一个特性尤为突出,即在某些情况下无法确切写出李雅普诺夫函数,但我们可以断定存在一个满足某一定理条件的李雅普诺夫函数。在例 4.10 中,如果知道 a 的某个边界值,就可以确定李雅普诺夫函数。例如,如果知道 $|a| \leqslant \alpha, \alpha$ 已知,就可以选择 $b > \alpha$。

例 4.11　1.2.5 节的神经网络表示为
$$\dot{x}_i = \frac{1}{C_i} h_i(x_i) \left[\sum_j T_{ij} x_j - \frac{1}{R_i} g_i^{-1}(x_i) + I_i \right]$$

其中 $i = 1, 2, \cdots, n$,状态变量 x_i 是各放大器的输出电压,其值只能取自
$$H = \{x \in R^n \mid -V_M < x_i < V_M\}$$

函数 $g_i: R \to (-V_M, V_M)$ 是 S 形函数(signum function),

$$h_i(x_i) = \frac{dg_i}{du_i}\bigg|_{u_i = g_i^{-1}(x_i)} > 0, \quad \forall \, x_i \in (-V_M, V_M)$$

I_i 是恒定电流输入，$R_i > 0$，$C_i > 0$。假设满足对称条件 $T_{ij} = T_{ji}$，则系统在 H 内可能有几个平衡点。假设 H 内的所有平衡点都是孤立的，由对称性 $T_{ij} = T_{ji}$ 可知，向量的第 i 个分量

$$-\left[\sum_j T_{ij} x_j - \frac{1}{R_i} g_i^{-1}(x_i) + I_i\right]$$

是标量函数的梯度向量。类似可变梯度法，通过积分可以证明标量函数为

$$V(x) = -\frac{1}{2}\sum_i\sum_j T_{ij} x_i x_j + \sum_i \frac{1}{R_i}\int_0^{x_i} g_i^{-1}(y)\, dy - \sum_i I_i x_i$$

该函数是连续可微的，但（典型地）不是正定的。将状态方程重写为

$$\dot{x}_i = -\frac{1}{C_i} h_i(x_i)\frac{\partial V}{\partial x_i}$$

现在以 $V(x)$ 作为备选函数运用定理 4.4。$V(x)$ 沿系统轨线的导数为

$$\dot{V}(x) = \sum_{i=1}^n \frac{\partial V}{\partial x_i}\dot{x}_i = -\sum_{i=1}^n \frac{1}{C_i} h_i(x_i)\left(\frac{\partial V}{\partial x_i}\right)^2 \leqslant 0$$

且

$$\dot{V}(x) = 0 \Rightarrow \frac{\partial V}{\partial x_i} = 0 \Rightarrow \dot{x}_i = 0, \quad \forall \, i$$

因此，仅在平衡点处有 $\dot{V}(x) = 0$。为了运用定理 4.4，需要构造集合 Ω。设

$$\Omega(\varepsilon) = \{x \in R^n \mid -(V_M - \varepsilon) \leqslant x_i \leqslant (V_M - \varepsilon)\}$$

其中，$\varepsilon > 0$ 任意小，$\Omega(\varepsilon)$ 是有界闭集，且在 $\Omega(\varepsilon)$ 内有 $\dot{V}(x) \leqslant 0$。下面要证明 $\Omega(\varepsilon)$ 是正的不变集，即始于 $\Omega(\varepsilon)$ 内的每条轨线在所有未来时刻都始终在 $\Omega(\varepsilon)$ 内。为了简化分析，假设一种 S 形函数 $g_i(\cdot)$ 的特殊形式。设

$$g_i(u_i) = \frac{2V_M}{\pi}\arctan\left(\frac{\lambda\pi u_i}{2V_M}\right), \quad \lambda > 0$$

则

$$\dot{x}_i = \frac{1}{C_i} h_i(x_i)\left[\sum_j T_{ij} x_j - \frac{2V_M}{\lambda\pi R_i}\tan\left(\frac{\pi x_i}{2V_M}\right) + I_i\right]$$

当 $|x_i| \geqslant V_M - \varepsilon$ 时，有

$$\left|\tan\left(\frac{\pi x_i}{2V_M}\right)\right| \geqslant \tan\left(\frac{\pi(V_M - \varepsilon)}{2V_M}\right) \to \infty, \quad \text{当 } \varepsilon \to 0$$

由于 x_i 和 I_i 有界，可选择 ε 足够小，以保证

$$x_i\sum_j T_{ij} x_j - \frac{2V_M x_i}{\lambda\pi R_i}\tan\left(\frac{\pi x_i}{2V_M}\right) + x_i I_i < 0, \quad \text{当 } V_M - \varepsilon \leqslant |x_i| < V_M$$

因此，

$$\frac{d}{dt}\left(x_i^2\right) = 2x_i\dot{x}_i < 0, \quad \text{当 } V_M - \varepsilon \leqslant |x_i| < V_M, \; \forall \, i$$

于是,始于 $\Omega(\varepsilon)$ 内的轨线在所有未来时刻都始终在 $\Omega(\varepsilon)$ 内。实际上,始于 $H-\Omega(\varepsilon)$ 内的所有轨线将收敛于 $\Omega(\varepsilon)$,这表明所有平衡点都位于紧集 $\Omega(\varepsilon)$ 内。因此,只可能有有限个孤立的平衡点。在 $\Omega(\varepsilon)$ 内,$E=M$ 为 $\Omega(\varepsilon)$ 内的平衡点集合。由定理4.4可知,当 t 趋于无穷时,$\Omega(\varepsilon)$ 内的每条轨线都趋于 M。由于 M 由孤立平衡点组成,可以证明(见习题4.20)趋于 M 的轨线一定趋于这些平衡点中的某一个。所以,系统不会振荡。   △

4.3   线性系统和线性化

线性时不变系统 $\dot{x} = Ax$ (4.9)

在原点处有一个平衡点,当且仅当 $\det(A) \neq 0$ 时,该平衡点是孤立的。如果 $\det(A)=0$,则矩阵 A 有一个非平凡零空间。A 的零空间内的每一点都是系统(4.9)的平衡点。换句话说,如果 $\det(A)=0$,则系统有一个平衡点子空间。值得注意的是,线性系统不可能有多个孤立的平衡点,因为如果 $\bar{x}_1$ 和 $\bar{x}_2$ 是系统(4.9)的两个平衡点,那么根据线性理论,连接 $\bar{x}_1$ 和 $\bar{x}_2$ 两点的直线上的每一点都是系统的平衡点。原点的稳定性质由矩阵 A 的特征值位置决定。回顾线性系统理论[①],对于给定的初始状态 $x(0)$,系统(4.9)的解为

$$x(t) = \exp(At)x(0) \tag{4.10}$$

对于任意矩阵 A,总存在一个满秩矩阵 P(可能为复数),能够把 A 转化为若尔当型,即

$$P^{-1}AP = J = \text{block diag}[J_1, J_2, \cdots, J_r]$$

其中,J_i 是 λ_i 与矩阵 A 的特征值相关的若尔当块。一阶若尔当块的形式为 $J_i = \lambda_i$,$m>1$ 阶的若尔当块为

$$J_i = \begin{bmatrix} \lambda_i & 1 & 0 & \cdots & \cdots & 0 \\ 0 & \lambda_i & 1 & 0 & \cdots & 0 \\ \vdots & & \ddots & & & \vdots \\ \vdots & & & \ddots & & 0 \\ \vdots & & & & \ddots & 1 \\ 0 & \cdots & & 0 & & \lambda_i \end{bmatrix}_{m \times m}$$

因此, $$\exp(At) = P\exp(Jt)P^{-1} = \sum_{i=1}^{r}\sum_{k=1}^{m_i} t^{k-1}\exp(\lambda_i t)R_{ik} \tag{4.11}$$

其中,m_i 是若尔当块 J_i 的阶数。如果 $n \times n$ 阶矩阵 A 有一个代数重数为 q_i 的特征值 λ_i[②],那么当且仅当 $\text{rank}(A-\lambda_i I) = n-q_i$ 时,由 λ_i 决定的若尔当块的阶数为1。下面的定理给出了原点稳定性质的特征。

定理4.5   当且仅当 A 的所有特征值都满足 $\text{Re } \lambda_i \leqslant 0$,且对于每个 $\text{Re } \lambda_i = 0$,代数重数 $q_i \geqslant 2$ 的特征值满足 $\text{rank}(A-\lambda_i I) = n-q_i$ 时(n 为 x 的维数),方程 $\dot{x}=Ax$ 的平衡点 $x=0$ 是稳定的。当且仅当 A 的所有特征值满足 $\text{Re } \lambda_i < 0$ 时,平衡点 $x=0$ 是(全局)渐近稳定的。   ◇

---

① 参见文献[9],文献[35],文献[81],文献[94]或文献[158]。

② 同样,q_i 是当 $\det(\lambda I - A)$ 为零时 λ_i 的重数。

证明: 从式(4.10)可以看出,当且仅当在所有 $t \leq 0$ 时刻,$\exp(At)$ 是 t 的有界函数时,原点才是稳定的。如果 A 有一个特征值在复平面的右半开平面内,那么式(4.11)中的指数项 $\exp(\lambda_i t)$ 随 t 趋于无穷而变为无界。因此,必须把特征值限制在复平面的左半闭平面。但由于式(4.11)中的 t^{k-1} 项,当相应的若尔当块的阶数大于 1 时,那些在虚轴上的特征值(如果有)就会产生无界项。因此必须限制虚轴上的特征值,使其若尔当块的阶数为 1,这等价于秩要求的条件 $\text{rank}(A - \lambda_i I) = n - q_i$。由此可知,稳定性条件是必要条件,显然它也是使 $\exp(At)$ 有界的充分条件。对于原点的渐近稳定,必须满足当 t 趋于无穷时 $\exp(At)$ 趋于零。由式(4.11)可以看出,当且仅当对于所有的 i,$\text{Re }\lambda_i < 0$ 时为这种情况。由于 $x(t)$ 线性依赖于初始状态 $x(0)$,所以原点的渐近稳定性是全局的。 □

以上证明从数学意义上说明为什么虚轴上的重特征值必须满足秩要求的条件 $\text{rank}(A - \lambda_i I) = n - q_i$,下一个例题会使这一要求的物理意义更加明确。

例 4.12 图 4.6 所示为两个相同系统的串联连接和并联连接。每个系统的状态模型表示为

$$\dot{x} = \begin{bmatrix} 0 & 1 \\ -1 & 0 \end{bmatrix} x + \begin{bmatrix} 0 \\ 1 \end{bmatrix} u$$

$$y = \begin{bmatrix} 1 & 0 \end{bmatrix} x$$

u 和 y 分别是输入和输出。当以方程(4.9)的形式建模时(无驱动输入),设 A_s 和 A_p 分别为串联和并联连接的矩阵,则有

$$A_p = \begin{bmatrix} 0 & 1 & 0 & 0 \\ -1 & 0 & 0 & 0 \\ 0 & 0 & 0 & 1 \\ 0 & 0 & -1 & 0 \end{bmatrix} \qquad A_s = \begin{bmatrix} 0 & 1 & 0 & 0 \\ -1 & 0 & 0 & 0 \\ 0 & 0 & 0 & 1 \\ 1 & 0 & -1 & 0 \end{bmatrix}$$

矩阵 A_s 和 A_p 在虚轴上有相同的特征值 $\pm j$,其代数重数为 $q_i = 2$,其中 $j = \sqrt{-1}$。容易验证 $\text{rank}(A_p - jI) = 2 = n - q_i$,而 $\text{rank}(A_s - jI) = 3 \neq n - q_i$。因此,根据定理 4.5 可得,并联连接的原点是稳定的,而串联连接的原点是不稳定的。为了从物理上看清两者的区别,注意到在并联连接中,非零初始条件产生了频率为 1 rad/s 的正弦振荡,是时间的有界函数。这些正弦信号之和仍然是有界的。而在串联连接中,非零初始条件在第一级产生的频率为 1 rad/s 的正弦振荡,以驱动输入的形式作用于第二级。由于第二级具有 1 rad/s 的无阻尼固有频率,所以驱动输入引起共振,因而使响应变为无界的。 △

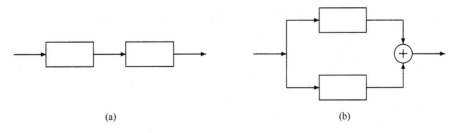

图 4.6 (a)串联;(b)并联

当 A 的所有特征值都满足 $\text{Re }\lambda_i < 0$ 时,A 就称为赫尔维茨(Hurwitz)矩阵或稳定性矩阵。

当且仅当 A 是赫尔维茨矩阵时, 系统(4.9)的原点是渐近稳定的。原点的渐近稳定性也可以用李雅普诺夫法研究。考虑一个备选的二次李雅普诺夫函数

$$V(x) = x^{\mathrm{T}}Px$$

其中 P 为实对称正定矩阵, V 沿线性系统(4.9)的轨线的导数为

$$\dot{V}(x) = x^{\mathrm{T}}P\dot{x} + \dot{x}^{\mathrm{T}}Px = x^{\mathrm{T}}(PA + A^{\mathrm{T}}P)x = -x^{\mathrm{T}}Qx$$

其中 Q 为对称矩阵,其定义为 $\qquad\qquad PA + A^{\mathrm{T}}P = -Q$ $\qquad\qquad\qquad$ (4.12)

如果 Q 是正定的,则根据定理 4.1 可得,原点是渐近稳定的。即,对于 A 的所有特征值,都有 $\mathrm{Re}\ \lambda_i < 0$。这里,按照李雅普诺夫法的一般步骤,选择 $V(x)$ 为正定的,并检验 $\dot{V}(x)$ 的负定性。在线性系统中,可以颠倒这两步的顺序。假设先选择 Q 为实对称正定矩阵,然后解方程(4.12)求 P。如果方程(4.12)有一个正定解,就可以得出原点渐近稳定的结论。方程(4.12)称为李雅普诺夫方程。下面的定理给出原点的渐近稳定性特征与李雅普诺夫方程的解的关系。

定理 4.6   当且仅当对于任意给定的正定对称矩阵 Q, 存在一个正定对称矩阵 P 满足李雅普诺夫方程(4.12),那么 A 就是赫尔维茨矩阵,即 A 的所有特征值都满足 $\mathrm{Re}\ \lambda_i < 0$。此外,如果 A 是赫尔维茨矩阵,那么 P 就是方程(4.12)的唯一解。 $\qquad\qquad\qquad\qquad$ ◇

证明: 由定理 4.1 的李雅普诺夫函数 $V(x) = x^{\mathrm{T}}Px$ 可得其充分性,证明如前。为了证明必要性,假设 A 的所有特征值都满足 $\mathrm{Re}\ \lambda_i < 0$,并考虑矩阵 P,其定义为

$$P = \int_0^\infty \exp(A^{\mathrm{T}}t)Q\exp(At)\ dt \qquad\qquad (4.13)$$

被积函数是形如 $t^{k-1}\exp(\lambda_i t)$ 的各项之和,其中 $\mathrm{Re}\ \lambda_i < 0$,因此积分存在。矩阵 P 是对称且正定的。正定的证明如下:假设 P 不是正定的,那么存在一个向量 $x \neq 0$,使 $x^{\mathrm{T}}Px = 0$。然而

$$x^{\mathrm{T}}Px = 0 \ \Rightarrow\ \int_0^\infty x^{\mathrm{T}}\exp(A^{\mathrm{T}}t)Q\exp(At)x\ dt = 0$$
$$\Rightarrow\ \exp(At)x \equiv 0,\ \forall\ t \geqslant 0 \ \Rightarrow\ x = 0$$

由于 $\exp(At)$ 对于所有 t 都是满秩的,与假设相矛盾,所以 P 是正定的。现在,把式(4.13)代入方程(4.12)的左边,可得

$$\begin{aligned}
PA + A^{\mathrm{T}}P &= \int_0^\infty \exp(A^{\mathrm{T}}t)Q\exp(At)A\ dt + \int_0^\infty A^{\mathrm{T}}\exp(A^{\mathrm{T}}t)Q\exp(At)\ dt \\
&= \int_0^\infty \frac{d}{dt}\exp(A^{\mathrm{T}}t)Q\exp(At)\ dt = \exp(A^{\mathrm{T}}t)Q\exp(At)\big|_0^\infty = -Q
\end{aligned}$$

该式表明 P 确实是方程(4.12)的一个解。为了证明它是唯一的解,假设存在另一个解 $\tilde{P} \neq P$,则

$$(P - \tilde{P})A + A^{\mathrm{T}}(P - \tilde{P}) = 0$$

左乘 $\exp(A^{\mathrm{T}}t)$,右乘 $\exp(At)$,可得

$$0 = \exp(A^{\mathrm{T}}t)[(P - \tilde{P})A + A^{\mathrm{T}}(P - \tilde{P})]\exp(At) = \frac{d}{dt}\left\{\exp(A^{\mathrm{T}}t)(P - \tilde{P})\exp(At)\right\}$$

因此, $\qquad\qquad\qquad \exp(A^{\mathrm{T}}t)(P - \tilde{P})\exp(At) \equiv$ 常数 $\quad \forall\ t$

特别地,由于 $\exp(A0) = I$,有

$$(P - \tilde{P}) = \exp(A^{\mathrm{T}}t)(P - \tilde{P})\exp(At) \to 0 \quad \text{当 } t \to \infty$$

因此, $\tilde{P} = P$。　　　　　　　　　　　　　　　　　　　　　　　　　　□

　　对 Q 的正定要求可以放宽, Q 可以为半正定矩阵, 形式为 $Q = C^{\mathrm{T}}C$, 其中矩阵对 (A, C) 是可观测的, 其证明留给读者(见习题 4.22)。

　　方程(4.12)是线性代数方程, 可以通过 $Mx = y$ 的形式重新排列求解, 其中 x 和 y 由 P 和 Q 的元素以向量形式叠加来定义, 在下一个例题中将进行说明。有多种有效的数值方法可以解这类方程①。

例4.13　设　　　　$A = \begin{bmatrix} 0 & -1 \\ 1 & -1 \end{bmatrix}, \ Q = \begin{bmatrix} 1 & 0 \\ 0 & 1 \end{bmatrix}, \ P = \begin{bmatrix} p_{11} & p_{12} \\ p_{12} & p_{22} \end{bmatrix}$

其中根据对称性, 有 $p_{12} = p_{21}$。李雅普诺夫方程(4.12)可写成

$$\begin{bmatrix} 0 & 2 & 0 \\ -1 & -1 & 1 \\ 0 & -2 & -2 \end{bmatrix} \begin{bmatrix} p_{11} \\ p_{12} \\ p_{22} \end{bmatrix} = \begin{bmatrix} -1 \\ 0 \\ -1 \end{bmatrix}$$

该方程的唯一解为

$$\begin{bmatrix} p_{11} \\ p_{12} \\ p_{22} \end{bmatrix} = \begin{bmatrix} 1.5 \\ -0.5 \\ 1.0 \end{bmatrix} \ \Rightarrow \ P = \begin{bmatrix} 1.5 & -0.5 \\ -0.5 & 1.0 \end{bmatrix}$$

矩阵 P 是正定的, 因为其前主子式为正(1.5 和 1.25)。因此, A 的所有特征值都在复平面的左半开平面内。　　　　　　　　　　　　　　　　　　　　　　　△

　　李雅普诺夫函数可用于检验矩阵 A 是否为赫尔维茨矩阵, 并可作为另一种计算 A 的特征值的方法。首先选择一个正定矩阵 Q(如 $Q = I$), 然后解李雅普诺夫方程(4.12)求出 P。如果方程有一个正定解, 则 A 是赫尔维茨矩阵, 否则 A 就不是赫尔维茨矩阵。但通过解李雅普诺夫方程计算 A 的特征值时, 在计算上并没有优势②。此外, 特征值为线性系统响应提供了更直接的信息。我们对李雅普诺夫方程感兴趣③, 不在于检验线性系统的稳定性, 而在于对任何线性系统 $\dot{x} = Ax$, 当 A 是赫尔维茨矩阵时, 它提供了一种求李雅普诺夫函数的方法。当方程右边的 Ax 受到扰动时, 无论是以 A 为系数的线性扰动还是非线性扰动, 仅仅知道存在李雅普诺夫函数, 就允许我们大致给出系统的一些结论。随着对李雅普诺夫法的进一步研究, 这一优势将愈加明显。

　　现在回到非线性系统

$$\dot{x} = f(x) \tag{4.14}$$

---

① 解线性方程的数值解法参见文献[67]。也可以把李雅普诺夫方程看成 Sylvester 方程 $PA + BP + C = 0$ 的特例求解, 参见文献[67]。几乎所有关于控制系统的商业软件都包含解李雅普诺夫方程的指令。

② 求解李雅普诺夫方程的典型程序是 Bartels-Stewart 算法[67], 即先把 A 变换为 A 的实 Schur 型, 给出 A 的特征值。因此, 求解李雅普诺夫方程比计算 A 的特征值的计算量大。与 Bartels-Stewart 算法相比, 其他求解李雅普诺夫方程的算法的计算量更大。

③ 但也许有读者对此感兴趣, 可以用李雅普诺夫方程推导出经典的劳斯-赫尔维茨(Routh-Hurwitz)准则(参见文献[35]的 417~419 页)。

其中, $f:D \rightarrow R^n$ 是从 $D \subset R^n$ 到 R^n 的连续可微映射。假设原点 $x = 0$ 在 D 内,且为系统的一个平衡点,即 $f(0) = 0$。根据均值定理

$$f_i(x) = f_i(0) + \frac{\partial f_i}{\partial x}(z_i) \, x$$

其中 z_i 是连接 x 与原点之间的线段上的一点。前面的等式对于任意一点 $x \in D$ 都成立,从而使连接 x 到原点的线段全部在 D 内。由 $f(0) = 0$ 可写出

$$f_i(x) = \frac{\partial f_i}{\partial x}(z_i)x = \frac{\partial f_i}{\partial x}(0)x + \left[\frac{\partial f_i}{\partial x}(z_i) - \frac{\partial f_i}{\partial x}(0)\right] x$$

因此
$$f(x) = Ax + g(x)$$

其中
$$A = \frac{\partial f}{\partial x}(0), \qquad g_i(x) = \left[\frac{\partial f_i}{\partial x}(z_i) - \frac{\partial f_i}{\partial x}(0)\right] x$$

函数 $g_i(x)$ 满足
$$|g_i(x)| \leqslant \left\|\frac{\partial f_i}{\partial x}(z_i) - \frac{\partial f_i}{\partial x}(0)\right\| \|x\|$$

根据 $[\partial f / \partial x]$ 的连续性可知,
$$\frac{\|g(x)\|}{\|x\|} \rightarrow 0, \quad 当 \, \|x\| \rightarrow 0$$

这就是说在原点的一个小邻域内,可以用对系统在原点的线性化方程

$$\dot{x} = Ax, \quad 其中 \quad A = \frac{\partial f}{\partial x}(0)$$

近似表示非线性系统(4.14)。

下一个定理给出了一些条件,在此条件下可大致得出这样的结论:当原点是非线性系统的平衡点时,其稳定性可以通过研究线性系统在该平衡点的稳定性得出。

定理 4.7 设 $x = 0$ 是非线性系统 $\qquad \dot{x} = f(x)$

的一个平衡点,其中 $f:D \rightarrow R^n$ 是连续可微的,且 D 为原点的一个邻域。设

$$A = \left.\frac{\partial f}{\partial x}(x)\right|_{x=0}$$

那么,

1. 如果 A 的所有特征值都满足 $\mathrm{Re}\, \lambda_i < 0$,则原点是渐近稳定的。
2. 如果 A 至少有一个特征值满足 $\mathrm{Re}\, \lambda_i > 0$,则原点是不稳定的。   ◇

证明: 为了证明第一条,设 A 是赫尔维茨矩阵。那么根据定理 4.6 可知,对于任何正定对称矩阵 Q,李雅普诺夫方程(4.12)的解 P 都是正定的。以 $V(x) = x^T P x$ 作为非线性系统的备选李雅普诺夫函数,则 $V(x)$ 沿系统轨线的导数为

$$\begin{aligned}
\dot{V}(x) &= x^T P f(x) + f^T(x) P x \\
&= x^T P [Ax + g(x)] + [x^T A^T + g^T(x)] P x \\
&= x^T (PA + A^T P)x + 2x^T P g(x) \\
&= -x^T Q x + 2x^T P g(x)
\end{aligned}$$

上式右边的第一项是负定的,而第二项(一般)是不定的。函数 $g(x)$ 满足

$$\frac{\|g(x)\|_2}{\|x\|_2} \to 0 \quad 当 \|x\|_2 \to 0$$

因此,对于任意 $\gamma > 0$,存在 $r > 0$,使

$$\|g(x)\|_2 < \gamma \|x\|_2, \quad \forall \|x\|_2 < r$$

因此,

$$\dot{V}(x) < -x^T Q x + 2\gamma \|P\|_2 \|x\|_2^2, \quad \forall \|x\|_2 < r$$

但是,

$$x^T Q x \geqslant \lambda_{\min}(Q) \|x\|_2^2$$

其中 $\lambda_{\min}(\cdot)$ 表示矩阵的最小特征值。注意,由于 Q 是对称且正定的,所以 $\lambda_{\min}(Q)$ 为正实数,因此

$$\dot{V}(x) < -[\lambda_{\min}(Q) - 2\gamma \|P\|_2] \|x\|_2^2, \quad \forall \|x\|_2 < r$$

选择 $\gamma < (1/2) \lambda_{\min}(Q) / \|P\|_2$,以保证 $\dot{V}(x)$ 负定。由定理 4.1 可知,原点是渐近稳定的。为了证明定理的第二条,先考虑 A 在虚轴上没有特征值的特例。如果 A 的特征值集中到右半开平面为一组,左半开平面为一组,那么存在一个满秩矩阵 T,满足[①]

$$T A T^{-1} = \begin{bmatrix} -A_1 & 0 \\ 0 & A_2 \end{bmatrix}$$

其中 A_1 和 A_2 都为赫尔维茨矩阵。设

$$z = T x = \begin{bmatrix} z_1 \\ z_2 \end{bmatrix}$$

z 的分块与 A_1 和 A_2 的维数一致。进行变量代换 $z = Tx$,则系统

$$\dot{x} = Ax + g(x)$$

转换为

$$\begin{aligned} \dot{z}_1 &= -A_1 z_1 + g_1(z) \\ \dot{z}_2 &= A_2 z_2 + g_2(z) \end{aligned}$$

其中对于任意 $\gamma > 0$,存在 $r > 0$,对函数 $g_i(z)$ 有

$$\|g_i(z)\|_2 < \gamma \|z\|_2, \quad \forall \|z\|_2 \leqslant r, \ i = 1, 2$$

在 z 坐标系中,原点 $z = 0$ 是系统的一个平衡点。显然,与 $z = 0$ 有关的稳定性性质对于 x 坐标系的平衡点 $x = 0$ 都适用,这是因为 T 是非奇异矩阵[②]。为了证明原点是非稳定的,可以运用定理 4.3。基本按照例 4.7 构造函数 $V(z)$,只是用向量代替了例 4.7 中的标量。设 Q_1 和 Q_2 分别是与 A_1 和 A_2 维数相同的正定对称矩阵。由于 A_1 和 A_2 是赫尔维茨矩阵,由定理 4.6 可知李雅普诺夫方程

$$P_i A_i + A_i^T P_i = -Q_i, \quad i = 1, 2$$

有唯一的正定解 P_1 和 P_2。设

$$V(z) = z_1^T P_1 z_1 - z_2^T P_2 z_2 = z^T \begin{bmatrix} P_1 & 0 \\ 0 & -P_2 \end{bmatrix} z$$

在子空间 $z_2 = 0$ 内,对于任意靠近原点的点有 $V(z) > 0$。设

$$U = \{ z \in R^n \mid \|z\|_2 \leqslant r \ 和 \ V(z) > 0 \}$$

---

① 有几种求矩阵 T 的方法,其中一种方法是把矩阵 A 转换为它的实若尔当型[67]。

② 对稳定性保留映射的一般讨论,见习题 4.26。

在 U 内，
$$
\begin{aligned}
\dot{V}(z) &= -z_1^{\mathrm{T}}(P_1 A_1 + A_1^{\mathrm{T}} P_1)z_1 + 2z_1^{\mathrm{T}} P_1 g_1(z) \\
&\quad - z_2^{\mathrm{T}}(P_2 A_2 + A_2^{\mathrm{T}} P_2)z_2 - 2z_2^{\mathrm{T}} P_2 g_2(z) \\
&= z_1^{\mathrm{T}} Q_1 z_1 + z_2^{\mathrm{T}} Q_2 z_2 + 2z^{\mathrm{T}} \begin{bmatrix} P_1 g_1(z) \\ -P_2 g_2(z) \end{bmatrix} \\
&\geqslant \lambda_{\min}(Q_1)\|z_1\|_2^2 + \lambda_{\min}(Q_2)\|z_2\|_2^2 \\
&\quad - 2\|z\|_2 \sqrt{\|P_1\|_2^2 \|g_1(z)\|_2^2 + \|P_2\|_2^2 \|g_2(z)\|_2^2} \\
&> (\alpha - 2\sqrt{2}\beta\gamma)\|z\|_2^2
\end{aligned}
$$

其中
$$
\alpha = \min\{\lambda_{\min}(Q_1), \lambda_{\min}(Q_2)\}, \qquad \beta = \max\{\|P_1\|_2, \|P_2\|_2\}
$$

因此，选择 $\gamma < \alpha/(2\sqrt{2}\beta)$，以保证在 U 内有 $\dot{V}(z) > 0$。所以，根据定理 4.3，原点是非稳定的。注意，通过定义矩阵

$$
P = T^{\mathrm{T}} \begin{bmatrix} P_1 & 0 \\ 0 & -P_2 \end{bmatrix} T; \quad Q = T^{\mathrm{T}} \begin{bmatrix} Q_1 & 0 \\ 0 & Q_2 \end{bmatrix} T
$$

可以把定理 4.3 运用于原坐标系中。定义的矩阵 P 和 Q 满足方程

$$
PA + A^{\mathrm{T}} P = Q
$$

矩阵 Q 是正定的，且 $V(x) = x^{\mathrm{T}} P x$ 在任意靠近原点 $x = 0$ 的点上为正。现在考虑一般情况，即 A 在虚轴上可能有特征值，而且在右半开复平面内也有特征值。运用前面平移坐标轴的简单方法，即可将一般情况转化为特殊情况。假设 A 有 m 个特征值，且满足 $\mathrm{Re}\,\lambda_i > \delta > 0$。那么，矩阵 $[A - (\delta/2)I]$ 在右半开平面内有 m 个特征值，但在虚轴上没有特征值。根据前面的讨论，存在矩阵 $P = P^{\mathrm{T}}$ 和 $Q = Q^{\mathrm{T}} > 0$，使

$$
P\left[A - \frac{\delta}{2}I\right] + \left[A - \frac{\delta}{2}I\right]^{\mathrm{T}} P = Q
$$

其中，$V(x) = x^{\mathrm{T}} P x$ 对任意靠近原点的点都为正。$V(x)$ 沿系统轨线的导数为

$$
\begin{aligned}
\dot{V}(x) &= x^{\mathrm{T}}(PA + A^{\mathrm{T}} P)x + 2x^{\mathrm{T}} P g(x) \\
&= x^{\mathrm{T}} \left[P\left(A - \frac{\delta}{2}I\right) + \left(A - \frac{\delta}{2}I\right)^{\mathrm{T}} P\right]x + \delta x^{\mathrm{T}} P x + 2x^{\mathrm{T}} P g(x) \\
&= x^{\mathrm{T}} Q x + \delta V(x) + 2x^{\mathrm{T}} P g(x)
\end{aligned}
$$

在集合
$$
\{x \in R^n \mid \|x\|_2 \leqslant r \ \text{且} \ V(x) > 0\}
$$

内，当 $\|x\|_2 < r$ 时，选择 r 满足 $\|g(x)\|_2 \leqslant \gamma \|x\|_2$，则 $\dot{V}(x)$ 满足

$$
\dot{V}(x) \geqslant \lambda_{\min}(Q)\|x\|_2^2 - 2\|P\|_2 \|x\|_2 \|g(x)\|_2 \geqslant (\lambda_{\min}(Q) - 2\gamma\|P\|_2)\|x\|_2^2
$$

当 $\gamma < (1/2)\lambda_{\min}(Q)/\|P\|_2$ 时，上式为正。运用定理 4.3 即可证明。 $\square$

定理 4.7 提供了确定原点处平衡点稳定性的简单步骤。首先计算雅可比矩阵

$$
A = \frac{\partial f}{\partial x}\bigg|_{x=0}
$$

并验证其特征值，如果对于所有 i 有 $\mathrm{Re}\,\lambda_i < 0$，或对某些 i 有 $\mathrm{Re}\,\lambda_i > 0$，原点就分别是渐近稳定

的或非稳定的。该定理的证明还表明,当对于所有 i 有 $\text{Re }\lambda_i < 0$ 时,也可求出系统工作在原点的某个邻域内的李雅普诺夫函数为二次型 $V(x) = x^{\text{T}}Px$,其中 P 是对于任意正定对称矩阵 Q,李雅普诺夫方程(4.12)的解。注意,定理 4.7 并未涉及对于所有 i,$\text{Re }\lambda_i \leqslant 0$,以及对于某些 i,$\text{Re }\lambda_i = 0$ 的情况。此时,线性化不能确定平衡点的稳定性[①]。

例 4.14　考虑标量系统
$$\dot{x} = ax^3$$

在原点 $x = 0$ 对系统线性化,得
$$A = \left.\frac{\partial f}{\partial x}\right|_{x=0} = 3ax^2\big|_{x=0} = 0$$

矩阵在虚轴上有一个特征值,因此不能用线性化确定原点的稳定性。这是因为原点可能是渐近稳定的、稳定的或非稳定的,这取决于参数 a 的取值。如果 $a < 0$,原点就是渐近稳定的,因为根据李雅普诺夫函数 $V(x) = x^4$,当 $x \neq 0$ 时其导数 $\dot{V}(x) = 4ax^6 < 0$。如果 $a = 0$,则系统是线性的,且根据定理 4.5 可得原点是稳定的。根据定理 4.3 以及函数 $V(x) = x^4$ 在 $x \neq 0$ 时其导数 $\dot{V}(x) = 4ax^6 > 0$,如果 $a > 0$,则原点是非稳定的。　　　　△

例 4.15　单摆方程
$$\begin{aligned} \dot{x}_1 &= x_2 \\ \dot{x}_2 &= -a\sin x_1 - bx_2 \end{aligned}$$

有两个平衡点 $(x_1 = 0, x_2 = 0)$ 和 $(x_1 = \pi, x_2 = 0)$。我们用线性化研究这两个点的稳定性。雅可比矩阵为
$$\frac{\partial f}{\partial x} = \begin{bmatrix} \frac{\partial f_1}{\partial x_1} & \frac{\partial f_1}{\partial x_2} \\ \frac{\partial f_2}{\partial x_1} & \frac{\partial f_2}{\partial x_2} \end{bmatrix} = \begin{bmatrix} 0 & 1 \\ -a\cos x_1 & -b \end{bmatrix}$$

为了确定原点的稳定性,计算 $x = 0$ 时的雅可比矩阵,有
$$A = \left.\frac{\partial f}{\partial x}\right|_{x=0} = \begin{bmatrix} 0 & 1 \\ -a & -b \end{bmatrix}$$

则 A 的特征值为
$$\lambda_{1,2} = -\tfrac{1}{2}b \pm \tfrac{1}{2}\sqrt{b^2 - 4a}$$

当所有 $a, b > 0$ 时,特征值满足 $\text{Re }\lambda_i < 0$。因此,原点处的平衡点是渐近稳定的。在不计摩擦力的情况下($b = 0$),两个特征值都在虚轴上,因此不能确定线性化后原点的稳定性。在例 4.3 中看到,这种情况下原点是否为稳定平衡点,是由能量李雅普诺夫函数决定的。为了确定平衡点 $(x_1 = \pi, x_2 = 0)$ 的稳定性,先计算该点的雅可比矩阵。这等价于进行变量代换 $z_1 = x_1 - \pi$,$z_2 = x_2$,把平衡点平移到原点,并计算 $z = 0$ 时的雅可比矩阵 $[\partial f/\partial z]$,
$$\tilde{A} = \left.\frac{\partial f}{\partial x}\right|_{x_1=\pi, x_2=0} = \begin{bmatrix} 0 & 1 \\ a & -b \end{bmatrix}$$

$\tilde{A}$ 的特征值为
$$\lambda_{1,2} = -\tfrac{1}{2}b \pm \tfrac{1}{2}\sqrt{b^2 + 4a}$$

当所有 $a > 0$ 且 $b \geqslant 0$ 时,在右半开平面内有一个特征值。因而,平衡点 $(x_1 = \pi, x_2 = 0)$ 是非稳定的。　　　　△

[①]　8.1 节对线性化不适用的情况进行了进一步研究。

4.4　比较函数

当从自治系统过渡到非自治系统时,会有一定的困难,因为初始状态为 $x(t_0) = x_0$ 的非自治系统 $\dot{x} = f(t, x)$,其解与 t 和 t_0 都有关系。为了处理这一新问题,我们将改进稳定性和渐近稳定性的定义,使它们在初始时刻 t_0 一致成立。改进定义 4.1 可达到要求的一致性,这说明存在更明晰的定义,这些定义用到了特殊的比较函数,即 $\mathcal{K}$ 类函数和 $\mathcal{KL}$ 类函数。

定义 4.2　如果连续函数 $\alpha: [0, a) \to [0, \infty)$ 是严格递增的,且 $\alpha(0) = 0$,则 α 属于 $\mathcal{K}$ 类函数。如果 $a = \infty$,且当 r 趋于无穷时 $\alpha(r)$ 趋于无穷,则 α 属于 $\mathcal{K}_\infty$ 类函数。

定义 4.3　对于连续函数 $\beta: [0, a) \times [0, \infty) \to [0, \infty)$,如果对于每个固定的 s,映射 $\beta(r, s)$ 都是关于 r 的 $\mathcal{K}$ 类函数,并且对于每个固定的 r,映射 $\beta(r, s)$ 是 s 的递减函数,且当 s 趋于无穷时 $\beta(r, s)$ 趋于零,则 β 属于 $\mathcal{KL}$ 类函数。

例 4.16

- 函数 $\alpha(r) = \arctan(r)$ 是严格递增的,因为 $\alpha'(r) = 1/(1 + r^2) > 0$,因此 r 属于 $\mathcal{K}$ 类函数。但它不属于 $\mathcal{K}_\infty$ 类函数,因为 $\lim\limits_{r \to \infty} \alpha(r) = \pi/2 < \infty$。

- 函数 $\alpha(r) = r^c$ 对于任意正实数 c 都是严格递增的,因为 $\alpha'(r) = cr^{c-1} > 0$,且 $\lim\limits_{r \to \infty} \alpha(r) = \infty$,因此 $\alpha(r)$ 属于 $\mathcal{K}_\infty$ 类函数。

- 函数 $\alpha(r) = \min\{r, r^2\}$ 是连续的,严格递增的,且 $\lim\limits_{r \to \infty} \alpha(r) = \infty$。因此,$\alpha(r)$ 属于 $\mathcal{K}_\infty$ 类函数。注意,在 $r = 1$ 处 $\alpha(r)$ 不是连续可微的。$\mathcal{K}$ 类函数不要求连续可微性。

- 函数 $\beta(r, s) = r/(ksr + 1)$,对于任意正实数 k,对 r 都是严格递增的。因为

$$\frac{\partial \beta}{\partial r} = \frac{1}{(ksr + 1)^2} > 0$$

但对 s 是严格递减的,因为
$$\frac{\partial \beta}{\partial s} = \frac{-kr^2}{(ksr + 1)^2} < 0$$

而且当 s 趋于无穷时 $\beta(r, s)$ 趋于零,因此 $\beta(r, s)$ 属于 $\mathcal{KL}$ 类函数。

- 函数 $\beta(r, s) = r^c e^{-s}$ 对于任意正实数 c,都属于 $\mathcal{KL}$ 类函数。　　　　　△

下一引理论述了 $\mathcal{K}$ 类函数和 $\mathcal{KL}$ 类函数的一些常用性质,这些性质将在后面用到。引理的证明留给读者(见习题 4.34)。

引理 4.2　设 α_1 和 α_2 是 $[0, a)$ 上的 $\mathcal{K}$ 类函数,α_3 和 α_4 是 $\mathcal{K}_\infty$ 类函数,β 是 $\mathcal{KL}$ 类函数,α_i^{-1} 表示 α_i 的反函数,则

- α_1^{-1} 在 $[0, \alpha_1(a))$ 上有定义,且属于 $\mathcal{K}$ 类函数。
- α_3^{-1} 在 $[0, \infty)$ 上有定义,且属于 $\mathcal{K}_\infty$ 类函数。
- $\alpha_1 \circ \alpha_2$ 属于 $\mathcal{K}$ 类函数。
- $\alpha_3 \circ \alpha_4$ 属于 $\mathcal{K}_\infty$ 类函数。
- $\sigma(r, s) = \alpha_1(\beta(\alpha_2(r), s))$ 属于 $\mathcal{KL}$ 类函数。　　　　　◇

下面的两个引理把 $\mathcal{K}$ 类函数和 $\mathcal{KL}$ 类函数引入了李雅普诺夫分析法。

引理 4.3　设 $V:D\to R$ 是定义域为 $D\subset R^n$ 且包含原点的连续正定函数,并设对于某个 $r>0$ 有 $B_r\subset D$,则对于所有 $x\in B_r$,存在定义在 $[0,r]$ 上的 $\mathcal{K}$ 类函数 α_1 和 α_2,满足

$$\alpha_1(\|x\|)\leqslant V(x)\leqslant \alpha_2(\|x\|)$$

如果 $D=R^n$ 且 $V(x)$ 是径向无界的,则存在 $\mathcal{K}_\infty$ 类函数 α_1 和 α_2,使得上式对于任意 $x\in R^n$ 都成立。　　　　　　　　　　　　　◇

证明:见附录 C.4。　　　　　　　　　　　　　　　　　　□

对于二次正定函数 $V(x)=x^{\mathrm{T}}Px$,引理 4.3 是根据下述不等式得出的:

$$\lambda_{\min}(P)\|x\|_2^2\leqslant x^{\mathrm{T}}Px\leqslant \lambda_{\max}(P)\|x\|_2^2$$

引理 4.4　考虑标量自治可微方程 $\dot{y}=-\alpha(y),\quad y(t_0)=y_0$

其中 α 是定义在 $[0,a)$ 上的局部利普希茨 $\mathcal{K}$ 类函数。对于所有 $0\leqslant y_0<a$,当 $t\geqslant t_0$ 时方程有唯一解 $y(t)$,且

$$y(t)=\sigma(y_0,t-t_0)$$

其中 σ 是定义在 $[0,a)\times[0,\infty)$ 上的 $\mathcal{K}\mathcal{L}$ 类函数。　　　　　　◇

证明:见附录 C.5。　　　　　　　　　　　　　　　　　　□

通过几个可找出标量方程闭式解的特例,可验证该引理的正确性。例如,如果 $\dot{y}=-ky$, $k>0$,那么解为

$$y(t)=y_0\exp[-k(t-t_0)]\ \Rightarrow\ \sigma(r,s)=r\exp(-ks)$$

另一个例子是,如果 $\dot{y}=-ky^2,k>0$,那么解为

$$y(t)=\frac{y_0}{ky_0(t-t_0)+1}\ \Rightarrow\ \sigma(r,s)=\frac{r}{krs+1}$$

为了理解如何把 $\mathcal{K}$ 类函数和 $\mathcal{K}\mathcal{L}$ 类函数引入李雅普诺夫分析,先讨论定理 4.1 的证明中 $\mathcal{K}$ 类函数和 $\mathcal{K}\mathcal{L}$ 类函数的应用。在证明中,希望选择 β 和 δ,满足 $B_\delta\subset\Omega_\beta\subset B_r$。利用正定函数 $V(x)$ 满足

$$\alpha_1(\|x\|)\leqslant V(x)\leqslant \alpha_2(\|x\|)$$

可选择 $\beta\leqslant\alpha_1(r)$ 和 $\delta\leqslant\alpha_2^{-1}(\beta)$。这是因为

$$V(x)\leqslant\beta\ \Rightarrow\ \alpha_1(\|x\|)\leqslant\alpha_1(r)\ \Leftrightarrow\ \|x\|\leqslant r$$

和

$$\|x\|\leqslant\delta\ \Rightarrow\ V(x)\leqslant\alpha_2(\delta)\leqslant\beta$$

在这个证明中,还希望说明当 $\dot{V}(x)$ 负定时,随着 t 趋于无穷,解 $x(t)$ 趋于零。由引理 4.3 可知,存在 $\mathcal{K}$ 类函数 α_3,满足 $\dot{V}(x)\leqslant-\alpha_3(\|x\|)$。因此,$V$ 满足微分不等式

$$\dot{V}\leqslant-\alpha_3(\alpha_2^{-1}(V))$$

比较引理(见引理 3.4)说明 $V(x(t))$ 以标量微分方程

$$\dot{y}=-\alpha_3(\alpha_2^{-1}(y)),\quad y(0)=V(x(0))$$

的解为界。引理 4.2 表明 $\alpha_3\circ\alpha_2^{-1}$ 是 $\mathcal{K}$ 类函数,引理 4.4 表明标量方程的解为 $y(t)=\beta(y(0),t)$,其中 β 为 $\mathcal{K}\mathcal{L}$ 类函数。因此 $V(x(t))$ 满足不等式 $V(x(t))\leqslant\beta(V(x(0)),t)$ 则说明了当 t 趋于无穷时 $V(x(t))$ 趋于零。实际上,无须证明定理 4.1 即可给出 $\|x(t)\|$ 的估计值,该估计值在

证明中未给出。不等式 $V(x(t)) \leqslant V(x(0))$ 是指

$$\alpha_1(\|x(t)\|) \leqslant V(x(t)) \leqslant V(x(0)) \leqslant \alpha_2(\|x(0)\|)$$

因此有 $\|x(t)\| \leqslant \alpha_1^{-1}(\alpha_2(\|x(0)\|))$，其中 $\alpha_1^{-1} \circ \alpha_2$ 是 $\mathcal{K}$ 类函数。同样，不等式 $V(x(t)) \leqslant \beta(V(x(0)), t)$ 表示

$$\alpha_1(\|x(t)\|) \leqslant V(x(t)) \leqslant \beta(V(x(0)), t) \leqslant \beta(\alpha_2(\|x(0)\|), t)$$

因此，有 $\|x(t)\| \leqslant \alpha_1^{-1}(\beta(\alpha_2(\|x(0)\|), t))$，其中 $\alpha_1^{-1}(\beta(\alpha_2(r), t))$ 是 $\mathcal{KL}$ 类函数。

4.5 非自治系统

考虑非自治系统
$$\dot{x} = f(t, x) \tag{4.15}$$

其中，$f:[0, \infty) \times D \to R^n$ 在 $[0, \infty) \times D$ 上是 t 的分段连续函数，且对于 x 是局部利普希茨的，$D \subset R^n$ 是包含原点的定义域。如果

$$f(t, 0) = 0, \quad \forall t \geqslant 0$$

则原点是 $t = 0$ 时方程 (4.15) 的平衡点。原点的平衡点可能是某个非零平衡点的平移，或者说是系统某个非零解的平移。为理解后者，假设 $\bar{y}(\tau)$ 是系统

$$\frac{dy}{d\tau} = g(\tau, y)$$

的一个解，系统在所有 $\tau \geqslant a$ 上都有定义。通过变量代换，

$$x = y - \bar{y}(\tau); \quad t = \tau - a$$

系统转换为 $\quad \dot{x} = g(\tau, y) - \dot{\bar{y}}(\tau) = g(t + a, x + \bar{y}(t + a)) - \dot{\bar{y}}(t + a) \overset{\text{def}}{=\!=} f(t, x)$

由于

$$\dot{\bar{y}}(t + a) = g(t + a, \bar{y}(t + a)), \quad \forall t \geqslant 0$$

所以原点 $x = 0$ 是转换后的系统在 $t = 0$ 时的一个平衡点。因此，通过检验转换后系统的平衡点，即原点的稳定性性质，可确定原系统的解 $\bar{y}(\tau)$ 的稳定性性质。注意，如果 $\bar{y}(\tau)$ 不是常数，那么即使原系统是自治系统，即 $g(\tau, y) = g(y)$，转换后的系统也为非自治系统。因此，只有在研究非自治系统平衡点的稳定性性质时，要用李雅普诺夫法研究解的稳定性性质。

非自治系统平衡点的稳定性和渐近稳定性的概念与定义 4.1 引入的自治系统的概念基本一样。不同的是自治系统的解仅与 $(t - t_0)$ 有关，而非自治系统的解不仅取决于 t，也与 t_0 有关。因此，一般来说，平衡点的稳定性都取决于 t_0。如果对于每个 $\varepsilon > 0$，且对于任意 $t_0 \geqslant 0$，存在 $\delta = \delta(\varepsilon, t_0) > 0$，使

$$\|x(t_0)\| < \delta \Rightarrow \|x(t)\| < \varepsilon, \quad \forall t \geqslant t_0$$

则原点就是方程 (4.15) 的稳定平衡点。常数 δ 一般取决于初始时刻 t_0。对于每个 t_0 存在常数 δ，不一定能保证一个常数 δ 在任意时刻 t_0 都仅取决于 ε，如下例所示。

例 4.17 一阶线性系统
$$\dot{x} = (6t \sin t - 2t)x$$

的解为
$$\begin{aligned}
x(t) &= x(t_0) \exp\left[\int_{t_0}^{t} (6\tau \sin \tau - 2\tau) \, d\tau\right] \\
&= x(t_0) \exp[6 \sin t - 6t \cos t - t^2 - 6 \sin t_0 + 6t_0 \cos t_0 + t_0^2]
\end{aligned}$$

其中,对于任意 t_0, $-t^2$ 项将起决定作用,即 $t \geq t_0$ 时指数项有界,是由 t_0 决定的常数 $c(t_0)$。因此 $\qquad |x(t)| < |x(t_0)|c(t_0), \quad \forall t \geq t_0$

对于任意 $\varepsilon > 0$,选择 $\delta = \varepsilon / c(t_0)$,则原点是稳定的。现在,假设 t_0 取系列值 $t_0 = 2n\pi, n = 0,1,2,\cdots$,且 $x(t)$ 在每 π 秒后取值,则

$$x(t_0 + \pi) = x(t_0) \exp[(4n+1)(6-\pi)\pi]$$

上式表示对 $x(t_0) \neq 0$,有

$$\frac{x(t_0 + \pi)}{x(t_0)} \to \infty, \ \text{当} \ n \to \infty$$

因此,给定 $\varepsilon > 0$,不存在独立于 t_0 的 δ,满足稳定性对 t_0 的一致性的要求。　　△

对 t_0 的不一致性也出现在研究原点的渐近稳定性中,如下例所示。

例 4.18　一阶线性系统 $\qquad \dot{x} = -\dfrac{x}{1+t}$

的解为

$$x(t) = x(t_0) \exp\left(\int_{t_0}^{t} \frac{-1}{1+\tau} \, d\tau \right) = x(t_0) \frac{1+t_0}{1+t}$$

由于 $|x(t)| \leq |x(t_0)|, \forall t \geq t_0$,显然原点是稳定的。实际上,给定任意的 $\varepsilon > 0$,可选择一个 δ 与 t_0 无关,很明显

$$x(t) \to 0, \quad \text{当} \ t \to \infty$$

因此,由定义 4.1 可知原点是渐近稳定的。但要注意,$x(t)$ 关于初始时间 t_0 并不一致收敛于原点。回顾 $x(t)$ 收敛于原点的定义:给定任意 $\varepsilon > 0$,存在 $T = T(\varepsilon, t_0) > 0$,使对于所有 $t \geq t_0 + T$,都有 $|x(t)| < \varepsilon$。这一论述尽管对于每个 t_0 都成立,但不能选择独立于 t_0 的常数 T。　　△

因此,需要改进定义 4.1,以强调原点的稳定性与初始时间 t_0 的关系,即我们所关心的改进定义是原点的稳定性和渐近稳定性对初始时刻的一致性[①]。

定义 4.4　对于方程(4.15)的平衡点 $x = 0$,

- 如果对于每个 $\varepsilon > 0$,存在 $\delta = \delta(\varepsilon, t_0) > 0$,满足

$$\|x(t_0)\| < \delta \Rightarrow \|x(t)\| < \varepsilon, \quad \forall t \geq t_0 \geq 0 \qquad (4.16)$$

则平衡点是稳定的。
- 如果对于每个 $\varepsilon > 0$,存在 $\delta = \delta(\varepsilon) > 0$ 与 t_0 无关,且满足式(4.16),则平衡点是一致稳定的。
- 如果平衡点不稳定,则它是非稳定的。
- 如果平衡点是稳定的,且存在一个正常数 $c = c(t_0)$,对于所有 $\|x(t_0)\| < c$,满足当 t 趋于无穷时 $x(t)$ 趋于零,则平衡点是渐近稳定的。

---

① 定义 4.1 的其他改进参见文献[72]或文献[95]。值得注意的是,对于自治系统,这里给出的全局一致渐近稳定性的定义与 4.1 节中的定义一致。特别是,总可以选择 $\delta(\varepsilon)$,使 $\lim\limits_{\varepsilon \to \infty} \delta(\varepsilon) = \infty$,这在定理 4.17 的证明中有所说明。引理 C.2 说明,如果自治系统的原点是全局渐近稳定的,则对于所有 $x(t_0)$,其解 $x(t)$ 都满足 $\|x(t)\| \leq \beta(\|x(t_0)\|, 0)$,其中 $\beta(r,0)$ 是 $\mathcal{K}_\infty$ 类函数,函数 $\delta(\varepsilon)$ 可取为 $\delta(\varepsilon) = \beta^{-1}(\varepsilon, 0)$。

- 如果它是一致稳定的,且存在独立于 t_0 的正常数 c,满足对于所有 $\|x(t_0)\| < c$, $x(t)$ 趋于零, 当 t 趋于无穷时 $x(t)$ 对 t_0 一致趋于零,即对于每个 $\eta > 0$,存在 $T = T(\eta) > 0$,满足

$$\|x(t)\| < \eta, \quad \forall\, t \geq t_0 + T(\eta), \ \forall\, \|x(t_0)\| < c \tag{4.17}$$

  则平衡点是一致渐近稳定的。

- 如果它是一致稳定的,可选择一个 $\delta(\varepsilon)$,使 $\lim\limits_{\varepsilon \to \infty}\delta(\varepsilon) = \infty$,并且对于每对正数 η 和 c, 存在 $T = T(\eta,c) > 0$,满足

$$\|x(t)\| < \eta, \quad \forall\, t \geq t_0 + T(\eta,c), \ \forall\, \|x(t_0)\| < c \tag{4.18}$$

  则平衡点是全局一致渐近稳定的。

下面的引理给出用 $\mathcal{K}$ 类函数和 $\mathcal{K}\mathcal{L}$ 类函数定义的一致稳定性和一致渐近稳定性,与上述定义是等价的,且更为明确。

引理 4.5　对于方程(4.15)的平衡点 $x = 0$,

- 当且仅当存在一个 $\mathcal{K}$ 类函数 α 和独立于 t_0 的正常数 c,满足

$$\|x(t)\| \leq \alpha(\|x(t_0)\|), \ \forall\, t \geq t_0 \geq 0, \ \forall\, \|x(t_0)\| < c \tag{4.19}$$

  时,平衡点是一致稳定的。

- 当且仅当存在一个 $\mathcal{K}\mathcal{L}$ 类函数 β 和独立于 t_0 的正常数 c,满足

$$\|x(t)\| \leq \beta(\|x(t_0)\|, t - t_0), \ \forall\, t \geq t_0 \geq 0, \ \forall\, \|x(t_0)\| < c \tag{4.20}$$

  时,平衡点是一致渐近稳定的。

- 当且仅当不等式(4.20)对于任意初始状态 $x(t_0)$ 都成立时,平衡点是全局一致渐近稳定的。　　　　　　　　　　　　　　　　　　　　　　　　　　　　　　　　　　　　　　◇

证明: 见附录 C.6。　　　　　　　　　　　　　　　　　　　　　　　　　　　　　　□

从引理 4.5 可以看出,在自治系统中,定义 4.1 对稳定性和渐近稳定性的每条定义都是指存在满足不等式(4.19)和不等式(4.20)的 $\mathcal{K}$ 类函数和 $\mathcal{K}\mathcal{L}$ 类函数。这是因为对于自治系统,原点的稳定性和原点的渐近稳定性对于初始时刻 t_0 是一致的。

当式(4.20)中的 $\mathcal{K}\mathcal{L}$ 类函数 β 取 $\beta(r,s) = kre^{-\lambda s}$ 的形式时,会出现一致渐近稳定性的特例。这种情况非常重要,将被当成平衡点的独特稳定性提出来。

定义 4.5　对于方程(4.15)的平衡点 $x = 0$,如果存在正常数 c, k 和 λ,满足

$$\|x(t)\| \leq k\|x(t_0)\|e^{-\lambda(t-t_0)}, \ \forall\, \|x(t_0)\| < c \tag{4.21}$$

则该平衡点是指数稳定的。如果式(4.21)对于任何初始状态 $x(t_0)$ 都成立,则该平衡点是全局指数稳定的。

自治系统的李雅普诺夫理论可以扩展到非自治系统。定理 4.1 到定理 4.4 的每一条都可以通过不同的论述扩展到非自治系统中。这里不证明所有这些扩展[①],只讨论一致稳定性和一致渐近稳定性,因为这是多数非自治系统中李雅普诺夫法要遇到的情况。

---

① 本书详细证明了非自治系统的李雅普诺夫理论。这方面较好的参考文献有文献[72]和文献[154],在文献[201]和文献[135]中也有较好的介绍。

定理 4.8　设 $x=0$ 是方程(4.15)的一个平衡点，$D \subset R^n$ 是包含 $x=0$ 的定义域，$V:[0,\infty) \times D \to R$ 是连续可微函数，且满足

$$W_1(x) \leqslant V(t,x) \leqslant W_2(x) \tag{4.22}$$

$$\frac{\partial V}{\partial t} + \frac{\partial V}{\partial x}f(t,x) \leqslant 0 \tag{4.23}$$

$\forall t \geqslant 0$，$\forall x \in D$，其中 $W_1(x)$ 和 $W_2(x)$ 都是 D 上的连续正定函数。那么，$x=0$ 是一致稳定的。　　　　　　　　　　　　　　　　　　　　　　　　　　　　　◇

证明：V 沿方程(4.15)的轨线的导数为

$$\dot{V}(t,x) = \frac{\partial V}{\partial t} + \frac{\partial V}{\partial x}f(t,x) \leqslant 0$$

选择 $r>0$ 和 $c>0$，满足 $B_r \subset D$ 和 $c < \min_{\|x\|=r} W_1(x)$，那么 $\{x \in B_r \mid W_1(x) \leqslant c\}$ 在 B_r 内。与时间有关的集合 $\Omega_{t,c}$ 定义如下：

$$\Omega_{t,c} = \{x \in B_r \mid V(t,x) \leqslant c\}$$

由于

$$W_2(x) \leqslant c \Rightarrow V(t,x) \leqslant c$$

所以集合 $\Omega_{t,c}$ 包含 $\{x \in B_r \mid W_2(x) \leqslant c\}$。此外，由于

$$V(t,x) \leqslant c \Rightarrow W_1(x) \leqslant c$$

所以 $\Omega_{t,c}$ 是 $\{x \in B_r \mid W_1(x) \leqslant c\}$ 的子集。因此，对于所有 $t \geqslant 0$

$$\{x \in B_r \mid W_2(x) \leqslant c\} \subset \Omega_{t,c} \subset \{x \in B_r \mid W_1(x) \leqslant c\} \subset B_r \subset D$$

这五个嵌套的集合如图 4.7 所示。图 4.7 与图 4.1 相似，不同之处在于图 4.7 中曲面 $V(t,x)=c$ 与 t 有关，所以它处于独立于时间的曲面 $W_1(x)=c$ 和 $W_2(x)=c$ 之间。

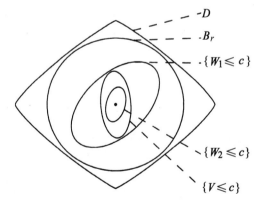

由于在 D 上，对于任何 $t_0 \geqslant 0$ 和 $\dot{V}(t,x) \leqslant 0$，有 $x_0 \in \Omega_{t_0,c}$，所以对于所有 $t \geqslant t_0$，始于 (t_0, x_0) 的解保持在 $\Omega_{t,c}$ 内。因此，对于所有未来时刻，始于 $\{x \in B_r \mid W_2(x) \leqslant c\}$ 的任何解都保持在 $\Omega_{t,c}$ 内，从而也保持在 $\{x \in B_r \mid W_1(x) \leqslant c\}$ 内。因此，对于所有 $t \geqslant t_0$，解都有定义且有界。又由于 $\dot{V} \leqslant 0$，所以有

图 4.7　定理 4.8 的证明中所用集合的几何表示

$$V(t,x(t)) \leqslant V(t_0, x(t_0)), \quad \forall t \geqslant t_0$$

根据引理 4.3，存在定义在 $[0,r]$ 上的 $\mathcal{K}$ 类函数 α_1 和 α_2，满足

$$\alpha_1(\|x\|) \leqslant W_1(x) \leqslant V(t,x) \leqslant W_2(x) \leqslant \alpha_2(\|x\|)$$

将上述两个不等式结合，对于 $\alpha_2(\|x(t_0)\|) \leqslant c < \alpha_1(r)$，有

$$\|x(t)\| \leqslant \alpha_1^{-1}(V(t,x(t))) \leqslant \alpha_1^{-1}(V(t_0,x(t_0))) \leqslant \alpha_1^{-1}(\alpha_2(\|x(t_0)\|))$$

根据定理4.2可知 $\alpha_1^{-1} \circ \alpha_2$ 是 $\mathcal{K}$ 类函数(根据引理4.2),则不等式 $\|x(t)\| \leqslant \alpha_1^{-1}(\alpha_2(\|x(t_0)\|))$ 表明原点是一致稳定的。 □

定理4.9 假设定理4.8中的假定条件都满足不等式(4.23)的加强形式

$$\frac{\partial V}{\partial t} + \frac{\partial V}{\partial x} f(t,x) \leqslant -W_3(x) \tag{4.24}$$

$\forall t \geqslant 0, \forall x \in D$,其中 $W_3(x)$ 是 D 上的连续正定函数。那么,$x=0$ 是一致渐近稳定的。如果选择 $W_1(x) \geqslant \alpha_1(\|x\|)$,$W_2(x) \leqslant \alpha_2(\|x\|)$,且 r 和 c 满足 $B_r = \{\|x\| \leqslant r\} \subset D$ 和 $c < \alpha_1(r)$,则始于 $\{x \in B_r \mid W_2(x) \leqslant c\}$ 的每条轨线对于某个 $\mathcal{KL}$ 类函数 β 都满足

$$\|x(t)\| \leqslant \beta(\|x(t_0)\|, t-t_0), \quad \forall t \geqslant t_0 \geqslant 0$$

如果 $D = R^n$ 和 $W_1(x)$ 径向无界,则 $x=0$ 是全局一致渐近稳定的。 ◇

证明: 由定理4.8的证明可知,对于所有 $t \geqslant t_0$,始于 $\{x \in B_r \mid W_2(x) \leqslant c\}$ 的轨线都保持在 $\{x \in B_r \mid W_1(x) \leqslant c\}$ 内。由引理4.3可知,存在定义在 $[0, r]$ 上的 $\mathcal{K}$ 类函数 α_3,满足

$$\dot{V}(t,x) = \frac{\partial V}{\partial t} + \frac{\partial V}{\partial x} f(t,x) \leqslant -W_3(x) \leqslant -\alpha_3(\|x\|)$$

利用不等式 $\quad V \leqslant \alpha_2(\|x\|) \Leftrightarrow \alpha_2^{-1}(V) \leqslant \|x\| \Leftrightarrow \alpha_3(\alpha_2^{-1}(V)) \leqslant \alpha_3(\|x\|)$

可见,V 满足微分不等式 $\quad \dot{V} \leqslant -\alpha_3(\alpha_2^{-1}(V)) \stackrel{\text{def}}{=\!=} -\alpha(V)$

其中 $\alpha = \alpha_3 \circ \alpha_2^{-1}$ 是定义在 $[0, \alpha_1(r)]$ 上的 $\mathcal{K}$ 类函数(见引理4.2)。为了不失一般性[①],假设 α 是局部利普希茨函数,并设 $y(t)$ 满足一阶自治微分方程

$$\dot{y} = -\alpha(y), \quad y(t_0) = V(t_0, x(t_0)) \geqslant 0$$

根据引理3.4(比较引理),有

$$V(t, x(t)) \leqslant y(t), \quad \forall t \geqslant t_0$$

根据引理4.4,存在一个定义在 $[0, \alpha_1(r)] \times [0, \infty)$ 上的 $\mathcal{KL}$ 类函数 $\sigma(r, s)$,满足:

$$V(t, x(t)) \leqslant \sigma(V(t_0, x(t_0)), t-t_0), \quad \forall V(t_0, x(t_0)) \in [0, c]$$

因此,任何始于 $\{x \in B_r \mid W_2(x) \leqslant c\}$ 的解都满足不等式

$$\begin{aligned}
\|x(t)\| &\leqslant \alpha_1^{-1}(V(t, x(t))) \leqslant \alpha_1^{-1}(\sigma(V(t_0, x(t_0)), t-t_0)) \\
&\leqslant \alpha_1^{-1}(\sigma(\alpha_2(\|x(t_0)\|), t-t_0)) \stackrel{\text{def}}{=\!=} \beta(\|x(t_0)\|, t-t_0)
\end{aligned}$$

引理4.2证明 β 是 $\mathcal{KL}$ 类函数,因此不等式(4.20)成立,从而说明 $x=0$ 是一致渐近稳定的。如果 $D = R^n$,则 α_1, α_2 和 α_3 是定义在 $[0, \infty)$ 上的函数,因而 α_1 以及 β 都与 c 无关。由于 $W_1(x)$ 径向无界,所以可选择 c 任意大,使其包含 $\{W_2(x) \leqslant c\}$ 内的任何初始状态。因此,式(4.20)对于任何初始状态都成立,即证明了原点是全局一致渐近稳定的。 □

---

① 如果 α 不是局部利普希茨函数,则可选择一个局部利普希茨 $\mathcal{K}$ 类函数 β,使其在需要的定义域内满足 $\alpha(r) \geqslant \beta(r)$。那么,$\dot{V} \leqslant -\beta(V)$,然后用 β 代替 α 继续证明。例如,假设 $\alpha(r) = \sqrt{r}$,$\sqrt{r}$ 是 $\mathcal{K}$ 类函数,但在 $r=0$ 时不是局部利普希茨的。把 β 定义为:当 $r < 1$ 时,$\beta(r) = r$;当 $r \geqslant 1$ 时,$\beta(r) = \sqrt{r}$,则 β 是 $\mathcal{K}$ 类函数,且是局部利普希茨的。从而,对于所有 $r \geqslant 0$ 有 $\alpha(r) \geqslant \beta(r)$。

如果 $V(t,x) \geq 0$,则称函数 $V(t,x)$ 是半正定的。如果对于某个正定函数 $W_1(x)$ 有 $V(t,x) \geq W_1(x)$,则称 $V(t,x)$ 是正定的。如果 $W_1(x)$ 径向无界,则称 $V(t,x)$ 也是径向无界的。如果 $V(t,x) \leq W_2(x)$,则称 $V(t,x)$ 是递减的。如果 $-V(t,x)$ 是正定的(或半正定的),则称函数 $V(t,x)$ 是负定的(或半负定的)。因此,定理 4.8 和定理 4.9 指出,如果存在一个连续可微、正定的递减函数 $V(t,x)$,其沿系统轨线的导数是半负定的,则原点是一致稳定的;如果 $V(t,x)$ 沿系统轨线的导数是负定的,则原点是一致渐近稳定的;如果原点一致渐近稳定的条件对径向无界函数 $V(t,x)$ 全局成立,则原点是全局一致渐近稳定的。

定理 4.10 设 $x=0$ 是方程(4.15)的平衡点。$D \subset R^n$ 是包含 $x=0$ 的定义域。设 $V:[0,\infty) \times D \rightarrow R$ 是连续可微函数,且满足

$$k_1\|x\|^a \leq V(t,x) \leq k_2\|x\|^a \tag{4.25}$$

$$\frac{\partial V}{\partial t} + \frac{\partial V}{\partial x}f(t,x) \leq -k_3\|x\|^a \tag{4.26}$$

$\forall t \geq 0, \forall x \in D$,其中 k_1, k_2, k_3 和 a 是正常数,那么 $x=0$ 是指数稳定的。如果上述假设全局成立,那么 $x=0$ 是全局指数稳定的。 ◇

证明:借助图 4.7,可以看出当 $t \geq t_0$ 时,对于足够小的 c,始于 $\{k_2\|x\|^a \leq c\}$ 的轨线都有界。不等式(4.25)和不等式(4.26)表明 V 满足微分不等式

$$\dot{V} \leq -\frac{k_3}{k_2}V$$

根据引理 3.4(比较引理),有

$$V(t,x(t)) \leq V(t_0,x(t_0))e^{-(k_3/k_2)(t-t_0)}$$

因此

$$
\begin{aligned}
\|x(t)\| &\leq \left[\frac{V(t,x(t))}{k_1}\right]^{1/a} \leq \left[\frac{V(t_0,x(t_0))e^{-(k_3/k_2)(t-t_0)}}{k_1}\right]^{1/a} \\
&\leq \left[\frac{k_2\|x(t_0)\|^a e^{-(k_3/k_2)(t-t_0)}}{k_1}\right]^{1/a} = \left(\frac{k_2}{k_1}\right)^{1/a}\|x(t_0)\|e^{-(k_3/k_2 a)(t-t_0)}
\end{aligned}
$$

所以,原点是指数稳定的。如果所有假设全局成立,则可选择 c 任意大,且上述不等式对于所有 $x(t_0) \in R^n$ 都成立。 □

例 4.19 考虑标量系统 $\qquad \dot{x} = -[1+g(t)]x^3$

其中,$g(t)$ 连续,且对于所有 $t \geq 0$,有 $g(t) \geq 0$。利用备选李雅普诺夫函数 $V(x) = x^2/2$,可得

$$\dot{V}(t,x) = -[1+g(t)]x^4 \leq -x^4, \quad \forall x \in R, \forall t \geq 0$$

$W_1(x) = W_2(x) = V(x)$ 及 $W_3(x) = x^4$ 全局满足定理 4.9 的假设,因此原点是全局一致渐近稳定的。 △

例 4.20 考虑系统
$$
\begin{aligned}
\dot{x}_1 &= -x_1 - g(t)x_2 \\
\dot{x}_2 &= x_1 - x_2
\end{aligned}
$$

其中,$g(t)$ 是连续可微函数,且满足

$$0 \leq g(t) \leq k \quad \text{和} \quad \dot{g}(t) \leq g(t), \quad \forall t \geq 0$$

取 $V(t,x) = x_1^2 + [1 + g(t)]x_2^2$,作为备选李雅普诺夫函数。很容易看出

$$x_1^2 + x_2^2 \leqslant V(t,x) \leqslant x_1^2 + (1+k)x_2^2, \quad \forall x \in R^2$$

因此,$V(t,x)$ 是正定递减的,且径向无界。V 沿系统轨线的导数为

$$\dot{V}(t,x) = -2x_1^2 + 2x_1 x_2 - [2 + 2g(t) - \dot{g}(t)]x_2^2$$

利用不等式 $\qquad 2 + 2g(t) - \dot{g}(t) \geqslant 2 + 2g(t) - g(t) \geqslant 2$

得 $\qquad \dot{V}(t,x) \leqslant -2x_1^2 + 2x_1 x_2 - 2x_2^2 = - \begin{bmatrix} x_1 \\ x_2 \end{bmatrix}^T \begin{bmatrix} 2 & -1 \\ -1 & 2 \end{bmatrix} \begin{bmatrix} x_1 \\ x_2 \end{bmatrix} \overset{\text{def}}{=\!=} -x^T Q x$

其中 Q 是正定的。因此,$\dot{V}(t,x)$ 是负定的。所以,正定二次函数 W_1, W_2 和 W_3 全局满足定理 4.9 的所有假设。由正定二次函数 $x^T P x$ 满足

$$\lambda_{\min}(P)x^T x \leqslant x^T P x \leqslant \lambda_{\max}(P)x^T x$$

可知,$a = 2$ 全局满足定理 4.10 的条件。因此,原点是全局指数稳定的。 $\triangle$

例 4.21 线性时变系统 $\qquad\qquad \dot{x} = A(t)x$ $\qquad\qquad\qquad$ (4.27)

有一个平衡点 $x = 0$。设 $A(t)$ 对于所有 $t \geqslant 0$ 连续。假设存在连续可微、有界的正定对称矩阵 $P(t)$,即 $\qquad\qquad 0 < c_1 I \leqslant P(t) \leqslant c_2 I, \quad \forall t \geqslant 0$

满足矩阵微分方程 $\qquad -\dot{P}(t) = P(t)A(t) + A^T(t)P(t) + Q(t)$ $\qquad$ (4.28)

其中,$Q(t)$ 是连续的正定对称矩阵,即,

$$Q(t) \geqslant c_3 I > 0, \quad \forall t \geqslant 0$$

备选李雅普诺夫函数 $\qquad\qquad V(t,x) = x^T P(t)x$

满足 $\qquad\qquad\qquad c_1 \|x\|_2^2 \leqslant V(t,x) \leqslant c_2 \|x\|_2^2$

其沿系统(4.27)的轨线的导数为

$$\begin{aligned} \dot{V}(t,x) &= x^T \dot{P}(t)x + x^T P(t)\dot{x} + \dot{x}^T P(t)x \\ &= x^T[\dot{P}(t) + P(t)A(t) + A^T(t)P(t)]x = -x^T Q(t)x \leqslant -c_3 \|x\|_2^2 \end{aligned}$$

因此,$a = 2$ 全局满足定理 4.10 的所有假设,由此可得原点是全局指数稳定的。 $\triangle$

4.6 线性时变系统和线性化

对于线性时变系统 $\qquad\qquad \dot{x}(t) = A(t)x(t)$ $\qquad\qquad\qquad$ (4.29)

作为系统平衡点的原点,其稳定性完全可以由系统的状态转移矩阵描述。由线性系统理论[1]可知,方程(4.29)的解为

$$x(t) = \Phi(t,t_0)x(t_0)$$

其中,$\Phi(t,t_0)$ 是状态转移矩阵。下一个定理将根据 $\Phi(t,t_0)$ 给出一致渐近稳定性的特征。

定理 4.11 当且仅当对于正常数 k 和 λ,状态转移矩阵满足不等式

$$\|\Phi(t,t_0)\| \leqslant k e^{-\lambda(t-t_0)}, \quad \forall t \geqslant t_0 \geqslant 0 \qquad\qquad (4.30)$$

---

[1] 参见文献[9],文献[35],文献[94]或文献[158]。

时,系统(4.29)的平衡点 $x = 0$ 是(全局)一致渐近稳定的。 ◇

证明: 由于 $x(t)$ 与 $x(t_0)$ 线性相关,如果原点是一致渐近稳定的,则也是全局一致渐近稳定的。式(4.30)的充分性是显然的,因为

$$\|x(t)\| \leqslant \|\Phi(t, t_0)\| \|x(t_0)\| \leqslant k\|x(t_0)\|e^{-\lambda(t-t_0)}$$

为了证明必要性,假设原点是一致渐近稳定的,那么存在一个 $\mathcal{KL}$ 类函数 β,满足

$$\|x(t)\| \leqslant \beta(\|x(t_0)\|, t - t_0), \quad \forall\, t \geqslant t_0, \ \forall\, x(t_0) \in R^n$$

由导出阵模的定义(见附录 A),有

$$\|\Phi(t, t_0)\| = \max_{\|x\|=1} \|\Phi(t, t_0)x\| \leqslant \max_{\|x\|=1} \beta(\|x\|, t - t_0) = \beta(1, t - t_0)$$

由于

$$\beta(1, s) \to 0, \quad 当 s \to \infty$$

存在 $T > 0$,满足 $\beta(1, T) \leqslant 1/e$。对于任何 $t \geqslant t_0$,设 N 是满足 $t \leqslant t_0 + NT$ 的最小正整数。将区间 $[t_0, t_0 + (N-1)T]$ 分为 $N-1$ 个长度为 T 的子区间,利用 $\Phi(t, t_0)$ 的转移特性,有

$$\Phi(t, t_0) = \Phi(t, t_0 + (N-1)T)\Phi(t_0 + (N-1)T, t_0 + (N-2)T)\cdots\Phi(t_0 + T, t_0)$$

因此,

$$\|\Phi(t, t_0)\| \leqslant \|\Phi(t, t_0 + (N-1)T)\| \prod_{k=1}^{k=N-1} \|\Phi(t_0 + kT, t_0 + (k-1)T)\|$$

$$\leqslant \beta(1, 0) \prod_{k=1}^{k=N-1} \frac{1}{e} = e\beta(1, 0)e^{-N}$$

$$\leqslant e\beta(1, 0)e^{-(t-t_0)/T} = ke^{-\lambda(t-t_0)}$$

其中 $k = e\beta(1, 0)$, $\lambda = 1/T$。 □

定理 4.11 说明,在线性系统中,原点的一致渐近稳定与指数稳定是等价的。尽管不等式(4.30)无须找李雅普诺夫函数就给出了原点一致渐近稳定的特征,但更常用的是线性时不变系统中的特征值标准,因为要知道状态转移矩阵 $\Phi(t, t_0)$,需要解状态方程(4.29)。注意,对于线性时变系统,不能由矩阵 A 的特征值位置描述一致渐近稳定性[①],如下例所示。

例 4.22 考虑矩阵为 $A(t) = \begin{bmatrix} -1 + 1.5\cos^2 t & 1 - 1.5\sin t\cos t \\ -1 - 1.5\sin t\cos t & -1 + 1.5\sin^2 t \end{bmatrix}$

的二阶线性系统。对于任何 t, $A(t)$ 的特征值均为 $-0.25 \pm 0.25\sqrt{7}j$。因此,特征值与 t 无关,且位于左半开平面内。但是,原点是不稳定的,证明如下:

$$\Phi(t, 0) = \begin{bmatrix} e^{0.5t}\cos t & e^{-t}\sin t \\ -e^{0.5t}\sin t & e^{-t}\cos t \end{bmatrix}$$

说明存在任意接近原点的初始状态 $x(0)$,使解无界且趋于无穷。 △

尽管定理 4.11 并不非常有助于稳定性测试,但随后会看到它保证了线性系统(4.29)存在李雅普诺夫函数。在例 4.21 中看到,如果能找到一个正定有界矩阵 $P(t)$,对于某个正定矩阵 $Q(t)$,满足微分方程(4.28),那么 $V(t, x) = x^{\mathrm{T}}P(t)x$ 就是系统的李雅普诺夫函数。如果矩

---

① 另外有一些特殊情况。作为方程(4.29)平衡点的原点 $x = 0$,其一致渐近稳定性等价于特征值条件,一种情况是周期系统(见习题 4.40 和例 10.8),另一种情况是慢变系统(见例 9.9)。

阵 $Q(t)$ 除正定以外还是有界的,即

$$0 < c_3 I \leqslant Q(t) \leqslant c_4 I, \quad \forall\, t \geqslant 0$$

且如果 $A(t)$ 连续有界,则可以证明:如果原点是渐近指数稳定的,则系统(4.28)的解具有期望的特性。

定理 4.12 设 $x = 0$ 是系统(4.29)的指数稳定平衡点。假设 $A(t)$ 连续且有界。设 $Q(t)$ 是连续且有界的正定对称矩阵,那么存在一个连续可微的正定对称矩阵 $P(t)$,满足方程(4.28)。因此,$V(t,x) = x^{\mathrm{T}} P(t) x$ 是系统的李雅普诺夫函数,满足定理 4.10 的条件。 ◇

证明:设

$$P(t) = \int_t^\infty \Phi^{\mathrm{T}}(\tau,t) Q(\tau) \Phi(\tau,t)\, d\tau$$

$\phi(\tau;t,x)$ 是系统(4.29)始于 (t,x) 的解。由于系统是线性的,$\phi(\tau;t,x) = \Phi(\tau,t)x$。按照 $P(t)$ 的定义,有

$$x^{\mathrm{T}} P(t) x = \int_t^\infty \phi^{\mathrm{T}}(\tau;t,x) Q(\tau) \phi(\tau;t,x)\, d\tau$$

利用式(4.30)可得

$$
\begin{aligned}
x^{\mathrm{T}} P(t) x &\leqslant \int_t^\infty c_4 \|\Phi(\tau,t)\|_2^2\, \|x\|_2^2\, d\tau \\
&\leqslant \int_t^\infty k^2 e^{-2\lambda(\tau-t)}\, d\tau\, c_4 \|x\|_2^2 = \frac{k^2 c_4}{2\lambda} \|x\|_2^2 \overset{\text{def}}{=} c_2 \|x\|_2^2
\end{aligned}
$$

另一方面,由于

$$\|A(t)\|_2 \leqslant L, \quad \forall\, t \geqslant 0$$

解 $\phi(\tau;t,x)$ 是下方有界的(见习题 3.17),

$$\|\phi(\tau;t,x)\|_2^2 \geqslant \|x\|_2^2 e^{-2L(\tau-t)}$$

因此

$$
\begin{aligned}
x^{\mathrm{T}} P(t) x &\geqslant \int_t^\infty c_3 \|\phi(\tau;t,x)\|_2^2\, d\tau \\
&\geqslant \int_t^\infty e^{-2L(\tau-t)}\, d\tau\, c_3 \|x\|_2^2 = \frac{c_3}{2L} \|x\|_2^2 \overset{\text{def}}{=} c_1 \|x\|_2^2
\end{aligned}
$$

这样

$$c_1 \|x\|_2^2 \leqslant x^{\mathrm{T}} P(t) x \leqslant c_2 \|x\|_2^2$$

说明 $P(t)$ 是正定且有界的。$P(t)$ 的定义说明 $P(t)$ 对称且连续可微。通过对 $P(t)$ 求微分,并利用性质

$$\frac{\partial}{\partial t} \Phi(\tau,t) = -\Phi(\tau,t) A(t)$$

可证明 $P(t)$ 满足方程(4.28)。特别只有

$$
\begin{aligned}
\dot{P}(t) &= \int_t^\infty \Phi^{\mathrm{T}}(\tau,t) Q(\tau) \frac{\partial}{\partial t} \Phi(\tau,t)\, d\tau \\
&\quad + \int_t^\infty \left[\frac{\partial}{\partial t} \Phi^{\mathrm{T}}(\tau,t) \right] Q(\tau) \Phi(\tau,t)\, d\tau - Q(t) \\
&= -\int_t^\infty \Phi^{\mathrm{T}}(\tau,t) Q(\tau) \Phi(\tau,t)\, d\tau\, A(t) \\
&\quad - A^{\mathrm{T}}(t) \int_t^\infty \Phi^{\mathrm{T}}(\tau,t) Q(\tau) \Phi(\tau,t)\, d\tau - Q(t) \\
&= -P(t) A(t) - A^{\mathrm{T}}(t) P(t) - Q(t)
\end{aligned}
$$

例 4.21 证明了 $V(t,x) = x^T P(t) x$ 是李雅普诺夫函数。　　　　　　　　□

当线性系统(4.29)是时不变系统,即 A 为常数时,则可选择定理 4.12 中的李雅普诺夫函数 $V(t,x)$ 与 t 无关。回顾线性时不变系统

$$\Phi(\tau,t) = \exp[(\tau - t)A]$$

当 A 是赫尔维茨矩阵时,满足式(4.30)。选择 Q 为正定对称(常数)矩阵,则矩阵 $P(t)$ 为

$$P = \int_t^\infty \exp[(\tau - t)A^T] Q \exp[(\tau - t)A] \, d\tau = \int_0^\infty \exp[A^T s] Q \exp[A s] \, ds$$

上式与 t 有关。与式(4.13)比较,说明 P 是李雅普诺夫方程(4.12)的唯一解。这样,定理 4.12 中的李雅普诺夫函数简化为 4.3 节中用到的李雅普诺夫函数。

现在用定理 4.12 对于线性系统存在李雅普诺夫函数的证明扩展到定理 4.7 中非自治系统的线性化。考虑非线性非自治系统

$$\dot{x} = f(t,x) \tag{4.31}$$

其中 $f:[0,\infty) \times D \to R^n$ 连续可微,且 $D = \{x \in R^n \mid \|x\|_2 < r\}$。假设原点 $x = 0$ 是系统在 $t = 0$ 时的平衡点,即对于所有 $t \geq 0$,有 $f(t,0) = 0$。进一步假设雅可比矩阵 $[\partial f / \partial x]$ 有界,且在 D 上是利普希茨的,对 t 一致。因此,对于所有 $1 \leq i \leq n$,有

$$\left\| \frac{\partial f_i}{\partial x}(t,x_1) - \frac{\partial f_i}{\partial x}(t,x_2) \right\|_2 \leq L_1 \|x_1 - x_2\|_2, \quad \forall \, x_1, x_2 \in D, \ \forall \, t \geq 0$$

由均值定理得

$$f_i(t,x) = f_i(t,0) + \frac{\partial f_i}{\partial x}(t,z_i) \, x$$

其中 z_i 是由 x 到原点的线段上的一点。由于 $f(t,0) = 0$,则 $f_i(t,x)$ 可以写成

$$f_i(t,x) = \frac{\partial f_i}{\partial x}(t,z_i) \, x = \frac{\partial f_i}{\partial x}(t,0) \, x + \left[\frac{\partial f_i}{\partial x}(t,z_i) - \frac{\partial f_i}{\partial x}(t,0) \right] x$$

因此　　　　　　　　　　　$f(t,x) = A(t)x + g(t,x)$

其中　　　　　$A(t) = \frac{\partial f}{\partial x}(t,0), \qquad g_i(t,x) = \left[\frac{\partial f_i}{\partial x}(t,z_i) - \frac{\partial f_i}{\partial x}(t,0) \right] x$

函数 $g(t,x)$ 满足

$$\|g(t,x)\|_2 \leq \left(\sum_{i=1}^n \left\| \frac{\partial f_i}{\partial x}(t,z_i) - \frac{\partial f_i}{\partial x}(t,0) \right\|_2^2 \right)^{1/2} \|x\|_2 \leq L \|x\|_2^2$$

其中 $L = \sqrt{n} L_1$。因此,在原点的一个小邻域内,可通过对非线性系统(4.31)在原点的线性化逼近该系统。下一个定理将表述李雅普诺夫间接法,用以说明非自治系统中原点的指数稳定性。

定理 4.13　设 $x = 0$ 是非线性系统

$$\dot{x} = f(t,x)$$

的一个平衡点,其中 $f:[0,\infty) \times D \to R^n$ 连续可微,$D = \{x \in R^n \mid \|x\|_2 < r\}$,雅可比矩阵 $[\partial f / \partial x]$ 有界,且在 D 上是利普希茨的,对 t 一致。设

$$A(t) = \frac{\partial f}{\partial x}(t,x) \bigg|_{x=0}$$

如果原点是线性系统 $$\dot{x} = A(t)x$$

的指数稳定平衡点,则它对非线性系统也是指数稳定平衡点。 $\diamondsuit$

证明: 由于线性系统在原点有一个指数稳定平衡点,$A(t)$ 连续且有界,定理 4.12 保证了存在一个连续可微且有界正定的对称矩阵 $P(t)$ 满足方程(4.28),其中 $Q(t)$ 是连续的正定对称矩阵。用 $V(t,x) = x^{\mathrm{T}}P(t)x$ 作为非线性系统的备选李雅普诺夫函数,则 $V(t,x)$ 沿系统轨线的导数为

$$
\begin{aligned}
\dot{V}(t,x) &= x^{\mathrm{T}}P(t)f(t,x) + f^{\mathrm{T}}(t,x)P(t)x + x^{\mathrm{T}}\dot{P}(t)x \\
&= x^{\mathrm{T}}[P(t)A(t) + A^{\mathrm{T}}(t)P(t) + \dot{P}(t)]x + 2x^{\mathrm{T}}P(t)g(t,x) \\
&= -x^{\mathrm{T}}Q(t)x + 2x^{\mathrm{T}}P(t)g(t,x) \\
&\leqslant -c_3\|x\|_2^2 + 2c_2L\|x\|_2^3 \\
&\leqslant -(c_3 - 2c_2L\rho)\|x\|_2^2, \quad \forall\ \|x\|_2 < \rho
\end{aligned}
$$

选择 $\rho < \min\{r, c_3/(2c_2L)\}$,以保证当 $\|x\|_2 < \rho$ 时 $\dot{V}(t,x)$ 负定。因此,当 $\|x\|_2 < \rho$ 时定理 4.10 中的所有条件都满足。由此可得出结论,原点是指数稳定的。 $\square$

4.7 逆定理

定理 4.9 和定理 4.10 通过要求存在一个满足一定条件的李雅普诺夫函数 $V(t,x)$,建立了原点的一致渐近稳定性或指数稳定性的概念。要求存在一个满足一定条件的辅助函数 $V(t,x)$,是李雅普诺夫法的一些定理的特点。这些定理的条件不能直接由问题给出的数据检验,而是必须找到一个辅助函数。在寻找函数的过程中,有两个问题出现。第一,是否存在满足定理条件的函数? 第二,如何找到这样一个函数? 在许多情况下,李雅普诺夫理论对第一个问题的回答是肯定的,其答案就是取逆李雅普诺夫定理的形式,即李雅普诺夫定理的逆定理。例如,一致渐近稳定性的逆定理确定,如果原点是一致渐近稳定的,则一定存在满足定理 4.9 的李雅普诺夫函数。大多数逆定理通过构造满足相应定理条件的辅助函数得到证明。然而,构造辅助函数几乎总是假设微分方程的解是已知的,因此在实际中这些定理无助于寻找辅助函数。但仅仅知道存在这样的函数总比不知道好,至少我们知道有希望找到这样的函数。这些定理也用于利用李雅普诺夫函数在概念上刻画动力学系统的一些特性,定理 4.15 就是这类应用的一个例子,后面章节中还有此类应用的其他例题。本节将给出三个逆李雅普诺夫定理[①]。第一个是原点为指数稳定时的逆李雅普诺夫定理,第二个是原点为一致渐近稳定时的逆李雅普诺夫定理,第三个定理用于自治系统,定义了渐近稳定平衡点的整个吸引区的逆李雅普诺夫函数。

构造逆李雅普诺夫函数的概念并不陌生,对于线性系统,在定理 4.12 的证明中已应用了这一思想。仔细阅读证明过程可发现系统的线性在证明中并未起到决定作用,只是说明 $V(t,x)$ 是 x 的二次型。这一结果引出了三个逆定理中的第一个,其证明是定理 4.12 证明的扩展。

定理 4.14 设 $x = 0$ 是非线性系统 $$\dot{x} = f(t,x)$$

[①] 关于逆李雅普诺夫定理的全面论述参见文献[72]或文献[107]。文献[118]和文献[193]给出了这方面的最新结果。

的平衡点,其中 $f:[0,\infty)\times D\to R^n$ 连续可微, $D=\{x\in R^n\mid \|x\|<r\}$,雅可比矩阵 $[\partial f/\partial x]$ 在 D 上有界,且对 t 一致。设 k,λ 和 r_0 为正常数, $r_0<r/k$, $D_0=\{x\in R^n\mid \|x\|<r_0\}$。假设系统的轨线满足

$$\|x(t)\|\leqslant k\|x(t_0)\|e^{-\lambda(t-t_0)},\quad \forall\ x(t_0)\in D_0,\ \forall\ t\geqslant t_0\geqslant 0$$

于是,存在一个连续可微函数 $V:[0,\infty)\times D_0\to R$,满足不等式

$$c_1\|x\|^2\leqslant V(t,x)\leqslant c_2\|x\|^2$$

$$\frac{\partial V}{\partial t}+\frac{\partial V}{\partial x}f(t,x)\leqslant -c_3\|x\|^2$$

$$\left\|\frac{\partial V}{\partial x}\right\|\leqslant c_4\|x\|$$

其中 c_1,c_2,c_3 和 c_4 为正常数。此外,如果 $r=\infty$ 和原点是全局指数稳定的,那么 $V(t,x)$ 在 R^n 上有定义,且满足上述不等式。进一步,如果系统是自治的,则可选择 V 与 t 无关。　　　　◇

证明:由于范数的等价性,只需证明 2 范数即可。设 $\phi(\tau;t,x)$ 表示系统始于 (t,x) 的解,即 $\phi(t;t,x)=x$。当 $\tau\geqslant t$ 时,对于所有 $x\in D_0$,有 $\phi(\tau;t,x)\in D$。设

$$V(t,x)=\int_t^{t+\delta}\phi^{\mathrm T}(\tau;t,x)\phi(\tau;t,x)\,d\tau$$

其中 δ 是待选的正常数。由于在轨线上边界以指数规律衰减,有

$$\begin{aligned}V(t,x)&=\int_t^{t+\delta}\|\phi(\tau;t,x)\|_2^2\,d\tau\\&\leqslant\int_t^{t+\delta}k^2e^{-2\lambda(\tau-t)}\,d\tau\ \|x\|_2^2=\frac{k^2}{2\lambda}(1-e^{-2\lambda\delta})\|x\|_2^2\end{aligned}$$

另一方面,雅可比矩阵 $[\partial f/\partial x]$ 在 D 上有界。设

$$\left\|\frac{\partial f}{\partial x}(t,x)\right\|_2\leqslant L,\quad \forall\ x\in D$$

则 $\|f(t,x)\|_2\leqslant L\|x\|_2$,且 $\phi(\tau;t,x)$ 满足下界(见习题 3.17)

$$\|\phi(\tau;t,x)\|_2^2\geqslant \|x\|_2^2 e^{-2L(\tau-t)}$$

所以　　　　$$V(t,x)\geqslant\int_t^{t+\delta}e^{-2L(\tau-t)}\,d\tau\ \|x\|_2^2=\frac{1}{2L}(1-e^{-2L\delta})\|x\|_2^2$$

当　　　　　$$c_1=\frac{(1-e^{-2L\delta})}{2L},\qquad c_2=\frac{k^2(1-e^{-2\lambda\delta})}{2\lambda}$$

时, $V(t,x)$ 满足定理的第一个不等式。

为了计算 V 沿系统轨线的导数,定义灵敏度函数

$$\phi_t(\tau;t,x)=\frac{\partial}{\partial t}\phi(\tau;t,x);\quad \phi_x(\tau;t,x)=\frac{\partial}{\partial x}\phi(\tau;t,x)$$

那么　　$$\frac{\partial V}{\partial t}+\frac{\partial V}{\partial x}f(t,x)=\phi^{\mathrm T}(t+\delta;t,x)\phi(t+\delta;t,x)-\phi^{\mathrm T}(t;t,x)\phi(t;t,x)$$

$$+ \int_t^{t+\delta} 2\phi^{\mathrm{T}}(\tau;t,x)\phi_t(\tau;t,x)\, d\tau$$

$$+ \int_t^{t+\delta} 2\phi^{\mathrm{T}}(\tau;t,x)\phi_x(\tau;t,x)\, d\tau f(t,x)$$

$$= \phi^{\mathrm{T}}(t+\delta;t,x)\phi(t+\delta;t,x) - \|x\|_2^2$$

$$+ \int_t^{t+\delta} 2\phi^{\mathrm{T}}(\tau;t,x)[\phi_t(\tau;t,x) + \phi_x(\tau;t,x)f(t,x)]\, d\tau$$

不难证明(见习题 3.30)

$$\phi_t(\tau;t,x) + \phi_x(\tau;t,x)f(t,x) \equiv 0, \quad \forall\, \tau \geqslant t$$

因此

$$\frac{\partial V}{\partial t} + \frac{\partial V}{\partial x}f(t,x) = \phi^{\mathrm{T}}(t+\delta;t,x)\phi(t+\delta;t,x) - \|x\|_2^2$$

$$\leqslant -(1 - k^2 e^{-2\lambda\delta})\|x\|_2^2$$

选择 $\delta = \ln(2k^2)/(2\lambda)$,当 $c_3 = 1/2$ 时 $V(t,x)$ 满足定理的第二个不等式。为了证明最后一个不等式,注意到 $\phi_x(\tau;t,x)$ 满足灵敏度方程

$$\frac{\partial}{\partial\tau}\phi_x = \frac{\partial f}{\partial x}(\tau,\phi(\tau;t,x))\,\phi_x, \quad \phi_x(t;t,x) = I$$

由于

$$\left\|\frac{\partial f}{\partial x}(t,x)\right\|_2 \leqslant L$$

所以在 D 上, ϕ_x 满足边界(见习题 3.17)

$$\|\phi_x(\tau;t,x)\|_2 \leqslant e^{L(\tau-t)}$$

因此

$$\left\|\frac{\partial V}{\partial x}\right\|_2 = \left\|\int_t^{t+\delta} 2\phi^{\mathrm{T}}(\tau;t,x)\phi_x(\tau;t,x)\, d\tau\right\|_2$$

$$\leqslant \int_t^{t+\delta} 2\|\phi(\tau;t,x)\|_2\, \|\phi_x(\tau;t,x)\|_2\, d\tau$$

$$\leqslant \int_t^{t+\delta} 2k e^{-\lambda(\tau-t)}\, e^{L(\tau-t)}\, d\tau\, \|x\|_2$$

$$= \frac{2k}{(\lambda-L)}[1 - e^{-(\lambda-L)\delta}]\|x\|_2$$

这样,当

$$c_4 = \frac{2k}{(\lambda-L)}[1 - e^{-(\lambda-L)\delta}]$$

时, $V(t,x)$ 满足定理的最后一个不等式。如果所有假设都全局成立,则显然可选择 r_0 任意大。如果系统是自治的,那么 $\phi(\tau;t,x)$ 仅与 $(\tau-t)$ 有关,即

$$\phi(\tau;t,x) = \psi(\tau-t;x)$$

于是

$$V(t,x) = \int_t^{t+\delta} \psi^{\mathrm{T}}(\tau-t;x)\psi(\tau-t;x)\, d\tau = \int_0^\delta \psi^{\mathrm{T}}(s;x)\psi(s;x)\, ds$$

即 $V(t,x)$ 与 t 无关。　　　　　　　　　　　　　　　　　　　　　　　　□

在定理 4.13 中看到,如果在原点线性化的非线性系统有一个指数稳定平衡点,原点就是非线性系统的指数稳定平衡点。我们将用定理 4.14 证明线性化的指数稳定性是原点指数稳定性的充要条件。

定理 4.15　设 $x=0$ 是非线性系统　　　　　　$\dot{x}=f(t,x)$

的平衡点,其中 $f:[0,\infty)\times D\to R^n$ 连续可微,$D=\{x\in R^n\mid \|x\|_2<r\}$,雅可比矩阵 $[\partial f/\partial x]$ 在 D 上有界,是利普希茨矩阵,且对 t 一致。设

$$A(t)=\left.\frac{\partial f}{\partial x}(t,x)\right|_{x=0}$$

那么,当且仅当 $x=0$ 是线性系统　　　　　　$\dot{x}=A(t)x$

的指数稳定平衡点时,它也是非线性系统的指数稳定平衡点。　　　　　　　　　◇

证明: 定理中的"当"部分的证明与定理 4.13 相同,为了证明"仅当"部分,把线性系统写成

$$\dot{x}=f(t,x)-[f(t,x)-A(t)x]=f(t,x)-g(t,x)$$

回顾前面的定理 4.13,可知

$$\|g(t,x)\|_2\leqslant L\|x\|_2^2,\quad \forall x\in D,\ \forall t\geqslant 0$$

由于原点是非线性系统的指数稳定平衡点,因此存在正常数 k,λ 和 c,使

$$\|x(t)\|_2\leqslant k\|x(t_0)\|_2 e^{-\lambda(t-t_0)},\quad \forall t\geqslant t_0\geqslant 0,\ \forall \|x(t_0)\|_2<c$$

选择 $r_0<\min\{c,r/k\}$,则定理 4.14 的所有条件都得到满足。设 $V(t,x)$ 是定理 4.14 给出的函数,用其作为线性系统的备选李雅普诺夫函数,有

$$\begin{aligned}
\frac{\partial V}{\partial t}+\frac{\partial V}{\partial x}A(t)x &= \frac{\partial V}{\partial t}+\frac{\partial V}{\partial x}f(t,x)-\frac{\partial V}{\partial x}g(t,x)\\
&\leqslant -c_3\|x\|_2^2+c_4L\|x\|_2^3\\
&< -(c_3-c_4L\rho)\|x\|_2^2,\quad \forall \|x\|_2<\rho
\end{aligned}$$

选择 $\rho<\min\{r_0,c_3/(c_4L)\}$ 保证了当 $\|x\|_2<\rho$ 时,$\dot{V}(t,x)$ 负定。因此,当 $\|x\|_2<\rho$ 时满足定理 4.10 的所有条件,从而得出结论:对于线性系统,原点是指数稳定平衡点。　　　□

推论 4.3　设 $x=0$ 是非线性系统 $\dot{x}=f(x)$ 的平衡点,其中 $f(x)$ 在 $x=0$ 的某个邻域内连续可微,设 $A=[\partial f/\partial x](0)$。那么,当且仅当 A 是赫尔维茨矩阵时,$x=0$ 是非线性系统的指数稳定平衡点。　　　　　　　　　◇

例 4.23　设有一阶系统 $\dot{x}=-x^3$。由例 4.14 已知原点是渐近稳定的,但在原点线性化后得到的线性系统 $\dot{x}=0$,其矩阵 A 不是赫尔维茨矩阵。根据推论 4.3,可知原点不是指数稳定的。　　△

下面的逆李雅普诺夫定理(定理 4.16 和定理 4.17)是定理 4.14 在不同方向的扩展,但其证明比较复杂。定理 4.16 适用于一致渐近稳定性的更一般情况[①],定理 4.17 适用于自治系统,并产生了定义在整个吸引区的李雅普诺夫函数。

---

① 定理 4.16 是对于局部利普希茨的函数 $f(t,x)$ 而言的,而不要求函数连续可微,见文献[125]的定理 14;也能用于说明全局一致渐近稳定的情况,见文献[125]的定理 23。

定理 4.16　设 $x=0$ 是非线性系统　　　　$\dot{x}=f(t,x)$

的平衡点,其中 $f:[0,\infty)\times D\to R^n$ 连续可微,$D=\{x\in R^n\mid\|x\|<r\}$,雅可比矩阵 $[\partial f/\partial x]$ 在 D 上有界,且对 t 一致。设 β 是 $\mathcal{KL}$ 类函数,且 r_0 是正常数,满足 $\beta(r_0,0)<r$。设 $D_0=\{x\in R^n\mid\|x\|<r_0\}$。假设系统的轨线满足

$$\|x(t)\|\leqslant\beta(\|x(t_0)\|,t-t_0),\quad\forall\,x(t_0)\in D_0,\;\forall\,t\geqslant t_0\geqslant 0$$

则存在一个连续可微函数 $V:[0,\infty)\times D\to R$,满足不等式

$$\alpha_1(\|x\|)\leqslant V(t,x)\leqslant\alpha_2(\|x\|)$$

$$\frac{\partial V}{\partial t}+\frac{\partial V}{\partial x}f(t,x)\leqslant-\alpha_3(\|x\|)$$

$$\left\|\frac{\partial V}{\partial x}\right\|\leqslant\alpha_4(\|x\|)$$

其中 $\alpha_1,\alpha_2,\alpha_3$ 和 α_4 是定义在 $[0,r_0]$ 上的 $\mathcal{K}$ 类函数。如果系统是自治的,则可以选择 V 与 t 无关。　　　　　　　　　　　　　　　　　　　　　　　　　　　$\diamond$

证明: 见附录 C.7。　　　　　　　　　　　　　　　　　　　　　　　　$\square$

定理 4.17　设 $x=0$ 是非线性系统　　　　$\dot{x}=f(x)$

的渐近稳定平衡点,其中 $f:D\to R^n$ 是局部利普希茨的,且 $D\subset R^n$ 是包含原点的定义域。设 $R_A\subset D$ 是 $x=0$ 的吸引区。那么,对于所有 $x\in R_A$,存在一个光滑的正定函数 $V(x)$ 和一个连续的正定函数 $W(x)$,使

$$V(x)\to\infty\qquad\text{当 }x\to\partial R_A$$

$$\frac{\partial V}{\partial x}f(x)\leqslant-W(x),\quad\forall\,x\in R_A$$

且对于任意 $c>0$,$\{V(x)\leqslant c\}$ 是 R_A 的一个紧子集。当 $R_A=R^n$ 时 $V(x)$ 径向有界。　　$\diamond$

证明: 见附录 C.8。　　　　　　　　　　　　　　　　　　　　　　　　$\square$

定理 4.17 的一个令人感兴趣的特性是,对于某个常数 $c>0$,吸引区的任何有界子集 S 都包含于 $\{V(x)\leqslant c\}$ 内。这一特性很有用,因为我们常常把分析局限于正的不变紧集 $\{V(x)\leqslant c\}$ 内。有了 $S\subset\{V(x)\leqslant c\}$ 的特性,则分析在整个 S 集内都有效。另一方面,如果仅知道在 S 上存在李雅普诺夫函数 $V_1(x)$,就必须选择一个常数 c_1,使 $\{V_1(x)\leqslant c_1\}$ 为紧集,且包含于 S 内。于是,分析就限制在 $\{V_1(x)\leqslant c_1\}$ 内,它只是 S 的子集。

4.8　有界性和毕竟有界性

李雅普诺夫分析可用于说明状态方程解的有界性,即使在原点处无平衡点。为了激发这一思想,考虑标量方程　$\dot{x}=-x+\delta\sin t,\quad x(t_0)=a,\quad a>\delta>0$

该方程无平衡点,且其解为

$$x(t)=e^{-(t-t_0)}a+\delta\int_{t_0}^{t}e^{-(t-\tau)}\sin\tau\;d\tau$$

此解的边界为

$$|x(t)| \leqslant e^{-(t-t_0)}a + \delta \int_{t_0}^{t} e^{-(t-\tau)}\,d\tau = e^{-(t-t_0)}a + \delta\left[1 - e^{-(t-t_0)}\right]$$
$$\leqslant a, \quad \forall\, t \geqslant t_0$$

上式表明:解对于所有 $t \geqslant t_0$ 都有界,且对 t_0 一致,即边界与 t_0 无关。当此边界对于所有 $t \geqslant t_0$ 都成立时,它将随时间变化而成为解的保守估计,因为没有考虑到指数衰减项。但如果取任意数 b 满足 $\delta < b < a$,则容易看出

$$|x(t)| \leqslant b, \quad \forall\, t \geqslant t_0 + \ln\left(\frac{a-\delta}{b-\delta}\right)$$

边界 b 同样与 t_0 无关,经过瞬态周期后,它给出解的更好估计。这种情况称为解是一致毕竟有界的,b 称为最终边界。通过李雅普诺夫分析就可以说明 $\dot{x} = -x + \delta$ 的解具有一致有界性和毕竟有界性,而无须状态方程的显式解。由 $V(x) = x^2/2$ 出发,计算 V 沿系统轨线的导数,得

$$\dot{V} = x\dot{x} = -x^2 + x\delta\sin t \leqslant -x^2 + \delta|x|$$

不等式的右边不是负定的,因为在原点附近,正线性项 $\delta|x|$ 与 $-x^2$ 项相比起决定作用。但在 $\{|x| \leqslant \delta\}$ 之外 $\dot{V}$ 是负的。由 $c > \delta^2/2$ 可知始于 $\{V(x) \leqslant c\}$ 内的解在所有未来时刻都保持在其内,因为 $\dot{V}$ 在边界 $V = c$ 上是负的。因此,解是一致有界的。而且,如果取任意数 ε 满足 $(\delta^2/2) < \varepsilon < c$,则 $\dot{V}$ 在 $\{\varepsilon \leqslant V \leqslant c\}$ 内为负,这说明在此集合内,V 单调递减直到解进入 $\{V \leqslant \varepsilon\}$ 内。从那一时刻起,解将不再离开 $\{V \leqslant \varepsilon\}$,因为 $\dot{V}$ 在边界 $V = \varepsilon$ 上为负。由此可得,解是一致毕竟有界的,且最终边界为 $|x| \leqslant \sqrt{2\varepsilon}$。

本节的目的是说明如何把李雅普诺夫分析用于描述系统

$$\dot{x} = f(t,x) \tag{4.32}$$

的类似结论。其中 $f:[0,\infty) \times D \to R^n$ 在 $[0,\infty) \times D$ 上是 t 的分段连续函数,是 x 的局部利普希茨函数,且 $D \subset R^n$ 是包含原点的定义域。

定义 4.6 对于系统 (4.32)

- 如果存在一个与 t_0 无关的正常数 c,$t_0 \geqslant 0$,对于每个 $a \in (0,c)$,存在与 t_0 无关的 $\beta = \beta(a) > 0$,满足

$$\|x(t_0)\| \leqslant a \implies \|x(t)\| \leqslant \beta, \quad \forall\, t \geqslant t_0 \tag{4.33}$$

 则系统的解是一致有界的。
- 如果式 (4.33) 对于任意大的 a 都成立,则系统的解是全局一致有界的。
- 如果存在与 t_0 无关的正常数 b 和 c,$t_0 \geqslant 0$,对于每个 $a \in (0,c)$,存在 $T = T(a,b) \geqslant 0$ 与 t_0 无关,满足

$$\|x(t_0)\| \leqslant a \implies \|x(t)\| \leqslant b, \quad \forall\, t \geqslant t_0 + T \tag{4.34}$$

 则系统的解是一致毕竟有界的,且最终边界为 b。
- 如果式 (4.34) 对于任意大的 a 都成立,则系统的解是全局一致毕竟有界的。

在自治系统的情况中,我们可能不再使用"一致"一词,因为自治系统的解仅与 $t - t_0$ 有关。

为理解李雅普诺夫分析法如何用于研究有界性和毕竟有界性,考虑一个连续可微的正定函数 $V(x)$,并假设对于某个 $c>0$,$\{V(x)\leqslant c\}$ 是紧集。并设对于某个正常数 $\varepsilon<c$,有

$$\Lambda=\{\varepsilon\leqslant V(x)\leqslant c\}$$

假设 V 沿系统 $\dot{x}=f(t,x)$ 的轨线的导数满足

$$\dot{V}(t,x)\leqslant-W_3(x),\quad\forall x\in\Lambda,\ \forall t\geqslant t_0 \tag{4.35}$$

其中 $W_3(x)$ 是连续正定函数。不等式(4.35)表明,集合 $\Omega_c=\{V(x)\leqslant c\}$ 和 $\Omega_\varepsilon=\{V(x)\leqslant\varepsilon\}$ 是两个正不变集,因为在边界 $\partial\Omega_c$ 和 $\partial\Omega_\varepsilon$ 上,$\dot{V}$ 为负。集合 Λ,Ω_c 和 Ω_ε 的示意图如图 4.8 所示。由于在 Λ 内 $\dot{V}$ 为负,所以始于 Λ 内的轨线一定沿 $V(x(t))$ 减小的方向运动。实际上,V 在 Λ 内满足定理 4.8 的不等式(4.22)和定理 4.9 的不等式(4.24),因此轨线特性就好像原点是一致渐近稳定的,且对于某个 $\mathcal{KL}$ 类函数 β,满足形如

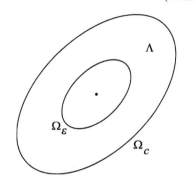

图 4.8　集合 $\Lambda,\Omega_\varepsilon$ 和 Ω_c

$$\|x(t)\|\leqslant\beta(\|x(t_0)\|,t-t_0)$$

的不等式。函数 $V(x(t))$ 在有限时间内将连续递减,直到轨线进入 Ω_ε 内,且在未来时间始终保持在其内。轨线在有限时间内进入 Ω_ε 内可证明如下:设 $k=\min_{x\in\Lambda}W_3(x)>0$,由于 $W_3(x)$ 连续,且 Λ 为紧集,所以存在最小值。又由于 $W_3(x)$ 是正定的,所以最小值为正。于是

$$W_3(x)\geqslant k,\quad\forall x\in\Lambda \tag{4.36}$$

不等式(4.35)和不等式(4.36)表示

$$\dot{V}(t,x)\leqslant-k,\quad\forall x\in\Lambda,\ \forall t\geqslant t_0$$

因此　　　　　　　　$$V(x(t))\leqslant V(x(t_0))-k(t-t_0)\leqslant c-k(t-t_0)$$

上式说明 $V(x(t))$ 在时间区间 $[t_0,t_0+(c-\varepsilon)/k]$ 内减小到 ε。

在许多问题中,利用范数不等式可得到不等式 $\dot{V}\leqslant-W_3$。这种情况下,对于 $\mu>0$,更可能得到

$$\dot{V}(t,x)\leqslant-W_3(x),\quad\forall\mu\leqslant\|x\|\leqslant r,\ \forall t\geqslant t_0 \tag{4.37}$$

如果 r 与 μ 相比足够大,则可选择 c 和 ε,使 Λ 为非空集,且包含于 $\{\mu\leqslant\|x\|\leqslant r\}$ 内。特别地,令 α_1 和 α_2 为 $\mathcal{K}$ 类函数,满足[1]

$$\alpha_1(\|x\|)\leqslant V(x)\leqslant\alpha_2(\|x\|) \tag{4.38}$$

根据式(4.38)左边的不等式,有

$$V(x)\leqslant c\Rightarrow\alpha_1(\|x\|)\leqslant c\Leftrightarrow\|x\|\leqslant\alpha_1^{-1}(c)$$

因此,取 $c=\alpha_1(r)$ 以保证 $\Omega_c\subset B_r$。另一方面,根据式(4.38)右边的不等式,可得

$$\|x\|\leqslant\mu\Rightarrow V(x)\leqslant\alpha_2(\mu)$$

相应地,取 $\varepsilon=\alpha_2(\mu)$ 以保证 $B_\mu\subset\Omega_\varepsilon$。为了得到 $\varepsilon<c$,必须有 $\mu=\alpha_2^{-1}(\alpha_1(r))$。图 4.9 为 Ω_c,Ω_ε,B_r 和 B_μ 的示意图。

---

① 根据引理 4.3,总可以找到这样的 $\mathcal{K}$ 类函数。

前面论证了所有始于 Ω_c 内的轨线都在有限时间 T 内进入 Ω_ε [1]。为了计算 $x(t)$ 上的最终边界，利用式(4.38)左边的不等式可写出

$$V(x) \leqslant \varepsilon \Rightarrow \alpha_1(\|x\|) \leqslant \varepsilon \Leftrightarrow \|x\| \leqslant \alpha_1^{-1}(\varepsilon)$$

由前面的 $\varepsilon = \alpha_2(\mu)$ 可看出

$$x \in \Omega_\varepsilon \Rightarrow \|x\| \leqslant \alpha_1^{-1}(\alpha_2(\mu))$$

因此，最终边界可取为 $b = \alpha_1^{-1}(\alpha_2(\mu))$。

对连续可微函数 $V(x)$ 提出的概念可用于连续可微函数 $V(t,x)$，只要 $V(t,x)$ 满足不等式(4.38)，由此不等式可导出下面的用以说明一致有界性和毕竟有界性的类李雅普诺夫定理。

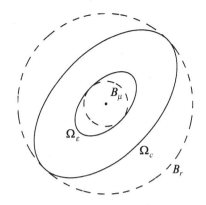

图 4.9　集合 Ω_ε 和 Ω_c（实线）以及 B_μ 和 B_r（虚线）

定理 4.18　设 $D \subset R^n$ 是包含原点的定义域，且 $\forall t \geqslant 0$ 和 $\forall x \in D$，$V:[0,\infty) \times D \to R$ 是连续可微函数，满足

$$\alpha_1(\|x\|) \leqslant V(t,x) \leqslant \alpha_2(\|x\|) \tag{4.39}$$

$$\frac{\partial V}{\partial t} + \frac{\partial V}{\partial x} f(t,x) \leqslant -W_3(x), \quad \forall \|x\| \geqslant \mu > 0 \tag{4.40}$$

式中 α_1 和 α_2 是 $\mathcal{K}$ 类函数，$W_3(x)$ 是连续正定函数。取 $r > 0$ 使 $B_r \subset D$，并假设

$$\mu < \alpha_2^{-1}(\alpha_1(r)) \tag{4.41}$$

那么，存在一个 $\mathcal{KL}$ 类函数 β，且对于每个满足 $\|x(t_0)\| \leqslant \alpha_2^{-1}(\alpha_1(r))$ 的初始状态 $x(t_0)$，存在 $T \geqslant 0$（与 $x(t_0)$ 和 μ 有关），使方程(4.32)的解满足

$$\|x(t)\| \leqslant \beta(\|x(t_0)\|, t - t_0), \quad \forall t_0 \leqslant t \leqslant t_0 + T \tag{4.42}$$

$$\|x(t)\| \leqslant \alpha_1^{-1}(\alpha_2(\mu)), \quad \forall t \geqslant t_0 + T \tag{4.43}$$

而且，如果 $D = R^n$ 且 α_1 属于 $\mathcal{K}_\infty$ 类函数，则式(4.42)和式(4.43)对于任意初始状态 $x(t_0)$ 都成立，对 μ 的大小没有任何限制。　　　　　　　　　　　　　　　　　$\diamondsuit$

证明：见附录 C.9。　　　　　　　　　　　　　　　　　　　　　　　　　　$\square$

不等式(4.42)和不等式(4.43)说明对于所有 $t \geqslant t_0$，$x(t)$ 是一致有界的，且是一致毕竟有界的，其最终边界为 $\alpha_1^{-1}(\alpha_2(\mu))$。最终边界是 μ 的 $\mathcal{K}$ 类函数，因此 μ 取值越小，最终边界越小。当 μ 趋于无穷时，最终边界趋于零。

定理 4.18 的主要应用出现在扰动系统的稳定性研究中[2]。下面的例题说明这一应用的基本思想。

例 4.24　在 1.2.3 节中我们研究了一个具有硬化弹簧、线性黏滞阻尼并施加周期外力的弹簧系统，可用达芬方程表示为

$$m\ddot{y} + c\dot{y} + ky + ka^2 y^3 = A\cos\omega t$$

---

[1]　如果轨线从 Ω_ε 内开始，则 $T = 0$。

[2]　见 9.2 节。

取 $x_1 = y, x_2 = \dot{y}$，并假设对各常数取几个数值。系统的状态方程表示为

$$\dot{x}_1 = x_2$$
$$\dot{x}_2 = -(1 + x_1^2)x_1 - x_2 + M\cos\omega t$$

其中 $M \geq 0$，与周期性外力的幅度成比例。当 $M = 0$ 时，系统在原点有一个平衡点。例 4.6 证明原点是全局渐近稳定的，且取李雅普诺夫函数为[①]

$$V(x) = x^T \begin{bmatrix} \frac{1}{2} & \frac{1}{2} \\ \frac{1}{2} & 1 \end{bmatrix} x + 2\int_0^{x_1}(y + y^3)\,dy = x^T \begin{bmatrix} \frac{1}{2} & \frac{1}{2} \\ \frac{1}{2} & 1 \end{bmatrix} x + x_1^2 + \frac{1}{2}x_1^4$$

$$= x^T \begin{bmatrix} \frac{3}{2} & \frac{1}{2} \\ \frac{1}{2} & 1 \end{bmatrix} x + \frac{1}{2}x_1^4 \overset{\text{def}}{=} x^T P x + \frac{1}{2}x_1^4$$

当 $M > 0$ 时，应用定理 4.18 以 $V(x)$ 作为备选李雅普诺夫函数。函数 $V(x)$ 是正定的，且径向无界，因此，根据引理 4.3，存在 $\mathcal{K}_\infty$ 类函数 α_1 和 α_2，在全局性范围内都满足式（4.39）。V 沿系统轨线的导数为

$$\dot{V} = -x_1^2 - x_1^4 - x_2^2 + (x_1 + 2x_2)M\cos\omega t \leqslant -\|x\|_2^2 - x_1^4 + M\sqrt{5}\|x\|_2$$

式中把 $(x_1 + 2x_2)$ 写为 $y^T x$，并用于不等式 $y^T x \leqslant \|x\|_2\|y\|_2$。为了满足式（4.40），对于较大的 $\|x\|$，我们想要用 $-\|x\|_2^2$ 控制 $M\sqrt{5}\|x\|_2$。因而前述不等式写为

$$\dot{V} \leqslant -(1-\theta)\|x\|_2^2 - x_1^4 - \theta\|x\|_2^2 + M\sqrt{5}\|x\|_2$$

其中 $0 < \theta < 1$。则，$\quad \dot{V} \leqslant -(1-\theta)\|x\|_2^2 - x_1^4, \quad \forall\, \|x\|_2 \geqslant \dfrac{M\sqrt{5}}{\theta}$

上式说明对于 $\mu = M\sqrt{5}/\theta$，不等式（4.40）全局满足。从而得出结论：系统的解是全局一致毕竟有界的。假如还想计算最终边界值，此时必须找出函数 α_1 和 α_2。由不等式

$$V(x) \geqslant x^T P x \geqslant \lambda_{\min}(P)\|x\|_2^2$$

$$V(x) \leqslant x^T P x + \frac{1}{2}\|x\|_2^4 \leqslant \lambda_{\max}(P)\|x\|_2^2 + \frac{1}{2}\|x\|_2^4$$

看出 α_1 和 α_2 可取为

$$\alpha_1(r) = \lambda_{\min}(P)r^2 \quad \text{和} \quad \alpha_2(r) = \lambda_{\max}(P)r^2 + \frac{1}{2}r^4$$

因此，最终边界为

$$b = \alpha_1^{-1}(\alpha_2(\mu)) = \sqrt{\frac{\alpha_2(\mu)}{\lambda_{\min}(P)}} = \sqrt{\frac{\lambda_{\max}(P)\mu^2 + \mu^4/2}{\lambda_{\min}(P)}} \qquad \triangle$$

4.9 输入-状态稳定性

考虑系统 $\qquad\qquad\qquad \dot{x} = f(t, x, u) \qquad\qquad\qquad$ (4.44)

其中 $f:[0,\infty) \times R^n \times R^m \to R^n$ 是关于 t 的分段连续函数，关于 x 和 u 的局部利普希茨函数。输入 $u(t)$ 对于所有 $t \geq 0$ 是 t 的分段连续有界函数。假设无激励系统

---

① 例 4.6 中的常数 δ 和 k 分别取 $\delta = 2$ 和 $k = 1/2$。

$$\dot{x} = f(t, x, 0) \tag{4.45}$$

在 $x = 0$ 处有全局一致渐近稳定平衡点。在有界输入 $u(t)$ 的激励下，系统（4.44）的性能如何呢？对线性时不变系统

$$\dot{x} = Ax + Bu$$

其中 A 为赫尔维茨矩阵，可以写出系统的解为

$$x(t) = e^{(t-t_0)A} x(t_0) + \int_{t_0}^{t} e^{(t-\tau)A} Bu(\tau)\, d\tau$$

利用边界 $\| e^{(t-t_0)A} \| \leqslant k e^{-\lambda(t-t_0)}$ 对解进行估值，有

$$
\begin{aligned}
\|x(t)\| &\leqslant k e^{-\lambda(t-t_0)} \|x(t_0)\| + \int_{t_0}^{t} k e^{-\lambda(t-\tau)} \|B\| \|u(\tau)\|\, d\tau \\
&\leqslant k e^{-\lambda(t-t_0)} \|x(t_0)\| + \frac{k\|B\|}{\lambda} \sup_{t_0 \leqslant \tau \leqslant t} \|u(\tau)\|
\end{aligned}
$$

上式说明，零输入响应按指数规律快速衰减到零，而零状态响应对于每个有界的输入都是有界的。实际上，此估计值不仅说明有界输入-有界状态响应的特性，还说明零状态响应的边界与输入边界成比例。对于非线性系统（4.44）这一特性又如何呢？对于一般的非线性系统，这些特性不成立并不奇怪，即使当无激励系统的原点全局一致渐近稳定时。例如，考虑标量系统

$$\dot{x} = -3x + (1 + 2x^2)u$$

当 $u = 0$ 时，原点是全局指数稳定的。然而当 $x(0) = 2$ 和 $u(t) \equiv 1$ 时，解 $x(t) = (3 - e^t)/(3 - 2e^t)$ 是无界的，它甚至有有限的逃逸时间。

　　把系统（4.44）看成无激励系统（4.45）的扰动。假设无激励系统具有李雅普诺夫函数 $V(t, x)$，计算 V 对 u 的导数。由于 u 的有界性，似乎某些情况下在半径为 μ 的球外 $\dot{V}$ 应该可能是负的，其中 μ 取决于 $\|u\|$。但这只是我们希望的结果，例如当函数 $f(t, x, u)$ 满足利普希茨条件

$$\| f(t, x, u) - f(t, x, 0) \| \leqslant L\|u\| \tag{4.46}$$

时就是这种情况。上式表明，$\dot{V}$ 在半径为 μ 的球外为负，可使我们利用前一节的定理 4.18 证明 $x(t)$ 满足式（4.42）和式（4.43）。这些不等式说明 $\|x(t)\|$ 是有界的，其边界在 $[t_0, t_0 + T]$ 上为 $\mathcal{KL}$ 类函数 $\beta(\|x(t_0)\|, t - t_0)$，在 $t \geqslant t_0 + T$ 时为 $\mathcal{K}$ 类函数 $\alpha_1^{-1}(\alpha_2(\mu))$。因此

$$\|x(t)\| \leqslant \beta(\|x(t_0)\|, t - t_0) + \alpha_1^{-1}(\alpha_2(\mu))$$

对于所有 $t \geqslant t_0$ 都成立，由此引出输入-状态稳定性的定义。

定义 4.7　如果存在一个 $\mathcal{KL}$ 类函数 β 和一个 $\mathcal{K}$ 类函数 γ，使对于任何初始时间 t_0、初始状态 $x(t_0)$ 和有界输入 $u(t)$，解 $x(t)$ 对于所有 $t \geqslant t_0$ 都存在，且满足

$$\|x(t)\| \leqslant \beta(\|x(t_0)\|, t - t_0) + \gamma\left(\sup_{t_0 \leqslant \tau \leqslant t} \|u(\tau)\| \right) \tag{4.47}$$

那么系统（4.44）是输入-状态稳定的。

　　不等式（4.47）保证了对于任意有界输入 $u(t)$，状态 $x(t)$ 都有界。而且，随着 t 增加，状态 $x(t)$ 是毕竟有界的，为 $\mathcal{K}$ 类函数 $\sup_{t \geqslant t_0} \|u(t)\|$。利用不等式（4.47）可证明如果 $u(t)$ 随 t 趋于无

穷而趋于零,则 $x(t)$ 也随 t 趋于无穷而趋于零[1],我们将其作为习题留给读者(见习题4.58)。由于 $u(t) \equiv 0$,式(4.47)简化为

$$\|x(t)\| \leqslant \beta(\|x(t_0)\|, t - t_0)$$

输入-状态稳定性是指无激励系统(4.45)的原点是全局一致渐近稳定的。输入-状态稳定性的概念是对初始状态和输入为任意大的全局情况定义的。习题4.60提出了这一概念的局部定义。

下面的类李雅普诺夫定理给出了输入-状态稳定性的一个充分条件[2]。

定理 4.19 设 $V:[0, \infty) \times R^n \to R$ 是连续可微函数,满足

$$\alpha_1(\|x\|) \leqslant V(t, x) \leqslant \alpha_2(\|x\|) \tag{4.48}$$

$$\frac{\partial V}{\partial t} + \frac{\partial V}{\partial x} f(t, x, u) \leqslant -W_3(x), \quad \forall \|x\| \geqslant \rho(\|u\|) > 0 \tag{4.49}$$

$\forall (t, x, u) \in [0, \infty) \times R^n \times R^m$,其中 α_1 和 α_2 是 $\mathcal{K}_\infty$ 类函数,ρ 是 $\mathcal{K}$ 类函数,$W_3(x)$ 是 R^n 上的连续正定函数。则系统(4.44)是输入-状态稳定的,$\gamma = \alpha_1^{-1} \circ \alpha_2 \circ \rho$。   ◇

证明:通过运用定理4.18的全局定义,发现解 $x(t)$ 存在且满足

$$\|x(t)\| \leqslant \beta(\|x(t_0)\|, t - t_0) + \gamma\left(\sup_{\tau \geqslant t_0} \|u(\tau)\|\right), \quad \forall t \geqslant t_0 \tag{4.50}$$

由于当 $t_0 \leqslant \tau \leqslant t$ 时,$x(t)$ 仅取决于 $u(\tau)$,在 $[t_0, t]$ 上取式(4.50)右边的上确界,即得式(4.47)[3]。

下一引理是关于全局指数稳定性(定理4.14)的逆李雅普诺夫定理的一个直接结果。

引理 4.6 假设 $f(t, x, u)$ 对于 (x, u) 是连续可微的,且是全局利普希茨的,对 t 一致。如果无激励系统(4.45)在原点 $x = 0$ 处有全局指数稳定的平衡点,那么系统(4.44)是输入-状态稳定的。   ◇

证明:把系统(4.44)看成无激励系统(4.45)的扰动。逆李雅普诺夫定理4.14说明,无激励系统(4.45)有一个李雅普诺夫函数 $V(t, x)$,全局满足定理的各不等式。由于 f 的一致全局利普希茨性,扰动项对于所有 $t \geqslant t_0$ 和所有 (x, u) 都满足式(4.46)。V 关于系统(4.44)的导数满足

$$\begin{aligned} \dot{V} &= \frac{\partial V}{\partial t} + \frac{\partial V}{\partial x} f(t, x, 0) + \frac{\partial V}{\partial x}[f(t, x, u) - f(t, x, 0)] \\ &\leqslant -c_3\|x\|^2 + c_4\|x\|L\|u\| \end{aligned}$$

对于较大的 $\|x\|$,为了用 $-c_3\|x\|^2$ 项控制 $c_4 L\|x\|\|u\|$ 一项,把前面的不等式重写为

$$\dot{V} \leqslant -c_3(1 - \theta)\|x\|^2 - c_3\theta\|x\|^2 + c_4 L\|x\|\|u\|$$

---

[1] 不等式(4.47)的另一用处将在引理4.7中简单介绍。

[2] 文献[183]证明了对于自治系统,定理4.19的条件也是必要条件。在文献中,通常把输入-状态稳定性简写为ISS,并把定理4.19中的函数 V 称为ISS李雅普诺夫函数。

[3] 特别地,对 $[0, T]$ 重述上述论证,以证明

$$\|x(\sigma)\| \leqslant \beta(\|x(t_0)\|, \sigma - t_0) + \gamma\left(\sup_{t_0 \leqslant \tau \leqslant T} \|u(\tau)\|\right), \quad \forall t_0 \leqslant \sigma \leqslant T$$

则令,$\sigma = T = t$。

其中 $0 < \theta < 1$。那么对于所有 (t, x, u)，有

$$\dot{V} \leqslant -c_3(1-\theta)\|x\|^2, \quad \forall \|x\| \geqslant \frac{c_4 L \|u\|}{c_3 \theta}$$

因此，当 $\alpha_1(r) = c_1 r^2, \alpha_2(r) = c_2 r^2, \rho(r) = (c_4 L/c_3 \theta)r$ 时，满足定理 4.19 的条件，因而得出结论：该系统是输入-状态稳定的，$\gamma(r) = \sqrt{c_2/c_1}\,(c_4 L/c_3 \theta)r$。　　　　　□

引理 4.6 要求一个全局利普希茨函数 f 以及无激励系统的原点是全局指数稳定的，以得出输入-状态稳定的结论。很容易构造一个例题，说明如果两个条件之一不成立，引理就不成立。在本节前面讨论过的系统 $\dot{x} = -3x + (1 + 2x^2)u$，就不满足全局利普希茨条件。系统

$$\dot{x} = -\frac{x}{1+x^2} + u \overset{\text{def}}{=\!=} f(x, u)$$

有全局利普希茨函数 f，因为 f 对 x 和 u 的偏导数是全局有界的。系统 $\dot{x} = -x/(1+x^2)$ 的原点是全局渐近稳定的，因为由李雅普诺夫函数 $V(x) = x^2/2$ 可看出，其导数 $\dot{V} = -x^2/(1+x^2)$ 对于所有 x 都是负定的。因为系统在原点线性化后为 $\dot{x} = -x$，因此系统是局部指数稳定的。但它不是全局指数稳定的，这一点由系统不是输入-状态稳定的事实最容易看出。注意，$u(t) \equiv 1, f(x, u) \geqslant 1/2$，因此，对于所有 $t \geqslant 0$ 有 $x(t) \geqslant x(t_0) + t/2$，说明系统的解是无界的。

在没有全局指数稳定性或不存在全局利普希茨函数的情况下，仍可以用定理 4.19 说明输入-状态的稳定性。下列三个例题将说明这一过程。

例 4.25　系统　　　　　　　　　　　$\dot{x} = -x^3 + u$

当 $u = 0$ 时有全局渐近稳定的原点。取 $V = x^2/2$，V 沿系统轨线的导数为

$$\dot{V} = -x^4 + xu = -(1-\theta)x^4 - \theta x^4 + xu \leqslant -(1-\theta)x^4, \quad \forall |x| \geqslant \left(\frac{|u|}{\theta}\right)^{1/3}$$

其中 $0 < \theta < 1$。因此，系统是输入-状态稳定的，且有 $\gamma(r) = (r/\theta)^{1/3}$。　　　△

例 4.26　系统　　　　　　$\dot{x} = f(x, u) = -x - 2x^3 + (1 + x^2)u^2$

当 $u = 0$ 时有全局指数稳定的原点，但由于 f 不是全局利普希茨函数，所以引理 4.6 在此不适用。取 $V = x^2/2$，可得

$$\dot{V} = -x^2 - 2x^4 + x(1+x^2)u^2 \leqslant -x^4, \quad \forall |x| \geqslant u^2$$

因此，系统是输入-状态稳定的，$\gamma(r) = r^2$。　　　　　△

在例 4.25 和例 4.26 中，函数 $V(x) = x^2/2$ 满足式 (4.48)，$\alpha_1(r) = \alpha_2(r) = r^2/2$。因此，$\alpha_1^{-1}(\alpha_2(r)) = r$ 和 $\gamma(r)$ 可简化为 $\rho(r)$。在高维系统中，γ 的计算更为复杂。

例 4.27　考虑系统　　　　　$\begin{aligned} \dot{x}_1 &= -x_1 + x_2^2 \\ \dot{x}_2 &= -x_2 + u \end{aligned}$

先设 $u = 0$，研究无激励系统原点的全局渐近稳定性。利用

$$V(x) = \frac{1}{2}x_1^2 + \frac{1}{4}ax_2^4, \quad a > 0$$

作为备选李雅普诺夫函数，可得

$$\dot{V} = -x_1^2 + x_1 x_2^2 - a x_2^4 = -\left(x_1 - \tfrac{1}{2}x_2^2\right)^2 - \left(a - \tfrac{1}{4}\right)x_2^4$$

选择 $a > 1/4$，则原点是全局渐近稳定的。现在，允许 $u \neq 0$，用 $a = 1$ 时的 $V(x)$ 作为定理 4.19 的备选函数。导数 $\dot{V}$ 由下式给出：

$$\dot{V} = -\tfrac{1}{2}(x_1 - x_2^2)^2 - \tfrac{1}{2}(x_1^2 + x_2^4) + x_2^3 u \leqslant -\tfrac{1}{2}(x_1^2 + x_2^4) + |x_2|^3 |u|$$

为了用 $-(x_1^2 + x_2^4)/2$ 控制 $|x_2|^3 |u|$ 一项，把前面的不等式重写为

$$\dot{V} \leqslant -\tfrac{1}{2}(1-\theta)(x_1^2 + x_2^4) - \tfrac{1}{2}\theta(x_1^2 + x_2^4) + |x_2|^3 |u|$$

其中 $0 < \theta < 1$。如果 $|x_2| \geqslant 2|u|/\theta$ 或 $|x_2| \leqslant 2|u|/\theta$ 和 $|x_1| \geqslant (2|u|/\theta)^2$，则

$$-\tfrac{1}{2}\theta(x_1^2 + x_2^4) + |x_2|^3 |u| \leqslant 0$$

上述条件可表示为

$$\max\{|x_1|, |x_2|\} \geqslant \max\left\{\frac{2|u|}{\theta}, \left(\frac{2|u|}{\theta}\right)^2\right\}$$

利用范数 $\|x\|_\infty = \max\{|x_1|, |x_2|\}$，并定义 $\mathcal{K}$ 类函数 ρ 为

$$\rho(r) = \max\left\{\frac{2r}{\theta}, \left(\frac{2r}{\theta}\right)^2\right\}$$

由此可知，当

$$\dot{V} \leqslant -\tfrac{1}{2}(1-\theta)(x_1^2 + x_2^4), \quad \forall\, \|x\|_\infty \geqslant \rho(|u|)$$

时，满足不等式(4.49)。由于 $V(x)$ 是正定的且径向无界，所以不等式(4.48)由引理 4.3 得出。因此系统是输入-状态稳定的。假设希望找到 $\mathcal{K}$ 类函数 γ，就需要找出 α_1 和 α_2。不难看出

$$V(x) = \tfrac{1}{2}x_1^2 + \tfrac{1}{4}x_2^4 \leqslant \tfrac{1}{2}\|x\|_\infty^2 + \tfrac{1}{4}\|x\|_\infty^4$$

$$V(x) = \tfrac{1}{2}x_1^2 + \tfrac{1}{4}x_2^4 \geqslant \begin{cases} \tfrac{1}{2}|x_1|^2 = \tfrac{1}{2}\|x\|_\infty^2, & |x_2| \leqslant |x_1| \\[2mm] \tfrac{1}{4}|x_2|^4 = \tfrac{1}{4}\|x\|_\infty^4, & |x_2| \geqslant |x_1| \end{cases}$$

$\mathcal{K}_\infty$ 类函数

$$\alpha_1(r) = \min\left\{\tfrac{1}{2}r^2, \tfrac{1}{4}r^4\right\}, \qquad \alpha_2(r) = \tfrac{1}{2}r^2 + \tfrac{1}{4}r^4$$

满足不等式(4.48)。于是，$\gamma(r) = \alpha_1^{-1}(\alpha_2(\rho(r)))$，其中

$$\alpha_1^{-1}(s) = \begin{cases} (4s)^{\frac{1}{4}}, & s \leqslant 1 \\[2mm] \sqrt{2s}, & s \geqslant 1 \end{cases}$$

函数 γ 与 $\|x\|$ 的选择有关。我们已选择了另一个 p 范数，并得到了不同的 γ。   △

输入-状态稳定性概念的一个很有意义的应用表现在对级联系统

$$\dot{x}_1 = f_1(t, x_1, x_2) \tag{4.51}$$

$$\dot{x}_2 = f_2(t, x_2) \tag{4.52}$$

的稳定性分析中。式中 $f_1 : [0, \infty) \times R^{n_1} \times R^{n_2} \to R^{n_1}$ 和 $f_2 : [0, \infty) \times R^{n_2} \to R^{n_2}$ 是 t 的分段连续函数，对 $x = \begin{bmatrix} x_1 \\ x_2 \end{bmatrix}$ 是局部利普希茨的。假设

$$\dot{x}_1 = f_1(t, x_1, 0)$$

和式(4.52)都在其原点有全局一致渐近稳定平衡点,那么在什么条件下级联系统的原点 $x = 0$ 也具有同样的性质呢? 下面的引理将说明,如果把 x_2 作为输入时系统(4.51)是输入-状态稳定的,就是这种情况。

引理 4.7　在上述假设条件下,如果以 x_2 作为输入时系统(4.51)是输入-状态稳定的,且系统 (4.52)的原点是全局一致渐近稳定的,那么系统(4.51)和系统(4.52)的级联系统的原点 也是全局一致渐近稳定的。　　　　　　　　　　　　　　　　　　　　　　　　　　◇

　　证明:设 $t_0 \geqslant 0$ 为初始时刻,方程(4.51)和方程(4.52)的解在全局范围内满足

$$\|x_1(t)\| \quad \leqslant \quad \beta_1(\|x_1(s)\|, t-s) + \gamma_1\left(\sup_{s \leqslant \tau \leqslant t}\|x_2(\tau)\|\right) \tag{4.53}$$

$$\|x_2(t)\| \leqslant \beta_2(\|x_2(s)\|, t-s) \tag{4.54}$$

其中 $t \geqslant s \geqslant t_0$, β_1 和 β_2 是 $\mathcal{KL}$ 类函数, γ_1 是 $\mathcal{K}$ 类函数。以 $s = (t+t_0)/2$ 代入式(4.53),可得

$$\|x_1(t)\| \leqslant \beta_1\left(\left\|x_1\left(\frac{t+t_0}{2}\right)\right\|, \frac{t-t_0}{2}\right) + \gamma_1\left(\sup_{\frac{t+t_0}{2} \leqslant \tau \leqslant t}\|x_2(\tau)\|\right) \tag{4.55}$$

为了估计 $x_1((t+t_0)/2)$ 的值,把 $s = t_0$ 代入式(4.53),并以 $(t+t_0)/2$ 代换 t,可到

$$\left\|x_1\left(\frac{t+t_0}{2}\right)\right\| \leqslant \beta_1\left(\|x_1(t_0)\|, \frac{t-t_0}{2}\right) + \gamma_1\left(\sup_{t_0 \leqslant \tau \leqslant \frac{t+t_0}{2}}\|x_2(\tau)\|\right) \tag{4.56}$$

利用式(4.54)可得　　　$\displaystyle \sup_{t_0 \leqslant \tau \leqslant \frac{t+t_0}{2}}\|x_2(\tau)\| \quad \leqslant \quad \beta_2(\|x_2(t_0)\|, 0)$ 　　　　　(4.57)

$$\sup_{\frac{t+t_0}{2} \leqslant \tau \leqslant t}\|x_2(\tau)\| \quad \leqslant \quad \beta_2\left(\|x_2(t_0)\|, \frac{t-t_0}{2}\right) \tag{4.58}$$

把式(4.56)到式(4.58)代入式(4.55),并利用不等式

$$\|x_1(t_0)\| \leqslant \|x(t_0)\|, \quad \|x_2(t_0)\| \leqslant \|x(t_0)\|, \quad \|x(t)\| \leqslant \|x_1(t)\| + \|x_2(t)\|$$

得　　　　　　　　　　　　　$\|x(t)\| \leqslant \beta(\|x(t_0)\|, t-t_0)$
其中

$$\beta(r, s) = \beta_1\left(\beta_1\left(r, \frac{s}{2}\right) + \gamma_1(\beta_2(r, 0)), \frac{s}{2}\right) + \gamma_1\left(\beta_2\left(r, \frac{s}{2}\right)\right) + \beta_2(r, s)$$

很容易验证对于所有 $r \geqslant 0$, β 是 $\mathcal{KL}$ 类函数。因此,系统(4.51)和系统(4.52)的级联系统的原点是全局一致渐近稳定的。　　　　　　　　　　　　　　　　　　　□

4.10　习题

4.1　将一个二阶自治系统对下列各类平衡点按照稳定、非稳定或渐近稳定进行分类并用相图验证:
　　(1) 稳定结点　　　　(2) 非稳定结点　　　　(3) 稳定焦点
　　(4) 非稳定焦点　　　(5) 中心　　　　　　　(6) 鞍点

4.2 考虑标量系统 $\dot{x} = ax^p + g(x)$，其中 p 是正整数，$g(x)$ 在原点 $x = 0$ 的某个邻域内满足 $|g(x)| \leq k|x|^{p+1}$。证明：当 p 是奇数且 $a < 0$ 时，原点是渐近稳定的；当 p 是奇数且 $a > 0$，或者当 p 是偶数且 $a \neq 0$ 时，原点是非稳定的。

4.3 对下列各系统，用备选二次李雅普诺夫函数证明原点是渐近稳定的：

$$(1) \quad \dot{x}_1 = -x_1 + x_1 x_2, \qquad\qquad \dot{x}_2 = -x_2$$

$$(2) \quad \dot{x}_1 = -x_2 - x_1(1 - x_1^2 - x_2^2), \qquad \dot{x}_2 = x_1 - x_2(1 - x_1^2 - x_2^2)$$

$$(3) \quad \dot{x}_1 = x_2(1 - x_1^2), \qquad\qquad \dot{x}_2 = -(x_1 + x_2)(1 - x_1^2)$$

$$(4) \quad \dot{x}_1 = -x_1 - x_2, \qquad\qquad \dot{x}_2 = 2x_1 - x_2^3$$

并研究原点是否为全局渐近稳定的。

4.4 (见文献[151])旋转刚性太空船的欧拉方程为

$$J_1 \dot{\omega}_1 = (J_2 - J_3)\omega_2 \omega_3 + u_1$$
$$J_2 \dot{\omega}_2 = (J_3 - J_1)\omega_3 \omega_1 + u_2$$
$$J_3 \dot{\omega}_3 = (J_1 - J_2)\omega_1 \omega_2 + u_3$$

其中 ω_1 到 ω_3 是角速度向量 ω 沿主轴的分量，u_1 到 u_3 是力矩输入在主轴的分量，J_1 到 J_3 是主转动惯量。

（a）证明当 $u_1 = u_2 = u_3 = 0$ 时，原点 $\omega = 0$ 是稳定的，它是渐近稳定的吗？

（b）假设力矩输入运用反馈控制 $u_i = -k_i \omega_i$，其中 k_1 到 k_3 是正常数，证明闭环系统的原点是全局渐近稳定的。

4.5 设函数 $g(x)$ 是从 R^n 到 R^n 的映射，证明当且仅当 $V: R^n \to R$ 时，$g(x)$ 是标量函数

$$\frac{\partial g_i}{\partial x_j} = \frac{\partial g_j}{\partial x_i}, \quad \forall\, i, j = 1, 2, \cdots, n$$

的梯度向量。

4.6 考虑系统

$$\dot{x}_1 = x_2, \qquad \dot{x}_2 = -(x_1 + x_2) - h(x_1 + x_2)$$

其中 h 是连续可微的，且对于所有 $z \neq 0$ 有 $zh(z) > 0$。试用可变梯度法求一个李雅普诺夫函数，说明原点是全局渐近稳定的。

4.7 考虑系统为 $\dot{x} = -Q\,\phi(x)$，其中 Q 是正定对称矩阵，$\phi(x)$ 是连续可微函数，第 i 个分量 ϕ_i 仅与 x_i 有关，即 $\phi_i(x) = \phi_i(x_i)$。假定在 $y = 0$ 的某个邻域内对于所有 $1 \leq i \leq n$，有 $\phi_i(0) = 0$ 和 $y\,\phi_i(y) > 0$。

（a）用可变梯度法求一个李雅普诺夫函数，并说明原点是渐近稳定的。

（b）在什么条件下，原点是全局渐近稳定的？

（c）当 $\quad n = 2,\ \phi_1(x_1) = x_1 - x_1^2,\ \phi_2(x_2) = x_2 + x_2^3,\ Q = \begin{bmatrix} 2 & 1 \\ 1 & 1 \end{bmatrix}$

时，重新求解（a）和（b）。

4.8 (见文献[72])考虑二阶系统

$$\dot{x}_1 = \frac{-6x_1}{u^2} + 2x_2, \qquad \dot{x}_2 = \frac{-2(x_1 + x_2)}{u^2}$$

其中 $u = 1 + x_1^2$，设 $V(x) = x_1^2/(1 + x_1^2) + x_2^2$。

(a) 证明对于所有 $x \in R^2 - \{0\}$，有 $V(x) > 0$ 和 $\dot{V}(x) < 0$。

(b) 考虑双曲线 $x_2 = 2/(x_1 - \sqrt{2})$，通过研究双曲线边界上的向量场，证明在第一象限支线右边的轨线不可能与支线相交。

(c) 证明原点不是全局渐近稳定的。

提示：在(b)中，证明在双曲线上有 $\dot{x}_2/\dot{x}_1 = -1/(1 + 2\sqrt{2} x_1 + 2x_1^2)$，并与双曲线的切线斜率比较。

4.9　在检验正定函数 $V(x)$ 的径向无界性时，似乎只要检验当 $\parallel x \parallel$ 沿主轴 $\parallel x \parallel$ 趋于无穷时 $V(x)$ 的变化即可，但这并不成立，如函数

$$V(x) = \frac{(x_1 + x_2)^2}{1 + (x_1 + x_2)^2} + (x_1 - x_2)^2$$

(a) 证明随 $\parallel x \parallel$ 沿直线 $x_1 = 0$ 或 $x_2 = 0$ 趋于无穷，$V(x)$ 趋于无穷。

(b) 证明 $V(x)$ 不是径向无界的。

4.10　(Krasovskii 方法)考虑系统 $\dot{x} = f(x)$，$f(0) = 0$。假设 $f(x)$ 是连续可微的，且其雅可比矩阵 $[\partial f/\partial x]$ 满足

$$P \left[\frac{\partial f}{\partial x}(x) \right] + \left[\frac{\partial f}{\partial x}(x) \right]^{\mathrm{T}} P \leqslant -I, \quad \forall\, x \in R^n, \quad \text{其中} \quad P = P^{\mathrm{T}} > 0$$

(a) 利用表达式 $f(x) = \int_0^1 \frac{\partial f}{\partial x}(\sigma x) x \, d\sigma$ 证明

$$x^{\mathrm{T}} P f(x) + f^{\mathrm{T}}(x) P x \leqslant -x^{\mathrm{T}} x, \quad \forall\, x \in R^n$$

(b) 证明 $V(x) = f^{\mathrm{T}}(x) P f(x)$ 对于所有 $x \in R^n$ 都是正定的，且是径向无界的。

(c) 证明原点是全局渐近稳定的。

4.11　用定理 4.3 证明李雅普诺夫第一不稳定性定理：

对于系统(4.1)，如果在原点的一个邻域 D 内，可找到一个连续可微函数 $V_1(x)$，满足 $V_1(0) = 0$，V_1 沿系统轨线的导数 $\dot{V}_1$ 是正定的，但 V_1 本身在任意接近原点处不是负定或半负定的，那么原点是不稳定的。

4.12　利用定理 4.3 证明李雅普诺夫第二不稳定性定理：

对于系统(4.1)，假设在原点的一个邻域 D 内，存在一个连续可微函数 $V_1(x)$，满足 $V_1(0) = 0$，且 V_1 沿系统轨线的导数 $\dot{V}_1$ 具有 $\dot{V}_1 = \lambda V_1 + W(x)$ 的形式，其中 D 内 $\lambda > 0$，$W(x) \geqslant 0$，如果 $V_1(x)$ 在任意接近原点处不是负定或半负定的，那么原点是不稳定的。

4.13　证明对于下列各系统，原点是不稳定的：

(1)　$\dot{x}_1 = x_1^3 + x_1^2 x_2,$　　$\dot{x}_2 = -x_2 + x_2^2 + x_1 x_2 - x_1^3$

(2)　$\dot{x}_1 = -x_1^3 + x_2,$　　$\dot{x}_2 = x_1^6 - x_2^3$

提示：在(2)中，证明 $\Gamma = \{0 \leqslant x_1 \leqslant 1\} \cap \{x_2 \geqslant x_1^3\} \cap \{x_2 \geqslant x_1^2\}$ 是非空正不变集，并研究轨线在 Γ 内的特性。

4.14　考虑系统　　　　　　　$\dot{x}_1 = x_2,$　　$\dot{x}_2 = -g(x_1)(x_1 + x_2)$

其中 g 是局部利普希茨函数,且对于所有 $y \in R$ 有 $g(y) \geqslant 1$。验证 $V(x) = \int_0^{x_1} y g(u) \, dy + x_1 x_2 + x_2^2$ 对于所有 $x \in R^2$ 是正定的,并径向无界。利用此结果证明平衡点 $x = 0$ 是全局渐近稳定的。

4.15 考虑系统 $\dot{x}_1 = x_2, \quad \dot{x}_2 = -h_1(x_1) - x_2 - h_2(x_3), \quad \dot{x}_3 = x_2 - x_3$

其中,h_1 和 h_2 是局部利普希茨函数,且满足 $h_i(0) = 0$ 和当所有 $y \neq 0$ 时 $y h_i(y) > 0$。

(a) 证明系统在原点处有一个唯一的平衡点。

(b) 证明 $V(x) = \int_0^{x_1} h_1(y) \, dy + x_2^2/2 + \int_0^{x_3} h_2(y) \, dy$ 对于所有 $x \in R^3$ 都是正定的。

(c) 证明原点是渐近稳定的。

(d) h_1 和 h_2 在什么条件下才能证明原点是全局渐近稳定的。

4.16 证明系统 $\dot{x}_1 = x_2, \quad \dot{x}_2 = -x_1^3 - x_2^3$

的原点是全局渐近稳定的。

4.17 (见文献[77])李纳(Liénard)方程

$$\ddot{y} + h(y)\dot{y} + g(y) = 0$$

其中 g 和 h 是连续可微的。

(a) 利用 $x_1 = y$ 和 $x_2 = \dot{y}$,写出状态方程并找出有关 g 和 h 的条件,以确保原点是孤立的平衡点。

(b) 把 $V(x) = \int_0^{x_1} g(u) \, dy + (1/2)x_2^2$ 当成李雅普诺夫函数,找出有关 g 和 h 的条件,以确保原点是渐近稳定的。

(c) 令 $V(x) = (1/2)\left[x_2 + \int_0^{x_1} h(y) \, dy \right]^2 + \int_0^{x_1} g(y) \, dy$,重新证明问题(b)。

4.18 利用 $M\ddot{y} = Mg - ky - c_1\dot{y} - c_2\dot{y}|\dot{y}|$

来模拟习题 1.12 中的质量-弹簧系统,证明此系统有全局渐近稳定的平衡点。

4.19 在习题 1.4 中有一个 m 连杆机器人的运动方程。假设 $P(q)$ 是 q 的正定函数,且 $g(q) = 0$ 有一个孤立根 $q = 0$。

(a) 令 $u = 0$,用总能量函数 $V(q, \dot{q}) = \frac{1}{2}\dot{q}^{\mathrm{T}} M(q)\dot{q} + P(q)$ 作为李雅普诺夫函数,证明原点 $(q = 0, \dot{q} = 0)$ 是稳定的。

(b) 令 $u = -K_d\dot{q}$,其中 K_d 是正对角矩阵,证明原点是渐近稳定的。

(c) 令 $u = g(q) - K_p(q - q^*) - K_d\dot{q}$,其中 K_p 和 K_d 是正对角矩阵,q^* 是 R^m 内所期望的机器人位置,证明点 $(q = q^*, \dot{q} = 0)$ 是渐近稳定的平衡点。

4.20 假设 LaSalle 定理中的集合 M 由有限个孤立点组成。证明极限 $\lim\limits_{t \to \infty} x(t)$ 存在并等于这些点中的一个。

4.21 (见文献[81])梯度系统是一个形为 $\dot{x} = -\nabla V(x)$ 的动力学系统,其中 $\nabla V(x) = [\partial V/\partial x]^{\mathrm{T}}$,$V: D \subset R^n \to R$ 是二阶连续可微的。

(a) 证明对于所有 $x \in D$ 有 $\dot{V}(x) \leqslant 0$,并当且仅当 x 是平衡点时有 $\dot{V}(x) = 0$。

(b) 取 $D = R^n$,假设对于每个 $c \in R$,区间 $\Omega_c = \{ x \in R^n \mid V(x) \leqslant c \}$ 是封闭的。证明该系统的每个解都定义在 $t \geqslant 0$ 上。

(c) 继续(b),假设除了有限的点 $p_1, \cdots, p_r$,$\nabla V(x) \neq 0$。证明对于每个解 $x(t)$,极限 $\lim\limits_{t \to \infty} x(t)$ 存在且等于这些点中的某一个。

4.22　设有李雅普诺夫方程 $PA + A^{\mathrm{T}}P = -C^{\mathrm{T}}C$,其中 (A,C) 对是可观测的。证明当且仅当存在满足该方程的 $P = P^{\mathrm{T}} > 0$,A 是赫尔维茨的。而且,证明如果 A 是赫尔维茨的,那么李雅普诺夫方程有唯一解。

提示:运用 LaSalle 定理,并回想对于可得到的矩阵对 (A,C),当且仅当 $x = 0$ 时有向量 $C \exp(At)x \equiv 0 \ \forall t$。

4.23　线性系统 $\dot{x} = (A - BR^{-1}B^{\mathrm{T}}P)x$,其中 $P = P^{\mathrm{T}} > 0$,满足里卡蒂(Riccati)方程

$$PA + A^{\mathrm{T}}P + Q - PBR^{-1}B^{\mathrm{T}}P = 0$$

$R = R^{\mathrm{T}} > 0$,并且 $Q = Q^{\mathrm{T}} \geqslant 0$。用 $V(x) = x^{\mathrm{T}}Px$ 作为李雅普诺夫函数,证明在下列条件下原点是全局渐近稳定的。

(1) $Q > 0$。

(2) $Q = C^{\mathrm{T}}C$,(A,C) 对是可观测的;参见习题 4.22 的提示。

4.24　考虑系统①　　　$\dot{x} = f(x) - kG(x)R^{-1}(x)G^{\mathrm{T}}(x)\left(\dfrac{\partial V}{\partial x}\right)^{\mathrm{T}}$

其中 $V(x)$ 是连续可微且正定的函数,并满足 Hamilton-Jacobi-Bellman 方程

$$\frac{\partial V}{\partial x}f(x) + q(x) - \frac{1}{4}\frac{\partial V}{\partial x}G(x)R^{-1}(x)G^{\mathrm{T}}(x)\left(\frac{\partial V}{\partial x}\right)^{\mathrm{T}} = 0$$

$q(x)$ 是半正定的函数,$R(x)$ 是正定矩阵,k 是正常数。用 $V(x)$ 作为李雅普诺夫函数,证明在下列条件下原点是渐近稳定的。

(1) $q(x)$ 是正定的,$k \geqslant 1/4$。

(2) $q(x)$ 是半正定的,$k > 1/4$,同样停留在区间 $\dot{x} = f(x)$ 内的方程 $\{q(x) = 0\}$ 的唯一解是平凡解 $x(t) \equiv 0$。

原点在何时为全局渐近稳定呢?

4.25　线性系统 $\dot{x} = Ax + Bu$,其中 (A,B) 是可控制的。对于某个 $\tau > 0$ 令 $W = \int_0^{\tau} e^{-At}BB^{\mathrm{T}}e^{-A^{\mathrm{T}}t}\,dt$。证明 W 是正定的。令 $K = B^{\mathrm{T}}W^{-1}$,用 $V(x) = x^{\mathrm{T}}W^{-1}x$ 作为系统 $\dot{x} = (A - BK)x$ 的李雅普诺夫函数,证明 $(A - BK)$ 是赫尔维茨的。

4.26　令 $\dot{x} = f(x)$,其中 $f:R^n \to R^n$。考虑变量代换 $z = T(x)$,其中 $T(0) = 0$ 且 $T:R^n \to R^n$ 在原点的邻域内是微分同胚的,即逆映射 $T^{-1}(\cdot)$ 存在,并且 $T(\cdot)$ 和 $T^{-1}(\cdot)$ 都是连续可微的。变换后系统为

$$\dot{z} = \hat{f}(z), \quad \text{其中} \quad \hat{f}(z) = \frac{\partial T}{\partial x}f(x)\bigg|_{x = T^{-1}(z)}$$

(a) 证明当且仅当 $z = 0$ 为系统 $\dot{z} = \hat{f}(z)$ 的孤立平衡点时,$x = 0$ 为系统 $\dot{x} = f(x)$ 的孤立平衡点。

(b) 证明当且仅当 $z = 0$ 稳定(渐近稳定或不稳定)时,$x = 0$ 是稳定的(渐近稳定的或不稳定的)。

4.27　考虑系统　$\dot{x}_1 = -x_2x_3 + 1$,　　$\dot{x}_2 = x_1x_3 - x_2$,　　$\dot{x}_3 = x_3^2(1 - x_3)$

---

①　这是文献[172]中的闭环最优稳定控制系统。

（a）证明此系统有一个唯一的平衡点。

（b）利用线性化证明平衡点是渐近稳定的。它是全局渐近稳定的吗？

4.28 考虑系统

$$\dot{x}_1 = -x_1, \qquad \dot{x}_2 = (x_1x_2 - 1)x_2^3 + (x_1x_2 - 1 + x_1^2)x_2$$

（a）证明 $x = 0$ 是唯一的平衡点。

（b）利用线性化证明 $x = 0$ 是渐近稳定的。

（c）证明 $\Gamma = \{x \in R^2 \,|\, x_1x_2 \geqslant 2\}$ 是一个正不变集。

（d）$x = 0$ 是全局渐近稳定的吗？

4.29 考虑系统

$$\dot{x}_1 = x_1 - x_1^3 + x_2, \qquad \dot{x}_2 = 3x_1 - x_2$$

（a）求系统的所有平衡点。

（b）利用线性化，研究每个平衡点的稳定性。

（c）利用二次李雅普诺夫函数,估计每个渐近稳定平衡点的吸引区,并使估计值尽可能大。

（d）构建系统的相图并在图上标明吸引区的精确值及估计值。

4.30 采用如下系统重做上题：

$$\dot{x}_1 = -\tfrac{1}{2}\tan\left(\frac{\pi x_1}{2}\right) + x_2, \qquad \dot{x}_2 = x_1 - \tfrac{1}{2}\tan\left(\frac{\pi x_2}{2}\right)$$

4.31 对于习题 4.3 中的每个系统,利用线性化证明原点是渐近稳定的。

4.32 对于下列每个系统,研究它们的原点是否是稳定、渐近稳定或不稳定的。

$$
\begin{array}{ll}
(1) & \begin{aligned}
\dot{x}_1 &= -x_1 + x_1^2 \\
\dot{x}_2 &= -x_2 + x_3^2 \\
\dot{x}_3 &= x_3 - x_1^2
\end{aligned}
\qquad\qquad
(2) & \begin{aligned}
\dot{x}_1 &= x_2 \\
\dot{x}_2 &= -\sin x_3 + x_1[-2x_3 - \text{sat}(y)]^2 \\
\dot{x}_3 &= -2x_3 - \text{sat}(y) \\
& \text{其中} \quad y = -2x_1 - 5x_2 + 2x_3
\end{aligned} \\[2em]
(3) & \begin{aligned}
\dot{x}_1 &= -2x_1 + x_3^3 \\
\dot{x}_2 &= -x_2 + x_1^2 \\
\dot{x}_3 &= -x_3
\end{aligned}
\qquad\qquad
(4) & \begin{aligned}
\dot{x}_1 &= -x_1 \\
\dot{x}_2 &= -x_1 - x_2 - x_3 - x_1x_3 \\
\dot{x}_3 &= (x_1 + 1)x_2
\end{aligned}
\end{array}
$$

4.33 二阶系统 $\dot{x} = f(x)$,其中 $f(0) = 0$ 并且 $f(x)$ 在原点的某个邻域内是二阶连续可微的。假设 $[\partial f / \partial x](0) = -B$,其中 B 为赫尔维茨的。令 P 是李雅普诺夫方程 $PB + B^\mathrm{T}P = -I$ 的正定解并设 $V(x) = x^\mathrm{T}Px$。证明存在 $c^* > 0$,对于每个 $0 < c < c^*$,曲面 $V(x) = c$ 是封闭的并且对于所有 $x \in \{V(x) = c\}$ 有 $[\partial f / \partial x]f(x) > 0$。

4.34 证明引理 4.2。

4.35 设 α 是区间 $[0, a)$ 上的 $\mathcal{K}$ 类函数,证明

$$\alpha(r_1 + r_2) \leqslant \alpha(2r_1) + \alpha(2r_2), \qquad \forall\, r_1, r_2 \in [0, a/2)$$

4.36 标量系统 $\dot{x} = -x/(t+1)$,$t \geqslant 0$ 的原点是一致渐近稳定的吗？

4.37 对于下列每个线性系统,用二次李雅普诺夫函数证明各个系统的原点是指数稳定的。

$$
(1) \quad \dot{x} = \begin{bmatrix} -1 & \alpha(t) \\ \alpha(t) & -2 \end{bmatrix} x, \; |\alpha(t)| \leqslant 1
\qquad\qquad
(2) \quad \dot{x} = \begin{bmatrix} -1 & \alpha(t) \\ -\alpha(t) & -2 \end{bmatrix} x
$$

$$
(3) \quad \dot{x} = \begin{bmatrix} 0 & 1 \\ -1 & -\alpha(t) \end{bmatrix} x, \; \alpha(t) \geqslant 2
\qquad\qquad
(4) \quad \dot{x} = \begin{bmatrix} -1 & 0 \\ \alpha(t) & -2 \end{bmatrix} x
$$

在每个系统中,对于所有 $t \geq 0$, $\alpha(t)$ 是连续且有界的。

4.38 (见文献[95])带有时变元件的 RLC 电路的表示式为

$$\dot{x}_1 = \frac{1}{L(t)} x_2, \qquad \dot{x}_2 = -\frac{1}{C(t)} x_1 - \frac{R(t)}{L(t)} x_2$$

假设 $L(t)$, $C(t)$ 和 $R(t)$ 是连续可微的且对于所有 $t \geq 0$ 满足不等式 $k_1 \leq L(t) \leq k_2$, $k_3 \leq C(t) \leq k_4$ 和 $k_5 \leq R(t) \leq k_6$。其中 k_1, k_3 和 k_5 是正的,李雅普诺夫函数为

$$V(t,x) = \left[R(t) + \frac{2L(t)}{R(t)C(t)} \right] x_1^2 + 2x_1 x_2 + \frac{2}{R(t)} x_2^2$$

(a) 证明 $V(t,x)$ 是正定且递减的。

(b) 为保证原点是指数稳定的,试求出 $\dot{L}(t)$, $\dot{C}(t)$ 和 $\dot{R}(t)$ 应满足的条件。

4.39 (见文献[154])带有时变摩擦的单摆系统的表示式为

$$\dot{x}_1 = x_2, \qquad \dot{x}_2 = -\sin x_1 - g(t)x_2$$

假设 $g(t)$ 连续可微且对于所有 $t \geq 0$ 满足:

$$0 < a < \alpha \leq g(t) \leq \beta < \infty \quad \text{和} \quad \dot{g}(t) \leq \gamma < 2$$

考虑备选李雅普诺夫函数

$$V(t,x) = \tfrac{1}{2}(a \sin x_1 + x_2)^2 + [1 + ag(t) - a^2](1 - \cos x_1)$$

(a) 证明 $V(t,x)$ 是正定且递减的。

(b) 证明 $\dot{V} \leq -(\alpha - a)x_2^2 - a(2 - \gamma)(1 - \cos x_1) + O(\|x\|^3)$,其中 $O(\|x\|^3)$ 是原点邻域内边界为 $k\|x\|^3$ 的项。

(c) 证明原点是一致渐近稳定的。

4.40 (Floquet 定理)考虑线性系统 $\dot{x} = A(t)x$,其中 $A(t) = A(t+T)$[①]。设 $\Phi(\cdot,\cdot)$ 是状态转移矩阵。由方程 $\exp(BT) = \Phi(T,0)$ 定义一个常数矩阵 B,并设 $P(t) = \exp(Bt)\Phi(0,t)$。证明:

(a) $P(t+T) = P(t)$。

(b) $\Phi(t,\tau) = P^{-1}(t)\exp[(t-\tau)B]P(\tau)$。

(c) 当且仅当 B 是赫尔维茨矩阵时,系统 $\dot{x} = A(t)x$ 的原点是指数稳定的。

4.41 考虑系统 $\qquad \dot{x}_1 = x_2, \qquad \dot{x}_2 = 2x_1 x_2 + 3t + 2 - 3x_1 - 2(t+1)x_2$

(a) 验证 $x_1(t) = t$, $x_2(t) = 1$ 是系统的一个解。

(b) 证明如果 $x(0)$ 离 $\begin{bmatrix} 0 \\ 1 \end{bmatrix}$ 足够近,那么 $x(t)$ 随 t 趋于无穷而接近 $\begin{bmatrix} t \\ 1 \end{bmatrix}$。

4.42 考虑系统 $\qquad \dot{x} = -a[I_n + S(x) + xx^T]x$

其中,a 是正常数,I_n 是 $n \times n$ 单位矩阵,$S(x)$ 是依赖于 x 的斜对称矩阵。证明原点是全局指数稳定的。

4.43 考虑系统 $\dot{x} = f(x) + G(x)u$。假设存在正定对称矩阵 P,半正定函数 $W(x)$,正常数 γ 和 σ,满足:

$$2x^T P f(x) + \gamma x^T P x + W(x) - 2\sigma x^T P G(x) G^T(x) P x \leq 0, \quad \forall x \in R^n$$

---

① 关于 Floquet 定理的全面叙述可参见文献[158]。

证明当 $u = -\sigma G^{\mathrm{T}}(x)Px$ 时,该闭循环系统在原点有一个全局指数稳定的平衡点。

4.44 考虑系统

$$\dot{x}_1 = -x_1 + x_2 + (x_1^2 + x_2^2)\sin t, \qquad \dot{x}_2 = -x_1 - x_2 + (x_1^2 + x_2^2)\cos t$$

证明原点是指数稳定的,并估计吸引区。

4.45 考虑系统

$$\dot{x}_1 = h(t)x_2 - g(t)x_1^3, \qquad \dot{x}_2 = -h(t)x_1 - g(t)x_2^3$$

其中对于所有 $t \geq 0$,$h(t)$ 和 $g(t)$ 是有界连续可微函数,且 $g(t) \geq k > 0$。

(a) 平衡点 $x = 0$ 是一致渐近稳定的吗?

(b) 平衡点 $x = 0$ 是指数稳定的吗?

(c) 平衡点 $x = 0$ 是全局一致渐近稳定的吗?

(d) 平衡点 $x = 0$ 是全局指数稳定的吗?

4.46 证明系统　$\dot{x}_1 = -x_2 - x_1(1 - x_1^2 - x_2^2), \qquad \dot{x}_2 = x_1 - x_2(1 - x_1^2 - x_2^2)$

的原点是渐近稳定的,它是指数稳定的吗?

4.47 考虑系统

$$\dot{x}_1 = -\phi(t)x_1 + a\phi(t)x_2, \qquad \dot{x}_2 = b\phi(t)x_1 - ab\phi(t)x_2 - c\psi(t)x_2^3$$

其中 a,b 和 c 是正常数,$\phi(t)$ 和 $\psi(t)$ 是非负的连续有界函数,且满足

$$\phi(t) \geq \phi_0 > 0, \quad \psi(t) \geq \psi_0 > 0, \quad \forall t \geq 0$$

证明原点是全局一致渐近稳定的,它是指数稳定的吗?

4.48 两个系统的表示式分别为 $\dot{x} = f(x)$ 和 $\dot{x} = h(x)f(x)$,其中 $f : R^n \to R^n$ 和 $h : R^n \to R$ 都是连续可微的,$f(0) = 0, h(0) > 0$。证明当且仅当第二个系统的原点指数稳定时,第一个系统的原点也是指数稳定的。

4.49 证明系统

$$\dot{x}_1 = -ax_1 + b, \qquad \dot{x}_2 = -cx_2 + x_1(\alpha - \beta x_1 x_2)$$

有一个全局渐近稳定的平衡点,方程中所有系数均为正。

提示:将平衡点平移到原点处,并利用 $V = k_1 y_1^2 + k_2 y_2^2 + k_3 y_1^4$,其中 (y_1, y_2) 是新坐标。

4.50 考虑系统

$$\dot{x} = f(t, x); \quad f(t, 0) = 0$$

其中 $[\partial f / \partial x]$ 是有界的,在原点的邻域内是 x 的利普希茨函数,在所有 $t \geq t_0 \geq 0$ 时对 t 一致。假设在 $x = 0$ 处的线性化后的原点是指数稳定的,并且系统的解满足

$$\|x(t)\| \leq \beta(\|x(t_0)\|, t - t_0), \quad \forall\, t \geq t_0 \geq 0, \quad \forall\, \|x(t_0)\| < c \tag{4.59}$$

其中 β 是 $\mathcal{KL}$ 类函数,c 为某个正常数。

(a) 证明存在 $\mathcal{K}$ 类函数 α 和正常数 γ,满足

$$\|x(t)\| \leq \alpha(\|x(t_0)\|) \exp[-\gamma(t - t_0)], \quad \forall\, t \geq t_0, \quad \forall\, \|x(t_0)\| < c$$

(b) 证明存在正常数 M,可能与 c 有关,使下列不等式成立:

$$\|x(t)\| \leq M\|x(t_0)\| \exp[-\gamma(t - t_0)], \quad \forall\, t \geq t_0, \quad \forall\, \|x(t_0)\| < c \tag{4.60}$$

(c) 如果不等式(4.59)全局成立,能说明不等式(4.60)也全局成立吗?

4.51 假设当 $\alpha_1(r) = k_1 r^a$,$\alpha_2(r) = k_2 r^a$ 和 $W(x) \geq k_3 \|x\|^a$ 时,定理 4.18 中的假设条件都成立。k_1, k_2, k_3 和 a 都是正常数。证明当 $\beta(r, s) = kr \exp(-\gamma s)$,$\alpha_1^{-1}(\alpha_1(\mu)) = k\mu$ 时,不等式(4.42)和不等式(4.43)都成立,其中 $k = (k_2 / k_1)^{1/a}$,$\gamma = k_3 / (k_2 a)$。

4.52 在定理 4.18 中，$V(t,x) = V(x)$，并假设不等式 (4.40) 代换为

$$\frac{\partial V}{\partial x} f(t,x) \leqslant -W_3(x), \quad \forall W_4(x) \geqslant \mu > 0$$

其中 $W_3(x)$ 和 $W_4(x)$ 是连续正定函数。在这种情况下，证明式 (4.42) 和式 (4.43) 对每个初始状态 $x(t_0) \in \{V(x) \leqslant c\} \subset D$ 都是成立的，假设 $\{V(x) \leqslant c\}$ 是紧曲面，且 $\max_{W_4(x) \leqslant \mu} V(x) < c$。

4.53 （见文献 [72]）考虑系统 $\dot{x} = f(t,x)$，并假定存在函数 $V(t,x)$ 满足

$$W_1(x) \leqslant V(t,x) \leqslant W_2(x), \quad \forall \|x\| \geqslant r > 0$$

$$\frac{\partial V}{\partial t} + \frac{\partial V}{\partial x} f(t,x) < 0, \quad \forall \|x\| \geqslant r_1 \geqslant r$$

其中 $W_1(x)$ 和 $W_2(x)$ 是连续正定函数。证明该系统的解是一致有界的。

提示：注意 $V(t,x)$ 不必正定。

4.54 对于下列每个标量系统，检测输入状态的稳定性：

(1)　$\dot{x} = -(1+u)x^3$　　　　(2)　$\dot{x} = -(1+u)x^3 - x^5$

(3)　$\dot{x} = -x + x^2 u$　　　　(4)　$\dot{x} = x - x^3 + u$

4.55 研究下列各系统的输入-状态稳定性：

(1)　$\dot{x}_1 = -x_1 + x_1^2 x_2$,　　　　$\dot{x}_2 = -x_1^3 - x_2 + u$

(2)　$\dot{x}_1 = -x_1 + x_2$,　　　　$\dot{x}_2 = -x_1^3 - x_2 + u$

(3)　$\dot{x}_1 = x_2$,　　　　$\dot{x}_2 = -x_1^3 - x_2 + u$

(4)　$\dot{x}_1 = (x_1 - x_2 + u)(x_1^2 - 1)$,　　　　$\dot{x}_2 = (x_1 + x_2 + u)(x_1^2 - 1)$

(5)　$\dot{x}_1 = -x_1 + x_1^2 x_2$,　　　　$\dot{x}_2 = -x_2 + x_1 + u$

(6)　$\dot{x}_1 = -x_1 - x_2 + u_1$,　　　　$\dot{x}_2 = x_1 - x_2^3 + u_2$

(7)　$\dot{x}_1 = -x_1 + x_2$,　　　　$\dot{x}_2 = -x_1 - \sigma(x_1) - x_2 + u$

其中 σ 是局部利普希茨函数，$\sigma(0) = 0$，对于所有 $y \neq 0$ 有 $y\sigma(u) \geqslant 0$。

4.56 利用引理 4.7，证明系统

$$\dot{x}_1 = -x_1^3 + x_2, \qquad \dot{x}_2 = -x_2^3$$

的原点是全局渐近稳定的。

4.57 在定理 4.19 中，除了不等式 (4.49) 代换为

$$\frac{\partial V}{\partial t} + \frac{\partial V}{\partial x} f(t,x,u) \leqslant -\alpha_3(\|x\|) + \psi(u)$$

其中，α_3 是 $\mathcal{K}_\infty$ 类函数，$\psi(u)$ 是 u 的连续函数且有 $\psi(0) = 0$，其余所有假设条件都不变，在这种情况下证明定理 4.19。

4.58 应用不等式 (4.47)，证明当 $u(t)$ 随 t 趋于无穷而收敛到零时，$x(t)$ 也收敛到零。

4.59 标量系统的表示式为 $\dot{x} = -x^3 + e^{-t}$，证明当 t 趋于无穷时，$x(t)$ 趋于零。

4.60 假设当 $\|x\| < r$ 和 $\|u\| < r_u$，且 $\mathcal{K}$ 类函数 α_1 和 α_2 不一定是 $\mathcal{K}_\infty$ 类函数的情况下，定理 4.19 的假设条件都成立。证明存在正常数 k_1 和 k_2，当 $\|x(t_0)\| < k_1$ 和 $\sup_{t \geqslant t_0} \|u(t)\| < k_2$ 时，不等式 (4.47) 成立。在这种情况下，系统称为局部输入-状态稳定的。

4.61 系统的表示式为

$$\dot{x}_1 = x_1 \left\{ \left[\sin\left(\frac{\pi x_2}{2}\right) \right]^2 - 1 \right\}, \quad \dot{x}_2 = -x_2 + u$$

（a）证明当 $u = 0$ 时原点是全局渐近稳定的。

（b）证明对于任意有界输入 $u(t)$，状态 $x(t)$ 是有界的。

（c）当 $u(t) \equiv 1, x_1(0) = a$ 和 $x_2(0) = 1$ 时，证明解为 $x_1(t) \equiv a, x_2(t) \equiv 1$。

（d）此系统是输入-状态稳定的吗？

在接下来的 7 个习题中，我们处理离散时间动力学系统[①]：

$$x(k+1) = f(x(k)), \quad f(0) = 0 \tag{4.61}$$

标量函数 $V(x)$ 沿系统(4.61)运动的变化率定义为

$$\Delta V(x) = V(f(x)) - V(x)$$

4.62 为离散时间系统(4.61)的原点重新叙述定义 4.1。

4.63 假设在原点的邻域内存在连续正定函数 $V(x)$，使 $\Delta V(x)$ 是半负定的，证明系统(4.61)的原点是稳定的。另外，假设 $\Delta V(x)$ 是负定的，证明系统(4.61)的原点是渐近稳定的。最后，假设渐近稳定的条件全局成立并且 $V(x)$ 是径向无界的，证明原点是全局渐近稳定的。

4.64 假设在原点的邻域内，存在连续正定函数 $V(x)$，满足

$$c_1\|x\|^2 \leqslant V(x) \leqslant c_2\|x\|^2, \qquad \Delta V(x) \leqslant -c_3\|x\|^2$$

证明系统(4.61)的原点是指数稳定的，其中 c_1, c_2 和 c_3 为正常数。

提示：对于离散时间系统，对于所有 $k \geqslant 0$，指数稳定由不等式 $\|x(k)\| \leqslant \alpha\|x(0)\|\gamma^k$ 定义，其中 $\alpha \geqslant 1$ 且 $0 < \gamma < 1$。

4.65 证明如果在原点的邻域内存在连续正定函数 $V(x)$，使 $\Delta V(x)$ 是半负定的，并且 $\Delta V(x)$ 对于任意 $x \neq 0$ 不恒为零，则系统(4.61)的原点是渐近稳定的。

4.66 线性系统的表示式为 $x(k+1) = Ax(k)$。证明下面的命题等价：

（1）$x = 0$ 是渐近稳定的。

（2）对于 A 的所有特征值，有 $|\lambda_i| < 1$。

（3）给定任意 $Q = Q^T > 0$，存在 $P = P^T > 0$ 是线性方程 $A^T P A - P = -Q$ 的唯一解。

4.67 设 A 是系统(4.61)在原点线性化的矩阵，即 $A = [\partial f/\partial x](0)$。证明如果 A 的所有特征值的模都小于 1，则原点是渐近稳定的。

4.68 设 $x = 0$ 是非线性离散时间系统 $x(k+1) = f(x(k))$ 的平衡点，其中 $f: D \to R^n$ 是连续可微的，并且 $D = \{x \in R^n \mid \|x\| < r\}$。设 $C, \gamma < 1$ 和 r_0 是正常数，且有 $r_0 < r/C$。设 $D_0 = \{x \in R^n \mid \|x\| < r_0\}$。假设该系统的解满足

$$\|x(k)\| \leqslant C\|x(0)\|\gamma^k, \ \forall \ x(0) \in D_0, \ \forall \ k \geqslant 0$$

证明存在函数 $V: D_0 \to R$，满足

$$c_1\|x\|^2 \leqslant V(x) \leqslant c_2\|x\|^2$$

$$\Delta V(x) = V(f(x)) - V(x) \leqslant -c_3\|x\|^2$$

$$|V(x) - V(y)| \leqslant c_4\|x - y\|(\|x\| + \|y\|)$$

其中，所有 $x, y \in D_0$ 且 c_1, c_2, c_3 和 c_4 为正常数。

[①] 参见文献[95]，其中详细讨论了离散时间态系统的李雅普诺夫稳定性。

第5章　输入-输出稳定性

本书的大部分篇幅是用状态-空间法建立非线性动力学系统的模型,并注重强调状态变量的特性。输入-输出法[①]是动力学系统建模的另一种方法。输入-输出模型使系统的输出直接与系统的输入联系起来,而无须了解由状态方程式表示的内部结构。系统被视为一个黑盒子,只能通过系统的输入端和输出端访问。5.1 节将介绍输入-输出模型,并定义$\mathcal{L}$稳定性,即一种输入-输出意义上的稳定性概念。5.2 节将研究由状态模型表示的非线性系统的$\mathcal{L}$稳定性。5.3 节将讨论一类时不变系统的$\mathcal{L}_2$ 增益的计算。最后,在 5.4 节中提出了小增益定理。

5.1　$\mathcal{L}$稳定性

考虑一个系统,其输入-输出关系表示如下:

$$y = Hu$$

其中 H 是某种映射或算子,指定了 y 与 u 的关系。输入 u 属于信号空间,信号空间把时间区间$[0,\infty)$映射到欧几里得空间 R^m,即 $u:[0,\infty) \to R^m$。例如分段连续的有界函数空间$\sup\limits_{t \geqslant 0} \| u(t) \| < \infty$ 和分段连续的平方可积函数空间$\int_0^\infty u^{\mathrm{T}}(t) u(t) \, dt < \infty$。为度量信号的大小,引入范数 $\| u \|$,它满足下面三个性质:

- 当且仅当信号恒为零时,信号的范数等于零,否则严格为正。
- 对于任意正常数 a 和信号 u,数乘信号的范数等于范数的数乘,即 $\| au \| = a \| u \|$。
- 对于任意信号 u_1 和 u_2,范数满足三角不等式 $\| u_1 + u_2 \| \leqslant \| u_1 \| + \| u_2 \|$。

对于分段连续有界函数空间,其范数定义为:

$$\| u \|_{\mathcal{L}_\infty} = \sup_{t \geqslant 0} \| u(t) \| < \infty$$

该空间表示为$\mathcal{L}_\infty^m$。对于分段连续平方可积函数空间,其范数定义为

$$\| u \|_{\mathcal{L}_2} = \sqrt{\int_0^\infty u^{\mathrm{T}}(t) u(t) \, dt} < \infty$$

该空间表示为$\mathcal{L}_2^m$。一般情况下,对于 $1 \leqslant p < \infty$,空间$\mathcal{L}_p^m$ 定义为连续函数 $u:[0,\infty) \to R^m$ 的集合,满足

$$\| u \|_{\mathcal{L}_p} = \left(\int_0^\infty \| u(t) \|^p \, dt \right)^{1/p} < \infty$$

$\mathcal{L}_p^m$ 的下标 p 用于表示定义空间 p 范数的类型,而上标 m 表示信号 u 的维数。如果 m 和 p 通过

---

① 本章着重介绍了输入-输出法,使读者理解李雅普诺夫稳定性与输入-输出稳定性之间的关系,并介绍了描述小增益定理的术语。为更深入地了解,读者可参阅文献[53],文献[208]和文献[162]。关于非线性系统输入-输出法的基础,可参阅 20 世纪 60 年代由 Sandberg 和 Zames 编著的著作(文献[164],文献[217]和文献[218])。

上下文可知,则可省掉其一或两个都省略,例如$\mathcal{L}_p$,$\mathcal{L}^m$ 或$\mathcal{L}$。为了区别空间$\mathcal{L}$ 中向量u 的范数与R^m 中向量$u(t)$ 的范数,我们把前者记为$\| \cdot \|_{\mathcal{L}}$[①]。

如果认为$u \in \mathcal{L}^m$ 是"良态"输入,那么问题是能否有"良态"输出$y \in \mathcal{L}^q$,其中$\mathcal{L}^m$ 与$\mathcal{L}^q$ 空间相同,但通常输出变量数q 与输入变量数m 不同。由"良态"输入产生"良态"输出的系统定义为稳定系统。但不能把H 定义为从$\mathcal{L}^m$ 到$\mathcal{L}^q$ 的映射,因为必须处理不稳定系统,而不稳定系统的输入$u \in \mathcal{L}^m$ 可能产生不属于$\mathcal{L}^q$ 的输出y。所以,H 经常定义为从扩展空间$\mathcal{L}_e^m$ 到扩展空间$\mathcal{L}_e^q$ 的映射,其中$\mathcal{L}_e^m$ 定义为

$$\mathcal{L}_e^m = \{ u \mid u_\tau \in \mathcal{L}^m, \forall \, \tau \in [0, \infty) \}$$

u 的舍位函数u_τ 定义为
$$u_\tau(t) = \begin{cases} u(t), & 0 \leqslant t \leqslant \tau \\ 0, & t > \tau \end{cases}$$

扩展空间$\mathcal{L}_e^m$ 是以未扩展空间$\mathcal{L}^m$ 作为其子空间的线性空间,它便于对无限增加的信号加以处理。例如,信号$u(t) = t$ 不属于空间$\mathcal{L}_\infty$,但对于每个有限的τ,其舍位函数

$$u_\tau(t) = \begin{cases} t, & 0 \leqslant t \leqslant \tau \\ 0, & t > \tau \end{cases}$$

属于$\mathcal{L}_\infty$。因此,$u(t) = t$ 属于扩展空间$\mathcal{L}_{\infty e}$。

如果在任何时刻t,输出$(Hu)(t)$ 只与该时刻的输入值有关,则称映射$\mathcal{L}_e^m \to \mathcal{L}_e^q$ 是因果的。这相当于
$$(Hu)_\tau = (Hu_\tau)_\tau$$
因果性是状态模型表示的动力学系统的内蕴性质。

完成输入-输出信号空间定义之后,现在定义输入-输出稳定性。

定义 5.1 如果存在定义在$[0, \infty)$ 上的$\mathcal{K}$ 类函数α 和非负常数β,对于所有$u \in \mathcal{L}_e^m$ 和$\tau \in [0, \infty)$ 满足
$$\| (Hu)_\tau \|_{\mathcal{L}} \leqslant \alpha(\| u_\tau \|_{\mathcal{L}}) + \beta \tag{5.1}$$

则映射$\mathcal{L}_e^m \to \mathcal{L}_e^q$ 是$\mathcal{L}$ 稳定的。如果存在非负常数γ 和β,对于所的$u \in \mathcal{L}_e^m$ 和$\tau \in [0, \infty)$ 满足
$$\| (Hu)_\tau \|_{\mathcal{L}} \leqslant \gamma \| u_\tau \|_{\mathcal{L}} + \beta \tag{5.2}$$

则称该映射是有限增益$\mathcal{L}$ 稳定的。

式(5.1)和式(5.2)中的常数β 称为偏项,加在定义中是为了保证系统当$u = 0$ 时,Hu 不为零[②]。当不等式(5.2)成立时,通常我们感兴趣的是对于最小的γ,存在β 使式(5.2)成立。具有明确定义的γ 称为系统的增益。当存在$\gamma \geqslant 0$ 满足不等式(5.2)时,称系统的$\mathcal{L}$ 增益小于或等于γ。

对于因果$\mathcal{L}$ 稳定系统,通过简单运算可以证明
$$u \in \mathcal{L}^m \Rightarrow Hu \in \mathcal{L}^q$$
及
$$\| Hu \|_{\mathcal{L}} \leqslant \alpha(\| u \|_{\mathcal{L}}) + \beta, \quad \forall \, u \in \mathcal{L}^m$$

---

① 注意,对于$p \in [1, \infty]$,用于定义$\| \cdot \|_{\mathcal{L}_p}$ 的范数$\| \cdot \|$ 可以是R^m 中的任何p 范数;在两个范数中p 不必相同。例如,可以用$\| u \|_{\mathcal{L}_\infty} = \sup_{t \geqslant 0} \| u(t) \|_1$,$\| u \|_{\mathcal{L}_\infty} = \sup_{t \geqslant 0} \| u(t) \|_2$ 或$\| u \|_{\mathcal{L}_\infty} = \sup_{t \geqslant 0} \| u(t) \|_\infty$ 定义$\mathcal{L}_\infty$ 空间。但用R^m 中的 2 范数定义$\mathcal{L}_2$ 更为普遍。

② 关于偏项的不同作用参见习题 5.3。

对于因果有限增益 $\mathcal{L}$ 稳定系统,上述不等式应相应变为

$$\|Hu\|_{\mathcal{L}} \leqslant \gamma \|u\|_{\mathcal{L}} + \beta, \quad \forall u \in \mathcal{L}^m$$

对于有界输入-有界输出稳定性来说,$\mathcal{L}_\infty$ 稳定性的定义是很常用的概念。也就是说,如果系统是 $\mathcal{L}_\infty$ 稳定的,则对每个有界输入 $u(t)$,输出 $Hu(t)$ 是有界的。

例 5.1 无记忆的,也可能是时变的函数 $h : [0,\infty) \times R \rightarrow R$ 可以看成算子 H,它对于每个输入信号 $u(t)$ 赋予输出信号 $y(t) = h(t, u(t))$。我们用这一简单算子说明 $\mathcal{L}$ 稳定性的定义。设

$$h(u) = a + b \tanh cu = a + b\, \frac{e^{cu} - e^{-cu}}{e^{cu} + e^{-cu}}$$

其中 a, b 和 c 为非负常数。由

$$h'(u) = \frac{4bc}{\left(e^{cu} + e^{-cu}\right)^2} \leqslant bc, \quad \forall u \in R$$

有 $\qquad\qquad\qquad |h(u)| \leqslant a + bc|u|, \quad \forall u \in R$

因此 H 是有限增益 $\mathcal{L}_\infty$ 稳定的,其中 $\gamma = bc$ 且 $\beta = a$。进一步,如果 $a = 0$,则对于每个 $p \in [1,\infty)$ 有

$$\int_0^\infty |h(u(t))|^p \, dt \leqslant (bc)^p \int_0^\infty |u(t)|^p \, dt$$

这样,对于每个 $p \in [1,\infty)$,算子 H 是有限增益 $\mathcal{L}_p$ 稳定的,偏项为零,且 $\gamma = bc$。设 h 是时变函数,对于某个正常数 a 满足

$$|h(t,u)| \leqslant a|u|, \quad \forall t \geqslant 0, \ \forall u \in R$$

则对于每个 $p \in [1,\infty)$,映射 H 是有限增益 $\mathcal{L}_p$ 稳定的,偏项为零,且 $\gamma = a$。最后设

$$h(u) = u^2$$

由于 $\qquad\qquad\qquad \sup_{t \geqslant 0} |h(u(t))| \leqslant \left(\sup_{t \geqslant 0} |u(t)| \right)^2$

所以 H 是 $\mathcal{L}_\infty$ 稳定的,偏项为零,且 $\alpha(r) = r^2$。但它不是有限增益 $\mathcal{L}_\infty$ 稳定的,因为对于所有 $u \in R$,函数 $h(u) = u^2$ 不以形如 $|h(u)| \leqslant \gamma |u| + \beta$ 的直线为界。 $\qquad\qquad \triangle$

例 5.2 考虑一个单输入-单输出系统,由因果卷积运算

$$y(t) = \int_0^t h(t - \sigma) u(\sigma) \, d\sigma$$

定义,其中当 $t < 0$ 时,$h(t) = 0$。假设 $h \in \mathcal{L}_{1e}$,即对于每个 $\tau \in [0,\infty)$,有

$$\|h_\tau\|_{\mathcal{L}_1} = \int_0^\infty |h_\tau(\sigma)| \, d\sigma = \int_0^\tau |h(\sigma)| \, d\sigma < \infty$$

如果 $u \in \mathcal{L}_{\infty e}$,$\tau \geqslant t$,则

$$
\begin{aligned}
|y(t)| &\leqslant \int_0^t |h(t - \sigma)| \, |u(\sigma)| \, d\sigma \\
&\leqslant \int_0^t |h(t - \sigma)| \, d\sigma \sup_{0 \leqslant \sigma \leqslant \tau} |u(\sigma)| = \int_0^t |h(s)| \, ds \sup_{0 \leqslant \sigma \leqslant \tau} |u(\sigma)|
\end{aligned}
$$

因而有

$$\|y_\tau\|_{\mathcal{L}_\infty} \leqslant \|h_\tau\|_{\mathcal{L}_1}\|u_\tau\|_{\mathcal{L}_\infty}, \quad \forall\,\tau \in [0,\infty)$$

此不等式与式(5.2)相似,又不完全相同,因为在式(5.2)中常数γ与τ无关。虽然$\|h_\tau\|_{\mathcal{L}_1}$对于每个有限的$\tau$是有限的,但可能对于$\tau$不是一致有界的。例如,对于$h(t)=e^t$,有$\|h_\tau\|_{\mathcal{L}_1}=(e^\tau-1)$,它在$\tau\in[0,\infty)$区间内是有限的,但对于$\tau$不是一致有界的。如果$h\in\mathcal{L}_1$,则不等式$(5.2)$成立,即

$$\|h\|_{\mathcal{L}_1} = \int_0^\infty |h(\sigma)|\,d\sigma < \infty$$

这样,不等式

$$\|y_\tau\|_{\mathcal{L}_\infty} \leqslant \|h\|_{\mathcal{L}_1}\|u_\tau\|_{\mathcal{L}_\infty}, \quad \forall\,\tau \in [0,\infty)$$

说明系统是有限增益$\mathcal{L}_\infty$稳定的。条件$\|h\|_{\mathcal{L}_1} < \infty$实际上保证了对于每个$p\in[1,\infty)$,系统的有限增益$\mathcal{L}_p$稳定性。首先考虑$p=1$的情况,当$t\leqslant\tau<\infty$时,有

$$\int_0^\tau |y(t)|\,dt = \int_0^\tau \left|\int_0^t h(t-\sigma)u(\sigma)\,d\sigma\right|\,dt \leqslant \int_0^\tau \int_0^t |h(t-\sigma)|\,|u(\sigma)|\,d\sigma\,dt$$

交换积分次序,得

$$\int_0^\tau |y(t)|\,dt \leqslant \int_0^\tau |u(\sigma)|\int_\sigma^\tau |h(t-\sigma)|\,dt\,d\sigma \leqslant \int_0^\tau |u(\sigma)|\,\|h\|_{\mathcal{L}_1}\,d\sigma \leqslant \|h\|_{\mathcal{L}_1}\|u_\tau\|_{\mathcal{L}_1}$$

这样,

$$\|y_\tau\|_{\mathcal{L}_1} \leqslant \|h\|_{\mathcal{L}_1}\|u_\tau\|_{\mathcal{L}_1}, \quad \forall\,\tau \in [0,\infty)$$

现在考虑$p\in(1,\infty)$的情况,设$q\in(1,\infty)$满足$1/p+1/q=1$。当$t\leqslant\tau<\infty$时,有

$$
\begin{aligned}
|y(t)| &\leqslant \int_0^t |h(t-\sigma)|\,|u(\sigma)|\,d\sigma \\
&= \int_0^t |h(t-\sigma)|^{1/q}|h(t-\sigma)|^{1/p}|u(\sigma)|\,d\sigma \\
&\leqslant \left(\int_0^t |h(t-\sigma)|\,d\sigma\right)^{1/q}\left(\int_0^t |h(t-\sigma)|\,|u(\sigma)|^p\,d\sigma\right)^{1/p} \\
&\leqslant (\|h_\tau\|_{\mathcal{L}_1})^{1/q}\left(\int_0^t |h(t-\sigma)|\,|u(\sigma)|^p\,d\sigma\right)^{1/p}
\end{aligned}
$$

其中第二个不等式应用了 Hölder 不等式[①],从而有

$$
\begin{aligned}
(\|y_\tau\|_{\mathcal{L}_p})^p &= \int_0^\tau |y(t)|^p\,dt \\
&\leqslant \int_0^\tau (\|h_\tau\|_{\mathcal{L}_1})^{p/q}\left(\int_0^t |h(t-\sigma)|\,|u(\sigma)|^p\,d\sigma\right)\,dt \\
&= (\|h_\tau\|_{\mathcal{L}_1})^{p/q}\int_0^\tau\int_0^t |h(t-\sigma)|\,|u(\sigma)|^p\,d\sigma\,dt
\end{aligned}
$$

---

① Hölder 不等式:如果$f\in\mathcal{L}_{pe}$,$g\in\mathcal{L}_{qe}$,其中$p\in(1,\infty)$且$1/p+1/q=1$,则对于每个$\tau\in[0,\infty)$,有

$$\int_0^\tau |f(t)g(t)|\,dt \leqslant \left(\int_0^\tau |f(t)|^p\,dt\right)^{1/p}\left(\int_0^\tau |g(t)|^q\,dt\right)^{1/q}$$

可参阅文献$[14]$。

交换积分次序,得

$$
\begin{aligned}
\left(\|y_\tau\|_{\mathcal{L}_p}\right)^p &\leqslant \left(\|h_\tau\|_{\mathcal{L}_1}\right)^{p/q} \int_0^\tau |u(\sigma)|^p \int_\sigma^\tau |h(t-\sigma)|\, dt\, d\sigma \\
&\leqslant \left(\|h_\tau\|_{\mathcal{L}_1}\right)^{p/q} \|h_\tau\|_{\mathcal{L}_1} \left(\|u_\tau\|_{\mathcal{L}_p}\right)^p = \left(\|h_\tau\|_{\mathcal{L}_1}\right)^p \left(\|u_\tau\|_{\mathcal{L}_p}\right)^p
\end{aligned}
$$

因此

$$\|y_\tau\|_{\mathcal{L}_p} \leqslant \|h\|_{\mathcal{L}_1} \|u_\tau\|_{\mathcal{L}_p}$$

综上所述,如果 $\|h\|_{\mathcal{L}_1} < \infty$,则对于每个 $p \in [1, \infty)$,因果卷积算子是有限增益 $\mathcal{L}_p$ 稳定的,且当 $\gamma = \|h\|_{\mathcal{L}_1}$,$\beta = 0$ 时,式(5.2)成立。　　　　　　　　　△

定义5.1的缺点是,没有明显地要求不等式(5.1)和不等式(5.2)对所有输入空间 $\mathcal{L}^m$ 的信号都成立。这对于输入-输出关系只定义在输入空间子集上的系统是不适用的。下例将对这一点进行研究并给出小信号 $\mathcal{L}$ 稳定性的定义。

例5.3　考虑非线性单输入-单输出系统

$$y = \tan u$$

只有当输入信号满足

$$|u(t)| < \frac{\pi}{2}, \quad \forall\, t \geqslant 0$$

时,输出 $y(t)$ 才有定义。这样,按照定义5.1,系统就不是 $\mathcal{L}_\infty$ 稳定的。但如果把 $u(t)$ 限制为

$$|u| \leqslant r < \frac{\pi}{2}$$

则有

$$|y| \leqslant \left(\frac{\tan r}{r}\right) |u|$$

且系统满足不等式

$$\|y\|_{\mathcal{L}_p} \leqslant \left(\frac{\tan r}{r}\right) \|u\|_{\mathcal{L}_p}$$

对于每个 $u \in \mathcal{L}_p$,当 $t \geqslant 0$ 时有 $|u(t)| \leqslant r$,其中 p 可以是 $[1, \infty]$ 内的任何数。在空间 $\mathcal{L}_\infty$ 内,$|u(t)| \leqslant r$ 意味着 $\|u\|_{\mathcal{L}_\infty} \leqslant r$,也就表明上面的不等式只对小范数输入信号成立。然而对于 $p < \infty$ 的其他 $\mathcal{L}_p$ 空间,$|u(t)|$ 的即时边界不必限制输入信号的范数。例如,对于每个 $p \in [1, \infty]$,信号

$$u(t) = re^{-rt/a}, \quad a > 0$$

属于 $\mathcal{L}_p$,满足即时边界 $|u(t)| \leqslant r$,但其 $\mathcal{L}_p$ 范数

$$\|u\|_{\mathcal{L}_p} = r\left(\frac{a}{rp}\right)^{1/p}, \quad 1 \leqslant p < \infty$$

可任意大。　　　　　　　　　△

定义5.2　如果存在正常数 r,使得对所有 $u \in \mathcal{L}_e^m$,$\displaystyle\sup_{0 \leqslant t \leqslant \tau} \|u(t)\| \leqslant r$,不等式(5.1)或不等式(5.2)成立,则映射 $\mathcal{L}_e^m \to \mathcal{L}_e^q$ 为小信号 $\mathcal{L}$ 稳定的(或小信号有限增益 $\mathcal{L}$ 稳定的)。

5.2　状态模型的 $\mathcal{L}$ 稳定性

输入-输出稳定性的概念极具直观性,这就使我们能够在有限输入-有限输出稳定性的框架下,引入动力学系统的稳定性概念。在李雅普诺夫稳定性中,着重研究了平衡点的稳定性和

状态变量的渐近特性。读者或许有这样的疑问,从李雅普诺夫稳定性的形式体系看输入-输出稳定性,会有什么结论? 本节将介绍如何用李雅普诺夫稳定性工具建立由状态模型表示的非线性系统的$\mathcal{L}$稳定性。

考虑系统
$$\dot{x} = f(t,x,u), \quad x(0) = x_0 \tag{5.3}$$
$$y = h(t,x,u) \tag{5.4}$$

其中,$x \in R^n, u \in R^m, y \in R^q, f:[0,\infty) \times D \times D_u \to R^n$ 是关于 t 的分段连续函数,且是 (x,u) 的局部利普希茨函数,$h:[0,\infty) \times D \times D_u \to R^q$ 是 t 的分段连续函数,且是 (x,u) 的连续函数,$D \subset R^n$ 是包含 $x=0$ 的定义域,$D_u \subset R^m$ 是包含 $u=0$ 的定义域。对于每个固定的 $x_0 \in D$,方程(5.3)和方程(5.4)给出的状态模式定义了一个算子 H,它对应每个输入信号 $u(t)$ 赋予相应的输出信号 $y(t)$。假设 $x=0$ 是如下无激励系统的平衡点:
$$\dot{x} = f(t,x,0) \tag{5.5}$$

本节讨论的主题是:如果方程(5.5)的原点是一致渐近稳定的(或指数稳定的),那么在 f 和 h 满足一定假设条件时,对于某一信号空间 $\mathcal{L}$,系统(5.3)~(5.4)就是 $\mathcal{L}$ 稳定的或小信号 $\mathcal{L}$ 稳定的。下面先就指数稳定性进行讨论,然后推广到更为一般的一致渐近稳定性的情况。

定理5.1　考虑系统(5.3)~(5.4),取 $r>0, r_u>0$,使得 $\{\|x\| \leqslant r\} \subset D, \{\|u\| \leqslant r_u\} \subset D_u$。假设

- $x=0$ 是系统(5.5)的指数稳定平衡点,且存在李雅普诺夫函数 $V(t,x)$,对所有 $(t,x) \in [0,\infty) \times D$ 及正常数 c_1, c_2, c_3 和 c_4,满足
$$c_1\|x\|^2 \leqslant V(t,x) \leqslant c_2\|x\|^2 \tag{5.6}$$
$$\frac{\partial V}{\partial t} + \frac{\partial V}{\partial x}f(t,x,0) \leqslant -c_3\|x\|^2 \tag{5.7}$$
$$\left\|\frac{\partial V}{\partial x}\right\| \leqslant c_4\|x\| \tag{5.8}$$

- 对于所有 $(t,x,u) \in [0,\infty) \times D \times D_u$ 和非负常数 L, η_1 和 η_2,f 和 h 满足不等式
$$\|f(t,x,u) - f(t,x,0)\| \leqslant L\|u\| \tag{5.9}$$
$$\|h(t,x,u)\| \leqslant \eta_1\|x\| + \eta_2\|u\| \tag{5.10}$$

则对满足 $\|x_0\| \leqslant r\sqrt{c_1/c_2}$ 的每个 x_0,系统(5.3)~(5.4)是小信号有限增益 $\mathcal{L}_p$ 稳定的,$p \in [1,\infty]$。特别地,当每个 $u \in \mathcal{L}_{pe}$ 满足 $\sup\limits_{0 \leqslant t \leqslant \tau} \|u(t)\| \leqslant \min\{r_u, c_1 c_3 r/(c_2 c_4 L)\}$ 时,对于所有 $\tau \in [0,\infty)$,输出 $y(t)$ 满足
$$\|y_\tau\|_{\mathcal{L}_p} \leqslant \gamma\|u_\tau\|_{\mathcal{L}_p} + \beta \tag{5.11}$$

其中 $\gamma = \eta_2 + \dfrac{\eta_1 c_2 c_4 L}{c_1 c_3}$, $\beta = \eta_1\|x_0\|\sqrt{\dfrac{c_2}{c_1}}\rho$, 其中 $\rho = \begin{cases} 1, & p = \infty \\ \left(\dfrac{2c_2}{c_3 p}\right)^{1/p}, & p \in [1,\infty) \end{cases}$

此外,如果原点是全局指数稳定的,且所有假设都全局成立($D = R^n, D_u = R^m$),则对每个 $x_0 \in R^n$,系统(5.3)~(5.4)为有限增益 $\mathcal{L}_p$ 稳定的,$p \in [1,\infty]$。　　　　◇

证明: V 沿系统(5.3)轨线的导数满足

$$\dot{V}(t,x,u) = \frac{\partial V}{\partial t} + \frac{\partial V}{\partial x}f(t,x,0) + \frac{\partial V}{\partial x}[f(t,x,u) - f(t,x,0)]$$

$$\leqslant -c_3\|x\|^2 + c_4 L\|x\|\,\|u\|$$

取 $W(t) = \sqrt{V(t,x(t))}$，当 $V(t,x(t)) \neq 0$ 时，由 $\dot{W} = \dot{V}/(2\sqrt{V})$ 和式(5.6)得

$$\dot{W} \leqslant -\frac{1}{2}\left(\frac{c_3}{c_2}\right)W + \frac{c_4 L}{2\sqrt{c_1}}\|u(t)\|$$

当 $V(t,x(t)) = 0$ 时，可以验证[①]

$$D^+ W(t) \leqslant \frac{c_4 L}{2\sqrt{c_1}}\|u(t)\| \tag{5.12}$$

因此，对于所有 $V(t,x(t))$ 的值，有

$$D^+ W(t) \leqslant -\frac{1}{2}\left(\frac{c_3}{c_2}\right)W + \frac{c_4 L}{2\sqrt{c_1}}\|u(t)\|$$

由（比较）引理 3.4 可知，$W(t)$ 满足不等式

$$W(t) \leqslant e^{-tc_3/2c_2}W(0) + \frac{c_4 L}{2\sqrt{c_1}}\int_0^t e^{-(t-\tau)c_3/2c_2}\|u(\tau)\|\,d\tau$$

由式(5.6)得 $\quad \|x(t)\| \leqslant \sqrt{\frac{c_2}{c_1}}\|x_0\|e^{-tc_3/2c_2} + \frac{c_4 L}{2c_1}\int_0^t e^{-(t-\tau)c_3/2c_2}\|u(\tau)\|\,d\tau$

容易验证 $\quad \|x_0\| \leqslant r\sqrt{\frac{c_1}{c_2}}, \quad \sup_{0 \leqslant \sigma \leqslant t}\|u(\sigma)\| \leqslant \frac{c_1 c_3 r}{c_2 c_4 L}$

保证 $\|x(t)\| \leqslant r$；因此，$x(t)$ 在假设的定义域内。由式(5.10)，有

$$\|y(t)\| \leqslant k_1 e^{-at} + k_2 \int_0^t e^{-a(t-\tau)}\|u(\tau)\|\,d\tau + k_3\|u(t)\| \tag{5.13}$$

其中 $\quad k_1 = \sqrt{\frac{c_2}{c_1}}\|x_0\|\eta_1, \quad k_2 = \frac{c_4 L\eta_1}{2c_1}, \quad k_3 = \eta_2, \quad a = \frac{c_3}{2c_2}$

设定 $\quad y_1(t) = k_1 e^{-at}, \quad y_2(t) = k_2\int_0^t e^{-a(t-\tau)}\|u(\tau)\|\,d\tau, \quad y_3(t) = k_3\|u(t)\|$

现在假设 $u \in \mathcal{L}_{pe}^m, p \in [1,\infty]$，由例 5.2 的结果可容易验证

$$\|y_{2\tau}\|_{\mathcal{L}_p} \leqslant \frac{k_2}{a}\|u_\tau\|_{\mathcal{L}_p}$$

显见 $\quad \|y_{3\tau}\|_{\mathcal{L}_p} \leqslant k_3\|u_\tau\|_{\mathcal{L}_p}$

对于首项 $y_1(t)$，可以证明

$$\|y_{1\tau}\|_{\mathcal{L}_p} \leqslant k_1\rho, \quad \text{其中} \quad \rho = \begin{cases} 1, & p = \infty \\ \left(\frac{1}{ap}\right)^{1/p}, & p \in [1,\infty) \end{cases}$$

这样，由三角不等式可知，当 $\quad \gamma = k_3 + \dfrac{k_2}{a}, \quad \beta = k_1\rho$

---

① 参见习题 5.6。

时,式(5.11)成立。当所有假设全局成立时,没有必要对 $\|x_0\|$ 和 $\|u(t)\|$ 的即时边界加以限定。因此,对每个 $x_0 \in R^n$ 和 $u \in \mathcal{L}_{pe}$,式(5.11)成立。 □

应用定理4.14(逆李雅普诺夫定理)可证明,存在一个李雅普诺夫函数满足式(5.6)到式(5.8),于是有以下推论:

推论5.1 假设在 $(x=0,u=0)$ 的某个邻域内,函数 $f(t,x,u)$ 连续可微,雅可比矩阵 $[\partial f/\partial x]$ 和 $[\partial f/\partial u]$ 有界,对 t 一致,且 $h(t,x,u)$ 满足式(5.10)。如果原点 $x=0$ 是系统(5.5)的指数稳定平衡点,则存在常数 $r_0>0$,使得对于每个满足 $\|x_0\| < r_0$ 的 x_0,系统(5.3)~(5.4)是小信号有限增益 $\mathcal{L}_p$ 稳定的,$p \in [1,\infty]$。进一步,如果所有假设全局成立,且原点 $x=0$ 是系统(5.5)的指数稳定平衡点,则对每个 $x_0 \in R^n$,系统(5.3)~(5.4)为有限增益 $\mathcal{L}_p$ 稳定的,$p \in [1,\infty]$。 ◇

对于线性时不变系统

$$\dot{x} = Ax + Bu, \tag{5.14}$$
$$y = Cx + Du \tag{5.15}$$

定理5.1的全局稳定性条件与 A 为赫尔维茨矩阵的条件是等价的。因此对线性系统有如下结论。

推论5.2 如果 A 是赫尔维茨矩阵,则线性时不变系统(5.14)~(5.15)是有限增益 $\mathcal{L}_p$ 稳定的,$p \in [1,\infty]$。而且当

$$\gamma = \|D\|_2 + \frac{2\lambda_{\max}^2(P)\|B\|_2\|C\|_2}{\lambda_{\min}(P)}, \quad \beta = \rho\|C\|_2\|x_0\|\sqrt{\frac{\lambda_{\max}(P)}{\lambda_{\min}(P)}}$$

时,式(5.11)成立。其中

$$\rho = \begin{cases} 1, & p = \infty \\ \left(\frac{2\lambda_{\max}(P)}{p}\right)^{1/p}, & p \in [1,\infty) \end{cases}$$

P 是李雅普诺夫方程 $PA + A^{\mathrm{T}}P = -I$ 的解。 ◇

上面关于 γ 和 β 的表达式留给读者推导。

例5.4 考虑一阶单输入-单输出系统

$$\dot{x} = -x - x^3 + u, \quad x(0) = x_0$$
$$y = \tanh x + u$$

由李雅普诺夫函数 $V(x) = x^2/2$ 可以看出,$\dot{x} = -x - x^3$ 的原点是全局指数稳定的。当 $c_1 = c_2 = 1/2, c_3 = c_4 = 1$ 时,函数 V 全局满足式(5.6)到式(5.8),当 $L = \eta_1 = \eta_2 = 1$ 时,函数 f 和 h 全局满足式(5.9)和式(5.10)。因此,对于每个 $x_0 \in R$ 和 $p \in [1,\infty]$,系统是有限增益 $\mathcal{L}_p$ 稳定的。 △

例5.5 考虑二阶单输入-单输出系统

$$\dot{x}_1 = x_2$$
$$\dot{x}_2 = -x_1 - x_2 - a\tanh x_1 + u$$
$$y = x_1$$

其中 a 为非负常数。用

$$V(x) = x^{\mathrm{T}} P x = p_{11} x_1^2 + 2 p_{12} x_1 x_2 + p_{22} x_2^2$$

作为无激励系统的备选李雅普诺夫函数。

$$\dot{V} = -2 p_{12} (x_1^2 + a x_1 \tanh x_1) + 2 (p_{11} - p_{12} - p_{22}) x_1 x_2 - 2 a p_{22} x_2 \tanh x_1 - 2 (p_{22} - p_{12}) x_2^2$$

选取 $p_{11} = p_{12} + p_{22}$ 消去向量积项 $x_1 x_2$，再取 $p_{22} = 2 p_{12} = 1$，使矩阵 P 正定，得

$$\dot{V} = -x_1^2 - x_2^2 - a x_1 \tanh x_1 - 2 a x_2 \tanh x_1$$

对于所有的 $x_1 \in R$，由 $x_1 \tanh x_1 \geqslant 0$ 得

$$\dot{V} \leqslant -\|x\|_2^2 + 2a|x_1|\,|x_2| \leqslant -(1-a)\|x\|_2^2$$

这样，对于所有 $a < 1$，当 $c_1 = \lambda_{\min}(P), c_2 = \lambda_{\max}(P), c_3 = 1-a, c_4 = 2\|P\|_2 = 2\lambda_{\max}(P)$ 时，V 全局满足式(5.6)到式(5.8)。当 $L = \eta_1 = 1, \eta_2 = 0$ 时，函数 f 和 h 全局满足式(5.9)和式(5.10)。因此，对于每个 $x_0 \in R^2$ 和 $p \in [1, \infty]$，系统是有限增益 $\mathcal{L}_p$ 稳定的。　　　△

更一般的情况是，系统(5.5)的原点一致渐近稳定的，这就需要研究 $\mathcal{L}_{\infty}$ 稳定性。下面的两个定理分别给出了小信号 $\mathcal{L}_{\infty}$ 稳定性和 $\mathcal{L}_{\infty}$ 稳定性的条件。

定理 5.2　考虑系统(5.3)~(5.4)，取 $r > 0$，使得 $\{\|x\| \leqslant r\} \subset D$。假设

- $x = 0$ 是系统(5.5)的一致渐近稳定平衡点，且存在李雅普诺夫函数 $V(t, x)$，对于所有 $(t, x) \in [0, \infty) \times D$ 和 $\mathcal{K}$ 类函数 α_1 到 α_4，满足

$$\alpha_1(\|x\|) \leqslant V(t, x) \leqslant \alpha_2(\|x\|) \tag{5.16}$$

$$\frac{\partial V}{\partial t} + \frac{\partial V}{\partial x} f(t, x, 0) \leqslant -\alpha_3(\|x\|) \tag{5.17}$$

$$\left\| \frac{\partial V}{\partial x} \right\| \leqslant \alpha_4(\|x\|) \tag{5.18}$$

- 对于所有 $(t, x, u) \in [0, \infty) \times D \times D_u$，$\mathcal{K}$ 类函数 α_5 到 α_7 和非负常数 η，f 和 h 满足不等式

$$\|f(t, x, u) - f(t, x, 0)\| \leqslant \alpha_5(\|u\|) \tag{5.19}$$

$$\|h(t, x, u)\| \leqslant \alpha_6(\|x\|) + \alpha_7(\|u\|) + \eta \tag{5.20}$$

则对于每个满足 $\|x_0\| \leqslant \alpha_2^{-1}(\alpha_1(r))$ 的 x_0，系统(5.3)~(5.4)是小信号 $\mathcal{L}_{\infty}$ 稳定的。　　◇

证明： V 沿系统(5.3)轨线的导数满足

$$
\begin{aligned}
\dot{V}(t, x, u) &= \frac{\partial V}{\partial t} + \frac{\partial V}{\partial x} f(t, x, 0) + \frac{\partial V}{\partial x} [f(t, x, u) - f(t, x, 0)] \\
&\leqslant -\alpha_3(\|x\|) + \alpha_4(\|x\|) \alpha_5(\|u\|) \\
&\leqslant -(1 - \theta)\alpha_3(\|x\|) - \theta\alpha_3(\|x\|) + \alpha_4(r)\alpha_5\left(\sup_{0 \leqslant t \leqslant \tau} \|u(t)\|\right)
\end{aligned}
$$

其中 $0 < \theta < 1$。设定　　　　$\mu = \alpha_3^{-1}\left(\dfrac{\alpha_4(r)\alpha_5\left(\sup_{0 \leqslant t \leqslant \tau} \|u(t)\|\right)}{\theta}\right)$

并选取足够小的 $r_u > 0$，使得当 $\sup_{0 \leqslant t \leqslant \tau} \|u(t)\| \leqslant r_u$ 时，满足 $\{\|u\| \leqslant r_u\} \subset D$ 和 $\mu \leqslant \alpha_2^{-1}(\alpha_1(r))$。于是，

$$\dot{V} \leqslant -(1-\theta)\alpha_3(\|x\|), \quad \forall \|x\| \geqslant \mu$$

应用定理4.18,由式(4.42)和式(4.43)可推得对所有 $0 \leqslant t \leqslant \tau$，$\| x(t) \|$ 满足不等式

$$\|x(t)\| \leqslant \beta(\|x_0\|, t) + \gamma \left(\sup_{0 \leqslant t \leqslant \tau} \|u(t)\| \right) \tag{5.21}$$

其中 β 与 γ 分别为 $\mathcal{KL}$ 类函数和 $\mathcal{K}$ 类函数。利用式(5.20)可得

$$\|y(t)\| \leqslant \alpha_6 \left(\beta(\|x_0\|, t) + \gamma \left(\sup_{0 \leqslant t \leqslant \tau} \|u(t)\| \right) \right) + \alpha_7(\|u(t)\|) + \eta$$

$$\leqslant \alpha_6 (2\beta(\|x_0\|, t)) + \alpha_6 \left(2\gamma \left(\sup_{0 \leqslant t \leqslant \tau} \|u(t)\| \right) \right) + \alpha_7(\|u(t)\|) + \eta$$

其中应用了 $\mathcal{K}$ 类函数的一般性质[①]

$$\alpha(a + b) \leqslant \alpha(2a) + \alpha(2b)$$

所以，

$$\|y_\tau\|_{\mathcal{L}_\infty} \leqslant \gamma_0 (\|u_\tau\|_{\mathcal{L}_\infty}) + \beta_0 \tag{5.22}$$

其中

$$\gamma_0 = \alpha_6 \circ 2\gamma + \alpha_7, \qquad \beta_0 = \alpha_6(2\beta(\|x_0\|, 0)) + \eta \qquad \square$$

应用定理 4.16（逆李雅普诺夫定理）证明存在李雅普诺夫函数，满足式(5.16)到式(5.18)，从而得出以下推论。

推论 5.3 假设在 $(x = 0, u = 0)$ 的某个邻域内，函数 $f(t, x, u)$ 连续可微，雅可比矩阵 $[\partial f / \partial x]$ 和 $[\partial f / \partial u]$ 有界，对 t 一致，且 $h(t, x, u)$ 满足式(5.20)。如果无激励系统(5.5)在原点 $x = 0$ 有一致渐近稳定的平衡点，则系统(5.3)～(5.4)是小信号 $\mathcal{L}_\infty$ 稳定的。　　　◇

为推广定理 5.2 的证明以证明 $\mathcal{L}_\infty$ 稳定性，需要证明对任意初始状态 $x_0 \in R^n$ 和任意有界输入，式(5.21)成立。如4.9节所述，当定理5.2全局满足时，甚至当系统(5.5)的原点全局一致渐近稳定时，此不等式也不能自行成立。但它仍遵循系统(5.3)的输入-状态稳定性，可由定理4.19验证。

定理 5.3 考虑系统(5.3)～(5.4)，$D = R^n, D_u = R^m$。假设

- 系统(5.3)是输入-状态稳定的。
- 对于所有 $(t, x, u) \in [0, \infty) \times R^n \times R^m$，$\mathcal{K}$ 类函数 α_1 和 α_2 以及非负常数 η，h 满足不等式

$$\|h(t, x, u)\| \leqslant \alpha_1(\|x\|) + \alpha_2(\|u\|) + \eta \tag{5.23}$$

则对每个 $x_0 \in R^n$，系统(5.3)～(5.4)是 $\mathcal{L}_\infty$ 稳定的。　　　◇

证明: 输入-状态稳定性证明了一个与式(5.21)相似的不等式对任意 $x_0 \in R^n$ 和 $u \in \mathcal{L}_{\infty e}$ 成立。其余证明与定理5.2的证明相同。

例 5.6 考虑一阶单输入-单输出系统

$$\dot{x} = -x - 2x^3 + (1 + x^2)u^2$$
$$y = x^2 + u$$

---

① 参见习题4.35。

由例 4.26 可知,状态方程是输入-状态稳定的。输出函数 h 全局满足式(5.23),其中 $\alpha_1(r)=r^2,\alpha_2(r)=r,\eta=0$。因此,系统是 $\mathcal{L}_\infty$ 稳定的。　　　　　　　$\triangle$

例 5.7　考虑二阶单输入-单输出系统

$$\begin{aligned}
\dot{x}_1 &= -x_1^3 + g(t)x_2 \\
\dot{x}_2 &= -g(t)x_1 - x_2^3 + u \\
y &= x_1 + x_2
\end{aligned}$$

其中,对于 $t \geq 0, g(t)$ 是连续且有界的。取 $V=(x_1^2+x_2^2)$,则有

$$\dot{V} = -2x_1^4 - 2x_2^4 + 2x_2 u$$

由

$$x_1^4 + x_2^4 \geq \tfrac{1}{2}\|x\|_2^4$$

可得

$$\begin{aligned}
\dot{V} &\leq -\|x\|_2^4 + 2\|x\|_2|u| \\
&= -(1-\theta)\|x\|_2^4 - \theta\|x\|_2^4 + 2\|x\|_2|u|, \quad 0 < \theta < 1 \\
&\leq -(1-\theta)\|x\|_2^4, \quad \forall \|x\|_2 \geq \left(\frac{2|u|}{\theta}\right)^{1/3}
\end{aligned}$$

这样,当 $\alpha_1(r)=\alpha_2(r)=r^2, W_3(x)=(1-\theta)\|x\|_2^4, \rho(r)=(2r/\theta)^{1/3}$ 时,V 全局满足定理 4.19 的不等式(4.48)和不等式(4.49)。因此状态方程是输入-状态稳定的。此外,当 $\alpha_1(r)=\sqrt{2r},\alpha_2(r)=0,\eta=0$ 时,函数 $h=x_1+x_2$ 全局满足式(5.23),所以系统是 $\mathcal{L}_\infty$ 稳定的。　　　$\triangle$

5.3　$\mathcal{L}_2$ 增益

$\mathcal{L}_2$ 稳定性在系统分析中起着特殊的作用。很自然我们选择的信号是平方可积信号,它是一种有限能量信号[①]。在许多控制问题中[②],把系统表示为一种输入-输出映射,即从一个干扰输入 u 到受控输出 y 的映射,要求 y 足够小。对于 $\mathcal{L}_2$ 输入信号,控制系统要设计为使输入-输出映射为有限增益 $\mathcal{L}_2$ 稳定的,并使 $\mathcal{L}_2$ 增益最小。在这类问题中,重要的是不仅能求出系统为有限增益 $\mathcal{L}_2$ 稳定的,而且要计算 $\mathcal{L}_2$ 增益或其上界。在本节中,我们将说明如何计算一类特殊时不变系统的 $\mathcal{L}_2$ 增益。下面先从线性系统开始分析。

定理 5.4　考虑线性时不变系统

$$\dot{x} = Ax + Bu \tag{5.24}$$
$$y = Cx + Du \tag{5.25}$$

其中 A 为赫尔维茨矩阵。设 $G(s)=C(sI-A)^{-1}B+D$,则系统的 $\mathcal{L}_2$ 增益为 $\displaystyle\sup_{\omega \in R}\|G(j\omega)\|_2$[③]。

　　　　　　　　　　　　　　　　　　　　　　　　　　　　　　　　　$\diamond$

---

① 如果把 $u(t)$ 当成电流或电压,则 $u^{\mathrm{T}}(t)u(t)$ 正比于信号的瞬时功率,并且在全部时间段内的积分就是信号能量的测度。

② 参见关于 H_∞ 控制的文献[20],文献[54],文献[61],文献[90],文献[199]或文献[219]。

③ 这是由复矩阵 $G(j\omega)$ 诱导出的 2 范数,等于 $\sqrt{\lambda_{\max}[G^{\mathrm{T}}(-j\omega)G(j\omega)]} = \sigma_{\max}[G(j\omega)]$。当 $G(j\omega)$ 为 Hardy 空间 H_∞ 中的元素时,这个量称为 $G(j\omega)$ 的 H_∞ 范数(参见文献[61])。

证明:由于是线性系统,故设定 $x(0) = 0$。由傅里叶变换理论可知[1],对于因果信号 $y \in \mathcal{L}_2$,傅里叶变换 $Y(j\omega)$ 为

$$Y(j\omega) = \int_0^\infty y(t)e^{-j\omega t}\, dt$$

且

$$Y(j\omega) = G(j\omega)U(j\omega)$$

由帕塞瓦尔定理[2]可写出:

$$
\begin{aligned}
\|y\|_{\mathcal{L}_2}^2 &= \int_0^\infty y^{\mathrm{T}}(t)y(t)\, dt = \frac{1}{2\pi}\int_{-\infty}^\infty Y^*(j\omega)Y(j\omega)\, d\omega \\
&= \frac{1}{2\pi}\int_{-\infty}^\infty U^*(j\omega)G^{\mathrm{T}}(-j\omega)G(j\omega)U(j\omega)\, d\omega \\
&\leqslant \left(\sup_{\omega\in R}\|G(j\omega)\|_2\right)^2 \frac{1}{2\pi}\int_{-\infty}^\infty U^*(j\omega)U(j\omega)\, d\omega \\
&= \left(\sup_{\omega\in R}\|G(j\omega)\|_2\right)^2 \|u\|_{\mathcal{L}_2}^2
\end{aligned}
$$

这说明,$\mathcal{L}_2$ 增益小于或等于 $\sup\limits_{\omega\in R}\|G(j\omega)\|_2$。附录 C.10 用反证法证明了 $\mathcal{L}_2$ 增益等于 $\sup\limits_{\omega\in R}\|G(j\omega)\|_2$。

$\square$

因为线性时不变系统是个特例,所以可以得到确定的 $\mathcal{L}_2$ 增益。对于一般情况,例如下面的定理,只能得到 $\mathcal{L}_2$ 增益的上界。

定理 5.5 考虑非线性时不变系统

$$\dot{x} = f(x) + G(x)u, \quad x(0) = x_0 \tag{5.26}$$

$$y = h(x) \tag{5.27}$$

其中,$f(x)$ 和 $G(x)$ 是局部利普希茨的,$h(x)$ 在 R^n 上连续。G 为 $n\times m$ 矩阵,$h: R^n \to R^q$。函数 f 和 h 在原点为零,即 $f(0) = 0$,$h(0) = 0$。设 γ 为正数,并假设对于所有 $x \in R^n$,存在一个连续可微的半正定函数 $V(x)$,满足不等式

$$\mathcal{H}(V, f, G, h, \gamma) \stackrel{\text{def}}{=} \frac{\partial V}{\partial x}f(x) + \frac{1}{2\gamma^2}\frac{\partial V}{\partial x}G(x)G^{\mathrm{T}}(x)\left(\frac{\partial V}{\partial x}\right)^{\mathrm{T}} + \frac{1}{2}h^T(x)h(x) \leqslant 0 \tag{5.28}$$

则对于每个 $x_0 \in R^n$,系统 (5.26) ~ (5.27) 为有限增益 $\mathcal{L}_2$ 稳定的,且其 $\mathcal{L}_2$ 增益小于或等于 γ。 $\diamond$

证明:通过配平方,有

$$
\begin{aligned}
\frac{\partial V}{\partial x}f(x) + \frac{\partial V}{\partial x}G(x)u &= -\frac{1}{2}\gamma^2\left\|u - \frac{1}{\gamma^2}G^{\mathrm{T}}(x)\left(\frac{\partial V}{\partial x}\right)^{\mathrm{T}}\right\|_2^2 + \frac{\partial V}{\partial x}f(x) \\
&\quad + \frac{1}{2\gamma^2}\frac{\partial V}{\partial x}G(x)G^{\mathrm{T}}(x)\left(\frac{\partial V}{\partial x}\right)^{\mathrm{T}} + \frac{1}{2}\gamma^2\|u\|_2^2
\end{aligned}
$$

---

[1] 参见文献[53]。

[2] 帕塞瓦尔定理描述的是:对因果信号 $y \in \mathcal{L}_2$,有

$$\int_0^\infty y^{\mathrm{T}}(t)y(t)\, dt = \frac{1}{2\pi}\int_{-\infty}^\infty Y\in(j\omega)Y(j\omega)\, d\omega$$

代入式(5.28)有

$$\frac{\partial V}{\partial x}f(x)+\frac{\partial V}{\partial x}G(x)u\leqslant\frac{1}{2}\gamma^2\|u\|_2^2-\frac{1}{2}\|y\|_2^2-\frac{1}{2}\gamma^2\left\|u-\frac{1}{\gamma^2}G^{\mathrm{T}}(x)\left(\frac{\partial V}{\partial x}\right)^{\mathrm{T}}\right\|_2^2$$

因此，

$$\frac{\partial V}{\partial x}f(x)+\frac{\partial V}{\partial x}G(x)u\leqslant\frac{1}{2}\gamma^2\|u\|_2^2-\frac{1}{2}\|y\|_2^2 \tag{5.29}$$

注意，式(5.29)左边是 V 沿系统(5.26)轨线的导数。对于式(5.29)积分有

$$V(x(\tau))-V(x_0)\leqslant\frac{1}{2}\gamma^2\int_0^\tau\|u(t)\|_2^2\,dt-\frac{1}{2}\int_0^\tau\|y(t)\|_2^2\,dt$$

其中，对于每个给定的 $u\in\mathcal{L}_{2e}$，$x(t)$ 为方程(5.26)的解。由 $V(x)\geqslant0$，得

$$\int_0^\tau\|y(t)\|_2^2\,dt\leqslant\gamma^2\int_0^\tau\|u(t)\|_2^2\,dt+2V(x_0)$$

取平方根，并对于非负数 a 和 b 应用不等式 $\sqrt{a^2+b^2}\leqslant a+b$，可得

$$\|y_\tau\|_{\mathcal{L}_2}\leqslant\gamma\|u_\tau\|_{\mathcal{L}_2}+\sqrt{2V(x_0)} \tag{5.30}$$

证毕。　　　　　　　　　　　　　　　　　　　　　　　　　　□

不等式(5.28)称为 Hamilton-Jacobi 不等式，当该式取" = "时，称为 Hamilton-Jacobi 等式。要找到满足不等式(5.28)的函数 $V(x)$，至少需要求解偏微分方程，而这是十分困难的。如果找到了 $V(x)$，就得到了一个有限增益$\mathcal{L}_2$ 稳定性的结果，不像定理5.1，它不要求无激励系统的原点为指数稳定的。下例将说明这一点。

例5.8　考虑单输入-单输出系统

$$\begin{aligned}\dot{x}_1&=x_2\\\dot{x}_2&=-ax_1^3-kx_2+u\\y&=x_2\end{aligned}$$

其中 a 和 k 为正常数。该无激励系统是例4.9 中所研究的一类系统的特例。在例4.9 中，用类能量李雅普诺夫函数 $V(x)=ax_1^4/4+x_2^2/2$ 证明了原点是全局渐近稳定的。用 $V(x)=\alpha(ax_1^4/4+x_2^2/2)\,(\alpha>0)$ 作为 Hamilton-Jacobi 不等式(5.28)的备选解，可以证明

$$\mathcal{H}(V,f,G,h,\gamma)=\left(-\alpha k+\frac{\alpha^2}{2\gamma^2}+\frac{1}{2}\right)x_2^2$$

为满足式(5.28)，选取 $\alpha>0,\gamma>0$，使

$$-\alpha k+\frac{\alpha^2}{2\gamma^2}+\frac{1}{2}\leqslant0 \tag{5.31}$$

经过简单的代数运算，上面的不等式可写为

$$\gamma^2\geqslant\frac{\alpha^2}{2\alpha k-1}$$

因为我们希望得到可能的最小 γ，故选择 α 使上述不等式的右边最小。在 $\alpha=1/k$ 时取到最小值 $1/k^2$。因此，选取 $\gamma=1/k$，可得系统是有限增益$\mathcal{L}_2$ 稳定的，且系统的$\mathcal{L}_2$ 增益小于或等于 $1/k$。注意，在本例中定理5.1 的条件并不满足，因为无激励系统的原点不是指数

稳定的。在原点线性化可得矩阵

$$\begin{bmatrix} 0 & 1 \\ 0 & -k \end{bmatrix}$$

它是非赫尔维茨矩阵。 △

下例将对上一例的概念进行推广。

例 5.9 考虑非线性系统$(5.26) \sim (5.27)$，$m = q$，假设存在一个连续可微半正定函数 $W(x)$，对于所有 $x \in R^n$ 满足[1]

$$\frac{\partial W}{\partial x} f(x) \leqslant -k h^{\mathrm{T}}(x) h(x), \quad k > 0 \tag{5.32}$$

$$\frac{\partial W}{\partial x} G(x) = h^{\mathrm{T}}(x) \tag{5.33}$$

取 $V(x) = \alpha W(x)\,(\alpha > 0)$ 作为 Hamilton-Jacobi 不等式(5.28)的备选解，可证明

$$\mathcal{H}(V, f, G, h, \gamma) = \left(-\alpha k + \frac{\alpha^2}{2\gamma^2} + \frac{1}{2} \right) h^{\mathrm{T}}(x) h(x)$$

为了满足式(5.28)，应选取 $\alpha > 0, \gamma > 0$，使

$$-\alpha k + \frac{\alpha^2}{2\gamma^2} + \frac{1}{2} \leqslant 0$$

该不等式与例 5.8 中的不等式(5.31)相同。重复使用这种方法，可证明该系统为有限增益 $\mathcal{L}_2$ 稳定的，且其 $\mathcal{L}_2$ 增益小于或等于 $1/k$。 △

例 5.10 考虑非线性系统$(5.26) \sim (5.27)$，其中 $m = q$，假设存在一个连续可微半正定函数 $W(x)$，对于所有 $x \in R^n$ 满足[2]

$$\frac{\partial W}{\partial x} f(x) \leqslant 0 \tag{5.34}$$

$$\frac{\partial W}{\partial x} G(x) = h^{\mathrm{T}}(x) \tag{5.35}$$

由输出反馈控制 $\qquad u = -ky + v, \quad k > 0$

得到闭环系统

$$\dot{x} = f(x) - k G(x) G^{\mathrm{T}}(x) \left(\frac{\partial W}{\partial x} \right)^{\mathrm{T}} + G(x) v \stackrel{\text{def}}{=\!=} f_c(x) + G(x) v$$

$$y = h(x) = G^{\mathrm{T}}(x) \left(\frac{\partial W}{\partial x} \right)^{\mathrm{T}}$$

容易验证，对于闭环系统，$W(x)$ 满足上例中的式(5.32)和式(5.33)。因此，从 v 到 y 的输入-输出映射是有限增益 $\mathcal{L}_2$ 稳定的，且其 $\mathcal{L}_2$ 增益小于或等于 $1/k$。实质上这说明通过选择足够大的反馈增益 k，可使 $\mathcal{L}_2$ 增益任意小。 △

---

[1] 下一章将定义满足式(5.32)和式(5.33)的系统为严格输出无源系统。

[2] 下一章将定义满足式(5.34)和式(5.35)的系统为无源系统。在 6.5 节中还将讨论这个例子，并将它视为两个无源系统的反馈连接。

例 5.11　考虑线性时不变系统

$$\dot{x} = Ax + Bu$$
$$y = Cx$$

假设对某个 $\gamma > 0$，里卡蒂方程

$$PA + A^{\mathrm{T}}P - \frac{1}{\gamma^2}PBB^{\mathrm{T}}P + C^{\mathrm{T}}C = 0 \qquad (5.36)$$

存在半正定解 P。取 $V(x) = (1/2)x^{\mathrm{T}}Px$，由表达式 $[\partial V/\partial x] = x^{\mathrm{T}}P$，容易看出 $V(x)$ 满足 Hamilton-Jacobi 方程

$$\mathcal{H}(V, Ax, B, Cx) = x^{\mathrm{T}}PAx + \frac{1}{2\gamma^2}x^{\mathrm{T}}PB^{\mathrm{T}}BPx + \frac{1}{2}x^{\mathrm{T}}C^{\mathrm{T}}Cx = 0$$

因此，系统为有限增益 $\mathcal{L}_2$ 稳定的，且其 $\mathcal{L}_2$ 增益小于或等于 γ。该结果给出了另一种计算 $\mathcal{L}_2$ 增益上界的方法，对应于定理 5.4 的频域计算方法。注意方程（5.36）存在一个半正定解是 $\mathcal{L}_2$ 增益小于或等于 γ 的充要条件[1]。　　　　　△

在定理 5.5 中，假定所有假设条件在全局成立。从定理的证明不难看出：如果假设条件只在一个有限定义域 D 内成立，那么只要方程（5.26）的解保持在 D 内，不等式（5.30）就成立。

推论 5.4　假设在包含原点的定义域 $D \subset R^n$ 内定理 5.5 的假设条件都成立，则对任意 $x_0 \in D$ 和任意 $u \in \mathcal{L}_{2e}$，方程（5.26）的解对所有 $t \in [0, \tau]$ 都满足 $x(t) \in D$，则有

$$\|y_\tau\|_{\mathcal{L}_2} \leqslant \gamma \|u_\tau\|_{\mathcal{L}_2} + \sqrt{2V(x_0)} \qquad \qquad \diamondsuit$$

当 $\|x_0\|$ 和 $\sup\limits_{0 \leqslant t \leqslant \tau} \|u(t)\|$ 都充分小的时候，$\dot{x} = f(x)$ 原点的渐近稳定性，保证了方程（5.26）的解 $x(t)$ 保持在原点的某个邻域内。这一结果将在下面的引理中用于证明小信号 $\mathcal{L}_2$ 稳定性。

引理 5.1　假设定理 5.5 的假设条件在包含原点的定义域 $D \subset R^n$ 内成立，$f(x)$ 是连续可微的，且 $x = 0$ 是 $\dot{x} = f(x)$ 的一个渐近稳定平衡点。那么存在 $k_1 > 0$，使得对每个 $x_0(\|x_0\| \leqslant k_1)$，系统（5.26）～（5.27）是小信号有限增益 $\mathcal{L}_2$ 稳定的，其 $\mathcal{L}_2$ 增益小于或等于 γ。　　　　　$\diamondsuit$

证明：取 $r > 0$ 且满足 $\{\|x\| \leqslant r\} \subset D$。根据定理 4.16（逆李雅普诺夫定理），存在 $r_0 > 0$ 和连续可微的李雅普诺夫函数 $W(x)$，对所有 $\|x\| \leqslant r_0$ 及 $\mathcal{K}$ 类函数 α_1 到 α_3，满足

$$\alpha_1(\|x\|) \leqslant W(x) \leqslant \alpha_2(\|x\|)$$
$$\frac{\partial W}{\partial x}f(x) \leqslant -\alpha_3(\|x\|)$$

W 沿方程（5.26）轨线的导数满足

$$
\begin{aligned}
\dot{W}(x, u) &= \frac{\partial W}{\partial x}f(x, 0) + \frac{\partial W}{\partial x}[f(x, u) - f(x, 0)] \leqslant -\alpha_3(\|x\|) + kL\|u\| \\
&\leqslant -(1-\theta)\alpha_3(\|x\|) - \theta\alpha_3(\|x\|) + kL\sup\limits_{0 \leqslant t \leqslant \tau}\|u(t)\| \\
&\leqslant -(1-\theta)\alpha_3(\|x\|), \quad \forall \|x\| \geqslant \alpha_3^{-1}\left(kL\sup\limits_{0 \leqslant t \leqslant \tau}\|u(t)\|/\theta\right)
\end{aligned}
$$

---

① 必要性证明参见文献[54]。

其中,k 是 $\| \partial W / \partial x \|$ 的上界,L 是函数 f 关于 u 的利普希茨常数,且 $0 < \theta < 1$。与定理 5.2 的证明相似,我们可应用定理 4.18,证明存在一个 $\mathcal{KL}$ 类函数 β,一个 $\mathcal{K}$ 类函数 γ_0 以及正常数 k_1 和 k_2,使得对于任意初始状态 x_0,$\| x_0 \| \leq k_1$,和任意输入 $u(t)$,$\sup\limits_{0 \leq t \leq \tau} \| u(t) \| \leq k_2$,对于所有 $0 \leq t \leq \tau$,解 $x(t)$ 满足

$$\| x(t) \| \leq \beta(\| x_0 \|, t) + \gamma_0 \left(\sup_{0 \leq t \leq \tau} \| u(t) \| \right)$$

这样,通过选择足够小的 k_1 和 k_2,可以保证对所有 $0 \leq t \leq \tau$,有 $\| x(t) \| \leq r$。这个引理是根据推论 5.4 得出的。   □

为应用引理 5.1,需要检验 $\dot{x} = f(x)$ 原点的渐近稳定性。这个问题可以通过线性化或寻找一个李雅普诺夫函数加以解决。下面的引理说明,在一定条件下,可以用满足 Hamilton-Jacobi 不等式 (5.28) 的同一个函数 V 作为李雅普诺夫函数,以证明渐近稳定性。

引理 5.2 假设定理 5.5 的假设条件在包含原点的定义域 $D \subset R^n$ 内满足,$f(x)$ 是连续可微的,且除了平凡解 $x(t) \equiv 0$,方程 $\dot{x} = f(x)$ 在 $S = \{ x \in D \mid h(x) = 0 \}$ 内没有解。则 $\dot{x} = f(x)$ 的原点是渐近稳定的,且存在 $k_1 > 0$,使得对每个 x_0,$\| x_0 \| \leq k_1$,系统 (5.26) ~ (5.27) 是小信号有限增益 $\mathcal{L}_2$ 稳定的,其 $\mathcal{L}_2$ 增益小于或等于 γ。   ◇

证明: 取 $u(t) \equiv 0$。由式 (5.28) 有

$$\dot{V}(x) = \frac{\partial V}{\partial x} f(x) \leq - \tfrac{1}{2} h^{\mathrm{T}}(x) h(x), \quad \forall\, x \in D \tag{5.37}$$

取 $r > 0$ 满足 $B_r = \{ \| x \| \leq r \} \subset D$。下面证明 $V(x)$ 在 B_r 内是正定的。为此,设 $\phi(t; x)$ 为方程 $\dot{x} = f(x)$ 始于 $\phi(0; x) = x \in B_r$ 内的解。由解的存在和唯一性(见定理 3.1),以及解对于初始状态的连续依赖性(见定理 3.4)可知,存在 $\delta > 0$,使得对于每个 $x \in B_r$,解 $\phi(t; x)$ 对于所有 $t \in [0, \delta]$ 都保持在 D 内。对于 $\tau \leq \delta$,在 $[0, \tau]$ 上对式 (5.37) 积分,有

$$V(\phi(\tau; x)) - V(x) \leq - \tfrac{1}{2} \int_0^\tau \| h(\phi(t; x)) \|_2^2 \, dt$$

由 $V(\phi(\tau; x)) \geq 0$ 得 $V(x) \geq \tfrac{1}{2} \int_0^\tau \| h(\phi(t; x)) \|_2^2 \, dt$

现在假设存在 $\bar{x} \neq 0$ 使 $V(\bar{x}) = 0$。上述不等式隐含

$$\int_0^\tau \| h(\phi(t; \bar{x})) \|_2^2 \, dt = 0, \quad \forall\, \tau \in [0, \delta] \;\Rightarrow\; h(\phi(t; \bar{x})) \equiv 0, \quad \forall\, t \in [0, \delta]$$

在此区间内,该解保持在 S 内。由 S 内的唯一解是平凡解的假设条件可得,$\phi(t; \bar{x}) \equiv 0 \Rightarrow \bar{x} = 0$。因此,在 B_r 内 $V(x)$ 是正定的。用 $V(x)$ 作为 $\dot{x} = f(x)$ 的备选李雅普诺夫函数,由方程 (5.37) 和 LaSalle 不变性原理(见推论 4.1),可得 $\dot{x} = f(x)$ 的原点是渐近稳定的。应用引理 5.1 即可完成证明。   □

例 5.12 将例 5.8 和例 5.9 的题目加以改变,考虑系统

$$\begin{aligned}
\dot{x}_1 &= x_2 \\
\dot{x}_2 &= -a(x_1 - \tfrac{1}{3} x_1^3) - k x_2 + u \\
y &= x_2
\end{aligned}$$

其中 $a>0, k>0$。函数 $V(x)=\alpha[a(x_1^2/2-x_1^4/12)+x_2^2/2]$ 在集合 $\{|x_1|\leqslant\sqrt{6}\}$ 内是半正定的,其中 $\alpha>0$。把 $V(x)$ 作为 Hamilton-Jacobi 不等式(5.28)的备选解,可以证明

$$\mathcal{H}(V,f,G,h,\gamma)=\left(-\alpha k+\frac{\alpha^2}{2\gamma^2}+\frac{1}{2}\right)x_2^2$$

重复例 5.8 中的证明,容易看出选择 $\alpha=\gamma=1/k$,不等式(5.28)对所有 $x\in R^2$ 成立。由于定理 5.5 的条件不是全局满足的,我们可以运用引理 5.1 研究小信号有限增益稳定性。这就需要证明无激励系统的原点是渐近稳定的,对系统在原点线性化并生成赫尔维茨矩阵即可做到。另一方面,也可以应用引理 5.2,其条件在定义域 $D=\{|x_1|<\sqrt{3}\}$ 内满足,因为

$$x_2(t)\equiv0\Rightarrow x_1(t)[3-x_1^2(t)]\equiv0\Rightarrow x_1(t)\equiv0$$

这样,可得出系统是小信号有限增益 $\mathcal{L}_2$ 稳定的,且其 $\mathcal{L}_2$ 增益小于或等于 $1/k$。　　　　△

5.4　反馈系统:小增益定理

因为系统增益可以跟踪信号通过系统时信号范数的增加或减少,所以输入-输出稳定性的形式在研究互联系统稳定性中特别必要,这一点在图 5.1 的反馈连接中尤为突出。图中有两个系统 $\mathcal{L}_e^m\to\mathcal{L}_e^q$ 和 $\mathcal{L}_e^q\to\mathcal{L}_e^m$。假设两个系统都是有限增益 $\mathcal{L}$ 稳定的[1],即,

$$\|y_{1\tau}\|_{\mathcal{L}}\ \leqslant\ \gamma_1\|e_{1\tau}\|_{\mathcal{L}}+\beta_1,\ \forall\ e_1\in\mathcal{L}_e^m,\ \forall\ \tau\in[0,\infty)\qquad(5.38)$$

$$\|y_{2\tau}\|_{\mathcal{L}}\ \leqslant\ \gamma_2\|e_{2\tau}\|_{\mathcal{L}}+\beta_2,\ \forall\ e_2\in\mathcal{L}_e^q,\ \forall\ \tau\in[0,\infty)\qquad(5.39)$$

进一步假设对每对输入 $u_1\in\mathcal{L}_e^m$ 和 $u_2\in\mathcal{L}_e^q$ 都存在唯一的输出 $e_1,y_2\in\mathcal{L}_e^m$ 和 $e_2,y_1\in\mathcal{L}_e^q$[2],在此意义下反馈系统有明确的定义。定义

$$u=\left[\begin{array}{c}u_1\\u_2\end{array}\right],\ y=\left[\begin{array}{c}y_1\\y_2\end{array}\right],\ e=\left[\begin{array}{c}e_1\\e_2\end{array}\right]$$

关键问题是,当把反馈连接看成从输入 u 到输出 e 的映射,或从输入 u 到输出 y 的映射时,反馈连接是否是有限增益 $\mathcal{L}$ 稳定的[3]。不难看出,从 u 到 e 的映射是有限增益 $\mathcal{L}$ 稳定的,则当且仅当从 u 到 y 的映射是有限增益 $\mathcal{L}$ 稳定的(见习题 5.21)。因此可以简单地说,如果其中任一映射是有限增益 $\mathcal{L}$ 稳定的,则反馈连接就是有限增益 $\mathcal{L}$ 稳定的。下面的小增益定理给出了反馈连接有限增益 $\mathcal{L}$ 稳定性的充分条件。

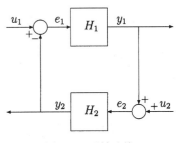

图 5.1　反馈连接

定理 5.6　在前面的假设条件下,如果 $\gamma_1\gamma_2<1$,则反馈连接是有限增益 $\mathcal{L}$ 稳定的。　　◇

证明:假设解存在,可写为

---

① 本节提出一个经典的适用于有限增益 $\mathcal{L}$ 稳定性的小增益定理。关于更一般的应用 $\mathcal{L}$ 稳定性的定理参见文献[93]和文献[123]。

② 在文献中有一些关于解的存在和唯一性的充分条件证明方法。压缩映射原理是最常用的方法(参见文献[53]定理 3.3.1)。证明状态方程解的存在和唯一性的比较新的方法可参见文献[93]。

③ 在反馈连接稳定性的研究中,对于既要考虑输入同时也要考虑输出的原因,习题 5.20 给出了解释。

$$e_{1\tau} = u_{1\tau} - (H_2 e_2)_{\tau}, \quad e_{2\tau} = u_{2\tau} + (H_1 e_1)_{\tau}$$

则
$$
\begin{aligned}
\|e_{1\tau}\|_{\mathcal{L}} &\leqslant \|u_{1\tau}\|_{\mathcal{L}} + \|(H_2 e_2)_{\tau}\|_{\mathcal{L}} \leqslant \|u_{1\tau}\|_{\mathcal{L}} + \gamma_2 \|e_{2\tau}\|_{\mathcal{L}} + \beta_2 \\
&\leqslant \|u_{1\tau}\|_{\mathcal{L}} + \gamma_2 \left(\|u_{2\tau}\|_{\mathcal{L}} + \gamma_1 \|e_{1\tau}\|_{\mathcal{L}} + \beta_1 \right) + \beta_2 \\
&= \gamma_1 \gamma_2 \|e_{1\tau}\|_{\mathcal{L}} + \left(\|u_{1\tau}\|_{\mathcal{L}} + \gamma_2 \|u_{2\tau}\|_{\mathcal{L}} + \beta_2 + \gamma_2 \beta_1 \right)
\end{aligned}
$$

因为 $\gamma_1 \gamma_2 < 1$，所以对于所有的 $\tau \in [0, \infty)$ 有

$$\|e_{1\tau}\|_{\mathcal{L}} \leqslant \frac{1}{1 - \gamma_1 \gamma_2} \left(\|u_{1\tau}\|_{\mathcal{L}} + \gamma_2 \|u_{2\tau}\|_{\mathcal{L}} + \beta_2 + \gamma_2 \beta_1 \right) \tag{5.40}$$

同样，对于所有的 $\tau \in [0, \infty)$ 有

$$\|e_{2\tau}\|_{\mathcal{L}} \leqslant \frac{1}{1 - \gamma_1 \gamma_2} \left(\|u_{2\tau}\|_{\mathcal{L}} + \gamma_1 \|u_{1\tau}\|_{\mathcal{L}} + \beta_1 + \gamma_1 \beta_2 \right) \tag{5.41}$$

由三角不等式 $\|e\|_{\mathcal{L}} \leqslant \|e_1\|_{\mathcal{L}} + \|e_2\|_{\mathcal{L}}$ 即可完成证明。 $\qquad \square$

图 5.1 所示的反馈连接为研究动力学系统的鲁棒性问题提供了便利的结构。通常，模型不确定时的动力学系统可表示为 H_1 和 H_2 的反馈连接，其中 H_1 作为稳定的标称系统，H_2 作为稳定的扰动系统。那么，只要 γ_2 足够小，则 $\gamma_1 \gamma_2 < 1$ 成立。因此，对理解许多由研究动力学系统而产生的鲁棒性结果，尤其是含反馈连接的动力学系统，小增益定理提供了一个概念性的框架。许多可由李雅普诺夫稳定性推导的鲁棒性结果，都可作为小增益定理的特例加以解释。

例 5.13 考虑图 5.1 所示的反馈连接。设 H_1 为线性时不变系统，其赫尔维茨平方传递函数矩阵为 $G(s) = C(sI - A)^{-1} B$，又设 H_2 为无记忆函数 $y_2 = \psi(t, e_2)$，满足

$$\|\psi(t, y)\|_2 \leqslant \gamma_2 \|y\|_2, \quad \forall t \geqslant 0, \forall y \in R^m$$

由定理 5.4 可知 H_1 是有限增益 $\mathcal{L}_2$ 稳定的，其 $\mathcal{L}_2$ 增益为

$$\gamma_1 = \sup_{w \in R} \|G(j\omega)\|_2$$

从例 5.1 已得知 H_2 为有限增益 $\mathcal{L}_2$ 稳定的，且其 $\mathcal{L}_2$ 增益小于或等于 γ_2。假设反馈连接是明确定义的，则由小增益定理可知，如果 $\gamma_1 \gamma_2 < 1$，则系统是有限增益 $\mathcal{L}_2$ 稳定的。 $\qquad \triangle$

例 5.14 考虑系统

$$
\begin{aligned}
\dot{x} &= f(t, x, v + d_1(t)) \\
\varepsilon \dot{z} &= Az + B[u + d_2(t)] \\
v &= Cz
\end{aligned}
$$

其中 f 是其自变量的光滑函数，A 为赫尔维茨矩阵，满足 $-CA^{-1}B = I$，ε 是一个小的正参数，而 d_1 和 d_2 为扰动信号。这个模型的线性部分代表执行部件的动态特性，它明显比由非线性方程 $\dot{x} = f$ 表示的设备的动态特性快得多。扰动信号 d_1 和 d_2 分别在设备的输入端和执行部件的输入端进入系统。假设扰动信号 d_1 和 d_2 属于信号空间 $\mathcal{L}$，其中 $\mathcal{L}$ 为任意 $\mathcal{L}_p$ 空间，且控制目标是减小该扰动对状态 x 的影响。如果可设计反馈控制使从 (d_1, d_2) 到 x 的闭环输入-输出映射为有限增益 $\mathcal{L}$ 稳定的，且 $\mathcal{L}$ 增益小于某个给定容限 $\delta > 0$，就可以实现控制目标。为了简化设计，通常令 $\varepsilon = 0$，忽略执行部件的动态特性，并把 $v = -CA^{-1}B(u + d_2) = u + d_2$ 代入设备方程式，从而得到降阶模型

$$\dot{x} = f(t, x, u + d)$$

其中 $d = d_1 + d_2$。假设状态变量可测得,我们用此模式设计一个状态反馈控制律 $u = \gamma(t, x)$,以满足设计目标。假设已有光滑状态反馈控制 $u = \gamma(t, x)$,对 $\gamma < \delta$ 满足

$$\|x\|_{\mathcal{L}} \leqslant \gamma \|d\|_{\mathcal{L}} + \beta \tag{5.42}$$

当作用到包含执行部件动态特性的执行系统时,该控制能达到设计目标吗? 这是关于控制器对未建模执行部件的动力学因素[①]的鲁棒性问题。当该控制用于实际系统时,闭环方程为

$$\begin{aligned}
\dot{x} &= f(t, x, Cz + d_1(t)) \\
\varepsilon \dot{z} &= Az + B[\gamma(t, x) + d_2(t)]
\end{aligned}$$

假设 $d_2(t)$ 是可微的,且 $d_2 \in \mathcal{L}$。进行变量代换

$$\eta = z + A^{-1} B[\gamma(t, x) + d_2(t)]$$

闭环系统变为

$$\begin{aligned}
\dot{x} &= f(t, x, \gamma(t, x) + d(t) + C\eta) \\
\varepsilon \dot{\eta} &= A\eta + \varepsilon A^{-1} B[\dot{\gamma} + \dot{d}_2(t)]
\end{aligned}$$

其中

$$\dot{\gamma} = \frac{\partial \gamma}{\partial t} + \frac{\partial \gamma}{\partial x} f(t, x, \gamma(t, x) + d(t) + C\eta)$$

不难发现,闭环系统可由图 5.1 表示,其中 H_1 定义为

$$\begin{aligned}
\dot{x} &= f(t, x, \gamma(t, x) + e_1) \\
y_1 &= \dot{\gamma} = \frac{\partial \gamma}{\partial t} + \frac{\partial \gamma}{\partial x} f(t, x, \gamma(t, x) + e_1)
\end{aligned}$$

H_2 定义为

$$\begin{aligned}
\dot{\eta} &= \frac{1}{\varepsilon} A\eta + A^{-1} B e_2 \\
y_2 &= -C\eta
\end{aligned}$$

且

$$u_1 = d_1 + d_2 = d, \quad u_2 = \dot{d}_2$$

在上述表达式中,系统 H_1 为标称降阶闭环系统,而 H_2 代表未建模动力学因素的作用。设定 $\varepsilon = 0$,打开环路,并使整个闭环系统简化为标称系统。假设反馈函数 $\gamma(t, x)$ 对所有的 (t, x, e_1) 满足不等式

$$\left\| \frac{\partial \gamma}{\partial t} + \frac{\partial \gamma}{\partial x} f(t, x, \gamma(t, x) + e_1) \right\| \leqslant c_1 \|x\| + c_2 \|e_1\| \tag{5.43}$$

其中 c_1 和 c_2 为非负常数。由式(5.42)和式(5.43)可证明

$$\|y_1\|_{\mathcal{L}} \leqslant \gamma_1 \|e_1\|_{\mathcal{L}} + \beta_1$$

其中

$$\gamma_1 = c_1 \gamma + c_2, \quad \beta_1 = c_1 \beta$$

由于 H_2 为线性时不变系统,A 为赫尔维茨矩阵,应用推论 5.2 可证明,对于任意 $p \in [1, \infty]$,H_2 为有限增益 $\mathcal{L}_p$ 稳定的,同时

$$\|y_2\|_{\mathcal{L}} \leqslant \gamma_2 \|e_2\|_{\mathcal{L}} + \beta_2 \stackrel{\text{def}}{=} \varepsilon \gamma_f \|e_2\|_{\mathcal{L}} + \beta_2$$

---

① 在例 11.14 中研究了一个类似的鲁棒性问题,在稳定性部分应用了奇异扰动理论。

其中

$$\gamma_f = \frac{2\lambda_{\max}^2(Q)\|A^{-1}B\|_2\|C\|_2}{\lambda_{\min}(Q)}, \quad \beta_2 = \rho\|C\|_2\|\eta(0)\|\sqrt{\frac{\lambda_{\max}(Q)}{\lambda_{\min}(Q)}}$$

$$\rho = \begin{cases} 1, & p = \infty \\ \left(\frac{2\varepsilon\lambda_{\max}(Q)}{p}\right)^{1/p}, & p \in [1,\infty) \end{cases}$$

且 Q 为李雅普诺夫方程 $QA + A^{\mathrm{T}}Q = -I$[①] 的解。因此,假设存在明确定义的反馈连接,由小增益定理可推得,如果 $\varepsilon\gamma_1\gamma_f < 1$,则从 u 到 e 的输入-输出映射是 $\mathcal{L}$ 稳定的。由式(5.40)有

$$\|e_1\|_{\mathcal{L}} \leqslant \frac{1}{1 - \varepsilon\gamma_1\gamma_f}[\|u_1\|_{\mathcal{L}} + \varepsilon\gamma_f\|u_2\|_{\mathcal{L}} + \varepsilon\gamma_f\beta_1 + \beta_2]$$

通过由式(5.42)得出的

$$\|x\|_{\mathcal{L}} \leqslant \gamma\|e_1\|_{\mathcal{L}} + \beta$$

及 u_1 和 u_2 的定义,可得

$$\|x\|_{\mathcal{L}} \leqslant \frac{\gamma}{1 - \varepsilon\gamma_1\gamma_f}[\|d\|_{\mathcal{L}} + \varepsilon\gamma_f\|\dot{d}_2\|_{\mathcal{L}} + \varepsilon\gamma_f\beta_1 + \beta_2] + \beta \tag{5.44}$$

值得注意的是,当 ε 趋于零时,式(5.44)的右边趋于

$$\gamma\|d\|_{\mathcal{L}} + \beta + \gamma\beta_2$$

这表明在实际闭环系统中,对于足够小的 ε,从 d 到 x 的映射的 $\mathcal{L}$ 增益的上界将趋于标称闭环系统所对应的值。　　　　　　　　　　　　　　　　　　　　　　　　　　　　△

5.5　习题

5.1　证明两个 $\mathcal{L}$ 稳定(或有限增益 $\mathcal{L}$ 稳定)系统串联后仍是 $\mathcal{L}$ 稳定(或有限增益 $\mathcal{L}$ 稳定)系统。

5.2　证明两个 $\mathcal{L}$ 稳定(或有限增益 $\mathcal{L}$ 稳定)系统并联后仍是 $\mathcal{L}$ 稳定(或有限增益 $\mathcal{L}$ 稳定)系统。

5.3　考虑由无记忆函数 $y = u^{1/3}$ 定义的系统。

(a) 证明系统是零偏 $\mathcal{L}_\infty$ 稳定的。

(b) 对于任意正常数 a,证明系统为有限增益 $\mathcal{L}_\infty$ 稳定的,且 $\gamma = a, \beta = (1/a)^{1/2}$。

(c) 对上述两命题进行比较。

5.4　考虑由无记忆函数 $y = h(u)$ 定义的系统,其中 $h: R^m \to R^q$ 为全局利普希茨的。当

(1) $h(0) = 0$ 　　　　　　　(2) $h(0) \neq 0$

时,对每个 $p \in [1, \infty]$,研究其 $\mathcal{L}_p$ 稳定性。

5.5　试分析图 5.2 中各继电器特性的 $\mathcal{L}_\infty$ 稳定性和 $\mathcal{L}_2$ 稳定性。

---

① 推论 5.2 中的 P 取值为 εQ,以满足 $(\varepsilon Q)(A/\varepsilon) + (A/\varepsilon)^{\mathrm{T}}(\varepsilon Q) = -I$。

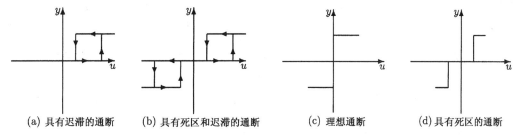

(a) 具有迟滞的通断　　(b) 具有死区和迟滞的通断　　(c) 理想通断　　(d) 具有死区的通断

图 5.2 继电器特性

5.6 验证当 $V(t, x(t)) = 0$ 时,$D^+ W(t)$ 满足式(5.12)。

提示:利用习题 3.24 证明 $V(t+h, x(t+h)) \leqslant c_4 h^2 L^2 \| u \|^2 / 2 + h\, o(h)$,其中当 h 趋于零时,$o(h)/h$ 趋于零。然后利用 $c_4 \geqslant 2c_1$。

5.7 假设除了将定理 5.1 的假设条件(5.10)改为

$$\|h(t, x, u)\| \leqslant \eta_1 \|x\| + \eta_2 \|u\| + \eta_3, \quad \eta_3 > 0$$

其余假设条件都成立。证明系统是小信号有限增益 $\mathcal{L}_\infty$ 稳定的(或当条件全局成立时,系统是 $\mathcal{L}_\infty$ 稳定的),并求出式(5.11)中的 γ 和 β。

5.8 假设定理 5.1 的假设条件除了将式(5.10)改为式(5.20),其余假设条件都成立。证明系统是小信号 $\mathcal{L}_\infty$ 稳定的(或当条件全局成立时,系统是 $\mathcal{L}_\infty$ 稳定的)。

5.9 对于线性时变系统,试推导出与推论 5.2 类似的结论。

5.10 研究下列各系统的 $\mathcal{L}_\infty$ 稳定性和有限增益 $\mathcal{L}_\infty$ 稳定性:

$$(1) \quad \begin{aligned} \dot{x} &= -(1+u)x^3 \\ y &= x \end{aligned} \qquad (2) \quad \begin{aligned} \dot{x} &= -(1+u)x^3 - x^5 \\ y &= x + u \end{aligned}$$

$$(3) \quad \begin{aligned} \dot{x} &= -x/(1+x^2) + u \\ y &= x/(1+x^2) \end{aligned} \qquad (4) \quad \begin{aligned} \dot{x} &= -x - x^3 + x^2 u \\ y &= x \sin u \end{aligned}$$

5.11 研究下列各系统的 $\mathcal{L}_\infty$ 稳定性和有限增益 $\mathcal{L}_\infty$ 稳定性:

$$(1) \quad \dot{x}_1 = -x_1 + x_1^2 x_2, \qquad \dot{x}_2 = -x_1^3 - x_2 + u, \qquad y = x_1$$

$$(2) \quad \dot{x}_1 = -x_1 + x_2, \qquad \dot{x}_2 = -x_1^3 - x_2 + u, \qquad y = x_2$$

$$(3) \quad \dot{x}_1 = (x_1 + u)(\|x\|_2^2 - 1), \qquad \dot{x}_2 = x_2(\|x\|_2^2 - 1), \qquad y = x_1$$

$$(4) \quad \dot{x}_1 = -x_1 - x_2 + u_1, \qquad \dot{x}_2 = x_1 - x_2^3 + u_2, \qquad y = x_1(x_2 + u_1)$$

$$(5) \quad \dot{x}_1 = -x_1 + x_1^2 x_2, \qquad \dot{x}_2 = x_1 - x_2 + u, \qquad y = x_1 + u$$

$$(6) \quad \dot{x}_1 = x_2, \qquad \dot{x}_2 = -x_1^3 - x_2 + u, \qquad y = x_2$$

$$(7) \quad \dot{x}_1 = -x_1 - x_2, \qquad \dot{x}_2 = x_1 - x^3 + u, \qquad y(t) = x_1(t - T)$$

其中 $T > 0$。

5.12 考虑系统 $\quad \dot{x}_1 = x_2, \qquad \dot{x}_2 = -y - h(y) + u, \qquad y = x_1 + x_2$

其中,h 连续可微,$h(0) = 0$,且对于所有 $z \in R$ 及某个 $a > 0$,$zh(z) > az^2$。证明对于每个 $p \in [1, \infty]$,系统为有限增益 $\mathcal{L}_p$ 稳定的。

5.13 (见文献[192])考虑时不变系统

$$\dot{x} = f(x, u), \qquad y = h(x, u)$$

其中,f 是局部利普希茨函数,h 连续,且 $f(0, 0) = 0$,$h(0, 0) = 0$。假设存在连续可微、正定的径向无界函数 $V(x)$,满足

$$\frac{\partial V}{\partial x} f(x, u) \leqslant -W(x) + \psi(u), \quad \forall\, (x, u)$$

其中,$W(x)$是连续、正定且径向无界的函数,$\psi(u)$连续,且$\psi(0) = 0$。证明系统是$\mathcal{L}_\infty$稳定的。

5.14 设$H(s)$为严格赫尔维茨正常传递函数,$h(t) = \mathcal{L}^{-1}\{H(s)\}$是其相应的脉冲响应函数。证明

$$\sup_{\omega \in R} |H(j\omega)| \leqslant \int_0^\infty |h(t)|\, dt$$

5.15 证明下列各系统是有限增益(或小信号有限增益)$\mathcal{L}_2$稳定的,并求出其$\mathcal{L}_2$增益的上界。

(1)
$$\begin{aligned}
\dot{x}_1 &= x_2 \\
\dot{x}_2 &= -a \sin x_1 - k x_2 + u \\
y &= x_2 \\
a &> 0,\ k > 0
\end{aligned}$$

(2)
$$\begin{aligned}
\dot{x}_1 &= -x_2 \\
\dot{x}_2 &= x_1 - x_2 \,\text{sat}(x_2^2 - x_3^2) + x_2 u \\
\dot{x}_3 &= x_3 \,\text{sat}(x_2^2 - x_3^2) - x_3 u \\
y &= x_2^2 - x_3^2
\end{aligned}$$

(3)
$$\begin{aligned}
\dot{x}_1 &= x_2 \\
\dot{x}_2 &= x_1 - \text{sat}(2x_1 + x_2) + u \\
y &= x_1
\end{aligned}$$

(4)
$$\begin{aligned}
\dot{x}_1 &= x_2 \\
\dot{x}_2 &= -(1 + x_1^2)x_2 - x_1^3 + x_1 u \\
y &= x_1 x_2
\end{aligned}$$

5.16 考虑系统 $\dot{x}_1 = -x_1 + x_2,$ $\quad \dot{x}_2 = -x_1 - \sigma(x_1) - x_2 + u,$ $\quad y = x_2$

其中 σ 是局部利普希茨函数,$\sigma(0) = 0$,且对于所有 $z \in R$,有 $z\sigma(z) \geqslant 0$。

(a) 系统是否为$\mathcal{L}_\infty$稳定的?

(b) 系统是否为有限增益$\mathcal{L}_2$稳定的? 如果是,求出其$\mathcal{L}_2$增益的上界。

5.17 (见文献[77])考虑系统

$$\dot{x} = f(x) + G(x)u, \qquad y = h(x) + J(x)u$$

其中f, G, h和J是x的光滑函数。假设存在正常数γ,满足$\gamma^2 I - J^T(x)J(x) > 0$,且对于任意$x$满足

$$\mathcal{H} = \frac{\partial V}{\partial x} f + \frac{1}{2}\left[h^T J + \frac{\partial V}{\partial x} G\right](\gamma^2 I - J^T J)^{-1}\left[h^T J + \frac{\partial V}{\partial x} G\right]^T + \frac{1}{2}h^T h \leqslant 0$$

证明系统为有限增益$\mathcal{L}_2$稳定的,其$\mathcal{L}_2$增益小于或等于γ。

提示:令

$$\gamma^2 I - J^T(x)J(x) = W^T(x)W(x), \quad L(x) = -\left[W^T(x)\right]^{-1}\left[h^T(x)J(x) + \frac{\partial V}{\partial x} G\right]^T$$

进而证明对于任意u,下面的不等式成立:

$$\frac{\partial V}{\partial x} f + \frac{\partial V}{\partial x} Gu = -\frac{1}{2}[L + Wu]^T[L + Wu] + \frac{\gamma^2}{2}u^T u - \frac{1}{2}y^T y + \mathcal{H}$$

5.18 (见文献[199])考虑系统

$$\dot{x} = f(x) + G(x)u + K(x)w, \qquad y = h(x)$$

其中,u 为控制输入,ω 为扰动输入。函数f, G, K 和 h 光滑,且$f(0) = 0, h(0) = 0$。设$\gamma > 0$,并假设对任意x,存在光滑半正定函数$V(x)$,满足

$$\frac{\partial V}{\partial x} f(x) + \frac{1}{2}\frac{\partial V}{\partial x}\left[\frac{1}{\gamma^2}K(x)K^T(x) - G(x)G^T(x)\right]\left(\frac{\partial V}{\partial x}\right)^T + \frac{1}{2}h^T(x)h(x) \leqslant 0$$

证明在反馈控制 $u = -G^{\mathrm{T}}(x)(\partial V/\partial x)^{\mathrm{T}}$ 下,从 ω 到 $\begin{bmatrix} y \\ u \end{bmatrix}$ 的闭环映射是有限增益 $\mathcal{L}_2$ 稳定的,其 $\mathcal{L}_2$ 增益小于或等于 γ。

5.19 (见文献[200])本习题的目的是证明:不论函数空间定义在 $R_+ = [0, \infty)$ 上,还是定义在整个实数轴 $R = (-\infty, \infty)$ 上,形如方程(5.24)~(5.25)的线性时不变系统,其 $\mathcal{L}_2$ 增益都是相同的,其中 A 为赫尔维茨矩阵。设 $\mathcal{L}_2$ 是 R_+ 上的平方可积函数空间,其范数为 $\|u\|_{\mathcal{L}_2}^2 = \int_0^\infty u^{\mathrm{T}}(t)u(t)$,$\mathcal{L}_{2R}$ 为 R 上的平方可积函数空间,其范数为 $\|u\|_{\mathcal{L}_{2R}}^2 = \int_{-\infty}^\infty u^{\mathrm{T}}(t)u(t)\,dt$。设 γ_2 和 γ_{2R} 分别为 $\mathcal{L}_2$ 和 $\mathcal{L}_{2R}$ 上的 $\mathcal{L}_2$ 增益。因为 $\mathcal{L}_2$ 是 $\mathcal{L}_{2R}$ 的子集,显然 $\gamma_2 \leqslant \gamma_{2R}$。通过证明对于每个 $\varepsilon > 0$,存在信号 $u \in \mathcal{L}_2$,使得 $y \in \mathcal{L}_2$,且 $\|y\|_{\mathcal{L}_2} \geqslant (1-\varepsilon)\gamma_{2R}\|u\|_{\mathcal{L}_2}$,进而证明 $\gamma_2 = \gamma_{2R}$。

(a) 给定 $\varepsilon > 0$,证明总可以选择 $0 < \delta < 1$,使得

$$\frac{1 - \varepsilon/2 - \sqrt{\delta}}{\sqrt{1-\delta}} \geqslant 1 - \varepsilon$$

(b) 证明总可以选取 $u \in \mathcal{L}_{2R}$ 和时间 $t_1 < \infty$,使得

$$\|u\|_{\mathcal{L}_{2R}} = 1, \quad \|y\|_{\mathcal{L}_{2R}} \geqslant \gamma_{2R}\left(1 - \frac{\varepsilon}{2}\right), \quad \int_{-\infty}^{t_1} u^{\mathrm{T}}(t)u(t)\,dt = \delta$$

(c) 设 $u(t) = u_1(t) + u_2(t)$,其中当 $t < t_1$ 时 u_1 为零,而当 $t > t_1$ 时 u_2 为零。并设 $y_1(t)$ 是相应于输入 $u_1(t)$ 的输出。证明

$$\frac{\|y_1\|_{\mathcal{L}_{2R}}}{\|u_1\|_{\mathcal{L}_{2R}}} \geqslant \frac{1 - \varepsilon/2 - \sqrt{\delta}}{\sqrt{1-\delta}}\gamma_{2R} \geqslant (1-\varepsilon)\gamma_{2R}$$

(d) 对于所有 $t \geqslant 0$,定义 $u(t) = u_1(t+t_1)$ 和 $y(t) = y_1(t+t_1)$。证明 u 和 y 都属于 $\mathcal{L}_2$, $y(t)$ 是相应于 $u(t)$ 的输出,且 $\|y\|_{\mathcal{L}_2} \geqslant (1-\varepsilon)\gamma_{2R}\|u\|_{\mathcal{L}_2}$

5.20 考虑图 5.1 所示的反馈连接,H_1 和 H_2 为线性时不变系统,其传递函数为 $H_1(s) = (s-1)/(s+1)$,$H_2(s) = 1/(s-1)$。写出从 (u_1, u_2) 到 (y_1, y_2) 和从 (u_1, u_2) 到 (e_1, e_2) 的闭环传递函数。通过这些传递函数讨论为什么在研究反馈连接稳定性中,既要考虑输入 (u_1, u_2),也要考虑输出 (e_1, e_2) 或 (y_1, y_2)。

5.21 考虑图 5.1 所示的反馈连接。证明从 (u_1, u_2) 到 (y_1, y_2) 的映射为有限增益 $\mathcal{L}$ 稳定的,当且仅当从 (u_1, u_2) 到 (e_1, e_2) 的映射为有限增益 $\mathcal{L}$ 稳定的。

5.22 在例 5.14 中,设 $d_2(t) = a\sin\omega t$,其中 a 和 ω 为正常数。

(a) 证明对于足够小的 ε ,闭环系统的状态是一致有界的。

(b) 讨论 ω 增加时对系统的影响。

5.23 考虑图 5.1 所示的反馈连接,H_1 和 H_2 定义为

$$H_1: \begin{cases} \dot{x}_1 = -x_1 + x_2 \\ \dot{x}_2 = -x_1^3 - x_2 + e_1 \\ y_1 = x_2 \end{cases} \qquad H_2: \begin{cases} \dot{x}_3 = -x_3^3 + e_2 \\ y_2 = (1/2)x_3^3 \end{cases}$$

设输入为 $u_2 = 0, u = u_1$,输出为 $y = y_1$。

(a) 以 $x = [x_1, x_2, x_3]^{\mathrm{T}}$ 作为状态向量,求系统的状态模型。

(b) 系统是否为 $\mathcal{L}_2$ 稳定的?

第6章 无 源 性

无源性为分析非线性系统提供了一个有力的工具,它很好地把李雅普诺夫稳定性和$\mathcal{L}_2$稳定性联系起来。本章首先在6.1节定义了无记忆非线性的无源性,接着在6.2节将无源性定义拓展到动力学系统,并给出状态方程。在这两节中,我们都利用电路网络阐述了无源性的概念。6.3节将研究正实传递函数及严格正实传递函数,并分别描述无源性及严格无源性。6.4节将研究无源性与李雅普诺夫稳定性及$\mathcal{L}_2$稳定性的联系。这四节为学习本章主要内容,即6.5节的无源性定理进行了铺垫。无源性定理主要讲述两个无源系统的(负)反馈连接仍是无源的。附加可观测性条件后,反馈连接也是渐近稳定的。6.5节的无源性定理和5.4节的小增益定理从概念上提供了一个具有普遍意义的重要事实,即对于两个稳定线性系统反馈连接,如果闭环增益小于1或闭环的相位小于180°,则反馈系统仍是稳定的。无源性与传递函数相位的联系是由6.3节给出的正实传递函数的频域特性得出的,由此我们知道正实传递函数的相位不能超过90°,因此闭环的相位不能超过180°。如果这两个传递函数有一个是严格正实函数,则闭环的相位严格小于180°。6.5节将讨论环路变换(loop transformation),在某种情况下允许将两个可能不是无源系统的反馈连接转换为两个无源系统的反馈连接,因此扩展了无源性定理的应用。

6.1 无记忆函数

本节主要定义无记忆函数$y = h(t,u)$的无源性,这里$h:[0,\infty) \times R^P \to R^P$。下面用电路来阐述该定义。图6.1(a)所示是电压为u,电流为y的单端口电阻元件,我们把该元件看成以电压u为输入,以电流y为输出的系统。如果输入功率始终非负,即如果在u-y特性上的每一点(u,y)都满足$uy \geqslant 0$,则该电阻元件是无源的。从几何意义上讲,如图6.1(b)所示,就意味着u-y特性曲线一定位于一、三象限。这种电阻最简单的是服从欧姆定律$u = Ry$或$y = Gu$的线性电阻,其中R是电阻值,$G = 1/R$为其电导。阻值为正时,u-y特性是斜率为G的直线,且乘积$uy = Gu^2$始终非负。事实上,除了原点$(0,0)$,该乘积总为正。图6.2(a)和图6.2(b)所示为几个关于非线性无源电阻元件的非线性u-y特性曲线位于一、三象限的例子。注意图6.2(b)所示的隧道二级管特性,即使u-y曲线在某区域斜率为负,仍是无源的。作为非线性无源元件的一个例子,图6.2(c)所示为一个负电阻的u-y特性,该电阻在1.2.4节用于组成负阻振荡器。这一特性只有通过有源器件加以理解,如图1.7的双隧道二极管电路所示。对于一个多端口网络,u和y是向量,流入网络的功率是内积$u^{\mathrm{T}}y = \sum_{i=1}^{p} u_i y_i = \sum_{i=1}^{p} u_i h_i(u)$。如果对于所有$u$都有$u^{\mathrm{T}}y \geqslant 0$,则该网络是无源的。现在把这一无源性的概念推广到任何函数$y = h(t,u)$,不考虑其物理原点。将$u^{\mathrm{T}}y$作为系统的输入功率,如果对于所有$u,u^{\mathrm{T}}y \geqslant 0$,则认为系统是无源的。在标量情况下,输入-输出关系曲线必须位于一、三象限,或者说曲线属于扇形区域$[0,\infty]$,这里0和无穷是一、三象限边界的斜率。即使h是时变的,这种图形表示也有效。在这种情况下,u-y曲线将随时间变化而变化,但始终属于扇形区域$[0,\infty]$。对于向量函数,能给出特殊情况下

的图形表示，即 $h_i(t,u)$ 仅取决于 u_i，$h(t,u)$ 可以分解的情况，即

$$h(t,u) = \begin{bmatrix} h_1(t,u_1) \\ h_2(t,u_2) \\ \vdots \\ h_p(t,u_p) \end{bmatrix} \tag{6.1}$$

在这种情况下，曲线的每部分都属于扇形区域 $[0,\infty]$。一般来讲，这种图形表示是不可能的，但如果对于所有 (t,u) 都有 $u^{\mathrm{T}}h(t,u) \geqslant 0$，则将继续用名词"扇形区域"，称 h 属于扇形区域 $[0,\infty]$。

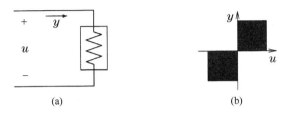

图 6.1　（a）无源电阻；（b）位于一、三象限的 u-y 特性

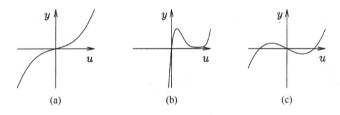

图 6.2　（a）和（b）非线性无源电阻特性曲线；（c）非无源电阻特性曲线

$u^{\mathrm{T}}y = 0$ 是无源性的极限情况。在这种情况下，我们认为系统是无损耗的。理想变压器就是一个无损耗系统的实例，如图 6.3 所示。这里 $y = Su$，其中

$$u = \begin{bmatrix} v_1 \\ i_2 \end{bmatrix}, \quad y = \begin{bmatrix} i_1 \\ v_2 \end{bmatrix}, \quad S = \begin{bmatrix} 0 & -N \\ N & 0 \end{bmatrix}$$

矩阵 S 是斜对称的，即 $S^{\mathrm{T}} + S = 0$。因此 $u^{\mathrm{T}}y = u^{\mathrm{T}}Su = (1/2)u^{\mathrm{T}}(S^{\mathrm{T}} + S)u = 0$。

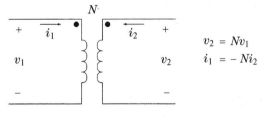

图 6.3　理想变压器

现在考虑函数 h，对于某个函数 $\varphi(u)$，满足 $u^{\mathrm{T}}y \geqslant u^{\mathrm{T}}\varphi(u)$。当对于所有 $u \neq 0$，$u^{\mathrm{T}}\varphi(u) > 0$ 时，h 称为严格输入无源的，因为只有当 $u = 0$ 时，有 $u^{\mathrm{T}}y = 0$，在这个意义下无源性是严格的。同样，在标量情况下，除原点以外，u-y 曲线与 u 轴不相交。$u^{\mathrm{T}}\varphi(u)$ 一项表示"过量"无源性。另一方面，如果对于某些 u 值，$u^{\mathrm{T}}\varphi(u)$ 为负，则函数 h 不一定是无源的。$u^{\mathrm{T}}\varphi(u)$ 一项表示"欠量"无源性。当 h 是标量且 $\varphi(u) = \varepsilon u$ 时，过量和欠量无源性将更明显。在这种情况下，

h 属于扇形区域$[\varepsilon,\infty]$,如图6.4所示,当$\varepsilon>0$时为过量无源;当$\varepsilon<0$时为欠量无源。通过输入前馈运算可消除过量或欠量无源性,如图6.4(c)所示。定义新的输出为$\tilde{y}=y-\varphi(u)$,则有

$$u^{\mathrm{T}}\tilde{y}=u^{\mathrm{T}}[y-\varphi(u)]\geqslant u^{\mathrm{T}}\varphi(u)-u^{\mathrm{T}}\varphi(u)=0$$

因此,通过输入前馈,任何满足$u^{\mathrm{T}}y\geqslant u^{\mathrm{T}}\varphi(u)$的函数都能转换为属于扇形区域$[0,\infty]$的函数。这样的函数称为输入前馈无源函数。另一方面,假设对某个函数$\rho(y)$,有$u^{\mathrm{T}}y\geqslant y^{\mathrm{T}}\rho(y)$。如前所述,当对于所有$y\neq0$有$y^{\mathrm{T}}\rho(y)>0$时,函数存在过量无源性。而当对于某个$y$值,$y^{\mathrm{T}}\rho(y)$为负时,函数存在欠量无源性。图6.5所示为$\rho(y)=\delta y$时标量情况的图形表示。当$\delta>0$时,存在"过量"无源性,当$\delta<0$时,存在欠量无源性。过量或欠量无源性都可以通过输出反馈消除,如图6.5(c)所示。定义新的输入为$\tilde{u}=u-\rho(y)$,我们有

$$\tilde{u}^{\mathrm{T}}y=[u-\rho(y)]^{\mathrm{T}}y\geqslant y^{\mathrm{T}}\rho(y)-y^{\mathrm{T}}\rho(y)=0$$

因此,通过输出反馈,任何满足$u^{\mathrm{T}}y\geqslant y^{\mathrm{T}}\rho(y)$的函数都能转换为属于扇形区域$[0,\infty]$的函数。这样的函数称为输出反馈无源函数。当对于所有$y\neq0$有$y^{\mathrm{T}}\rho(y)>0$时,函数称为严格输出无源函数,因为仅当$y=0$时$u^{\mathrm{T}}y=0$成立,在此意义下无源性才是严格的。同样,在标量情况下,u-y曲线与y轴除原点以外不相交。为方便,在下一个定义中对不同无源性的概念进行总结。

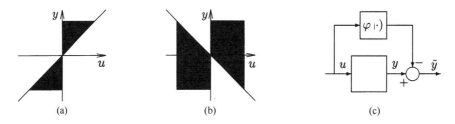

图6.4 $u^{\mathrm{T}}y\geqslant\varepsilon u^{\mathrm{T}}u$ 的图形表示。(a)$\varepsilon>0$(过量无源性);(b)$\varepsilon<0$(欠量无源性);(c)通过输入前馈消除过量和欠量无源性

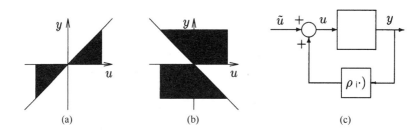

图6.5 $u^{\mathrm{T}}y\geqslant\delta y^{\mathrm{T}}y$ 的图形表示。(a)$\delta>0$(过量无源性);(b)$\delta<0$(欠量无源性);(c)通过输出反馈消除过量和欠量无源性

定义6.1 对于系统 $y=h(t,u)$

- 如果 $u^{\mathrm{T}}y\geqslant0$,则系统是无源的。
- 如果 $u^{\mathrm{T}}y=0$,则系统是无损耗的。
- 如果对于某个函数 φ,满足 $u^{\mathrm{T}}y\geqslant u^{\mathrm{T}}\varphi(u)$,则系统是输入前馈无源的。
- 如果 $\forall u\neq0$,使 $u^{\mathrm{T}}y\geqslant u^{\mathrm{T}}\varphi(u)$,且 $u^{\mathrm{T}}\varphi(u)>0$,则系统是严格输入无源的。
- 如果对于某个函数 ρ,满足 $u^{\mathrm{T}}y\geqslant y^{\mathrm{T}}\rho(y)$,则系统是输出反馈无源的。

- 如果 $\forall y \neq 0$，使 $u^{\mathrm{T}} y \geqslant y^{\mathrm{T}} \rho(y)$，且 $y^{\mathrm{T}} \rho(y) > 0$，则系统是严格输出无源的。

在各种情况下，不等式对所有 (t, u) 均成立。

下面考虑标量函数 $y = h(t, u)$，对所有 (t, u) 满足不等式

$$\alpha u^2 \leqslant u h(t, u) \leqslant \beta u^2 \tag{6.2}$$

其中 α 与 β 是实数，且 $\beta \geqslant \alpha$。该函数的曲线属于一个扇形区域，其边界为直线 $y = \alpha u$ 和 $y = \beta u$，我们说 h 属于扇形区域 $[\alpha, \beta]$。图 6.6 所示为当 $\beta > 0$，α 符号不同时的扇形区域 $[\alpha, \beta]$。如果满足严格不等式 (6.2) 的任何一边，则称 h 明显属于扇形区域 $(\alpha, \beta]$，$[\alpha, \beta)$ 或 (α, β)。将图 6.6 与图 6.4 和图 6.5 的扇形区域比较，说明扇形区域 $[\alpha, \beta]$ 内的函数是输入前馈无源性与严格输出无源性的结合，因为 $[\alpha, \beta]$ 是 $[\alpha, \infty]$ 和 $[0, \beta]$ 的交集。事实上可以证明，通过输入前馈和输出反馈序列运算，可以将这样的函数转换为属于扇形区域 $[0, \infty]$ 的函数。在证明之前，将扇形区域的定义拓展到向量情况，为此，注意到式 (6.2) 等价于对于所有 (t, u)，有

$$[h(t, u) - \alpha u][h(t, u) - \beta u] \leqslant 0 \tag{6.3}$$

在向量情况下，我们首先考虑解耦为式 (6.1) 函数 $h(u, t)$，假设每个分量 h_i 满足扇形区域条件式 (6.2)，式中 α_i 和 β_i 为常数，且 $\beta_i > \alpha_i$。取

$$K_1 = \mathrm{diag}(\alpha_1, \alpha_2, \cdots, \alpha_p), \quad K_2 = \mathrm{diag}(\beta_1, \beta_2, \cdots, \beta_p)$$

容易看出，对于所有 (t, u)，有

$$[h(t, u) - K_1 u]^{\mathrm{T}} [h(t, u) - K_2 u] \leqslant 0 \tag{6.4}$$

注意，$K = K_2 - K_1$ 是正定对称（对角）阵。不等式 (6.4) 对于更一般的向量函数也成立。例如，假设 $h(t, u)$ 对于所有 (t, u) 满足不等式

$$\|h(t, u) - Lu\|_2 \leqslant \gamma \|u\|_2$$

取 $K_1 = L - \gamma I$，$K_2 = L + \gamma I$，可写出

$$[h(t, u) - K_1 u]^{\mathrm{T}} [h(t, u) - K_2 u] = \|h(t, u) - Lu\|_2^2 - \gamma^2 \|u\|_2^2 \leqslant 0$$

同样，$K = K_2 - K_1$ 是正定对称（对角）阵，因此可利用不等式 (6.4) 作为向量情况中扇形区域 $[K_1, K_2]$ 的定义，其中 $K = K_2 - K_1$ 为正定对称矩阵。下一定义对扇形区域一词做了总结。

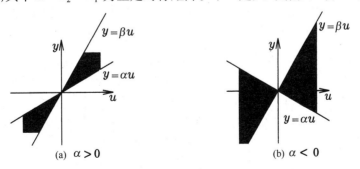

$$(a) \ \alpha > 0 \qquad (b) \ \alpha < 0$$

图 6.6 $\beta > 0$ 时的扇形区域 $[\alpha, \beta]$

定义 6.2 无记忆函数 $h : [0, \infty) \times R^P \to R^P$

- 如果 $u^{\mathrm{T}} h(t, u) \geqslant 0$，则函数属于扇形区域 $[0, \infty]$。
- 如果 $u^{\mathrm{T}} [h(t, u) - K_1 u] \geqslant 0$，则函数属于扇形区域 $[K_1, \infty]$。

- 如果 $h^T(t,u)[h(t,u) - K_2u] \leq 0, K_2 = K_2^T > 0$,则函数属于扇形区域$[0, K_2]$。
- 如果

$$[h(t,u) - K_1u]^T[h(t,u) - K_2u] \leq 0 \qquad (6.5)$$

其中 $K = K_2 - K_1 = K^T > 0$,则函数属于扇形区域$[K_1, K_2]$。

在各种情况下,对于所有(t,u)不等式均成立。如果在某种情况下不等式是严格的,则可将扇形区域写为$(0, \infty)$,(K_1, ∞),$(0, K_2)$或(K_1, K_2)。在标量情况下,可用$(\alpha, \beta]$,$[\alpha, \beta]$或(α, β)表示式(6.2)的一边或两边满足严格不等式。

扇形区域$[0, \infty]$对应于无源性,扇形区域$[K_1, \infty]$对应于输入前馈无源性,满足$\varphi(u) = K_1u$,扇形区域$[0, K_2]$,$K_2 = (1/\delta)I > 0$对应于严格输出无源性,满足$\rho(y) = \delta y$。我们将留给读者验证(见习题6.1)在扇形区域$[K_1, K_2]$内的函数,通过输入前馈与输出反馈连接,可转换为扇形区域$[0, \infty]$内的函数,如图6.7所示。

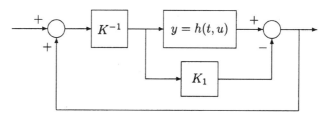

图6.7 在扇形区域$[K_1, K_2]$内的函数,其中$K = K_2 - K_1 = K^T > 0$,通过输入前馈和输出反馈的连接可转换为扇形区域$[0, \infty]$内的函数

6.2 状态模型

现在定义由状态模型

$$\dot{x} = f(x,u) \qquad (6.6)$$
$$y = h(x,u) \qquad (6.7)$$

表示的动力学系统的无源性,其中$f: R^n \times R^p \to R^n$是局部利普希茨的,$h: R^n \times R^p \to R^p$是连续的,且$f(0,0) = 0, h(0,0) = 0$。系统的输入端数和输出端数相同。用下面的RLC回路阐述此定义。

例6.1 图6.8所示的RLC电路是一个与电压源连接的RLC网络,该网络由线性电感、线性电容和非线性电阻组成。非线性电阻1和电阻3的v-i特性为$i_1 = h_1(v_1)$和$i_3 = h_3(v_3)$,而电阻2的i-v特性为$v_2 = h_2(i_2)$。取电压u作为输入,电流y作为输出。乘积uy就是注入网络的功率。把通过电感线圈的电流x_1和电容器两端的电压x_2作为状态变量,可写出如下状态模型:

$$L\dot{x}_1 = u - h_2(x_1) - x_2$$
$$C\dot{x}_2 = x_1 - h_3(x_2)$$
$$y = x_1 + h_1(u)$$

与电阻网络相比,RLC网络的特点是具有储能元件L和C。如果系统在任意一段时间$[0,t]$内吸收的能量大于或等于在同一时间内增加的存储能量,则该系统是无源的。即

$$\int_0^t u(s)y(s) \, ds \geq V(x(t)) - V(x(0)) \qquad (6.8)$$

其中 $V(x) = (1/2)Lx_1^2 + (1/2)Cx_2^2$ 是网络存储的能量。如果式 (6.8) 是严格不等式,则吸收的能量和系统增加的存储能量之差必然是电阻消耗的能量。因为不等式 (6.8) 对于每个 $t \geqslant 0$ 一定成立,所以瞬时功率不等式

$$u(t)y(t) \geqslant \dot{V}(x(t), u(t)) \tag{6.9}$$

一定对所有 t 都成立。即注入网络的功率必须大于或等于网络存储能量的变化率。可以通过计算 V 沿系统轨线的导数来研究不等式 (6.9)。我们有

$$\begin{aligned}
\dot{V} &= Lx_1\dot{x}_1 + Cx_2\dot{x}_2 = x_1[u - h_2(x_1) - x_2] + x_2[x_1 - h_3(x_2)] \\
&= x_1[u - h_2(x_1)] - x_2h_3(x_2) \\
&= [x_1 + h_1(u)]u - uh_1(u) - x_1h_2(x_1) - x_2h_3(x_2) \\
&= uy - uh_1(u) - x_1h_2(x_1) - x_2h_3(x_2)
\end{aligned}$$

这样,

$$uy = \dot{V} + uh_1(u) + x_1h_2(x_1) + x_2h_3(x_2)$$

如果 h_1, h_2 和 h_3 是无源的,则 $uy \geqslant \dot{V}$,系统是无源的。另外几种可能性通过网络的如下四种特例加以说明。

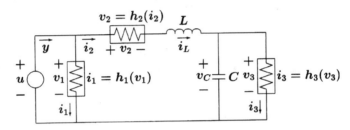

图 6.8　例 6.1 中的 RLC 回路

特例 1:如果 $h_1 = h_2 = h_3 = 0$,则 $uy = \dot{V}$,网络中无能量消耗,即系统是无损耗的。

特例 2:如果 h_2 和 h_3 属于扇形区域 $[0, \infty]$,则

$$uy \geqslant \dot{V} + uh_1(u)$$

$uh_1(u)$ 一项可代表过量或欠量无源性。如果对于所有 $u \neq 0$,$uh_1(u) > 0$,则存在过量无源性,因为在时间 $[0, t]$ 内系统吸收的能量大于存储能量的增加值,除非输入 $u(t)$ 恒等于零。这是严格输入无源性情况。另一方面,如果对于某些 u 值,$uh_1(u)$ 一项为负,则存在欠量无源性。正如我们看到的无记忆函数,这种过量或欠量无源性可通过输入前馈消除,如图 6.4(c) 所示。

特例 3:如果 $h_1 = 0, h_3 \in [0, \infty]$,则

$$uy \geqslant \dot{V} + yh_2(y)$$

h_2 的过量或欠量无源性对网络产生同一性质。同样,与无记忆函数类似,这种过量或欠量无源性可以通过输出反馈消除,如图 6.5(c) 所示。当对于所有 $y \neq 0$,$yh_2(y) > 0$ 时,输出是严格无源的,因为在 $[0, t]$ 时间内吸收的能量大于存储能量的增加,除非输出 $y(t)$ 恒等于零。

特例4：如果 $h_1 \in [0, \infty], h_2 \in (0, \infty), h_3 \in (0, \infty)$，则

$$uy \geq \dot{V} + x_1 h_2(x_1) + x_2 h_3(x_2)$$

其中 $x_1 h_2(x_1) + x_2 h_3(x_2)$ 是 x 的正定函数。这是严格状态无源性的情况，因为在 $[0, t]$ 时间内吸收的能量大于存储能量的增加，除非状态 $x(t)$ 恒等于零。具有这种性质的系统称为严格状态无源的，或简称为严格无源的。显而易见，在无记忆函数中因为没有状态，所以就没有类似情况。   △

定义6.3   如果存在一个连续可微的半正定函数 $V(x)$（称为存储函数），满足

$$u^{\mathrm{T}} y \geq \dot{V} = \frac{\partial V}{\partial x} f(x, u), \quad \forall (x, u) \in R^n \times R^p \tag{6.10}$$

则系统(6.6)~(6.7)称为无源的。此外，

- 如果 $u^{\mathrm{T}} y = \dot{V}$，则系统是无损耗的。

- 如果对于某个函数 φ，有 $u^{\mathrm{T}} y \geq \dot{V} + u^{\mathrm{T}} \varphi(u)$，则系统为输入前馈无源的。

- 如果 $u^{\mathrm{T}} y \geq \dot{V} + u^{\mathrm{T}} \varphi(u)$ 及 $u^{\mathrm{T}} \varphi(u) > 0, \forall u \neq 0$，则系统是严格输入无源的。

- 如果对某个函数 ρ，有 $u^{\mathrm{T}} y \geq \dot{V} + y^{\mathrm{T}} \rho(y)$，则系统是输出反馈无源的。

- 如果 $u^{\mathrm{T}} y \geq \dot{V} + y^{\mathrm{T}} \rho(y)$ 及 $y^{\mathrm{T}} \rho(y) > 0, \forall y \neq 0$，则系统是严格输出无源的。

- 如果对于某个正定函数 ψ，有 $u^{\mathrm{T}} y \geq \dot{V} + \psi(x)$，则系统是严格无源的。

在各种情况下，不等式应对于所有 (x, u) 均成立。

除了出现存储函数 $V(x)$，定义6.3与对于无记忆函数的定义6.1几乎相同。如果按照习惯对于无记忆函数令 $V(x) = 0$，则定义6.3既可用于状态模型，也可用于无记忆函数。

例6.2   如图6.9(a)所示，由 $\dot{x} = u, \qquad y = x$

表示的积分器为无损耗系统，因为以 $V(x) = (1/2)x^2$ 作为存储函数，有 $uy = \dot{V}$。当无记忆函数与积分器并联时，如图6.9(b)所示，系统可表示为

$$\dot{x} = u, \qquad y = x + h(u)$$

显然，系统是输入前馈无源的，因为并联通路 $h(u)$ 可以通过输入前馈消除。用 $V(x) = (1/2)x^2$ 作为存储函数，有 $uy = \dot{V} + uh(u)$。如果 $h \in [0, \infty]$，则系统是无源的。如果对于所有 $u \neq 0, uh(u) > 0$，则系统是严格输入无源的。当积分器和无记忆函数构成一个闭合回路时，如图6.9(c)所示，则系统可表示为

$$\dot{x} = -h(x) + u, \qquad y = x$$

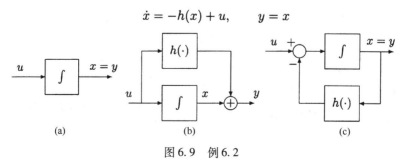

图6.9   例6.2

显然,系统是输出反馈无源的,因为反馈路径可以通过输出反馈消除。以 $V(x) = (1/2)x^2$ 作为存储函数,有 $uy = \dot{V} + yh(y)$。如果 $h \in [0, \infty]$,则系统是无源的。如果对于所有 $y \neq 0$,有 $yh(y) > 0$,则系统是严格输出无源的。 $\triangle$

例 6.3 图 6.10(a)所示为一个积分器与无记忆无源函数的级联,可用下式表示:

$$\dot{x} = u, \qquad y = h(x)$$

h 的无源性保证了对于所有 x 有 $\int_0^x h(\sigma)d\sigma \geq 0$。以 $V(x) = \int_0^x h(\sigma)d\sigma$ 作为存储函数,有 $\dot{V} = h(x)\dot{x} = yu$,因此系统是无损耗的。现假设积分器用传递函数 $1/(as+1)$ 代替,其中 $a > 0$,如图 6.10(b)所示,则系统可由状态模型

$$a\dot{x} = -x + u, \qquad y = h(x)$$

表示。用 $V(x) = a\int_0^x h(\sigma)d\sigma$ 作为存储函数,有

$$\dot{V} = h(x)(-x + u) = yu - xh(x) \leq yu$$

因此系统是无源的。当对于所有 $x \neq 0$,有 $xh(x) > 0$ 时,系统是严格无源的。 $\triangle$

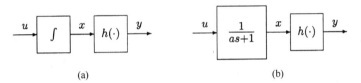

图 6.10 例 6.3

6.3 正实传递函数

定义 6.4 设有一个 $p \times p$ 正则有理传递函数矩阵 $G(s)$,如果

- $G(s)$ 所有元素的极点都满足 $\mathrm{Re}[s] \leq 0$,
- 对于所有实数 ω,$j\omega$ 不是 $G(s)$ 的任一元素的极点,矩阵 $G(j\omega) + G^{\mathrm{T}}(-j\omega)$ 是半正定的,
- $G(s)$ 任一元素的任一纯虚数极点 $j\omega$ 是单阶的,且留数矩阵 $\lim_{s \to j\omega}(s - j\omega)G(s)$ 是半正定厄米特(Hermit)矩阵。

则 $G(s)$ 是正实的。如果对于某个 $\varepsilon > 0$,$G(s - \varepsilon)$ 是正实的,则传递函数 $G(s)$ 称为严格正实的[①]。

当 $p = 1$ 时,定义 6.4 的第二个条件简化为 $\mathrm{Re}[G(j\omega)] \geq 0$,$\forall \omega \in R$,当 $G(j\omega)$ 的奈奎斯特曲线位于右半闭复平面时,该式成立。只有当传递函数的相对阶为 0 或 1 时[②],这一条件方可满足。

下一引理给出严格正实传递函数的等效特征。

引理 6.1 设 $G(s)$ 是一个 $p \times p$ 的正则有理传递函数矩阵,并假设 $\det[G(s) + G^{\mathrm{T}}(-s)]$ 不恒为零[③],如果 $G(s)$ 是严格正实的,则当且仅当

---

① 严格正实传递函数的定义在各文献中不一样(有关不同定义及其关系参见文献[206])。

② 有理传递函数 $G(s) = n(s)/d(s)$ 的相对阶定义为 $\deg d - \deg n$,对于正则传递函数,相对阶是非负整数。

③ 同样,$G(s) + G^{\mathrm{T}}(-s)$ 在 s 的有理函数域上有一个正常秩(normal rank)p。

- $G(s)$是赫尔维茨矩阵,即$G(s)$的所有元素极点的实部都为负,
- 对于所有$\omega \in R, G(j\omega) + G^{\mathrm{T}}(-j\omega)$是正定的,
- $G(\infty) + G^{\mathrm{T}}(\infty)$或者是正定的,或者是半正定的,且$\lim\limits_{\omega \to \infty}\omega^2(p-q)\det[G(j\omega) + G^{\mathrm{T}}(-j\omega)] > 0$,

  其中$q = \mathrm{rank}[G(\infty) + G^{\mathrm{T}}(\infty)]$。　　　　　　　　　　　　　　　$\diamondsuit$

证明:参见附录 C.11。　　　　　　　　　　　　　　　　　　　　　　　　$\square$

如果$G(\infty) + G^{\mathrm{T}}(\infty) = 0$,则可取$M = I$。在标量情况下$(p = 1)$,引理的频域条件简化为对于所有$\omega \in R, \mathrm{Re}[G(j\omega)] > 0$,并且$G(\infty) > 0$或$G(\infty) = 0$,以及$\lim\limits_{\omega \to \infty}\omega^2\mathrm{Re}[G(j\omega)] > 0$。

例 6.4 传递函数$G(s) = 1/s$是正实的,因为它没有满足$\mathrm{Re}[s] > 0$的极点,仅在$s = 0$有一个单极点,其留数为 1,且

$$\mathrm{Re}[G(j\omega)] = \mathrm{Re}\left[\frac{1}{j\omega}\right] = 0, \quad \forall \omega \neq 0$$

但该传递函数不是严格正实的,因为对于任意$\varepsilon > 0, 1/(s - \varepsilon)$有满足$\mathrm{Re}[s] > 0$的极点。当$a > 0$时,传递函数$G(s) = 1/(s + a)$是正实的,因为没有$\mathrm{Re}[s] \geq 0$的极点,且

$$\mathrm{Re}[G(j\omega)] = \frac{a}{\omega^2 + a^2} > 0, \quad \forall \omega \in R$$

由于对于每个$a > 0$都如此,可看出对于每个$\varepsilon \in (0, a)$,传递函数$G(s - \varepsilon) = 1/(s + a - \varepsilon)$是正实的。所以,$G(s) = 1/(s + a)$是严格正实的。注意到

$$\lim_{\omega \to \infty}\omega^2\mathrm{Re}[G(j\omega)] = \lim_{\omega \to \infty}\frac{\omega^2 a}{\omega^2 + a^2} = a > 0$$

由引理 6.1 可得出相同的结论。传递函数

$$G(s) = \frac{1}{s^2 + s + 1}$$

不是正实的,因为其相对阶是 2。通过计算

$$\mathrm{Re}[G(j\omega)] = \frac{1 - \omega^2}{(1 - \omega^2)^2 + \omega^2} < 0, \quad \forall |\omega| > 1$$

也可以看出这一点。考虑2×2传递函数矩阵

$$G(s) = \frac{1}{s + 1}\begin{bmatrix} 1 & 1 \\ 1 & 1 \end{bmatrix}$$

这里不能应用引理 6.1,因为对于任意$s, \det[G(s) + G^{\mathrm{T}}(-s)] \equiv 0$。然而,通过验证定义 6.4 的条件可知$G(s)$是严格正实的。注意,当$\varepsilon < 1$时,$G(s - \varepsilon)$各元素的极点都满足$\mathrm{Re}[s] < 0$,且

$$G(j\omega - \varepsilon) + G^{\mathrm{T}}(-j\omega - \varepsilon) = \frac{2(1 - \varepsilon)}{\omega^2 + (1 - \varepsilon)^2}\begin{bmatrix} 1 & 1 \\ 1 & 1 \end{bmatrix}$$

对于所有$\omega \in R$都是半正定的。同样,2×2传递函数矩阵

$$G(s) = \frac{1}{s + 1}\begin{bmatrix} s + 1 & 1 \\ -1 & 2s + 1 \end{bmatrix}$$

是严格正实的,但此时$\det[G(s) + G^{\mathrm{T}}(-s)]$不恒为零。应用引理 6.1 也可得出相同的结论,因为$G(\infty) + G^{\mathrm{T}}(\infty)$是正定的,且

$$G(j\omega) + G^T(-j\omega) = \frac{2}{\omega^2 + 1} \begin{bmatrix} \omega^2 + 1 & -j\omega \\ j\omega & 2\omega^2 + 1 \end{bmatrix}$$

对于所有 $\omega \in R$ 是正定的。最后,对 2×2 传递函数矩阵

$$G(s) = \begin{bmatrix} \frac{s+2}{s+1} & \frac{1}{s+2} \\ \frac{-1}{s+2} & \frac{2}{s+1} \end{bmatrix}$$

有

$$G(\infty) + G^T(\infty) = \begin{bmatrix} 2 & 0 \\ 0 & 0 \end{bmatrix}$$

可以验证,对于所有 $\omega \in R$,

$$G(j\omega) + G^T(-j\omega) = \begin{bmatrix} \frac{2(2+\omega^2)}{1+\omega^2} & \frac{-2j\omega}{4+\omega^2} \\ \frac{2j\omega}{4+\omega^2} & \frac{4}{1+\omega^2} \end{bmatrix}$$

是正定的,并且

$$\lim_{\omega \to \infty} \omega^2 \det[G(j\omega) + G^T(-j\omega)] = 4$$

因而,由引理 6.1 可知 $G(s)$ 是严格正实的。 △

正实传递函数的无源性性质可用下面两个引理给予证明,它们分别是正实引理和 Kalman-Yakubovich-Popov 引理。这两个引理给出了正实传递函数和严格正实传递函数的代数特性。

引理 6.2 (正实引理) 设 $G(s) = C(sI-A)^{-1}B + D$ 是 $p \times p$ 传递函数矩阵,其中 (A,B) 是可控制的,(A,C) 是可观测的。当且仅当存在矩阵 $P = P^T > 0$,L 和 W 满足

$$PA + A^T P = -L^T L \tag{6.11}$$

$$PB = C^T - L^T W \tag{6.12}$$

$$W^T W = D + D^T \tag{6.13}$$

时,$G(s)$ 是正实的。 △

证明: 参见附录 C.12。 □

引理 6.3 (Kalman-Yakubovich-Popov 引理) 设 $G(s) = C(sI-A)^{-1}B + D$ 是 $p \times p$ 传递函数矩阵,其中 (A,B) 是可控制的,(A,C) 是可观测的。当且仅当存在矩阵 $P = P^T > 0$,L,W 和正常数 ε,满足

$$PA + A^T P = -L^T L - \varepsilon P \tag{6.14}$$

$$PB = C^T - L^T W \tag{6.15}$$

$$W^T W = D + D^T \tag{6.16}$$

时,$G(s)$ 是严格正实的。 ◇

证明: 假设存在 $P = P^T > 0$,L,W 和 $\varepsilon > 0$ 满足式(6.14)到式(6.16),令 $\mu = \varepsilon/2$,回顾 $G(s-\mu) = C(sI - \mu I - A)^{-1}B + D$。由式(6.14),有

$$P(A + \mu I) + (A + \mu I)^T P = -L^T L \tag{6.17}$$

由引理 6.2 可得 $G(s-\mu)$ 是正实的,因此 $G(s)$ 是严格正实的。另一方面,假设 $G(s)$ 是严格正

实的,则存在 $\mu > 0$,使 $G(s - \mu)$ 为正实的。由引理 6.2 可得存在矩阵 $P = P^T > 0$, L 和 W,满足式(6.15)到式(6.17)。令 $\varepsilon = 2\mu$,即证明 P, L 和 W 满足式(6.14)到式(6.16)。　□

引理 6.4　线性时不变最小实现为
$$
\begin{aligned}
\dot{x} &= Ax + Bu \\
y &= Cx + Du
\end{aligned}
$$

$$G(s) = C(sI - A)^{-1}B + D,$$

- 如果 $G(s)$ 是正实的,则系统是无源的;
- 如果 $G(s)$ 是严格正实的,则系统是严格无源的。　◇

证明:分别应用引理 6.2 和引理 6.3,并用 $V(x) = (1/2)x^T Px$ 作为存储函数。

$$
\begin{aligned}
u^T y - \frac{\partial V}{\partial x}(Ax + Bu) &= u^T(Cx + Du) - x^T P(Ax + Bu) \\
&= u^T Cx + \tfrac{1}{2}u^T(D + D^T)u - \tfrac{1}{2}x^T(PA + A^T P)x - x^T PBu \\
&= u^T(B^T P + W^T L)x + \tfrac{1}{2}u^T W^T Wu \\
&\quad + \tfrac{1}{2}x^T L^T Lx + \tfrac{1}{2}\varepsilon x^T Px - x^T PBu \\
&= \tfrac{1}{2}(Lx + Wu)^T(Lx + Wu) + \tfrac{1}{2}\varepsilon x^T Px \geq \tfrac{1}{2}\varepsilon x^T Px
\end{aligned}
$$

在引理 6.2 的情况下,$\varepsilon = 0$,可推出系统是无源的。在引理 6.3 的情况下,$\varepsilon > 0$,可推出系统是严格无源的。　□

6.4　$\mathcal{L}_2$ 稳定性和李雅普诺夫稳定性

本节将研究无源系统
$$
\begin{aligned}
\dot{x} &= f(x, u) & (6.18) \\
y &= h(x, u) & (6.19)
\end{aligned}
$$

的 $\mathcal{L}_2$ 稳定性和李雅普诺夫稳定性,其中 $f: R^n \times R^p \to R^n$ 是局部利普希茨的,$h: R^n \times R^p \to R^p$ 是连续的,且 $f(0,0) = 0$, $h(0,0) = 0$。

引理 6.5　如果系统(6.18) ~ (6.19)是严格输出无源的,且对于某个 $\delta > 0$, $u^T y \geq \dot{V} + \delta y^T y$,则系统是有限增益 $\mathcal{L}_2$ 稳定的,且其 $\mathcal{L}_2$ 增益小于或等于 $1/\delta$。　◇

证明:存储函数 $V(x)$ 的导数满足
$$
\begin{aligned}
\dot{V} &\leq u^T y - \delta y^T y = -\frac{1}{2\delta}(u - \delta y)^T(u - \delta y) + \frac{1}{2\delta}u^T u - \frac{\delta}{2}y^T y \\
&\leq \frac{1}{2\delta}u^T u - \frac{\delta}{2}y^T y
\end{aligned}
$$

两边在 $[0, \tau]$ 范围内积分,得
$$
\int_0^\tau y^T(t)y(t)\, dt \leq \frac{1}{\delta^2}\int_0^\tau u^T(t)u(t)\, dt - \frac{2}{\delta}[V(x(\tau)) - V(x(0))]
$$

因此有
$$
\|y_\tau\|_{\mathcal{L}_2} \leq \frac{1}{\delta}\|u_\tau\|_{\mathcal{L}_2} + \sqrt{\frac{2}{\delta}V(x(0))}
$$

其中用到 $V(x) \geq 0$ 和 $\sqrt{a^2 + b^2} \leq a + b$, a 和 b 是非负数。　□

引理 6.6 如果系统(6.18)～(6.19)是无源的,其正定存储函数为 $V(x)$,则 $\dot{x} = f(x,0)$ 的原点是稳定的。 ◇

证明: 取 V 作为 $\dot{x} = f(x,0)$ 的备选李雅普诺夫函数,则 $\dot{V} \leqslant 0$。 □

为证明 $\dot{x} = f(x,0)$ 在原点的渐近稳定性,需要证明 $\dot{V}$ 是负定的,或应用不变原理。在下面的引理中,我们通过考虑当 $y = 0$ 时 $\dot{V} = 0$ 的情况应用不变原理,然后对 $u = 0$ 时方程(6.18)的所有解要求附加性质

$$y(t) \equiv 0 \Rightarrow x(t) \equiv 0 \tag{6.20}$$

同样,除了平凡解 $x(t) \equiv 0$,$\dot{x} = f(x,0)$ 的解都不可能保持在 $S = \{x \in R^n \mid h(x,0) = 0\}$ 内。式(6.20)的性质可以解释为可观测性条件。回顾线性系统

$$\dot{x} = Ax, \qquad y = Cx$$

其可观测性等价于 $\qquad y(t) = Ce^{At}x(0) \equiv 0 \Leftrightarrow x(0) = 0 \Leftrightarrow x(t) \equiv 0$

为便于参考,定义式(6.20)为系统的一个可观测性性质。

定义 6.5 对于系统(6.18)～(6.19),如果除了平凡解 $x(t) \equiv 0$,方程 $\dot{x} = f(x,0)$ 没有其他解能保持在 $S = \{x \in R^n \mid h(x,0) = 0\}$ 内,则该系统是零状态可观测的。

引理 6.7 考虑系统(6.18)～(6.19),如果系统是严格无源的,或严格输出无源且零状态是可观测的,则 $\dot{x} = f(x,0)$ 的原点是渐近稳定的。此外,如果存储函数是径向无界的,则原点是全局渐近稳定的。 ◇

证明: 假设系统是严格无源的,并设 $V(x)$ 是其存储函数。则 $u = 0$ 时,$\dot{V}$ 满足不等式 $\dot{V} \leqslant -\psi(x)$,这里 $\psi(x)$ 是正定的。我们可以利用这个不等式证明 $V(x)$ 是正定的。特别是对任意的 $x \in R^n$,方程 $\dot{x} = f(x,0)$ 有一个解 $\phi(t;x)$,在 $t = 0$ 时刻始于 x 并定义在某个区间 $[0,\delta]$ 内。对于不等式 $\dot{V} \leqslant -\psi(x)$,两边积分得

$$V(\phi(\tau,x)) - V(x) \leqslant -\int_0^\tau \psi(\phi(t;x)) \, dt, \quad \forall \, \tau \in [0,\delta]$$

利用 $V(\phi(\tau,x)) \geqslant 0$,得 $\qquad V(x) \geqslant \int_0^\tau \psi(\phi(t;x)) \, dt$

现在假设存在 $\bar{x} \neq 0$,使 $V(\bar{x}) = 0$,前面的不等式表示

$$\int_0^\tau \psi(\phi(t;\bar{x})) \, dt = 0, \; \forall \, \tau \in [0,\delta] \; \Rightarrow \; \psi(\phi(t;\bar{x})) \equiv 0 \; \Rightarrow \; \phi(t;\bar{x}) \equiv 0 \; \Rightarrow \; \bar{x} = 0$$

这与 $\bar{x} \neq 0$ 的假设矛盾。因此对于所有 $x \neq 0$,有 $V(x) > 0$,该 $V(x)$ 满足作为备选李雅普诺夫函数的要求,又因为 $\dot{V}(x) \leqslant -\psi(x)$,可知原点是渐近稳定的。

现假设系统是严格输出无源的,并设 $V(x)$ 为其存储函数,则当 $u = 0$ 时,$\dot{V}$ 满足不等式 $\dot{V} \leqslant -y^T\rho(y)$,其中对于所有 $y \neq 0$,有 $y^T\rho(y) > 0$。重复先前的论证,可利用不等式证明 $V(x)$ 是正定的。特别地,对于任意 $x \in R^n$,有

$$V(x) \geqslant \int_0^\tau h^T(\phi(t;x),0)\rho(h(\phi(t;x),0)) \, dt$$

现假设存在 $\bar{x} \neq 0$,使 $V(\bar{x}) = 0$。前面的不等式表示

$$\int_0^\tau h^{\mathrm{T}}(\phi(t;\bar{x}),0)\rho(h(\phi(t;\bar{x}),0))\, dt = 0, \quad \forall \tau \in [0,\delta] \quad \Rightarrow \quad h(\phi(t;\bar{x}),0) \equiv 0$$

由零状态可观测性,有

$$\phi(t;\bar{x}) \equiv 0 \quad \Rightarrow \quad \bar{x} = 0$$

因此对于所有 $x \neq 0$,有 $V(x) > 0$。该 $V(x)$ 可作为备选李雅普诺夫函数,且因为 $\dot{V}(x) \leqslant -y^{\mathrm{T}}\rho(y)$ 和 $y(t) \equiv 0 \Rightarrow x(t) \equiv 0$,由不变原理推出原点是渐近稳定的。最后,如果 $V(x)$ 是径向无界的,则可分别由定理4.2和推论4.2推断出全局渐近稳定性。 $\qquad\square$

例6.5 考虑一个 p 输入-p 输出系统[1]

$$\begin{aligned}\dot{x} &= f(x) + G(x)u \\ y &= h(x)\end{aligned}$$

其中 f 和 G 是局部利普希茨的,h 是连续的,且 $f(0)=0, h(0)=0$。假设存在连续可微的半正定函数 $V(x)$,满足

$$\frac{\partial V}{\partial x}f(x) \leqslant 0, \qquad \frac{\partial V}{\partial x}G(x) = h^{\mathrm{T}}(x)$$

则

$$u^{\mathrm{T}}y - \frac{\partial V}{\partial x}[f(x) + G(x)u] = u^{\mathrm{T}}h(x) - \frac{\partial V}{\partial x}f(x) - h^{\mathrm{T}}(x)u = -\frac{\partial V}{\partial x}f(x) \geqslant 0$$

这表明系统是无源的。如果 $V(x)$ 是正定的,则可得 $\dot{x}=f(x)$ 的原点是稳定的。如果有更严格的条件

$$\frac{\partial V}{\partial x}f(x) \leqslant -kh^{\mathrm{T}}(x)h(x), \qquad \frac{\partial V}{\partial x}G(x) = h^{\mathrm{T}}(x)$$

$k > 0$,则

$$u^{\mathrm{T}}y - \frac{\partial V}{\partial x}[f(x) + G(x)u] \geqslant ky^{\mathrm{T}}y$$

且系统是严格输出无源的,$\rho(y) = ky$。由引理6.5可知,系统是有限增益 $\mathcal{L}_2$ 稳定的,且其 $\mathcal{L}_2$ 增益小于或等于 $1/k$。另外,如果系统是零状态可观测的,则 $\dot{x}=f(x)$ 的原点是渐近稳定的。进一步,如果 $V(x)$ 是径向无界的,则原点将是全局渐近稳定的。 $\qquad\triangle$

例6.6 考虑一个单输入-单输出系统[2]

$$\begin{aligned}\dot{x}_1 &= x_2 \\ \dot{x}_2 &= -ax_1^3 - kx_2 + u \\ y &= x_2\end{aligned}$$

其中 a 和 k 是正常数。仍以正定的径向无界函数 $V(x) = (1/4)ax_1^4 + (1/2)x_2^2$ 作为备选存储函数。其导数 $\dot{V}$ 由下式给出:

$$\dot{V} = ax_1^3 x_2 + x_2(-ax_1^3 - kx_2 + u) = -ky^2 + yu$$

因此系统是严格输出无源的,$\rho(y) = ky$。由引理6.5可得系统是有限增益 $\mathcal{L}_2$ 稳定的,其 $\mathcal{L}_2$ 增益小于或等于 $1/k$。此外当 $u = 0$ 时,

$$y(t) \equiv 0 \quad \Rightarrow \quad x_2(t) \equiv 0 \quad \Rightarrow \quad ax_1^3(t) \equiv 0 \quad \Rightarrow \quad x_1(t) \equiv 0$$

因此系统是零状态可观测的。由引理6.7可知无激励系统在原点是全局稳定的。 $\qquad\triangle$

---

[1] 例5.9和例5.10研究了系统的 $\mathcal{L}_2$ 稳定性。

[2] 例5.8和例4.9研究了系统的 $\mathcal{L}_2$ 稳定性和李雅普诺夫稳定性。

6.5 反馈系统:无源性定理

考虑图 6.11 所示的反馈连接,反馈分支 H_1 和 H_2 的其中一个是时不变动力学系统,其状态方程表示为

$$\dot{x}_i = f_i(x_i, e_i) \qquad (6.21)$$

$$y_i = h_i(x_i, e_i) \qquad (6.22)$$

另一个(可能是时变的)是无记忆函数,表示为

$$y_i = h_i(t, e_i) \qquad (6.23)$$

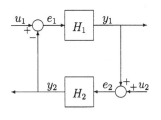

图 6.11　反馈连接,图中 u_1, y_1, u_2 和 y_2 可以是同维向量

我们感兴趣的是,利用反馈分支 H_1 和 H_2 的无源性分析反馈连接的稳定性。仍然研究 $\mathcal{L}_2$ 稳定性和李雅普诺夫稳定性。我们要求反馈连接具有明确定义的状态模型。当 H_1 和 H_2 都是动力学系统时,其闭环状态模型为

$$\dot{x} = f(x, u) \qquad (6.24)$$

$$y = h(x, u) \qquad (6.25)$$

其中

$$x = \begin{bmatrix} x_1 \\ x_2 \end{bmatrix}, \quad u = \begin{bmatrix} u_1 \\ u_2 \end{bmatrix}, \quad y = \begin{bmatrix} y_1 \\ y_2 \end{bmatrix}$$

假设 f 是局部利普希茨的,h 是连续的,且 $f(0,0)=0$,$h(0,0)=0$。容易验证,如果方程

$$e_1 = u_1 - h_2(x_2, e_2) \qquad (6.26)$$

$$e_2 = u_2 + h_1(x_1, e_1) \qquad (6.27)$$

对于每个 (x_1, x_2, u_1, u_2) 有唯一解 (e_1, e_2),则反馈连接具有明确定义的状态模型。性质 $f(0,0)=0$ 和 $h(0,0)=0$ 是由 $f_i(0,0)=0$ 和 $h_i(0,0)=0$ 推出的。容易看出,如果 h_1 与 e_1 无关或 h_2 与 e_2 无关,则方程(6.26)和方程(6.27)将总有唯一解。此时,闭环状态模型的函数 f 和 h 仍具有反馈分支 f_i 和 h_i 的光滑特性。特别地,如果 f_i 和 h_i 是局部利普希茨的,则 f 和 h 也将是局部利普希茨的。对于线性系统,要求 h_i 独立于 e_i 等价于要求 H_i 的传递函数是严格正则的[1]。

当有一个分支,比如说 H_1 是动力学系统,另一个分支是无记忆函数时,闭环状态模型为

$$\dot{x} = f(t, x, u) \qquad (6.28)$$

$$y = h(t, x, u) \qquad (6.29)$$

其中

$$x = x_1, \quad u = \begin{bmatrix} u_1 \\ u_2 \end{bmatrix}, \quad y = \begin{bmatrix} y_1 \\ y_2 \end{bmatrix}$$

假设 f 对 t 分段连续,对 (x, u) 是局部利普希茨的,h 对 t 分段连续,对 (x, u) 连续,且 $f(t,0,0)=0$,$h(t,0,0)=0$。如果方程

$$e_1 = u_1 - h_2(t, e_2) \qquad (6.30)$$

$$e_2 = u_2 + h_1(x_1, e_1) \qquad (6.31)$$

对于每个 (x_1, t, u_1, u_2) 都有唯一解 (e_1, e_2),则反馈连接有明确定义的状态模型。当 h_1 与 e_1 无

---

[1]　在习题 6.12 中进一步讨论了方程(6.26)和方程(6.27)的解的存在性。

关时,就是这种情况。如果两个分支都是无记忆函数,那么这种情况就不重要了,特别是状态 x 不存在的情况。此时反馈连接表示为 $y = h(t, u)$。

我们从下面的基本性质开始分析。

定理 6.1 两无源系统的反馈连接仍是无源系统。   ◇

证明:设 $V_1(x_1)$ 和 $V_2(x_2)$ 分别是 H_1 和 H_2 的存储函数,如果任一分支是无记忆函数,取 $V_i = 0$,则
$$e_i^T y_i \geq \dot{V}_i$$
由图 6.11 所示的反馈连接可知
$$e_1^T y_1 + e_2^T y_2 = (u_1 - y_2)^T y_1 + (u_2 + y_1)^T y_2 = u_1^T y_1 + u_2^T y_2$$
因此
$$u^T y = u_1^T y_1 + u_2^T y_2 \geq \dot{V}_1 + \dot{V}_2$$
取 $V(x) = V_1(x_1) + V_2(x_2)$ 为反馈连接的存储函数,得
$$u^T y \geq \dot{V}$$

利用定理 6.1 和上一节里关于无源系统的稳定性性质,可以直接得出反馈连接稳定性的结论。首先讨论 $\mathcal{L}_2$ 稳定性,下一个引理是引理 6.5 的一个直接结果。   □

引理 6.8 两个严格输出无源系统,满足
$$e_i^T y_i \geq \dot{V}_i + \delta_i y_i^T y_i, \quad \delta_i > 0$$
其反馈连接是有限增益 $\mathcal{L}_2$ 稳定的,且 $\mathcal{L}_2$ 增益小于或等于 $1/\min\{\delta_1, \delta_2\}$。   ◇

证明:取 $V = V_1 + V_2, \delta = \min\{\delta_1, \delta_2\}$,有
$$
\begin{aligned}
u^T y &= e_1^T y_1 + e_2^T y_2 \geq \dot{V}_1 + \delta_1 y_1^T y_1 + \dot{V}_2 + \delta_2 y_2^T y_2 \\
&\geq \dot{V} + \delta(y_1^T y_1 + y_2^T y_2) = \dot{V} + \delta y^T y
\end{aligned}
$$

引理 6.5 的证明说明,利用不等式
$$u^T y \geq \dot{V} + \delta y^T y \tag{6.32}$$
得出不等式
$$\dot{V} \leq \frac{1}{2\delta} u^T u - \frac{\delta}{2} y^T y \tag{6.33}$$

然后用其证明有限增益 $\mathcal{L}_2$ 稳定性。在引理 6.8 中,为反馈连接建立了不等式(6.32),进而推导出不等式(6.33)。然而,即使不等式(6.32)对于反馈连接不成立,仍可得出形如不等式(6.33)的不等式。这一思想用于下一个定理,以证明更具有普遍意义的结果,引理 6.8 为一个特例。   □

定理 6.2 考虑图 6.11 所示的反馈连接。假设对于某个存储函数 $V_i(x_i)$,各反馈分支满足不等式
$$e_i^T y_i \geq \dot{V}_i + \varepsilon_i e_i^T e_i + \delta_i y_i^T y_i, \quad i = 1, 2 \tag{6.34}$$
若
$$\varepsilon_1 + \delta_2 > 0, \quad \varepsilon_2 + \delta_1 > 0 \tag{6.35}$$
则从 u 到 y 的闭环映射是有限增益 $\mathcal{L}_2$ 稳定的。   ◇

证明:当 $i = 1, 2$ 时,将不等式(6.34)相加,并利用
$$
\begin{aligned}
e_1^T y_1 + e_2^T y_2 &= u_1^T y_1 + u_2^T y_2 \\
e_1^T e_1 &= u_1^T u_1 - 2u_1^T y_2 + y_2^T y_2 \\
e_2^T e_2 &= u_2^T u_2 + 2u_2^T y_1 + y_1^T y_1
\end{aligned}
$$

得出
$$\dot{V} \leqslant -y^{\mathrm{T}} L y - u^{\mathrm{T}} M u + u^{\mathrm{T}} N y$$

其中　　$L = \begin{bmatrix} (\varepsilon_2 + \delta_1)I & 0 \\ 0 & (\varepsilon_1 + \delta_2)I \end{bmatrix}, M = \begin{bmatrix} \varepsilon_1 I & 0 \\ 0 & \varepsilon_2 I \end{bmatrix}, N = \begin{bmatrix} I & 2\varepsilon_1 I \\ -2\varepsilon_2 I & I \end{bmatrix}$

且 $V(x) = V_1(x_1) + V_2(x_2)$。设 $a = \min\{\varepsilon_2 + \delta_1, \varepsilon_1 + \delta_2\} > 0, b = \|N\|_2 \geqslant 0$ 和 $c = \|M\|_2 \geqslant 0$，则

$$
\begin{aligned}
\dot{V} &\leqslant -a\|y\|_2^2 + b\|u\|_2\|y\|_2 + c\|u\|_2^2 \\
&= -\frac{1}{2a}(b\|u\|_2 - a\|y\|_2)^2 + \frac{b^2}{2a}\|u\|_2^2 - \frac{a}{2}\|y\|_2^2 + c\|u\|_2^2 \\
&\leqslant \frac{k^2}{2a}\|u\|_2^2 - \frac{a}{2}\|y\|_2^2
\end{aligned}
$$

其中 $k^2 = b^2 + 2ac$。在 $[0, \tau]$ 范围积分，利用 $V(x) \geqslant 0$，并取平方根，得

$$\|y_\tau\|_{\mathcal{L}_2} \leqslant \frac{k}{a}\|u_\tau\|_{\mathcal{L}_2} + \sqrt{2V(x(0))/a}$$

定理得证。　　　　　　　　　　　　　　　　　　　　　　　　　　　　　　　□

当 $\varepsilon_1 = \varepsilon_2 = 0, \delta_1 > 0, \delta_2 > 0$，式(6.34)成立时，定理 6.2 简化为引理 6.8。但条件(6.35)在其他几种情况下也是满足的，例如，当 H_1 和 H_2 都是严格输入无源的，对于某个 $\varepsilon_i > 0$，满足 $e_i^{\mathrm{T}} y_i \geqslant \dot{V}_i + \varepsilon_i u_i^{\mathrm{T}} u_i$ 时，就是这种情况。当有一个分支(譬如 H_1)是无源的，而另一个分支在 ε_2 和 δ_2 为正时满足式(6.34)时，也会满足式(6.35)。我们更感兴趣的是，即使当某些常数 ε_i 和 δ_i 是负数时，式(6.35)也成立的情况。例如，一个负的 ε_1 可由正的 δ_2 补偿，这种情况即 H_1 的欠量无源性(在输入端)由 H_2 的过量无源性(在输出端)补偿。同样，负的 δ_2 可以由正的 ε_1 补偿，这种情况是 H_2 的欠量无源性(在输出端)由 H_1 的过量无源性(在输入端)补偿。

例 6.7　考虑　　$H_1: \begin{cases} \dot{x} = f(x) + G(x)e_1 \\ y_1 = h(x) \end{cases}$　　　和　　$H_2: y_2 = ke_2$

的反馈连接，其中 $k > 0, e_i, y_i \in R^p$。假设存在正定有界函数 $V_1(x)$，使得

$$\frac{\partial V_1}{\partial x} f(x) \leqslant 0, \qquad \frac{\partial V_1}{\partial x} G(x) = h^{\mathrm{T}}(x), \quad \forall x \in R^n$$

两个分支都是无源的。而且 H_2 满足

$$e_2^{\mathrm{T}} y_2 = ke_2^{\mathrm{T}} e_2 = \gamma k e_2^{\mathrm{T}} e_2 + \frac{(1-\gamma)}{k} y_2^{\mathrm{T}} y_2, \quad 0 < \gamma < 1$$

因此当 $\varepsilon_1 = \delta_1 = 0, \varepsilon_2 = \gamma k, \delta_2 = (1-\gamma)/k$ 时，式(6.34)得到满足，这说明式(6.35)也满足，由此得出从 u 到 y 的闭环映射是有限增益 $\mathcal{L}_2$ 稳定的。　　　　△

例 6.8　考虑　$H_1: \begin{cases} \dot{x}_1 = x_2 \\ \dot{x}_2 = -ax_1^3 - \sigma(x_2) + e_1 \\ y_1 = x_2 \end{cases}$　　和　　$H_2: y_2 = ke_2$

的反馈连接，其中 $\sigma \in [-\alpha, \infty], a > 0, \alpha > 0, k > 0$。如果 σ 在扇形区域 $[0, \infty]$ 内，就说明 H_1 是无源的，其存储函数为 $V_1(x) = (a/4)x_1^4 + (1/2)x_2^2$。当 $\sigma \in [-\alpha, \infty]$ 时，有

$$\dot{V}_1 = ax_1^3 x_2 - ax_1^3 x_2 - x_2\sigma(x_2) + x_2 e_1 \leqslant \alpha x_2^2 + x_2 e_1 = \alpha y_1^2 + y_1 e_1$$

因此，当 $\varepsilon_1 = 0$ 和 $\delta_1 = -\alpha$ 时，H_1 满足式(6.34)。又因为

$$e_2 y_2 = k e_2^2 = \gamma k e_2^2 + \frac{(1-\gamma)}{k} y_2^2, \quad 0 < \gamma < 1$$

所以当 $\varepsilon_2 = \gamma k, \delta_2 = (1-\gamma)/k$ 时,H_2 满足式(6.34)。如果 $k > \alpha$,则可选择 γ 使 $\gamma k > \alpha$,从而 $\varepsilon_1 + \delta_2 > 0$ 和 $\varepsilon_2 + \delta_1 > 0$。因此可得从 u 到 y 的闭环映射是有限增益 $\mathcal{L}_2$ 稳定的。 △

现在来研究反馈连接的李雅普诺夫稳定性。我们感兴趣的是,当输入 $u = 0$ 时闭环系统原点的稳定性及渐近稳定性。定理6.1和引理6.6明确给出了原点的稳定性,因此主要研究渐近稳定性。下面的定理是由定理6.1和引理6.7直接得出的。

定理6.3 考虑两个形如状态方程(6.21)~(6.22)的时不变动力学系统的反馈连接,如果

- 两个反馈分支都是严格无源的,
- 两个反馈分支都是严格输出无源的,且是零状态可观测的,或
- 一个分支是严格无源的,另外一个是严格输出无源的,且是零状态可观测的,

则闭环系统(6.24)(当 $u = 0$ 时)的原点是渐近稳定的。

进一步讲,如果每个分支的存储函数都是径向无界的,则原点是全局渐近稳定的。 ◇

证明: 设 $V_1(x_1)$ 和 $V_2(x_2)$ 分别是 H_1 和 H_2 的存储函数。正如引理6.7的证明,我们可以证明 $V_1(x_1)$ 和 $V_2(x_2)$ 都是正定函数。取 $V(x) = V_1(x_1) + V_2(x_2)$ 为闭环系统的备选李雅普诺夫函数。对于第一种情况,因为 $u = 0$,导数 $\dot{V}$ 满足

$$\dot{V} \leqslant u^T y - \psi_1(x_1) - \psi_2(x_2) = -\psi_1(x_1) - \psi_2(x_2)$$

所以原点是渐近稳定的。对于第二种情况,

$$\dot{V} \leqslant -y_1^T \rho_1(y_1) - y_2^T \rho_2(y_2)$$

其中,对所有 $y_i \neq 0$,有 $y_i^T \rho_i(y_i) > 0$。这里 $\dot{V}$ 只是半负定的,且 $\dot{V} = 0 \Rightarrow y = 0$。为了应用不变原理,需要证明 $y(t) \equiv 0 \Rightarrow x(t) \equiv 0$。注意,$y_2(t) \equiv 0 \Rightarrow e_1(t) \equiv 0$,且 H_1 的零状态可观测性说明 $y_1(t) \equiv 0 \Rightarrow x_1(t) \equiv 0$。同样有 $y_1(t) \equiv 0 \Rightarrow e_2(t) \equiv 0$,且 H_2 的零状态可观测性说明 $y_2(t) \equiv 0 \Rightarrow x_2(t) \equiv 0$。因此,原点是渐近稳定的。对于第三种情况($H_1$ 是严格无源分支),有

$$\dot{V} \leqslant -\psi_1(x_1) - y_2^T \rho_2(y_2)$$

且 $\dot{V} = 0$ 表示 $x_1 = 0, y_2 = 0$。注意,$y_2(t) \equiv 0 \Rightarrow e_1(t) \equiv 0$,连同 $x_1(t) \equiv 0$ 一起,表示 $y_1(t) \equiv 0$。因此 $e_2(t) \equiv 0$ 和 H_2 的零状态可观测性说明 $y_2(t) \equiv 0 \Rightarrow x_2(t) \equiv 0$。因此,原点是渐近稳定的。最后,如果 $V_1(x_1)$ 和 $V_2(x_2)$ 都是径向无界的,则 $V(x)$ 也一样,我们可以得出系统是全局渐近稳定的。 □

证明过程用到一个简单概念,即用反馈分支的存储函数之和作为反馈连接的备选李雅普诺夫函数。除了这个简单概念,证明的其余部分都直接适用李雅普诺夫分析法。事实上,这个分析是受限的,因为为了证明 $\dot{V} = \dot{V}_1 + \dot{V}_2 \leqslant 0$,要求 $\dot{V}_1 \leqslant 0$ 和 $\dot{V}_2 \leqslant 0$ 同时成立,显然这是不必要的。例如,$\dot{V}_1$ 这一项在某些区域是正的,但只要在同一区域的两个导数之和 $\dot{V} \leqslant 0$ 即可。这又一次表明一个分支的欠量无源性可以由其他分支的过量无源性补偿。例6.10和例6.11利用了这一思想,而例6.9直接应用了定理6.3。

例 6.9 考虑

$$H_1: \begin{cases} \dot{x}_1 = x_2 \\ \dot{x}_2 = -ax_1^3 - kx_2 + e_1 \\ y_1 = x_2 \end{cases} \quad \text{和} \quad H_2: \begin{cases} \dot{x}_3 = x_4 \\ \dot{x}_4 = -bx_3 - x_4^3 + e_2 \\ y_2 = x_4 \end{cases}$$

的反馈连接,其中 a, b 和 k 都是正常数。以 $V_1 = (a/4)x_1^4 + (1/2)x_2^2$ 作为 H_1 的存储函数,可得

$$\dot{V}_1 = ax_1^3 x_2 - ax_1^3 x_2 - kx_2^2 + x_2 e_1 = -ky_1^2 + y_1 e_1$$

因此,H_1 是严格输出无源的。此外,当 $e_1 = 0$ 时,有

$$y_1(t) \equiv 0 \iff x_2(t) \equiv 0 \implies x_1(t) \equiv 0$$

这表明 H_1 是零状态可观测的。以 $V_2 = (b/2)x_3^2 + (1/2)x_4^2$ 作为 H_2 的存储函数,可得

$$\dot{V}_2 = bx_3 x_4 - bx_3 x_4 - x_4^4 + x_4 e_2 = -y_2^4 + y_2 e_2$$

因此,H_2 是严格输出无源的。而且,当 $e_2 = 0$ 时,有

$$y_2(t) \equiv 0 \iff x_4(t) \equiv 0 \implies x_3(t) \equiv 0$$

这说明 H_2 是零状态可观测的。因此,根据定理 6.3 的第二种情况以及 V_1 和 V_2 是径向无界的,可得原点是全局渐近稳定的。 △

例 6.10 重新考虑上一例题的反馈连接,但是 H_1 的输出改变为 $y_1 = x_2 + e_1$。从表达式

$$\dot{V}_1 = -kx_2^2 + x_2 e_1 = -k(y_1 - e_1)^2 - e_1^2 + y_1 e_1$$

可断定 H_1 是无源的,但不能判断它是否为严格无源或严格输出无源的,因此不能应用定理 6.3。用

$$V = V_1 + V_2 = \tfrac{1}{4}ax_1^4 + \tfrac{1}{2}x_2^2 + \tfrac{1}{2}bx_3^2 + \tfrac{1}{2}x_4^2$$

作为闭环系统的备选李雅普诺夫函数,可得

$$\begin{aligned} \dot{V} &= -kx_2^2 + x_2 e_1 - x_4^4 + x_4 e_2 \\ &= -kx_2^2 - x_2 x_4 - x_4^4 + x_4(x_2 - x_4) \\ &= -kx_2^2 - x_4^4 - x_4^2 \leqslant 0 \end{aligned}$$

而且,$\dot{V} = 0$ 表示 $x_2 = x_4 = 0$,且有

$$x_2(t) \equiv 0 \implies ax_1^3(t) - x_4(t) \equiv 0 \implies x_1(t) \equiv 0$$

$$x_4(t) \equiv 0 \implies -bx_3(t) + x_2(t) \equiv 0 \implies x_3(t) \equiv 0$$

这样,根据不变原理及 V 的径向无界性,可得原点是全局渐近稳定的。 △

例 6.11 重新考虑例 4.8 和例 4.9 的系统

$$\begin{aligned} \dot{x}_1 &= x_2 \\ \dot{x}_2 &= -h_1(x_1) - h_2(x_2) \end{aligned}$$

其中,h_1 和 h_2 是局部利普希茨的,且属于扇形区域 $(0, \infty)$。该系统可看成图 6.12 反馈连接的状态模型,这里 H_1 是由积分器 x_2 与反馈支路 h_2 组成的负反馈环路,H_2 由积分器 x_1 和 h_1 的级联构成。在例 6.2 中看到,H_1 是严格输出无源的,其存储函数为 $V_1 = (1/2)x_2^2$。由例 6.3 可知,H_2 是无损耗的,其存储函数为 $V_2 = \int_0^{x_1} h_1(\sigma)\,d\sigma$。因为 H_2 既不是严格无源

的，也不是严格输出无源的，所以不能应用定理 6.3。然而，以 $V = V_1 + V_2 = \int_0^{x_1} h_1(\sigma)\,d\sigma + (1/2)x_2^2$ 作为备选李雅普诺夫函数，就可以进行原点的渐近稳定性研究。在例 4.8 和例 4.9 中已经证明原点是渐近稳定的，且如果 $\int_0^y h_1(z)\,dz$ 趋于无穷（$|y|$ 趋于无穷），则原点也是全局渐近稳定的。这里不再重述这两个例子的分析，但要注意，如果仅当 $y \in (-a, a)$ 时，$h_1(y)$ 和 $h_2(y)$ 属于扇形区域 $(0, \infty)$，则李雅普诺夫分析就被限制在原点周围的某个区域，由此得出局部渐近稳定性的结论，如例 4.8 所示。这表明无源性即使只在有限区域成立，而不是整个空间成立时，仍是李雅普诺夫分析的一个有用工具。

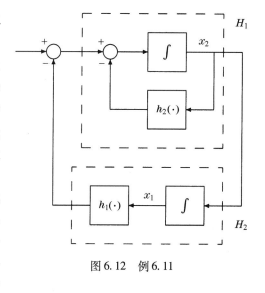

图 6.12　例 6.11

△

当反馈连接的一个分支是动力学系统，另一分支为无记忆函数时，可以用动力学系统的存储函数作为备选李雅普诺夫函数进行李雅普诺夫分析。但重要的是区分时变和时不变无记忆函数，因为对于前者，闭环系统是非自治系统，不能应用不变原理，如定理 6.3 的证明。下面两个定理将分别研究这两种情况。

定理 6.4　考虑形如系统 (6.21) ~ (6.22) 的严格无源时不变动力学系统与形如方程 (6.23) 的无源（可能时变）无记忆函数的反馈连接，闭环系统 (6.28)（当 $u = 0$ 时）的原点是一致渐近稳定的。而且，如果动力学系统的存储函数是径向无界的，则原点是全局一致渐近稳定定的。　　　　　　　　　　　◇

证明：按照引理 6.7 的证明，可以证明 $V_1(x_1)$ 是正定的，其导数为

$$\dot{V}_1 = \frac{\partial V_1}{\partial x_1} f_1(x_1, e_1) \leqslant e_1^{\mathrm{T}} y_1 - \psi_1(x_1) = -e_2^{\mathrm{T}} y_2 - \psi_1(x_1) \leqslant -\psi_1(x_1)　　　\square$$

该结论由定理 4.9 得出。

定理 6.5　考虑形如系统 (6.21) ~ (6.22) 的时不变动力学系统 H_1 与形如方程 (6.23) 的时不变无记忆函数 H_2 的反馈连接。假设 H_1 是零状态可观测的，且有一个正定存储函数，满足

$$e_1^{\mathrm{T}} y_1 \geqslant \dot{V}_1 + y_1^{\mathrm{T}} \rho_1(y_1) \tag{6.36}$$

H_2 满足

$$e_2^{\mathrm{T}} y_2 \geqslant e_2^{\mathrm{T}} \varphi_2(e_2) \tag{6.37}$$

那么如果

$$v^{\mathrm{T}} [\rho_1(v) + \varphi_2(v)] > 0, \quad \forall\, v \neq 0 \tag{6.38}$$

则闭环系统 (6.28)（当 $u = 0$ 时）的原点是渐近稳定的。进一步讲，如果 V_1 是径向无界的，则原点是全局渐近稳定的。　　　　　　　　　　　◇

证明：用 $V_1(x_1)$ 作为备选李雅普诺夫函数，得

$$\begin{aligned}
\dot{V}_1 &= \frac{\partial V_1}{\partial x_1} f_1(x_1, e_1) \leqslant e_1^T y_1 - y_1^T \rho_1(y_1) \\
&= -e_2^T y_2 - y_1^T \rho_1(y_1) \leqslant -[y_1^T \varphi_2(y_1) + y_1^T \rho_1(y_1)]
\end{aligned}$$

不等式(6.38)说明 $\dot{V}_1 \leqslant 0$ 和 $\dot{V}_1 = 0 \Rightarrow y_1 = 0$。由 $y_1(t) \equiv 0 \Rightarrow e_2(t) \equiv 0 \Rightarrow e_1(t) \equiv 0$ 可知，H_1 的零状态可观测性说明 $x_1(t) \equiv 0$，该结论由不变原理得出。 $\qquad\square$

例6.12 考虑一个严格正实传递函数与一个无源时不变无记忆函数的反馈连接，从引理6.4可知，动力学系统是严格无源的，其正定存储函数的形式为 $V(x) = (1/2) x^T P x$。从定理6.4得，闭环系统的原点是全局一致渐近稳定的。这是7.1节圆判据(circle criterion)的另一种说法。 $\qquad\triangle$

例6.13 考虑 $H_1: \begin{cases} \dot{x} = f(x) + G(x)e_1 \\ y_1 = h(x) \end{cases}$ 和 $H_2: y_2 = \sigma(e_2)$

的反馈连接，其中 $\sigma \in (0, \infty)$ 且 $e_i, y_i \in R^p$。假设存在径向无界的正定函数 $V_1(x)$，使得

$$\frac{\partial V_1}{\partial x} f(x) \leqslant 0, \quad \frac{\partial V_1}{\partial x} G(x) = h^T(x), \quad \forall\, x \in R^n$$

且 H_1 是零状态可观测的，两个分支都是无源的，而且 H_2 满足

$$e_2^T y_2 = e_2^T \sigma(e_2)$$

因此当 $\rho_1 = 0$ 时，条件(6.36)得以满足，且 $\varphi_2 = \sigma$ 时条件(6.37)得以满足。因为 $\sigma \in (0, \infty)$，故满足式(6.38)。由定理6.5可得闭环系统原点是全局渐近稳定的。 $\qquad\triangle$

作为本节的总结，我们提出环路变换，该变换拓展了无源性定理的应用。首先分析一个反馈连接，其两个反馈分支中有一个不是无源的，或不满足上述定理中的某个条件，但也许可以重新连接反馈支路，使其与原连接等效但具有希望的性质。先从利用恒定增益的环路变换说明这一步骤。假设 H_1 是时不变动力学系统，而 H_2(可能时变)是一个无记忆函数，属于扇形区域 $[K_1, K_2]$，其中 $K = K_2 - K_1$ 是正定对称阵。由6.1节可知，扇形区域 $[K_1, K_2]$ 内的函数可以通过输出反馈和输入前馈，转换为扇形区域 $[0, \infty]$ 内的函数，如图6.7所示。就原点的渐近稳定而言，H_2 的输入前馈可以被 H_1 的输出反馈抵消，如图6.13(b)所示，得到一个等效的反馈连接。同样，用 K^{-1} 左乘修改过的 H_2，可以通过用 K 右乘修改过的 H_1 抵消，如图6.13(c)所示。最后，在反馈路径上的输出反馈分支可以由在前向路径上的输入前馈分支抵消，如图6.13(d)所示。重构的反馈连接有两个分支 $\tilde{H}_1$ 和 $\tilde{H}_2$，其中 $\tilde{H}_2$ 是属于扇形区域 $[0, \infty]$ 的无记忆函数。如果 $\tilde{H}_1$ 满足定理的条件，则可以应用定理6.4和定理6.5。

例6.14 考虑 $H_1: \begin{cases} \dot{x}_1 = x_2 \\ \dot{x}_2 = -h(x_1) + bx_2 + e_1 \\ y_1 = x_2 \end{cases}$ 和 $H_2: y_2 = \sigma(e_2)$

的反馈连接，其中 $\sigma \in [\alpha, \beta], h \in [\alpha_1, \infty], b > 0, \alpha_1 > 0, k = \beta - \alpha > 0$。应用图6.13(d)所示的环路变换($K_1 = \alpha, K_2 = \beta$)，得到

$$\tilde{H}_1: \begin{cases} \dot{x}_1 = x_2 \\ \dot{x}_2 = -h(x_1) - ax_2 + \tilde{e}_1 \\ \tilde{y}_1 = kx_2 + \tilde{e}_1 \end{cases} \quad \text{和} \quad \tilde{H}_2: \tilde{y}_2 = \tilde{\sigma}(\tilde{e}_2)$$

的反馈连接,其中 $\tilde{\sigma} \in [0, \infty]$, $a = \alpha - b$。如果 $\alpha > b$,则可以证明(见习题6.4)$\tilde{H}_1$ 是严格无源的,其存储函数的形式为 $V_1 = k \int_0^{x_1} h(s)ds + x^{\mathrm{T}}Px$,其中 $P = P^{\mathrm{T}} > 0$。因此,由定理6.4可知,反馈连接的原点是全局渐近稳定的。   △

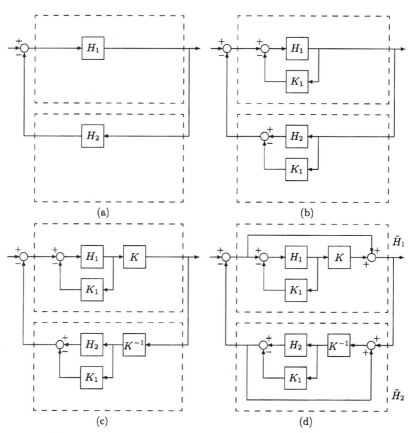

图 6.13   恒定增益的环路变换。扇形区域 $[K_1, K_2]$ 的无记忆

函数 $\tilde{H}_2$ 变换为扇形区域 $[0, \infty]$ 的无记忆函数 $\tilde{H}_2$

        下一步,我们以图6.14所示的动态乘法器讨论环路变换。假如 $W^{-1}(s)$ 存在,以传递函数 $W(s)$ 左乘 H_2 可被 $W^{-1}(s)$ 右乘 H_1 抵消。例如,当 H_2 为无源、时不变的无记忆函数 h 时,由例6.3可知,用传递函数 $1/(as+1)$ 左乘 h 得到严格无源的动力学系统。如果用 $(as+1)$ 右乘 H_1 得到一个严格无源系统或零状态可观测的严格输出无源系统,则应用定理6.3可得出原点的渐近稳定性。这一思想在下面两个例子中以 H_1 分别为线性和非线性两种情况加以说明。

例6.15   设 H_1 是一个线性时不变系统,其状态模型为

$$\dot{x} = Ax + Be_1, \quad y_1 = Cx$$

其中
$$A = \begin{bmatrix} 0 & 1 \\ -1 & -1 \end{bmatrix}, \quad B = \begin{bmatrix} 0 \\ 1 \end{bmatrix}, \quad C = \begin{bmatrix} 1 & 0 \end{bmatrix}$$

其系统传递函数 $1/(s^2+s+1)$ 的相对阶为2,因此不是正实函数。用 $(as+1)$ 右乘 H_1 得 $\tilde{H}_1$,可表示为状态模型

$$\dot{x} = Ax + Be_1, \quad \tilde{y}_1 = \tilde{C}x$$

其中 $\tilde{C} = C + aCA = \begin{bmatrix} 1 & a \end{bmatrix}$。如果 $a > 1$,则其传递函数 $(as + 1)/(s^2 + s + 1)$ 满足条件

$$\mathrm{Re}\left[\frac{1 + j\omega a}{1 - \omega^2 + j\omega}\right] = \frac{1 + (a-1)\omega^2}{(1 - \omega^2)^2 + \omega^2} > 0, \quad \forall \, \omega \in R$$

与

$$\lim_{\omega \to \infty} \omega^2 \, \mathrm{Re}\left[\frac{1 + j\omega a}{1 - \omega^2 + j\omega}\right] = a - 1 > 0$$

因此选择 $a > 1$ 就可以应用引理 6.1 和引理 6.4 得出 $\tilde{H}_1$ 是严格无源的,其存储函数为 $(1/2)x^{\mathrm{T}}Px$,P 对某个 L 及 $\varepsilon > 0$ 满足方程

$$PA + A^{\mathrm{T}}P = -L^{\mathrm{T}}L - \varepsilon P, \quad PB = \tilde{C}^{\mathrm{T}}$$

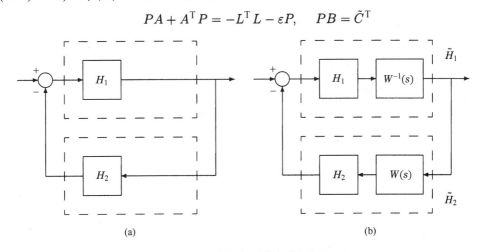

图 6.14 动态乘法器的环路变换

另一方面,设 H_2 由 $y_2 = h(e_2)$ 给出,其中 $h \in [0, \infty]$。由例 6.3 可知,以传递函数 $1/(as + 1)$ 左乘 h 得到一个严格无源性系统,其存储函数为 $a \int_0^{e_2} h(s)\,ds$。应用定理 6.3 证明变换后的反馈连接图 6.14(b)(零输入)的原点是渐近稳定的,其李雅普诺夫函数为 $V = (1/2)x^{\mathrm{T}}Px + a \int_0^{e_2} h(s)\,ds$。但要注意,变换后的反馈连接图 6.14(b) 有一个三维状态模型,而原反馈连接为二维状态模型。为说明原反馈连接原点的渐近稳定性,还要做更多的工作。如果利用变换后的反馈连接得出李雅普诺夫函数 V,并计算 V 相对于原反馈连接的导数,则可以减少这些额外的工作。这一导数为

$$\begin{aligned}
\dot{V} &= \tfrac{1}{2}x^{\mathrm{T}}P\dot{x} + \tfrac{1}{2}\dot{x}^{\mathrm{T}}Px + ah(e_2)\dot{e}_2 \\
&= \tfrac{1}{2}x^{\mathrm{T}}P[Ax - Bh(e_2)] + \tfrac{1}{2}[Ax - Bh(e_2)]^{\mathrm{T}}Px + ah(e_2)C[Ax - Bh(e_2)] \\
&= -\tfrac{1}{2}x^{\mathrm{T}}L^{\mathrm{T}}Lx - (\varepsilon/2)x^{\mathrm{T}}Px - x^{\mathrm{T}}\tilde{C}^{\mathrm{T}}h(e_2) + ah(e_2)CAx \\
&= -\tfrac{1}{2}x^{\mathrm{T}}L^{\mathrm{T}}Lx - (\varepsilon/2)x^{\mathrm{T}}Px - x^{\mathrm{T}}[C + aCA]^{\mathrm{T}}h(e_2) + ah(e_2)CAx \\
&= -\tfrac{1}{2}x^{\mathrm{T}}L^{\mathrm{T}}Lx - (\varepsilon/2)x^{\mathrm{T}}Px - e_2^{\mathrm{T}}h(e_2) \leqslant -(\varepsilon/2)x^{\mathrm{T}}Px
\end{aligned}$$

这说明原点是渐近稳定的。事实上,由于 V 是径向无界的,可得出原点是全局渐近稳定的。 △

例 6.16 考虑 $H_1:\begin{cases} \dot{x}_1 = x_2 \\ \dot{x}_2 = -bx_1^3 - kx_2 + e_1 \\ y_1 = x_1 \end{cases}$ 和 $\quad H_2: y_2 = h(e_2)$

的反馈连接,其中 $b>0,k>0,h\in[0,\infty]$。以 $(as+1)$ 右乘 H_1 得到由同一状态方程表示的系统 $\tilde{H}_1$,但具有新的输出 $\tilde{y}=x_1+ax_2$。用 $V_1=(1/4)bx_1^4+(1/2)x^{\mathrm{T}}Px$ 作为 $\tilde{H}_1$ 的备选存储函数,可得

$$\dot{V}_1 = b(1-p_{22})x_1^3x_2-p_{12}bx_1^4+(p_{11}x_1+p_{12}x_2)x_2$$
$$-(p_{12}x_1+p_{22}x_2)kx_2+(p_{12}x_1+p_{22}x_2)e_1$$

取 $p_{11}=k,p_{12}=p_{22}=1,a=1$,并假设 $k>1$,可得

$$\dot{V}_1=-bx_1^4-(k-1)x_2^2+\tilde{y}_1e_1$$

说明 $\tilde{H}_1$ 是严格无源的。另一方面,以传递函数 $1/(s+1)$ 左乘 h 得到一个严格无源系统,其存储函数为 $\int_0^{e_2}h(s)\,ds$。利用该(变换后反馈连接的)存储函数

$$V=(1/4)bx_1^4+(1/2)x^{\mathrm{T}}Px+\int_0^{e_2}h(s)\,ds$$

作为原反馈连接(当 $u=0$ 时)的备选李雅普诺夫函数,可得

$$\dot{V} = bx_1^3x_2+(kx_1+x_2)x_2+(x_1+x_2)[-bx_1^3-kx_2-h(e_2)]+h(e_2)x_2$$
$$= -(k-1)x_2^2-bx_1^4-x_1h(x_1)$$

它是负定的。由于 V 正定且径向无界,因此可得原点是全局渐近稳定的。　　　　　　△

6.6　习题

6.1　如图 6.7 所示,验证扇形区域 $[K_1,K_2]$ 内的函数可通过输入前馈及输出反馈转换为扇形区域 $[0,\infty]$ 内的函数。

6.2　考虑系统

$$a\dot{x}=-x+\frac{1}{k}h(x)+u,\qquad y=h(x)$$

其中,a 和 k 是正常数,$h\in[0,k]$。证明系统是无源的,其存储函数为 $V(x)=a\int_0^xh(\sigma)d\sigma$。

6.3　考虑系统

$$\dot{x}_1=x_2,\qquad \dot{x}_2=-h(x_1)-ax_2+u,\qquad y=\alpha x_1+x_2$$

其中,$0<\alpha<a,h\in(0,\infty]$。证明系统是严格无源的。

提示:用例 4.5 中的 $V(x)$ 作为存储函数。

6.4　考虑系统

$$\dot{x}_1=x_2,\qquad \dot{x}_2=-h(x_1)-ax_2+u,\qquad y=kx_2+u$$

其中,$a>0,k>0,h\in[\alpha_1,\infty],\alpha_1>0$。设 $V(x)=k\int_0^{x_1}h(s)ds+x^{\mathrm{T}}Px$,其中 $p_{11}=ap_{12}$,$p_{22}=k/2,0<p_{12}<\min\{2\alpha_1,ak/2\}$。以 $V(x)$ 作为存储函数,证明系统是严格无源的。

6.5　考虑如方框图 6.15 所示的系统,其中 $u,y\in R^p$,M 和 K 是正定对称矩阵,$h\in[0,K]$,且对于所有 x,有 $\int_0^xh^{\mathrm{T}}(\sigma)Md\sigma\geqslant0$。证明系统是严格输出无源的。

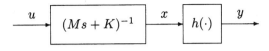

图 6.15 习题 6.5

6.6 证明两个无源(分别为严格输入无源的,严格输出无源的,严格无源的)动力学系统的并联连接仍是无源的(分别为严格输入无源的,严格输出无源的,严格无源的)。

6.7 证明传递函数 $(b_0 s + b_1)/(s_2 + a_1 s + a_2)$ 是严格正实的,当仅且当所有系数都为正,且 $b_1 < a_1 b_0$。

6.8 考虑方程(6.14)到方程(6.16),并假设 $D + D^T$ 是非奇异阵。证明 P 满足 Riccati 方程

$$PA_0 + A_0^T P - PB_0 P + C_0 = 0$$

其中,$A_0 = -(\varepsilon/2)I - A + B(D + D^T)^{-1}C$,$B_0 = B(D + D^T)^{-1}B^T$,$C_0 = -C^T(D + D^T)^{-1}C$。

6.9 证明如果系统是严格输入无源的,$\varphi(u) = \varepsilon u$,且是有限增益 $\mathcal{L}_2$ 稳定的,则存在一个存储函数 V 及正常数 ε_1 和 δ_1,使得

$$u^T y \geqslant \dot{V} + \varepsilon_1 u^T u + \delta_1 y^T y$$

6.10 考虑 m 连杆机器人的运动方程,如习题 1.4 所述。假设 $P(q)$ 是 q 的正定函数,且 $g(q) = 0$ 在 $q = 0$ 处有孤立解。

(a) 用总能量 $V = \frac{1}{2}\dot{q}^T M(q)\dot{q} + P(q)$ 作为存储函数,证明从 u 到 $\dot{q}$ 的映射是无源的。

(b) $u = -K_d \dot{q} + v$,K_d 是正对角常数阵。证明从 v 到 q 的映射是严格输出无源的。

(c) 证明 $u = -K_d \dot{q}$,使原点 $(q = 0, \dot{q} = 0)$ 是渐近稳定的,其中 K_d 是正对角常数阵。在什么附加条件下系统是全局渐近稳定的?

6.11 (见文献[151])旋转刚性航天器的欧拉方程为

$$
\begin{aligned}
J_1 \dot{\omega}_1 &= (J_2 - J_3)\omega_2 \omega_3 + u_1 \\
J_2 \dot{\omega}_2 &= (J_3 - J_1)\omega_3 \omega_1 + u_2 \\
J_3 \dot{\omega}_3 &= (J_1 - J_2)\omega_1 \omega_2 + u_3
\end{aligned}
$$

其中,ω_1 到 ω_3 是角速度向量沿主轴的分量,u_1 到 u_3 是作用到主轴的力矩输入,J_1 到 J_3 是惯量的主分量。

(a) 证明从 $u = [u_1, u_2, u_3]^T$ 到 $\omega = [\omega_1, \omega_2, \omega_3]^T$ 的映射是无损耗的。

(b) 设 $u = -K\omega + v$,其中 K 是正定对称阵。证明从 v 到 ω 的映射是有限增益 $\mathcal{L}_2$ 稳定的。

(c) 证明当 $v = 0$ 时,原点 $\omega = 0$ 是全局渐近稳定的。

6.12 考虑图 6.11 所示的反馈系统,H_1 和 H_2 的状态模型为

$$\dot{x}_i = f_i(x_i) + G_i(x_i)e_i, \qquad y_i = h_i(x_i) + J_i(x_i)e_i$$

$i = 1, 2$。证明如果对于所有 x_1 和 x_2,矩阵 $I + J_2(x_2)J_1(x_1)$ 是非奇异的,则反馈系统有明确定义的状态方程。

6.13 考虑方程(6.26)和方程(6.27)以及方程(6.30)和方程(6.31),并假设 $h_1 = h_1(x_1)$,与 e_1 无关。证明在各种情况下,方程有唯一解 (e_1, e_2)。

6.14 考虑图 6.11 所示的反馈连接,其中

$$H_1: \begin{cases} \dot{x}_1 = x_2 \\ \dot{x}_2 = -x_1 - h_1(x_2) + e_1 \\ y_1 = x_2 \end{cases} \quad \text{且} \quad H_2: \begin{cases} \dot{x}_3 = -x_3 + e_2 \\ y_2 = h_2(x_3) \end{cases}$$

h_1 和 h_2 是局部利普希茨函数,对于所有 z,满足 $h_1 \in (0, \infty]$, $h_2 \in (0, \infty]$, $|h_2(z)| \geqslant |z|/(1 + z^2)$,

(a) 证明反馈连接是无源的。

(b) 证明无激励系统的原点是全局渐近稳定的。

6.15 当

$$H_1: \begin{cases} \dot{x}_1 = -x_1 + x_2 \\ \dot{x}_2 = -x_1^3 - x_2 + e_1 \\ y_1 = x_2 \end{cases} \quad \text{且} \quad H_2: \begin{cases} \dot{x}_3 = -x_3 + e_2 \\ y_2 = x_3^3 \end{cases}$$

时,重复上一习题。

6.16 (见文献[78])考虑图 6.11 所示的反馈系统,其中 H_1 和 H_2 是形如系统(6.21)~(6.22)的无源动力学系统。假设反馈连接有明确定义的状态模型,且输入为 e_2,输出为 y_1 的级联连接 $H_1(-H_2)$ 是零状态可观测的。证明如果 H_2 是严格输入无源的或 H_1 是严格输出无源的,则原点是渐近稳定的。

6.17 (见文献[78])考虑图 6.11 所示的反馈系统,其中 H_1 和 H_2 是形式为系统(6.21)~(6.22)的无源动力学系统。假设反馈连接有明确定义的状态模型,且输入为 e_1,输出为 y_2 的级联连接 H_2H_1 是零状态可观测的。证明如果 H_1 是严格输入无源的或 H_2 是严格输出无源的,则原点是渐近稳定的。

6.18 (见文献[78])作为无源性概念的推广,如果存在一个正定存储函数 $V(x)$,满足 $\dot{V} \leqslant \omega$,则称形如系统(6.6)~(6.7)的动力学系统相对于供给率(supply rate)$w(u, y)$ 是有耗的。考虑图 6.11 所示的反馈连接,其中 H_1 和 H_2 是形如系统(6.21)~(6.22)的零状态可观测动力学系统。假设 H_1 和 H_2 都是有损耗的,其存储函数为 $V_i(x_i)$,供给率为 $w_i(u_i, y_i) = y_i^T Q_i y_i + 2y_i^T S_i u_i + u_i^T R_i u_i$,其中 Q_i 和 R_i 是实对称矩阵,且 S_i 是实数阵。证明如果对于某个 $\alpha > 0$,矩阵

$$\hat{Q} = \begin{bmatrix} Q_1 + \alpha R_2 & -S_1 + \alpha S_2^T \\ -S_1^T + \alpha S_2 & R_1 + \alpha Q_2 \end{bmatrix}$$

是半负定的(或负定的),则原点是稳定的(或渐近稳定的)。

6.19 考虑两个形式为系统(6.21)~(6.22)的时不变动力学系统的反馈连接,假设两个反馈分支都是零状态可观测的,且存在正定存储函数,满足

$$e_i^T y_i \geqslant \dot{V}_i + e_i^T \varphi_i(e_i) + y_i^T \rho_i(y_i), \quad i = 1, 2$$

证明如果

$$v^T[\rho_1(v) + \varphi_2(v)] > 0 \quad \text{且} \quad v^T[\rho_2(v) - \varphi_1(-v)] > 0, \quad \forall\, v \neq 0$$

则当 $u = 0$ 时,闭环系统(6.24)的原点是渐近稳定的。附加什么条件原点是全局渐近稳定的?

第7章 反馈系统的频域分析

多数非线性物理系统可以表示为一个线性系统和非线性单元的反馈连接,如图7.1所示。在这种形式下,描述系统的方法取决于所涉及的特定系统,例如,对于只有继电器或执行机构/传感器的具有非线性特性的控制系统,不难表示成如图7.1所示的反馈系统。而在其他情况下,系统的表示则不够明显。假设外部输入$r=0$,我们在这种情况下研究无激励系统的响应。本章的特殊之处是,线性系统

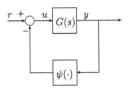

图7.1 反馈连接

频域响应的应用,而频域响应是基于奈奎斯特(Nyquist)曲线和奈奎斯特准则这类经典控制工具的。7.1节将研究系统的绝对稳定性。如果系统在给定扇形区域内的所有非线性在原点处都有一个全局一致渐近稳定的平衡点,则系统是绝对稳定的。圆判据和Popov判据以传递函数的严格正实性给出了系统的绝对稳定性在频域中的充分条件。对单输入-单输出系统,可以借助图形分析法来使用这两个判据。7.2节用描述函数法(describing function method)研究单输入-单输出系统周期解的存在性。通过推导图解法所需的频域条件,预测系统是否存在振荡。若有振荡,则估算振荡的频率和幅度。

7.1 绝对稳定性

考虑图7.1所示的反馈连接。假设外部输入$r=0$,研究无激励系统的特性。系统表示为

$$\dot{x} = Ax + Bu \tag{7.1}$$
$$y = Cx + Du \tag{7.2}$$
$$u = -\psi(t,y) \tag{7.3}$$

其中,$x \in R^n, u, y \in R^p$,(A,B)是可控的,(A,C)是可观测的,且$\psi:[0,\infty) \times R^P \to R^P$是无记忆的,可能是时变的和非线性的,在$t$上分段连续,在$y$上满足局部利普希茨条件。假设该反馈连接有明确定义的状态模型,要求方程

$$u = -\psi(t, Cx + Du) \tag{7.4}$$

对所讨论定义域内的每一点(t,x)都有唯一解u,$D=0$时就是这种情况。线性系统的传递函数矩阵

$$G(s) = C(sI - A)^{-1}B + D \tag{7.5}$$

是正则方阵。可控性和可观测性的假设保证了$\{A,B,C,D\}$是$G(s)$的最小实现。根据线性系统理论,对有理正则阵$G(s)$,总存在一个最小实现。要求非线性ψ满足定义6.2的扇形区域条件。该扇形区域条件可以是全局满足的,即$y \in R^p$,或只对$y \in Y$满足,Y是R^p的真子集,其内部是连通的,且包含原点。

当所有非线性问题都满足扇形区域条件时,原点$x=0$是系统(7.1)~(7.3)的一个平衡点。这里所关心的问题是研究非线性问题原点的稳定性,不是对一个给定的非线性问题,而是对一类满足所给扇形区域条件的非线性问题。如果能够成功地证明对于扇形区域内的所有非

线性问题,其原点都是一致渐进稳定的,则称系统是绝对稳定的。这个问题最初是由 Lure 提出的,有时也称之为 Lure 问题。习惯上一直是对原点为全局一致渐近稳定的情况定义绝对稳定性。沿袭了这个习惯,当扇形区域条件全局满足且原点全局一致渐进稳定时,仍使用"绝对稳定"一词。其他情况下使用"有限区域绝对稳定性"一词。

定义 7.1   考虑系统(7.1)~(7.3),ψ 满足定义 6.2 的扇形区域条件。如果对于给定扇形区域内的所有非线性特性,原点都是全局一致渐近稳定的,则系统是绝对稳定的。如果原点一致渐近稳定,则系统是有限区域绝对稳定的。

我们将用李雅普诺夫分析法研究原点的渐近稳定性,而备选李雅普诺夫函数可用前一章的无源性工具进行选择。特别地,如果闭环系统可以表示为两个无源系统的反馈连接,则两个存储函数之和可作为闭环系统的备选李雅普诺夫函数。应用环路变换可覆盖各扇形区域和备选李雅普诺夫函数,从而推出了圆判据(Circle Criterion)和 Popov 判据。

7.1.1   圆判据

定理 7.1   如果满足下列条件这一,则系统(7.1)~(7.3)是绝对稳定的。

- $\psi \in [K_1, \infty)$,且 $G(s)[I + K_1 G(s)]^{-1}$ 是严格正实的,
- $\psi \in [K_1, K_2]$,其中 $K = K_1 - K_2 = K^{\mathrm{T}} > 0$,且 $[I + K_2 G(s)][I + K_1 G(s)]^{-1}$ 是严格正实的。

如果仅在集合 $Y \subset R^P$ 上满足扇形区域条件,则上述条件保证系统是有限区域绝对稳定的。   ◇

该定理称为多变量圆判据,将其用于标量条件情况下就会理解其含义。方程(7.4)对任意 $\psi \in [K_1, \infty]$ 或 $\psi \in [K_1, K_2]$ 有唯一解 u 的必要条件是矩阵 $(I + K_1 D)$ 为非奇异阵。在方程(7.4)中取 $\psi = K_1 y$ 即可得到这个结论。因此,传递函数 $[I + K_1 G(s)]^{-1}$ 是正则的。

证明:首先在扇形区域 $[0, \infty]$ 上证明定理,然后通过环路变换扩展到其他情况。如果 $\psi \in [0, \infty]$ 和 $G(s)$ 是严格正实的,就得到了两个无源系统的反馈连接。由引理 6.4 可知,线性动力学系统的存储函数为 $V(x) = (1/2)x^{\mathrm{T}}Px$,这里 $P = P^{\mathrm{T}} > 0$,满足 Kalman-Yakubovich-Popov 方程

$$PA + A^{\mathrm{T}}P \quad = \quad -L^{\mathrm{T}}L - \varepsilon P \tag{7.6}$$

$$PB \quad = \quad C^{\mathrm{T}} - L^{\mathrm{T}}W \tag{7.7}$$

$$W^{\mathrm{T}}W \quad = \quad D + D^{\mathrm{T}} \tag{7.8}$$

$\varepsilon > 0$。以 $V(x)$ 作为备选李雅普诺夫函数,得

$$\dot{V} = \tfrac{1}{2}x^{\mathrm{T}}P\dot{x} + \tfrac{1}{2}\dot{x}^{\mathrm{T}}Px = \tfrac{1}{2}x^{\mathrm{T}}(PA + A^{\mathrm{T}}P)x + x^{\mathrm{T}}PBu$$

利用方程(7.6)和方程(7.7)得

$$\begin{aligned}
\dot{V} &= -\tfrac{1}{2}x^{\mathrm{T}}L^{\mathrm{T}}Lx - \tfrac{1}{2}\varepsilon x^{\mathrm{T}}Px + x^{\mathrm{T}}(C^{\mathrm{T}} - L^{\mathrm{T}}W)u \\
&= -\tfrac{1}{2}x^{\mathrm{T}}L^{\mathrm{T}}Lx - \tfrac{1}{2}\varepsilon x^{\mathrm{T}}Px + (Cx + Du)^{\mathrm{T}}u - u^{\mathrm{T}}Du - x^{\mathrm{T}}L^{\mathrm{T}}Wu
\end{aligned}$$

利用方程(7.8)和 $u^{\mathrm{T}}Du = \frac{1}{2}u^{\mathrm{T}}(D + D^{\mathrm{T}})u$,可得

$$\dot{V} = -\tfrac{1}{2}\varepsilon x^{\mathrm{T}}Px - \tfrac{1}{2}(Lx + Wu)^{\mathrm{T}}(Lx + Wu) - y^{\mathrm{T}}\psi(t, y)$$

由于 $y^{\mathrm{T}}\psi(t, y) \geqslant 0$,所以有

$$\dot{V} \leqslant -\frac{1}{2}\varepsilon x^{\mathrm{T}}Px$$

该式说明原点是全局指数稳定的。如果ψ仅对$y \in Y$满足扇形区域条件,那么上述分析在原点的某个邻域内成立,这就证明原点是指数稳定的。$\psi \in [K_1,\infty]$的情况可以通过图7.2所示的环路变换,转换为属于$[0,\infty]$的非线性问题。因此,如果$G(s)[I+K_1G(s)]^{-1}$是严格正实的,则系统绝对稳定。而$\psi \in [K_1,K_2]$的情况可以通过图7.3所示的环路变换,转换为属于$[0,\infty]$的非线性问题。因此,如果

$$I + KG(s)[I+K_1G(s)]^{-1} = [I+K_2G(s)][I+K_1G(s)]^{-1}$$

是严格正实的,则系统是绝对稳定的。　　　　　　　　　　　　　　　□

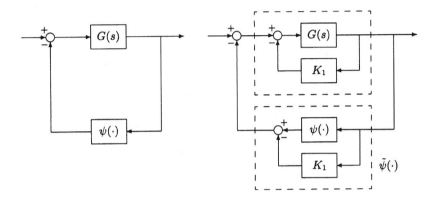

图7.2　$\psi \in [K_1,\infty]$经环路变换转换成$\tilde{\psi} \in [0,\infty]$

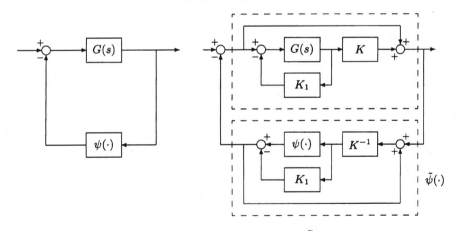

图7.3　$\psi \in [K_1,K_2]$经环路变换转换成$\tilde{\psi} \in [0,\infty]$

例7.1　考虑系统(7.1)~(7.3),并假设$G(s)$是赫尔维茨且严格正则的。设

$$\gamma_1 = \sup_{\omega \in R} \sigma_{\max}[G(j\omega)] = \sup_{\omega \in R} \|G(j\omega)\|_2$$

其中$\sigma_{\max}[\cdot]$代表复矩阵的最大奇异值。因为$G(s)$是赫尔维茨的,故常数γ_1有限。假设ψ满足不等式

$$\|\psi(t,y)\|_2 \leqslant \gamma_2\|y\|_2, \ \forall t \geqslant 0, \ \forall y \in R^p \tag{7.9}$$

那么,ψ属于扇形区域$[K_1,K_2]$,$K_1 = -\gamma_2 I$,$K_2 = \gamma_2 I$。为了应用定理7.1,需要证明

$$Z(s) = [I + \gamma_2 G(s)][I - \gamma_2 G(s)]^{-1}$$

是严格正实的。由于 $Z(\infty) = I$，所以 $\det[Z(s) + Z^{\mathrm{T}}(-s)]$ 不恒为零。应用引理 6.1，由于 $G(s)$ 是赫尔维茨的，如果 $[I - \gamma_2 G(s)]^{-1}$ 是赫尔维茨的，则 $Z(s)$ 也是赫尔维茨的。注意①，

$$\sigma_{\min}[I - \gamma_2 G(j\omega)] \geqslant 1 - \gamma_1 \gamma_2$$

可以看出，如果 $\gamma_1 \gamma_2 < 1$，则 $\det[I - \gamma_2 G(j\omega)]$ 的曲线既不通过原点，也不围绕原点。因此根据多变量奈奎斯特判据②，$[I - \gamma_2 G(s)]^{-1}$ 是赫尔维茨的。因而，$Z(s)$ 也是赫尔维茨的。

接下来证明

$$Z(j\omega) + Z^{\mathrm{T}}(-j\omega) > 0, \quad \forall \, \omega \in R$$

该不等式的左边由下式给出：

$$
\begin{aligned}
Z(j\omega) + Z^{\mathrm{T}}(-j\omega) &= [I + \gamma_2 G(j\omega)][I - \gamma_2 G(j\omega)]^{-1} \\
&\quad + [I - \gamma_2 G^{\mathrm{T}}(-j\omega)]^{-1}[I + \gamma_2 G^{\mathrm{T}}(-j\omega)] \\
&= [I - \gamma_2 G^{\mathrm{T}}(-j\omega)]^{-1} \left[2I - 2\gamma_2^2 G^{\mathrm{T}}(-j\omega)G(j\omega) \right] \\
&\quad \times [I - \gamma_2 G(j\omega)]^{-1}
\end{aligned}
$$

因此，当且仅当

$$\sigma_{\min}\left[I - \gamma_2^2 G^{\mathrm{T}}(-j\omega)G(j\omega) \right] > 0, \quad \forall \, \omega \in R$$

时，$Z(j\omega) + Z^{\mathrm{T}}(-j\omega)$ 对于所有的 ω 是正定的。现在，当 $\gamma_1 \gamma_2 < 1$ 时有

$$
\begin{aligned}
\sigma_{\min}[I - \gamma_2^2 G^{\mathrm{T}}(-j\omega)G(j\omega)] &\geqslant 1 - \gamma_2^2 \sigma_{\max}[G^{\mathrm{T}}(-j\omega)]\sigma_{\max}[G(j\omega)] \\
&\geqslant 1 - \gamma_1^2 \gamma_2^2 > 0
\end{aligned}
$$

最终有 $Z(\infty) + Z^{\mathrm{T}}(\infty) = 2I$。因此引理 6.1 的全部条件都满足，我们得出以下结论：如果 $\gamma_1 \gamma_2 < 1$，则 $Z(s)$ 是严格正实的，系统是绝对稳定的。这是一个鲁棒性结论，说明用一个满足式(7.9)的非线性特性作为反馈环节，与赫尔维茨传递函数构成的闭环系统，如果 γ_2 足够小，则不影响系统的稳定性③。   △

在 $p = 1$ 的标量情况下，定理 7.1 的条件可以用图解法通过检验 $G(j\omega)$ 的奈奎斯特曲线验证。当 $\psi \in [\alpha, \beta]$，其中 $\alpha < \beta$ 时，如果标量传递函数

$$Z(s) = \frac{1 + \beta G(s)}{1 + \alpha G(s)}$$

是严格正实的，则系统绝对稳定。为了验证 $Z(s)$ 是严格正实的，可以应用引理 6.1：如果 $Z(s)$ 为赫尔维茨的，且

$$\mathrm{Re}\left[\frac{1 + \beta G(j\omega)}{1 + \alpha G(j\omega)} \right] > 0, \quad \forall \, \omega \in [-\infty, \infty] \tag{7.10}$$

则 $Z(s)$ 是严格正实的。要把条件(7.10)与 $G(j\omega)$ 的奈奎斯特曲线联系起来，必须根据参数 α 的符号区分三种不同的情况。考虑第一种情况，$\beta > \alpha > 0$。此时，条件(7.10)可重写为

---

① 用到复矩阵奇异值的性质有：

$$\det G \neq 0 \Leftrightarrow \sigma_{\min}[G] > 0$$
$$\sigma_{\max}[G^{-1}] = 1/\sigma_{\min}[G], \ 若 \ \sigma_{\min}[G] > 0$$
$$\sigma_{\min}[I + G] \geqslant 1 - \sigma_{\max}[G]$$
$$\sigma_{\max}[G_1 G_2] \leqslant \sigma_{\max}[G_1]\sigma_{\max}[G_2]$$

② 关于多变量奈奎斯特判据参见文献[33]的 160 页和 161 页。

③ 不等式 $\gamma_1 \gamma_2 < 1$ 也可以从小增益定理中得到，参见例 5.13。

$$\mathrm{Re}\left[\frac{\frac{1}{\beta} + G(j\omega)}{\frac{1}{\alpha} + G(j\omega)}\right] > 0, \quad \forall \, \omega \in [-\infty, \infty] \tag{7.11}$$

对于 $G(j\omega)$ 的奈奎斯特曲线上的一点 q,两个复数 $(1/\beta) + G(j\omega)$ 和 $(1/\alpha) + G(j\omega)$ 可以分别由连接 q 到 $-(1/\beta) + j0$ 和 $-(1/\alpha) + j0$ 的直线表示,如图 7.4 所示。当两个复数幅角差值小于 $\pi/2$ 时,也就是说,在图 7.4 中,$(\theta_1 - \theta_2)$ 小于 $\pi/2$,这两个复数比值的实部是正的。如果定义 $D(\alpha, \beta)$ 是复平面中的闭圆盘,其直径是连接 $-(1/\alpha) + j0$ 和 $-(1/\beta) + j0$ 两点的线段,则容易看出,只要 q 在圆盘 $D(\alpha, \beta)$ 之外,$(\theta_1 - \theta_2)$ 就小于 $\pi/2$。由于要求式 (7.11) 对所有 ω 成立,因此在 $G(j\omega)$ 的奈奎斯特曲线上的所有点必须严格在圆盘 $D(\alpha, \beta)$ 之外。另一方面,如果 $G(s)/[1 + \alpha G(s)]$ 是赫尔维茨的,则 $Z(s)$ 也是赫尔维茨的。奈奎斯特判据表明:当且仅当 $G(j\omega)$ 的奈奎斯特曲线不通过点 $-(1/\alpha) + j0$,且逆时针方向环绕该点 m 次,则 $G(s)/[1 + \alpha G(s)]$ 是赫尔维茨的,其中 m 是 $G(s)$ 在右半开复平面中极点的个数[①]。因而,如果 $G(j\omega)$ 的奈奎斯特曲线不进入圆盘 $D(\alpha, \beta)$,且沿逆时针方向环绕其 m 次,则满足定理 7.1 中的条件。下面考虑 $\beta > 0$ 且 $\alpha = 0$ 的情况。定理 7.1 要求 $1 + \beta G(s)$ 是严格正实的,这就要求 $G(s)$ 是赫尔维茨的,且有

$$\mathrm{Re}[1 + \beta G(j\omega)] > 0, \quad \forall \, \omega \in [-\infty, \infty]$$

后面这个条件可以重写为
$$\mathrm{Re}[G(j\omega)] > -\frac{1}{\beta}, \quad \forall \, \omega \in [-\infty, \infty]$$

这个条件相当于图解法中要求 $G(j\omega)$ 的奈奎斯特曲线全部位于直线 $\mathrm{Re}[s] = -1/\beta$ 的右侧。最后考虑 $\alpha < 0 < \beta$ 的情况。在这种情况下,条件 (7.10) 相当于

$$\mathrm{Re}\left[\frac{\frac{1}{\beta} + G(j\omega)}{\frac{1}{\alpha} + G(j\omega)}\right] < 0, \quad \forall \, \omega \in [-\infty, \infty] \tag{7.12}$$

这里的不等式符号与前面相反,因为当从式 (7.10) 变换到式 (7.12) 时,两侧均乘以 α/β,它是个负数。重复前面的论证容易看出,如果式 (7.12) 成立,则 $G(j\omega)$ 的奈奎斯特曲线一定位于圆盘 $D(\alpha, \beta)$ 的内部,因而奈奎斯特曲线不可能环绕点 $-(1/\alpha) + j0$。所以根据奈奎斯特判据可以得出,要使 $G(s)/[1 + \alpha G(s)]$ 是赫尔维茨的,则 $G(s)$ 必须是赫尔维茨的。以上三种情况的稳定性判据可以总结为下面的定理,即所谓圆判据。

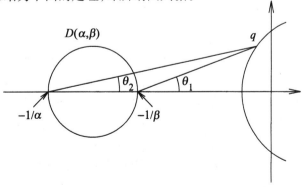

图 7.4 圆判据的图形表示

---

① 当 $G(s)$ 有极点在虚轴上时,奈奎斯特曲线通常向右半平面缩进。

定理 7.2 考虑形如系统(7.1)~(7.3)的标量系统,这里$\{A,B,C,D\}$是$G(s)$的一个最小实现,且$\psi\in[\alpha,\beta]$。如果以下条件之一满足,则系统绝对稳定:

1. 如果$0<\alpha<\beta$,$G(j\omega)$的奈奎斯特曲线不进入圆盘$D(\alpha,\beta)$内,且沿逆时针方向环绕其m次,其中m是$G(s)$具有正实部的极点数。

2. 如果$0=\alpha<\beta$,$G(s)$是赫尔维茨的,且$G(s)$的奈奎斯特曲线位于直线$\text{Re}[s]=-1/\beta$的右侧。

3. 如果$\alpha<0<\beta$,$G(s)$是赫尔维茨的,且$G(j\omega)$的奈奎斯特曲线位于圆盘$D(\alpha,\beta)$的内部。

如果仅仅在一个区间$[a,b]$内满足扇形区域条件,则上述条件保证了系统在有限区域内绝对稳定。　　　　　　　　　　　　　　　　　　　　　　　　　　　　　◇

圆判据实现了仅通过$G(j\omega)$的奈奎斯特曲线判别系统稳定性的方法。这一点很重要,因为奈奎斯特曲线可以直接由实验数据得到。给定$G(j\omega)$的奈奎斯特曲线,便确定了使系统绝对稳定所允许的扇形区域。下面的两个例子说明了圆判据的用法。

例 7.2 设
$$G(s)=\frac{4}{(s+1)(\frac{1}{2}s+1)(\frac{1}{3}s+1)}$$

图 7.5 是$G(j\omega)$的奈奎斯特曲线。由于$G(s)$是赫尔维茨的,可以允许α为负,并应用圆判据的第三种情况。因此需要确定一个包含奈奎斯特曲线的圆盘$D(\alpha,\beta)$。显然,$D(\alpha,\beta)$的选择不是唯一的。假设圆盘$D(\alpha,\beta)$的圆心位于复平面的原点,这就意味着研究圆盘$D(-\gamma_2,\gamma_2)$需要选择半径$(1/\gamma_2)>0$。如果$|G(j\omega)|<1/\gamma_2$,则奈奎斯特曲线将全部位于该圆盘内部。特别地,如果令$\gamma_1=\sup_{\omega\in R}|G(j\omega)|$,那么必须选择$\gamma_2$满足$\gamma_1\gamma_2<1$,这与例 7.1 中的条件相同。不难

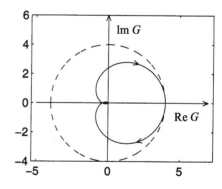

图 7.5　例 7.2 的奈奎斯特曲线

看出,在$\omega=0$,$\gamma_1=4$时$|G(j\omega)|$取最大值,这样γ_2必须小于0.25。由此可得非线性特性在扇形区域$[-0.25+\varepsilon,0.25-\varepsilon]$内时,系统是绝对稳定的,其中$\varepsilon>0$可以任意小。观察图 7.5 中的奈奎斯特曲线和圆盘$D(-0.25,0.25)$,发现圆心位于原点不一定是最好的选择。把圆心放在另一点,可能得到一个更紧凑的包含奈奎斯特曲线的圆盘。例如,将圆心置于点$1.5+j0$,从该点到奈奎斯特曲线的最大距离是2.834。因此,将圆盘半径选择为2.9将保证奈奎斯特曲线在圆盘$D(-1/4.4,1/1.4)$的内部,并得到当非线性特性位于扇形区域$[-0.227,0.714]$内时系统是绝对稳定的。将该区域与前面的区域进行比较(见图 7.6),结果表明,通过对扇形区域下界做出一点让步,可以实现对其上界的明显改善。显然仍有优化圆心位置的余地,但这里不再深入探讨。这里想要说明的是,例 7.1 中使用的范数不等式无法给出稳定扇形区域的保守估计,而圆判据中使用的图形分析法使问题看起来更加直观。在圆判据应用中可以深入探讨的另一个方向是限定α为0,进而应用判据的第二种情况。奈奎斯特曲线位于直线$\text{Re}[s]=-0.857$的右侧,因此可知如果非线性特性在扇形区域$[0,1.166]$内,则系统绝对稳定。该扇形区域连同前面两个区域示于

图 7.6。图中给出了 β 的最优估计值,其实现是以将非线性特性限制在第一象限至第三象限为代价的。为了说明在实际应用中使用圆判据的灵活性,假设我们只研究图 7.7 所示系统的稳定性,该系统包含一个限幅非线性或饱和非线性(在反馈控制系统中由于对物理量的约束而产生的典型非线性特性)。饱和非线性属于扇形区域 $[0,1]$,因而包含在扇形区域 $[0,1.166]$ 内,但不在扇形区域 $[-0.25,0.25]$ 或 $[-0.227,0.714]$ 内。这样,应用圆判据的第二种情况,可以断定图 7.7 的反馈系统在原点有一个全局渐进稳定的平衡点。　△

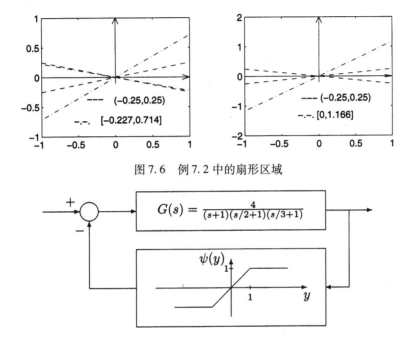

图 7.6　例 7.2 中的扇形区域

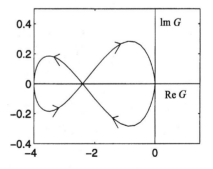

图 7.7　具有饱和非线性的反馈连接

例 7.3　设
$$G(s) = \frac{4}{(s-1)(\frac{1}{2}s+1)(\frac{1}{3}s+1)}$$

该传递函数不是赫尔维茨的,因为它在右半开平面内有一个极点。因此必须限定 α 为正,然后应用圆判据的第一种情况。$G(j\omega)$ 的奈奎斯特曲线如图 7.8 所示。由圆判据可知,奈奎斯特曲线必须按逆时针方向环绕圆盘 $D(\alpha,\beta)$ 一次。观察奈奎斯特曲线可知,只要圆盘完全在位于左半复平面的奈奎斯特曲线形成的某一瓣内,即可被奈奎斯特曲线环绕。右瓣中的圆盘是按顺时针方向被环绕的,不满足圆判据的条件。左瓣中的圆则按

图 7.8　例 7.3 的奈奎斯特曲线

递时针方向被环绕,因此需要选择合适的 α 和 β 使圆盘 $D(\alpha,\beta)$ 位于左瓣内。把圆心置于点 $-3.2+j0$,大约在实轴上两瓣端点之间。从圆心到奈奎斯特曲线的最小距离是 0.1688,因此选择半径为 0.168,可以得出当所有非线性都在扇形区域 $[0.2969,0.3298]$ 内时,系统是绝对稳定的。　△

　　从例 7.1 到例 7.3 所研究的都是扇形区域条件全局满足的情况,下面的例子讨论扇形区域条件仅仅在有限区间内满足的情况。

例 7.4 考虑图 7.1 中的反馈连接,其中线性系统由如下传递函数表示:

$$G(s) = \frac{s+2}{(s+1)(s-1)}$$

非线性特性为 $\psi(y) = \mathrm{sat}(y)$。非线性全局属于扇形区域 $[0,1]$。但由于 $G(s)$ 不是赫尔维茨的,我们必须应用圆判据的第一种情况,要求 α 为正时扇形区域条件成立,因而无法通过圆判据得出系统绝对稳定的结论[1],希望得到的最好结果是证明系统的有限区域绝对稳定。图 7.9 显示了在区间 $[-a,a]$ 内,非线性 ψ 属于扇形区域 $[\alpha,\beta]$,其中 $\alpha = 1/a, \beta = 1$。由于 $G(s)$ 有一个实部为正的极点,因此图 7.10 中 $G(j\omega)$ 的奈奎斯特曲线一定按逆时针方向环绕圆盘 $D(\alpha,1)$ 一次。用解析法可以验证,当 $\alpha > 0.5359$ 时满足条件(7.10)。因而,选取 $\alpha = 0.55$,则在区间 $[-1.818, 1.818]$ 上满足扇形区域条件,且奈奎斯特曲线按逆时针方向环绕圆盘 $D(0.55,1)$ 一次。由圆判据的第一种情况可得系统是有限区域绝对稳定的。还可以利用李雅普诺夫二次函数 $V(x) = x^{\mathrm{T}} P x$ 估计吸引区。考虑状态模型

$$\begin{aligned}
\dot{x}_1 &= x_2 \\
\dot{x}_2 &= x_1 + u \\
y &= 2x_1 + x_2 \\
u &= -\psi(y)
\end{aligned}$$

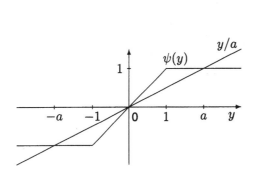

图 7.9　例 7.4 的扇形区域

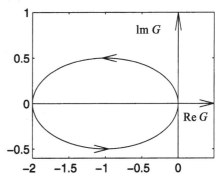

图 7.10　例 7.4 的奈奎斯特曲线

图 7.3 所示的环路变换为

$$\begin{aligned}
u &= -\alpha y + \tilde{u} = -0.55y + \tilde{u} \\
\tilde{y} &= (\beta - \alpha)y + \tilde{u} = 0.45y + \tilde{u}
\end{aligned}$$

因此变换后的线性系统为

$$\dot{x} = Ax + B\tilde{u}, \quad \tilde{y} = Cx + D\tilde{u}$$

其中　　$A = \begin{bmatrix} 0 & 1 \\ -0.1 & -0.55 \end{bmatrix}$, $B = \begin{bmatrix} 0 \\ 1 \end{bmatrix}$, $C = \begin{bmatrix} 0.9 & 0.45 \end{bmatrix}$, $D = 1$

---

[1]　实际上,原点不是全局渐进稳定的,因为系统有三个平衡点。

矩阵 P 是方程组(7.6) ~ (7.8)的解。可以证明[①]

$$\varepsilon = 0.02, \quad P = \begin{bmatrix} 0.4946 & 0.4834 \\ 0.4834 & 1.0774 \end{bmatrix}, \quad L = \begin{bmatrix} 0.2946 & -0.4436 \end{bmatrix}, \quad W = \sqrt{2}$$

满足方程组(7.6) ~ (7.8)。因而 $V(x) = x^{\mathrm{T}} P x$ 是系统的李雅普诺夫函数。由

$$\Omega_c = \{ x \in R^2 \mid V(x) \leqslant c \}$$

可估计吸引区,其中 $c \leqslant \min_{\{\,|\,y\,|\,=1.818\}} V(x) = 0.3445$ 保证了 Ω_c 在集合 $\{\,|\,y\,| \leqslant 1.818\,\}$ 内。取 $c = 0.34$ 即给出估计值,如图 7.11 所示。　　　　　　　△

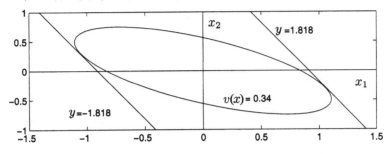

图 7.11　例 7.4 的吸引区

7.1.2　Popov 判据

考虑系统(7.1) ~ (7.3)的一个特例

$$\dot{x} \;=\; Ax + Bu \tag{7.13}$$
$$y \;=\; Cx \tag{7.14}$$
$$u_i \;=\; -\psi_i(y_i), \quad 1 \leqslant i \leqslant p \tag{7.15}$$

其中,$x \in R^n$,$u, y \in R^p$,(A, B) 是可控的,(A, C) 是可观测的,且 $\psi_i : R \to R$ 是局部利普希茨的、无记忆的非线性函数,属于扇形区域 $[0, k_i]$。在此特例中,传递函数 $G(s) = C(sI - A)^{-1} B$ 是严格正则的,ψ 是时不变去耦的,即 $\psi_i(y) = \psi_i(y_i)$。由于 $D = 0$,因此反馈连接有明确定义的状态模型。下面的定理称为 Popov 多变量判据,其证明应用了形如 $V = (1/2) x^{\mathrm{T}} P x + \sum \gamma_i \int_0^{y_i} \psi_i(\sigma) \, d\sigma$ 的(Lure 型)李雅普诺夫函数,该方法使环路变换得到进一步应用,即把系统(7.13) ~ (7.15)转换为两个无源系统的反馈连接。

定理 7.3　系统(7.13) ~ (7.15)若满足下述条件,则是绝对稳定的:当 $1 \leqslant i \leqslant p$ 时,$\psi_i \in [0, k_i]$,其中 $0 < k_i \leqslant \infty$,且存在常数 $\gamma_i \geqslant 0$,对于 A 的每个特征值 λ_k,有 $(1 + \lambda_k \gamma_i) \neq 0$,使得 $M + (I + s\Gamma) G(s)$ 是严格正实的,其中 $\Gamma = \mathrm{diag}(\gamma_1, \cdots, \gamma_p)$,$M = \mathrm{diag}(1/k_1, \cdots, 1/k_p)$。如果扇形区域条件 $\psi_i \in [0, k_i]$ 仅在集合 $Y \subset R^p$ 内满足,那么前述条件保证了系统是有限区域绝对稳定的。　　　　　　　◇

证明:由图 7.12 所示的环路变换得到 $\tilde{H}_1$ 和 $\tilde{H}_2$ 的反馈连接,其中 $\tilde{H}_1$ 是线性系统,其传递函数为

[①] 选择 ε 的值使 $G(s - \varepsilon/2)$ 是正实的,且 $[(\varepsilon/2) I + A]$ 是赫尔维茨的,其中 $G(s) = C(sI - A)^{-1} B + D$。然后通过解里卡蒂方程计算 P,参见习题 6.8。

$$
\begin{aligned}
M + (I + s\Gamma)G(s) &= M + (I + s\Gamma)C(sI - A)^{-1}B \\
&= M + C(sI - A)^{-1}B + \Gamma Cs(sI - A)^{-1}B \\
&= M + C(sI - A)^{-1}B + \Gamma C(sI - A + A)(sI - A)^{-1}B \\
&= M + (C + \Gamma CA)(sI - A)^{-1}B + \Gamma CB
\end{aligned}
$$

因而 $M + (I + s\Gamma)G(s)$ 可由状态模型 $\{\mathcal{A}, \mathcal{B}, \mathcal{C}, \mathcal{D}\}$ 实现,其中 $\mathcal{A} = A, \mathcal{B} = B, \mathcal{C} = C + \Gamma CA, \mathcal{D} = M + \Gamma CB$。设 λ_k 是 A 的一个特征值,v_k 为其相应的特征向量,则有

$$
(C + \Gamma CA)v_k = (C + \Gamma C\lambda_k)v_k = (I + \lambda_k\Gamma)Cv_k
$$

条件 $(1 + \lambda_k\gamma_i) \neq 0$ 是指 $(\mathcal{A}, \mathcal{C})$ 是可观测的,因此 $\{\mathcal{A}, \mathcal{B}, \mathcal{C}, \mathcal{D}\}$ 是最小实现。如果 $M + (I + s\Gamma)G(s)$ 是严格正实的,则可应用 Kalman-Yakubovich-Popov 引理得出结论:存在矩阵 $P = P^{\mathrm{T}} > 0, L$ 和 W 及正常数 ε,满足

$$PA + A^{\mathrm{T}}P = -L^{\mathrm{T}}L - \varepsilon P \tag{7.16}$$

$$PB = (C + \Gamma CA)^{\mathrm{T}} - L^{\mathrm{T}}W \tag{7.17}$$

$$W^{\mathrm{T}}W = 2M + \Gamma CB + B^{\mathrm{T}}C^{\mathrm{T}}\Gamma \tag{7.18}$$

且 $V = (1/2)x^{\mathrm{T}}Px$ 是 $\tilde{H}_1$ 的存储函数。另一方面,可以验证 $\tilde{H}_2$ 是无源的(见习题 6.2),其存储函数为 $\sum_{i=1}^{p}\gamma_i\int_0^{y_i}\psi_i(\sigma)\,d\sigma$。这样图 7.12 所示变换后的反馈连接的存储函数为

$$
V = \frac{1}{2}x^{\mathrm{T}}Px + \sum_{i=1}^{p}\gamma_i\int_0^{y_i}\psi_i(\sigma)\,d\sigma
$$

用 V 作为原反馈连接系统(7.13)~(7.15)的备选李雅普诺夫函数,其导函数 $\dot{V}$ 由下式给出:

$$
\begin{aligned}
\dot{V} &= \frac{1}{2}x^{\mathrm{T}}P\dot{x} + \frac{1}{2}\dot{x}^{\mathrm{T}}Px + \psi^{\mathrm{T}}(y)\Gamma\dot{y} \\
&= \frac{1}{2}x^{\mathrm{T}}(PA + A^{\mathrm{T}}P)x + x^{\mathrm{T}}PBu + \psi^{\mathrm{T}}(y)\Gamma C(Ax + Bu)
\end{aligned}
$$

利用式(7.16)和式(7.17),可得

$$
\begin{aligned}
\dot{V} &= -\frac{1}{2}x^{\mathrm{T}}L^{\mathrm{T}}Lx - \frac{1}{2}\varepsilon x^{\mathrm{T}}Px + x^{\mathrm{T}}(C^{\mathrm{T}} + A^{\mathrm{T}}C^{\mathrm{T}}\Gamma - L^{\mathrm{T}}W)u \\
&\quad + \psi^{\mathrm{T}}(y)\Gamma CAx + \psi^{\mathrm{T}}(y)\Gamma CBu
\end{aligned}
$$

以 $u = -\psi(y)$ 代入并利用式(7.18),可得

$$
\dot{V} = -\frac{1}{2}\varepsilon x^{\mathrm{T}}Px - \frac{1}{2}(Lx + Wu)^{\mathrm{T}}(Lx + Wu) - \psi(y)^{\mathrm{T}}[y - M\psi(y)] \leqslant -\frac{1}{2}\varepsilon x^{\mathrm{T}}Px
$$

这就证明原点是全局渐进稳定的。若 ψ 仅对 $y \in Y$ 满足扇形区域条件,则前面的分析仅在原点的某个邻域内成立,说明原点是渐近稳定的。 □

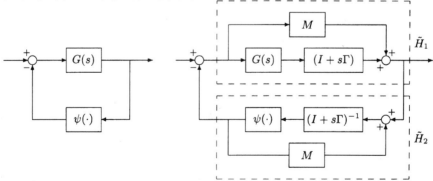

图 7.12 环路变换

当 $M + (I + s\Gamma)G(s)$ 为严格正实时，$G(s)$ 一定是赫尔维茨的。正如在圆判据中所做的，对 $G(s)$ 的限制可通过进行一次环路变换消除，即用 $G(s)[I + K_1 G(s)]^{-1}$ 代替 $G(s)$。这里不做一般性重复，而是通过一个例子加以说明。在标量情况 $p = 1$ 时，可以用图解法检验 $Z(s) = (1/k) + (1 + s\gamma)G(s)$ 的严格正实性。由引理 6.1 可知，如果 $G(s)$ 是赫尔维茨的，且

$$\frac{1}{k} + \mathrm{Re}[G(j\omega)] - \gamma\omega\mathrm{Im}[G(j\omega)] > 0, \quad \forall\, \omega \in [-\infty, \infty] \tag{7.19}$$

则 $Z(s)$ 是严格正实的，其中 $G(j\omega) = \mathrm{Re}[G(j\omega)] + j\mathrm{Im}[G(j\omega)]$。以 ω 作为参数绘制 $\mathrm{Re}[G(j\omega)]$ 与 $\omega\mathrm{Im}[G(j\omega)]$ 的关系曲线。如果曲线位于以 $1/\gamma$ 为斜率，过点 $-(1/k) + j0$ 的直线右侧，则满足条件 (7.19)。这样的曲线称为 Popov 曲线，而奈奎斯特曲线是 $\mathrm{Re}[G(j\omega)]$ 与 $\mathrm{Im}[G(j\omega)]$ 的关系曲线。如果仅当 $\omega \in (-\infty, \infty)$ 时满足条件 (7.19)，而当 ω 趋于无穷时，式 (7.19) 的左边趋于零，那么需要用解析法验证

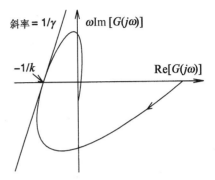

图 7.13　Popov 曲线

$$\lim_{\omega \to \infty} \omega^2 \left\{ \frac{1}{k} + \mathrm{Re}[G(j\omega)] - \gamma\omega\mathrm{Im}[G(j\omega)] \right\} > 0$$

当 $k = \infty$ 且 $G(s)$ 的相对阶为 2 时出现这种情况。

当 $\gamma = 0$ 的时候，条件 (7.19) 退化到圆判据的条件 $\mathrm{Re}[G(j\omega)] > -1/k$，这说明对于系统 (7.13) ~ (7.15) 来说，Popov 判据的条件比圆判据的条件弱。换句话说，当 $\gamma > 0$ 时，在条件不很严格的情况下便可以建立绝对稳定性。

例 7.5　考虑二阶系统

$$\begin{aligned}
\dot{x}_1 &= x_2 \\
\dot{x}_2 &= -x_2 - h(y) \\
y &= x_1
\end{aligned}$$

如果取 $\psi = h$，则该系统与系统 (7.13) ~ (7.15) 的形式相同，但矩阵 A 不是赫尔维茨的。在第二个状态方程右边同时加减一项 αy，$\alpha > 0$，并定义 $\psi(y) = h(y) - \alpha y$，这时系统为 (7.13) ~ (7.15) 的形式，其中

$$A = \begin{bmatrix} 0 & 1 \\ -\alpha & -1 \end{bmatrix}, \quad B = \begin{bmatrix} 0 \\ 1 \end{bmatrix}, \quad C = \begin{bmatrix} 1 & 0 \end{bmatrix}$$

假设 h 属于扇形区域 $[\alpha, \beta]$，$\beta > \alpha$，那么 ψ 属于扇形区域 $[0, k]$，其中 $k = \beta - \alpha$。条件 (7.19) 变为

$$\frac{1}{k} + \frac{\alpha - \omega^2 + \gamma\omega^2}{(\alpha - \omega^2)^2 + \omega^2} > 0, \quad \forall\, \omega \in [-\infty, \infty]$$

选择 $\gamma > 1$，对于所有 α 和 k 不等式成立。即使当 $k = \infty$ 时，前面的不等式仍对于所有 $\omega \in (-\infty, \infty)$ 成立，且有

$$\lim_{\omega \to \infty} \frac{\omega^2(\alpha - \omega^2 + \gamma\omega^2)}{(\alpha - \omega^2)^2 + \omega^2} = \gamma - 1 > 0$$

因此，对于扇形区域 $[\alpha, \infty]$ 内的任意非线性 h，系统都是绝对稳定的，其中 α 可以任意小。图 7.14 给出了当 $\alpha = 1$ 时，$G(j\omega)$ 的 Popov 曲线。由于 $\mathrm{Re}[G(j\omega)]$ 和 $\omega\mathrm{Im}[G(j\omega)]$ 是 ω 的

偶函数,因此图中仅仅给出了 $\omega \geqslant 0$ 的部分。
Popov 曲线从右侧逐渐逼近单位斜率并过原
点的直线,因此曲线位于任何斜率小于 1 并
与实轴相交于原点的直线的右侧,并随 ω 趋
于 ∞ 而逐渐逼近该直线。为了看到令 $\gamma > 0$ 的
优点,这里取 $\gamma = 0$,进而应用圆判据。根据
定理 7.2 的第二种情况,如果 $G(j\omega)$ 的奈奎
斯特曲线位于直线 $\mathrm{Re}[G(j\omega)] = -1/k$ 右
侧,则系统是绝对稳定的。由于 $G(j\omega)$ 的奈
奎斯特曲线有一部分位于左半平面,因而 k
不能任意大。k 的最大允许值可以由条件

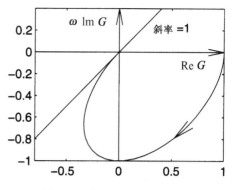

图 7.14　例 7.5 的 Popov 曲线

$$\frac{1}{k} + \frac{\alpha - \omega^2}{(\alpha - \omega^2)^2 + \omega^2} > 0, \quad \forall \, \omega \in [-\infty, \infty]$$

用解析法求出,解得 $k < 1 + 2\sqrt{\alpha}$。因此,应用圆判据仅能得到这样的一个结论:对于属于
扇形区域 $[\alpha, 1 + \alpha + 2\sqrt{\alpha} - \varepsilon]$ 内的任意非线性,系统是绝对稳定的,其中 $\alpha > 0$ 和 $\varepsilon > 0$ 可
任意小。　　　　　　　　　　　　　　　　　　　　　　　　　　　　　　　　　　　　$\triangle$

7.2　描述函数法

考虑一个由图 7.1 所示的反馈连接表示的单输入-单输出非线性系统,其中 $G(s)$ 是严格
正则的有理传递函数,ψ 是时不变、无记忆的非线性特性。假设外部输入 $r = 0$,研究周期解的
存在性。周期解对于所有 t 满足 $y(t + 2\pi/\omega) = y(t)$,其中 ω 是振荡频率。我们用一般方法来
求周期解,即调和平衡法。该方法的思想是用傅里叶级数表示周期解,并找到一个频点 ω 及
满足系统方程的傅里叶系数的集合。假设 $y(t)$ 是周期函数并设

$$y(t) = \sum_{k=-\infty}^{\infty} a_k \exp(jk\omega t)$$

是其傅里叶级数,其中 a_k 是复系数[①]。$a_k = \bar{a}_{-k}, j = \sqrt{-1}$。由于 $\psi(\cdot)$ 是时不变非线性的,
$\psi(y(t))$ 也是频率为 ω 的周期函数,且可表示为

$$\psi(y(t)) = \sum_{k=-\infty}^{\infty} c_k \exp(jk\omega t)$$

其中每个复系数 c_k 是所有 a_i 的函数。若 $y(t)$ 为反馈系统的一个解,则必须满足微分方程

$$d(p)y(t) + n(p)\psi(y(t)) = 0$$

其中,p 是微分算子 $p(\cdot) = d(\cdot)/dt$,$n(s)$ 和 $d(s)$ 分别是 $G(s)$ 的分子多项式和分母多项式。
因为

$$p \exp(jk\omega t) = \frac{d}{dt} \exp(jk\omega t) = jk\omega \exp(jk\omega t)$$

---

① 复变量上方的横线表示其复共轭。

有
$$d(p) \sum_{k=-\infty}^{\infty} a_k \exp(jk\omega t) = \sum_{k=-\infty}^{\infty} d(jk\omega) a_k \exp(jk\omega t)$$

和
$$n(p) \sum_{k=-\infty}^{\infty} c_k \exp(jk\omega t) = \sum_{k=-\infty}^{\infty} n(jk\omega) c_k \exp(jk\omega t)$$

将这些表达式回代到微分方程,得到

$$\sum_{k=-\infty}^{\infty} [d(jk\omega) a_k + n(jk\omega) c_k] \exp(jk\omega t) = 0$$

当所有整数 k 取不同值时,利用函数 $\exp(jk\omega t)$ 的正交性,傅里叶系数必须满足

$$G(jk\omega) c_k + a_k = 0 \tag{7.20}$$

因为 $G(jk\omega) = \bar{G}(-jk\omega)$,$a_k = \bar{a}_{-k}$ 且 $c_k = \bar{c}_{-k}$,所以只需考虑方程(7.20)在 $k \geqslant 0$ 时的情况。方程(7.20)是一个无限维方程,难以求解,因而需要找一个有限维的方程逼近方程(7.20)。注意,传递函数 $G(s)$ 是严格正则的,即当 ω 趋于无穷时 $G(j\omega)$ 趋于零。因此可以假设存在一个整数 $q > 0$,使得对于所有 $k > q$,$|G(jk\omega)|$ 足够小,可以用 0 代替 $G(jk\omega)$。该近似将方程(7.20)简化为一个有限维问题

$$G(jk\omega) \hat{c}_k + \hat{a}_k = 0, \quad k = 0, 1, 2, \cdots, q \tag{7.21}$$

其中傅里叶系数上方的符号强调方程(7.21)的解仅是方程(7.20)的近似解。实际上可以继续解方程(7.21),但随着 q 的增加,问题会变得越来越复杂,而且当 q 较大时,方程(7.21)可能仍然难以求解。如果可以取 $q = 1$,则是最简单的情况。当然这要求传递函数 $G(s)$ 具有锐截止的"低通滤波"特性,这样才允许当 $k > 0$ 时将 $G(jk\omega)$ 近似为零。即使知道了 $G(s)$,但由于振荡频率 ω 未知,仍不能判断出近似程度。然而,经典的描述函数法应用了该近似,并当 $k > 1$ 时设定 $\hat{a}_k = 0$,使问题简化为求解如下两个方程:

$$G(0) \hat{c}_0(\hat{a}_0, \hat{a}_1) + \hat{a}_0 = 0 \tag{7.22}$$
$$G(j\omega) \hat{c}_1(\hat{a}_0, \hat{a}_1) + \hat{a}_1 = 0 \tag{7.23}$$

注意方程(7.22)和方程(7.23)用两个实未知量 ω 和 $\hat{a}_0$ 和一个复未知量 $\hat{a}_1$ 定义了一个实数方程(7.22)和一个复数方程(7.23)。当用实数表示时,这些方程以四个未知数定义了三个方程。这是符合要求的,因为自治系统的时间原点是任意的,所以如果 $(\hat{a}_0, \hat{a}_1)$ 满足方程,则 $(\hat{a}_0, \hat{a}_1 e^{j\theta})$ 是另一个解,θ 为任意实数。为了解决不唯一性,取 $y(t)$ 的一次谐波为 $a \sin \omega t$,其中 $a \geqslant 0$,即选择时间原点,使一次谐波的相位为零。利用

$$a \sin \omega t = \frac{a}{2j}[\exp(j\omega t) - \exp(-j\omega t)] \Rightarrow \hat{a}_1 = \frac{a}{2j}$$

方程(7.22)和方程(7.23)可重写为

$$G(0) \hat{c}_0\left(\hat{a}_0, \frac{a}{2j}\right) + \hat{a}_0 = 0 \tag{7.24}$$

$$G(j\omega) \hat{c}_1\left(\hat{a}_0, \frac{a}{2j}\right) + \frac{a}{2j} = 0 \tag{7.25}$$

因为方程(7.24)与 ω 无关,所以当 a 为 $\hat{a}_0$ 的函数时方程可解。注意,如果 $\psi(\cdot)$ 是奇函数,即

$$\psi(-y) = -\psi(y)$$

那么 $\hat{a}_0 = \hat{c}_0 = 0$ 就是方程(7.24)的一个解,因为

$$\hat{c}_0 = \frac{\omega}{2\pi} \int_0^{2\pi/\omega} \psi(\hat{a}_0 + a\sin\omega t)\, dt$$

为方便起见,只研究奇对称特性的非线性,并取 $\hat{a}_0 = \hat{c}_0 = 0$,那么方程(7.25)可重写为

$$G(j\omega)\hat{c}_1\left(0, \frac{a}{2j}\right) + \frac{a}{2j} = 0 \tag{7.26}$$

系数 $\hat{c}_1(0, a/2j)$ 是当非线性输入为正弦信号 $a\sin\omega t$ 时,其输出一次谐波的复傅里叶系数:

$$\begin{aligned}
\hat{c}_1(0, a/2j) &= \frac{\omega}{2\pi}\int_0^{2\pi/\omega}\psi(a\sin\omega t)\exp(-j\omega t)\,dt \\
&= \frac{\omega}{2\pi}\int_0^{2\pi/\omega}[\psi(a\sin\omega t)\cos\omega t - j\psi(a\sin\omega t)\sin\omega t]\,dt
\end{aligned}$$

积分号内的第一项为奇函数,而第二项为偶函数。因此,在一个周期内第一项积分为零,由此积分化简为

$$\hat{c}_1(0, a/2j) = -j\frac{\omega}{\pi}\int_0^{\pi/\omega}\psi(a\sin\omega t)\sin\omega t\,dt$$

定义函数 $\Psi(a)$ 为

$$\Psi(a) = \frac{\hat{c}_1(0, a/2j)}{a/2j} = \frac{2\omega}{\pi a}\int_0^{\pi/\omega}\psi(a\sin\omega t)\sin\omega t\,dt \tag{7.27}$$

因此方程(7.26)可重写为

$$[G(j\omega)\Psi(a) + 1]a = 0 \tag{7.28}$$

由于不考虑 $a = 0$ 时的解,因此可以通过求下列方程的所有解,得到方程(7.28)的全解:

$$G(j\omega)\Psi(a) + 1 = 0 \tag{7.29}$$

方程(7.29)称为一阶调和平衡方程,或简称为调和平衡方程。由式(7.27)定义的函数 $\Psi(a)$ 称为非线性特性 ψ 的描述函数,通过在非线性特性的输入端加一正弦信号 $a\sin\omega t$,然后计算输出端一次谐波的傅里叶系数与 a 的比值,即可求得 $\Psi(a)$,可被认为是输入为 $a\sin\omega t$,响应为 $\Psi(a)a\sin\omega t$ 的线性时不变单元的等效增益。这种等效增益的概念(有时也称等效线性化)也可应用到一般的时变非线性特性或有记忆的非线性特性中,比如迟滞和回差特性[①]。一般在这样的背景下,描述函数可能是复变函数,且与 a 和 ω 都有关。我们只考虑奇对称、时不变、无记忆非线性特性的描述函数,其 $\Psi(a)$ 是实函数,且仅与 a 有关,由下面的表达式给出:

$$\Psi(a) = \frac{2}{\pi a}\int_0^{\pi}\psi(a\sin\theta)\sin\theta\,d\theta \tag{7.30}$$

该式是将式(7.27)中的积分变量由 t 换成 $\theta = \omega t$ 得到的。

描述函数法说明,如果方程(7.29)有一个解 (a_s, ω_s),那么系统"可能"有一个周期解,其振荡频率和振幅(在非线性的输入端)接近 ω_s 和 a_s。相反,如果方程(7.29)没有解,系统"可能"无周期解。当存在一个周期解时,把"可能"换成"一定"及用量化替代"接近 ω_s 和 a_s"一

---

① 参见文献[18]或文献[85]。

句则需要进行更多的分析,本节后续部分将进行这方面的研究,这里将进一步讨论描述函数的计算和调和平衡方程(7.29)的求解问题。下面三个例题说明奇非线性特性描述函数的计算。

例 7.6　考虑正负号函数非线性特性 $\psi(y) = \mathrm{sgn}(y)$,其描述函数为

$$\Psi(a) = \frac{2}{\pi a} \int_0^\pi \psi(a\sin\theta)\sin\theta\ d\theta = \frac{2}{\pi a} \int_0^\pi \sin\theta\ d\theta = \frac{4}{\pi a} \qquad \triangle$$

例 7.7　考虑图 7.15 所示的分段线性函数,如果该非线性正弦输入的振幅 $a \leqslant \delta$,那么非线性相当于线性增益,输出是幅度为 $s_1 a$ 的正弦信号。因此,描述函数是 $\Psi(a) = s_1$,与 a 无关。当 $a > \delta$ 时,对式(7.30)右边进行分段积分,每一段对应 $\psi(\cdot)$ 的一个线性部分。然后利用输出波形的奇对称性,可将积分简化为

$$
\begin{aligned}
\Psi(a) &= \frac{2}{\pi a} \int_0^\pi \psi(a\sin\theta)\sin\theta\ d\theta = \frac{4}{\pi a} \int_0^{\pi/2} \psi(a\sin\theta)\sin\theta\ d\theta \\
&= \frac{4}{\pi a} \int_0^\beta a s_1 \sin^2\theta\ d\theta \\
&\quad + \frac{4}{\pi a} \int_\beta^{\pi/2} [\delta s_1 + s_2(a\sin\theta - \delta)]\sin\theta\ d\theta, \quad \beta = \arcsin\left(\frac{\delta}{a}\right) \\
&= \frac{2s_1}{\pi}\left(\beta - \frac{1}{2}\sin 2\beta\right) + \frac{4\delta(s_1 - s_2)}{\pi a}\left(\cos\beta - \cos\frac{\pi}{2}\right) \\
&\quad + \frac{2s_2}{\pi}\left(\frac{\pi}{2} - \frac{1}{2}\sin\pi - \beta + \frac{1}{2}\sin 2\beta\right) \\
&= \frac{2(s_1 - s_2)}{\pi}\left(\beta + \frac{\delta}{a}\cos\beta\right) + s_2
\end{aligned}
$$

这样,
$$\Psi(a) = \frac{2(s_1 - s_2)}{\pi}\left[\arcsin\left(\frac{\delta}{a}\right) + \frac{\delta}{a}\sqrt{1 - \left(\frac{\delta}{a}\right)^2}\right] + s_2$$

描述函数如图 7.16 所示。通过选择 δ 及斜率 s_1 和 s_2 的值,可以得到几个常用非线性特性的描述函数。例如,饱和非线性特性是图 7.15 所示分段线性函数的特例,即 $\delta = 1, s_1 = 1$ 和 $s_2 = 0$ 时的情况,因此其描述函数为

$$\Psi(a) = \begin{cases} 1, & 0 \leqslant a \leqslant 1 \\ \dfrac{2}{\pi}\left[\arcsin\left(\dfrac{1}{a}\right) + \dfrac{1}{a}\sqrt{1 - \left(\dfrac{1}{a}\right)^2}\right], & a > 1 \end{cases} \qquad \triangle$$

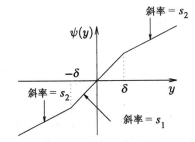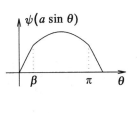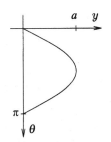

图 7.15　分段线性函数

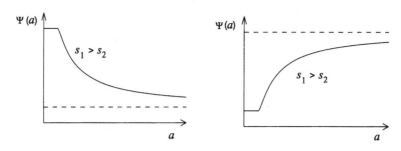

图 7.16　图 7.15 中分段线性函数的描述函数

例7.8　考虑一个奇对称非线性特性,对于所有 $y \in R$,满足扇形区域条件

$$\alpha y^2 \leqslant y\psi(y) \leqslant \beta y^2$$

描述函数 $\Psi(a)$ 满足下界

$$\Psi(a) = \frac{2}{\pi a} \int_0^\pi \psi(a \sin \theta) \sin \theta \, d\theta \geqslant \frac{2\alpha}{\pi} \int_0^\pi \sin^2 \theta \, d\theta = \alpha$$

和上界

$$\Psi(a) = \frac{2}{\pi a} \int_0^\pi \psi(a \sin \theta) \sin \theta \, d\theta \leqslant \frac{2\beta}{\pi} \int_0^\pi \sin^2 \theta \, d\theta = \beta$$

因此

$$\alpha \leqslant \Psi(a) \leqslant \beta, \quad \forall \, a \geqslant 0 \qquad\qquad \triangle$$

方程(7.29)可写为

$$\{\mathrm{Re}[G(j\omega)] + j\mathrm{Im}[G(j\omega)]\} \, \Psi(a) + 1 = 0$$

因为描述函数 $\Psi(a)$ 是实函数,这个方程等效于下面两个实方程:

$$1 + \Psi(a)\mathrm{Re}[G(j\omega)] = 0 \qquad\qquad (7.31)$$

$$\mathrm{Im}[G(j\omega)] = 0 \qquad\qquad (7.32)$$

因为方程(7.32)与 a 无关,所以可先求解 ω,以确定可能的振荡频率。再对每个解 ω,对 a 解方程(7.31)。注意,可能的振荡频率完全由传递函数 $G(s)$ 决定,它们与非线性特性 $\psi(\cdot)$ 无关。非线性特性仅决定相应 a 的值,即可能的振荡幅度。如下面几个例题所示,可以通过这一步骤用解析法解低阶传递函数。

例7.9　设

$$G(s) = \frac{1}{s(s+1)(s+2)}$$

并考虑两个非线性特性:正负号非线性和饱和非线性。通过简单运算可写出 $G(j\omega)$ 的表达式为

$$G(j\omega) = \frac{-3\omega - j(2 - \omega^2)}{9\omega^3 + \omega(2 - \omega^2)^2}$$

方程(7.32)的形式为

$$\frac{(2 - \omega^2)}{9\omega^3 + \omega(2 - \omega^2)^2} = 0$$

该方程有一个正根 $\omega = \sqrt{2}$。注意,对方程(7.32)的每个正根都存在一个模值相等的负根。这里只考虑正根的情况,还要注意 $\omega = 0$ 时的根没有意义,因为它不产生非平凡周期解。在 $\omega = \sqrt{2}$ 时计算 $\mathrm{Re}[G(j\omega)]$ 的值,并代入方程(7.31),得 $\Psi(a) = 6$。到此为止,除了未给出的

非线性 $\psi(\cdot)$，我们已经收集到所有的必要信息。现在考虑正负号非线性特性。在例 7.6 中已求出 $\Psi(a) = 4/\pi a$，因此 $\Psi(a) = 6$ 有唯一解 $a = 2/3\pi$。现在可以说由 $G(s)$ 和正负号非线性特性构成的非线性系统可能振荡，其频率接近 $\sqrt{2}$，振幅（在非线性特性输入端）接近 $2/3\pi$。下面考虑饱和非线性特性。从例 7.7 已知，对所有 a，有 $\Psi(a) \leqslant 1$，因此 $\Psi(a) = 6$ 无解。所以，由 $G(s)$ 和饱和非线性特性构成的非线性系统不会产生持续振荡。　　　　　　　　△

例 7.10　设

$$G(s) = \frac{-s}{s^2 + 0.8s + 8}$$

并考虑两个非线性特性：饱和非线性和死区非线性。后者是例 7.7 中分段线性函数的一个特例，即 $\delta = 0$，$s_1 = 1$ 和 $s_2 = 0.5$ 时的情况。传递函数 $G(j\omega)$ 可写为

$$G(j\omega) = \frac{-0.8\omega^2 - j\omega\,(8 - \omega^2)}{0.64\omega^2 + (8 - \omega^2)^2}$$

方程(7.32)有唯一正根 $\omega = 2\sqrt{2}$。求出 $\omega = 2\sqrt{2}$ 时 $\mathrm{Re}[G(j\omega)]$ 的值，代入方程(7.31)，可得 $\Psi(a) = 0.8$。对于饱和非线性特性，其描述函数已在例 7.7 中给出，$\Psi(a) = 0.8$ 有唯一解 $a = 1.455$。因此由 $G(s)$ 和饱和非线性特性构成的非线性系统在频率接近 $2\sqrt{2}$ 时振荡，且（非线性输入端）振幅为 1.455。对于死区非线性特性，其描述函数对所有 a 都小于 0.8，因此当 $\Psi(a) = 0.8$ 时无解，并由此可预见由 $G(s)$ 和死区非线性特性构成的非线性系统没有持续振荡。在这个特殊的例子中，还可以通过系统对于一类扇形区域的非线性绝对稳定的结论确认无振荡的推测，这类非线性特性包括已给出的死区非线性。容易得到

$$\mathrm{Re}[G(j\omega)] \geqslant -1.25, \ \ \forall\, \omega \in R$$

因此根据圆判据（见定理 7.2）可知，系统在扇形区域 $[0, \beta]$ 内是绝对稳定的，其中 $\beta < 0.8$。所给死区非线性属于该扇形区域。因此，状态空间的原点是全局渐进稳定的，且系统无持续振荡。　　　　　　　　△

例 7.11　考虑 Raleigh 方程　　$\ddot{z} + z = \varepsilon\,(\dot{z} - \tfrac{1}{3}\dot{z}^3)$

其中 ε 是正常数。为研究周期解的存在性，把方程表示为图 7.1 所示的反馈形式。设 $u = -\dot{z}^3/3$，并将方程改写为

$$\ddot{z} - \varepsilon\dot{z} + z = \varepsilon u$$
$$u = -\frac{1}{3}\dot{z}^3$$

第一个方程定义了一个线性系统。取 $y = \dot{z}$ 为其输出，则传递函数为

$$G(s) = \frac{\varepsilon s}{s^2 - \varepsilon s + 1}$$

第二个方程定义了非线性特性 $\psi(y) = y^3/3$。这两个方程一起表示出图 7.1 以反馈形式连接的系统。$\psi(y) = y^3/3$ 的描述函数由下式给出：

$$\Psi(a) = \frac{2}{3\pi a} \int_0^\pi (a\sin\theta)^3 \sin\theta\; d\theta = \frac{1}{4}a^2$$

函数 $G(j\omega)$ 可写为　　$G(j\omega) = \dfrac{j\varepsilon\omega[(1 - \omega^2) + j\varepsilon\omega]}{(1 - \omega^2)^2 + \varepsilon^2\omega^2}$

方程 $\mathrm{Im}[G(j\omega)] = 0$ 给出了 $\omega(1 - \omega^2) = 0$，因此有唯一正解 $\omega = 1$。则

$$1 + \Psi(a)\mathrm{Re}[G(j)] = 0 \Rightarrow a = 2$$

因此,可以预见,Raleigh 方程有一个周期解,其频率接近1 rad/s,且 $\dot{z}$ 的振荡幅度接近2。　△

对于高阶传递函数,用解析法求解调和平衡方程(7.29)会很复杂,当然总可以采用数值计算法求解方程(7.29)。然而描述函数法的优势不在于应用解析法或数值计算法求解方程(7.29),而正是方程(7.29)的图形解使其颇受欢迎。方程(7.29)可改写为

$$G(j\omega) = -\frac{1}{\Psi(a)} \tag{7.33}$$

或

$$\frac{1}{G(j\omega)} = -\Psi(a) \tag{7.34}$$

方程(7.33)表明可以通过绘制 $\omega > 0$ 时 $G(j\omega)$ 的奈奎斯特曲线和 $a \geq 0$ 时 $-1/\Psi(a)$ 的轨迹求解方程(7.29),这两个轨迹的相交部分即为方程(7.29)的解。因为对于奇对称非线性特性 $\Psi(a)$ 是实函数,所以 $-1/\Psi(a)$ 的轨迹在复平面内被限定在实轴上。方程(7.34)给出了类似的方法,即绘制 $G(j\omega)$ 倒数的奈奎斯特曲线(即复平面中 $1/G(j\omega)$ 以 ω 为变量的轨迹)和 $-\Psi(a)$ 的轨迹。奈奎斯特曲线在经典控制理论中的重要作用使描述函数法的图解实现成为控制工程师解非线性问题时常用的工具。

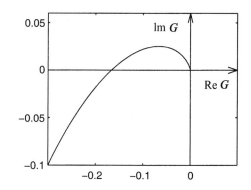

图 7.17　例 7.12 的奈奎斯特曲线

例 7.12　再次研究例 7.9 的传递函数 $G(s)$,$G(j\omega)$ 的奈奎斯特曲线如图 7.17 所示。它与实轴相交于点 $(-1/6, 0)$。对于奇对称非线性,如果 $-1/\Psi(a)$ 在实轴上的轨迹包含这个交点,则方程(7.29)有解。

现在回到证明描述函数方法正确性的问题上。作为求解无限维方程(7.20)的近似方法,描述函数法可通过给出由近似产生的误差证明其正确性。为简单起见,我们仅分析具有以下两个特点的非线性问题:[①]

- 奇对称非线性特性,即 $\psi(y) = -\psi(-y)$,$\forall y \neq 0$。
- 斜率在 α 和 β 之间的单值非线性特性,即对于所有实数 y_1 和 $y_2 > y_1$,有

$$\alpha(y_2 - y_1) \leq [\psi(y_2) - \psi(y_1)] \leq \beta(y_2 - y_1)$$

具有这两个特点的的非线性特性 $\psi(\cdot)$ 属于扇形区域 $[\alpha, \beta]$。因此由例 7.8 得其描述函数当 $a \geq 0$ 时满足 $\alpha \leq \Psi(a) \leq \beta$。但应注意斜率限制条件与扇形区域条件不同。一个非线性特性可能满足前面的斜率限制,边界为 α 和 β,但可能属于扇形区域 $[\bar{\alpha}, \bar{\beta}]$,其边界与限制斜率的边界不同,为 $\bar{\alpha}$ 和 $\bar{\beta}$[②]。我们强调,在下面的分析中应该用斜率边界 α 和 β,而不是扇形区域边界 $\bar{\alpha}$ 和 $\bar{\beta}$。

---

① 对一般非线性特性的描述函数理论参见文献[24],文献[129]和文献[189]。

② 可以验证 $[\bar{\alpha}, \bar{\beta}] \subset [\alpha, \beta]$。

例 7.13 考虑图 7.18 给出的分段线性、奇对称的非线性特性

$$\psi(y) = \begin{cases} y, & 0 \leqslant y \leqslant 2 \\ 4 - y, & 2 \leqslant y \leqslant 3 \\ y - 2, & y \geqslant 3 \end{cases}$$

满足斜率限制条件

$$-1 \leqslant \frac{\psi(y_2) - \psi(y_1)}{y_2 - y_1} \leqslant 1$$

及扇形区域条件

$$\frac{1}{3} \leqslant \frac{\psi(y)}{y} \leqslant 1$$

即在下面的分析中,取 $\alpha = -1, \beta = 1$。 △

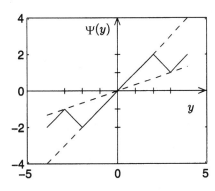

图 7.18 例 7.13 的非线性特性

这里仅关心半波对称周期解的存在性问题[1],即仅有奇次谐波的周期解。考虑到 ψ 的奇对称性,该限制是合理。当 $k = 1, 3, 5, \cdots$ 时,周期解 $y(t)$ 的奇次谐波的傅里叶系数满足方程(7.20)。误差分析的基本思想是,将周期解 $y(t)$ 分解为一次谐波 $y_1(t)$ 和高次谐波 $y_h(t)$。选择时间原点,使一次谐波的相位为零,即 $y_1(t) = a \sin \omega t$。这样,有

$$y(t) = a \sin \omega t + y_h(t)$$

根据这个表达式,$y(t)$ 及 $\psi(y(t))$ 一次谐波的傅里叶系数为

$$a_1 = \frac{a}{2j}$$

$$c_1 = \frac{\omega}{\pi} \int_0^{\pi/\omega} \psi(a \sin \omega t + y_h(t)) \exp(-j\omega t) \, dt$$

根据方程(7.20),当 $k = 1$ 时,有 $\quad G(j\omega)c_1 + a_1 = 0$

引入函数 $\quad \Psi^*(a, y_h) = \frac{c_1}{a_1} = j\frac{2\omega}{\pi a} \int_0^{\pi/\omega} \psi(a \sin \omega t + y_h(t)) \exp(-j\omega t) \, dt$

可将方程改写为

$$\frac{1}{G(j\omega)} + \Psi^*(a, y_h) = 0 \tag{7.35}$$

将 $\Psi(a)$ 加到方程(7.35)的两边,可得

$$\frac{1}{G(j\omega)} + \Psi(a) = \delta\Psi \tag{7.36}$$

其中 $\quad \delta\Psi = \Psi(a) - \Psi^*(a, y_h)$

当 $y_h = 0$ 时,$\Psi^*(a, 0) = \Psi(a)$,这样 $\delta\Psi = 0$,方程(7.36)简化为调和平衡方程

$$\frac{1}{G(j\omega)} + \Psi(a) = 0 \tag{7.37}$$

因此,调和平衡方程(7.37)是精确方程(7.36)的近似,虽然不能精确求出误差项 $\delta\Psi$,但通常

---

[1] 进行限制只是为了方便起见,一般分析没有该假设,参见文献[128]。

可估计其大小。下一步是求 $\delta\Psi$ 的上界,为此定义两个函数 $\rho(\omega)$ 和 $\sigma(\omega)$。首先,在复平面内画出 $1/G(j\omega)$ 的轨迹,在同一个平面内画出在实轴上以区间 $[-\beta, -\alpha]$ 为直径的(临界)圆。注意,由于 $\alpha \le \Psi(a) \le \beta$,故 $-\Psi(a)$ 的轨迹在实轴上的圆内。现在考虑一个 ω 值,使轨迹 $1/G(j\omega)$ 对应的 $k\omega(k>1)$ 的点位于临界圆外,如图 7.19 所示。这些点中任意一点到临界圆圆心的距离为

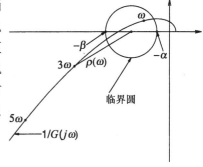

图 7.19　求 $\rho(\omega)$

$$\left| \frac{\alpha+\beta}{2} + \frac{1}{G(jk\omega)} \right|$$

定义
$$\rho(\omega) = \inf_{k>1; k \text{ odd}} \left| \frac{\alpha+\beta}{2} + \frac{1}{G(jk\omega)} \right| \qquad (7.38)$$

注意,这里只当 $k=3,5,\cdots$ 时,使 $1/G(jk\omega)$ 位于临界圆外的 ω 定义 $\rho(\omega)$,即 ω 属于集合

$$\Omega = \{\omega \mid \rho(\omega) > \tfrac{1}{2}(\beta-\alpha)\}$$

在 Ω 的任意连通子集 Ω' 上,定义
$$\sigma(\omega) = \frac{\left(\frac{\beta-\alpha}{2}\right)^2}{\rho(\omega) - \frac{\beta-\alpha}{2}} \qquad (7.39)$$

正的 $\sigma(\omega)$ 就是误差项 $\delta\Psi$ 的上界,这一点将在下面的引理中论述。

引理 7.1　在已述假设条件下,有

$$\frac{\omega}{\pi} \int_0^{2\pi/\omega} y_h^2(t)\, dt \le \left[\frac{2\sigma(\omega)a}{\beta-\alpha} \right]^2, \quad \forall\, \omega \in \Omega' \qquad (7.40)$$

$$|\delta\Psi| \le \sigma(\omega), \quad \forall\, \omega \in \Omega' \qquad (7.41)$$

证明: 见附录 C.13。　　　　　　　　　　　　　　　　　　　　　　　　　　　$\diamond$

　　引理 7.1 的证明是基于以 $y_h = T(y_h)$ 的形式列出一个关于 $y_h(t)$ 的方程,并证明 $T(\cdot)$ 是压缩映射。这就允许我们计算式(7.40)的上界,然后用此上界计算式(7.41)误差项的上界。对非线性特性 ψ 的斜率限制用于证明 $T(\cdot)$ 为压缩映射。

　　将式(7.41)中的上界代入方程(7.36),可以看到 $\omega \in \Omega'$ 时半波对称周期解存在的必要条件是

$$\left| \frac{1}{G(j\omega)} + \Psi(a) \right| \le \sigma(\omega)$$

从几何意义上讲,该条件说明点 $-\Psi(a)$ 必须包含于以 $1/G(j\omega)$ 为圆心,以 $\sigma(\omega)$ 为半径的圆内。对于每个 $\omega \in \Omega' \subset \Omega$,可以画出这样一个误差圆,连通集 Ω' 上所有误差圆的包络形成了一条不确定带。这里选择 Ω 的子集是因为当 ω 接近 Ω 边缘时,误差圆变为任意大,无法给出有用的信息,因而应根据能够画出较窄的不确定带原则选择子集 Ω'。如果 $G(j\omega)$ 有锐截止的低通滤波特性,那么在 Ω' 上的不确定带会相当窄。注意 $\rho(\omega)$ 是 $G(j\omega)$ 低通滤波器特性的测度,由式(7.38)可以看出,当 $k>1$ 时,$|G(jk\omega)|$ 越小,$\rho(\omega)$ 越大。由式(7.39)可以看出,当 $\rho(\omega)$ 较大时,得到误差圆的半径 $\sigma(\omega)$ 较小。

　　继续研究不确定带与 $-\Psi(a)$ 轨迹的相交情况。如果不确定带与 $-\Psi(a)$ 轨迹不相交,则显然当 $\omega \in \Omega'$ 时方程(7.36)无解;如果不确定带与 $-\Psi(a)$ 轨迹完全相交,如图 7.20 所示,则

认为在 Ω' 内有解。如果排除一些退化的情况,在 Ω' 中就一定有解。实际上可以通过检测相交部分求出误差边界,设 a_1 和 a_2 是对应于 $-\Psi(a)$ 的轨迹与不确定带边界交点的幅度,ω_1 和 ω_2 是相应于半径分别为 $\sigma(\omega_1)$ 和 $\sigma(\omega_2)$ 的两个误差圆的频率,这两个误差圆的两边与 $-\Psi(a)$ 轨迹相切。在 (ω,a) 平面内定义矩形区域 Γ 为

$$\Gamma = \{(\omega,a) \mid \omega_1 < \omega < \omega_2,\ a_1 < a < a_2\}$$

该区域包含 $1/G$ 的轨迹与 $-\Psi$ 的交点 $(\omega_s,$ $a_s)$,即调和平衡方程(7.37)的解。这说明如果满足一定的正则条件,则有可能证明方程(7.36)在 Γ 的闭包内有一个解。这些正则性条件是

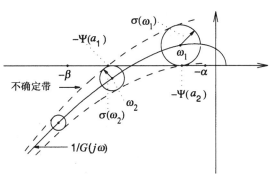

图 7.20　完全相交

$$\left.\frac{d}{da}\Psi(a)\right|_{a=a_s} \neq 0;\quad \left.\frac{d}{d\omega}\mathrm{Im}[G(j\omega)]\right|_{\omega=\omega_s} \neq 0$$

当 $1/G(j\omega)$ 轨迹与 $-\Psi(a)$ 轨迹相交,且有限集 Γ 有定义时,不确定带与 $-\Psi(a)$ 轨迹之间的完全相交即可精确定义,使得 (ω_s,a_s) 为 Γ 内的唯一交点,且使正则性条件成立。

最后注意,在高频段,如果所有谐波(包括一次谐波)使所对应的 $1/G(j\omega)$ 的点位于临界圆外部,就不必画出不确定带。因此定义集合

$$\tilde{\Omega} = \left\{\omega \ \middle|\ \left|\frac{\alpha+\beta}{2} + \frac{1}{G(jk\omega)}\right| > \frac{\beta-\alpha}{2},\ k=1,3,5,\cdots\right\}$$

并取 $\tilde{\Omega}$ 内的最小频率作为 Ω' 中的最大频率,然后减小 ω,直到误差圆变得非常大。

下面的判断描述函数法正确性的定理是本节的主要结果。

定理 7.4　考虑图 7.1 所示的反馈连接,其中非线性特性 $\psi(\cdot)$ 是无记忆、时不变和奇对称的,斜率为 α 和 β 之间的单值函数。在复平面内画出 $1/G(j\omega)$ 和 $-\Psi(a)$ 的轨迹,并按照已描述的方法构造临界圆和不确定带,则

- 系统无基频为 $\omega \in \tilde{\Omega}$ 的半波对称周期解。
- 如果对应的误差圆与 $-\Psi(a)$ 的轨迹不相交,则系统无基频为 $\omega \in \Omega'$ 的半波对称周期解。
- 对于在 (ω,a) 平面内定义了集合 Γ 的每个完全相交,都至少有一个半波对称周期解

$$y(t) = a\sin\omega t + y_h(t)$$

其中,(ω,a) 在 $\overline{\Gamma}$ 内,且 $y_h(t)$ 满足式(7.40)的边界条件。　　　　　　　　$\diamondsuit$

证明:见附录 C.14。　　　　　　　　　　　　　　　　　　　　　　　　　　□

注意,该定理给出一个振荡的充分条件和一个不振荡的充分条件,在这两个条件之间有一个无法判断出是否振荡的不确定区域。

例 7.14　再次考虑　　　　　　　　$$G(s) = \frac{-s}{s^2 + 0.8s + 8}$$

与饱和非线性特性构成的系统。例 7.10 已得出调和平衡方程存在唯一解 $\omega_s = 2\sqrt{2} \approx 2.83$

和 $a_s = 1.455$。饱和非线性特性满足斜率限制条件 $\alpha = 0, \beta = 1$。因此临界圆的圆心在 -0.5，半径为 0.5。函数 $1/G(j\omega)$ 由下式给出：

$$\frac{1}{G(j\omega)} = -0.8 + j\frac{8 - \omega^2}{\omega}$$

因此，$1/G(j\omega)$ 的轨迹位于直线 $\mathrm{Re}[s] = -0.8$ 上，如图 7.21 所示。

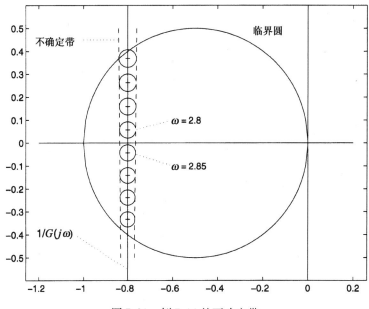

图 7.21 例 7.14 的不确定带

这里计算出了 8 个频点的误差圆 $\sigma(\omega)$，这 8 个频点始于 $\omega = 2.65$，止于 $\omega = 3.0$，间隔为 0.05。误差圆的圆心分布在直线 $\mathrm{Re}[s] = -0.8$ 上，且在临界圆内。当 ω 为 2.65 和 3.0 时，$\sigma(\omega)$ 的值分别为 0.0388 和 0.0321，且在这两点之间单调变化。在任何情况下，距离临界圆最近的谐波都是三次谐波。因此当 $k = 3$ 时式 (7.38) 达到其下界。在这里不确定带的边界几乎是竖直的。不确定带与 $-\Psi(a)$ 轨迹的相交部分对应于点 $a_1 = 1.377$ 和 $a_2 = 1.539$。当 $\omega = 2.85$ 时的误差圆在实轴下方几乎与实轴相切，因此取 $\omega_2 = 2.85$。而当 $\omega = 2.8$ 时的误差圆是实轴上方最接近与其相切的误差圆，这说明 $\omega_1 > 2.8$。试取 $\omega_1 = 2.81$，得到与实轴相切的误差圆，因此定义集合 Γ 为

$$\Gamma = \{(\omega, a) \mid 2.81 < \omega < 2.85,\ 1.377 < a < 1.539\}$$

在 Γ 内仅有一个交点。下面检验正则条件，导数

$$\frac{d}{da}\Psi(a) = \frac{2}{\pi}\frac{d}{da}\left[\arcsin\left(\frac{1}{a}\right) + \frac{1}{a}\sqrt{1 - \left(\frac{1}{a}\right)^2}\right] = -\frac{4}{\pi a^3}\sqrt{a^2 - 1}$$

在 $a = 1.455$ 时不为零，且

$$\frac{d}{d\omega}\mathrm{Im}[G(j\omega)]\bigg|_{\omega = \sqrt{8}} = \frac{2}{(0.8)^2} \neq 0$$

因此根据定理 7.4 可得，系统确实有一个周期解。更进一步可得，振荡频率 ω 在区间 $[2.81, 2.85]$ 内，且在非线性特性输入端一次谐波幅度在 $[1.377, 1.539]$ 之间。根据

式 (7.40) 的约束条件,也可知高次谐波成分 $y_h(t)$ 满足

$$\frac{\omega}{\pi} \int_0^{2\pi/\omega} y_h^2(t)\, dt \leqslant 0.0123, \quad \forall\, (\omega, a) \in \Gamma$$

说明在非线性特性的输入端处,振荡信号的波形
相当接近其一次谐波 $a\sin\omega t$。　△

例 7.15　再次考虑例 7.9

$$G(s) = \frac{1}{s(s+1)(s+2)}$$

且系统非线性特性为饱和非线性。该非线性特性
满足斜率限制条件 $\alpha = 0$ 和 $\beta = 1$。如图 7.22 所
示,对于所有 $\omega > 0$, $G(j\omega)$ 倒数的奈奎斯特曲线在
临界圆外。因此 $\tilde{\Omega} = (0, \infty)$,且得出系统无振荡
的结论。　△

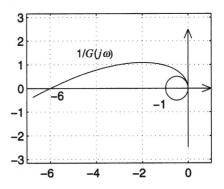

图 7.22　例 7.15 的倒奈奎斯特曲线和临界圆

7.3　习题

7.1　利用圆判据,判断下列各标量传递函数的绝对稳定性,并求出系统绝对稳定的扇形区
域 $[\alpha, \beta]$。

(1)　$G(s) = \dfrac{s}{s^2 - s + 1}$

(2)　$G(s) = \dfrac{1}{(s+2)(s+3)}$

(3)　$G(s) = \dfrac{1}{s^2 + s + 1}$

(4)　$G(s) = \dfrac{s^2 - 1}{(s+1)(s^2+1)}$

(5)　$G(s) = \dfrac{1-s}{(s+1)^2}$

(6)　$G(s) = \dfrac{s+1}{(s+2)^2(s-1)}$

(7)　$G(s) = \dfrac{1}{(s+1)^4}$

(8)　$G(s) = \dfrac{1}{(s+1)^2(s+2)^2}$

7.2　考虑图 7.1 所示的反馈连接,其中 $G(s) = 2s/(s^2 + s + 1)$。

(a) 证明系统对扇形区域 $[0, 1]$ 内的非线性是绝对稳定的。

(b) 证明当 $\psi(y) = \text{sat}(y)$ 时,系统没有极限环。

7.3　考虑系统　$\dot{x}_1 = -x_1 - h(x_1 + x_2)$,　　$\dot{x}_2 = x_1 - x_2 - 2h(x_1 + x_2)$

其中 h 是光滑函数,满足

$$yh(y) \geqslant 0, \forall\, y \in R, \quad h(y) = \begin{cases} c, & y \geqslant a_2 \\ 0, & |y| \leqslant a_1 \\ -c, & y \leqslant -a_2 \end{cases}$$

$$|h(y)| \leqslant c, \quad \text{当 } a_1 < y < a_2 \text{ 且 } -a_2 < y < -a_1$$

(a) 证明原点是唯一的平衡点。

(b) 根据圆判据证明原点是全局渐近稳定的。

7.4 (见文献[201])考虑系统

$$\dot{x}_1 = x_2, \qquad \dot{x}_2 = -(\mu^2 + a^2 - q\cos\omega t)x_1 - 2\mu x_2$$

其中 μ, a, q 和 ω 是正常数。试用图 7.1 的形式表示该系统,其中 $\psi(t, y) = qy\cos\omega t$,并用圆判据推导保证系统在原点为指数稳定的 μ, a, q 和 ω 值。

7.5 考虑线性时变系统 $\dot{x} = [A + BE(t)C]x$,其中 A 是赫尔维茨的,$\| E(t) \|_2 \leqslant 1$,$\forall t \geqslant 0$,且 $\sup\limits_{\omega \in R}\sigma_{\max}[C(j\omega I - A)^{-1}B] < 1$。证明原点是一致渐近稳定的。

7.6 考虑系统 $\dot{x} = Ax + Bu$,并设 $u = -Fx$ 是稳定的状态反馈控制,即矩阵 $(A - BF)$ 是赫尔维茨的。假设由于物理上的限制,必须用一个限幅器将 u_i 的值限定为 $|u_i(t)| \leqslant L$。闭环系统可用 $\dot{x} = Ax - BL\,\mathrm{sat}(Fx/L)$ 表示,其中 $\mathrm{sat}(v)$ 是一个向量,其第 i 个分量是饱和函数。

(a) 证明系统可由图 7.1 的形式表示,其中 $G(s) = F(sI - A + BF)^{-1}B$,$\psi(y) = L\,\mathrm{sat}(y/L) - y$。

(b) 用多变量圆判据推导原点渐近稳定的条件。

(c) 将以上结果应用到下面的情况:

$$A = \begin{bmatrix} 0 & 1 \\ 0.5 & 1 \end{bmatrix}, \quad B = \begin{bmatrix} 0 \\ 1 \end{bmatrix}, \quad F = \begin{bmatrix} 1 & 2 \end{bmatrix}, \quad L = 1$$

并估计吸引区。

7.7 用 Popov 判据重解习题 7.1。

7.8 本题针对标量转移函数 $G(s)$ 除一个留数为正的单极点在虚轴上以外,其余所有极点都在左半开平面的情况,推导 Popov 判据的另一种形式。系统可以表示为

$$\dot{z} = Az - B\psi(y), \quad \dot{v} = -\psi(y), \quad y = Cz + dv$$

其中 $d > 0$,A 是赫尔维茨的,(A, B) 可控,(A, C) 可观测,并且 ψ 属于扇形区域 $(0, k]$。设 $V(z, v) = z^{\mathrm{T}}Pz + a(y - Cz)^2 + b\int_0^y \psi(\sigma)\,\mathrm{d}\sigma$,其中 $P = P^{\mathrm{T}} > 0, a > 0, b \geqslant 0$。

(a) 证明 V 是正定的,且径向无界。

(b) 证明 $\dot{V}$ 满足不等式

$$\dot{V} \leqslant z^{\mathrm{T}}(PA + A^{\mathrm{T}}P)z - 2z^{\mathrm{T}}(PB - w)\psi(y) - \gamma\psi^2(y)$$

其中 $w = adC^{\mathrm{T}} + (1/2)bA^{\mathrm{T}}C^{\mathrm{T}}$,$\gamma = (2ad/k) + b(d + CB)$。假设选择 b 使 $\gamma \geqslant 0$。

(c) 证明如果

$$\frac{1}{k} + \mathrm{Re}[(1 + j\omega\eta)G(j\omega)] > 0, \quad \forall\,\omega \in R, \quad \eta = \frac{b}{2ad}$$

则系统绝对稳定。

7.9 (见文献[85])图 7.23 的反馈系统表示一个控制系统,其中 $H(s)$ 是被控对象的(标量)传递函数,内环表示执行机构模型。设 $H(s) = (s + 6)/(s + 2)(s + 3)$,并假设 $k \geqslant 0$,ψ 属于扇形区域 $(0, \beta]$,β 可以任意大,但有限。

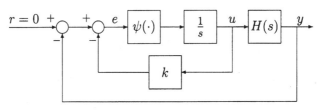

图 7.23 习题 7.9

（a）证明系统可表示为图 7.1 所示的反馈连接，其中输出为 e，零输入，且 $G(s) = [H(s)+k]/s$。

（b）应用习题 7.8 的 Popov 判据，求出下界 k_c，使系统对于所有 $k > k_c$ 绝对稳定。

7.10 对于下列各奇对称非线性 $\psi(y)$，验证给定表达式为其描述函数 $\Psi(a)$。

（1） $\psi(y) = y^5$; $\Psi(a) = 5a^4/8$

（2） $\psi(y) = y^3|y|$; $\Psi(a) = 32a^3/15\pi$

（3） $\psi(y)$: 图 7.24(a); $\Psi(a) = k + \dfrac{4A}{\pi a}$

$\psi(y)$: 图 7.24(b)

（4） $\Psi(a) = \begin{cases} 0, & a \leqslant A \\ (4B/\pi a)[1-(A/a)^2]^{1/2}, & a \geqslant A \end{cases}$

$\psi(y)$: 图 7.24(c)

（5） $\Psi(a) = \begin{cases} 0, & a \leqslant A \\ k[1-N(a/A)], & A \leqslant a \leqslant B \\ k[N(a/B)-N(a/A)], & a \geqslant B \end{cases}$

其中 $\qquad N(x) = \dfrac{2}{\pi}\left[\arcsin\left(\dfrac{1}{x}\right) + \dfrac{1}{x}\sqrt{1-\left(\dfrac{1}{x}\right)^2}\,\right]$

7.11 对于下列各种情况，按照图 7.1 所示的反馈连接，应用描述函数法研究周期解的存在性和可能的振荡频率及振荡幅度。

（1） $G(s) = (1-s)/s(s+1)$，$\psi(y) = y^5$。

（2） $G(s) = (1-s)/s(s+1)$，ψ 为上题（5）小题的非线性特性，其中 $A = 1, B = 3/2, k = 2$。

（3） $G(s) = 1/(s+1)^6$，$\psi(y) = \text{sgn}(y)$。

（4） $G(s) = (s+6)/s(s+2)(s+3)$，$\psi(y) = \text{sgn}(y)$。

（5） $G(s) = s/(s^2-s+1)$，$\psi(y) = y^5$。

（6） $G(s) = 5(s+0.25)/s^2(s+2)^2$，$\psi$ 是上题（3）小题的非线性特性，其中 $A = 1, k = 2$。

（7） $G(s) = 5(s+0.25)/s^2(s+2)^2$，$\psi$ 是上题（4）小题的非线性特性，其中 $A = 1, B = 1$。

（8） $G(s) = 5(s+0.25)/s^2(s+2)^2$，$\psi$ 是上题（5）小题的非线性特性，其中 $A = 1, B = 3/2, k = 2$。

（9） $G(s) = 1/(s+1)^3$，$\psi(y) = \text{sgn}(y)$。

（10） $G(s) = 1/(s+1)^3$，$\psi(y) = \text{sat}(y)$。

7.12 应用描述函数法研究 1.2.4 节中负阻振荡器周期解的存在性，其中 $h(v) = -v + v^3 - v^5/5$，$\varepsilon = 1$。对于每个可能的周期解估计其振荡频率及振荡幅度，并用计算机仿真确定描述函数结果的准确性。

7.13 考虑图 7.1 所示的反馈连接，其中 $G(s) = 2bs/(s^2-bs+1)$，$\psi(y) = \text{sat}(y)$。应用描述函数法证明对于足够小的 $b > 0$，系统有周期解。应用定理 7.4 验证该结论，并估计振荡频率及振荡幅度。

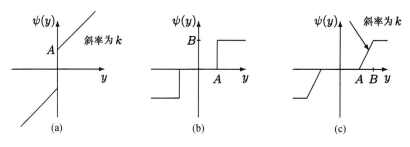

图 7.24 习题 7.10

7.14 考虑图 7.1 所示的反馈连接,其中

$$G(s) = \frac{1}{(s+1)^2(s+2)^2}, \qquad \psi(y) = \begin{cases} by, & -1 \leqslant by \leqslant 1 \\ \operatorname{sgn}(y), & b|y| > 1 \end{cases}$$

$b > 0$。

(a) 应用圆判据,在保证闭环系统原点全局渐近稳定的前提下,求出 b 的最大值。

(b) 应用 Popov 判据,在保证闭环系统原点全局渐近稳定的前提下,求出 b 的最大值。

(c) 应用描述函数法求出 b 的最小值,使系统可能振荡,并估计振荡频率。

(d) 当 $b = 10$ 时,应用定理 7.4 研究周期解的存在性,对可能存在的振荡
  i. 求出频率区间 $[\omega_1, \omega_2]$ 及幅度区间 $[a_1, a_2]$。
  ii. 应用引理 7.1 求高次谐波能量值的上界,并表示为与一次谐波能量的百分比。
  iii. 对系统进行仿真,并将仿真结果与前面的分析结果进行比较。

(e) 当 $b = 30$ 时,重复(d)。

7.15 当 $G(s) = 10/(s+1)^2(s+2)$ 时,重复上一个习题中的(a)和(c)。

7.16 考虑图 7.1 所示的反馈连接,这里 $G(s) = 1/(s+1)^3$,$\psi(y)$ 是图 7.15 中的分段线性函数,其中 $\delta = 1/k, s_1 = k, s_2 = 0$。

(a) 应用描述函数法研究周期解的存在性,并求当 $k = 10$ 时可能的振荡频率及振荡幅度。

(b) 当 $k = 10$ 时,应用定理 7.4,对于可能存在的振荡,求出频率区间 $[\omega_1, \omega_2]$ 和幅度区间 $[a_1, a_2]$。

(c) 可以保证系统无振荡的最大斜率 $k > 0$ 是多少?

7.17 对于下列情况以图 7.1 所示的反馈连接形式,应用定理 7.4 研究其周期解的存在性,并对可能存在的振荡求出频率区间 $[\omega_1, \omega_2]$ 及幅度区间 $[a_1, a_2]$。

(1) $G(s) = 2(s-1)/s^3(s+1)$,$\psi(y) = \operatorname{sat}(y)$。

(2) $G(s) = -s/(s^2 + 0.8s + 8)$,$\psi(y) = (1/2)\sin y$。

(3) $G(s) = -s/(s^2 + 0.8s + 8)$,$\psi(y)$ 是习题 7.13 中的非线性特性。

(4) $G(s) = -24/s^2(s+1)^3$,$\psi(y)$ 是奇对称的,由下式给出:

$$\psi(y) = \begin{cases} y^3 + y/2, & 0 \leqslant y \leqslant 1 \\ 2y - 1/2, & y \geqslant 1 \end{cases}$$

第8章　现代稳定性分析

第4章已经给出了李雅普诺夫稳定性的基本概念和分析方法。本章将更严密地研究这些概念,并对这些概念加以推广和改进。

第4章讨论了如何利用线性化的方法研究自治系统平衡点的稳定性。当在平衡点计算出的雅可比矩阵的特征值实部为零或没有实部为正的特征值时,线性化方法不再适用。8.1节将介绍中心流形定理(center manifold theorem),并利用它研究线性化失效时自治系统平衡点的稳定性问题。

4.1节已经介绍了渐近稳定平衡点吸引区的概念。8.2节将进一步阐述这一概念,并提出一些估计吸引区的方法。

对于自治系统,LaSalle 不变原理的应用十分广泛,但是对于一般的非自治系统,却没有类似于定理4.4所提出的不变原理。8.3节将介绍两个具有不变原理特性的定理:第一个定理说明轨线收敛于一个集合,另一个定理则说明原点的一致渐近稳定性。

最后,8.4节将介绍周期解及不变集的稳定性概念。

8.1　中心流形定理

考虑自治系统
$$\dot{x} = f(x) \tag{8.1}$$
其中 $f:D \rightarrow R^n$ 是连续可微的,且 $D \subset R^n$ 是包含原点 $x = 0$ 的定义域。假设原点是方程(8.1)的平衡点。根据定理4.7所述,若 f 在原点线性化,即矩阵
$$A = \left.\frac{\partial f}{\partial x}(x)\right|_{x=0}$$

的所有特征值都具有负实部,则原点是渐近稳定的。如果 A 有实部为正的特征值,则原点是非稳定的。如果 A 的一部分特征值实部为零,其余特征值具有负实部,则不能应用线性化来确定原点的稳定性。本节将进一步研究不能进行线性化的情况。此时,为了确定原点的稳定性,需要分析 n 阶非线性系统(8.1)。下面将提出如何通过分析低阶非线性系统进而确定原点的稳定性,而该低阶非线性系统的阶数恰好是 A 的实部为零的特征值数目。这就是中心流形定理[①]的应用之一。

R^n 上的 k 维流形($1 \leqslant k < n$)有严格的数学定义[②]。为此,完全可以认为 k 维流形是方程
$$\eta(x) = 0$$
的解,其中 $\eta:R^n \rightarrow R^{n-k}$ 足够光滑(即充分多次连续可微),并且 $\text{rank}\,[\,\partial\eta/\partial x\,] = n - k$ 在集合 $\{x \in R^n \mid \eta(x) = 0\}$ 中。例如,单位圆
$$\{x \in R^2 \mid x_1^2 + x_2^2 = 1\}$$

---

① 中心流形定理在动力学系统方面有几种应用,此处仅用于确定原点的稳定性。中心流形定理详见文献[34]。

② 例如,参见文献[71]。

是 R^2 上的一维流形。同样,单位球

$$\{x \in R^n \mid \sum_{i=1}^{n} x_i^2 = 1\}$$

是 R^n 上的 $n-1$ 维流形。如果

$$\eta(x(0)) = 0 \Rightarrow \eta(x(t)) \equiv 0, \quad \forall\, t \in [0, t_1) \subset R$$

其中 $[0, t_1)$ 是解 $x(t)$ 有定义的时间区间,则称流形 $\{\eta(x) = 0\}$ 是方程(8.1)的不变流形。

现在假设 $f(x)$ 是 2 次连续可微的,则方程(8.1)可表示为

$$\dot{x} = Ax + \left[f(x) - \frac{\partial f}{\partial x}(0)\, x \right] = Ax + \tilde{f}(x)$$

其中

$$\tilde{f}(x) = f(x) - \frac{\partial f}{\partial x}(0)\, x$$

是 2 次连续可微的,且

$$\tilde{f}(0) = 0; \quad \frac{\partial \tilde{f}}{\partial x}(0) = 0$$

由于我们只对不能进行线性化的情况感兴趣,故假设 A 有 k 个实部为零的特征值,$m = n - k$ 个特征值实部为负。我们总可以找到一个相似变换矩阵 T,将 A 转换为分块对角矩阵

$$TAT^{-1} = \begin{bmatrix} A_1 & 0 \\ 0 & A_2 \end{bmatrix}$$

其中 A_1 的所有特征值实部为零,A_2 的所有特征值实部为负。显然,A_1 是 $k \times k$ 矩阵,而 A_2 是 $m \times m$ 矩阵,应用变量代换

$$\begin{bmatrix} y \\ z \end{bmatrix} = Tx; \quad y \in R^k; \quad z \in R^m$$

将方程(8.1)转换为

$$\dot{y} = A_1 y + g_1(y, z) \tag{8.2}$$

$$\dot{z} = A_2 z + g_2(y, z) \tag{8.3}$$

其中 g_1 和 g_2 具有 $\tilde{f}$ 的性质。具体地说,它们是 2 次连续可微的,且

$$g_i(0,0) = 0; \quad \frac{\partial g_i}{\partial y}(0,0) = 0; \quad \frac{\partial g_i}{\partial z}(0,0) = 0 \tag{8.4}$$

其中 $i = 1, 2$。若 $z = h(y)$ 是方程(8.2)和方程(8.3)的不变流形,且 h 是光滑的,则如果

$$h(0) = 0; \quad \frac{\partial h}{\partial y}(0) = 0$$

就称 z 为中心流形。

定理8.1   如果 g_1 和 g_2 是二次连续可微的,且满足式(8.4),A_1 的所有特征值均实部为零,A_2 的所有特征值均实部为负,则存在一个常数 $\delta > 0$ 和对于所有 $\|y\| < \delta$ 有定义的连续可微函数 $h(y)$,使得 $z = h(y)$ 是方程(8.2)和方程(8.3)的中心流形。 $\diamond$

证明:见附录 C.15。 $\square$

如果系统(8.2)~(8.3)的初始状态位于中心流形,即 $z(0) = h(y(0))$,那么对于所有 $t \geqslant 0$,解 $(y(t), z(t))$ 将位于该流形内,即 $z(t) \equiv h(y(t))$。在这种情况下,中心流形内系统的运动可由如下 k 阶微分方程描述:

$$\dot{y} = A_1 y + g_1(y, h(y)) \tag{8.5}$$

这个方程称为降阶系统。如果 $z(0) \neq h(y(0))$，则差 $z(t) - h(y(t))$ 表示任意时刻 t 轨线与中心流形的偏差。应用变量代换

$$\left[\begin{array}{c} y \\ w \end{array} \right] = \left[\begin{array}{c} y \\ z - h(y) \end{array} \right]$$

方程(8.2)和方程(8.3)转换为

$$\dot{y} = A_1 y + g_1(y, w + h(y)) \tag{8.6}$$

$$\dot{w} = A_2[w + h(y)] + g_2(y, w + h(y)) - \frac{\partial h}{\partial y}(y) \left[A_1 y + g_1(y, w + h(y)) \right] \tag{8.7}$$

在此新坐标下，中心流形为 $w = 0$。在流形内的运动特性为

$$w(t) \equiv 0 \;\Rightarrow\; \dot{w}(t) \equiv 0$$

将这些等式代入方程(8.7)，可得

$$0 = A_2 h(y) + g_2(y, h(y)) - \frac{\partial h}{\partial y}(y) \left[A_1 y + g_1(y, h(y)) \right] \tag{8.8}$$

因为位于中心流形中的任意解都必须满足该方程，所以函数 $h(y)$ 必须满足偏微分方程(8.8)。在方程(8.6)的右边加上和减去 $g_1(y, h(y))$，且以方程(8.7)减去方程(8.8)，则在变换了的坐标下该方程改写为

$$\dot{y} = A_1 y + g_1(y, h(y)) + N_1(y, w) \tag{8.9}$$

$$\dot{w} = A_2 w + N_2(y, w) \tag{8.10}$$

其中　　　　　$$N_1(y, w) = g_1(y, w + h(y)) - g_1(y, h(y))$$

和　　　　　$$N_2(y, w) = g_2(y, w + h(y)) - g_2(y, h(y)) - \frac{\partial h}{\partial y}(y) \, N_1(y, w)$$

容易验证 N_1 和 N_2 是二次连续可微的，且对于 $i = 1, 2$ 有

$$N_i(y, 0) = 0; \qquad \frac{\partial N_i}{\partial w}(0, 0) = 0$$

因而在定义域　　　　　$$\left\| \begin{array}{c} y \\ w \end{array} \right\|_2 < \rho$$

内，N_1 和 N_2 满足　　　　　$$\|N_i(y, w)\|_2 \leqslant k_i \|w\|, \quad i = 1, 2$$

其中 k_1 和 k_2 是正常数，当选择 ρ 足够小时，可使 k_1 和 k_2 取到任意小。上述不等式与 A_2 是赫尔维茨矩阵一同表明，原点的稳定性可由降阶系统(8.5)确定。下面的定理确认了这一猜想，称为简化原理。

定理 8.2　在定理 8.1 的假设条件下，如果降阶系统(8.5)的原点 $y = 0$ 是渐近稳定的(或非稳定的)，则整个系统(8.2)~(8.3)的原点也是渐近稳定的(或非稳定的)。　　　　　$\diamondsuit$

证明：从 (y, z) 到 (y, w) 的坐标变换并不改变原点的稳定性(见习题 4.26)，因此可以通过系统(8.9)~(8.10)分析原点的稳定性。如果降阶系统(8.5)的原点是非稳定的，则根据不变性，系统(8.9)~(8.10)的原点也是非稳定的。这是因为对于降阶系统(8.5)的任意解 $y(t)$，都存在对应系统(8.9)~(8.10)的解 $(y(t), 0)$。现在假设降阶系统(8.5)的原点是渐近稳定的，由(逆

李雅普诺夫)定理 4.16 可知,存在连续可微的正定函数$V(y)$,在原点的一个邻域内存满足不等式

$$\frac{\partial V}{\partial y}[A_1 y + g_1(y, h(y))] \leqslant -\alpha_3(\|y\|_2)$$

$$\left\|\frac{\partial V}{\partial y}\right\|_2 \leqslant \alpha_4(\|y\|_2) \leqslant k$$

其中 α_3 和 α_4 是 $\mathcal{K}$ 类函数。另一方面,因为 A_2 是赫尔维茨矩阵,故李雅普诺夫方程

$$PA_2 + A_2^{\mathrm{T}} P = -I$$

有唯一的正定解 P。以

$$\nu(y, w) = V(y) + \sqrt{w^{\mathrm{T}} P w}$$

作为整个系统$(8.9) \sim (8.10)$的备选李雅普诺夫函数①,则 ν 沿系统的轨线的导数为

$$
\begin{aligned}
\dot{\nu}(y, w) &= \frac{\partial V}{\partial y}\left[A_1 y + g_1(y, h(y)) + N_1(y, w)\right] \\
&\quad + \frac{1}{2\sqrt{w^{\mathrm{T}} P w}}\left[w^{\mathrm{T}}(PA_2 + A_2^{\mathrm{T}} P)w + 2w^{\mathrm{T}} P N_2(y, w)\right] \\
&\leqslant -\alpha_3(\|y\|_2) + kk_1\|w\|_2 - \frac{\|w\|_2}{2\sqrt{\lambda_{\max}(P)}} + \frac{k_2 \lambda_{\max}(P)}{\sqrt{\lambda_{\min}(P)}}\|w\|_2 \\
&= -\alpha_3(\|y\|_2) - \frac{1}{4\sqrt{\lambda_{\max}(P)}}\|w\|_2 \\
&\quad - \left[\frac{1}{4\sqrt{\lambda_{\max}(P)}} - kk_1 - k_2\frac{\lambda_{\max}(P)}{\sqrt{\lambda_{\min}(P)}}\right]\|w\|_2
\end{aligned}
$$

因为通过缩小原点的邻域可以使 k_1 和 k_2 取任意小,所以可选择其足够小,保证

$$\frac{1}{4\sqrt{\lambda_{\max}(P)}} - kk_1 - k_2\frac{\lambda_{\max}(P)}{\sqrt{\lambda_{\min}(P)}} > 0$$

因此

$$\dot{\nu}(y, w) \leqslant -\alpha_3(\|y\|_2) - \frac{1}{4\sqrt{\lambda_{\max}(P)}}\|w\|_2$$

说明 $\dot{\nu}(y, w)$ 是负定的,因而整个系统$(8.9) \sim (8.10)$的原点是渐近稳定的。   □

扩展定理 8.2 的证明,可以证明下面两个推论(留给读者证明,见习题 8.1 和习题 8.2)。

推论 8.1 在定理 8.1 的假设条件下,如果降阶系统(8.5)的原点 $y = 0$ 是稳定的,且存在一个连续可微的李雅普诺夫函数 $V(y)$,在 $y = 0$ 的某个邻域内满足②

$$\frac{\partial V}{\partial y}[A_1 y + g_1(y, h(y))] \leqslant 0$$

则整个系统$(8.2) \sim (8.3)$的原点是稳定的。   ◇

---

① 函数 $\nu(y, w)$ 在原点附近是处处连续可微的,但在流形 $w = 0$ 点不可微。函数 $\nu(y, w)$ 和 $\dot{\nu}(y, w)$ 在原点附近都有定义,且是连续的,由此可知定理 4.1 在此仍然成立。

② 从逆李雅普诺夫定理中并不能推出是否存在李雅普诺夫函数 $V(y)$,逆李雅普诺夫定理中关于稳定性(见文献[72]和文献[107])的部分说明存在一个李雅普诺夫函数 $V(t, y)$ 满足 $\dot{V}(t, y) \leqslant 0$。一般来讲,这个函数与变量 t 有关(见文献[72]第 228 页)。即使我们可以选择 $V(t, y)$ 相对其自变量是连续可微的,但也不能保证对于所有 $t \geqslant 0$,偏导 $\partial V/\partial y_i$, $\partial V/\partial t$ 在原点的邻域内是一致有界的(见文献[107]第 53 页)。

推论 8.2　在定理 8.1 的假设条件下,当且仅当整个系统(8.2) ~ (8.3)的原点渐近稳定时,降阶系统(8.5)的原点是渐近稳定的。　　　　　◇

在应用定理 8.2 时,需要求出中心流形 $z = h(y)$。函数 h 为偏微分方程

$$\mathcal{N}(h(y)) \stackrel{\text{def}}{=} \frac{\partial h}{\partial y}(y) \left[A_1 y + g_1(y, h(y))\right] - A_2 h(y) - g_2(y, h(y)) = 0 \tag{8.11}$$

的一个解,其边界条件为
$$h(0) = 0; \quad \frac{\partial h}{\partial y}(0) = 0 \tag{8.12}$$

但是,在大多数情况下,该方程对 h 不能准确求解[如果能获得准确的解,则表明已求出整个系统(8.2) ~ (8.3)的解],但该解能够以 y 的泰勒级数任意逼近。

定理 8.3　如果可以找到一个连续可微的函数 $\phi(y)$,且 $\phi(0) = 0$,$[\partial \phi / \partial y](0) = 0$,使得对于 $p > 1$,有 $\mathcal{N}(\phi(y)) = O(\|y\|^p)$,则对于足够小的 $\|y\|$,有
$$h(y) - \phi(y) = O(\|y\|^p)$$

且降阶系统可表示为　　　$\dot{y} = A_1 y + g_1(y, \phi(y)) + O(\|y\|^{p+1})$　　　◇

证明:见附录 C. 15。　　　　　□

量值记号(magnitude notation)$O(\cdot)$ 的阶数将在第 10 章正式引入(见定义 10.1)。这里只需了解,对于足够小的 $\|y\|$,可以把 $\|f(y)\| \leq k \|y\|^p$ 简记为 $f(y) = O(\|y\|^p)$。下面将通过几个例题介绍中心流形定理的应用。在前两个例子中,将研究标量状态方程
$$\dot{y} = a y^p + O\left(|y|^{p+1}\right)$$

其中 p 为正整数。如果 p 是奇数且 $a < 0$,则原点是渐近稳定的;如果 p 是奇数且 $a > 0$,或者 p 是偶数且 $a \neq 0$,则原点是不稳定的(见习题 4.2)。

例 8.1　考虑系统　　　$\begin{aligned} \dot{x}_1 &= x_2 \\ \dot{x}_2 &= -x_2 + a x_1^2 + b x_1 x_2 \end{aligned}$

其中 $a \neq 0$。系统在原点有唯一的平衡点。在原点对系统线性化可得矩阵
$$A = \begin{bmatrix} 0 & 1 \\ 0 & -1 \end{bmatrix}$$

其特征值是 0 和 -1。构造一个矩阵 M,其列为 A 的特征向量,即
$$M = \begin{bmatrix} 1 & 1 \\ 0 & -1 \end{bmatrix}$$

取 $T = M^{-1}$,则有　　　$T A T^{-1} = \begin{bmatrix} 0 & 0 \\ 0 & -1 \end{bmatrix}$

应用变量代换　　　$\begin{bmatrix} y \\ z \end{bmatrix} = T \begin{bmatrix} x_1 \\ x_2 \end{bmatrix} = \begin{bmatrix} x_1 + x_2 \\ -x_2 \end{bmatrix}$

系统变为　　　$\begin{aligned} \dot{y} &= a(y+z)^2 - b(yz + z^2) \\ \dot{z} &= -z - a(y+z)^2 + b(yz + z^2) \end{aligned}$

边界条件为式(8.12)的中心流形方程(8.11)变为

$$
\begin{aligned}
\mathcal{N}(h(y)) &= h'(y)[a(y+h(y))^2 - b(yh(y)+h^2(y))] + h(y) \\
&\quad + a(y+h(y))^2 - b(yh(y)+h^2(y)) = 0, \quad h(0)=h'(0)=0
\end{aligned}
$$

令 $h(y)=h_2 y^2 + h_3 y^3 + \cdots$，将该级数代入中心流形方程，通过比较 y 的同次幂的系数求解未知系数 h_2, h_3 等（因为方程为 y 的恒等式）。事先我们不清楚该级数需要多少项，所以从最简单的近似解 $h(y) \approx 0$ 开始。将 $h(y) = O(|y|^2)$ 代入降阶系统并研究其原点的稳定性。如果可以确定原点的稳定性质，则运算结束。否则需要求解系数 h_2，将 $h(y) = h_2 y^2 + O(|y|^3)$ 代入降阶系统，研究其原点的稳定性。如果仍然不能求解，则继续取 $h(y) \approx h_2 y^2 + h_3 y^3$，依次类推。我们先研究近似解 $h(y) \approx 0$，降阶系统为

$$
\dot{y} = ay^2 + O(|y|^3)
$$

注意在 $h(y)$ 中的误差 $O(|y|^2)$ 将在降阶系统方程的右边产生误差项 $O(|y|^3)$。这是由于函数 $g_1(y,z)$ 在降阶系统(8.5)右边以函数 $g_1(y,h(y))$ 出现，关于 z 的偏导数在原点为 0。显然，对于高阶近似，该观测值也是有效的。具体地讲，当 $k \geq 2$ 时，在函数 $h(y)$ 中的 $O(|y|^k)$ 阶误差将在函数 $g_1(y,h(y))$ 中产生 $O(|y|^{k+1})$ 阶误差。ay^2 一项是降阶系统方程右边的主项。当 $a \neq 0$ 时，降阶系统的原点是不稳定的。所以由定理 8.2 可知整个系统的原点也是不稳定的。   △

例8.2 考虑以 (y,z) 坐标表示的系统

$$
\begin{aligned}
\dot{y} &= yz \\
\dot{z} &= -z + ay^2
\end{aligned}
$$

其中心流形方程(8.11)和边界条件(8.12)为

$$
h'(y)[yh(y)] + h(y) - ay^2 = 0, \quad h(0)=h'(0)=0
$$

首先设 $\phi(y)=0$，则降阶系统为

$$
\dot{y} = O(|y|^3)
$$

显然不可能确定原点的稳定性。因此将 $h(y) = h_2 y^2 + O(|y|^3)$ 代入中心流形方程并计算 h_2，通过匹配 y^2 的系数可得 $h_2 = a$。降阶系统为[①]

$$
\dot{y} = ay^3 + O(|y|^4)
$$

因此，如果 $a < 0$，原点就是渐近稳定的；反之，如果 $a > 0$，原点就是非稳定的。因而，由定理 8.2 可知，如果 $a < 0$，整个系统的原点就是渐近稳定的；反之，如果 $a > 0$，整个系统的原点就是非稳定的。如果 $a = 0$，中心流形方程(8.11)和边界条件(8.12)就简化为

$$
h'(y)[yh(y)] + h(y) = 0, \quad h(0)=h'(0)=0
$$

该方程具有精确解 $h(y) = 0$。降阶系统 $\dot{y} = 0$ 具有稳定的原点，其李雅普诺夫函数为 $V(y) = y^2$。因此由推论 8.1 可知，若 $a = 0$，则整个系统的原点是稳定的。   △

例8.3 考虑系统(8.2)~(8.3)，其中

---

① 降阶系统方程右边的误差实际上是 $O(|y|^5)$，因为若取 $h(y) = h_2 y^2 + h_3 y^3 + \cdots$，则可求得 $h_3 = 0$。

$$A_1 = \begin{bmatrix} 0 & 1 \\ -1 & 0 \end{bmatrix}, \quad g_1 = \begin{bmatrix} -y_1^3 \\ -y_2^3 + z^2 \end{bmatrix}, \quad A_2 = -1, \quad g_2 = y_1^3 - 3y_1^5 + 3y_1^2 y_2$$

可以验证,由 $\phi(y) = 0$ 得 $\mathcal{N}(\phi(y)) = O(\|y\|_2^3)$,且

$$\dot{y} = \begin{bmatrix} -y_1^3 + y_2 \\ -y_1 - y_2^3 \end{bmatrix} + O(\|y\|_2^4)$$

用 $V(y) = (y_1^2 + y_2^2)/2$ 作为备选李雅普诺夫函数,则在原点的一个邻域内,有

$$\dot{V} = -y_1^4 - y_2^4 + y^{\mathrm{T}} O(\|y\|_2^4) \leqslant -\frac{1}{2}\|y\|_2^4 + k\|y\|_2^5$$

其中 $k > 0$,因此

$$\dot{V} \leqslant -\frac{1}{4}\|y\|_2^4, \quad \text{当} \ \|y\|_2 < \frac{1}{4k}$$

可见降阶系统的原点是渐近稳定的,因而整个系统的原点是渐近稳定的。 △

注意,在上面的例子中,仅研究系统

$$\dot{y} = \begin{bmatrix} -y_1^3 + y_2 \\ -y_1 - y_2^3 \end{bmatrix}$$

是不充分的。还必须找到一个李雅普诺夫函数,确定对于所有阶数为 $O(\|y\|_2^4)$ 的扰动,原点的渐近稳定性。这一点的重要性将在下面的例子中说明。

例 8.4 如上题,将 A_1 变为 $\qquad A_1 = \begin{bmatrix} 0 & 1 \\ 0 & 0 \end{bmatrix}$

当 $\phi(y) = 0$ 时降阶系统可表示为

$$\dot{y} = \begin{bmatrix} -y_1^3 + y_2 \\ -y_2^3 \end{bmatrix} + O(\|y\|_2^4)$$

若不存在扰动项 $O(\|y\|_2^4)$,则系统的原点是渐近稳定的(见习题 4.56)。当存在扰动项时,若试图找到一个李雅普诺夫函数 $V(y)$ 以证明渐近稳定性,这是不可能的。事实上,可以验证边界条件为式(8.12)的中心流形方程(8.11)有精确解 $h(y) = y_1^3$,由此降阶系统为

$$\dot{y} = \begin{bmatrix} -y_1^3 + y_2 \\ y_1^6 - y_2^3 \end{bmatrix}$$

其原点是非稳定的(见习题 4.13)。 △

8.2 吸引区

经常会出现这种情况,仅确定给定系统有一个渐近稳定平衡点是不够的,求出平衡点的吸引区,或至少给出其估计值更重要。为了说明确定吸引区的重要性,先看一个在非线性系统运行中出现的问题。假设一个非线性系统有一个渐近稳定的平衡点,在图 8.1 中记为 x_{pr},并假设系统在 x_{pr} 稳态运行。在 t_0 时刻,一个故障改变了系统的结构,例如电网中的短路。假设故障系统在 x_{pr} 或其邻域内不存在平衡点,则系统轨线将偏离 x_{pr}。进一步假设故障在 t_1 时刻清除,且清除故障后的系统在 x_{ps} 处有一个渐近稳定平衡点,其中 $x_{pr} = x_{ps}$,或者 x_{ps} 与 x_{pr} 之间的距离足够小,使得在 x_{ps} 点的运行仍可接受。在 t_1 时刻,系统的状态记为 $x(t_1)$,可能远离清除故障后的平衡点 x_{ps}。系统是否能回到稳定状态 x_{ps} 取决于 $x(t_1)$ 是否属于 x_{ps} 的吸引区,该吸引区

是由清除故障后的系统方程所确定的。而确定 $x(t_1)$ 与 x_{ps} 距离的关键因素是系统清除故障的时间,即时间差 t_1-t_0。若 t_1-t_0 非常短,则由解对于 t 的连续性可知,很可能 $x(t_1)$ 属于 x_{ps} 的吸引区。然而操作机构需要时间检测并修复故障,需要多长时间是关键问题。在规划这样一个系统时,给定操作机构一个"临界清除时间",设为 t_c,使系统在此时间内清除故障,即

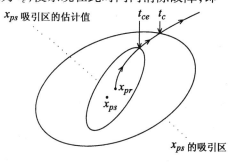

t_1-t_0 必须小于 t_c。如果知道 x_{ps} 的吸引区,则可以通过从故障前的平衡点 x_{pr} 到轨线接触到吸引区边界,对故障系统求积分,以确定 t_c。轨线接触到吸引区边界的时间可取为临界清除时间,因为若故障在此之前被清除,则状态 $x(t_1)$ 在吸引区内。当然,假设 x_{pr} 属于 x_{ps} 的吸引区也是合理的。若实际的吸引区未知,通过估计吸引区得到 t_c 的估计值 t_{ce},则 $t_{ce}<t_c$,因为估计的吸引区的边界必须在实际区域的边界内(见

图 8.1   临界清除时间

图 8.1)。这一例子说明在设计一个非线性系统的运算时需要求出吸引区,还说明求出不太保守的吸引区估计值的重要性。若估计吸引区太保守,就会导致 t_{ce} 太小而不能使用。我们想说的是,这里描述的事件场景并非假想,它是功率系统中瞬态稳定性的本质[1]。

设原点 $x=0$ 是非线性系统

$$\dot{x}=f(x) \tag{8.13}$$

的渐近稳定平衡点,其中 $f:D\to R^n$ 是局部利普希茨的,且 $D\subset R^n$ 是包含原点的定义域。又设 $\phi(t;x)$ 是系统(8.13)在时刻 $t=0$ 始于初始状态 x 的解。原点的吸引区记为 R_A,定义为

$$R_A=\{x\in D\mid\phi(t;x),\qquad\forall\,t\geqslant0,\qquad\phi(t;x)\to0\ \text{当}\ t\to\infty\}$$

下面的引理将给出吸引区的一些性质,其证明见附录 C.16。

引理 8.1   若 $x=0$ 是系统(8.13)的渐近稳定平衡点,则其吸引区 R_A 是一个开连通不变集,而且 R_A 的边界由系统轨线形成。   ◇

引理 8.1 提出一种通过描述在 R_A 的边界上轨线的特征来确定吸引区的方法。从这一点讲,还有几种方法可以确定吸引区,但这些方法采用动力学系统的几何表示法,本书未做介绍,所以不再描述这类方法[2]。但在二阶系统($n=2$)中,通过运用相图可以应用这些几何法,例 8.5 和例 8.6 给出了在状态平面的典型情况。在第一个例子中,其吸引区边界是一个极限循环;而第二个例子的边界则由鞍点的稳定轨线形成。例 8.7 是一个不正常的情况,其吸引区的边界是一条包含平衡点的闭合曲线。

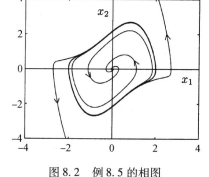

例 8.5   二阶系统

$$\begin{aligned}\dot{x}_1 &= -x_2\\ \dot{x}_2 &= \ \ x_1+(x_1^2-1)x_2\end{aligned}$$

是一个反时序的范德波尔方程,即用 $-t$ 代换 t。系统在原点有一个平衡点和一个非稳定极限环,由

图 8.2   例 8.5 的相图

---

① 关于功率系统中的瞬态稳定性问题的介绍参见文献[170]。
② 见文献[36]和文献[216]中的例子。

图 8.2 所示的相图确定。相图说明原点是稳定的焦点，因此它是渐近稳定的。这一点可以通过线性化验证，因为

$$A = \left.\frac{\partial f}{\partial x}\right|_{x=0} = \begin{bmatrix} 0 & -1 \\ 1 & -1 \end{bmatrix}$$

的特征值为 $-1/2 \pm j\sqrt{3}/2$。显然吸引区有界，因为始于极限环外的轨线不能通过极限环到达原点。由于不存在其他平衡点，所以 R_A 的边界一定是该极限环。观察相图可见，所有始于极限环内的轨线确实都以螺线形式趋向原点。　　　　　　　　　　　△

例 8.6　考虑二阶系统

$$\begin{aligned} \dot{x}_1 &= x_2 \\ \dot{x}_2 &= -x_1 + \tfrac{1}{3}x_1^3 - x_2 \end{aligned}$$

该系统有三个孤立的平衡点 $(0,0)$，$(\sqrt{3},0)$ 和 $(-\sqrt{3},0)$，图 8.3 为系统的相图。相图说明原点是稳定焦点，而另外两个平衡点是鞍点。因此，原点是渐近稳定的，而其他两个平衡点是非稳定的，这一点也可以应用线性化来证明。从相图还可以看出，鞍点的稳定轨线形成两条分界线，即吸引区的边界，该区域是无界的。　　△

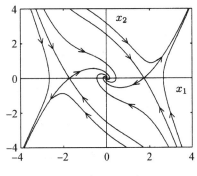

图 8.3　例 8.6 的相图

例 8.7　系统

$$\begin{aligned} \dot{x}_1 &= -x_1(1 - x_1^2 - x_2^2) \\ \dot{x}_2 &= -x_2(1 - x_1^2 - x_2^2) \end{aligned}$$

在原点有一个孤立平衡点，且在单位圆上存在由平衡点组成的连续统（continuum），即单位圆上的每一点都是平衡点。显然 R_A 必须限制在单位圆内，系统的轨线就是单位圆的半径，将系统变换到极坐标系中即可看到这一点。应用变量代换

$$x_1 = \rho\cos\theta, \quad x_2 = \rho\sin\theta$$

得

$$\dot{\rho} = -\rho(1 - \rho^2), \quad \dot{\theta} = 0$$

所有始于 $\rho < 1$ 的轨线在 t 趋于无穷时都趋于原点，因此 R_A 在单位圆内。　　△

应用李雅普诺夫法可以求出或估算吸引区 R_A，确定 R_A 边界的基本工具是 Zubov 定理，参看习题 8.10。但该定理具有存在定理的特征，且要求解偏微分方程。经过一些简单步骤，应用李雅普诺夫法可以求出 R_A 的估计值。由 R_A 的估计值，即集合 $\Omega \subset R_A$，可使当 t 趋于无穷时，始于 Ω 内的每条轨线都趋于原点。本节其余部分将讨论估算 R_A 方面的问题。首先证明定理 4.1（或推论 4.1）中的定义域 D 不是 R_A 的估计值。如定理 4.1 和推论 4.1 所述，如果 D 是包含原点的定义域，并可在 D 内求出一个正定的李雅普诺夫函数 $V(x)$，且 $\dot{V}(x)$ 在 D 内是负定的或半负定的，但除零解 $x=0$ 以外没有解可始终保持在集合 $\{\dot{V}(x)=0\}$ 内，则原点是渐近稳定的。有人可能会由此认为 D 就是 R_A 的估计值，但这一推测是错误的，下面的例题将说明这一点。

例 8.8　重新考虑例 8.6 的系统

$$\begin{aligned}
\dot{x}_1 &= x_2 \\
\dot{x}_2 &= -x_1 + \tfrac{1}{3}x_1^3 - x_2
\end{aligned}$$

该系统是例 4.5 的一个特例,其中

$$h(x_1) = x_1 - \tfrac{1}{3}x_1^3, \quad a = 1$$

因此李雅普诺夫函数为

$$\begin{aligned}
V(x) &= \tfrac{1}{2}x^{\mathrm{T}} \begin{bmatrix} \tfrac{1}{2} & \tfrac{1}{2} \\ \tfrac{1}{2} & 1 \end{bmatrix} x + \int_0^{x_1} (y - \tfrac{1}{3}y^3)\, dy \\
&= \tfrac{3}{4}x_1^2 - \tfrac{1}{12}x_1^4 + \tfrac{1}{2}x_1 x_2 + \tfrac{1}{2}x_2^2
\end{aligned}$$

且

$$\dot{V}(x) = -\tfrac{1}{2}x_1^2(1 - \tfrac{1}{3}x_1^2) - \tfrac{1}{2}x_2^2$$

定义域 D 定义为

$$D = \{x \in R^2 \mid -\sqrt{3} < x_1 < \sqrt{3}\}$$

很容易看出,在 $D - \{0\}$ 内,有 $V(x) > 0$ 和 $\dot{V}(x) < 0$。观察图 8.3 的相图可知,D 不是 R_A 的子集。   △

通过此例可知,为什么定理 4.1 或推论 4.1 中的 D 不是 R_A 的估计值。即使始于 D 的轨线会从一个李雅普诺夫曲面 $V(x) = c_1$ 移动到另一个李雅普诺夫曲面 $V(x) = c_2$ 的内部,其中 $c_2 < c_1$,但这并不能保证轨线会永远保持在 D 内。一旦轨线移动到 D 外,就不能保证 $\dot{V}(x)$ 为负。因而所有关于 $V(x)$ 减小到 0 的论证都不再成立。若 R_A 是由 D 的一个正不变紧子集(a compact positively invariant subset)估算的时,就不会出现这一问题,即紧集 $\Omega \subset D$ 使得每条始于 Ω 的轨线在所有未来时刻都会保持在 Ω 内。定理 4.4 证明了 Ω 是 R_A 的一个子集。最简单的估计值是集合①

$$\Omega_c = \{x \in R^n \mid V(x) \leqslant c\}$$

其中 Ω_c 有界且包含于 D 内。对于二次李雅普诺夫函数 $V(x) = x^{\mathrm{T}} P x$,$D = \{\|x\|_2 < r\}$,可通过选择

$$c < \min_{\|x\|_2 = r} x^{\mathrm{T}} P x = \lambda_{\min}(P) r^2$$

保证 $\Omega_c \subset D$。当 $D = \{|b^{\mathrm{T}}x| < r\}$ 时,其中 $b \in R^n$②,有

$$\min_{|b^T x| = r} x^{\mathrm{T}} P x = \frac{r^2}{b^{\mathrm{T}} P^{-1} b}$$

因此如果选取

$$c < \min_{1 \leqslant i \leqslant p} \frac{r_i^2}{b_i^{\mathrm{T}} P^{-1} b_i}$$

则 $\{x^{\mathrm{T}} P x \leqslant c\}$ 是 $D = \{|b_i^{\mathrm{T}} x| < r_i, i = 1, \cdots, p\}$ 的一个子集。

---

① 在集合 $\{V(x) \leqslant c\}$ 中,可能存在一个以上的连通区,但在 D 内只能有一个有界区域,这就是我们所讨论的区域。例如 $V(x) = x^2/(1 + x^4)$,$D = \{|x| < 1\}$,则集合 $\{V(x) \leqslant 1/4\}$ 有两个区域:$\{|x| \leqslant \sqrt{2 - \sqrt{3}}\}$ 和 $\{|x| \geqslant \sqrt{2 + \sqrt{3}}\}$。我们所讨论的区域是 $\{|x| \leqslant \sqrt{2 - \sqrt{3}}\}$。

② 根据文献[122]中 10.3 节的讨论,具有约束最优化的拉格朗日方程是 $\mathcal{L}(x, \lambda) = x^{\mathrm{T}} P x + \lambda[(b^{\mathrm{T}}x)^2 - r^2]$。一阶的必要条件是 $2Px + 2\lambda(b^{\mathrm{T}}x)b = 0$ 和 $(b^{\mathrm{T}}x)^2 - r^2 = 0$。可以验证解 $\lambda = -1/(b^{\mathrm{T}} P^{-1} b)$ 和 $x = \pm r P^{-1} b/(b^{\mathrm{T}} P^{-1} b)$,得到极小值 $r^2/(b^{\mathrm{T}} P^{-1} b)$。

考虑 4.3 节的线性化结果,将极大简化利用 $\Omega_c = \{x^{\mathrm{T}}Px \leqslant c\}$ 估算吸引区的方法。在 4.3 节看到,如果雅可比矩阵

$$A = \frac{\partial f}{\partial x}\bigg|_{x=0}$$

是赫尔维茨的,则通过对任意正定矩阵 Q 求解李雅普诺夫方程 $PA + A^{\mathrm{T}}P = -Q$,总可以找到一个二次李雅普诺夫函数 $V(x) = x^{\mathrm{T}}Px$。综上所述,只要 A 是赫尔维茨的,就可以估算原点的吸引区。下面的例题可以说明这一点。

例 8.9　二阶系统　　　　　　　$\begin{aligned} \dot{x}_1 &= -x_2 \\ \dot{x}_2 &= x_1 + (x_1^2 - 1)x_2 \end{aligned}$

已在例 8.5 中讨论过。在例 8.5 中看到,因为

$$A = \frac{\partial f}{\partial x}\bigg|_{x=0} = \begin{bmatrix} 0 & -1 \\ 1 & -1 \end{bmatrix}$$

是赫尔维茨的,所以原点是渐近稳定的。该系统的李雅普诺夫函数通过取 $Q = I$ 并解关于 P 的李雅普诺夫方程　　　　　　$PA + A^{\mathrm{T}}P = -I$

确定。方程的唯一解是正定矩阵

$$P = \begin{bmatrix} 1.5 & -0.5 \\ -0.5 & 1 \end{bmatrix}$$

二次函数 $V(x) = x^{\mathrm{T}}Px$ 是系统在原点某邻域内的李雅普诺夫函数。由于我们的目的是估算吸引区,所以必须在原点附近确定一个定义域,在其内 $\dot{V}(x)$ 是负定的,并确定常数 $c > 0$,使得 $\Omega_c = \{V(x) \leqslant c\}$ 是 D 的一个子集。我们对所确定集合中最大的 Ω_c 感兴趣,即常数 c 的最大值。注意,我们不必考虑检测在 D 内 $V(x)$ 的正定性,因为 $V(x)$ 对于所有 x 均是正定的,且是径向无界的,因此对于任意 $c > 0$,Ω_c 是有界的。$V(x)$ 沿系统轨线的导数为

$$\dot{V}(x) = -(x_1^2 + x_2^2) - (x_1^3 x_2 - 2x_1^2 x_2^2)$$

$\dot{V}(x)$ 的右边可写为两项之和。第一项 $-\|x\|_2^2$ 为线性化部分 Ax 作用的结果,而第二项为非线性部分 $g(x) = f(x) - Ax$ 作用的结果。因为

$$\frac{\|g(x)\|_2}{\|x\|_2} \to 0 \quad \text{当} \|x\|_2 \to 0$$

可知存在一个开球 $D = \{x \in R^2 \mid \|x\|_2 < r\}$,使 $\dot{V}(x)$ 在 D 内是负定的。一旦我们找到这样一个球,通过选择

$$c < \min_{\|x\|_2 = r} V(x) = \lambda_{\min}(P)r^2$$

即可确定 $\Omega_c \subset D$。这样,为了扩大吸引区的估计值,需要找到一个最大的开球,在其内 $\dot{V}(x)$ 是负定的。我们有

$$\dot{V}(x) \leqslant -\|x\|_2^2 + |x_1|\,|x_1 x_2|\,|x_1 - 2x_2| \leqslant -\|x\|_2^2 + \frac{\sqrt{5}}{2}\|x\|_2^4$$

其中用到 $|x_1| \leqslant \|x\|_2$,$|x_1 x_2| \leqslant \|x\|_2^2/2$ 和 $|x_1 - 2x_2| \leqslant \sqrt{5}\,\|x\|_2$。这样 $\dot{V}(x)$ 在由

$r^2 = 2/\sqrt{5} = 0.8944$ 给出半径的球 D 上是负定的。在这个二阶系统例子中,可以通过在极坐标系中寻找球 D,求出不太保守的 Ω_c 的估计值。取

$$x_1 = \rho\cos\theta, \quad x_2 = \rho\sin\theta$$

得
$$
\begin{aligned}
\dot{V} &= -\rho^2 + \rho^4\cos^2\theta\sin\theta(2\sin\theta - \cos\theta) \\
&\leqslant -\rho^2 + \rho^4|\cos^2\theta\sin\theta| \cdot |2\sin\theta - \cos\theta| \\
&\leqslant -\rho^2 + \rho^4 \times 0.3849 \times 2.2361 \\
&\leqslant -\rho^2 + 0.861\rho^4 < 0, \quad \text{当 } \rho^2 < \frac{1}{0.861}
\end{aligned}
$$

利用上面的方程及 $\lambda_{\min}(P) \geqslant 0.69$,选取

$$c = 0.8 < \frac{0.69}{0.861} = 0.801$$

则当 $c = 0.8$ 时的集合 Ω_c 为吸引区的一个估计。逐渐增大 c,直到确定出使 $V(x) = c$ 在 $\{\dot{V}(x) < 0\}$ 内的最大 c 值,画出 $\dot{V}(x) = 0$ 和 $V(x) = c$ 的周线,可得到不太保守(即更大)的估计区域,如图 8.4(a)所示,其中确定了 $c = 2.25$。图 8.4(b)是该估计区域与边界为极限环的吸引区的比较。 $\triangle$

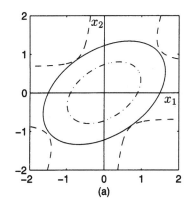 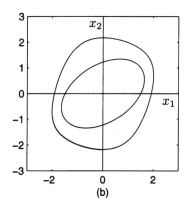

图 8.4 (a)例 8.9 的周线 $\dot{V}(x) = 0$(长划线),$V(x) = 0.8$(点划线),
$V(x) = 2.25$(实线);(b)吸引区与其估计值的比较

由 $\Omega_c = \{V(x) \leqslant c\}$ 估计吸引区很简单,但通常也是保守的。根据 LaSall 不变定理(见定理 4.4),如果可以证明 Ω 是正不变集,就可以研究任意紧集 $\Omega \subset D$。这就要求研究 Ω 边界处的向量场,以保证始于 Ω 的轨线不会离开其内,下面的例题将说明这一思想。

例 8.10 考虑系统
$$
\begin{aligned}
\dot{x}_1 &= x_2 \\
\dot{x}_2 &= -4(x_1 + x_2) - h(x_1 + x_2)
\end{aligned}
$$

其中 $h: R \to R$ 是局部利普希茨函数,满足

$$h(0) = 0; \quad uh(u) \geqslant 0, \ \forall |u| \leqslant 1$$

考虑以二次函数

$$V(x) = x^{\mathrm{T}} \begin{bmatrix} 2 & 1 \\ 1 & 1 \end{bmatrix} x = 2x_1^2 + 2x_1x_2 + x_2^2$$

作为备选李雅普诺夫函数[①]，其导数 $\dot{V}(x)$ 为

$$
\begin{aligned}
\dot{V}(x) &= (4x_1 + 2x_2)\dot{x}_1 + 2(x_1 + x_2)\dot{x}_2 \\
&= -2x_1^2 - 6(x_1 + x_2)^2 - 2(x_1 + x_2)h(x_1 + x_2) \\
&\leqslant -2x_1^2 - 6(x_1 + x_2)^2, \quad \forall\, |x_1 + x_2| \leqslant 1 \\
&= -x^{\mathrm{T}} \begin{bmatrix} 8 & 6 \\ 6 & 6 \end{bmatrix} x
\end{aligned}
$$

因此 $\dot{V}(x)$ 在集合

$$
G = \{x \in R^2 \mid |x_1 + x_2| \leqslant 1\}
$$

内是负定的，所以原点是渐近稳定的。为了估算 R_A，首先估算 $\Omega_c = \{V(x) \leqslant c\}$，$\Omega_c \subset G$ 时 $c > 0$ 的最大值为

$$
c = \min_{|x_1 + x_2| = 1} x^{\mathrm{T}} P x = \frac{1}{b^{\mathrm{T}} P^{-1} b} = 1
$$

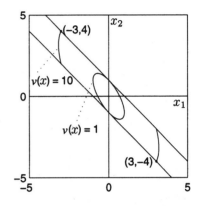

其中 $b^{\mathrm{T}} = [\,1\ 1\,]$。因此当 $c = 1$ 时 Ω_c 是 R_A 的估计区域（见图 8.5）。在本例中不必局限于估计 Ω_c 即可得到更准确的 R_A 的估计值，这一过程的关键是观察 G 内的轨线不能通过边界 $|x_1 + x_2| = 1$ 的某一部分而离开，通过检测边界处的向量场可以看出这一点，也可以由下面的分析看出。设

图 8.5　例 8.10 吸引区的估计

$$
\sigma = x_1 + x_2
$$

使 G 的边界由 $\sigma = 1$ 和 $\sigma = -1$ 给出。σ^2 沿系统轨线的导数为

$$
\frac{d}{dt}\sigma^2 = 2\sigma(\dot{x}_1 + \dot{x}_2) = 2\sigma x_2 - 8\sigma^2 - 2\sigma h(\sigma) \leqslant 2\sigma x_2 - 8\sigma^2, \quad \forall\, |\sigma| \leqslant 1
$$

在边界 $\sigma = 1$ 上，有

$$
\frac{d}{dt}\sigma^2 \leqslant 2x_2 - 8 \leqslant 0, \quad \forall\, x_2 \leqslant 4
$$

这就是说，对于 $x_2 \leqslant 4$，当轨线到达边界 $\sigma = 1$ 上任意一点时，就不会移动到集合 G 之外，因为在这些点上 σ^2 是非增的。同样，在边界 $\sigma = -1$ 上，有

$$
\frac{d}{dt}\sigma^2 \leqslant -2x_2 - 8 \leqslant 0, \quad \forall\, x_2 \geqslant -4
$$

因此，对于 $x_2 \geqslant -4$，轨线不可能通过边界 $\sigma = -1$ 而离开集合 G。这样可以得到一个有界正不变闭集 Ω，满足定理 4.4 的条件。用 G 的这两条边界线段仅确定了 Ω 边界的定义，还需要另外两条段线使该集合闭合，这两条段线应具有使轨线不可通过其而离开集合的性质，可以选取李雅普诺夫曲面的一部分。设 c_1 使李雅普诺夫曲面 $V(x) = c_1$ 与边界 $x_1 + x_2 = 1$ 在 $x_2 = 4$ 相交，即点 $(-3, 4)$，如图 8.5 所示。设 c_2 使李雅普诺夫曲面 $V(x) = c_2$ 与边界 $x_1 + x_2 = -1$ 在 $x_2 = -4$ 相交，即点 $(3, -4)$。$V(x) = \min\{c_1, c_2\}$ 定义了所要求

[①] 该备选李雅普诺夫函数可通过可变梯度法推出，或者应用圆判据和 Kalman-Yakubovich-Popov 引理推导。

的李雅普诺夫曲面。常数 c_1 和 c_2 分别为

$$c_1 = V(x)|_{x_1=-3,x_2=4} = 10, \qquad c_2 = V(x)|_{x_1=3,x_2=-4} = 10$$

因此取 $c = 10$,并定义集合 Ω 为

$$\Omega = \{x \in R^2 \mid V(x) \leqslant 10 \text{ 且 } |x_1 + x_2| \leqslant 1\}$$

该集合是有界正不变闭集。此外由于 $\Omega \subset G$,所以 $\dot{V}(x)$ 在 Ω 内是负定的。这样定理 4.4 的全部条件都得到满足,并得出结论:所有始于 Ω 内的轨线当 t 趋于无穷时都趋于原点,即 $\Omega \subset R_A$。 △

8.3 类不变定理

在自治系统情况下,LaSalle 不变定理表明,在 E 中系统轨线趋向最大的不变集,其中 E 是使得 $\dot{V}(x) = 0$ 的集合 Ω 内所有点的集合。在非自治系统情况下,由于 $\dot{V}(t,x)$ 是 t 和 x 的函数,所以很难确定集合 E。如果能证明

$$\dot{V}(t,x) \leqslant -W(x) \leqslant 0$$

则问题将得以简化,因为可以把集合 E 定义为所有使 $W(x) = 0$ 的点的集合。我们希望当 $t \to \infty$ 时,系统的轨线趋于集合 E,这基本上就是下一个定理。在叙述该定理之前,先介绍一个用于定理证明的引理,称为 Barbalat 引理。

引理 8.2 设 $\phi: R \to R$ 是 $[0, \infty)$ 上的一致连续函数。假设 $\lim\limits_{t \to \infty} \int_0^t \phi(\tau) d\tau$ 存在且有限,则

$$\phi(t) \to 0 \quad \text{当 } t \to \infty \qquad \diamond$$

证明:如果上述结论不成立,则存在一个正常数 k_1,使得对于每个 $T > 0$,都可以找到 $T_1 \geqslant T$,满足 $|\phi(T_1)| \geqslant k_1$。因为 $\phi(t)$ 是一致连续的,所以存在正常数 k_2,使得对于所有 $t \geqslant 0$ 和 $0 \leqslant \tau \leqslant k_2$,有 $|\phi(t+\tau) - \phi(t)| < k_1/2$。从而

$$
\begin{aligned}
|\phi(t)| &= |\phi(t) - \phi(T_1) + \phi(T_1)| \\
&\geqslant |\phi(T_1)| - |\phi(t) - \phi(T_1)| \\
&> k_1 - \tfrac{1}{2}k_1 = \tfrac{1}{2}k_1, \ \ \forall\, t \in [T_1, T_1 + k_2]
\end{aligned}
$$

因此

$$\left| \int_{T_1}^{T_1+k_2} \phi(t)\, dt \right| = \int_{T_1}^{T_1+k_2} |\phi(t)|\, dt > \tfrac{1}{2}k_1 k_2$$

式中等号成立是因为 $\phi(t)$ 在 $T_1 \leqslant t \leqslant T_1 + k_2$ 时符号不变。这样,当 t 趋于无穷时,$\int_0^t \phi(\tau) d\tau$ 无法收敛到有限值,与假设矛盾。 □

定理 8.4 设 $D \subset R^n$ 是包含 $x = 0$ 的定义域,假设函数 $f(t,x)$ 在 $[0, \infty) \times D$ 上对 t 是分段连续的,对 x 是局部利普希茨的,对 t 一致。进一步假设对于所有 $t \geqslant 0$,$f(t,0)$ 一致有界。如果 $V:[0, \infty) \times D \to R$ 是连续可微函数,使得 $\forall t \geqslant 0$,$\forall x \in D$,满足

$$W_1(x) \leqslant V(t,x) \leqslant W_2(x)$$

$$\dot{V}(t,x) = \frac{\partial V}{\partial t} + \frac{\partial V}{\partial x} f(t,x) \leqslant -W(x)$$

其中,$W_1(x)$ 和 $W_2(x)$ 是 D 上的连续正定函数,$W(x)$ 是 D 上的连续半正定函数。选择 $r>0$ 使 $B_r \subset D$,并设 $\rho < \min_{\|x\|=r} W_1(x)$,则 $\dot{x}=f(t,x)$ 的所有满足 $x(t_0) \in \{x \in B_r \mid W_2(x) \leqslant \rho\}$ 的解都是有界的,且满足当 t 趋于无穷时

$$W(x(t)) \to 0$$

此外,如果所有假设全局成立,且 $W_1(x)$ 是径向无界的,则上述结论对于所有 $x(t_0) \in R^n$ 都成立。 $\diamondsuit$

证明: 类似定理 4.8 的证明,可以证明

$$x(t_0) \in \{x \in B_r \mid W_2(x) \leqslant \rho\} \Rightarrow x(t) \in \Omega_{t,\rho} \subset \{x \in B_r \mid W_1(x) \leqslant \rho\}, \quad \forall t \geqslant t_0$$

这是因为 $\dot{V}(t,x) \leqslant 0$。因此对于所有 $t \geqslant t_0$,有 $\|x(t)\| < r$。因为 $V(t,x(t))$ 单调非增,下方有界且为 0,所以当 t 趋于无穷时,V 是收敛的。现在有

$$\int_{t_0}^t W(x(\tau)) \, d\tau \leqslant -\int_{t_0}^t \dot{V}(\tau,x(\tau)) \, d\tau = V(t_0,x(t_0)) - V(t,x(t))$$

因此,$\lim_{t \to \infty} \int_{t_0}^t W(x(\tau)) d\tau$ 存在且是有限的。因为 $x(t)$ 有界,故 $\dot{x}(t)=f(t,x(t))$ 对于所有 $t \geqslant t_0$ 有界,且对 t 是一致的,因此,$x(t)$ 在 $[t_0,\infty)$ 上对 t 是一致连续的,从而 $W(x(t))$ 在 $[t_0,\infty)$ 上对 t 也是一致连续的,因为 $W(x)$ 在紧集 B_r 上对 x 是一致连续的。因此由引理 8.2 可得,当 t 趋于无穷时,$W(x(t))$ 趋于零。如果所有假设都全局成立,且 $W_1(x)$ 是径向无界的,则对于任意 $x(t_0)$,可选取 ρ 足够大,使得 $x(t_0) \in \{x \in R^n \mid W_2(x) \leqslant \rho\}$。 $\square$

极限 $W(x(t))$ 趋于零表示当 t 趋于无穷时,$x(t)$ 都趋于 E,其中

$$E = \{x \in D \mid W(x) = 0\}$$

所以 $x(t)$ 的正极限集是 E 的一个子集。$x(t)$ 趋于 E 比自治系统不变原理的要求弱得多,不变原理要求 $x(t)$ 趋于 E 内的最大不变集。在自治系统情况下更强的结论是引理 4.1 所述的自治系统的性质,即正极限集是一个不变集。有一些特殊类型的非自治系统,其正极限集有某些不变性质[1]。然而对于一般的非自治系统,正极限集不是不变的。在自治系统情况下 $x(t)$ 趋于 E 中的最大不变集这一事实,允许我们得到推论 4.1,即证明除平凡解以外,集合 E 不包含系统的全部轨线,从而建立原点的渐近稳定性。对于一般非自治系统,推论 4.1 无法证明其一致渐近稳定性。但下一个定理将说明,如果除 $\dot{V}(t,x) \leqslant 0$ 以外,还可以证明 V 在区间 $[t,t+\delta]$ 内是递减的,则可能得出系统是一致渐近稳定的结论[2]。

定理 8.5 设 $D \subset R^n$ 是包含 $x=0$ 的定义域,并假设对于所有 $t \geqslant 0$ 和 $x \in D$,$f(t,x)$ 是 t 的分段连续函数,且对于 x 是局部利普希茨的。设 $x=0$ 是 $\dot{x}=f(t,x)$ 在 $t=0$ 时刻的一个平衡点。设 $V:[0,\infty) \times D \to R$ 是连续可微的函数,使得对于某个 $\delta>0$,$\forall t \geqslant 0$,$\forall x \in D$,满足

---

[1] 例题中讨论的都是周期系统、殆周期系统或渐近的自治系统。对于这类系统的不变原理可参见文献[154]第 8 章。对于不变原理的不同推广参见文献[136]。

[2] 文献[1]证明了如果对于某个 $\mathcal{K}$ 类函数,γ 满足

$$V(t+\delta, \phi(t+\delta; t, x)) - V(t,x) \leqslant -\gamma(\|x\|)$$

则可省去条件 $\dot{V} \leqslant 0$ 并能证明系统是一致渐近稳定的。

$$W_1(x) \leqslant V(t,x) \leqslant W_2(x)$$

$$\dot{V}(t,x) = \frac{\partial V}{\partial t} + \frac{\partial V}{\partial x} f(t,x) \leqslant 0$$

$$V(t+\delta, \phi(t+\delta; t, x)) - V(t,x) \leqslant -\lambda V(t,x), \quad 0 < \lambda < 1 \text{①}$$

其中,$W_1(x)$ 和 $W_2(x)$ 是 D 上的连续正定函数,$\phi(\tau; t, x)$ 是系统始于 (t,x) 的解,则原点是一致渐近稳定的。如果所有假设全局成立,且 $W_1(x)$ 是径向无界的,则原点是全局一致渐近稳定的。如果

$$W_1(x) \geqslant k_1 \|x\|^c, \ W_2(x) \leqslant k_2 \|x\|^c, \ k_1 > 0, \ k_2 > 0, \ c > 0$$

则原点是指数稳定的。 $\diamondsuit$

证明: 选择 $r > 0$,使 $B_r \in D$。与定理 4.8 的证明相似,可以证明

$$x(t_0) \in \{x \in B_r \mid W_2(x) \leqslant \rho\} \Rightarrow x(t) \in \Omega_{t,\rho}, \ \forall \, t \geqslant t_0$$

其中 $\rho < \min\limits_{\|x\|=r} W_1(x)$,因为 $\dot{V}(t,x) \leqslant 0$。现在,对于所有 $t \geqslant t_0$ 有

$$V(t+\delta, x(t+\delta)) \leqslant V(t, x(t)) - \lambda V(t, x(t)) = (1-\lambda) V(t, x(t))$$

此外,由于 $\dot{V}(t,x) \leqslant 0$,所以有

$$V(\tau, x(\tau)) \leqslant V(t, x(t)), \ \forall \, \tau \in [t, t+\delta]$$

对于任意 $t \geqslant t_0$,设 N 是满足 $t \leqslant t_0 + N\delta$ 的最小正整数。将区间 $[t_0, t_0 + (N-1)\delta]$ 等分为 $(N-1)$ 个长为 δ 的子区间,则有

$$
\begin{aligned}
V(t, x(t)) &\leqslant V(t_0 + (N-1)\delta, x(t_0 + (N-1)\delta)) \\
&\leqslant (1-\lambda) V(t_0 + (N-2)\delta, x(t_0 + (N-2)\delta)) \\
&\ \ \vdots \\
&\leqslant (1-\lambda)^{(N-1)} V(t_0, x(t_0)) \\
&\leqslant \frac{1}{(1-\lambda)} (1-\lambda)^{(t-t_0)/\delta} V(t_0, x(t_0)) \\
&= \frac{1}{(1-\lambda)} e^{-b(t-t_0)} V(t_0, x(t_0))
\end{aligned}
$$

其中 $$b = \frac{1}{\delta} \ln \frac{1}{(1-\lambda)}$$

取 $$\sigma(r, s) = \frac{r}{(1-\lambda)} e^{-bs}$$

容易看出,$\sigma(r, s)$ 是一个 $\mathcal{KL}$ 类函数,且 $V(t, x(t))$ 满足

$$V(t, x(t)) \leqslant \sigma(V(t_0, x(t_0)), t - t_0), \ \forall \, V(t_0, x(t_0)) \in [0, \rho]$$

此后的证明与定理 4.9 的证明完全相同,关于所述全局一致渐近稳定性和指数稳定性的证明与定理 4.9 和定理 4.10 的证明相同。 $\square$

---

① 不失一般性,假设 $\lambda < 1$,因为如果不等式在 $\lambda_1 \geqslant 1$ 时成立,则对于任意正的 $\lambda < 1$,不等式也成立,这是由于 $-\lambda_1 V \leqslant -\lambda V$。但要注意,该不等式在 $\lambda > 1$ 时不成立,因为 $V(t,x) > 0, \forall x \neq 0$。

例 8.11　考虑线性时变系统

$$\dot{x} = A(t)x$$

其中,对于所有 $t \geqslant 0$,$A(t)$ 是连续的。假设存在一个连续可微的对称矩阵 $P(t)$,满足

$$0 < c_1 I \leqslant P(t) \leqslant c_2 I, \quad \forall\, t \geqslant 0$$

以及矩阵微分方程　　$-\dot{P}(t) = P(t)A(t) + A^{\mathrm{T}}(t)P(t) + C^{\mathrm{T}}(t)C(t)$

其中 $C(t)$ 对 t 是连续的。二次函数

$$V(t, x) = x^{\mathrm{T}} P(t) x$$

沿系统轨线的导数为

$$\dot{V}(t, x) = -x^{\mathrm{T}} C^{\mathrm{T}}(t) C(t) x \leqslant 0$$

则线性系统的解可由 $\phi(\tau; t, x) = \Phi(\tau, t)x$ 给出,其中 $\Phi(\tau, t)$ 是状态转移矩阵。因此有

$$
\begin{aligned}
V(t+\delta, \phi(t+\delta; t, x)) - V(t, x) &= \int_t^{t+\delta} \dot{V}(\tau, \phi(\tau; t, x))\, d\tau \\
&= -x^{\mathrm{T}} \int_t^{t+\delta} \Phi^{\mathrm{T}}(\tau, t) C^{\mathrm{T}}(\tau) C(\tau) \Phi(\tau, t)\, d\tau\ x \\
&= -x^{\mathrm{T}} W(t, t+\delta) x
\end{aligned}
$$

其中　　　　　$$W(t, t+\delta) = \int_t^{t+\delta} \Phi^{\mathrm{T}}(\tau, t) C^{\mathrm{T}}(\tau) C(\tau) \Phi(\tau, t)\, d\tau$$

假设存在一个正常数 $k < c_2$,使得

$$W(t, t+\delta) \geqslant kI, \quad \forall\, t \geqslant 0$$

则有　　　　　$$V(t+\delta, \phi(t+\delta; t, x)) - V(t, x) \leqslant -k \|x\|_2^2 \leqslant -\frac{k}{c_2} V(t, x)$$

这样当　　　　　$$W_i(x) = c_i \|x\|_2^2,\ i = 1, 2, \quad \lambda = \frac{k}{c_2} < 1$$

时,定理 8.5 的所有假设全局满足,可得原点是全局指数稳定的。熟悉线性系统理论的读者会发现矩阵 $W(t, t+\delta)$ 是矩阵对 $(A(t), C(t))$ 的可观测性 Gram 矩阵,不等式 $W(t, t+\delta) \geqslant kI$ 是由 $(A(t), C(t))$ 的一致可观测性给出的。通过对本例和例 4.21 的比较可知,定理 8.5 允许我们用较弱的要求 $Q(t) = C^{\mathrm{T}}(t) C(t)$ 代替式 (4.28) 对矩阵 $Q(t)$ 为正定的要求,其中矩阵对 $(A(t), C(t))$ 是一致可观测的。　　　　　　　　　　△

如例 8.11 所示,定理 8.4 和定理 8.5 及其在线性系统中的应用,广泛用于自适应控制系统的分析[①]。我们已在 1.2.6 节中分析了一个自适应控制系统的例子。

例 8.12　在 1.2.6 节中我们看到了一个参考模型自适应控制系统的闭环方程,其中被控对象为 $\dot{y}_p = a_p y_p + k_p u$,参考模型为 $\dot{y}_m = a_m y_m + k_m r$,闭环方程由下式给出:

$$
\begin{aligned}
\dot{e}_o &= a_m e_o + k_p \phi_1 r(t) + k_p \phi_2 [e_o + y_m(t)] \\
\dot{\phi}_1 &= -\gamma e_o r(t) \\
\dot{\phi}_2 &= -\gamma e_o [e_o + y_m(t)]
\end{aligned}
$$

---

① 参见文献 [87] 和文献 [168]。

其中,$\gamma > 0$ 是自适应控制增益,$e_0 = y_p - y_m$ 是输出误差,ϕ_1 和 ϕ_2 是参数误差。假设 $k_p > 0$,当然参考模型必须有 $a_m < 0$。进一步假设 $r(t)$ 是分段连续且有界的,以

$$V = \frac{1}{2}\left[\frac{e_o^2}{k_p} + \frac{1}{\gamma}(\phi_1^2 + \phi_2^2)\right]$$

作为备选李雅普诺夫函数,可得

$$\dot{V} = \frac{a_m}{k_p}e_o^2 + e_o(\phi_1 r + \phi_2 e_o + \phi_2 y_m) - \phi_1 e_o r - \phi_2 e_o(e_o + y_m) = \frac{a_m}{k_p}e_o^2 \leqslant 0$$

应用定理 8.4 可得,对于任意 $c > 0$,当所有初始状态属于集合 $\{V \leqslant c\}$ 时,所有状态变量对所有 $t \geqslant t_0$ 都有界,且 $\lim\limits_{t \to \infty} e_0(t) = 0$。这说明设备的输出 y_p 跟踪希望的输出 y_m,但没有说明参数误差 ϕ_1 和 ϕ_2 都收敛于零。事实上,它们可能不收敛于零。例如,r 和 y_m 是非零恒定信号,则闭环系统将有一个平衡子空间 $\{e_0 = 0, \phi_2 = (a_m/k_m)\phi_1\}$,这清楚地说明,一般情况下 ϕ_1 和 ϕ_2 并不收敛于零。为推出 ϕ_1 和 ϕ_2 收敛于零的条件,应用定理 8.5 将得到原点 $(e_0 = 0, \phi_1 = 0, \phi_2 = 0)$ 一致渐近稳定的条件。因为已经证明所有状态变量都是有界的,所以可将闭环系统表示为线性时变系统

$$\dot{x} = \begin{bmatrix} a_m & k_p r(t) & k_p y_p(t) \\ -\gamma r(t) & 0 & 0 \\ -\gamma y_p(t) & 0 & 0 \end{bmatrix} x, \qquad \text{其中 } x = \begin{bmatrix} e_o \\ \phi_1 \\ \phi_2 \end{bmatrix}$$

假设参考信号 $r(t)$ 有一个稳态值 $r_{ss}(t)$,即 $\lim\limits_{t \to \infty}[r(t) - r_{ss}(t)] = 0$,则有 $\lim\limits_{t \to \infty}[y_m(t) - y_{ss}(t)] = 0$,其中 $y_{ss}(t)$ 是参考模型的稳态响应。以上极限及 $\lim\limits_{t \to \infty} e_0(t) = 0$ 表明线性系统可表示为 $\dot{x} = [A(t) + B(t)]x$
其中

$$A(t) = \begin{bmatrix} a_m & k_p r_{ss}(t) & k_p y_{ss}(t) \\ -\gamma r_{ss}(t) & 0 & 0 \\ -\gamma y_{ss}(t) & 0 & 0 \end{bmatrix}, \qquad \lim\limits_{t \to \infty} B(t) = 0$$

如果能证明 $\dot{x} = A(t)x$ 的原点是一致渐近稳定的,就可以应用性质 $\lim\limits_{t \to \infty} B(t) = 0$ 证明 $\dot{x} = [A(t) + B(t)]x$ 的原点是一致渐近稳定的[1],这样就把问题集中到系统 $\dot{x} = A(t)x$ 上来。再次以 V 作为备选李雅普诺夫函数,可得

$$\dot{V} = \frac{a_m}{k_p}e_o^2 = -x^{\mathrm{T}}C^{\mathrm{T}}Cx, \quad \text{其中} \quad C = \sqrt{\frac{-a_m}{k_p}}\begin{bmatrix} 1 & 0 & 0 \end{bmatrix}$$

从例 8.12 可知,若矩阵对于 $(A(t), C)$ 是一致可观测的,则原点是一致渐近稳定的。由于对任意分段连续有界矩阵 $K(t)$,$(A(t), C)$ 的一致可观测性等价于 $(A(t) - K(t)C, C)$ 的一致可观测性[2],故取

$$K(t) = \sqrt{\frac{k_p}{-a_m}}\begin{bmatrix} a_m & -\gamma r_{ss}(t) & -\gamma y_{ss}(t) \end{bmatrix}^{\mathrm{T}}$$

① 见例 9.6。
② 参见文献[87]的引理 4.8.1。

矩阵对简化为

$$A(t) - K(t)C = \begin{bmatrix} 0 & k_p r_{\mathrm{ss}}(t) & k_p y_{\mathrm{ss}}(t) \\ 0 & 0 & 0 \\ 0 & 0 & 0 \end{bmatrix}, \quad C = \sqrt{\frac{-a_m}{k_p}} \begin{bmatrix} 1 & 0 & 0 \end{bmatrix}$$

通过研究该矩阵对于给定参考信号的可观测性,可确定是否满足定理 8.5 的条件。例如,如果 r 是非零恒定信号,则容易看出该矩阵对不是可观测的。这并不奇怪,因为我们已经知道在这种情况下原点不是一致渐近稳定的。另一方面,如果 $r(t) = a\sin\omega t$,其中 a 和 ω 均为正,则有 $r_{\mathrm{ss}}(t) = r(t)$,$y_{\mathrm{ss}}(t) = aM\sin(\omega t + \delta)$,其中 M 和 δ 由参考模型的传递函数确定。可以验证该矩阵对是一致可观测的,因此原点($e_o = 0$,$\phi_1 = 0$,$\phi_2 = 0$)是一致渐近稳定的,且当 t 趋于无穷时,参数误差 $\phi_1(t)$ 和 $\phi_2(t)$ 都收敛于零[①]。　　　　　　　　　　△

8.4　周期解的稳定性

第 4 章提出了平衡点稳定性的扩展理论,本节将讨论周期解的相应问题。如果 $u(t)$ 是系统

$$\dot{x} = f(t, x) \tag{8.14}$$

的一个周期解,那么那些始于任意接近 $u(t)$ 的其他解的情况如何呢? 对于所有 t,它们仅保持在 $u(t)$ 的某个邻域内吗? 它们会最终趋于 $u(t)$ 吗? 周期解 $u(t)$ 的这类稳定性可以通过李雅普诺夫法描述和研究。设

$$y = x - u(t)$$

则原点 $y = 0$ 是非自治系统

$$\dot{y} = f(t, y + u(t)) - f(t, u(t)) \tag{8.15}$$

的平衡点,则方程(8.14)在 $u(t)$ 附近的解的性质与方程(8.15)在 $y = 0$ 附近的解的性质相同,因此可以由平衡点 $y = 0$ 的稳定性性质描述 $u(t)$ 的稳定性性质。特别地,可以说若 $y = 0$ 是系统(8.15)的一致渐近稳定平衡点,则周期解 $u(t)$ 就是一致渐近稳定的。类似描述也适用于其他稳定性性质,如一致稳定性。这样,研究 $u(t)$ 的稳定性问题就简化为研究一个非自治系统平衡点的稳定性问题,以上内容已在第 4 章中研究过。我们将用李雅普诺夫法推出周期解一致渐近稳定性的概念,第 10 章在研究非自治系统与小参数的关系时要用到这一概念,但它在分析自治系统的周期解时受到严格限制。下面的例题将说明这一概念所受到的限制。

例 8.13　考虑二阶系统

$$\begin{aligned}
\dot{x}_1 &= x_1 \left[\frac{\left(1 - x_1^2 - x_2^2\right)^3}{x_1^2 + x_2^2} \right] - x_2 \left[1 + \left(1 - x_1^2 - x_2^2\right)^2 \right] \\
\dot{x}_2 &= x_2 \left[\frac{\left(1 - x_1^2 - x_2^2\right)^3}{x_1^2 + x_2^2} \right] + x_1 \left[1 + \left(1 - x_1^2 - x_2^2\right)^2 \right]
\end{aligned}$$

用极坐标
表示,即为

$$x_1 = r\cos\theta, \qquad x_2 = r\sin\theta$$

[①]　这个例子中,参考信号 $r(t) = a\sin\omega t$ 是持续激励(persistently exciting),而恒定信号不是持续激励。想了解更多关于持续激励的问题参见文献[5],文献[15],文献[87],文献[139]和文献[168],或本书的 13.4 节。

$$\dot{r} = \frac{(1-r^2)^3}{r}, \qquad \dot{\theta} = 1 + (1-r^2)^2$$

始于 (r_0,θ_0) 的解由下式给出:

$$
\begin{aligned}
r(t) &= \left[1 - \frac{1-r_0^2}{\sqrt{1+4t\,(1-r_0^2)^2}} \right]^{1/2} \\
\theta(t) &= \theta_0 + t + \tfrac{1}{4}\ln\left[1 + 4t(1-r_0^2)^2\right]
\end{aligned}
$$

从上述表达式可知该系统有一个周期解

$$\bar{x}_1(t) = \cos t, \qquad \bar{x}_2(t) = \sin t$$

其相应的周期轨道是单位圆 $r=1$。当 t 趋于无穷时,所有其附近的解以螺线形式趋近周期轨道。对于周期轨道,该螺线形式显然是我们所希望看到的一种渐近稳定特性。事实上,周期轨道早已被称为极限环。但是按照李雅普诺夫理论,此周期解 $\bar{x}(t)$ 并不是一致渐近稳定的。回顾解的一致渐近稳定性,必须有,当 t 趋于无穷时

$$[r(t)\cos\theta(t) - \cos t]^2 + [r(t)\sin\theta(t) - \sin t]^2 \to 0$$

其中 $[r_0\cos\theta_0 - 1]^2 + [r_0\sin\theta_0]^2$ 足够小。因为当 t 趋于无穷时 $r(t)$ 趋于1,所以一定有,当 t 趋于无穷时

$$|1 - \cos(\theta(t) - t)| \to 0$$

显而易见,当 $r_0 \ne 1$ 时无法满足该条件,因为 $(\theta(t) - t)$ 是 t 的单调递增函数(ever-growing)。 △

此题说明的观点一般来讲是正确的,特别是自治系统的非平凡周期解按照李雅普诺夫理论永远都不是渐近稳定的[①]。

按照李雅普诺夫理论把稳定性的概念从平衡点的稳定性扩展到不变集的稳定性,即可得到例 8.13 中周期轨道的类稳定性性质。考虑自治系统

$$\dot{x} = f(x) \tag{8.16}$$

其中 $f:D \to R^n$ 是从定义域 $D \subset R^n$ 到 R^n 的连续可微映射。设 $M \subset D$ 是方程(8.16)的一个闭不变集。定义 M 的 ε 邻域为

$$U_\varepsilon = \{x \in R^n \mid \mathrm{dist}(x,M) < \varepsilon\}$$

其中 $\mathrm{dist}(x,M)$ 表示 x 到 M 内一点的最小距离,即

$$\mathrm{dist}(x,M) = \inf_{y \in M} \|x - y\|$$

定义 8.1　方程(8.16)的闭不变集 M

- 如果对于每个 $\varepsilon > 0$,存在 $\delta > 0$,满足

$$x(0) \in U_\delta \Rightarrow x(t) \in U_\varepsilon, \quad \forall\, t \geqslant 0$$

　则 M 是稳定的。

- 如果 M 是稳定的,且可以选择 δ,使得

---

① 该论述的证明参见文献[72]的定理 81.1。

$$x(0) \in U_\delta \Rightarrow \lim_{t \to \infty} \mathrm{dist}(x(t), M) = 0$$

则 M 是渐近稳定的。

当 M 是一个平衡点时,该定义即简化为定义 4.1。第 4 章关于平衡点的李雅普诺夫稳定性理论可以扩展到有界不变集[①]。例如,重复定理 4.1 的证明就不难看出,如果存在一个函数 $V(x)$,在 M 上为 0,而在 M 的某个邻域 D 内为正,不包含 M 本身,而且如果在 D 内导数 $\dot{V}(x) = [\partial V / \partial x] f(x) \leqslant 0$,则 M 是稳定的。如果 $\dot{V}(x)$ 在 D 内为负,不包含 M 本身,则 M 是渐近稳定的。

不变集的稳定性和渐近稳定性对不变集本身是重要的概念,这里我们将应用这一概念把不变集 M 是闭轨道的特例与周期解联系在一起进行研究。设 $u(t)$ 是自治系统 (8.16) 的非平凡周期解,周期为 T 并设 γ 是闭轨道,定义为

$$\gamma = \{ x \in R^n \mid x = u(t),\ 0 \leqslant t \leqslant T \}$$

周期轨道 γ 是 $u(t)$ 在状态空间的象,它是稳定性由定义 8.1 描述的不变集。通常,特别是对于二阶系统而言,把渐近稳定的周期轨道称为稳定的极限环。

例 8.14 谐振器
$$\begin{aligned} \dot{x}_1 &= x_2 \\ \dot{x}_2 &= -x_1 \end{aligned}$$

有一个周期轨道的连续统,即一组以原点为圆心的同心圆,其中任意一个周期轨道 γ_c 都是稳定的。例如,考虑由

$$\gamma_c = \{ x \in R^2 \mid r = c > 0 \}, \quad \text{其中} \quad r = \sqrt{x_1^2 + x_2^2}$$

定义的周期轨道 γ_c,其 U_ε 邻域定义为环形区域

$$U_\varepsilon = \{ x \in R^2 \mid c - \varepsilon < r < c + \varepsilon \}$$

该环形区域本身就是一个不变集。因此,给定 $\varepsilon > 0$,可取 $\delta = \varepsilon$,并看出在 $t = 0$ 时始于 U_δ 邻域内的任何解在所有 $t \geqslant 0$ 时都保持在 U_ε 邻域内。所以周期轨道 γ_c 是稳定的。但是它不是渐近稳定的,因为当 t 趋于无穷时,始于 γ_c 的一个 U_δ 邻域内的解不会趋于 γ_c,无论 δ 取多么小。周期轨道 $\{ r = c \}$ 的稳定性还可由李雅普诺夫函数

$$V(x) = (r^2 - c^2)^2 = (x_1^2 + x_2^2 - c^2)^2$$

证明,该函数沿系统轨线的导数为

$$\dot{V}(x) = 4(r^2 - c^2) r \dot{r} = 0 \qquad\qquad \triangle$$

例 8.15 考虑例 8.13 所示的系统,它有一个孤立周期轨道

$$\gamma = \{ x \in R^2 \mid r = 1 \}, \quad \text{其中} \quad r = \sqrt{x_1^2 + x_2^2}$$

对于 $x \notin \gamma$,有

$$\mathrm{dist}(x, \gamma) = \inf_{y \in \gamma} \| x - y \|_2 = \inf_{y \in \gamma} \sqrt{(x_1 - y_1)^2 + (x_2 - y_2)^2} = |r - 1|$$

---

① 关于全面收敛 (comprehensive coverage) 参见文献 [213] 和文献 [221],一些关于逆李雅普诺夫定理的结论参见文献 [118]。

回顾
$$r(t) = \left[1 - \frac{1 - r_0^2}{\sqrt{1 + 4t\left(1 - r_0^2\right)^2}} \right]^{1/2}$$

容易看出满足稳定性的 ε-δ 要求,且

$$\text{dist}(x(t), \gamma) \to 0, \quad 当 t \to \infty$$

因此周期轨道是渐近稳定的。应用李雅普诺夫函数

$$V(x) = (r^2 - 1)^2 = (x_1^2 + x_2^2 - 1)^2$$

沿系统轨线的导数为

$$\dot{V}(x) = 4(r^2 - 1)r\dot{r} = -4(r^2 - 1)^4 < 0, \quad 当 r \neq 1$$

也可得到相同的结论。   △

定义了周期轨道的稳定性性质后,就可以定义周期解的稳定性性质了。

定义 8.2   系统(8.16)的一个非平凡周期解为 $u(t)$,

- 如果由 $u(t)$ 产生的闭轨道 γ 是稳定的,则 $u(t)$ 是轨道稳定的。
- 如果由 $u(t)$ 产生的闭轨道 γ 是渐近稳定的,则 $u(t)$ 是渐近轨道稳定的。

注意到,当谈及周期解或者相应的周期轨道时,所用名词是不同的。在例 8.15 中,我们说单位圆是一个渐近稳定的周期轨道,但我们说周期解 $(\cos t, \sin t)$ 是轨道渐近稳定的。

8.5 习题

8.1 证明推论 8.1。

8.2 证明推论 8.2。

8.3 假设定理 8.1 的条件在 $g_1(y, 0) = 0, g_2(y, 0) = 0$ 且 $A_1 = 0$ 时成立。证明整个系统的原点是稳定的。

8.4 当 $a = 0$ 时重新考虑例 8.1,证明原点是稳定的。

8.5 (见文献[88])考虑系统

$$\begin{aligned} \dot{x}_a &= f_a(x_a, x_b) \\ \dot{x}_b &= A_b x_b + f_b(x_a, x_b) \end{aligned}$$

其中,$\dim(x_a) = n_1$,$\dim(x_b) = n_2$,A_b 是赫尔维茨的,f_a 和 f_b 连续可微。在 $x_a = 0$ 的一个邻域内,有 $[\partial f_b / \partial x_b](0, 0) = 0, f_b(x_a, 0) = 0$。

(a) 证明如果 $x_a = 0$ 是 $\dot{x}_a = f_a(x_a, 0)$ 的指数稳定平衡点,则 $(x_a, x_b) = (0, 0)$ 是整个系统的指数稳定平衡点。

(b) 证明如果 $x_a = 0$ 是 $\dot{x}_a = f_a(x_a, 0)$ 的渐近(而不是指数)稳定平衡点,则 $(x_a, x_b) = (0, 0)$ 是整个系统的渐近稳定平衡点。

8.6 (见文献[70])应用中心流形定理研究下列各系统原点的稳定性。

(1) $\begin{aligned} \dot{x}_1 &= -x_2^2 \\ \dot{x}_2 &= -x_2 + x_1^2 + x_1 x_2 \end{aligned}$ (2) $\begin{aligned} \dot{x}_1 &= ax_1^2 - x_2^2, \quad a \neq 0 \\ \dot{x}_2 &= -x_2 + x_1^2 + x_1 x_2 \end{aligned}$

(3)　$\begin{aligned} \dot{x}_1 &= -x_2 + x_1 x_3 \\ \dot{x}_2 &= x_1 + x_2 x_3 \\ \dot{x}_3 &= -x_3 - (x_1^2 + x_2^2) + x_3^2 \end{aligned}$　　　　(4)　$\begin{aligned} \dot{x}_1 &= x_1^2 x_2 \\ \dot{x}_2 &= -x_1^3 - x_2 \end{aligned}$

(5)　$\begin{aligned} \dot{x}_1 &= x_1 x_2^2 \\ \dot{x}_2 &= -x_2 - x_1^2 + 2x_1^8 \end{aligned}$　　　　(6)　$\begin{aligned} \dot{x}_1 &= -x_1 + x_2^3(x_1 + x_2 - 1) \\ \dot{x}_2 &= x_2^3(x_1 + x_2 - 1) \end{aligned}$

(7)　$\begin{aligned} \dot{x}_1 &= x_2 \\ \dot{x}_2 &= -x_2 + a x_1^3/(1 + x_1^2) \\ a &\neq 0 \end{aligned}$　　　　(8)　$\begin{aligned} \dot{x}_1 &= -2x_1 - 3x_2 + x_3 + x_3^2 \\ \dot{x}_2 &= x_1 + x_1^2 + x_2 \\ \dot{x}_3 &= x_1^2 \end{aligned}$

8.7　(见文献[34])考虑系统

$$\dot{x}_1 = x_1 x_2 + a x_1^3 + b x_1 x_2^2, \qquad \dot{x}_2 = -x_2 + c x_1^2 + d x_1^2 x_2$$

应用中心流形定理研究下列各种情况下,系统原点的稳定性。

(1) $a + c > 0$　　　　　　　　　　(2) $a + c < 0$

(3) $a + c = 0, cd + bc^2 < 0$　　　(4) $a + c = 0, cd + bc^2 > 0$

(5) $a + c = cd + bc^2 = 0$

8.8　(见文献[34])考虑系统

$$\dot{x}_1 = a x_1^3 + x_1^2 x_2, \qquad \dot{x}_2 = -x_2 + x_2^2 + x_1 x_2 - x_1^3$$

应用中心流形定理,对于实参数 a 的所有可能值研究系统原点的稳定性。

8.9　(见文献[88])考虑系统

$$\dot{x}_1 = a x_1 x_2 - x_1^3, \qquad \dot{x}_2 = -x_2 + b x_1 x_2 + c x_1^2$$

应用中心流形定理,对于实常数 a, b 和 c 的所有可能值研究系统原点的稳定性。

8.10　(Zubov 定理)考虑系统(8.13),并设 $G \subset R^n$ 是包含原点的定义域。假设存在两个函数 $V: G \to R$ 和 $h: R^n \to R$,具有以下性质:

- 在 G 内 V 是连续可微的,且是正定的,并满足

$$0 < V(x) < 1, \quad \forall\, x \in G - \{0\}$$

- 当 x 趋于集合 G 的边界时,或者万一 G 无界,当 $\|x\|$ 趋于无穷时,$\lim V(x) = 1$。
- h 在 R^n 上是连续正定的。
- 对于 $x \in G, V(x)$ 满足偏微分方程

$$\frac{\partial V}{\partial x} f(x) = -h(x)[1 - V(x)] \tag{8.17}$$

证明 $x = 0$ 是渐近稳定的,且 G 是吸引区。

8.11　(见文献[72])考虑一个二阶系统

$$\dot{x}_1 = -h_1(x_1) + g_2(x_2), \qquad \dot{x}_2 = -g_1(x_1)$$

其中,对于某些正常数 a_i 和 b_i (允许 $a_i = \infty$ 或 $b_i = \infty$)

$$h_1(0) = 0, \quad z h_1(z) > 0 \quad \forall\, -a_1 < z < b_1$$

$$g_i(0) = 0, \quad z g_i(z) > 0 \quad \forall\, -a_i < z < b_i$$

$$\int_0^z g_i(\sigma)\, d\sigma \to \infty \quad \text{当 } z \to -a_i \text{ 或 } z \to b_i$$

应用 Zubov 定理证明吸引区是 $\{x \in R_2 \mid -a_i < x_i < b_i\}$。

提示:取 $h(x) = g_1(x)h_1(x)$,并求偏微分方程(8.17)的解,其中 $V(x) = 1 - W_1(x_1)W_2(x_2)$。

注意,如此选择 h,$\dot{V}(x)$ 只是半负定的,可应用 LaSalle 不变原理。

8.12 求系统

$$\dot{x}_1 = -x_1 + x_2, \qquad \dot{x}_2 = -\tan(x_1)$$

的吸引区。

提示:利用前一习题。

8.13 设 Ω 是包含原点的正不变开集。假设 Ω 内的每条轨线当 t 趋于无穷时都趋于原点,证明 Ω 是连通的。

8.14 考虑二阶系统 $\dot{x} = f(x)$,其原点是渐近稳定的。设 $V(x) = x_1^2 + x_2^2$,$D = \{x \in R^2 \mid |x_2| < 1$,$|x_1 - x_2| < 1\}$。假设 $[\partial V/\partial x]f(x)$ 在 D 上是负定的,估计吸引区。

8.15 考虑系统

$$\dot{x}_1 = x_2, \qquad \dot{x}_2 = -x_1 - x_2 - (2x_2 + x_1)(1 - x_2^2)$$

(a) 应用 $V(x) = 5x_1^2 + 2x_1x_2 + 2x_2^2$,证明原点是渐近稳定的。

(b) 设 $S = \{x \in R^2 \mid V(x) \leqslant 5\} \cap \{x \in R^2 \mid |x_2| \leqslant 1\}$

证明 S 是吸引区的估计值。

8.16 证明系统

$$\dot{x}_1 = x_2, \qquad \dot{x}_2 = -x_2 - x_1 + x_1^3$$

的原点是渐近稳定的,并估计其吸引区。

8.17 考虑二阶系统 $\dot{x} = f(x)$,其李雅普诺夫函数为 $V(x)$。假设对所有 $x_1^2 + x_2^2 \geqslant a^2$,$\dot{V}(x) < 0$。图 8.6 所示为圆 $x_1^2 + x_2^2 = a^2$ 上某点的向量场的 4 个方向。试问这四个方向中哪些是可能的,哪些是不可能的? 验证你的答案。

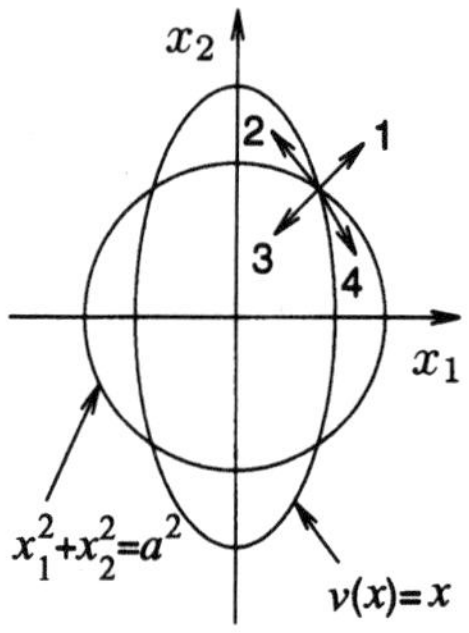

8.18 考虑系统

$$\dot{x}_1 = x_2, \qquad \dot{x}_2 = -x_2 - \sin x_1 - 2\,\mathrm{sat}(x_1 + x_2)$$

(a) 证明原点是唯一的平衡点。

(b) 应用线性化方法证明原点是渐近稳定的。

(c) 设 $\sigma = x_1 + x_2$,证明对于 $|\sigma| \geqslant 1$,$\dot{\sigma} \leqslant -|\sigma|$

(d) 设 $V(x) = x_1^2 + 0.5x_2^2 + 1 - \cos x_1$,证明

$$M_c = \{x \in R^2 \mid V(x) \leqslant c\} \cap \{x \in R^2 \mid |\sigma| \leqslant 1\}, \qquad c > 0$$

是正不变集,且当 t 趋于无穷时,M_c 内的轨线都趋于原点。

(e) 证明原点是全局渐近稳定的。

图 8.6 习题 8.17

8.19 考虑习题 1.8 中的同步发电机模型,状态变量和参数与习题 1.8 中的(a)和(b)相同。此外,取 $\tau = 6.6$ s,$M = 0.0147$(每单位功率)$\times$ s^2/rad,$D/M = 4$ s^{-1}。

(a) 求出在区域 $-\pi \leqslant x_1 \leqslant \pi$ 内的所有平衡点,并用线性化方法确定所有平衡点的稳定性质。

(b) 估算每个渐近稳定平衡点的吸引区。

8.20 (见文献[113])考虑系统

$$\dot{x}_1 = x_2, \qquad \dot{x}_2 = -x_1 - g(t)x_2$$

其中 $g(t)$ 是连续可微的,对于所有 $t \geq 0, 0 < k_1 \leq g(t) \leq k_2$。
(a) 证明原点是指数稳定的。
(b) 设 $g(t) = 2 + \exp(t)$,如果 $g(t)$ 是无界的,那么(a)能否成立?

8.21 考虑系统

$$\dot{x}_1 = x_2, \qquad \dot{x}_2 = -\sin x_1 - g(t)x_2$$

其中 $g(t)$ 是连续可微的,且对于所有 $t \geq 0, 0 < k_1 \leq g(t) \leq k_2$。证明原点是指数稳定的。
提示:利用上一习题。

8.22 考虑系统

$$\dot{x}_1 = -x_1 - x_2 - \alpha(t)x_3, \quad \dot{x}_2 = x_1, \quad \dot{x}_3 = \alpha(t)x_1$$

其中 $\alpha(t) = \sin t + \sin 2t$,证明原点是指数稳定的。

8.23 考虑单输入-单输出非线性系统

$$\begin{aligned}
\dot{x}_i &= x_{i+1}, \quad 1 \leq i \leq n-1 \\
\dot{x}_n &= f_0(x) + (\theta^*)^{\mathrm{T}} f_1(x) + g_0(x)u
\end{aligned}$$

其中,f_0, f_1 和 g_0 已知,它们是定义在 $x \in R^n$ 上关于 x 的光滑函数,而 $\theta^* \in R^p$ 是未知常参数向量。函数 $g_0(x)$ 有界而远离零点,即对于所有 $x \in R^n$,有 $|g_0(x)| \geq k_0 > 0$。假设所有状态变量都是可测的。希望设计一个状态反馈自适应控制器,使 x_1 渐近跟踪期望的参考信号 $r(t)$,其中 r 及其直到 n 阶导数 $r^{(n)}$ 对于所有 $t \geq 0$ 都是连续有界的。
(a) 取 $e_i = x_i - r^{(i-1)}$ 和 $e = [e_1, \cdots, e_n]^{\mathrm{T}}$,证明 e 满足方程

$$\dot{e} = Ae + B[f_0(x) + (\theta^*)^{\mathrm{T}} f_1(x) + g_0(x)u - r^{(n)}]$$

其中 (A, B) 是可控矩阵对。
(b) 设计 K,使得 $A - BK$ 是赫尔维茨矩阵,并设 P 是李雅普诺夫方程 $P(A - BK) + (A - BK)^{\mathrm{T}}P = -I$ 的正定解。用备选李雅普诺夫函数 $V = e^{\mathrm{T}}Pe + \phi^{\mathrm{T}}\Gamma^{-1}\phi$,其中 $\phi = \theta - \theta^*$,Γ 是一个正定对称矩阵,证明自适应控制器

$$\begin{aligned}
u &= \frac{1}{g_0(x)}\left[-f_0(x) - \theta^{\mathrm{T}} f_1(x) + r^{(n)} - Ke\right] \\
\dot{\theta} &= \Gamma f_1(x)e^{\mathrm{T}}PB
\end{aligned}$$

保证所有状态变量都有界,且 $\lim\limits_{t \to \infty} e(t) = 0$。
(c) 设

$$\bar{A}(t) = \begin{bmatrix} 0_{n \times n} & -B f_1^{\mathrm{T}}(\mathcal{R}) \\ 0_{p \times n} & 0_{p \times p} \end{bmatrix}, \quad C = \begin{bmatrix} I_n & 0_{n \times p} \end{bmatrix}$$

其中 $\mathcal{R} = [r, \cdots, r^{(n-1)}]^{\mathrm{T}}$。证明如果 $(\bar{A}(t), C)$ 是一致可观测的,则当 t 趋于无穷时,参数误差 ϕ 收敛于零。

第9章　扰动系统的稳定性

考虑系统
$$\dot{x} = f(t,x) + g(t,x) \tag{9.1}$$

其中 $f:[0,\infty)\times D\to R^n$ 和 $g:[0,\infty)\times D\to R^n$ 在 $[0,\infty)\times D$ 上对 t 是分段连续的,对 x 是局部利普希茨的,$D\subset R^n$ 是包含原点 $x=0$ 的定义域,这样的系统称为标称系统
$$\dot{x} = f(t,x) \tag{9.2}$$

的扰动系统。扰动项 $g(t,x)$ 可能来源于建模误差、老化、不确定性以及干扰等,这些扰动存在于任何实际问题中。在典型情况下,$g(t,x)$ 是未知的,但是可以知道其一些信息,如 $\|g(t,x)\|$ 的上界。这里把扰动表示为状态方程右边的一个叠加项,不改变系统阶数的不确定性总可以表示成这种形式。因为如果具有扰动的方程右边是某函数 $\tilde{f}(t,x)$,则通过同时加减 $f(t,x)$,可以将方程的右边改写为

$$\tilde{f}(t,x) = f(t,x) + [\tilde{f}(t,x) - f(t,x)]$$

然后,定义
$$g(t,x) = \tilde{f}(t,x) - f(t,x)$$

假设标称系统(9.2)在原点有一致渐近稳定的平衡点,那么扰动系统(9.1)的稳定特性如何呢? 处理这一问题的一般方法是用标称系统的一个李雅普诺夫函数作为扰动系统的备选李雅普诺夫函数,这在4.3节和4.6节的线性化逼近分析中已有过论述,这里的新问题是扰动项要比线性化情况中的扰动项更具有一般性。而得出结论的关键在于扰动项是否在原点处为零。若 $g(t,0)=0$,则扰动系统(9.1)在原点有一个平衡点。在这种情况下,可以把原点的稳定特性当成扰动系统平衡点的稳定性进行分析。若 $g(t,0)\neq 0$,原点就不是扰动系统的平衡点。在这种情况下,我们研究扰动系统解的毕竟有界性。

零扰动和非零扰动的情况将在9.1节和9.2节中分别介绍。9.3节在重点讲述标称系统在原点有指数稳定平衡点的同时,运用比较引理推导出有关扰动系统解的渐近特性的更明确的结果。9.4节建立了在无限时间区间内状态方程解的连续性。

最后两节分别讨论了互联系统和慢变系统。对于这两种系统,通过把系统看成一个更简单系统的扰动来简化稳定性分析。对于互联系统,通过将系统分解成更小的相互独立的系统来简化系统分析;而对于慢变系统的分析,则用自治系统逼近具有慢变输入的非自治系统,其中的慢变输入看成一个恒定参数。

9.1　零扰动

我们从 $g(t,0)=0$ 开始讨论。假设 $x=0$ 是标称系统(9.2)的一个指数稳定平衡点,并设 $V(t,x)$ 是一个李雅普诺夫函数,对于所有 $(t,x)\in[0,\infty)\times D$ 和正常数 c_1,c_2,c_3 和 c_4,满足

$$c_1\|x\|^2 \leqslant V(t,x) \leqslant c_2\|x\|^2 \tag{9.3}$$

$$\frac{\partial V}{\partial t} + \frac{\partial V}{\partial x}f(t,x) \leqslant -c_3\|x\|^2 \tag{9.4}$$

$$\left\|\frac{\partial V}{\partial x}\right\| \leqslant c_4 \|x\| \tag{9.5}$$

定理 4.14 连同一些附加条件保证了存在满足式(9.3)至式(9.5)的李雅普诺夫函数。假设扰动项 $g(t,x)$ 满足线性增长界(linear growth bound)

$$\|g(t,x)\| \leqslant \gamma\|x\|, \quad \forall\, t \geqslant 0, \ \forall\, x \in D \tag{9.6}$$

其中 γ 是非负常数。考虑到 $g(t,x)$ 的假设，存在边界是自然的。事实上，在原点的一个有界邻域内，任何函数 $g(t,x)$ 如果在原点为零，且对 x 是局部利普希茨的，对于所有 $t \geqslant 0$ 对 t 一致，那么它在该邻域内就满足式(9.6)[1]。用 V 作为备选李雅普诺夫函数，研究作为扰动系统(9.1)的一个平衡点的原点的稳定性。V 沿系统(9.1)的轨线的导数为

$$\dot{V}(t,x) = \frac{\partial V}{\partial t} + \frac{\partial V}{\partial x}f(t,x) + \frac{\partial V}{\partial x}g(t,x)$$

上式右边前两项构成 $V(t,x)$ 沿标称系统轨线的导数，是负定的且满足式(9.4)。第三项 $[\partial V/\partial x]g$ 是扰动的结果。由于不完全了解 g，因此无法判断该项是否有助于或破坏 $\dot{V}(t,x)$ 的负定性。以增长边界式(9.6)作为 g 仅有的信息，我们只能用最坏情况分析法，其中 $[\partial V/\partial x]g$ 有一个非负边界。由式(9.4)至式(9.6)可得

$$\dot{V}(t,x) \leqslant -c_3\|x\|^2 + \left\|\frac{\partial V}{\partial x}\right\|\ \|g(t,x)\| \leqslant -c_3\|x\|^2 + c_4\gamma\|x\|^2$$

如果 γ 足够小，且满足边界

$$\gamma < \frac{c_3}{c_4} \tag{9.7}$$

则

$$\dot{V}(t,x) \leqslant -(c_3 - \gamma c_4)\|x\|^2, \quad (c_3 - \gamma c_4) > 0$$

因此，由定理 4.10 可得到下面的引理。

引理 9.1　设 $x = 0$ 是标称系统(9.2)的一个指数稳定平衡点，$V(t,x)$ 是标称系统的一个李雅普诺夫函数，在 $[0,\infty) \times D$ 上满足式(9.3)至式(9.5)。假设扰动项 $g(t,x)$ 满足式(9.6)至式(9.7)，则原点是扰动系统(9.1)的一个指数稳定平衡点。此外，如果所有假设全局成立，则原点是全局指数稳定的。　　　　　　　　　　　　　　　　　　　◇

这个引理在概念上很重要，因为它说明原点指数稳定相对于满足式(9.6)和式(9.7)的一类扰动具有鲁棒性。要断定这种鲁棒性，不必明确地知道 $V(t,x)$，而只要知道原点是标称系统的一个指数稳定平衡点就可以了。有时也许无须寻找满足式(9.3)至式(9.5)的李雅普诺夫函数，也能证明原点是指数稳定的[2]。不论用什么方法证明原点的指数稳定性，都可以运用定理 4.14(假设雅可比矩阵 $[\partial f/\partial x]$ 是有界的)判定存在满足式(9.3)至式(9.5)的 $V(t,x)$。然而，如果不知道李雅普诺夫函数 $V(t,x)$，就无法计算出式(9.7)的边界。从而只能定性给出鲁棒性结论，即对于足够小的 γ，原点对于所有满足

$$\|g(t,x)\| \leqslant \gamma\|x\|$$

的扰动是指数稳定的。另一方面，如果知道 $V(t,x)$ 就可以计算式(9.7)的边界，这是一个附加

---

① 当要求线性增长界(9.6)全局成立时，它会成为限制性的，因为要求 g 对 x 是全局利普希茨的。

② 例如，应用定理 8.5 证明原点的指数稳定性时，就是这种情况。

信息。由于这些边界对于给定的扰动 $g(t,x)$ 可能是保守的,因此不应该过分强调其有用性。这种保守性是一开始就采用最坏情况分析法的结果。

例 9.1 考虑系统
$$\dot{x} = Ax + g(t,x)$$

其中,A 是赫尔维茨矩阵,且对于所有 $t \geq 0$ 和 $x \in R^n$,有 $\|g(t,x)\|_2 \leq \gamma \|x\|_2$。设 $Q = Q^T > 0$,并对于 P 解李雅普诺夫方程
$$PA + A^T P = -Q$$

由定理 4.6 可知方程存在唯一解 $P = P^T > 0$。二次李雅普诺夫函数 $V(x) = x^T P x$ 满足式(9.3)至式(9.5),特别是有

$$\lambda_{\min}(P)\|x\|_2^2 \leq V(x) \leq \lambda_{\max}(P)\|x\|_2^2$$

$$\frac{\partial V}{\partial x} Ax = -x^T Q x \leq -\lambda_{\min}(Q)\|x\|_2^2$$

$$\left\|\frac{\partial V}{\partial x}\right\|_2 = \|2x^T P\|_2 \leq 2\|P\|_2\|x\|_2 = 2\lambda_{\max}(P)\|x\|_2$$

$V(x)$ 沿扰动系统轨线的导数满足

$$\dot{V}(t,x) \leq -\lambda_{\min}(Q)\|x\|_2^2 + 2\lambda_{\max}(P)\gamma\|x\|_2^2$$

因此,如果 $\gamma < \lambda_{\min}(Q)/2\lambda_{\max}(P)$,则原点是全局指数稳定的。由于该边界取决于 Q 的选择,因此现在要做的是如何选择 Q,使比值 $\lambda_{\min}(Q)/\lambda_{\max}(P)$ 最大。可以证明当 $Q = I$ 时,该比值最大(见习题 9.1)。   △

例 9.2 考虑二阶系统
$$\begin{aligned} \dot{x}_1 &= x_2 \\ \dot{x}_2 &= -4x_1 - 2x_2 + \beta x_2^3 \end{aligned}$$

其中常数 $\beta \geq 0$ 未知。把该系统看成具有方程(9.1)形式的扰动系统,有

$$f(x) = Ax = \begin{bmatrix} 0 & 1 \\ -4 & -2 \end{bmatrix}\begin{bmatrix} x_1 \\ x_2 \end{bmatrix}, \quad g(x) = \begin{bmatrix} 0 \\ \beta x_2^3 \end{bmatrix}$$

A 的特征值为 $-1 \pm j\sqrt{3}$,因此 A 是赫尔维茨矩阵。李雅普诺夫方程
$$PA + A^T P = -I$$

的解为
$$P = \begin{bmatrix} \dfrac{3}{2} & \dfrac{1}{8} \\[2mm] \dfrac{1}{8} & \dfrac{5}{16} \end{bmatrix}$$

如例 9.1 所示,当 $c_3 = 1$ 且
$$c_4 = 2\lambda_{\max}(P) = 2 \times 1.513 = 3.026$$

时,李雅普诺夫函数 $V(x) = x^T P x$ 满足不等式(9.3)至不等式(9.5)。对于所有 $|x_2| \leq k_2$,扰动项 $g(x)$ 满足

$$\|g(x)\|_2 = \beta|x_2|^3 \leq \beta k_2^2|x_2| \leq \beta k_2^2\|x\|_2$$

分析至此,虽然我们知道只要轨线 $x(t)$ 限定在一个紧集内,$x_2(t)$ 就是有界的,但还不知道 $x_2(t)$ 的边界。我们以 k_2 为待定系数继续分析。用 $V(x)$ 作为该扰动系统的备选李雅普

诺夫函数,可得
$$\dot{V}(x) \leqslant -\|x\|_2^2 + 3.026\beta k_2^2 \|x\|_2^2$$

因此,如果
$$\beta < \frac{1}{3.026 k_2^2}$$

则 $\dot{V}(x)$ 是负定的。为了估计边界 k_2,设 $\Omega_c = \{x \in R^2 \mid V(x) \leqslant c\}$ 对于任何正常数 c,集合 Ω_c 是有界闭集,Ω_c 的边界就是李雅普诺夫曲面

$$V(x) = \frac{3}{2}x_1^2 + \frac{1}{4}x_1 x_2 + \frac{5}{16}x_2^2 = c$$

在曲面 $V(x) = c$ 上,$|x_2|$ 的最大值由曲面方程对 x_1 的偏微分确定,其结果为

$$3x_1 + \frac{1}{4}x_2 = 0$$

因此,由直线 $x_1 = -x_2/12$ 与李雅普诺夫曲面的交点可得 x_2 的极值。通过简单的计算可知,在李雅普诺夫曲面上 x_2^2 的最大值为 $96c/29$。这样,在 Ω_c 内的所有点满足边界

$$|x_2| \leqslant k_2, \quad \text{其中} \quad k_2^2 = \frac{96c}{29}$$

因此如果
$$\beta < \frac{29}{3.026 \times 96c} \approx \frac{0.1}{c}$$

则 $\dot{V}(x)$ 在 Ω_c 内是负定的,并且可得以 Ω_c 作为吸引区的估计值,原点 $x = 0$ 是指数稳定的。不等式 $\beta < 0.1/c$ 表明在吸引区估计值和 β 的上界估计值之间可进行调整,β 的上界越小,吸引区的估计值就越大。这个折中不是人为的,在本例中实际存在。应用变量代换

$$
\begin{aligned}
z_1 &= \sqrt{\frac{3\beta}{2}} x_2 \\
z_2 &= \sqrt{\frac{3\beta}{8}} (4x_1 + 2x_2 - \beta x_2^3) = -\sqrt{\frac{3\beta}{8}} \dot{x}_2 \\
\tau &= 2t
\end{aligned}
$$

状态方程变换为
$$
\begin{aligned}
\frac{dz_1}{d\tau} &= -z_2 \\
\frac{dz_2}{d\tau} &= z_1 + (z_1^2 - 1)z_2
\end{aligned}
$$

例 8.5 已证明该方程有一个有界吸引区,被一个不稳定极限环包围。当变换到 x 坐标系时,吸引区会随 β 的减小而扩大,随 β 的增加而缩小。最后,用这个例子说明式(9.7)的边界的保守性。利用此边界可得不等式 $\beta < 1/3.026k_2^2$,这就是说扰动项 $g(t,x)$ 可以是任何满足 $\|g(t,x)\|_2 \leqslant \beta k_2^2 \|x\|_2$ 的二阶向量。这类扰动比特殊情况下的扰动更具有一般性。如果 g 的第一项总为零,就是结构扰动。但我们的分析也涉及非结构扰动,即向量 g 可以在各个方向变化。一般来讲,忽略扰动的结构会导致有裕量的边界。假设考虑到扰动结构重新进行分析,不用式(9.7)的一般边界,而是计算 $V(x)$ 沿扰动系统轨线的导数,得到

$$
\begin{aligned}
\dot{V}(x) &= -\|x\|_2^2 + 2x^{\mathrm{T}} P g(x) \\
&= -\|x\|_2^2 + 2\beta x_2^2 \left(\frac{1}{8}x_1 x_2 + \frac{5}{16}x_2^2\right) \\
&\leqslant -\|x\|_2^2 + 2\beta x_2^2 \left(\frac{1}{16}\|x\|_2^2 + \frac{5}{16}\|x\|_2^2\right) \\
&\leqslant -\|x\|_2^2 + \frac{3}{4}\beta k_2^2 \|x\|_2^2
\end{aligned}
$$

因此,当 $\beta < 4/3k_2^2$ 时,$\dot{V}(x)$ 是负定的。再次利用对于所有 $x \in \Omega_c$,$|x_2|^2 \leqslant k_2^2 = 96c/29$,可以得到边界 $\beta < 0.4/c$,它是采用式(9.7)所得到边界的 4 倍。　　　　　　　△

当标称系统(9.2)的原点一致渐近稳定,而不是指数稳定时,扰动系统的稳定性分析就更为复杂。假设对于所有 $(t, x) \in [0, \infty) \times D$,标称系统有一个正定递减的李雅普诺夫函数 $V(x)$,满足

$$\frac{\partial V}{\partial t} + \frac{\partial V}{\partial x} f(t, x) \leqslant -W_3(x)$$

其中,$W_3(x)$ 是正定且连续的。V 沿系统(9.1)轨线的导数为

$$\begin{aligned}
\dot{V}(t, x) &= \frac{\partial V}{\partial t} + \frac{\partial V}{\partial x} f(t, x) + \frac{\partial V}{\partial x} g(t, x) \\
&\leqslant -W_3(x) + \left\| \frac{\partial V}{\partial x} g(t, x) \right\|
\end{aligned}$$

现在的任务是要证明,对于所有的 $(t, x) \in [0, \infty) \times D$,有

$$\left\| \frac{\partial V}{\partial x} g(t, x) \right\| < W_3(x)$$

这一任务不能像在指数稳定性情况下的分析那样,通过对 $\|g(t, x)\|$ 施加一个单阶量界完成。$\|g(t, x)\|$ 的增长边界主要取决于标称系统李雅普诺夫函数的性质。如果对于所有 $(t, x) \in [0, \infty) \times D$ 以及正常数 c_3 和 c_4,$V(t, x)$ 是正定且递减的,并满足

$$\frac{\partial V}{\partial t} + \frac{\partial V}{\partial x} f(t, x) \leqslant -c_3 \phi^2(x) \tag{9.8}$$

$$\left\| \frac{\partial V}{\partial x} \right\| \leqslant c_4 \phi(x) \tag{9.9}$$

则这类李雅普诺夫函数的分析与指数稳定情况下的分析一样简单,上式中 $\phi: R^n \to R$ 是正定且连续的。满足式(9.8)和式(9.9)的李雅普诺夫函数通常称为二次型李雅普诺夫函数。显然满足式(9.3)至式(9.5)的李雅普诺夫函数是二次型的,但是即使原点不是指数稳定的,二次型李雅普诺夫函数也可能存在,我们将用一个例子简单说明这一点。如果标称系统(9.2)有一个二次型李雅普诺夫函数 $V(t, x)$,则它沿系统(9.1)轨线的导数满足

$$\dot{V}(t, x) \leqslant -c_3 \phi^2(x) + c_4 \phi(x) \|g(t, x)\|$$

现在假设扰动项满足边界条件

$$\|g(t, x)\| \leqslant \gamma \phi(x), \quad \gamma < \frac{c_3}{c_4}$$

则

$$\dot{V}(t, x) \leqslant -(c_3 - c_4 \gamma) \phi^2(x)$$

这说明 $\dot{V}(t, x)$ 是负定的。

例 9.3 考虑标量系统 $\dot{x} = -x^3 + g(t, x)$

标称系统 $\dot{x} = -x^3$

在原点有一个全局渐近稳定平衡点,但是正如在例 4.23 中所见,原点不是指数稳定的。因此没有满足式(9.3)至式(9.5)的李雅普诺夫函数。李雅普诺夫函数 $V(x) = x^4$ 满足式(9.8)至式(9.9),其中 $\phi(x) = |x|^3, c_3 = 4, c_4 = 4$。假设扰动项 $g(t, x)$ 对于所有 x 满足边界条件 $|g(t, x)| \leqslant \gamma |x|^3$,其中 $\gamma < 1$,则 V 沿扰动系统轨线的导数满足

$$\dot{V}(t, x) \leqslant -4(1 - \gamma) \phi^2(x)$$

因此,原点是扰动系统的全局一致渐近稳定平衡点。   △

与指数稳定性情况相比,重要的是注意到,如果一个标称系统的原点是一致渐近稳定的,但不是指数稳定的,则该系统对于具有如式(9.6)所示的任意小线性增长界的平滑扰动不具备鲁棒性,这一点将在下面的例题中说明(见习题9.7)。

例9.4　考虑上例中的标量系统,扰动为 $g = \gamma x$,其中 $\gamma > 0$,即

$$\dot{x} = -x^3 + \gamma x$$

通过线性化很容易看出,对于任何 $\gamma > 0$,无论 γ 多么小,原点都是非稳定的。　　　△

9.2　非零扰动

下面研究更为一般的情况,即不知道 $g(t,0) = 0$,原点 $x = 0$ 可能不是扰动系统(9.1)的平衡点。此时不能再把原点作为一个平衡点研究其稳定性,也不应该期望在 t 趋于无穷时扰动系统的解趋于原点。如果扰动项 $g(t,x)$ 在某种意义上很小,则最好的结果是 $x(t)$ 毕竟有界,为一个小的边界。我们从标称系统(9.2)的原点是指数稳定的情况开始分析。

引理9.2　设 $x = 0$ 是标称系统(9.2)的一个指数稳定平衡点,$V(t,x)$ 是标称系统在 $[0,\infty) \times D$ 上满足式(9.3)至式(9.5)的一个李雅普诺夫函数,其中 $D = \{x \in R^n \mid \|x\| < r\}$。假设对于所有 $t \geqslant 0$ 和 $x \in D$ 及正常数 $\theta < 1$,扰动项 $g(t,x)$ 满足

$$\|g(t,x)\| \leqslant \delta < \frac{c_3}{c_4}\sqrt{\frac{c_1}{c_2}}\theta r \tag{9.10}$$

则对于所有 $\|x(t_0)\| < \sqrt{c_1/c_2}\,r$,扰动系统(9.1)的解满足

$$\|x(t)\| \leqslant k\exp[-\gamma(t-t_0)]\|x(t_0)\|, \quad \forall\, t_0 \leqslant t < t_0 + T$$

且对于某个有限的 T,有

$$\|x(t)\| \leqslant b, \quad \forall\, t \geqslant t_0 + T$$

其中

$$k = \sqrt{\frac{c_2}{c_1}}, \quad \gamma = \frac{(1-\theta)c_3}{2c_2}, \quad b = \frac{c_4}{c_3}\sqrt{\frac{c_2}{c_1}}\frac{\delta}{\theta} \qquad \diamond$$

证明:用 $V(t,x)$ 作为扰动系统(9.1)的备选李雅普诺夫函数,$V(t,x)$ 沿系统(9.1)轨线的导数满足

$$
\begin{aligned}
\dot{V}(t,x) &\leqslant -c_3\|x\|^2 + \left\|\frac{\partial V}{\partial x}\right\|\,\|g(t,x)\| \\
&\leqslant -c_3\|x\|^2 + c_4\delta\|x\| \\
&= -(1-\theta)c_3\|x\|^2 - \theta c_3\|x\|^2 + c_4\delta\|x\|, \quad 0 < \theta < 1 \\
&\leqslant -(1-\theta)c_3\|x\|^2, \quad \forall\, \|x\| \geqslant \delta c_4/\theta c_3
\end{aligned}
$$

应用定理4.18和习题4.51即可完成证明。　　　□

注意引理9.2中的毕竟边界 b 与扰动 δ 的上界成正比。可再次把这个结果看成在原点具有指数稳定平衡点的标称系统的鲁棒特性,因为它说明任意小(一致有界)的扰动不会导致与原点很大的稳态偏差。

例9.5　考虑二阶系统

$$
\begin{aligned}
\dot{x}_1 &= x_2 \\
\dot{x}_2 &= -4x_1 - 2x_2 + \beta x_2^3 + d(t)
\end{aligned}
$$

其中,$\beta \geqslant 0$ 未知,$d(t)$是一致有界的扰动,对于所有 $t \geqslant 0$,满足 $|d(t)| \leqslant \delta$。除了附加扰动条件 $d(t)$,本例与例 9.2 研究的系统相同。同样,该系统可以看成李雅普诺夫函数为 $V(x) = x^T P x$ 的标称线性系统的扰动,其中

$$P = \begin{bmatrix} \frac{3}{2} & \frac{1}{8} \\ \frac{1}{8} & \frac{5}{16} \end{bmatrix}$$

用 $V(x)$ 作为扰动系统的备选李雅普诺夫函数,但是处理这两个扰动项 βx_2^3 和 $d(t)$ 的方法不同,因为第一项在原点为零,而第二项不为零。计算 $V(x)$ 沿扰动系统轨线的导数,得

$$\dot{V}(t,x) = -\|x\|_2^2 + 2\beta x_2^2 \left(\tfrac{1}{8} x_1 x_2 + \tfrac{5}{16} x_2^2 \right) + 2d(t) \left(\tfrac{1}{8} x_1 + \tfrac{5}{16} x_2 \right)$$

$$\leqslant -\|x\|_2^2 + \tfrac{3}{4} \beta k_2^2 \|x\|_2^2 + \frac{\sqrt{29}\delta}{8} \|x\|_2$$

其中用到不等式
$$|2x_1 + 5x_2| \leqslant \|x\|_2 \sqrt{4 + 25}$$

以及 k_2 为 $|x_2|$ 的上界。假设 $\beta \leqslant 4(1-\zeta)/3k_2^2$,其中 $0 < \zeta < 1$,则

$$\dot{V}(t,x) \leqslant -\zeta \|x\|_2^2 + \frac{\sqrt{29}\delta}{8} \|x\|_2 \leqslant -(1-\theta)\zeta \|x\|_2^2, \ \forall \ \|x\|_2 \geqslant \mu = \frac{\sqrt{29}\delta}{8\zeta\theta}$$

其中,$0 < \theta < 1$。如在例(9.2)中所见,$|x_2|^2$ 在 Ω_c 上有界,为 $96c/29$。因此,如果 $\beta \leqslant 0.4(1-\zeta)c$ 且 δ 很小,使得 $\mu^2 \lambda_{\max}(P) < c$,则 $B_\mu \subset \Omega_c$,且所有始于 Ω_c 内的轨线在所有未来时刻仍保持在 Ω_c 内。而且,定理 4.18 的条件在 Ω_c 内满足,因此扰动系统的解是一致毕竟有界的,为

$$b = \frac{\sqrt{29}\delta}{8\zeta\theta} \sqrt{\frac{\lambda_{\max}(P)}{\lambda_{\min}(P)}}$$

△

对于更一般的情况,即当原点 $x = 0$ 是标称系统(9.2)的一个一致渐近稳定平衡点,而不是指数稳定平衡点时,可以用同样的方法分析扰动系统。

引理 9.3　设 $x = 0$ 是标称系统(9.2)的一个一致渐近稳定平衡点,$V(t,x)$ 是标称系统的一个李雅普诺夫函数,在 $[0, \infty) \times D$ 上满足不等式①

$$\alpha_1(\|x\|) \leqslant V(t,x) \leqslant \alpha_2(\|x\|) \tag{9.11}$$

$$\frac{\partial V}{\partial t} + \frac{\partial V}{\partial x} f(t,x) \leqslant -\alpha_3(\|x\|) \tag{9.12}$$

$$\left\| \frac{\partial V}{\partial x} \right\| \leqslant \alpha_4(\|x\|) \tag{9.13}$$

其中,$D = \{ x \in R^n \mid \|x\| < r \}$,$\alpha_i(\cdot)$ 是 $\mathcal{K}$ 类函数,$i = 1,2,3,4$。假设扰动项 $g(t,x)$ 对于所有 $t \geqslant 0$ 和 $x \in D$ 以及正常数 $\theta < 1$,满足一致有界

$$\|g(t,x)\| \leqslant \delta < \frac{\theta \alpha_3(\alpha_2^{-1}(\alpha_1(r)))}{\alpha_4(r)} \tag{9.14}$$

则对于所有 $\|x(t_0)\| < \alpha_2^{-1}(\alpha_1(r))$,扰动系统(9.1)的解 $x(t)$ 满足

---

① 在某种附加的假设条件下,定理 4.16 保证了存在满足这些不等式(在一个有界定义域上)的李雅普诺夫函数。

$$\|x(t)\| \leqslant \beta(\|x(t_0)\|, t - t_0), \quad \forall\, t_0 \leqslant t < t_0 + T$$

和

$$\|x(t)\| \leqslant \rho(\delta), \quad \forall\, t \geqslant t_0 + T$$

其中, β 是 $\mathcal{KL}$ 类函数, T 是有限的, ρ 是 δ 的 $\mathcal{K}$ 类函数, 定义为

$$\rho(\delta) = \alpha_1^{-1}\left(\alpha_2\left(\alpha_3^{-1}\left(\frac{\delta\alpha_4(r)}{\theta}\right)\right)\right) \qquad \diamond$$

证明: 以 $V(t,x)$ 作为扰动系统(9.1)的备选李雅普诺夫函数, $V(t,x)$ 沿系统(9.1)轨线的导数满足

$$
\begin{aligned}
\dot{V}(t,x) &\leqslant -\alpha_3(\|x\|) + \left\|\frac{\partial V}{\partial x}\right\| \|g(t,x)\| \\
&\leqslant -\alpha_3(\|x\|) + \delta\alpha_4(\|x\|) \\
&\leqslant -(1-\theta)\alpha_3(\|x\|) - \theta\alpha_3(\|x\|) + \delta\alpha_4(r), \quad 0 < \theta < 1 \\
&\leqslant -(1-\theta)\alpha_3(\|x\|), \quad \forall\, \|x\| \geqslant \alpha_3^{-1}\left(\frac{\delta\alpha_4(r)}{\theta}\right)
\end{aligned}
$$

应用定理 4.18 即可完成证明。 $\qquad\square$

该引理类似于在指数稳定性的特例中得到的一个引理, 但在指数稳定情况分析中有一个重要特性, 而在更一般的一致渐近稳定性中没有与之相对应的特性。在指数稳定性情况下, 要求 δ 满足式(9.10), 当 r 趋于无穷时, 式(9.10)的右边趋于无穷。因此, 如果假设条件全局成立, 就可以得出, 对于所有的一致有界干扰, 扰动系统的解是一致有界的。这是因为对于任意 δ, 总可以选择足够大的 r, 以满足式(9.10)。在一致渐近稳定性情况下, 要求 δ 满足式(9.14)。观察式(9.14)表明, 如果没有更多关于 $\mathcal{K}$ 类函数的信息, 则当 r 趋于无穷时, 不能确定式(9.14)右边的极限。因此无法得出这样的结论: 在原点具有一致渐近稳定平衡点的标称系统, 其一致有界扰动将有有界解, 与扰动大小无关。当然, 无法证明的事实并不意味着它就不存在, 但这一论述确实不成立。构造这样的例子是可能的(见习题9.13), 原点是全局一致渐近稳定的, 但有界扰动会使扰动系统的解是无限的。

9.3 比较法

考虑扰动系统(9.1), 设 $V(x)$ 为标称系统(9.2)的一个李雅普诺夫函数, V 沿系统(9.1)轨线的导数满足微分不等式

$$\dot{V} \leqslant h(t, V)$$

由引理 3.4(比较引理)得

$$V(t, x(t)) \leqslant y(t)$$

其中, $y(t)$ 是微分方程

$$\dot{y} = h(t, y), \quad y(t_0) = V(t_0, x(t_0))$$

的解。当微分不等式为线性的时, 即 $h(t, V) = a(t)V + b(t)$ 时, 这种方法是非常有效的, 因为此时可以写出关于 y 的一阶线性微分方程解的闭式表达式。当标称系统(9.2)的原点是指数稳定的时, 就可能得出线性微分不等式。

设 $V(t,x)$ 是标称系统(9.2)的一个李雅普诺夫函数, 对于所有 $(t,x) \in [0, \infty) \times D$, 满足式(9.3)至式(9.5), 其中 $D = \{x \in R^n \mid \|x\| < r\}$。假设扰动项 $g(t,x)$ 满足边界

$$\|g(t,x)\| \leqslant \gamma(t)\|x\| + \delta(t), \quad \forall\, t \geqslant 0, \ \forall\, x \in D \tag{9.15}$$

其中,$\gamma : R \to R$ 对于所有 $t \geqslant 0$ 是非负且连续的,$\delta : R \to R$ 对于所有 $t \geqslant 0$ 是非负、连续且有界的。
V 沿系统(9.1)轨线的导数满足

$$
\begin{aligned}
\dot{V}(t,x) &= \frac{\partial V}{\partial t} + \frac{\partial V}{\partial x} f(t,x) + \frac{\partial V}{\partial x} g(t,x) \\
&\leqslant -c_3 \|x\|^2 + \left\| \frac{\partial V}{\partial x} \right\| \|g(t,x)\| \\
&\leqslant -c_3 \|x\|^2 + c_4 \gamma(t) \|x\|^2 + c_4 \delta(t) \|x\|
\end{aligned}
\tag{9.16}
$$

运用式(9.3),可以得到 $\dot{V}$ 的上界

$$
\dot{V} \leqslant -\left[\frac{c_3}{c_2} - \frac{c_4}{c_1} \gamma(t) \right] V + c_4 \delta(t) \sqrt{\frac{V}{c_1}}
$$

为了得到线性微分不等式,取 $W(t) = \sqrt{V(t,x(t))}$,当 $V \neq 0$ 时,利用 $\dot{W} = \dot{V}/2\sqrt{V}$ 可以得出

$$
\dot{W} \leqslant -\frac{1}{2} \left[\frac{c_3}{c_2} - \frac{c_4}{c_1} \gamma(t) \right] W + \frac{c_4}{2\sqrt{c_1}} \delta(t)
\tag{9.17}
$$

当 $V = 0$ 时,可以证明 $D^+ W(t) \leqslant c_4 \delta(t)/2\sqrt{c_1}$。因此,对于 V 的所有取值,$D^+ W(t)$ 满足式(9.17)(见习题 9.14)。运用比较引理,$W(t)$ 满足不等式

$$
W(t) \leqslant \phi(t,t_0) W(t_0) + \frac{c_4}{2\sqrt{c_1}} \int_{t_0}^{t} \phi(t,\tau) \delta(\tau) \, d\tau
\tag{9.18}
$$

其中,转移函数 $\phi(t,t_0)$ 为

$$
\phi(t,t_0) = \exp\left[-\frac{c_3}{2c_2}(t-t_0) + \frac{c_4}{2c_1} \int_{t_0}^{t} \gamma(\tau) \, d\tau \right]
$$

将式(9.3)代入式(9.18),可得

$$
\|x(t)\| \leqslant \sqrt{\frac{c_2}{c_1}} \phi(t,t_0) \|x(t_0)\| + \frac{c_4}{2c_1} \int_{t_0}^{t} \phi(t,\tau) \delta(\tau) \, d\tau
\tag{9.19}
$$

现在假设对于非负常数 ε 和 η,$\gamma(t)$ 满足条件

$$
\int_{t_0}^{t} \gamma(\tau) \, d\tau \leqslant \varepsilon(t-t_0) + \eta
\tag{9.20}
$$

其中

$$
\varepsilon < \frac{c_1 c_3}{c_2 c_4}
\tag{9.21}
$$

定义常数 α 和 ρ 为
$$
\alpha = \frac{1}{2} \left[\frac{c_3}{c_2} - \varepsilon \frac{c_4}{c_1} \right] > 0, \quad \rho = \exp\left(\frac{c_4 \eta}{2c_1} \right) \geqslant 1
\tag{9.22}
$$

将式(9.20)和式(9.21)代入式(9.19),可得

$$
\|x(t)\| \leqslant \sqrt{\frac{c_2}{c_1}} \rho \|x(t_0)\| e^{-\alpha(t-t_0)} + \frac{c_4 \rho}{2c_1} \int_{t_0}^{t} e^{-\alpha(t-\tau)} \delta(\tau) \, d\tau
\tag{9.23}
$$

必须保证对于所有 $t \geqslant t_0$,$\|x(t)\| < r$,才能使这个边界有效。同时注意到①

$$
\begin{aligned}
\|x(t)\| &\leqslant \sqrt{\frac{c_2}{c_1}} \rho \|x(t_0)\| e^{-\alpha(t-t_0)} + \frac{c_4 \rho}{2\alpha c_1} \left[1 - e^{-\alpha(t-t_0)} \right] \sup_{t \geqslant t_0} \delta(t) \\
&\leqslant \max\left\{ \sqrt{\frac{c_2}{c_1}} \rho \|x(t_0)\|, \; \frac{c_4 \rho}{2\alpha c_1} \sup_{t \geqslant t_0} \delta(t) \right\}
\end{aligned}
$$

---

① 我们利用这样的一个事实:函数 $ae^{-\alpha t} + b(1 - e^{-\alpha t})$ 从初始值 a 单调释放(relaxes monotonically)到终值 b,它的边界由这两个数中的最大值来确定,其中 a,b 和 α 为正数。

如果
$$\|x(t_0)\| < \frac{r}{\rho}\sqrt{\frac{c_1}{c_2}} \tag{9.24}$$

和
$$\sup_{t \geqslant t_0} \delta(t) < \frac{2c_1 \alpha r}{c_4 \rho} \tag{9.25}$$

则条件 $\|x(t)\| < r$ 成立。为了易于参考,将上述结论总结成下面的引理。

引理 9.4 设 $x = 0$ 是标称系统(9.2)的一个指数稳定平衡点,$V(t,x)$ 是标称系统的一个李雅普诺夫函数,在 $[0,\infty) \times D$ 上满足式(9.3)至式(9.5),其中 $D = \{x \in R^n \mid \|x\|_2 < r\}$。假设扰动项 $g(t,x)$ 满足式(9.15),其中 $\gamma(t)$ 满足式(9.20)和式(9.21),如果解 $x(t_0)$ 满足式(9.24),且 $\sup_{t \geqslant t_0}\delta(t)$ 满足式(9.25),则扰动系统(9.1)的解满足式(9.23)。进而,如果所有假设全局成立,则对于任何 $x(t_0)$ 和任何有界 $\delta(t)$,式(9.23)成立。 ◇

上述引理的一个特例是零扰动的情况,即当 $\delta(t) \equiv 0$ 时,可得如下结果:

推论 9.1 设 $x = 0$ 是标称系统(9.2)的一个指数稳定平衡点,$V(t,x)$ 是标称系统的一个李雅普诺夫函数,在 $[0,\infty) \times D$ 上满足式(9.3)至式(9.5)。假设扰动项 $g(t,x)$ 满足
$$\|g(t,x)\| \leqslant \gamma(t)\|x\|$$

其中 $\gamma(t)$ 满足式(9.20)和式(9.21),则原点是扰动系统(9.1)的一个指数稳定平衡点。此外,如果所有假设全局成立,则原点是全局指数稳定的。 ◇

如果 $\gamma(t) \equiv \gamma$,为常数,则推论 9.1 要求 γ 满足边界条件 $\gamma < c_1 c_3 / c_2 c_4$,由于 $(c_1/c_2) \leqslant 1$,这个结果不优于由引理 9.1 提出的边界 $\gamma < c_3/c_4$。事实上,只要 $(c_1/c_2) < 1$,当前的边界比引理 9.1 所需的边界更为保守(也就是更小一些)。当 $\gamma(t)$ 的积分满足条件(9.20)和条件(9.21),甚至 $\sup_{t \geqslant t_0}\gamma(t)$ 不足够小以满足 $\sup_{t \geqslant t_0}\gamma(t) < c_3/c_4$ 时,就可看出推论 9.1 的优势。三种情况将在下面的引理中给出。

引理 9.5

1. 如果
$$\int_0^\infty \gamma(\tau)\, d\tau \leqslant k$$

   则当 $\varepsilon = 0, \eta = k$ 时,式(9.20)成立。

2. 如果
$$\gamma(t) \to 0, \quad 当\ t \to \infty$$

   则对于任何 $\varepsilon > 0$,存在 $\eta = \eta(\varepsilon) > 0$,使式(9.20)成立。

3. 如果存在常数 $\Delta > 0, T \geqslant 0$ 和 $\varepsilon_1 > 0$,使得
$$\frac{1}{\Delta}\int_t^{t+\Delta} \gamma(\tau)\, d\tau \leqslant \varepsilon_1, \quad \forall\, t \geqslant T$$

   则当 $\varepsilon = \varepsilon_1, \eta = \varepsilon_1 \Delta + \int_0^T \gamma(t)dt$ 时,式(9.20)成立。 ◇

证明: 第一种情况是显而易见的。为了证明第二种情况,注意到因为 $\lim_{t \to \infty}\gamma(t) = 0$,故对于任何 $\varepsilon > 0$,存在 $T_1 = T_1(\varepsilon) > 0$,使得对于所有 $t \geqslant T_1$,有 $\gamma(t) < \varepsilon$。设 $\eta = \int_0^{T_1}\gamma(t)dt$,如果 $t_0 \geqslant T_1$,则有
$$\int_{t_0}^t \gamma(\tau)\, d\tau \leqslant \int_{t_0}^t \varepsilon\, d\tau = \varepsilon(t - t_0)$$

如果 $t \leqslant T_1$，则有

$$\int_{t_0}^{t} \gamma(\tau)\, d\tau \leqslant \int_{0}^{T_1} \gamma(\tau)\, d\tau = \eta$$

如果 $t_0 \leqslant T_1 \leqslant t$，则有

$$\begin{aligned}
\int_{t_0}^{t} \gamma(\tau)\, d\tau &= \int_{t_0}^{T_1} \gamma(\tau)\, d\tau + \int_{T_1}^{t} \gamma(\tau)\, d\tau \\
&\leqslant \int_{0}^{T_1} \gamma(\tau)\, d\tau + \varepsilon(t - T_1) \leqslant \eta + \varepsilon(t - t_0)
\end{aligned}$$

在最后一种情况下，如果 $t \leqslant T$，则有

$$\int_{t_0}^{t} \gamma(\tau)\, d\tau \leqslant \int_{0}^{T} \gamma(\tau)\, d\tau < \eta$$

当 $t \geqslant t_1 \geqslant T$ 时，对于 $(N-1)\Delta \leqslant t - t_1 \leqslant N\Delta$，设 N 是整数，则有

$$\begin{aligned}
\int_{t_1}^{t} \gamma(\tau)\, d\tau &= \sum_{i=0}^{i=N-2} \int_{t_1+i\Delta}^{t_1+(i+1)\Delta} \gamma(\tau)\, d\tau + \int_{t_1+(N-1)\Delta}^{t} \gamma(\tau)\, d\tau \\
&\leqslant \sum_{i=0}^{i=N-2} \varepsilon_1 \Delta + \varepsilon_1 \Delta \leqslant \varepsilon_1(t - t_1) + \varepsilon_1 \Delta
\end{aligned}$$

对于该不等式，当 $t \geqslant t_0 \geqslant T$ 时，取 $t_1 = t_0$，而当 $t_0 \leqslant T \leqslant t$ 时，取 $t_1 = T$。如果 $t \geqslant t_0 \geqslant T$，则有

$$\int_{t_0}^{t} \gamma(\tau)\, d\tau \leqslant \varepsilon_1(t - t_0) + \varepsilon_1 \Delta < \varepsilon_1(t - t_0) + \eta$$

如果 $t_0 \leqslant T \leqslant t$，则有

$$\begin{aligned}
\int_{t_0}^{t} \gamma(\tau)\, d\tau &= \int_{t_0}^{T} \gamma(\tau)\, d\tau + \int_{T}^{t} \gamma(\tau)\, d\tau \\
&\leqslant \int_{0}^{T} \gamma(\tau)\, d\tau + \varepsilon_1(t - T) + \varepsilon_1 \Delta \leqslant \varepsilon_1(t - t_0) + \eta
\end{aligned}$$

在上述引理的第一种情况下，当 $\varepsilon = 0$ 时，条件(9.20)成立。而在第二种情况下，当 ε 为任意小时，式(9.20)成立。因此在这两种情况下，条件(9.21)总是成立的，且扰动系统(9.2)的原点是指数稳定的。引理的第三种情况是，当 t 变得足够大时，为 $\gamma(t)$ 的移动平均设定了一个边界。如果该边界足够小，则扰动系统(9.2)的原点将是指数稳定的。$\qquad \square$

例 9.6 考虑线性系统 $\qquad\qquad \dot{x} = [A(t) + B(t)]x$

其中 $A(t)$ 和 $B(t)$ 是连续的，且 $A(t)$ 在 $[0, \infty)$ 上有界。假设原点是标称系统

$$\dot{x} = A(t)x$$

的一个指数稳定平衡点，且当 t 趋于无穷时 $B(t)$ 趋于零。由定理 4.12 可知，存在一个二次李雅普诺夫函数 $V(t, x) = x^{\mathrm{T}} P(t) x$，全局满足式(9.3)至式(9.5)。扰动项 $B(t)x$ 满足不等式

$$\|B(t)x\| \leqslant \|B(t)\|\, \|x\|$$

由于当 t 趋于无穷时，$\|B(t)\|$ 趋于零，由推论 9.1 和引理 9.5 的第二种情况可知，原点是扰动系统的全局指数稳定平衡点。$\qquad \triangle$

当 $\int_0^{\infty} \|B(t)\|\, dt < \infty$（见习题 9.15）和 $\int_0^{\infty} \|B(t)\|^2\, dt < \infty$（见习题 9.16）时，可得出与上例相似的结论。

在非零扰动的情况下,也就是当 $\delta(t) \not\equiv 0$ 时,下面的引理给出当 t 趋于无穷时关于 $x(t)$ 的渐近特性的几个结论。

引理 9.6　假设满足引理 9.4 的条件,用 $x(t)$ 表示扰动系统(9.1)的解。

1. 如果对于某一正常数 β,有

$$\int_{t_0}^{t} e^{-\alpha(t-\tau)}\delta(\tau)\, d\tau \leqslant \beta, \quad \forall\, t \geqslant t_0$$

则 $x(t)$ 是一致毕竟有界的,其最终边界为

$$b = \frac{c_4 \rho \beta}{2 c_1 \theta}$$

其中 $\theta \in (0,1)$ 是任意常数。

2. 如果

$$\lim_{t \to \infty} \delta(t) = \delta_\infty > 0$$

则 $x(t)$ 是一致毕竟有界的,其最终边界为

$$b = \frac{c_4 \rho \delta_\infty}{2 \alpha c_1 \theta}$$

其中 $\theta \in (0,1)$ 是任意常数。

3. 如果 $\lim\limits_{t \to \infty}\delta(t) = 0$,则 $\lim\limits_{t \to \infty}x(t) = 0$。

如果引理 9.4 的条件全局满足,则前述各点对于任意初始状态 $x(t_0)$ 都成立。　　　◇

证明:所有三种情况很容易由不等式(9.23)得出。在前两种情况下,运用性质:如果 $u(t) = w(t) + a, a > 0$ 和 $\lim\limits_{t \to \infty} w(t) = 0$,则 $u(t)$ 是毕竟有界的,其最终边界为 $a/\theta, \theta < 1$ 为任意正数。这就是因为存在一个有限时间 T,使得当所有 $t > T$ 时,$|w(t)| \leqslant a(1-\theta)/\theta$。在后两种情况下,运用如下性质:如果 $u(t) = \int_{t_0}^{t} \exp(-\alpha(t-\tau))w(\tau)d\tau$,其中 $w(t)$ 有界,且 $\lim\limits_{t \to \infty} w(t) = w_\infty$,则 $\lim\limits_{t \to \infty} u(t) = w_\infty/\alpha$。[①]　　　□

9.4　无限区间上解的连续性

在 3.2 节中讨论了状态方程的解对初始状态和参数的连续依赖性,特别是定理 3.4,在感兴趣的区域和在 $\| g(t,x) \| \leqslant \delta$ 条件下研究了标称系统

$$\dot{x} = f(t,x) \tag{9.26}$$

和扰动系统
$$\dot{x} = f(t,x) + g(t,x) \tag{9.27}$$

用 Gronwall-Bellman 不等式可以发现,如果 $y(t)$ 和 $z(t)$ 分别是标称系统和扰动系统具有明确定义的解,则

$$\|y(t) - z(t)\| \leqslant \|y(t_0) - z(t_0)\| \exp[L(t-t_0)] + \frac{\delta}{L}\{\exp[L(t-t_0)] - 1\} \tag{9.28}$$

其中,L 是 f 的利普希茨常数。该边界仅在紧时间区间上成立,因为当 t 趋于无穷时,指数项 $\exp[L(t-t_0)]$ 趋于无界。事实上,这个边界仅在一个时间区间 $[t_0, t_1]$ 上有效,这里 t_1 要小得合理,因为对于 t_1 很大的情况,边界将太大以至于没有任何作用。这并不奇怪,因为在 3.2 节

---

① 参见文献[33]的定理 3.3.2.33。

中并没有对系统施加任何稳定性条件。在这一节中,要运用引理9.4计算方程(9.26)和方程(9.27)的两个解之间误差的边界,对于所有 $t \geq t_0$,该误差边界对于 t 都是一致成立的。

定理9.1 设 $D \subset R^n$ 是包含原点的定义域,并假设

- 对于所有 $(t,x) \in [0, \infty) \times D_0$ 及每个紧集 $D_0 \subset D$,$f(t,x)$ 及其对 x 的一阶偏导数对于 x 是连续、有界且利普希茨的,对于 t 是一致的;
- $g(t,x)$ 对于 t 分段连续,对于 x 是局部利普希茨的,且有

$$\|g(t,x)\| \leq \delta, \quad \forall (t,x) \in [0, \infty) \times D \tag{9.29}$$

- 原点 $x = 0$ 是标称系统(9.26)的一个指数稳定平衡点;
- 对于标称系统(9.26),存在一个李雅普诺夫函数 $V(t,x)$,对于 $(t,x) \in [0, \infty) \times D$ 满足定理4.9的条件,且 $\{W_1(x) \leq c\}$ 是 D 的一个紧子集。

设 $y(t)$ 和 $z(t)$ 分别表示标称系统(9.26)和扰动系统(9.27)的解,则对于每个紧集 $\Omega \subset \{W_2(x) \leq \rho c, 0 < \rho < 1\}$,存在与 δ 无关的正常数 β, γ, η, μ 和 k,使得如果 $y(t_0) \in \Omega, \delta < \eta$ 和 $\|z(t_0) - y(t_0)\| < \mu$,则对于所有 $t \geq t_0 \geq 0$,解 $y(t)$ 和 $z(t)$ 是一致有界的,且

$$\|z(t) - y(t)\| \leq k e^{-\gamma(t-t_0)} \|z(t_0) - y(t_0)\| + \beta \delta \tag{9.30}$$

$\diamond$

当原点指数稳定时,要求李雅普诺夫函数 V 满足一致渐近稳定性的条件,而不是(更为严格的)指数稳定条件,这就给出了不太保守的集合 Ω 的估计值。当标称系统(9.26)是自治系统时,函数 V 由逆李雅普诺夫定理4.17确定,且集合 Ω 可以是吸引区的任意紧子集。指数稳定性只局部用于当误差 $z(t) - y(t)$ 充分小的情况。

证明: V 沿扰动系统(9.27)轨线的导数,对于所有 $x \in \{W_1(x) \leq c\}$ 满足

$$\dot{V} = \frac{\partial V}{\partial t} + \frac{\partial V}{\partial x} f(t,x) + \frac{\partial V}{\partial x} g(t,x) \leq -W_3(x) + k_1 \delta$$

其中 k_1 是 $\partial V / \partial x$ 在 $\{W_1(x) \leq c\}$ 上的上界。设 $k_2 > 0$ 是在紧集 $\Lambda = \{W_1(x) \leq c$ 和 $W_2(x) < c\}$ 上 $W_3(x)$ 的极小值。则

$$\dot{V} \leq -\frac{1}{2} W_3(x) - \frac{1}{2} k_2 + k_1 \delta \leq -\frac{1}{2} W_3(x), \quad \forall x \in \Lambda, \ \forall \delta \leq \frac{k_2}{2k_1}$$

这说明在 $V(t,x) = c$ 上 $\dot{V}$ 是负的;这样集合 $\{V(t,x) \leq c\}$ 是正不变集。因此,对于所有 $z(t_0) \in \{W_2(x) \leq c\}$,系统(9.27)的解 $z(t)$ 是一致有界的。由于 Ω 是在 $\{W_2(x) \leq c\}$ 内部的,所以只要 $y(t_0) \in \Omega$ 且 $\|z(t_0) - y(t_0)\| \leq \mu_1$,就存在 $\mu_1 > 0$,使得 $z(t_0) \in \{W_2(x) \leq c\}$。同样,对于 $y(t_0) \in \Omega, y(t)$ 一致有界,且当 t 趋于无穷时,$y(t)$ 趋于零,$y(t)$ 在 t_0 上一致。误差 $e(t) = z(t) - y(t)$ 满足方程

$$\dot{e} = \dot{z} - \dot{y} = f(t,z) + g(t,z) - f(t,y) = f(t,e) + \Delta(t,e) + g(t,z) \tag{9.31}$$

其中

$$\Delta(t,e) = f(t, y(t) + e) - f(t, y(t)) - f(t,e)$$

下面,在球 $\{\|e\| \leq r\} \subset D$ 上分析误差方程(9.31)。方程(9.31)可以看成系统

$$\dot{e} = f(t,e)$$

的扰动,其原点是指数稳定的。由定理4.14可知,存在一个李雅普诺夫函数 $V(t,e)$,当 $\|e\| < r_0 < r$ 时满足式(9.3)至式(9.5)。根据均值定理,误差项 Δ_i 可以写为

$$\Delta_i(t,e) = \left[\frac{\partial f_i}{\partial x}(t, \lambda_1 e + y) - \frac{\partial f_i}{\partial x}(t, \lambda_2 e)\right] e$$

其中 $0 < \lambda_i < 1$。由于雅可比矩阵 $[\partial f/\partial x]$ 对于 x 是利普希茨的,对于 t 一致,故扰动项 $(\Delta + g)$ 满足

$$\|\Delta(t,e) + g(t,z)\| \leqslant L_1\|e\|^2 + L_2\|e\| \|y(t)\| + \delta$$

其中,当 t 趋于无穷时,$y(t)$ 趋于零,且 $y(t)$ 对于 t_0 一致。因而对于所有 $\|e\| \leqslant r_1 < r_0$,有

$$\|\Delta(t,e) + g(t,z)\| \leqslant \{L_1 r_1 + L_2\|y(t)\|\} \|e\| + \delta$$

该不等式当 $\gamma(t) = \{L_1 r_1 + L_2\|y(t)\|\}$ 和 $\delta(t) \equiv \delta$ 时,取式(9.15)的形式。给定任意 $\varepsilon_1 > 0$,存在 $T_1 > 0$,使得对于所有 $t \geqslant t_0 + T_1$,有 $\|y(t)\| \leqslant \varepsilon_1$。因此式满足(9.20),即

$$\int_{t_0}^t \gamma(\tau) \, d\tau \leqslant (\varepsilon_1 + L_1 r_1)(t - t_0) + T_1 \max_{t \geqslant t_0} L_2\|y(t)\|$$

取 ε_1 和 r_1 足够小,即可满足式(9.21)。因此,引理 9.4 的所有假设成立,式(9.30)由式(9.23)得出。　　　　　　　　　　　　　　　　　　　　　　　　　　　□

9.5　互联系统

在分析非线性动力学系统的稳定性时,分析的复杂性随着系统阶数的增加而迅速增加,这就促使我们寻找能简化分析的方法。如果能按照低阶子系统的互联建立系统模型,则可分两步进行稳定性分析。第一步是将系统分解成更小的孤立子系统,并分析每个子系统的稳定性,而不考虑它们之间的连接;第二步,合并第一步得到的结果,得出互联系统的稳定性。在这一节中将说明如何通过寻找互联系统的李雅普诺夫函数来实现上述构想。

考虑互联系统 $\qquad \dot{x}_i = f_i(t, x_i) + g_i(t, x), \quad i = 1, 2, \cdots, m \qquad$ (9.32)

其中,$x_i \in R^{n_i}$,$n_1 + \cdots + n_m = n$,$x = [x_1^{\mathrm{T}}, \cdots, x_m^{\mathrm{T}}]^{\mathrm{T}}$。假设 f_i 和 g_i 足够光滑,保证在所感兴趣的定义域内对于所有初始条件解是局部存在的和唯一的,且有

$$f_i(t, 0) = 0, \quad g_i(t, 0) = 0, \quad \forall i$$

使原点 $x = 0$ 是系统的一个平衡点。忽略互联项 g_i,系统分解成 m 个孤立子系统:

$$\dot{x}_i = f_i(t, x_i) \qquad (9.33)$$

其中,每个子系统都在其原点 $x_i = 0$ 有一个平衡点。首先对于每个孤立子系统,寻找建立使其原点一致渐近稳定的李雅普诺夫函数。假设对于每个孤立子系统,我们能成功地找到一个正定递减的李雅普诺夫函数 $V_i(t, x_i)$,沿其孤立子系统(9.33)轨线的导数是负定的,则函数

$$V(t, x) = \sum_{i=1}^m d_i V_i(t, x_i), \quad d_i > 0$$

对正常数 d_i 所有取值是 m 个孤立子系统的复合李雅普诺夫函数。如果把互联系统(9.32)看成孤立子系统(9.33)的一个扰动,就有理由把 $V(t, x)$ 看成系统(9.32)的一个备选李雅普诺夫函数。$V(t, x)$ 沿系统(9.32)轨线的导数由下式给出:

$$\dot{V}(t, x) = \sum_{i=1}^m d_i \left[\frac{\partial V_i}{\partial t} + \frac{\partial V_i}{\partial x_i} f_i(t, x_i)\right] + \sum_{i=1}^m d_i \frac{\partial V_i}{\partial x_i} g_i(t, x)$$

由于 V_i 是第 i 个孤立子系统的李雅普诺夫函数，所以方程右边的第一项是负定的，但一般来说第二项是不定的，这种情况与 9.1 节中研究的扰动系统相似。因此，可以对这个问题进行最坏情况分析，这里 $[\partial V_i / \partial x_i] g_i$ 有界，为一个非负上界。现在用 9.1 节介绍的二次型李雅普诺夫函数说明这一思想。假设对于 $i = 1, 2, \cdots, m$，$V_i(t, x_i)$ 对于所有 $t \geq 0$ 和 $\| x \| < r$，满足

$$\frac{\partial V_i}{\partial t} + \frac{\partial V_i}{\partial x_i} f_i(t, x_i) \leq -\alpha_i \phi_i^2(x_i) \tag{9.34}$$

$$\left\| \frac{\partial V_i}{\partial x_i} \right\| \leq \beta_i \phi_i(x_i) \tag{9.35}$$

其中，α_i 和 β_i 为正常数，$\phi_i : R^{n_i} \to R$ 是正定且连续的。进一步假设对于所有 $t \geq 0$ 和 $\| x \| < r$，互联项 $g_i(t, x)$ 满足边界

$$\| g_i(t, x) \| \leq \sum_{j=1}^{m} \gamma_{ij} \phi_j(x_j) \tag{9.36}$$

γ_{ij} 为非负常数。这样，$V(t, x) = \sum_{i=1}^{m} d_i V_i(t, x_i)$ 沿互联系统（9.32）轨线的导数满足不等式

$$\dot{V}(t, x) \leq \sum_{i=1}^{m} d_i \left[-\alpha_i \phi_i^2(x_i) + \sum_{j=1}^{m} \beta_i \gamma_{ij} \phi_i(x_i) \phi_j(x_j) \right]$$

不等式右边是关于 $\phi_1, \cdots, \phi_m$ 的二次型，重写为

$$\dot{V}(t, x) \leq -\frac{1}{2} \phi^T (DS + S^T D) \phi$$

其中 $\qquad\qquad \phi = [\phi_1, \cdots, \phi_m]^T, \qquad D = \mathrm{diag}(d_1, \cdots, d_m)$

S 是 $m \times m$ 的矩阵，其元素定义为

$$s_{ij} = \begin{cases} \alpha_i - \beta_i \gamma_{ii}, & i = j \\ -\beta_i \gamma_{ij}, & i \neq j \end{cases} \tag{9.37}$$

如果存在一个正对角矩阵 D，使得 $\qquad DS + S^T D > 0$

则 $\dot{V}(t, x)$ 是负定的，因为当且仅当 $x = 0$ 时，$\phi(x) = 0$。回顾一下，$\phi_i(x_i)$ 是 x_i 的一个正定函数。这样，原点作为互联系统的平衡点，其一致渐近稳定的充分条件是存在一个正对角矩阵 D，使得 $DS + S^T D$ 是正定的。矩阵 S 的特殊之处在于其非对角元素是非正的，下一个引理适用于这类矩阵。

引理 9.7   如果存在一个正对角矩阵 D，使得 $DS + S^T D$ 为正定的，则当且仅当 S 是一个 M 矩阵，即 S 的前主子式为正：

$$det \begin{bmatrix} s_{11} & s_{12} & \cdots & s_{1k} \\ s_{21} & & & \\ \vdots & & & \\ s_{k1} & \cdots & \cdots & s_{kk} \end{bmatrix} > 0, \quad k = 1, 2, \cdots, m \qquad \diamond$$

证明：见文献 [57]。 $\square$

M 矩阵条件可解释为：要求 S 的对角元素"作为整体大于"非对角元素。可以看出（见习题 9.22），具有非对角元素的非正对角占优矩阵（diagonally dominant matrices）是 M 矩阵。S 的

对角元素在常数 α_i 给出李雅普诺夫函数关于 $\phi_i^2(x_i)$ 递减率下界的意义下,是孤立子系统稳定度的测度。S 的非对角元素在其给出 $g_i(t,x)$ 关于 $\phi_j(x_j)$ 上界的意义下,表示互联强度 $j=1,\cdots,m$。因此,M 矩阵条件即为:如果孤立子系统作为整体来讲的稳定度比互联强度大,则互联系统在原点处有一个一致渐近稳定平衡点。下面的定理总结了这一结论。

定理9.2 考虑系统(9.32),假设对于所有 $t\geqslant0$ 和 $\|x\|<r$,存在正定递减李雅普诺夫函数 $V_i(t,x_i)$,满足式(9.34)和式(9.35),$g_i(t,x)$ 满足式(9.36),且由式(9.37)定义的矩阵 S 是一个 M 矩阵,则原点是一致渐近稳定的。此外,如果所有的假设全局成立,且 $V_i(t,x_i)$ 径向无界,则原点是全局一致渐近稳定的。 ◇

例9.7 考虑二阶系统
$$\begin{aligned}\dot{x}_1 &= -x_1 - 1.5x_1^2x_2^3\\ \dot{x}_2 &= -x_2^3 + 0.5x_1^2x_2^2\end{aligned}$$

此系统可以表示为式(9.32)的形式,其中
$$f_1(x_1) = -x_1, \quad g_1(x) = -1.5x_1^2x_2^3, \quad f_2(x_2) = -x_2^3, \quad g_2(x) = 0.5x_1^2x_2^2$$

第一个孤立子系统 $\dot{x}_1 = -x_1$ 有一个李雅普诺夫函数 $V_1(x_1) = x_1^2/2$,满足
$$\frac{\partial V_1}{\partial x_1}f_1(x_1) = -x_1^2 = -\alpha_1\phi_1^2(x_1)$$

其中,$\alpha_1 = 1$,$\phi_1(x_1) = |x_1|$。第二个孤立子系统 $\dot{x}_2 = -x_2^3$ 的李雅普诺夫函数为 $V_2(x_2) = x_2^4/4$,满足
$$\frac{\partial V_2}{\partial x_2}f_2(x_2) = -x_2^6 = -\alpha_2\phi_2^2(x_2)$$

其中,$\alpha_2 = 1$,$\phi_2(x_2) = |x_2|^3$。当 $\beta_1 = \beta_2 = 1$ 时,该李雅普诺夫函数满足式(9.35)。互联项 $g_1(x)$ 对于所有 $|x_1|\leqslant c_1$,满足不等式
$$|g_1(x)| = 1.5x_1^2|x_2|^3 \leqslant 1.5c_1^2\phi_2(x_2)$$

互联项 $g_2(x)$ 对于所有 $|x_1|\leqslant c_1$ 和 $|x_2|\leqslant c_2$,满足不等式
$$|g_2(x)| = 0.5x_1^2x_2^2 \leqslant 0.5c_1c_2^2\phi_1(x_1)$$

因此,如果把研究限定在集合
$$G = \{x \in R^2 \mid |x_1|\leqslant c_1, \ |x_2|\leqslant c_2\}$$

内,就可以得出当 $\gamma_{11} = 0$,$\gamma_{12} = 1.5c_1^2$,$\gamma_{12} = 0.5c_1c_2^2$ 和 $\gamma_{22} = 0$ 时,互联项满足式(9.36)。如果 $0.75c_1^3c_2^2 < 1$,则矩阵
$$S = \begin{bmatrix} 1 & -1.5c_1^2 \\ -0.5c_1c_2^2 & 1 \end{bmatrix}$$

是一个 M 矩阵。例如,当 $c_1 = c_2 = 1$ 时就是这种情况,因此原点是渐近稳定的。如果想估计吸引区,就需要知道复合李雅普诺夫函数 $V = d_1V_1 + d_2V_2$,也就是需要知道一个正对角矩阵 D,使得 $DS + S^{\mathrm{T}}D > 0$。取 $c_1 = c_2 = 1$,有
$$DS + S^{\mathrm{T}}D = \begin{bmatrix} 2d_1 & -1.5d_1 - 0.5d_2 \\ -1.5d_1 - 0.5d_2 & 2d_2 \end{bmatrix}$$

当 $1 < d_2/d_1 < 9$ 时,该矩阵是正定的。由于用一个正常数乘以李雅普诺夫函数仍不失一般性,故取 $d_1 = 1$,可得到复合李雅普诺夫函数

$$V(x) = \tfrac{1}{2}x_1^2 + \tfrac{1}{4}d_2 x_2^4, \quad 1 < d_2 < 9$$

估计的吸引区为

$$\Omega_c = \{x \in R^2 \mid V(x) \leqslant c\}$$

其中 $c \leqslant \min\{1/2, d_2/4\}$,以保证 Ω_c 在矩形 $|x_i| \leqslant 1$ 内。注意,曲面 $V(x) = c$ 与 x_1 轴和 x_2 轴分别相交于点 $\sqrt{2c}$ 和 $(4c/d_2)^{1/4}$,选择 $d_2 = 2, c = 0.5$,以使这些距离最大。　　　　△

例 9.8　1.2.5 节给出了人工神经网络的数学模型,并在例 4.11 中用 LaSalle 不变原理对其稳定性进行了分析。在例 4.11 中的一个重要假设是对称性要求 $T_{ij} = T_{ji}$,这样就可以把状态方程的右边表示为标量函数的梯度。现在放宽这个要求,即允许 $T_{ij} \neq T_{ji}$。把网络看成子系统的互联来分析其稳定性能,每个子系统对应一个神经元。我们发现,研究放大器输入电压 u_i 便于分析,运动方程为

$$C_i \dot{u}_i = \sum_j T_{ij} g_j(u_j) - \frac{1}{R_i} u_i + I_i$$

其中,$i = 1, 2, \cdots, n$,$g_i(\cdot)$ 是 S 形函数,I_i 是直流电流输入,$R_i > 0, C_i > 0$。假设系统有有限个孤立平衡点,每个平衡点 u^* 满足方程

$$0 = \sum_j T_{ij} g_j(u_j^*) - \frac{1}{R_i} u_i^* + I_i$$

为了分析给定平衡点 u^* 的稳定性性质,将其平移到原点。设 $x_i = u_i - u_i^*$,则有

$$\begin{aligned}
\dot{x}_i &= \frac{1}{C_i}\dot{u}_i = \frac{1}{C_i}\left[\sum_j T_{ij} g_j(x_j + u_j^*) - \frac{1}{R_i}(x_i + u_i^*) + I_i\right] \\
&= \frac{1}{C_i}\left[\sum_j T_{ij} \eta_j(x_j) - \frac{1}{R_i}x_i\right]
\end{aligned}$$

其中

$$\eta_i(x_i) = g_i(x_i + u_i^*) - g_i(u_i^*)$$

假设 $\eta_i(\cdot)$ 满足扇形区域条件

$$\sigma^2 k_{i1} \leqslant \sigma \eta_i(\sigma) \leqslant \sigma^2 k_{i2}, \quad \sigma \in [-r_i, r_i]$$

其中,k_{i1} 和 k_{i2} 是正常数。图 9.1 表明,当 $g_i(u_i) = (2V_M/\pi)\arctan(\lambda \pi u_i/2V_M), \lambda > 0$ 时,该条件确实成立。以式(9.32)的形式重写该系统,其中

$$f_i(x_i) = -\frac{1}{C_i R_i}x_i + \frac{1}{C_i}T_{ii}\eta_i(x_i), \qquad g_i(x) = \frac{1}{C_i}\sum_{j \neq i}T_{ij}\eta_j(x_j)$$

用

$$V_i(x_i) = \tfrac{1}{2}C_i x_i^2$$

作为第 i 个孤立子系统的备选李雅普诺夫函数,可得

$$\frac{\partial V_i}{\partial x_i}f_i(x_i) = -\frac{1}{R_i}x_i^2 + T_{ii}x_i\eta_i(x_i)$$

如果 $T_{ii} \leqslant 0$,则有

$$T_{ii}x_i\eta_i(x_i) \leqslant -|T_{ii}|k_{i1}x_i^2$$

且

$$\frac{\partial V_i}{\partial x_i}f_i(x_i) \leqslant -\left(\frac{1}{R_i} + |T_{ii}|k_{i1}\right)x_i^2$$

它是负定的。如果 $T_{ii} > 0$，则有 $\quad T_{ii} x_i \eta_i(x_i) \leqslant T_{ii} k_{i2} x_i^2$

且
$$\frac{\partial V_i}{\partial x_i} f_i(x_i) \leqslant -\left(\frac{1}{R_i} - T_{ii} k_{i2}\right) x_i^2$$

在这种情况下，假设 $T_{ii} k_{i2} < 1/R_i$，使 V_i 的导数负定。为了简化表示，设
$$\delta_i = \begin{cases} |T_{ii}| k_{i1}, & T_{ii} \leqslant 0 \\ -T_{ii} k_{i2}, & T_{ii} > 0 \end{cases}$$

则 $V_i(x_i)$ 在区间 $[-r_i, r_i]$ 上满足式(9.34)和式(9.35)，其中
$$\alpha_i = \left(\frac{1}{R_i} + \delta_i\right), \quad \beta_i = C_i, \quad \phi_i(x_i) = |x_i|$$

这里假设 α_i 是正的。互联项 $g_i(x)$ 满足不等式
$$|g_i(x)| \leqslant \frac{1}{C_i} \sum_{j \neq i} |T_{ij}| |\eta_j(x_j)| \leqslant \frac{1}{C_i} \sum_{j \neq i} |T_{ij}| k_{j2} |x_j|$$

这样，$g_i(x)$ 满足式(9.36)，其中 $\gamma_{ii} = 0$，当 $i \neq j$ 时，$\gamma_{ij} = k_{j2} |T_{ij}|/C_i$。现在可以由
$$s_{ij} = \begin{cases} \delta_i + 1/R_i, & i = j \\ -|T_{ij}| k_{j2}, & i \neq j \end{cases}$$

构成矩阵 S。如果 S 是一个 M 矩阵，则平衡点 u^* 是渐近稳定的。可以用集合
$$\Omega_c = \left\{ x \in R^n \;\middle|\; \sum_{i=1}^{n} d_i V_i(x_i) \leqslant c \right\}$$

估计吸引区，其中 $c \leqslant 0.5 \min_i \{d_i C_i r_i^2\}$，以保证 Ω_c 在集合 $|x_i| \leqslant r_i$ 内。对每个渐近稳定平衡点重复应用这一分析，本例中所得到的结论比用 LaSalle 不变原理得到的结论更保守。首先，互联系数 T_{ij} 必须严格满足 M 矩阵条件；其次，这里仅仅得到了孤立平衡点吸引区的局部估计，合并这些估计区域并没有覆盖所有感兴趣的区域。但另一方面不必假设 $T_{ij} = T_{ji}$。 $\triangle$

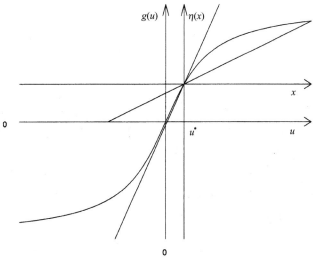

图 9.1 例 9.8 的扇形非线性 $\eta_i(x_i)$

9.6　慢变系统

在系统

$$\dot{x} = f(x, u(t)) \qquad (9.38)$$

中, $x \in R^n$, 且对于所有 $t \geqslant 0$, $u(t) \in \Gamma \subset R^m$, 如果 $u(t)$ 连续可微, 且 $\parallel \dot{u}(t) \parallel$ "足够"小, 则认为该系统是慢变系统。$u(t)$ 的各分量可能是输入变量或时变参数。在分析系统(9.38)时, 通常把 u 看成"冻结"参数, 并假设对于每个固定的 $u = \alpha \in \Gamma$, 冻结系统有一个由 $x = h(\alpha)$ 定义的孤立平衡点。如果 $x = h(\alpha)$ 的性质是对 α 一致, 则有理由希望慢变系统(9.38)具有相似的性质。这类系统的根本特征是由初始条件变化引起的运动比由输入或时变参数引起的运动快得多。本节将说明如何用李雅普诺夫稳定性分析慢变系统。

假设 $f(x, u)$ 在 $R^n \times \Gamma$ 是局部利普希茨的, 且对于每个 $u \in \Gamma$, 方程

$$0 = f(x, u)$$

有一个连续可微的孤立解 $x = h(u)$, 即

$$0 = f(h(u), u)$$

进一步假设

$$\left\| \frac{\partial h}{\partial u} \right\| \leqslant L, \quad \forall\, u \in \Gamma \qquad (9.39)$$

为了分析冻结平衡点 $x = h(\alpha)$ 的稳定特性, 通过变量代换 $z = x - h(\alpha)$, 将其平移到原点, 以得到方程

$$\dot{z} = f(z + h(\alpha), \alpha) \overset{\text{def}}{=} g(z, \alpha) \qquad (9.40)$$

现在寻找一个李雅普诺夫函数, 证明 $z = 0$ 是渐近稳定的。由于 $g(z, \alpha)$ 取决于参数 α, 一般来讲, 该系统的李雅普诺夫函数也可能与 α 有关。假设可以找到一个李雅普诺夫函数 $V(z, \alpha)$, 对于所有 $z \in D = \{z \in R^n \mid \parallel z \parallel < r\}$ 和 $\alpha \in \Gamma$, 满足条件

$$c_1 \|z\|^2 \leqslant V(z, \alpha) \leqslant c_2 \|z\|^2 \qquad (9.41)$$

$$\frac{\partial V}{\partial z} g(z, \alpha) \leqslant -c_3 \|z\|^2 \qquad (9.42)$$

$$\left\| \frac{\partial V}{\partial z} \right\| \leqslant c_4 \|z\| \qquad (9.43)$$

$$\left\| \frac{\partial V}{\partial \alpha} \right\| \leqslant c_5 \|z\|^2 \qquad (9.44)$$

其中 $c_i, i = 1, 2, \cdots, 5$ 是独立于 α 的正常数。不等式(9.41)和不等式(9.42)指出了对 V 的一般要求, 即 V 是正定递减的, 且沿系统(9.40)轨线的导数是负定的。这些不等式进一步证明原点 $z = 0$ 是指数稳定的。这里的特殊要求是这些不等式对 α 一致成立。不等式(9.43)和不等式(9.44)要处理方程(9.40)的扰动, 这是因为 $u(t)$ 不是常数, 而是时变函数。以 $V(z, u)$ 作为备选李雅普诺夫函数, 继续分析系统(9.38)。进行变量代换 $z = x - h(u)$, 系统(9.38)转换为

$$\dot{z} = g(z, u) - \frac{\partial h}{\partial u} \dot{u} \qquad (9.45)$$

其中, u 的时变效应以冻结系统(9.40)的扰动形式出现。$V(z, u)$ 沿系统(9.45)轨线的导数为

$$\begin{aligned}
\dot{V} &= \frac{\partial V}{\partial z}\dot{z} + \frac{\partial V}{\partial u}\dot{u}(t) \\
&= \frac{\partial V}{\partial z}g(z,u) + \left[\frac{\partial V}{\partial u} - \cdot\frac{\partial V}{\partial z}\frac{\partial h}{\partial u}\right]\dot{u}(t) \\
&\leqslant -c_3\|z\|^2 + c_5\|z\|^2\|\dot{u}(t)\| + c_4 L\|z\|\ \|\dot{u}(t)\|
\end{aligned}$$

令
$$\gamma(t) = \frac{c_5}{c_4}\|\dot{u}(t)\|, \quad \delta(t) = L\|\dot{u}(t)\|$$

则上面的不等式可重写为　　$\dot{V} \leqslant -c_3\|z\|^2 + c_4\gamma(t)\|z\|^2 + c_4\delta(t)\|z\|$

它具有 9.3 节中不等式 (9.16) 的形式。因此，正如 9.3 节中应用比较引理，可以证明，如果 $\dot{u}(t)$ 满足

$$\int_{t_0}^{t}\|\dot{u}(\tau)\|\ d\tau \leqslant \varepsilon_1(t-t_0) + \eta_1, \quad \varepsilon_1 < \frac{c_1 c_3}{c_2 c_5} \tag{9.46}$$

和

$$\|z(0)\| < \frac{r}{\rho_1}\sqrt{\frac{c_1}{c_2}}; \quad \sup_{t \geqslant 0}\|\dot{u}(t)\| \leqslant \frac{2c_1\alpha_1 r}{c_4\rho_1 L}$$

其中，α_1 和 ρ_1 定义为

$$\alpha_1 = \frac{1}{2}\left[\frac{c_3}{c_2} - \varepsilon_1\frac{c_5}{c_1}\right] > 0, \quad \rho_1 = \exp\left(\frac{c_5\eta_1}{2c_1}\right) \geqslant 1$$

则 $z(t)$ 满足不等式

$$\|z(t)\| \leqslant \sqrt{\frac{c_2}{c_1}}\rho_1\|z(0)\|e^{-\alpha_1 t} + \frac{c_4\rho_1 L}{2c_1}\int_0^t e^{-\alpha_1(t-\tau)}\|\dot{u}(\tau)\|\ d\tau \tag{9.47}$$

视 $\|\dot{u}\|$ 的假设不同，可由前面的不等式得出几个结论，由下面的定理给出。

定理 9.3　考虑系统 (9.45)，假设 $[\partial h/\partial u]$ 满足式 (9.39)，且对于所有 $t \geqslant 0$，$\|\dot{u}(t)\| \leqslant \varepsilon$，并假设存在一个李雅普诺夫函数 $V(z,u)$，满足式 (9.41) 至式 (9.44)。如果

$$\varepsilon < \frac{c_1 c_3}{c_2 c_5} \times \frac{r}{r + c_4 L/c_5}$$

则对于所有 $\|z(0)\| < r\sqrt{c_1/c_2}$，系统 (9.45) 的解对所有 $t \geqslant 0$ 是一致有界的和一致毕竟有界的，由

$$b = \frac{c_2 c_4 L\varepsilon}{\theta(c_1 c_3 - \varepsilon c_2 c_5)}$$

确定，式中 $\theta \in (0,1)$ 是任意常数。另外，如果当 t 趋于无穷时，$\dot{u}(t)$ 趋于零，则当 t 趋于无穷时，$z(t)$ 趋于零。最后，如果对于所有 $u \in \Gamma$ 和 $\varepsilon < c_3/c_5$，有 $h(u) = 0$，则 $z = 0$ 是系统 (9.45) 的一个指数平衡点。同样，$x = 0$ 是系统 (9.38) 的指数稳定平衡点。　　　　$\diamondsuit$

证明：由于 $\|\dot{u}(t)\| \leqslant \varepsilon < c_1 c_3/c_2 c_5$，则当 $\varepsilon_1 = \varepsilon$，$\eta_1 = 0$ 时，不等式 (9.46) 得到满足。因此，

$$\alpha_1 = \frac{1}{2}\left[\frac{c_3}{c_2} - \varepsilon\frac{c_5}{c_1}\right], \quad \rho_1 = 1$$

用给定的 ε 的上界可得

$$
\begin{aligned}
\frac{2c_1\alpha_1 r}{c_4 L} &= \frac{c_1 r}{c_4 L}\left[\frac{c_3}{c_2} - \varepsilon\frac{c_5}{c_1}\right] \\
&> \frac{c_1 r}{c_4 L}\left[\frac{c_3}{c_2} - \frac{c_3}{c_2}\times\frac{r}{r + c_4 L/c_5}\right] \\
&= \frac{c_1 c_3}{c_2 c_5}\times\frac{r}{r + c_4 L/c_5} > \varepsilon
\end{aligned}
$$

这样,不等式 $\sup_{t\geq0}\|\dot{u}(t)\| < 2c_1\alpha_1 r/c_4 L$ 成立,又由式(9.47)可得

$$
\begin{aligned}
\|z(t)\| &\leq \sqrt{\frac{c_2}{c_1}}\|z(0)\|e^{-\alpha_1 t} + \frac{c_4 L}{2c_1}\int_0^t e^{-\alpha_1(t-\tau)}\varepsilon\, d\tau \\
&\leq \sqrt{\frac{c_2}{c_1}}\|z(0)\|e^{-\alpha_1 t} + \frac{c_4 L\varepsilon}{2c_1\alpha_1} = \sqrt{\frac{c_2}{c_1}}\|z(0)\|e^{-\alpha_1 t} + b\theta
\end{aligned}
$$

在一定时间后,指数衰减项将小于 $(1-\theta)b$,这说明 $z(t)$ 是毕竟有界的,由 b 确定。另外,如果当 t 趋于无穷时,$\dot{u}(t)$ 趋于零,则由式(9.47)可清楚地得到,当 t 趋于无穷时,$z(t)$ 趋于零。如果对于所有 $u\in\Gamma$,$h(u)=0$,则可取 $L=0$。因而 $\dot{V}$ 的上界简化为

$$
\dot{V}\leq -(c_3 - c_5\varepsilon)\|z\|^2
$$

这就证明了如果 $\varepsilon < c_3/c_5$,则 $z=0$ 是指数稳定的。   □

定理9.3要求冻结系统(9.40)存在一个李雅普诺夫函数 $V(z,\alpha)$,满足不等式(9.41)至不等式(9.44)。引理9.8将说明在适度光滑情况下,如果冻结系统的平衡点 $z=0$ 是关于 α 一致指数稳定的,则这样的李雅普诺夫函数一定存在。如同在4.7节中讨论的逆李雅普诺夫定理,以上结论可以通过推导系统的逆李雅普诺夫函数来获得。

引理9.8 考虑系统(9.40)并假设 $g(z,\alpha)$ 是连续可微的,且雅可比矩阵 $[\partial g/\partial z]$ 和 $[\partial g/\partial\alpha]$ 对于所有 $(z,\alpha)\in D\times\Gamma$,满足

$$
\left\|\frac{\partial g}{\partial z}(z,\alpha)\right\|\leq L_1, \qquad \left\|\frac{\partial g}{\partial\alpha}(z,\alpha)\right\|\leq L_2\|z\|
$$

其中 $D = \{z\in R^n\mid \|z\| < r\}$。设 k,γ 和 r_0 是正常数且 $r_0 < r/k$,定义 $D_0 = \{z\in R^n\mid \|z\| < r_0\}$。假设系统轨线满足

$$
\|z(t)\|\leq k\|z(0)\|e^{-\gamma t}, \quad\forall z(0)\in D_0,\ \alpha\in\Gamma,\ t\geq0
$$

则存在函数 $V:D_0\times\Gamma\to R$ 满足式(9.41)至式(9.44)。此外,如果所有假设(对于 z)全局成立,则 $V(z,\alpha)$ 在 $R^n\times\Gamma$ 上有定义,且满足式(9.41)至式(9.44)。   ◇

证明:由范数的等价性,只对2范数证明该引理即可。设 $\phi(t;z,\alpha)$ 是方程(9.40)始于 $(0,z)$ 的解,即 $\phi(0;z,\alpha)=z$。这种表示法强调了解对于参数 α 的依赖性。设

$$
V(z,\alpha) = \int_0^T \phi^{\mathrm{T}}(t;z,\alpha)\phi(t;z,\alpha)\, dt
$$

其中 $T = \ln(2k^2)/2\gamma$。与定理4.14的证明相似,可以证明,当 $c_1 = [1 - \exp(-2L_1 T)]/2L_1$,$c_2 = k^2[1 - \exp(-2\gamma T)]/2\gamma$,$c_3 = 1/2$ 和 $c_4 = 2k\{1 - \exp[-(\gamma - L_1)T]\}/(\gamma - L_1)$ 时,$V(z,\alpha)$ 满足式(9.41)至式(9.43)。为了证明 $V(z,\alpha)$ 满足式(9.44),注意灵敏度函数 $\phi_\alpha(t;z,\alpha)$ 满足灵敏度方程

$$
\frac{\partial}{\partial t}\phi_\alpha = \frac{\partial g}{\partial z}(\phi(t;z,\alpha),\alpha)\phi_\alpha + \frac{\partial g}{\partial\alpha}(\phi(t;z,\alpha),\alpha), \quad \phi_\alpha(0;z,\alpha) = 0
$$

由此可得
$$\|\phi_\alpha(t;z,\alpha)\|_2 \leqslant \int_0^t L_1\|\phi_\alpha(\tau;z,\alpha)\|_2 \, d\tau + \int_0^t L_2\|\phi(\tau;z,\alpha)\|_2 \, d\tau$$
$$\leqslant \int_0^t L_1\|\phi_\alpha(\tau;z,\alpha)\|_2 \, d\tau + \int_0^t L_2 k e^{-\gamma\tau} \, d\tau \|z\|_2$$
$$\leqslant \int_0^t L_1\|\phi_\alpha(\tau;z,\alpha)\|_2 \, d\tau + \frac{L_2 k}{\gamma}\|z\|_2$$

运用 Gronwall-Bellman 不等式,有
$$\|\phi_\alpha(t;z,\alpha)\|_2 \leqslant \frac{L_2 k}{\gamma}\|z\|_2 e^{L_1 t}$$

因此
$$\left\|\frac{\partial V}{\partial \alpha}\right\|_2 = \left\|\int_0^T 2\phi^{\mathrm{T}}(t;z,\alpha)\phi_\alpha(t;z,\alpha) \, dt\right\|_2$$
$$\leqslant \int_0^T 2k e^{-\gamma t}\|z\|_2 \left(\frac{L_2 k}{\gamma}\right) e^{L_1 t}\|z\|_2 \, dt$$
$$\leqslant \frac{2k^2 L_2}{\gamma(\gamma - L_1)}\left[1 - e^{-(\gamma - L_1)T}\right]\|z\|_2^2 \overset{\text{def}}{=} c_5\|z\|_2^2$$

即完成了引理的证明。　　　　　　　　　　　　　　　　　　　　　　　　　　　□

当冻结系统(9.40)是线性系统时,满足式(9.41)至式(9.44)的李雅普诺夫函数可以通过解参数李雅普诺夫方程确定,这一点在下一引理中说明。

引理9.9　考虑系统 $\dot{z} = A(\alpha)z$,其中 $\alpha \in \Gamma$ 和 $A(\alpha)$ 是连续可微的。假设 A 的元素及其对于 α 的一阶偏导数一致有界,即
$$\|A(\alpha)\|_2 \leqslant c, \quad \left\|\frac{\partial}{\partial \alpha_i}A(\alpha)\right\|_2 \leqslant b_i, \quad \forall \, \alpha \in \Gamma, \, \forall \, 1 \leqslant i \leqslant m$$

进一步假设 $A(\alpha)$ 是关于 α 一致赫尔维茨的,即
$$\mathrm{Re}[\lambda(A(\alpha))] \leqslant -\sigma < 0, \quad \forall \, \alpha \in \Gamma$$

则李雅普诺夫方程　　　　　　$$PA(\alpha) + A^{\mathrm{T}}(\alpha)P = -I \tag{9.48}$$

对于每个 $\alpha \in \Gamma$ 有唯一正定解 $P(\alpha)$,而且 $P(\alpha)$ 是连续可微的,对于所有 $(z,a) \in R^n \times \Gamma$ 满足
$$c_1 z^{\mathrm{T}} z \leqslant z^{\mathrm{T}} P(\alpha)z \leqslant c_2 z^{\mathrm{T}} z$$

$$\left\|\frac{\partial}{\partial \alpha_i}P(\alpha)\right\|_2 \leqslant \mu_i, \quad \forall \, 1 \leqslant i \leqslant m$$

其中 c_1, c_2 和 μ_i 是与 α 无关的正常数。因而,当 $c_3 = 1$,$c_4 = 2c_2$,$c_5 = \sqrt{\sum_{i=1}^m \mu_i^2}$ 时,$V(z,\alpha) = z^{\mathrm{T}} P(\alpha)z$ 在 2 范数下满足式(9.42)至式(9.44)。　　　　　　　　　　　　　◇

证明: $A(\alpha)$ 的一致赫尔维茨性质意味着指数矩阵 $\exp[tA(\alpha)]$ 满足
$$\|\exp[tA(\alpha)]\| \leqslant k(A)e^{-\beta t}, \quad \forall \, t \geqslant 0, \, \forall \, \alpha \in \Gamma$$

其中,$\beta > 0$ 与 α 无关,但 $K(A) > 0$ 与 α 有关。因为按指数规律衰减的边界对于 α 一致成立,所以需要用到 $\|A(\alpha)\|$ 有界的性质。满足 $\mathrm{Re}[\lambda(A(\alpha))] \leqslant -\sigma$ 和 $\|A(\alpha)\| \leqslant c$ 的矩阵集合

是一个紧集,记为 S。设 A 和 B 是 S 的任意两个元素,考虑[①]

$$\exp[t(A+B)] = \exp[tA] + \int_0^t \exp[(t-\tau)A]B\exp[\tau(A+B)] \, d\tau$$

运用关于 $\exp[tA]$ 的指数衰减边界,可得

$$\|\exp[t(A+B)]\| \leqslant k(A)e^{-\beta t} + \int_0^t k(A)e^{-\beta(t-\tau)}\|B\| \, \|\exp[\tau(A+B)]\| \, d\tau$$

用 $e^{\beta t}$ 遍乘各项,可得

$$e^{\beta t}\|\exp[t(A+B)]\| \leqslant k(A) + k(A)\|B\| \int_0^t e^{\beta\tau}\|\exp[\tau(A+B)]\| \, d\tau$$

应用 Gronwall-Bellman 不等式,得

$$\|\exp[t(A+B)]\| \leqslant k(A)e^{-(\beta-k(A)\|B\|)t}, \quad \forall t \geqslant 0$$

因此,存在一个正常数 $\gamma < \beta$ 和 A 的一个邻域 $\mathcal{N}(A)$,使得如果 $C \in \mathcal{N}(A)$,则

$$\|\exp[tC]\| \leqslant k(A)e^{-\gamma t}, \quad \forall t \geqslant 0$$

因 S 是紧集,所以被这些邻域中的有限个邻域覆盖,从而可找到一个与 α 无关的正常数 k,使得

$$\|\exp[tA(\alpha)]\| \leqslant ke^{-\gamma t}, \quad \forall t \geqslant 0, \, \forall \alpha \in \Gamma$$

现在考虑李雅普诺夫方程(9.48)。根据定理 4.6,对于每个 $\alpha \in \Gamma$,方程(9.48)存在唯一的正定解。此外,定理(4.16)的证明还说明

$$P(\alpha) = \int_0^\infty \left[e^{tA(\alpha)}\right]^{\mathrm{T}} \left[e^{tA(\alpha)}\right] \, dt$$

由于 $A(\alpha)$ 是连续可微的,所以 $P(\alpha)$ 也是连续可微的,故有

$$z^{\mathrm{T}}P(\alpha)z \leqslant \int_0^\infty k^2 e^{-2\gamma t}\|z\|_2^2 \, dt = \frac{k^2}{2\gamma}\|z\|_2^2 \Rightarrow c_2 = \frac{k^2}{2\gamma}$$

设 $y(t) = e^{tA(\alpha)}z$,则 $\dot{y} = A(\alpha)y$,

$$-y^{\mathrm{T}}(t)\dot{y}(t) = -y^{\mathrm{T}}(t)A(\alpha)y(t) \leqslant \|A(\alpha)\|_2 y^{\mathrm{T}}(t)y(t) \leqslant cy^{\mathrm{T}}(t)y(t)$$

且

$$\begin{aligned}
z^{\mathrm{T}}P(\alpha)z &= \int_0^\infty y^{\mathrm{T}}(t)y(t) \, dt \geqslant \int_0^\infty \frac{-1}{c}y^{\mathrm{T}}(t)\dot{y}(t) \, dt \\
&= \frac{1}{2c}\int_0^\infty \frac{d}{dt}[-y^{\mathrm{T}}(t)y(t)] \, dt = \frac{1}{2c}\left[-y^{\mathrm{T}}(t)y(t)\right]\Big|_0^\infty \\
&= \frac{1}{2c}y^{\mathrm{T}}(0)y(0) = \frac{1}{2c}z^{\mathrm{T}}z \Rightarrow c_1 = \frac{1}{2c}
\end{aligned}$$

将 $P(\alpha)A(\alpha) + A^{\mathrm{T}}(\alpha)P(\alpha) = -I$ 对 α 的任意分量 α_i 进行偏微分,并用 $P'(\alpha)$ 表示 $P(\alpha)$ 的

---

① 该矩阵式通过把 $\dot{x} = (A+B)x$ 写成 $\dot{x} = Ax + Bx$,并把 Bx 看成输入项得出。把 $x(t) = \exp[t(A+B)]x_0$ 代入输入项可得

$$\exp[t(A+B)]x_0 = \exp[tA]x_0 + \int_0^t \exp[(t-\tau)A]B\exp[\tau(A+B)]x_0 \, d\tau$$

由于该表达式对于所有 $x_0 \in R^n$ 都成立,这样就可以得到矩阵恒等式。

导数,则

$$P'(\alpha)A(\alpha) + A^{\mathrm{T}}(\alpha)P'(\alpha) = -\{P(\alpha)A'(\alpha) + [A'(\alpha)]^{\mathrm{T}}P(\alpha)\}$$

这样,$P'(\alpha)$ 为

$$P'(\alpha) = \int_0^\infty \left[e^{tA(\alpha)}\right]^{\mathrm{T}} \{P(\alpha)A'(\alpha) + [A'(\alpha)]^{\mathrm{T}}P(\alpha)\} \left[e^{tA(\alpha)}\right] \, dt$$

从而可以得到

$$\|P'(\alpha)\|_2 \leqslant \int_0^\infty k^2 e^{-2\gamma t} 2\frac{k^2}{2\gamma}b_i \, dt = \frac{b_i k^4}{2\gamma^2} \ \Rightarrow \ \mu_i = \frac{b_i k^4}{2\gamma^2}$$

这样就完成了引理的证明。 □

应该注意到引理 9.9 中的集合 Γ 不必是紧集。当 Γ 是紧集时,$A(\alpha)$ 的边界及其偏导数都由 $A(\alpha)$ 是连续可微的假设得出。

例 9.9 考虑系统

$$\dot{x} = A(\varepsilon t)x$$

其中 $\varepsilon > 0$。当 ε 足够小时,可以把系统看成慢变系统,当 $u = \varepsilon t$,$\Gamma = [0,\infty)$ 时即为方程 (9.38) 的形式。对于所有 $u \in \Gamma$,原点 $x = 0$ 是一个平衡点。因此,这是当 $h(u) = 0$ 时的一个特例。假设对于所有 $\alpha \in \Gamma$,$\mathrm{Re}[\lambda(A(\alpha))] \leqslant -\sigma < 0$,$A(\alpha)$ 和 $A'(\alpha)$ 是一致有界的。这样李雅普诺夫方程 (9.48) 的解具有引理 9.9 所述的性质。把 $V(x,u) = x^{\mathrm{T}}P(u)x$ 作为 $\dot{x} = A(u)x$ 的一个备选李雅普诺夫函数,得

$$\begin{aligned}
\dot{V}(t,x) &= x^{\mathrm{T}}[P(u(t))A(u(t)) + A^{\mathrm{T}}(u(t))P(u(t))]x + x^{\mathrm{T}}P'(u(t))\dot{u}(t)x \\
&\leqslant -x^{\mathrm{T}}x + \varepsilon c_5\|x\|_2^2 = -(1 - \varepsilon c_5)\|x\|_2^2
\end{aligned}$$

其中 c_5 是 $\|P'(\alpha)\|_2$ 的上界。因此,对于所有 $\varepsilon < 1/c_5$,原点 $x = 0$ 是 $\dot{x} = A(\varepsilon t)x$ 的一个指数稳定平衡点。 □

9.7 习题

9.1 ([见文献 150])考虑李雅普诺夫方程 $PA + A^{\mathrm{T}}P = -Q$,其中 $Q = Q^{\mathrm{T}} > 0$,A 是赫尔维茨矩阵。设 $\mu(Q) = \lambda_{\min}(Q)/\lambda_{\max}(P)$,

(a) 证明对于任何正常数 k,有 $\mu(kQ) = \mu(Q)$。

(b) 设 $\hat{Q} = \hat{Q}^{\mathrm{T}} > 0$ 时,有 $\lambda_{\min}(\hat{Q}) = 1$。证明 $\mu(I) \geqslant \mu(\hat{Q})$。

(c) 证明 $\mu(I) \geqslant \mu(Q)$,$\forall Q = Q^{\mathrm{T}} > 0$。

提示:在 (b) 中,设 P_1 和 P_2 分别是当 $Q = I$ 和 $Q = \hat{Q}$ 时李雅普诺夫方程的解,证明

$$P_1 - P_2 = \int_0^\infty \exp(A^{\mathrm{T}}t)(I - \hat{Q})\exp(At) \, dt \leqslant 0$$

9.2 考虑系统 $\dot{x} = Ax + Bu$,并设 $u = -Fx$ 是一个稳定状态反馈控制,即矩阵 $(A - BF)$ 是赫尔维茨的。假设由于物理因素限制必须用限幅器把 u_i 的值限制到 $|u_i(t)| \leqslant L$。闭环系统可以用 $\dot{x} = Ax - BL\,\mathrm{sat}(Fx/L)$ 表示,其中 $\mathrm{sat}(v)$ 是一个向量,其第 i 个分量是饱和函数。通过同时加减一项 BFx,闭环状态方程可重写为 $\dot{x} = (A - BF)x - Bh(Fx)$,其中 $h(v) = L\,\mathrm{sat}(v/L) - v$。这样,限幅器的作用就可以看成没有限幅器时标称系统的一个扰动。

（a）证明
$$|h_i(v)| \leqslant \frac{\delta}{(1+\delta)}|v_i|, \ \forall \ |v_i| \leqslant L(1+\delta)$$

其中 $\delta > 0$。

（b）设 P 是
$$P(A-BF)+(A-BF)^{\mathrm{T}}P = -I$$

的解。证明如果 $\delta/(1+\delta) < 1/(2\|PB\|_2 \|F\|_2)$，则 $V(x) = x^{\mathrm{T}}Px$ 沿闭环系统轨线的导数在整个区域 $|F(x)_i| \leqslant L(1+\alpha), \forall i$ 上是负定的。

（c）证明原点是渐近稳定的，并讨论如何估计吸引区。

（d）把（c）得到的结果应用到
$$A = \begin{bmatrix} 0 & 1 \\ 0.5 & 1 \end{bmatrix}, \quad B = \begin{bmatrix} 0 \\ 1 \end{bmatrix}, \quad F = \begin{bmatrix} 1 & 2 \end{bmatrix}, \quad L = 1$$

时的情况，并估计吸引区。

9.3 考虑系统
$$\dot{x} = f(t,x) + Bu, y = Cx, u = -g(t,y)$$

其中，对于所有 $t \geqslant 0$，有 $f(t,0) = 0, g(t,0) = 0$ 和 $\|g(t,y)\| \leqslant \gamma \|y\|$。假设 $\dot{x} = f(t,x)$ 的原点是全局指数稳定的，并设 $V(t,x)$ 是一个李雅普诺夫函数，全局满足式（9.3）至式（9.5）。求 γ 的一个边界 γ^*，使得当 $\gamma < \gamma^*$ 时，给定系统的原点是全局指数稳定的。

9.4 考虑扰动系统
$$\dot{x} = Ax + B[u+g(t,x)]$$

其中 $g(t,x)$ 是连续可微的，并且对于 $r > 0$ 满足 $\|g(t,x)\|_2 \leqslant k\|x\|_2, \forall t \geqslant 0, \forall x \in B_r$。设 $P = P^{\mathrm{T}} > 0$ 是里卡蒂方程
$$PA + A^{\mathrm{T}}P + Q - PBB^{\mathrm{T}}P + 2\alpha P = 0$$

的解，其中 $Q \geqslant k^2 I, \alpha > 0$。证明 $u = -B^{\mathrm{T}}Px$ 使得扰动系统的原点是稳定的。

9.5 （见文献［101］）考虑扰动系统
$$\dot{x} = Ax + Bu + Dg(t,y), \qquad y = Cx$$

其中 $g(t,y)$ 是连续可微的，并且对于 $r > 0$ 满足 $\|g(t,y)\|_2 \leqslant k\|y\|_2, \forall t \geqslant 0, \forall \|y\|_2 \leqslant r$。假设方程
$$PA + A^{\mathrm{T}}P + \varepsilon Q - \frac{1}{\varepsilon}PBB^{\mathrm{T}}P + \frac{1}{\gamma}PDD^{\mathrm{T}}P + \frac{1}{\gamma}C^{\mathrm{T}}C = 0$$

有一个正定解 $P = P^{\mathrm{T}} > 0$，方程中 $Q = Q^{\mathrm{T}} > 0, \varepsilon > 0, 0 < \gamma < 1/k$。证明 $u = -(1/2\varepsilon)B^{\mathrm{T}}Px$ 使得扰动系统的原点是稳定的。

9.6 考虑系统
$$\begin{aligned} \dot{x}_1 &= -\alpha x_1 - \omega x_2 + (\beta x_1 - \gamma x_2)(x_1^2 + x_2^2) \\ \dot{x}_2 &= \omega x_1 - \alpha x_2 + (\gamma x_1 + \beta x_2)(x_1^2 + x_2^2) \end{aligned}$$

其中 $\alpha > 0, \beta, \gamma$ 和 $\omega > 0$ 都是常数。

（a）把该系统看成线性系统
$$\dot{x}_1 = -\alpha x_1 - \omega x_2, \qquad \dot{x}_2 = \omega x_1 - \alpha x_2$$

的一个扰动，证明若 $|\beta|$ 和 $|\gamma|$ 足够小，则扰动系统的原点是指数稳定的，$\{\|x\|_2 \leqslant r\}$ 包含于吸引区内。

（b）用 $V(x)=x_1^2+x_2^2$ 作为该扰动系统的一个备选李雅普诺夫函数，证明当 $\beta\leqslant0$ 时，原点是全局指数稳定的；而当 $\beta>0$ 时，原点是指数稳定的，$\{\|x\|_2<\sqrt{\alpha/\beta}\}$ 包含于吸引区。

（c）比较（a）和（b）的结果，并讨论（a）的结果的保守特性。

9.7　考虑扰动系统　　　　　　　　　$\dot{x}=f(x)+g(x)$

假设标称系统 $\dot{x}=f(x)$ 的原点是渐近（而不是指数）稳定的。证明对于任何 $\gamma>0$，存在一个函数 $g(x)$，在原点的某邻域内满足 $\|g(x)\|\leqslant\gamma\|x\|$，使得扰动系统的原点是非稳定的。

9.8　（见文献[66]）考虑扰动系统

$$\dot{x}=f(x)+g(x)$$

其中对于所有 $\|x\|<r$，$f(x)$ 和 $g(x)$ 是连续可微的，且 $\|g(x)\|\leqslant\gamma\|x\|$。假设标称系统 $\dot{x}=f(x)$ 的原点是渐近稳定的，存在一个李雅普诺夫函数 $V(x)$，对于所有 $\|x\|<r$ 满足不等式（9.11）至不等式（9.13）。设 $\Omega=\{V(x)\leqslant c\}$，其中 $c<\alpha_1(r)$。

（a）证明存在一个正常数 γ^*，使得当 $\gamma<\gamma^*$ 时，扰动系统始于 Ω 内的解对于所有 $t\geqslant0$ 都保持在 Ω 内，而且是毕竟有界的，由 γ 的 $\mathcal{K}$ 类函数确定。

（b）假设标称系统有一个附加性质，即 $A=[\partial f/\partial x](0)$ 是赫尔维茨矩阵。证明存在一个 γ_1^*，使得当 $\gamma<\gamma_1^*$ 时，扰动系统始于 Ω 内的解随 t 趋于无穷而收敛于原点。

（c）如果 A 不是赫尔维茨矩阵，那么（b）是否成立？设

$$f(x)=\begin{bmatrix}-x_2-(2x_1+x_3)^3\\x_1\\x_2\end{bmatrix},\quad g(x)=a\begin{bmatrix}x_1-x_3-(2x_1+x_3)^3\\0\\0\end{bmatrix},\ a\neq0$$

提示：例如（c），用　　　　$V(x)=x_1^2+\frac{1}{2}x_2^2+\frac{1}{2}x_3^2+x_1x_3$

证明 $\dot{x}=f(x)$ 的原点是渐近稳定的，然后再应用定理 4.16 得到一个满足式（9.11）至式（9.13）的李雅普诺夫函数。

9.9　考虑系统　　　$\dot{x}_1=-x_1^3+x_2^5-\gamma x_2$,　　$\dot{x}_2=-x_1^3-x_2^5+\gamma(x_1+x_2)$,　$0\leqslant\gamma\leqslant\frac{1}{2}$

（a）若 $\gamma=0$，证明原点是全局渐近稳定的。它是指数稳定的吗？

（b）若 $0<\gamma\leqslant1/2$，证明原点是非稳定的，且系统的解是全局毕竟有界的，其最终边界是 γ 的 $\mathcal{K}$ 类函数。

9.10　（见文献[19]）考虑系统

$$\dot{x}_1=x_2,\quad\dot{x}_2=-a\sin x_1-bx_1-cx_2-\gamma(cx_1+2x_2)+q(t)\cos x_1$$

其中 $a,b>a,c$ 和 γ 都是正常数，$q(t)$ 是连续函数。

（a）若 $q(t)\equiv0$，用

$$V(x)=\left(b+\frac{1}{2}c^2\right)x_1^2+cx_1x_2+x_2^2+2a(1-\cos x_1)$$

证明原点是全局指数稳定的。

（b）当对于所有 $t\geqslant0$，有 $q(t)\neq0$ 和 $|q(t)|\leqslant k$ 时，研究系统的稳定性。

9.11　考虑系统

$$\dot{x}_1 = \left[(\sin x_2)^2 - 1 \right] x_1, \quad \dot{x}_2 = -bx_1 - (1+b)x_2$$

（a）若 $b=0$，证明原点是指数稳定的，且是全局渐近稳定的。

（b）若 $b \neq 0$，当 $|b|$ 足够小时，证明原点是指数稳定的，但是无论 $|b|$ 多么小，原点都不是全局渐近稳定的。

（c）利用 9.1 节的鲁棒性结论讨论（a）和（b）的结果，证明当 $b=0$ 时，原点不是全局指数稳定的。

9.12　（见文献[8]）考虑系统

$$\dot{x}_1 = -x_1 + (x_1 + a)x_2, \quad \dot{x}_2 = -x_1(x_1 + a) + bx_2, \quad a \neq 0$$

（a）设 $b=0$，证明原点是全局渐近稳定的，原点是指数稳定的吗？

（b）设 $b>0$，证明当 $b < \min\{1, a^2\}$ 时，原点是指数稳定的。

（c）证明对于任意 $b>0$，原点不是全局渐近稳定的。

（d）利用 9.1 节的鲁棒性结论讨论（a）～（c）的结果，并证明当 $b=0$ 时，原点不是全局指数稳定的。

提示：在（d）中，注意标称系统的雅可比矩阵不是全局有界的。

9.13　考虑标量系统 $\dot{x} = -x/(1+x^2)$ 和 $V(x) = x^4$。

（a）若

$$\alpha_1(r) = \alpha_2(r) = r^4; \quad \alpha_3(r) = \frac{4r^4}{1+r^2}; \quad \alpha_4(r) = 4r^3$$

证明不等式(9.11)至不等式(9.13)全局成立。

（b）验证这些函数属于 $\mathcal{K}_\infty$ 类函数。

（c）证明当 r 趋于无穷时，式(9.14)的右边趋于零。

（d）考虑扰动系统 $\dot{x} = -x/(1+x^2) + \delta$，其中 δ 是正常数，证明只要 $\delta > 1/2$，解 $x(t)$ 对于任一初始状态 $x(0)$ 都逃逸到无穷。

9.14　当 $V=0$ 时，证明 $D^+W(t)$ 满足式(9.17)。

提示：证明 $V(t+h, x(t+h)) \leq 0.5c_4h^2 \parallel g(t,0) \parallel^2 + h\, o(h)$，其中，当 h 趋于无穷时，$o(h)/h$ 趋于零，然后运用 $\sqrt{c_4/2c_1} \geq 1$ 证明。

9.15　考虑例 9.6 所示的线性系统，但对 $B(t)$ 的假设条件变为 $\int_0^\infty \parallel B(t) \parallel dt < \infty$，证明原点是指数稳定的。

9.16　考虑例 9.6 所示的线性系统，但对 $B(t)$ 的假设条件变为 $\int_0^\infty \parallel B(t) \parallel^2 dt < \infty$，证明原点是指数稳定的。

提示：运用不等式 $\quad \int_a^b v(t)\, dt \leq \sqrt{(b-a)\int_a^b v^2(t)\, dt}, \quad \forall\, v(t) \geq 0$

该式由 Cauchy-Schwartz 不等式导出。

9.17　考虑系统 $\dot{x} = A(t)x$，其中 $A(t)$ 是连续的。假设 $\lim_{t \to \infty} A(t) = \bar{A}$ 存在，且 $\bar{A}$ 是赫尔维茨的，证明原点是指数稳定的。

9.18　当 $q(t)$ 有界，且 t 趋于无穷，$q(t)$ 趋于零时，重做习题 9.10 的（b）。

9.19 设系统为 $\dot{x} = f(t,x)$，其中对于所有 $t \geq 0$，$x \in R^2$，有 $\|f(t,x) - f(0,x)\|_2 \leq \gamma(t)\|x\|_2$，式中当 t 趋于无穷时，$\gamma(t)$ 趋于零。且有

$$f(0,x) = Ax - (x_1^2 + x_2^2)Bx, \quad A = \begin{bmatrix} -\alpha & -\omega \\ \omega & -\alpha \end{bmatrix}, \quad B = \begin{bmatrix} \beta & \Omega \\ -\Omega & \beta \end{bmatrix}$$

α, β, ω 和 Ω 都是正常数，证明原点是全局指数稳定的。

9.20 考虑系统 $\dot{x} = f(x) + G(x)u + w(t)$，其中 $\|w(t)\|_2 \leq \alpha + c\,e^{-t}$。假设存在正定对称矩阵 P，一个半正定函数 $W(x)$ 以及正常数 γ 和 σ，使得

$$2x^\mathrm{T}Pf(x) + \gamma x^\mathrm{T}Px + W(x) - 2\sigma x^\mathrm{T}PG(x)G^\mathrm{T}(x)Px \leq 0, \quad \forall\, x \in R^n$$

证明对于 $u = -\sigma G^\mathrm{T}(x)Px$，闭环系统的轨线是一致毕竟有界的，其最终边界为 $2ak\lambda_{\max}(P)/\gamma\lambda_{\min}(P)$，$k > 1$。

9.21 考虑扰动系统(9.1)，假设存在一个李雅普诺夫函数 $V(t,x)$，满足式(9.11)至式(9.13)，扰动项满足 $\|g(t,x)\| \leq \delta(t)$，$\forall t \geq 0$，$\forall x \in D$。证明对于任意 $\varepsilon > 0$ 和 $\Delta > 0$，存在 $\eta > 0$ 和 $\rho > 0$，使得只要 $(1/\Delta)\int_t^{t+\Delta}\delta(\tau)\,d\tau < \eta$，则当 $\|x(t_0)\| < \rho$ 时，扰动系统的每个解都满足 $\|x(t)\| < \varepsilon$，$\forall t \geq t_0$。这个结果称为扰动存在情况下的总稳定性，扰动是均值有界的[107]。）

提示：选择 $W = \sqrt{V}$，在抽样点 $t_0 + i\Delta$ 对时间区间离散化，其中 $i = 0, 1, 2, \cdots$，并证明 $W(t_0 + i\Delta)$ 满足差分不等式

$$W(t_0 + (i+1)\Delta) \leq e^{-\sigma\Delta}W(t_0 + i\Delta) + k\eta\Delta$$

9.22 设 A 是 $n \times n$ 矩阵，其中当 $i \neq j$ 时，$a_{ij} \leq 0$，而 $a_{ii} > \sum_{j \neq i}|a_{ij}|$，$i = 1, 2, \cdots, n$。证明 A 是一个 M 矩阵。

提示：证明 $\sum_{j=i}^{n} a_{ii} > 0$，其中 $i = 1, 2, \cdots, n$。用数学归纳法证明所有前主子式都是正的。

9.23 假设

$$\phi_i(x_i) = \|x_i\|, \quad c_{i1}\|x_i\|^2 \leq V_i(t,x_i) \leq c_{i2}\|x_i\|^2$$

时定理 9.3 的条件满足，证明原点是指数稳定的。

9.24 (见文献[132])用复合李雅普诺夫分析法研究系统

$$\dot{x}_1 = -x_1^3 - 1.5x_1|x_2|^3, \quad \dot{x}_2 = -x_2^5 + x_1^2x_2^2$$

的原点的稳定性。

9.25 用复合李雅普诺夫分析法研究系统

$$\dot{x}_1 = x_2 + x_2x_3^3, \quad \dot{x}_2 = -x_1 - x_2 + x_1^2, \quad \dot{x}_3 = x_1 + x_2 - x_3^3$$

的原点的稳定性。

9.26 考虑线性互联系统

$$\dot{x}_i = A_{ii}x_i + \sum_{j=1; j \neq i}^{m} A_{ij}x_j, \quad i = 1, 2, \cdots, m$$

其中，对于每个 i，x_i 是 n_i 维向量，A_{ii} 是赫尔维茨矩阵。运用复合李雅普诺夫分析法研究原点的稳定性。

9.27 (见文献[175])复杂互联系统服从结构扰动，即在系统运行中使各组子系统互相连接或断开。这种结构扰动可以表示为

$$\dot{x}_i = f_i(t, x_i) + g_i(t, e_{i1}x_1, \cdots, e_{im}x_m), \quad i = 1, 2, \cdots, m$$

其中,e_{ij} 是二进制变量,当第 j 个子系统作用于第 i 个子系统时取值为 1,否则为 0。如果互联系统的原点对所有互联模式,即对二进制变量 e_{ij} 的所有可能值都是渐近稳定的,则称互联系统的原点是连通渐近稳定的。假设定理 9.2 的所有假设条件都满足,且式(9.36)取如下形式:

$$\|g_i(t, e_{i1}x_1, \cdots, e_{im}x_m)\| \leqslant \sum_{i=1}^{m} e_{ij}\gamma_{ij}\phi_j(x_j)$$

证明原点是连通渐近稳定的。

9.28 (见文献[49])要求线性系统

$$\dot{x} = Ax + Bu, \quad y = Cx$$

的输出 $y(t)$ 跟踪一个参考输入 r。考虑积分控制器

$$\dot{z} = r - Cx, \quad u = -F_1 x - F_2 z$$

其中已假设状态 x 可测,可设计矩阵 F_1 和 F_2,使得矩阵

$$\begin{bmatrix} A - BF_1 & -BF_2 \\ -C & 0 \end{bmatrix}$$

为赫尔维茨的。

(a) 如果 r 为常数,证明当 t 趋于无穷时,$y(t)$ 趋于 r。

(b) 当 $r(t)$ 是慢变输入时,研究系统的跟踪性能。

9.29 (见文献[86])要求非线性系统

$$\dot{x} = f(x, u), \quad \dot{y} = h(x)$$

的输出 $y(t)$ 跟踪一个参考输入 r,考虑积分控制器

$$\dot{z} = r - h(x), \quad u = \gamma(x, z, r)$$

其中已假设状态变量 x 可测,可设计函数 γ,使闭环系统

$$\dot{x} = f(x, \gamma(x, z, r)), \quad \dot{z} = r - h(x)$$

有一个指数稳定平衡点 $(\bar{x}, \bar{z})$,函数 f, h 和 γ 对其自变量是二次连续可微的。

(a) 证明如果 r 为常数,且初始状态 $(x(0), z(0))$ 足够接近 $(\bar{x}, \bar{z})$,则当 t 趋于无穷时,$y(t)$ 趋于 r。

(b) 当 $r(t)$ 是慢变输入时,研究系统的跟踪性能。

9.30 (见文献[86])考虑习题 9.29 的跟踪问题,但假设只可测量 $y = h(x)$。考虑基于观测器的积分控制器

$$\dot{z}_1 = f(z_1, u) + G(r)[y - h(z_1)], \quad \dot{z}_2 = r - y, \quad u = \gamma(z_1, z_2, r)$$

假设可设计 γ 和 G,使闭环系统有一个指数稳定平衡点 $(\bar{x}, \bar{z}_1, \bar{z}_2)$。当处于下列情况时:

(1) r 为常数, 　　　　 (2) $r(t)$ 慢变,

研究系统的跟踪性能。

9.31 考虑线性系统 $\dot{x} = A(t)x$,其中 $\|A(t)\| \leqslant k$,且对于所有 $t \geqslant 0$,$A(t)$ 的特征值满足 $\mathrm{Re}[\lambda(t)] \leqslant -\sigma$。假设 $\int_0^\infty \|\dot{A}(t)\|^2 dt \leqslant \rho$,证明 $\dot{x} = A(t)x$ 的原点是指数稳定的。

第10章 扰动理论和平均化

对于非线性微分方程,只是有限的几类特殊方程才能得到其精确的闭式解析解,一般来说必须借助于近似解。科技人员在分析非线性系统时有两类截然不同的近似方法,即数值解法和渐近法。本章和下一章将介绍解非线性微分方程的渐近法[①]。

假设给定状态方程
$$\dot{x} = f(t, x, \varepsilon)$$

其中,ε 是一个"小"标量参数,且在一定条件下,方程有一个精确解 $x(t, \varepsilon)$,这类方程出现在许多实际应用中。渐近法的目的是获得一个近似解 $\tilde{x}(t, \varepsilon)$,使得在某种范数意义下,对较小的 $|\varepsilon|$,近似误差 $x(t, \varepsilon) - \tilde{x}(t, \varepsilon)$ 较小,并且用比原方程更简单的方程表示近似解 $\tilde{x}(t, \varepsilon)$。渐近法的实际意义在于,它揭示了原状态方程对于较小的 $|\varepsilon|$ 所具有的结构特性本质。在10.1节中将看到一些例子,它们用到的渐近法揭示了孤立子系统之间的弱耦合结构或弱非线性系统的结构。更重要的是,渐近法还揭示了在许多实际问题中固有的多时间尺度(multiple-time-scale)结构。状态方程的解经常表现出这样一种现象,即在时间上一些变量比其他变量的变化快,由此变量有"快"和"慢"之分。本章的平均化法和下一章的奇异扰动法(singular perturbation method)都用于处理慢变量和快变量的相互作用。

10.1节提出了寻找近似解的经典扰动法,该方法中的近似解是精确解的一个有限项泰勒展开式。在10.1节和10.2节中,分别建立了有限时间区间和无限时间区间近似的渐近有效性。10.3节检验了在弱周期扰动影响下的自治系统。在前三节中,除了上述结果,还为平均化法提供了技术基础。10.4节介绍了平均化法的最简单形式,由于等式右边是时间的周期函数,有时也称为"周期平均化"。10.5节给出了平均化法在研究弱二阶非线性系统周期解中的应用。最后在10.6节中提出了平均化法的更一般形式。

10.1 扰动法

考虑系统
$$\dot{x} = f(t, x, \varepsilon) \tag{10.1}$$

其中,$f: [t_0, t_1] \times D \times [-\varepsilon_0, \varepsilon_0] \to R^n$ 在定义域 $D \subset R^n$ 上关于自变量是充分光滑的,所要求的光滑条件将在后续内容中讲述。假设对于给定初始状态
$$x(t_0) = \eta(\varepsilon) \tag{10.2}$$

解状态方程(10.1),其中,一般情况下允许初始状态"光滑地"依赖于 ε。方程(10.1)和方程(10.2)的解取决于参数 ε,为了强调这一点将解记为 $x(t, \varepsilon)$。扰动法的目的是寻找"小"扰动参数(以构造对足够小的 $|\varepsilon|$ 成立的近似解。在方程(10.1)和方程(10.2)中,设 $\varepsilon = 0$ 为最简单的近似,得出标称问题或非扰动问题

[①] 考虑到对于大多数学生来说,数值解法已在初等微分方程中引入,且在数值分析课程中有过进一步学习,故本书不予研究。

$$\dot{x} = f(t, x, 0), \qquad x(t_0) = \eta_0 \tag{10.3}$$

其中,$\eta_0 = \eta(0)$。假设该问题有定义在 $[t_0, t_1]$ 上的唯一解 $x_0(t)$,且对于所有 $t \in [t_0, t_1]$,有 $x_0(t) \in D$。进一步假设对于 $[t_0, t_1] \times D \times [-\varepsilon_0, \varepsilon_0]$ 内的 (t, x, ε),f 对 (t, x, ε) 是连续的,对 (x, ε) 是局部利普希茨的,对 t 一致,而 η 对 ε 是局部利普希茨的。扰动与非扰动问题的闭式解是根据解相对于初始状态和参数的连续性得出的。特别地,定理 3.5 说明存在一个正常数 $\varepsilon_1 \leq \varepsilon_0$,使得对于所有 $|\varepsilon| \leq \varepsilon_1$,方程 (10.1) 和方程 (10.2) 在 $[t_0, t_1]$ 上有唯一解 $x(t, \varepsilon)$。更进一步,定理 3.4 说明存在一个正数 k,使得

$$\| x(t, \varepsilon) - x_0(t) \| \leq k |\varepsilon|, \ \forall |\varepsilon| < \varepsilon_1, \ \forall t \in [t_0, t_1] \tag{10.4}$$

当近似误差满足式 (10.4) 的边界时,则称误差具有 $O(\varepsilon)$ 的数量级,记为

$$x(t, \varepsilon) - x_0(t) = O(\varepsilon)$$

数量级的记法在本章和下一章中会经常用到,其定义如下。

定义 10.1　如果存在正常数 k 和 c,使得

$$| \delta_1(\varepsilon) | \leq k |\delta_2(\varepsilon)|, \ \forall |\varepsilon| < c$$

则 $\delta_1(\varepsilon) = O(\delta_2(\varepsilon))$。

例 10.1

- 对于所有 $n \geq m$,有 $\varepsilon^n = O(\varepsilon^m)$,因为

$$|\varepsilon|^n = |\varepsilon|^m |\varepsilon|^{n-m} < |\varepsilon|^m, \ \forall |\varepsilon| < 1$$

- $\varepsilon^2 / (0.5 + \varepsilon) = O(\varepsilon^2)$,因为

$$\left| \frac{\varepsilon^2}{0.5 + \varepsilon} \right| < \frac{1}{0.5 - a} |\varepsilon|^2, \ \forall |\varepsilon| < a < 0.5$$

- $1 + 2\varepsilon = O(1)$,因为

$$|1 + 2\varepsilon| < 1 + 2a, \ \forall |\varepsilon| < a$$

- 当 a 和 ε 为正时,$\exp(-a/\varepsilon) = O(\varepsilon^n)$,$n$ 为任意正整数,因为

$$\frac{e^{-a/\varepsilon}}{\varepsilon^n} \leq \left(\frac{n}{a} \right)^n e^{-n}, \ \forall \varepsilon > 0$$

$\triangle$

当误差是 $O(\varepsilon)$ 时,对于给定数值 ε,如何确定近似误差 $x(t, \varepsilon) - x_0(t)$ 的数值呢?遗憾的是,不能把所说的 $O(\varepsilon)$ 数量级转换为误差的数值边界。已知误差为 $O(\varepsilon)$ 意味着其范数小于 $k|\varepsilon|$,k 为正常数,与 ε 无关。但是我们不知道 k 的值是多少,它可能是 1, 10 或任何正数[①]。k 与 ε 无关,保证了边界 $k|\varepsilon|$ 随着 $|\varepsilon|$ 减小而单调减小。因此对于足够小的 $|\varepsilon|$,误差将会很小。更准确地讲,若给定任意容差 δ,就可以知道对于所有 $|\varepsilon| < \delta/k$,误差的范数将小于 ε。如果这个范围太小而无法覆盖对 δ 有影响的数值,就需要更高阶的逼近以扩展有效范围。对于所有 $|\varepsilon| < \sqrt{\delta/k_2}$,$O(\varepsilon^2)$ 逼近将满足相同的 δ 容差,而对于所有 $|\varepsilon| < (\delta/k_3)^{1/3}$,$O(\varepsilon^3)$ 逼近也将满足相同的 δ 容差,等等。尽管常数 k_1, k_2 和 k_3 不必相等,这些间

---

①　但要注意,对于以公式表示的扰动问题,其中的变量归一化为无量纲的状态变量、时间以及扰动参数,人们期望 k 的数值不应该大于 1。关于归一化的进一步讨论参见例 10.4,更多的例子可参阅文献 [98] 和文献 [141]。

隔长度在不断增加,由于容差 δ 一般都远小于 1。另一种找出更高阶逼近的方法是,对于给定的"足够小"的 ε ,当 $n > m$ 时,$O(\varepsilon^n)$ 的误差将小于 $O(\varepsilon^m)$ 的误差,因为

$$\frac{k_1|\varepsilon|^n}{k_2|\varepsilon|^m} < 1, \quad \forall\ |\varepsilon| < \left(\frac{k_2}{k_1}\right)^{1/(n-m)}$$

假如函数 f 和 η 足够光滑,可以直接得到方程(10.1)和方程(10.2)的高阶逼近。假设对于 $(t, x, \varepsilon) \in [t_0, t_1] \times D \times [-\varepsilon_0, \varepsilon_0]$,$f$ 和 η 具有关于 (x, ε) 的直到 N 阶的连续偏导数,为了得到 $x(t, \varepsilon)$ 的高阶逼近,构造一个有限项泰勒级数

$$x(t, \varepsilon) = \sum_{k=0}^{N-1} x_k(t)\varepsilon^k + \varepsilon^N R_x(t, \varepsilon) \tag{10.5}$$

这里需要做两件事,一件事是计算 $x_0, x_1, \cdots, x_{N-1}$,在此过程中,要证明这些项有严格定义。另一件事是证明余项 R_x 有严格定义,且在 $[t_0, t_1]$ 上有界,这样就确定了 $\sum_{k=0}^{N-1} x_k(t)\varepsilon^k$ 是 $x(t, \varepsilon)$ 的一个 $O(\varepsilon^N)$(N 阶)逼近。根据泰勒定理[①],对初始状态 $O(\varepsilon^N)$ 的光滑性要求保证了 $\eta(\varepsilon)$ 存在一个有限项泰勒级数,即

$$\eta(\varepsilon) = \sum_{k=0}^{N-1} \eta_k \varepsilon^k + \varepsilon^N R_\eta(\varepsilon)$$

因此有
$$x_k(t_0) = \eta_k, \quad k = 0, 1, 2, \cdots, N-1$$

将式(10.5)代入式(10.1),可得

$$\sum_{k=0}^{N-1} \dot{x}_k(t)\varepsilon^k + \varepsilon^N \dot{R}_x(t, \varepsilon) = f(t, x(t, \varepsilon), \varepsilon) \overset{\text{def}}{=} h(t, \varepsilon) = \sum_{k=0}^{N-1} h_k(t)\varepsilon^k + \varepsilon^N R_h(t, \varepsilon) \tag{10.6}$$

其中,$h(t, \varepsilon)$ 的泰勒级数系数是 $x(t, \varepsilon)$ 的泰勒级数系数的函数。由于式(10.6)对于所有足够小的 ε 都成立,所以一定对 ε 恒成立,因此 ε 的同次幂的系数一定相等。如果这些系数匹配,就可以导出 x_0, x_1 等必须满足的方程。在此之前,还必须产生 $h(t, \varepsilon)$ 的泰勒级数的系数。0 次项 $h_0(t)$ 为
$$h_0(t) = f(t, x_0(t), 0)$$

因而,若匹配式(10.6)中 ε^0 的系数,可以确定 $x_0(t)$ 满足

$$\dot{x}_0 = f(t, x_0, 0), \quad x_0(t_0) = \eta_0$$

毫不奇怪,这就是非扰动问题(10.3)。一次项 $h_1(t)$ 为

$$\begin{aligned}
h_1(t) &= \left.\frac{\partial}{\partial \varepsilon} f(t, x(t, \varepsilon), \varepsilon)\right|_{\varepsilon=0} \\
&= \left\{\frac{\partial f}{\partial x}(t, x(t, \varepsilon), \varepsilon)\frac{\partial x}{\partial \varepsilon}(t, \varepsilon) + \frac{\partial f}{\partial \varepsilon}(t, x(t, \varepsilon), \varepsilon)\right\}\bigg|_{\varepsilon=0} \\
&= \frac{\partial f}{\partial x}(t, x_0(t), 0)\, x_1(t) + \frac{\partial f}{\partial \varepsilon}(t, x_0(t), 0)
\end{aligned}$$

匹配式(10.6)中 ε 的系数,可得 $x_1(t)$ 满足

$$\dot{x}_1 = \frac{\partial f}{\partial x}(t, x_0(t), 0)\, x_1 + \frac{\partial f}{\partial \varepsilon}(t, x_0(t), 0), \quad x_1(t_0) = \eta_1$$

---

① 参见文献[10]的定理 5.14。

定义
$$A(t) = \frac{\partial f}{\partial x}(t, x_0(t), 0), \quad g_1(t, x_0(t)) = \frac{\partial f}{\partial \varepsilon}(t, x_0(t), 0)$$

重写关于 x_1 的方程为

$$\dot{x}_1 = A(t)x_1 + g_1(t, x_0(t)), \quad x_1(t_0) = \eta_1$$

该线性方程在 $[t_0, t_1]$ 上有唯一解。

继续这一过程可推导出 x_2, x_3 等满足的方程,但其中包含了 f 对 x 的高阶微分,表示起来过于烦琐。其实没有必要写出方程的通式,只要概念清楚,就可以对讨论的特殊问题列出方程。不过为了设定这些方程所采用的模式,我们还是要推导 x_2 满足的方程,也许读者会感到厌烦。$h(t, \varepsilon)$ 的泰勒级数中二次系数为

$$h_2(t) = \frac{1}{2} \frac{\partial^2}{\partial \varepsilon^2} h(t, \varepsilon) \Big|_{\varepsilon = 0}$$

现在
$$\begin{aligned}
\frac{\partial}{\partial \varepsilon} h(t, \varepsilon) &= \frac{\partial f}{\partial x}(t, x, \varepsilon) \frac{\partial x}{\partial \varepsilon}(t, \varepsilon) + \frac{\partial f}{\partial \varepsilon}(t, x, \varepsilon) \\
&= \frac{\partial f}{\partial x}(t, x, \varepsilon)[x_1(t) + 2\varepsilon x_2(t) + \cdots] + \frac{\partial f}{\partial \varepsilon}(t, x, \varepsilon)
\end{aligned}$$

为了简化表达式,设
$$\psi(t, x, \varepsilon) = \frac{\partial f}{\partial x}(t, x, \varepsilon) \, x_1(t)$$

继续计算 h 对 ε 的二阶导数:

$$\begin{aligned}
\frac{\partial^2}{\partial \varepsilon^2} h(t, \varepsilon) &= \frac{\partial \psi}{\partial x}(t, x, \varepsilon) \frac{\partial x}{\partial \varepsilon}(t, \varepsilon) + \frac{\partial}{\partial \varepsilon} \frac{\partial f}{\partial x}(t, x, \varepsilon) \, x_1(t) \\
&\quad + 2\frac{\partial f}{\partial x}(t, x, \varepsilon) \, x_2(t) + \frac{\partial}{\partial x} \frac{\partial f}{\partial \varepsilon}(t, x, \varepsilon) \frac{\partial x}{\partial \varepsilon}(t, \varepsilon) \\
&\quad + \frac{\partial^2 f}{\partial \varepsilon^2}(t, x, \varepsilon) + \varepsilon[\cdot]
\end{aligned}$$

这样,
$$h_2(t) = A(t)x_2(t) + g_2(t, x_0(t), x_1(t))$$

其中
$$\begin{aligned}
g_2(t, x_0(t), x_1(t)) &= \frac{1}{2} \frac{\partial \psi}{\partial x}(t, x_0(t), 0) \, x_1(t) + \frac{\partial}{\partial \varepsilon} \frac{\partial f}{\partial x}(t, x_0(t), 0) \, x_1(t) \\
&\quad + \frac{1}{2} \frac{\partial^2 f}{\partial \varepsilon^2}(t, x_0(t), 0)
\end{aligned}$$

匹配式(10.6)中 ε^2 的系数,可得

$$\dot{x}_2 = A(t)x_2 + g_2(t, x_0(t), x_1(t)), \quad x_2(t_0) = \eta_2$$

归纳起来,泰勒级数的系数 $x_0, x_1, \cdots, x_{N-1}$ 可通过解下列方程获得

$$\dot{x}_0 = f(t, x_0, 0), \quad x_0(t_0) = \eta_0 \tag{10.7}$$

$$\dot{x}_k = A(t)x_k + g_k(t, x_0(t), \cdots, x_{k-1}(t)), \quad x_k(t_0) = \eta_k \tag{10.8}$$

其中,$k = 1, 2, \cdots, N-1$,$A(t)$ 是雅可比矩阵 $[\partial f / \partial x]$ 在 $x = x_0(t)$ 和 $\varepsilon = 0$ 的值,$g_k(t, x_0(t), x_1(t), \cdots, x_{k-1}(t))$ 项是关于 $x_1, \cdots, x_{k-1}$ 的一个多项式,其系数连续依赖于 t 和 $x_0(t)$。假设 $x_0(t)$ 定义在 $[t_0, t_1]$ 上意味着 $A(t)$ 也定义在同一区间上。因此,线性方程(10.8)在 $[t_0, t_1]$ 上

有唯一解。现在用二阶例子说明如何计算泰勒级数系数。

例 10.2　考虑范德波尔（Van der Pol）状态方程

$$\dot{x}_1 = x_2, \qquad\qquad x_1(0) = \eta_1(\varepsilon)$$

$$\dot{x}_2 = -x_1 + \varepsilon(1 - x_1^2)x_2, \quad x_2(0) = \eta_2(\varepsilon)$$

假设希望构造一个 $N = 3$ 的有限项泰勒级数。设

$$x_i = x_{i0} + \varepsilon x_{i1} + \varepsilon^2 x_{i2} + \varepsilon^3 R_{x_i}, \quad i = 1, 2$$

和

$$\eta_i = \eta_{i0} + \varepsilon \eta_{i1} + \varepsilon^2 \eta_{i2} + \varepsilon^3 R_{\eta_i}, \quad i = 1, 2$$

将 x_1, x_2 的级数代入状态方程，可得

$$\dot{x}_{10} + \varepsilon \dot{x}_{11} + \varepsilon^2 \dot{x}_{12} + \varepsilon^3 \dot{R}_{x_1} = x_{20} + \varepsilon x_{21} + \varepsilon^2 x_{22} + \varepsilon^3 R_{x_2}$$

$$\dot{x}_{20} + \varepsilon \dot{x}_{21} + \varepsilon^2 \dot{x}_{22} + \varepsilon^3 \dot{R}_{x_2} = -x_{10} - \varepsilon x_{11} - \varepsilon^2 x_{12} - \varepsilon^3 R_{x_1}$$
$$+ \varepsilon \left[1 - (x_{10} + \varepsilon x_{11} + \varepsilon^2 x_{12} + \varepsilon^3 R_{x_1})^2 \right]$$
$$\times (x_{20} + \varepsilon x_{21} + \varepsilon^2 x_{22} + \varepsilon^3 R_{x_2})$$

匹配 ε^0 的系数，可得

$$\dot{x}_{10} = x_{20}, \quad x_{10}(0) = \eta_{10}$$

$$\dot{x}_{20} = -x_{10}, \quad x_{20}(0) = \eta_{20}$$

它是当 $\varepsilon = 0$ 时的非扰动问题。匹配 ε 的系数，可得

$$\dot{x}_{11} = x_{21}, \qquad\qquad x_{11}(0) = \eta_{11}$$

$$\dot{x}_{21} = -x_{11} + (1 - x_{10}^2)x_{20}, \quad x_{21}(0) = \eta_{21}$$

匹配 ε^2 的系数，有

$$\dot{x}_{12} = x_{22}, \qquad\qquad x_{12}(0) = \eta_{12}$$

$$\dot{x}_{22} = -x_{12} + (1 - x_{10}^2)x_{21} - 2x_{10}x_{11}x_{20}, \quad x_{22}(0) = \eta_{22}$$

后两组方程即为 $k = 1, 2$ 时方程（10.8）的形式。　　　　　　　　　　△

计算出 $x_0, x_1, \cdots, x_{N-1}$，现在的任务就是证明 $\sum_{k=0}^{N-1} x_k(t)\varepsilon^k$ 确实是 $x(t, \varepsilon)$ 的一个 $O(\varepsilon^N)$ 逼近。考虑逼近误差

$$e = x - \sum_{k=0}^{N-1} x_k(t)\varepsilon^k \tag{10.9}$$

上式两边对 t 进行微分，并将式（10.1）、式（10.7）和式（10.8）的 x 和 x_k 的导数代入，可证明 e 满足方程

$$\dot{e} = A(t)e + \rho_1(t, e, \varepsilon) + \rho_2(t, \varepsilon), \quad e(t_0) = \varepsilon^N R_\eta(\varepsilon) \tag{10.10}$$

其中

$$\rho_1(t, e, \varepsilon) = f\left(t, e + \sum_{k=0}^{N-1} x_k(t)\varepsilon^k, \varepsilon\right) - f\left(t, \sum_{k=0}^{N-1} x_k(t)\varepsilon^k, \varepsilon\right) - A(t)e$$

$$\rho_2(t, \varepsilon) = f\left(t, \sum_{k=0}^{N-1} x_k(t)\varepsilon^k, \varepsilon\right) - f(t, x_0(t), 0) - \sum_{k=1}^{N-1} [A(t)x_k(t) + g_k(\cdot)]\varepsilon^k$$

根据假设,对于所有 $t \in [t_0, t_1]$,$x_0(t)$ 有界且属于 D。因此,存在 $\lambda > 0$ 和 $\varepsilon_1 > 0$,使得对于所有 $\|e\| \leqslant \lambda$ 和 $|\varepsilon| \leqslant \varepsilon_1$,函数 $x_0(t)$,$\sum_{k=0}^{N-1} x_k(t)\varepsilon^k$ 和 $e + \sum_{k=0}^{N-1} x_k(t)\varepsilon^k$ 属于 D 的一个紧子集。容易验证,对于所有 $t \in [t_0, t_1]$,$e_1, e_2 \in B_\lambda$,$\varepsilon \in [-\varepsilon_1, \varepsilon_1]$,有

$$\rho_1(t, 0, \varepsilon) = 0 \tag{10.11}$$

$$\|\rho_1(t, e_2, \varepsilon) - \rho_1(t, e_1, \varepsilon)\| \leqslant k_1 \|e_2 - e_1\| \tag{10.12}$$

$$\|\rho_2(t, \varepsilon)\| \leqslant k_2 |\varepsilon|^N \tag{10.13}$$

其中,k_1 和 k_2 为正常数。方程(10.10)可看成如下方程的一个扰动:

$$\dot{e}_0 = A(t)e_0 + \rho_1(t, e_0, \varepsilon), \quad e_0(t_0) = 0 \tag{10.14}$$

该方程对于 $t \in [t_0, t_1]$ 有唯一解 $e_0(t, \varepsilon) \equiv 0$。应用定理 3.5 可以证明,对于足够小的 $|\varepsilon|$,方程(10.10)在 $[t_0, t_1]$ 上有唯一解。应用定理 3.4 可证明

$$\|e(t, \varepsilon)\| = \|e(t, \varepsilon) - e_0(t, \varepsilon)\| = O(\varepsilon^N)$$

下一定理是上述结论的总结。

定理 10.1 假设

- f 及其对 (x, ε) 的直到 N 阶偏导数当 $(t, x, \varepsilon) \in [t_0, t_1] \times D \times [-\varepsilon_0, \varepsilon_0]$ 时,对 (t, x, ε) 是连续的;
- 对于 $\varepsilon \in [-\varepsilon_0, \varepsilon_0]$,$\eta$ 及其直到 N 阶导数是连续的;
- 方程(10.3)给出的标称问题在 $[t_0, t_1]$ 上有唯一解 $x_0(t)$,且对于所有 $t \in [t_0, t_1]$,$x_0(t) \in D$。

则存在 $\varepsilon^* > 0$,使得 $\forall |\varepsilon| < \varepsilon^*$,方程(10.1)和方程(10.2)给出的问题在 $[t_0, t_1]$ 上有唯一解 $x(t, \varepsilon)$,满足

$$x(t, \varepsilon) - \sum_{k=0}^{N-1} x_k(t)\varepsilon^k = O(\varepsilon^N)$$

$\diamond$

当用 $x_0(t)$ 逼近 $x(t, \varepsilon)$ 时,无须知道参数 ε 的值,它代表系统参数与其标称值的偏差,可能是一个未知参数。当用高阶逼近 $\sum_{k=0}^{N-1} x_k(t)\varepsilon^k$ 时,$N \geqslant 2$,需要知道 ε 的值以构造该级数,即使不必用其计算 x_1, x_2 等项。如果必须知道 ε 来构造泰勒级数逼近,就必须对通过泰勒级数逼近解的计算量和计算精确解的计算量进行比较。精确解 $x(t, \varepsilon)$ 可以通过解非线性状态方程(10.1)求得,而近似解可以通过解非线性状态方程(10.7)和若干线性状态方程(10.8)求得,这取决于逼近的阶数。由于两种情况都必须解 n 阶非线性状态方程,我们就要问不解方程(10.1)而解(10.7)会得到什么? 一种情况是,当对几个 ε 值求解时,采用泰勒级数逼近非常可取。在泰勒级数逼近中,方程(10.7)和方程(10.8)只解一次,对于不同的 ε 值构造不同的泰勒展开式。除了这种特殊情况(重复 ε 值),我们发现泰勒级数逼近对以下两种情况很有效:

- 非扰动状态方程(10.7)比与 ε 有关的状态方程(10.1)简单得多。
- ε 相当小,在级数中只要几项就使逼近结果"可接受"。

在大多数扰动法的工程应用中,取 N 为 2 或 3 可实现适当的逼近,且设 $\varepsilon = 0$ 可极大简化状态方程。在下面的两个例子中,可以看到通过设 $\varepsilon = 0$ 降低状态方程复杂度的两种典型情

况。第一个例子再次讨论了例 10.2 的范德波尔方程,它广泛代表了一类当 $\varepsilon = 0$ 时变为线性系统的"弱非线性系统"。为了构造泰勒级数逼近,仅需解线性方程。在第二个例子中,可以看到一个由具有"弱"耦合或 ε 耦合的互联子系统构成的系统。为了构造泰勒级数逼近,这里不解原始高阶方程(10.1),而是解低阶去耦方程。

例 10.3 假设要在时间区间 $[0, \pi]$ 内解范德波尔方程

$$\dot{x}_1 = x_2, \qquad\qquad x_1(0) = 1$$

$$\dot{x}_2 = -x_1 + \varepsilon(1 - x_1^2)x_2, \quad x_2(0) = 0$$

首先设 $\varepsilon = 0$,得到一个线性无扰动方程

$$\dot{x}_{10} = x_{20}, \qquad x_{10}(0) = 1$$

$$\dot{x}_{20} = -x_{10}, \qquad x_{20}(0) = 0$$

其解为
$$x_{10}(t) = \cos t, \quad x_{20}(t) = -\sin t$$

显然,定理 10.1 的所有假设都成立,并得出逼近误差 $x(t, \varepsilon) - x_0(t)$ 为 $O(\varepsilon)$。对三个不同的 ε 值计算 $x(t, \varepsilon)$,并用

$$E_0 = \max_{0 \le t \le \pi} \|x(t, \varepsilon) - x_0(t)\|_2$$

作为误差的测度,当 ε 为 $0.01, 0.05$ 和 0.1 时,求出 E_0 分别为 $0.0112, 0.0589$ 和 0.1192。这些数据说明当 $\varepsilon \le 0.1$ 时,误差由 1.2ε 界定。图 10.1(a)给出了 $\varepsilon = 0.1$ 时状态向量第一分量的精确轨迹和近似轨迹。由例 10.2 可知 x_{11} 和 x_{21} 满足方程

$$\dot{x}_{11} = x_{21}, \qquad\qquad x_{11}(0) = 0$$

$$\dot{x}_{21} = -x_{11} - (1 - \cos^2 t)\sin t, \quad x_{21}(0) = 0$$

其解为
$$x_{11}(t) = -\frac{9}{32}\sin t - \frac{1}{32}\sin 3t + \frac{3}{8}t\cos t$$
$$x_{21}(t) = \frac{3}{32}\cos t - \frac{3}{32}\cos 3t - \frac{3}{8}t\sin t$$

由定理 10.1 可知,二阶逼近 $x_0(t) + \varepsilon x_1(t)$ 为 $O(\varepsilon^2)$,当 ε 足够小时接近精确解。为了比较 $\varepsilon = 0.1$ 时的近似解和精确解,计算出

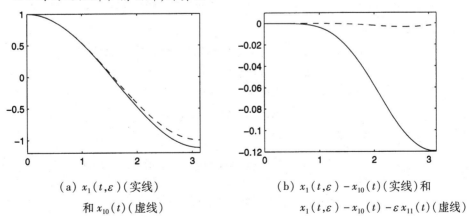

(a) $x_1(t, \varepsilon)$(实线)
和 $x_{10}(t)$(虚线)

(b) $x_1(t, \varepsilon) - x_{10}(t)$(实线)和
$x_1(t, \varepsilon) - x_{10}(t) - \varepsilon x_{11}(t)$(虚线)

图 10.1 例 10.3 在 $\varepsilon = 0.1$ 时的情况

$$E_1 = \max_{0 \leqslant t \leqslant \pi} \|x(t, 0.1) - x_0(t) - 0.1 x_1(t)\|_2 = 0.0057$$

说明逼近误差几乎降低了一个数量级。图 10.1(b) 给出了当 $\varepsilon = 0.1$ 时，一阶逼近 x_0 和二阶逼近 $x_0 + \varepsilon x_1$ 的状态向量第一分量的逼近误差。　　　　　　　　　　　　△

例 10.4　图 10.2 所示电路含有非线性电阻，其 *I-V* 特性由 $i = \psi(v)$ 给出。关于电容两端电压的微分方程为

$$C\frac{dv_1}{dt} = \frac{1}{R}(E - v_1) - \psi(v_1) - \frac{1}{R_c}(v_1 - v_2)$$

$$C\frac{dv_2}{dt} = \frac{1}{R}(E - v_2) - \psi(v_2) - \frac{1}{R_c}(v_2 - v_1)$$

电路中有两个相似的 RC 节，通过电阻 R_c 连接。当 R_c "相当大" 时，两个节之间的连接变得 "很弱"。特别是，当 $R_c = \infty$ 时，连接为开路，两节之间失去耦合。由该电路可推出其 ε 耦合表达式，即两节之间的耦合由一个小参数 ε 确定。乍一看似乎选择 ε 为 $\varepsilon = 1/R_c$ 很合理。的确，这样做就可以用 ε 乘以上述方程中的耦合项，然而该选择使 ε 取决于物理参数的绝对值，而这个物理参数的绝对值无论多小或多大，在不考虑系统中其他物理参数的情况下都毫无意义。在一个完全由公式表示的扰动问题中，把 ε 选择为物理参数之间的一个比值，这些物理参数能相对反映出 ε "真的很小"。用该方法选择 ε，通常首先把状态变量或时间变量(或两者)选择为无量纲的量。在我们讨论的电路里，显然应把状态变量选为 v_1 和 v_2。但不用 v_1 和 v_2 进行计算，而是按比例对它们进行缩放，缩放后变量的极值应该接近 ± 1。由于在这两个完全一样的电路之间存在弱耦合，对于这两个状态变量，应该使用相同的尺度因子 α。定义状态变量为 $x_1 = v_1/\alpha$ 和 $x_2 = v_2/\alpha$。取无量纲的时间 $\tau = t/RC$，并记 $dx/d\tau = \dot{x}$，得状态方程为

$$\dot{x}_1 = \frac{E}{\alpha} - x_1 - \frac{R}{\alpha}\psi(\alpha x_1) - \frac{R}{R_c}(x_1 - x_2)$$

$$\dot{x}_2 = \frac{E}{\alpha} - x_2 - \frac{R}{\alpha}\psi(\alpha x_2) - \frac{R}{R_c}(x_2 - x_1)$$

很明显，应当选择 ε 为 R/R_c。假设 $R = 1.5 \times 10^3 \, \Omega$，$E = 1.2$ V，且非线性电阻是隧道二极管

$$\psi(v) = 10^{-3} \times \left(17.76v - 103.79v^2 + 229.62v^3 - 226.31v^4 + 83.72v^5\right)$$

取 $\alpha = 1$，重写状态方程为

$$\dot{x}_1 = 1.2 - x_1 - h(x_1) - \varepsilon(x_1 - x_2)$$

$$\dot{x}_2 = 1.2 - x_2 - h(x_2) - \varepsilon(x_2 - x_1)$$

其中 $h(v) = 1.5 \times 10^3 \times \psi(v)$。假设要解方程，其初始状态为

$$x_1(0) = 0.15; \quad x_2(0) = 0.6$$

令 $\varepsilon = 0$，可得去耦方程

$$\dot{x}_1 = 1.2 - x_1 - h(x_1), \quad x_1(0) = 0.15$$

$$\dot{x}_2 = 1.2 - x_2 - h(x_2), \quad x_2(0) = 0.6$$

它们可以分别独立求解。设 $x_{10}(t)$ 和 $x_{20}(t)$ 是方程的解，根据定理 10.1，它们给出了当 ε 足够小时精确解的 $O(\varepsilon)$ 逼近。为了得到 $O(\varepsilon^2)$ 逼近，可以建立关于 x_{11} 和 x_{21} 的方程

$$\dot{x}_{11} = -[1+h'(x_{10}(t))]x_{11} - [x_{10}(t)-x_{20}(t)], \quad x_{11}(0) = 0$$

$$\dot{x}_{21} = -[1+h'(x_{20}(t))]x_{21} - [x_{20}(t)-x_{10}(t)], \quad x_{21}(0) = 0$$

其中 $h'(\cdot)$ 是 $h(\cdot)$ 的导数。图 10.3 所示为当 $\varepsilon=0.3$ 时的精确解与一阶和二阶逼近。

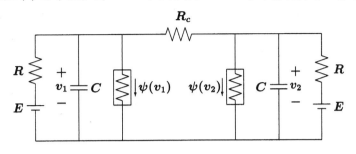

图 10.2　例 10.4 的电路

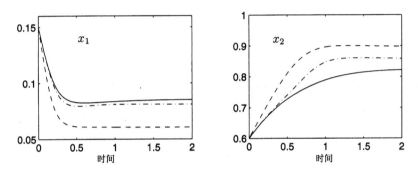

图 10.3　例 10.4 在 $\varepsilon=0.3$ 时的精确解(实线)、一阶逼近(虚线)和二阶逼近(点划线)

定理 10.1 的严重局限性是，$O(\varepsilon^N)$ 误差边界仅在有限的(阶 $O(1)$)时间区间 $[t_0,t_1]$ 上成立，而在如同 $[t_0,T/\varepsilon]$ 区间或者无限时间区间 $[t_0,\infty)$ 上都不成立，其原因是边界 $k|\varepsilon|^N$ 中的常数 k 取决于时间 t_1，这样就使其随 t_1 的增加而趋向无界。特别是，由于常数 k 是由定理 3.4 得出的，它有一个形如 $\exp(Lt_1)$ 的分量。在下一节将运用稳定性条件把定理 10.1 扩展到无限区间。若缺少这样的稳定性条件，则 t 较大时逼近不可能成立，即使它在 $O(1)$ 的时间区间内成立。图 10.4 给出了例 10.3 的范德波尔方程在 $\varepsilon=0.1$ 时的精确解和近似解。当 t 较大时，误差 $x_1(t,\varepsilon)-x_{10}(t)$ 不再是 $O(\varepsilon)$。更严重的是，误差 $x_1(t,\varepsilon)-x_{10}(t)-\varepsilon x_{11}(t)$ 趋于无界，这是 $x_{11}(t)$ 中 $t\cos t$ 一项产生的结果。

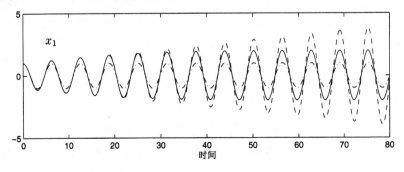

图 10.4　范德波尔方程在较大时间区间上的精确解(实线)、一阶逼近(点划线)和二阶逼近(虚线)

10.2   无限区间上的扰动

再附加一些稳定条件,定理 10.1 的扰动结果可以扩展到无限时间区间 $[t_0, \infty)$。在下面的定理中,要求标称系统(10.7)在原点有一个指数稳定平衡点,并应用李雅普诺夫函数估计其吸引区。为不失一般性,把原点作为平衡点,因为任何平衡点都可以通过变量代换移至原点。

定理 10.2   设 $D \subset R^n$ 是包含原点的定义域,并假设

- 对于每个紧集 $D_0 \subset D$ 以及 $(t, x, \varepsilon) \in [0, \infty) \times D_0 \times [-\varepsilon_0, \varepsilon_0]$,$f$ 及其对 (x, ε) 的直到 N 阶偏导数连续且有界;如果 $N = 1$,$[\partial f / \partial x](t, x, \varepsilon)$ 对 (x, ε) 是利普希茨的,对 t 是一致的;
- 对 $\varepsilon \in [-\varepsilon_0, \varepsilon_0]$,$\eta$ 及其直到 N 阶导数连续;
- 原点是标称系统(10.7)的一个指数稳定平衡点;
- 对于 $(t, x) \in [0, \infty) \times D$,标称系统(10.7)存在李雅普诺夫函数 $V(t, x)$,满足定理 4.9 的条件,且 $\{W_1(x) \leqslant c\}$ 是 D 的一个紧子集。

则对于每个紧集 $\Omega \subset \{W_2(x) \leqslant \rho c, 0 < \rho < 1\}$,存在正常数 ε^*,使得对于所有 $t_0 \geqslant 0$,$\eta_0 \in \Omega$ 和 $|\varepsilon| < \varepsilon^*$,方程(10.1)和方程(10.2)有唯一解 $x(t, \varepsilon)$,该解在 $[t_0, \infty)$ 上一致有界,且有

$$x(t, \varepsilon) - \sum_{k=0}^{N-1} x_k(t) \varepsilon^k = O(\varepsilon^N)$$

其中,$O(\varepsilon^N)$ 在 t 上对于所有 $t \geqslant t_0$ 一致成立。   ◇

如果标称系统(10.7)是自治系统,则定理 10.2 中的集合 Ω 可以是原点吸引区的任何紧子集。这是由(逆李雅普诺夫)定理 4.17 得出的,因为由该定理给出的李雅普诺夫函数 $V(x)$ 有这样一种性质,即吸引区的任何紧子集都可以包含在紧集 $\{V(x) \leqslant c\}$ 内。

证明: 应用定理 9.1 可证明,存在 $\varepsilon_1 > 0$,使得对于所有 $|\varepsilon| < \varepsilon_1$,$x(t, \varepsilon)$ 是一致有界的,且 $x(t, \varepsilon) - x_0(t)$ 为 $O(\varepsilon)$,对于所有 $t \geqslant t_0$,对 t 一致。显然,对于 $\eta_0 \in \Omega$,$x_0(t)$ 是一致有界的,且 $\lim_{t \to \infty} x_0(t) = 0$。考虑线性方程(10.8),由有界输入 – 有界输出稳定性(见定理 5.1)可知,如果 $\dot{z} = A(t)z$ 是指数稳定的且输入 g_k 有界,则方程(10.8)的解是一致有界的。输入 g_k 是关于 $x_1, \cdots, x_{k-1}$ 的多项式,其系数取决于 t 和 $x_0(t)$。对于 t 的依赖性来自 f 的偏导数,它在 D 的紧子集上是有界的。由于 $x_0(t)$ 和多项式的系数对于所有 $t \geqslant t_0$ 有界,因此 g_k 的边界可根据 $x_1, \cdots, x_{k-1}$ 的边界得出。矩阵 $A(t)$ 由下式给出:

$$A(t) = \frac{\partial f}{\partial x}(t, x_0(t), 0)$$

其中,$x_0(t)$ 是标称系统(10.7)的解。这说明作为方程(10.7)的平衡点,原点的指数稳定性保证了 $\dot{z} = A(t)z$ 的原点对于每个始于集合 Ω 的解 $x_0(t)$ 将是指数稳定的。为了理解这一点,设

$$A_0(t) = \frac{\partial f}{\partial x}(t, 0, 0)$$

并写出
$$A(t) = A_0(t) + [A(t) - A_0(t)] \stackrel{\text{def}}{=} A_0(t) + B(t)$$

所以线性系统 $\dot{z} = A(t)z$ 可以看成 $\dot{y} = A_0(t)y$ 的一个线性扰动。由于 $[\partial f/\partial x](t,x,0)$ 对于 x 是利普希茨的,对于 t 是一致的,故有

$$\|B(t)\| = \left\|\frac{\partial f}{\partial x}(t,x_0(t),0) - \frac{\partial f}{\partial x}(t,0,0)\right\| \leqslant L\|x_0(t)\|$$

另一方面,根据方程(10.7)的原点的指数稳定性和定理 4.15 可知,线性系统 $\dot{y} = A_0(t)y$ 的原点是指数稳定的。因此,与例 9.6 相似,可以用 $\lim\limits_{t\to\infty} x_0(t) = 0$ 证明线性系统 $\dot{z} = A(t)z$ 的原点是指数稳定的。

由于 $\|x_0(t)\|$ 有界,且 $g_1(t,x_0(t)) = [\partial f/\partial\varepsilon](t,x_0(t),0)$,可知对于所有 $t \geqslant t_0$,g_1 是有界的。因此由定理 5.1 可得,$x_1(t)$ 是有界的。由简单的归纳法,可论证 $x_2(t),\cdots,x_{k-1}(t)$ 有界。

至此,我们已经验证了对于足够小的 $|\varepsilon|$,精确解 $x(t,\varepsilon)$ 和近似解 $\sum_{k=0}^{N-1} x_k(t)\varepsilon^k$ 在 $[t_0,\infty)$ 上是一致有界的。其余要做的是分析逼近误差 $e = x - \sum_{k=0}^{N-1} x_k(t)\varepsilon^k$。该误差分析与 10.1 节中所做的分析非常相似。误差满足式(10.10),其中 ρ_1 和 ρ_2 当 ε_1 足够小时,对于所有 $(t,e,\varepsilon) \in [t_0,\infty) \times B_\lambda \times [-\varepsilon_1,\varepsilon_1]$ 满足式(10.11),式(10.13)和

$$\left\|\frac{\partial\rho_1}{\partial e}(t,e,\varepsilon)\right\| \leqslant k_1(\|e\| + |\varepsilon|)$$

误差方程(10.10)可看成 $\dot{e} = A(t)e$ 的扰动,其中的扰动项满足

$$\|\rho_1(t,e,\varepsilon) + \rho_2(t,\varepsilon)\| \leqslant k_1(\|e\| + |\varepsilon|)\|e\| + k_2|\varepsilon|^N \leqslant k_1(\lambda + |\varepsilon|)\|e\| + k_2|\varepsilon|^N$$

注意到 $\|e(t_0,\varepsilon)\| = O(\varepsilon^N)$,由引理 9.4 可得,当 $t \geqslant t_0$ 时,对于足够小的 $|\varepsilon|$,有 $\|e(t,\varepsilon)\| = O(\varepsilon^N)$。 □

例 10.5 例 10.4 的电路可表示为
$$\begin{aligned}
\dot{x}_1 &= 1.2 - x_1 - h(x_1) - \varepsilon(x_1 - x_2) \\
\dot{x}_2 &= 1.2 - x_2 - h(x_2) - \varepsilon(x_2 - x_1)
\end{aligned}$$

其中
$$h(v) = 1.5(17.76v - 103.79v^2 + 229.62v^3 - 226.31v^4 + 83.72v^5)$$

当 $\varepsilon = 0$ 时,非扰动系统含有两个孤立的一阶子系统
$$\begin{aligned}
\dot{x}_1 &= 1.2 - x_1 - h(x_1) \\
\dot{x}_2 &= 1.2 - x_2 - h(x_2)
\end{aligned}$$

可以验证,这两个系统中的每个都有 3 个平衡点 0.063, 0.285 和 0.884。雅可比函数 $-1 + h'(x_i)$ 在点 $x_i = 0.063$ 处和 $x_i = 0.884$ 处为负,在点 $x_i = 0.285$ 处为正。因此,在 0.063 处和 0.884 处的平衡点是指数稳定的,而在 0.285 处的平衡点是非稳定的。当两个一阶系统连接在一起时,复合二阶系统就有 9 个平衡点,其中只有 4 个是指数稳定的,它们是 $(0.063,0.063),(0.063,0.884),(0.884,0.063)$ 和 $(0.884,0.884)$。定理 10.2 指出,如果初始状态 $x(0)$ 属于这些平衡点中任何一个的吸引区的一个紧子集,则例 10.4 中计算的近似解就对于所有 $t \geqslant 0$ 都是成立的。图 10.3 所示是在一段足够长的时间区间上系统达到稳定状态的仿真。在这个特例中,初始状态 $(0.15,0.6)$ 属于 $(0.063,0.884)$ 的吸引区。 △

定理 10.2 的 $O(\varepsilon^N)$ 估计仅在原点是指数稳定的时候成立。如果是渐近稳定而不是指数稳定的,就不一定成立,如下例所示。

例 10.6　考虑一阶系统
$$\dot{x} = -x^3 + \varepsilon x$$

并假设 $\varepsilon > 0$。非扰动系统
$$\dot{x} = -x^3$$

的原点是全局渐近稳定的,但不是指数稳定的(见例 4.23)。扰动系统在 $x = 0$ 和 $x = \pm\sqrt{\varepsilon}$ 处有 3 个平衡点。平衡点 $x = 0$ 是非稳定的,而其他两个平衡点是渐近稳定的。解这两个具有相同正初始条件 $x(0) = a$ 的系统,很容易看出,当 t 趋于无穷时,
$$x(t,\varepsilon) \to \sqrt{\varepsilon}, \quad x_0(t) \to 0$$

因为 $\sqrt{\varepsilon}$ 不是 $O(\varepsilon)$,显然对于所有 $t \geq 0$,逼近误差 $x(t,\varepsilon) - x_0(t)$ 不是 $O(\varepsilon)$。尽管如此,由于原点是渐近稳定的,应该能够得出当 t 趋于无穷时逼近的渐近特性。尽管这一论述比定理 10.2 缺乏说服力,但我们仍可以得到这个结论。因为非扰动系统的原点是渐近稳定的,故当 t 趋于无穷时,解 $x_0(t)$ 趋于零,即给定 $\delta > 0$,存在 $T_1 > 0$,使得
$$\|x_0(t)\| < \delta/2, \quad \forall\, t \geq T_1$$

扰动系统的解是毕竟有界的,最终边界随 ε 减小。因此,给定任意 $\delta > 0$,存在 $T_2 > 0$ 和 $\varepsilon^* > 0$,使得
$$\|x(t,\varepsilon)\| < \delta/2, \quad \forall\, t \geq T_2, \ \forall\, \varepsilon < \varepsilon^*$$

把这两个估计结合起来,就可以说对于任意 $\delta > 0$,逼近误差满足
$$\|x(t,\varepsilon) - x_0(t)\| < \delta, \quad \forall\, t \geq T, \ \forall\, \varepsilon < \varepsilon^*$$

其中,$T = \max\{T_1, T_2\}$。在阶 $O(1)$ 时间区间 $[0, T]$ 上,从定理 10.1 的有限时间结果可知逼近误差为 $O(\varepsilon)$。因此,可以说对于任意 $\delta > 0$,存在 $\varepsilon^{**} > 0$,使得
$$\|x(t,\varepsilon) - x_0(t)\| < \delta, \quad \forall\, t \in [0,\infty), \ \forall\, \varepsilon < \varepsilon^{**}$$

上一个不等式等于说当 ε 趋于零时逼近误差趋于零,对于所有 $t \geq 0$ 是关于 t 一致的。一般来讲,在缺少指数稳定性的条件下,这是我们可以得到的最好结果。当然,在特殊的例子中,可以得到 $x_0(t)$ 和 $x(t,\varepsilon)$ 的闭式解,而且实际上还可以证明逼近误差为 $O(\sqrt{\varepsilon})$。　　　　　　△

10.3　自治系统的周期扰动

考虑系统
$$\dot{x} = f(x) + \varepsilon g(t, x, \varepsilon) \tag{10.15}$$

其中,对于每个紧集 $D_0 \subset D$,以及所有 $(t, x, \varepsilon) \in [0, \infty) \times D_0 \times [-\varepsilon_0, \varepsilon_0]$,$f$ 和 g 及其关于 x 的一阶偏导数是连续有界的,$D \subset R^n$ 是包含原点的定义域。假设原点是自治系统
$$\dot{x} = f(x) \tag{10.16}$$

的指数稳定平衡点,也就是说[1]矩阵 $A = [\partial f/\partial x](0)$ 是赫尔维茨矩阵。由于 g 的有界性,我们可应用定理 4.14 和引理 9.2 证明存在 $r > 0$ 和 $\varepsilon_1 > 0$,使得对于所有 $\|x(0)\| \leq r$ 和 $|\varepsilon| \leq \varepsilon_1$,方程 (10.15) 的解是一致毕竟有界的,其最终边界与 $|\varepsilon|$ 成比例。换句话说,当 t 趋于无穷时,

---

[1]　这一等效是根据定理 4.15 得出的。

所有的解趋于原点的 $O(\varepsilon)$ 邻域,这对任何有界的 g 都成立。本节关心的是当 g 在时间 t 上以 T 为周期,即

$$g(t+T,x,\varepsilon) = g(t,x,\varepsilon), \quad \forall\, (t,x,\varepsilon) \in [0,\infty) \times D \times [-\varepsilon_0,\varepsilon_0]$$

时,在 $O(\varepsilon)$ 邻域内会发生什么,特别应该关注在原点的 $O(\varepsilon)$ 邻域内存在以 T 为周期的解的可能性。

设 $\phi(t;t_0,x_0,\varepsilon)$ 是方程(10.15)始于 (t_0,x_0) 的解,即 $x_0 = \phi(t_0;t_0,x_0,\varepsilon)$。对于所有 $\|x\| < r$,定义映射 $P_\varepsilon(x)$ 为

$$P_\varepsilon(x) = \phi(T;0,x,\varepsilon)$$

即当初始状态在零时刻为 x 时,$P_\varepsilon(x)$ 是系统在 T 时刻的状态。该映射在研究方程(10.15)存在周期解的问题中,起着关键作用[①]。

引理 10.1　在上述条件下,方程(10.15)有一个周期为 T 的解,当且仅当方程

$$x = P_\varepsilon(x) \tag{10.17}$$

有解。　　　　　　　　　　　　　　　　　　　　　　　　　　　　　　　　　◇

证明：由于 g 在 t 上以 T 为周期,所以当时移 T 的整数倍时方程(10.15)的解不变。尤其是,

$$\phi(t+T;T,x,\varepsilon) = \phi(t;0,x,\varepsilon), \quad \forall\, t \geqslant 0 \tag{10.18}$$

通过变量代换可看出这一点,即把时间变量 t 变换为 $\tau = t - T$,可得

$$\frac{dx}{d\tau} = f(x) + \varepsilon g(\tau+T,x,\varepsilon) = f(x) + \varepsilon g(\tau,x,\varepsilon)$$

另一方面,由解的唯一性,有

$$\phi(t+T;0,x,\varepsilon) = \phi(t+T;T,\phi(T;0,x,\varepsilon),\varepsilon), \quad \forall\, t \geqslant 0 \tag{10.19}$$

为了证明充分性,设

$$p_\varepsilon = P_\varepsilon(p_\varepsilon) = \phi(T;0,p_\varepsilon,\varepsilon)$$

则有
$$\begin{aligned}
\phi(t+T;0,p_\varepsilon,\varepsilon) &= \phi(t+T;T,\phi(T;0,p_\varepsilon,\varepsilon),\varepsilon) \\
&= \phi(t+T;T,p_\varepsilon,\varepsilon) \\
&= \phi(t;0,p_\varepsilon,\varepsilon)
\end{aligned} \tag{10.20}$$

其中,第一个等号根据式(10.19)得出,最后一个等号根据式(10.18)得出。方程(10.20)说明始于 $(0,p_\varepsilon)$ 的解是以 T 为周期的。为证明必要性,设 $\bar{x}(t)$ 是方程(10.15)的以 T 为周期的解。设 $y = \bar{x}(0)$,则有

$$\phi(t+T;0,y,\varepsilon) = \phi(t;0,y,\varepsilon), \quad \forall\, t \geqslant 0$$

取 $t=0$,可得
$$\phi(T;0,y,\varepsilon) = \phi(0;0,y,\varepsilon) = y$$

这说明 y 是方程(10.17)的一个解。　　　　　　　　　　　　　　　　　　□

引理 10.2　在上述条件下,存在正常数 k 和 ε_2,使得方程(10.17)对于所有 $|\varepsilon| < \varepsilon_2$,在 $\|x\| < k|\varepsilon|$ 内有唯一解。　　　　　　　　　　　　　　　　　◇

---

①　该映射可以解释为文献[70]的 4.1 节中一个 $n+1$ 维自治系统

$$\dot{x} = f(x) + \varepsilon g(\theta,x,\varepsilon), \qquad \dot{\theta} = 1$$

的 Poincaré 映射。

证明：当$\varepsilon = 0$时，$\phi(t;0,x,0)$是非扰动系统(10.16)始于$(0,x)$的解。由于$x = 0$是方程(10.16)的一个平衡点，对于所有$t \geq 0, 0 = \phi(t;0,0,0)$，因此有

$$P_0(0) = \phi(T;0,0,0) = 0$$

根据隐函数定理，如果雅可比矩阵

$$J = I - \left.\frac{\partial P_\varepsilon}{\partial x}\right|_{x=0,\varepsilon=0}$$

是非奇异的，则存在一个正常数ε_2，使方程(10.17)在$|\varepsilon| < \varepsilon_2$内有唯一解$p_\varepsilon$。为了检验雅可比矩阵的非奇异性，回顾解$\phi(t;0,x,\varepsilon)$是由下式给出的：

$$\phi(t;0,x,\varepsilon) = x + \int_0^t [f(\phi(\tau;0,x,\varepsilon)) + \varepsilon g(\tau,\phi(\tau;0,x,\varepsilon),\varepsilon)] \, d\tau$$

对x微分，得 $$\frac{\partial}{\partial x}\phi(t;0,x,\varepsilon) = I + \int_0^t \left[\frac{\partial f}{\partial x}(\cdot)\frac{\partial \phi}{\partial x}(\cdot) + \varepsilon \frac{\partial g}{\partial x}(\cdot)\frac{\partial \phi}{\partial x}(\cdot)\right] \, d\tau$$

设 $$U(t) = \left.\frac{\partial}{\partial x}\phi(t;0,x,\varepsilon)\right|_{x=0,\varepsilon=0}$$

则有 $$U(t) = I + \int_0^t \frac{\partial f}{\partial x}(0)U(\tau) \, d\tau \ = \ I + \int_0^t AU(\tau) \, d\tau$$

和 $$\frac{d}{dt}U(t) = AU(t), \quad U(0) = I$$

这样有$u(t) = \exp(At)$，因而

$$I - \left.\frac{\partial P_\varepsilon}{\partial x}\right|_{x=0,\varepsilon=0} = I - \exp(AT)$$

因为A是赫尔维茨矩阵，$\exp(AT)$的所有特征值严格地在单位圆内[①]，因而J是非奇异的。因此，方程(10.17)有唯一解p_ε，$\forall\ |\varepsilon| < \varepsilon_2$。另一方面，由于当$t$趋于无穷时，方程(10.15)的所有解都趋于原点的$O(\varepsilon)$邻域，所以p_ε一定是$O(\varepsilon)$，因为当t趋于无穷时，相应的周期解无限次经过p_ε。   □

现在很明显，对于足够小的ε，扰动系统(10.15)在原点的$O(\varepsilon)$邻域内有一个以T为周期的解。事实上，由于方程(10.17)的解的唯一性，周期解一定是唯一的。应用A的赫尔维茨性质，可以进一步证明周期解是指数稳定的。

引理10.3   在上述条件下，如果$\bar{x}(t,\varepsilon)$是方程(10.15)的以T为周期的解，使得$\|\bar{x}(t,\varepsilon)\|$
$\leq k|\varepsilon|$，则$\bar{x}(t,\varepsilon)$是指数稳定的。   ◇

证明：研究$\bar{x}(t,\varepsilon)$的稳定性的系统过程是运用变量代换$z = x - \bar{x}(t,\varepsilon)$，在$z = 0$处研究平衡点的稳定性。新的变量$z$满足方程

$$\dot{z} = f(z + \bar{x}(t,\varepsilon)) - f(\bar{x}(t,\varepsilon)) + \varepsilon[g(t,z+\bar{x}(t,\varepsilon),\varepsilon) - g(t,\bar{x}(t,\varepsilon),\varepsilon)]$$
$$\overset{\text{def}}{=} \hat{f}(t,z)$$

在$z = 0$处线性化得

---

① 这是抽样数据控制理论中一个众所周知的事实。把A转换为其若尔当型即可证明。

$$
\begin{aligned}
\left.\frac{\partial \hat{f}}{\partial z}\right|_{z=0} &= \left.\frac{\partial f}{\partial x}\right|_{z=0} + \left.\varepsilon \frac{\partial g}{\partial x}\right|_{z=0} \\
&= A + \left[\frac{\partial f}{\partial x}(\bar{x}(t,\varepsilon)) - A\right] + \varepsilon \frac{\partial g}{\partial x}(t, \bar{x}(t,\varepsilon), \varepsilon)
\end{aligned}
$$

由 $[\partial f/\partial x]$ 的连续性可知,对于任意 $\delta > 0$,存在 $\varepsilon^* > 0$,使得当 $\varepsilon < \varepsilon^*$ 时,有

$$
\left\|\frac{\partial f}{\partial x}(\bar{x}(t,\varepsilon)) - \frac{\partial f}{\partial x}(0)\right\| < \delta
$$

由于 A 是赫尔维茨矩阵,且 $[\partial g/\partial x](t,\bar{x},\varepsilon)$ 为 $O(1)$,从引理 9.1 可以推出,对于足够小的 ε,线性系统

$$
\dot{y} = \left[A + \left(\frac{\partial f}{\partial x}(\bar{x}(t,\varepsilon)) - A\right) + \varepsilon \frac{\partial g}{\partial x}(t, \bar{x}(t,\varepsilon), \varepsilon)\right] y
$$

在 $y=0$ 处有一个指数稳定平衡点。因此,由定理 4.13 可知 $z=0$ 是指数稳定平衡点。　　　□

　　下面的定理是上述结果的总结。

定理 10.3　假设

- 对于每个紧集 $D_0 \subset D$,以及所有 $(t,x,\varepsilon) \in [0,\infty) \times D_0 \times [-\varepsilon_0, \varepsilon_0]$,$f$ 和 g 及其对 x 的一阶偏导数是连续有界的,其中 $D \subset R^n$ 是包含原点的定义域;
- 原点是自治系统(10.16)的一个指数稳定平衡点;
- $g(t,x,\varepsilon)$ 对 t 的周期为 T。

则存在正常数 ε^* 和 k,使得对于所有 $|\varepsilon| < \varepsilon^*$,方程有唯一的以 T 为周期的解 $\bar{x}(t,\varepsilon)$,具有性质 $\|\bar{x}(t,\varepsilon)\| \leq k|\varepsilon|$。此外,该解是指数稳定的。　　　◇

　　如果 $g(t,0,\varepsilon)=0$,则原点将是扰动系统(10.15)的一个平衡点。根据周期解 $\bar{x}(t,\varepsilon)$ 的唯一性,可得 $\bar{x}(t,\varepsilon)$ 是平凡解 $x=0$。在这种情况下,这个定理保证了原点是扰动系统(10.15)的一个指数稳定平衡点。

10.4　平均化法

　　平均化法适用于形如　　　　　　　　$\dot{x} = \varepsilon f(t,x,\varepsilon)$

的系统,其中 ε 是一个很小的正参数,$f(t,x,\varepsilon)$ 对 t 的周期为 T,也就是在定义域 $D \subset R^n$ 内

$$
f(t+T, x, \varepsilon) = f(t,x,\varepsilon), \quad \forall\, (t,x,\varepsilon) \in [0,\infty) \times D \times [0,\varepsilon_0]
$$

这种方法就是通过一个"平均系统"的解逼近该系统的解。平均系统的解是通过在 $\varepsilon=0$ 时对 $f(t,x,\varepsilon)$ 求平均得到的。为了导出平均化法,首先考察一个标量例子。

例 10.7　设一阶线性系统为

$$
\dot{x} = \varepsilon a(t,\varepsilon)x, \quad x(0) = \eta \tag{10.21}
$$

其中,ε 是正参数,a 对其自变量足够光滑,且对于所有 $t \geq 0$,有 $a(t+T,\varepsilon) = a(t,\varepsilon)$。为了得到对于小的 ε 成立的近似解,应用 10.1 节的扰动法。令 $\varepsilon=0$,得到非扰动系统

$$
\dot{x} = 0, \quad x(0) = \eta
$$

它有一个常数解 $x_0(t) = \eta$。根据定理 10.1，该逼近的误差在 $O(1)$ 时间区间上是 $O(\varepsilon)$。非扰动系统不满足定理 10.2 的条件。因此，不明确在大于 $O(1)$ 的时间区间上逼近是否有效。因为在本例中可以写出精确解的闭式表达式，所以我们通过直接计算来检验逼近误差。方程(10.21)的解为

$$x(t, \varepsilon) = \exp \left[\varepsilon \int_0^t a(\tau, \varepsilon) \, d\tau \right] \eta$$

因此，逼近误差为
$$x(t, \varepsilon) - x_0(t) = \left\{ \exp \left[\varepsilon \int_0^t a(\tau, \varepsilon) \, d\tau \right] - 1 \right\} \eta$$

为了看出当 t 增加时逼近误差的特性，需要计算上述表达式的积分项。$a(t, \varepsilon)$ 是 t 的周期函数，设其均值为

$$\bar{a}(\varepsilon) = \frac{1}{T} \int_0^T a(\tau, \varepsilon) \, d\tau$$

$a(t, \varepsilon)$ 可以写为
$$a(t, \varepsilon) = \bar{a}(\varepsilon) + [a(t, \varepsilon) - \bar{a}(\varepsilon)]$$

括号里的项是 t 的周期为 T 的函数，均值为零。这样，积分

$$\int_0^t [a(\tau, \varepsilon) - \bar{a}(\varepsilon)] \, d\tau \stackrel{\text{def}}{=\!=} \Delta(t, \varepsilon)$$

的周期为 T，且对于所有 $t \geq 0$ 是有界的。另一方面，$\bar{a}(\varepsilon)$ 一项在 $[0, t]$ 上的积分得到 $t\bar{a}(\varepsilon)$，这样有
$$x(t, \varepsilon) - x_0(t) = \{ \exp[\varepsilon t \bar{a}(\varepsilon)] \exp[\varepsilon \Delta(t, \varepsilon)] - 1 \} \eta$$

除了 $\bar{a}(\varepsilon) = 0$ 的情况，逼近误差仅在 $O(1)$ 时间区间上是 $O(\varepsilon)$。仔细研究逼近误差可知，对 $x(t, \varepsilon)$ 较好的逼近是 $\exp[\varepsilon t \bar{a}(\varepsilon)]\eta$，甚至是 $\exp[\varepsilon t \bar{a}(0)]\eta$，因为 $\bar{a}(\varepsilon) - \bar{a}(0) = O(\varepsilon)$。试以 $\bar{x}(\varepsilon t) = \exp[\varepsilon t \bar{a}(0)]\eta$ 作为另一个逼近，逼近误差是

$$\begin{aligned}
x(t, \varepsilon) - \bar{x}(\varepsilon t) &= \{ \exp[\varepsilon t \bar{a}(\varepsilon)] \exp[\varepsilon \Delta(t, \varepsilon)] - \exp[\varepsilon t \bar{a}(0)] \} \eta \\
&= \exp[\varepsilon t \bar{a}(0)] \{ \exp[\varepsilon t(\bar{a}(\varepsilon) - \bar{a}(0))] \exp[\varepsilon \Delta(t, \varepsilon)] - 1 \} \eta
\end{aligned}$$

注意，对于任意有限的 $b > 0$，有

$$\begin{aligned}
\exp[\varepsilon \Delta(t, \varepsilon)] &= 1 + O(\varepsilon), \quad \forall\, t \geq 0 \\
\exp[\varepsilon t(\bar{a}(\varepsilon) - \bar{a}(0))] &= \exp[t O(\varepsilon^2)] = 1 + O(\varepsilon), \quad \forall\, t \in [0, b/\varepsilon] \\
\exp[\varepsilon t \bar{a}(0)] &= O(1), \quad \forall\, t \in [0, b/\varepsilon]
\end{aligned}$$

可以得出，在数量级为 $O(1/\varepsilon)$ 的时间区间上有 $x(t, \varepsilon) - \bar{x}(\varepsilon t) = O(\varepsilon)$。这样就证实了逼近 $\bar{x}(\varepsilon t) = \exp[\varepsilon t \bar{a}(0)]\eta$ 是比 $x_0(t) = \eta$ 更好的假设。注意，$\bar{x}(\varepsilon t)$ 是平均系统

$$\dot{x} = \varepsilon \bar{a}(0)x, \quad x(0) = \eta \tag{10.22}$$

的解，其右边是方程(10.21)的右边在 $\varepsilon = 0$ 条件下的平均。 $\triangle$

在这个例子中，利用方程(10.21)精确解的闭式表达式得出了平均系统(10.22)，这种闭式表达式仅在非常特殊的情况下才成立，但平均化法的可取性与该例的特殊性无关。现在我们用不同的方式解释平均化这一概念。将方程(10.21)右边乘以一个正常数 ε，当 ε 很小时，解 x 随着 t 相对于 $a(t, \varepsilon)$ 的周期性波动"缓慢地"变化。直觉上讲，显然如果系统的响应比激励慢得多，则响应主要由激励的平均决定。这种直觉来源于线性系统理论，我们知道，如果系统带宽比

输入带宽小得多,则系统将作为一个低通滤波器,抑制输入信号的高频分量。如果方程(10.21)的解主要由波动 $a(t,\varepsilon)$ 的平均决定,为了获得 $O(\varepsilon)$ 逼近,就有理由用函数 $a(t,\varepsilon)$ 的平均代替函数 $a(t,\varepsilon)$。这种平均化法的二时间尺度(two-time-scale)解释不依赖于例 10.7 的特殊性,也不依赖于系统的线性化。这是一个似是而非的概念,出现在更一般的结构中,在本章其余部分将看到这一点。

设系统为
$$\dot{x} = \varepsilon f(t,x,\varepsilon) \tag{10.23}$$

对于每个紧集 $D_0 \subset D$,以及 $(t,x,\varepsilon) \in [0,\infty) \times D_0 \times [0,\varepsilon_0]$,$f$ 及其关于 (x,ε_0) 的一阶和二阶偏导数连续且有界,其中 $D \subset R^n$ 是定义域。此外,$f(t,x,\varepsilon)$ 对于 t 的周期为 T,$T > 0$,ε 为正。联立方程(10.23)和自治平均系统
$$\dot{x} = \varepsilon f_{av}(x) \tag{10.24}$$

其中
$$f_{av}(x) = \frac{1}{T} \int_0^T f(\tau,x,0) \, d\tau \tag{10.25}$$

平均化法的基本问题是确定在什么意义下自治系统(10.24)的特性逼近非自治系统(10.23)的特性。我们用变量代换通过证明非自治系统(10.23)可表示为自治系统(10.24)的扰动来说明这个问题。定义
$$u(t,x) = \int_0^t h(\tau,x) \, d\tau \tag{10.26}$$

其中
$$h(t,x) = f(t,x,0) - f_{av}(x) \tag{10.27}$$

因为 $h(t,x)$ 是以 T 为周期并具有零均值的 t 的函数,函数 $u(t,x)$ 对 t 的周期为 T,所以 $u(t,x)$ 对于所有 $(t,x) \in [0,\infty) \times D_0$ 有界。此外 $\partial u/\partial t$ 和 $\partial u/\partial x$ 由下式给出:
$$\frac{\partial u}{\partial t} = h(t,x), \quad \frac{\partial u}{\partial x} = \int_0^t \frac{\partial h}{\partial x}(\tau,x) \, d\tau$$

它们是以 T 为周期的 t 的函数,且在 $[0,\infty) \times D_0$ 上有界,这里用到 $\partial h/\partial x$ 在 t 上是以 T 为周期的,且有零均值。考虑变量代换
$$x = y + \varepsilon u(t,y) \tag{10.28}$$

方程两边对 t 微分,得
$$\dot{x} = \dot{y} + \varepsilon \frac{\partial u}{\partial t}(t,y) + \varepsilon \frac{\partial u}{\partial y}(t,y) \, \dot{y}$$

把方程(10.23)的 $\dot{x}$ 代入,求得新的状态变量 y 满足方程
$$\left[I + \varepsilon \frac{\partial u}{\partial y} \right] \dot{y} = \varepsilon f(t, y + \varepsilon u, \varepsilon) - \varepsilon \frac{\partial u}{\partial t}$$
$$= \varepsilon f(t, y + \varepsilon u, \varepsilon) - \varepsilon f(t,y,0) + \varepsilon f_{av}(y)$$
$$\stackrel{\text{def}}{=} \varepsilon f_{av}(y) + \varepsilon p(t,y,\varepsilon)$$

其中
$$p(t,y,\varepsilon) = [f(t, y + \varepsilon u, \varepsilon) - f(t,y,\varepsilon)] + [f(t,y,\varepsilon) - f(t,y,0)]$$

函数 $p(t,y,\varepsilon)$ 是以 T 为周期的 t 的函数,应用均值定理,可将其表示为
$$p(t,y,\varepsilon) = F_1(t,y,\varepsilon u,\varepsilon)\varepsilon u + F_2(t,y,\varepsilon)\varepsilon$$

因为 $\partial u/\partial y$ 在 $[0,\infty) \times D_0$ 上有界,矩阵 $I + \varepsilon \partial u/\partial y$ 对于足够小的 ε 是非奇异的,且

$$\left[I + \varepsilon \frac{\partial u}{\partial y} \right]^{-1} = I + O(\varepsilon)$$

因此,关于 y 的状态方程为
$$\dot{y} = \varepsilon f_{av}(y) + \varepsilon^2 q(t, y, \varepsilon) \tag{10.29}$$

其中, $q(t, y, \varepsilon)$ 是以 T 为周期的 t 的函数,且在 $[0, \infty) \times D_0$ 上对于足够小的 ε,函数 f_{av} 和 q 及其关于 (y, ε) 的一阶偏导数都是连续有界的。该方程是平均系统(10.24)的一个扰动。扩展前三节的讨论,可以确立用平均系统(10.24)的解去逼近方程(10.29)的解的基础。

进行时间变量代换 $s = \varepsilon t$,方程(10.29)变换为
$$\frac{dy}{ds} = f_{av}(y) + \varepsilon q(s/\varepsilon, y, \varepsilon) \tag{10.30}$$

其中, $q(s/\varepsilon, y, \varepsilon)$ 是以 εT 为周期的 s 的函数,对于足够小的 ε,在 $[0, \infty) \times D_0$ 上有界。应用定理 3.4 和定理 3.5 关于解对于初始状态和参数的连续性,可以看出,如果平均系统
$$\frac{dy}{ds} = f_{av}(y)$$

在 $[0, b]$ 上有唯一解 $\bar{y}(s)$,对所有 $s \in [0, b]$, $\bar{y}(s) \in D$,且 $y(0, \varepsilon) - \bar{y}(0) = O(\varepsilon)$,则存在 $\varepsilon^* > 0$,使得对于所有 $0 < \varepsilon < \varepsilon^*$,扰动系统(10.30)对于所有 $s \in [0, b]$ 有唯一解,且两个解之间距离为 $O(\varepsilon)$。由式(10.28)可知, $t = s/\varepsilon$ 且 $x - y = O(\varepsilon)$,所以平均系统(10.24)的解给出方程(10.23)的解在以 t 为时间尺度的时间区间 $[0, b/\varepsilon]$ 上的一个 $O(\varepsilon)$ 逼近。

假设平均系统(10.24)在原点有一个指数稳定平衡点, D 是包含原点的定义域。设 $V(y)$ 是由(逆李雅普诺夫)定理 4.17 得出的李雅普诺夫函数,则对原点吸引区内的任何紧子集 Ω,存在常数 $c > 0$,使得 Ω 在紧集 $\{V(y) \leqslant c\}$ 内。假设 $\bar{y}(0) \in \Omega$,且 $y(0, \varepsilon) - \bar{y}(0) = O(\varepsilon)$,应用定理 9.1 可证明对于所有 $s \geqslant 0$,也就是说对于所有 $t \geqslant 0$, $O(\varepsilon)$ 逼近成立。

最后,定理 10.3 证明在原点的一个 $O(\varepsilon)$ 邻域内,方程(10.30)有一个指数稳定的以 εT 为周期的解 $\bar{y}(s/\varepsilon, \varepsilon)$。周期解在 s 时间尺度内的周期为 εT,即在 t 时间尺度内周期为 T。由式(10.28)可知方程(10.23)有一个周期为 T 的解
$$\bar{x}(t, \varepsilon) = \bar{y}(t, \varepsilon) + \varepsilon u(t, \bar{y}(t, \varepsilon))$$

因为 u 是有界的,所以周期解 $\bar{x}(t, \varepsilon)$ 位于原点的 $O(\varepsilon)$ 邻域内。下面的定理给出了结论。

定理 10.4　设对于每个紧集 $D_0 \subset D$,以及 $(t, x, \varepsilon) \in [0, \infty) \times D_0 \times [0, \varepsilon_0]$, $f(t, x, \varepsilon)$ 及其关于 (x, ε) 的一阶与二阶偏导数是连续有界的, $D \subset D^R$ 是定义域。假设 f 是以 T 为周期的 t 的函数, $T > 0$, ε 是一个正参数。令 $x(t, \varepsilon)$ 和 $x_{av}(\varepsilon t)$ 分别表示方程(10.23)和方程(10.24)的解。

- 如果 $x_{av}(\varepsilon t) \in D$, $\forall t \in [0, b/\varepsilon]$ 且 $x(0, \varepsilon) - x_{av}(0) = O(\varepsilon)$,则存在 $\varepsilon^* > 0$,使得对于所有 $0 < \varepsilon < \varepsilon^*$, $x(t, \varepsilon)$ 有定义,且在 $[0, b/\varepsilon]$ 上有
$$x(t, \varepsilon) - x_{av}(\varepsilon t) = O(\varepsilon)$$

- 如果原点 $x = 0 \in D$ 是平均系统(10.24)的一个指数稳定平衡点, $\Omega \subset D$ 是其吸引区的一个紧子集, $x_{av}(0) \in \Omega$,且 $x(0, \varepsilon) - x_{av}(0) = O(\varepsilon)$,则存在 $\varepsilon^* > 0$,使得对于所有 $0 < \varepsilon < \varepsilon^*$, $x(t, \varepsilon)$ 有定义,且对于所有 $t \in [0, \infty)$
$$x(t, \varepsilon) - x_{av}(\varepsilon t) = O(\varepsilon)$$

- 如果原点 $x=0 \in D$ 是平均系统(10.24)的一个指数稳定平衡点，则存在正常数 ε^* 和 k，使得对于所有 $0 < \varepsilon < \varepsilon^*$，方程(10.23)有唯一的指数稳定、以 T 为周期的解 $\bar{x}(t, \varepsilon)$，且有 $\| \bar{x}(t, \varepsilon) \| \leqslant k\varepsilon$。　　　　　　　　　　　　　　　　　　　　　　　　◇

如果对于所有 $(t, \varepsilon) \in [0, \infty) \times [0, \varepsilon_0]$，$f(t, 0, \varepsilon) = 0$，则原点是方程(10.23)的一个平衡点。根据以 T 为周期的解 $\bar{x}(t, \varepsilon)$ 的唯一性，可得 $\bar{x}(t, \varepsilon)$ 是平凡解 $x=0$。在这种情况下该定理保证原点是方程(10.23)的一个指数稳定平衡点。

例 10.8　考虑线性系统　　　　　　　　　　$\dot{x} = \varepsilon A(t) x$

其中，$A(t+T) = A(t)$，$\varepsilon > 0$。设　　$\bar{A} = \dfrac{1}{T} \int_0^T A(\tau) \, d\tau$

平均系统为　　　　　　　　　　　　　　　　$\dot{x} = \varepsilon \bar{A} x$

它在 $x=0$ 处有一个平衡点。假设 $\bar{A}$ 是赫尔维茨矩阵，则由定理 10.4 可得，对于足够小的 ε，$\dot{x} = \varepsilon A(t) x$ 在原点 $x=0$ 的 $O(\varepsilon)$ 邻域内有唯一的周期为 T 的解。但 $x=0$ 是系统的平衡点，因此该周期解是平凡解 $x(t) = 0$。由此可得，对于足够小的 ε，$x=0$ 是非自治系统 $\dot{x} = \varepsilon A(t) x$ 的一个指数稳定平衡点。　　　　　　　　　　　　　　　　　　　　　△

例 10.9　考虑标量系统　　　　$\dot{x} = \varepsilon(x \sin^2 t - 0.5x^2) = \varepsilon f(t, x)$

函数 $f(t, x)$ 是以 π 为周期的 t 的函数。平均函数 $f_{\mathrm{av}}(x)$ 为

$$f_{\mathrm{av}}(x) = \frac{1}{\pi} \int_0^\pi (x \sin^2 t - 0.5x^2) \, dt = 0.5(x - x^2)$$

平均系统　　　　　　　　　　　　$\dot{x} = 0.5\varepsilon(x - x^2)$

在 $x=0$ 和 $x=1$ 处有两个平衡点。在平衡点求得的雅可比函数 df_{av}/dx 的值为

$$\left. \frac{df_{\mathrm{av}}}{dx} \right|_{x=0} = \left. (0.5 - x) \right|_{x=0} = 0.5$$

$$\left. \frac{df_{\mathrm{av}}}{dx} \right|_{x=1} = \left. (0.5 - x) \right|_{x=1} = -0.5$$

这样，对于足够小的 ε，系统在 $x=1$ 的 $O(\varepsilon)$ 邻域内有一个以 π 为周期的指数稳定的解，而且由函数 $x - x_2$ 的曲线可以看出，$x=1$ 的吸引区是 $(0, \infty)$。因此，对于在紧区间 $[a, b] \subset (0, \infty)$ 内的各初始状态，用与原系统相同的初始状态作为平均系统的初始状态，求解平均系统，可得逼近

$$x(t, \varepsilon) - x_{\mathrm{av}}(\varepsilon t) = O(\varepsilon), \quad \forall t \geqslant 0$$

假设要计算二阶逼近，需要用变量代换(10.28)把问题表示为标准扰动问题，然后按照 10.1 节的方法逼近解。应用式(10.26)可以求得函数 $u(t, x)$ 为

$$u(t, x) = \int_0^t (x \sin^2 \tau - 0.5x^2 - 0.5x + 0.5x^2) \, d\tau = -\frac{1}{4} x \sin 2t$$

变量代换(10.28)的形式为

$$x = y - \frac{1}{4} \varepsilon y \sin 2t = \left(1 - \frac{1}{4} \varepsilon \sin 2t\right) y$$

方程两边对 t 微分，得

$$\dot{x} = \left(1 - \tfrac{1}{4}\varepsilon\sin 2t\right)\dot{y} - \tfrac{1}{2}\varepsilon y\cos 2t$$

因此
$$\dot{y} = \frac{\varepsilon}{1 - (\varepsilon/4)\sin 2t}\left(x\sin^2 t - \tfrac{1}{2}x^2 + \tfrac{1}{2}y\cos 2t\right)$$

用 y 表示 x,并将 $1/\left[1 - (\varepsilon/4)\sin 2t\right]$ 按幂级数展开

$$\frac{1}{1 - (\varepsilon/4)\sin 2t} = 1 + \tfrac{1}{4}\varepsilon\sin 2t + O(\varepsilon^2)$$

得到方程
$$\dot{y} = \tfrac{1}{2}\varepsilon(y - y^2) + \tfrac{1}{16}\varepsilon^2(y\sin 4t + 2y^2\sin 2t) + O(\varepsilon^3)$$

该系统作为平均系统的扰动出现。为了求出二阶逼近,需要按照有限项泰勒级数

$$y = y_0 + \varepsilon y_1 + \varepsilon^2 R_y$$

计算 y_0 和 y_1。我们知道,$y_0 = x_{\mathrm{av}}$ 是平均系统的解。关于 y_1 的方程为

$$\dot{y}_1 = \varepsilon\left[\left(\tfrac{1}{2} - y_0(t)\right)y_1 + \tfrac{1}{16}y_0(t)\sin 4t + \tfrac{1}{8}y_0^2(t)\sin 2t\right], \quad y_1(0) = 0$$

这里假设初始状态 $x(0)$ 与 ε 无关。应用式(10.28),得到 x 的二阶逼近

$$x = \left(1 - \tfrac{1}{4}\varepsilon\sin 2t\right)x_{\mathrm{av}}(\varepsilon t) + \varepsilon y_1(t,\varepsilon) + O(\varepsilon^2)$$

图 10.5 所示为当 $x(0) = 0.7, \varepsilon = 0.3$ 时,精确系统、平均系统和二阶逼近的解。该图清楚地说明了平均系统的解是如何平均精确解的。二阶逼近几乎和精确解一样,但当解达到稳定状态时可以看出其差别。   △

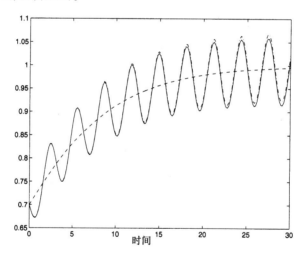

图 10.5   例 10.9 在 $\varepsilon = 0.3$ 时的解:精确解(实线)、平均解(虚线)和二阶逼近(点划线)

例 10.10   考虑 1.2.1 节的悬摆,假设悬点服从小幅高频的垂直振动。假设悬点运动可由 $a\sin\omega t$ 描述,其中 a 是振幅,ω 是频率。写出切线方向(与杆垂直)的牛顿定律运动方程为[①]

$$m(l\ddot{\theta} - a\omega^2\sin\omega t\sin\theta) = -mg\sin\theta - k(l\dot{\theta} + a\omega\cos\omega t\sin\theta)$$

---

① 为了推导方程,先写出摆锤的 x 和 y 坐标的表达式,即 $x = l\sin\theta$ 和 $y = l\cos\theta - a\sin\omega t$,然后证明摆锤在切线方向上的速度和加速度分别为 $l\dot{\theta} + a\omega\cos\omega t\sin\theta$ 和 $l\ddot{\theta} - a\omega^2\sin\omega t\sin\theta$,假设摩擦力是黏滞摩擦,与摆的速度成正比,摩擦系数是 k。

假设 $a/l \ll 1, \omega_0/\omega \ll 1$，其中 $\omega_0 = \sqrt{g/l}$ 是悬摆在下平衡点 $\theta = 0$ 附近的自由振荡频率。设 $\varepsilon = a/l$，并记 $\omega_0/\omega = \alpha\varepsilon$，其中 $\alpha = \omega_0 l/\omega a$。又设 $\beta = k/m\omega_0$，并将时间尺度由 t 变为 $\tau = \omega t$。在新的时间尺度上，运动方程为

$$\frac{d^2\theta}{d\tau^2} + \alpha\beta\varepsilon\frac{d\theta}{d\tau} + (\alpha^2\varepsilon^2 - \varepsilon\sin\tau)\sin\theta + \alpha\beta\varepsilon^2\cos\tau\sin\theta = 0$$

以

$$x_1 = \theta, \quad x_2 = \frac{1}{\varepsilon}\frac{d\theta}{d\tau} + \cos\tau\sin\theta$$

作为状态变量，状态方程为

$$\frac{dx}{d\tau} = \varepsilon f(\tau, x) \tag{10.31}$$

其中

$$\begin{aligned} f_1(\tau, x) &= x_2 - \sin x_1\cos\tau \\ f_2(\tau, x) &= -\alpha\beta x_2 - \alpha^2\sin x_1 + x_2\cos x_1\cos\tau - \sin x_1\cos x_1\cos^2\tau \end{aligned}$$

$f(\tau, x)$ 是以 2π 为周期的 τ 的函数。平均系统为

$$\frac{dx}{d\tau} = \varepsilon f_{\text{av}}(x) \tag{10.32}$$

其中

$$\begin{aligned} f_{\text{av1}}(x) &= \frac{1}{2\pi}\int_0^{2\pi} f_1(\tau, x)\, d\tau = x_2 \\ f_{\text{av2}}(x) &= \frac{1}{2\pi}\int_0^{2\pi} f_2(\tau, x)\, d\tau = -\alpha\beta x_2 - \alpha^2\sin x_1 - \frac{1}{4}\sin 2x_1 \end{aligned}$$

在推导上述表达式时，用到 $\cos\tau$ 的平均值为 0，而 $\cos^2\tau$ 的平均值为 $1/2$。原系统 (10.31) 和平均系统 (10.32) 的平衡点都在 $(x_1 = 0, x_2 = 0)$ 和 $(x_1 = \pi, x_2 = 0)$，这与悬摆的平衡位置 $\theta = 0$ 和 $\theta = \pi$ 相对应。当悬点固定时，平衡位置 $\theta = 0$ 是指数稳定的，而平衡位置 $\theta = \pi$ 是非稳定的。现在研究悬点振动着的系统特性。应用定理 10.4，通过线性化方法分析平均系统 (10.32) 的平衡点的稳定性。$f_{\text{av}}(x)$ 的雅可比矩阵为

$$\frac{\partial f_{\text{av}}}{\partial x} = \begin{bmatrix} 0 & 1 \\ -\alpha^2\cos x_1 - 0.5\cos 2x_1 & -\alpha\beta \end{bmatrix}$$

在平衡点 $(x_1 = 0, x_2 = 0)$，雅可比矩阵

$$\begin{bmatrix} 0 & 1 \\ -\alpha^2 - 0.5 & -\alpha\beta \end{bmatrix}$$

对于所有正的 α 和 β 是赫尔维茨的。因此定理 10.4 表明，对于足够小的 ε，原系统 (10.31) 在原点的 $O(\varepsilon)$ 邻域内有唯一的以 2π 为周期的指数稳定解。因为原点是原系统的平衡点，所以周期解是平凡解 $x = 0$。在这种情况下，定理 10.4 确定了对于足够小的 ε，原点是原系统 (10.31) 的一个指数稳定平衡点。换言之，在悬点 (小幅高频) 振动情况下，保持了摆在下平衡位置的指数稳定性。在平衡点 $(x_1 = \pi, x_2 = 0)$，雅可比矩阵

$$\begin{bmatrix} 0 & 1 \\ \alpha^2 - 0.5 & -\alpha\beta \end{bmatrix}$$

对于 $0 < \alpha < 1/\sqrt{2}$ 和 $\beta > 0$ 是赫尔维茨的。还要注意,$(x_1 = \pi, x_2 = 0)$ 是原系统的一个平衡点,运用定理 10.4 可以得到结论:如果 $\alpha < 1/\sqrt{2}$,则对于足够小的 ε,上平衡位置 $\theta = \pi$ 是原系统(10.31)的指数稳定平衡点。这是一个很有趣的发现,因为它表明摆在上方的非稳定平衡位置可以通过悬点在竖直方向的小幅高频振动达到稳定[1]。   △

10.5 弱非线性二阶振荡器

考虑二阶系统 $$\ddot{y} + \omega^2 y = \varepsilon g(y, \dot{y})   \tag{10.33}$$

其中,在 $(y, \dot{y})$ 的紧集上,$g(\cdot, \cdot)$ 足够光滑,且 $|g|$ 以 $k|y|$ 或 $k|\dot{y}|$ 为界,k 为正常数。选择 $x_1 = y$ 和 $x_2 = \dot{y}/\omega$ 作为状态变量,得到状态方程

$$\begin{aligned} \dot{x}_1 &= \omega x_2 \\ \dot{x}_2 &= -\omega x_1 + \frac{\varepsilon}{\omega} g(x_1, \omega x_2) \end{aligned}$$

用极坐标 $$x_1 = r \sin \phi, \qquad x_2 = r \cos \phi$$

表示系统,有 $$\dot{r} = \frac{1}{r}(x_1 \dot{x}_1 + x_2 \dot{x}_2) = \frac{\varepsilon}{\omega} g(r \sin \phi, \omega r \cos \phi) \cos \phi   \tag{10.34}$$

$$\dot{\phi} = \frac{1}{r^2}(x_2 \dot{x}_1 - x_1 \dot{x}_2) = \omega - \frac{\varepsilon}{\omega r} g(r \sin \phi, \omega r \cos \phi) \sin \phi   \tag{10.35}$$

方程(10.35)右边的第二项在 r 的有界集上是 $O(\varepsilon)$,这是假设 $|g|$ 以 $k|y|$ 或 $k|\dot{y}|$ 为界的结果。因此,对于足够小的 ε,方程(10.35)的右边为正。式(10.34)除以式(10.35),可得

$$\frac{dr}{d\phi} = \frac{\varepsilon g(r \sin \phi, \omega r \cos \phi) \cos \phi}{\omega^2 - (\varepsilon/r) g(r \sin \phi, \omega r \cos \phi) \sin \phi}$$

把方程重写为 $$\frac{dr}{d\phi} = \varepsilon f(\phi, r, \varepsilon)   \tag{10.36}$$

其中 $$f(\phi, r, \varepsilon) = \frac{g(r \sin \phi, \omega r \cos \phi) \cos \phi}{\omega^2 - (\varepsilon/r) g(r \sin \phi, \omega r \cos \phi) \sin \phi}$$

如果把 ϕ 看成独立变量,则方程(10.36)具有方程(10.23)的形式,其中 $f(\phi, r, \varepsilon)$ 是以 2π 为周期的 ϕ 的函数。函数 $f_{\text{av}}(r)$ 由下式给出:

$$f_{\text{av}}(r) = \frac{1}{2\pi} \int_0^{2\pi} f(\phi, r, 0) \, d\phi = \frac{1}{2\pi\omega^2} \int_0^{2\pi} g(r \sin \phi, \omega r \cos \phi) \cos \phi \, d\phi$$

假设平均系统 $$\frac{dr}{d\phi} = \varepsilon f_{\text{av}}(r)   \tag{10.37}$$

有一个平衡点 r^*,其中 $[\partial f_{\text{av}}/\partial r](r^*) < 0$,则存在 $\varepsilon^* > 0$,使得 $\forall\, 0 < \varepsilon < \varepsilon^*$,方程(10.36)在 r^* 的 $O(\varepsilon)$ 邻域内有唯一以 2π 为周期的指数稳定解 $r = R(\phi, \varepsilon)$。这并不能说方程(10.33)有一个关于 t 的周期解,要得到这个结论还有更多工作要做。将 $r = R(\phi, \varepsilon)$ 代入方程(10.35),得

---

[1] 为了以期望的方式修正系统的一些特性,在动力学系统的参数中引入高频、零均值振动的概念,这一概念已经推广为振动控制原理(参见文献[22]和文献[127])。

$$\dot{\phi} = \omega - \frac{\varepsilon}{\omega R(\phi,\varepsilon)} g\big(R(\phi,\varepsilon)\sin\phi,\ \omega R(\phi,\varepsilon)\cos\phi\big)\sin\phi$$

设 $\phi^*(t,\varepsilon)$ 是该方程始于 $\phi^*(0,\varepsilon)=0$ 的解。为了证明方程（10.33）有一个周期解，需要证明存在 $T=T(\varepsilon)>0$（一般来说 T 与 ε 有关），使得

$$\phi^*(t+T,\varepsilon)=2\pi+\phi^*(t,\varepsilon),\ \forall\,t\geqslant 0 \qquad (10.38)$$

则有
$$R(\phi^*(t+T,\varepsilon),\varepsilon)=R(2\pi+\phi^*(t,\varepsilon),\varepsilon)=R(\phi^*(t,\varepsilon),\varepsilon)$$

这表示 $R(\phi^*(t,\varepsilon),\varepsilon)$ 是以 T 为周期的 t 的函数。因为

$$\phi^*(t+\tau,\varepsilon)=\phi^*(t,\varepsilon)+\omega\tau+O(\varepsilon)$$

其中 $\tau\geqslant 0$ 有界，所以很容易看出，对于足够小的 ε，方程（10.38）有唯一的解 $T(\varepsilon)=2\pi/\omega+O(\varepsilon)$。

在状态平面 x_1-x_2 内，解 $r=R(\phi^*(t,\varepsilon),\varepsilon)$ 是在圆 $r=r^*$ 邻域内的一个闭轨道。由于周期解 $r=R(\phi,\varepsilon)$ 是指数稳定的，所以闭轨道会将所有的解吸引至其邻域内，也就是说闭轨道是一个稳定的极限环。

例 10.11　范德波尔方程　　　　　$\ddot{y}+y=\varepsilon\dot{y}(1-y^2)$

是方程（10.33）的一个特例，其中 $\omega=1$，$g(y,\dot{y})=\dot{y}(1-y^2)$。函数 $f_{\mathrm{av}}(r)$ 由下式给出：

$$
\begin{aligned}
f_{\mathrm{av}}(r) &= \frac{1}{2\pi}\int_0^{2\pi}\big(1-r^2\sin^2\phi\big)r\cos^2\phi\,d\phi \\
&= \frac{1}{2\pi}\int_0^{2\pi} r\cos^2\phi\,d\phi - \frac{1}{2\pi}\int_0^{2\pi} r^3\sin^2\phi\cos^2\phi\,d\phi \\
&= \frac{1}{2}r-\frac{1}{8}r^3
\end{aligned}
$$

平均系统　　　　　　　　$\dfrac{dr}{d\phi}=\varepsilon\big(\tfrac{1}{2}r-\tfrac{1}{8}r^3\big)$

有三个平衡点，分别在 $r=0$，$r=2$ 和 $r=-2$。根据定义 $r\geqslant 0$，故舍去负根。通过线性化方法检验各平衡点的稳定性。其雅可比矩阵为

$$\frac{df_{\mathrm{av}}}{dr}=\frac{1}{2}-\frac{3}{8}r^2$$

即　　　　　　　$\dfrac{df_{\mathrm{av}}}{dr}\bigg|_{r=0}=\frac{1}{2}>0;\qquad \dfrac{df_{\mathrm{av}}}{dr}\bigg|_{r=2}=-1<0$

这样，平衡点 $r=2$ 是指数稳定的，因此对于足够小的 ε，范德波尔方程在 $r=2$ 的一个 $O(\varepsilon)$ 邻域内有一个稳定极限环，振荡周期是接近于 2π 的 $O(\varepsilon)$。在例 2.6 中通过仿真可以观察到这个稳定的极限环。　　　　　　　　　　　　　　　△

可以推断，上述过程可用于证明非稳定极限圆的存在。对方程（10.33）进行反向时间变换，即用 $\tau=-t$ 代换 t。如果系统在反向时间内有一个稳定极限环，则在正向时间内就有一个非稳定极限环。

10.6　一般平均化法

设系统为　　　　　　　　　$\dot{x}=\varepsilon f(t,x,\varepsilon)$ 　　　　　　　　　(10.39)

其中，对于每个紧集 $D_0\subset D$，以及 $(t,x,\varepsilon)\in[0,\infty)\times D_0\times[0,\varepsilon_0]$，$f$ 及其对 (x,ε) 的一阶和二

阶偏导数是连续有界的,参数 ε 是正数,$D \subset R^n$ 是定义域。平均化法应用于系统(10.39)的情况比应用于 $f(t,x,\varepsilon)$ 是 t 的周期函数中更具一般性,特别是当函数 $f(t,x,0)$ 有一个根据下面的定义进行严格定义的平均函数 $f_{av}(x)$ 时。

定义 10.2 对于连续有界函数 $g:[0,\infty) \times D \to R^n$,如果极限

$$g_{av}(x) = \lim_{T \to \infty} \frac{1}{T} \int_t^{t+T} g(\tau,x)\, d\tau$$

存在,且对于每个紧集 $D_0 \subset D$,有

$$\left\| \frac{1}{T} \int_t^{t+T} g(\tau,x)\, d\tau - g_{av}(x) \right\| \leq k\sigma(T), \quad \forall\, (t,x) \in [0,\infty) \times D_0$$

其中,k 为正常数(可能与 D_0 有关),且 $\sigma:[0,\infty) \to [0,\infty)$ 是严格递减的连续有界函数,使得当 T 趋于无穷时,$\sigma(T)$ 趋于零,则称函数 g 有一个平均函数 $g_{av}(x)$。函数 σ 称为收敛函数。

例 10.12

- 设 $g(t,x) = \sum_{k=1}^N g_k(t,x)$,其中 $g_k(t,x)$ 是以 T_k 为周期的 t 的函数,当 $i \neq j$ 时,$T_i \neq T_j$。函数 g 不是 t 的周期函数[①],但它有平均函数

$$g_{av}(x) = \sum_{k=1}^N g_{k_{av}}(x)$$

其中,如10.4节的定义,$g_{k_{av}}$ 是周期函数 $g_k(t,x)$ 的平均。当 T 趋于无穷时,收敛函数 σ 是 $O(1/T)$,可取其为 $\sigma(T) = 1/(T+1)$。

- $$g(t,x) = \frac{1}{1+t} h(x)$$

  的平均为零,且收敛函数 σ 可取为 $\sigma(T) = (1/T)\ln(T+1)$。 $\triangle$

现在假设 $f(t,x,0)$ 的平均函数是 $f_{av}(x)$,其收敛函数为 σ。设

$$h(t,x) = f(t,x,0) - f_{av}(x) \tag{10.40}$$

函数 $h(t,x)$ 有一个零平均函数,σ 为其收敛函数。假设雅可比矩阵 $\partial h/\partial x$ 有零平均和同一收敛函数 σ。定义

$$w(t,x,\eta) = \int_0^t h(\tau,x) \exp[-\eta(t-\tau)]\, d\tau \tag{10.41}$$

η 为正常数。当 $\eta = 0$ 时,函数 $w(t,x,0)$ 满足

$$
\begin{aligned}
\|w(t+\delta,x,0) - w(t,x,0)\| &= \left\| \int_0^{t+\delta} h(\tau,x)\, d\tau - \int_0^t h(\tau,x)\, d\tau \right\| \\
&= \left\| \int_t^{t+\delta} h(\tau,x)\, d\tau \right\| \leq k\delta\sigma(\delta)
\end{aligned}
\tag{10.42}
$$

---

① 该函数称为殆周期的(almost periodic),关于殆周期函数的介绍可以参见文献[59]或文献[75]。

这就是说,在特殊情况下有

$$\|w(t,x,0)\| \leqslant kt\sigma(t), \quad \forall (t,x) \in [0,\infty) \times D_0$$

因为 $w(0,x,0) = 0$。对式(10.41)右边进行分部积分可得

$$
\begin{aligned}
w(t,x,\eta) &= w(t,x,0) - \eta \int_0^t \exp[-\eta(t-\tau)]w(\tau,x,0)\, d\tau \\
&= \exp(-\eta t)w(t,x,0) - \eta \int_0^t \exp[-\eta(t-\tau)]\, [w(\tau,x,0) - w(t,x,0)]\, d\tau
\end{aligned}
$$

其中,第二个等号通过在右边加减一项

$$\eta \int_0^t \exp[-\eta(t-\tau)]\, d\tau\, w(t,x,0)$$

获得。运用式(10.42),得

$$\|w(t,x,\eta)\| \leqslant kt\exp(-\eta t)\sigma(t) + k\eta \int_0^t \exp[-\eta(t-\tau)](t-\tau)\sigma(t-\tau)\, d\tau \tag{10.43}$$

该不等式可用于证明 $\eta\|w(t,x,\eta)\|$ 是一致有界的,其边界为 $k\alpha(\eta)$,α 为 $\mathcal{K}$ 类函数。例如,如果 $\sigma(t) = 1/(t+1)$,则有

$$\eta\|w(t,x,\eta)\| \leqslant k\eta\exp(-\eta t) + k\eta^2 \int_0^t \exp[-\eta(t-\tau)]\, d\tau = k\eta$$

定义 $\alpha(\eta) = \eta$,得到 $\eta\|w(t,x,\eta)\| \leqslant k\alpha(\eta)$。如果 $\sigma(t) = 1(t^r + 1)$,$0 < r < 1$,则有

$$
\begin{aligned}
\eta\|w(t,x,\eta)\| &\leqslant k\eta t^{(1-r)}e^{-\eta t} + k\eta^2 \int_0^t e^{-\eta(t-\tau)}(t-\tau)^{(1-r)}\, d\tau \\
&\leqslant k\eta \left(\frac{1-r}{\eta}\right)^{1-r} e^{-(1-r)} + k\eta^2 \int_0^\infty e^{-\eta s}s^{(1-r)}\, ds \\
&\leqslant k\eta \left(\frac{1-r}{\eta}\right)^{1-r} e^{-(1-r)} + k\eta^2 \frac{\Gamma(2-r)}{\eta^{(2-r)}} \leqslant kk_1\eta^r
\end{aligned}
$$

其中 $\Gamma(\cdot)$ 表示标准 Γ 函数。定义 $\alpha(\eta) = k_1\eta^r$,有 $\eta\|w(t,x,\eta)\| \leqslant k\alpha(\eta)$。一般来说,可以证明(见习题 10.19)存在一个 $\mathcal{K}$ 类函数 α,使得

$$\eta\|w(t,x,\eta)\| \leqslant k\alpha(\eta), \quad \forall (t,x) \in [0,\infty) \times D_0 \tag{10.44}$$

为不失一般性,可选择 $\alpha(\eta)$,使 $\alpha(\eta) \geqslant c\eta$,$\eta \in [0,1]$,其中 c 是正常数。偏导数 $[\partial w/\partial t]$ 和 $[\partial w/\partial x]$ 为

$$
\begin{aligned}
\frac{\partial w}{\partial t} &= h(t,x) - \eta w(t,x,\eta) \\
\frac{\partial w}{\partial x} &= \int_0^t \frac{\partial h}{\partial x}(\tau,x)\exp[-\eta(t-\tau)]\, d\tau
\end{aligned}
$$

由于 $[\partial h/\partial x]$ 具有与 h 相同的特性,其中的 h 用于推出式(10.44),显然可以重复上述推导,以证明

$$\eta\left\|\frac{\partial w}{\partial x}\right\| \leqslant k\alpha(\eta), \quad \forall (t,x) \in [0,\infty) \times D_0 \tag{10.45}$$

在式(10.44)和式(10.45)中用同一个 $\mathcal{K}$ 类函数并不失一般性,因为估算仅对于非独立项 η 的正系数不同,所以可采用两个常数中较大的一个定义 α。

　　刚定义过的函数 $w(t,x,\eta)$ 具有 10.4 节给出的函数 $u(t,x)$ 的所有重要性质,唯一不同的是把函数 w 用参数 η 表示,使 w 和 $[\partial w/\partial x]$ 的边界具有 $k\alpha(\eta)/\eta$ 的形式,其中 α 为 $\mathcal{K}$ 类函数,但 u 不必用参数表示。事实上,$u(t,x)$ 只不过是函数 $w(t,x,\eta)$ 在 $\eta = 0$ 时的结果。毫无疑问,因为在周期函数情况下,收敛函数 $\sigma(t) = 1/(t+1)$,因此 $\alpha(\eta)/\eta = 1$。

　　从这一点往后的分析与 10.4 节的分析非常相似。定义变量代换

$$x = y + \varepsilon w(t,y,\varepsilon) \tag{10.46}$$

$\varepsilon w(t,y,\varepsilon)$ 一项具有 $O(\alpha(\varepsilon))$ 的数量级。因此,对于充分小的 ε,由于矩阵 $[I + \varepsilon \partial w/\partial y]$ 是非奇异的,故式(10.46)的变量代换是有严格定义的。具体地讲,有

$$\left[I + \varepsilon \frac{\partial w}{\partial y}\right]^{-1} = I + O(\alpha(\varepsilon))$$

和 10.4 节一样,可证明 y 的状态方程为

$$\dot{y} = \varepsilon f_{\mathrm{av}}(y) + \varepsilon \alpha(\varepsilon) q(t,y,\varepsilon) \tag{10.47}$$

其中,对于足够小的 ε,$q(t,y,\varepsilon)$ 在 $[0,\infty) \times D_0$ 上有界。在推导方程(10.47)的过程中,用到 $\alpha(\varepsilon) \geq c\varepsilon$。方程(10.47)是平均系统

$$\dot{x} = \varepsilon f_{\mathrm{av}}(x) \tag{10.48}$$

的一个扰动。平均系统方程与方程(10.29)相似,只是 q 的系数为 $\varepsilon\alpha(\varepsilon)$,而不是 ε^2,由此可得到如下定理,除了由 $O(\alpha(\varepsilon))$ 代替估算值 $O(\varepsilon)$,该定理与定理 10.4 相似。

定理 10.5　设 $f(t,x,\varepsilon)$ 及其关于 (x,ε) 的一阶与二阶偏导数,对于每个紧集 $D_0 \subset D$,以及 $(t,x,\varepsilon) \in [0,\infty) \times D_0 \times [0,\varepsilon_0]$ 是连续有界的,其中 $\varepsilon > 0$,$D \subset R^n$ 是定义域。假设在 $[0,\infty) \times D_0$ 上,$f(t,x,0)$ 有平均函数 $f_{\mathrm{av}}(x)$,且 $h(t,x) = f(t,x,0) f_{\mathrm{av}}(x)$ 的雅可比函数有零平均,并具有与 f 相同的收敛函数。设 $x(t,\varepsilon)$ 和 $x_{\mathrm{av}}(\varepsilon t)$ 分别表示方程(10.39)和方程(10.48)的解,α 是出现在式(10.44)式(10.45)估算值中的 $\mathcal{K}$ 类函数。

- 如果 $x_{\mathrm{av}}(\varepsilon t) \in D$,$\forall t \in [0, b/\varepsilon]$ 和 $x(0,\varepsilon) - x_{\mathrm{av}}(0) = O(\alpha(\varepsilon))$,则存在 $\varepsilon^* > 0$,使得对于所有 $0 < \varepsilon < \varepsilon^*$,$x(t,\varepsilon)$ 有定义,且在 $[0, b/\varepsilon]$ 有

$$x(t,\varepsilon) - x_{\mathrm{av}}(\varepsilon t) = O(\alpha(\varepsilon))$$

- 如果原点 $x = 0 \in D$ 是平均系统(10.48)的一个指数稳定平衡点,$\Omega \subset D$ 是其吸引区的一个紧子集,$x_{\mathrm{av}}(0) \in \Omega$,且 $x(0,\varepsilon) - x_{\mathrm{av}}(0,\varepsilon) = O(\alpha(\varepsilon))$,则存在 $\varepsilon^* > 0$,使得对于所有 $0 < \varepsilon < \varepsilon^*$,$x(t,\varepsilon)$ 有定义,且对于所有 $t \in [0,\infty)$ 有

$$x(t,\varepsilon) - x_{\mathrm{av}}(\varepsilon t) = O(\alpha(\varepsilon))$$

- 如果原点 $x = 0 \in D$ 是平均系统(10.48)的一个指数稳定平衡点,且对于所有 $(t,\varepsilon) \in [0,\infty) \times [0,\varepsilon_0]$,$f(t,0,\varepsilon) = 0$,则存在 $\varepsilon^* > 0$,使得对于所有 $0 < \varepsilon < \varepsilon^*$,原点是原系统(10.39)的一个指数稳定平衡点。　　　　　　　　　　　　　　　$\diamond$

　　证明: 通过用 $s = \varepsilon t$ 时间尺度表示方程(10.47),应用定理 3.4 和定理 3.5,以及式(10.46)的变量代换,可以得出定理的第一部分。对于第二部分,应用定理 9.1 中关于无限时间区间上解的连续性。最后,利用 $h(t,0) = 0$,$w(t,0,\eta) = 0$ 和边界 $\|\partial w/\partial x\| \leq k\alpha(\eta)/\eta$,可知 w 的估算值修正为

$$\eta\|w(t,x,\eta)\| \leq k\alpha(\eta)\|x\|$$

假设 $f(t,0,\varepsilon)=0$ 和 f 关于 ε 的可微性表明，$f(t,x,\varepsilon)$ 关于 ε 是利普希茨的，关于 x 是线性的，即

$$\|f(t,x,\varepsilon)-f(t,x,0)\|\leqslant L_1\varepsilon\|x\|$$

运用这些估算，可以验证对于 $(t,y,\varepsilon)\in[0,\infty)\times D_1+[0,\varepsilon_1]$，方程（10.47）中的函数 $q(t,y,\varepsilon)$ 满足不等式 $\|q(t,y,\varepsilon)\|\leqslant L\|y\|$，其中 L 为正常数，$D_1=\{\|y\|<r_1\}$，选择 r_1 和 ε_1 充分小。根据（逆李雅普诺夫）定理 4.14 和引理 9.1，可断定对于充分小的 ε，原点是原系统（10.39）的一个指数稳定平衡点。 □

例 10.13 设线性系统为 $\qquad \dot{x}=\varepsilon A(t)x$

其中 $\varepsilon>0$。假设 $A(t)$ 及其一阶与二阶导数是连续且有界的，此外按照定义 10.2，假设 $A(t)$ 的平均为

$$A_{\mathrm{av}}=\lim_{T\to\infty}\frac{1}{T}\int_t^{t+T}A(\tau)\,d\tau$$

则平均系统为 $\qquad \dot{x}=\varepsilon A_{\mathrm{av}}x$

假设 A_{av} 是赫尔维茨矩阵。由定理 10.5 可以推出，对于充分小的 ε，原时变系统的原点是指数稳定的。进一步假设矩阵 $A(t)=A_{\mathrm{tr}}(t)+A_{\mathrm{ss}}(t)$ 是瞬态分量 $A_{\mathrm{tr}}(t)$ 和稳态分量 $A_{\mathrm{ss}}(t)$ 之和，该瞬态分量按指数规律快速衰减为零，即

$$\|A_{\mathrm{tr}}(t)\|\leqslant k_1\exp(-\gamma t),\quad k_1>0,\ \gamma>0$$

而稳态分量的元素由有限个具有不同频率的正弦项之和构成。瞬态分量的平均为零，因为

$$\frac{1}{T}\int_t^{t+T}\|A_{\mathrm{tr}}(\tau)\|\,d\tau\leqslant\frac{1}{T}\int_t^{t+T}k_1e^{-\gamma\tau}\,d\tau=\frac{k_1e^{-\gamma t}}{\gamma T}\left[1-e^{-\gamma T}\right]\leqslant\frac{k_2}{T+1}$$

回顾例 10.12 中的第一种情况，可以看出 $A(t)$ 有一个收敛函数为 $\sigma(T)=1/(T+1)$ 的平均函数，因此定理 10.5 的 $\mathcal{K}$ 类函数是 $\alpha(\eta)=\eta$。设 $x(t,\varepsilon)$ 和 $x_{\mathrm{av}}(\varepsilon t)$ 表示初始状态相同的原系统和平均系统的解。根据定理 10.5 可得

$$x(t,\varepsilon)-x_{\mathrm{av}}(\varepsilon t)=O(\varepsilon),\ \forall\,t\geqslant0 \qquad\qquad \triangle$$

10.7 习题

10.1 如果 $\delta(\varepsilon)=O(\varepsilon)$，它是否为 $O(\varepsilon^{1/2})$ 或 $O(\varepsilon^{3/2})$？

10.2 如果 $\delta(\varepsilon)=\varepsilon^{1/n}$，其中 $n>1$ 为正整数。是否存在一个正整数 N，使得 $\delta(\varepsilon)=O(\varepsilon^N)$？

10.3 设初值问题

$$\dot{x}_1 = -(0.2+\varepsilon)x_1+\frac{\pi}{4}-\arctan x_1+\varepsilon\arctan x_2,\ x_1(0)=\eta_1$$
$$\dot{x}_2 = -(0.2+\varepsilon)x_2+\frac{\pi}{4}-\arctan x_2+\varepsilon\arctan x_1,\ x_2(0)=\eta_2$$

（a）求 $O(\varepsilon)$ 逼近。

（b）求 $O(\varepsilon^2)$ 逼近。

（c）研究在无限时间区间上的逼近是否成立。

（d）用计算机程序计算在时间区间 $[0,3]$ 上，当 $\varepsilon=0.1,\eta_1=0.5$ 和 $\eta_2=1.5$ 时的精确解，$O(\varepsilon)$ 逼近和 $O(\varepsilon^2)$ 逼近。讨论近似的精度。

提示：在（a）和（b）中，给出逼近方程即可，不必求逼近的解析闭式表达式。

10.4 对于系统　　　　　　　$\dot{x}_1 = x_2,$　　　　$\dot{x}_2 = -x_1 - x_2 + \varepsilon x_1^3$

　　重复习题 10.3,在(d)中设 $\varepsilon = 0.1, \eta_1 = 1.0, \eta_2 = 0.0$,时间区间为 $[0,5]$。

10.5 对于系统　　　　　　　$\dot{x}_1 = -x_1 + x_2,$　　　$\dot{x}_2 = \varepsilon x_1 - x_2 - \frac{1}{3} x_2^3$

　　重复习题 10.3,在(d)中设 $\varepsilon = 0.2, \eta_1 = 1.0, \eta_2 = 0.0$,且时间区间为 $[0,4]$。

10.6 (见文献[166])对于系统

$$\dot{x}_1 = x_1 - x_1^2 + \varepsilon x_1 x_2, \qquad \dot{x}_2 = 2x_2 - x_2^2 - \varepsilon x_1 x_2$$

　　重复习题 10.3,在(d)中设 $\varepsilon = 0.2, \eta_1 = 0.5, \eta_2 = 1.0$,且时间区间为 $[0,4]$。

10.7 对于系统 $\dot{x}_1 = -x_1 + x_2(1 + x_1) + \varepsilon(1 + x_1)^2,$　　　$\dot{x}_2 = -x_1(x_1 + 1)$

　　重复习题 10.3,在(d)中设 $\varepsilon = -0.1, \eta_1 = -1, \eta_2 = 2$。当 $\varepsilon = -0.05$ 和 $\varepsilon = -0.2$ 时重新计算,并讨论逼近精度。

10.8 考虑初值问题　　　$\begin{aligned} \dot{x}_1 &= -x_1 + \varepsilon x_2, & x_1(0) &= \eta \\ \dot{x}_2 &= -x_2 - \varepsilon x_1, & x_2(0) &= \eta \end{aligned}$

　　求 $O(\varepsilon)$ 逼近。对于两组不同的初始条件(1) $\eta = 1$,(2) $\eta = 10$,计算当 $\varepsilon = 0.1$ 时的精确解和近似解,讨论逼近精度。解释与定理 10.1 的差异。

10.9 (见文献[70])运用平均化法研究下列各标量系统:

(1)　$\dot{x} = \varepsilon(x - x^2) \sin^2 t$　　　　　　　(2)　$\dot{x} = \varepsilon(x \cos^2 t - \frac{1}{2} x^2)$

(3)　$\dot{x} = \varepsilon(-x + \cos^2 t)$　　　　　　　(4)　$\dot{x} = -\varepsilon x \cos t$

10.10 对于下列各系统,证明对于充分小的 $\varepsilon > 0$,原点是指数稳定的:

(1)　$\begin{aligned} \dot{x}_1 &= \varepsilon x_2 \\ \dot{x}_2 &= -\varepsilon(1 + 2\sin t)x_2 - \varepsilon(1 + \cos t)\sin x_1 \end{aligned}$

(2)　$\begin{aligned} \dot{x}_1 &= \varepsilon[(-1 + 1.5 \cos^2 t)x_1 + (1 - 1.5 \sin t \cos t)x_2] \\ \dot{x}_2 &= \varepsilon[(-1 - 1.5 \sin t \cos t)x_1 + (-1 + 1.5 \sin^2 t)x_2] \end{aligned}$

(3)　$\dot{x} = \varepsilon(-x \sin^2 t + x^2 \sin t + x e^{-t}), \quad \varepsilon > 0$

10.11 设系统为　　　$\begin{aligned} \dot{x}_1 &= \varepsilon[(-1 + 1.5 \cos^2 t)x_1 + (1 - 1.5 \sin t \cos t)x_2] \\ \dot{x}_2 &= \varepsilon[(-1 - 1.5 \sin t \cos t)x_1 + (-1 + 1.5 \sin^2 t)x_2] + e^{-t} \end{aligned}$

　　证明存在 $\varepsilon^* > 0$,使得对于所有 $0 < \varepsilon < \varepsilon^*$ 和所有 $x(0) \in R^2$,当 t 趋于无穷时,$x(t)$ 趋于零。

10.12 考虑系统 $\dot{y} = Ay + \varepsilon g(t, y, \varepsilon), \varepsilon > 0$,其中 $n \times n$ 矩阵 A 仅在虚轴上有一个单阶特征值。

(a) 证明对于所有 $t \geq 0$, $\exp(At)$ 和 $\exp(-At)$ 有界。

(b) 证明通过变量代换 $y = \exp(At)x$,可将系统变换为 $\dot{x} = \varepsilon f(t, x, \varepsilon)$,其中 $f = \exp(-At)$ $g(t, \exp(At)x, \varepsilon)$。

10.13 (见文献[166])应用平均化法研究 Mathieus 方程 $\ddot{y} + (1 + 2\varepsilon \cos 2t)y = 0, \varepsilon > 0$。
　　提示:利用习题 10.12。

10.14 (见文献[166])应用平均化法研究方程 $\ddot{y} + y = 8\varepsilon(\dot{y})^2$。
　　提示:利用习题 10.12。

10.15 对下列各二阶系统,运用平均化法研究极限环的存在性。如果存在极限环,估计其在状态平面中的位置和振荡周期,并确定其是否稳定。

(1) $\ddot{y} + y = -\varepsilon \dot{y}(1 - y^2)$ (2) $\ddot{y} + y = \varepsilon \dot{y}(1 - y^2) - \varepsilon y^3$

(3) $\ddot{y} + y = -\varepsilon \left(1 - \frac{3\pi}{4}|y|\right)\dot{y}$ (4) $\ddot{y} + y = -\varepsilon \left(1 - \frac{3\pi}{4}|\dot{y}|\right)\dot{y}$

(5) $\ddot{y} + y = -\varepsilon (\dot{y} - y^3)$ (6) $\ddot{y} + y = \varepsilon \dot{y}(1 - y^2 - \dot{y}^2)$

10.16 设二阶系统为

$$\dot{x}_1 = x_2, \qquad \dot{x}_2 = -x_1 + \varepsilon[x_1 + x_2(1 - x_1^2 - x_2^2)], \quad \varepsilon > 0$$

(a) 证明对于充分小的 ε, 系统有一个稳定极限环。

(b) 证明当 $\varepsilon > 1$ 时, 系统无周期轨道。

10.17 考虑瑞利方程 $m\dfrac{d^2u}{dt^2} + ku = \lambda \left[1 - \alpha \left(\dfrac{du}{dt}\right)^2\right]\dfrac{du}{dt}$

其中 m, k, λ 和 α 是正常数。

(a) 用无量纲变量 $y = u/u^*$, $\tau = t/t^*$ 和 $\varepsilon = \lambda/\lambda^*$ 证明方程可归一化为

$$\ddot{y} + y = \varepsilon \left(\dot{y} - \tfrac{1}{3}\dot{y}^3\right)$$

其中, $(u^*)^2 \alpha k = m/3$, $t^* = \sqrt{m/k}$ 和 $\lambda^* = \sqrt{km}$ 。在方程中 $\dot{y}$ 表示关于 y 的 τ 的导数。

(b) 运用平均化法证明归一化瑞利方程有一个稳定极限环, 并估计极限环在平面 $(y, \dot{y})$ 中的位置。

(c) 当 (i) $\varepsilon = 1$, (ii) $\varepsilon = 0.1$, (iii) $\varepsilon = 0.01$

时, 运用数值方法在相平面 $(y, \dot{y})$ 内画出归一化瑞利方程的相图, 并与 (b) 的结果进行比较。

10.18 考虑达芬方程 $m\ddot{y} + c\dot{y} + ky + ka^2 y^3 = A\cos\omega t$

其中 A, a, c, k, m 和 ω 是正常数。

(a) 取 $x_1 = y$, $x_2 = \dot{y}$, $\tau = \omega t$ 和 $\varepsilon = 1/\omega$, 证明方程可由 $dx/d\tau = \varepsilon f(\tau, x, \varepsilon)$ 表示。

(b) 证明对于充分大的 ω, 系统有一个指数稳定周期解。估计振荡频率和周期轨道在相平面内的位置。

10.19 验证式 (10.44) 。

提示: 从式 (10.43) 开始, 利用当 $t \leqslant 1/\sqrt{\eta}$ 时, $\sigma(t)$ 是有界的, 而当 $t \geqslant 1/\sqrt{\eta}$ 时, $\sigma(t) \leqslant \sigma(1/\sqrt{\eta})$ 。

10.20 应用一般平均化法研究标量系统

$$\dot{x} = \varepsilon \left(\sin^2 t + \sin 1.5t + e^{-t}\right) x$$

10.21 (见文献 [168]) n 阶线性时不变单输入-单输出系统的输出可表示为 $y(t) = \theta^{\mathrm{T}} w(t)$, 其中, θ 是 $2n + 1$ 维常参数向量, $w(t)$ 是一个辅助信号, 在不知道 θ 时可以由系统的输入和输出合成。假设向量 θ 未知, 并由 θ^* 表示。在辨识实验中, 参数 $\theta(t)$ 可由形如 $\dot{\theta} = -\varepsilon e(t) w(t)$ 的适应性定律更新, 其中 $e(t) = [\theta(t) - \theta^*]^{\mathrm{T}} w(t)$ 是实际系统输出与应用 $\theta(t)$ 得到的估计输出之间的误差。设 $\phi(t) = \theta(t) - \theta^*$ 表示参数误差。

(a) 证明 $\dot{\phi} = \varepsilon A(t)\phi$, 其中 $A(t) = -w(t)w^{\mathrm{T}}(t)$ 。

(b) 运用 (一般) 平均化法, 推导关于 $w(t)$ 的条件, 以保证对于充分小的 ε, 当 t 趋于无穷时, $\theta(t)$ 趋于 θ^* 。

第11章 奇 异 扰 动

10.1 节介绍的扰动法适用于状态方程光滑依赖于小参数 ε 的情况,而本章要面对更难的扰动问题,其特点是系统特性不连续依赖于扰动参数 ε。我们将研究标准奇异扰动模型

$$\dot{x} = f(t, x, z, \varepsilon)$$
$$\varepsilon \dot{z} = g(t, x, z, \varepsilon)$$

其中,令 $\varepsilon = 0$ 会引起系统动力学特性的根本突变,因为微分方程 $\varepsilon \dot{z} = g$ 退化为代数方程或超越方程

$$0 = g(t, x, z, 0)$$

本章所提出的理论的实质是:如果在分离时间尺度内分析,则可以避免因奇异扰动引起的解的不连续。多时间尺度法(multitime-scale approach)是奇异扰动法的基本特征。

在 11.1 节中定义了标准奇异扰动模型,并通过例子介绍了一些物理源。11.2 节基于将模型分解为降阶(慢)模型和边界层(快)模型研究了标准模型的二时间尺度特性,并给出了轨线逼近结果。在 11.3 节中,将逼近结果扩展到无限时间区间。用几何观点理解时间尺度的分解会更为明晰,这将在 11.4 节中讲述。11.5 节将用 11.2 节中的时间尺度分解,通过李雅普诺夫法分析平衡点的稳定性。

11.1 标准奇异扰动模型

动力学系统的奇异扰动模型是一个状态模型,其中一些状态的导数乘以一个小的正参数 ε,即

$$\dot{x} = f(t, x, z, \varepsilon) \tag{11.1}$$
$$\varepsilon \dot{z} = g(t, x, z, \varepsilon) \tag{11.2}$$

假设对于 $(t, x, z, \varepsilon) \in [0, t_1] \times D_x \times D_z \times [0, \varepsilon_0]$,函数 f 和 g 对其自变量是连续可微的,其中 $D_x \subset R^n$,$D_z \subset R^m$ 是开连通集。在方程(11.1)和方程(11.2)中令 $\varepsilon = 0$,则状态方程的维数由 $n + m$ 降为 n,因为微分方程(11.2)退化为方程

$$0 = g(t, x, z, 0) \tag{11.3}$$

如果对于每个 $(t, x) \in [0, t_1] \times D_x$,方程(11.3)有 $k \geq 1$ 个孤立的实根

$$z = h_i(t, x), \quad i = 1, 2, \cdots, k \tag{11.4}$$

则称模型(11.1) ~ (11.2)是标准形。这个假设保证了已定义的 n 维降阶模型与方程(11.3)的每个根相一致。为了获得第 i 个降阶模型,将式(11.4)代入方程(11.1),当 $\varepsilon = 0$ 时,得

$$\dot{x} = f(t, x, h(t, x), 0) \tag{11.5}$$

式中去掉了 h 的下标 i。从上文可知用到了方程(11.3)的哪个根。该模型有时称为准稳态模型,因为当 ε 很小且 $g \neq 0$ 时,z 的速度 $\dot{z} = g/\varepsilon$ 较大,使 z 可以迅速收敛到方程(11.3)的根,即方程(11.2)的平衡点。下一节将讨论方程(11.1)和方程(11.2)的二时间尺度特性。模型(11.5)又称为慢模型(slow model)。

以奇异扰动形式构造物理系统模型可能不太容易,因为如何选择所要求的小参数未必总是很明确。幸运的是,在许多应用中,物理过程和系统部件的知识为我们指明了正确的方法[①]。下面四个例子说明了四种不同的选择参数 ε 的典型方法。第一个例子把 ε 选为一个小的时间常数,这是最常用的奇异扰动模型源,并且在历史上激发了人们对奇异扰动的兴趣。小时间常数、质量、电容以及类似的寄生参数在物理系统中是很普遍的,它们增大了模型的阶数。为了简化模型,经常忽略这些参数以减小模型的阶次。奇异扰动证明了特定模型简化是合理的,对改善过于简化的模型提供了工具。在第二个例子中,参数 ε 是反馈系统中的一个高增益参数的倒数。这个例子代表了奇异扰动模型的一个重要源。在设计反馈控制系统中普遍采用高增益参数,或更准确地讲,采用以渐近方式趋于无穷的参数。分析和设计高增益反馈系统的典型方法是以奇异扰动形式对其建模。在第三个例子中,参数 ε 是电路中的一个寄生电阻。尽管忽略寄生电阻会降低模型的阶次,但这种方法决不同于忽略一个寄生时间常数。以标准奇异扰动形式对系统建模涉及仔细选择状态变量的问题。在第四个例子中,参数 ε 是汽车悬置模型中车体的固有频率与轮胎固有频率的比值。此例的特点是,能够以标准奇异扰动形式建模,是建立在依赖于 ε 状态变量尺度化的基础上的。

例 11.1　电枢控制式直流电机可由如下二阶状态方程建模:

$$J\frac{d\omega}{dt} = ki$$
$$L\frac{di}{dt} = -k\omega - Ri + u$$

其中 i,u,R 和 L 分别是电枢电流、电压、电阻和电感,J 是转动惯量,ω 是角速度,ki 和 $k\omega$ 分别是转矩和由常激励通量产生的反电动势(e.m.f)。第一个状态方程是机械转矩方程,第二个状态方程是电枢电路中的电瞬态方程。典型的 L 较小,可以用来作为参数 ε,这意味着当 $\omega = x, i = z$ 时,只要 $R \neq 0$,电机模型就是方程(11.1)~方程(11.2)的标准形式。忽略 L,解方程

$$0 = -k\omega - Ri + u$$

得(唯一根)

$$i = \frac{u - k\omega}{R}$$

将其代入转矩方程,所得模型

$$J\dot{\omega} = -\frac{k^2}{R}\omega + \frac{k}{R}u$$

是常用直流电机的一阶模型。正如第 10 章的讨论,最好是把扰动参数 ε 选择为两个物理参数的无量纲比值。至此,定义无量纲变量

$$\omega_r = \frac{\omega}{\Omega}; \quad i_r = \frac{iR}{k\Omega}; \quad u_r = \frac{u}{k\Omega}$$

重写状态方程为

$$T_m\frac{d\omega_r}{dt} = i_r$$
$$T_e\frac{di_r}{dt} = -\omega_r - i_r + u_r$$

其中,$T_m = JR/k^2$ 是力学时间常数,$T_e = L/R$ 是电路时间常数。由于 $T_m \gg T_e$,设 T_m 为时间单位,即引入无量纲的时间变量 $t_r = t/T_m$,且重写状态方程为

[①]　更多关于以奇异扰动形式建立物理系统模型的问题可参看文献[38],文献[105]的第 1 章以及文献[104]的第 4 章。

$$\frac{d\omega_r}{dt_r} = i_r$$

$$\frac{T_e}{T_m}\frac{di_r}{dt_r} = -\omega_r - i_r + u_r$$

该尺度变换把模型变成具有物理意义的无量纲参数

$$\varepsilon = \frac{T_e}{T_m} = \frac{Lk^2}{JR^2}$$

的标准形式。 △

例 11.2 考虑图 11.1 所示的反馈控制系统，内环代表具有高增益反馈的控制器。高增益参数是积分器常数 k_1，设备为由状态模型 $\{A, B, C\}$ 表示的 n 阶单输入-单输出系统。非线性 $\psi(\cdot) \in (0, \infty]$，即
$$\psi(0) = 0, \quad y\psi(y) > 0, \quad \forall \, y \neq 0$$

闭环系统的状态方程为
$$\dot{x}_p = Ax_p + Bu_p$$
$$\frac{1}{k_1}\dot{u}_p = \psi(u - u_p - k_2Cx_p)$$

当 $\varepsilon = 1/k_1$，$x_p = x$ 和 $u_p = z$ 时，模型具有方程(11.1) ~ 方程(11.2)的形式。令 $\varepsilon = 0$，相当于 $k_1 = \infty$，解方程

$$\psi(u - u_p - k_2Cx_p) = 0$$

得
$$u_p = u - k_2Cx_p$$

由于 $\psi(\cdot)$ 在原点为零，因此它是唯一的根。所得降阶模型

$$\dot{x}_p = (A - Bk_2C)x_p + Bu$$

是图 11.2 的简化方框图的模型，其中图 11.1 的整个内环由直接连接代替。 △

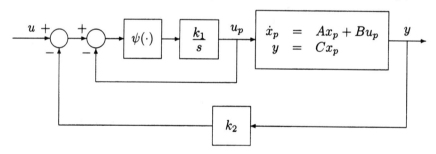

图 11.1 具有高增益反馈的制动器控制

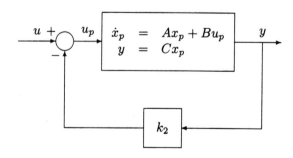

图 11.2 图 11.1 的简化方框图

例 11.3 重新考虑图 10.2 所示的例 10.4 的电路。关于电容器两端电压的微分方程为

$$C\dot{v}_1 = \frac{1}{R}(E - v_1) - \psi(v_1) - \frac{1}{R_c}(v_1 - v_2)$$

$$C\dot{v}_2 = \frac{1}{R}(E - v_2) - \psi(v_2) - \frac{1}{R_c}(v_2 - v_1)$$

在例 10.4 中对"大"电阻 R_c 电路进行了分析,当令 $1/R_c$ 为零时,为理想的开路。本例研究"小" R_c 电路。令 $R_c = 0$,把电阻短路以使两个电容并联。对简化的电路模型,并联的两个电容应由一个等效电容代替,这就是说简化电路模型为一阶。为了把这个阶次降低的模型表示为奇异扰动,先选择 $\varepsilon = R_c$,并重写状态方程为

$$\varepsilon\dot{v}_1 = \frac{\varepsilon}{CR}(E - v_1) - \frac{\varepsilon}{C}\psi(v_1) - \frac{1}{C}(v_1 - v_2)$$

$$\varepsilon\dot{v}_2 = \frac{\varepsilon}{CR}(E - v_2) - \frac{\varepsilon}{C}\psi(v_2) - \frac{1}{C}(v_2 - v_1)$$

若上述模型具有方程(11.1) ~ 方程(11.2)的形式,则 v_1 和 v_2 应被看成 z 变量,方程(11.3)应为

$$v_1 - v_2 = 0$$

然而,这个方程的根不是孤立的,这违反了方程(11.3)的根应孤立的基本假设。因此如果以 v_1 和 v_2 作为 z 变量,则模型不是标准形式。现在试选择其他状态变量,取[①]

$$x = \tfrac{1}{2}(v_1 + v_2); \quad z = \tfrac{1}{2}(v_1 - v_2)$$

采用新变量的状态方程为

$$\dot{x} = \frac{1}{CR}(E - x) - \frac{1}{2C}[\psi(x + z) + \psi(x - z)]$$

$$\varepsilon\dot{z} = -\left(\frac{\varepsilon}{CR} + \frac{2}{C}\right)z - \frac{\varepsilon}{2C}[\psi(x + z) - \psi(x - z)]$$

现在方程(11.3)的唯一根为 $z = 0$,由此得降价模型为

$$\dot{x} = \frac{1}{CR}(E - x) - \frac{1}{C}\psi(x)$$

该模型表示图 11.3 的简化电路,其中每对相似的并联支路由一个等效的单个支路代替。为了获得无量纲参数 ε,对 x, z 和 ψ 进行归一化

$$x_r = \frac{x}{E}; \quad z_r = \frac{z}{E}; \quad \psi_r(v) = \frac{R}{E}\psi(Ev)$$

并把时间变量归一化为 $t_r = t/CR$,得奇异扰动模型

$$\frac{dx_r}{dt_r} = 1 - x_r - \frac{1}{2}[\psi_r(x_r + z_r) + \psi_r(x_r - z_r)]$$

$$\varepsilon\frac{dz_r}{dt_r} = -(\varepsilon + 2)z_r - \frac{\varepsilon}{2}[\psi_r(x_r + z_r) - \psi_r(x_r - z_r)]$$

其中 $\varepsilon = R_c/R$ 是无量纲的。   △

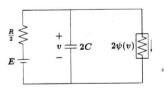

图 11.3 在 $R_c = 0$ 时的简化电路

---

① 状态变量的选择依据文献[38]中描述的系统化过程。

例11.4 汽车悬挂的 quarter-car 模型如图 11.4 所示,其中 m_s 和 m_u 是车体和轮胎的质量,k_s 和 k_t 是支架和轮胎的弹簧系数,b_s 是减震(减震器)常数。F 是由一个强制驱动装置产生的力,该装置用于主动和半主动悬挂,当 $F = 0$ 时为传统的被动悬挂。d_s, d_u 和 d_r 分别是车厢、轮胎和公路表面距参考点的高度。根据牛顿定律,作用于 m_s 和 m_u 的力是平衡的,从而有方程

$$m_s \ddot{d}_s + b_s(\dot{d}_s - \dot{d}_u) + k_s(d_s - d_u) = F$$

$$m_u \ddot{d}_u + b_s(\dot{d}_u - \dot{d}_s) + k_s(d_u - d_s) + k_t(d_u - d_r) = -F$$

典型汽车轮胎的固有频率 $\sqrt{k_t/m_u}$ 约为车体和支架固有频率 $\sqrt{k_s/m_s}$ 的 10 倍。因此,定义参数

$$\varepsilon = \sqrt{\frac{k_s/m_s}{k_t/m_u}} = \sqrt{\frac{k_s m_u}{k_t m_s}}$$

我们对这个弹簧系统感兴趣,是因为如果没有与 ε 相关的尺度,它就不能转换为标准奇异扰动模型。当 ε 趋于零时,轮胎的刚度 $k_t = O(1/\varepsilon^2)$ 趋于无穷。由于轮胎势能 $k_t(d_u - d_r)^2/2$ 保持有界,故位移 $d_u - d_r$ 一定是 $O(\varepsilon)$,即有尺度的位移 $(d_u - d_r)/\varepsilon$ 一定保持有限。除该尺度以外,还要将所有变量归一化为无量纲的量,距离除以 ℓ,速度除以 $\ell\sqrt{k_s/m_s}$,力除以 ℓk_s,时间除以 $\sqrt{m_s/k_s}$。这样,为了用标准奇异扰动形式表示系统,引入慢变量和快变量

$$x = \begin{bmatrix} (d_s - d_u)/\ell \\ (\dot{d}_s/\ell)\sqrt{m_s/k_s} \end{bmatrix}, \quad z = \begin{bmatrix} (d_u - d_r)/(\varepsilon\ell) \\ (\dot{d}_u/\ell)\sqrt{m_s/k_s} \end{bmatrix}$$

并取 $u = F/(k_s\ell)$ 作为控制输入,$w = (d_r/\ell)\sqrt{m_s/k_s}$ 作为扰动输入,$t_r = t\sqrt{k_s/m_s}$ 为无量纲的时间,所得奇异受扰动模型为

$$\frac{dx_1}{dt_r} = x_2 - z_2$$

$$\frac{dx_2}{dt_r} = -x_1 - \beta(x_2 - z_2) + u$$

$$\varepsilon\frac{dz_1}{dt_r} = z_2 - w$$

$$\varepsilon\frac{dz_2}{dt_r} = \alpha x_1 - \alpha\beta(z_2 - x_2) - z_1 - \alpha u$$

其中
$$\alpha = \sqrt{\frac{k_s m_s}{k_t m_u}}, \quad \beta = \frac{b_s}{\sqrt{k_s m_s}}$$

对于被动悬挂的典型汽车,参数 α, β 和 ε 的取值范围分别是 $[0.6, 1.2]$,$[0.5, 0.8]$ 和 $[0.08, 0.135]$。对于主动/半主动悬挂,阻尼常数会随强制驱动装置提供的额外阻尼而减小。令 $\varepsilon = 0$,得降阶模型

$$\frac{dx_1}{dt_r} = x_2 - w$$

$$\frac{dx_2}{dt_r} = -x_1 - \beta(x_2 - w) + u$$

这与图 11.4 所示的简化一阶自由度(one-degree-of-freedom)模型相一致。   △

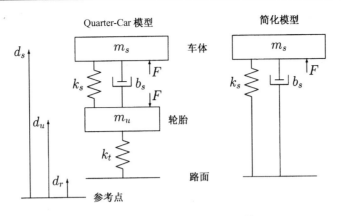

图 11.4　汽车悬挂的 Quarter-Car 模型

11.2　标准模型的时间尺度特性

奇异扰动引起动力学系统的多时间尺度特性,由系统对外部激励的慢瞬态和快瞬态响应描述。简单说就是慢响应由降阶模型(11.5)逼近,而降阶模型的响应与整个模型(11.1)~(11.2)响应之间的差异就是快瞬态响应。为了理解这一点,解状态方程

$$\dot{x} = f(t,x,z,\varepsilon), \qquad x(t_0) = \xi(\varepsilon) \tag{11.6}$$

$$\varepsilon\dot{z} = g(t,x,z,\varepsilon), \qquad z(t_0) = \eta(\varepsilon) \tag{11.7}$$

其中 $\xi(\varepsilon)$ 和 $\eta(\varepsilon)$ 随 ε 光滑变化,且 $t_0 \in [0, t_1]$。设 $x(t,\varepsilon)$ 和 $z(t,\varepsilon)$ 表示方程(11.6)和方程(11.7)的解。当定义降阶模型(11.5)的相应问题时,可以仅指定 n 个初始条件,因为是 n 阶模型。自然保留 x 的初始状态得到降阶问题

$$\dot{x} = f(t,x,h(t,x),0), \quad x(t_0) = \xi_0 \overset{\text{def}}{=\!=} \xi(0) \tag{11.8}$$

用 $\bar{x}(t)$ 表示方程(11.8)的解。因为从降阶模型中去掉了变量 z,并由其"准稳态"(quasi-steady-state)$h(t,x)$ 代换,通过解方程(11.8)能得到的有关 z 的信息只是计算

$$\bar{z}(t) \overset{\text{def}}{=\!=} h(t, \bar{x}(t))$$

它描述了当 $x = \bar{x}$ 时 z 的准稳态特性。与在 t_0 时刻由给定的 $\eta(\varepsilon)$ 开始的原始变量 z 对比,准稳态 $\bar{z}$ 不能自由地从给定值开始,而且可能在其初始值 $\bar{z}(t_0) = h(t_0, \xi_0)$ 与给定的初始状态 $\eta(\varepsilon)$ 之间存在很大差异,这样 $\bar{z}(t)$ 就可能不是 $z(t,\varepsilon)$ 的一致逼近。最好的结果是估计量

$$z(t,\varepsilon) - \bar{z}(t) = O(\varepsilon)$$

在一个不包括 t_0 的区间内成立,即 $t \in [t_b, t_1]$,其中 $t_b > t_0$。另一方面,有理由期望估计量

$$x(t,\varepsilon) - \bar{x}(t) = O(\varepsilon)$$

对于所有 $t \in [t_0, t_1]$ 一致成立,因为

$$x(t_0, \varepsilon) - \bar{x}(t_0) = \xi(\varepsilon) - \xi(0) = O(\varepsilon)$$

如果在 $[t_b, t_1]$ 上误差 $z(t,\varepsilon) - \bar{z}(t)$ 确实是 $O(\varepsilon)$,则在初始(边界层)区间 $[t_0, t_b]$ 内,变量 z 一定逼近 $\bar{z}$。要记住,因为 $\dot{z} = g/\varepsilon$,故 z 的速度可能较高。事实上,在方程(11.2)中已经设定

$\varepsilon = 0$,只要 $g \neq 0$,就可以使 z 的瞬态是即时的。根据前面的平衡点稳定性研究,显然不能希望 z 收敛到其准稳态 $\tilde{z}$,除非满足一定的稳定性条件,这样的条件将由下面的分析给出。

为了便于进行分析,做变量代换

$$y = z - h(t, x) \tag{11.9}$$

将 z 的准稳态移至原点。采用新的变量 (x, y) 之后,整个问题是

$$\dot{x} = f(t, x, y + h(t, x), \varepsilon), \quad x(t_0) = \xi(\varepsilon) \tag{11.10}$$

$$\begin{aligned}
\varepsilon \dot{y} = {} & g(t, x, y + h(t, x), \varepsilon) - \varepsilon \frac{\partial h}{\partial t} \\
& - \varepsilon \frac{\partial h}{\partial x} f(t, x, y + h(t, x), \varepsilon), \quad y(t_0) = \eta(\varepsilon) - h(t_0, \xi(\varepsilon))
\end{aligned} \tag{11.11}$$

现在方程(11.11)的准稳态是 $y = 0$,代入方程(11.10)就得到了降价模型(11.8)。为了分析方程(11.11),应该注意,即使当 ε 趋于零和 $\dot{y}$ 趋于无限时,$\varepsilon \dot{y}$ 也可以保持有限值。令

$$\varepsilon \frac{dy}{dt} = \frac{dy}{d\tau}, \qquad \text{因此} \quad \frac{d\tau}{dt} = \frac{1}{\varepsilon}$$

并用 $\tau = 0$ 作为 $t = t_0$ 时刻的初始值。新的时间变量 $\tau = (t - t_0)/\varepsilon$ 延伸了,即如果 ε 趋于零,则 τ 趋于无穷,即使有限的 t 比 t_0 稍微大一个固定(与 ε 无关)的差值。在 τ 时间尺度下,方程(11.11)表示为

$$\begin{aligned}
\frac{dy}{d\tau} = {} & g(t, x, y + h(t, x), \varepsilon) - \varepsilon \frac{\partial h}{\partial t} \\
& - \varepsilon \frac{\partial h}{\partial x} f(t, x, y + h(t, x), \varepsilon), \quad y(0) = \eta(\varepsilon) - h(t_0, \xi(\varepsilon))
\end{aligned} \tag{11.12}$$

上述方程中的变量 t 和 x 变化缓慢,因为在 τ 时间尺度上,它们分别为

$$t = t_0 + \varepsilon \tau, \qquad x = x(t_0 + \varepsilon \tau, \varepsilon)$$

令 $\varepsilon = 0$,当 $t = t_0$ 和 $x = \xi_0$ 时冻结这些变量,方程(11.12)降阶为自治系统

$$\frac{dy}{d\tau} = g(t_0, \xi_0, y + h(t_0, \xi_0), 0), \quad y(0) = \eta(0) - h(t_0, \xi_0) \overset{\text{def}}{=} \eta_0 - h(t_0, \xi_0) \tag{11.13}$$

其平衡点为 $y = 0$。如果该平衡点是渐近稳定的,且 $y(0)$ 属于其吸引区,则有理由希望方程(11.13)的解在边界层区间内达到原点的 $O(\varepsilon)$ 邻域。在该区间之外,需要一个稳定性质,以保证 $y(\tau)$ 继续趋于零,而慢变参数 (t, x) 远离其初始值 (t_0, ξ_0)。为了分析这种情况,允许冻结参数在慢变参数 (t, x) 区域内取值[①]。假设降阶问题的解 $\bar{x}(t)$ 定义在 $t \in [0, t_1]$,且对于某个定义域 D_x,有 $\bar{x}(t) \in D_x \subset R^n$。把方程(11.13)重写为

$$\frac{dy}{d\tau} = g(t, x, y + h(t, x), 0) \tag{11.14}$$

其中,把 $(t, x) \in [0, t_1] \times D_x$ 看成固定参数,把方程(11.14)称为边界层模型(boundary-layer model)或边界层系统,有时也把方程(11.13)称为边界层模型。这样并不会引起混淆,因为

---

① 回顾 9.6 节,如果方程(11.13)的原点是指数稳定的,对冻结参数 (t_0, ξ_0) 一致,则当这些参数被慢变量 (t, x) 代替时,原点仍然保持指数稳定。

方程(11.13)是由方程(11.14)在给定的初始时间和初始状态下计算得出的。对于方程(11.14)，最关键的稳定性是其原点的指数稳定性和对冻结参数的一致性，如下面的定义所示。

定义 11.1 如果存在正常数 k,γ 和 ρ_0，使得方程(11.14)的解满足

$$\|y(\tau)\| \leqslant k\|y(0)\| \exp(-\gamma\tau), \ \forall \ \|y(0)\| < \rho_0, \ \forall \ (t,x) \in [0,t_1] \times D_x, \ \forall \ \tau \geqslant 0 \qquad (11.15)$$

则边界层系统(11.14)的平衡点 $y=0$ 是指数稳定的，且对于 $(t,x) \in [0,t_1] \times D_x$ 一致。

除了平凡解，即边界层模型的解是闭式解，必须通过线性化或李雅普诺夫分析法验证原点的指数稳定性。可以证明（见习题 11.5），如果雅可比矩阵 $[\partial g/\partial y]$ 满足特征值条件

$$\mathrm{Re}\left[\lambda\left\{\frac{\partial g}{\partial y}(t,x,h(t,x),0)\right\}\right] \leqslant -c < 0, \ \ \forall \ (t,x) \in [0,t_1] \times D_x \qquad (11.16)$$

则存在常数 k,γ 和 ρ_0 使式(11.15)成立。当然，这是个局部结果，即常数 ρ_0 可能很小。还可以证明（见习题 11.6），如果对于 $(t,x,y) \in [0,t_1] \times D_x \times D_y$ 其中 $D_y \subset R^m$ 是包含原点的定义域，存在一个李雅普诺夫函数 $V(t,x,y)$，满足

$$c_1\|y\|^2 \leqslant V(t,x,y) \leqslant c_2\|y\|^2 \qquad (11.17)$$

$$\frac{\partial V}{\partial y}g(t,x,y+h(t,x),0) \leqslant -c_3\|y\|^2 \qquad (11.18)$$

则当估计值为

$$\rho_0 = \rho\sqrt{c_1/c_2}, \ k = \sqrt{c_2/c_1}, \ \gamma = c_3/2c_2 \qquad (11.19)$$

时，式(11.5)成立，其中 $B_\rho \subset D_y$。

定理 11.1 考虑方程(11.6)和方程(11.7)的奇异扰动问题，并设 $z = h(t,x)$ 是方程(11.3)的孤立的根，假设对于所有

$$[t,x,z-h(t,x),\varepsilon] \in [0,t_1] \times D_x \times D_y \times [0,\varepsilon_0]$$

其中 $D_x \subset R^n$, $D_y \subset R^m$, D_x 是凸集，D_y 包含原点，且下列条件成立：

- 函数 f 和 g 及其关于 (x,z,ε) 的一阶偏导数，以及 g 关于 t 的一阶偏导数都是连续的，函数 $h(t,x)$ 和雅可比矩阵 $[\partial g(t,x,z,0)/\partial z]$ 有关于其自变量的连续一阶偏导数，初始数据 $\xi(\varepsilon)$ 和 $\eta(\varepsilon)$ 是 ε 的光滑函数。
- 对于 $t \in [t_0,t_1]$，降阶问题(11.8)有唯一解 $\bar{x}(t) \in S$，其中 S 是 D_x 的一个紧子集。
- 原点是边界层模型(11.14)的一个指数稳定平衡点，对于 (t,x) 是一致的。设 $\mathcal{R}_y \subset D_y$ 是方程(11.3)的吸引区，Ω_y 是 $\mathcal{R}_y$ 的一个紧子集。

则存在个正常数 ε^*，使得对于所有 $\eta_0 - h(t_0,\xi_0) \in \Omega_y$ 和 $0 < \varepsilon < \varepsilon^*$，方程(11.6) ~ 方程(11.7)的奇异扰动问题在 $[t_0,t_1]$ 上有唯一解 $x(t,\varepsilon),z(t,\varepsilon)$，且

$$x(t,\varepsilon) - \bar{x}(t) = O(\varepsilon) \qquad (11.20)$$

$$z(t,\varepsilon) - h(t,\bar{x}(t)) - \hat{y}(t-t_0/\varepsilon) = O(\varepsilon) \qquad (11.21)$$

对于 $t \in [t_0,t_1]$ 一致成立，其中 $\hat{y}(\tau)$ 是边界层模型(11.13)的解，此外给定任意 $t_b > t_0$，存在 $\varepsilon^{**} \leqslant \varepsilon^*$，使得对于 $t \in [t_b,t_1]$，只要 $\varepsilon < \varepsilon^{**}$，则下式一致成立：

$$z(t,\varepsilon) - h(t,\bar{x}(t)) = O(\varepsilon) \qquad (11.22) \Diamond$$

证明: 见附录 C. 17。

该定理称为 Tikhonov 定理[①], 其证明用到边界层模型的稳定性性质, 以证明

$$\|y(t,\varepsilon)\| \leqslant k_1 \exp\left[\frac{-\alpha(t-t_0)}{\varepsilon}\right] + \varepsilon\delta$$

把上述边界用于方程(11.10)以证明(11.20), 这似乎还不够明确, 由于 $\int_0^t \exp(-\alpha s/\varepsilon)ds$ 是 $O(\varepsilon)$。再利用方程(11.11)在 τ 时间尺度的误差分析, 即可完成式(11.21)和式(11.22)的证明。

例 11.5　考虑例 11.1 中的直流电机, 设奇异扰动问题为

$$\dot{x} = z, \qquad\qquad x(0) = \xi_0$$

$$\varepsilon\dot{z} = -x - z + u(t), \quad z(0) = \eta_0$$

假设对于 $t \geqslant 0, u(t) = t$, 我们希望在 $[0,1]$ 区间上解状态方程。方程(11.3)的唯一根是 $h(t,x) = -x + t$, 且边界层模型(11.14)为

$$\frac{dy}{d\tau} = -y$$

显然, 边界层系统的原点是全局指数稳定的。降阶问题

$$\dot{x} = -x + t, \quad x(0) = \xi_0$$

有唯一解　　　　　　　　　　$\bar{x}(t) = t - 1 + (1 + \xi_0)\exp(-t)$

边界层问题　　　　　　　　$\dfrac{dy}{d\tau} = -y, \quad y(0) = \eta_0 + \xi_0$

有唯一解　　　　　　　　　　$\hat{y}(\tau) = (\eta_0 + \xi_0)\exp(-\tau)$

根据定理 11.1, 对于所有 $t \in [0,1]$, 有

$$x - [t - 1 + (1 + \xi_0)\exp(-t)] = O(\varepsilon)$$

$$z - \left[(\eta_0 + \xi_0)\exp\left(\frac{-t}{\varepsilon}\right) + 1 - (1 + \xi_0)\exp(-t)\right] = O(\varepsilon)$$

z 的 $O(\varepsilon)$ 逼近清楚地表现出二时间尺度特性。它以快瞬态 $(\eta_0 + \xi_0)\exp(-t/\varepsilon)$ 开始, 称为解的边界层部分。在这个瞬态衰减后, z 继续接近 $[1 - (1 + \xi_0)\exp(-t)]$, 这是解的慢变(准稳态)部分。二时间尺度特性只对 z 有意义, 而 x 主要是慢特性。事实上, x 有一个快(边界层)瞬态, 但它是 $O(\varepsilon)$。由于系统是线性的, 可以通过模态分析(modal analysis)使它具有描述其二时间尺度特征。很容易看出, 系统有一个慢特征值 λ_1, 它接近于降阶模型特征值的 $O(\varepsilon)$, 即 $\lambda_1 = -1 + O(\varepsilon)$; 系统还有一个快特征值 $\lambda_2 = \lambda/\varepsilon$, 其中 λ 是接近于边界层模型特征值的 $O(\varepsilon)$, 即 $\lambda_2 = [-1 + O(\varepsilon)]/\varepsilon$。$x$ 和 z 的精确解是慢模式 $\exp(\lambda_1 t)$、快模式 $\exp(\lambda t/\varepsilon)$ 以及由于输入 $u(t) = t$ 引起的稳态分量的线性组合。通过模态分解的实际计算, 可以验证在 x 上快模式的系数是 $O(\varepsilon)$。一般来讲, 这对线性系统是可行的(见习题 11.14)。　　　　　　　　△

例 11.6　考虑例 11.2 中高增益反馈系统的奇异扰动问题

[①]　Tikhonov 定理还有其他形式, 技术假设有不同(例如参见文献[105]中第 1 章的定理 3.1)。

$$\dot{x} = Ax + Bz, \qquad\qquad x(0) = \xi_0$$
$$\varepsilon\dot{z} = \psi(u(t) - z - k_2 Cx), \quad z(0) = \eta_0$$

假设当 $t \geq 0$ 时, $u(t) = 1$, 且 $\psi(\cdot) = \arctan(\cdot)$。方程(11.3)的唯一根是 $h(t,x) = 1 - k_2 Cx$, 边界层模型(11.14)为

$$\frac{dy}{d\tau} = \arctan(-y) = -\arctan(y)$$

由于雅可比函数

$$\left.\frac{\partial g}{\partial y}\right|_{y=0} = -\left.\frac{1}{1+y^2}\right|_{y=0} = -1$$

是赫尔维茨的, 因此边界层模型的原点是指数稳定的, 显然原点也是全局渐近稳定的。由于降阶问题

$$\dot{x} = (A - Bk_2 C)x + B, \quad x(0) = \xi_0$$

是线性的, 故定理(11.1)的所有假设都满足, 我们可以继续用降阶问题和边界层问题的解逼近 x 和 z。 $\qquad\qquad\triangle$

例 11.7 考虑奇异扰动问题

$$\dot{x} = x^2(1+t)/z, \qquad\qquad\qquad x(0) = 1$$
$$\varepsilon\dot{z} = -[z + (1+t)x]\, z\, [z - (1+t)], \quad z(0) = \eta_0$$

方程(11.3)的形式为 $\qquad 0 = -[z + (1+t)x]\, z\, [z - (1+t)]$

在区域 $\{t \geq 0 \text{ 且 } x > k\}$ 内, 方程有三个孤立根

$$z = -(1+t)x, \quad z = 0, \quad z = 1+t$$

$0 < k < 1$。首先考虑根 $z = -(1+t)x$, 边界层模型(11.14)为

$$\frac{dy}{d\tau} = -y[y - (1+t)x][y - (1+t)x - (1+t)]$$

方程右边的函数如图 11.5(a)所示, 表明原点是渐近稳定的, 其中 $y < (1+t)x$ 为其吸引区。取 $V(y) = y^2$, 容易验证当 $y \leq \rho < (1+t)x$ 时, V 满足式(11.17)和式(11.18)。当所有 $t \geq 0$ 时, 降阶问题

$$\dot{x} = -x, \quad x(0) = 1$$

有唯一解 $\bar{x}(t) = \exp(-t)$。$t = 0, x = 1$ 时的边界层问题为

$$\frac{dy}{d\tau} = -y(y-1)(y-2), \quad y(0) = \eta_0 + 1$$

当 $\eta_0 < 0$ 时有唯一的衰减解 $\hat{y}(\tau)$。考虑下一个根 $z = 0$, 边界层模型(11.14)为

$$\frac{dy}{d\tau} = -[y + (1+t)x]\, y\, [y - (1+t)]$$

方程右边函数的曲线如图 11.5(b)所示, 原点是非稳定的, 因而定理 11.1 不适用于该情况。最后, 考虑根 $z = 1+t$, 边界层模型为

$$\frac{dy}{d\tau} = -[y + (1+t) + (1+t)x][y + (1+t)]y$$

与第一种情况相似, 可以证明原点是指数稳定的, 对于 (t,x) 是一致的。对于所有 $t \in [0,1)$, 降阶问题 $\qquad\qquad \dot{x} = x^2, \quad x(0) = 1$

有唯一解 $\bar{x}(t) = 1/(1-t)$。注意, 当 $t = 1$ 时, $\bar{x}(t)$ 有一个有限逃逸时间。但是, 对于

$t \in [0, t_1]$,其中 $t_1 < 1$,定理 11.1 仍旧成立。$t = 0$ 且 $x = 1$ 时的边界层问题

$$\frac{dy}{d\tau} = -(y+2)(y+1)y, \quad y(0) = \eta_0 - 1$$

当 $\eta_0 > 0$ 时有唯一衰减解 $\hat{y}(\tau)$。在方程(11.3)的三个根中,仅有两个根,$h = -(1+t)x$ 和 $h = 1+t$ 产生有意义的降阶模型。当 $\eta_0 < 0$ 时,定理 11.1 适用于根 $h = -(1+t)x$,而 当 $\eta_0 > 0$ 时,定理 11.1 适用于根 $h = 1+t$。图 11.6 和图 11.7 给出了当 $\varepsilon = 0.1$ 时的仿真 结果。图 11.6 为 η_0 取 4 个不同值时 z 的曲线,每个降阶模型对应两条曲线。图 11.7 给 出 $\eta_0 = -0.3$ 时 x 和 z 的精确解与近似解。图 11.6 的轨线清楚地表现出二时间尺度特性, 从 $z(t, \varepsilon)$ 的一个快瞬态开始,从 η_0 到 $\bar{z}(t)$,在这个瞬态衰变之后,轨线继续接近 $\bar{z}(t)$。在 $\eta_0 = -0.3$ 的情况下,在时间 $[0, 0.2]$ 内不会收敛到 $\bar{z}(t)$。图 11.7 在较长时间区间内显 示了同样的情况,从中可以看到 $z(t, \varepsilon)$ 逼近 $\bar{z}(t)$ 的过程。图 11.7 说明了 Tikhonov 定理 的 $O(\varepsilon)$ 渐近逼近结果。

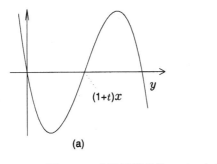
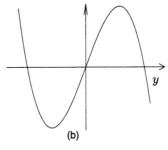

图 11.5   边界层模型的 RHS。(a) $z = -(1+t)x$;(b) $z = 0$

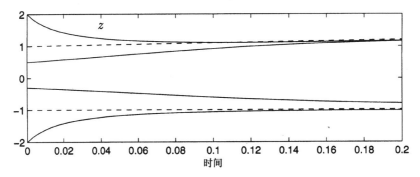

图 11.6   例 11.7 在 $\varepsilon = 0.1$ 时对 z 的仿真结果,降阶解(虚线),精确解(实线)

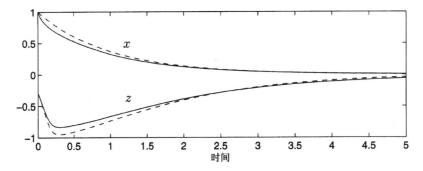

图 11.7   例 11.7 在 $\varepsilon = 0.1$ 时的精确解(实线)和近似解(虚线)

11.3 无限区间上的奇异扰动

定理 11.1 仅适用于 $O(1)$ 的时间区间,从定理的证明很容易理解这一点。具体来说,式(C.81)证明了

$$\|x(t,\varepsilon) - \bar{x}(t)\| \leqslant \varepsilon k_3[1 + t_1 - t_0] \exp[L_6(t_1 - t_0)]$$

对于任意有限的 t_1,上述的估计是 $O(\varepsilon)$,但是对于所有 $t \geqslant t_0$,它对 t 又不是一致地为 $O(\varepsilon)$。为说明后者,需要证明

$$\|x(t,\varepsilon) - \bar{x}(t)\| \leqslant \varepsilon k, \quad \forall\, t \in [t_0, \infty)$$

上式附加一些稳定性条件可以成立。下面的定理要求降阶系统(11.5)在原点有一个指数稳定平衡点,并且通过李雅普诺夫函数估计其吸引区。

定理 11.2 考虑奇异扰动问题(11.6)~(11.7),并设 $z = h(t,x)$ 是方程(11.3)的孤立根。假设对于所有

$$[t, x, z - h(t,x), \varepsilon] \in [0, \infty) \times D_x \times D_y \times [0, \varepsilon_0]$$

其中定义域 $D_x \subset R^n$ 和 $D_y \subset R^m$ 都包含各自相应的原点,有下述条件成立:

- 在 $D_x \times D_y$ 的任何紧子集上,函数 f 和 g 及其关于 (x, z, ε) 的一阶偏导数,以及 g 关于 t 的一阶偏导数都是连续且有界的,函数 $h(t,x)$ 和雅可比矩阵 $[\partial g(t,x,z,0)/\partial z]$ 对其自变量的一阶偏导数有界,且 $[\partial f(t,x,h(t,x),0)/\partial x]$ 对于 x 是利普希茨的,对于 t 是一致的,初始数据 $\xi(\varepsilon)$ 和 $\eta(\varepsilon)$ 是 ε 的光滑函数。
- 原点是降阶系统(11.5)的指数稳定平衡点,对于 $(t,x) \in [0, \infty) \times D_x$ 存在李雅普诺夫函数 $V(t,x)$ 满足定理 4.9 的条件,且 $\{W_1(x) \leqslant c\}$ 是 D_x 的一个紧子集。
- 原点是边界层系统(11.14)的一个指数稳定平衡点,对于 (t,x) 是一致的。设 $\mathcal{R}_y \subset D_y$ 是方程(11.13)的吸引区,且 Ω_y 是 $\mathcal{R}_y$ 的一个紧子集。

则对于每个紧集 $\Omega_x \subset \{W_2(x) \leqslant \rho c, 0 < \rho < 1\}$,存在一个正常数 ε^*,使得对于所有 $t_0 \geqslant 0$,$\xi_0 \in \Omega_x, \eta_0 - h(t_0, \xi_0) \in \Omega_y$ 和 $0 < \varepsilon < \varepsilon^*$,奇异扰动问题(11.6)~(11.7)在 $[t_0, \infty)$ 上有唯一解 $x(t,\varepsilon), z(t,\varepsilon)$,且当 $t \in [t_0, \infty)$ 时,

$$x(t,\varepsilon) - \bar{x}(t) = O(\varepsilon) \tag{11.23}$$

$$z(t,\varepsilon) - h(t, \bar{x}(t)) - \hat{y}(t - t_0/\varepsilon) = O(\varepsilon) \tag{11.24}$$

一致成立,其中 $\bar{x}(t)$ 和 $\hat{y}(\tau)$ 是降阶问题(11.8)和边界层问题(11.13)的解。此外对于任意给定 $t_b > t_0$,存在 $\varepsilon^{**} \leqslant \varepsilon^*$,使得对于 $t \in [t_b, \infty)$,只要 $\varepsilon < \varepsilon^{**}$,则有

$$z(t,\varepsilon) - h(t, \bar{x}(t)) = O(\varepsilon) \tag{11.25}$$

一致成立。 $\diamondsuit$

证明:见附录 C.18。 $\square$

如果降阶系统(11.5)是自治的,则定理 11.2 中的集合 Ω_x 可以是其吸引区的任何紧子集,这是由逆李雅普诺夫定理 4.17 得出的,它给出一个李雅普诺夫函数 $V(x)$,使得吸引区的任何紧子集都在紧集 $\{V(x) \leqslant c\}$ 内。

例 11.8 对于例 11.3 中的电路,考虑奇异扰动问题

$$\dot{x} = 1 - x - \frac{1}{2}[\psi(x+z) + \psi(x-z)], \qquad x(0) = \xi_0$$

$$\varepsilon\dot{z} = -(\varepsilon+2)z - \frac{\varepsilon}{2}[\psi(x+z) - \psi(x-z)], \quad z(0) = \eta_0$$

并假设
$$\psi(v) = a\left[\exp\left(\frac{v}{b}\right) - 1\right], \quad a > 0, \ b > 0$$

这些方程来自例 11.3,但省略了下标 r。在 (x, z) 的任何紧集上,都满足定理 11.2 的可微性和利普希茨条件。降阶模型

$$\dot{x} = 1 - x - a\left[\exp\left(\frac{x}{b}\right) - 1\right] \stackrel{\text{def}}{=\!=} f_o(x)$$

在 $x = p^*$ 处有唯一平衡点,其中 p^* 是 $f_o(p^*) = 0$ 的唯一根,很容易看出 $0 < p^* < 1$。雅可比函数
$$\frac{df_o}{dx}\bigg|_{x=p^*} = -1 - \frac{a}{b}\exp\left(\frac{p^*}{b}\right) < -1$$

为负,因此平衡点 $x = p^*$ 是指数稳定的。此外由函数 $f_o(x)$ 的曲线可以看出,$x = p^*$ 是全局渐近稳定的。通过变量代换 $\tilde{x} = x - p^*$ 把平衡点移到原点,则边界层模型

$$\frac{dz}{d\tau} = -2z$$

与 x 无关,且其原点是全局指数稳定的。这样,定理 11.2 的所有条件全局满足,且当 $h = 0$ 时,式 (11.23) 至式 (11.25) 的估计对于所有 $t \geqslant 0$ 和任何有界初始状态 (ξ_0, η_0) 都成立。   △

例 11.9   考虑一个设备的自适应控制,由二阶传递函数表示如下:
$$\tilde{P}(s) = \frac{k_p}{(s - a_p)(\varepsilon s + 1)}$$

其中 $a_p, k_p > 0$ 和 $\varepsilon > 0$ 是未知参数。参数 ε 代表一个小的"寄生"时间常数。假设忽略 ε,则传递函数简化为

$$P(s) = \frac{k_p}{s - a_p}$$

现在对该一阶传递函数设计自适应控制器。在 1.2.6 节给出了参考模型自适应控制器
$$u = \theta_1 r + \theta_2 y_p$$
$$\dot{\theta}_1 = -\gamma(y_p - y_m)r$$
$$\dot{\theta}_2 = -\gamma(y_p - y_m)y_p$$

其中 y_p, u, r 和 y_m 分别是设备输出、控制输入、参考输入及参考模型输出。设备(一阶模型)和参考模型分别为

$$\dot{y}_p = a_p y_p + k_p u \quad \text{和} \quad \dot{y}_m = a_m y_m + k_m r, \quad k_m > 0$$

由 1.2.6 节可知,闭环自适应控制系统可以由三阶状态方程
$$\dot{e}_o = a_m e_o + k_p \phi_1 r + k_p \phi_2(e_o + y_m)$$
$$\dot{\phi}_1 = -\gamma e_o r$$
$$\dot{\phi}_2 = -\gamma e_o(e_o + y_m)$$

表示,其中 $e_o = y_p - y_m, \phi_1 = \theta_1 - \theta_1^*, \phi_2 = \theta_2 - \theta_2^*, \theta_1^* = k_m/k_p$ 和 $\theta_2^* = (a_m - a_p)/k_p$。定义状态向量为
$$x = \begin{bmatrix} e_o & \phi_1 & \phi_2 \end{bmatrix}^{\mathrm{T}}$$

重写状态方程为
$$\dot{x} = f_0(t, x)$$

其中 $f_0(t,0) = 0$。这个三阶状态方程称为标称自适应控制系统,是用于稳定性分析的模型。假设模型的原点是指数稳定的[①],当自适应控制器应用于实际环境时,闭环系统将与该标称模型有所不同,我们把这种情况表示为奇异扰动问题。实际设备的二阶模型可以由奇异扰动模型

$$\begin{aligned}
\dot{y}_p &= a_p y_p + k_p z \\
\varepsilon \dot{z} &= -z + u
\end{aligned}$$

表示。重复 1.2.6 节中的推导,可以看出实际的自适应控制系统可以表示为奇异扰动模型

$$\begin{aligned}
\dot{x} &= f_0(t, x) + K[z - h(t, x)] \\
\varepsilon \dot{z} &= -z + h(t, x)
\end{aligned}$$

其中
$$h(t, x) = u = (\theta_1^* + \phi_1) r(t) + (\theta_2^* + \phi_2)(e_o + y_m(t)), \quad K = [k_p, 0, 0]^{\mathrm{T}}$$

信号 $y_m(t)$ 是由 $r(t)$ 驱动的赫尔维茨传递函数的输出,因此具有与 $r(t)$ 相同的光滑性和有界性。具体地讲,如果 $r(t)$ 有 N 阶连续有界导数,则 $y_m(t)$ 也一样。现在分析该奇异扰动系统。当 $\varepsilon = 0$ 时,有 $z = h(t, x)$,降阶模型为

$$\dot{x} = f_0(t, x)$$

这是标称自适应控制系统的闭环模型(已经假设模型的原点是指数稳定的)。边界层模型

$$\frac{dy}{d\tau} = -y$$

与 (t, x) 无关,其原点是全局指数稳定的。如果参考输入 $r(t)$ 及其导数 $\dot{r}(t)$ 有界,则在 (x, z) 的任何紧集上都满足定理 11.2 的所有假设。设 $\bar{x}$ 表示标称自适应控制系统的解,用 $x(t, \varepsilon)$ 表示实际自适应控制系统的解,两者都始于同一初始状态。根据定理 11.2 可得,存在 $\varepsilon^* > 0$,使得对于所有 $0 < \varepsilon < \varepsilon^*$,有

$$x(t, \varepsilon) - \bar{x}(t) = O(\varepsilon)$$

其中,对于所有 $t \geq t_0$,$O(\varepsilon)$ 在 t 上一致成立。该结果体现了未建模动力学因素的鲁棒性。

$\triangle$

11.4　慢流形和快流形

本节给出方程(11.1)和方程(11.2)的解的二时间尺度特性的几何解释,该解是用 R^{n+m} 上的轨线表示的。为了运用不变流形的概念[②],这里只讨论自治系统。为了进一步简化概念,取 f 和 g 与 ε 无关。这样,就可以考虑奇异扰动系统(11.1) ~ (11.2)的简单形式

$$\dot{x} = f(x, z) \tag{11.26}$$

$$\varepsilon \dot{z} = g(x, z) \tag{11.27}$$

---

① 在例 8.12 中证明了在持续激励下就是这种情况。具体地讲,如果 $r(t) = a\sin \omega t$,则原点是指数稳定的。在这一点上要注意:在分析本例时假设 $r(t)$ 是不变的,且只对于小 ε 研究系统的渐近特性。当 ε 固定为某个小数值时,假设主要是对 $r(t)$ 加以限制,特别是对输入频率 ε。如果 ω 开始增加,那么总可以达到这一点:由于高频输入破坏了慢变量 x 的慢变特性,则本例结论不再成立。例如,具有 $O(\omega)$ 数量级的信号 $\dot{r}(t)$ 可能违反 $\dot{r}$ 是关于 ε 的 $O(1)$ 的假设。

② 8.1 节已介绍了不变流形。

设 $z = h(x)$ 是 $0 = g(x,z)$ 的孤立根,并假设其满足定理 11.1 的条件。方程 $z = h(x)$ 描述了一个在 (x,z) 的 $n + m$ 维状态空间中的 n 维流形,它是系统

$$\dot{x} = f(x, z) \tag{11.28}$$

$$0 = g(x, z) \tag{11.29}$$

的一个不变流形,因为方程(11.28)和方程(11.29)的始于流形 $z = h(x)$ 的轨线在所有未来时刻(解在其内有定义)都将保持在该流形内。系统在此流形内的运动可用降阶模型

$$\dot{x} = f(x, h(x))$$

描述。定理 11.1 表明方程(11.26)和方程(11.27)的始于 $z = h(x)$ 的 $O(\varepsilon)$ 邻域内的轨线,继续保留在 $z = h(x)$ 的 $O(\varepsilon)$ 邻域内。由此引发了下列问题:当 $\varepsilon > 0$ 时是否有类似于不变流形 $z = h(x)$ 的流形存在? 也就是说在定理 11.1 假设的条件下,方程(11.26)和方程(11.27)在 $z = h(x)$ 的 $O(\varepsilon)$ 邻域内有一个邻近的不变流形。对于方程(11.26)和方程(11.27),寻找形如

$$z = H(x, \varepsilon) \tag{11.30}$$

的不变流形,其中 H 是 x 和 ε 的足够光滑(即足够多次连续可微)函数。表达式(11.30)在 (x,z) 的 $n + m$ 维状态空间上定义了一个与 ε 有关的 n 维流形。因为 $z = H(x, \varepsilon)$ 是方程(11.26)~方程(11.27)的不变流形,因此一定有

$$z(0, \varepsilon) - H(x(0, \varepsilon), \varepsilon) = 0 \Rightarrow z(t, \varepsilon) - H(x(t, \varepsilon), \varepsilon) \equiv 0, \quad \forall t \in J \subset [0, \infty)$$

其中,J 是解 $[x(t, \varepsilon), z(t, \varepsilon)]$ 存在的整个时间区间。将方程(11.30)两边对 t 进行微分,再乘以 ε,并分别把方程(11.26)、方程(11.27)和方程(11.30)中的 $\dot{x}, \varepsilon \dot{z}$ 和 z 代入,得流形条件

$$0 = g(x, H(x, \varepsilon)) - \varepsilon \frac{\partial H}{\partial x} f(x, H(x, \varepsilon)) \tag{11.31}$$

在所讨论的区域内及所有 $\varepsilon \in [0, \varepsilon_0]$,$H(x, \varepsilon)$ 都必须满足该流形条件。当 $\varepsilon = 0$ 时,偏微分方程(11.31)退化为 $\qquad 0 = g(x, H(x, 0))$
它表明 $H(x, 0) = h(x)$。由于 $0 = g(x, 0)$ 可能有多个孤立根 $z = h(x)$,故可能要在每个根的邻域内都寻找方程(11.26)~方程(11.27)的一个不变流形。可以证明[①],存在 $\varepsilon^* > 0$ 和对于所有 $\varepsilon \in [0, \varepsilon^*]$ 都满足流形条件(11.31)的函数 $H(x, \varepsilon)$,且有

$$H(x, \varepsilon) - h(x) = O(\varepsilon)$$

其中 x 有界。不变流形 $z = H(x, \varepsilon)$ 称为方程(11.26)~方程(11.27)的慢流形。每个慢流形都对应于一个慢模型 $\qquad \dot{x} = f(x, H(x, \varepsilon)) \tag{11.32}$
它精确地描述了系统在流形上的运动。

在多数情况下,不能精确地解出流形条件(11.31),但可以用在 $\varepsilon = 0$ 展开的泰勒级数任意近地逼近 $H(x, \varepsilon)$。该逼近的步骤是,首先将 $H(x, \varepsilon)$ 的泰勒级数,即

$$H(x, \varepsilon) = H_0(x) + \varepsilon H_1(x) + \varepsilon^2 H_2(x) + \cdots$$

代入方程(11.31),然后计算 $H_0(x)$ 和 $H_1(x)$ 等,再令 ε 的同次幂项系数相等。要求函数 f 和 g

---

① 这里不证明不变流形的存在性,可以用另一种中心流形,即定理 8.1 的证明变形完成其证明,在附录 C.15 中给出,(参见文献[34]的 2.7 节)。在满足定理 11.1 基本条件下的证明可以参见文献[102]。

关于其自变量是足够多次连续可微的。显然 $H_0(x) = H(x,0) = h(x)$。$H_1(x)$ 的方程为

$$\frac{\partial g}{\partial z}(x, h(x))H_1(x) = \frac{\partial h}{\partial x}f(x, h(x))$$

如果雅可比矩阵 $[\partial g/\partial z]$ 在 $z = h(t)$ 是非奇异的,则方程有唯一解。特征值条件(11.16)表明了雅可比矩阵的非奇异性。与 H_1 相似,如果高阶方程的雅可比矩阵 $[\partial g/\partial z]$ 是非奇异的,则方程也是线性且可解的。

为了引入快流形的概念,以 $\tau = t/\varepsilon$ 的时间尺度考察方程(11.26)和方程(11.27),当 $\varepsilon = 0$ 时,$x(\tau) \equiv x(0)$,而根据

$$\frac{dz}{d\tau} = g(x(0), z)$$

趋近平衡点 $z = h(x(0))$ 即可得到 $z(\tau)$。该运动描述了 R^{n+m} 内的轨线 (x,z),对于每个给定的 $x(0)$,该轨线位于由 $x = x(0)$,即 x 为常数定义的快流形 F_x 上,且迅速降至流形 $z = h(x)$。当 $\varepsilon > 0$ 但较小时,快流形是迅速到达慢流形解的"叶状结构"(foliations),可以用如下两个二阶例子解释该图形。

例 11.10 考虑奇异扰动系统
$$\begin{aligned} \dot{x} &= -x + z \\ \varepsilon\dot{z} &= \arctan(1 - z - x) \end{aligned}$$

当 $\varepsilon = 0$ 时,慢流形为 $z = h(x) = 1 - x$,对应的慢模型

$$\dot{x} = -2x + 1$$

在 $x = 0.5$ 有一个渐近稳态平衡点。因此,在流形 $z = 1 - x$ 上的轨线将朝向点 $P = (0.5, 0.5)$,如图 11.8 箭头指向所示。注意,$(0.5, 0.5)$ 是整个系统的平衡点。$\varepsilon = 0$ 时的快流形与 z 轴平行,且轨线朝向慢流形 $z = 1 - x$。利用这些信息,可以构造系统的一个逼近相图。例如,始于点 A 的轨线垂直下降,直到在点 B 与流形 $z = 1 - x$ 相遇。轨线又从点 B 沿流形运动到平衡点 P。同样,始于点 C 的轨线垂直上升到点 D,然后沿着流形移向平衡点 P。当 $\varepsilon > 0$ 但较小时,系统的相图将接近 $\varepsilon = 0$ 时的逼近图。图 11.9 给出了 $\varepsilon = 0.1$ 时的相图。可以明显看出两个相图是相似的。 △

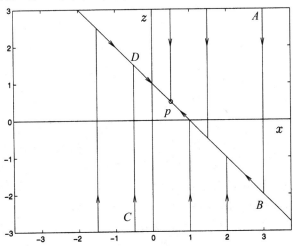

图 11.8 例 11.10 的逼近相图

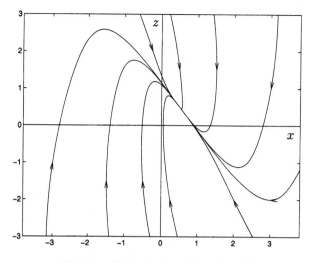

图 11.9   例 11.10 在 $\varepsilon = 0.1$ 时的相图

例 11.11   考虑范德波尔方程

$$\frac{d^2v}{ds^2} - \mu(1-v^2)\frac{dv}{ds} + v = 0$$

当 $\mu \gg 1$ 时,以

$$x = -\frac{1}{\mu}\frac{dv}{ds} + v - \frac{1}{3}v^3; \quad z = v$$

作为状态变量,以 $t = s/\mu$ 作为时间变量,且 $\varepsilon = 1/\mu^2$,则系统可表示为标准奇异扰动模型

$$\begin{aligned}\dot{x} &= z \\ \varepsilon\dot{z} &= -x + z - \tfrac{1}{3}z^3\end{aligned}$$

由 Poincaré-Bendixson 定理(见例 2.9)可知,范德波尔方程有一个稳定极限环。这里我们希望用奇异扰动理论更准确地估计极限环的位置。当 $\varepsilon = 0$ 时,需要求出方程

$$0 = -x + z - \tfrac{1}{3}z^3$$

的根 $z = h(x)$。图 11.10 给出了曲线 $-x + z - z^3/3 = 0$,即 $\varepsilon = 0$ 时的慢流形。当 $x < -2/3$ 时,在分支 AB 上仅有一个根。当 $-2/3 < x < 2/3$ 时有三个根,分别在 AB,BC 和 CD 三个分支上。当 $x > 2/3$ 时,在分支 CD 上有一个根。对于分支 AB 上的根,其雅可比函数为

$$\frac{\partial g}{\partial z} = 1 - z^2 < 0, \quad z^2 > 1$$

因此,分支 AB(除了点 B 的邻域)上的根是指数稳定的,在分支 CD(除了点 C 的邻域)上的根也是如此。另一方面,分支 BC 上的根是不稳定的,因为它们位于 $z^2 < 1$ 的区域内。现在用奇异扰动构造一个逼近相图。根据 x 的取值将状态平面分成三个区域。始于区域 $x < -2/3$ 的轨线平行于 z 轴运动,趋近慢流形的分支 AB。始于区域 $-2/3 < x < 2/3$ 的轨线再次平行于 z 轴,或趋近分支 AB,或趋近分支 CD,这取决于 z 的初始值。如果初始点在分支 BC 之上,则轨线将趋近 AB,否则趋近 CD。最后,始于区域 $x > 2/3$ 的轨线趋近分支 CD。对于慢流形自身的轨线来说,它将沿着流形运动,运动方向由向量场的符号决定,如图 11.10 所示。具体地讲,由于 $\dot{x} = z$,分支 AB 上的轨线向下滑动,而分支 CD 上的轨线将向上攀升。由于没有 BC 分支上的不稳定根的降阶模型,因此无法讨论 BC 分支上的运动。至此,除了分支 BC 以及点 B 和点 C 的邻域,我们可以绘出任一位置的逼近相图。对

于分支 BC 以及点 B 和点 C 的邻域,不能用奇异扰动理论预测其相图。现在研究 ε 为较小正数时点 B 邻域的情况。沿分支 AB 向点 B 滑动的轨线实际上是沿精确的慢流形 $z = H(x, \varepsilon)$ 下滑的。由于轨线向点 B 运动,所以一定有 $g < 0$,因而精确慢流形一定位于分支 AB 之上。观察点 B 邻域内的向量场图表明,轨线通过点 B(即 $x = 2/3$)在 B 之上与竖直线相交。轨线一旦穿过这条线,就属于分支 CD 上稳定根的吸引区,因此以垂直线迅速向分支 CD 运动。通过相似论证,可以说明沿分支 CD 运动的轨线将通过点 C 在点 C 之下与竖直线相交,然后沿竖直方向向分支 AB 运动。这样就完成了逼近相图的绘制。从任何一点开始的轨线都会被吸引到分支 AB 或 CD,且垂直趋近这两条分支。轨线一旦运动到慢流形上,就会移向闭合曲线 E-B-F-C-E,如果不在慢流形上,则将围绕慢流形循环。范德波尔振荡器的精确极限环位于该闭合曲线的 $O(\varepsilon)$ 邻域内。图 11.11 所示的 $\varepsilon = 0.1$ 时的相图证实了上述预测。

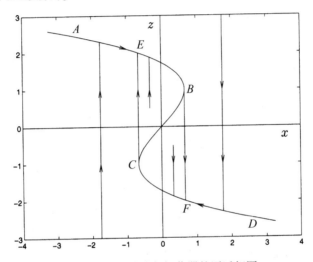

图 11.10 范德波尔振荡器的逼近相图

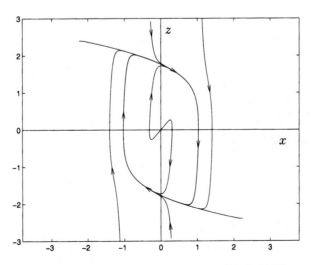

图 11.11 范德波尔振荡器在 $\varepsilon = 0.1$ 时的逼近相图

　　还可以估计周期解的振荡周期。闭合曲线 $E\text{-}B\text{-}F\text{-}C\text{-}E$ 有两个慢边和两个快边。忽略从 B 到 F 和从 C 到 E 的快瞬态时间,可以用 $t_{EB}+t_{FC}$ 估计振荡周期。时间 t_{EB} 可由降阶模型

$$\dot{x} = z$$
$$0 = -x + z - \tfrac{1}{3}z^3$$

估计。将第二个方程两边对 t 进行微分,与第一个方程联立,令 $\dot{x}$ 相等,得方程

$$\dot{z} = \frac{z}{1-z^2}$$

从 E 到 B 积分,可得 $t_{EB}=(3/2)-\ln 2$。可以用相似的方法估计时间 t_{FC},且由于对称性可知 $t_{EB}=t_{FC}$。这样,对于较小的 ε,振荡周期近似等于 $3-2\ln 2$。　　　　△

11.5　稳定性分析

　　考虑自治奇异扰动系统

$$\dot{x} = f(x,z) \tag{11.33}$$
$$\varepsilon\dot{z} = g(x,z) \tag{11.34}$$

假设原点 $(x=0,z=0)$ 是孤立的平衡点,且函数 f 和 g 在包含原点的定义域内是局部利普希茨的。因此

$$f(0,0)=0, \quad g(0,0)=0$$

我们希望通过研究降阶模型和边界层模型分析原点的稳定性。设 $z=h(x)$ 是方程

$$0=g(x,z)$$

定义在所有 $x\in D_x\subset R^n$ 上的孤立根,其中 D_x 是包含 $x=0$ 的定义域,假设 $h(0)=0$。如果 $z=h(x)$ 是 $0=g$ 的唯一根,则在原点它一定为零,因为 $g(0,0)=0$。如果有两个或多个孤立根,则其中必有一个在 $x=0$ 时为零,这正是我们要研究的根。因为变量代换将边界层模型的平衡点移到原点,所以在 (x,y) 坐标系讨论更方便,即

$$y=z-h(x)$$

在新坐标中的奇异扰动系统为

$$\dot{x} = f(x,y+h(x)) \tag{11.35}$$
$$\varepsilon\dot{y} = g(x,y+h(x)) - \varepsilon\frac{\partial h}{\partial x}f(x,y+h(x)) \tag{11.36}$$

假设对于所有 $x\in D_x$,$\|h(x)\|\leqslant\zeta(\|x\|)$,其中 ζ 是 $\mathcal{K}$ 类函数,映射 $y=z-h(x)$ 保持稳定性不变,也就是说当且仅当方程(11.35)~方程(11.36)的原点渐近稳定时,方程(11.33)~方程(11.34)的原点是渐近稳定的。降阶系统

$$\dot{x}=f(x,h(x)) \tag{11.37}$$

在 $x=0$ 有一个平衡点,且边界层系统

$$\frac{dy}{d\tau}=g(x,y+h(x)) \tag{11.38}$$

在 $y=0$ 有一个平衡点,其中 $\tau=t/\varepsilon$,把 x 看成固定参数。我们分析的是假设两个系统中每个系统的原点都是渐近稳定的,且具有满足李雅普诺夫定理条件的李雅普诺夫函数。对于边界层系统,要求原点的渐近稳定性对冻结参数 x 一致成立。我们已经给出了在指数稳定原点情

况下的含义(见定义 11.1)。一般来说,如果方程(11.38)的解满足

$$\|y(\tau)\| \leqslant \beta(y(0), \tau), \quad \forall \tau \geqslant 0, \ \forall x \in D_x$$

其中 β 是 $\mathcal{KL}$ 类函数,则称方程(11.38)的原点对 x 是一致渐近稳定的。加到方程(11.38)的李雅普诺夫函数的条件蕴含了上述条件。把整个奇异扰动系统(11.35)~(11.36)看成降阶系统和边界层系统的互联,则由两者的李雅普诺夫函数的线性组合构成整个系统的复合备选李雅普诺夫函数,然后计算复合李雅普诺夫函数沿整个系统轨线的导数,并验证在 f 和 g 适当增长的条件下,对于足够小的 ε,复合李雅普诺夫函数满足李雅普诺夫定理的条件。

设 $V(x)$ 为降阶系统(11.37)的李雅普诺夫函数,对于所有 $x \in D_x$,满足

$$\frac{\partial V}{\partial x} f(x, h(x)) \leqslant -\alpha_1 \psi_1^2(x) \tag{11.39}$$

其中,$\psi_1 : R^n \to R$ 是正定函数,即 $\psi_1(0) = 0$,对于所有 $x \in D_x - \{0\}$,$\psi_1(x) > 0$。设 $W(x, y)$ 是边界层系统(11.38)的李雅普诺夫函数,对于所有 $(x, y) \in D_x \times D_y$,使得

$$\frac{\partial W}{\partial y} g(x, y + h(x)) \leqslant -\alpha_2 \psi_2^2(y) \tag{11.40}$$

其中,$D_y \subset R^m$ 是包含 $y = 0$ 的定义域,且 $\psi_2 : R^m \to R$ 是一个正定函数,即 $\psi_2(0) = 0$,对于所有 $y \in D_y - \{0\}$,$\psi_2(y) > 0$。我们允许李雅普诺夫函数 W 与 x 有关,因为 x 是系统的参数,而且一般来说李雅普诺夫函数要随系统参数的变化而变化。因为 x 不是真常数参数(true constant parameter),因此必须明确 W 随 x 变化的影响。为保证方程(11.38)的原点对 x 一致渐近稳定,假设对于正定连续函数 W_1 和 W_2,$W(x, y)$ 满足

$$W_1(y) \leqslant W(x, y) \leqslant W_2(y), \quad \forall (x, y) \in D_x \times D_y \tag{11.41}$$

现在考虑复合备选李雅普诺夫函数

$$\nu(x, y) = (1 - d)V(x) + dW(x, y), \quad 0 < d < 1 \tag{11.42}$$

其中常数 d 待选。计算 ν 沿整个系统(11.35)~(11.36)的轨线的导数,得

$$\begin{aligned}
\dot{\nu} &= (1 - d)\frac{\partial V}{\partial x} f(x, y + h(x)) + \frac{d}{\varepsilon}\frac{\partial W}{\partial y} g(x, y + h(x)) \\
&\quad - d\frac{\partial W}{\partial y}\frac{\partial h}{\partial x} f(x, y + h(x)) + d\frac{\partial W}{\partial x} f(x, y + h(x)) \\
&= (1 - d)\frac{\partial V}{\partial x} f(x, h(x)) + \frac{d}{\varepsilon}\frac{\partial W}{\partial y} g(x, y + h(x)) \\
&\quad + (1 - d)\frac{\partial V}{\partial x}[f(x, y + h(x)) - f(x, h(x))] \\
&\quad + d\left[\frac{\partial W}{\partial x} - \frac{\partial W}{\partial y}\frac{\partial h}{\partial x}\right] f(x, y + h(x))
\end{aligned}$$

这里已经把导数 $\dot{\nu}$ 表示成四项之和。前两项是 V 和 W 沿降阶系统和边界层系统的轨线的导数。根据不等式(11.39)和不等式(11.40),这两项关于 x 和 y 都是负定的。其他两项表示慢动态和快动态互联的影响,当 $\varepsilon = 0$ 时可以忽略。一般来说,这两项是无限的,前一项

$$\frac{\partial V}{\partial x}[f(x, y + h(x)) - f(x, h(x))]$$

表示降价系统(11.35)与降阶系统(11.37)偏差的影响。另一项

$$\left[\frac{\partial W}{\partial x} - \frac{\partial W}{\partial y}\frac{\partial h}{\partial x}\right] f(x, y + h(x))$$

表示方程(11.36)与边界层系统(11.38)的偏差,以及在边界层分析中冻结 x 的效应。假设这些扰动项满足

$$\frac{\partial V}{\partial x}[f(x, y + h(x)) - f(x, h(x))] \leqslant \beta_1 \psi_1(x)\psi_2(y) \tag{11.43}$$

和

$$\left[\frac{\partial W}{\partial x} - \frac{\partial W}{\partial y}\frac{\partial h}{\partial x}\right] f(x, y + h(x)) \leqslant \beta_2 \psi_1(x)\psi_2(y) + \gamma\psi_2^2(y) \tag{11.44}$$

其中 β_1, β_2 和 γ 是非负常数。运用不等式(11.39)、不等式(11.40)、不等式(11.43)和不等式(11.44)得

$$\begin{aligned}
\dot{\nu} &\leqslant -(1-d)\alpha_1\psi_1^2(x) - \frac{d}{\varepsilon}\alpha_2\psi_2^2(y) + (1-d)\beta_1\psi_1(x)\psi_2(y) \\
&\quad + d\beta_2\psi_1(x)\psi_2(y) + d\gamma\psi_2^2(y) \\
&= -\psi^T(x, y)\Lambda\psi(x, y)
\end{aligned}$$

其中

$$\psi(x, y) = \begin{bmatrix} \psi_1(x) \\ \psi_2(y) \end{bmatrix}$$

且

$$\Lambda = \begin{bmatrix} (1-d)\alpha_1 & -\frac{1}{2}(1-d)\beta_1 - \frac{1}{2}d\beta_2 \\ -\frac{1}{2}(1-d)\beta_1 - \frac{1}{2}d\beta_2 & d((\alpha_2/\varepsilon) - \gamma) \end{bmatrix}$$

最后一个不等式的右边是 ψ 的二次型。当

$$d(1-d)\alpha_1\left(\frac{\alpha_2}{\varepsilon} - \gamma\right) > \frac{1}{4}[(1-d)\beta_1 + d\beta_2]^2$$

时,相当于

$$\varepsilon < \frac{\alpha_1\alpha_2}{\alpha_1\gamma + \frac{1}{4d(1-d)}[(1-d)\beta_1 + d\beta_2]^2} \stackrel{\text{def}}{=} \varepsilon_d \tag{11.45}$$

该二次型是负定的。图 11.12 绘出了 ε_d 与 d 的关系。很容易看出 ε_d 的最大值出现在 $d^* = \beta_1/(\beta_1 + \beta_2)$ 处,且为

$$\varepsilon^* = \frac{\alpha_1\alpha_2}{\alpha_1\gamma + \beta_1\beta_2} \tag{11.46}$$

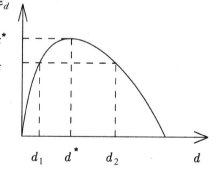

图 11.12　ε 的上界

由此得出对于所有 $\varepsilon < \varepsilon^*$,方程(11.35)和方程(11.36)的原点是渐近稳定的。定理 11.3 总结了上述结果。

定理 11.3 考虑奇异扰动系统(11.35)~(11.36),假设存在李雅普诺夫函数 $V(x)$ 和 $W(x, y)$,满足式(11.39)到式(11.41)、式(11.43)和式(11.44),并设 ε_d 和 ε^* 由式(11.45)和式(11.46)定义。则对于所有 $0 < \varepsilon < \varepsilon^*$,方程(11.35)和方程(11.36)的原点是渐近稳定的。此外,对于 $\varepsilon \in (0, \varepsilon_d)$,式(11.42)定义的 $\nu(x, y)$ 是一个李雅普诺夫函数。　　　$\Diamond$

引导出定理 11.3 的稳定性分析,刻画了构建奇异扰动系统(11.35)~(11.36)的李雅普诺夫

函数的过程。首先研究降阶系统和边界层系统,并寻找满足式(11.39)到式(11.41)的李雅普诺夫函数$V(x)$和$W(x,y)$,然后检验不等式(11.43)和不等式(11.44)。这两个不等式称为互联条件。在找到理想的李雅普诺夫函数前,需要多次试选 V 和 W。作为搜寻过程中的方向,如果

$$\left\|\frac{\partial V}{\partial x}\right\| \leqslant k_1\psi_1(x); \quad \|f(x,h(x))\| \leqslant k_2\psi_1(x)$$

$$\|f(x,y+h(x)) - f(x,h(x))\| \leqslant k_3\psi_2(y)$$

$$\left\|\frac{\partial W}{\partial y}\right\| \leqslant k_4\psi_2(y); \quad \left\|\frac{\partial W}{\partial x}\right\| \leqslant k_5\psi_2(y)$$

则满足互联条件。满足式(11.39)和$\|\partial V/\partial x\| \leqslant k_1\psi_1(x)$的李雅普诺夫函数 $V(x)$ 称为二次型李雅普诺夫函数,并称ψ_1为比较函数。这样,如果能找到比较函数为 ψ_1 和 ψ_2 的二次型李雅普诺夫函数 V 和 W,使得$\|f(x,h(x))\|$以$\psi_1(x)$为界,$\|f(x,y+h(x))-f(x,h(x))\|$以$\psi_2(y)$为界,则搜寻成功。如果成功地找到 V 和 W,就可以确定对于$\varepsilon < \varepsilon^*$,原点是指数稳定的。对于给定的$\varepsilon < \varepsilon^*$,存在一个范围$(d_1,d_2)$,使得对于任何 $d \in (d_1,d_2)$,函数$v(x,y) = (1-d)V(x) + dW(x,y)$是一个有效李雅普诺夫函数。自由选择 d 可以实现其他目的,如改善吸引区的估计值。

例 11.12 二阶系统
$$\begin{aligned} \dot{x} &= f(x,z) = x - x^3 + z \\ \varepsilon\dot{z} &= g(x,z) = -x - z \end{aligned}$$

在原点有唯一平衡点。设 $y = z - h(x) = z + x$ 并重写系统为

$$\begin{aligned} \dot{x} &= -x^3 + y \\ \varepsilon\dot{y} &= -y + \varepsilon(-x^3 + y) \end{aligned}$$

对于降阶系统
$$\dot{x} = -x^3$$

取 $V(x) = (1/4)x^4$,$\psi_1(x) = |x|^3$ 和 $\alpha_1 = 1$ 时,满足式(11.39)。对于边界层系统

$$\frac{dy}{d\tau} = -y$$

取 $W(y) = (1/2)y^2$,当 $\psi_2(y) = |y|$ 且 $\alpha_2 = 1$ 时,方程满足式(11.40)。至于式(11.43)和式(11.44)的互联条件,有

$$\frac{\partial V}{\partial x}[f(x,y+h(x)) - f(x,h(x))] = x^3 y \leqslant \psi_1\psi_2$$

和

$$\frac{\partial W}{\partial y}f(x,y+h(x)) = y(-x^3+y) \leqslant \psi_1\psi_2 + \psi_2^2$$

注意 $\partial W/\partial x = 0$。因此,当 $\beta_1 = \beta_2 = \gamma = 1$ 时,式(11.43)和式(11.44)成立。于是当$\varepsilon < \varepsilon^* = 0.5$时,原点是渐近稳定的。实际上,由于所有条件全局满足,且 $v(x,y) = (1-d)V(x) + dW(y)$ 径向无界,故当 $\varepsilon < 0.5$ 时,原点是全局渐近稳定的。为了理解该边界的保守程度,考虑在原点线性化的特征方程

$$\lambda^2 + \left(\frac{1}{\varepsilon} - 1\right)\lambda = 0$$

它表明当 $\varepsilon > 1$ 时,原点是非稳定的。由于本例是简单的二阶系统,所以可计算出李雅普诺夫函数

$$\nu(x,y) = \frac{1-d}{4}x^4 + \frac{d}{2}y^2$$

沿整个奇异扰动系统的轨线的导数,与定理 11.3 提供的边界相比,看看是否能够得到 ε 的一个宽松上界:

$$\dot{\nu} = (1-d)x^3(-x^3+y) - \frac{d}{\varepsilon}y^2 + dy(-x^3+y)$$

$$= -(1-d)x^6 + (1-2d)x^3y - d\left(\frac{1}{\varepsilon}-1\right)y^2$$

很明显,选择 $d=1/2$ 消去向量积项,得

$$\dot{\nu} = -\frac{1}{2}x^6 - \frac{1}{2}\left(\frac{1}{\varepsilon}-1\right)y^2$$

对于所有 $\varepsilon < 1$,它是负定的。该估计确实没有定理 11.3 给出的保守。事实上,这正是使原点渐近稳定的 ε 的实际取值范围。   △

例 11.13 系统

$$\dot{x} = -x+z$$
$$\varepsilon\dot{z} = \arctan(1-x-z)$$

在 $(0.5, 0.5)$ 处有一个平衡点。应用变量代换

$$\tilde{x} = x - 0.5; \quad \tilde{z} = z - 0.5$$

把平衡点移至原点。为了简化表示,省去 x 和 z 上方的符号,状态方程为

$$\dot{x} = -x+z$$
$$\varepsilon\dot{z} = -\arctan(x+z)$$

方程

$$0 = -\arctan(x+z)$$

有唯一根 $z = h(x) = -x$。应用变量代换 $y = z + x$ 得

$$\dot{x} = -2x+y$$
$$\varepsilon\dot{y} = -\arctan y + \varepsilon(-2x+y)$$

对于降阶系统,取 $V(x) = (1/2)x^2$,当 $\alpha_1 = 2$,$\psi_1(x) = |x|$ 时,满足式(11.39)。对边界层系统,取 $W(y) = (1/2)y^2$,式(11.40)的形式为

$$\frac{dW}{dy}[-\arctan y] = -y\arctan y \leqslant -\frac{\arctan\rho}{\rho}y^2$$

$y \in D_y = \{y \mid |y| < \rho\}$。这样,当 $\alpha_2 = (\arctan\rho)/\rho$ 和 $\psi_2(y) = |y|$ 时,满足式(11.40)。当 $\beta_1 = 1$,$\beta_2 = 2$ 和 $\gamma = 1$ 时,全局满足互联条件(11.43)和条件(11.44)。因此,对于所有 $\varepsilon < \varepsilon^* = (\arctan\rho)/2\rho$,原点是渐近稳定的。实际上,因为 ν 和 $\dot{\nu}$ 的负定上界都是 (x,y) 的二次型,所以原点是指数稳定的。   △

上面提出的李雅普诺夫分析可以扩展到非自治系统,这里不再详述[①],我们只考虑指数稳定性的情况,并运用逆李雅普诺夫定理证明在概念上的重要结果。

定理 11.4 考虑奇异扰动系统
$$\dot{x} = f(t,x,z,\varepsilon) \tag{11.47}$$
$$\varepsilon\dot{z} = g(t,x,z,\varepsilon) \tag{11.48}$$

---

① 关于非自治系统的详细讨论参见文献[105]的 7.5 节。

假设下列条件对于所有

$$(t, x, \varepsilon) \in [0, \infty) \times B_r \times [0, \varepsilon_0]$$

成立:

- $f(t, 0, 0, \varepsilon) = 0, g(t, 0, 0, \varepsilon) = 0$。
- 方程 $$0 = g(t, x, z, 0)$$

  有一个孤立根 $z = h(t, x)$, 使得 $h(t, 0) = 0$。
- 对于 $z - h(t, x) \in B_\rho$, 函数 f, g 和 h 及其一阶和二阶偏导数有界。
- 降阶系统 $$\dot{x} = f(t, x, h(t, x), 0)$$

  的原点是指数稳定的。

- 边界层系统 $$\frac{dy}{d\tau} = g(t, x, y + h(t, x), 0)$$

  的原点是指数稳定的, 关于 (t, x) 是一致的。

则存在 $\varepsilon^* > 0$, 使得对于所有 $\varepsilon < \varepsilon^*$, 方程(11.47)和方程(11.48)的原点指数稳定。 △

证明: 根据定理4.14, 对降阶系统存在一个李雅普诺夫函数 $V(t, x)$, 满足

$$c_1 \|x\|^2 \leqslant V(t, x) \leqslant c_2 \|x\|^2$$

$$\frac{\partial V}{\partial t} + \frac{\partial V}{\partial x} f(t, x, h(t, x), 0) \leqslant -c_3 \|x\|^2$$

$$\left\| \frac{\partial V}{\partial x} \right\| \leqslant c_4 \|x\|$$

其中 c_i 是正常数, $i = 1, \cdots, 4$, 且 $x \in B_{r_0}$, $r_0 \leqslant r$。根据引理9.8, 对边界层系统存在一个李雅普诺夫函数 $W(t, x, y)$, 满足

$$b_1 \|y\|^2 \leqslant W(t, x, y) \leqslant b_2 \|y\|^2$$

$$\frac{\partial W}{\partial y} g(t, x, y + h(t, x), 0) \leqslant -b_3 \|y\|^2$$

$$\left\| \frac{\partial W}{\partial y} \right\| \leqslant b_4 \|y\|$$

$$\left\| \frac{\partial W}{\partial t} \right\| \leqslant b_5 \|y\|^2; \quad \left\| \frac{\partial W}{\partial x} \right\| \leqslant b_6 \|y\|^2$$

其中 b_i 是正常数, $i = 1, \cdots, 6$, 且 $y \in B_{\rho_0}$, $\rho_0 \leqslant \rho$。应用变量代换

$$y = z - h(t, x)$$

将方程(11.47)和方程(11.48)变换为

$$\dot{x} = f(t, x, y + h(t, x), \varepsilon) \tag{11.49}$$

$$\begin{aligned} \varepsilon \dot{y} = {} & g(t, x, y + h(t, x), \varepsilon) - \varepsilon \frac{\partial h}{\partial t} \\ & - \varepsilon \frac{\partial h}{\partial x} f(t, x, y + h(t, x), \varepsilon) \end{aligned} \tag{11.50}$$

下面将用

$$\nu(t, x, y) = V(t, x) + W(t, x, y)$$

作为系统(11.49)~(11.50)的一个备选李雅普诺夫函数。在上述过程中,注意在原点邻域内的估计:由于对于所有 $\varepsilon \in [0, \varepsilon_0]$, f 和 g 在原点为零,它们对于 ε 是利普希茨的,对于状态 (x, y) 是线性的。具体地讲,

$$\|f(t, x, y + h(t, x), \varepsilon) - f(t, x, y + h(t, x), 0)\| \leqslant \varepsilon L_1(\|x\| + \|y\|)$$

$$\|g(t, x, y + h(t, x), \varepsilon) - g(t, x, y + h(t, x), 0)\| \leqslant \varepsilon L_2(\|x\| + \|y\|)$$

$$\|f(t, x, y + h(t, x), 0) - f(t, x, h(t, x), 0)\| \leqslant L_3\|y\|$$

$$\|f(t, x, h(t, x), 0)\| \leqslant L_4\|x\|$$

且

$$\left\|\frac{\partial h}{\partial t}\right\| \leqslant k_1\|x\|; \qquad \left\|\frac{\partial h}{\partial x}\right\| \leqslant k_2$$

其中用到对于所有 t, $f(t, x, h(t, x), 0)$ 和 $h(t, x)$ 在 $x = 0$ 时为零。利用这些估计以及函数 V 和 W 的性质,可以验证 ν 沿方程(11.49)和方程(11.50)的轨线的导数满足不等式

$$\dot{\nu} \leqslant -a_1\|x\|^2 + \varepsilon a_2\|x\|^2 - \frac{a_3}{\varepsilon}\|y\|^2 + a_4\|y\|^2$$
$$+ a_5\|x\|\,\|y\| + a_6\|x\|\,\|y\|^2 + a_7\|y\|^3$$

其中,a_1 和 a_3 为正,a_2 及 a_4 到 a_7 非负。对于所有 $\|y\| \leqslant \rho_0$,该不等式简化为

$$\dot{\nu} \leqslant -a_1\|x\|^2 + \varepsilon a_2\|x\|^2 - \frac{a_3}{\varepsilon}\|y\|^2 + a_8\|y\|^2 + 2a_9\|x\|\,\|y\|$$

$$= -\begin{bmatrix} \|x\| \\ \|y\| \end{bmatrix}^{\mathrm{T}} \begin{bmatrix} a_1 - \varepsilon a_2 & -a_9 \\ -a_9 & (a_3/\varepsilon) - a_8 \end{bmatrix} \begin{bmatrix} \|x\| \\ \|y\| \end{bmatrix}$$

这样,存在 $\varepsilon^* > 0$,使得对于所有 $0 < \varepsilon < \varepsilon^*$,有

$$\dot{\nu} \leqslant -2\gamma\nu$$

其中 $\gamma > 0$,由此可得

$$\nu(t, x(t), y(t)) \leqslant \exp[-2\gamma(t - t_0)]\nu(t_0, x(t_0), y(t_0))$$

并根据 V 和 W 的性质,有

$$\left\| \begin{matrix} x(t) \\ y(t) \end{matrix} \right\| \leqslant K_1 \exp[-\gamma(t - t_0)] \left\| \begin{matrix} x(t_0) \\ y(t_0) \end{matrix} \right\|$$

由于 $y = z - h(t, x)$, $\|h(t, x)\| \leqslant k_2\|x\|$,可得

$$\left\| \begin{matrix} x(t) \\ z(t) \end{matrix} \right\| \leqslant K_2 \exp[-\gamma(t - t_0)] \left\| \begin{matrix} x(t_0) \\ z(t_0) \end{matrix} \right\|$$

至此完成了定理的证明。 □

定理 11.4 在概念上非常重要,因为它为未建模快(高频)动力学因素建立了指数稳定性的鲁棒性。在动力学系统的分析中,经常用到通过忽略小"寄生"参数得到的降阶模型。降低模型可以表示为一个奇异扰动问题,其中整个奇异扰动模型代表具有寄生参数的实际系统,而降阶模型是分析中使用的简化模型。我们有理由假设边界层系统的原点是指数稳定的。事实上,如果具有寄生元素的动力学因素不稳定,就不能首先忽略它们。在更多的应用中,假设指数稳定而非仅仅渐近稳定,或假设指数稳定一致成立,是相当合理的。我们只需说当快动态因素为线性的时,所有结论都自动成立。当降价模型的原点指数稳定时,如果忽略掉的快动力学

因素足够快,则定理 11.4 可保证实际系统的原点也是指数稳定的。下一个例子将说明在控制设计中这种鲁棒特性是如何产生的。

例 11.14　考虑系统

$$\begin{aligned}
\dot{x} &= f(t, x, v) \\
\varepsilon \dot{z} &= Az + Bu \\
v &= Cz
\end{aligned}$$

的反馈稳定性,其中 $f(t, 0, 0) = 0$ 且 A 是赫尔维茨矩阵。系统在原点有一个开环平衡点,控制任务是设计一个状态反馈控制律,使原点稳定。这一模型的线性部分表示执行部件的动态特性,一般比由非线性方程 $\dot{x} = f$ 表示的设备的动态特性快得多。为了简化设计问题,可以通过设定 $\varepsilon = 0$ 忽略执行部件的动态特性,并将 $v = -CA^{-1}Bu$ 代入设备方程。为了简化表示,假设 $-CA^{-1}B = I$,则降阶模型为

$$\dot{x} = f(t, x, u)$$

用此模型设计状态反馈控制律 $u = \gamma(t, x)$,使得闭环模型

$$\dot{x} = f(t, x, \gamma(t, x))$$

的原点指数稳定,我们把该模型称为标称闭环系统。对于包含执行部件的动态特性的实际系统,该控制律能使其稳定吗? 当该控制律作用于实际系统时,闭环方程是

$$\begin{aligned}
\dot{x} &= f(t, x, Cz) \\
\varepsilon \dot{z} &= Az + B\gamma(t, x)
\end{aligned}$$

我们得到一个奇异扰动问题,其中整个奇异扰动模型是一个实际闭环系统,而降阶模型是标称闭环系统。通过设计,降阶模型的原点是指数稳定的。边界层模型

$$\frac{dy}{d\tau} = Ay$$

与 (t, x) 无关,而且由于 A 是赫尔维茨矩阵,所以它的原点是指数稳定的。假设 f 和 γ 足够光滑,满足定理 11.4 的条件,则可以推出对于足够小的 ε,实际闭环系统的原点是指数稳定的。这一结果充分说明忽略执行部件动态因素的特殊模型的简化过程是合理的。　　△

11.6　习题

11.1　考虑图 11.13 所示的 RC 电路,并假设电容 C_2 相对于 C_1 较小,但 $R_1 = R_2 = R$。试用标准奇异扰动形式表示该系统。

11.2　考虑如图 11.13 所示的 RC 电路,并假设电阻 R_1 相对于 R_2 较小,但 $C_1 = C_2 = C$。试用标准奇异扰动形式表示该系统。

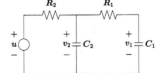

图 11.13　习题 11.1 和习题 11.2

11.3　考虑 1.2.2 节的隧道二极管电路,并假设电感 L 相对较小,使得时间常数 L/R 远小于时间常数 CR。试用标准奇异扰动模型表示该系统,取 $\varepsilon = L/CR^2$。

11.4　(见文献[105])图 11.14 所示的反馈系统有一个增益为 k 的高增益放大器和一个非线性元件 ψ。试把系统表示为标准奇异扰动模型,取 $\varepsilon = 1/k$。

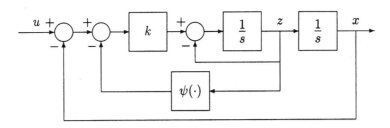

图 11.14　习题 11.4

11.5 证明如果雅可比函数 $[\partial g/\partial y]$ 满足特征值条件(11.16),则存在常数 k,γ 和 ρ_0,使不等式(11.15)成立。

11.6 证明如果存在一个李雅普诺夫函数满足式(11.17)和式(11.18),则式(11.19)的估计值满足不等式(11.15)。

11.7 考虑奇异扰动问题

$$\dot{x} = x^2 + z, \qquad x(0) = \xi$$
$$\varepsilon\dot{z} = x^2 - z + 1, \qquad z(0) = \eta$$

(a) 在时间区间 $[0,1]$ 上,建立关于 x 和 z 的一个 $O(\varepsilon)$ 逼近。

(b) 设 $\xi = \eta = 0$,当 　　(1) $\varepsilon = 0.1$ 和 　(2) $\varepsilon = 0.05$

时,分别对 x 和 z 进行仿真,并与(a)得出的逼近结果相比较。在进行计算机仿真时要注意,在 $t = 1$ 的短时间之后,系统有一个有限逃逸时间。

11.8 考虑奇异扰动问题

$$\dot{x} = x + z, \qquad x(0) = \xi$$
$$\varepsilon\dot{z} = -\frac{2}{\pi}\arctan\left(\frac{\pi}{2}(2x+z)\right), \qquad z(0) = \eta$$

(a) 在时间区间 $[0,1]$ 上,建立关于 x 和 z 的一个 $O(\varepsilon)$ 逼近。

(b) 设 $\xi = \eta = 1$,当 　　(1) $\varepsilon = 0.2$ 和 　(2) $\varepsilon = 0.1$

时,分别对 x 和 z 进行仿真,并与(a)得出的逼近结果相比较。

11.9 考虑奇异扰动系统 $\quad \dot{x} = z, \qquad \varepsilon\dot{z} = -x - \varepsilon z - \exp(z) + 1 + u(t)$

求出降阶模型和边界层模型,并分析边界层模型的稳定性质。

11.10 (见文献[105])考虑奇异扰动系统

$$\dot{x} = \frac{x^2 t}{z}, \qquad \varepsilon\dot{z} = -(z + xt)(z - 2)(z - 4)$$

(a) 该系统可能有多少种降阶模型?

(b) 对于每个降阶模型,研究其边界层的稳定性。

(c) 设 $x(0) = 1$ 和 $z(0) = a$,对于 a 在区间 $[-2,6]$ 内的所有取值,求出 x 和 z 在时间区间 $[0,1]$ 上的 $O(\varepsilon)$ 逼近。

11.11 应用定理 11.2,研究系统 $\quad \dot{x} = -x + z - \sin t, \qquad \varepsilon\dot{z} = -z + \sin t$

当 t 趋于无穷时的渐近特性。

11.12 (见文献[105])求系统 $\dot{x} = xz^3, \qquad \varepsilon\dot{z} = -z - x^{4/3} + \frac{4}{3}\varepsilon x^{16/3}$

的精确慢流形。

11.13 (见文献[105])下面的系统有多少慢流形? 其中哪些会吸引系统的轨线?

$$\dot{x} = -xz, \qquad \varepsilon\dot{z} = -(z - \sin^2 x)(z - e^{ax})(z - 2e^{2ax}), \quad a > 0$$

11.14 (见文献[105])考虑线性自治奇异扰动系统

$$\begin{aligned}
\dot{x} &= A_{11}x + A_{12}z \\
\varepsilon\dot{z} &= A_{21}x + A_{22}z
\end{aligned}$$

其中,$x \in R^n, z \in R^m$,A_{22} 是赫尔维茨矩阵。

(a) 证明对于足够小的 ε,系统有一个精确慢流形 $z = -L(\varepsilon)x$,其中 L 满足代数方程

$$-\varepsilon L(A_{11} - A_{12}L) = A_{21} - A_{22}L$$

(b) 证明变量代换 $\eta = z + L(\varepsilon)x$ 可将系统转换为块三角(block triangular)形式。

(c) 证明系统的特征值聚集为一组数量级为 $O(1)$ 的 n 个慢特征值和数量级为 $O(1/\varepsilon)$ 的 m 个快特征值。

(d) 设 $H(\varepsilon)$ 为线性方程 $\varepsilon(A_{11} - A_{12}L)H - H(A_{22} + \varepsilon LA_{12}) + A_{12} = 0$

的解,证明相似变换 $\begin{bmatrix} \xi \\ \eta \end{bmatrix} = \begin{bmatrix} I - \varepsilon HL & -\varepsilon H \\ L & I \end{bmatrix} \begin{bmatrix} x \\ z \end{bmatrix}$

将系统变换为块模式 $\dot{\xi} = A_s(\varepsilon)\xi, \qquad \varepsilon\dot{\eta} = A_f(\varepsilon)\eta$

其中,A_s 和 A_f/ε 的特征值分别是整个奇异扰动系统的慢特征值和快特征值。

(e) 证明 x 上的快模式分量是 $O(\varepsilon)$。

(f) 在当前情况下,给出 Tikhonov 定理的独立证明。

11.15 考虑线性奇异扰动系统

$$\begin{aligned}
\dot{x} &= A_{11}x + A_{12}z + B_1u(t), \qquad x(0) = \xi \\
\varepsilon\dot{z} &= A_{21}x + A_{22}z + B_2u(t), \qquad z(0) = \eta
\end{aligned}$$

其中,$x \in R^n$, $z \in R^m$, $u \in R^p$,A_{22} 是赫尔维茨矩阵,且对于所有 $t \geq 0$,$u(t)$ 一致有界。设 $\bar{x}(t)$ 是降阶系统 $\dot{x} = A_0x + B_0u(t), \qquad x(0) = \xi$

的解。其中,$A_0 = A_{11} - A_{12}A_{22}^{-1}A_{21}, B_0 = B_1 - A_{12}A_{22}^{-1}B_2$。

(a) 证明在任何紧区间 $[0, t_1]$ 上,有 $x(t, \varepsilon) - \bar{x}(t) = O(\varepsilon)$。

(b) 证明如果 A_0 是赫尔维茨矩阵,则对于所有 $t \geq 0$,有 $x(t, \varepsilon) - \bar{x}(t) = O(\varepsilon)$。

提示:利用前一个习题中的变换。

11.16 考虑奇异扰动系统

$$\dot{x}_1 = x_2, \qquad \dot{x}_2 = -x_2 + z, \qquad \varepsilon\dot{z} = \arctan(1 - x_1 - z)$$

(a) 求降阶模型和边界层模型。

(b) 分析边界层模型的稳定特性。

(c) 设 $x_1(0) = x_2(0) = z(0) = 0$,求该解的 $O(\varepsilon)$ 逼近。运用数值算法,计算当 $\varepsilon = 0.1$ 时在时间区间 $[0, 10]$ 上的精确解和近似解。

(d) 研究逼近在无限时间区间上的有效性。

(e) 证明系统有唯一平衡点,并运用奇异扰动法分析其稳定性。该平衡点是渐近稳定的吗? 是全局渐近稳定的吗? 是指数稳定的吗? 对有效的稳定性分析,计算 ε 的上界 ε^*。

11. 17 对于奇异扰动系统 $\dot{x} = -2x + x^2 + z, \qquad \varepsilon\dot{z} = x - x^2 - z$

重复习题11.16。在(c)中设 $x(0) = z(0) = 1$,且时间区间为$[0,5]$。

11. 18 对于奇异扰动系统 $\dot{x} = xz^3 \qquad \varepsilon\dot{z} = -2x^{4/3} - 2z$

重复习题11.16。在(c)中设 $x(0) = z(0) = 1$,且时间区间为$[0,1]$。

11. 19 对于奇异扰动系统 $\dot{x} = -x^3 + \arctan(z), \qquad \varepsilon\dot{z} = -x - z$

重复习题11.16。在(c)中设 $x(0) = -1, z(0) = 2$,且时间区间为$[0,2]$。

11. 20 对于奇异扰动系统

$$\dot{x} = -x + z_1 + z_2 + z_1 z_2, \qquad \varepsilon\dot{z}_1 = -z_1, \qquad \varepsilon\dot{z}_2 = -z_2 - (x + z_1 + xz_1)$$

重复习题11.16。在(c)中设 $x(0) = z_1(0) = z_2(0) = 1$,且时间区间为$[0,2]$。

11. 21 考虑习题1.17的场控直流电机,设 $v_a = V_a$,为常数,$v_f = U$,为常数。

(a) 证明系统有唯一的平衡点

$$I_f = \frac{U}{R_f}, \quad I_a = \frac{c_3 V_a}{c_3 R_a + c_1 c_2 U^2 / R_f^2}, \quad \Omega = \frac{c_2 V_a U / R_f}{c_3 R_a + c_1 c_2 U^2 / R_f^2}$$

我们将用(I_f, I_a, Ω)作为标称工作点。

(b) 典型的电枢电路时间常数 $T_a = L_a/R_a$ 比励磁电路时间常数 $T_f = L_f/R_f$ 和机械时间常数小得多,因此系统可由奇异扰动系统建模,其中以 i_f 和 ω 作为慢变量,以 i_a 作为快变量。取 $x_1 = i_f/I_f, x_2 = \omega/\Omega, z = i_a/I_a, u = v_f/U, \varepsilon = T_a/T_f$,并用$t' = t/T_f$作为时间变量。证明奇异扰动模型是

$$\dot{x}_1 = -x_1 + u, \qquad \dot{x}_2 = a(x_1 z - x_2), \qquad \varepsilon\dot{z} = -z - bx_1 x_2 + c$$

其中,$a = L_f c_3 / R_f J, b = c_1 c_2 U^2 / c_3 R_a R_f^2, c = V_a / I_a R_a$,$(\dot{\cdot})$表示对 t' 的导数。

(c) 求降阶模型和边界层模型。

(d) 分析边界层模型的稳定性。

(e) 求出关于 x 和 z 的 $O(\varepsilon)$ 逼近。

(f) 研究逼近在无限时间区间上的有效性。

(g) 若系统输入 u 为单位阶跃函数,且在时间区间$[0,10]$上的初始状态为零,运用数值算法计算当 $\varepsilon = 0.2$ 和 $\varepsilon = 0.1$ 时的精确解和近似解。已知数值数据 $c_1 = c_2 = \sqrt{2} \times 10^{-2}$ N·m/A, $c_3 = 6 \times 10^{-6}$ N·m·s/rad, $J = 10^{-6}$ N·m·s²/rad, $R_a = R_f = 1$ Ω, $L_f = 0.2$ H, $V_a = 1$ V 和 $U = 0.2$ V。

11. 22 (见文献[105])考虑奇异扰动系统

$$\dot{x} = -\eta(x) + az, \qquad \varepsilon\dot{z} = -\frac{x}{a} - z$$

其中,a 是正常数,η 是一个光滑非线性函数,且对于 $b > 0$ 满足

$$\eta(0) = 0, \qquad x\eta(x) > 0, \qquad x \in (-\infty, b) - \{0\}$$

用奇异扰动法研究当 ε 较小时原点的稳定性。

11. 23 (见文献[105])奇异扰动系统 $\dot{x} = -2x^3 + z^2, \qquad \varepsilon\dot{z} = x^3 - \tan z$

在原点有一个孤立平衡点。

(a) 证明用线性化无法证明原点的渐近稳定性。

(b) 用奇异扰动法证明,对于 $\varepsilon \in (0, \varepsilon^*)$,原点是渐近稳定的。估计 ε^* 及吸引区。

11.24 (见文献[105])设 $\psi_1(x) = \|x\|$,$\psi_2(y) = \|y\|$ 时,定理 11.3 的假设条件成立,并假设 $\forall (x,y) \in D_x \times D_y$,存在 $V(x)$ 和 $W(x,y)$,满足

$$k_1\|x\|^2 \leqslant V(x) \leqslant k_2\|x\|^2$$

$$k_3\|y\|^2 \leqslant W(x,y) \leqslant k_4\|y\|^2$$

其中 k_1 到 k_4 是正常数。证明当以指数稳定性代替渐近稳定性时,定理 11.3 的结论成立。

11.25 (见文献[191])考虑奇异扰动系统

$$\dot{x} = f(x,y)$$
$$\varepsilon\dot{y} = Ay + \varepsilon g_1(x,y)$$

其中,A 是赫尔维茨矩阵,f 和 g_1 是足够光滑的函数,在原点为零。假设在所讨论的定义域内存在一个李雅普诺夫函数 $V(x)$,使得 $[\partial V/\partial x]f(x,0) \leqslant -\alpha_1 \phi(x)$,其中 $\alpha_1 > 0$,且 $\phi(x)$ 是正定的。设 P 是李雅普诺夫方程 $PA + A^{\mathrm{T}}P = -I$ 的解,并取 $W(y) = y^{\mathrm{T}}Py$。

(a) 假设 f 和 g_1 在所讨论的定义域内满足不等式

$$\|g_1(x,0)\|_2 \leqslant k_1\phi^{1/2}(x), \quad k_1 \geqslant 0$$

$$\frac{\partial V}{\partial x}[f(x,y) - f(x,0)] \leqslant k_2\phi^{1/2}(x)\|y\|_2, \quad k_2 \geqslant 0$$

用备选李雅普诺夫函数 $\nu(x,y) = (1-d)V(x) + dW(y)$,$0 < d < 1$ 和分析定理 11.3 的方法,证明对于足够小的 ε,原点是渐近稳定的。

(b) 作为定理 11.3 的另一种形式,假设 f 和 g_1 在所讨论的定义域内满足不等式

$$\|g_1(x,0)\|_2 \leqslant k_3\phi^a(x), \quad k_3 \geqslant 0, \quad 0 < a \leqslant \frac{1}{2}$$

$$\frac{\partial V}{\partial x}[f(x,y) - f(x,0)] \leqslant k_4\phi^b(x)\|y\|_2^c, \quad k_4 \geqslant 0, \quad 0 < b < 1, \quad c = \frac{1-b}{a}$$

用备选李雅普诺夫函数 $\nu(x,y) = V(x) + (y^{\mathrm{T}}Py)^{\gamma}$,其中 $\gamma = 1/2a$,证明对于足够小的 ε,原点是渐近稳定的。

提示:应用 Young 不等式

$$uw \leqslant \frac{1}{\mu}u^p + \mu^{\frac{1}{p-1}}w^{\frac{p}{p-1}}, \forall u \geqslant 0, \ w \geqslant 0, \ \mu > 0, \ p > 1$$

证明 $\dot{\nu} \leqslant -c_1\phi - c_2\|y\|_2^{2\gamma}$,再证明对于充分小的 ε,系数 c_1 和 c_2 是正数。

(c) 给出一个例子,满足(b)的互联条件,但不满足(a)的条件。

11.26 (见文献[99])考虑多参数奇异扰动系统

$$\dot{x} = f(x, z_1, \cdots, z_m)$$
$$\varepsilon_i\dot{z}_i = \eta_i(x) + \sum_{j=1}^{m} a_{ij}z_j, \quad i = 1, \cdots, m$$

其中,x 是 n 维向量,z_i 是标量变量,ε_i 是小的正参数。设 $\varepsilon = \max_i \varepsilon_i$,则方程可重写为

$$\dot{x} = f(x, z)$$
$$\varepsilon D \dot{z} = \eta(x) + Az$$

其中, z 和 η 是 m 维向量, 其元素分别是 z_i 和 η_i。 A 是 $m \times m$ 矩阵, 其元素为 a_{ij}, D 是 $m \times m$ 对角矩阵, 其第 i 个对角元素是 $\varepsilon_i / \varepsilon$。 D 的对角元素是正数, 且以 1 为界。假设降阶系统 $\dot{x} = f(x, -A^{-1} \eta(x))$ 的原点是渐近稳定的, 且存在一个李雅普诺夫函数 $V(x)$ 满足定理 11.3 的条件。进一步假设存在元素为正的对角矩阵 P, 使得

$$PA + A^\mathrm{T} P = -Q, \quad Q > 0$$

利用 $\nu(x, z) = (1 - d)V(x) + d(z + A^{-1}\eta(x))^\mathrm{T} PD(z + A^{-1}\eta(x)), \quad 0 < d < 1$

作为备选李雅普诺夫函数, 分析原点的稳定性。对于多参数系统, 叙述并证明与定理 11.3 相似的定理。所给出的结论应该允许参数 ε_i 是任意的, 仅要求 ε_i 足够小。

11.27 (见文献[105])奇异扰动系

$$\dot{x}_1 = (a + x_2)x_1 + 2z, \qquad \dot{x}_2 = bx_1^2, \qquad \varepsilon \dot{z} = -x_1 x_2 - z$$

其中 $a > 0, b > 0$, 有一个平衡集 $\{x_1 = 0, z = 0\}$。对于较小的 ε, 用 LaSalle 不变原理研究解的渐近特性。

提示: 例 4.10 已经研究了降阶模型的渐近特性。运用复合李雅普诺夫函数并继续 11.5 节的讨论。但要注意定理 11.3 不适用于现在的问题。

11.28 证明系统

$$\dot{x}_1 = x_2 + e^{-t}z, \qquad \dot{x}_2 = -x_2 + z, \qquad \varepsilon \dot{z} = -(x_1 + z) - (x_1 + z)^3$$

的原点对于足够小的 ε 是全局指数稳定的。

11.29 考虑奇异扰动系统

$$\dot{x} = -x + \arctan z, \qquad \varepsilon \dot{z} = -x - z + u$$

(a) 求一个 ε^*, 使得 $\forall \varepsilon < \varepsilon^*$, 无激励系统的原点是全局渐近稳定的。

(b) 对于每个 $\varepsilon < \varepsilon^*$, 证明系统是输入-状态稳定的。

11.30 考虑如图 7.1 所示的反馈连接, 其线性部件是一个奇异扰动系统, 表示为

$$\begin{aligned}
\dot{x}_1 &= x_2 \\
\dot{x}_2 &= -x_1 - 2x_2 + z \\
\varepsilon \dot{z} &= -z + u \\
y &= 2x_1 + x_2
\end{aligned}$$

且 ψ 是光滑、无记忆、时不变非线性的, 属于扇形区域 $[0, k], k > 0$。

(a) 把该闭环系统表示成奇异扰动系统, 并求其降阶模型和边界层模型。

(b) 证明对于每个 $k > 0$, 存在 $\varepsilon^* > 0$, 使得对于所有 $0 < \varepsilon < \varepsilon^*$, 系统是绝对稳定的。

第 12 章 反 馈 控 制

本书最后三章将讨论反馈控制的设计,介绍非线性控制设计中使用的各种工具,其中包括线性化、积分控制、增益分配(gain scheduling)、反馈线性化、滑模控制、李雅普诺夫再设计、反步、从动控制及高增益观测器。这些内容几乎囊括了目前我们所掌握的绝大部分非线性分析工具,通过这些讨论将加深对这些工具的理解。12.1 节讨论了一些控制问题,并以此引出后续内容。随后四节讨论了非线性分析中常用的经典分析工具,即线性化、积分控制和增益分配,第 13 章讨论了反馈线性化,其他非线性设计工具将在第 14 章中讨论。

12.1 控制概述

有很多控制需要用到反馈。根据不同的设计目的,控制问题有几种不同的表示,如稳定性控制、跟踪控制及扰动抑制控制或衰减控制(或其组合),由此产生了多种控制问题。不论哪种控制问题,都可以利用状态反馈或输出反馈,前者的所有状态变量都是可测的,后者只有输出向量是可测的,且其维数通常小于系统状态维数。在典型的控制问题中,常常还会有一些附加的设计要求,例如满足某一瞬态响应或满足输入的某些约束,这些附加要求可能是互相矛盾的,设计者需要做出折中选择。对这些设计折中的优化,引发了各种优化控制问题。当考虑模型的不确定性时,灵敏度与鲁棒性就成为设计者关心的问题。因此,通过设计反馈控制处理大量的模型不确定性,产生了鲁棒控制或自适应控制问题。在鲁棒控制中,模型的不确定性是通过归一化模型的扰动描述的。所谓归一化模型,就是把模型看成空间的一点,把被扰动模型看成球内的一点,归一化模型包含在球内。鲁棒控制就是对"不确定球"内的任意模型,其设计都能满足控制目标的要求。而自适应控制是将某些未知参数作为模型不确定性的参数,并通过反馈,以在线的方式(即在系统运行中)确定这些参数。在更为复杂的自适应方法中,控制器不仅需要知道某些未知参数,可能还需要知道未知的非线性函数。另外还有一些鲁棒控制与自适应控制的混合问题。本节讨论的内容都是本章以及下面两章将要遇到的控制问题。讨论仅限于控制的基本要求,即稳定性、跟踪性和扰动的抑制。首先讨论稳定性问题,包括状态反馈与输出反馈两种情况。接下来讨论的是跟踪和扰动抑制问题。有关鲁棒控制问题留待第 14 章讨论。

系统
$$\dot{x} = f(t, x, u)$$
的状态反馈稳定问题是设计一个反馈控制律
$$u = \gamma(t, x)$$
使得原点 $x = 0$ 是闭环系统
$$\dot{x} = f(t, x, \gamma(t, x))$$
的一致渐近稳定平衡点。由于反馈控制律 $u = \gamma(t, x)$ 是 x 的无记忆函数,因此常被称为"静态反馈"。有时,也采用动态状态反馈控制
$$u = \gamma(t, x, z)$$

其中 z 为 x 驱动的动力学系统的解,即

$$\dot{z} = g(t, x, z)$$

动态状态反馈控制的一般例子出现在积分控制(见 12.3 节)或自适应控制(见 1.2.6 节)中。

系统
$$\begin{aligned} \dot{x} &= f(t, x, u) \\ y &= h(t, x, u) \end{aligned}$$

的输出反馈稳定问题是设计一个静态输出反馈控制律

$$u = \gamma(t, y)$$

或一个动态输出反馈控制律
$$\begin{aligned} u &= \gamma(t, y, z) \\ \dot{z} &= g(t, y, z) \end{aligned}$$

这些控制律使原点成为闭环系统的一致渐近稳定平衡点。在动态反馈控制中,要稳定的原点为 $(x=0, z=0)$。动态反馈控制在输出反馈控制中更为常见,因为缺少某些状态变量测量值的缺陷,一般采用反馈控制器中的"观测器"或"准观测器"成分进行补偿。

当标准的稳定性问题由原点处平衡点的稳定性定义时,我们就可以用同样的公式使系统在任意点 x_{ss} 稳定。为此,要求存在一个输入 u_{ss} 的稳态值,使系统在点 x_{ss} 保持平衡,即

$$0 = f(t, x_{\text{ss}}, u_{\text{ss}}), \qquad \forall\, t \geq 0$$

进行变量代换
$$x_{\delta} = x - x_{\text{ss}}, \qquad u_{\delta} = u - u_{\text{ss}}$$

得
$$\dot{x}_{\delta} = f(t, x_{\text{ss}} + x_{\delta}, u_{\text{ss}} + u_{\delta}) \stackrel{\text{def}}{=\!=} f_{\delta}(t, x_{\delta}, u_{\delta})$$

其中,对于所有 $t \geq 0$,$f_{\delta}(t, 0, 0) \equiv 0$。对于输出反馈控制问题,其输出定义为

$$y_{\delta} = y - h(t, x_{\text{ss}}, u_{\text{ss}}) = h(t, x_{\text{ss}} + x_{\delta}, u_{\text{ss}} + u_{\delta}) - h(t, x_{\text{ss}}, u_{\text{ss}}) \stackrel{\text{def}}{=\!=} h_{\delta}(t, x_{\delta}, u_{\delta})$$

其中,对于所有 $t \geq 0$,$h_{\delta}(t, 0, 0) \equiv 0$。通过上面的讨论,我们就可以求解系统

$$\begin{aligned} \dot{x}_{\delta} &= f_{\delta}(t, x_{\delta}, u_{\delta}) \\ y_{\delta} &= h_{\delta}(t, x_{\delta}, u_{\delta}) \end{aligned}$$

的标准稳定问题,其中 u_{δ} 为 x_{δ} 或 y_{δ} 的反馈控制。总的控制 $u = u_{\delta} + u_{\text{ss}}$ 包含反馈分量 u_{δ} 和前馈分量 u_{ss}。

当系统为线性时不变系统
$$\begin{aligned} \dot{x} &= Ax + Bu \\ y &= Cx + Du \end{aligned}$$

时,反馈稳定问题更为简单。在这种情况下,状态反馈控制 $u = -Kx$ 使开环系统保持线性,且闭环系统
$$\dot{x} = (A - BK)x$$

的原点是渐近稳定的,当且仅当矩阵 $A - BK$ 是赫尔维茨矩阵。因此,状态反馈稳定问题就简化为设计一个矩阵 K,使得矩阵 $A - BK$ 的特征值位于复平面的左半开平面。线性控制理论[①] 证明,只要矩阵对 (A, B) 是可控的,则可以任意设计 $A - BK$ 的特征值(只服从复特征值必须是共轭对的约束)。即使 A 的某些特征值不是可控的,只要不可控的特征值具有负实部,仍有可能达到稳定。在这种情况下,矩阵对 (A, B) 称为可稳定的,且 A 的不可控(开环)特征值成为 $A - BK$ 的(闭环)特征值。如果只能测得输出 y,就可以采用动态补偿的方法,例如基于观测器

---

① 例如,见文献[9],文献[35],文献[110]或文献[158]。

的如下控制器来稳定系统：
$$u = -K\hat{x}$$
$$\dot{\hat{x}} = A\hat{x} + Bu + H(y - C\hat{x} - Du)$$

其中，反馈增益 K 为状态反馈，使 $A - BK$ 为赫尔维茨矩阵，而设计观测器增益 H 使 $A - HC$ 为赫尔维茨矩阵。闭环特征值由 $A - BK$ 的特征值和 $A - HC$ 的特征值组成[①]。$A - HC$ 的稳定性与 $A - BK$ 的稳定性呈对偶关系，并且要求 (A, C) 具有可观测性（或至少具有可检测性）。

对于一般的非线性系统，问题会更难且不易理解。解决非线性系统稳定问题的最实用方法是寻求系统在线性情况下可得到的最佳结果，即通过线性化。在 12.2 节中，通过对系统在期望平衡点的线性化设计了反馈控制律，并对线性化的系统设计了一个稳定线性反馈控制。这种思想的有效性源于定理 4.7 和定理 4.13 所述的李雅普诺夫间接方法。显然，这种方法是局部稳定的，也就是说它只能保证渐近稳定性，而在一般情况下无法给出吸引区，也无法给出全局渐近稳定性。12.5 节将介绍增益分配技术，其目的是在不同的工作点求解稳定性问题，以扩大线性化的有效区域，并允许控制器以光滑或突变方式从一种设计转换到另一种设计。第 13 章提出了另一种线性化思想，即处理了一类特殊的非线性系统，它们可以通过反馈和（如果可能）变量代换的方法转换为线性系统，再为转换后的线性系统设计稳定线性状态反馈控制。这种线性化的方法不同于第一种方法，因为未采用近似，所以这种方法是精确的。然而，这种精确是假设完全知道系统的状态方程，并由此抵消了系统的非线性。由于几乎不可能完全知道系统的状态方程并在数学上精确抵消非线性项，因此实现这种方法几乎总是得到一个闭环系统，该系统是原点为指数稳定的归一化系统的一个扰动。这种方法之所以有效，是因为利用了扰动系统（见第 9 章）的李雅普诺夫理论，特别是对于指数稳定性的鲁棒性问题。

当线性系统通过反馈达到稳定时，闭环系统的原点只能是全局渐近稳定的。而对于非线性系统，情况并非如此，可以引入不同的稳定概念。如果非线性系统通过线性化达到稳定，那么闭环系统的原点将是渐近稳定的。需要做进一步分析，才能知道原点的吸引区，此时称反馈控制达到了局部稳定。如果反馈控制能保证某一集合包含在吸引区内，或者能给出吸引区的估计值，则称反馈控制达到了区域稳定。如果闭环系统的原点是全局渐近稳定的，则称反馈控制达到了全局稳定。如果反馈控制没有达到全局稳定，但可以设计一个闭环系统，使任意给定的紧集（无论多大）都包含在吸引区内，则称反馈控制达到了半全局稳定。下面的例子将说明上述四个稳定概念。

例 12.1　假设希望通过状态反馈稳定标量系统
$$\dot{x} = x^2 + u$$

在原点对系统线性化可得到线性系统 $\dot{x} = u$，通过 $u = -kx (k > 0)$ 可使其稳定。当该控制应用到非线性系统时，将得到　　　　　$\dot{x} = -kx + x^2$

在原点线性化的方程为 $\dot{x} = -kx$。由定理 4.7 可知原点是渐近稳定的，因此可以说 $u = -kx$ 使系统实现了局部稳定。在这个例子中不难看出，吸引区是集合 $\{x < k\}$，由此可知，$u = -kx$ 实现了区域稳定。增加 k 可以扩大吸引区。实际上，给定任何紧集 $B_r = \{|x| \leq r\}$，都可以通过选择 $k > r$ 使其包含在吸引区内。因此，$u = -kx$ 实现了半全局稳定。但一定要注意，$u = -kx$ 不能实现全局稳定。实际上对于任意有限的 k，总有一部分状态空间（即

[①]　这种方法通常称为"分离原理"，因为通过状态反馈与观测器的分离可完成闭环特征值的分配。

$x \geqslant k)$ 不在吸引区内。当半全局稳定可以将任何紧集包含在吸引区内时,控制律就取决于给定的集合,而无须更大的集合。对于一个给定的 r,可以取 $k > r$,一旦 k 固定且控制器开始执行,如果初态恰好在区域 $\{x > k\}$ 内,解 $x(t)$ 就将发散到无穷大。通过非线性控制律

$$u = -x^2 - kx$$

可以实现全局稳定,该控制律消除了开环非线性,得到一个线性闭环系统 $\dot{x} = -kx$。 △

现在讨论更一般的控制问题,即有扰动的跟踪问题,其系统模型为

$$
\begin{aligned}
\dot{x} &= f(t, x, u, w) \\
y &= h(t, x, u, w) \\
y_m &= h_m(t, x, u, w)
\end{aligned}
$$

其中,x 是状态,u 是控制输入,w 是扰动输入,y 是受控输出,y_m 是测得的输出。该控制问题的基本目标是设计控制输入,使受控输出 y 跟踪一个参考信号 r,即

$$e(t) = y(t) - r(t) \approx 0, \quad \forall\, t \geqslant t_0$$

其中 t_0 是控制的初始时刻。由于 y 的初始值取决于初始状态 $x(t_0)$,为了对于所有 $t \geqslant t_0$ 都要满足这个要求,就必须预设 $x(t_0)$,或假设已知 $x(t_0)$ 预设参考信号的初始值,而这在许多情况下是无法实现的。因此,通常寻找一个渐近输出来跟踪目标,当 t 趋于无穷时,使跟踪误差 e 趋于零,即

$$e(t) \to 0 \quad \text{当}\ t \to \infty$$

如果在扰动输入 w 存在时实现了渐近输出跟踪,则称实现了渐近扰动抑制。如果外部信号 r 和 w 是由已知模型产生的,例如恒定信号或频率已知的正弦信号,那么在反馈控制器中加入这些信号模型,就可以实现渐近输出跟踪和扰动抑制[1]。这种方法也非常适用于系统模型中包含某些不确定参数时的情况。外部信号为常数是一类特殊而重要的情况,其控制目标是把 y 渐近调整到"设定点"r,通过在控制器中加入"积分作用",就可以实现渐近调整和扰动抑制,这是存在参数不确定性时实现渐近调整的唯一方法,这也是为什么在工业应用中普遍使用 PI(比例-积分)和 PID(比例-积分-微分)控制器的原因。采用积分作用的原理并不仅限于线性,在 12.3 节中对一般的非线性系统提出的积分控制就说明了这一点。然后,在 12.4 节中说明了如何使用线性化设计积分控制器的稳定部分,在 14.1.4 节和 14.5.3 节中将说明如何把 PI 和 PID 控制器设计为一类非线性系统的鲁棒调节器。

对于一般时变扰动输入 $w(t)$,实现渐近扰动抑制是不可能的。在这种情况下可以实现扰动衰减,即按照要求在给定容限内,实现跟踪误差的毕竟有界性,即

$$\|e(t)\| \leqslant \varepsilon, \quad \forall\, t \geqslant T$$

其中 ε 是预先指定的(小的)正数。还可以考虑使闭环输入/输出映射从扰动输入 w 衰减到跟踪误差 e。例如,如果将 w 看成 $\mathcal{L}_2$ 信号,那么我们的目标就是使闭环输入-输出映射的 $\mathcal{L}_2$ 增益从 w 减小到 e,或者至少使这个增益小于预给定容限[2]。

在跟踪问题中,反馈控制律也采用与稳定问题相同的分类方法。如果 x 是可测的,即 $y_m = x$,就称为状态反馈,否则就称为输出反馈。同样,反馈控制律也有静态和动态之分,控制

---

[1] 这就是所谓的"内模原理"(见文献[32])。

[2] 这就是 H_∞ 控制问题的公式表示。例如,可参阅文献[20],文献[54],文献[61],文献[90],文献[199]和文献[219]。

律也可以实现局部、区域、半全局和全局跟踪,所不同的是这些概念不仅对初始状态的大小而言,还包括外部信号 r 及 w 的大小。例如,在一个典型问题中,局部跟踪意味着需要跟踪足够小的初始状态以及足够小的外部信号,而全局跟踪意味着跟踪任何初始状态以及给定的一类外部信号内的任何 (r,w) 值。

12.2　通过线性化实现稳定

我们利用稳定问题来说明线性化设计方法。首先讨论状态反馈控制情况,然后讨论输出反馈控制。对于状态反馈稳定,考虑系统

$$\dot{x} = f(x, u) \tag{12.1}$$

其中 $f(0,0)=0$,函数 $f(x,u)$ 在包含原点($x=0, u=0$)的定义域 $D_x \times D_u \subset R^n \times R^p$ 内是连续可微的。我们要设计的是能够稳定系统的状态反馈控制律 $u = \gamma(x)$,对方程(12.1)在点($x=0, u=0$)线性化,可得线性系统

$$\dot{x} = Ax + Bu \tag{12.2}$$

其中
$$A = \frac{\partial f}{\partial x}(x, u)\bigg|_{x=0, u=0}; \quad B = \frac{\partial f}{\partial u}(x, u)\bigg|_{x=0, u=0}$$

假定矩阵对 (A,B) 是可控的,或至少是可稳定的。设计一个矩阵 K,使 $A-BK$ 的特征值都在左半开复平面上期望的位置。接下来把线性状态反馈控制 $u = -Kx$ 运用于非线性系统(12.1),则闭环系统为

$$\dot{x} = f(x, -Kx) \tag{12.3}$$

显然,原点是闭环系统的平衡点,方程(12.3)在原点 $x=0$ 的线性化方程为

$$\dot{x} = \left[\frac{\partial f}{\partial x}(x, -Kx) + \frac{\partial f}{\partial u}(x, -Kx)(-K)\right]_{x=0} x = (A - BK)x$$

由于 $A-BK$ 是赫尔维茨矩阵,所以满足定理 4.7,即原点是闭环系统(12.3)的渐近稳定平衡点。实际上由定理 4.13 可知,原点也是指数稳定的。作为线性化方法的附带结果,我们总能找到闭环系统的李雅普诺夫函数。设 Q 为任意正定对称矩阵,解关于 P 的李雅普诺夫方程

$$P(A - BK) + (A - BK)^{\mathrm{T}} P = -Q$$

由于 $A-BK$ 是赫尔维茨矩阵,所以李雅普诺夫方程有唯一正定解(定理 4.6),二次函数 $V(x) = x^{\mathrm{T}} Px$ 是闭环系统原点的某邻域内的李雅普诺夫函数,可以用 $V(x)$ 估计吸引区。

例 12.2　考虑单摆方程　　　　　$\ddot{\theta} = -a\sin\theta - b\dot{\theta} + cT$

其中 $a = g/l > 0, b = k/m \geq 0, c = 1/ml^2 > 0$,$\theta$ 为摆线与纵轴之间的夹角,T 是作用于单摆的力矩,把力矩作为控制输入,并假设希望在 $\theta = \delta$ 处使单摆稳定。为使摆在 $\theta = \delta$ 处保持平衡,力矩必须有一个稳态分量 T_{ss},满足

$$0 = -a\sin\delta + cT_{ss}$$

选择状态变量为 $x_1 = \theta - \delta, x_2 = \dot{\theta}$,控制变量取为 $u = T - T_{ss}$,状态方程

$$\dot{x}_1 = x_2$$
$$\dot{x}_2 = -a[\sin(x_1 + \delta) - \sin\delta] - bx_2 + cu$$

为方程(12.1)的标准形式,其中 $f(0,0)=0$。将系统在原点线性化,可得

$$A = \begin{bmatrix} 0 & 1 \\ -a\cos(x_1+\delta) & -b \end{bmatrix}_{x_1=0} = \begin{bmatrix} 0 & 1 \\ -a\cos\delta & -b \end{bmatrix}; \quad B = \begin{bmatrix} 0 \\ c \end{bmatrix}$$

矩阵对 (A,B) 是可控的。取 $K=[k_1\ k_2]$,容易验证,当

$$k_1 > -\frac{a\cos\delta}{c}, \quad k_2 > -\frac{b}{c}$$

时 $A-BK$ 是赫尔维茨矩阵。力矩为

$$T = \frac{a\sin\delta}{c} - Kx = \frac{a\sin\delta}{c} - k_1(\theta-\delta) - k_2\dot\theta$$

关于闭环系统李雅普诺夫法的继续分析留给读者(见习题12.1)。 △

对于输出反馈稳定,考虑系统

$$\dot{x} = f(x,u) \tag{12.4}$$

$$y = h(x) \tag{12.5}$$

其中 $f(0,0)=0, h(0)=0, f(x,u)$ 和 $h(x)$ 在包含原点 $(x=0,u=0)$ 的定义域 $D_x \times D_u \subset R^n \times R^p$ 内是连续可微的。我们要设计一个能够稳定系统的输出反馈控制律(只利用 y 的测量值)。对方程(12.4)~(12.5)在点 $(x=0,u=0)$ 线性化,可得线性系统

$$\dot{x} = Ax + Bu \tag{12.6}$$

$$y = Cx \tag{12.7}$$

其中 A 和 B 按方程(12.2)定义,且 $\quad C = \dfrac{\partial h}{\partial x}(x)\Big|_{x=0}$

假设 (A,B) 是稳定的,(A,C) 是可检测的,设计线性动态输出反馈控制器

$$\dot{z} = Fz + Gy \tag{12.8}$$

$$u = Lz + My \tag{12.9}$$

使得闭环矩阵 $\quad \begin{bmatrix} A+BMC & BL \\ GC & F \end{bmatrix} \tag{12.10}$

为赫尔维茨矩阵。这类设计的一个例子是基于观测器的控制器,其中

$$z = \hat{x}, \quad F = A - BK - HC, \quad G = H, \quad L = -K, \quad M = 0$$

并且设计 K 和 H,使 $A-BK$ 和 $A-HC$ 为赫尔维茨矩阵。当把控制器(12.8)~(12.9)用于非线性系统(12.4)~(12.5)时,可得闭环系统

$$\dot{x} = f(x, Lz + Mh(x)) \tag{12.11}$$

$$\dot{z} = Fz + Gh(x) \tag{12.12}$$

可以验证原点 $(x=0,z=0)$ 是闭环系统(12.11)~(12.12)的平衡点,且在原点的线性化可得到式(12.10)的赫尔维茨矩阵。综上所述,可再次得出如下结论:原点是闭环系统(12.11)~(12.12)的指数稳定平衡点。闭环系统的李雅普诺夫函数可通过对式(12.10)的赫尔维茨矩阵求解李雅普诺夫方程获得。

例12.3 重新考虑例12.2中的单摆方程,并假设测得角度 θ,而角速度 $\dot\theta$ 未知,输出变量 y 可取为 $y=x_1=\theta-\delta$,例12.2中的状态反馈控制器可用观测器

$$\dot{\hat{x}} = A\hat{x} + Bu + H(y - \hat{x}_1)$$

实现。取 $H = \begin{bmatrix} h_1 & h_2 \end{bmatrix}^{\mathrm{T}}$，可以验证，如果

$$h_1 + b > 0, \qquad h_1 b + h_2 + a\cos\delta > 0$$

则 $A - HC$ 是赫尔维茨矩阵。力矩为

$$T = \frac{a\sin\delta}{c} - K\hat{x} \qquad\qquad \triangle$$

12.3 积分控制

例 12.2 讨论了把单摆的摆角 θ 调节为常数 δ 的问题，通过把期望的平衡点平移到原点，使问题简化为一个稳定问题。这种方法在系统参数已知时是有效的，而在有参数扰动时不可取。控制律

$$T = \frac{a\sin\delta}{c} - k_1(\theta - \delta) - k_2\dot{\theta}$$

包含稳态分量 $T_{\mathrm{ss}} = (a/c)\sin\delta$ 和反馈分量 $-Kx$，前者将 θ 的平衡值 θ_{ss} 指定到期望的角度 δ，后者使 $A - BK$ 为赫尔维茨矩阵。当两个分量的计算都依赖于系统参数时，可以把反馈部分设计为对较大范围参数扰动的鲁棒设计，特别是当已知 a/c 的上界，即 $a/c \leqslant \rho$ 时，可以选择 k_1 和 k_2，使其满足
$$k_1 > \rho, \qquad k_2 > 0$$
以保证 $A - BK$ 为赫尔维茨矩阵。另一方面，T_{ss} 的计算对参数扰动是敏感的。假设分别用 a 和 c 的标称值 a_0 和 c_0 计算 T_{ss}，则闭环系统的平衡点为

$$a\sin\theta_{\mathrm{ss}} = c\left[\frac{a_0}{c_0}\sin\delta - k_1(\theta_{\mathrm{ss}} - \delta)\right]$$

如果 $\delta = 0$ 或 $\delta = \pi$（即单摆在开环平衡点之一是稳定的）时 $T_{\mathrm{ss}} = 0$，则由前面的方程可得 $\theta_{\mathrm{ss}} = \delta$。在这种情况下，用于例 12.2 的方法对于参数扰动是鲁棒的。对于其他 δ 值，稳态角度的误差是不可接受的。例如，如果 $\delta = 45°$，$c = c_0/2$（质量加倍），$a = a_0$，$k_1 = 3a_0/c_0$，则 $\theta_{\mathrm{ss}} \approx 36°$。

本节将给出一种积分控制方法，这种方法能保证在所有参数扰动下实现渐近调节，只要参数扰动不至于破坏闭环系统的稳定性。积分控制的应用既不局限于线性，也不局限于运用线性化设计反馈控制器。本节提出对一般非线性系统的积分控制方法，下一节将说明如何把线性化用于设计反馈控制器。

考虑系统

$$\dot{x} = f(x, u, w) \tag{12.13}$$

$$y = h(x, w) \tag{12.14}$$

$$y_m = h_m(x, w) \tag{12.15}$$

其中 $x \in R^n$ 是状态变量，$u \in R^p$ 是控制输入，$y \in R^p$ 是受控输出，$y_m \in R^m$ 是测得的输出，$w \in R^l$ 是由未知恒定参数以及扰动组成的向量，函数 f, h 和 h_m 在定义域 $D_x \times D_u \times D_w \subset R^n \times R^p \times R^l$ 上对 (x, u) 连续可微，且对 w 是连续的。设 $r \in D_r \subset R^p$ 是恒定参考值并可在线测得，设定

$$v = \begin{bmatrix} r \\ w \end{bmatrix} \in D_v \stackrel{\mathrm{def}}{=\!=} D_r \times D_w$$

希望设计的反馈控制器能够使

$$y(t) \to r \quad \text{当 } t \to \infty$$

假设 y 可测,即 y 是 y_m 的子集,通过在平衡点 $y = r$ 处稳定系统来实现调节。为此,假设对于每个 $v \in D_v$,存在一个连续地取决于 v 的唯一对 (x_{ss}, u_{ss}),满足方程

$$0 = f(x_{ss}, u_{ss}, w) \tag{12.16}$$

$$r = h(x_{ss}, w) \tag{12.17}$$

使得 x_{ss} 为期望的平衡点,u_{ss} 为稳态控制,以保持系统在点 x_{ss} 平衡。为引入积分作用,对调节误差 $e = y - r$ 进行积分:

$$\dot{\sigma} = e$$

然后把积分器和状态方程(12.13)一起讨论,即

$$\dot{x} = f(x, u, w) \tag{12.18}$$

$$\dot{\sigma} = h(x, w) - r \tag{12.19}$$

对于多输出系统($p > 1$),积分器方程表示 p 个积分器的叠加,各积分器对于 e 的每个分量进行积分,显然,对于 e 积分要求 y 和 r 都应在线获得。现在的控制任务就是设计一个稳定反馈控制器,使我们讨论的状态模型(12.18)~(12.19)在平衡点 (x_{ss}, σ_{ss}) 处稳定,其中 σ_{ss} 产生期望的 u_{ss}。图 12.1 给出了积分控制方案的方框图。

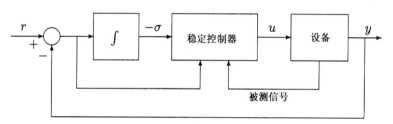

图 12.1　积分控制

积分控制器由两部分组成:积分器和稳定控制器。因为积分器与方程 $\dot{v} = 0$ 的模型完全相同,所以有时也称为内模(internal model),它产生外部恒定信号 v。稳定控制器的结构取决于被测信号。例如,在状态反馈中,当 $y_m = x$ 时,稳定控制器的形式为

$$u = \gamma(x, \sigma, e)$$

其中 γ 设计为使方程存在唯一解 σ_{ss},满足方程

$$\gamma(x_{ss}, \sigma_{ss}, 0) = u_{ss}$$

且使闭环系统

$$\dot{x} = f(x, \gamma(x, \sigma, h(x, w) - r), w)$$

$$\dot{\sigma} = h(x, w) - r$$

有一个渐近稳定平衡点,位于 (x_{ss}, σ_{ss})。在平衡点有 $y = r$,且与 w 的值无关。因此,在 (x_{ss}, σ_{ss}) 的吸引区内,对所有初始状态都实现了渐近调节。

图 12.1 中的积分控制器对所有不破坏闭环系统稳定性的参数扰动都具有鲁棒性,这一点可直观地解释如下:反馈控制器产生一个渐近稳定平衡点,所有信号在该点都必须是常数,因为积分器 $\dot{\sigma} = e$ 的输出为常数 σ,故其输入 e 一定为零。因此,积分器迫使调节误差在平衡点

处为零。参数扰动会改变平衡点,但在平衡时 $e = 0$ 的条件不会改变,因此只要被扰动平衡点保持渐近稳定,就能够实现调节。

设计稳定控制器并不简单,因为闭环方程取决于未知向量 w。在下一节会看到通过线性化解决这一难题的简单方法,但它只能实现局部调节,非局部调节可通过第 14 章介绍的非线性设计工具实现,14.1.4 节给出了一个这样的例题。

12.4 线性化积分控制

本节首先设计状态反馈积分控制器,然后考虑输出反馈积分控制器。我们需要设计控制律 $u = \gamma(x, \sigma, e)$,以便在点 (x_{ss}, σ_{ss}) 稳定前面讨论的状态模型(12.18)~(12.19),其中 $u_{ss} = \gamma(x_{ss}, \sigma_{ss}, 0)$。由于要用到线性化,故考虑形如

$$u = -K_1 x - K_2 \sigma - K_3 e \tag{12.20}$$

的线性反馈控制律。把控制律(12.20)代入式(12.18)和式(12.19),可得闭环系统

$$\dot{x} = f(x, -K_1 x - K_2 \sigma - K_3(h(x, w) - r), w) \tag{12.21}$$

$$\dot{\sigma} = h(x, w) - r \tag{12.22}$$

方程(12.21)和方程(12.22)的平衡点 $(\bar{x}, \bar{\sigma})$ 满足方程

$$0 = f(\bar{x}, \bar{u}, w)$$

$$0 = h(\bar{x}, w) - r$$

$$\bar{u} = -K_1 \bar{x} - K_2 \bar{\sigma}$$

通过假设平衡方程(12.16)~(12.17)在我们希望的区域内有唯一解 (x_{ss}, u_{ss}),可推出 $\bar{x} = x_{ss}$ 和 $\bar{u} = u_{ss}$。选择 K_2 为非奇异的,可保证方程

$$u_{ss} = -K_1 x_{ss} - K_2 \sigma_{ss}$$

有唯一解 σ_{ss}。下面的任务是稳定平衡点 (x_{ss}, σ_{ss})。在 (x_{ss}, σ_{ss}) 对闭环系统(12.21)~(12.22)线性化,可得

$$\dot{\xi}_\delta = (\mathcal{A} - \mathcal{B}\mathcal{K})\xi_\delta$$

其中

$$\xi_\delta = \begin{bmatrix} x - x_{ss} \\ \sigma - \sigma_{ss} \end{bmatrix}, \quad \mathcal{A} = \begin{bmatrix} A & 0 \\ C & 0 \end{bmatrix}, \quad \mathcal{B} = \begin{bmatrix} B \\ 0 \end{bmatrix}, \quad \mathcal{K} = \begin{bmatrix} K_1 + K_3 C & K_2 \end{bmatrix}$$

$$A = \left.\frac{\partial f}{\partial x}(x, u, w)\right|_{x = x_{ss}, u = u_{ss}}, \quad B = \left.\frac{\partial f}{\partial u}(x, u, w)\right|_{x = x_{ss}, u = u_{ss}}, \quad C = \left.\frac{\partial h}{\partial x}(x, w)\right|_{x = x_{ss}}$$

矩阵 A, B 和 C 一般取决于 v。现在假设 (A, B) 是可控的(或可稳定的),并且[①]

$$\mathrm{rank} \begin{bmatrix} A & B \\ C & 0 \end{bmatrix} = n + p \tag{12.23}$$

那么 $(\mathcal{A}, \mathcal{B})$ 也是可控的(或可稳定的)[②]。设计与 w 无关的 $\mathcal{K}$,使得 $\mathcal{A} - \mathcal{B}\mathcal{K}$ 对于所有 $v \in D_v$ 都

---

① 秩条件(12.23)表示线性状态模型 (A, B, C) 在原点无传输零点。
② 见习题 12.3。

是赫尔维茨矩阵[1],对于任何此类设计,矩阵 K_2 都将是非奇异的[2]。这样,(x_{ss},σ_{ss}) 就是闭环系统(12.21)~(12.22)的指数稳定平衡点,并且所有始于吸引区内的解,都随 t 趋于无穷而逼近该平衡点。因此,当 t 趋于无穷时,$y(t) - r$ 趋于零。注意,在 (x_{ss},u_{ss}) 的稳定中可取 $K_3 = 0$,或者可以用它作为一个额外的自由度来提高性能。

总之,假设 (A,B) 是稳定的,且满足秩条件(12.23),则状态反馈控制可取为

$$u = -K_1 x - K_2 \sigma$$
$$\dot\sigma = e = y - r$$

其中 $\mathcal{K} = [K_1 \; K_2]$ 设计为使 $\mathcal{A} - \mathcal{BK}$ 是赫尔维茨矩阵。

例 12.4   考虑单摆方程为

$$\ddot\theta = -a\sin\theta - b\dot\theta + cT$$

其中 $a = g/l > 0, b = k/m \geq 0, c = 1/ml^2 > 0$,$\theta$ 是摆线与纵轴之间的夹角,T 是作用于单摆的力矩。把 T 看成控制输入,并假设要把 θ 调节到 δ。取 $x_1 = \theta - \delta$,$x_2 = \dot\theta$,$u = T$,$y = x_1$,则状态方程为

$$\dot x_1 = x_2$$
$$\dot x_2 = -a\sin(x_1 + \delta) - bx_2 + cu$$
$$y = x_1$$

容易看出期望的平衡点为 $x_{ss} = \begin{bmatrix} 0 \\ 0 \end{bmatrix}$, $u_{ss} = \dfrac{a}{c}\sin\delta$

A,B 和 C 分别为 $A = \begin{bmatrix} 0 & 1 \\ -a\cos\delta & -b \end{bmatrix}$; $B = \begin{bmatrix} 0 \\ c \end{bmatrix}$; $C = \begin{bmatrix} 1 & 0 \end{bmatrix}$

注意到 $c > 0$,容易验证 (A,B) 是可控的,且满足秩条件(12.23)。取 $K_1 = [k_1 \; k_2]$,$K_2 = k_3$,利用劳斯-赫尔维茨准则可验证,如果

$$b + k_2 c > 0, \quad (b + k_2 c)(a\cos\delta + k_1 c) - k_3 c > 0, \quad k_3 c > 0$$

成立,则 $A - BK$ 是赫尔维茨矩阵。假设参数 $a > 0, b \geq 0, c > 0$,其准确值未知,但知道 a/c 的上界为 ρ_1,$1/c$ 的上界为 ρ_2,选择

$$k_2 > 0, \quad k_3 > 0, \quad k_1 > \rho_1 + \frac{k_3}{k_2}\rho_2 \tag{12.24}$$

以保证 $\mathcal{A} - \mathcal{BK}$ 是赫尔维茨矩阵。反馈控制律为

$$u = -k_1(\theta - \delta) - k_2\dot\theta - k_3\sigma$$
$$\dot\sigma = \theta - \delta$$

这是经典的 PID 控制器。将这个反馈控制律与例 12.2 中的结果比较,会发现不再需要计算为保持平衡位置所要求的稳态力矩。对于所有满足 $(b + k_2 c)(a\cos\delta + k_1 c) - k_3 c > 0$ 的参数扰动,都能实现调节。图 12.2 所示为有积分作用(见例 12.4)和没有积分作用(见例 12.2)的情况下,把单摆调节到 $\delta = \pi/4$ 时的仿真结果。在前一种情况下,反馈增益为

---

①   这是一个鲁棒稳定问题,在线性控制方面的文献中都有广泛的研究(见文献[48]和文献[69])。注意,如果 $\mathcal{K}$ 设计为使 $\mathcal{A} - \mathcal{BK}$ 对某些标称参数稳定,那么由于矩阵的特征值连续地依赖矩阵中的元素,因此 $\mathcal{A} - \mathcal{BK}$ 在这些标称参数的某个邻域内仍然是赫尔维茨矩阵。

②   如果 K_2 是奇异的,那么 $\mathcal{A} - \mathcal{BK}$ 也是奇异的,这与 $\mathcal{A} - \mathcal{BK}$ 是赫尔维茨矩阵相矛盾。

$k_1 = 8, k_2 = 2, k_3 = 10$,赋予的特征值为 -15.93,-2.93 和 -2.14。在后一种情况下,反馈增益为 $k_1 = 3, k_2 = 0.7$,赋予的特征值为 $-4 \pm j4.59$。两种情况下的标称参数都是 $a = c = 10, b = 1$。在扰动情况下,b 和 c 分别减小到 0.5 和 5,对应于质量的 2 倍。仿真结果表明积分作用可改善稳态响应,其代价是在过渡周期中增加稳定时间和增大力矩。 △

在更为一般的输出反馈中,积分控制器可取为

$$\dot{\sigma} = e = y - r \tag{12.25}$$

$$\dot{z} = Fz + G_1\sigma + G_2 y_m \tag{12.26}$$

$$u = Lz + M_1\sigma + M_2 y_m + M_3 e \tag{12.27}$$

其中所涉及的 F, G_1, G_2, L, M_1, M_2 和 M_3 均与 w 无关,并使得

$$\mathcal{A}_c = \begin{bmatrix} A + BM_2C_m + BM_3C & BM_1 & BL \\ C & 0 & 0 \\ G_2C_m & G_1 & F \end{bmatrix}$$

对于所有 $v \in D_v$ 为赫尔维茨矩阵,其中 $C_m = [\partial h_m/\partial x](x_{ss}, w)$。这将保证

$$\begin{bmatrix} M_1 & L \\ G_1 & F \end{bmatrix}$$

是非奇异的,且方程 $\begin{bmatrix} M_1 & L \\ G_1 & F \end{bmatrix} \begin{bmatrix} \sigma_{ss} \\ z_{ss} \end{bmatrix} = \begin{bmatrix} u_{ss} - M_2 h_m(x_{ss}, w) \\ -G_2 h_m(x_{ss}, w) \end{bmatrix}$

有唯一解 (σ_{ss}, z_{ss})。这样,$(x_{ss}, \sigma_{ss}, z_{ss})$ 就是闭环系统在 $u = u_{ss}$ 和 $e = 0$ 时的唯一平衡点。可以验证 $\mathcal{A}_c$ 是闭环系统在 $(x_{ss}, \sigma_{ss}, z_{ss})$ 处的线性化,因此平衡点是指数稳定的,所有始于吸引区的解都在 t 趋于无穷时逼近该平衡点,即当 t 趋于无穷时,$y(t) - r$ 趋于零。

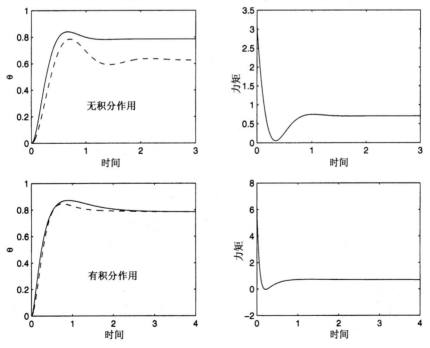

图 12.2 有积分作用(见例 12.4)和无积分作用(见例 12.2)时在额
定参数(实线)和扰动参数(虚线)下单摆调节的仿真结果

12.5 增益分配

线性化设计的主要局限是控制器只能在单工作点(平衡点)的某个邻域内工作。本节介绍的增益分配可以将线性化方法的有效性扩展到若干个工作点。在很多情况下,系统随其工作点变化的动态特性是已知的,甚至可能在系统建模时,用一个或多个变量作为参数描述工作点,这些变量称为分配变量。这样,就可以在几个平衡点对系统线性化,针对每个平衡点设计线性反馈控制器,并把得到的一组线性控制器作为一个控制器执行,通过监测分配变量改变其参数,这样的控制器称为增益分配控制器。

增益分配的概念最早出现在飞行控制系统中[①]。把飞机或导弹的非线性运动方程在若干选定的工作点线性化,这些工作点捕获了整个飞行曲线上的一些关键状态,所设计的各线性控制器对于在选定工作点上线性化的系统都能达到理想的稳定性和性能要求。然后,把各控制器的参数作为增益分配变量的函数插值,典型的变量有动态压力、马赫数、高度及攻击角。最终在非线性系统上实现增益分配控制器。下面通过一个简单的例子说明增益分配的概念。

例 12.5 考虑习题 1.19 中的水槽系统,其中水槽的横截面 A 随水槽的高度而变化,系统模型可表示为

$$\frac{d}{dt}\left(\int_0^h A(y)\,dy\right) = w_i - k\sqrt{\rho g h}$$

其中 h 是水槽内液体的高度,w_i 是注入的流速,ρ 是液体密度,g 是重力加速度,k 是正常数。取 $x = h$ 作为状态变量,$u = w_i$ 作为控制输入,则状态模型为

$$\dot{x} = \frac{1}{A(x)}\left(u - c\sqrt{x}\right) \stackrel{\text{def}}{=\!=} f(x,u)$$

其中 $c = k\sqrt{\rho g}$ 为不定参数,假设希望设计的控制器以 x 跟踪参考信号 r。定义 $y = x$ 为受控输出,r 为分配变量,则当 $r = \alpha$(正常数)时,输出 y 应该调节到 α。为了解决 c 的不确定性,我们采用积分控制,平衡方程(12.16)~(12.17)为

$$0 = u_{ss} - c\sqrt{x_{ss}}, \quad \alpha = x_{ss}$$

即 $x_{ss} = \alpha, u_{ss} = c\sqrt{\alpha}$,将积分器 $\dot{\sigma} = e = y - r$ 与状态方程一起讨论,可得

$$\begin{aligned}\dot{x} &= f(x,u)\\ \dot{\sigma} &= x - r\end{aligned}$$

采用 PI 控制器 $$u = -k_1(\alpha)e - k_2(\alpha)\sigma$$

在点 (x_{ss}, σ_{ss}) 稳定所讨论的状态方程,其中 $\sigma_{ss} = -u_{ss}/k_2(\alpha)$ $(k_2 \neq 0)$,可得闭环系统为

$$\begin{aligned}\dot{x} &= f(x, -k_1(\alpha)(x-r) - k_2(\alpha)\sigma)\\ \dot{\sigma} &= x - r\end{aligned}$$

当 $r = \alpha$ 时,系统有一个平衡点 (x_{ss}, σ_{ss})。对闭环系统在 $(x, \sigma) = (x_{ss}, \sigma_{ss})$ 线性化,当 $r = \alpha$ 时可得

---

① 关于增益分配的深入研究及其在飞行控制、汽车发动机控制方面的应用,可参阅文献[159]。

$$\dot{\xi}_\delta = \begin{bmatrix} a(\alpha) - b(\alpha)k_1(\alpha) & -b(\alpha)k_2(\alpha) \\ 1 & 0 \end{bmatrix} \xi_\delta + \begin{bmatrix} b(\alpha)k_1(\alpha) \\ -1 \end{bmatrix} r_\delta, \quad y_\delta = x_\delta$$

其中 $\xi_\delta = \begin{bmatrix} x_\delta & \sigma_\delta \end{bmatrix}^{\mathrm{T}}, x_\delta = x - \alpha, \sigma_\delta = \sigma - \sigma_{ss}, r_\delta = r - \alpha$,

$$\begin{aligned} a(\alpha) &= \left. \frac{\partial f}{\partial x} \right|_{x=\alpha, u=c\sqrt{\alpha}} = \left[\frac{1}{A(x)} \left(\frac{-c}{2\sqrt{x}} \right) - \frac{A'(x)}{A^2(x)} (u - c\sqrt{x}) \right]_{x=\alpha, u=c\sqrt{\alpha}} \\ &= -\frac{c\sqrt{\alpha}}{2\alpha A(\alpha)} \end{aligned}$$

和

$$b(\alpha) = \left. \frac{\partial f}{\partial u} \right|_{x=\alpha, u=c\sqrt{\alpha}} = \frac{1}{A(\alpha)}$$

假设已知上界为 c,选择 k_1 和 k_2 为

$$k_1(\alpha) = \frac{2\zeta\omega_n}{b(\alpha)}, \quad k_2(\alpha) = \frac{\omega_n^2}{b(\alpha)}$$

其中 $0 < \zeta < 1, 2\zeta\omega_n \gg |a(\alpha)|$,上式的选取要使得闭环系统的特征值(近似)为

$$s^2 + 2\zeta\omega_n s + \omega_n^2 = 0$$

的根。因此,闭环系统在固定增益控制器下的线性化为

$$\dot{\xi}_\delta = A_f(\alpha)\xi_\delta + B_f r_\delta, \quad y_\delta = C_f \xi_\delta$$

其中 $\quad A_f(\alpha) = \begin{bmatrix} a(\alpha) - 2\zeta\omega_n & -\omega_n^2 \\ 1 & 0 \end{bmatrix}, \quad B_f = \begin{bmatrix} 2\zeta\omega_n \\ -1 \end{bmatrix}, \quad C_f = \begin{bmatrix} 1 & 0 \end{bmatrix}$

从指令输入 r_δ 到输出 y_δ 的闭环传递函数为

$$\frac{2\zeta\omega_n s + \omega_n^2}{s^2 + [2\zeta\omega_n - a(\alpha)]s + \omega_n^2}$$

现在先把假设 r 为常数的情况放在一边,考虑 r 为时变信号的情况,此时增益分配 PI 控制器方程为

$$u = -k_1(r)e - k_2(r)\sigma, \quad \dot{\sigma} = e = x - r$$

其中 r 代换了原方程中的 α,以使增益 k_1 和 k_2 直接随 r 而变化。在增益分配控制器下闭环非线性系统为

$$\begin{aligned} \dot{x} &= f(x, -k_1(r)(x-r) - k_2(r)\sigma) \\ \dot{\sigma} &= x - r \end{aligned}$$

当 $r = \alpha$ 时,系统具有平衡点 (x_{ss}, σ_{ss}),这说明在增益分配控制器下,闭环非线性系统对每个 α 都能工作在期望的工作点上。在 $(x, \sigma) = (x_{ss}, \sigma_{ss})$ 对系统线性化,且 $r = \alpha$ 时得

$$\xi_\delta = A_s(\alpha)\xi_\delta + B_s(\alpha)r_\delta, \quad y_\delta = C_s \xi_\delta$$

其中

$$A_s(\alpha) = \begin{bmatrix} a(\alpha) - 2\zeta\omega_n & -\omega_n^2 \\ 1 & 0 \end{bmatrix}, \quad B_s(\alpha) = \begin{bmatrix} 2\zeta\omega_n + \gamma(\alpha) \\ -1 \end{bmatrix}, \quad C_s = \begin{bmatrix} 1 & 0 \end{bmatrix}$$

且 $\gamma(\alpha) = -b(\alpha)k_2'(\alpha)\sigma_{ss}(\alpha) = A'(\alpha)c\sqrt{\alpha}/A^2(\alpha)$。从指令输入 r_δ 到输出 y_δ 的闭环传递函数为

$$\frac{[2\zeta\omega_n + \gamma(\alpha)]s + \omega_n^2}{s^2 + [2\zeta\omega_n - a(\alpha)]s + \omega_n^2}$$

注意,由(A_f,B_f,C_f)和(A_s,B_s,C_s)表示的两个线性模型是不同的,前者是闭环系统在固定增益控制器下的线性化模型,而后者是在增益分配控制器下的线性化模型。两种情况都是在期望工作点的线性化。在理想情况下,我们希望这两个模型是等价的,如果是这样的,就知道闭环系统在期望工作点附近的局部特性与设计模型预测的结果相匹配。比较这两个模型可知,$A_s=A_f$,$C_s=C_f$,但$B_s\neq B_f$,这就导致闭环传递函数具有不同的零点位置,但两者的传递函数仍具有相同的极点,对阶跃输入的零稳态调节误差性质也是相同的。如果只有一个设计目标,则可认为增益分配控制器是可接受的。但是,如果还要考虑其他性能要求,如受零点位置影响的阶跃响应过渡部分,就需要对模型(A_s,B_s,C_s)进行线性分析或仿真(或两者结合起来),以研究零点移动的影响。另一种方法是,用对每个α都与(A_f,B_f,C_f)等效的线性模型所要达到的目标,修正增益分配控制器,把增益分配控制器修正为[①]

$$u=-k_1(r)e+\eta, \qquad \dot\eta=-k_2(r)e$$

即可实现。对于恒定增益k_2,这种修正可解释为把增益$-k_2$直接与积分器交换(见图12.3)。在修正的增益分配控制器下,闭环非线性系统为

$$\dot x = f(x,-k_1(r)(x-r)+\eta)$$
$$\dot\eta = -k_2(r)(x-r)$$

当$r=\alpha$时,系统具有一个平衡点,位于$x=x_{ss}$和$\eta=u_{ss}$。在$(x,\eta)=(x_{ss},u_{ss})$且$r=\alpha$时,对系统线性化可得

$$\dot z_\delta = A_{ms}(\alpha)z_\delta + B_{ms}(\alpha)r_\delta, \qquad y_\delta = C_{ms}z_\delta$$

其中

$$A_{ms}(\alpha)=\begin{bmatrix} a(\alpha)-2\zeta\omega_n & b(\alpha) \\ -\omega_n^2/b(\alpha) & 0 \end{bmatrix}, \qquad B_{ms}(\alpha)=\begin{bmatrix} 2\zeta\omega_n \\ \omega_n^2/b(\alpha) \end{bmatrix}, \qquad C_{ms}=\begin{bmatrix} 1 & 0 \end{bmatrix}$$

$z_\delta=\begin{bmatrix} x_\delta & \eta_\delta \end{bmatrix}^{\mathrm{T}}$,$\eta_\delta=\eta-u_{ss}$,导数$k_2'$在模型中未出现,因为$k_2$是$e$的倍数,在平衡点处为零。通过相似变换

$$\xi_\delta=\begin{bmatrix} 1 & 0 \\ 0 & -b(\alpha)/\omega_n^2 \end{bmatrix}z_\delta$$

容易看出,模型(A_f,B_f,C_f)和(A_{ms},B_{ms},C_{ms})是等效的。因此,两个模型具有相同的从r_δ到y_δ的传递函数。　　　　　　　　　　　　　　　　　　　　　　　　　　　　△

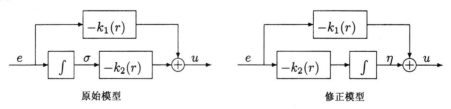

图12.3　例12.5 增益分配 PI 控制器的修正

通过这个例子,我们可以归纳出非线性系统增益分配跟踪控制器的设计步骤:

---

① 这种修正是文献[96]中的快速算法,另一种修正在文献[114]中给出。

1. 在一组工作点(平衡点)对非线性系统线性化,以分配变量作为参数。

2. 利用线性化,设计一组参数化的线性控制器,以实现对每个工作点的指定性能要求。

3. 构造一个增益控制器,使得

   - 对每个恒定的外部输入,闭环系统在增益分配控制器下与在固定增益控制器下的平衡点相同;

   - 闭环系统在增益分配控制器下的线性化与固定增益控制器下的线性化等效。

4. 通过对非线性闭环模型仿真,检验增益分配控制器的非局部性能。

第二步可以通过解决一组线性模型的设计问题完成,这些模型与分配变量连续相关,如例 12.5 所示。也可以只对有限个工作点进行设计,对所有工作点采用相同的控制器结构,但控制器参数可以随不同的工作点变化。然后对这些控制器参数进行插值运算,产生一组参数化的线性控制器。实际上,插值过程通常是根据具体问题的物理背景进行专门处理的[①]。在下面的推导中,我们只讨论与分配变量连续相关的一组线性模型的设计问题。

考虑系统
$$\dot{x} = f(x, u, v, w) \tag{12.28}$$
$$y = h(x, w) \tag{12.29}$$
$$y_m = h_m(x, w) \tag{12.30}$$

f, h 和 h_m 在定义域 $D_x \times D_u \times D_v \times D_w \subset R^n \times R^p \times R^q \times R^l$ 上是 (x, u, v) 的二次连续可微函数,且对 w 连续。其中,x 是状态,u 是控制输入,v 是被测外部输入,w 是由未知恒定参数及扰动组成的向量,$y \in R^p$ 是受控输出,$y_m \in R^m$ 是被测输出,假设 y 可测,即 y 是 y_m 的子集,设 $r \in D_r \subset R^p$ 是参考信号,我们要设计一个输出反馈控制器,对外部输入
$$\rho = \begin{bmatrix} r \\ v \end{bmatrix} \in D_\rho \stackrel{\text{def}}{=} D_r \times D_v$$

达到较小的跟踪误差 $e = y - r$。利用积分控制,在 $\rho = \alpha$(常数向量)时实现零稳态误差,并利用增益分配使其对缓慢变化的 ρ 实现较小的误差。将 α 分块,得 $\alpha = [\alpha_r^T, \alpha_v^T]^T$,$\alpha_r$ 和 α_v 分别对 r 和 v 不变,以 ρ 作为分配变量[②]。为设计积分控制,假设存在唯一的 $(x_{ss}, u_{ss}) : D_\rho \times D_w \to D_x \times D_u$,对 α 连续可微,且对 w 连续,对所有 $(\alpha, w) \in D_\rho \times D_w$ 满足
$$0 = f(x_{ss}(\alpha, w), u_{ss}(\alpha, w), \alpha_v, w) \tag{12.31}$$
$$\alpha_r = h(x_{ss}(\alpha, w), w) \tag{12.32}$$

当 $\rho = \alpha$ 时,利用线性化,如上节所示,设计如下形式的积分控制器:
$$\dot{\sigma} = e = y - r \tag{12.33}$$
$$\dot{z} = F(\alpha)z + G_1(\alpha)\sigma + G_2(\alpha)y_m \tag{12.34}$$
$$u = L(\alpha)z + M_1(\alpha)\sigma + M_2(\alpha)y_m + M_3(\alpha)e \tag{12.35}$$

其中,控制器增益 F, G_1, G_2, L, M_1, M_2 和 M_3 是 α 的连续可微函数,并设计这些函数对于所有 $(\alpha, w) \in D_\rho \times D_w$,使矩阵

---

① 插值过程的进一步讨论可参阅文献[159]。

② 在有关增益分配的文献中,分配变量也允许依赖于可测量的输出 y_m(见文献[159])。

$$\mathcal{A}_c(\alpha,w) = \begin{bmatrix} A + BM_2C_m + BM_3C & BM_1 & BL \\ C & 0 & 0 \\ G_2C_m & G_1 & F \end{bmatrix}$$

为赫尔维茨矩阵,其中

$$A = \frac{\partial f}{\partial x}, \quad B = \frac{\partial f}{\partial u}, \quad C = \frac{\partial h}{\partial x}, \quad C_m = \frac{\partial h_m}{\partial x}$$

是以 $(x,u,v) = (x_{\mathrm{ss}}, u_{\mathrm{ss}}, \alpha_v)$ 赋值的所有雅可比矩阵。与前面不同的是,允许控制器增益与 α 有关(α 是分配变量 ρ 的冻结值)。在状态反馈情况下,可消去 z 及其状态方程(12.34),并取 $y_m = x$, $L = 0, M_1 = -K_2, M_2 = -K_1, M_3 = 0$,其中 $K = [K_1 \ K_2]$ 设计为对于所有 $(\alpha,w) \in D_\rho \times D_w$,使

$$\begin{bmatrix} A - BK_1 & -BK_2 \\ C & 0 \end{bmatrix}$$

为赫尔维茨矩阵。

在固定增益控制器(12.33)~(12.35)下,当 $\rho = \alpha$ 时,闭环系统

$$\dot{x} = f(x, Lz + M_1\sigma + M_2h_m(x,w) + M_3e, v, w) \tag{12.36}$$

$$\dot{\sigma} = e = h(x,w) - r \tag{12.37}$$

$$\dot{z} = Fz + G_1\sigma + G_2h_m(x,w) \tag{12.38}$$

$$y = h(x,w) \tag{12.39}$$

有一个平衡点 $(x_{\mathrm{ss}}, \sigma_{\mathrm{ss}}, z_{\mathrm{ss}})$,在该点 $e = 0$。在点 $(x, \sigma, z) = (x_{\mathrm{ss}}, \sigma_{\mathrm{ss}}, z_{\mathrm{ss}})$ 对系统线性化,并且有 $\rho = \alpha$,所以可得

$$\dot{\xi}_\delta = A_f(\alpha,w)\xi_\delta + B_f(\alpha,w)\rho_\delta \tag{12.40}$$

$$y_\delta = C_f(\alpha,w)\xi_\delta \tag{12.41}$$

其中

$$\xi_\delta = \begin{bmatrix} x - x_{\mathrm{ss}} \\ \sigma - \sigma_{\mathrm{ss}} \\ z - z_{\mathrm{ss}} \end{bmatrix}, \quad \rho_\delta = \rho - \alpha = \begin{bmatrix} r_\delta \\ v_\delta \end{bmatrix}, \quad y_\delta = y - \alpha_r$$

$$A_f = \mathcal{A}_c, \quad B_f = \begin{bmatrix} -BM_3 & E \\ -I & 0 \\ 0 & 0 \end{bmatrix}, \quad C_f = \begin{bmatrix} C & 0 & 0 \end{bmatrix}$$

$$E = \frac{\partial f}{\partial v}(x,u,v,w)\bigg|_{x=x_{\mathrm{ss}}, u=u_{\mathrm{ss}}, v=\alpha_v}$$

因此,当 $\rho = \alpha$ 时,平衡点 $(x_{\mathrm{ss}}, \sigma_{\mathrm{ss}}, z_{\mathrm{ss}})$ 是指数稳定的。

通过把增益 F, G_1, G_2, L, M_1, M_2 和 M_3 作为分配变量 ρ 的函数,即用 ρ 代换 α,就可由固定增益控制器(12.33)~(12.35)得到增益分配控制器。可以验证,在该控制器下闭环系统将具有期望的平衡点,且其线性化矩阵 $(A_s(\alpha,w), B_s(\alpha,w), C_s(\alpha,w))$ 有 $A_s = A_f = \mathcal{A}_c, C_s = C_f$,但一般情况下 $B_s \neq B_f$,这是由于分配增益对 ρ 的偏微分造成的。$\mathcal{A}_c(\alpha,w)$ 对于所有 $(\alpha,w) \in D_\rho \times D_w$ 是赫尔维茨矩阵的事实表明,当 $\rho = \alpha$ 时,增益分配控制器将产生一个零稳态跟踪误差的指数稳定平衡点,但是从 ρ_δ 到 y_δ 的闭环传递函数不同于对应设计模型的传递函数。因此必须通过分析或仿真检验增益分配控制器的局部性能,如果结果能够令人满意,则继续进行下一

步,实现增益分配控制器。然而,已经过证实,这一步可以做得更好。在例 12.5 中,通过对增益分配控制器的修正,实现了闭环系统在固定增益控制器下的线性化模型与增益分配控制器下的模型等效。在该例子中,直接交换了增益 k_2 与积分器,即把积分器从控制器的输入端一边移到输出端一边,使 k_1 和 k_2 都是 e 的倍数,而在稳态时 e 为零。以上就是我们想要对控制器 (12.33) ~ (12.35) 要做的主要工作。然而,由于动力学方程 (12.34) 的出现,因其具有两个驱动输入 σ 和 y_m,所以情况较为复杂。σ 是积分器的输出,它对讨论把积分器移到控制器输出端有意义,y_m 不是积分器的输出,但是如果可测出 $\dot{y}_m$,即 y_m 的导数,则可以克服困难。这是因为控制器 (12.33) ~ (12.35) 可以表示为

$$
\begin{aligned}
\dot{\lambda} &= \psi \\
\dot{z} &= F(\alpha)z + G(\alpha)\lambda \\
u &= L(\alpha)z + M(\alpha)\lambda + M_3(\alpha)e
\end{aligned}
$$

其中
$$
\psi = \begin{bmatrix} e \\ \dot{y}_m \end{bmatrix}, \quad G = \begin{bmatrix} G_1 & G_2 \end{bmatrix}, \quad M = \begin{bmatrix} M_1 & M_2 \end{bmatrix}
$$

从 ψ 到 $u - M_3(\alpha)e$ 的传递函数

$$
\{L(\alpha)[sI - F(\alpha)]^{-1}G(\alpha) + M(\alpha)\}\frac{1}{s}
$$

等价于
$$
\frac{1}{s}\{L(\alpha)[sI - F(\alpha)]^{-1}G(\alpha) + M(\alpha)\}
$$

因此,控制器可以通过
$$
\begin{aligned}
\dot{\varphi} &= F(\alpha)\varphi + G(\alpha)\psi \\
\dot{\eta} &= L(\alpha)\varphi + M(\alpha)\psi \\
u &= \eta + M_3(\alpha)e
\end{aligned}
$$

实现。图 12.4 所示为固定增益控制器的原始模型和修正模型框图。把修正实现中的增益 F,G,L,M 和 M_3 作为分配变量 ρ 的函数,即可获得增益分配控制器

$$
\dot{\varphi} = F(\rho)\varphi + G_1(\rho)e + G_2(\rho)\dot{y}_m \tag{12.42}
$$

$$
\dot{\eta} = L(\rho)\varphi + M_1(\rho)e + M_2(\rho)\dot{y}_m \tag{12.43}
$$

$$
u = \eta + M_3(\rho)e \tag{12.44}
$$

当该控制器应用于非线性系统 (12.28) ~ (12.30) 时,可得闭环系统

$$
\dot{\mathcal{X}} = g(\mathcal{X}, \rho, w) \tag{12.45}
$$

$$
y = h(x, w) \tag{12.46}
$$

其中
$$
\mathcal{X} = \begin{bmatrix} x \\ \varphi \\ \eta \end{bmatrix}, \quad g(\mathcal{X}, \rho, w) = \begin{bmatrix} f(x, \eta + M_3(\rho)e, v, w) \\ F(\rho)\varphi + G_1(\rho)e + G_2(\rho)\dot{y}_m \\ L(\rho)\varphi + M_1(\rho)e + M_2(\rho)\dot{y}_m \end{bmatrix}
$$

$$
e = h(x, w) - r, \quad \dot{y}_m = \frac{\partial h_m}{\partial x}(x, w)f(x, \eta + M_3(\rho)e, v, w)
$$

当 $\rho = \alpha$ 时,系统 (12.45) ~ (12.46) 具有唯一的平衡点

$$
\mathcal{X}_{ss}(\alpha, w) = \begin{bmatrix} x_{ss}(\alpha, w) \\ 0 \\ u_{ss}(\alpha, w) \end{bmatrix} \tag{12.47}
$$

在该点 $y = \alpha_r$。在 $\mathcal{X} = \mathcal{X}_{ss}$ 对系统(12.45)~(12.46)线性化,且 $\rho = \alpha$,得[①]

$$\dot{\mathcal{X}}_\delta = A_{ms}(\alpha, w)\mathcal{X}_\delta + B_{ms}(\alpha, w)\rho_\delta \tag{12.48}$$

$$y_\delta = C_{ms}(\alpha, w)\mathcal{X}_\delta \tag{12.49}$$

其中

$$\mathcal{X}_\delta = \mathcal{X} - \mathcal{X}_{ss}, \quad A_{ms} = \begin{bmatrix} A + BM_3C & 0 & B \\ G_1C + G_2C_m(A+BM_3C) & F & G_2C_mB \\ M_1C + M_2C_m(A+BM_3C) & L & M_2C_mB \end{bmatrix}$$

$$B_{ms} = \begin{bmatrix} -BM_3 & E \\ -G_1 - G_2C_mBM_3 & G_2C_mE \\ -M_1 - M_2C_mBM_3 & M_2C_mE \end{bmatrix}, \quad C_{ms} = \begin{bmatrix} C & 0 & 0 \end{bmatrix}$$

验证矩阵

$$P = \begin{bmatrix} I & 0 & 0 \\ G_2C_m & G_1 & F \\ M_2C_m & M_1 & L \end{bmatrix} \tag{12.50}$$

是非奇异的,且

$$P^{-1}A_{ms}P = A_f, \quad P^{-1}B_{ms} = B_f, \quad C_{ms}P = C_f \tag{12.51}$$

作为习题留给读者完成(见习题12.6)。由此可知,线性模型(12.48)~(12.49)等价于线性模型(12.40)~(12.41)。

到目前为止,我们对增益分配控制器下闭环系统的分析,一直集中在恒定工作点邻域内的局部特性,我们能给出非线性系统的更多特性吗?如果分配变量不是常数时系统特性又将如何?在增益分配应用中,习惯上一直可以对时变变量进行分配,只要这些变量的变化相对于系统动态特性足够缓慢,下面的定理即可证明这一点。

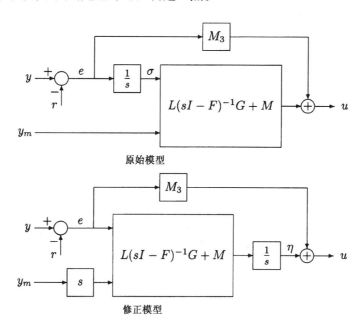

图 12.4 增益分配控制器的修正

定理 12.1 考虑在前述假设条件下的闭环系统(12.45)~(12.46)。假设对于所有 $t \geq 0, \rho(t)$ 是连续可微的,$\rho(t) \in S(D_\rho$ 的一个紧子集),并且 $\| \dot{\rho}(t) \| \leq \mu$。那么存在正常数 k_1, k_2, k 和 T,使得如果 $\mu < k_1$ 及 $\| \mathcal{X}(0) - \mathcal{X}_{ss}(\rho(0), w) \| < k_2$,则对于所有 $t \geq 0, \mathcal{X}(t)$ 是一致有界的,并且

$$\|e(t)\| \leq k\mu, \quad \forall t \geq T$$

进而,当 t 趋于无穷时,如果 $\rho(t)$ 趋于 ρ_{ss},且 $\dot{\rho}(t)$ 趋于零,则

$$e(t) \rightarrow 0 \qquad\qquad \diamondsuit$$

证明: 见附录 C.19。 □

该定理说明,如果分配变量变化缓慢,且在初始时刻初始状态足够靠近平衡点,则跟踪误差最终与分配变量的导数具有相同的数量级,而且如果分配变量趋于常数极限,则跟踪误差将趋于零。

如果得不到 $\dot{y}_m$ 的测量值,则可以使用下面的增益分配控制器

$$\dot{\varphi} = F(\rho)\varphi + G_1(\rho)e + G_2(\rho)\vartheta \tag{12.52}$$

$$\dot{\eta} = L(\rho)\varphi + M_1(\rho)e + M_2(\rho)\vartheta \tag{12.53}$$

$$u = \eta + M_3(\rho)e \tag{12.54}$$

其中 $\dot{y}_m$ 可由其估计值 ϑ 代替,由如下滤波器得到:

$$\varepsilon\dot{\zeta} = -\zeta + y_m \tag{12.55}$$

$$\vartheta = \frac{1}{\varepsilon}(-\zeta + y_m) \tag{12.56}$$

其中 ε 是充分小的正常数。滤波器总是在 $\zeta(0)$ 时启动,且对于某一 $k > 0$,有

$$\|\zeta(0) - y_m(0)\| \leq k\varepsilon \tag{12.57}$$

由于 y_m 是可测的,因此总可以满足这一初始条件。进一步讲,只要系统从一个平衡点启动,条件(12.57)就自动满足,因为在平衡点 $y_m = \zeta$。滤波器(12.55)~(12.56)在 ε 充分小时可以看成微商逼近器,由其传递函数

$$\frac{s}{\varepsilon s + 1}I$$

即可看出,当频率远小于 $1/\varepsilon$ 时[①],上式逼近微分器传递函数 sI。在增益分配控制器(12.52)~(12.56)下,闭环系统取奇异扰动形式

$$\dot{\mathcal{X}} = g(\mathcal{X}, \rho, w) + N(\rho)(\vartheta - \dot{y}_m) \tag{12.58}$$

$$\varepsilon\dot{\vartheta} = -\vartheta + \dot{y}_m \tag{12.59}$$

$$y = h(x, w) \tag{12.60}$$

其中 $\qquad \dot{y}_m = \dfrac{\partial h_m}{\partial x}(x, w)f(x, \eta + M_3(\rho)e, v, w), \quad N = \begin{bmatrix} 0 \\ G_2 \\ M_2 \end{bmatrix}$

[①] 利用 14.5 节中的高增益观测器可以逼近导数 $\dot{y}_m$。实际上,对于输出为 y_m 的二阶系统,滤波器(12.55)~(12.56)是一个降阶高增益观测器。条件(12.57)去掉了传输响应的峰值,如果不强加这个条件,估计值 ϑ 就会出现饱和平顶失真,这一点将在 14.5 节中讨论。

设定 $\varepsilon = 0$，可得 $\vartheta = \dot{y}_m$，系统(12.58) ~ (12.60)简化为系统(12.45) ~ (12.46)，下面的定理说明对于充分小的 ε，滤波器(12.55) ~ (12.56)的应用。

定理 12.2　考虑前述假设下的闭环系统(12.58) ~ (12.60)。假设对于所有 $t \geq 0$，$\rho(t)$ 是连续可微的，$\rho(t) \in S(D_\rho$ 的一个紧子集)，并且 $\|\dot{\rho}(t)\| \leq \mu$，那么存在正常数 k_1, k_2, k_3, k 和 T，使得如果当 $\mu < k_1$ 时 $\|\mathcal{X}(0) - \mathcal{X}_{ss}(\rho(0), w)\| < k_2$，以及 $\varepsilon < k_3$，则对于所有 $t \geq 0$，$\mathcal{X}(t)$ 是一致有界的，且

$$\|e(t)\| \leq k\mu, \quad \forall\, t \geq T$$

进而，当 t 趋于无穷时，如果 $\rho(t)$ 趋于 ρ_{ss}，且 $\dot{\rho}(t)$ 趋于零，则

$$e(t) \to 0 \qquad\qquad\qquad \diamond$$

证明：见附录 C.20。　　　　　　　　　　　　　　　　　　　　　　　　□

这个定理表明，如果分配变量缓慢变化，在初始时刻初始状态就足够靠近平衡点，且 ε 足够小，跟踪误差将最终与分配变量的导数具有相同的数量级，而且如果分配变量趋于常数极限，则跟踪误差将趋于零。

例 12.6　考虑二阶系统
$$\begin{aligned}
\dot{x}_1 &= \tan x_1 + x_2 \\
\dot{x}_2 &= x_1 + u \\
y &= x_2
\end{aligned}$$

其中 y 是唯一的被测信号，即 $y_m = y$。希望 y 跟踪参考信号 r。以 r 作为分配变量，当 $r = \alpha$ 为常数时，平衡方程(12.31) ~ (12.32)有唯一解

$$x_{ss}(\alpha) = \begin{bmatrix} -\arctan \alpha \\ \alpha \end{bmatrix}, \quad u_{ss}(\alpha) = \arctan \alpha$$

采用基于观测器的积分控制器

$$\dot{\sigma} = e = y - r \qquad\qquad\qquad (12.61)$$
$$\dot{\hat{x}} = A(\alpha)\hat{x} + Bu + H(\alpha)(y - C\hat{x}) \qquad (12.62)$$
$$u = -K_1(\alpha)\hat{x} - K_2(\alpha)\sigma \qquad\qquad (12.63)$$

其中
$$A(\alpha) = \begin{bmatrix} 1+\alpha^2 & 1 \\ 1 & 0 \end{bmatrix}, \quad B = \begin{bmatrix} 0 \\ 1 \end{bmatrix}, \quad C = \begin{bmatrix} 0 & 1 \end{bmatrix}$$

$$K_1(\alpha) = \begin{bmatrix} (1+\alpha^2)(3+\alpha^2) + 3 + \frac{1}{1+\alpha^2} & 3+\alpha^2 \end{bmatrix}, \quad K_2(\alpha) = -\frac{1}{1+\alpha^2}$$

$$H(\alpha) = \begin{bmatrix} 10 + (4+\alpha^2)(1+\alpha^2) \\ (4+\alpha^2) \end{bmatrix}$$

设计反馈增益 $K_1(\alpha)$ 和 $K_2(\alpha)$，得闭环特征值为 $-1, -(1/2) \pm j(\sqrt{3}/2)$。设计观测器增益 $H(\alpha)$，使观测器特征值为 $-(3/2) \pm j(3\sqrt{3}/2)$。为了方便，我们已选择了与 α 无关的特征值，但如果特征值的实部小于某个与 α 无关的负数，则也可允许其与 α 有关。固定增益控制器是方程(12.33) ~ (12.35)取 $z = \hat{x}$，$F = A - BK_1 - HC$，$G_1 = -BK_2$，$G_2 = H$，$L = -K_1$，$M_1 = -K_2$，$M_2 = 0$，$M_3 = 0$ 时的特例。由于 $\dot{y}$ 未知，故取 $\varepsilon = 0.01$ 实现增益分配控制器(12.52) ~ (12.56)。图 12.5 所示为闭环系统对一系列随参考信号阶跃变化的响

应。随参考信号的阶跃变化,重置了系统的平衡点,且系统在 0_+ 时刻的初始状态就是在 0_- 时刻的平衡状态,如果初始状态在新平衡点的吸引区内,系统就会在该平衡点达到稳态。由于控制器是基于线性化的,这样只能保证局部稳定,因此一般情况下随参考信号的阶跃变化必须是有限的。如图 12.5 所示,通过一系列较小的阶跃变化可以得到较大的参考信号,每次阶跃变化后都需要足够的时间使系统达到稳态。另一种改变参考信号的方法是从一点到另一点缓慢地移动设定点。图 12.6 所示为闭环系统对缓慢斜变信号的响应,斜变信号从 0 到 1 每隔 100 s 取一个参考点,这与分配变量缓慢变化时增益分配控制器性能的结论相一致。图 12.6 还给出了系统对较快斜变信号的响应,由于斜变信号斜率增大,系统的跟踪性能下降。如果继续增大斜变信号的斜率,系统最终就会变得不稳定。为了说明增益分配的优越性,图 12.7 给出了当采用 $\alpha = 0$ 的固定增益控制器时,闭环系统对图 12.5 中同一个阶跃变化的响应。从图中可以看出,在参考输入信号较小时,其响应与增益分配控制器一样好,但随着参考信号增大,其性能下降且系统变得不稳定。最后,为了说明为什么要对增益分配控制器进行图 12.4 所示的修正,图 12.8 给出了闭环系统在未修正的控制器(在前面的控制器方程中用 r 代换 α 得到)下对图 12.5 中同一阶跃变化的响应。这正如前面的分析,当达到稳定性与零状态跟踪误差的要求时,瞬变响应随着参考信号的增大而急剧恶化,这是由于闭环传递函数中附加的零点造成的。由于这种差的瞬变特性会使系统状态超出限定的吸引区,会导致系统不稳定(尽管本例未观测到不稳定性)。 △

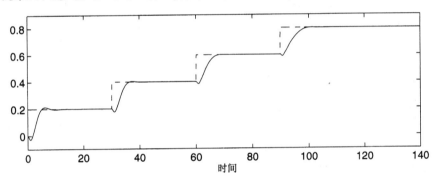

图 12.5 例 12.6 中增益分配控制器的参考信号(虚线)和输出信号(实线)

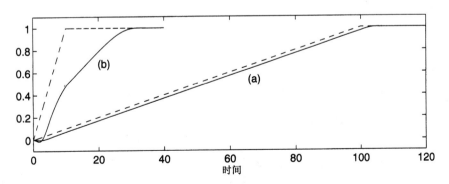

图 12.6 例 12.6 中增益分配控制器的斜变参考信号(虚线)和输出信号(实线)

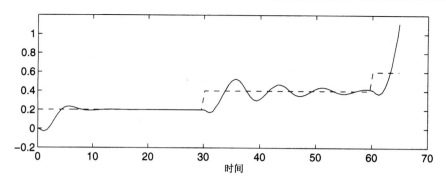

图 12.7　例 12.6 中固定增益控制器的参考信号（虚线）和输出信号（实线）

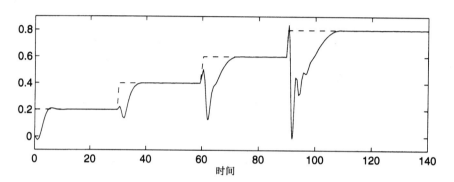

图 12.8　例 12.6 中修正增益分配控制器的参考信号（虚线）和输出信号（实线）

12.6　习题

12.1　考虑例 12.2 中的闭环系统，假设 $a = c = 0, \delta = \pi/4, b = 0, k_1 = 2.5, k_2 = 1$。求系统的李雅普诺夫函数并用它估计吸引区。

12.2　对下列系统，利用线性化

（a）设计一个状态反馈控制器实现在原点的稳定。

（b）设计一个输出反馈控制器实现在原点的稳定。

$$(1)\quad \begin{cases} \dot{x}_1 &=& x_1 + x_2 \\ \dot{x}_2 &=& 3x_1^2 x_2 + x_1 + u \\ y &=& -x_1^3 + x_2 \end{cases}$$

$$(2)\quad \begin{cases} \dot{x}_1 &=& x_1 + x_2 \\ \dot{x}_2 &=& x_1 x_2^2 - x_1 + x_3 \\ \dot{x}_3 &=& u \\ y &=& -x_1^3 + x_2 \end{cases}$$

$$(3)\quad \begin{cases} \dot{x}_1 &=& -x_1 + x_2 \\ \dot{x}_2 &=& x_1 - x_2 - x_1 x_3 + u \\ \dot{x}_3 &=& x_1 + x_1 x_2 - 2x_3 \\ y &=& x_1 \end{cases}$$

12.3　设

$$\mathcal{A} = \begin{bmatrix} A & 0 \\ C & 0 \end{bmatrix}, \quad \mathcal{B} = \begin{bmatrix} B \\ 0 \end{bmatrix}$$

其中 A,B 和 C 满足秩条件 (12.23)。证明 $(\mathcal{A},\mathcal{B})$ 是可控的(或可稳定的),当且仅当 (A,B) 是可控的(或可稳定的)。

12.4 利用数值数据: $a=10,b=0.1$ 和 $c=10$,考虑例 12.2 中的单摆

(a) 假设 θ 是可测的,而 $\dot{\theta}$ 是不可测的,利用线性化,设计一个输出反馈积分控制器,使单摆在角度 $\theta=\delta$ 处稳定。

(b) 假设 θ 和 $\dot{\theta}$ 都是可测的,设计一个增益分配状态反馈积分控制器,使角度 θ 跟踪参考角度 θ_r,并通过计算机仿真讨论增益分配控制器的性能。

(c) 假设 θ 是可测的,而 $\dot{\theta}$ 是不可测的,设计一个基于观测器的增益分配积分控制器,使角度 θ 跟踪参考角度 θ_r,并通过计算机仿真讨论增益分配控制器的性能。

12.5 考虑线性系统

$$\dot{x}=A(\alpha)x+B(\alpha)u$$

其中,$A(\alpha)$ 和 $B(\alpha)$ 为常向量 α 的连续可微函数,$\alpha\in\Gamma$ 为 R^m 的紧子集,设 $W(\alpha)$ 是可控制性 Gram 矩阵,定义为

$$W(\alpha)=\int_0^\tau \exp[-A(\alpha)\sigma]B(\alpha)B^{\mathrm{T}}(\alpha)\exp[-A^{\mathrm{T}}(\alpha)\sigma]\,d\sigma$$

其中,$\tau>0$,且与 α 无关,假设 (A,B) 是关于 α 一致可控的,则存在与 α 无关的正常数 c_1 和 c_2,使得

$$c_1 I \leqslant W(\alpha) \leqslant c_2 I, \quad \forall\, \alpha \in \Gamma$$

设 $$Q(\alpha)=\int_0^\tau e^{-2c\sigma}\exp[-A(\alpha)\sigma]B(\alpha)B^{\mathrm{T}}(\alpha)\exp[-A^{\mathrm{T}}(\alpha)\sigma]\,d\sigma,\quad c>0$$

(a) 证明 $$c_1 e^{-2c\tau} I \leqslant Q(\alpha) \leqslant c_2 I, \quad \forall\, \alpha \in \Gamma$$

(b) 设 $$u=-K(\alpha)x\stackrel{\mathrm{def}}{=}-\tfrac{1}{2}B^{\mathrm{T}}(\alpha)P(\alpha)x$$

其中 $P(\alpha)=Q^{-1}(\alpha)$,将 $V=x^{\mathrm{T}}P(\alpha)x$ 作为

$$\dot{x}=[A(\alpha)-B(\alpha)K(\alpha)]x$$

的备选李雅普诺夫函数,证明 $\dot{V}\leqslant -2cV$。

(c) 证明对于所有 $\alpha\in\Gamma$,$[A(\alpha)-B(\alpha)K(\alpha)]$ 是关于 α 一致赫尔维茨的。

12.6 证明由 (12.50) 定义的 $P(\alpha)$ 是非奇异的并满足式 (12.51)。

12.7 船舶低频运动的简化模型为[60]

$$\tau\ddot{\psi}+\dot{\psi}=k\delta$$

其中 ψ 是船的航向角,δ 为舵角,在这里将 δ 视为控制输入,时间常数 τ 和增益 k 取决于船的前进速度 v,其关系为 $\tau=\tau_0 v_0/v, k=k_0 v/v_0$,其中 τ_0,v_0 和 k_0 是常数。

(a) 假设前进速度是常数,设计一个状态反馈积分控制器,使得 ψ 跟踪一个期望的角度 ψ_r。

(b) 利用增益分配补偿前进速度的变化。

12.8 习题 1.18 中的磁悬浮系统的模型为

$$
\begin{aligned}
\dot{x}_1 &= x_2 \\
\dot{x}_2 &= g - \frac{k}{m}x_2 - \frac{L_0 a x_3^2}{2m(a+x_1)^2} \\
\dot{x}_3 &= \frac{1}{L(x_1)}\left[-Rx_3 + \frac{L_0 a x_2 x_3}{(a+x_1)^2} + u\right]
\end{aligned}
$$

其中,$x_1 = y$, $x_2 = \dot{y}$, $x_3 = i$, $u = v$。利用下面给出的参数:$m = 0.1$ kg,$k = 0.001$ N/m/s,$g = 9.81$ m/s^2,$a = 0.05$ m,$L_0 = 0.01$ H,$L_1 = 0.02$ H,$R = 1$ Ω。

(a) 分别求出 i 和 v 的稳态值 I_{ss} 和 V_{ss},使得球在期望的位置 $y = r > 0$ 处保持平衡。

(b) 证明取 $u = V_{ss}$ 时得到的平衡点是不稳定的。

(c) 利用线性化,设计一个状态反馈控制律,使得球在 $y = 0.05$ m 处稳定。

(d) 假设 y 的允许取值范围是 $0 \sim 0.1$ m,输入电压的允许范围是 $0 \sim 15$ V。从平衡点开始把球向上移动一个微小距离(然后向下),并让它自由运动。逐渐增加初始扰动量,重复该实验,通过仿真确定在不违背 y 和 v 的约束时,能使球返回平衡点的初始扰动最大范围。在仿真中应包括一个限幅器,以此表示对 v 的约束。

(e) 利用仿真,研究质量 m 的扰动对系统的影响,用标称控制器模仿闭环系统,但质量不是归一化值,而是有一定的变化,求出质量 m 的变化范围,即在这个范围内控制器仍能使小球保持平衡,并且研究系统的稳态误差。

(f) 用积分控制重复(c)的设计,并对此设计重复(d)和(e),讨论积分控制器对瞬态响应及稳态误差的影响。

(g) 假设只能测量 y,重复(c)的设计,并对此设计重复(d)和(e)。

(h) 假设能够测量 y 和 i,重复(c)的设计,并对此设计重复(d)和(e)。

(i) 假设只能测量 y,重复(f)的积分控制设计,并对此设计重复(d)和(e)。

(j) 假设能够测量 y 和 i,重复(f)的积分控制设计,并对此设计重复(d)和(e)。

(k) 设计一个基于观测的增益分配积分控制器,使球的位置 y 跟踪参考位置 r。假设能够测量 y 和 i,通过仿真研究当 r 从 0.03 到 0.07 缓慢变化时,增益分配控制器的性能。

(l) 如果只能测量 i,能否设计一个线性输出反馈控制律,使得球在 $y = r$ 处稳定?能否设计一个线性输出反馈积分控制器?

12.9 习题 1.17 中给出了一个场控直流电机(field-controlled DC motor),当励磁回路由电流源驱动时,可以把励磁电流看成控制输入,并采用如下二阶状态模型作为系统模型:

$$
\begin{aligned}
\dot{x}_1 &= -\theta_1 x_1 - \theta_2 x_2 u + \theta_3 \\
\dot{x}_2 &= -\theta_4 x_2 + \theta_5 x_1 u \\
y &= x_2
\end{aligned}
$$

其中,x_1 是电枢电流,x_2 是速度,u 是励磁电流,θ_1 到 θ_5 是正常数。要求设计一个速度控制系统,使得 y 渐近地跟踪一个恒定的速度参考信号 r。设 $r^2 < \theta_3^2 \theta_5 / 4\theta_1 \theta_2 \theta_4$,工作范围限定在 $x_1 > \theta_3 / 2\theta_1$。

(a) 求保持输出为 r 时,所需的稳态输入 u_{ss},验证开环控制 $u = u_{ss}$ 可产生一个指数稳定平衡点。

(b) 电机从静止状态($y = 0$)启动,给参考信号加一个小的阶跃变化,仿真其响应。逐渐增大阶跃变化量,重复该实验,确定使电机能在期望的速度上达到稳态时,初始阶跃的最大变化范围。

(c) 通过计算机仿真,研究当电机惯量变化 ±50% 时系统的性能。

(d) 利用线性化,设计一个状态反馈积分控制器,以实现期望的速度调节,对此控制器重复(b)和(c),并将其性能与(a)中设计的开环控制器进行比较。

(e) 假设测量速度 x_2,不测量电枢电流 x_1,用一个观测器重复(d),估计电枢电流。对该控制器重复(b)和(c),并将其性能与(d)中的设计进行比较。

(f) 设计一个基于观测的增益分配积分控制器,使速度 x_2 跟踪速度参考信号 r。

在(b)到(e)中,要用到数值数据:$\theta_1 = 60$,$\theta_2 = 0.5$,$\theta_3 = 40$,$\theta_4 = 6$,$\theta_5 = 4 \times 10^4$。

12.10 考虑习题 1.15 中的倒摆,

(a) 用 $x_1 = \theta$,$x_2 = \dot{\theta}$,$x_3 = y$ 及 $x_4 = \dot{y}$ 作为状态变量,用 $u = F$ 作为控制输入,写出状态方程。

(b) 证明开环系统有一个平衡点集。

(c) 假设要在竖直位置($\theta = 0$)稳定倒摆,求出在 $\theta = 0$ 时的开环平衡点,并证明它是不稳定的。

(d) 在期望的平衡点对非线性状态方程线性化,验证该线性化状态方程是可控的。

(e) 利用线性化设计一个状态反馈控制律,使得系统在期望的平衡点处实现稳定。

(f) 通过计算机仿真,研究系统的瞬态特性,以及当倒摆质量及其转动惯量有 ±20% 的扰动时,对系统性能的影响。

(g) 从平衡点开始将倒摆向右移动一个小角度(再向左),然后松开。逐渐增加初始扰动值重复该实验,通过仿真,确定使摆能回到平衡点的初始扰动的最大范围。

(h) 假设可以测量角度 θ 和小车位置 y,利用线性化设计一个输出反馈控制器,使摆在 $\theta = 0$ 时达到稳定。对该控制器重复(f)和(g)。

(i) 如果期望摆在 $\theta = \theta_r$ 处达到稳定,重复(h),其中 $-\pi/2 < \theta_r < \pi/2$。

在(e)到(i)中,要用到数值数据:$m = 0.1 \text{ kg}$,$M = 1 \text{ kg}$,$k = 0.1 \text{ N/m/s}$,$I = 0.025/3 \text{ kg·m}^2$,$g = 9.81 \text{ m/s}^2$,$L = 0.5 \text{ m}$。

第13章 反馈线性化

考虑这样一类非线性系统

$$\begin{aligned}
\dot{x} &= f(x) + G(x)u \\
y &= h(x)
\end{aligned}$$

是否存在一个状态反馈控制

$$u = \alpha(x) + \beta(x)v$$

及变量代换

$$z = T(x)$$

把非线性系统转换为等效的线性系统。13.1 节通过几个简单例子引入全状态线性化(full-state linearization)和输入-输出线性化两个概念,并给出其表示方法。所谓全状态线性化是指把状态方程完全线性化,输入-输出线性化则是把输入-输出映射线性化,而状态方程只是部分线性化。13.2 节将研究输入-输出线性化,介绍相对阶、零动态和最小相位系统。13.3 节将给出一类可反馈线性化的非线性系统的特征。为简化分析,13.2 节和 13.3 节只处理单输入-单输出系统。有关可反馈(或可部分反馈)线性化系统的状态反馈控制在 13.4 节讨论,其中涉及稳定性和跟踪问题。

13.1 引言

为了引入反馈线性化的概念,首先讨论稳定单摆方程

$$\begin{aligned}
\dot{x}_1 &= x_2 \\
\dot{x}_2 &= -a[\sin(x_1 + \delta) - \sin\delta] - bx_2 + cu
\end{aligned}$$

的原点问题。通过观察上面的系统状态方程,可以选择

$$u = \frac{a}{c}[\sin(x_1 + \delta) - \sin\delta] + \frac{v}{c}$$

以消去非线性项 $\alpha[\sin(x_1 + \delta) - \sin\delta]$,从而得到线性系统

$$\begin{aligned}
\dot{x}_1 &= x_2 \\
\dot{x}_2 &= -bx_2 + v
\end{aligned}$$

这样非线性系统的稳定性问题就简化为一个可控线性系统的稳定性问题,我们可以设计一个稳定的线性状态反馈控制

$$v = -k_1 x_1 - k_2 x_2$$

使闭环系统

$$\begin{aligned}
\dot{x}_1 &= x_2 \\
\dot{x}_2 &= -k_1 x_1 - (k_2 + b)x_2
\end{aligned}$$

的特征值在左半开平面,则整个状态反馈控制律为

$$u = \left(\frac{a}{c}\right)[\sin(x_1 + \delta) - \sin\delta] - \frac{1}{c}(k_1 x_1 + k_2 x_2)$$

消去非线性项的方法普遍适用吗?显然我们不能希望每个非线性系统都能消去非线性项,但一定存在具有某种结构特性的系统,允许消去非线性项。不难看出,如果通过相减消去非线性项 $\alpha(x)$,则控制器 u 和非线性项 $\alpha(x)$ 必须以 $u + \alpha(x)$ 的形式出现。如果通过相除消

去非线性项 $\gamma(x)$，则控制器 u 和非线性项 $\gamma(x)$ 必须以乘积形式 $\gamma(x)u$ 出现。如果矩阵 $\gamma(x)$ 在所讨论的区域是非奇异矩阵，则可以通过 $u=\beta(x)v$ 消去，其中 $\beta(x)=\gamma^{-1}(x)$ 是矩阵 $\gamma(x)$ 的逆矩阵。因此，如果能利用反馈消去非线性项，将非线性状态方程转变成一个可控线性状态方程，则要求非线性状态方程应具有如下结构：

$$\dot{x} = Ax + B\gamma(x)[u-\alpha(x)] \tag{13.1}$$

其中，A 为 $n\times n$ 矩阵，B 为 $n\times p$ 矩阵，矩阵对 (A,B) 是可控矩阵，函数 $\alpha:R^n\rightarrow R^p$ 和 $\gamma:R^n\rightarrow R^{p\times p}$ 定义在包含原点的定义域 $D\subset R^n$ 上，且矩阵 $\gamma(x)$ 对于每个 $x\in D$ 都是非奇异矩阵。如果状态方程形如式(13.1)，则可以通过状态反馈

$$u = \alpha(x)+\beta(x)v \tag{13.2}$$

将其线性化，其中 $\beta(x)=\gamma^{-1}(x)$，得到的线性状态方程为

$$\dot{x} = Ax + Bv \tag{13.3}$$

为了实现稳定，可设计 $v=-Kx$，使得 $A-BK$ 为赫尔维茨矩阵。整个非线性稳定状态反馈控制为

$$u = \alpha(x)-\beta(x)Kx \tag{13.4}$$

　　假设非线性状态方程不具有形如式(13.1)的结构，这是否意味着不能通过反馈对系统线性化呢？回答是否定的。回顾前面的内容，系统的状态模型并不是唯一的，它取决于状态变量的选择，即使所选择的一种状态变量不能使系统状态方程具有形如式(13.1)的结构，还可以选择其他状态变量。例如，对于系统

$$\begin{aligned} \dot{x}_1 &= a\sin x_2 \\ \dot{x}_2 &= -x_1^2 + u \end{aligned}$$

不能简单地选取 u 消去非线性项 $a\sin x_2$，但如果先通过变换

$$\begin{aligned} z_1 &= x_1 \\ z_2 &= a\sin x_2 = \dot{x}_1 \end{aligned}$$

改变状态变量，则 z_1 和 z_2 满足

$$\begin{aligned} \dot{z}_1 &= z_2 \\ \dot{z}_2 &= a\cos x_2\,(-x_1^2+u) \end{aligned}$$

非线性项可以通过控制

$$u = x_1^2 + \frac{1}{a\cos x_2}v$$

消去，当 $-\pi/2 < x_2 < \pi/2$ 时，上式有明确定义。要求出新坐标系 (z_1,z_2) 中的状态方程，可通过逆变换，即用 (z_1,z_2) 表示 (x_1,x_2)

$$\begin{aligned} x_1 &= z_1 \\ x_2 &= \arcsin\left(\frac{z_2}{a}\right) \end{aligned}$$

上式当 $-a < z_2 < a$ 时有定义。变换后的状态方程为

$$\begin{aligned} \dot{z}_1 &= z_2 \\ \dot{z}_2 &= a\cos\left(\arcsin\left(\frac{z_2}{a}\right)\right)(-z_1^2+u) \end{aligned}$$

　　当用变量代换 $z=T(x)$ 将状态方程从 x 坐标系变换到 z 坐标系时，映射 T 必须是可逆的，即必须存在逆映射 $T^{-1}(\cdot)$，使得对于所有 $z\in T(D)$，有 $x=T^{-1}(z)$，这里 D 是 T 的定义域。此

外,由于 z 和 x 的导数应该是连续的,因此要求 $T(\cdot)$ 和 $T^{-1}(\cdot)$ 必须连续可微。具有连续可微逆映射的连续可微映射称为微分同胚。如果雅可比矩阵 $[\partial T/\partial x]$ 在点 $x_0 \in D$ 是非奇异矩阵,则根据反函数定理[1],存在一个 x_0 的邻域 N,使得限定在 N 内的 T 是 N 上的微分同胚。如果映射 T 是 R^n 上的微分同胚,且 $T(R^n) = R^n$,则称 T 为全局微分同胚映射[2]。至此我们可以给出可反馈线性化系统的定义。

定义 13.1   一个非线性系统 $\dot{x} = f(x) + G(x)u$ (13.5)

其中 $f:D \to R^n$ 和 $G:D \to R^{n \times p}$ 在定义域 $D \subset R^n$ 上足够光滑[3]。如果存在一个微分同胚映射 $T:D \to R^n$,使得 $D_z = T(D)$ 包含原点,且可以通过变量代换 $z = T(x)$ 将系统(13.5)转换为

$$\dot{z} = Az + B\gamma(x)[u - \alpha(x)] \tag{13.6}$$

其中,(A, B) 是可控的,且对于所有 $x \in D$,$\gamma(x)$ 为非奇异矩阵,则称系统(13.5)是可反馈线性化的(或可输入/状态线性化的)。

当我们要关注某些输出变量时,例如在跟踪控制问题中,则可用状态方程和输出方程描述状态模型。对状态方程线性化,没有必要对输出方程也线性化。例如,如果系统

$$\begin{aligned} \dot{x}_1 &= a\sin x_2 \\ \dot{x}_2 &= -x_1^2 + u \end{aligned}$$

的输出为 $y = x_2$,则变量代换和状态反馈控制为

$$z_1 = x_1, \quad z_2 = a\sin x_2, \quad u = x_1^2 + \frac{1}{a\cos x_2}v$$

可得

$$\begin{aligned} \dot{z}_1 &= z_2 \\ \dot{z}_2 &= v \\ y &= \arcsin\left(\frac{z_2}{a}\right) \end{aligned}$$

虽然状态方程是线性的,但由于输出方程是非线性的,因此求解关于 y 的跟踪控制问题仍然很复杂。观察 x 坐标系中的状态方程和输出方程可以发现,如果状态反馈控制采用 $u = x_1^2 + v$,就能够将从 u 到 y 的输入-输出映射线性化,则此时线性模型为

$$\begin{aligned} \dot{x}_2 &= v \\ y &= x_2 \end{aligned}$$

现在就可以用线性控制理论求解这个跟踪控制问题了。上述讨论表明,有时对输入-输出映射进行线性化更有意义,即使以保留一部分状态方程的非线性为代价。这种情况称系统为可输入-输出线性化的。注意应用输入-输出线性化,线性化的输入-输出映射并不能说明系统的所有动态特性。在前面例子中,整个系统表示为

$$\begin{aligned} \dot{x}_1 &= a\sin x_2 \\ \dot{x}_2 &= v \\ y &= x_2 \end{aligned}$$

---

[1]   参见文献[10]的定理 7.5。

[2]   当且仅当对所有 $x \in R^n$,$[\partial T/\partial x]$ 是非奇异矩阵,且 T 是正则的,即当 $\lim\limits_{\|x\| \to \infty} \|T(x)\| = \infty$ 时,T 是全局微分同胚映射(证明参见文献[165]或文献[212])。

[3]   所谓"足够光滑"是指后面出现的所有偏导数都有定义且是连续的。

注意,状态变量 x_1 和输出 y 没有联系,换句话说就是线性化反馈控制使得 x_1 由 y 是不可观测的。在设计跟踪控制时,应该保证变量 x_1 具有良好性能,即在某种意义上是稳定或有界的。一个仅采用线性输入-输出映射的极简单控制设计,可能会导致信号 $x_1(t)$ 不断增长。例如,假设设计一个线性控制器,使输出 y 稳定在常数值 r 上,则 $x_1(t) = x_1(0) + ta\sin r$,当 $\sin r \neq 0$ 时,$x_1(t)$ 会变得无界,这类内部稳定问题可以用零动态概念解释。

13.2 输入-输出线性化

考虑单输入-单输出系统

$$\dot{x} = f(x) + g(x)u \tag{13.7}$$

$$y = h(x) \tag{13.8}$$

其中 f,g 和 h 在定义域 $D \subset R^n$ 上足够光滑。映射 $f:D \to R^n$ 和 $g:D \to R^n$ 称为 D 上的向量场。导数 $\dot{y}$ 为

$$\dot{y} = \frac{\partial h}{\partial x}[f(x) + g(x)u] \overset{\text{def}}{=} L_f h(x) + L_g h(x)\, u$$

其中

$$L_f h(x) = \frac{\partial h}{\partial x} f(x)$$

称为 h 关于 f 或沿 f 的 Lie 导数,这种表示方法类似于 h 沿系统 $\dot{x} = f(x)$ 轨迹的导数。当重复计算关于同一向量场或一新向量场的导数时,这种新表示法较为方便。例如,要用到以下表示:

$$L_g L_f h(x) = \frac{\partial(L_f h)}{\partial x} g(x)$$

$$L_f^2 h(x) = L_f L_f h(x) = \frac{\partial(L_f h)}{\partial x} f(x)$$

$$L_f^k h(x) = L_f L_f^{k-1} h(x) = \frac{\partial(L_f^{k-1} h)}{\partial x} f(x)$$

$$L_f^0 h(x) = h(x)$$

如果 $L_g h(x) = 0$,则 $\dot{y} = L_f h(x)$,与 u 无关。继续计算 y 的二阶导数,记为 $y^{(2)}$,可得

$$y^{(2)} = \frac{\partial(L_f h)}{\partial x}[f(x) + g(x)u] = L_f^2 h(x) + L_g L_f h(x)\, u$$

同样,如果 $L_g L_f h(x) = 0$,则 $y^{(2)} = L_f^2 h(x)$,且与 u 无关。重复这一过程可看出,如果 $h(x)$ 满足

$$L_g L_f^{i-1} h(x) = 0, \quad i = 1, 2, \cdots, \rho-1; \quad L_g L_f^{\rho-1} h(x) \neq 0$$

则 u 不会出现在 $y, \dot{y}, \cdots, y^{(\rho-1)}$ 的方程中,但出现在 $y^{(\rho)}$ 的方程中,带一个非零系数,即

$$y^{(\rho)} = L_f^{\rho} h(x) + L_g L_f^{\rho-1} h(x)\, u$$

上述方程清楚地表明系统是可输入-输出线性化的,因为由状态反馈控制

$$u = \frac{1}{L_g L_f^{\rho-1} h(x)} \left[-L_f^{\rho} h(x) + v \right]$$

把输入-输出映射简化为

$$y^{(\rho)} = v$$

这是一个 ρ 积分器链。这时,整数 ρ 称为系统的相对阶,下面是其定义。

定义 13.2 如果对于所有 $x \subset D_0$,有

$$L_g L_f^{i-1} h(x) = 0, \quad i = 1, 2, \cdots, \rho - 1; \quad L_g L_f^{\rho-1} h(x) \neq 0 \qquad (13.9)$$

则称非线性系统(13.7)~(13.8)在区域 $x \in D_0$ 上具有相对阶 ρ,$1 \leqslant \rho \leqslant n$。

例 13.1 考虑受控范德波尔方程

$$\begin{aligned}
\dot{x}_1 &= x_2 \\
\dot{x}_2 &= -x_1 + \varepsilon(1 - x_1^2)x_2 + u, \quad \varepsilon > 0
\end{aligned}$$

其输出为 $y = x_1$。计算输出导数,可得

$$\begin{aligned}
\dot{y} &= \dot{x}_1 = x_2 \\
\ddot{y} &= \dot{x}_2 = -x_1 + \varepsilon(1 - x_1^2)x_2 + u
\end{aligned}$$

因此,系统在 R^2 上的相对阶为 2。当输出 $y = x_2$ 时,有

$$\dot{y} = -x_1 + \varepsilon(1 - x_1^2)x_2 + u$$

系统在 R^2 上的相对阶为 1。当输出 $y = x_1 + x_2^2$ 时,有

$$\dot{y} = x_2 + 2x_2[-x_1 + \varepsilon(1 - x_1^2)x_2 + u]$$

系统在 $D_0 = \{x \in R^2 \,|\, x_2 \neq 0\}$ 上的相对阶为 1。 △

例 13.2 考虑系统

$$\begin{aligned}
\dot{x}_1 &= x_1 \\
\dot{x}_2 &= x_2 + u \\
y &= x_1
\end{aligned}$$

计算 y 的导数,可得

$$\dot{y} = \dot{x}_1 = x_1 = y$$

因而,对于所有 $n \geqslant 1$,$y^{(n)} = y = x_1$。在这种情况下,系统不具有符合上述定义的相对阶。由于本例很简单,不难看出这是因为输出 $y(t) = x_1(t) = e^t x_1(0)$ 与输入 u 无关。 △

例 13.3 一个场控直流电动机,若忽略轴阻尼,其模型为状态方程(见习题1.17):

$$\begin{aligned}
\dot{x}_1 &= -ax_1 + u \\
\dot{x}_2 &= -bx_2 + k - cx_1x_3 \\
\dot{x}_3 &= \theta x_1 x_2
\end{aligned}$$

其中,x_1,x_2 和 x_3 分别是场励磁电流、电枢电流和角速度,a, b, c, k 和 θ 是正常数。对于速度控制,选择输出为 $y = x_3$,则输出导数为

$$\begin{aligned}
\dot{y} &= \dot{x}_3 = \theta x_1 x_2 \\
\ddot{y} &= \theta x_1 \dot{x}_2 + \theta \dot{x}_1 x_2 = (\cdot) + \theta x_2 u
\end{aligned}$$

这里 $(\cdot)$ 中的各项为 x 的函数。系统在区域 $D_0 = \{x \in R^3 \,|\, x_2 \neq 0\}$ 上的相对阶为 2。 △

例 13.4 考虑一个线性系统,其传递函数为

$$H(s) = \frac{b_m s^m + b_{m-1}s^{m-1} + \cdots + b_0}{s^n + a_{n-1}s^{n-1} + \cdots + a_0}$$

其中,$m < n$ 且 $b_m \neq 0$。系统的状态模型可取为

$$\dot{x} = Ax + Bu$$
$$y = Cx$$

这里

$$A = \begin{bmatrix} 0 & 1 & 0 & \cdots & & \cdots & 0 \\ 0 & 0 & 1 & \cdots & & \cdots & 0 \\ \vdots & & & \ddots & & & \vdots \\ & & & & \ddots & & \\ & & & & & \ddots & 0 \\ \vdots & & & & \ddots & 0 & 1 \\ 0 & & & & & 0 & 1 \\ -a_0 & -a_1 & \cdots & \cdots & -a_m & \cdots & \cdots & -a_{n-1} \end{bmatrix}_{n \times n}, \quad B = \begin{bmatrix} 0 \\ 0 \\ \vdots \\ \\ \\ \vdots \\ 0 \\ 1 \end{bmatrix}_{n \times 1}$$

$$C = \begin{bmatrix} b_0 & b_1 & \cdots & \cdots & b_m & 0 & \cdots & 0 \end{bmatrix}_{1 \times n}$$

该线性状态模型是系统(13.7)~(13.8)的特例,其中 $f(x) = Ax, g = B, h(x) = Cx$。为检验系统的相对阶,我们计算输出的导数。其一阶导数为

$$\dot{y} = CAx + CBu$$

如果 $m = n-1$,则 $CB = b_{n-1} \neq 0$,系统的相对阶为 1;否则 $CB = 0$,继续计算二阶导数 $y^{(2)}$。注意, CA 是一个行向量,由 C 的元素右移一次得到,而 CA^2 由 C 的元素右移两次得到,依次类推,可知

$$CA^{i-1}B = 0, \quad i = 1, 2, \cdots, n-m-1, \quad CA^{n-m-1}B = b_m \neq 0$$

这样, u 首次出现在 $y^{(n-m)}$ 的方程中,即

$$y^{(n-m)} = CA^{n-m}x + CA^{n-m-1}Bu$$

系统的相对阶是 $n-m$,即 $H(s)$ 的分母多项式与分子多项式的次数之差[①]。   △

为了进一步研究可输入-输出线性化系统的控制和内部稳定问题,我们先讨论上例的线性系统。传递函数 $H(s)$ 可写为

$$H(s) = \frac{N(s)}{D(s)}$$

其中,$\deg D = n, \deg N = m < n$。 $\rho = n - m$。由欧几里得除法,$D(s)$ 可写为

$$D(s) = Q(s)N(s) + R(s)$$

其中 $Q(s)$ 和 $R(s)$ 分别为多项式的商和余数。由欧几里得除法法则可知

$$\deg Q = n - m = \rho, \quad \deg R < m$$

$Q(s)$ 的首项系数是 $1/b_m$。根据该 $D(s)$ 的表达式,$H(s)$ 可重写为

$$H(s) = \frac{N(s)}{Q(s)N(s) + R(s)} = \frac{\frac{1}{Q(s)}}{1 + \frac{1}{Q(s)} \frac{R(s)}{N(s)}}$$

这样 $H(s)$ 就可以表示为一个负反馈连接,$1/Q(s)$ 在正向通路,$R(s)/N(s)$ 在反馈通路(见

---

① 非线性系统中"相对阶"一词与线性控制理论中的相对阶(定义为 $n-m$)是一致的。

图 13.1）。ρ 阶传递函数 $1/Q(s)$ 没有零点，可由 ρ 阶状态向量

$$\xi = \begin{bmatrix} y, & \dot{y}, & \cdots, & y^{(\rho-1)} \end{bmatrix}^{\mathrm{T}}$$

实现，得到的状态模型为

$$\begin{aligned} \dot{\xi} &= (A_c + B_c\lambda^{\mathrm{T}})\xi + B_c b_m e \\ y &= C_c\xi \end{aligned}$$

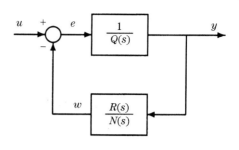

图 13.1 $H(s)$ 的反馈表示

其中 (A_c, B_c, C_c) 是 ρ 积分器链的标准形表达式，即

$$A_c = \begin{bmatrix} 0 & 1 & 0 & \dots & 0 \\ 0 & 0 & 1 & \dots & 0 \\ \vdots & & \ddots & & \vdots \\ \vdots & & & 0 & 1 \\ 0 & \dots & \dots & 0 & 0 \end{bmatrix}, \ B_c = \begin{bmatrix} 0 \\ 0 \\ \vdots \\ 0 \\ 1 \end{bmatrix}, \ C_c = \begin{bmatrix} 1 & 0 & \dots & 0 & 0 \end{bmatrix} \quad (13.10)$$

且 $\lambda \in R^\rho$。设 (A_0, B_0, C_0) 是传递函数 $R(s)/N(s)$ 的最小实现，即

$$\begin{aligned} \dot{\eta} &= A_0\eta + B_0 y \\ w &= C_0\eta \end{aligned}$$

A_0 的特征值是多项式 $N(s)$ 的零点，也是传递函数 $H(s)$ 的零点。从反馈连接可以看出，$H(s)$ 可由状态模型

$$\dot{\eta} = A_0\eta + B_0 C_c\xi \tag{13.11}$$

$$\dot{\xi} = A_c\xi + B_c(\lambda^{\mathrm{T}}\xi - b_m C_0\eta + b_m u) \tag{13.12}$$

$$y = C_c\xi \tag{13.13}$$

实现。利用 (A_c, B_c, C_c) 的特殊结构可直接验证

$$y^{(\rho)} = \lambda^{\mathrm{T}}\xi - b_m C_0\eta + b_m u$$

由（输入–输出线性化）状态反馈控制

$$u = \frac{1}{b_m}[-\lambda^{\mathrm{T}}\xi + b_m C_0\eta + v]$$

可得系统

$$\begin{aligned} \dot{\eta} &= A_0\eta + B_0 C_c\xi \\ \dot{\xi} &= A_c\xi + B_c v \\ y &= C_c\xi \end{aligned}$$

其输入–输出映射是一个 ρ 积分器链，且其状态子向量 η 在输出 y 是不可观测的。假设希望把输出稳定为一个恒定参考信号 r，这就要求把 ξ 稳定在 $\xi^* = (r, 0, \cdots, 0)^{\mathrm{T}}$ 处。通过变量代换 $\zeta = \xi - \xi^*$，把平衡点转移至原点，这样问题则简化为 $\dot{\zeta} = A_c\zeta + B_c v$ 的稳定性问题。取 $v = -K\zeta = -K(\xi - \xi^*)$，其中 $A_c - B_c K$ 是赫尔维茨矩阵，最后得控制律为

$$u = \frac{1}{b_m}[-\lambda^{\mathrm{T}}\xi + b_m C_0\eta - K(\xi - \xi^*)]$$

相应的闭环系统为

$$\begin{aligned}
\dot{\eta} &= A_0\eta + B_0C_c(\xi^* + \zeta) \\
\dot{\zeta} &= (A_c - B_cK)\zeta
\end{aligned}$$

因为 $A_c - B_cK$ 是赫尔维茨矩阵,所以对任意初始状态 $\zeta(0)$,当 t 趋于无穷时,$\zeta(t)$ 趋于零。因而,当 t 趋于无穷时,$y(t)$ 趋于 r。下面讨论 η 的变化。方程(13.11)以 $y = C_c\xi$ 为输入驱动,为保证 $\eta(t)$ 对 $y(t)$ 的所有可能波形和所有初始状态 $\eta(0)$ 都有界,要求 A_0 必须为赫尔维茨矩阵,相当于 $H(s)$ 的零点必须位于左半开平面内。所有零点都位于左半开平面的传递函数称为最小相位系统。从极点位置的观点看,我们通过输入-输出线性化设计的状态反馈控制把闭环特征值分为两组:ρ 个特征值分配在左半开平面内,作为 $A_c - B_cK$ 的特征值;$n - \rho$ 个特征值分配为开环零点[1]。

对例 13.4 中线性系统的分析,使利用状态反馈控制把输入-输出映射简化为积分器链,以及如何描述系统内部稳定性的意义更明显。使我们理解这一点的主要手段是状态模型(13.11)~(13.13)。我们的下一个任务是对相对阶为 ρ 的非线性系统(13.7)~(13.8),给出相应于模型(13.11)~(13.13)的非线性形式。由于输入-输出映射仍是 ρ 个积分器链,因此可选取变量 ξ 与线性系统的相同,希望通过选择变量 η 得到系统(13.11)的非线性形式。系统(13.11)的关键特征是没有控制输入 u。若把系统(13.7)~(13.8)变换为模型(13.11)~(13.13)的非线性形式,可通过变量代换

$$z = T(x) = \begin{bmatrix} \phi_1(x) \\ \vdots \\ \phi_{n-\rho}(x) \\ --- \\ h(x) \\ \vdots \\ L_f^{\rho-1}h(x) \end{bmatrix} \stackrel{\text{def}}{=} \begin{bmatrix} \phi(x) \\ --- \\ \psi(x) \end{bmatrix} \stackrel{\text{def}}{=} \begin{bmatrix} \eta \\ --- \\ \xi \end{bmatrix} \tag{13.14}$$

其中选择 ϕ_1 到 $\phi_{n-\rho}$,使 $T(x)$ 为定义域 $D_0 \subset D$ 上的微分同胚映射,且

$$\frac{\partial \phi_i}{\partial x} g(x) = 0, \quad 1 \leqslant i \leqslant n - \rho, \ \forall \, x \in D_0 \tag{13.15}$$

下一定理说明 $\phi_1 - \phi_{n-\rho}$ 存在,至少局部存在。

定理 13.1　考虑系统(13.7)~(13.8),假设其在 D 内的相对阶为 $\rho \leqslant n$。如果 $\rho = n$,则对于每个 $x_0 \in D$,x_0 的邻域 N 存在,使得 N 上的映射

$$T(x) = \begin{bmatrix} h(x) \\ L_f h(x) \\ \vdots \\ L_f^{n-1}h(x) \end{bmatrix}$$

是 N 上的微分同胚映射。如果 $\rho < n$,则对于每个 $x_0 \in D$,存在 x_0 的一个邻域 N 和光滑函数 $\phi_1(x), \cdots, \phi_{n-\rho}(x)$,使得对于所有 $x \in N$,式(13.15)成立,且限定在 N 上的映射 $T(x)$ 是 N 上的微分同胚映射。　　　　　　　　　　　　　　　　　　　$\diamondsuit$

---

① 应该注意,把输出稳定为恒定参考信号,不要求系统是最小相位的,这是由于将一些闭环特征值分配为开环零点。

证明:见附录 C.21。 □

条件(13.15)保证当计算

$$\dot{\eta} = \frac{\partial \phi}{\partial x}[f(x) + g(x)u]$$

时消去 u 项。容易验证,变量代换式(13.14)将系统(13.7) ~ (13.8)变换为

$$\dot{\eta} = f_0(\eta, \xi) \tag{13.16}$$

$$\dot{\xi} = A_c \xi + B_c \gamma(x)[u - \alpha(x)] \tag{13.17}$$

$$y = C_c \xi \tag{13.18}$$

其中,$\xi \in R^\rho, \eta \in R^{n-\rho}, (A_c, B_c, C_c)$ 是 ρ 个积分器链的标准形表达式,且

$$f_0(\eta, \xi) = \left. \frac{\partial \phi}{\partial x} f(x) \right|_{x=T^{-1}(z)} \tag{13.19}$$

$$\gamma(x) = L_g L_f^{\rho-1} h(x), \quad \alpha(x) = -\frac{L_f^\rho h(x)}{L_g L_f^{\rho-1} h(x)} \tag{13.20}$$

在方程(13.17)中保留了原坐标系下的 α 和 γ,这些函数由式(13.20)唯一确定,是 f, g 和 h 的函数,与 ϕ 的选取无关。在新坐标系中,则可通过设定

$$\alpha_0(\eta, \xi) = \alpha\left(T^{-1}(z)\right), \quad \gamma_0(\eta, \xi) = \gamma\left(T^{-1}(z)\right)$$

求出,当然此式取决于 ϕ 的选取。在这种情况下,方程(13.17)可重写为

$$\dot{\xi} = A_c \xi + B_c \gamma_0(\eta, \xi)[u - \alpha_0(\eta, \xi)]$$

如果 x^* 是方程(13.7)的开环平衡点,则由

$$\eta^* = \phi(x^*), \quad \xi^* = \begin{bmatrix} h(x^*) & 0 & \cdots & 0 \end{bmatrix}$$

定义的 (η^*, ξ^*) 是方程(13.16)和方程(13.17)的一个平衡点。如果 y 在 $x = x^*$ 为零,即 $h(x^*) = 0$,则可以通过选择 $\phi(x)$ 使得 $\phi(x^*) = 0$,把 x^* 变换到原点($\eta = 0, \xi = 0$)。

方程(13.16) ~ (13.18)称为标准形(normal form)。这种形式把系统分解为外部 ξ 和内部 η 两部分。通过状态反馈控制

$$u = \alpha(x) + \beta(x)v$$

使外部 ξ 线性化,式中 $\beta(x) = \gamma^{-1}(x)$,而该控制使内部 η 为不可观测的。内部动态特性由方程(13.16)描述,在方程中令 $\xi = 0$,可得

$$\dot{\eta} = f_0(\eta, 0) \tag{13.21}$$

该方程称为零动态方程。对于线性系统,方程(13.21)由 $\dot{\eta} = A_0 \eta$ 给出,该名称与之很相称,因为这里 A_0 的特征值是传递函数 $H(s)$ 的零点。如果方程(13.21)在所讨论的定义域内有一个渐近稳定平衡点,则系统被称为最小相位系统。具体讲,如果选择 $T(x)$ 使原点($\eta = 0, \xi = 0$)是方程(13.16)至方程(13.18)的一个平衡点,则当零动态系统(13.21)的原点渐近稳定时,系统为最小相位系统。知道零动态系统可在原坐标系表示非常有用。注意

$$y(t) \equiv 0 \Rightarrow \xi(t) \equiv 0 \Rightarrow u(t) \equiv \alpha(x(t))$$

如果输出恒等于零,则状态方程的解一定属于集合

$$Z^* = \{x \in D_0 \mid h(x) = L_f h(x) = \cdots = L_f^{\rho-1} h(x) = 0\}$$

且输入一定为　　　　　　　　　　　$u = u^*(x) \overset{\text{def}}{=} \alpha(x)|_{x \in Z^*}$

系统的受限运动描述为　　　　　$\dot{x} = f^*(x) \overset{\text{def}}{=} [f(x) + g(x)\alpha(x)]_{x \in Z^*}$

在 $\rho = n$ 的特殊情况下,标准形(13.16)～(13.18)简化为

$$\dot{z} = A_c z + B_c \gamma(x)[u - \alpha(x)] \qquad (13.22)$$

$$y = C_c z \qquad (13.23)$$

其中,$z = \xi = [h(x), \cdots, L_f^{n-1}h(x)]^T$,且变量 η 不存在。此时系统不具有零动态,默认为是最小相位系统。

例 13.5　考虑受控范德波尔方程

$$\begin{aligned}
\dot{x}_1 &= x_2 \\
\dot{x}_2 &= -x_1 + \varepsilon(1 - x_1^2)x_2 + u \\
y &= x_2
\end{aligned}$$

从例 13.1 已知系统在 R^2 上的相对阶为 1。取 $\xi = y$,$\eta = x_1$,可看出系统已表示为标准形。零动态由 $\dot{x}_1 = 0$ 给出,它不具有渐近稳定平衡点,因此系统不是最小相位的。　　　　　△

例 13.6　系统

$$\begin{aligned}
\dot{x}_1 &= -x_1 + \frac{2 + x_3^2}{1 + x_3^2} u \\
\dot{x}_2 &= x_3 \\
\dot{x}_3 &= x_1 x_3 + u \\
y &= x_2
\end{aligned}$$

在原点有一个开环平衡点。输出的导数为

$$\begin{aligned}
\dot{y} &= \dot{x}_2 = x_3 \\
\ddot{y} &= \dot{x}_3 = x_1 x_3 + u
\end{aligned}$$

因此系统在 R^3 上的相对阶为 2。在式(13.20)中应用 $L_g L_f h(x) = 1$ 和 $L_f^2 h(x) = x_1 x_3$,可得

$$\gamma = 1, \quad \alpha(x) = -x_1 x_3$$

为了描述零动态,把 x 限制为

$$Z^* = \{x \in R^3 \mid x_2 = x_3 = 0\}$$

并取 $u = u^*(x) = 0$,由此可得

$$\dot{x}_1 = -x_1$$

表明该系统是最小相位的。为了把它变成标准形,选择一个函数 $\phi(x)$,使得

$$\phi(0) = 0, \quad \frac{\partial \phi}{\partial x} g(x) = 0$$

且　　　　　　　　　　$T(x) = \begin{bmatrix} \phi(x) & x_2 & x_3 \end{bmatrix}^T$

在包含原点的某定义域上是微分同胚映射。偏微分方程

$$\frac{\partial \phi}{\partial x_1} \cdot \frac{2 + x_3^2}{1 + x_3^2} + \frac{\partial \phi}{\partial x_3} = 0$$

通过分离变量解出

$$\phi(x) = -x_1 + x_3 + \arctan x_3$$

上式满足条件 $\phi(0)=0$。映射 $T(x)$ 是全局微分同胚映射,这是因为对于任意 $z \in R^3$,方程 $T(x)=z$ 有唯一解。这样标准形

$$
\begin{aligned}
\dot{\eta} &= \left(-\eta + \xi_2 + \arctan \xi_2\right)\left(1 + \frac{2 + \xi_2^2}{1 + \xi_2^2} \xi_2\right) \\
\dot{\xi}_1 &= \xi_2 \\
\dot{\xi}_2 &= \left(-\eta + \xi_2 + \arctan \xi_2\right) \xi_2 + u \\
y &= \xi_1
\end{aligned}
$$

就是全局定义的。　　　　　　　　　　　　　　　　　　　　　　　　　△

例 13.7　例 13.3 的场控直流电机在 $D_0 = \{x \in R^3 \mid x_2 \neq 0\}$ 上的相对阶为 2。运用式(13.20)可得

$$
\gamma = \theta x_2, \quad \alpha(x) = -\frac{\theta x_2(-a x_1) + \theta x_1(-b x_2 + k - c x_1 x_3)}{\theta x_2}
$$

为了描述零动态,把 x 限制为

$$
Z^* = \{x \in D_0 \mid x_3 = 0, \ x_1 x_2 = 0\} = \{x \in D_0 \mid x_3 = 0, \ x_1 = 0\}
$$

取 $u = u^*(x) = 0$,可得

$$
\dot{x}_2 = -b x_2 + k
$$

该零动态系统在 $x_2 = k/b$ 处有一个渐近稳定平衡点,因而是最小相位系统。为了将其转换成标准形,需要找到一个函数 $\phi(x)$,使 $[\partial \phi / \partial x] g = \partial \phi / \partial x_1 = 0$,且 $T = [\phi(x), x_3, \theta x_1 x_2]^{\mathrm{T}}$ 是某定义域 $D_x \subset D_0$ 上的微分同胚映射。选择 $\phi(x) = x_2 - k/b$,则满足 $\partial \phi / \partial x_1 = 0$,使 $T(x)$ 是 $D_x = \{x \in R^3 \mid x_2 > 0\}$ 上的微分同胚映射,同时将零动态系统的平衡点变换到原点。　　　　　　　　　　　　　　　　　　　　　　　　　　　　　　　△

例 13.8　考虑一个单输入-单输出非线性系统,表示为 n 阶微分方程

$$
\begin{aligned}
y^{(n)} &= p\left(z, z^{(1)}, \cdots, z^{(m-1)}, y, y^{(1)}, \cdots, y^{(n-1)}\right) \\
&\quad + q\left(z, z^{(1)}, \cdots, z^{(m-1)}, y, y^{(1)}, \cdots, y^{(n-1)}\right) z^{(m)}, \quad m < n
\end{aligned} \tag{13.24}
$$

其中,z 是输入,y 是输出,$p(\cdot)$ 和 $q(\cdot)$ 是定义域上的足够光滑的函数,且 $q(\cdot) \neq 0$。非线性输入-输出模型简化为例 13.4 的线性系统的传递函数模型。通过在输入端增加 m 个积分器扩展系统的动态特性,并将 $u = z^{(m)}$ 作为扩展系统的控制输入[①]。扩展系统为 $n+m$ 阶。取状态变量为

$$
\zeta = \begin{bmatrix} z \\ z^{(1)} \\ \vdots \\ z^{(m-1)} \end{bmatrix}, \quad \xi = \begin{bmatrix} y \\ y^{(1)} \\ \vdots \\ \vdots \\ y^{(n-1)} \end{bmatrix}, \quad x = \begin{bmatrix} \zeta \\ \xi \end{bmatrix}
$$

可得到扩展系统的状态模型

---

① 此例证明扩展系统是可输入-输出线性化的,这就允许我们用输入-输出线性化技术设计反馈控制。当该控制应用于原系统时,m 积分器链就成为控制器的动态部分。

$$\begin{aligned}
\dot{\zeta} &= A_u\zeta + B_u u \\
\dot{\xi} &= A_c\xi + B_c[p(x) + q(x)u] \\
y &= C_c\xi
\end{aligned}$$

其中,(A_c, B_c, C_c) 是 n 积分器链的标准形表示,(A_u, B_u) 是表示 m 积分器链的可控标准形对。设 $D \subset R^{n+m}$ 为定义域,在其上 p 和 q 足够光滑且 $q \neq 0$。利用 (A_c, B_c, C_c) 的特殊结构,容易看出 $\qquad y^{(i)} = C_c A_c^i \xi, \qquad 1 \leqslant i \leqslant n-1, \qquad y^{(n)} = p(x) + q(x)u$

因此,系统的相对阶为 n。为了求出零动态方程,注意到 $L_f^{i-1}h(x) = \xi_i$,从而有 $Z^* = \{x \in R^{n+m} \mid \xi = 0\}$ 并可计算出 $u^*(x) = -p(x)/q(x)$ 在 $\xi = 0$ 时的值。因此零动态系统为

$$\dot{\zeta} = A_u\zeta + B_u u^*(x)$$

回顾 ζ 的定义很容易看出,$\zeta_1 = z$ 满足 m 阶微分方程

$$0 = p\left(z, z^{(1)}, \cdots, z^{(m-1)}, 0, 0, \cdots, 0\right) + q\left(z, z^{(1)}, \cdots, z^{(m-1)}, 0, 0, \cdots, 0\right)z^{(m)} \tag{13.25}$$

该方程与由方程(13.24)中令 $y(t) \equiv 0$ 时得出的方程相同。对于线性系统,方程(13.25)简化为一个线性微分方程,与传递函数的分子多项式一致。通过研究方程(13.25),可确定系统的最小相位特性。为了把系统转换为标准形,注意到 ξ 是 y 及其直到 $n-1$ 阶导数的向量,所以只需求一个函数 $\phi = \phi(\zeta, \xi) : R^{n+m} \to R^m$,使得

$$\frac{\partial\phi}{\partial\zeta}B_u + \frac{\partial\phi}{\partial\xi}B_c q(x) = 0$$

相当于 $\qquad\qquad \dfrac{\partial\phi_i}{\partial\zeta_m} + \dfrac{\partial\phi_i}{\partial\xi_n}q(x) = 0, \qquad 1 \leqslant i \leqslant m \tag{13.26}$

在某些特殊情况下,这些偏微分方程有解。例如,如果 q 是常数,则 ϕ 可取为

$$\phi_i = \zeta_i - \frac{1}{q}\xi_{n-m+i}, \quad 1 \leqslant i \leqslant m$$

另外一种情况见习题 13.5。 $\hfill \triangle$

13.3 全状态线性化

对于一个单输入系统 $\qquad\qquad \dot{x} = f(x) + g(x)u \tag{13.27}$

其中,f 和 g 在定义域 $D \subset R^n$ 上足够光滑。如果存在一个足够光滑的函数 $h: D \to R$,使系统

$$\begin{aligned}
\dot{x} &= f(x) + g(x)u \tag{13.28} \\
y &= h(x) \tag{13.29}
\end{aligned}$$

在区域 $D_0 \subset D$ 上相对阶为 n,则系统(13.27)是可反馈线性化的。这一结论的解释如下:相对阶为 n 的系统,其标准形可简化为

$$\begin{aligned}
\dot{z} &= A_c z + B_c \gamma(x)[u - \alpha(x)] \tag{13.30} \\
y &= C_c z \tag{13.31}
\end{aligned}$$

另一方面,按照定义 13.1,如果系统(13.27)是可反馈线性化的,则通过变量代换 $\zeta = S(x)$,将系统转换为 $\qquad\qquad \dot{\zeta} = A\zeta + B\bar{\gamma}(x)[u - \bar{\alpha}(x)]$

其中,(A,B) 是可控的,且在某一定义域内 $\bar{\gamma}(x) \neq 0$。对于任何可控矩阵对 (A,B),总可以找到一个非奇异矩阵 M,将 (A,B) 转换为可控标准形[①],即 $MAM^{-1} = A_c + B_c\lambda^T, MB = B_c$,这里 (A_c, B_c) 表示 n 个积分器链。变量代换

$$z = M\zeta = MS(x) \stackrel{\text{def}}{=} T(x)$$

将系统(13.27)转换为

$$\dot{z} = A_c z + B_c \gamma(x)[u - \alpha(x)]$$

其中,$\gamma(x) = \bar{\gamma}(x)$,$\alpha(x) = \bar{\alpha}(x) - \lambda^T M S(x)/\gamma(x)$。因为

$$\dot{z} = \frac{\partial T}{\partial x}\dot{x}$$

所以等式

$$A_c T(x) + B_c \gamma(x)[u - \alpha(x)] = \frac{\partial T}{\partial x}[f(x) + g(x)u]$$

在所讨论的定义域内对于所有 x 和 u 都成立。取 $u = 0$,则上式可分解为两个方程

$$\frac{\partial T}{\partial x}f(x) = A_c T(x) - B_c \alpha(x)\gamma(x) \tag{13.32}$$

$$\frac{\partial T}{\partial x}g(x) = B_c \gamma(x) \tag{13.33}$$

方程(13.32)等价于

$$\frac{\partial T_1}{\partial x}f(x) = T_2(x)$$

$$\frac{\partial T_2}{\partial x}f(x) = T_3(x)$$

$$\vdots$$

$$\frac{\partial T_{n-1}}{\partial x}f(x) = T_n(x)$$

$$\frac{\partial T_n}{\partial x}f(x) = -\alpha(x)\gamma(x)$$

方程(13.33)等价于

$$\frac{\partial T_1}{\partial x}g(x) = 0$$

$$\frac{\partial T_2}{\partial x}g(x) = 0$$

$$\vdots$$

$$\frac{\partial T_{n-1}}{\partial x}g(x) = 0$$

$$\frac{\partial T_n}{\partial x}g(x) = \gamma(x) \neq 0$$

令 $h(x) = T_1(x)$,可看出

$$T_{i+1}(x) = L_f T_i(x) = L_f^i h(x), \quad i = 1, 2, \cdots, n-1$$

$h(x)$ 满足偏微分方程

$$L_g L_f^{i-1} h(x) = 0, \quad i = 1, 2, \cdots, n-1 \tag{13.34}$$

其约束条件为

$$L_g L_f^{n-1} h(x) \neq 0 \tag{13.35}$$

---

① 例如,可参阅文献[158]。

α 和 γ 由下式给出:

$$\gamma(x) = L_g L_f^{n-1} h(x), \quad \alpha(x) = -\frac{L_f^n h(x)}{L_g L_f^{n-1} h(x)} \tag{13.36}$$

总之,当且仅当存在函数 $h(x)$,使系统(13.28)~(13.29)的相对阶为 n,或 h 满足约束条件为式(13.35)的偏微分方程(13.34),则系统(13.27)是可反馈线性化的。h 的存在性可由向量场 f 和 g 上的充分必要条件描述。这些条件用到了 Lie 括号和不变分布的概念,下面将进行介绍。

对于 $D \subset R^n$ 上的两个向量场 f 和 g,Lie 括号 $[f, g]$ 是第三个向量场,定义为

$$[f, g](x) = \frac{\partial g}{\partial x} f(x) - \frac{\partial f}{\partial x} g(x)$$

其中 $[\partial g / \partial x]$ 和 $[\partial f / \partial x]$ 是雅可比矩阵。g 对 f 的 Lie 括号可以重复,下面的表示法可简化该过程:

$$\begin{aligned}
ad_f^0 g(x) &= g(x) \\
ad_f g(x) &= [f, g](x) \\
ad_f^k g(x) &= [f, ad_f^{k-1} g](x), \quad k \geqslant 1
\end{aligned}$$

显然 $[f, g] = -[g, f]$,且对常数向量场 f 和 g,有 $[f, g] = 0$。

例 13.9　设

$$f(x) = \begin{bmatrix} x_2 \\ -\sin x_1 - x_2 \end{bmatrix}, \quad g = \begin{bmatrix} 0 \\ x_1 \end{bmatrix}$$

则

$$\begin{aligned}
[f, g](x) &= \begin{bmatrix} 0 & 0 \\ 1 & 0 \end{bmatrix} \begin{bmatrix} x_2 \\ -\sin x_1 - x_2 \end{bmatrix} - \begin{bmatrix} 0 & 1 \\ -\cos x_1 & -1 \end{bmatrix} \begin{bmatrix} 0 \\ x_1 \end{bmatrix} \\
&= \begin{bmatrix} -x_1 \\ x_1 + x_2 \end{bmatrix} \stackrel{\text{def}}{=} ad_f g
\end{aligned}$$

$$\begin{aligned}
ad_f^2 g &= [f, ad_f g] \\
&= \begin{bmatrix} -1 & 0 \\ 1 & 1 \end{bmatrix} \begin{bmatrix} x_2 \\ -\sin x_1 - x_2 \end{bmatrix} - \begin{bmatrix} 0 & 1 \\ -\cos x_1 & -1 \end{bmatrix} \begin{bmatrix} -x_1 \\ x_1 + x_2 \end{bmatrix} \\
&= \begin{bmatrix} -x_1 - 2x_2 \\ x_1 + x_2 - \sin x_1 - x_1 \cos x_1 \end{bmatrix}
\end{aligned}$$

$\triangle$

例 13.10　如果 $f(x) = Ax$,且 g 是常数向量场,则

$$ad_f g(x) = [f, g](x) = -Ag$$

$$ad_f^2 g = [f, ad_f g] = -A(-Ag) = A^2 g$$

和

$$ad_f^k g = (-1)^k A^k g$$

$\triangle$

对 $D \subset R^n$ 上的向量场 $f_1, f_2, \cdots, f_k$,设

$$\Delta(x) = \text{span}\{f_1(x), f_2(x), \cdots, f_k(x)\}$$

为 R^n 的子空间,R^n 由在任意固定的 $x \in D$ 的向量 $f_1(x), f_2(x), \cdots, f_k(x)$ 张成。对 $x \in D$,所有向量空间 $\Delta(x)$ 的集合称为一个分布,记为

$$\Delta = \text{span}\{f_1, f_2, \cdots, f_k\}$$

$\Delta(x)$ 的维数定义为 $\quad \dim(\Delta(x)) = \operatorname{rank}\,[f_1(x), f_2(x), \cdots, f_k(x)]$

它可能随 x 变化,但如果 $\Delta = \operatorname{span}\{f_1, \cdots, f_k\}$,其中 $\{f_1(x), \cdots, f_k(x)\}$ 对所有 $x \in D$ 是线性独立的,则对于所有 $x \in D, \dim(\Delta(x)) = k$。此时称 Δ 是 D 上的非奇异分布,由 $f_1, \cdots, f_k$ 生成。如果 $\quad g_1 \in \Delta, \quad g_2 \in \Delta \Rightarrow [g_1, g_2] \in \Delta$

则分布 Δ 是对合的。如果 Δ 是 D 上的非奇异分布,由 $f_1, \cdots, f_k$ 生成,则可以验证(见习题 13.9)当且仅当 $\quad [f_i, f_j] \in \Delta, \ \forall\, 1 \leqslant i, j \leqslant k$

时,Δ 是对合的。

例 13.11 设 $D = R^3, \Delta = \operatorname{span}\{f_1, f_2\}$,其中

$$f_1 = \begin{bmatrix} 2x_2 \\ 1 \\ 0 \end{bmatrix}, \quad f_2 = \begin{bmatrix} 1 \\ 0 \\ x_2 \end{bmatrix}$$

可以验证,对于所有 $x \in D, \dim(\Delta(x)) = 2$,并且当且仅当对于所有 $x \in D, \operatorname{rank}[f_1(x), f_2(x), [f_1, f_2](x)] = 2$ 时,

$$[f_1, f_2] = \frac{\partial f_2}{\partial x} f_1 - \frac{\partial f_1}{\partial x} f_2 = \begin{bmatrix} 0 \\ 0 \\ 1 \end{bmatrix}$$

$[f_1, f_2] \in \Delta$。但是

$$\operatorname{rank}\,[f_1(x), f_2(x), [f_1, f_2](x)] = \operatorname{rank} \begin{bmatrix} 2x_2 & 1 & 0 \\ 1 & 0 & 0 \\ 0 & x_2 & 1 \end{bmatrix} = 3, \ \forall\, x \in D$$

因此,Δ 不是对合的。 △

例 13.12 设 $D = \{x \in R^3 \mid x_1^2 + x_3^2 \neq 0\}, \Delta = \operatorname{span}\{f_1, f_2\}$,其中

$$f_1 = \begin{bmatrix} 2x_3 \\ -1 \\ 0 \end{bmatrix}, \quad f_2 = \begin{bmatrix} -x_1 \\ -2x_2 \\ x_3 \end{bmatrix}$$

可以验证对于所有 $x \in D, \dim(\Delta(x)) = 2$,且有

$$[f_1, f_2] = \frac{\partial f_2}{\partial x} f_1 - \frac{\partial f_1}{\partial x} f_2 = \begin{bmatrix} -4x_3 \\ 2 \\ 0 \end{bmatrix}$$

和 $\quad \operatorname{rank}\,[f_1(x), f_2(x), [f_1, f_2](x)] = \operatorname{rank} \begin{bmatrix} 2x_3 & -x_1 & -4x_3 \\ -1 & -2x_2 & 2 \\ 0 & x_3 & 0 \end{bmatrix} = 2, \ \forall\, x \in D$

因此,$[f_1, f_2] \in \Delta$。由于 $[f_2, f_1] = -[f_1, f_2]$,故可以推出 Δ 是对合的。 △

现在我们讨论这类可反馈线性化的系统。

定理 13.2 对于系统(13.27),当且仅当存在定义域 $D_0 \subset D$,使得

1. 对于所有 $x \in D_0$,矩阵 $\mathcal{G}(x) = [g(x), ad_f g(x), \cdots, ad_f^{n-1} g(x)]$ 的秩为 n,
2. 分布 $\mathcal{D} = \operatorname{span}\{g, ad_f g, \cdots, ad_f^{n-2} g\}$ 在 D_0 上是对合的,

则该系统是可反馈线性化的。 ◇

证明: 见附录 C. 22。　　　　　　　　　　　　　　　　　　　　　　□

下面三个例子将说明定理 13.2 的应用和偏微分方程(13.34)的解。各例均假设当 $u=0$ 时,系统(13.27)有一个平衡点 x^*。选择 $h(x)$,使 $h(x^*)=0$,因而变量代换 $z=T(x)$ 将平衡点 $x=x^*$ 映射到原点 $z=0$。

例 13.13　重新考虑 13.1 节中的系统

$$\dot{x} = \begin{bmatrix} a\sin x_2 \\ -x_1^2 \end{bmatrix} + \begin{bmatrix} 0 \\ 1 \end{bmatrix} u \overset{\text{def}}{=} f(x) + gu$$

有

$$ad_f g = [f,g] = -\frac{\partial f}{\partial x}g = \begin{bmatrix} -a\cos x_2 \\ 0 \end{bmatrix}$$

对于所有 x,矩阵

$$\mathcal{G} = [g, ad_f g] = \begin{bmatrix} 0 & -a\cos x_2 \\ 1 & 0 \end{bmatrix}$$

的秩为 2,因此 $\cos x_2 \neq 0$。分布 $\mathcal{D} = \text{span}\{g\}$ 是对合的。因此,定理 13.2 的条件在区段(region)$D_0 = \{x \in R^2 \mid \cos x_2 \neq 0\}$ 上成立。为了找到使系统转换为方程(13.6)的变量代换,需要求 $h(x)$,使之满足

$$\frac{\partial h}{\partial x}g = 0; \quad \frac{\partial(L_f h)}{\partial x}g \neq 0, \quad h(0) = 0$$

根据条件 $[\partial h/\partial x]g = 0$,有

$$\frac{\partial h}{\partial x}g = \frac{\partial h}{\partial x_2} = 0$$

这样 h 一定与 x_2 无关,因此

$$L_f h(x) = \frac{\partial h}{\partial x_1}a\sin x_2$$

选择任意满足 $(\partial h/\partial x_1) \neq 0$ 的 h,条件

$$\frac{\partial(L_f h)}{\partial x}g = \frac{\partial(L_f h)}{\partial x_2} = \frac{\partial h}{\partial x_1}a\cos x_2 \neq 0$$

在定义域 D_0 上都成立。取 $h(x) = x_1$ 即可得到前面用到的变换。也可以选择其他 h,例如取 $h(x) = x_1 + x_1^3$,则给出另一个变量代换,也能使系统转换为方程(13.6)的形式。　△

例 13.14　一个带有柔性接头的单连杆操纵器,阻尼忽略不计,可用形如

$$\dot{x} = f(x) + gu$$

的四阶模型表示(见习题 1.5),其中

$$f(x) = \begin{bmatrix} x_2 \\ -a\sin x_1 - b(x_1 - x_3) \\ x_4 \\ c(x_1 - x_3) \end{bmatrix}, \quad g = \begin{bmatrix} 0 \\ 0 \\ 0 \\ d \end{bmatrix}$$

a, b, c 和 d 是正常数。该无激励系统平衡点为 $x=0$,故有

$$ad_f g = [f,g] = -\frac{\partial f}{\partial x}g = \begin{bmatrix} 0 \\ 0 \\ -d \\ 0 \end{bmatrix}$$

$$ad_f^2 g = [f, ad_f g] = -\frac{\partial f}{\partial x}ad_f g = \begin{bmatrix} 0 \\ bd \\ 0 \\ -cd \end{bmatrix}$$

$$ad_f^3 g = [f, ad_f^2 g] = -\frac{\partial f}{\partial x} ad_f^2 g = \begin{bmatrix} -bd \\ 0 \\ cd \\ 0 \end{bmatrix}$$

对于所有 $x \in R^4$,矩阵

$$\mathcal{G} = [g, ad_f g, ad_f^2 g, ad_f^3 g] = \begin{bmatrix} 0 & 0 & 0 & -bd \\ 0 & 0 & bd & 0 \\ 0 & -d & 0 & cd \\ d & 0 & -cd & 0 \end{bmatrix}$$

是满秩矩阵。分布 $\Delta = \mathrm{span}(g, ad_f g, ad_f^2 g)$ 是对合的,因为 $g, ad_f g$ 和 $ad_f^2 g$ 都是常数向量场,这样定理 13.2 的条件对于所有 $x \in R^4$ 都成立。为了找到变量代换将状态方程转换为式(13.6)的形式,需要找到 $h(x)$,使之满足

$$\frac{\partial (L_f^{i-1} h)}{\partial x} g = 0, \quad i = 1, 2, 3, \quad \frac{\partial (L_f^3 h)}{\partial x} g \neq 0, \quad h(0) = 0$$

根据条件 $[\partial h / \partial x] g = 0$,有 $(\partial h / \partial x_4) = 0$,所以必须选择 h 与 x_4 无关,因此

$$L_f h(x) = \frac{\partial h}{\partial x_1} x_2 + \frac{\partial h}{\partial x_2} [-a \sin x_1 - b(x_1 - x_3)] + \frac{\partial h}{\partial x_3} x_4$$

又根据条件 $[\partial (L_f h) / \partial x] g = 0$,有

$$\frac{\partial (L_f h)}{\partial x_4} = 0 \Rightarrow \frac{\partial h}{\partial x_3} = 0$$

所以必须选择 h 与 x_3 无关。因此,$L_f h$ 简化成

$$L_f h(x) = \frac{\partial h}{\partial x_1} x_2 + \frac{\partial h}{\partial x_2} [-a \sin x_1 - b(x_1 - x_3)]$$

和

$$L_f^2 h(x) = \frac{\partial (L_f h)}{\partial x_1} x_2 + \frac{\partial (L_f h)}{\partial x_2} [-a \sin x_1 - b(x_1 - x_3)] + \frac{\partial (L_f h)}{\partial x_3} x_4$$

最后,有

$$\frac{\partial (L_f^2 h)}{\partial x_4} = 0 \Rightarrow \frac{\partial (L_f h)}{\partial x_3} = 0 \Rightarrow \frac{\partial h}{\partial x_2} = 0$$

由上式可知 h 还应与 x_2 无关,因此

$$L_f^3 h(x) = \frac{\partial (L_f^2 h)}{\partial x_1} x_2 + \frac{\partial (L_f^2 h)}{\partial x_2} [-a \sin x_1 - b(x_1 - x_3)] + \frac{\partial (L_f^2 h)}{\partial x_3} x_4$$

并且只要 $(\partial h / \partial x_1) \neq 0$,条件 $[\partial (L_f^3 h) / \partial x] g \neq 0$ 即成立。因而取 $h(x) = x_1$,进行变量代换

$$
\begin{aligned}
z_1 &= h(x) &&= x_1 \\
z_2 &= L_f h(x) &&= x_2 \\
z_3 &= L_f^2 h(x) &&= -a \sin x_1 - b(x_1 - x_3) \\
z_4 &= L_f^3 h(x) &&= -a x_2 \cos x_1 - b(x_2 - x_4)
\end{aligned}
$$

将状态方程转换为

$$
\begin{aligned}
\dot{z}_1 &= z_2 \\
\dot{z}_2 &= z_3 \\
\dot{z}_3 &= z_4 \\
\dot{z}_4 &= -(a\cos z_1 + b + c)z_3 + a(z_2^2 - c)\sin z_1 + bdu
\end{aligned}
$$

上式即具有方程 (13.6) 的形式。与例 13.13 不同的是,本例在 z 坐标系下的状态方程全局有效,因为 $z = T(x)$ 是全局微分同胚映射。　　　　　　　　　　　　△

例 13.15　在例 13.3 和例 13.7 中,讨论了一个由三阶模型

$$
\dot{x} = f(x) + gu
$$

表示的场控直流电机,其中

$$
f(x) = \begin{bmatrix} -ax_1 \\ -bx_2 + k - cx_1x_3 \\ \theta x_1 x_2 \end{bmatrix}, \quad g = \begin{bmatrix} 1 \\ 0 \\ 0 \end{bmatrix}
$$

a, b, c, θ 和 k 是正常数。已知以 $y = x_3$ 作为输出时,系统的相对阶为 2,因此是部分可反馈线性化的。下面研究状态方程能否完全线性化。我们有

$$
ad_f g = [f, g] = \begin{bmatrix} a \\ cx_3 \\ -\theta x_2 \end{bmatrix}; \quad ad_f^2 g = [f, ad_f g] = \begin{bmatrix} a^2 \\ (a+b)cx_3 \\ (b-a)\theta x_2 - \theta k \end{bmatrix}
$$

矩阵
$$
\mathcal{G} = [g, ad_f g, ad_f^2 g] = \begin{bmatrix} 1 & a & a^2 \\ 0 & cx_3 & (a+b)cx_3 \\ 0 & -\theta x_2 & (b-a)\theta x_2 - \theta k \end{bmatrix}
$$

的行列式为
$$
\det \mathcal{G} = c\theta(-k + 2bx_2)x_3
$$

因此,当 $x_2 \neq k/2b$, $x_3 \neq 0$ 时,$\mathcal{G}$ 的秩为 3。如果 $[g, ad_f g] \in D$,则分布 $D = \mathrm{span}\{g, ad_f g\}$ 是对合的。有

$$
[g, ad_f g] = \frac{\partial(ad_f g)}{\partial x}g = \begin{bmatrix} 0 & 0 & 0 \\ 0 & 0 & c \\ 0 & -\theta & 0 \end{bmatrix}\begin{bmatrix} 1 \\ 0 \\ 0 \end{bmatrix} = \begin{bmatrix} 0 \\ 0 \\ 0 \end{bmatrix}
$$

因此,D 是对合的,定理 13.2 的条件在定义域

$$
D_0 = \{x \in R^3 \mid x_2 > \frac{k}{2b}, \quad x_3 > 0\}
$$

内成立。继续求满足方程 (13.34) 和方程 (13.35) 的函数 h。无激励系统在 $x_1 = 0$ 和 $x_2 = k/b$ 有一个平衡点集合。取理想工作点为 $x^* = [0, k/b, \omega_0]^T$,这里 ω_0 是角速度 x_3 的理想设定点。我们希望找到满足

$$
\frac{\partial h}{\partial x}g = 0; \quad \frac{\partial(L_f h)}{\partial x}g = 0; \quad \frac{\partial(L_f^2 h)}{\partial x}g \neq 0
$$

的 $h(x)$,且 $h(x^*) = 0$。根据条件

$$
\frac{\partial h}{\partial x}g = \frac{\partial h}{\partial x_1} = 0
$$

可知 h 一定与 x_1 无关,因此

$$L_f h(x) = \frac{\partial h}{\partial x_2}[-bx_2 + k - cx_1x_3] + \frac{\partial h}{\partial x_3}\theta x_1 x_2$$

又根据 $[\partial(L_f h)/\partial x]g = 0$ 推出,如果

$$h = c_1[\theta x_2^2 + cx_3^2] + c_2$$

c_1 和 c_2 为常数,则

$$cx_3 \frac{\partial h}{\partial x_2} = \theta x_2 \frac{\partial h}{\partial x_3}$$

成立。选择 $c_1 = 1$,并为满足条件 $h(x^*) = 0$,取

$$c_2 = -\theta(x_2^*)^2 - c(x_3^*)^2 = -\theta(k/b)^2 - c\omega_0^2$$

如此选择 h,则 $L_f h$ 和 $L_f^2 h$ 为

$$L_f h(x) = 2\theta x_2(k - bx_2), \quad L_f^2 h(x) = 2\theta(k - 2bx_2)(-bx_2 + k - cx_1x_3)$$

因此

$$\frac{\partial(L_f^2 h)}{\partial x}g = \frac{\partial(L_f^2 h)}{\partial x_1} = -2c\theta(k - 2bx_2)x_3$$

而且只要 $x_2 \neq k/2b, x_3 \neq 0$,条件 $[\partial(L_f^2 h)/\partial x]g \neq 0$ 就成立。假设 $x_3^* > 0$,容易验证(见习题 13.15)映射 $z = T(x)$ 是 D_0 上的微分同胚映射,且状态方程在 z 坐标系中有明确定义,定义域为

$$D_z = T(D_0) = \left\{ z \in R^3 \mid z_1 > \theta\phi^2(z_2) - \theta(k/b)^2 - c\omega_0^2, \quad z_2 < \frac{\theta k^2}{2b} \right\}$$

这里 $\phi(\cdot)$ 是映射 $2\theta x_2(k - bx_2)$ 的逆映射,当 $x_2 > k/2b$ 时有定义。定义域 D_z 包含原点 $z = 0$。   △

13.4 状态反馈控制

13.4.1 稳定性

考虑一个部分可反馈线性化系统

$$\dot{\eta} = f_0(\eta, \xi) \tag{13.37}$$

$$\dot{\xi} = A\xi + B\gamma(x)[u - \alpha(x)] \tag{13.38}$$

其中

$$z = \begin{bmatrix} \eta \\ \xi \end{bmatrix} = T(x) = \begin{bmatrix} T_1(x) \\ T_2(x) \end{bmatrix}$$

$T(x)$ 是定义域 $D \subset R^n$ 上的微分同胚映射,$D_z = T(D)$ 包含原点,(A, B) 是可控的,$\gamma(x)$ 对于所有 $x \in D$ 是非奇异的,$f_0(0, 0) = 0$,且 $f_0(\eta, \xi)$,$\alpha(x)$ 和 $\gamma(x)$ 连续可微。我们的目标是设计一个状态反馈控制律,以稳定原点 $z = 0$。方程(13.37)~(13.38)是由可输入-输出线性化系统的标准形(13.16)~(13.18)推出的。由于输出 y 在状态反馈稳定问题中不起作用,因此去掉了方程(13.18)。去掉方程(13.37)后,系统(13.37)~(13.38)仍包括反馈线性化系统。我们不只局限于讨论单输入系统或(A, B)为可控标准形的情况,而是继续讨论一般系统(13.37)~(13.38),且其结论将用于标准形(13.16)~(13.18)或可反馈线性化系统的特例。

一个状态反馈控制为 $u = \alpha(x) + \beta(x)v$

其中 $\beta(x) = \gamma^{-1}(x)$,系统(13.37)~(13.38)简化为"三角"系统

$$\dot{\eta} = f_0(\eta, \xi) \qquad (13.39)$$

$$\dot{\xi} = A\xi + Bv \qquad (13.40)$$

通过 $v = -K\xi$ 很容易使方程(13.40)稳定,其中 K 设计为使 $(A-BK)$ 是赫尔维茨矩阵,则整个闭环系统

$$\dot{\eta} = f_0(\eta, \xi) \qquad (13.41)$$

$$\dot{\xi} = (A-BK)\xi \qquad (13.42)$$

的原点的渐近稳定性可由系统 $\dot{\eta} = f_0(\eta, 0)$ 的原点的渐近稳定性得出,下一引理将说明这一点。

引理 13.1 如果 $\dot{\eta} = f_0(\eta, 0)$ 的原点是渐近稳定的,则系统(13.41)~(13.42)的原点也是渐近稳定的。 ◇

证明: 由(逆李雅普诺夫)定理 4.16 可知,存在一个连续可微的李雅普诺夫函数 $V_1(\eta)$,在 $\eta = 0$ 的某邻域内满足

$$\frac{\partial V_1}{\partial \eta} f_0(\eta, 0) \leqslant -\alpha_3(\|\eta\|)$$

其中 α_3 是 $\mathcal{K}$ 类函数。设 $P = P^{\mathrm{T}} > 0$ 是李雅普诺夫方程 $P(A-BK) + (A-BK)^{\mathrm{T}}P = -I$ 的解,且用 $V(\eta, \xi) = V_1(\eta) + k\sqrt{\xi^{\mathrm{T}}P\xi}$, $k > 0$,作为系统(13.41)~(13.42)的备选李雅普诺夫函数[①]。$\dot{V}$ 的导数为

$$\begin{aligned} \dot{V} &= \frac{\partial V_1}{\partial \eta} f_0(\eta, \xi) + \frac{k}{2\sqrt{\xi^{\mathrm{T}}P\xi}} \xi^{\mathrm{T}}[P(A-BK) + (A-BK)^{\mathrm{T}}P]\xi \\ &= \frac{\partial V_1}{\partial \eta} f_0(\eta, 0) + \frac{\partial V_1}{\partial \eta}[f_0(\eta, \xi) - f_0(\eta, 0)] - \frac{k\xi^{\mathrm{T}}\xi}{2\sqrt{\xi^{\mathrm{T}}P\xi}} \end{aligned}$$

在原点的任何有界邻域内,利用 V_1 和 f_0 的连续可微性可得

$$\dot{V} \leqslant -\alpha_3(\|\eta\|) + k_1\|\xi\| - kk_2\|\xi\|$$

其中 k_1 和 k_2 为正常数。选择 $k > k_1/k_2$ 即保证 $\dot{V}$ 是负定的,因而原点是渐近稳定的。 □

上述讨论说明可输入-输出线性化的最小相位系统可由状态反馈控制

$$u = \alpha(x) - \beta(x)KT_2(x) \qquad (13.43)$$

稳定。控制方程(13.43)与 $T_1(x)$ 无关,因此,也与满足偏微分方程(13.15)的函数 ϕ 无关。

引理 13.1 的证明对有界集合有效,因此不能将其扩展用以证明全局渐近稳定性,但当把 ξ 作为输入时,通过要求系统 $\dot{\eta} = f_0(\eta, \xi)$ 是输入-状态稳定的,就证明全局渐近稳定性。

引理 13.2 如果系统 $\dot{\eta} = f_0(\eta, \xi)$ 是输入-状态稳定的,则系统(13.41)~(13.42)的原点是全局渐近稳定的。 ◇

证明: 应用引理 4.7。 □

系统 $\dot{\eta} = f_0(\eta, \xi)$ 的输入-状态稳定性,不能由 $\dot{\eta} = f_0(\eta, 0)$ 的原点的全局渐近稳定性,甚至指数稳定性推出,如在 4.9 节中所见。因此,已知一个可输入-输出线性化的系统是全局最

[①] 函数 $V(\eta, \xi)$ 除了在流形 $\xi = 0$ 上,在原点附近处处连续可微。在原点附近 $V(\eta, \xi)$ 和 $\dot{V}(\eta, \xi)$ 都有定义且连续。容易看出,定理 4.1 仍然有效。

小相位系统,并不能保证控制方程(13.43)能使系统全局稳定。只有 $\dot{\eta}=f_0(\eta,0)$ 的原点全局指数稳定,且 $f_0(\eta,\xi)$ 对 (η,ξ) 全局利普希茨时,系统才是全局稳定的,因为在这种情况下引理4.6可保证系统 $\dot{\eta}=f_0(\eta,\xi)$ 是输入-状态稳定的,否则必须通过进一步分析确定输入-状态稳定性。全局利普希茨条件有时也称线性增长条件(linear growth conditions)。下面的两个例子将说明在确定输入-状态稳定时,若没有线性增长条件可能产生的一些困难。

例 13.16 考虑二阶系统
$$\begin{aligned} \dot{\eta} &= -\eta+\eta^2\xi \\ \dot{\xi} &= v \end{aligned}$$

当 $\dot{\eta}=-\eta$ 的原点全局指数稳定时,系统 $\dot{\eta}=-\eta+\eta^2\xi$ 不是输入-状态稳定的。注意,$\xi(t)\equiv 1$ 和 $\eta(0)\geq 2$ 是指 $\eta(t)\geq 2$,就不难看出上面的结论。因此,η 变为无界的。另一方面,由引理13.1可知,线性控制器 $v=-k\xi,k>0$,使全系统的原点稳定。实际上,原点还是指数稳定的,但是该线性控制不能使原点全局渐近稳定。取 $\nu=\eta\xi$ 并注意到

$$\dot{\nu}=\eta\dot{\xi}+\dot{\eta}\xi=-k\eta\xi-\eta\xi+\eta^2\xi^2=-(1+k)\nu+\nu^2$$

可看出集合 $\{\eta\xi<1+k\}$ 是正不变集,在边界 $\eta\xi=1+k$ 上的轨线由 $\eta(t)=e^{kt}\eta(0)$ 和 $\xi(t)=e^{-kt}\xi(0)$ 给出,因此 $\eta(t)\xi(t)\equiv 1+k$。在集合 $\{\eta\xi<1+k\}$ 内 $\nu(t)$ 是严格递减的,且经过有限时间 T,对于所有 $t\geq T$,有 $\nu(t)\leq 1/2$,则对于所有 $t\geq T$,有 $\dot{\eta}\eta\leq-(1/2)\eta^2$,这说明当 t 趋于无穷时,轨线趋于原点。因此,集合 $\{\eta\xi<1+k\}$ 是精确的吸引区。该结论不仅说明原点不是全局渐近稳定的,同时还说明吸引区会随 k 的增加而扩张。实际上,选择足够大的 k,可能包含吸引区内的任何紧集。因此线性反馈控制 $v=-k\xi$ 可以实现半全局稳定。   △

如果 $\dot{\eta}=f_0(\eta,0)$ 的原点是全局渐近稳定的,那么读者可能会想到,设计一个线性反馈控制器 $v=-k\xi$,将 $A-BK$ 的特征值分配到复平面左边尽可能远的地方,使得 $\xi=(A-BK)\xi$ 的解尽快衰减到零,这样就可以使三角系统(13.39)~(13.40)实现全局稳定,或至少半全局稳定。进而 $\dot{\eta}=f_0(\eta,\xi)$ 的解会快速逼近 $\dot{\eta}=f_0(\eta,0)$ 的解,该解具有良好特性,因为其原点是全局渐近稳定的。这种方法在例13.15中实现了系统的半全局稳定,但例13.17说明这种方法并不奏效[①]。

例 13.17 考虑三阶系统
$$\begin{aligned} \dot{\eta} &= -\tfrac{1}{2}(1+\xi_2)\eta^3 \\ \dot{\xi}_1 &= \xi_2 \\ \dot{\xi}_2 &= v \end{aligned}$$

线性反馈控制
$$v=-k^2\xi_1-2k\xi_2\overset{\text{def}}{=\!=}-K\xi$$

将
$$A-BK=\begin{bmatrix} 0 & 1 \\ -k^2 & -2k \end{bmatrix}$$

的特征值指定为 $-k$ 和 $-k$。指数矩阵

$$e^{(A-BK)t}=\begin{bmatrix} (1+kt)e^{-kt} & te^{-kt} \\ -k^2te^{-kt} & (1-kt)e^{-kt} \end{bmatrix}$$

---

① 此方法有效的特例参见习题13.20。

表明当 k 趋于无穷时,解 $\xi(t)$ 快速衰减到零。但要注意,指数矩阵中元素 $(2,1)$ 的系数是 k 的二次函数。可以证明该元素的绝对值在 $t = 1/k$ 达到最大值 k/e,这一项可以通过选择较大的 k 值而快速衰减到零,其瞬态特性呈现出 k 阶峰值,这种现象称为峰化现象[①]。峰值和非线性增长的相互作用会使系统不稳定。具体而言,对于初始状态 $\eta(0) = \eta_0$, $\xi_1(0) = 1$ 和 $\xi_2(0) = 0$,有 $\xi_2(t) = -k^2 t e^{-kt}$ 和

$$\dot{\eta} = -\frac{1}{2}\left(1 - k^2 t e^{-kt}\right)\eta^3$$

在峰值期间, η^3 的系数为正,引起 $|\eta(t)|$ 增加,最终 η^3 的系数变为负,但这不会立即发生,因为系统可能具有有限的逃逸时间。实际上解

$$\eta^2(t) = \frac{\eta_0^2}{1 + \eta_0^2[t + (1+kt)e^{-kt} - 1]}$$

表明,如果 $\eta_0^2 > 1$,则当 k 取足够大时,系统具有有限的逃逸时间。　　　　　　△

14.3 节和 14.4 节将讨论三角系统 $(13.39) \sim (13.40)$,说明如何把 v 设计为 ξ 和 η 的非线性函数,以实现系统的全局稳定。运用 14.3 节的反步法和 14.4 节的基于无源的控制,即可实现这一点。此外还要讨论 $\dot{\eta} = f_0(\eta, \xi)$ 不是输入-状态稳定的情况。

虽然反馈线性化为稳定一类非线性系统提供了简单和系统的方法,但仍需考虑该方法的鲁棒性和有效性。本节其余部分将进一步说明这两点。

反馈线性化是基于将非线性项 α 和 γ 通过解析式的对消而达到抑制的目的,在数学上精确消去非线性项 α 和 γ,这就要求确切地知道 $\alpha, \beta = \gamma^{-1}$ 和 T_2。做到这一点几乎是不可能的,问题在于几个实际的理由,如模型简化、参数不确定和计算误差等因素。大多数情况下,控制器要采用函数 $\hat{\alpha}, \hat{\beta}_2, \hat{T}_2$,即 α, β 和 T_2 的逼近,也就是说,实际控制器要实现反馈控制律

$$u = \hat{\alpha}(x) - \hat{\beta}(x) K \hat{T}_2(x)$$

在该反馈控制律下,闭环系统为

$$\begin{aligned}
\dot{\eta} &= f_0(\eta, \xi) \\
\dot{\xi} &= A\xi + B\gamma(x)[\hat{\alpha}(x) - \hat{\beta}(x) K \hat{T}_2(x) - \alpha(x)]
\end{aligned}$$

在第二个方程的右边同时加、减 $BK\xi$,将闭环系统重写为

$$\begin{aligned}
\dot{\eta} &= f_0(\eta, \xi) & (13.44) \\
\dot{\xi} &= (A - BK)\xi + B\delta(z) & (13.45)
\end{aligned}$$

其中　$\delta(z) = \gamma(x)\{\hat{\alpha}(x) - \alpha(x) + [\beta(x) - \hat{\beta}(x)]K T_2(x) + \hat{\beta}(x)K[T_2(x) - \hat{T}_2(x)]\}\big|_{x = T^{-1}(z)}$

这样,闭环系统表现为标称系统

$$\begin{aligned}
\dot{\eta} &= f_0(\eta, \xi) \\
\dot{\xi} &= (A - BK)\xi
\end{aligned}$$

的扰动。考虑到第 9 章的扰动结论,我们不希望因一个小的误差 $\delta(z)$ 引起严重的后果。下面两个引理证实了这一点。首先考虑一个可反馈线性化系统,其闭环方程简化为

$$\dot{z} = (A - BK)z + B\delta(z) \tag{13.46}$$

[①]　有关峰值现象的更多内容,参见文献 [188]。高增益观测器峰化现象的说明参见 14.5 节。

引理 13.3 考虑闭环系统(13.46),其中 $A-BK$ 是赫尔维茨矩阵。设 $P=P^{\mathrm{T}}>0$ 是李雅普诺夫方程

$$P(A-BK)+(A-BK)^{\mathrm{T}}P=-I$$

的解,k 是小于 $1/(2\|PB\|_2)$ 的非负常数。

- 如果对于所有 z,有 $\|\delta(z)\|\leqslant k\|z\|$,则方程(13.46)的原点是全局渐近稳定的。
- 如果对于所有 z,有 $\|\delta(z)\|\leqslant k\|z\|+\varepsilon$,则状态 z 是全局毕竟有界的,其界为 εc,$c>0$。

证明: 设 $V(z)=z^{\mathrm{T}}Pz$,则

$$\begin{aligned}
\dot{V} &= z^{\mathrm{T}}[P(A-BK)+(A-BK)^{\mathrm{T}}P]z+2z^{\mathrm{T}}PB\delta(z)\\
&\leqslant -\|z\|_2^2+2\|PB\|_2\|z\|_2\|\delta(z)\|_2
\end{aligned}$$

如果 $\|\delta(z)\|_2\leqslant k\|z\|_2+\varepsilon$,则有

$$\begin{aligned}
\dot{V} &\leqslant -\|z\|_2^2+2k\|PB\|_2\|z\|_2^2+2\varepsilon\|PB\|_2\|z\|_2\\
&= -(1-\theta_1)\|z\|_2^2-\theta_1\|z\|_2^2+2k\|PB\|_2\|z\|_2^2+2\varepsilon\|PB\|_2\|z\|_2
\end{aligned}$$

其中,选择 $\theta_1\in(0,1)$ 足够接近 1,使得 $k<\theta_1/(2\|PB\|_2)$。因此

$$\dot{V}\leqslant-(1-\theta_1)\|z\|_2^2+2\varepsilon\|PB\|_2\|z\|_2$$

如果 $\|\delta(z)\|_2\leqslant k\|z\|_2$,则在上面的不等式中令 $\varepsilon=0$,可知原点是全局指数稳定的。如果 $\varepsilon>0$,则有

$$\dot{V}\leqslant-(1-\theta_1)(1-\theta_2)\|z\|_2^2,\quad\forall\|z\|_2\geqslant\frac{2\varepsilon\|PB\|_2}{(1-\theta_1)\theta_2}\stackrel{\text{def}}{=}\varepsilon c_0$$

其中 $\theta_2\in(0,1)$。由定理 4.18 可证明 $z(t)$ 是全局毕竟有界的,其界为 $\varepsilon c_0\sqrt{\lambda_{\max}(P)/\lambda_{\min}(P)}$。　□

从证明中明显看出,若 $\delta(z)$ 的边界条件仅在原点的一个邻域内成立,则可以证明该引理局部成立。

例 13.18 考虑单摆方程

$$\begin{aligned}
\dot{x}_1 &= x_2\\
\dot{x}_2 &= -a\sin(x_1+\delta_1)-bx_2+cu
\end{aligned}$$

其中,$x_1=\theta-\delta_1$,$x_2=\dot{\theta}$,$u=T$ 是力矩输入。设计目标是将单摆稳定在 $\theta=\delta_1$ 处。可线性化稳定反馈控制取为

$$u=\left(\frac{a}{c}\right)\sin(x_1+\delta_1)-\left(\frac{1}{c}\right)(k_1x_1+k_2x_2)$$

其中选择 k_1 和 k_2,使

$$A-BK=\begin{bmatrix}0 & 1\\ -k_1 & -(k_2+b)\end{bmatrix}$$

为赫尔维茨矩阵。假设由于参数 a 和 c 的不确定性,实际控制为

$$u=\left(\frac{\hat{a}}{\hat{c}}\right)\sin(x_1+\delta_1)-\left(\frac{1}{\hat{c}}\right)(k_1x_1+k_2x_2)$$

其中 $\hat{a},\hat{c}$ 是 a 和 c 的估计值。闭环系统为

$$\begin{aligned}
\dot{x}_1 &= x_2\\
\dot{x}_2 &= -k_1x_1-(k_2+b)x_2+\delta(x)
\end{aligned}$$

其中

$$\delta(x)=\left(\frac{\hat{a}c-a\hat{c}}{\hat{c}}\right)\sin(x_1+\delta_1)-\left(\frac{c-\hat{c}}{\hat{c}}\right)(k_1x_1+k_2x_2)$$

误差项 $\delta(x)$ 全局满足边界条件 $|\delta(x)| \leqslant k \|x\|_2 + \varepsilon$,其中

$$k = \left| \frac{\hat{a}c - a\hat{c}}{\hat{c}} \right| + \left| \frac{c - \hat{c}}{\hat{c}} \right| \sqrt{k_1^2 + k_2^2}, \quad \varepsilon = \left| \frac{\hat{a}c - a\hat{c}}{\hat{c}} \right| |\sin \delta_1|$$

常数 k 和 ε 是估计参数 a 和 c 时误差大小的测度。设

$$P = \begin{bmatrix} p_{11} & p_{12} \\ p_{12} & p_{22} \end{bmatrix}$$

是李雅普诺夫方程 $P(A - BK) + (A - BK)^\mathrm{T} P = -I$ 的解。如果

$$k < \frac{1}{2\sqrt{p_{12}^2 + p_{22}^2}}$$

则系统的解全局毕竟有界,其界与 ε 成比例。如果 $\sin \delta_1 = 0$,则上面 k 的边界能够保证原点的全局指数稳定性。 △

下面讨论一般的闭环系统(13.44) ~ (13.45)。

引理 13.4 考虑闭环系统(13.44) ~ (13.45),其中 $A - BK$ 是赫尔维茨矩阵

- 如果对于所有 z,有 $\|\delta(z)\| \leqslant \varepsilon$,且 $\dot{\eta} = f_0(\eta, \xi)$ 是输入-状态稳定的,则状态 z 全局最终有界,其界为 ε 的 $\mathcal{K}$ 类函数。
- 如果在 $z = 0$ 的某邻域内,对于足够小的 k,有 $\|\delta(z)\| \leqslant k\|z\|$,且 $\dot{\eta} = f_0(\eta, 0)$ 的原点是指数稳定的,则 $z = 0$ 是系统(13.44) ~ (13.45)的指数稳定平衡点。 ◇

证明: 设 $V(\xi) = \xi^\mathrm{T} P \xi$,其中 $P = P^\mathrm{T} > 0$ 是李雅普诺夫方程 $P(A - BK) + (A - BK)^\mathrm{T} P = -I$ 的解,则有

$$\begin{aligned} \dot{V} &= \xi^\mathrm{T} [P(A - BK) + (A - BK)^\mathrm{T} P] \xi + 2\xi^\mathrm{T} PB\delta(z) \\ &\leqslant -\|\xi\|_2^2 + 2\|PB\|_2 \|\xi\|_2 \|\delta(z)\|_2 \end{aligned}$$

如果 $\|\delta(z)\|_2 \leqslant \varepsilon$,则有

$$\dot{V} \leqslant -\|\xi\|_2^2 + 2\varepsilon\|PB\|_2 \|\xi\|_2 \leqslant -\frac{1}{2}\|\xi\|_2^2, \quad \forall \|\xi\|_2 \geqslant 4\varepsilon\|PB\|_2$$

因此运用定理 4.18 可证明存在有限时间 t_0 和一个正常数 c,使得

$$\|\xi(t)\|_2 \leqslant c\varepsilon, \quad \forall t \geqslant t_0$$

由 $\dot{\eta} = f_0(\eta, \xi)$ 的输入-状态稳定性,有

$$\|\eta(t)\|_2 \leqslant \beta_0(\|\eta(t_0)\|_2, t - t_0) + \gamma_0(\sup_{t \geqslant t_0} \|\xi(t)\|_2) \leqslant \beta_0(\|\eta(t_0)\|_2, t - t_0) + \gamma_0(c\varepsilon)$$

其中 β_0 和 γ_0 分别是 $\mathcal{KL}$ 类函数和 $\mathcal{K}$ 类函数。经过一段有限时间后,$\beta_0(\|\eta(t_0)\|_2, t - t_0)$ 满足 $\beta_0 \leqslant \varepsilon$。因此 $\|z(t)\|_2$ 是毕竟有界的,其界为 $c\varepsilon + \varepsilon + \gamma_0(c\varepsilon)$,为 ε 的 $\mathcal{K}$ 类函数。为了证明引理的第二种情况,回顾定理 4.14,在 $\eta = 0$ 的某个邻域内,存在李雅普诺夫函数 $V_1(\eta)$,使得

$$c_1\|\eta\|_2^2 \leqslant V_1(\eta) \leqslant c_2\|\eta\|_2^2, \quad \frac{\partial V_1}{\partial \eta} f_0(\eta, 0) \leqslant -c_3\|\eta\|_2^2, \quad \left\| \frac{\partial V_1}{\partial \eta} \right\|_2 \leqslant c_4\|\eta\|_2$$

以 $V(z) = bV_1(\eta) + \xi^\mathrm{T} P \xi, b > 0$,作为系统(13.44) ~ (13.45)的备选李雅普诺夫函数,可得

$$
\begin{aligned}
\dot{V} &= b\frac{\partial V_1}{\partial \eta}f_0(\eta,0) + b\frac{\partial V_1}{\partial \eta}[f_0(\eta,\xi) - f_0(\eta,0)] \\
&\quad + \xi^{\mathrm{T}}[P(A-BK) + (A-BK)^{\mathrm{T}}P]\xi + 2\xi^{\mathrm{T}}PB\delta(z) \\
&\leqslant -bc_3\|\eta\|_2^2 + bc_4L\|\eta\|_2\|\xi\|_2 - \|\xi\|_2^2 + 2k\|PB\|_2\|\xi\|_2^2 + 2k\|PB\|_2\|\xi\|_2\|\eta\|_2 \\
&= -\left[\begin{array}{c}\|\eta\|_2 \\ \|\xi\|_2\end{array}\right]^{\mathrm{T}}\left[\begin{array}{cc} bc_3 & -(k\|PB\|_2 + bc_4L/2) \\ -(k\|PB\|_2 + bc_4L/2) & 1 - 2k\|PB\|_2 \end{array}\right]\left[\begin{array}{c}\|\eta\|_2 \\ \|\xi\|_2\end{array}\right] \\
&\stackrel{\text{def}}{=} -\left[\begin{array}{c}\|\eta\|_2 \\ \|\xi\|_2\end{array}\right]^{\mathrm{T}} Q \left[\begin{array}{c}\|\eta\|_2 \\ \|\xi\|_2\end{array}\right]
\end{aligned}
$$

这里 L 是 f_0 关于 ξ 的利普希茨常数。取 $b=k$,可以验证对于足够小的 k,Q 是正定的。因此,原点是指数稳定的。   □

在习题 13.22 至习题 13.24 中,提出了引理 13.4 的几种形式。如果 $\dot{\eta}=f_0(\eta,\xi)$ 不是输入-状态稳定的,但 $\dot{\eta}=f_0(\eta,0)$ 的原点是渐近稳定的,则可以证明引理第一部分局部成立(见习题 13.22)。如果 $f(\eta,\xi)$ 是全局利普希茨的,且 $\dot{\eta}=f_0(\eta,0)$ 的原点是全局指数稳定的,则可以证明引理第二部分全局成立(见习题 13.23)。如果 $\dot{\eta}=f_0(\eta,0)$ 的原点是渐近稳定而非指数稳定的,则可以通过限制 δ 与 η 的关系,证明闭环系统的原点是渐近稳定的(见习题 13.24)。

反馈控制 $u=\alpha(x)-\beta(x)K\xi$ 包含一项线性部分 $u=\alpha(x)+\beta(x)v$ 和一个稳定性部分 $v=-K\xi$。前面的李雅普诺夫分析说明,稳定部分对于模型不确定性具有某种程度的鲁棒性[①]。在第 14 章中将看到通过利用式(13.45)中的扰动项 $B\delta(z)$ 属于输入矩阵 B 的取值空间的结论,可设计稳定部分,使其具有更高阶鲁棒性,这种扰动被认为满足匹配条件。只要 δ 的上界已知,第 14 章的方法就能保证对任何 $\delta(z)$ 都具有鲁棒性。

反馈线性化的基本原理是消去系统的非线性项。除了考虑能否消去非线性项、不确定因素的影响和可实现性问题,还应检验该基本原理本身,即取消非线性项是明智之举吗?反馈线性化的思想源于数学上的理论分析。我们希望对系统线性化可使之更容易处理,并可运用相对完善的线性控制理论。然而从性能上看,非线性项有"好"与"坏"之分,决定是否用反馈消去非线性项取决于实际问题。下面通过一对例子说明这一点。

例 13.19 考虑标量系统

$$\dot{x} = ax - bx^3 + u$$

其中 a 和 b 是正常数。线性化稳定反馈控制可取为

$$u = -(k+a)x + bx^3, \quad k > 0$$

这样可得闭环系统 $\dot{x}=-kx$。该反馈控制消去了非线性项 $-bx^3$,但这一项提供的是非线性阻尼。实际上,如果没有反馈控制,非线性阻尼就能保证解的有界性(无论原点是否稳定),所以不应该消去该项。如果运用简单的线性控制

$$u = -(k+a)x, \quad k > 0$$

则可得到闭环系统

$$\dot{x} = -kx - bx^3$$

---

① 另一种模型不确定性的类型是相对阶和最小相位特性对扰动参数的的灵敏度,这里不做讨论,感兴趣的读者可参阅文献[92]和文献[169]。

其原点是全局指数稳定的,且其轨线比 $\dot{x} = -kx$ 的轨线更快地趋于原点。此外线性控制更简单且容易实现。　　　　　　　　　　　　　　　　　　　　　　　　　　△

例 13.20　考虑二阶系统
$$\begin{aligned} \dot{x}_1 &= x_2 \\ \dot{x}_2 &= -h(x_1) + u \end{aligned}$$

其中,$h(0) = 0$,对于所有 $x_1 \neq 0$,$x_1 h(x_1) > 0$。显然系统是可反馈线性化的,且线性化稳定反馈控制可取为

$$u = h(x_1) - (k_1 x_1 + k_2 x_2)$$

其中,选择 k_1 和 k_2,使闭环特征值位于左半复平面的理想位置。另一方面,第 7 章对无源系统的研究表明,如果反馈控制取

$$u = -\sigma(x_2)$$

其中,σ 是局部利普希茨函数,满足 $\sigma(0) = 0$,当 $y \neq 0$ 时,$y\sigma(y) > 0$,则闭环系统是无源的,李雅普诺夫函数 $V = \int_0^{x_1} h(z)\,dz + (1/2)x_2^2$ 的导数为

$$\dot{V} = -x_2\sigma(x_2)$$

由于　　　　　　　$x_2(t) \equiv 0 \Rightarrow \dot{x}_2(t) \equiv 0 \Rightarrow h(x_1(t)) \equiv 0 \Rightarrow x_1(t) \equiv 0$

故可由不变原理得出原点的渐近稳定性。与线性反馈控制相比,控制 $u = -\sigma(x_2)$ 有两个优点:第一,它不用非线性函数 h 的模型,因此在对 h 建模时,对于不确定因素是鲁棒的。第二,灵活选择函数 σ 可使控制更容易,例如,取 $u = -k\,\mathrm{sat}(x_2)$ 可满足任何形如 $|u| \leq k$ 的约束,但是控制 $u = -\sigma(x_2)$ 不能任意设置 $x(t)$ 的衰减速度。在原点线性化的闭环系统,其特征方程为　　　　　　　$s^2 + \sigma'(0)s + h'(0) = 0$

上述方程两个根中的任何一个都不能移到 $\mathrm{Re}[s] = -\sqrt{h'(0)}$ 的左边。利用无源特性的反馈控制律将在 14.4 节中讨论。　　　　　　　　　　　　　　　　　△

上面两个例子说明在有些情况下非线性是有益的,将其消除可能是不明智的。应充分理解非线性项的作用,再决定是否应该将其消去。当然这不是一件容易的事情。

在反馈线性化设计过程中,我们关注它对功效和鲁棒性的影响,但这不妨碍本章建立的反馈线性化理论。对反馈控制设计而言,非线性系统的结构是开放的,不管有没有非线性抑制,本章建立的反馈线性化理论都为刻画一类非线性系统提供了有力的工具。该理论为我们描述一类非线性系统特性提供了有价值的工具,这类系统的结构对于消去或不消去非线性的反馈控制设计都是开放的。非线性系统的相对阶和零动态概念使我们关注线性和非线性系统的一般输入-输出结构,这些概念还为把一些成功用于线性系统的反馈设计程序,如高增益反馈,扩展到非线性系统起到了关键作用。反馈线性化能够把系统转化为标准形,其中的非线性项与控制输入在同一点引入状态方程,这样就产生了一个匹配条件结构,该结构将在第 14 章用于开发一些有用的鲁棒控制技术。

13.4.2　跟踪

考虑单输入-单输出、可输入-输出线性化的系统,以标准形(13.16)~(13.18)的形式表示为
$$\begin{aligned} \dot{\eta} &= f_0(\eta, \xi) \\ \dot{\xi} &= A_c\xi + B_c\gamma(x)[u - \alpha(x)] \\ y &= C_c\xi \end{aligned}$$

为了不失一般性,假设 $f_0(0,0) = 0$。我们希望设计一个状态反馈控制律,使输出 y 渐近跟踪参考信号 $r(t)$。当系统的相对阶为 $\rho = n$ 时,系统没有非平凡零动态,此时变量 η 及其方程略去,但其他部分保持不变。假设

- $r(t)$ 及其直到 ρ 阶导数 $r^{(\rho)}(t)$ 对于所有 $t \geq 0$ 有界,第 ρ 阶导数 $r^{(\rho)}(t)$ 是 t 的分段连续函数;
- 信号 $r, \cdots, r^{(\rho)}$ 可在线获得。

参考信号 $r(t)$ 及其导数可以是某个指定的时间的函数,或者是由某个输入信号 $w(t)$ 驱动的参考模型的输出。对后者可通过适当选择参考模型满足对 r 的假设。例如,一个相对阶为 2 的系统,其参考模型可能是二阶线性时不变系统,由如下传递函数表示:

$$\frac{\omega_n^2}{s^2 + 2\zeta\omega_n s + \omega_n^2}$$

其中 ζ 和 ω_n 为正常数。对于给定的输入信号 $w(t)$,应该适当选择这两个常数,以形成参考信号 $r(t)$。信号 $r(t)$ 可由状态模型

$$
\begin{aligned}
\dot{y}_1 &= y_2 \\
\dot{y}_2 &= -\omega_n^2 y_1 - 2\zeta\omega_n y_2 + \omega_n^2 w \\
r &= y_1
\end{aligned}
$$

在线产生。因此,$r(t)$,$\dot{r}(t)$ 和 $\ddot{r}(t)$ 都可在线获得。如果 $w(t)$ 是 t 的分段连续有界函数,则 $r(t)$,$\dot{r}(t)$ 和 $\ddot{r}(t)$ 满足所要求的假设条件。

设
$$\mathcal{R} = \begin{bmatrix} r \\ \vdots \\ r^{(\rho-1)} \end{bmatrix}, \quad e = \begin{bmatrix} \xi_1 - r \\ \vdots \\ \xi_\rho - r^{(\rho-1)} \end{bmatrix} = \xi - \mathcal{R}$$

通过变量代换 $e = \xi - \mathcal{R}$,可得

$$
\begin{aligned}
\dot{\eta} &= f_0(\eta, e + \mathcal{R}) \\
\dot{e} &= A_c e + B_c \left\{ \gamma(x)[u - \alpha(x)] - r^{(\rho)} \right\}
\end{aligned}
$$

状态反馈控制
$$u = \alpha(x) + \beta(x)\left[v + r^{(\rho)} \right]$$

把标准形简化为级联系统

$$
\begin{aligned}
\dot{\eta} &= f_0(\eta, e + \mathcal{R}) \\
\dot{e} &= A_c e + B_c v
\end{aligned}
$$

其中 $\beta(x) = 1/\gamma(x)$。设计任何使第二个方程稳定的 v,并对于所有 $t \geq 0$ 保持 η 有界,即可满足控制目标。若 $v = -Ke$,其中 $A_c - B_c K$ 是赫尔维茨矩阵,则完全状态反馈控制为[①]

$$u = \alpha(x) + \beta(x)\left\{ -K[T_2(x) - \mathcal{R}] + r^{(\rho)} \right\} \tag{13.47}$$

闭环系统为
$$\dot{\eta} = f_0(\eta, e + \mathcal{R}) \tag{13.48}$$
$$\dot{e} = (A_c - B_c K)e \tag{13.49}$$

对于最小相位系统,$\dot{\eta} = f_0(\eta, 0)$ 的原点是渐近稳定的。由(逆李雅普诺夫函数)定理 4.16 和

---

① 见 13.2 节,T_2 包含微分同胚映射 $T(x)$ 最后 ρ 个分量,其中 $T(x)$ 将系统转换为标准形。

定理 4.18 可知,对于足够小的 $e(0)$,$\eta(0)$ 和 $\mathcal{R}(t)$,状态 $\eta(t)$ 对于所有 $t\geq0$ 有界。这样,状态反馈控制(13.47)就解决了局部跟踪问题。为了使该控制扩展到全局跟踪,我们要面对在全局稳定性中遇到的同样问题,这里 $\mathcal{R}(t)$ 是 t 的任意有界函数。确保全局跟踪的充分条件是系统 $\dot{\eta}=f_0(\eta,\xi)$ 为输入-状态稳定的。

例 13.21 考虑单摆方程
$$\begin{aligned} \dot{x}_1 &= x_2 \\ \dot{x}_2 &= -a\sin x_1 \dot{-} bx_2 + cu \\ y &= x_1 \end{aligned}$$

该系统在 R^2 上的相对阶为 2,并且已表示为标准形。它没有非平凡的零状态,所以默认是最小相位系统。我们希望输出 y 跟踪参考信号 $r(t)$,导数 $\dot{r}(t)$ 和 $\ddot{r}(t)$ 有界。取
$$e_1 = x_1 - r, \quad e_2 = x_2 - \dot{r}$$

得到
$$\begin{aligned} \dot{e}_1 &= e_2 \\ \dot{e}_2 &= -a\sin x_1 - bx_2 + cu - \ddot{r} \end{aligned}$$

状态反馈控制(13.47)为
$$u = \frac{1}{c}[a\sin x_1 + bx_2 + \ddot{r} - k_1 e_1 - k_2 e_2]$$

其中,设计 $K=[k_1,k_2]$ 把 A_c-B_cK 的特征值分配在左半开复平面的理想位置。因为所有假设全局成立,所以该控制实现了全局跟踪。图 13.2 给出了当 $a=c=10$,$b=1$,$k_1=400$ 和 $k_2=20$ 时,系统对某个参考信号的响应。图中实线为标称系统的参考信号和输出信号,二者完全相同,对于所有 t 都实现了跟踪,而不只是渐近跟踪,因为 $x(0)=\mathcal{R}(0)$。如果 $x(0)\neq\mathcal{R}(0)$,则是渐近跟踪,如图中虚线所示。图中点线表示当 b 和 c 被扰动为 $b=0.5$,$c=5$,即二倍于摆锤质量时系统的响应。   △

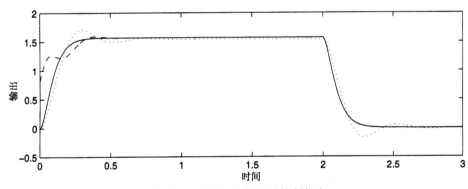

图 13.2 例 13.21 的跟踪控制仿真

在许多控制问题中,设计者选择参考信号 r 时都有一定的自由度。例如,在机械手控制中的一个典型问题是,在某一时间区间内将机械手从一个起点移动到终点。解决这个问题的首要任务是设计两点之间的路径,由于存在障碍物等,因此设计时必须服从物理约束。然后,通过把运动部件的速度和加速度指定为时间的函数以设计运动轨线,该轨线设计过程的结果就是输出变量必须跟踪的参考信号[1]。自由选择参考信号可用于改善系统的性能,特别是在控制信号存在约束的情况下。下面的例题将说明这一点。

---

① 有关机械手的轨线设计可参阅文献[171]。

例 13.22 重新考虑例 13.21 中的单摆方程,其中标称参数为 $a = c = 10, b = 1$。假设单摆停在开环平衡点 $x = 0$ 处,而我们想将其移动到新的平衡点 $x_1 = \pi/2, x_2 = 0$。取参考信号 r 作为由阶跃输入信号 w 驱动的二阶传递函数 $1/(\tau s + 1)^2$ 的输出,如果令 w 在 $\pi/2$ 处发生阶跃,则参考信号 r 将提供理想的运动。跟踪控制取为

$$u = 0.1(10\sin x_1 + x_2 + \ddot{r} - k_1 e_1 - k_2 e_2)$$

其中,$k_1 = 400, k_2 = 20$。取参考模型的初始条件为零,可求出跟踪误差 $e(t) = x(t) - \mathcal{R}(t)$ 恒为零,且对于所有时间 t,单摆的运动都能跟踪理想参考信号。选择时间常数 τ,确定从起始位置到终点的运动速度。如果对控制 u 的幅值没有限制,就可以选择任意小的 τ,实现任意快的由 $x_1 = 0$ 到 $x_1 = \pi/2$ 的过渡。但是,控制输入 u 是电机转矩,而电机所能提供的最大转矩是有限的。这一约束限制了单摆的运动速度。选择 τ 与力矩约束相一致,可以实现更好的性能。图 13.3 所示为控制约束为 $|u| \leqslant 2$ 时,τ 取两个不同值的仿真结果。当 $\tau = 0.05$ s 时,输出 $y(t)$ 偏离了参考信号 $r(t)$,这反映出电机无法提供参考信号要求的控制。当 $\tau = 0.25$ s 时,输出信号较好地跟踪了参考信号。这两种情况的建立时间都未能超过 1.2 s,但选择 $\tau = 0.25$ s,可以避免 $\tau = 0.05$ s 时发生的过冲。 $\triangle$

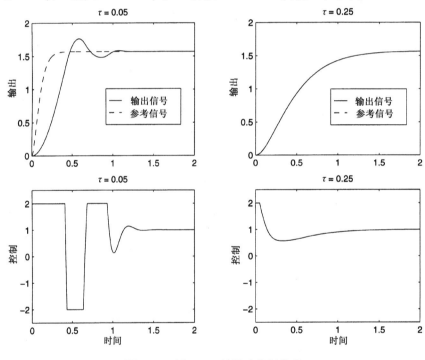

图 13.3 例 13.22 的跟踪控制仿真

13.5 习题

13.1 对于习题 1.8 中与无限长总线连接的同步发电机三阶模型,考虑两种可能的输出

(1) $y = \delta$;　　　(2) $y = \delta + \gamma\dot{\delta}, \gamma \neq 0$

研究每种情况下系统的相对阶,将系统转换为标准形,并指出该转换的有效区域。如果存在非平凡零状态,判断系统是否为最小相位的。

13.2 考虑系统

$$\dot{x}_1 = -x_1 + x_2 - x_3, \quad \dot{x}_2 = -x_1 x_3 - x_2 + u, \quad \dot{x}_3 = -x_1 + u, \quad y = x_3$$

（a）该系统是否为可输入-输出线性化的系统？

（b）如果是，将其转换为标准形，并指出该转换的有效区域。

（c）该系统是最小相位系统吗？

13.3 考虑习题 1.15 中的倒摆，设 θ 为输出。试问系统是否为可输入-输出线性化的系统？是否为最小相位系统？

13.4 考虑例 12.6 中的系统。试问系统是否为可输入-输出线性化的系统？是否为最小相位系统？

13.5 参考例 13.8，考虑偏微分方程（13.26）。假设 $q(x)$ 与 ζ_m 和 ξ_n 无关。证明当 $1 \le i \le m-1$ 时，$\phi_i = \zeta_i$ 及 $\phi_m = \zeta_m - \xi_n / q(x)$ 满足偏微分方程。

13.6 证明习题 6.11 的状态方程是可反馈线性化的。

13.7 证明习题 1.4 的 m 连杆机器人状态方程是可反馈线性化的。

13.8 证明雅可比恒等式　　$L_{[f,g]}h(x) = L_f L_g h(x) - L_g L_f h(x)$

其中 f 和 g 是向量场，h 是实值函数。

13.9 设 Δ 是 D 上的非奇异分布，由 $f_1, \cdots, f_r$ 生成。证明当且仅当 $[f_i, f_j] \in \Delta$，$\forall\, 1 \le i, j \le r$ 时，Δ 是对合的。

13.10 设

$$f_1(x) = \begin{bmatrix} x_1 \\ 1 \\ 0 \\ x_3 \end{bmatrix}, \quad f_2(x) = \begin{bmatrix} -e^{x_2} \\ 0 \\ 0 \\ 0 \end{bmatrix}$$

$D = R^4$，$\Delta = \text{span}\{f_1, f_2\}$。证明 Δ 是对合的。

13.11 考虑系统　　$\dot{x}_1 = x_1 + x_2, \quad \dot{x}_2 = 3x_1^2 x_2 + x_1 + u, \quad y = -x_1^3 + x_2$

（a）系统是否为可输入-输出线性化的？

（b）如果是，将其转换为标准形，并指出该转换的有效区域。。

（c）系统是否为最小相位系统？

（d）系统是否为可反馈线性化的系统？

（e）如果是，求出反馈控制律以及使状态方程线性化的变量代换。

13.12 对系统　　$\dot{x}_1 = -x_1 + x_1 x_2, \quad \dot{x}_2 = x_2 + x_3, \quad \dot{x}_3 = \delta(x) + u, \quad y = x_1 + x_2$

重复上一题，其中 $\delta(x)$ 是 x 的局部利普希茨函数。

13.13 一个拖车（半拖车型）模型的状态方程为

$$\begin{aligned}
\dot{x}_1 &= \tan(x_3) \\
\dot{x}_2 &= -\frac{\tan(x_2)}{a\cos(x_3)} + \frac{1}{b\cos(x_2)\cos(x_3)}\tan(u) \\
\dot{x}_3 &= \frac{\tan(x_2)}{a\cos(x_3)}
\end{aligned}$$

其中 a 和 b 是正常数。证明该系统是可反馈线性化的，求出精确线性模型的有效区域。

13.14 考虑系统　　$\dot{x}_1 = -x_1 + x_2 - x_3, \quad \dot{x}_2 = -x_1 x_3 - x_2 + u, \quad \dot{x}_3 = -x_1 + u$

(a) 该系统是可反馈线性化的吗?

(b) 如果是,求出反馈控制律以及使状态方程线性化的变量代换。

13.15 证明例 13.15 中的映射 $z = T(x)$ 是 D_0 上的微分同胚映射,且在 z 坐标系中的状态方程在 $D_z = T(D_0)$ 上有明确定义。

13.16 考虑例 12.2 中的单摆,其数据取自习题 12.1。通过反馈线性化,设计一个稳定状态反馈控制律,使闭环特征值的位置与习题 12.1 中的相同。将所得系统的性能与习题 12.1 中的闭环系统进行比较。

13.17 证明系统 $\dot{x}_1 = -x_1 + x_2$, $\dot{x}_2 = x_1 - x_2 - x_1 x_3 + u$, $\dot{x}_3 = x_1 + x_1 x_2 - 2x_3$ 是可反馈线性化的,并设计一个状态反馈控制律,使原点全局稳定。

13.18 考虑系统 $\dot{x}_1 = x_2$, $\dot{x}_2 = a\sin x_1 - bu\cos x_1$ 其中 a 和 b 是正常数。

(a) 证明系统是可反馈线性化的。

(b) 用反馈线性化设计一个状态反馈控制器,使系统在 $x_1 = \theta$ 处稳定,其中 $0 \leqslant \theta \leqslant \pi/2$。能使平衡点全局渐近稳定吗?

13.19 例 13.14 中的连杆控制器,假设参数 a, b, c 和 d 未知,但其估计值 $\hat{a}, \hat{b}, \hat{c}$ 和 $\hat{d}$ 已知。根据 $\hat{a}, \hat{b}, \hat{c}$ 和 $\hat{d}$ 设计一个线性化状态反馈控制律,并把闭环系统表示为一个标称线性系统的扰动。

13.20 考虑系统(13.37) ~ (13.38)的一个特例,其中 $f_0(\eta, \xi)$ 只与 ξ_1 有关,$(A, B) = (A_c, B_c)$ 是表示 ρ 积分器链的可控标准形,这样的系统称为特殊标准形。假设 $\dot{\eta} = f_0(\eta, 0)$ 的原点是全局渐近稳定的,且存在一个径向无界的李雅普诺夫函数 $V_0(\eta)$,使得对于所有 η,有

$$\frac{\partial V_0}{\partial \eta} f_0(\eta, 0) \leqslant -W(\eta)$$

其中 $W(\eta)$ 是正定函数。

(a) 证明若控制取 $u = \alpha(x) + \beta(x)v$,其中 $\beta(x) = \gamma^{-1}(x)$,变量代换取

$$z_1 = \xi_1, \ z_2 = \varepsilon\xi_2, \cdots, z_\rho = \varepsilon^{\rho-1}\xi_\rho, \ w = \varepsilon^\rho v$$

可将系统转换为 $\dot{\eta} = f_0(\eta, z_1), \quad \varepsilon\dot{z} = A_c z + B_c w$

(b) 设选取 K 使 $A_c - B_c K$ 为赫尔维茨矩阵,且 P 为李雅普诺夫方程 $P(A_c - B_c K) + (A_c - B_c K)^{\mathrm{T}} P = -I$ 的正定解。取 $w = -Kz$,并以 $V(\eta, z) = V_0(\eta) + \sqrt{z^{\mathrm{T}} Pz}$ 作为闭环系统的备选李雅普诺夫函数。证明对于足够小的 ε,原点 $(\eta = 0, z = 0)$ 是渐近稳定的,且集合 $\{V(\eta, z) \leqslant c\}$ 包含在吸引区内,$c > 0$。

(c) 证明该反馈控制可实现半全局稳定,即在 R^n 的任何一个子集内,初始状态 (η_0, ξ_0) 包含在吸引区内。

(d) 考虑例 13.17,研究电流控制器是否表现出峰化现象,如果是,解释为什么尽管有峰化现象存在仍能实现半全局稳定。

13.21 考虑系统
$$\begin{aligned} \dot{x}_1 &= x_2 + x_1 x_2 - x_2^2 + u \\ \dot{x}_2 &= x_1 x_2 - x_2^2 + u \\ \dot{x}_3 &= x_1 + x_1 x_2 - x_2^2 - (x_3 - x_1)^3 + u \\ y &= x_1 - x_2 \end{aligned}$$

（a）证明系统有一个全局定义的特殊标准形。

（b）证明零动态系统的原点是全局渐近稳定的。

（c）设计一个半全局稳定状态反馈控制律。

提示：参考习题 13.20。

13.22　考虑系统（13.44）～（13.45），其中 $A-BK$ 为赫尔维茨矩阵，$\dot{\eta}=f_0(\eta,0)$ 的原点是渐近稳定的，且 $\|\delta(z)\|\le\varepsilon$。证明存在 $z=0$ 的一个邻域 D 及 $\varepsilon^*>0$，使得对于每个 $z(0)\in D$ 和 $\varepsilon\le\varepsilon^*$，状态 z 是毕竟有界的，其界为一个 ε 的 $\mathcal{K}$ 类函数。

13.23　考虑系统（13.44）～（13.45），其中 $A-BK$ 为赫尔维茨矩阵，$\dot{\eta}=f_0(\eta,0)$ 的原点是全局渐近稳定的，f_0 是全局利普希茨函数，并且对于所有 z，有 $\|\delta\|\le k\|z\|$。证明对于足够小的 k，原点 $z=0$ 是全局指数稳定的。

13.24　考虑系统（13.44）～（13.45），其中 $A-BK$ 为赫尔维茨矩阵，$\dot{\eta}=f_0(\eta,0)$ 的原点是渐近稳定的，其李雅普诺夫函数 $V_0(\eta)$ 使得 $[\partial V_0/\partial\eta]f_0(\eta,0)\le-W(\eta)$ 成立，其中 $W(\eta)$ 为正定函数。假设 $\|\delta\|\le k[\|\xi\|+W(\eta)]$，利用形如 $V=V_0(\eta)+\lambda\sqrt{\xi^{\mathrm{T}}P\xi}$ 的复合李雅普诺夫函数，其中 P 为 $P(A-BK)+(A-BK)^{\mathrm{T}}P=-I$ 的解，证明对于足够小的 k，原点 $z=0$ 是渐近稳定的。

13.25　考虑系统　$\dot{x}_1=x_2+2x_1^2$,　　$\dot{x}_2=x_3+u$,　　$\dot{x}_3=x_1-x_3$,　　$y=x_1$

设计一个状态反馈控制律，使输出 y 渐近跟踪参考信号 $r(t)=\sin t$。

13.26　以系统　　　$\dot{x}_1=x_2+x_1\sin x_1$,　　$\dot{x}_2=x_1x_2+u$,　　$y=x_1$

重复上一习题。

13.27　习题 1.18 中的磁悬浮系统模型为

$$
\begin{aligned}
\dot{x}_1 &= x_2\\
\dot{x}_2 &= g-\frac{k}{m}x_2-\frac{L_0ax_3^2}{2m(a+x_1)^2}\\
\dot{x}_3 &= \frac{1}{L(x_1)}\left[-Rx_3+\frac{L_0ax_2x_3}{(a+x_1)^2}+u\right]
\end{aligned}
$$

其中，$x_1=y$，$x_2=\dot{y}$，$x_3=i$，$u=v$。利用下面的数据：$m=0.1$ kg，$k=0.001$ N/m/s，$g=9.81$ m/s^2，$\alpha=0.05$ m，$L_0=0.01$ H，$L_1=0.02$ H，$R=1$ Ω。

（a）证明系统是可反馈线性化的。

（b）利用反馈线性化设计一个状态反馈控制律，使小球稳定在 $y=0.05$ m 处。重复习题 12.8 中的（d）和（e），并将该控制器的性能与习题 12.8 中（c）设计的控制器性能进行比较。

（c）证明以小球位置 y 作为输出，系统是可输入-输出线性化的。

（d）利用反馈线性化设计一个状态反馈控制律，使得输出 y 渐近跟踪 $r(t)=0.05+0.01\sin t$。对该闭环系统进行仿真。

13.28　考虑习题 1.17 中描述的场控直流电机，当场电路由电流源激励时，可将场电流视为控制输入，系统模型可以表示为二阶状态模型

$$
\begin{aligned}
\dot{x}_1 &= -\theta_1x_1-\theta_2x_2u+\theta_3\\
\dot{x}_2 &= -\theta_4x_2+\theta_5x_1u\\
y &= x_2
\end{aligned}
$$

其中, x_1 是电枢电流, x_2 是速度, u 是场电流, θ_1 到 θ_5 是正常数。要求设计一个状态反馈控制器,使输出 y 渐近跟踪时变参考信号 $r(t)$,这里 $r(t)$ 和 $\dot{r}(t)$ 对于所有 $t \geqslant 0$ 都是连续且有界的。假设工作区限制为 $x_1 > \theta_3 / 2\theta_1$ 。

(a) 证明系统是可输入-输出线性化的,且相对阶为1。

(b) 证明系统是最小相位系统。

(c) 利用反馈线性化,设计一个状态反馈控制,以实现理想跟踪。

(d) 通过计算机仿真,研究当 r 为一阶滤波器 $1/(\tau s + 1)$ 的输出时系统的性能,一阶滤波器由阶跃信号 w 驱动。可选择时间常数 τ 以调整 r 的变化率。在仿真中,取初始条件为 $x_1(0) = \theta_3 / \theta_1, x_2(0) = 0$,并利用以下数据: $\theta_1 = 60, \theta_2 = 0.5, \theta_3 = 40, \theta_4 = 6$, $\theta_5 = 4 \times 10^4$ 。设阶跃信号 w 在 $t = 1$ 由 0 变化到 100。同时对设备输入加一个饱和控制,使控制信号限制在 ± 0.05 。

  (i) 调整 τ 和反馈控制器参数,使稳定时间达到0.5 s。

  (ii) 调整 τ 和反馈控制器参数,使稳定时间达到0.1 s。

 (iii) 利用(i)中的数值,研究当转子转动惯量变化为 $\pm 50\%$ 时系统的性能。

 (iv) 可以通过调整反馈控制器参数来提高系统针对前面描述的参数扰动的鲁棒性吗?

第 14 章　非线性设计工具

非线性反馈控制的复杂性给我们提出了挑战,要求我们提出能满足控制目标和设计要求的系统化的设计步骤。面对这一挑战,显然我们不可能指望一种特殊方法就能适用于所有非线性系统;同样,所有非线性反馈控制的设计也不可能都基于同一个特殊工具。控制工程师需要的是能覆盖绝大多数情况的一整套分析和设计工具[1],在某一个特殊应用中,能运用最适合该问题的一些工具。前面几章已经介绍了几种这样的设计工具,本章将介绍性地集中给出五种简单而实用的非线性设计工具。

本章前两节处理匹配条件下的鲁棒性控制,即不确定项与控制输入在同一点写入状态方程。在 14.1 节介绍的滑模控制中,强迫轨线在有限的时间内到达滑动流形,并在未来时刻保持在该流形上,在流形上运动与匹配的不确定性无关。通过采用低阶模型设计滑动流形,能够达到设计目标。14.2 节介绍的李雅普诺夫再设计采用标称系统的李雅普诺夫函数设计了一个附加控制分量,使设计对较大的匹配不确定性仍具有鲁棒性。滑模控制和李雅普诺夫再设计都产生了不连续控制器,这会在有延迟或未建模的高频动态特性中发生抖动现象,因此我们开发了连续型控制器。14.1 节通过一个二阶系统设计的实例给出了滑模控制技术的主要内容,然后提出稳定、跟踪和积分控制的结果。14.2 节说明如何利用李雅普诺夫再设计实现稳定,并引入非线性阻尼,即一种保证轨线有界性的技术,即使不知道不确定项的上界。

14.3 节引入的反步技术可放宽匹配条件。反步技术是交叉选择李雅普诺夫函数与反馈控制的递归过程,它将整个系统的设计问题分解为一系列低阶(甚至是标量)子系统的设计问题。利用低阶子系统或标量子系统存在的额外自由度,反步法能在与其他方法相比更宽松的条件下求解稳定控制、跟踪控制和鲁棒控制问题。

无源控制利用了反馈控制设计中开环系统的无源性。在一个平衡点,稳定无源系统相当于阻尼注入。14.4 节将介绍基于无源控制的基本概念,还描述了反馈无源技术,即利用反馈控制将非无源系统转换为无源系统。

第 12 章到第 14 章提出的大多数设计工具都要求状态反馈。14.5 节引入了高增益观测器,它允许对于一类特殊的非线性系统,把许多上述设计工具扩展到输出反馈控制[2]。14.5 节的主要内容就是当观测器增益足够高时,通过输出反馈可观测到全局有界状态反馈控制下系统的性能。

14.1　滑模控制

14.1.1　引例

考虑二阶系统

$$\dot{x}_1 = x_2$$
$$\dot{x}_2 = h(x) + g(x)u$$

---

① 更多关于非线性设计工具的内容参见文献[88],文献[89],文献[103],文献[124],文献[153],文献[167]和文献[172]。

② 其他的输出反馈控制工具参见习题 14.47 到习题 14.49。

其中,h 和 g 为未知非线性函数,且对于任意 x,有 $g(x) \geqslant g_0 > 0$。我们想要设计一个状态反馈控制律以稳定原点。假设可设计一个控制律,使系统的运动限制在流形(或曲面)$s = a_1 x_1 + x_2 = 0$ 上,在此流形上系统的运动受 $\dot{x}_1 = -a_1 x_1$ 的控制。选择 $a_1 > 0$,以保证当 t 趋于无穷时,$x(t)$ 趋于零,且其收敛速度可通过 a_1 的选择控制,在流形 $s = 0$ 上的运动与 h 和 g 无关。设计问题就是如何把轨线切换并保持在流形 $s = 0$ 上。变量 s 满足方程

$$\dot{s} = a_1 \dot{x}_1 + \dot{x}_2 = a_1 x_2 + h(x) + g(x)u$$

假设对于某个已知函数 $\varrho(x)$,h 和 g 满足不等式

$$\left| \frac{a_1 x_2 + h(x)}{g(x)} \right| \leqslant \varrho(x), \quad \forall \, x \in R^2$$

将 $V = (1/2)s^2$ 作为方程 $\dot{s} = a_1 x_2 + h(x) + g(x)u$ 的备选李雅普诺夫函数,有

$$\dot{V} = s\dot{s} = s[a_1 x_2 + h(x)] + g(x)su \leqslant g(x)|s|\varrho(x) + g(x)su$$

取[①]

$$u = -\beta(x) \operatorname{sgn}(s)$$

其中 $\beta(x) \geqslant \varrho(x) + \beta_0$,$\beta_0 > 0$,且

$$\operatorname{sgn}(s) = \begin{cases} 1, & s > 0 \\ 0, & s = 0 \\ -1, & s < 0 \end{cases}$$

则

$$\dot{V} \leqslant g(x)|s|\varrho(x) - g(x)[\varrho(x) + \beta_0]s \operatorname{sgn}(s) = -g(x)\beta_0 |s| \leqslant -g_0 \beta_0 |s|$$

故 $W = \sqrt{2V} = |s|$ 满足微分不等式

$$D^+ W \leqslant -g_0 \beta_0$$

由比较引理可知

$$W(s(t)) \leqslant W(s(0)) - g_0 \beta_0 t$$

因此,轨线在有限的时间内可到达流形 $s = 0$,且由不等式 $\dot{V} \leqslant -g_0 \beta_0 |s|$ 可看出,轨线一旦到达流形就不再离开。总之,系统运动包括到达阶段和滑动阶段两个过程。在前一个阶段,轨线向流形 $s = 0$ 运动并在有限的时间内到达流形。在后一个阶段,系统的运动保持在流形 $s = 0$ 上,此时系统的动态可由降阶模型 $\dot{x}_1 = -a_1 x_1$ 表示。图 14.1 所示为其相图。流形 $s = 0$ 称为滑动流形,控制律 $u = -\beta(x) \operatorname{sgn}(s)$ 称为滑模控制。滑模控制的显著特点

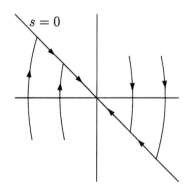

图 14.1 滑模控制下的典型相图

是其对 g 和 h 的鲁棒性,我们只需知道上界 $\varrho(x)$,而且在滑动阶段,系统运动完全与 h 和 g 无关。

如果在某一感兴趣的区域,h 和 g 对于某个已知的非负常数 k_1 满足不等式

---

① 注意,仅在 $s \neq 0$ 时,才有 $u = -\beta(x)\operatorname{sgn}(s)$,因为在理想滑模控制中 u 在滑动曲面 $s = 0$ 上没有定义。但如果 $\operatorname{sgn}(s)$ 对于所有 s 在 $s = 0$ 上也没有定义,我们就可以把 u 写为 $u = -\beta(x)\operatorname{sgn}(s)$。本章中有关理想滑模控制的部分均采用同样的记法。

$$\left| \frac{a_1 x_2 + h(x)}{g(x)} \right| \leqslant k_1$$

则可简化滑模控制器。此时可取

$$u = -k \operatorname{sgn}(s), \quad k > k_1$$

为简单继电器的形式。但该形式通常得到一个有限的吸引区,可用下面的方法进行估计:在集合 $\{|s| \leqslant c\}$ 内,条件 $s\,\dot{s} \leqslant 0$ 使集合为正不变集。由方程

$$\dot{x}_1 = x_2 = -a_1 x_1 + s$$

及函数 $V_1 = (1/2)x_1^2$,有

$$\dot{V}_1 = x_1 \dot{x}_1 = -a_1 x_1^2 + x_1 s \leqslant -a_1 x_1^2 + |x_1| c \leqslant 0, \quad \forall |x_1| \geqslant \frac{c}{a_1}$$

这样　　　　　　　　　$$|x_1(0)| \leqslant \frac{c}{a_1} \Rightarrow |x_1(t)| \leqslant \frac{c}{a_1}, \ \forall t \geqslant 0$$

集合　　　　　　　　　$$\Omega = \left\{ |x_1| \leqslant \frac{c}{a_1}, \ |s| \leqslant c \right\}$$

在满足　　　　　　　　$$\left| \frac{a_1 x_2 + h(x)}{g(x)} \right| \leqslant k_1, \quad \forall x \in \Omega$$

时为正不变集,如图 14.2 所示,且每条始于 Ω 的轨线都随 t 趋于无穷而趋于原点。通过选择足够大的 c,可使平面上的任一紧集都成为 Ω 的子集,因此如果 k 任意大,则上述控制律可达到半全局稳定。

由于实际系统中开关器件及继电器的非理想性,使滑模控制常常出现抖动,图 14.3 所示为延迟引起抖动的示意图。图中在区域 $s > 0$ 的轨线,向滑动流形 $s = 0$ 运动,在点 a 首次到达流形。在理想滑模控制中,轨线由点 a 出发沿流形滑动。在实际情况下,在 s 符号变化时刻与控制切换时刻之间会存在一个延迟。在延迟期间,轨线越过流形进入 $s < 0$ 的区域。当控制切换时,轨线又调转方向,再次向流形方向运动并越过流形。如此反复,产生了如图所示的"之"字形的运动(振荡),这就是抖动。抖动会导致控制精度的降低,功率电路的热消耗和机械运动部件的磨损,还可能激励未建模的高频动力学系统,因而降低系统性能,甚至会导致系统不稳定。

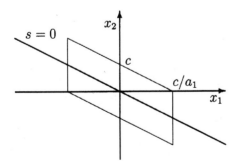
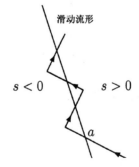

图 14.2　吸引区的估计　　　　　　　　　图 14.3　控制切换中延迟造成的抖动

为了更好地理解抖动,我们对单摆方程的滑模控制进行仿真。单摆方程为

$$
\begin{aligned}
\dot{x}_1 &= x_2 \\
\dot{x}_2 &= -(g_0/\ell)\sin(x_1 + \delta_1) - (k_0/m)x_2 + (1/m\ell^2)u \\
u &= -k\operatorname{sgn}(s) = -k\operatorname{sgn}(a_1 x_1 + x_2)
\end{aligned}
$$

控制目标是在 $\delta_1 = \pi/2$ 处稳定单摆,其中 $x_1 = \theta - \delta_1$,$x_2 = \dot{\theta}$,常数 m, ℓ, k_0 和 g_0 分别为质量、长度、摩擦系数和重力加速度,取 $a_1 = 1, k = 4$。增益 $k = 4$ 是根据

$$\left| \frac{a_1 x_2 + h(x)}{g} \right| = \left| \ell^2 (a_1 m - k_0) x_2 - m g_0 \ell \cos(x_1) \right|$$

$$\leq \ell^2 |a_1 m - k_0|(2\pi) + m g_0 \ell \leq 3.68$$

选择的,上式中的边界在集合 $\{|x_1| \leq \pi, |x_1 + x_2| \leq \pi\}$ 上,当 $0.05 \leq m \leq 0.2, 0.9 \leq \ell \leq 1.1$,$0 \leq k_0 \leq 0.05$ 时求得,采用 $m = 0.1, \ell = 1, k_0 = 0.02$ 进行仿真。图 14.4 所示为理想滑模控制,而图 14.5 为非理想情况下的滑模控制,其中切换延迟是由未建模执行部件动力学特性产生的,其传递函数为 $1/(0.01s + 1)^2$。

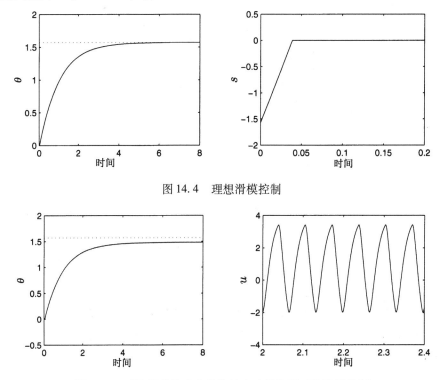

图 14.4   理想滑模控制

图 14.5   对执行部件动力学特性未建模情形下的滑模控制

下面给出两种能减小或消除抖动的方法。一种方法是将控制分解为连续控制和切换控制两部分,以减小切换部分的幅度。设 $\hat{h}(x)$ 和 $\hat{g}(x)$ 分别为 $h(x)$ 和 $g(x)$ 的标称模型,取

$$u = -\frac{[a_1 x_2 + \hat{h}(x)]}{\hat{g}(x)} + v$$

可得 $$\dot{s} = a_1 \left[1 - \frac{g(x)}{\hat{g}(x)}\right] x_2 + h(x) - \frac{g(x)}{\hat{g}(x)} \hat{h}(x) + g(x)v \overset{\text{def}}{=} \delta(x) + g(x)v$$

如果扰动项 $\delta(x)$ 满足不等式 $$\left| \frac{\delta(x)}{g(x)} \right| \leq \varrho(x)$$

则可取 $$v = -\beta(x) \operatorname{sgn}(s)$$

其中 $\beta(x) \geq \varrho(x) + \beta_0$。由于 ϱ 是扰动项的上界,因此它可能比整个函数的上界小,因而切换部分

的幅度较小。例如回到单摆方程,取 m、ℓ 和 k_0 的标称值为 $\hat{m} = 0.125$, $\hat{\ell} = 1$, $\hat{k}_0 = 0.025$,则有

$$\left|\frac{\delta(x)}{g}\right| = \left|\left(a_1 m\ell^2 - a_1\hat{m}\hat{\ell}^2 - k_0\ell^2 + \hat{k}_0\hat{\ell}^2\right)x_2 - g_0(m\ell - \hat{m}\hat{\ell})\cos x_1\right| \leqslant 1.83$$

其边界值的计算如前所述,修正的滑模控制表示为

$$u = -0.1x_2 + 1.2263\cos x_1 - 2\,\mathrm{sgn}(s)$$

从中可以看出,切换项的幅值由 4 降为 2,图 14.6 所示为存在未建模执行器件时修正控制的仿真结果,从图中可以看出抖动幅度明显减小。

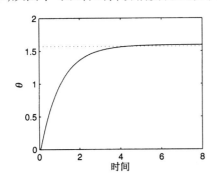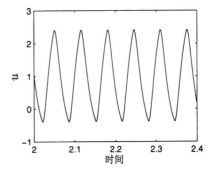

图 14.6　具有未建模执行器件动力学因素的修正滑模控制

消除抖动的第二种办法是用一个陡峭的饱和函数代替符号函数,即控制律取为

$$u = -\beta(x)\,\mathrm{sat}\left(\frac{s}{\varepsilon}\right)$$

其中 $\mathrm{sat}(\cdot)$ 是饱和函数,定义为

$$\mathrm{sat}(y) = \begin{cases} y, & |y| \leqslant 1 \\ \mathrm{sgn}(y), & |y| > 1 \end{cases}$$

ε 为正常数。符号函数和饱和函数如图 14.7 所示。$\mathrm{sat}(s/\varepsilon)$ 的线性部分的斜率为 $1/\varepsilon$,要较好地逼近符号函数,要求有较小的 ε。极限情况下,即当 ε 趋于零时,饱和函数 $\mathrm{sat}(s/\varepsilon)$ 近似为符号函数 $\mathrm{sgn}(s)$。为分析连续滑模控制器的性能,我们采用函数 $V = (1/2)s^2$ 来检验其到达阶段的特性。当 $|s| \geqslant \varepsilon$ 时,即在边界层 $\{|s| \leqslant \varepsilon\}$ 外时,函数 $V = (1/2)s^2$ 的导数满足不等式

$$\dot{V} \leqslant -g_0\beta_0|s|$$

因此只要 $|s(0)| > \varepsilon$,$|s(t)|$ 就是严格递减的,直到在有限时间内到达集合 $\{|s| \leqslant \varepsilon\}$,之后便一直保持在其内。在边界层内有

$$\dot{x}_1 = -a_1x_1 + s$$

其中 $|s| \leqslant \varepsilon$。$V_1 = (1/2)x_1^2$ 的导数满足

$$\dot{V}_1 = -a_1x_1^2 + x_1s \leqslant -a_1x_1^2 + |x_1|\varepsilon \leqslant -(1-\theta_1)a_1x_1^2, \quad \forall\, |x_1| \leqslant \frac{\varepsilon}{a_1\theta_1}$$

其中 $0 < \theta_1 < 1$。因此,轨线在有限时间内到达集合 $\Omega_\varepsilon = \{|x_1| \leqslant \varepsilon/(a_1\theta_1), |s| \leqslant \varepsilon\}$。通常情况下无须稳定原点,但可以通过减小 ε,用一个可以减小的最终边界,使系统达到毕竟有界性。再次考虑单摆方程,看这种情况下在 Ω_ε 内发生了什么。在边界层 $\{|s| \leqslant \varepsilon\}$ 内,控制律简化为线性反馈控制律 $u = -ks/\varepsilon$,闭环系统

$$\dot{x}_1 = x_2$$
$$\dot{x}_2 = -(g_0/\ell)\sin(x_1+\delta_1)-(k_0/m)x_2-(k/m\ell^2\varepsilon)(a_1x_1+x_2)$$

有唯一的平衡点$(\bar{x}_1,0)$,其中$\bar{x}_1$满足方程

$$\varepsilon mg_0\ell\sin(\bar{x}_1+\delta_1)+ka_1\bar{x}_1=0$$

且当ε较小时可近似为$\bar{x}_1\approx-(\varepsilon mg_0\ell/ka_1)\sin\delta_1$。进行变量代换

$$y_1=x_1-\bar{x}_1,\ \ y_2=x_2$$

可得

$$\dot{y}_1 = y_2$$
$$\dot{y}_2 = -\sigma(y_1)-\left(\frac{k_0}{m}+\frac{k}{m\ell^2\varepsilon}\right)y_2$$

则将原平衡点移动到了原点,上式中

$$\sigma(y_1)=(g_0/\ell)[\sin(y_1+\bar{x}_1+\delta_1)-\sin(\bar{x}_1+\delta_1)]+(ka_1/m\ell^2\varepsilon)y_1$$

以

$$\tilde{V}=\int_0^{y_1}\sigma(s)\,ds+(1/2)y_2^2$$

作为备选李雅普诺夫函数,可以证明当$k/\varepsilon>m\ell g_0/a_1$时

$$\tilde{V}\geqslant-(g_0/2\ell)y_1^2+(ka_1/2m\ell^2\varepsilon)y_1^2+(1/2)y_2^2$$

是正定的,其导数为

$$\dot{V}=-\left(\frac{k_0}{m}+\frac{k}{m\ell^2\varepsilon}\right)y_2^2$$

根据不变原理可以证明平衡点$(\bar{x}_1,0)$是渐近稳定的,并且吸引Ω_ε内的每条轨线。

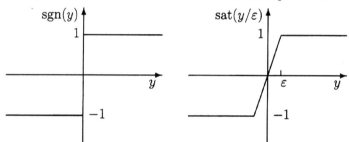

图14.7　符号非线性函数及其饱和函数逼近

　　为了提高精度,应选择尽可能小的ε,但是当有时间延迟或未建模的快速动力学因素时,ε太小会引发抖动。图14.8所示为当ε取两个不同值时,用于单摆方程的连续滑模控制器性能,图14.9所示为有未建模的执行部件$1/(0.01s+1)^2$时控制器的性能。从中可以得出重要的观察结果,即在理想情况下减小ε可提高精度,但在有延迟时由于抖动却不会有同样的效果。

　　一个无须将ε取得太小就能稳定原点的特例出现在$h(0)=0$时,此时在边界层内系统表示为

$$\dot{x}_1 = x_2$$
$$\dot{x}_2 = h(x)-\left[\frac{g(x)k}{\varepsilon}\right](a_1x_1+x_2)$$

在原点处有一个平衡点。我们需要选择足够小的ε,以稳定原点,并使Ω_ε为吸引区内的一个子集。对单摆方程,取$\delta_1=\pi$,重复前面的稳定性分析后可确定,当$k/\varepsilon>mg_0\ell/a_1$时达到了控制目标。当$\ell\leqslant1.1,m\leqslant0.2,k=4,a_1=1$时,只要$\varepsilon<1.8534$即可。图14.10所示为当$\varepsilon=1$时的仿真结果。

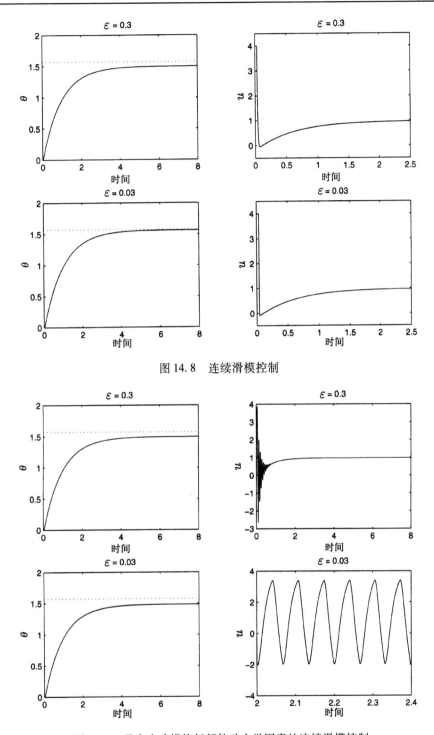

图 14.8　连续滑模控制

图 14.9　具有未建模执行部件动力学因素的连续滑模控制

　　如果 δ_1 为 0 或 π（开环平衡点）之外的任意角度，那么系统将在原点以外的一个平衡点稳定。这会导致一个稳态误差，它早先是用 $(\varepsilon mg_0 \ell/ka_1)\sin\delta_1$ 进行逼近的。通过积分作用仍可以使稳态误差为 0。设 $x_0 = \int x_1$，则增广系统（augmented system）为

$$\begin{aligned}
\dot{x}_0 &= x_1 \\
\dot{x}_1 &= x_2 \\
\dot{x}_2 &= -(g_0/\ell)\sin(x_1+\delta_1)-(k_0/m)x_2+(1/m\ell^2)u
\end{aligned}$$

取 $s = a_0 x_0 + a_1 x_1 + x_2$，其中矩阵

$$A_0 = \begin{bmatrix} 0 & 1 \\ -a_0 & -a_1 \end{bmatrix}$$

为赫尔维茨矩阵。在感兴趣的区域里，如果

$$m\ell^2 |a_0 x_1 + a_1 x_2 - (g_0/\ell)\sin(x_1+\delta_1)-(k_0/m)x_2| \leqslant k_1$$

则可取连续滑模控制为
$$u = -k\,\text{sat}\left(\frac{s}{\varepsilon}\right), \quad k > k_1$$

上式可保证 s 在有限时间内到达边界层 $\{|s| \leqslant \varepsilon\}$，这是由于

$$s\dot{s} \leqslant -(k-k_1)|s|, \quad |s| \geqslant \varepsilon$$

在边界层内，系统可表示为

$$\dot{\eta} = A_0 \eta + B_0 s, \quad \text{其中 } \eta = \begin{bmatrix} x_0 \\ x_1 \end{bmatrix}, \quad B_0 = \begin{bmatrix} 0 \\ 1 \end{bmatrix}$$

取 $V_1 = \eta^T P_0 \eta$，这里 P_0 为李雅普诺夫方程 $P_0 A_0 + A_0 P_0 = -I$ 的解，可以验证

$$\dot{V}_1 = -\eta^T \eta + 2\eta^T P_0 B_0 s \leqslant -(1-\theta_1)\|\eta\|_2^2, \quad \forall\, \|\eta\|_2 \geqslant 2\|P_0 B_0\|_2 \varepsilon/\theta_1$$

其中 $0 < \theta_1 < 1$。因此所有轨线在有限时间内到达集合

$$\Omega_\varepsilon = \left\{ V_1(\eta) \leqslant \frac{4\|P_0 B_0\|_2^2 \varepsilon^2 \|P_0\|_2}{\theta_1^2},\ |s| \leqslant \varepsilon \right\}$$

在 Ω_ε 内，系统

$$\begin{aligned}
\dot{x}_0 &= x_1 \\
\dot{x}_1 &= x_2 \\
\dot{x}_2 &= -(g_0/\ell)\sin(x_1+\delta_1)-(k_0/m)x_2-(k/m\ell^2\varepsilon)(a_0 x_0 + a_1 x_1 + x_2)
\end{aligned}$$

在 $\bar{x} = [-(\varepsilon m g_0 \ell/k a_0)\sin\delta_1, 0, 0]^T$ 处有唯一的平衡点。重复前面的稳定性分析，可以证明当 ε 足够小时，平衡点 $\bar{x}$ 是渐近稳定的，且在 t 趋于无穷时，Ω_ε 内的每条轨线都收敛于 $\bar{x}$，因此 θ 收敛到期望的位置 δ_1。图 14.11 给出了当 $m = 0.1$，$\ell = 1$，$k_0 = 0.02$，$\delta_1 = \pi/2$，$a_0 = a_1 = 1$，$k = 4$，且 $\varepsilon = 1$ 时的仿真结果。

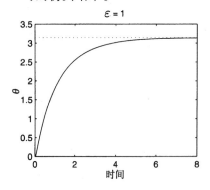 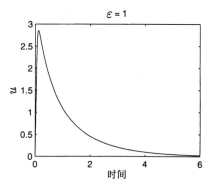

图 14.10 当 $\delta_1 = \pi$ 时的连续滑模控制

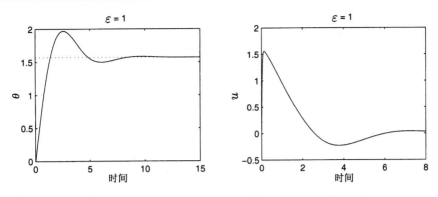

图 14.11 当 $\delta_1 = \pi/2$ 时,具有积分作用的连续滑模控制

14.1.2 稳定性

考虑系统

$$\dot{x} = f(x) + B(x)[G(x)E(x)u + \delta(t,x,u)] \tag{14.1}$$

其中, $x \in R^n$ 为状态, $u \in R^p$ 为控制输入, f, B, G 和 E 为在包含原点的定义域 $D \subset R^n$ 上的充分光滑函数。函数 δ 对于 t 是分段连续的,且对于 (x,u) 是充分光滑的, $(t,x,u) \in [0,\infty) \times D \times R^p$。假设 f, B 和 E 已知, G 和 δ 可能不确定,进一步假设 $E(x)$ 是非奇异矩阵, $G(x)$ 是对角阵,其元素为大于零的有界值,即 $g_i(x) \geqslant g_0 > 0 (x \in D)$ [①]。假设 $f(0) = 0$,则在没有 δ 的情况下,原点为开环平衡点。我们的目标是设计一个状态反馈控制律,使得对于所有 G 和 δ 的不确定性,都能使原点稳定。

设 $T : D \to R^n$ 是微分同胚的,满足

$$\frac{\partial T}{\partial x} B(x) = \begin{bmatrix} 0 \\ I \end{bmatrix} \tag{14.2}$$

其中 I 为 $p \times p$ 的单位矩阵[②]。进行变量代换

$$\begin{bmatrix} \eta \\ \xi \end{bmatrix} = T(x), \quad \eta \in R^{n-p}, \xi \in R^p \tag{14.3}$$

系统变换为

$$\dot{\eta} = f_a(\eta, \xi) \tag{14.4}$$

$$\dot{\xi} = f_b(\eta, \xi) + G(x)E(x)u + \delta(t,x,u) \tag{14.5}$$

方程(14.4)和方程(14.5)通常称为正则形式。要设计滑模控制,首先从设计滑动流形 $s = \xi - \phi(\eta) = 0$ 开始,使得当把运动限制在流形上时,降阶系统

$$\dot{\eta} = f_a(\eta, \phi(\eta)) \tag{14.6}$$

在原点有一个渐近稳定平衡点, $\phi(\eta)$ 的设计归结为求解系统

$$\dot{\eta} = f_a(\eta, \xi)$$

的稳定性问题,上式中把 ξ 看成控制输入。求解该稳定性问题可运用前两章提出的线性化或

---

① 这种方法可扩展到 G 不是对角阵的情况,其非对角元素包含 δ。由于限定 δ 依赖于 u,因此这种方法对 G 是对角占优矩阵的情况有效。

② T 的存在性在习题 14.9 中讨论。

反馈线性化技术,或运用本章后面将要介绍的一些非线性设计工具,如反步法或基于无源的控制法。假设可以找到一个可使系统稳定的连续可微函数 $\phi(\eta)$,且 $\phi(0)=0$。然后设计 u,使其在有限时间内把 s 带到零,并在所有未来时刻保持 s 不变。为此,写出 $\dot{s}$ 方程

$$\dot{s} = f_b(\eta,\xi) - \frac{\partial\phi}{\partial\eta}f_a(\eta,\xi) + G(x)E(x)u + \delta(t,x,u) \tag{14.7}$$

正如在引例中所见,u 可以设计成纯切换分量,或者它可能包含一个附加的连续分量,消去了方程(14.7)右边的已知项[①]。如果 $\hat{G}(x)$ 是 $G(x)$ 的标称模型,则 u 的连续分量就是 $-E^{-1}\hat{G}^{-1}[f_b-(\partial\phi/\partial\eta)f_a]$。在无不确定量时,即 $\delta=0$,G 已知,取 $u=-E^{-1}\hat{G}^{-1}[f_b-(\partial\phi/\partial\eta)f_a]$ 可得 $\dot{s}=0$,这样就可以保证在所有未来时刻 $s=0$。为便于同时分析上述两种情况,把控制 u 表示为

$$u = E^{-1}(x)\left\{ -L(x)\left[f_b(\eta,\xi) - \frac{\partial\phi}{\partial\eta}f_a(\eta,\xi) \right] + v \right\} \tag{14.8}$$

其中 $L(x)=\hat{G}^{-1}(x)$,否则如果消去已知项,则 $L=0$。将式(14.8)代入方程(14.7),得

$$\dot{s}_i = g_i(x)v_i + \Delta_i(t,x,v), \quad 1\leqslant i\leqslant p \tag{14.9}$$

其中,Δ_i 是

$$\begin{aligned}
\Delta(t,x,v) =\ & \delta(t,x,-E^{-1}(x)L(x)(f_b(\eta,\xi)-(\partial\phi/\partial\eta)f_a(\eta,\xi))+E^{-1}(x)v) \\
& + [I-G(x)L(x)][f_b(\eta,\xi)-(\partial\phi/\partial\eta)f_a(\eta,\xi)]
\end{aligned}$$

的第 i 个分量,g_i 为 G 的第 i 个对角元素。假设 Δ_i/g_i 满足不等式

$$\left| \frac{\Delta_i(t,x,v)}{g_i(x)} \right| \leqslant \varrho(x)+\kappa_0\|v\|_\infty, \quad \forall\,(t,x,v)\in[0,\infty)\times D\times R^p,\ \forall\,1\leqslant i\leqslant p \tag{14.10}$$

其中,$\varrho(x)\geqslant 0$(一个连续函数),$\kappa_0\in[0,1)$ 已知。接下来利用式(14.10)的估计,设计 v,迫使 s 指向流形 $s=0$。以 $V_i=(1/2)s_i^2$ 作为方程(14.9)的备选李雅普诺夫函数,可得

$$\dot{V}_i = s_i\dot{s}_i = s_ig_i(x)v_i + s_i\Delta_i(t,x,v) \leqslant g_i(x)\{s_iv_i+|s_i|[\varrho(x)+\kappa_0\|v\|_\infty]\}$$

取[②]

$$v_i = -\beta(x)\,\mathrm{sgn}(s_i), \quad 1\leqslant i\leqslant p \tag{14.11}$$

其中

$$\beta(x)\geqslant \frac{\varrho(x)}{1-\kappa_0} + \beta_0, \quad \forall\,x\in D \tag{14.12}$$

且 $\beta_0>0$,则

$$\begin{aligned}
\dot{V}_i &\leqslant g_i(x)[-\beta(x)+\varrho(x)+\kappa_0\beta(x)]|s_i| = g_i(x)[-(1-\kappa_0)\beta(x)+\varrho(x)]|s_i| \\
&\leqslant g_i(x)[-\varrho(x)-(1-\kappa_0)\beta_0+\varrho(x)]|s_i| \leqslant -g_0\beta_0(1-\kappa_0)|s_i|
\end{aligned}$$

不等式 $\dot{V}_i\leqslant -g_0\beta_0(1-\kappa_0)|s_i|$ 保证了所有始于流形 $s=0$ 之外的轨线都能在有限时间内到达流形,而已在流形上的轨线不会离开它。

　　滑模稳定控制器的设计步骤可归纳为以下几步:

- 设计滑动流形 $\xi=\phi(\eta)$,以稳定降阶系统(14.6)。

---

① 连续分量通常称为等效控制。

② 为了方便,所有控制部分符号函数的系数都相同。放宽该限制的情况见习题 14.12。

- 把控制 u 取为 $u = E^{-1}\{-\hat{G}^{-1}[f_b - (\partial\phi/\partial\eta)f_a] + v\}$ 或 $u = E^{-1}v$。
- 估计式(14.10)中的 $\varrho(x)$ 和 κ_0，其中 Δ 的计算取决于上一步的选择。
- 选取 $\beta(x)$ 满足式(14.12)，并按式(14.11)选取切换(不连续)控制 v。

上述步骤显示模型阶数降低了，因为主要设计任务是对降阶系统(14.6)进行的。滑模控制的主要特征在于其对匹配的不确定性的鲁棒性。在到达阶段，只要 $\beta(x)$ 满足不等式(14.12)，迫使轨线向滑动流形运动并保持在流形上的任务，就由切换控制(14.11)实现。从式(14.10)可以看出，$\varrho(x)$ 是不确定性大小的度量，由于 $\varrho(x)$ 无须取得很小，因此切换控制器可以处理相当大的不确定项，实际中只受到控制信号幅度的限制。在滑动阶段，系统的运动由方程(14.6)决定，与不确定项 G 和 δ 无关。

由于滑模控制器含有不连续的符号函数 $\mathrm{sgn}(s_i)$，因此在理论与实践中出现了一些问题。在理论上，如解的存在性和唯一性，以及李雅普诺夫分析的有效性等，都必须在一个框架中验证，该框架不要求状态方程的右边具有局部利普希茨性[1]。实践中的问题是由于切换设备的非理想性以及延迟造成的抖动，这在引例中已做了说明。为了消除抖动，我们采用符号函数的连续逼近[2]，这种方法也避免了与不连续控制器相关联的理论困难[3]。具体来说，就是用一个陡峭的饱和函数 $\mathrm{sat}(s_i/\varepsilon)$ 逼近符号函数 $\mathrm{sgn}(s_i)$[4]，即

$$v_i = -\beta(x)\,\mathrm{sat}\left(\frac{s_i}{\varepsilon}\right), \qquad 1 \leqslant i \leqslant p \tag{14.13}$$

其中 $\beta(x)$ 满足式(14.12)。为了分析连续滑模控制器的性能，用李雅普诺夫函数 $V_i = (1/2)s_i^2$ 检验到达阶段的特性。V_i 的导数满足不等式

$$\dot{V}_i \leqslant g_i(x)\left[-\beta(x)s_i\,\mathrm{sat}\left(\frac{s_i}{\varepsilon}\right) + \varrho(x)|s_i| + \kappa_0\beta(x)|s_i|\right]$$

在区域 $|s_i| \geqslant \varepsilon$ 内，有

$$\dot{V}_i \leqslant g_i(x)[-(1-\kappa_0)\beta(x) + \varrho(x)]|s_i| \leqslant -g_0\beta_0(1-\kappa_0)|s_i|$$

这表明只要 $|s_i(0)| > \varepsilon$，$|s_i(t)|$ 就会减小，直到在有限时间内到达集合 $\{|s_i| \leqslant \varepsilon\}$，并保持在该集合内。集合 $\{|s_i| \leqslant \varepsilon, 1 \leqslant i \leqslant p\}$ 称为边界层，为研究 η 的特性以及设计滑动流形 $\xi = \phi(\eta)$，假设存在一个(连续可微的)李雅普诺夫函数 $V(\eta)$，对于所有 $(\eta, \xi) \in T(D)$，满足不等式

$$\alpha_1(\|\eta\|) \leqslant V(\eta) \leqslant \alpha_2(\|\eta\|) \tag{14.14}$$

$$\frac{\partial V}{\partial \eta}f_a(\eta, \phi(\eta) + s) \leqslant -\alpha_3(\|\eta\|), \qquad \forall\, \|\eta\| \geqslant \gamma(\|s\|) \tag{14.15}$$

其中 $\alpha_1, \alpha_2, \alpha_3$ 和 γ 是 $\mathcal{K}$ 类函数[5]，注意到对于某个正常数 k_1[6]，有

$$|s_i| \leqslant c, \qquad 1 \leqslant i \leqslant p \Rightarrow \|s\| \leqslant k_1 c \Rightarrow \dot{V} \leqslant -\alpha_3(\|\eta\|), \qquad \|\eta\| \geqslant \gamma(k_1 c)$$

---

① 关于右边不连续的微分方程，可参阅文献[58]，文献[147]，文献[173]和文献[198]。

② 消除抖动的其他方法还有利用观测器[197]和用积分器扩展系统的动态特性[177]。要注意连续逼近方法不能用在开-关型执行部件上，例如可控硅。

③ 这里没有继续进行不连续滑模控制器的严格分析，我们鼓励读者用仿真检验不连续滑模控制器及其连续逼近的性能。

④ 光滑逼近在习题 14.11 中讨论。

⑤ 当把 s 看成输入时，不等式(14.15)表明系统 $\dot{\eta} = f_a(\eta, \phi(\eta) + s))$ 的局部输入-状态稳定性(见习题 4.60)。

⑥ 常数 k_1 取决于分析中采用的范数类型。

定义 $\mathcal{K}$ 类函数 α 为

$$\alpha(r) = \alpha_2(\gamma(k_1 r))$$

则

$$V(\eta) \geqslant \alpha(c) \quad \Rightarrow \quad V(\eta) \geqslant \alpha_2(\gamma(k_1 c)) \Rightarrow \alpha_2(\|\eta\|) \geqslant \alpha_2(\gamma(k_1 c))$$
$$\Rightarrow \quad \|\eta\| \geqslant \gamma(k_1 c) \Rightarrow \dot{V} \leqslant -\alpha_3(\|\eta\|) \leqslant -\alpha_3(\gamma(k_1 c))$$

由于 $\dot{V}$ 在边界 $V(\eta) = c_0$ 处为负,所以上式表明当 $c_0 \geqslant \alpha(c)$ 时,$\{V(\eta) \leqslant c_0\}$ 是正不变集(见图 14.12),故

$$\Omega = \{V(\eta) \leqslant c_0\} \times \{|s_i| \leqslant c, \ 1 \leqslant i \leqslant p\}, \qquad c_0 \geqslant \alpha(c) \tag{14.16}$$

也是正不变集,只要 $c > \varepsilon$,且 $\Omega \subset T(D)$。适当选择 ε,$c > \varepsilon$ 和 $c_0 \geqslant \alpha(c)$ 使得 Ω 是紧致的,并且是 $T(D)$ 的子集。取紧集 Ω 作为"吸引区"的估计值,则初态在 Ω 中的轨线在 $t \geqslant 0$ 时都是有界的,在某一有限时间之后,有 $|s_i(t)| \leqslant \varepsilon$。由前面的分析可得,对于所有 $V(\eta) \geqslant \alpha(\varepsilon)$,有 $\dot{V} \leqslant -\alpha_3(\gamma(k_1 \varepsilon))$,因此轨线在有限时间内到达正不变集

$$\Omega_\varepsilon = \{V(\eta) \leqslant \alpha(\varepsilon)\} \times \{|s_i| \leqslant \varepsilon, \ 1 \leqslant i \leqslant p\} \tag{14.17}$$

选择足够小的 ε 可使集合 Ω_ε 任意小,在极限情况下,即当 ε 趋于零时,Ω_ε 收缩到原点,这说明连续滑模控制器补偿了其不连续型的性能缺陷。最后要注意,如果所有假设都全局成立,且 $V(\eta)$ 是径向无界的,那么可以选择任意大的 Ω,包含任何初始状态。下面的定理总结了上面的讨论。

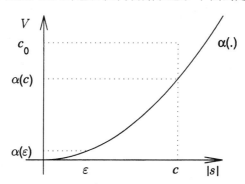

图 14.12　集合 Ω 和标量 s 的表示。在 $\alpha(\cdot)$ 曲线的上方 $\dot{V} < 0$

定理 14.1　考虑系统(14.4)~(14.5),假设存在 $\phi(\eta)$,$V(\eta)$,$\varrho(x)$ 和 κ_0,满足式(14.10),式(14.14)和式(14.15)。设 u 和 v 分别由式(14.8)和式(14.13)给出,并假设选择 ε,$c > \varepsilon$ 和 $c_0 \geqslant \alpha(c)$,使由式(14.16)定义的集合 Ω 在 $T(D)$ 内,那么对于所有 $t \geqslant 0$,对于所有 $(\eta(0), \xi(0)) \in \Omega$,轨线 $(\eta(t), \xi(t))$ 都是有界的,并且在有限时间内都能到达由式(14.17)定义的正不变集 Ω_ε。此外,如果假设是全局成立的,$V(\eta)$ 径向无界,则上述结论对于任意初始状态都成立。　　　　　　　　　　　　　　　　　　$\diamond$

　　该定理说明,滑模控制器是毕竟有界的,其最终边界可通过设计参数 ε 控制。定理还给出了全局毕竟有界性的条件。由于 δ 的不确定性,它在 $x = 0$ 处可能不为零,所以一般来说,毕竟有界性是我们所期望的最好结果。但是如果 δ 在原点为零,就能证明原点渐近稳定性,正如下面的定理。

定理 14.2　假设定理 14.1 的所有假设在 $\varrho(0)=0$ 和 $\kappa_0=0$ 时都成立,进一步假设 $\dot{\eta}=f_a(\eta,\phi(\eta))$ 的原点是指数稳定的,那么存在 $\varepsilon^*>0$,使得对于所有 $0<\varepsilon<\varepsilon^*$,闭环系统的原点是指数稳定的,并且 Ω 是吸引区的一个子集。如果假设全局成立,那么原点是全局一致渐近稳定的。　　　　　　　　　　　　　　　　　　　　　　　　　　　　　　　$\diamond$

证明:若不等式(14.10)在 $\kappa_0=0$ 时成立,则 Δ_i 一定与 v 无关。因此,有 $\Delta_i=\Delta_i(t,x)$。又由定理 14.1 可知所有从 Ω 内发出的轨线都在有限时间内进入 Ω_ε。在 Ω_ε 内,闭环系统表示为

$$\begin{aligned}
\dot{\eta} &= f_a(\eta,\phi(\eta)+s) \\
\dot{s}_i &= \Delta_i(t,x)-\frac{g_i(x)\beta(x)}{\varepsilon}s_i, \quad 1\leqslant i\leqslant p
\end{aligned}$$

由(逆李雅普诺夫)定理 4.14 可知,存在李雅普诺夫函数 $V_0(\eta)$,在 $\eta=0$ 的某个邻域 N_η 内满足

$$c_1\|\eta\|_2^2\leqslant V_0(\eta)\leqslant c_2\|\eta\|_2^2$$

$$\frac{\partial V_0}{\partial\eta}f_a(\eta,\phi(\eta))\leqslant-c_3\|\eta\|_2^2$$

$$\left\|\frac{\partial V_0}{\partial\eta}\right\|_2\leqslant c_4\|\eta\|_2$$

由 f_a 和 Δ 的光滑性,以及当 $|\Delta_i(t,x)|\leqslant g_i(x)\varrho(x)$ 时,$\varrho(0)=0$,可得在 $(\eta,\xi)=(0,0)$ 的某一邻域内,有

$$\|f_a(\eta,\phi(\eta)+s)-f_a(\eta,\phi(\eta))\|_2\leqslant k_1\|s\|_2$$

$$\|\Delta\|_2\leqslant k_2\|\eta\|_2+k_3\|s\|_2$$

选择足够小的 ε 使 $\Omega_\varepsilon\subset N_\eta$ 和 $\Omega_\varepsilon\subset N$。利用李雅普诺夫函数

$$W=V_0(\eta)+\frac{1}{2}\sum_{i=1}^p s_i^2$$

可以证明　　$\dot{W}\leqslant-c_3\|\eta\|_2^2+c_4k_1\|\eta\|_2\|s\|_2+k_2\|\eta\|_2\|s\|_2+k_3\|s\|_2^2-\frac{\beta_0g_0}{\varepsilon}\|s\|_2^2$

选择足够小的 ε,可使上式右边在 Ω_ε 内负定。证明的其余部分显而易见,在此省略。　　　$\square$

　　上述证明的基本思想是,在边界层内,当 ε 较小时,将 $v_i=-\beta(x)s_i/\varepsilon$ 用来作为高增益反馈控制。通过选择足够小的 ε,高增益反馈可以稳定原点。似乎可以把高增益反馈控制用于整个空间,但在 s 远离零点时,控制幅度会过高。

　　前面强调了滑模控制对匹配的不确定性的鲁棒性,对于未匹配的不确定性,其鲁棒性如何呢? 假设方程(14.1)修改为

$$\dot{x}=f(x)+B(x)[G(x)E(x)u+\delta(t,x,u)]+\delta_1(x) \tag{14.18}$$

通过式(14.3)的变量代换,系统变为

$$\begin{aligned}
\dot{\eta} &= f_a(\eta,\xi)+\delta_a(\eta,\xi) \\
\dot{\xi} &= f_b(\eta,\xi)+G(x)E(x)u+\delta(t,x,u)+\delta_b(\eta,\xi)
\end{aligned}$$

其中　　　　　　　　　　　　　　　　$\begin{bmatrix}\delta_a\\\delta_b\end{bmatrix}=\frac{\partial T}{\partial x}\delta_1$

匹配不确定项 δ 加了一项 δ_b,其作用只是改变 Δ_i/g_i 的上界。δ_a 一项是未匹配的不确定项,它

在滑动流形上把降阶系统变为

$$\dot{\eta} = f_a(\eta, \phi(\eta)) + \delta_a(\eta, \phi(\eta))$$

其中ϕ的设计必须保证当不确定项δ_a存在时,原点$\eta = 0$是渐近稳定的。这是一个鲁棒稳定性问题,可以通过其他鲁棒稳定性技术解决,如高增益反馈。匹配不确定项与未匹配不确定项的区别在于:滑模控制对于任何具有已知上界的匹配不确定项,都可以保证其鲁棒性,其前提条件只要求匹配不确定项的上界是已知的,控制结果是可观测的。而对于未匹配的不确定项没有这样的保证,因此必须限制未匹配不确定项的大小,使系统在滑动流形上达到鲁棒稳定性。下面的两个例子将说明这一点。

例 14.1   考虑二阶系统
$$\begin{aligned} \dot{x}_1 &= x_2 + \theta_1 x_1 \sin x_2 \\ \dot{x}_2 &= \theta_2 x_2^2 + x_1 + u \end{aligned}$$

其中θ_1和θ_2是两个未知参数,对于某已知边界值a和b,满足$|\theta_1| \le a$和$|\theta_2| \le b$。系统在$\eta = x_1, \xi = x_2$时已成为正则形式,由θ_2引起的不确定性是匹配的,而由θ_1引起的不确定性是未匹配的。考虑系统

$$\dot{x}_1 = x_2 + \theta_1 x_1 \sin x_2$$

并设计x_2,使原点$x_1 = 0$是鲁棒稳定的,只要$x_2 = -kx_1, k > a$即可实现。因为

$$x_1 \dot{x}_1 = -kx_1^2 + \theta_1 x_1^2 \sin(-kx_1) \le -(k-a)x_1^2$$

滑动流形为$s = x_2 + kx_1 = 0$,且

$$\dot{s} = \theta_2 x_2^2 + x_1 + u + k(x_2 + \theta_1 x_1 \sin x_2)$$

为消去右边的已知项,取

$$u = -x_1 - kx_2 + v$$

可得
$$\dot{s} = v + \Delta(x)$$

其中$\Delta(x) = \theta_2 x_2^2 + k\,\theta_1 x_1 \sin x_2$。由于

$$|\Delta(x)| \le ak|x_1| + bx_2^2$$

因此,取
$$\beta(x) = ak|x_1| + bx_2^2 + \beta_0, \qquad \beta_0 > 0$$

和
$$u = -x_1 - kx_2 - \beta(x)\,\mathrm{sgn}(s)$$

该控制器或其ε充分小时的连续逼近使原点全局稳定。   △

上例中,我们能够利用高增益反馈使具有未匹配不确定项的降阶系统达到鲁棒稳定,不确定项满足$|\theta_1| \le a$,对a没有限制。通常情况下,这也许是不可能的,下面的例子将说明这一点。

例 14.2   考虑二阶系统
$$\begin{aligned} \dot{x}_1 &= x_1 + (1 - \theta_1)x_2 \\ \dot{x}_2 &= \theta_2 x_2^2 + x_1 + u \end{aligned}$$

其中θ_1和θ_2是未知参数,满足$|\theta_1| \le a$和$|\theta_2| \le b$。考虑系统

$$\dot{x}_1 = x_1 + (1 - \theta_1)x_2$$

设计x_2,使原点$x_1 = 0$达到鲁棒稳定。注意到该系统在$\theta_1 = 1$处不是可稳定的,因此a的取值范围必须小于1。利用$x_2 = -kx_1$,得

$$x_1 \dot{x}_1 = x_1^2 - k(1 - \theta_1)x_1^2 \le -[k(1-a) - 1]x_1^2$$

因此,当取$k > 1/(1-a)$时,可使原点$x_1 = 0$稳定。滑动流形为$s = x_2 + kx_1 = 0$。按照上一

例题继续分析,可得滑模控制为

$$u = -(1 + k)x_1 - kx_2 - \beta(x)\,\mathrm{sgn}(s)$$

其中 $\beta(x) = bx_2^2 + ak|x_2| + \beta_0, \beta_0 > 0$。　　　　　　　　　　　　△

14.1.3　跟踪

考虑单输入-单输出系统

$$\dot{x} = f(x) + \delta_1(x) + g(x)[u + \delta(t, x, u)] \tag{14.19}$$
$$y = h(x) \tag{14.20}$$

其中 x, u 和 y 分别是状态、控制输入和受控输出。假设 f, g, h 和 δ_1 在定义域 $D \subset R^n$ 内充分光滑,δ 对 t 是分段连续的,且在 (x, u) 上充分光滑,$(t, x, u) \in [0, \infty) \times D \times R$。进一步假设 f 和 h 已知,而 g, δ 和 δ_1 可以是不确定的。对于 g 中所有可能的不确定项,假设系统

$$\dot{x} = f(x) + g(x)u \tag{14.21}$$
$$y = h(x) \tag{14.22}$$

在 D 内相对阶为 ρ,即对于所有 $x \in D$[①],有

$$L_g h(x) = \cdots = L_g L_f^{\rho-2} h(x) = 0, \quad L_g L_f^{\rho-1} h(x) \geqslant a > 0$$

我们的目标是设计一个状态反馈控制律,使输出 y 渐近跟踪一个参考信号 $r(t)$,其中

- $r(t)$ 及其导数直到 $r^{(\rho)}(t)$ 对于所有 $t \geqslant 0$ 都是有界的,且第 ρ 阶导数 $r^{(\rho)}(t)$ 是 t 的分段连续函数。
- 信号 $r, \cdots, r^{(\rho)}$ 可在线获得。

从对输入-输出线性化(13.2 节)的研究可以知道,系统(14.21) ~ (14.22)通过变量代换

$$\left[\begin{array}{c} \eta \\ \hline \xi \end{array}\right] = \left[\begin{array}{c} \phi(x) \\ \hline \psi(x) \end{array}\right] = \left[\begin{array}{c} \phi_1(x) \\ \vdots \\ \phi_{n-\rho}(x) \\ \hline h(x) \\ \vdots \\ L_f^{\rho-1}h(x) \end{array}\right] = T(x) \tag{14.23}$$

可转换为标称形式,其中 ϕ_1 到 $\phi_{n-\rho}$ 满足偏微分方程

$$\frac{\partial \phi_i}{\partial x} g(x) = 0, \quad 1 \leqslant i \leqslant n - \rho, \quad \forall\, x \in D$$

假设 $T(x)$ 在 D 上是微分同胚的,由于 f 和 h 已知,而 g 可能不确定,因此函数 ψ 是已知的,而 ϕ 可能未知。我们希望对扰动 δ 和 δ_1 加以限制,使得当变量代换式(14.23)运用于扰动系统(14.19) ~ (14.20)时,系统仍保持标称形式结构。由相对阶条件,显然关于 η 的状态方程与 u 无关。下面计算关于 ξ 的状态方程

---

① 为不失一般性,假设 $L_g L_f^{\rho-1} h$ 是正的。如果是负的,则可以代入 $u = -\bar{u}$,并继续设计 $\bar{u}$。这样,通过对正的 $L_g L_f^{\rho-1} h$ 求解问题,将控制律乘以 $\mathrm{sign}(L_g L_f^{\rho-1} h)$,就对两种符号都适用了。

$$\dot{\xi}_1 = \frac{\partial h}{\partial x}[f + \delta_1 + g(u + \delta)] = \frac{\partial h}{\partial x}(f + \delta_1)$$

如果 δ_1 属于 $[\partial h/\partial x]$ 的零空间,即对于所有 $x \in D$,$[\partial h/\partial x]\delta_1(x) = 0$,那么

$$\dot{\xi}_1 = L_f h(x) = \xi_2$$

同样 $$\dot{\xi}_2 = \frac{\partial(L_f h)}{\partial x}[f + \delta_1 + g(u + \delta)] = \frac{\partial(L_f h)}{\partial x}(f + \delta_1)$$

如果对于所有 $x \in D$,δ_1 属于 $[\partial(L_f h)/\partial x]$ 的零空间,则

$$\dot{\xi}_2 = L_f^2 h(x) = \xi_2$$

如此反复即可推出,如果

$$\frac{\partial(L_f^i h)}{\partial x}\delta_1(x) = 0, \quad 1 \leqslant i \leqslant \rho - 2, \quad \forall\, x \in D \tag{14.24}$$

则式(14.23)的变量代换可产生系统的标称形式

$$\begin{aligned}
\dot{\eta} &= f_0(\eta, \xi) \\
\dot{\xi}_1 &= \xi_2 \\
&\vdots \qquad \vdots \\
\dot{\xi}_{\rho-1} &= \xi_\rho \\
\dot{\xi}_\rho &= L_f^\rho h(x) + L_{\delta_1} L_f^{\rho-1} h(x) + L_g L_f^{\rho-1} h(x)[u + \delta(t, x, u)] \\
y &= \xi_1
\end{aligned}$$

设 $$\mathcal{R} = \begin{bmatrix} r \\ \vdots \\ r^{(\rho-1)} \end{bmatrix}, \quad e = \begin{bmatrix} \xi_1 - r \\ \vdots \\ \xi_\rho - r^{(\rho-1)} \end{bmatrix} = \xi - \mathcal{R}$$

进行变量代换 $e = \xi - \mathcal{R}$,得

$$\begin{aligned}
\dot{\eta} &= f_0(\eta, \xi) \\
\dot{e}_1 &= e_2 \\
&\vdots \qquad \vdots \\
\dot{e}_{\rho-1} &= e_\rho \\
\dot{e}_\rho &= L_f^\rho h(x) + L_{\delta_1} L_f^{\rho-1} h(x) + L_g L_f^{\rho-1} h(x)[u + \delta(t, x, u)] - r^{(\rho)}(t)
\end{aligned}$$

如果设计一个状态反馈控制律,能保证 $e(t)$ 有界且当 t 趋于无穷时收敛到零,就能实现渐近跟踪。e 的有界性能够保证 ξ 有界,因为 $\mathcal{R}(t)$ 是有界的。此外还要保证 η 有界,为此将分析限定在系统

$$\dot{\eta} = f_0(\eta, \xi)$$

是有界输入-有界状态稳定的情况,这就是系统 $\dot{\eta} = f_0(\eta, \xi)$ 在输入-状态稳定时,对任何有界输入 ξ 和任何初始状态 $\eta(0)$ 的情况。从这一角度出发,我们就可以将分析的重点放在证明 e 的有界性及收敛性上。$\dot{e}$ 方程采用方程(14.4)和方程(14.5)的正则形式,$\eta = [e_1, \cdots, e_{\rho-1}]^{\mathrm{T}}$,$\xi = e_\rho$。首先研究系统

$$\begin{aligned}
\dot{e}_1 &= e_2 \\
&\vdots \qquad \vdots \\
\dot{e}_{\rho-1} &= e_\rho
\end{aligned}$$

其中 e_ρ 视为控制输入。我们要设计 e_ρ 使原点稳定,对于线性系统(以可控标准形表示),可以通过线性控制

$$e_\rho = -(k_1 e_1 + \cdots + k_{\rho-1} e_{\rho-1})$$

实现,其中选择 k_1 到 $k_{\rho-1}$,使多项式

$$s^{\rho-1} + k_{\rho-1} s^{\rho-2} + \cdots + k_1$$

为赫尔维茨的,则滑动流形为 $s = (k_1 e_1 + \cdots + k_{\rho-1} e_{\rho-1}) + e_\rho = 0$

并且　$\dot{s} = k_1 e_2 + \cdots + k_{\rho-1} e_\rho + L_f^\rho h(x) + L_{\delta_1} L_f^{\rho-1} h(x) + L_g L_f^{\rho-1} h(x)[u + \delta(t, x, u)] - r^{(\rho)}(t)$

然后可以把 $u = v$ 设计为纯切换分量,或可以取

$$u = -\frac{1}{L_{\hat{g}} L_f^{\rho-1} h(x)} \left[k_1 e_2 + \cdots + k_{\rho-1} e_\rho + L_f^\rho h(x) - r^{(\rho)}(t) \right] + v$$

消去方程右边的已知项,其中 $\hat{g}(x)$ 为 $g(x)$ 的标称模型。注意,当 g 已知时,即 $\hat{g} = g$ 时,

$$-\frac{1}{L_g L_f^{\rho-1} h(x)} \left[L_f^\rho h(x) - r^{(\rho)}(t) \right]$$

一项是 13.4.2 节中用到的反馈线性项。无论哪种情况,$\dot{s}$ 方程都可以表示为

$$\dot{s} = L_g L_f^{\rho-1} h(x) v + \Delta(t, x, v)$$

假设对于所有 $(t, x, v) \in [0, \infty) \times D \times R$,有

$$\left| \frac{\Delta(t, x, v)}{L_g L_f^{\rho-1} h(x)} \right| \leqslant \varrho(x) + \kappa_0 |v|, \quad 0 \leqslant \kappa_0 < 1$$

ϱ 和 κ_0 已知,则
$$v = -\beta(x) \, \mathrm{sgn}(s)$$

其中 $\beta(x) \geqslant \varrho(x)/(1 - \kappa_0) + \beta_0, \beta_0 > 0$,而且用 $\mathrm{sat}(s/\varepsilon)$ 代换 $\mathrm{sgn}(s)$ 可得到其连续逼近。以下内容留给读者证明(见习题 14.13):对于连续滑模控制器,存在一个可能与 ε 和初始状态有关的有限时间 T_1,以及一个与 ε 和初始状态无关的正常数 k,使得对于所有 $t \geqslant T_1$,有 $|y(t) - r(t)| \leqslant k\varepsilon$。

14.1.4　积分控制调节

考虑单输入-单输出系统

$$\dot{x} = f(x) + \delta_1(x, w) + g(x, w)[u + \delta(x, u, w)] \tag{14.25}$$
$$y = h(x) \tag{14.26}$$

其中,$x \in R^n$ 是状态,$u \in R$ 是控制输入,$y \in R$ 是受控输出,$w \in R^l$ 是由未知的不变参数和扰动组成的向量。对于 $x \in D \subset R^n, u \in R$ 和 $w \in D_w \subset R^l$,函数 f, g, h, δ 和 δ_1 对 (x, u) 充分光滑,对 w 是连续的,其中 D 和 D_w 是开连通集。假设系统

$$\dot{x} = f(x) + g(x, w)u \tag{14.27}$$
$$y = h(x) \tag{14.28}$$

在 D 内,相对阶 ρ 对 w 一致,即对于所有 $(x, w) \in D \times D_w$,有

$$L_g h(x, w) = \cdots = L_g L_f^{\rho-2} h(x, w) = 0, \quad L_g L_f^{\rho-1} h(x, w) \geqslant a > 0$$

我们的目标是设计一个状态反馈控制律,使得输出 y 渐近跟踪一个不变的参考信号 $r \in D_r \subset R$,其中 D_r 是开连通集。这是前一节介绍的跟踪问题的一个特例,即参考信号是常数,不确定项

以 w 为参数,因此可以采用前一节所述的滑模控制器实现。当符号函数 $\mathrm{sgn}(s)$ 由饱和函数 $\mathrm{sat}(s/\varepsilon)$ 逼近时,调节误差是毕竟有界的,其边界值为常数 $k\varepsilon, k>0$。这是一般跟踪问题所能达到的最好结果,但在调节问题中可以利用积分控制达到零稳态误差。继续 12.3 节的讨论,为系统增加对调节误差 $y-r$ 的积分,设计一个反馈控制器,使增广系统在平衡点 $y=r$ 处稳定。为此,假设对于每对 $(r,w) \in D_r \times D_w$,存在唯一的 $(x_{\mathrm{ss}}, u_{\mathrm{ss}})$,连续依赖于 (r,w),且满足方程组

$$0 = f(x_{\mathrm{ss}}) + \delta_1(x_{\mathrm{ss}}, w) + g(x_{\mathrm{ss}}, w)[u_{\mathrm{ss}} + \delta(x_{\mathrm{ss}}, u_{\mathrm{ss}}, w)]$$
$$r = h(x_{\mathrm{ss}})$$

使得 x_{ss} 是期望的平衡点,u_{ss} 是系统在点 x_{ss} 保持平衡所要求的稳态控制。假设

$$\frac{\partial(L_f^i h)}{\partial x} \delta_1(x, w) = 0, \quad 1 \leqslant i \leqslant \rho - 2, \quad \forall\, (x, w) \in D \times D_w$$

通过变量代换(14.23)将系统(14.25)~(14.26)转换为标称形式

$$\dot{\eta} = f_0(\eta, \xi, w)$$
$$\dot{\xi}_1 = \xi_2$$
$$\vdots \qquad \vdots$$
$$\dot{\xi}_{\rho-1} = \xi_\rho$$
$$\dot{\xi}_\rho = L_f^\rho h(x) + L_{\delta_1} L_f^{\rho-1} h(x, w) + L_g L_f^{\rho-1} h(x, w)[u + \delta(x, u, w)]$$
$$y = \xi_1$$

并将平衡点 x_{ss} 映射到 $(\eta_{\mathrm{ss}}, \xi_{\mathrm{ss}})$,其中 $\xi_{\mathrm{ss}} = [r, 0, \cdots, 0]^{\mathrm{T}}$。前述方程的积分器增强为

$$\dot{e}_0 = y - r$$

运用变量代换
$$z = \eta - \eta_{\mathrm{ss}}, \quad e = \begin{bmatrix} e_1 \\ e_2 \\ \vdots \\ e_\rho \end{bmatrix} = \begin{bmatrix} \xi_1 - r \\ \xi_2 \\ \vdots \\ \xi_\rho \end{bmatrix}$$

可得到增广系统

$$\dot{z} = f_0(z + \eta_{\mathrm{ss}}, \xi, w) \overset{\text{def}}{=\!=} \tilde{f}_0(z, e, w, r)$$
$$\dot{e}_0 = e_1$$
$$\dot{e}_1 = e_2$$
$$\vdots \qquad \vdots$$
$$\dot{e}_{\rho-1} = e_\rho$$
$$\dot{e}_\rho = L_f^\rho h(x) + L_{\delta_1} L_f^{\rho-1} h(x, w) + L_g L_f^{\rho-1} h(x, w)[u + \delta(x, u, w)]$$

保持系统为由 $\rho+1$ 个积分器组成的标称形式结构。因此,滑模控制的设计可以采用上一节的方法,特别是可取

$$s = k_0 e_0 + k_1 e_1 + \cdots + k_{\rho-1} e_{\rho-1} + e_\rho$$

选择 k_0 到 $k_{\rho-1}$,使多项式 $\quad s^\rho + k_{\rho-1} s^{\rho-1} + \cdots + k_1 s + k_0$

为赫尔维茨的,则

$$\dot{s} = k_0 e_1 + \cdots + k_{\rho-1} e_\rho + L_f^\rho h(x) + L_{\delta_1} L_f^{\rho-1} h(x, w) + L_g L_f^{\rho-1} h(x, w)[u + \delta(x, u, w)]$$

控制律 u 可取为

$$u = v \quad 或 \quad u = -\frac{1}{L_{\hat{g}}L_f^{\rho-1}h(x)}\left[k_0 e_1 + \cdots + k_{\rho-1}e_\rho + L_f^\rho h(x)\right] + v$$

这里 $\hat{g}(x)$ 是 $g(x,w)$ 的标称模型,可得

$$\dot{s} = L_g L_f^{\rho-1}h(x,w)v + \Delta(x,v,w,r)$$

如果

$$\left|\frac{\Delta(x,v,w,r)}{L_g L_f^{\rho-1}h(x,w)}\right| \leqslant \varrho(x) + \kappa_0|v|, \quad 0 \leqslant \kappa_0 < 1$$

对于所有 $(x,v,w,r) \in D \times R \times D_w \times D_r$,有 ϱ 和 κ_0 已知,则 v 可取为

$$v = -\beta(x)\,\mathrm{sat}\left(\frac{s}{\varepsilon}\right)$$

其中 $\beta(x) \geqslant \varrho(x)/(1-\kappa_0) + \beta_0, \beta_0 > 0$。闭环系统在 $(z,e_0,e) = (0,\bar{e}_0,0)$ 处有一个平衡点,该平衡点的收敛性可利用 14.1.2 节的方法证明。特别是对于系统 $\dot{z} = \tilde{f}_0(z,e,w,r)$,存在李雅普诺夫函数 $V_1(z,w,r)$,使得对于某些 $\mathcal{K}$ 类函数 $\tilde{\alpha}_1, \tilde{\alpha}_2, \tilde{\alpha}_3$ 和 $\tilde{\gamma}$,在 (w,r) 上一致满足不等式

$$\tilde{\alpha}_1(\|z\|) \leqslant V_1(z,w,r) \leqslant \tilde{\alpha}_2(\|z\|)$$

$$\frac{\partial V_1}{\partial z}\tilde{f}_0(z,e,w,r) \leqslant -\tilde{\alpha}_3(\|z\|), \quad \forall\,\|z\| \geqslant \tilde{\gamma}(\|e\|)$$

则可以证明存在两个正不变紧集 Ω 和 Ω_ε,使得始于 Ω 的每条轨线都能在有限时间内进入 Ω_ε。构造集合 Ω 和 Ω_ε 需要三个步骤。首先,把闭环系统写为如下形式:

$$\begin{aligned}
\dot{z} &= \tilde{f}_0(z,e,w,r) \\
\dot{\zeta} &= A\zeta + Bs \\
\dot{s} &= -(L_g L_f^{\rho-1}h)\beta\,\mathrm{sat}\left(\frac{s}{\varepsilon}\right) + \Delta
\end{aligned}$$

其中 $\zeta = [e_0, \cdots, e_{\rho-1}]^{\mathrm{T}}, A$ 是赫尔维茨矩阵,利用不等式

$$s\dot{s} \leqslant -a\beta_0(1-\kappa_0)|s|, \quad |s| \geqslant \varepsilon$$

证明集合 $\{|s| \leqslant c\}$ 是正不变集,$c > \varepsilon$。第二步,利用李雅普诺夫函数 $V_2(\zeta) = \zeta^{\mathrm{T}}P\zeta$,以及不等式

$$\dot{V}_2 \leqslant -\zeta^{\mathrm{T}}\zeta + 2\|\zeta\|\,\|PB\|\,|s|$$

证明对于某个 $\rho_1 > 0$,集合 $\{|s| \leqslant c\} \cap \{V_2 \leqslant c_2\rho_1\}$ 是正不变集,其中 P 是李雅普诺夫方程 $PA + A^{\mathrm{T}}P = -I$ 的解,且在该集合内,对于某个 $\rho_2 > 0$,有 $\|e\| \leqslant c\rho_2$。最后利用不等式

$$\dot{V}_1 \leqslant -\tilde{\alpha}_3(\|z\|), \quad \forall\,\|z\| \geqslant \tilde{\gamma}(c\rho_2)$$

证明

$$\Omega = \{|s| \leqslant c\} \cap \{V_2 \leqslant c^2\rho_1\} \cap \{V_1 \leqslant c_0\}$$

对于任何 $c_0 \geqslant \tilde{\alpha}_2(\tilde{\gamma}(c\rho_2))$ 是正不变集。同样可以证明

$$\Omega_\varepsilon = \{|s| \leqslant \varepsilon\} \cap \{V_2 \leqslant \varepsilon^2\rho_1\} \cap \{V_1 \leqslant \tilde{\alpha}_2(\tilde{\gamma}(\varepsilon\rho_2))\}$$

是正不变集,且始于 Ω 的每条轨线都能在有限时间内进入 Ω_ε。

如果 $z = 0$ 是 $\dot{z} = \tilde{f}_0(z,0,w,r)$ 的指数稳定平衡点,重复定理 14.2 的证明,则可证明 Ω_ε 内

的每条轨线当 t 趋于无穷时都趋近期望的平衡点。特别地,如果由定理 4.14 得到,$V_3(z,w,r)$ 是对于指数稳定平衡点 $z=0$ 的逆李雅普诺夫函数,P 是李雅普诺夫方程 $PA+A^{\mathrm{T}}P=-I$ 的解,$(\zeta,\tilde{s})$ 为 (ζ,s) 与平衡值的偏差,则可以证明,当 $\lambda>0$ 时,

$$V_0 = V_3 + \lambda \tilde{\zeta}^{\mathrm{T}} P \tilde{\zeta} + \tfrac{1}{2}\tilde{s}^2$$

的导数满足不等式[①]

$$\dot{V}_0 \leqslant - \begin{bmatrix} \|z\| \\ \|\tilde{\zeta}\|_2 \\ |\tilde{s}| \end{bmatrix}^{\mathrm{T}} \begin{bmatrix} k_1 & -k_3 & -k_4 \\ -k_3 & \lambda & -(\lambda k_5 + k_6) \\ -k_4 & -(\lambda k_5 + k_6) & (k_2/\varepsilon)-k_7 \end{bmatrix} \begin{bmatrix} \|z\| \\ \|\tilde{\zeta}\|_2 \\ |\tilde{s}| \end{bmatrix}$$

其中 k_1 和 k_2 为正常数,k_3 到 k_7 为非负常数。选择 $\lambda>k_3^2/k_1$,可使导数 $\dot{V}_0$ 为负定,然后选择足够小的 ε,使该 3×3 矩阵为正定的。

在 $\beta=k$(常数)和 $u=v$ 的特殊情况下,连续滑模控制器可由下式给出:

$$u = -k\,\mathrm{sat}\left(\frac{k_0 e_0 + k_1 e_1 + \cdots + k_{\rho-1} e_{\rho-1} + e_\rho}{\varepsilon} \right) \tag{14.29}$$

当 $\rho=1$ 时,控制器(14.29)为典型的 PI 控制器加上一个饱和器(见图 14.13)。当 $\rho=2$ 时,控制器(14.29)为典型的 PID 控制器加上一个饱和器(见图 14.14)。由此可见,这是连续滑模控制器与经典控制器之间的有机联系。

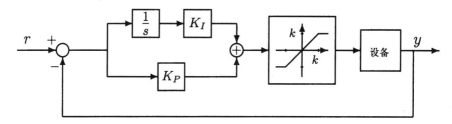

图 14.13　系统相对阶为 1 时的连续滑模控制器(14.29);一个 PI 控制器,其中 $K_I=kk_0/\varepsilon$,$K_P=k/\varepsilon$,后接一个饱和器

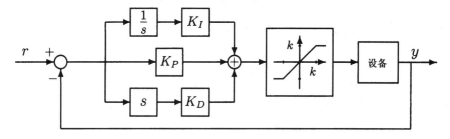

图 14.14　系统相对阶为 1 时的连续滑模控制器(14.29);一个 PID 控制器,其中 $K_I=kk_0/\varepsilon$,$K_P=kk_1/\varepsilon$,$K_D=k/\varepsilon$,后接一个饱和器

---

①　为了证明该不等式成立,需要附加条件

$$\left| \frac{\Delta(x_{\mathrm{ss}},v_1,w,r)-\Delta(x_{\mathrm{ss}},v_2,w,r)}{L_g L_f^{\rho-1} h(x_{\mathrm{ss}},w)} \right| \leqslant \ell|v_1-v_2|, \quad 0\leqslant \ell<1$$

其中 $(v_1,v_2,w,r)\in R\times R\times D_w\times D_r$。

14.2　李雅普诺夫再设计

14.2.1　稳定性

考虑系统
$$\dot{x} = f(t,x) + G(t,x)[u + \delta(t,x,u)] \tag{14.30}$$

其中,$x \in R^n$ 是状态,$u \in R^p$ 是控制输入,f,G 和 δ 是 $(t,x,u) \in [0,\infty) \times D \times R^p$ 的函数,其中 $D \subset R^n$ 是包含原点的定义域。假设 f,G 和 δ 对 t 是分段连续的,对 x 和 u 是局部利普希茨的,函数 f 和 G 明确已知,而函数 δ 是包含各种不确定项的未知函数,这些不确定项是由于模型简化或参数不确定等因素造成的,不确定项 δ 满足匹配条件。系统的标称模型取为
$$\dot{x} = f(t,x) + G(t,x)u \tag{14.31}$$

基于上述标称模型,我们设计一个稳定的状态反馈控制器。假设已设计出反馈控制律 $u = \psi(t,x)$,使标称闭环系统
$$\dot{x} = f(t,x) + G(t,x)\psi(t,x) \tag{14.32}$$

的原点一致渐近稳定,进一步假设式(14.32)的李雅普诺夫函数已知,即有一个连续可微函数 $V(t,x)$,对于所有 $(t,x) \in [0,\infty) \times D$,满足不等式
$$\alpha_1(\|x\|) \leqslant V(t,x) \leqslant \alpha_2(\|x\|) \tag{14.33}$$

$$\frac{\partial V}{\partial t} + \frac{\partial V}{\partial x}[f(t,x) + G(t,x)\psi(t,x)] \leqslant -\alpha_3(\|x\|) \tag{14.34}$$

其中 α_1,α_2 和 α_3 是 $\mathcal{K}$ 类函数。假设当 $u = \psi(t,x) + v$ 时,不确定项 δ 满足不等式
$$\|\delta(t,x,\psi(t,x)+v)\| \leqslant \rho(t,x) + \kappa_0\|v\|, \quad 0 \leqslant \kappa_0 < 1 \tag{14.35}$$

其中 $\rho:[0,\infty) \times D \to R$ 是非负的连续函数。关于不确定项 δ,式(14.35)的估计是唯一已知的信息,函数 ρ 是不确定项的大小,这里需要强调的是 ρ 不必很小,只要已知即可。本节的目标是证明,在李雅普诺夫函数 V 以及式(14.35)中的函数 ρ 和常数 κ_0 已知的情况下,可以设计一个附加反馈控制 v,使得总的控制 $u = \psi(t,x) + v$ 能够在存在不确定项时,稳定实际系统 (14.30)。v 的设计称为李雅普诺夫再设计。

在讨论李雅普诺夫再设计技术之前,先说明第 13 章的反馈线性化问题适合于当前问题的框架。

例 14.3　考虑反馈线性系统　　　　$\dot{x} = f(x) + G(x)u$

其中 $f:D \to R^n$ 和 $G:D \to R^{n \times p}$ 是定义域 $D \subset R^n$ 上的光滑函数,并存在微分同胚的 $T:D \to R^n$,使 $D_z = T(D)$ 包含原点,且 $T(x)$ 满足偏微分方程
$$\frac{\partial T}{\partial x}f(x) = AT(x) - B\gamma(x)\alpha(x)$$
$$\frac{\partial T}{\partial x}G(x) = B\gamma(x)$$

其中,(A,B) 是可控的,$\gamma(x)$ 对于所有 $x \in D$ 是非奇异的。进行变量代换 $Z = T(x)$,将系统变换为
$$\dot{z} = Az + B\gamma(x)[u - \alpha(x)]$$

同时考虑扰动系统　　　　$\dot{x} = f(x) + \Delta_f(x) + [G(x) + \Delta_G(x)]u$

为光滑扰动,且在 D 上满足条件①

$$\frac{\partial T}{\partial x}\Delta_f(x) = B\gamma(x)\Delta_1(x), \quad \Delta_G(x) = G(x)\Delta_2(x)$$

扰动系统可表示为方程(14.30)的形式,即

$$\dot{z} = Az - B\gamma(x)\alpha(x) + B\gamma(x)[u + \delta(x,u)]$$

其中,$\delta(x,u) = \Delta_1(x) + \Delta_2(x)u$。由于标称系统是可反馈线性化的,因此可把标称稳定反馈控制取为

$$\psi(x) = \alpha(x) - \gamma^{-1}(x)Kz = \alpha(x) - \gamma^{-1}(x)KT(x)$$

K 的选择使矩阵 $A - BK$ 为赫尔维茨矩阵。对于闭环系统

$$\dot{z} = (A - BK)z$$

其李雅普诺夫函数可取为 $V(z) = z^\mathrm{T}Pz$,其中 P 是李雅普诺夫方程

$$P(A - BK) + (A - BK)^\mathrm{T}P = -I$$

的解。当 $u = \psi(x) + v$ 时,不确定项 $\delta(x,u)$ 满足不等式

$$\|\delta(x,\psi(x)+v)\| \leqslant \|\Delta_1(x) + \Delta_2(x)\alpha(x) - \Delta_2(x)\gamma^{-1}(x)Kz\| + \|\Delta_2(x)\| \, \|v\|$$

这样,为了满足式(14.35),要求不等式

$$\|\Delta_2(x)\| \leqslant \kappa_0 < 1 \tag{14.36}$$

和

$$\|\Delta_1(x) + \Delta_2(x)\alpha(x) - \Delta_2(x)\gamma^{-1}(x)KT(x)\| \leqslant \rho(x) \tag{14.37}$$

在包含原点的定义域上成立,$\rho(x)$ 为连续函数。不等式(14.36)是限制性的,因为该式给扰动项 Δ_2 施加了一定的限制,而不等式(14.37)则不是限制性的,因为式中的 ρ 不必很小,主要是选择函数 ρ 估计式(14.37)左边函数的增长性的问题。　　　　　　　△

现在考虑系统(14.30),并采用控制律 $u = \psi(t,x) + v$,则闭环系统

$$\dot{x} = f(t,x) + G(t,x)\psi(t,x) + G(t,x)[v + \delta(t,x,\psi(t,x)+v)] \tag{14.38}$$

是标称闭环系统(14.32)的扰动系统。下面计算 $V(t,x)$ 沿式(14.38)轨线的导数。为方便起见,各函数的自变量不再写出。V 的导数为

$$\dot{V} = \frac{\partial V}{\partial t} + \frac{\partial V}{\partial x}(f + G\psi) + \frac{\partial V}{\partial x}G(v + \delta) \leqslant -\alpha_3(\|x\|) + \frac{\partial V}{\partial x}G(v + \delta)$$

设 $w^\mathrm{T} = [\partial V/\partial x]G$,上面的不等式可改写为

$$\dot{V} \leqslant -\alpha_3(\|x\|) + w^\mathrm{T}v + w^\mathrm{T}\delta$$

式中,右边第一项源于标称闭环系统,右边第二项和第三项分别表示控制 v 和不确定项 δ 对 $\dot{V}$ 的影响。根据匹配条件,上式右端出现的 δ 恰好与 v 出现在同一处,因而有可能通过选择 v 消除 δ 对 $\dot{V}$ 的(不稳定)影响。现在我们寻求两种选择 v 的不同方法,使 $\omega^\mathrm{T}v + \omega^\mathrm{T}\delta \leqslant 0$ 成立。假设不等式(14.35)满足 $\|\cdot\|_2$,即

$$\|\delta(t,x,\psi(t,x)+v)\|_2 \leqslant \rho(t,x) + \kappa_0\|v\|_2, \quad 0 \leqslant \kappa_0 < 1$$

我们有　　　　$w^\mathrm{T}v + w^\mathrm{T}\delta \leqslant w^\mathrm{T}v + \|w\|_2 \, \|\delta\|_2 \leqslant w^\mathrm{T}v + \|w\|_2[\rho(t,x) + \kappa_0\|v\|_2]$

---

① 容易看出,只要 $I + \Delta_2$ 是非奇异的,扰动系统就仍是反馈线性化的,且具有相同的微分同胚 $T(x)$。而条件(14.36)是指 $I + \Delta_2$ 是非奇异的。

取
$$v = -\eta(t,x) \cdot \frac{w}{\|w\|_2} \qquad (14.39)$$

η 为非负函数,得
$$w^T v + w^T \delta \leqslant -\eta\|w\|_2 + \rho\|w\|_2 + \kappa_0\eta\|w\|_2 = -\eta(1-\kappa_0)\|w\|_2 + \rho\|w\|_2$$

对于所有 $(t,x) \in [0,\infty) \times D$,选择 $\eta(t,x) \geqslant \rho(t,x)/(1-\kappa_0)$,得
$$w^T v + w^T \delta \leqslant -\rho\|w\|_2 + \rho\|w\|_2 = 0$$

因此,对于控制律(14.39),$V(t,x)$ 沿闭环系统(14.38)轨线的导数是负定的。

　　另一种方法是假设式(14.35)满足 $\|\cdot\|_\infty$,即
$$\|\delta(t,x,\psi(t,x)+v)\|_\infty \leqslant \rho(t,x) + \kappa_0\|v\|_\infty, \qquad 0 \leqslant \kappa_0 < 1$$

我们有
$$w^T v + w^T \delta \leqslant w^T v + \|w\|_1 \|\delta\|_\infty \leqslant w^T v + \|w\|_1[\rho(t,x) + \kappa_0\|v\|_\infty]$$

选择
$$v = -\eta(t,x)\,\mathrm{sgn}(w) \qquad (14.40)$$

其中,对于所有 $(t,x) \in [0,\infty) \times D$,$\eta(t,x) \geqslant \rho(t,x)/(1-\kappa_0)$,$\mathrm{sgn}(w)$ 是 p 维向量,其第 i 个元素为 $\mathrm{sgn}(\omega_i)$,则
$$\begin{aligned} w^T v + w^T \delta &\leqslant -\eta\|w\|_1 + \rho\|w\|_1 + \kappa_0\eta\|w\|_1 \\ &= -\eta(1-\kappa_0)\|w\|_1 + \rho\|w\|_1 \\ &\leqslant -\rho\|w\|_1 + \rho\|w\|_1 = 0 \end{aligned}$$

因此,对于控制(14.40),$V(t,x)$ 沿闭环系统(14.38)轨线的导数是负定的。注意,式(14.39)和式(14.40)给出的控制律对于单输入系统($p=1$)是相同的。

　　由式(14.39)和式(14.40)给出的控制律是状态 x 的不连续函数,这种不连续会引发一些理论及实际中的问题。理论上必须改变控制律以避免被零除,此外由于反馈函数对 x 不是局部利普希茨的,因此还必须更仔细地检验解的存在性和唯一性。实际情况下,这种不连续的控制器的实现表现出抖动现象,即由于切换器件的非理想性或运算延迟,控制会在切换面上出现快速的波动①。我们并不试图解决所有这些问题,而是采用一种更为简便易行的方法,即用一个连续控制律去逼近不连续控制律,这种逼近的推导过程对上面两种控制律是类似的。因此,我们只给出对控制律(14.39)的连续逼近,对(14.40)连续逼近的推导参见习题 14.21 和习题 14.22。

　　考虑反馈控制律
$$v = \begin{cases} -\eta(t,x)(w/\|w\|_2), & \eta(t,x)\|w\|_2 \geqslant \varepsilon \\ -\eta^2(t,x)(w/\varepsilon), & \eta(t,x)\|w\|_2 < \varepsilon \end{cases} \qquad (14.41)$$

对于(14.41),只要 $\eta(t,x)\|w\|_2 \geqslant \varepsilon$,则 V 沿闭环系统(14.38)轨线的导数就是负定的。因此,只需检验 $\eta(t,x)\|w\|_2 < \varepsilon$ 时的 $\dot{V}$,此时
$$\begin{aligned} \dot{V} &\leqslant -\alpha_3(\|x\|_2) + w^T\left[-\eta^2 \cdot \frac{w}{\varepsilon} + \delta\right] \\ &\leqslant -\alpha_3(\|x\|_2) - \frac{\eta^2}{\varepsilon}\|w\|_2^2 + \rho\|w\|_2 + \kappa_0\|w\|_2\|v\|_2 \\ &= -\alpha_3(\|x\|_2) - \frac{\eta^2}{\varepsilon}\|w\|_2^2 + \rho\|w\|_2 + \frac{\kappa_0\eta^2}{\varepsilon}\|w\|_2^2 \\ &\leqslant -\alpha_3(\|x\|_2) + (1-\kappa_0)\left(-\frac{\eta^2}{\varepsilon}\|w\|_2^2 + \eta\|w\|_2\right) \end{aligned}$$

---

① 对抖动的进一步讨论见 14.1 节。

其中

$$- \frac{\eta^2}{\varepsilon} \|w\|_2^2 + \eta \|w\|_2$$

一项在 $\eta \|w\|_2 = \varepsilon/2$ 处有极大值 $\varepsilon/4$，因此只要 $\eta(t,x) \|w\|_2 < \varepsilon$，就有

$$\dot{V} \leqslant -\alpha_3(\|x\|_2) + \frac{\varepsilon(1 - \kappa_0)}{4}$$

另一方面，当 $\eta(t,x) \|w\|_2 \geqslant \varepsilon$ 时，$\dot{V}$ 满足

$$\dot{V} \leqslant -\alpha_3(\|x\|_2) \leqslant -\alpha_3(\|x\|_2) + \frac{\varepsilon(1 - \kappa_0)}{4}$$

这样，无论 $\eta(t,x) \|w\|_2$ 为何值，不等式

$$\dot{V} \leqslant -\alpha_3(\|x\|_2) + \frac{\varepsilon(1 - \kappa_0)}{4}$$

都成立。取 $r > 0$，使 $B_r \subset D$，选择 $\varepsilon < 2\alpha_3(\alpha_2^{-1}(\alpha_1(r)))/(1 - \kappa_0)$，并设 $\mu = \alpha_3^{-1}(\varepsilon(1 - \kappa_0)/2)$ $< \alpha_2^{-1}(\alpha_1(r))$，则

$$\dot{V} \leqslant -\frac{1}{2}\alpha_3(\|x\|_2), \quad \forall \mu \leqslant \|x\|_2 < r$$

运用定理 4.18 可推出下面的定理，该定理说明闭环系统的解是一致毕竟有界的，其最终边界是 ε 的 $\mathcal{K}$ 类函数。

定理 14.3 考虑系统(14.30)，设 $D \subset R^n$ 是包含原点的定义域，且 $B_r = \{\|x\|_2 \leqslant r\} \subset D, \psi(t,x)$ 是标称系统(14.31)的稳定反馈控制律，其李雅普诺夫函数 $V(t,x)$ 在 2 范数下对于所有 $t \geqslant 0$ 和 $x \in D$ 满足式(14.33)和式(14.34)，该系统还具有 $\mathcal{K}$ 类函数 α_1, α_2 和 α_3。假设不确定项 δ 对于所有 $t \geqslant 0$ 和 $x \in D$，在 2 范数下满足式(14.35)。设 v 由式(14.41)给出，并选择 $\varepsilon < 2\alpha_3(\alpha_2^{-1}(\alpha_1(r)))/(1 - \kappa_0)$，则对于任意 $\|x(t_0)\|_2 < \alpha_2^{-1}(\alpha_1(r))$，总存在一个有限时间 t_1，使闭环系统(14.38)的解满足

$$\|x(t)\|_2 \leqslant \beta(\|x(t_0)\|_2, t - t_0), \quad \forall t_0 \leqslant t < t_1 \tag{14.42}$$

$$\|x(t)\|_2 \leqslant b(\varepsilon), \quad \forall t \geqslant t_1 \tag{14.43}$$

其中，β 为 $\mathcal{KL}$ 类函数，b 为 $\mathcal{K}$ 类函数，其定义为

$$b(\varepsilon) = \alpha_1^{-1}(\alpha_2(\mu)) = \alpha_1^{-1}(\alpha_2(\alpha_3^{-1}(\varepsilon(1 - \kappa_0)/2)))$$

如果所有假设都全局成立，且 α_1 属于 $\mathcal{K}_\infty$ 类函数，则式(14.42)和式(14.43)对任何初态 $x(t_0)$ 都成立。 $\diamondsuit$

通常，由(14.41)给出的连续型李雅普诺夫再设计，与不连续控制(14.39)一样都不能稳定原点，但它能保证解一致毕竟有界。由于最终边界 $b(\varepsilon)$ 是 ε 的 $\mathcal{K}$ 类函数，因此可通过选择足够小的 ε，使 $b(\varepsilon)$ 任意小。在极限情况下，当 ε 趋于零时，可恢复不连续控制器的性能。注意，从分析角度讲，并不要求 ε 非常小，分析上对 ε 的限制只是 $\varepsilon < 2\alpha_3(\alpha_2^{-1}(\alpha_1(r)))/(1 - \kappa_0)$，当假设全局成立且 $\alpha_i(i = 1,2,3)$ 是 $\mathcal{K}_\infty$ 类函数时，这一要求对于任意 ε 都满足。当然从实践观点出发，希望 ε 尽可能小，因为我们想要把系统状态限定在原点附近尽可能小的邻域内。在分析中寻求尽可能小的 ε，可当不确定项 δ 在原点为零时，得到更明显的结果。假设存在一个球 $B_a = \{\|x\|_2 \leqslant a\}, a \leqslant r$，使得对于所有 $x \in B_a$ 下列不等式成立：

$$\alpha_3(\|x\|_2) \geqslant \phi^2(x) \tag{14.44}$$

$$\eta(t,x) \geqslant \eta_0 > 0 \tag{14.45}$$

$$\rho(t,x) \leqslant \rho_1\phi(x) \tag{14.46}$$

其中，$\phi:R^n{\rightarrow}R$ 是 x 的正定函数。选择 $\varepsilon < b^{-1}(a)$，以保证闭环系统的轨线在有限时间内限定在球 B_a 内。当 $\eta(t,x)\|w\|_2 < \varepsilon$ 时，导数 $\dot{V}$ 满足

$$
\begin{aligned}
\dot{V} &\leqslant -\alpha_3(\|x\|_2) - \frac{\eta^2(1-\kappa_0)}{\varepsilon}\|w\|_2^2 + \rho\|w\|_2 \\
&\leqslant -\frac{1}{2}\alpha_3(\|x\|_2) - \frac{1}{2}\phi^2(x) - \frac{\eta_0^2(1-\kappa_0)}{\varepsilon}\|w\|_2^2 + \rho_1\phi(x)\|w\|_2 \\
&\leqslant -\frac{1}{2}\alpha_3(\|x\|_2) - \frac{1}{2}\begin{bmatrix}\phi(x)\\\|w\|_2\end{bmatrix}^{\mathrm{T}}\begin{bmatrix}1 & -\rho_1\\-\rho_1 & 2\eta_0^2(1-\kappa_0)/\varepsilon\end{bmatrix}\begin{bmatrix}\phi(x)\\\|w\|_2\end{bmatrix}
\end{aligned}
$$

如果 $\varepsilon < 2\eta_0^2(1-\kappa_0)/\rho_1^2$，则该二次型矩阵是正定的。因此，选择 $\varepsilon < 2\eta_0^2(1-\kappa_0)/\rho_1^2$，有 $\dot{V} \leqslant -\alpha_3(\|x\|_2)/2$。又由于当 $\eta(t,x)\|w\|_2 \geqslant \varepsilon$ 时，有 $\dot{V} \leqslant -\alpha_3(\|x\|_2) \leqslant -\alpha_3(\|x\|_2)/2$，故可推出

$$\dot{V} \leqslant -\frac{1}{2}\alpha_3(\|x\|_2)$$

这表明原点是一致渐近稳定的。

推论 14.1 假设不仅定理 14.3 的假设成立，不等式 (14.44) 到不等式 (14.46) 也都成立，则对于所有 $\varepsilon < \min\{2\eta_0^2(1-\kappa_0)/\rho_1^2, b^{-1}(a)\}$，闭环系统 (14.38) 的原点是一致渐近稳定的。如果 $\alpha_i(r) = k_i r^c$，则原点是指数稳定的。 ◇

推论 14.1 特别适用于当标称闭环系统 (14.32) 的原点是指数稳定的，扰动 $\delta(t,x,u)$ 对 x 和 u 都是利普希茨的，且在 $(x=0,u=0)$ 处为零时的情况。此时，$\phi(x)$ 正比于 $\|x\|_2$，且当 $\rho(x)$ 满足式 (14.46) 时，不确定项满足式 (14.35)。通常，条件 (14.46) 可能比在原点处扰动为零的要求更高，例如，在标量情况下，如果 $\phi(x)=|x|^3$，则扰动项 x 的边界不可能是 $\rho_1\phi(x)$。

推论 14.1 的稳定性结果取决于 η 的选择是否满足式 (14.45)。可以证明（见习题 14.20），如果 η 不满足式 (14.45)，则反馈控制可能不会稳定原点。当 η 满足式 (14.45) 时，反馈控制律 (14.41) 在 $\eta\|w\|_2 < \varepsilon$ 区域内是高增益反馈控制律 $v = -kw, k \geqslant \eta_0^2/\varepsilon$，当式 (14.44) 到式 (14.46) 成立时，该高增益反馈控制律可稳定原点（见习题 14.24）。

例 14.4 现在继续例 14.3 关于可反馈线性化系统的讨论。假设不等式 (14.36) 在 $\|\cdot\|_2$ 下成立，进一步假设对于所有 $z \in B_r \subset D_z$，有

$$\|\Delta_1(x) + \Delta_2(x)\alpha(x) - \Delta_2(x)\gamma^{-1}(x)Kz\|_2 \leqslant \rho_1\|z\|_2$$

则当 $\rho = \rho_1\|z\|_2$ 时，式 (14.37) 成立。按照式 (14.41) 取控制律 v，其中

$$\eta = 1 + \frac{\rho_1\|z\|_2}{(1-\kappa_0)}, \qquad w^{\mathrm{T}} = 2z^{\mathrm{T}}PB, \qquad \varepsilon < \min\left\{\frac{2(1-\kappa_0)}{\rho_1^2}, \frac{2r^2\lambda_{\min}(P)}{(1-\kappa_0)\lambda_{\max}(P)}\right\}$$

可以验证当 $\alpha_1(r) = \lambda_{\min}(P)r^2, \alpha_2(r) = \lambda_{\max}(P)r^2, \alpha_3(r) = r^2, \phi(z) = \|z\|_2$ 和 $a = r$ 时，定理 14.3 和推论 14.1 的所有假设都成立。这样，在全部反馈控制 $u = \psi(x) + v$ 下，闭环

扰动系统的原点是指数稳定的。如果所有假设全局成立,且 $T(x)$ 是全局微分同胚的,则原点 $x=0$ 就是全局渐近稳定的[①]。   △

例 14.5   重新考虑例 13.18 中当 $\delta_1 = \pi$ 时的单摆方程

$$\dot{x}_1 = x_2$$
$$\dot{x}_2 = a\sin x_1 - bx_2 + cu$$

我们想要在开环平衡点 $x=0$ 处稳定单摆。当 $T(x)=x$ 时,系统是可反馈线性化系统,标称稳定反馈控制可取为

$$\psi(x) = -\left(\frac{\hat{a}}{\hat{c}}\right)\sin x_1 - \left(\frac{1}{\hat{c}}\right)(k_1 x_1 + k_2 x_2)$$

其中,$\hat{a}$ 和 $\hat{c}$ 分别是 a 和 c 的标称值,且选择 k_1 和 k_2,使

$$A - BK = \begin{bmatrix} 0 & 1 \\ -k_1 & -(k_2+b) \end{bmatrix}$$

为赫尔维茨矩阵。对于 $u=\psi(x)+v$,不确定项 δ 由下式给出:

$$\delta = \frac{1}{\hat{c}}\left[\left(\frac{a\hat{c}-\hat{a}c}{\hat{c}}\right)\sin x_1 - \left(\frac{c-\hat{c}}{\hat{c}}\right)(k_1 x_1 + k_2 x_2)\right] + \left(\frac{c-\hat{c}}{\hat{c}}\right)v$$

因此 $$|\delta| \leqslant \rho_1 \|x\|_2 + \kappa_0 |v|, \qquad \forall\, x \in R^2 \ \forall\, v \in R$$

其中 $$\kappa_0 \geqslant \left|\frac{c-\hat{c}}{\hat{c}}\right|, \qquad \rho_1 = \frac{k}{\hat{c}}, \qquad k \geqslant \left|\frac{\hat{a}c - a\hat{c}}{\hat{c}}\right| + \left|\frac{c-\hat{c}}{\hat{c}}\right|\sqrt{k_1^2 + k_2^2}$$

假设 $\kappa_0 < 1$,并按照上一例题选取 v,我们会发现控制律 $u=\psi(x)+v$ 使原点达到全局指数稳定。例 13.18 已经分析了在控制律 $u=\psi(x)$ 下的同一个系统,对两例结果的比较明确说明了附加控制分量 v 的贡献。例 13.18 能够证明当把 k 限制为满足

$$k < \frac{1}{2\sqrt{p_{12}^2 + p_{22}^2}}$$

时,控制律 $u=\psi(x)$ 可以稳定系统。现在这一限制已经完全不需要了,只要知道 k 即可。   △

例 14.6   再次考虑上例中的单摆方程,这次假设单摆的悬挂点是时变、有界且水平加速的。为了简化问题,忽略摩擦($b=0$),则状态方程为

$$\dot{x}_1 = x_2$$
$$\dot{x}_2 = a\sin x_1 + cu + h(t)\cos x_1$$

其中 $h(t)$ 是悬挂点的(归一化)水平加速度,对于所有 $t \geqslant 0$,有 $|h(t)| \leqslant H$。标称模型和标称稳定控制律可按上例选取($b=0$),不确定项 δ 满足

$$|\delta| \leqslant \rho_1 \|x\|_2 + \kappa_0 |v| + H/\hat{c}$$

其中 ρ_1 和 κ_0 与上例相同,而 $\rho(x) = \rho_1 \|x\|_2 + H/\hat{c}$,当 $x=0$ 时不为零。在控制律(14.41)中 η 的选择必须满足 $\eta \geqslant (\rho_1 \|x\|_2 + H/\hat{c})/(1-\kappa_0)$,取 $\eta(x) = \eta_0 + \rho_1 \|x\|_2/(1-\kappa_0)$,

---

[①] 原点 $z=0$ 是全局指数稳定的,但不能得出 $x=0$ 也是全局指数稳定的,除非线性增长条件 $\|T(x)\| \leqslant L_1 \|x\|$ 和 $\|T^{-1}(z)\| \leqslant L_2 \|z\|$ 全局成立。

$\eta_0 \geq H/\hat{c}(1 - \kappa_0)$。但在前例中，我们任意设置了 $\eta(0) = 1$，这是为适应非零扰动项 $h(t)\cos x_1$ 所做的唯一修正。因为 $\rho(0) \neq 0$，推论 14.1 不适用，只能由定理 14.3 得出结论，即闭环系统的解是一致毕竟有界的，其最终边界正比于 $\sqrt{\varepsilon}$。　　　　　　△

14.2.2　非线性阻尼

重新考虑 $\delta(t,x,u) = \Gamma(t,x)\delta_0(t,x,u)$ 时的系统（14.30），即

$$\dot{x} = f(t,x) + G(t,x)[u + \Gamma(t,x)\delta_0(t,x,u)] \tag{14.47}$$

与前面一样，仍设 f, G 已知，$\delta_0(t,x,u)$ 是不确定项，函数 $\Gamma(t,x)$ 已知。假设对所有 $(t,x,u) \in [0,\infty) \times R^n \times R^p$，$f, G, \Gamma$ 和 δ_0 对 t 是分段连续的，对 x 和 u 都是局部利普希茨的，同时假设 δ_0 对所有 (t,x,u) 是一致有界的。设 $\psi(t,x)$ 是一个标称稳定反馈控制律，使标称闭环系统（14.32）的原点全局一致渐近稳定，并且存在一个已知李雅普诺夫函数 $V(t,x)$，具有 $\mathcal{K}_\infty$ 类函数 α_1, α_2 和 α_3，对于所有 $(t,x) \in [0,\infty) \times R^n$ 满足式（14.33）和式（14.34）。如果 $\|\delta_0(t,x,u)\|$ 的上界已知，就可以像前面那样设计控制分量 v，保证全局鲁棒稳定性。本节将证明即使 δ_0 的上界未知，仍可设计出控制分量 v，保证闭环系统轨线的有界性。为此，设 $u = \psi(t,x) + v$，V 沿闭环系统轨线的导数满足

$$\dot{V} = \frac{\partial V}{\partial t} + \frac{\partial V}{\partial x}(f + G\psi) + \frac{\partial V}{\partial x}G(v + \Gamma\delta_0) \leqslant -\alpha_3(\|x\|) + w^{\mathrm{T}}(v + \Gamma\delta_0)$$

其中 $w^{\mathrm{T}} = [\partial V/\partial x]G$。取　　　$v = -kw\|\Gamma(t,x)\|_2^2, \quad k > 0$ 　　　（14.48）

可得　　　　　　　　$\dot{V} \leqslant -\alpha_3(\|x\|) - k\|w\|_2^2\|\Gamma\|_2^2 + \|w\|_2\|\Gamma\|_2 k_0$

k_0 是 $\|\delta_0\|$ 的（未知）上界，式中的

$$-k\|w\|_2^2\|\Gamma\|_2^2 + \|w\|_2\|\Gamma\|_2 k_0$$

一项当 $\|w\|_2\|\Gamma\|_2 = k_0/2k$ 时，得最大值 $k_0^2/4k$，因此有

$$\dot{V} \leqslant -\alpha_3(\|x\|_2) + \frac{k_0^2}{4k}$$

由于 α_3 为 $\mathcal{K}_\infty$ 类函数，因此 $\dot{V}$ 在某一球外总是负的，根据定理 4.18，对任意初始状态 $x(t_0)$，闭环系统的解是一致有界的。李雅普诺夫再设计式（14.48）称为非线性阻尼，下一个引理给出相应结论。

引理 14.1　考虑系统（14.47），并设 $\psi(t,x)$ 是标称系统（14.31）的稳定反馈控制，对于所有 $t \geqslant 0$ 和 $x \in R^n$，以及 $\mathcal{K}_\infty$ 类函数 α_1, α_2 和 α_3，系统的李雅普诺夫函数 $V(t,x)$ 满足式（14.33）和式（14.34）。假设不确定项 δ_0 对 $(t,x,u) \in [0,\infty) \times R^n \times R^p$ 是一致有界的，设 v 由式（14.48）给出，并取 $u = \psi(t,x) + v$，则对于任意 $x(t_0) \in R^n$，闭环系统的解是一致有界的。　　　　　　◇

例 14.7　考虑标量系统　　　　　$\dot{x} = x^2 + u + x\delta_0(t)$

其中 $\delta_0(t)$ 是 t 的有界函数，对于标称稳定控制 $\psi(x) = -x^2 - x$，李雅普诺夫函数 $V(x) = x^2$ 在 $\alpha_1(r) = \alpha_2(r) = \alpha_3(r) = r^2$ 时，全局满足式（14.33）和式（14.34）。当 $k = 1$ 时，非线性阻尼分量（14.48）由 $v = -2x^3$ 给出，则无论有界扰动 δ_0 多大，由于存在非线性阻尼项

$-2x^3$,闭环系统

$$\dot{x} = -x - 2x^3 + x\delta_0(t)$$

总存在有界解。   △

14.3   反步设计法

我们首先讨论积分器反步(integrator backstepping)的特例,考虑系统

$$\dot{\eta} \quad = \quad f(\eta) + g(\eta)\xi \tag{14.49}$$
$$\dot{\xi} \quad = \quad u \tag{14.50}$$

其中,$[\eta^{\mathrm{T}},\xi]^{\mathrm{T}} \in R^{n+1}$是状态,$u \in R$ 是控制输入,函数$f:D{\rightarrow}R^n$ 和 $g:D{\rightarrow}R^n$ 在包含原点 $\eta = 0$ 和 $f(0) = 0$ 的定义域 $D \subset R^n$ 上是光滑的[①]。我们要设计一个状态反馈控制律,以稳定原点 $(\eta = 0, \xi = 0)$。假设f和g 都已知,系统可看成两部分的级联,如图 14.15(a)所示。第一部分是方程(14.49),ξ 为输入;第二部分是积分器方程(14.50)。假设方程(14.49)可通过一个光滑的状态反馈控制律 $\xi = \phi(\eta)$,$\phi(0) = 0$ 稳定,即

$$\dot{\eta} = f(\eta) + g(\eta)\phi(\eta)$$

的原点是渐近稳定的。进一步假设已知李雅普诺夫函数 $V(\eta)$(光滑,正定)满足不等式

$$\frac{\partial V}{\partial \eta}[f(\eta) + g(\eta)\phi(\eta)] \leqslant -W(\eta), \quad \forall \, \eta \in D \tag{14.51}$$

其中 $W(\eta)$ 是正定的。在方程(14.49)的右边同时加减一项 $g(\eta)\phi(\eta)$,可得到等价的表达式

$$\dot{\eta} \quad = \quad [f(\eta) + g(\eta)\phi(\eta)] + g(\eta)[\xi - \phi(\eta)]$$
$$\dot{\xi} \quad = \quad u$$

如图 14.15(b)所示。应用变量代换

$$z = \xi - \phi(\eta)$$

得到系统

$$\dot{\eta} \quad = \quad [f(\eta) + g(\eta)\phi(\eta)] + g(\eta)z$$
$$\dot{z} \quad = \quad u - \dot{\phi}$$

如图 14.15(c)所示。从图 14.15(b)到图 14.15(c)可认为是通过积分器的"反步" $-\phi(\eta)$。由于f,g 和 ϕ 已知,导数$\dot{\phi}$可用下式计算:

$$\dot{\phi} = \frac{\partial \phi}{\partial \eta}[f(\eta) + g(\eta)\xi]$$

取 $v = u - \dot{\phi}$,系统简化为级联形式

$$\dot{\eta} \quad = \quad [f(\eta) + g(\eta)\phi(\eta)] + g(\eta)z$$
$$\dot{z} \quad = \quad v$$

该式与本节开始提出的系统非常相似,所不同的是现在的系统当输入为零时,第一部分具有渐近稳定的原点,这一特点将用于 v 的设计中,以稳定整个系统。用

$$V_c(\eta,\xi) = V(\eta) + \tfrac{1}{2}z^2$$

---

①　为便于讨论,要求所有函数都是光滑的。但在某些特殊问题中,仅需要其某阶导数存在即可。

作为备选李雅普诺夫函数,可得

$$\dot{V}_c = \frac{\partial V}{\partial \eta}[f(\eta) + g(\eta)\phi(\eta)] + \frac{\partial V}{\partial \eta}g(\eta)z + zv$$

$$\leqslant -W(\eta) + \frac{\partial V}{\partial \eta}g(\eta)z + zv$$

选择

$$v = -\frac{\partial V}{\partial \eta}g(\eta) - kz, \quad k > 0$$

得

$$\dot{V}_c \leqslant -W(\eta) - kz^2$$

该式表明原点$(\eta = 0, z = 0)$是渐近稳定的。由$\phi(0) = 0$可知,原点$(\eta = 0, \xi = 0)$是渐近稳定的,将$v, z, \dot{\phi}$代入,得状态反馈控制律为

$$u = \frac{\partial \phi}{\partial \eta}[f(\eta) + g(\eta)\xi] - \frac{\partial V}{\partial \eta}g(\eta) - k[\xi - \phi(\eta)] \tag{14.52}$$

如果假设全局成立,且$V(\eta)$是径向无界的,则原点是全局渐近稳定的。下一引理是上述结论的总结。

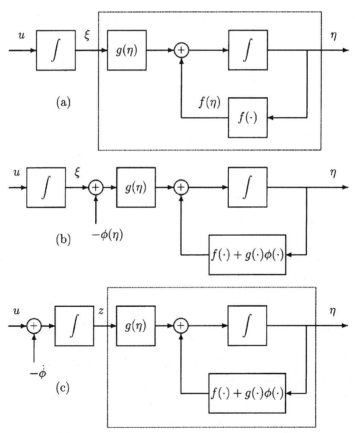

图 14.15　(a) 系统(14.49) ~ (14.50)的方框图;(b) 引入$\phi(\eta)$;(c) 通过积分器的"反步"$-\phi(\eta)$

引理 14.2　考虑系统(14.49) ~ (14.50),设$\phi(\eta)$是式(14.49)的稳定状态反馈控制律,$\phi(0) = 0$,对于某个正定函数$W(\eta)$,$V(\eta)$是满足系统(14.51)的李雅普诺夫函数。则状态反馈控制律(14.52)可稳定系统(14.49) ~ (14.50)的原点,其中$V(\eta) + [\xi - \phi(\eta)]^2/2$为系统

的李雅普诺夫函数。此外,如果所有假设都全局成立,且 $V(\eta)$ 径向无界,则原点是全局渐近稳定的。   ◇

例 14.8 考虑系统
$$\begin{aligned}\dot{x}_1 &= x_1^2 - x_1^3 + x_2 \\ \dot{x}_2 &= u\end{aligned}$$

上式采用系统 $(14.49) \sim (14.50)$ 的形式,其中 $\eta = x_1, \xi = x_2$。首先考虑标量系统
$$\dot{x}_1 = x_1^2 - x_1^3 + x_2$$

把 x_2 看成输入,设计反馈控制 $x_2 = \phi(x_1)$,以稳定原点 $x_1 = 0$。取
$$x_2 = \phi(x_1) = -x_1^2 - x_1$$

消去非线性项 x_1^2[①],得
$$\dot{x}_1 = -x_1 - x_1^3$$

且 $V(x_1) = x_1^2/2$ 满足
$$\dot{V} = -x_1^2 - x_1^4 \leqslant -x_1^2, \quad \forall\, x_1 \in R$$

因此 $\dot{x}_1 = -x_1 - x_1^3$ 的原点是全局指数稳定的。为运用反步法,应用变量代换
$$z_2 = x_2 - \phi(x_1) = x_2 + x_1 + x_1^2$$

系统的形式转换为
$$\begin{aligned}\dot{x}_1 &= -x_1 - x_1^3 + z_2 \\ \dot{z}_2 &= u + (1 + 2x_1)(-x_1 - x_1^3 + z_2)\end{aligned}$$

取
$$V_c(x) = \tfrac{1}{2}x_1^2 + \tfrac{1}{2}z_2^2$$

作为复合李雅普诺夫函数,得
$$\begin{aligned}\dot{V}_c &= x_1(-x_1 - x_1^3 + z_2) + z_2[u + (1 + 2x_1)(-x_1 - x_1^3 + z_2)] \\ &= -x_1^2 - x_1^4 + z_2[x_1 + (1 + 2x_1)(-x_1 - x_1^3 + z_2) + u]\end{aligned}$$

取
$$u = -x_1 - (1 + 2x_1)(-x_1 - x_1^3 + z_2) - z_2$$

得
$$\dot{V}_c = -x_1^2 - x_1^4 - z_2^2$$

因此,原点是全局渐近稳定的。   △

由于标量系统很简单,因此上一例直接运用了积分器反步法。对于高阶系统,通过积分器反步的迭代仍可简化设计,如下例所示。

例 14.9 三阶系统
$$\begin{aligned}\dot{x}_1 &= x_1^2 - x_1^3 + x_2 \\ \dot{x}_2 &= x_3 \\ \dot{x}_3 &= u\end{aligned}$$

由上例中的二阶系统以及在输入端附加的积分器组成,仍采用上例中的积分器反步法。在完成一次反步后,我们知道二阶系统
$$\begin{aligned}\dot{x}_1 &= x_1^2 - x_1^3 + x_2 \\ \dot{x}_2 &= x_3\end{aligned}$$

以 x_3 作为输入时,控制律
$$x_3 = -x_1 - (1 + 2x_1)(x_1^2 - x_1^3 + x_2) - (x_2 + x_1 + x_1^2) \stackrel{\text{def}}{=} \phi(x_1, x_2)$$

---

① 因为 $-x_1^3$ 提供非线性阻尼,故不能消去(见例 13.19)。

可使系统达到全局稳定,相应的李雅普诺夫函数为

$$V(x_1, x_2) = \frac{1}{2}x_1^2 + \frac{1}{2}(x_2 + x_1 + x_1^2)^2$$

为运用反步法,应用变量代换 $\qquad z_3 = x_3 - \phi(x_1, x_2)$

可得
$$\begin{aligned}
\dot{x}_1 &= x_1^2 - x_1^3 + x_2 \\
\dot{x}_2 &= \phi(x_1, x_2) + z_3 \\
\dot{z}_3 &= u - \frac{\partial \phi}{\partial x_1}(x_1^2 - x_1^3 + x_2) - \frac{\partial \phi}{\partial x_2}(\phi + z_3)
\end{aligned}$$

以 $V_c = V + z_3^2/2$ 作为复合李雅普诺夫函数,得

$$\begin{aligned}
\dot{V}_c &= \frac{\partial V}{\partial x_1}(x_1^2 - x_1^3 + x_2) + \frac{\partial V}{\partial x_2}(z_3 + \phi) \\
&\quad + z_3\left[u - \frac{\partial \phi}{\partial x_1}(x_1^2 - x_1^3 + x_2) - \frac{\partial \phi}{\partial x_2}(z_3 + \phi)\right] \\
&= -x_1^2 - x_1^4 - (x_2 + x_1 + x_1^2)^2 \\
&\quad + z_3\left[\frac{\partial V}{\partial x_2} - \frac{\partial \phi}{\partial x_1}(x_1^2 - x_1^3 + x_2) - \frac{\partial \phi}{\partial x_2}(z_3 + \phi) + u\right]
\end{aligned}$$

取
$$u = -\frac{\partial V}{\partial x_2} + \frac{\partial \phi}{\partial x_1}(x_1^2 - x_1^3 + x_2) + \frac{\partial \phi}{\partial x_2}(z_3 + \phi) - z_3$$

得
$$\dot{V}_c = -x_1^2 - x_1^4 - (x_2 + x_1 + x_1^2)^2 - z_3^2$$

因此,原点是全局渐近稳定的。   △

现在讨论系统(14.49)~(14.50)的更一般表示

$$\dot{\eta} = f(\eta) + g(\eta)\xi \qquad\qquad (14.53)$$

$$\dot{\xi} = f_a(\eta, \xi) + g_a(\eta, \xi)u \qquad\qquad (14.54)$$

f_a 和 g_a 是光滑的。如果在讨论的区域内 $g_a(\eta, \xi) \neq 0$,把输入变换为

$$u = \frac{1}{g_a(\eta, \xi)}[u_a - f_a(\eta, \xi)] \qquad\qquad (14.55)$$

则方程(14.54)就简化为积分器 $\dot{\xi} = u_a$。因此,如果存在一个稳定状态反馈控制律 $\phi(\eta)$ 及李雅普诺夫函数 $V(\eta)$,使方程(14.53)满足引理 14.2 的条件,则由引理及式(14.55)可得整个系统(14.53)~(14.54)的稳定状态反馈控制律

$$\begin{aligned}
u &= \phi_c(\eta, \xi) \\
&= \frac{1}{g_a(\eta, \xi)}\left\{\frac{\partial \phi}{\partial \eta}[f(\eta) + g(\eta)\xi] - \frac{\partial V}{\partial \eta}g(\eta) - k[\xi - \phi(\eta)] - f_a(\eta, \xi)\right\} \qquad (14.56)
\end{aligned}$$

对于 $k > 0$,及李雅普诺夫函数

$$V_c(\eta, \xi) = V(\eta) + \frac{1}{2}[\xi - \phi(\eta)]^2 \qquad\qquad (14.57)$$

迭代运用反步法,可稳定形如

$$\begin{aligned}
\dot{x} &= f_0(x) + g_0(x)z_1 \\
\dot{z}_1 &= f_1(x, z_1) + g_1(x, z_1)z_2 \\
\dot{z}_2 &= f_2(x, z_1, z_2) + g_2(x, z_1, z_2)z_3 \\
&\vdots
\end{aligned}$$

$$\dot{z}_{k-1} = f_{k-1}(x, z_1, \cdots, z_{k-1}) + g_{k-1}(x, z_1, \cdots, z_{k-1})z_k$$
$$\dot{z}_k = f_k(x, z_1, \cdots, z_k) + g_k(x, z_1, \cdots, z_k)u$$

的严格反馈系统,其中 $x \in R^n$, z_1 到 z_k 是标量, f_0 到 f_k 在原点为零。之所以称该系统为"严格反馈系统"是因为 $\dot{z}_i$ 方程 $(i = 1, \cdots, k)$ 中的非线性函数 f_i 和 g_i 仅与 $x, z_1, \cdots, z_i$ 有关,即"回馈"的状态变量。假设在所讨论的区域内,有

$$g_i(x, z_1, \cdots, z_i) \neq 0, \qquad 1 \leqslant i \leqslant k$$

从系统

$$\dot{x} = f_0(x) + g_0(x)z_1$$

开始迭代,其中将 z_1 看成控制输入。假设能够确定一个稳定状态反馈控制律 $z_1 = \phi_0(x)$, $\phi_0(0) = 0$ 和一个李雅普诺夫函数 $V_0(x)$,使得在讨论的区域内对某一正定函数 $W(x)$,有

$$\frac{\partial V_0}{\partial x}[f_0(x) + g_0(x)\phi_0(x)] \leqslant -W(x)$$

在许多反步法应用中,变量 x 是标量,从而使稳定性问题得以简化。下面给出当 $\phi_0(x)$ 和 $V_0(x)$ 已知时,系统地运用反步法的步骤。首先把系统

$$\dot{x} = f_0(x) + g_0(x)z_1$$
$$\dot{z}_1 = f_1(x, z_1) + g_1(x, z_1)z_2$$

作为系统(14.53)~(14.54)的特例考虑,其中

$$\eta = x, \quad \xi = z_1, \quad u = z_2, \quad f = f_0, \quad g = g_0, \quad f_a = f_1, \quad g_a = g_1$$

利用式(14.56)及式(14.57)可得稳定状态反馈控制律及李雅普诺夫函数分别为

$$\phi_1(x, z_1) = \frac{1}{g_1}\left[\frac{\partial \phi_0}{\partial x}(f_0 + g_0 z_1) - \frac{\partial V_0}{\partial x}g_0 - k_1(z_1 - \phi_0) - f_1\right], \quad k_1 > 0$$

$$V_1(x, z_1) = V_0(x) + \frac{1}{2}[z_1 - \phi_0(x)]^2$$

然后把系统

$$\dot{x} = f_0(x) + g_0(x)z_1$$
$$\dot{z}_1 = f_1(x, z_1) + g_1(x, z_1)z_2$$
$$\dot{z}_2 = f_2(x, z_1, z_2) + g_2(x, z_1, z_2)z_3$$

作为系统(14.53)~(14.54)的特例考虑,其中

$$\eta = \begin{bmatrix} x \\ z_1 \end{bmatrix}, \ \xi = z_2, \ u = z_3, \ f = \begin{bmatrix} f_0 + g_0 z_1 \\ f_1 \end{bmatrix}, \ g = \begin{bmatrix} 0 \\ g_1 \end{bmatrix}, \ f_a = f_2, \ g_a = g_2$$

利用式(14.56)和式(14.57)可得稳定状态反馈控制律

$$\phi_2(x, z_1, z_2) = \frac{1}{g_2}\left[\frac{\partial \phi_1}{\partial x}(f_0 + g_0 z_1) + \frac{\partial \phi_1}{\partial z_1}(f_1 + g_1 z_2) - \frac{\partial V_1}{\partial z_1}g_1 - k_2(z_2 - \phi_1) - f_2\right]$$

对于 $k_2 > 0$,及李雅普诺夫函数

$$V_2(x, z_1, z_2) = V_1(x, z_1) + \frac{1}{2}[z_2 - \phi_1(x, z_1)]^2$$

该步骤重复 k 次,即可得到总的稳定状态反馈控制律 $u = \phi_k(x, z_1, \cdots, z_k)$ 及李雅普诺夫函数 $V_k(x, z_1, \cdots, z_k)$。

例 14.10 考虑特殊归一化形式的单输入-单输出系统

$$\begin{aligned}
\dot{x} &= f_0(x) + g_0(x)z_1 \\
\dot{z}_1 &= z_2 \\
&\vdots \\
\dot{z}_{r-1} &= z_r \\
\dot{z}_r &= \gamma(x,z)[u - \alpha(x,z)] \\
y &= z_1
\end{aligned}$$

其中,对于所有 (x,z), $x \in R^{n-r}$, z_1 到 z_r 是标量, $\gamma(x,z) \neq 0$。由于 $\dot{x}$ 方程取 $f_0(x) + g_0(x)z_1$ 的形式,而不是一般形式 $f_0(x,z)$,因此上面的方程是标准形(13.16)~(13.18) 的特例,且为严格反馈形式。如果对于某个正定函数 $W(x)$,能找到一个光滑函数 $\phi_0(x)$ 和一个光滑且径向无界的李雅普诺夫函数 $V_0(x)$,满足

$$\frac{\partial V_0}{\partial x}[f_0(x) + g_0(x)\phi_0(x)] \leqslant -W(x), \quad \forall\, x \in R^n$$

则通过迭代反步法使原点达到全局稳定。如果是最小相位系统, $\dot{x} = f_0(x)$ 的原点是全局渐近稳定的,且已知对于某个正定函数 $W(x)$,李雅普诺夫函数 $V_0(x)$ 满足

$$\frac{\partial V_0}{\partial x} f_0(x) \leqslant -W(x), \quad \forall\, x \in R^n$$

则可以简单地取 $\phi_0(x) = 0$,否则必须寻找 $\phi_0(x)$ 及 $V_0(x)$。这表明只要零动态稳定问题可解,反步法就能够稳定最小相位系统。 △

例 14.11 在例 13.16 中已证明二阶系统

$$\begin{aligned}
\dot{\eta} &= -\eta + \eta^2\xi \\
\dot{\xi} &= u
\end{aligned}$$

对于足够大的 $k(k>0)$,控制律 $u = -k\xi$ 可使系统达到半全局稳定。本例将证明反步法可使系统达到全局稳定。首先考虑系统

$$\dot{\eta} = -\eta + \eta^2\xi$$

显然,取 $\xi = 0$ 及 $V_0(\eta) = \eta^2/2$ 时,有

$$\frac{\partial V_0}{\partial \eta}(-\eta) = -\eta^2, \quad \forall\, \eta \in R$$

利用 $V = V_0 + \xi^2/2 = (\eta^2 + \xi^2)/2$,可得

$$\dot{V} = \eta(-\eta + \eta^2\xi) + \xi u = -\eta^2 + \xi(\eta^3 + u)$$

这样

$$u = -\eta^3 - k\xi, \quad k > 0$$

使原点全局稳定。 △

例 14.12 作为前一个例子的变形,考虑系统[①]

$$\begin{aligned}
\dot{\eta} &= \eta^2 - \eta\xi \\
\dot{\xi} &= u
\end{aligned}$$

----

① 对于输出 $y = \xi$,系统为非最小相位系统,因为零动态方程 $\dot{\eta} = \eta^2$ 的原点是不稳定的。

这次取 $\xi = 0$，此时 $\dot{\eta} = \eta^2 - \eta\xi$ 不会使系统稳定。但很容易看出，取 $\xi = \eta + \eta^2$ 和 $V_0(\eta) = \eta^2/2$ 时，得

$$\frac{\partial V_0}{\partial \eta}[\eta^2 - \eta(\eta + \eta^2)] = -\eta^4, \quad \forall \eta \in R$$

利用 $V = V_0 + (\xi - \eta - \eta^2)^2/2$，可得

$$\begin{aligned}
\dot{V} &= \eta(\eta^2 - \eta\xi) + (\xi - \eta - \eta^2)[u - (1 + 2\eta)(\eta^2 - \eta\xi)] \\
&= -\eta^4 + (\xi - \eta - \eta^2)[-\eta^2 + u - (1 + 2\eta)(\eta^2 - \eta\xi)]
\end{aligned}$$

控制律取

$$u = (1 + 2\eta)(\eta^2 - \eta\xi) + \eta^2 - k(\xi - \eta - \eta^2), \quad k > 0$$

得

$$\dot{V} = -\eta^4 - k(\xi - \eta - \eta^2)^2$$

说明原点是全局渐近稳定的。   △

前面两节讨论了当不确定项满足匹配条件时，如何利用滑模控制及李雅普诺夫再设计对不确定系统进行鲁棒稳定控制，而反步法可放宽匹配条件。为了说明这一点，考虑单输入系统

$$\dot{\eta} = f(\eta) + g(\eta)\xi + \delta_\eta(\eta, \xi) \tag{14.58}$$

$$\dot{\xi} = f_a(\eta, \xi) + g_a(\eta, \xi)u + \delta_\xi(\eta, \xi) \tag{14.59}$$

该系统定义在包含原点 $(\eta = 0, \xi = 0)$ 的定义域 $D \subset R^{n+1}$ 上，$\eta \in R^n, \xi \in R$。假设对于所有 $(\eta, \xi) \in D, g_a(\eta, \xi) \neq 0$，且所有函数都是光滑的。设 f, g, f_a 和 g_a 已知，δ_η 和 δ_ξ 为不确定项，并假设 f 和 f_a 在原点为零，不确定项对于所有 $(\eta, \xi) \in D$，满足不等式

$$\|\delta_\eta(\eta, \xi)\|_2 \leqslant a_1\|\eta\|_2 \tag{14.60}$$

$$|\delta_\xi(\eta, \xi)| \leqslant a_2\|\eta\|_2 + a_3|\xi| \tag{14.61}$$

不等式 (14.60) 限制了不确定项的类型，因为它限定 $\delta_\eta(\eta, \xi)$ 的上界取决于 η，不过这个限定没有匹配条件 $\delta_\eta = 0$ 严格。从系统 (14.58) 入手，假设能找到一个稳定的状态反馈控制律 $\xi = \phi(\eta), \phi(0) = 0$，和一个（光滑、正定的）李雅普诺夫函数 $V(\eta)$，使得对于所有 $(\eta, \xi) \in D$ 和某个正常数 b，满足

$$\frac{\partial V}{\partial \eta}[f(\eta) + g(\eta)\phi(\eta) + \delta_\eta(\eta, \xi)] \leqslant -b\|\eta\|_2^2 \tag{14.62}$$

不等式 (14.62) 说明 $\eta = 0$ 是系统

$$\dot{\eta} = f(\eta) + g(\eta)\phi(\eta) + \delta_\eta(\eta, \xi)$$

的渐近稳定平衡点。进一步假设 $\phi(\eta)$ 在 D 上满足不等式

$$|\phi(\eta)| \leqslant a_4\|\eta\|_2, \quad \left\|\frac{\partial \phi}{\partial \eta}\right\|_2 \leqslant a_5 \tag{14.63}$$

现在考虑备选李雅普诺夫函数 $V_c(\eta, \xi) = V(\eta) + \frac{1}{2}[\xi - \phi(\eta)]^2$ $\qquad$ (14.64)

V_c 沿方程 (14.58) 和方程 (14.59) 轨线的导数为

$$\begin{aligned}
\dot{V}_c &= \frac{\partial V}{\partial \eta}(f + g\phi + \delta_\eta) + \frac{\partial V}{\partial \eta}g\,(\xi - \phi) \\
&\quad + (\xi - \phi)\left[f_a + g_a u + \delta_\xi - \frac{\partial \phi}{\partial \eta}(f + g\xi + \delta_\eta)\right]
\end{aligned}$$

取
$$u = \frac{1}{g_a}\left[\frac{\partial \phi}{\partial \eta}(f + g\xi) - \frac{\partial V}{\partial \eta}g - f_a - k(\xi - \phi)\right], \quad k > 0 \tag{14.65}$$

并利用式（14.62），可得 $\dot{V}_c \leqslant -b\|\eta\|_2^2 + (\xi - \phi)\left[\delta_\xi - \frac{\partial \phi}{\partial \eta}\delta_\eta\right] - k(\xi - \phi)^2$

通过式（14.60）、式（14.61）和式（14.63），可证明，对于某个 $a_6 \geqslant 0$，有

$$\begin{aligned}
\dot{V}_c &\leqslant -b\|\eta\|_2^2 + 2a_6\|\eta\|_2|\xi - \phi| - (k - a_3)(\xi - \phi)^2 \\
&= -\begin{bmatrix} \|\eta\|_2 \\ |\xi - \phi| \end{bmatrix}^{\mathrm{T}} \begin{bmatrix} b & -a_6 \\ -a_6 & (k - a_3) \end{bmatrix} \begin{bmatrix} \|\eta\|_2 \\ |\xi - \phi| \end{bmatrix}
\end{aligned}$$

选择
$$k > a_3 + \frac{a_6^2}{b}$$

对于某个 $\sigma > 0$，得

$$\dot{V}_c \leqslant -\sigma[\|\eta\|_2^2 + |\xi - \phi|^2]$$

至此，已完成了下一引理的证明。

引理 14.3　考虑系统（14.58）~（14.59），其中不确定项满足不等式（14.60）和不等式（14.61）。设 $\phi(\eta)$ 为式（14.58）的稳定状态反馈控制律，满足式（14.63），$V(\eta)$ 是满足式（14.62）的李雅普诺夫函数，则对于足够大的 k，状态反馈控制律（14.65）可稳定系统（14.58）~（14.59）的原点。此外，如果所有假设全局成立，且 $V(\eta)$ 为径向无界的，则原点是全局渐近稳定的。　　　　　　　　　　　　　　　　　　　　　$\diamond$

$$\left.\begin{aligned}
\dot{x}_i &= x_{i+1} + \delta_i(x), \quad 1 \leqslant i \leqslant n - 1 \\
\dot{x}_n &= \gamma(x)[u - \alpha(x)] + \delta_n(x)
\end{aligned}\right\} \tag{14.66}$$

定义在包含原点 $x = 0$ 的定义域 $D \subset R^n$ 上，$x = [x_1, \cdots, x_n]^{\mathrm{T}}$。假设对于所有 $x \in D$，有 $\gamma(x) \neq 0$，且所有函数都是光滑的。设 α 和 γ 已知，δ_i 是不确定项，$1 \leqslant i \leqslant n$，标称系统是可反馈线性化的。假设不确定项对于所有 $x \in D$ 满足不等式

$$|\delta_i(x)| \leqslant a_i \sum_{k=1}^{i} |x_k|, \quad 1 \leqslant i \leqslant n \tag{14.67}$$

其中，非负常数 a_1 到 a_n 已知。当 $1 \leqslant i \leqslant n - 1$ 时，不等式（14.67）限定了不确定项的类型，因为它限定 $\delta_i(x)$ 的上界只取决于 x_1 到 x_i，即上界以严格反馈的形式出现。但这一限定不如 $1 \leqslant i \leqslant n - 1$ 时的匹配条件 $\delta_i = 0$ 严格。为运用反步迭代设计步骤，从标量系统

$$\dot{x}_1 = x_2 + \delta_1(x)$$

入手，其中 x_2 为控制输入，$\delta_1(x)$ 满足不等式 $|\delta_1(x)| \leqslant a_1|x_1|$。在该标量系统中不确定项满足匹配条件，若选择 $k_1 > 0$ 足够大，原点 $x_1 = 0$ 可通过高增益反馈控制 $x_2 = -k_1 x_1$ 达到鲁棒稳定。特别地，设 $V_1(x_1) = x_1^2/2$ 为备选李雅普诺夫函数，则有

$$\dot{V}_1 = x_1[-k_1 x_1 + \delta_1(x)] \leqslant -(k_1 - a_1)x_1^2$$

且对于所有 $k_1 > a_1$，原点是稳定的。基于此，反步法和引理 14.3 可迭代运用于推出稳定状态反馈控制律，下一个例题将说明这一过程。

例 14.13　设计一个状态反馈控制律，稳定二阶系统

$$\dot{x}_1 = x_2 + \theta_1 x_1 \sin x_2$$
$$\dot{x}_2 = \theta_2 x_2^2 + x_1 + u$$

其中 θ_1 和 θ_2 是未知参数, 对于某个已知边界 a 和 b 满足 $|\theta_1| \le a$ 和 $|\theta_2| \le b$, 系统取式(14.66)的形式, 其中 $\delta_1 = \theta_1 x_1 \sin x_2, \delta_2 = \theta_2 x_2^2$。函数 δ_1 全局满足不等式 $|\delta_1| \le a|x_1|$, 函数 δ_2 在 $|x_2| \le \rho$ 时满足不等式 $|\delta_2| \le b\rho|x_2|$。首先考虑系统

$$\dot{x}_1 = x_2 + \theta_1 x_1 \sin x_2$$

取 $x_2 = \phi_1(x_1) = -k_1 x_1, V_1(x_1) = x_1^2/2$, 得

$$\dot{V}_1 = x_1 \phi_1(x_1) + \theta_1 x_1^2 \sin x_2 \le -(k_1 - a)x_1^2$$

选择 $k_1 = 1 + a$, 为运用反步法, 通过变量代换 $z_2 = x_2 + (1 + a)x_1$, 将系统重写为

$$\dot{x}_1 = -(1 + a)x_1 + \theta_1 x_1 \sin x_2 + z_2$$
$$\dot{z}_2 = \psi_1(x) + \psi_2(x, \theta) + u$$

其中 $\qquad \psi_1 = x_1 + (1 + a)x_2, \qquad \psi_2 = (1 + a)\theta_1 x_1 \sin x_2 + \theta_2 x_2^2$

以 $V_c = (x_1^2 + z_2^2)/2$ 作为复合李雅普诺夫函数, 可得

$$\dot{V}_c \le -x_1^2 + z_2[x_1 + \psi_1(x) + \psi_2(x, \theta) + u]$$

取 $\qquad\qquad\qquad u = -x_1 - \psi_1(x) - kz_2$

得
$$\begin{aligned}\dot{V}_c &\le -x_1^2 + z_2\psi_2(x, \theta) - kz_2^2 \\ &\le -x_1^2 + a(1 + a)|x_1| |z_2| + bx_2^2|z_2| - kz_2^2\end{aligned}$$

在集合 $\qquad\qquad\qquad \Omega_c = \{x \in R^2 \mid V_c(x) \le c\}$

内, 有 $|x_2| \le \rho, \rho$ 与 c 有关[①]。把分析限定在 Ω_c 内, 可得

$$\begin{aligned}\dot{V}_c &\le -x_1^2 + a(1 + a)|x_1| |z_2| + b\rho|z_2| - (1 + a)x_1| |z_2| - kz_2^2 \\ &\le -x_1^2 + (1 + a)(a + b\rho)|x_1| |z_2| - (k - b\rho)z_2^2\end{aligned}$$

选择 $\qquad\qquad\qquad k > b\rho + (1 + a)^2(a + b\rho)^2/4$

保证了原点是指数稳定的 Ω_c, 包含于吸引区内[②]。由于对任意 $c > 0$, 选择足够大的 k, 前述不等式成立, 因此反馈控制可实现半全局稳定。 $\qquad\qquad\qquad\qquad\qquad\qquad\qquad \triangle$

例14.14 再次考虑例14.13中的系统

$$\dot{x}_1 = x_2 + \theta_1 x_1 \sin x_2$$
$$\dot{x}_2 = \theta_2 x_2^2 + x_1 + u$$

其中 $|\theta_1| \le a, |\theta_2| \le b$。例14.13中为满足线性增长不等式(14.67), 把分析限定在一个紧集中, 因此只能实现半全局稳定。本例通过将反步法与李雅普诺夫再设计相结合, 实现全局稳定。前面的分析与上例相同, 本例从

$$\dot{V}_c \le -x_1^2 + z_2[x_1 + \psi_1(x) + \psi_2(x, \theta) + u]$$

开始分析。在例14.13中, 用 $u = -x_1 - \psi_1(x) - kz_2$ 和高增益 k 处理不确定项, 这要求非

---

① ρ 可由 $\sqrt{2c(1 + k_1^2)}$ 估计。

②   注意引理14.3给出的结论可以保证指数稳定, 而不能保证渐近稳定。为什么?

线性项 x_2^2 以线性项 $\rho|x_2|$ 为界。本例取

$$u = -x_1 - \psi_1(x) - kz_2 + v, \quad k > 0$$

其中,控制分量 v 为待设计分量。则

$$\dot{V}_c \leqslant -x_1^2 - kz_2^2 + z_2[\psi_2(x,\theta) + v]$$

注意到

$$|\psi_2(x,\theta)| \leqslant a(1+a)|x_1| + bx_2^2$$

取

$$v = \begin{cases} -\eta(x)\,\mathrm{sgn}(z_2), & \eta(x)|z_2| \geqslant \varepsilon \\ -\eta^2(x)z_2/\varepsilon, & \eta(x)|z_2| < \varepsilon \end{cases}$$

其中对于 $\eta_0 > 0$ 和 $\varepsilon > 0$,有 $\eta(x) = \eta_0 + a(1+a)|x_1| + bx_2^2$。当 $\eta(x)|z_2| \geqslant \varepsilon$ 时,

$$z_2[\psi_2(x,\theta) + v] \leqslant |\psi_2||z_2| - \eta|z_2| \leqslant 0$$

当 $\eta(x)|z_2| < \varepsilon$ 时,

$$z_2[\psi_2(x,\theta) + v] \leqslant |\eta||z_2| - \frac{\eta^2 z_2^2}{\varepsilon} \leqslant \frac{\varepsilon}{4}$$

因此,有

$$\dot{V}_c \leqslant -x_1^2 - kz_2^2 + \frac{\varepsilon}{4}$$

该不等式表明,在一个有限时间区间内,对于某个 $k_0 > 0$,状态 x 进入半径为 $r = k_0\sqrt{\varepsilon}$ 的球 B_r 内。在 B_r 内对于某个 $\rho_1 > 0$,有

$$|\psi_2(x,\theta)| \leqslant a(1+a)|x_1| + br|x_2| \leqslant \rho_1(|x_1| + |z_2|)$$

ρ_1 与 ε 无关。在球 B_r 与边界层 $\{\eta(x)|z_2| < \varepsilon\}$ 的相交部分,有

$$\begin{aligned}
\dot{V}_c &\leqslant -x_1^2 - kz_2^2 + \rho_1|x_1||z_2| + \rho_1|z_2|^2 - \frac{\eta_0^2 z_2^2}{\varepsilon} \\
&= -\frac{1}{2}x_1^2 - kz_2^2 - \left[\frac{1}{2}x_1^2 - \rho_1|x_1||z_2| + \left(\frac{\eta_0^2}{\varepsilon} - \rho_1\right)z_2^2\right]
\end{aligned}$$

通过选择足够小的 ε 可使方括号内的项为非负,因此

$$\dot{V}_c \leqslant -\frac{1}{2}x_1^2 - kz_2^2$$

并且原点是全局渐近稳定的。 △

总结本节内容可发现,只要满足某一非奇异条件,反步法就可用于多输入系统中,即所谓分块反步法。考虑系统

$$\dot{\eta} = f(\eta) + G(\eta)\xi \tag{14.68}$$

$$\dot{\xi} = f_a(\eta,\xi) + G_a(\eta,\xi)u \tag{14.69}$$

其中,$\eta \in R^n$,$\xi \in R^m$,$u \in R^m$,m 可大于 1。假设 f, f_a, G 和 G_a(已知函数)是在所讨论的定义域内的光滑函数,f 和 f_a 在原点为零,且 G_a 是 $m \times m$ 阶非奇异矩阵。进一步假设方程(14.68)可通过光滑状态反馈控制律 $\xi = \phi(\eta)$,$\phi(0) = 0$ 实现稳定,且已知一个李雅普诺夫函数 $V(\eta)$(光滑,正定),对于某个正定函数 $W(\eta)$,满足不等式

$$\frac{\partial V}{\partial \eta}[f(\eta) + G(\eta)\phi(\eta)] \leqslant -W(\eta)$$

以

$$V_c = V(\eta) + \frac{1}{2}[\xi - \phi(\eta)]^{\mathrm{T}}[\xi - \phi(\eta)]$$

作为整个系统的备选李雅普诺夫函数,可得

$$\dot{V}_c = \frac{\partial V}{\partial \eta}(f + G\phi) + \frac{\partial V}{\partial \eta}G\ (\xi - \phi) + [\xi - \phi]^{\mathrm{T}}\left[f_a + G_a u - \frac{\partial \phi}{\partial \eta}(f + G\xi)\right]$$

取

$$u = G_a^{-1}\left[\frac{\partial \phi}{\partial \eta}(f + G\xi) - \left(\frac{\partial V}{\partial \eta}G\right)^{\mathrm{T}} - f_a - k(\xi - \phi)\right], \quad k > 0$$

可得

$$\dot{V}_c = \frac{\partial V}{\partial \eta}(f + G\phi) - k[\xi - \phi(\eta)]^{\mathrm{T}}[\xi - \phi(\eta)] \leqslant -W(\eta) - k[\xi - \phi(\eta)]^{\mathrm{T}}[\xi - \phi(\eta)]$$

这表明原点$(\eta = 0, \xi = 0)$是渐近稳定的。

14.4   基于无源的控制

第6章中介绍了无源性的概念,并研究了无源性在反馈连接稳定性分析中的作用。本节将直接运用第6章的结果介绍基于无源性控制的概念,而不必为理解这些概念而详细描述第6章的内容,只是回顾一下无源性及零状态可观测性的定义。

考虑p输入p输出系统

$$\dot{x} = f(x, u) \tag{14.70}$$
$$y = h(x) \tag{14.71}$$

对于所有$x \in R^n, u \in R^m$, f是(x, u)的局部利普希茨函数,h对x是连续的。假设$f(0, 0) = 0$,使原点$x = 0$为开环平衡点,且$h(0) = 0$。回顾第6章的内容可知,如果存在一个连续可微的半正定函数$V(x)$(称为存储函数),使得下式成立:

$$u^{\mathrm{T}}y \geqslant \dot{V} = \frac{\partial V}{\partial x}f(x, u), \quad \forall\ (x, u) \in R^n \times R^m \tag{14.72}$$

则系统(14.70)~(14.71)就是无源的。对于系统$\dot{x} = f(x, 0)$,如果除了平凡解$x(t) \equiv 0$,其余的解都不能保持在集合$\{h(x) = 0\}$内,则系统是零状态可观测的。本节要求所有存储函数都是正定的。下一个定理将给出基于无源控制的基本概念。

定理 14.4   如果系统(14.70)~(14.71)

(1) 对于一个径向无界的正定存储函数是无源的,且

(2) 是零状态可观测的,

则原点$x = 0$在$u = -\phi(y)$下是全局稳定的,其中对于所有$y \neq 0$,ϕ是局部利普希茨函数,满足$\phi(0) = 0$及$y^{\mathrm{T}}\phi(y) > 0$。   ◇

证明:以存储函数$V(x)$作为闭环系统

$$\dot{x} = f(x, -\phi(y))$$

的备选李雅普诺夫函数,V的导数为

$$\dot{V} = \frac{\partial V}{\partial x}f(x, -\phi(y)) \leqslant -y^{\mathrm{T}}\phi(y) \leqslant 0$$

因此,$\dot{V}$是半负定的,当且仅当$y = 0$时,$\dot{V} = 0$。由零状态可观测性可知

$$y(t) \equiv 0 \ \Rightarrow \ u(t) \equiv 0 \ \Rightarrow \ x(t) \equiv 0$$

故根据不变原理,原点是全局渐近稳定的。　　　　　　　　　　　　　　　　　□

　　如果把存储函数看成系统能量,定理 14.4 的含义就很直观明了。无源系统都具有稳定的原点,而在 $x(t)$ 不恒等于零时,要获得稳定的原点必须注入阻尼,这样才能将能量耗尽。要求的阻尼通过函数 ϕ 注入,ϕ 的选择具有较大的自由度,可以选择 ϕ 使其满足对 u 的幅值的约束。例如,如果对 u 的约束为 $|u_i| \leq k_i, 1 \leq i \leq p$,则 ϕ 可取为 $\phi_i(y) = k_i \, \mathrm{sat}(y_i)$ 或 $\phi_i(y) = (2k_i/\pi) \arctan(y_i)$。

　　应用定理 14.4,还可以将非无源系统转换为有源系统。例如,考虑系统(14.70)的特例

$$\dot{x} = f(x) + G(x)u \tag{14.73}$$

假设存在一个径向无界的正定连续可微函数 $V(x)$,满足

$$\frac{\partial V}{\partial x} f(x) \leq 0, \quad \forall \, x$$

取
$$y = h(x) \stackrel{\text{def}}{=} \left[\frac{\partial V}{\partial x} G(x) \right]^{\mathrm{T}}$$

则以 u 为输入,y 为输出的系统为有源系统,如果该系统是零状态可观测的,就可以应用定理 14.4。

例 14.15　考虑系统
$$\begin{aligned} \dot{x}_1 &= x_2 \\ \dot{x}_2 &= -x_1^3 + u \end{aligned}$$

　　设 $V(x) = x_1^4/4 + x_2^2/2$,则　　　　$\dot{V} = x_1^3 x_2 - x_2 x_1^3 + x_2 u = x_2 u$

　　设定 $y = x_2$,注意到 $u = 0$ 时,$y(t) \equiv 0$,即 $x(t) \equiv 0$,因此定理 14.4 的所有条件都满足,且全局稳定状态反馈控制律可取为 $u = -kx_2$ 或 $u = -(2k/\pi)\arctan(x_2)$,$k > 0$。　　　　△

　　能够自由选择输出函数是实用的,但仍限制在原点为开环稳定的状态方程。如果通过反馈实现系统无源性,即可处理更广泛的系统。再次考虑系统(14.73),如果存在一个反馈控制

$$u = \alpha(x) + \beta(x)v \tag{14.74}$$

和一个输出函数 $h(x)$,使系统

$$\begin{aligned} \dot{x} &= f(x) + G(x)\alpha(x) + G(x)\beta(x)v \tag{14.75} \\ y &= h(x) \tag{14.76} \end{aligned}$$

满足定理 14.4 的条件,就可以用 $v = -\phi(y)$ 全局稳定原点,这里 v 为输入,y 为输出。利用反馈将非无源系统转化为无源系统,称为反馈无源化[①]。

例 14.16　一个 m 连杆机器人的非线性动力学方程为

$$M(q)\ddot{q} + C(q,\dot{q})\dot{q} + D\dot{q} + g(q) = u$$

其中,q 是广义坐标中的 m 维向量,表示相应连杆位置,u 是 m 维控制输入,$M(q)$ 是对所有 $q \in R^m$ 都正定的对称惯量矩阵,$C(q,\dot{q})\dot{q}$ 一项代表离心力和科里奥利力,矩阵 C 的特性是使得 $M - 2C$ 对于所有 $q,\dot{q} \in R^m$ 都为斜对称矩阵,其中 M 是 $M(q)$ 对 t 的全微分,$D\dot{q}$

---

① 参考文献[31]证明了输出为 $y = h(t)$ 的系统(14.73),局部反馈后等价于一个具有正定存储函数的无源系统,如果秩$\{[\partial h/\partial x](0)G(0)\} = p$,且对于具有正定李雅普诺夫函数的零动态系统,则其原点是稳定的平衡点。

一项表示黏滞阻尼,其中 D 是半正定对称矩阵,$g(q)$ 代表重力,由 $g(q) = [\partial P(q)/\partial q]^{\mathrm{T}}$ 给出,其中 $P(q)$ 是由重力引起的所有连杆的总势能。现在考虑设计状态反馈控制律的调节问题,使 q 渐近跟踪常数参考信号 q_r。设 $e = q - q_r$,则 e 满足微分方程

$$M(q)\ddot{e} + C(q,\dot{q})\dot{e} + D\dot{e} + g(q) = u$$

我们的目标是在 $(e = 0, \dot{e} = 0)$ 处稳定系统,但这个点不是开环平衡点。设

$$u = g(q) - K_p e + v$$

其中 K_p 是正定对称矩阵,v 是待选择的附加控制分量,将 u 代入 $\ddot{e}$ 方程,得

$$M(q)\ddot{e} + C(q,\dot{q})\dot{e} + D\dot{e} + K_p e = v$$

取

$$V = \tfrac{1}{2}\dot{e}^{\mathrm{T}} M(q)\dot{e} + \tfrac{1}{2} e^{\mathrm{T}} K_p e$$

作为备选存储函数,函数 V 是正定的,且其导数满足

$$
\begin{aligned}
\dot{V} &= \dot{e}^{\mathrm{T}} M \ddot{e} + \tfrac{1}{2}\dot{e}^{\mathrm{T}} \dot{M}\dot{e} + e^{\mathrm{T}} K_p \dot{e} \\
&= \tfrac{1}{2}\dot{e}^{\mathrm{T}}(\dot{M} - 2C)\dot{e} - \dot{e}^{\mathrm{T}} D\dot{e} - \dot{e}^{\mathrm{T}} K_p e + \dot{e}^{\mathrm{T}} v + e^{\mathrm{T}} K_p \dot{e} \\
&\leqslant \dot{e}^{\mathrm{T}} v
\end{aligned}
$$

把输出定义为 $y = \dot{e}$,可看出输入为 v,输出为 y 的系统是无源的,V 为存储函数。注意,把反馈分量 $g(q) - K_p e$ 无源化的作用是给势能一个新的表达式,即 $(1/2)e^{\mathrm{T}} K_p e$,在 $e = 0$ 处有唯一的极小值,动能与该势能之和即为存储函数。当 $v = 0$ 时,有

$$y(t) \equiv 0 \Leftrightarrow \dot{e}(t) \equiv 0 \Rightarrow \ddot{e}(t) \equiv 0 \Rightarrow K_p e(t) \equiv 0 \Rightarrow e(t) \equiv 0$$

说明系统是零状态可观测的,因此取控制 $v = -\phi(\dot{e})$,可使系统达到全局稳定,其中任意函数 ϕ 对于所有 $y \neq 0$,满足 $\phi(0) = 0, y^{\mathrm{T}}\phi(y) > 0$。选择 $v = -K_d \dot{e}, K_d$ 是正定对称阵,可得控制律

$$u = g(q) - K_p(q - q_r) - K_d \dot{q}$$

上式是附加一个重力补偿项的经典 PD 控制器。　　　　　　　　　　　　　　△

一类服从反馈无源化(feedback passivation)的系统是无源系统的级联,该无源系统的无激励动力学方程在原点处有一个稳定平衡点。考虑系统

$$\dot{z} = f_a(z) + F(z,y)y \tag{14.77}$$

$$\dot{x} = f(x) + G(x)u \tag{14.78}$$

$$y = h(x) \tag{14.79}$$

其中 $f_a(0) = 0, f(0) = 0, h(0) = 0$,函数 f_a, F, f 和 G 是局部利普希茨函数,h 是连续函数。把整个系统看成驱动系统(14.78)~(14.79)和被驱动系统(14.77)的级联①。假设表达式(14.77)~(14.79)全局成立,驱动系统是无源系统,具有径向无界的正定存储函数 $V(x)$,此外 $\dot{z} = f_a(z)$ 的原点是稳定的,并且已知对于 $\dot{z} = f_a(z)$,存在一个径向无界的李雅普诺夫函数 $W(z)$,满足

---

① 一个 f_0 足够光滑的形如 $\dot{z} = f_0(z,y)$ 的被驱动系统,如果取

$$f_a(z) = f_0(z,0), \quad F(z,y) = \int_0^1 \frac{\partial f_0}{\partial y}(z,sy)\,ds$$

则系统可表示为式(14.77)的形式。

$$\frac{\partial W}{\partial z} f_a(z) \leqslant 0, \quad \forall z$$

用 $U(z,x) = W(z) + V(x)$ 作为整个系统 $(14.77) \sim (14.79)$ 的备选存储函数，可得

$$
\begin{aligned}
\dot{U} &= \frac{\partial W}{\partial z} f_a(z) + \frac{\partial W}{\partial z} F(z,y) y + \frac{\partial V}{\partial x} f(x) + \frac{\partial V}{\partial x} G(x) u \\
&\leqslant \frac{\partial W}{\partial z} F(z,y) y + y^{\mathrm{T}} u = y^{\mathrm{T}} \left[u + \left(\frac{\partial W}{\partial z} F(z,y) \right)^{\mathrm{T}} \right]
\end{aligned}
$$

反馈控制为
$$u = -\left(\frac{\partial W}{\partial z} F(z,y) \right)^{\mathrm{T}} + v$$

可得
$$\dot{U} \leqslant y^{\mathrm{T}} v$$

因此，系统
$$\dot{z} = f_a(z) + F(z,y) y \tag{14.80}$$

$$\dot{x} = f(x) - G(x) \left(\frac{\partial W}{\partial z} F(z,y) \right)^{\mathrm{T}} + G(x) v \tag{14.81}$$

$$y = h(x) \tag{14.82}$$

是无源系统，其输入为 v，输出为 y，存储函数为 U。如果系统 $(14.80) \sim (14.82)$ 是零状态可观测的，则可应用定理 14.4 使原点达到全局稳定。

例 14.17　受三个独立标量控制力矩的刚体旋转运动可采用下面的模型[①]

$$
\begin{aligned}
\dot{\rho} &= \tfrac{1}{2} [I_3 + S(\rho) + \rho \rho^{\mathrm{T}}] \omega \\
M \dot{\omega} &= -S(\omega) M \omega + u
\end{aligned}
$$

其中，$\omega \in R^3$ 是速度向量，$\rho \in R^3$ 是待选的运动参数，由此可得出旋转体的三维表示。矩阵 $S(x)$ 是斜对称矩阵，定义为

$$
S(x) = \begin{bmatrix} 0 & -x_3 & x_2 \\ x_3 & 0 & -x_1 \\ -x_2 & x_1 & 0 \end{bmatrix}
$$

M 是正定对称惯量矩阵，I_3 是 3×3 单位阵。取 $y = \omega$，可看出系统取级联系统方程 (14.77) 至方程 (14.79) 的形式，其中驱动系统为

$$M \dot{\omega} = -S(\omega) M \omega + u, \quad \dot{y} = \omega$$

被驱动系统为

$$\dot{\rho} = \tfrac{1}{2} [I_3 + S(\rho) + \rho \rho^{\mathrm{T}}] \omega$$

取 $V(\omega) = (1/2) \omega^{\mathrm{T}} M \omega$，可看出

$$\dot{V} = \omega^{\mathrm{T}} M \dot{\omega} = -\omega^{\mathrm{T}} S(\omega) M \omega + \omega^{\mathrm{T}} u = y^{\mathrm{T}} u$$

其中用到性质 $\omega^{\mathrm{T}} S(\omega) = 0$。因此，驱动系统是无源的。无激励驱动系统 $\dot{\rho} = 0$ 在 $\rho = 0$ 处具有稳定的平衡点，并且任何径向无界的正定连续可微函数 $W(\rho)$ 都可作为李雅普诺夫函数。这样，所有假设都得到满足，且控制律

---

① 模型的推导可参阅文献[97]和文献[151]。如果 $\varepsilon \in R^3$，$\eta \in R$ 都是欧拉参数，则 $\rho = \varepsilon / \eta$。

$$u = -\left\{ \frac{\partial W}{\partial \rho} \frac{1}{2}[I_3 + S(\rho) + \rho\rho^{\mathrm{T}}] \right\}^{\mathrm{T}} + v$$

使系统成为无源系统。取 $W(\rho) = k\ln(1 + \rho^{\mathrm{T}}\rho)$, $k > 0$, 可得

$$u = -\left\{ \frac{k\rho^{\mathrm{T}}}{1 + \rho^{\mathrm{T}}\rho}[I_3 + S(\rho) + \rho\rho^{\mathrm{T}}] \right\}^{\mathrm{T}} + v = -k\rho + v$$

这里用到性质 $\rho^{\mathrm{T}}S(\rho) = 0$。此外,还需要检验无源系统

$$\begin{aligned}
\dot{\rho} &= \tfrac{1}{2}[I_3 + S(\rho) + \rho\rho^{\mathrm{T}}]\omega \\
M\dot{\omega} &= -S(\omega)M\omega - k\rho + v \\
y &= \omega
\end{aligned}$$

的零状态可观测性。当 $v = 0$ 时,有

$$y(t) \equiv 0 \ \Leftrightarrow\ \omega(t) \equiv 0 \ \Rightarrow\ \dot{\omega}(t) \equiv 0 \ \Rightarrow\ \rho(t) \equiv 0$$

因此,系统是零状态可观测的,且控制律

$$u = -k\rho - \phi(\omega)$$

可使系统实现全局稳定,其中任意局部利普希茨函数 ϕ 满足 $\phi(0) = 0$, 且对于所有 $y \neq 0$, 有 $y^{\mathrm{T}}\phi(y) > 0$。 $\triangle$

如果把对 $W(z)$ 的假设加强为

$$\frac{\partial W}{\partial z}f_a(z) < 0, \quad \forall\, z \neq 0, \qquad \frac{\partial W}{\partial z}(0) = 0 \tag{14.83}$$

即 $\dot{z} = f_a(z)$ 的原点是全局渐近稳定的,则可免去检验整个系统(14.80)~(14.82)的零状态可观测性。取

$$u = -\left(\frac{\partial W}{\partial z}F(z, y) \right)^{\mathrm{T}} - \phi(y) \tag{14.84}$$

其中,ϕ 是任意局部利普希茨函数,满足 $\phi(0) = 0$, 且对于任意 $y \neq 0$, 有 $y^{\mathrm{T}}\phi(y) > 0$。以 U 作为闭环系统的备选李雅普诺夫函数,可得

$$\dot{U} \leqslant \frac{\partial W}{\partial z}f_a(z) - y^{\mathrm{T}}\phi(y) \leqslant 0$$

此外,$\dot{U} = 0$ 表明 $z = 0$, $y = 0$, 亦即 $u = 0$。如果驱动系统(14.78)~(14.79)是零状态可观测的,则条件 $u(t) \equiv 0$ 和 $y(t) \equiv 0$ 就意味着 $x(t) \equiv 0$。因此,由不变原理,原点 $(z = 0, x = 0)$ 是全局渐近稳定的。通过上面的讨论,可以总结出下一个定理。

定理 14.5 假设系统(14.78)~(14.79)是零状态可观测的,且为无源系统,具有径向无界的正定存储函数。假设 $\dot{z} = f_a(z)$ 的原点是全局渐近稳定的,且设 $W(z)$ 是满足式(14.83)的径向无界正定李雅普诺夫函数,则控制律(14.84)使原点 $(z = 0, x = 0)$ 全局稳定。 $\diamond$

例 14.18 考虑例 13.16 和例 14.11 讨论过的系统

$$\begin{aligned}
\dot{\eta} &= -\eta + \eta^2 \xi \\
\dot{\xi} &= u
\end{aligned}$$

以 $y = \xi$ 作为输出,则系统取(14.77)～(14.79)的形式。系统 $\dot{\xi} = u, y = \xi$ 是无源系统,其存储函数为 $V(\xi) = \xi^2/2$。由于 $y = \xi$,显然系统是零状态可观测的。当李雅普诺夫函数为 $W(\eta) = \eta^2/2$ 时,$\dot{\eta} = -\eta$ 的原点是全局指数稳定的,因此满足定理 14.5 的所有条件,且全局稳定状态反馈控制可取为 $u = -\eta^3 - k\xi, k > 0$,与用反步法推出的结果相同。　　　　△

14.5　高增益观测器

本章及前一章讨论的非线性设计技术都采用了状态反馈,即所有状态变量都是可观测的。然而在许多实际问题中,不可能测出所有的状态变量,或者出于技术或经济原因选择不测量某些状态变量,因此有必要将这些技术扩展到输出反馈。在某些特殊情况中,可以对这些技术进行修正,以得到输出反馈控制器,习题 14.47 和习题 14.48 给出了这方面的例子。前一个习题说明对相对阶为 1 的最小相位系统,可将滑模控制设计为输出反馈控制;后一个习题说明了对一个系统基于无源的控制,该系统具有从输入到输出导数的无源映射。对于更一般的情况,必须用动态补偿方法将状态反馈设计扩展到输出反馈设计。动态补偿的形式之一就是利用观测器渐近估计输出测量值的状态。对于某些非线性系统,这些观测器的设计可以与线性系统一样简单。例如,假设非线性系统可变换为如下形式[①]:

$$\dot{x} = Ax + g(y, u) \tag{14.85}$$
$$y = Cx \tag{14.86}$$

其中 (A, C) 是可观测的。上式是一种特殊形式,因为非线性函数 g 只与输出 y 及控制输入 u 有关。取观测器为

$$\dot{\hat{x}} = A\hat{x} + g(y, u) + H(y - C\hat{x}) \tag{14.87}$$

容易看出,估计误差 $\tilde{x} = x - \hat{x}$ 满足线性方程

$$\dot{\tilde{x}} = (A - HC)\tilde{x}$$

因此,设计 H 使 $A - HC$ 为赫尔维茨矩阵,即可保证渐近误差收敛,即 $\lim\limits_{t \to \infty} \tilde{x}(t) = 0$。习题 14.49 讨论了观测器(14.87)在输出反馈控制中的应用。观测器(14.87)的缺点除了只能工作在一类特殊非线性系统,主要是假设非线性函数 g 完全已知。对 g 建模时的任何误差都会反映到估计误差方程中,特别是如果观测器由

$$\dot{\hat{x}} = A\hat{x} + g_0(y, u) + H(y - C\hat{x})$$

实现,其中 g_0 是 g 的标称模型,则 $\dot{\tilde{x}}$ 方程变为

$$\dot{\tilde{x}} = (A - HC)\tilde{x} + g(y, u) - g_0(y, u)$$

这就使赫尔维茨矩阵 $A - HC$ 处理扰动项 $g - g_0$ 变得不再明显。本节将给出观测器增益的一种特殊设计方法,使观测器在对非线性函数建模时对不确定参数具有鲁棒性,该技术称为高增益观测器,广泛适用于各类非线性系统中,且当观测器的增益足够高时,输出反馈控制器具有状态反馈控制器的性能。14.5.1 节用一个二阶系统的例子给出了高增益观测器的概念,14.5.2 节

---

① 非线性系统等价于式(14.85)和式(14.86)的必要条件和充分条件在文献[124]的第 5 章给出,该文献还通过滤波变换给出了引入动态补偿的另一种方法。

将该观测器用于输出反馈稳定性的设计,这部分的主要结果是分离原理,即允许把设计分解为两个任务,即首先设计一个状态反馈控制器,以稳定系统并满足其他设计要求,然后用高增益观测器提供的估计 $\hat{x}$ 代换状态 x,得到输出反馈控制器。使这种分解能够进行的主要性质是状态反馈控制器的设计应对 x 全局有界。高增益观测器可广泛用于许多控制问题[①],作为例子,在 14.5.3 节中给出了高增益观测器在输出反馈积分调节器中的应用。

14.5.1　启发性例子

考虑二阶非线性系统

$$\dot{x}_1 = x_2 \tag{14.88}$$
$$\dot{x}_2 = \phi(x,u) \tag{14.89}$$
$$y = x_1 \tag{14.90}$$

其中 $x = [x_1, x_2]^{\mathrm{T}}$。假设 $u = \gamma(x)$ 是局部利普希茨状态反馈控制律,能使闭环系统

$$\dot{x}_1 = x_2 \tag{14.91}$$
$$\dot{x}_2 = \phi(x, \gamma(x)) \tag{14.92}$$

在原点 $x = 0$ 稳定。为了只利用输出 y 的测量值实现该反馈控制,利用观测器

$$\dot{\hat{x}}_1 = \hat{x}_2 + h_1(y - \hat{x}_1) \tag{14.93}$$
$$\dot{\hat{x}}_2 = \phi_0(\hat{x}, u) + h_2(y - \hat{x}_1) \tag{14.94}$$

其中 $\phi_0(x,u)$ 是非线性函数 $\phi(x,u)$ 的标称模型。估计误差

$$\tilde{x} = \left[\begin{array}{c} \tilde{x}_1 \\ \tilde{x}_2 \end{array} \right] = \left[\begin{array}{c} x_1 - \hat{x}_1 \\ x_2 - \hat{x}_2 \end{array} \right]$$

满足方程

$$\dot{\tilde{x}}_1 = -h_1\tilde{x}_1 + \tilde{x}_2 \tag{14.95}$$
$$\dot{\tilde{x}}_2 = -h_2\tilde{x}_1 + \delta(x,\tilde{x}) \tag{14.96}$$

其中 $\delta(x,\tilde{x} = \phi(x,\gamma(\hat{x})) - \phi_0(\hat{x},\gamma(\hat{x}))$。我们想要设计的观测器增益是 $H = [h_1, h_2]^{\mathrm{T}}$,使 $\lim\limits_{t\to\infty}\tilde{x}(t) = 0$。在无扰动项 δ 的情况下设计 H,使

$$A_o = \left[\begin{array}{cc} -h_1 & 1 \\ -h_2 & 0 \end{array} \right]$$

为赫尔维茨矩阵,就能实现渐近误差的收敛。该二阶系统对于任意正常数 h_1 和 h_2,矩阵 A_o 都是赫尔维茨的。在存在 δ 的情况下,设计 H 时还要考虑抵消 δ 对 $\tilde{x}$ 的作用。对于任何 δ,如果从 δ 到 $\tilde{x}$ 的传递函数

$$G_o(s) = \frac{1}{s^2 + h_1 s + h_2} \left[\begin{array}{c} 1 \\ s + h_1 \end{array} \right]$$

恒等于零,即可理想地实现上述目标。虽然这不可能,但可以选择 $h_2 \gg h_1 \gg 1$,使 $\sup\limits_{\omega\in R} \| G_o(j\omega) \|$ 任意小。特别地,取

$$h_1 = \frac{\alpha_1}{\varepsilon}, \quad h_2 = \frac{\alpha_2}{\varepsilon^2} \tag{14.97}$$

其中 α_1, α_2 和 ε 为正常数,且 $\varepsilon \ll 1$。可以证明

---

① 关于高增益观测器用于各种控制问题中的公式,可参阅文献[100]。

$$G_o(s) = \frac{\varepsilon}{(\varepsilon s)^2 + \alpha_1 \varepsilon s + \alpha_2} \left[\begin{array}{c} \varepsilon \\ \varepsilon s + \alpha_1 \end{array} \right]$$

因此有 $\lim\limits_{\varepsilon \to 0} G_o(s) = 0$。高增益观测器的扰动抑制特性也可以在时域理解，只要将误差方程(14.95) ~ (14.96)表示为奇异扰动形式即可。为此，换算估计误差为

$$\eta_1 = \frac{\tilde{x}_1}{\varepsilon}, \quad \eta_2 = \tilde{x}_2 \tag{14.98}$$

新定义的变量满足奇异扰动方程

$$\varepsilon \dot{\eta}_1 = -\alpha_1 \eta_1 + \eta_2 \tag{14.99}$$
$$\varepsilon \dot{\eta}_2 = -\alpha_2 \eta_1 + \varepsilon \delta(x, \tilde{x}) \tag{14.100}$$

该式清楚地表明，减小 ε 即可减小 δ 的影响，同时也表明当 ε 较小时，经过换算的估计误差 η 比 x 变化得快。但要注意，只要 $x_1(0) \neq \hat{x}_1(0)$，则 $\eta_1(0)$ 为 $O(1/\varepsilon)$。因此，对于某个 $a > 0$，在方程(14.99)和方程(14.100)的解中总会包含一项，形如 $(1/\varepsilon)e^{-at/\varepsilon}$。虽然该指数的模迅速衰减，但在其快速衰减为零之前，仍会显示出一个脉冲效应，瞬态峰值为 $O(1/\varepsilon)$。实际上当 ε 趋于零时，函数 $(a/\varepsilon)e^{-at/\varepsilon}$ 趋近于一个脉冲函数，这种特性称为峰化现象。峰化现象不是由于在奇异扰动式中用式(14.98)的变量代换表示误差动力学方程造成的，而是在 $h_2 \gg h_1 \gg 1$ 时高增益观测器的固有特性，认识到这一点很重要。通过计算转移矩阵 $\exp(A_o t)$ 也可看出这一点，注意到矩阵中的第 $(2,1)$ 个元素，当 $4h_2 > h_1^2$ 时，为

$$\frac{-2h_2}{\sqrt{4h_2 - h_1^2}} e^{-h_1 t/2} \sin\left(\frac{t\sqrt{4h_2 - h_1^2}}{2}\right)$$

当 $4h_2 < h_1^2$ 时，为

$$\frac{-h_2}{\sqrt{h_1^2 - 4h_2}} \left\{ \exp\left[-\left(\frac{h_1 - \sqrt{h_1^2 - 4h_2}}{2}\right) t \right] - \exp\left[-\left(\frac{h_1 + \sqrt{h_1^2 - 4h_2}}{2}\right) t \right] \right\}$$

在前一种情况中，指数模的幅值大于 $\sqrt{h_2}$，在后一种情况中则大于 h_2/h_1。因此，可推导出随着 h_1 和 h_2/h_1 的增加，幅值将趋于无穷。

为了更好地理解峰化现象，对系统

$$\begin{aligned} \dot{x}_1 &= x_2 \\ \dot{x}_2 &= x_2^3 + u \\ y &= x_1 \end{aligned}$$

进行仿真，该系统可通过状态反馈控制器

$$u = -x_2^3 - x_1 - x_2$$

达到全局稳定。输出反馈控制器取为

$$\begin{aligned} u &= -\hat{x}_2^3 - \hat{x}_1 - \hat{x}_2 \\ \dot{\hat{x}}_1 &= \hat{x}_2 + (2/\varepsilon)(y - \hat{x}_1) \\ \dot{\hat{x}}_2 &= (1/\varepsilon^2)(y - \hat{x}_1) \end{aligned}$$

其中，观测器增益分配给 A_o 的特征值为 $-1/\varepsilon$ 和 $-1/\varepsilon$。图 14.16 给出了闭环系统在状态反馈和输出反馈下的性能。ε 取三个不同值时对输出反馈进行仿真，初始条件为 $x_1(0) = 0.1$，$x_2(0) = \hat{x}_1(0) = \hat{x}_2(0) = 0$，峰化是当 ε 足够小时，由 $[x_1(0) - \hat{x}_1(0)]/\varepsilon = 0.1/\varepsilon$ 项引起的。

图 14.16 所示为当 ε 减小时反向的直观特性。由于 ε 的减小引起估计误差快速衰减到零,因此,人们希望随 ε 的减小,输出反馈响应逼近状态反馈响应。图 14.16 给出了相反的特性,即随 ε 的减小,输出反馈响应偏离了状态反馈响应,这就是峰化现象的影响。在同一图中还给出了控制 u 在相当短的时间区间内显示的峰化现象,这一控制峰化传输到设备中会引起状态出现峰值,如果状态峰值超出了吸引区,则系统不稳定。图 14.17 所示为本例中这种情况出现在 ε 减小到 0.004 时,这里系统在 $t = 0.07$ 稍后有一个有限逃逸时间。

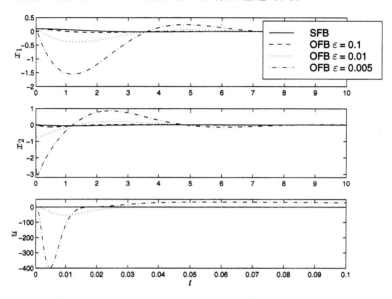

图 14.16   在状态反馈(SFB)和输出反馈(OFB)下的性能

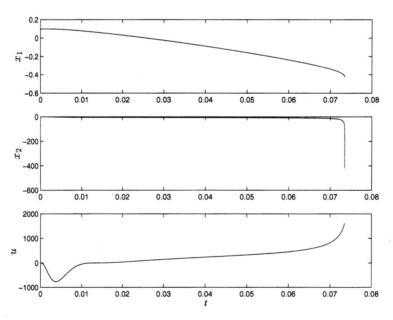

图 14.17   当 $\varepsilon = 0.004$ 时因峰化引起的不稳定

在实际情况下,可以通过在我们感兴趣的紧区域外采用饱和控制,产生一个缓冲,使设备免受峰化的影响。假设饱和控制为

$$u = \text{sat}(-\hat{x}_2^3 - \hat{x}_1 - \hat{x}_2)$$

图 14.18 给出了闭环系统在饱和状态反馈与输出反馈下的性能,图中所示为在较短的时间区间内,控制 u 在出现峰值时表现的控制饱和。峰值的持续时间随 ε 的减小而减小,状态 x_1 和 x_2 表现出我们前面希望的固有特性,即随着 ε 的减小,输出反馈的响应逼近状态反馈的响应。注意,在非饱和情况下,当 $\varepsilon < 0.004$ 时就可以检测到不稳定现象,而图中的 ε 已减小到 0.001,不仅系统保持稳定,而且输出反馈下的响应与状态反馈下的响应几乎相同,更有意思的是,当 ε 趋于零时,输出反馈下的吸引区逼近状态反馈下的吸引区,如图 14.19 和图 14.20 所示。图 14.19 为闭环系统在控制 $u = \text{sat}(-x_2^3 - x_1 - x_2)$ 下的相图,这是被极限环包围的有界吸引区;图 14.20 为在控制 $u = \text{sat}(-\hat{x}_2^3 - \hat{x}_1 - \hat{x}_2)$ 下,当 ε 趋于零时,在 $x_1 - x_2$ 相平面内吸引区边界逼近极限环时的交点。

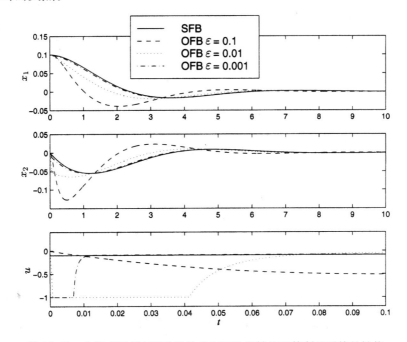

图 14.18　在状态反馈(SFB)和输出(OFB)反馈饱和控制下系统的性能

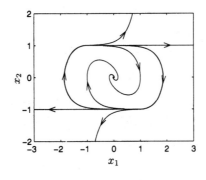

图 14.19　闭环系统在 $u = \text{sat}(-x_2^3 - x_1 - x_2)$ 下的相图

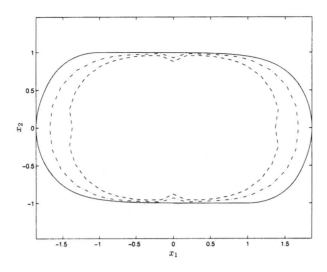

图 14.20   在 $x_1 - x_2$ 相平面内,状态反馈下的吸引区(实线)与输出反馈
下 $\varepsilon = 0.1$(虚线)和 $\varepsilon = 0.05$(点划线)时的吸引区的交点

只用任意全局有界的稳定函数 $\gamma(x)$ 就能实现图 14.18 和图 14.20 的特性。在出现峰值的时间内,控制 $\gamma(\hat{x})$ 是饱和的。由于当 ε 趋于零时,峰值的持续时间也趋于零,所以对于足够小的 ε,峰值持续时间变得非常小,以至于使设备状态 x 接近初始值。峰值过后,估计误差变为 $O(\varepsilon)$,反馈控制 $\gamma(\hat{x})$ 接近 $\gamma(x)$。因此,当 ε 趋于零时,闭环系统在输出反馈下的轨线逼近状态反馈下的轨线,这就恢复了在状态反馈下系统所达到的性能。通过在感兴趣的紧区域外使状态反馈控制或状态估计饱和,总可以实现 $\gamma(x)$ 的全局有界性。

分析输出反馈下闭环系统的步骤为:把系统表示为奇异扰动形式

$$\begin{aligned}
\dot{x}_1 &= x_2 \\
\dot{x}_2 &= \phi(x, \gamma(\hat{x})) \\
\varepsilon\dot{\eta}_1 &= -\alpha_1\eta_1 + \eta_2 \\
\varepsilon\dot{\eta}_2 &= -\alpha_2\eta_1 + \varepsilon\delta(x, \tilde{x})
\end{aligned}$$

其中,$\hat{x}_1 = x_1 - \varepsilon\eta_1$,$\hat{x}_2 = x_2 - \eta_2$。令 $\varepsilon = 0$ 得到的慢变模型逼近慢变量(x_1, x_2)的运动。由于 $\varepsilon = 0$ 时,$\eta = 0$,所以式(14.91)和式(14.92)给出的慢变模型就是状态反馈下的闭环系统。(η_1, η_2)的快速运动可由快变模型

$$\varepsilon\dot{\eta} = \begin{bmatrix} -\alpha_1 & 1 \\ -\alpha_2 & 0 \end{bmatrix} \eta \stackrel{\text{def}}{=} A_0\eta$$

逼近,上式是在忽略 $\varepsilon\delta$ 时得到的。设 $V(x)$ 是慢模型的李雅普诺夫函数,$W(\eta) = \eta^{\mathrm{T}}P_0\eta$ 是快模型的李雅普诺夫函数,其中 P_0 是李雅普诺夫方程 $P_0A_0 + A_0^{\mathrm{T}}P_0^{\mathrm{T}} = -I$ 的解。定义集合 Ω_c 为 $\Omega_c = \{V(x) \leqslant c\}$,$\Sigma$ 为 $\Sigma = \{W(\eta) \leqslant \rho\varepsilon^2\}$,选择 $c > 0$,使得 Ω_c 在式(14.91)和式(14.92)的吸引区内。具体分析可按如下两个基本步骤进行:第一步证明对于足够大的 ρ,存在 $\varepsilon_1^* > 0$,使得对于每个 $0 < \varepsilon \leqslant \varepsilon_1^*$,闭环系统的原点是渐近稳定的,且集合 $\Omega_c \times \Sigma$ 是吸引区的正不变子集。证明中要用到 η 在 $\Omega_c \times \Sigma$ 中为 $O(\varepsilon)$。第二步证明对于任意有界 $\hat{x}(0)$ 和任意 $x(0) \in \Omega_b$,$0 < b < c$,在 $\varepsilon_2^* > 0$ 时使得对于每个 $0 < \varepsilon \leqslant \varepsilon_2^*$,轨线在有限时间内进入集合 $\Omega_c \times \Sigma$。证明中要

用到 Ω_b。在 Ω_c 内，且 $\gamma(\hat{x})$ 是全局有界的。因此存在一个时间 $T_1 > 0$，与 ε 无关，使得对于所有 $t \in [0, T_1]$，始于 Ω_b 的轨线都保持在 Ω_c 内。利用 η 比指数模型 $(1/\varepsilon)e^{-at/\varepsilon}$ 衰减快的结论，可证明在时间区间 $[0, T(\varepsilon)]$ 内轨线将进入集合 $\Omega_c \times \Sigma$，其中 $\lim\limits_{\varepsilon \to 0} T(\varepsilon) = 0$。这样只要选择足够小的 ε，就可以保证 $T(\varepsilon) < T_1$，图 14.21 说明了这一特性。

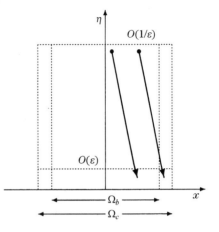

全阶观测器 $(14.93) \sim (14.94)$ 给出了在反馈控制律中代换 (x_1, x_2) 的估计值 $(\hat{x}_1, \hat{x}_2)$。由于 $y = x_1$ 可测，因此在控制律中可以直接使用 x_1，而只用 $\hat{x}_2$ 代替 x_2，这样做并不影响闭环系统的分析，并可得到与前面相同的结论。另一方面，还可以采用降阶观测器

$$\dot{w} = -h(w + hy) + \phi_o(\hat{x}, u) \qquad (14.101)$$

$$\hat{x}_2 = w + hy \qquad (14.102)$$

图 14.21　快速收敛到集合 $\Omega_c \times \Sigma$ 的示意图

估计 $\hat{x}_2$，其中对于某个正常数 α 和 ε 且 $\varepsilon \ll 1$，有 $h = \alpha/\varepsilon$。不难看出，高增益降阶观测器 $(14.101) \sim (14.102)$ 表现出峰化现象，且状态反馈控制的全局有界性与其在全阶观测器中的作用相同。

高增益观测器基本上近似为一个微分器，这一点从一个特例，即标称函数 ϕ_o 取零时很容易看出，此时观测器是线性的。对于全阶观测器 $(14.93) \sim (14.94)$，从 y 到 $\hat{x}$ 的传递函数为

$$\frac{\alpha_2}{(\varepsilon s)^2 + \alpha_1 \varepsilon s + \alpha_2} \begin{bmatrix} 1 + (\varepsilon\alpha_1/\alpha_2)s \\ s \end{bmatrix} \rightarrow \begin{bmatrix} 1 \\ s \end{bmatrix} \quad 当 \varepsilon \to 0$$

对于降阶观测器 $(14.101) \sim (14.102)$，从 y 到 $\hat{x}_2$ 的传递函数为

$$\frac{s}{(\varepsilon/\alpha)s + 1} \rightarrow s \quad 当 \varepsilon \to 0$$

因此，在一个小的频率区间内，当 ε 足够小时，高增益观测器逼近 $\dot{y}$。

认识到高增益观测器基本近似于一个微分器后，就可以理解测量噪声和未建模的高频传感器动力学因素对 ε 的实际限制应为多小。尽管有这样的限制，仍有高增益观测器的成功应用，允许 ε 在某一范围内取值[①]。

14.5.2　稳定性

考虑多输入-多输出非线性系统

$$\dot{x} = Ax + B\phi(x, z, u) \qquad (14.103)$$

$$\dot{z} = \psi(x, z, u) \qquad (14.104)$$

$$y = Cx \qquad (14.105)$$

$$\zeta = q(x, z) \qquad (14.106)$$

其中 $u \in R^p$ 是控制输入，$y \in R^m$ 和 $\zeta \in R^s$ 是被测输出，$x \in R^\rho$ 和 $z \in R^\ell$ 构成了状态向量，$\rho \times \rho$ 矩

---

① 关于在电机和机械系统中应用的实例，在文献[3]，文献[47]和文献[186]中给出。

阵 A,$\rho \times m$ 矩阵 B 和 $m \times \rho$ 矩阵 C 分别为

$$A = \text{block diag}[A_1, \cdots, A_m], \quad A_i = \begin{bmatrix} 0 & 1 & \cdots & \cdots & 0 \\ 0 & 0 & 1 & \cdots & 0 \\ \vdots & & & & \vdots \\ 0 & \cdots & \cdots & 0 & 1 \\ 0 & \cdots & \cdots & \cdots & 0 \end{bmatrix}_{\rho_i \times \rho_i}$$

$$B = \text{block diag}[B_1, \cdots, B_m], \quad B_i = \begin{bmatrix} 0 \\ 0 \\ \vdots \\ 0 \\ 1 \end{bmatrix}_{\rho_i \times 1}$$

$$C = \text{block diag}[C_1, \cdots, C_m], \quad C_i = \begin{bmatrix} 1 & 0 & \cdots & \cdots & 0 \end{bmatrix}_{1 \times \rho_i}$$

其中,$1 \leqslant i \leqslant m$,$\rho = \rho_1 + \cdots + \rho_m$,代表 m 个积分器链,函数 ϕ,ψ 和 q 对其自变量 $(x,z,u) \in D_x \times D_z \times R^p$ 是利普希茨的,$D_x \subset R^p$ 和 $D_z \subset R^s$ 为包含各自原点的定义域,此外 $\phi(0,0,0) = 0$,$\psi(0,0,0) = 0$,$q(0,0) = 0$。我们的目标是设计一个输出反馈控制器,以稳定原点。

系统(14.103) $\sim$ (14.106)的模型主要来自输入-输出可线性化系统的标准形和机械及机电系统的模型。在这些系统中,位移变量一般是可测的,但其导数(速度、加速度等)不可测。单输入-单输出系统的标准形由式(13.16)式(13.18)给出,容易看出当 $x = \xi$,$z = \eta$ 时系统取方程(14.103)至方程(14.105)的形式[①]。如果只有 y 是被测变量,即可去掉方程(14.106),但是在许多问题中,除了可测得积分器链端口的状态变量,还可测得其他一些状态变量。例如,习题1.18中磁悬浮系统的模型为

$$\dot{x}_1 = x_2$$
$$\dot{x}_2 = g - \frac{k}{m}x_2 - \frac{L_0 a x_3^2}{2m(a+x_1)^2}$$
$$\dot{x}_3 = \frac{1}{L(x_1)}\left[-Rx_3 + \frac{L_0 a x_2 x_3}{(a+x_1)^2} + u \right]$$

其中,x_1 是球的位置,x_2 是其速度,x_3 是电磁体电流(electromagnet current)。通常可测得球的位置 x_1 和电流 x_3,当 (x_1, x_2) 作为 x 分量,x_3 作为 z 分量时,该模型就是方程(14.103)至方程(14.106)的形式,被测输出为 $y = x_1$ 和 $\zeta = x_3$。模型(14.103) $\sim$ (14.106)的另一来源是通过附加积分器扩展动态特性的系统,此时方程(14.106)是有意义的。例13.8是一个 n 阶微分方程表示的系统,在输入端附加 m 个积分器后扩展了动态特性。观察得到的状态模型说明,当 z 作为 m 个积分器的状态,x 作为输出及其直到 $(n-1)$ 阶导数时,该模型与模型(14.103) $\sim$ (14.106)的形式相同,在这种情况下,全部向量 z 是可测的,且方程(14.106)为 $\zeta = z$。

下面用两步法设计输出状态反馈控制器。首先用 x 和 ζ 的测量值设计部分状态反馈控制器,使原点实现渐近稳定,然后采用高增益观测器由 y 估计 x。状态反馈控制器可以是如下形式的动力学系统:

---

① 关于多变量标准形可参阅文献[88]的5.1节。

$$\dot{\vartheta} \quad = \quad \Gamma(\vartheta, x, \zeta) \tag{14.107}$$

$$u \quad = \quad \gamma(\vartheta, x, \zeta) \tag{14.108}$$

其中, γ 和 Γ 在定义域内是其自变量的局部利普希茨函数, 是 x 的全局有界函数, 且有 $\gamma(0,0,0) = 0, \Gamma(0,0,0) = 0$。去掉 $\dot{\vartheta}$ 方程后, 把静态状态反馈控制器 $u = \gamma(x, \zeta)$ 看成上述方程的特例。为了方便起见, 将状态反馈下的闭环系统表示为

$$\dot{\mathcal{X}} = f(\mathcal{X}) \tag{14.109}$$

其中 $\mathcal{X} = (x, z, \vartheta)$。输出反馈控制器取为

$$\dot{\vartheta} \quad = \quad \Gamma(\vartheta, \hat{x}, \zeta) \tag{14.110}$$

$$u \quad = \quad \gamma(\vartheta, \hat{x}, \zeta) \tag{14.111}$$

其中 $\hat{x}$ 由高增益观测器

$$\dot{\hat{x}} = A\hat{x} + B\phi_0(\hat{x}, \zeta, u) + H(y - C\hat{x}) \tag{14.112}$$

产生。选择观测器的增益 H 为

$$H = \text{block diag}[H_1, \cdots, H_m], \quad H_i = \begin{bmatrix} \alpha_1^i/\varepsilon \\ \alpha_2^i/\varepsilon^2 \\ \vdots \\ \alpha_{\rho_i-1}^i/\varepsilon^{\rho_i-1} \\ \alpha_{\rho_i}^i/\varepsilon^{\rho_i} \end{bmatrix}_{\rho_i \times 1} \tag{14.113}$$

其中, ε 是指定的正常数, 选择正常数 α_j^i, 使得对于所有 $i = 1, \cdots, m$, 方程

$$s^{\rho_i} + \alpha_1^i s^{\rho_i-1} + \cdots + \alpha_{\rho_i-1}^i s + \alpha_{\rho_i}^i = 0$$

的根在左半开平面, 函数 $\phi_0(x, \zeta, u)$ 是 $\phi(x, z, u)$ 的标称模型, 要求在定义域内对其自变量是局部利普希茨的, 对 x 全局有界, 且有 $\phi_0(0,0,0) = 0$。

定理 14.6　考虑闭环系统 (14.103) ~ (14.106) 和输出反馈控制器 (14.110) ~ (14.112)。假设方程 (14.109) 的原点是渐近稳定的, 且 $\mathcal{R}$ 是其吸引区, 设 $\mathcal{S}$ 是 $\mathcal{R}$ 内的任意紧集, $\mathcal{Q}$ 是 R^ρ 的任意紧子集, 则

- 存在 $\varepsilon_1^* > 0$, 使得对于每个 $0 < \varepsilon \leqslant \varepsilon_1^*$, 闭环系统始于 $\mathcal{S} \times \mathcal{Q}$ 内的解 $(\mathcal{X}(t), \hat{x}(t))$, 对于所有 $t \geqslant 0$ 都是有界的。

- 任意给定 $\mu > 0$, 存在 $\varepsilon_2^* > 0$ 和 $T_2 > 0$, 二者都与 μ 有关, 使得对于每个 $0 < \varepsilon \leqslant \varepsilon_2^*$, 闭环系统始于 $\mathcal{S} \times \mathcal{Q}$ 内的解, 满足

$$\|\mathcal{X}(t)\| \leqslant \mu, \qquad \|\hat{x}(t)\| \leqslant \mu, \quad \forall\, t \geqslant T_2 \tag{14.114}$$

- 任意给定 $\mu > 0$, 存在 $\varepsilon_3^* > 0$, 与 μ 有关, 使得对于每个 $0 < \varepsilon \leqslant \varepsilon_3^*$, 闭环系统始于 $\mathcal{S} \times \mathcal{Q}$ 内的解, 满足

$$\|\mathcal{X}(t) - \mathcal{X}_r(t)\| \leqslant \mu, \quad \forall\, t \geqslant 0 \tag{14.115}$$

其中 $\mathcal{X}_r$ 是式 (14.109) 始于 $\mathcal{X}(0)$ 的解。

- 如果式(14.109)的原点是指数稳定的,在 $\mathcal{X}=0$ 的某邻域内, $f(\mathcal{X})$ 是连续可微的,那么存在 $\varepsilon_4^* > 0$,使得对于每个 $0 < \varepsilon \leq \varepsilon_4^*$,闭环系统的原点是指数稳定的,且 $\mathcal{S} \times \mathcal{Q}$ 是吸引区的子集。　　　　　　　　　　　　　　　　　　　　　　　　　　　　　　　　　　　　　　 ◇

证明:见附录 C.23。　　　　　　　　　　　　　　　　　　　　　　　　　　　　　　　　　 □

　　该定理说明当 ε 足够小时,输出反馈控制器能够重现状态反馈控制器的性能,这种性能重现表现在三个方面:(1) 指数稳定的重现;(2) 吸引区的重现,从这个意义上讲,可重现吸引区内的任何紧集;(3) 当 ε 趋于零时,输出反馈下的解 $\mathcal{X}(t)$ 逼近状态反馈下的解。为了方便起见,对于指数稳定情况只说明渐近稳定性的重现[1],但要注意定理的前三条,即有界性、毕竟有界性和轨线收敛性,在没有指数稳定性的假设时仍成立。

　　作为上述定理的推论,显然如果状态反馈控制器在局部指数稳定时,可实现全局或半全局稳定,那么对于足够小的 ε,输出反馈控制器在局部指数稳定下,可实现半全局稳定。

例 14.19　在 14.1 节中设计了连续滑模状态反馈控制器

$$u = -k \, \text{sat} \left(\frac{a_1(\theta - \pi) + \dot{\theta}}{\mu} \right)$$

其中, $a_1 = 1, k = 4, \mu = 1$。该控制器在 $(\theta = \pi, \dot{\theta} = 0)$ 处可稳定单摆方程

$$m\ell^2\ddot{\theta} + mg_0\ell\sin\theta + k_0\ell^2\dot{\theta} = u$$

假设现在只测量 θ,则输出反馈控制器可取为

$$u = -k \, \text{sat} \left(\frac{a_1(\hat{\theta} - \pi) + \hat{\omega}}{\mu} \right)$$

其中, $\hat{\theta}$ 和 $\hat{\omega}$ 是 θ 和 $\omega = \dot{\theta}$ 的估计值,由高增益观测器

$$\begin{aligned}
\dot{\hat{\theta}} &= \hat{\omega} + (2/\varepsilon)(\theta - \hat{\theta}) \\
\dot{\hat{\omega}} &= \phi_0(\hat{\theta}, u) + (1/\varepsilon^2)(\theta - \hat{\theta})
\end{aligned}$$

给出,这里 $\phi_0 = -\hat{a}\sin\hat{\theta} + \hat{c}u$ 是 $\phi = -(g_0/\ell)\sin\theta - (k_0/m)\dot{\theta} + (1/m\ell^2)u$ 的标称模型,式中 $\hat{a}$ 和 $\hat{c}$ 分别是 (g_0/ℓ) 和 $(1/m\ell^2)$ 的标称值,而摩擦系数 k_0 的标称值取为零,设计的观测器具有多重极点 $-1/\varepsilon$。图 14.22 比较了 $\varepsilon = 0.05$ 和 $\varepsilon = 0.01$ 时状态反馈控制器和输出反馈控制器的性能,单摆参数为 $m = 0.15, \ell = 1.05, k_0 = 0.02$,初始条件为 $\theta(0) = \pi/4$, $\omega(0) = \hat{\theta}(0) = \hat{\omega}(0) = 0$,我们考虑观测器的三种情况。第一种情况,观测器用的标称值为 $\hat{a} = 9.81$ 和 $\hat{c} = 10$,分别对应于标称参数 $\hat{m} = 0.1$ 和 $\hat{\ell} = 1$。第二种情况,用 $\hat{a} = 9.3429$ 和 $\hat{c} = 6.0469$,对应于实际参数 $\hat{m} = m = 0.15$ 和 $\hat{\ell} = \ell = 1.05$。第三种情况,采用线性观测器,即设定 $\hat{a} = \hat{c} = 0$。从各情况可看出,随着 ε 的减小,输出反馈下的响应逼近状态反馈下的响应。而当 ε 较大时,在 ϕ 的模型比较准确的情况下,观测器中还能够包括 ϕ_0,但如果 ϕ 模型不准确,那么线性观测器会更好。这里提醒注意的是,随着 ε 的减小,三种观测器之间的差异将逐渐消失,这正是我们所期望的,因为 ε 的减小抵消了对 ϕ 建模时不确定因素的影响。　　　　　　　　　　　　　　　　　　　　　　　　　　　　　△

---

① 对于原点是渐近稳定而不是指数稳定的更一般情况,可参阅文献[16]。

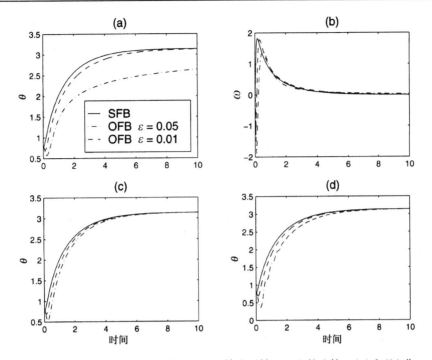

图 14.22　例 14.19 中状态反馈(SFB)和输出反馈(OFB)的比较。(a)和(b)非
线性高增益观测器的 θ 和 $\omega = \dot{\theta}$ ，m 和 ℓ 为其标称值；(c)非线性高
增益观测器的 θ ，m 和 ℓ 为实际值；(d)线性高增益观测器的 θ

14.5.3　通过积分控制的调节

考虑单输入-单输出系统
$$\begin{aligned}
\dot{x} &= f(x,w) + g(x,w)[u + \delta(x,u,w)] \\
y &= h(x,w)
\end{aligned}$$

其中，$x \in R^n$ 是状态，$u \in R$ 是控制输入，$y \in R$ 是受控及被测输出，$w \in R^l$ 是由未知不变参数和扰动组成的向量，函数 f, g, h 和 δ 在 (x,u) 上足够光滑，在 w 上连续，$x \in D \subset R^n$，$u \in R$，$w \in D_w \subset R^l$，其中 D 和 D_w 是开连通集。假设系统
$$\begin{aligned}
\dot{x} &= f(x,w) + g(x,w)u \\
y &= h(x,w)
\end{aligned}$$

在 D 内对 w 一致，具有相对阶 ρ，即对于所有 $(x,w) \in D \times D_w$，有
$$L_g h(x,w) = \cdots = L_g L_f^{\rho-2} h(x,w) = 0, \qquad L_g L_f^{\rho-1} h(x,w) \geqslant a > 0$$

我们的目标是设计一个输出反馈控制器，使输出 y 渐近跟踪一个恒定的参考信号 $r \in D_r \subset R$，其中 D_r 是开连通集。

这是 14.1.4 节研究过的输出反馈问题，唯一的区别是这里允许 f 和 h 与 w 有关，而在 14.1.4 节中限定 f 和 h 与 w 无关，这是必需的，因为要用变量 $h, L_f h, \cdots, L_f^{\rho-1} h$ 计算状态反馈控制。在输出反馈情况下，这些变量利用高增益观测器从测得的信号 y 计算。由于允许 f 与 w

有关,δ_1 被 f 吸收。这里不再重述 14.1.4 节中的假设及推导,只回顾滑模状态反馈控制器 (14.29),即

$$\dot{e}_0 = e_1$$
$$u = -k \operatorname{sat}\left(\frac{k_0 e_0 + k_1 e_1 + k_2 e_2 + \cdots + k_{\rho-1} e_{\rho-1} + e_\rho}{\mu}\right)$$

其中,$e_1 = y - r$ 是调节误差,e_2 到 e_ρ 是 e_1 的导数①。该控制全局有界,信号 e_1 在线可测。为了用输出反馈实现该控制器,我们利用线性高增益观测器估计 e_2 到 e_ρ。这样,输出反馈控制器可取为

$$\dot{e}_0 = e_1$$
$$u = -k \operatorname{sat}\left(\frac{k_0 e_0 + k_1 e_1 + k_2 \hat{e}_2 + \cdots + k_{\rho-1} \hat{e}_{\rho-1} + \hat{e}_\rho}{\mu}\right)$$
$$\dot{\hat{e}}_i = \hat{e}_{i+1} + \left(\frac{\alpha_i}{\varepsilon^i}\right)(e_1 - \hat{e}_1), \quad 1 \leqslant i \leqslant \rho - 1$$
$$\dot{\hat{e}}_\rho = \left(\frac{\alpha_\rho}{\varepsilon^\rho}\right)(e_1 - \hat{e}_1)$$

其中,选择正常数 α_1 至 α_ρ,使方程

$$s^\rho + \alpha_1 s^{\rho-1} + \cdots + \alpha_{\rho-1} s + \alpha_\rho = 0$$

的根具有负实部。对于相对阶为 1 的系统($\rho = 1$),可不用高增益观测器。在 14.1.4 节的假设条件下,状态反馈下的闭环系统在 $(z, e_0, e) = (0, \bar{e}, 0)$ 处有指数稳定的平衡点。关于当 ε 足够小时,输出反馈控制器能够重现状态反馈控制器性能的证明,留给读者完成(见习题 14.50)。

14.6 习题

14.1 设系统为

$$\dot{x}_1 = x_2 + \sin x_1, \quad \dot{x}_2 = \theta_1 x_1^2 + (1 + \theta_2) u, \quad y = x_1$$

其中,$|\theta_1| \leqslant 2$,$|\theta_2| \leqslant 1/2$,利用滑模控制

(a) 设计一个连续型状态反馈控制器稳定原点;

(b) 设计一个连续型状态反馈控制器,使得输出 $y(t)$ 渐近跟踪参考信号 $r(t)$,假设 r, $\dot{r}$ 和 $\ddot{r}$ 是连续有界的。

14.2 水下作业船偏航的简化模型为[60]

$$\ddot{\psi} + a\dot{\psi}|\dot{\psi}| = \tau$$

其中,ψ 是航向改变角,τ 是归一化的力矩输入,a 是正参数。期望 ψ 能够跟踪预定的轨线 $\psi_r(t)$,其中 $\psi_r(t)$,$\dot{\psi}_r(t)$ 和 $\ddot{\psi}_r(t)$ 都是 t 的有界函数。令 $\hat{a} = 1$ 是 a 的归一化。

(a) 用 $x_1 = \psi$ 和 $x_2 = \dot{\psi}$ 作为状态变量,$u = \tau$ 作为控制输入,$y = \psi$ 作为输出,求出系统模型。

(b) 证明这个系统是输入-输出线性化的。

(c) 设 $a = \hat{a} = 1$,利用反馈线性化设计一个状态反馈控制器,实现全局渐近跟踪。

(d) 设 $|\hat{a} - a| \leqslant 0.01$ 和 $\psi_r(t) = \sin 2t$,证明(c)中设计的控制器能在容许偏差为

---

① 我们将滑模边界层参数用 μ 表示,而保留了 ε 用于表示高增益观测器参数。

$|\psi(t) - \psi_r(t)| \leqslant \delta_1$ 时实现渐近跟踪,并估计 δ_1。另外,是否对所有初始状态都能保证这样的容许偏差?

（e）设 $|\hat{a} - a| \leqslant k$,其中 k 是已知的,设计一个状态反馈控制器实现全局渐近跟踪,其容许偏差要满足 $|\psi(t) - \psi_r(t)| \leqslant 0.01$。

14.3　（见文献[176]）考虑受控范德波尔方程

$$\dot{x}_1 = x_2, \qquad \dot{x}_2 = -\omega^2 x_1 + \varepsilon\omega(1 - \mu^2 x_1^2)x_2 u$$

其中,ω,ε 和 μ 是正常数,u 是控制输入。

（a）证明当 $u = 1$ 时,在曲面 $x_1^2 + x_2^2/\omega^2 = 1/\mu^2$ 外,存在一个稳定的极限环。当 $u = -1$ 时,在同一曲面外存在一个非稳定极限环。

（b）设 $s = x_1^2 + x_2^2/\omega^2 - r^2$,其中 $r < 1/\mu$。证明把系统运动限制在 $s = 0$ 曲面上,即 $s(t) \equiv 0$ 时,可得到一个多谐振荡器

$$\dot{x}_1 = x_2, \qquad \dot{x}_2 = -\omega^2 x_1$$

产生频率为 ω,幅度为 r 的正弦波。

（c）设计一个状态反馈滑模控制器,把带状区域 $|x_1| < 1/\mu$ 内的所有轨线都驱动到流形 $s = 0$ 上,并使其在该流形上滑动。

（d）对系统在理想滑模控制下的响应及其连续逼近的响应进行仿真,参数为 $\omega = \mu = \varepsilon = 1$。

14.4　考虑系统　　　　$\dot{x}_1 = x_2 + ax_1\sin x_1, \qquad \dot{x}_2 = bx_1 x_2 + u$

其中,a 和 b 是未知常数,但已知其边界为 $|a - 1| \leqslant 1$ 和 $|b - 1| \leqslant 2$,应用滑模控制,设计一个连续全局稳定的状态反馈控制器。

14.5　一个悬挂点时变、有界且在水平方向加速的单摆,其运动方程为

$$m\ell\ddot{\theta} + mg\sin\theta + k\ell\dot{\theta} = T/\ell + mh(t)\cos\theta$$

其中,h 是水平加速度,T 是力矩输入,其他变量与 1.2.1 节中的定义相同。假设

$$0.9 \leqslant \ell \leqslant 1.1, \qquad 0.5 \leqslant m \leqslant 1.5, \qquad 0 \leqslant k \leqslant 0.2, \qquad |h(t)| \leqslant 1$$

且 $g = 9.81$。希望对任意初始条件 $\theta(0)$ 和 $\dot{\theta}(0)$,使单摆在 $\theta = 0$ 处稳定。设计一个连续滑模状态反馈控制器,在 $|\theta| \leqslant 0.01$ 和 $|\dot{\theta}| \leqslant 0.01$ 时,实现毕竟有界。

14.6　（见文献[108]）考虑系统

$$\dot{x}_1 = x_1 x_2, \qquad \dot{x}_2 = x_1 + u$$

（a）应用滑模控制,设计一个连续全局稳定的状态反馈控制器。

（b）能通过反馈线性化使原点达到全局稳定吗?

14.7　考虑系统　$\dot{x}_1 = -x_1 + \tanh(x_2), \qquad \dot{x}_2 = x_2 + x_3, \qquad \dot{x}_3 = u + \delta(x)$

其中,$\delta(x)$ 是不确定函数,对于所有 x 以及已知函数 $|\delta(x)| \leqslant \varrho(x)$,满足 ϱ。设计一个连续滑模状态反馈控制器,使得对于所有 $\|x(0)\|_\infty \leqslant k$,$x(t)$ 是有界的,$|x_1(t)|$ 是毕竟有界的,且为 0.01。

14.8　例 12.5 中的水箱系统（含有积分器）表示为

$$\dot{y} = \frac{1}{A(y)}(u - c\sqrt{y}), \qquad \dot{\sigma} = y - r$$

其中 r 是期望的设置点。设 $\hat{c}$ 和 $\hat{A}(y)$ 分别是 c 和 $A(y)$ 的标称模型,并假设已知正常数 $\varrho_1 > 0, \varrho_2 > 0, \varrho_3 \geq 0$ 和 $0 \leq \varrho_4 < 1$,满足

$$\varrho_1 \leq A(y) \leq \varrho_2, \quad |\hat{c} - c| \leq \varrho_3, \quad \left| \frac{A(y) - \hat{A}(y)}{A(y)} \right| \leq \varrho_4$$

应用滑模控制,设计一个连续状态反馈控制器,使所有状态变量都有界,并且当 t 趋于无穷时,$|y(t) - r|$ 收敛到零。

14.9 考虑系统(14.1)

(a) 设 B 是秩为 p 的常数矩阵,证明存在一个 $n \times n$ 阶非奇异矩阵 M,满足 $MB = [0, I_p]^T$,其中 I_p 是 $p \times p$ 阶单位阵,验证 $T(x) = Mx$ 满足式(14.2)。

(b) 设 $B(x)$ 是 x 的光滑函数,并假设在定义域 $D \subset R^n$ 上对于所有 x, B 的秩均为 p。设 $\Delta = \text{span}\{b_1, \cdots, b_p\}$,其中 $b_1, \cdots, b_p$ 是 B 的列,并假设 Δ 是对合的。证明对于每个 $x_0 \in D$,存在光滑函数 $\phi_1(x), \cdots, \phi_{n-p}(x)$,在 x_0 点具有线性无关的微分 $\partial \phi_1 / \partial x, \cdots, \partial \phi_{n-p} / \partial x$,使得对于 $1 \leq i \leq n - p$,有 $[\partial \phi_i / \partial x] B(x) = 0$。证明可以找到光滑函数 $\phi_{n-p+1}(x), \cdots, \phi_n(x)$,使得 $T(x) = [\phi_1(x), \cdots, \phi_n(x)]^T$ 在 x_0 的邻域内为微分同胚的,且满足式(14.2)。

提示:运用 Frobenius 定理。

14.10 考虑非自治调节形式

$$\begin{aligned} \dot{\eta} &= f_a(t, \eta, \xi) + \delta_a(t, \eta, \xi) \\ \dot{\xi} &= f_b(t, \eta, \xi) + G(t, x) E(t, x) u + \delta(t, x, u) \end{aligned}$$

其中,对于所有 $(t, x) \in [0, \infty) \times D, E$ 是已知非奇异矩阵,具有有界逆矩阵,G 是正对角阵,其元素都是有界的,但不为零。假设存在一个连续可微函数 $\phi(t, \eta)$ 且 $\phi(t, 0) = 0$,使得 $\dot{\eta} = f_a(t, \eta, \phi(t, \eta)) + \delta_\eta(t, \eta, \phi(t, \eta))$ 的原点是一致渐近稳定的。设

$$u = E^{-1} \left[-L \left(f_b - \frac{\partial \phi}{\partial t} - \frac{\partial \phi}{\partial \eta} f_a \right) + v \right]$$

其中 $L = \hat{G}^{-1}$ 或 $L = 0, \hat{G}(t, x)$ 是 $G(t, x)$ 的标称模型,设

$$\Delta = (I - GL) \left(f_b - \frac{\partial \phi}{\partial t} - \frac{\partial \phi}{\partial \eta} f_a \right) + \delta - \frac{\partial \phi}{\partial \eta} \delta_a$$

假设 Δ_i 满足不等式(14.10),且 $\varrho = \varrho(t, x)$。取 $s = \xi - \phi(t, \eta)$,设计一个滑模控制器以稳定原点,叙述并证明一个类似于定理 14.1 的定理。

14.11 假设用

$$v_i = -\beta(x) \sigma \left(\frac{s_i}{\varepsilon} \right)$$

代换式(14.13),其中 $\sigma: R \to R$ 是连续可微且单调递增的奇函数,具有性质

$$\sigma(0) = 0, \quad \lim_{y \to \infty} \sigma(y) = 1, \quad y \sigma(y) \geq \sigma(1) y^2, \ \forall |y| \leq 1$$

(a) 验证当 $\sigma(y) = \tanh(y), \sigma(y) = (2/\pi) \arctan(\pi y/2)$ 和 $\sigma(y) = y/(1 + |y|)$ 时,满足上述性质。

(b) 证明如果式(14.10)在 $\kappa_0 < \sigma(1)$ 时成立,且选择 β 满足

$$\beta(x) \geqslant \frac{\varrho(x)}{\sigma(1) - \kappa_0} + \beta_0, \quad \beta_0 > 0$$

则

$$s_i \dot{s}_i \leqslant -g_0 \beta_0 [\sigma(1) - \kappa_0] |s_i|, \quad |s_i| \geqslant \varepsilon$$

（c）对于该滑模控制，验证定理 14.1 和定理 14.2。

14.12　将不等式（14.10）代换为

$$\frac{\Delta_i}{g_i} \leqslant \varrho_i(x) + \sum_{j=1}^{p} \kappa_{ij} |v_j|, \quad \forall \, 1 \leqslant i \leqslant p$$

设 $\mathcal{K}$ 是 $p \times p$ 矩阵，其元素为 κ_{ij}，并假设 $I - K$ 是 M 矩阵[①]。由 M 矩阵的性质可知下面三个条件是等价的[②]：

（i）$I - \mathcal{K}$ 是 M 矩阵。

（ii）$I - \mathcal{K}$ 是非奇异的，且 $(I - \mathcal{K})^{-1}$ 的所有元素都是非负的。

（iii）存在一个各元素均为正的向量 w，使 $b = (I - \mathcal{K}) w$ 的元素均为正。

设 $\bar{\varrho}_i(x) \geqslant \varrho_i(x) \, (1 \leqslant i \leqslant p)$ 及 $\sigma(x) = (I - \mathcal{K})^{-1} [\bar{\varrho}_1(x), \cdots, \bar{\varrho}_p(x)]^{\mathrm{T}}$。

（a）证明当 $1 \leqslant i \leqslant p$ 时，由 $v_i = -\beta_i(x) \mathrm{sgn}(s_i), \beta_i(x) = \sigma_i(x) + w_i$，可得出 $s_i \dot{s}_i \leqslant -b_i g_0 |s_i|$。

（b）设 $\sum_{j=1}^{p} \kappa_{ij} \leqslant \kappa_0 < 1$ 和 $\varrho_i(x) = \varrho(x), 1 \leqslant i \leqslant p$。证明 $I - \mathcal{K}$ 是 M 矩阵，且适当选取 $\bar{\varrho}_i(x)$ 和 w 可得到控制（14.11）。

14.13　参照 14.1.3 节中的连续型滑模控制器，证明存在一个有限时间 T，可能与 ε 和初始状态有关，以及一个正常数 k，与 ε 和初始状态无关，使得对于所有 $t \geqslant T$，有 $|y(t) - r(t)| \leqslant k\varepsilon$。

14.14　应用李雅普诺夫再设计，重做习题 14.5。

14.15　应用李雅普诺夫再设计，重做习题 14.8。

14.16　利用 14.1.1 节给出的单摆方程的数据，对例 14.5 的李雅普诺夫再设计进行仿真，选择李雅普诺夫再设计的参数，得到与滑模控制设计中相同的控制水平。比较这两种控制器的性能。

14.17　对下列各标量系统，运用非线性阻尼工具设计一个状态反馈控制器，保证状态 $x(t)$ 有界性以及一致毕竟有界性，其最终边界为 μ。对于所有 $t \geqslant 0$，函数 $\delta(t)$ 是有界的，但 $|\delta(t)|$ 的上界未知。

　（a）　$\dot{x} = -x + x^2 [u + \delta(t)]$，　　　（b）　$\dot{x} = x^2 [1 + \delta(t)] - xu$

14.18　考虑以标称形式（13.16）~（13.18）表示的单输入-单输出系统，并假设式（13.16）是输入-状态稳定的。设 $\hat{\alpha}(x)$ 和 $\hat{\gamma}(x)$ 分别是函数 $\alpha(x)$ 和 $\gamma(x)$ 的标称模型，并假设建模误差满足不等式

$$|\gamma(x) [\hat{\alpha}(x) - \alpha(x)]| \leqslant \rho_0(x), \quad \left| \frac{\gamma(x) - \hat{\gamma}(x)}{\hat{\gamma}(x)} \right| \leqslant k < 1$$

其中，函数 $\rho_0(x)$ 和常数 k 已知。设 $r(t)$ 是参考信号并假设 r 及其到 $r^{(\rho)}$ 导数都是连续且

---

① M 矩阵的定义见引理 9.7。

② 参见文献[57]。

有界的。应用李雅普诺夫再设计,设计一个连续状态反馈控制器,使输出 y 渐近跟踪 r,预先给定容差为 μ,即对于某个有限时间 T,对于所有 $t \geqslant T$,有 $|y(t) - r(t)| \leqslant \mu$。

14.19 在参考信号为常数时,利用积分控制重新设计上一题,并验证调节误差收敛到零。

14.20 考虑系统 $\dot{x}_1 = x_2, \quad \dot{x}_2 = u + \delta(x)$

其中 δ 未知,但已知估计值 ρ_1 满足 $|\delta(x)| \leqslant \rho_1 \|x\|_2$,设 $u = \psi(x) = -x_1 - x_2$ 为标称稳定控制,且

$$
v = \begin{cases}
-\rho_1 \|x\|_2 (w/\|w\|_2), & \rho_1 \|x\|_2 \|w\|_2 \geqslant \varepsilon \\[2mm]
-\rho_1^2 \|x\|_2^2 (w/\varepsilon), & \rho_1 \|x\|_2 \|w\|_2 < \varepsilon
\end{cases}
$$

其中,$w^T = 2x^T PB$,且 $V(x) = x^T Px$ 是标称闭环系统的李雅普诺夫函数。采用控制律 $u = -x_1 - x_2 + v$。

(a) 验证在推论 14.1 的所有假设中,除了式(14.45)在 $\eta_0 = 0$ 时成立,其余假设都成立。

(b) 证明当 $\delta(x) = 2(x_1 + x_2)$,$\rho_1 = 2\sqrt{2}$ 时,原点是不稳定的。

14.21 假设式(14.33)至式(14.35)在 $\| \cdot \|_\infty$ 下成立,考察对不连续控制(14.40)的连续逼近

$$
v_i = \begin{cases}
-\eta(t,x)\,\operatorname{sgn}(w_i), & \eta(t,x)|w_i| \geqslant \varepsilon \\[2mm]
-\eta^2(t,x)(w_i/\varepsilon), & \eta(t,x)|w_i| < \varepsilon
\end{cases}
$$

$i = 1, 2, \cdots, p$,并且 $w^T = [\partial V/\partial x]G(t,x)$。

(a) 证明如果 $\eta(t,x)|w_i| < \varepsilon$,则

$$
\dot{V} \leqslant -\alpha_3(\|x\|_\infty) + \sum_{i \in I}\left[\eta(t,x)|w_i| - \frac{\eta^2(t,x)|w_i|^2}{\varepsilon} \right]
$$

其中 $i \in I$。

(b) 对当前控制器,叙述并证明一个类似于定理 14.3 的定理。

14.22 考察习题 14.21 的控制器,希望证明类似于推论 14.1 的结论。假设 $\alpha_3(\|x\|_\infty) \geqslant \phi^2(x)$,$\eta(t,x) \geqslant \eta_0 > 0$,且

$$
|\delta_i| \leqslant \rho_1 \phi(x) + \kappa_0 |v_i|, \quad 0 \leqslant \kappa_0 < 1
$$

$i = 1, 2, \cdots, p$。这些不等式说明式(14.35)在 $\| \cdot \|_\infty$ 下成立,但条件更为严格,因为 $|\delta_i|$ 的上界取决于 $|v_i|$。

(a) 证明 $\dot{V} \leqslant -\phi^2(x) + \sum_{i \in I}\left\{ -(1-\kappa_0)\eta_0^2 \frac{|w_i|^2}{\varepsilon} + \rho_1 \phi(x)|w_i| \right\}$

(b) 叙述并证明类似于推论 14.1 的结论。

14.23 假设不等式(14.35)取为

$$
\|\delta(t, x, \psi(t,x) + v)\|_2 \leqslant \rho_0 + \rho_1 \phi(x) + \kappa_0 \|v\|_2, \quad 0 \leqslant \kappa_0 < 1
$$

其中 $\phi(x) = \sqrt{\alpha_3(\|x\|_2)}$。设 $\eta(x) = \eta_0 + \eta_1 \phi(x)$,$\eta_0 \geqslant \rho_0/(1-k_0)$,$\eta_1 \geqslant \rho_1/(1-\kappa_0)$。考虑反馈控制

$$
v = \begin{cases}
-[\eta_0 + \eta_1 \phi(x)](w/\|w\|_2), & \|w\|_2 \geqslant \varepsilon \\[2mm]
-[\eta_0 + \eta_1 \phi(x)](w/\varepsilon), & \|w\|_2 < \varepsilon
\end{cases}
$$

(a) 证明 V 沿闭环系统(14.38)轨线的导数满足

$$\dot{V} \leqslant -\phi^2(x) + \frac{\varepsilon}{4}[\rho_0 + \rho_1\phi(x)] \leqslant -\frac{1}{2}\alpha_3(\|x\|_2) + \frac{\varepsilon^2\rho_1^2}{32} + \frac{\varepsilon\rho_0}{4}$$

(b) 应用定理 4.18 推出类似于定理 14.3 的结论。

(c) 把该控制器与式(14.41)进行比较。

14.24 考虑 14.2 节中讨论的问题,并假设式(14.35)在 2 范数下成立,进一步假设式(14.44)和式(14.46)也成立。证明控制律

$$u = \psi(t,x) - \gamma w; \quad w^T = \frac{\partial V}{\partial x}G(t,x)$$

对足够大的 γ,仍能稳定原点。

14.25 考虑 14.2 节讨论的问题,证明不采用控制律 $u = \psi(t,x) + v$,而是简单地采用 $u = v$ 也可以实现,其中 $\rho(t,x)$ 满足不等式

$$\|\delta(t,x,u) - \psi(t,x)\|_2 \leqslant \rho(t,x) + \kappa_0\|u\|_2, \quad 0 \leqslant \kappa_0 < 1$$

14.26 除了匹配的不确定项 δ,假设系统(14.30)还有未匹配不确定项 Δ,即

$$\dot{x} = f(t,x) + \Delta(t,x) + G(t,x)[u + \delta(t,x,u)]$$

假设在定义域 $D \subset R^n$ 上,定理 14.3 的所有假设以及不等式(14.44)到不等式(14.46)都成立,对某个 $\mu \geqslant 0$ 不匹配的不确定项满足 $\|[\partial V/\partial x]\Delta(t,x)\|_2 \leqslant \mu\phi^2(x)$。设 $u = \psi(t,x) + v$,其中 v 由式(14.41)确定。证明如果 $\mu < 1$,则反馈控制律将稳定闭环系统的原点,其中 ε 足够小,满足 $\varepsilon < 4(1-\mu)(1-\kappa_0)\eta_0^2/\rho_1^2$。

14.27 考虑系统 $\dot{x} = f(x) + G(x)[u + \delta(x,u)]$,并假设存在已知的光滑函数 $\psi(x)$,$V(x)$ 和 $\rho(x)$,它们都在 $x=0$ 时为零,另存在一个已知常数 k 满足

$$c_1\|x\|^2 \leqslant V(x) \leqslant c_2\|x\|^2, \quad \frac{\partial V}{\partial x}[f(x) + G(x)\psi(x)] \leqslant -c_3\|x\|^2$$

$$\|\delta(x,\psi(x)+v)\| \leqslant \rho(x) + \kappa_0\|v\|, \quad 0 \leqslant \kappa_0 < 1, \quad \forall x \in R^n, \forall v \in R^p$$

其中 c_1 至 c_3 是正常数。

(a) 证明可能设计一个连续状态反馈控制器 $u = \gamma(x)$,使得

$$\dot{x} = f(x) + G(x)[\gamma(x) + \delta(x,\gamma(x))]$$

的原点达到全局渐近稳定。

(b) 将(a)中的结果用于系统

$$\dot{x}_1 = x_2, \quad \dot{x}_2 = (1+a_1)(x_1^3 + x_2^3) + (1+a_2)u$$

其中 a_1 和 a_2 是未知常数,满足 $|a_1| \leqslant 1$,$|a_2| \leqslant 1/2$。

14.28 利用反步法重做习题 14.1 中的设计。

14.29 利用反步法重做习题 14.5 中的设计。

14.30 利用反步法重做习题 14.6 中的设计。

14.31 利用反步法设计一个状态反馈控制器,使系统

$$\dot{x}_1 = x_2 + a + (x_1 - a^{1/3})^3, \quad \dot{x}_2 = x_1 + u$$

实现全局稳定，其中 a 是已知常数。

14.32 （见文献［108］）考虑系统

$$\dot{x}_1 = -x_2 - \frac{3}{2}x_1^2 - \frac{1}{2}x_1^3, \quad \dot{x}_2 = u$$

（a）利用反步法设计一个线性状态反馈控制器，使系统的原点全局稳定。

提示：不要消去非线性项。

（b）用反馈线性化方法，设计一个全局稳定的状态反馈控制器。

（c）比较上述两种设计，通过计算机仿真，比较两种情况的性能及控制效果。

14.33 考虑系统 $\quad \dot{x}_1 = x_2, \quad \dot{x}_2 = x_1 - x_1^3 + u$

（a）求一个光滑状态反馈控制 $u = \psi(x)$，使原点全局指数稳定。

（b）在系统输入端级联一个积分器，以扩展系统的动力学方程，得

$$\dot{x}_1 = x_2, \quad \dot{x}_2 = x_1 - x_1^3 + z, \quad \dot{z} = v$$

利用反步法求一个光滑状态反馈控制器 $v = \phi(x, z)$，使原点全局渐近稳定。

14.34 考虑习题 13.17 中的系统

（a）从 $\dot{x}_1$ 方程开始，反步到 $\dot{x}_2$ 方程，设计一个状态反馈控制器 $u = \psi(x)$，使前面两个方程的原点 $(x_1 = 0, x_2 = 0)$ 是全局指数稳定的。

（b）证明在（a）中的反馈控制器下，完全系统的原点 $x = 0$ 全局渐近稳定。提示：利用第三个方程的输入-状态特性。

14.35 考虑系统 $\quad \dot{x}_1 = x_2 + \theta x_1^2, \quad \dot{x}_2 = x_3 + u, \quad \dot{x}_3 = x_1 - x_3, \quad y = x_1$

其中 $\theta \in [0, 2]$，利用反步法设计一个状态反馈控制器，使得 $|y - a \sin t|$ 毕竟有界，且为 μ，其中 μ 是可选为任意小的设计参数。假设 $|a| \leq 1$，$\|x(0)\|_\infty \leq 1$。

14.36 联合使用反步法和李雅普诺夫再设计法，重新考虑习题 14.4。

14.37 考虑系统 $\quad \dot{x}_1 = -x_1 + x_1 x_2, \quad \dot{x}_2 = x_2 + x_3, \quad \dot{x}_3 = x_1^2 + \delta(x) + u$

其中 $\delta(x)$ 是 x 的未知（局部利普希茨）函数，且对于所有 x 满足 $|\delta(x)| \leq k\|x\|_2$，$k$ 为已知常数。设计一个全局稳定的状态反馈控制器。

14.38 再次考虑习题 14.7，

（a）当 $\delta = 0$ 时，用反步法设计一个全局稳定状态反馈控制器。

（b）利用（a）中得到的稳定控制器和李雅普诺夫再设计，设计一个状态反馈控制器，使得对于所有 $\|x(0)\|_\infty \leq k, x(t)$ 有界，且 $|x_1(t)|$ 是毕竟有界的，为 0.01。

14.39 考虑习题 1.18 的磁悬浮系统，假设球受到一个竖直方向的扰动力 $d(t)$，即

$$m\ddot{y} = -k\dot{y} + mg + F(y, i) + d(t)$$

进一步假设对于所有 $t \geq 0$，有 $|d(t)| \leq d_0$，其中上界 d_0 已知。

（a）把 F 看成控制输入，利用李雅普诺夫再设计，设计一个状态反馈控制 $F = \gamma(y, \dot{y})$，使 $|y - r|$ 毕竟有界，且为 μ，其中 μ 是可选为任意小的设计参数。所设计的控制器应使 γ 为其自变量的连续可微函数。

（b）当输入电压为 u 时，利用反步法设计一个状态反馈控制律，保证 $|y - r|$ 的最终边界为 μ。

14.40 考虑系统 $\quad \dot{x}_1 = -x_1 + x_1^2[x_2 + \delta(t)], \quad \dot{x}_2 = u$

对于所有 $t \geq 0, \delta(t)$ 是 t 的有界函数,但 $|\delta(t)|$ 的上界未知,用反步法结合非线性阻尼工具,设计一个状态反馈控制器,保证对于所有初始状态 $x(0) \in R^2$,状态 x 都是全局有界的。

14.41 对系统 $\dot{x}_1 = -x_1 x_2 + x_1^2[1 + \delta(t)], \quad \dot{x}_2 = u$

重复习题 14.40。

14.42 考虑线性系统 $\dot{x} = Ax + Bu$,并假设存在一个正定对称矩阵 P,满足 $PA + A^{\mathrm{T}}P \leq 0$,并使矩阵对 $(A, B^{\mathrm{T}}P)$ 是可观测的。设计一个全局稳定状态反馈控制律 $u = -\psi(x)$,使得对于所有 x,有 $\| \psi(x) \| \leq k, k$ 为给定的正常数。

14.43 考虑系统 $\dot{x}_1 = x_2, \qquad \dot{x}_2 = -x_1^3 + \psi(u)$

其中 ψ 是局部利普希茨函数,满足 $\psi(0) = 0$,且对于所有 $u \neq 0$,有 $u\psi(u) > 0$。设计一个全局稳定状态反馈控制器。

14.44 考虑一个相对阶为 1 的单输入-单输出系统,具有全局定义的标准形

$$\dot{\eta} = f_0(\eta, y), \qquad \dot{y} = b(\eta, y) + a(\eta, y)u$$

其中 $f_0(0,0) = 0, a(\eta, y) \geq a_0 > 0$。假设存在一个(已知的)径向无界的李雅普诺夫函数 $W(\eta), [\partial W/\partial \eta](0) = 0$,使得对于所有 $\eta \neq 0$,有 $[\partial W/\partial \eta]f_0(\eta, 0) < 0$。设计一个全局稳定状态反馈控制器。

14.45 对例 13.17 的系统,设计一个基于无源的全局稳定状态反馈控制器。

14.46 对系统 $\dot{x}_1 = -(1 + x_3)x_1^3, \quad \dot{x}_2 = x_3, \quad \dot{x}_3 = x_2^2 - 1 + u$

设计一个全局稳定状态反馈控制律。

14.47 考虑一个相对阶为 1 的单输入-单输出系统,该系统在某个包含原点的定义域内可表示为标准形

$$\dot{\eta} = f_0(\eta, y), \qquad \dot{y} = b(\eta, y) + a(\eta, y)u$$

其中 $, f_0, a$ 和 b 充分光滑,$a(\eta, y) \geq a_0 > 0, f_0(0,0) = 0, b(0,0) = 0$。假设 $\dot{\eta} = f_0(\eta, 0)$ 的原点是渐近稳定的,且存在一个李雅普诺夫函数 $V(\eta)$,使得对 $\mathcal{K}$ 类函数 $\alpha_1, \alpha_2, \alpha_3$ 和 γ,满足

$$\alpha_1(\|\eta\|) \leq V(\eta) \leq \alpha_2(\|\eta\|) \quad \text{和} \quad \frac{\partial V}{\partial \eta}f_0(\eta, y) \leq -\alpha_3(\|\eta\|), \quad \forall \|\eta\| \geq \gamma(|y|)$$

设 $\hat{a}(y)$ 和 $\hat{b}(y)$ 分别是 $a(\eta, y)$ 和 $b(\eta, y)$ 的光滑标称模型,在所讨论的定义域上,满足 $\hat{a}(y) \geq \hat{a}_0 > 0$ 和

$$\left| \frac{b(\eta, y)}{a(\eta, y)} - \frac{\hat{b}(y)}{\hat{a}(y)} \right| \leq \varrho(y) \tag{14.116}$$

$\varrho(y)$ 已知,可选择 $\hat{a} = 1, \hat{b} = 0$。

(a) 证明一个连续稳定滑模控制器可取为

$$u = -\frac{\hat{b}(y)}{\hat{a}(y)} - \beta(y)\, \mathrm{sat}\left(\frac{y}{\varepsilon}\right)$$

其中,对于正常数 ε 和 β_0,有 $\beta(y) \geq \varrho(y) + \beta_0$,特别证明对于某个 $\mathcal{K}$ 类函数 α,存在正不变紧集 Ω 和 $\Omega_\varepsilon = \{V(\eta) \leq \alpha(\varepsilon), |y| \leq \varepsilon\} \subset \Omega$,使得始于 Ω 内的每条轨线都在有限时间内进入 Ω_ε。

(b) 证明如果 $\dot{\eta} = f_0(\eta, 0)$ 的原点是指数稳定的,那么对于足够小的 ε,闭环系统的原点也是指数稳定的,且 Ω 是其吸引区的子集。

(c) 证明在任何 ϱ 为常数的紧集上,式(14.116)都成立。

(d) 在什么条件下,该控制器可达到半全局稳定?

(e) 对系统 $\dot{x}_1 = -x_1 - x_2^3$, $\dot{x}_2 = -x_2 - x_3^3 - u$, $\dot{x}_3 = x_1^2 - x_3 + u$, $y = x_2$

设计一个稳定输出反馈控制器。

14.48 考虑 p 输入- p 输出系统 $\dot{x} = f(x, u)$, $y = h(x)$

其中 f 是局部利普希茨的, h 连续可微, $f(0, 0) = 0$, $h(0) = 0$。假设系统

$$\dot{x} = f(x, u), \qquad \dot{y} = \frac{\partial h}{\partial x} f(x, u) \stackrel{\text{def}}{=} \tilde{h}(x, u)$$

是无源的,输出为 $\dot{y}$,具有径向无界的正定存储函数 $V(x)$,即 $\dot{V} \leqslant u^{\mathrm{T}} \dot{y}$,且是零状态可观测的。设 z_i 是线性传递函数 $b_i s / (s + a_i)$ 的输出, y_i 为其输入, a_i 和 b_i 是正常数。

(a) 用 $V(x) + \sum_{i=1}^p (k_i / 2b_i) z_i^2$ 作为备选李雅普诺夫函数,证明输出反馈控制律 $u_i = -k_i z_i, 1 \leqslant i \leqslant p, k_i > 0$,使原点全局稳定。

(b) 用 $V(x) + \sum_{i=1}^p (1/b_i) \int_0^{z_i} \phi_i(\sigma)$ 作为备选李雅普诺夫函数,其中 ϕ_i 是局部利普希茨函数,满足 $\phi_i(0) = 0$,且对于所有 $\sigma \neq 0$,有 $\sigma \phi_i(\sigma) > 0$。证明输出反馈控制律 $u_i = -\phi_i(z_i), 1 \leqslant i \leqslant p$,使原点稳定。$\phi_i$ 在什么条件下,该控制律能够实现全局稳定?

(c) 将(a)中的结果用于角度 $\theta = \delta_1$ 处,全局稳定单摆方程

$$m\ell\ddot{\theta} + mg\sin\theta = u$$

采用取自 θ,而不是取自 $\dot{\theta}$ 的反馈。

14.49 考虑系统(14.85)~(14.86),并假设 $u = \gamma(x)$ 是局部利普希茨的状态反馈控制,使原点全局稳定。设 $\hat{x}$ 是由观测器(14.87)给出的状态估计。证明如果输入为 v 的系统

$$\dot{x} = Ax + g(Cx, \gamma(x - v))$$

是输入-状态稳定的,则输出反馈控制律 $u = \gamma(\hat{x})$ 可全局稳定闭环系统(14.85)~(14.86)的原点 $(x = 0, \hat{x} = 0)$。

14.50 验证当 ε 足够小时,14.5.3 节中的输出反馈控制器可重现状态反馈控制器的性能,特别证明在输出反馈下闭环系统具有指数稳定平衡点 $(z, e_0, e, \hat{e}) = (0, \bar{e}_0, 0, 0)$。

下面七个习题给出了几个实例研究。

14.51 电流控制的感应电机模型为[①]

$$\begin{aligned} J\dot{\omega} &= k_t(\lambda_a i_b - \lambda_b i_a) - T_L \\ \dot{\lambda}_a &= -\frac{R_r}{L_r}\lambda_a - p\omega\lambda_b + \frac{R_r M}{L_r} i_a \\ \dot{\lambda}_b &= -\frac{R_r}{L_r}\lambda_b + p\omega\lambda_a + \frac{R_r M}{L_r} i_b \end{aligned}$$

---

① 例如,参见文献[50]的附录 C 或文献[117]。

其中，ω 是转子的转速，T_L 是负载力矩，λ_a 和 λ_b 是转子磁通量向量的分量，i_a 和 i_b 是定子电流向量的分量，L_r 和 M 是转子的自感和互感，R_r 是转子的电阻，J 是转动惯量，p 是电极对的数量，k_t 是正常数。负载力矩 T_L 可取为 $T_L = T_o + \phi(\omega)$，其中 $\phi \in [0, \infty]$ 是局部利普希茨函数，表示摩擦力产生的负载模型，而 T_o 表示的是与速度无关的负载模型，电流 i_a 和 i_b 是控制变量。我们想要设计一个反馈控制，在有未知负载力矩时，使速度 ω 跟踪参考速度 ω_r。本习题通过把方程变换到以场为方向的坐标系中进行设计，这种变换把一个控制问题分解为两个独立的控制问题，一个是速度控制，另一个是转子磁通控制，该变换应在线运用，且要求转子磁通可测。首先假设转子磁通量已测得，然后利用观测器估计该磁通，并分析磁通由其估计值代替时的控制性能。分析时要考虑转子电阻的不确定性，因为在电机工作时，电阻值随温度的变化相当大。

(a) 设 ρ 是转子磁通向量的角度，λ_d 是其幅值，即 $\rho = \arctan(\lambda_b / \lambda_a)$，$\lambda_d = \sqrt{\lambda_a^2 + \lambda_b^2}$，用 λ_d 和 ρ 代替 λ_a 和 λ_b 作为状态变量，并将 i_a 和 i_b 转换为 i_d 和 i_q。i_d 和 i_q 定义为

$$\begin{bmatrix} i_d \\ i_q \end{bmatrix} = \begin{bmatrix} \cos \rho & \sin \rho \\ -\sin \rho & \cos \rho \end{bmatrix} \begin{bmatrix} i_a \\ i_b \end{bmatrix} \tag{14.117}$$

上式说明电机可由状态模型表示为

$$J\dot{\omega} = k_t \lambda_d i_q - T_L, \qquad \dot{\lambda}_d = -\frac{R_r}{L_r} \lambda_d + \frac{R_r M}{L_r} i_d, \qquad \dot{\rho} = p\omega + \frac{R_r M i_q}{L_r \lambda_d}$$

其中 $\lambda_d > 0$。

(b) 上述模型中前两个方程与 ρ 无关，因此要设计对 i_d 和 i_q 的反馈控制，可以从状态方程中消去 ρ。但仍需要 ρ 由式(14.117)给出的反变换计算 i_a 和 i_b。证明：对常数 ω，i_q 和 λ_d，ρ 是无界的，并解释为什么对一个无界的 ρ 不会有问题。

(c) 注意到电机产生的力矩与 $\lambda_d i_q$ 成正比，因此可首先通过用控制输入 i_d，把 λ_d 调节到期望的常数磁通 λ_r，以控制速度。然后可假设 $\lambda_d = \lambda_r$，设计 i_q。如果磁通环路的动态变化比速度环路的动态变化快得多，则可以证明该假设是合理的[①]。这部分习题设计一个磁通控制，证明 $i_d = (\lambda_r / M) - k(\lambda_d - \lambda_r)$ 实现所期望的调节，$k \geq 0$。

(d) 由于电流 i_a 和 i_b 必须限制为某一最大值，因此在设计中，要假设 i_d 和 i_q 限制为 I_d 和 I_q。证明如果 $I_d > \lambda_r / M$，$0 < \lambda_d(0) < \lambda_r$，则在如下饱和控制下：

$$i_d = I_d \, \text{sat}\left(\frac{\lambda_r / M - k(\lambda_d - \lambda_r)}{I_d} \right) \tag{14.118}$$

$\lambda_d(t)$ 从 $\lambda_d(0)$ 到 λ_r 单调变化。估计稳定时间(settling time)。

(e) 对速度控制，假设 $\omega_r(t)$，$\dot{\omega}_r(t)$ 和 $T_o(t)$ 是有界的，适当选择 s 和 ε，设计一个形如 $i_q = -I_q \, \text{sat}(s/\varepsilon)$ 的滑模控制器。给出控制器正常工作的条件，并估计跟踪误差的最终边界。

(f) 除了前述假设，另设 $\omega_r(t)$ 满足 $\lim_{t \to \infty} \omega_r(t) = \bar{\omega}_r$ 和 $\lim_{t \to \infty} \dot{\omega}_r(t) = 0$，而且希望在 T_o 是常数时，实现零稳态误差。利用积分控制，适当选择 s 和 ε，设计一个形如

---

① 这一点可通过第 11 章的奇异扰动理论证明。

$i_q = -I_q \, \mathrm{sat}(s/\varepsilon)$ 的滑模控制器。给出控制器正常工作的条件,并验证其实现零稳态误差。

(g) 转子磁通可测的假设实际上不成立,应用中一般用观测器

$$\dot{\hat{\lambda}}_a = -\frac{\hat{R}_r}{L_r}\,\hat{\lambda}_a - p\omega\hat{\lambda}_b + \frac{\hat{R}_r M}{L_r}\,i_a, \qquad \dot{\hat{\lambda}}_b = -\frac{\hat{R}_r}{L_r}\,\hat{\lambda}_b + p\omega\hat{\lambda}_a + \frac{\hat{R}_r M}{L_r}\,i_b$$

估计磁通,其中 $\hat{R}_r$ 是 R_r 的标称值(或估计值)。场方向角 ρ 和磁通幅值 λ_d 可由 $\rho = \arctan(\hat{\lambda}_b/\hat{\lambda}_a)$ 和 $\lambda_d = \sqrt{\hat{\lambda}_a^2 + \hat{\lambda}_b^2}$ 计算,i_d 和 i_q 由式(14.117)定义,其中 ρ 采用新的定义。为写出整个系统的状态模型,把磁通估计误差 e_d 和 e_q 定义为

$$\begin{bmatrix} e_d \\ e_q \end{bmatrix} = \begin{bmatrix} \cos\rho & \sin\rho \\ -\sin\rho & \cos\rho \end{bmatrix} \begin{bmatrix} \hat{\lambda}_a - \lambda_a \\ \hat{\lambda}_b - \lambda_b \end{bmatrix} \qquad (14.119)$$

以 $\omega, \lambda_d, \rho, e_d$ 和 e_q 作为状态变量,证明整个系统的状态模型可表示为

$$\begin{aligned}
J\dot{\omega} &= k_t(\lambda_d i_q + e_q i_d - e_d i_q) - T_L \\
\dot{\lambda}_d &= -\frac{\hat{R}_r}{L_r}\lambda_d + \frac{\hat{R}_r M}{L_r}\,i_d \\
\dot{\rho} &= p\omega + \frac{\hat{R}_r M i_q}{L_r \lambda_d} \\
\dot{e}_d &= -\frac{R_r}{L_r}\,e_d + \frac{\hat{R}_r M i_q}{L_r \lambda_d}\,e_q + \left(\frac{\hat{R}_r - R_r}{L_r}\right)(M i_d - \lambda_d) \\
\dot{e}_q &= -\frac{\hat{R}_r M i_q}{L_r \lambda_d}\,e_d - \frac{R_r}{L_r}\,e_q + \left(\frac{\hat{R}_r - R_r}{L_r}\right)M i_q
\end{aligned}$$

(h) 验证如果 $I_d > \lambda_r/M$ 和 $0 < \lambda_d(0) < \lambda_r$,磁通控制(14.118)仍把 λ_d 调节到 λ_r。进一步证明

$$|M i_d(t) - \lambda_d(t)| \leqslant (1 + kM)[M I_d - \lambda_d(0)]\exp[-(\hat{R}_r/\hat{L}_r)t]$$

(i) 利用 $V = (1/2)(e_d^2 + e_q^2)$ 和比较引理,证明 $\|e\| = \sqrt{e_d^2 + e_q^2}$ 满足边界

$$\|e(t)\| \leqslant k_1 e^{-\gamma t} + k_2 \left|\frac{\hat{R}_r - R_r}{R_r}\right| M I_q$$

其中 γ, k_1 和 k_2 为正常数。

(j) 求在什么条件下,(f)中设计的带有积分作用的滑模控制器,仍能实现零稳态误差。

14.52 一个 m 连杆机器人的非线性动力学方程为

$$M(q)\ddot{q} + C(q,\dot{q})\dot{q} + D\dot{q} + g(q) = u \qquad (14.120)$$

所有变量定义都与习题1.4中相同。假设 M, C 和 g 都是其自变量的连续函数,且对于正常数 λ_m 和 λ_M,有

$$0 < \lambda_m y^{\mathrm{T}} y \leqslant y^{\mathrm{T}} M(q) y \leqslant \lambda_M y^{\mathrm{T}} y, \quad \forall q, y \in R^m, \; y \neq 0$$

我们想要设计一个状态反馈控制律,使 $q(t)$ 渐近跟踪参考轨线 $q_r(t)$,其中 $q_r(t)$,

$\dot{q}_r(t)$ 和 $\ddot{q}_r(t)$ 都是连续且有界的。本题要求设计一个滑模控制器,取滑动曲面为
$s = \Lambda e + \dot{e} = 0$,其中 Λ 为正对角阵,并设

$$u = \hat{M}(q)v + L[\hat{C}(q,\dot{q})\dot{q} + \hat{g}(q) + \hat{M}(q)\ddot{q}_r - \hat{M}(q)\Lambda\dot{e}]$$

其中 $\hat{M},\hat{C}$ 和 $\hat{g}$ 分别是 M,C 和 g 的标称模型,L 或为 0 或为单位阵,分别对应两种不同的控制律。

(a) 证明 s 满足形如　　　　　　$\dot{s} = v + \Delta(q,\dot{q},q_r,\dot{q}_r,\ddot{q}_r,v)$
的方程,并给出当 $L=0$ 和 $L=I$ 时,Δ 的表达式。

(b) 假设　　　　　　$\|M^{-1}(q)\hat{M}(q) - I\|_\infty \leqslant \kappa_0 < 1, \quad \forall q \in R^m$　　　　(14.121)
证明 Δ_i 满足不等式

$$|\Delta_i| \leqslant \rho(\cdot) + \kappa_0\|v\|_\infty, \quad 1 \leqslant i \leqslant m$$

其中 ρ 可能与 $(q,\dot{q},q_r,\dot{q}_r,\ddot{q}_r)$ 有关。

(c) 设　　　　　　$v_i = -\beta(\cdot)\,\mathrm{sat}(s_i/\varepsilon), \quad \varepsilon > 0, \quad 1 \leqslant i \leqslant m$
其中 β 可能与 $(q,\dot{q},q_r,\dot{q}_r,\ddot{q}_r)$ 有关。说明应如何选择 β 才能保证误差 e 全局一致毕竟有界,并估计最终边界值与 ε 的关系。

(d) 当 β 取常数时,证明滑模控制器具有哪些性质?

14.53 考虑上题中的 m 连杆机器人。在本题中推导出一个不同的滑模控制器[180],该滑模控制器用到 $M-2C$ 的斜对称性,并免去条件(14.121)。

(a) 取 s 与上题相同,取 $W = (1/2)s^{\mathrm{T}}M(q)s$ 为 $\dot{s}$ 方程的备选李雅普诺夫函数。证明

$$\dot{W} = s^{\mathrm{T}}[M\Lambda\dot{e} + C(\Lambda e - \dot{q}_r) - D\dot{q} - g - M\ddot{q}_r + u]$$

(b) 设　　　　　　$u = v + L[-\hat{M}(q)\Lambda\dot{e} - \hat{C}(q,\dot{q})(\Lambda e - \dot{q}_r) + \hat{g}(q) + \hat{M}(q)\ddot{q}_r]$
其中,$L=0$ 或 $L=I$ 分别对应两种不同的控制律。证明

$$\dot{W} = s^{\mathrm{T}}[v + \Delta(q,\dot{q},q_r,\dot{q}_r,\ddot{q}_r)]$$

并给出当 $L=0$ 和 $L=I$ 时,Δ 的表达式。

(c) 设

$$v = -\beta(\cdot)\varphi(s/\varepsilon), \quad \varepsilon > 0, \quad \varphi(y) = \begin{cases} y/\|y\|_2, & \|y\|_2 \geqslant 1 \\ y, & \|y\|_2 < 1 \end{cases}$$

其中 β 可能与 $(q,\dot{q},q_r,\dot{q}_r,\ddot{q}_r)$ 有关,证明应如何选择 β 才能保证误差 e 全局一致毕竟有界,并估计最终边界与 ε 的关系。

(d) 当 β 取一个常数时,证明该滑模控制器具有哪些性质?

14.54 两连杆机器人如图 14.23 所示,可用方程(14.120)建立模型[171],其中

$$M = \begin{bmatrix} a_1 + 2a_4\cos q_2 & a_2 + a_4\cos q_2 \\ a_2 + a_4\cos q_2 & a_3 \end{bmatrix}, \quad C = a_4\sin q_2\begin{bmatrix} -\dot{q}_2 & -(\dot{q}_1 + \dot{q}_2) \\ \dot{q}_1 & 0 \end{bmatrix}$$

$$g = \begin{bmatrix} b_1\cos q_1 + b_2\cos(q_1 + q_2) \\ b_2\cos(q_1 + q_2) \end{bmatrix}$$

式中,a_1 至 a_4,b_1 和 b_2 都是正常数,与质量、转动惯量、两个连杆的长度以及重力加速

度有关。忽略阻尼并取 $D = 0$，设各参数的标称值为

$$a_1 = 200.01, \quad a_2 = 23.5, \quad a_3 = 122.5, \quad a_4 = 25, \quad b_1 = 784.8, \quad b_2 = 245.25$$

为将臂从位置$(q_1 = 0, q_2 = 0)$移动到$(q_1 = \pi/2, q_2 = \pi/2)$，取参考轨线为

$$q_{r1}(t) = q_{r2}(t) = (\pi/2)[1 - \exp(-5t)(1 + 5t)]$$

假设把控制输入限制为$|u_1| \leqslant 6000$ Nm，$|u_2| \leqslant 5000$ Nm。在前两题中我们设计了四个滑模控制律，分别是

$$\begin{aligned}
u &= -\hat{M}\beta\,\mathrm{sat}(s/\varepsilon) \\
u &= -\hat{M}\beta\,\mathrm{sat}(s/\varepsilon) + \hat{C}\dot{q} + \hat{g} + \hat{M}\ddot{q}_r - \hat{M}\Lambda\dot{e} \\
u &= -\beta\,\varphi(s/\varepsilon) \\
u &= -\beta\,\varphi(s/\varepsilon) + \hat{C}(\dot{q}_r - \Lambda e) + \hat{g} + \hat{M}\ddot{q}_r - \hat{M}\Lambda\dot{e}
\end{aligned}$$

为方便，β取常数。

(a) 通过仿真，选择各控制器的设计参数 Λ, β 和 ε，在仿真中包含一个限幅器作为控制约束。

(b) 由未知负载引起的振动，使实际系统参数变为

$$a_1 = 259.7, \ a_2 = 58.19, \ a_3 = 157.19, \ a_4 = 56.25, \ b_1 = 1030.1, \ b_2 = 551.8125$$

比较此时四个控制器的性能。

(c) 假设只能测量角度 q_1 和 q_2，设计一个高增益观测器以实现状态反馈控制器。通过仿真，比较其中一种控制律的状态反馈控制器和输出反馈控制器的性能。

14.55 重新考虑上题中的两连杆机器人，

(a) 根据例 14.16，设计一个基于无源的控制器，把角度(q_1, q_2)从$(0,0)$调节到$(\pi/2, \pi/2)$。运用仿真选择参数 K_p 和 K_d，并与上题中的滑模控制器相比较。

(b) 假设只能测量角度 q_1 和 q_2，设计一个高增益观测器实现状态反馈控制器。运用仿真，比较状态反馈控制器与输出反馈控制器的性能。

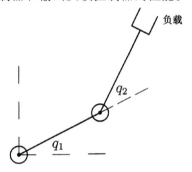

图 14.23 两连杆机器人

14.56 考虑习题 1.16 的 TORA 系统。本题要求设计一个基于无源的控制律[146]，以全局稳定原点。

(a) 用势能$(1/2)kx_c^2$与动能$(1/2)v^{\mathrm{T}}D(\theta)v$之和作为存储函数，其中$v = [\dot{\theta}, \dot{x}_c]^{\mathrm{T}}$。证明该输入为 u，输出为 $\dot{\theta}$ 的系统是无源的。该系统是零状态可观测的吗？

(b) 设 $u = -\phi_1(\theta) + w$，其中 ϕ_1 是局部利普希茨的，$\phi_1(0) = 0$，且对于所有 $y \neq 0$，有 $y\phi_1(y) > 0$ 和 $\displaystyle\lim_{|y| \to \infty} \int_0^y \phi_1(\lambda)\,d\lambda = \infty$。用

$$V = \frac{1}{2}v^{\mathrm{T}}D(\theta)v + \frac{1}{2}kx_c^2 + \int_0^\theta \phi_1(\lambda)\,d\lambda, \qquad v = \begin{bmatrix} \dot{\theta} \\ \dot{x}_c \end{bmatrix}$$

作为存储函数，证明该输入为 w，输出为 $\dot{\theta}$ 的系统是无源的，并证明系统是零状态可观测的。

（c）设 ϕ_2 是任意局部利普希茨函数，满足 $\phi_2(0) = 0$，且对于所有 $y \neq 0$，有 $y\phi_2(y) > 0$。证明 $u = -\phi_1(\theta) - \phi_2(\dot{\theta})$ 使原点全局稳定。

（d）设 $M = 1.3608$ kg，$m = 0.096$ kg，$L = 0.0592$ m，$I = 0.000\ 217\ 5$ kg·m²，$k = 186.3$ N/m。验证对正常数 U_P，U_v，K_p 和 K_v，

$$u = -U_p \, \text{sat}(K_p\theta) - U_v \, \text{sat}(K_v\dot{\theta})$$

是全局稳定的。选择 U_P 和 U_v 满足 $U_P + U_v \leqslant 0.1$，以保证 u 满足约束 $|u| \leqslant 0.1$。我们想要设计这四个参数，以减小稳定时间。本题要求用仿真和局部分析选择这些参数。通过在原点对闭环系统线性化，证明闭环特征方程为

$$1 + \beta_0 \frac{(s^2 + \beta_2)(s + \beta_1)}{s^2(s^2 + \beta_3)} = 0$$

其中　$\beta_0 = \dfrac{U_v K_v(m+M)}{\Delta_0}$，$\quad \beta_1 = \dfrac{U_p K_p}{U_v K_v}$，$\quad \beta_2 = \dfrac{k}{m+M}$，$\quad \beta_3 = \dfrac{k(I + mL^2)}{\Delta_0}$

且 $\Delta_0 = \Delta(0)$，验证特征多项式是赫尔维茨的，并构造当 β_0 从零变化到无穷时的根轨线。

（e）对初始状态为 $\theta(0) = \pi$，$\dot{\theta}(0) = 0$，$x_c(0) = 0.025$ 和 $\dot{x}_c(0) = 0$ 的闭环系统进行仿真，并利用（d）中的根轨线分析，选择常数 U_P，U_v，K_p 和 K_v，使系统的稳定时间尽可能短，使该稳定时间大约达到 30 s。

（f）现在假设只能测量 θ，利用习题 14.48 证明输出反馈控制器

$$u = -U_p \, \text{sat}(K_p\theta) - U_v \, \text{sat}(K_v z)$$

可使原点全局稳定，其中 z 是传递函数 $s/(\varepsilon s + 1)$ 的输出，该传递函数由 θ 驱动，ε 是任意正常数。将该传递函数作为降阶高增益观测器的传递函数，利用 14.5 节的分析，证明当 ε 趋于零时，输出反馈控制器可重现状态反馈控制器的性能。当 ε 取不同值时，对闭环系统进行仿真，并与状态反馈控制下的性能进行比较。

14.57　考虑习题 1.16 中的 TORA 系统。本题将设计一个滑模控制器[①]以稳定原点。

（a）证明变量代换

$$\eta_1 = x_c + \frac{mL\sin\theta}{m+M}, \quad \eta_2 = \dot{x}_c + \frac{mL\dot{\theta}\cos\theta}{m+M}, \quad \eta_3 = \theta, \quad \xi = \dot{\theta}$$

使系统转换为式（14.4）和式（14.5）的规则形式。

（b）利用　$V_0(\eta) = \dfrac{(m+M)k_1}{2mL}\left(\eta_1 - \dfrac{mL}{m+M}\sin\eta_3\right)^2 + \dfrac{(m+M)^2 k_1}{2kmL}\eta_2^2 + \dfrac{k_2}{2}\eta_3^2$

其中 k_1 和 k_2 是正常数，证明

$$\xi = \phi(\eta) \stackrel{\text{def}}{=\!=} k_1\left(\eta_1 - \frac{mL}{m+M}\sin\eta_3\right)\cos\eta_3 - k_2\eta_3$$

使

$$\dot{\eta} = \eta_2, \quad \dot{\eta}_2 = -\frac{k}{m+M}\left(\eta_1 - \frac{mL}{m+M}\sin\eta_3\right), \quad \dot{\eta}_3 = \xi$$

①　这种设计采用了文献[172]中基于无源设计的思想。

的原点全局稳定。

验证滑动曲面可取为

$$s = \dot{\theta} + k_2\theta - k_1 x_c \cos\theta = 0$$

注意 s 与系统参数无关。

(c) 选择 $\beta(x)$，使得当 μ 足够小时，$u = -\beta(x)\,\text{sat}(s/\mu)$ 使原点全局稳定。

(d) (c)中 $\beta(x)$ 的表达式可能比较复杂，为简化控制律，取 β 为常数，并把控制律写为

$$u = -\beta\,\text{sat}\left(\frac{\dot{\theta} + k_2\theta - k_1 x_c \cos\theta}{\mu}\right)$$

其中，正常数 k_1, k_2, β 和 μ 都是设计参数。证明对于足够小的 μ，该控制律可稳定原点，并保证吸引区包含围绕原点的一个紧集。

(e) 设系统参数与习题 14.56(d) 的参数相同，通过仿真和局部分析选择设计参数，以减小稳定时间。通过对闭环系统在原点线性化，证明闭环特征方程为

$$1 + \gamma_0 \frac{s^3 + \gamma_1 s^2 + \gamma_2 s + \gamma_3}{s^2(s^2 + \gamma_4)} = 0$$

其中

$$\gamma_0 = \frac{\beta(m+M)}{\mu\Delta_0}, \quad \gamma_1 = k_2 + \frac{mLk_1}{m+M}, \quad \gamma_2 = \frac{k}{m+M}$$

$$\gamma_3 = \frac{kk_2}{m+M}, \quad \gamma_4 = \frac{k(I+mL^2)}{\Delta_0}, \quad \Delta_0 = \Delta(0)$$

验证特征多项式是赫尔维茨的，并构造当 γ_0 从零变化到无穷时的根轨线，把该根轨线与习题 14.56 中得到的根轨线相比较，并讨论 $-k_1 x_c \cos\theta$ 一项在选择 s 时的作用。

(f) 通过对初始状态为 $\theta(0) = \pi, \dot{\theta}(0) = 0, x_c(0) = 0.025$ 和 $\dot{x}_c(0) = 0$ 的闭环系统进行仿真，并利用(e)中的根轨线分析，选择常数 k_1, k_2, β 和 μ，使系统的稳定时间尽可能短，应能使该稳定时间达到大约 4 s。将结果与习题 14.56 比较。

(g) 现在假设只能测量 θ 和 x_c，利用 14.5 节中的分析证明，对于足够小的 μ 和 ε，输出反馈控制器

$$u = -\beta\,\text{sat}\left(\frac{z + k_2\theta - k_1 x_c \cos\theta}{\mu}\right)$$

使原点稳定，其中 z 是传递函数 $s/(\varepsilon s + 1)$ 的输出，θ 是其驱动，该传递函数即为降阶高增益观测器的传递函数。验证当 ε 趋于零时，输出反馈控制器可重现状态反馈控制器的性能。当 ε 取不同值时，对闭环系统进行仿真，并与状态反馈控制下的性能进行比较。

附录 A 数学知识复习

欧几里得空间

n 维向量集合 $x = [x_1, \cdots, x_n]^\mathrm{T}$，其中 $x_1, \cdots, x_n$ 是实数，定义 n 维欧几里得空间为 R^n，一维欧几里得空间由全体实数组成，记为 R，R^n 中向量的加法定义为对应分量相加，数与向量的乘法定义为数与向量的每个分量分别相乘，两个向量 x 和 y 的内积定义为 $x^\mathrm{T}y = \sum_{i=1}^{n} x_i y_i$。

向量和矩阵的范数

向量 x 的范数 $\|x\|$ 是一个实值函数，具有下列性质：

- 对于所有 $x \in R^n$，$\|x\| \geqslant 0$，当且仅当 $x = 0$ 时，$\|x\| = 0$。
- 对于所有 $x, y \in R^n$，$\|x+y\| \leqslant \|x\| + \|y\|$。
- 对于所有 $\alpha \in R, x \in R^n$，$\|\alpha x\| = |\alpha| \|x\|$。

第二个性质就是三角不等式。下面给出的是 p 范数的定义

$$\|x\|_p = (|x_1|^p + \cdots + |x_n|^p)^{1/p}, \quad 1 \leqslant p < \infty$$

和

$$\|x\|_\infty = \max_i |x_i|$$

三种最常用的范数是 $\|x\|_1$，$\|x\|_\infty$ 和欧几里得范数

$$\|x\|_2 = \left(|x_1|^2 + \cdots + |x_n|^2\right)^{1/2} = \left(x^\mathrm{T} x\right)^{1/2}$$

所有 p 范数在下面的意义上是等价的，即如果 $\|\cdot\|_\alpha$ 和 $\|\cdot\|_\beta$ 是两个不同的 p 范数，那么存在正常数 c_1, c_2 使得对于所有 $x \in R^n$，有不等式

$$c_1 \|x\|_\alpha \leqslant \|x\|_\beta \leqslant c_2 \|x\|_\alpha$$

成立。对于 1 范数, 2 范数和 ∞ 范数，上面的不等式分别转化为

$$\|x\|_2 \leqslant \|x\|_1 \leqslant \sqrt{n}\, \|x\|_2, \quad \|x\|_\infty \leqslant \|x\|_2 \leqslant \sqrt{n}\, \|x\|_\infty, \quad \|x\|_\infty \leqslant \|x\|_1 \leqslant n\, \|x\|_\infty$$

有关 p 范数的一个重要结论是 Hölder 不等式

$$|x^\mathrm{T} y| \leqslant \|x\|_p \|y\|_q, \quad \frac{1}{p} + \frac{1}{q} = 1$$

其中，$x \in R^n, y \in R^n$。大多数情况下，我们用到的范数性质都是由满足任意范数的三个基本性质推导出来的，在这些情况下，下标 p 可以省略，所表示的范数都可以看成任意 p 范数。

一个 $m \times n$ 实数矩阵 A 定义了一个从 R^n 到 R^m 的线性映射 $y = Ax$，其中 A 的 p 范数定义为①

---

① sup 表示上确界，即最小上界；inf 表示下确界，即最大下界。

$$\|A\|_p = \sup_{x \neq 0} \frac{\|Ax\|_p}{\|x\|_p} = \max_{\|x\|_p = 1} \|Ax\|_p$$

当 $p = 1, 2$ 和 ∞ 时，上式分别改写为

$$\|A\|_1 = \max_j \sum_{i=1}^{m} |a_{ij}|, \quad \|A\|_2 = \left[\lambda_{\max}(A^{\mathrm{T}}A)\right]^{1/2}, \quad \|A\|_\infty = \max_i \sum_{j=1}^{n} |a_{ij}|$$

其中 $\lambda_{\max}(A^{\mathrm{T}}A)$ 表示矩阵 $A^{\mathrm{T}}A$ 的最大特征值。关于 $m \times n$ 维实矩阵 A 和 $n \times \ell$ 维实矩阵 B 的范数的一些常用性质如下：

$$\frac{1}{\sqrt{n}} \|A\|_\infty \leqslant \|A\|_2 \leqslant \sqrt{m} \|A\|_\infty, \quad \frac{1}{\sqrt{m}} \|A\|_1 \leqslant \|A\|_2 \leqslant \sqrt{n} \|A\|_1$$

$$\|A\|_2 \leqslant \sqrt{\|A\|_1 \|A\|_\infty}, \quad \|AB\|_p \leqslant \|A\|_p \|B\|_p$$

在 R^n 中拓扑概念

序列收敛：$\{x_k\}$ 表示 R^n 中的向量序列 $x_0, x_1, \cdots, x_k, \cdots$，如果

$$\|x_k - x\| \to 0, \quad \text{当} k \to \infty$$

则称 $\{x_k\}$ 收敛于极限向量 x，上式等价于对于给定的任意 $\varepsilon > 0$，存在一个整数 N，使得

$$\|x_k - x\| < \varepsilon, \quad \forall k \geqslant N$$

符号"$\forall$"读作"对于所有"，如果 $\{x_k\}$ 的一个子系列收敛到 x，即如果存在一个有限的非负整数子集 K，使得 $\{x_k\}_{k \in K}$ 收敛到 x，则称向量 x 是序列 $\{x_k\}$ 的聚点。R^n 中的一个有界序列 $\{x_k\}$ 至少在 R^n 中有一个聚点。如果 $r_k \leqslant r_{k+1}, \forall k$，则称实数序列 $\{r_k\}$ 是递增的(单调递增或单调非减)，如果 $r_k < r_{k+1}$，则称它是严格递增的，类似地，利用 $r_k \geqslant r_{k+1}$ 可定义递减(单调递减或单调非增)以及定义严格递减。由此可知如果一个实数递增序列有上界，那么它必然收敛到一个实数。类似地，如果一个实数递减序列有下界，那么它也收敛到一个实数。

集合：如果对于每个向量 $x \in S$，都能找到一个 x 的 ε 邻域

$$N(x, \varepsilon) = \{z \in R^n \mid \|z - x\| < \varepsilon\}$$

使得 $N(x, \varepsilon) \subset S$，则称子集 $S \subset R^n$ 为开集。集合 S 为闭集，当且仅当它在 R^n 中的补集是开集，这等价于集合 S 是闭集，当且仅当由集合 S 中元素组成的收敛序列 $\{x_k\}$ 收敛于 S 中的一个点。如果存在 $r > 0$，使得对于所有 $x \in S$，有 $\|x\| \leqslant r$，则集合 S 是有界的。如果集合 S 是闭集且有界，则称它为紧集。如果点 p 的每个邻域至少含有一个 S 中的点和不属于 S 中的点，则点 p 是集合 S 的边界点，S 的所有边界点的集合称为 S 的边界，记为 ∂S。闭集包含它的所有边界点，开集不包含它的边界点，S-∂S 称为集合 S 的内部，开集与其内部等价。集合 S 的闭包，记为 $\bar{S}$，是指 S 与它的边界，闭集与它的闭包相等。如果开集 S 中任何两点都可用折线连接起来，且折线上的点都属于 S，则开集 S 是连通的。如果集合 S 由连通的开集和它的一些边界点组成，则集合 S 称为区域(region)，没有边界点的区域称为开域或域(domain)。如果对于每个 $x, y \in S$ 和每个实数 $\theta, 0 < \theta < 1$，点 $\theta x + (1 - \theta) y \in S$，则称集合 S 为凸集。如果 $x \in X \subset R^n$，$y \in Y \subset R^m$，则称 (x, y) 属于积集 $X \times Y \subset R^n \times R^m$。

连续函数：称 S_1 到 S_2 的映射 f 为函数，记为 $f:S_1\rightarrow S_2$。如果当 $x_k\rightarrow x$ 时，有 $f(x_k)\rightarrow f(x)$，则称函数 $f:R^n\rightarrow R^m$ 在点 x 连续，换句话说，如果对于给定的 $\varepsilon>0$，存在 $\delta>0$，使得

$$\|x-y\|<\delta\Rightarrow\|f(x)-f(y)\|<\varepsilon$$

则 f 在点 x 连续，符号"$\Rightarrow$"读为"蕴涵着"，如果函数 f 在集合 S 内每一点都连续，那么就称函数 f 在 S 上连续，如果对于给定的 $\varepsilon>0$，存在 $\delta>0$（仅依赖于 ε），使得对于所有 $x,y\in S$，上面的不等式成立，则称 f 在 S 上一致连续。注意，一致连续是定义在集合上，而连续是定义在点上，一致连续是对集合中所有点有同样的常数 δ，显然，如果 f 在 S 上一致连续，那么它在 S 上连续，通常，反之不成立，但若 S 是一个紧集，那么在 S 上的连续和一致连续就是等价的，对于任意两个数 a_1,a_2 和任意两个连续函数 f_1,f_2，函数

$$(a_1f_1+a_2f_2)(\cdot)=a_1f_1(\cdot)+a_2f_2(\cdot)$$

是连续的。如果 S_1,S_2 和 S_3 是任意集合且 $f_1:S_1\rightarrow S_2$，$f_2:S_2\rightarrow S_3$ 是函数，则称函数 $f_2\circ f_1:S_1\rightarrow S_3$ 为 f_1 和 f_2 的复合函数，其定义为

$$(f_2\circ f_1)(\cdot)=f_2(f_1(\cdot))$$

两个连续函数的复合仍是连续的。如果 $S\subset R^n$ 且 $f:S\rightarrow R^m$，则使得 $x\in S$ 的 $f(x)$ 的集合称为 S 在映射 f 下的象，记为 $f(S)$。如果 f 是定义在紧集 S 上的连续函数，那么 $f(S)$ 也是紧集，因此紧集上的连续函数是有界的。而且，如果 f 是实值函数，即 $f:S\rightarrow R$，那么在紧集 S 上存在点 p 和 q，使得 $f(x)\leqslant f(p)$，$f(x)\geqslant f(q)$，其中 $x\in S$。如果 f 是定义在紧集 S 上的连续函数，那么 $f(S)$ 是连通的。如果对于每一对 $x,y\in S,x\neq y$，有 $f(x)\neq f(y)$，则定义在 S 上的函数 f 是一一对应的。如果 $f:S\rightarrow R^m$ 是紧集 $S\subset R^n$ 上的连续一一对应函数，那么 f 在 $f(S)$ 上有连续反函数 f^{-1}，f 与 f^{-1} 的复合是恒等映射，即 $f^{-1}(f(x))=x$。如果对于每个有界子区间 $J_0\subset J$，f 对于所有 $x\in J_0$，除了有限个点不连续，其余的点都是连续的，则函数 $f:R\rightarrow R_n$ 在区间 $J\subset R$ 上是分段连续的。对于每个不连续点 x_0，若右极限 $\lim\limits_{h\rightarrow 0}f(x_0+h)$ 和左极限 $\lim\limits_{h\rightarrow 0}f(x_0-h)$ 存在，则函数在点 x_0 具有有限跃变。

可微函数：如果极限

$$f'(x)=\lim_{h\rightarrow 0}\frac{f(x+h)-f(x)}{h}$$

存在，则函数 $f:R\rightarrow R$ 在点 x 可微。极限 $f'(x)$ 称为 f 在点 x 的导数。如果在点 x_0 偏导数 $\partial f_i/\partial x_j$ 存在且连续，其中 $1\leqslant i\leqslant m,1\leqslant j\leqslant n$，则函数 $f:R^n\rightarrow R^m$ 在点 x_0 连续可微。如果函数 f 在 S 中每一点都连续可微，则它在集合 S 上连续可微。对于连续可微函数 $f:R^n\rightarrow R$，行向量 $\partial f/\partial x$ 定义为

$$\frac{\partial f}{\partial x}=\left[\frac{\partial f}{\partial x_1},\cdots,\frac{\partial f}{\partial x_n}\right]$$

梯度向量，记为 $\Delta f(x)$，定义为

$$\nabla f(x)=\left[\frac{\partial f}{\partial x}\right]^{\mathrm{T}}$$

对于连续可微函数 $f:R^n\rightarrow R^m$，定义雅可比矩阵 $[\partial f/\partial x]$ 是一个 $m\times n$ 矩阵，其中第 i 行，第 j 列元素为 $\partial f_i/\partial x_j$。设 $S\subset R^n$ 是开集，$f:S\rightarrow R^m$，f 在 $x_0\in S$ 上连续可微，g 映射包含 $f(S)$ 的开集到

R^k 的映射,g 在 $f(x_0)$ 上连续可微,那么映射 $h:S \rightarrow R^k$,即 $h(x) = g(f(x))$ 在 x_0 上是连续可微的,其雅可比矩阵由链式法则

$$\left. \frac{\partial h}{\partial x} \right|_{x=x_0} = \left. \frac{\partial g}{\partial f} \right|_{f=f(x_0)} \left. \frac{\partial f}{\partial x} \right|_{x=x_0}$$

给出。

均值定理和隐函数定理

如果 x 和 y 是 R^n 中两个不同的点,那么连接 x 和 y 的线段 $L(x,y)$ 为

$$L(x,y) = \{z \mid z = \theta x + (1-\theta)y, \ 0 < \theta < 1\}$$

均值定理

设 $f:R^n \rightarrow R$ 在开集 $S \subset R^n$ 内的每一点 x 都连续可微,设 x,y 是 S 的两个点,使得线段 $L(x,y) \subset S$,则存在点 $z \in L(x,y)$,使得

$$f(y) - f(x) = \left. \frac{\partial f}{\partial x} \right|_{x=z} (y-x)$$

隐函数定理

设函数 $f:R^n \times R^m \rightarrow R^n$ 对开集 $S \subset R^n \times R^m$ 中的任意一点 (x,y) 连续可微,令 (x_0,y_0) 是 S 中一点,满足 $f(x_0,y_0) = 0$,且雅可比矩阵 $[\partial f/\partial x](x_0,y_0)$ 是非奇异的,则存在 x_0 的邻域 $U \subset R^n$,y_0 的邻域 $V \subset R^m$,使得对于每个 $y \in V$,方程 $f(x,y) = 0$ 有唯一解 $x \in U$,而且这个解由 $x = g(y)$ 给出,其中 g 在 $y = y_0$ 处是连续可微的。

这两个定理的证明以及本附录前面给出的其他内容均可在任何一本高等微积分或数学分析的教科书中找到[①]。

Gronwall-Bellman 不等式

引理 A. 1 令 $\lambda:[a,b] \rightarrow R$ 是连续的,$\mu:[a,b] \rightarrow R$ 是连续非负的,如果连续函数 $y:[a,b] \rightarrow R$ 在 $a \leqslant t \leqslant b$ 时满足

$$y(t) \leqslant \lambda(t) + \int_a^t \mu(s)y(s) \, ds$$

那么在同一个区间上

$$y(t) \leqslant \lambda(t) + \int_a^t \lambda(s)\mu(s) \exp\left[\int_s^t \mu(\tau) \, d\tau\right] \, ds$$

特殊的情况是,如果 $\lambda(t) \equiv \lambda$ 是一个常数,那么

$$y(t) \leqslant \lambda \exp\left[\int_a^t \mu(\tau) \, d\tau\right]$$

---

① 见文献[10]。

另外,如果 $\mu(t) \equiv \mu \geqslant 0$ 是一个常数,那么

$$y(t) \leqslant \lambda \exp[\mu(t - a)] \qquad \Diamond$$

证明:令 $z(t) = \int_a^t \mu(s)y(s)$ 和 $v(t) = z(t) + \lambda(t) - y(t) \geqslant 0$,则 z 是可微的,且

$$\dot{z} = \mu(t)y(t) = \mu(t)z(t) + \mu(t)\lambda(t) - \mu(t)v(t)$$

这是一个具有状态传递函数

$$\phi(t, s) = \exp\left[\int_s^t \mu(\tau)\,d\tau\right]$$

的标量线性状态方程。由于 $z(a) = 0$,因此有

$$z(t) = \int_a^t \phi(t, s)[\mu(s)\lambda(s) - \mu(s)v(s)]\,ds$$

其中

$$\int_a^t \phi(t, s)\mu(s)v(s)\,ds$$

是非负的,故

$$z(t) \leqslant \int_a^t \exp\left[\int_s^t \mu(\tau)\,d\tau\right]\mu(s)\lambda(s)\,ds$$

由于 $y(t) \leqslant \lambda(t) + z(t)$,因此完成了一般意义上的证明。对于特殊情况 $\lambda(t) \equiv \lambda$,有

$$
\begin{aligned}
\int_a^t \mu(s)\exp\left[\int_s^t \mu(\tau)\,d\tau\right]\,ds &= -\int_a^t \frac{d}{ds}\left\{\exp\left[\int_s^t \mu(\tau)\,d\tau\right]\right\}\,ds \\
&= -\left\{\exp\left[\int_s^t \mu(\tau)\,d\tau\right]\right\}\Bigg|_{s=a}^{s=t} \\
&= -1 + \exp\left[\int_a^t \mu(\tau)\,d\tau\right]
\end{aligned}
$$

上述推导就是 λ 为常数时对引理的证明。当 λ, μ 都是常数时,可综合上述两种情况证明。证毕。   □

附录 B　压缩映射

假定有方程 $x = T(x)$，称解 x^* 为映射 T 的不动点，因为 T 使得解 x^* 不变。求解不动点的典型方法是逐次逼近法，首先从一个初始测试向量 x_1 开始，计算 $x_2 = T(x_1)$，连续进行这样的迭代计算，计算出下一个向量 $x_{k+1} = T(x_k)$，压缩映射定理给出了方程 $x = T(x)$ 具有不动点 x^* 和序列 $\{x_k\}$ 收敛到 x^* 的充分条件，这是证明方程 $x = T(x)$ 解存在的有力工具。这个定理不仅在欧氏空间中是成立的，而且在 Banach 空间中也是成立的，我们将在一般的背景下使用压缩映射定理。首先介绍 Banach 空间[①]。

向量空间：在域 R 上的线性向量空间 $\mathcal{X}$ 是一个集合，其元素为向量 $x, y, z, \cdots$，这些元素要满足下面的条件：对于任意两个向量 $x, y \in \mathcal{X}$，它们的求和运算满足：$x + y \in \mathcal{X}$，$x + y = y + x$ 及 $(x + y) + z = x + (y + z)$；存在一个零向量 $0 \in \mathcal{X}$，使得对于所有 $x \in \mathcal{X}$，有 $x + 0 = x$；对于任意的数 $\alpha, \beta \in R$，数乘运算 αx 满足：$\alpha x \in \mathcal{X}$，$1 \cdot x = x$，$0 \cdot x = 0$，$(\alpha\beta)x = \alpha(\beta x)$，$\alpha(x + y) = \alpha x + \alpha y$，$(\alpha + \beta)x = \alpha x + \beta x$，其中 $x, y \in \mathcal{X}$。

线性赋范空间：线性空间 $\mathcal{X}$ 为线性赋范空间，如果对于每个向量 $x \in \mathcal{X}$，存在一个实值范数 $\|x\|$，且满足：

- 对于所有 $x \in \mathcal{X}$，$\|x\| \geq 0$，当且仅当 $x = 0$ 时，$\|x\| = 0$。
- 对于所有 $x, y \in \mathcal{X}$，$\|x + y\| \leq \|x\| + \|y\|$。
- 对于所有 $\alpha \in R$ 和 $x \in \mathcal{X}$，$\|\alpha x\| = |\alpha| \|x\|$。

如果在上下文中不能判断 $\|\cdot\|$ 是在 $\mathcal{X}$ 上的范数还是在 R^n 上的范数，那么我们将在 $\mathcal{X}$ 上的范数表示为 $\|\cdot\|_{\mathcal{X}}$。

收敛性：如果当 k 趋于无穷时，$\|x_k - x\|$ 趋于零，则序列 $\{x_k\} \in \mathcal{X}$（$\mathcal{X}$ 为线性赋范空间）收敛到 $x \in \mathcal{X}$。

闭集：集合 $S \subset \mathcal{X}$ 是闭集，当且仅当每个收敛序列（序列中的每一项在 S 内）的极限仍在 S 内。

Cauchy 序列：序列 $\{x_k\} \in \mathcal{X}$ 是 Cauchy 序列，如果当 k, m 趋于无穷时，有 $\|x_k - x_m\|$ 趋于零，则每个收敛序列都是 Cauchy 序列，但反之则不成立。

Banach 空间：如果 $\mathcal{X}$ 中的每个 Cauchy 序列收敛到 $\mathcal{X}$ 中的一个向量，则线性赋范空间 $\mathcal{X}$ 是完备的。完备的线性赋范空间称为 Banach 空间。

例 B.1　设所有连续函数 $f:[a,b] \to R^n$ 的集合为 $C[a,b]$，这个集合形成了 R 中的一个向量，加法 $x + y$ 定义为 $(x + y)(t) = x(t) + y(t)$，数乘定义为 $(\alpha x)(t) = \alpha x(t)$，零向量定义为 $[a,b]$ 上恒等于零的函数，定义范数为

$$\|x\|_C = \max_{t \in [a,b]} \|x(t)\|$$

---

① 关于 Banach 空间的详细内容，读者可参考任何一本泛函教材，对 Banach 空间的粗浅讨论可参考文献[121]的第 2 章。

其中,等式右边的范数是指 R^n 上的任意 p 范数。显然,$\|x\|_C \geq 0$,并且只有 x 是零向量时才等于零,三角不等式为

$$\max\|x(t) + y(t)\| \leq \max[\|x(t)\| + \|y(t)\|] \leq \max\|x(t)\| + \max\|y(t)\|$$

和

$$\max\|\alpha x(t)\| = \max|\alpha|\,\|x(t)\| = |\alpha|\max\|x(t)\|$$

其中所有的最大值都出现在 $[a,b]$ 上,因此 $C[a,b]$ 连同范数 $\|\cdot\|_C$ 是一个线性赋范空间。$C[a,b]$ 也是一个 Banach 空间。为了证明这一点,首先需要证明 $C[a,b]$ 上的每个 Cauchy 序列都收敛到 $C[a,b]$ 上的某个向量。设 $\{x_k\}$ 是 $C[a,b]$ 上的 Cauchy 序列,对于每个确定的 $t \in [a,b]$,

$$\|x_k(t) - x_m(t)\| \leq \|x_k - x_m\|_C \to 0, \quad \text{当 } k,\, m \to \infty$$

所以 $\{x_k(t)\}$ 是 R^n 中的一个 Cauchy 序列。R^n 对任意 p 范数都是完备的,因为收敛意味着分量收敛并且 R 是完备的,因此序列收敛到一个实向量 $x(t):x_k(t) \to x(t)$,这证明了是点态(pointwise)收敛。下面将证明,在 $t \in [a,b]$ 时,收敛是一致收敛。给定 $\varepsilon > 0$,存在一个 N,使得当 $k, m > N$ 时,$\|x_k - x_m\|_C < \varepsilon/2$。那么,对于 $k > N$ 有

$$
\begin{aligned}
\|x_k(t) - x(t)\| &\leq \|x_k(t) - x_m(t)\| + \|x_m(t) - x(t)\| \\
&\leq \|x_k - x_m\|_C + \|x_m(t) - x(t)\|
\end{aligned}
$$

选择充分大的 m(可能取决于 t),上式右边的每一项都小于 $\varepsilon/2$,因此,对于 $k > N$,有 $\|x_k(t) - x(t)\| < \varepsilon$,故 $\{x_k\}$ 在 $t \in [a,b]$ 上一致收敛到 x。为了完成证明,还要证明 $x(t)$ 是连续的,并且 $\{x_k\}$ 依 $C[a,b]$ 范数收敛到 x。为了证明连续性,假设

$$
\begin{aligned}
\|x(t+\delta) - x(t)\| &\leq \|x(t+\delta) - x_k(t+\delta)\| \\
&\quad + \|x_k(t+\delta) - x_k(t)\| + \|x_k(t) - x(t)\|
\end{aligned}
$$

因为 $\{x_k\}$ 一致收敛到 x,给定任意 $\varepsilon > 0$,可选择足够大的 k,使上式右边的第一项和第三项小于 $\varepsilon/3$,由于 $x_k(t)$ 是连续的,我们可选择足够小的 δ,使第二项小于 $\varepsilon/3$,故 $x(t)$ 是连续的。x_k 依 $\|\cdot\|_C$ 收敛到 x 是一致收敛的直接结果。　　　　　△

定理 B.1(压缩映射)　设 S 是 Banach 空间 $\mathcal{X}$ 的闭子集,T 是 S 到 S 的映射,设

$$\|T(x) - T(y)\| \leq \rho\|x - y\|, \quad \forall\, x,\, y \in S, \quad 0 \leq \rho < 1$$

那么

- 存在唯一的向量 $x^* \in S$,满足 $x^* = T(x^*)$。
- x^* 可通过逐次逼近方法得到,逼近过程可从 S 中的任意初始向量开始。　　　◇

证明: 选择任意一个 $x_1 \in S$,并且用 $x_{k+1} = T(x_k)$ 定义序列 $\{x_k\}$,由于 T 是 S 到 S 的映射,因此 $x_k \in S$,其中 $k \geq 1$。证明的第一步是证明 $\{x_k\}$ 为 Cauchy 序列。我们有

$$
\begin{aligned}
\|x_{k+1} - x_k\| &= \|T(x_k) - T(x_{k-1})\| \\
&\leq \rho\|x_k - x_{k-1}\| \leq \rho^2\|x_{k-1} - x_{k-2}\| \leq \cdots \leq \rho^{k-1}\|x_2 - x_1\|
\end{aligned}
$$

可得

$$
\begin{aligned}
\|x_{k+r} - x_k\| &\leqslant \|x_{k+r} - x_{k+r-1}\| + \|x_{k+r-1} - x_{k+r-2}\| + \cdots + \|x_{k+1} - x_k\| \\
&\leqslant \left[\rho^{k+r-2} + \rho^{k+r-3} + \cdots + \rho^{k-1}\right] \|x_2 - x_1\| \\
&\leqslant \rho^{k-1} \sum_{i=0}^{\infty} \rho^i \|x_2 - x_1\| = \frac{\rho^{k-1}}{1-\rho} \|x_2 - x_1\|
\end{aligned}
$$

在 k 趋于无穷时,上式右边趋于零,因此该序列是 Cauchy 序列。由于 $\mathcal{X}$ 是 Banach 空间,故有

$$
x_k \to x^* \in \mathcal{X}, \qquad \text{当 } k \to \infty
$$

进一步,由于 S 是闭集,故有 $x^* \in S$。现在要证明 $x^* = T(x^*)$。对于任意 $x_k = T(x_{k-1})$,我们有

$$
\|x^* - T(x^*)\| \leqslant \|x^* - x_k\| + \|x_k - T(x^*)\| \leqslant \|x^* - x_k\| + \rho\|x_{k-1} - x^*\|
$$

选择足够大的 k,可使上面不等式的右边为任意小,因此 $\|x^* - T(x^*)\| = 0$,即 $x^* = T(x^*)$。最后要证明的是,x^* 是 S 上映射 T 的唯一不动点,设 x^* 和 y^* 都是不动点,那么

$$
\|x^* - y^*\| = \|T(x^*) - T(y^*)\| \leqslant \rho\|x^* - y^*\|
$$

由于 $\rho < 1$,因此有 $x^* = y^*$。证毕。 □

附录 C　证　　明

C. 1　证明定理 3. 1 和定理 3. 2

证明定理 3.1　首先注意到,如果 $x(t)$ 是

$$\dot{x} = f(t, x), \quad x(t_0) = x_0 \tag{C.1}$$

的解,那么通过积分,有

$$x(t) = x_0 + \int_{t_0}^{t} f(s, x(s)) \, ds \tag{C.2}$$

反之,如果 $x(t)$ 满足方程(C.2),那么 $x(t)$ 就满足方程(C.1)。这样,研究微分方程(C.1)解的存在性和唯一性就等同于研究积分方程(C.2)解的存在性与唯一性。继续讨论方程(C.2),把(C.2)的右边看成连续函数的映射 $x : [t_0, t_1] \to R^n$,记为 $(Px)(t)$,则方程(C.2)可改写为

$$x(t) = (Px)(t) \tag{C.3}$$

注意到 $(Px)(t)$ 是 t 的连续函数。方程(C.3)的一个解为映射 P 的一个不动点,这里 P 为 x 到 Px 的映射。方程(C.3)不动点的存在性可由压缩映射定理证明,这要求定义一个 Banach 空间 $\mathcal{X}$ 以及一个闭集 $S \subset \mathcal{X}$,使得 P 把 S 映射到 S,且是 S 上的压缩映射。设

$$\mathcal{X} = C[t_0, t_0 + \delta], \quad 具有范数 \quad \|x\|_C = \max_{t \in [t_0, t_0 + \delta]} \|x(t)\|$$

和

$$S = \{ x \in \mathcal{X} \mid \|x - x_0\|_C \leqslant r \}$$

其中,r 是球 B 的半径,δ 是选定的正常数。限制 δ 的选择范围满足 $\delta \leqslant t_1 - t_0$,以使 $[t_0, t_0 + \delta] \subset [t_0, t_1]$。注意 $\|x(t)\|$ 表示 R^n 上的范数,而 $\|x\|_C$ 表示在 $\mathcal{X}$ 上的范数。同时,B 是 R^n 内的球,S 是 $\mathcal{X}$ 中的球。根据定义,P 为 x 到 $\mathcal{X}$ 的映射。为证明 P 是 S 到 S 的映射,写出

$$(Px)(t) - x_0 = \int_{t_0}^{t} f(s, x(s)) \, ds = \int_{t_0}^{t} [f(s, x(s)) - f(s, x_0) + f(s, x_0)] \, ds$$

由 f 的分段连续性可知,$f(t, x_0)$ 在 $[t_0, t_1]$ 上是有界的。设

$$h = \max_{t \in [t_0, t_1]} \|f(t, x_0)\|$$

利用利普希茨条件(3.2)以及对于每个 $x \in S$,有

$$\|x(t) - x_0\| \leqslant r, \quad \forall \, t \in [t_0, t_0 + \delta]$$

可得

$$\begin{aligned}
\|(Px)(t) - x_0\| &\leqslant \int_{t_0}^{t} [\|f(s, x(s)) - f(s, x_0)\| + \|f(s, x_0)\|] \, ds \\
&\leqslant \int_{t_0}^{t} [L\|x(s) - x_0\| + h] \, ds \leqslant \int_{t_0}^{t} (Lr + h) \, ds \\
&= (t - t_0)(Lr + h) \leqslant \delta(Lr + h)
\end{aligned}$$

和
$$\|Px - x_0\|_C = \max_{t \in [t_0, t_0 + \delta]} \|(Px)(t) - x_0\| \leqslant \delta(Lr + h)$$

因此,选择 $\delta \leqslant r/(Lr+h)$,即保证 P 是 S 到 S 的映射。为了证明 P 是 S 上的压缩映射,设 x, $y \in S$,并考虑

$$
\begin{aligned}
\|(Px)(t) - (Py)(t)\| &= \left\| \int_{t_0}^{t} [f(s, x(s)) - f(s, y(s))] \, ds \right\| \\
&\leqslant \int_{t_0}^{t} \|f(s, x(s)) - f(s, y(s))\| \, ds \\
&\leqslant \int_{t_0}^{t} L\|x(s) - y(s)\| \, ds \leqslant \int_{t_0}^{t} ds \, L\|x - y\|_C
\end{aligned}
$$

因此
$$\|Px - Py\|_C \leqslant L\delta\|x - y\|_C \leqslant \rho\|x - y\|_C, \qquad \delta \leqslant \frac{\rho}{L}$$

这样,选择 $\rho < 1$ 和 $\delta \leqslant \rho/L$ 即保证 P 是 S 上的压缩映射。由压缩映射定理可知,如果选择 δ 满足

$$\delta \leqslant \min\left\{ t_1 - t_0, \frac{r}{Lr + h}, \frac{\rho}{L} \right\}, \qquad \rho < 1 \tag{C.4}$$

则方程(C.2)在 S 内有唯一解。但证明尚未结束,因为要证明在所有连续函数 $x(t)$ 中解的唯一性,即在 $\mathcal{X}$ 内解的唯一性,归结为证明方程(C.2)在 $\mathcal{X}$ 内的任何解都在 S 内。为了理解这一点,注意到 $x(t_0) = x_0$ 在球 B 内,所以对某一时间区间任意连续解 $x(t)$ 也一定在球 B 内。假定 $x(t)$ 离开球 B,并设 $t_0 + \mu$ 是 $x(t)$ 与球 B 边界第一次相交的时间,则

$$\|x(t_0 + \mu) - x_0\| = r$$

另一方面,对于所有 $t \leqslant t_0 + \mu$,有

$$
\begin{aligned}
\|x(t) - x_0\| &\leqslant \int_{t_0}^{t} [\|f(s, x(s)) - f(s, x_0)\| + \|f(s, x_0)\|] \, ds \\
&\leqslant \int_{t_0}^{t} [L\|x(s) - x_0\| + h] \, ds \leqslant \int_{t_0}^{t} (Lr + h) \, ds
\end{aligned}
$$

因此
$$r = \|x(t_0 + \mu) - x_0\| \leqslant (Lr + h)\mu \quad \Rightarrow \quad \mu \geqslant \frac{r}{Lr + h} \geqslant \delta$$

由此可知,在时间区间 $[t_0, t_0 + \delta]$ 内,解 $x(t)$ 不可能离开集合 B,这就是说 $\mathcal{X}$ 内的任意解也在 S 内,因而在 S 内解的唯一性也就是在 $\mathcal{X}$ 内解的唯一性。

证明定理 3.2 证明的关键是说明可使定理 3.1 中的常数 δ 与初始状态 x_0 无关。由式(C.4)可知 δ 与初始状态的关系是通过 $r/(Lr + h)$ 一项中的常数 h 来实现的。由于在目前情况下,利普希茨条件全局成立,故可选择 r 为任意大。因此,对于任何有限的 h,可选择足够大的 r,使 $r/(Lr + h) > \rho/L$。这样,式(C.4)就可以简化为

$$\delta \leqslant \min\left\{ t_1 - t_0, \frac{\rho}{L} \right\}, \qquad \rho < 1$$

如果 $t_1 - t_0 \leqslant \rho/L$,选择 $\delta = t_1 - t_0$ 即可证明定理 3.2。否则,选择 δ 满足 $\delta \leqslant \rho/L$,将 $[t_0, t_1]$ 划分为有限个长度为 $\delta \leqslant \rho/L$ 的子区间,重复应用定理 3.1,即可证明定理 3.2[①]。   □

---

① 注意每个子区间的初始状态 x_1,对于某个有限的 h_1 应满足 $\|f(t, x_1)\| \leqslant h_1$。

C.2　证明引理 3.4

上右导数 $D^+v(t)$ 定义为　　$D^+v(t) = \lim_{h \to 0^+} \sup \dfrac{v(t+h)-v(t)}{h}$

其中实数序列 $\{x_n\}$ 的 $\lim_{n \to \infty} \sup$（上极限）是实数 y，满足下面两个条件：

- 对于每个 $\varepsilon > 0$，存在一个整数 N，使得 $n > N$，即 $x_n < y + \varepsilon$；
- 给定 $\varepsilon > 0$ 和 $m > 0$，存在一个整数 $n > m$，使得 $x_n > y - \varepsilon$。

第一条是指序列的所有项最终都小于 $y + \varepsilon$，第二条指序列中有无限多项大于 $y - \varepsilon$。$\lim \sup$ 的性质之一是，如果对于 $n = 1, 2, \cdots$，有 $z_n \leqslant x_n$，则 $\lim_{n \to \infty} \sup z_n \leqslant \lim_{n \to \infty} \sup x_n$[1]。由此可知，如果 $|v(t+h)-v(t)|/h \leqslant g(t,h), \forall h \in (0,b)I$ 和 $\lim_{h \to 0^+} g(t,h) = g_0(t)$，则 $D^+v(t) \leqslant g_0(t)$。

为了证明引理 3.4，考虑微分方程

$$\dot{z} = f(t,z) + \lambda, \quad z(t_0) = u_0 \tag{C.5}$$

λ 为正常数。在任意紧区间 $[t_0, t_1]$，由定理 3.5 可得，对于任意 $\varepsilon > 0$，存在 $\delta > 0$，使得当 $\lambda < \delta$ 时，方程（C.5）有定义在 $[t_0, t_1]$ 上的唯一解 $z(t, \lambda)$，且

$$|z(t,\lambda) - u(t)| < \varepsilon, \quad \forall t \in [t_0, t_1] \tag{C.6}$$

结论 1：对于所有 $t \in [t_0, t_1]$，有 $v(t) \leqslant z(t, \lambda)$。

该结论可用反证法证明。设结论不成立，那么有时间 $a, b \in (t_0, t_1]$，使得 $v(a) = z(a, \lambda)$，$v(t) > z(t, \lambda)$，这里 $a < t \leqslant b$，因此有

$$v(t) - v(a) > z(t, \lambda) - z(a, \lambda), \quad \forall t \in (a, b]$$

这表明

$$D^+v(a) \geqslant \dot{z}(a, \lambda) = f(a, z(a, \lambda)) + \lambda > f(a, v(a))$$

而上式与不等式 $D^+v(t) \leqslant f(t, v(t))$ 矛盾。

结论 2：对于所有 $t \in [t_0, t_1]$，有 $v(t) \leqslant u(t)$。

同样，这个结论也用反证法证明。设结论不成立，那么存在 $a \in (t_0, t_1]$，使得 $v(a) > u(a)$，取 $\varepsilon = [v(a) - u(a)]/2$，并利用式（C.6）可得

$$v(a) - z(a, \lambda) = v(a) - u(a) + u(a) - z(a, \lambda) \geqslant \varepsilon$$

这与结论 1 相矛盾。

因此，可以证明 $v(t) \leqslant u(t), t \in [t_0, t_1]$。由于不等式在每个紧区间都是成立的，因此对于所有 $t \geqslant t_0$，不等式也是成立的。如果情况不是这样，则设 $T < \infty$ 是不等式不成立的第一时刻，对于所有 $t \in [t_0, T)$，有 $v(t) \leqslant u(t)$，且由连续性有 $v(T) = u(T)$，故可以将不等式扩展到区间 $[T, T+\Delta](\Delta > 0)$，这与 T 为不等式不成立的第一时刻的假设相矛盾。证毕。　□

---

[1]　见文献[10]定理 12.4。

C.3　证明引理 4.1

由于 $x(t)$ 有界,根据 Bolzano-Weierstrass 定理[①],当 t 趋于无穷时有一个聚点,因此正极限集 L^+ 是非空集。对于每个 $y \in L^+$,存在一个序列 t_i,当 i 趋于无穷时 t_i 趋于无穷,使得当 i 趋于无穷时 $x(t_i)$ 趋于 y。由于 $x(t_i)$ 对于 i 一致有界,故极限 y 也是有界的,即 L^+ 有界。为了证明 L^+ 是闭集,设 $\{y_i\} \in L^+$ 为某个满足 i 趋于无穷时 y_i 趋于 y 的序列,且有 $y \in L^+$。对于每个 i,存在序列 $\{t_{ij}\}$,当 j 趋于无穷时,t_{ij} 趋于无穷,使得当 j 趋于无穷时,$x(t_{ij})$ 趋于 y_i。构造一个特殊序列 $\{\tau_i\}$。给定序列 t_{ij},选择 $\tau_2 > t_{21}$,使 $\|x(\tau_2) - y_2\| < 1/2$;选择 $\tau_3 > t_{31}$,使 $\|x(\tau_3) - y_3\| < 1/3$。依次类推,$i = 4, 5, \cdots$。显然当 i 趋于无穷时,τ_i 趋于无穷,且对于每个 i,有 $\|x(\tau_i) - y_i\| < 1/i$。现在给定 $\varepsilon > 0$,存在正整数 N_1 和 N_2,使

$$\|x(\tau_i) - y_i\| < \frac{\varepsilon}{2}, \ \forall i > N_1 \quad \text{且} \quad \|y_i - y\| < \frac{\varepsilon}{2}, \ \forall i > N_2$$

上面第一个不等式是由 $\|x(\tau_i) - y_i\| < 1/i$ 得出的,而第二个不等式是由极限 y_i 趋于 y 得出的,因此

$$\|x(\tau_i) - y\| < \varepsilon, \ \forall i > N = \max\{N_1, N_2\}$$

上式表明,当 i 趋于无穷时,$x(\tau_i)$ 趋于 y。因此 L^+ 是闭集。由于 L^+ 是有界闭集,故 L^+ 是紧集。

为了证明 L^+ 是不变集,设 $y \in L^+$ 且 $\phi(t; y)$ 是方程 (4.1) 在 $t = 0$ 处通过 y 的解,即 $\phi(0; y) = y$,并证明 $\phi(t; y) \in L^+$,$\forall t \in R$。存在序列 $\{t_i\}$,当 i 趋于无穷时,t_i 趋于无穷,使得当 i 趋于无穷时,$x(t_i)$ 趋于 y。记 $x(t_i) = \phi(t_i; x_0)$,x_0 是 $x(t)$ 在 $t = 0$ 时的初始状态。由解的唯一性,得

$$\phi(t + t_i; x_0) = \phi(t; \phi(t_i; x_0)) = \phi(t; x(t_i))$$

其中,对于足够大的 i,$t + t_i \geqslant 0$。由连续性,得

$$\lim_{i \to \infty} \phi(t + t_i; x_0) = \lim_{i \to \infty} \phi(t; x(t_i)) = \phi(t; y)$$

说明 $\phi(t; y) \in L^+$。

最后用反证法证明,当 t 趋于无穷时,$x(t)$ 趋于 L^+。假设该结论不成立,则存在 $\varepsilon > 0$ 及序列 $\{t_i\}$,当 i 趋于无穷时,t_i 趋于无穷,使得 $\text{dist}(x(t_i), L^+) > \varepsilon$。由于序列 $\{x(t_i)\}$ 有界,故它包含一个收敛的子序列,当 i 趋于无穷时,$x(t'_i)$ 趋于 x^*。点 x^* 一定属于 L^+,且在同一时刻,与 L^+ 相距 ε,这与假设相矛盾。 □

C.4　证明引理 4.3

定义 $\psi(s)$ 为

$$\psi(s) = \inf_{s \leqslant \|x\| \leqslant r} V(x), \qquad 0 \leqslant s \leqslant r$$

函数 $\psi(\cdot)$ 是连续正定递增的,且当 $0 \leqslant \|x\| \leqslant r$ 时,有 $V(x) \geqslant \psi(\|x\|)$,但 $\psi(\cdot)$ 不必严格递增。设 $\alpha_1(s)$ 是 $\mathcal{K}$ 类函数,满足 $\alpha_1(s) \leqslant k\psi(s)$,$0 < k < 1$,则

$$V(x) \geqslant \psi(\|x\|) \geqslant \alpha_1(\|x\|), \qquad \|x\| \leqslant r$$

---

① 参见文献[10]。

另一方面,定义 $\phi(s)$ 为

$$\phi(s) = \sup_{\|x\| \le s} V(x), \qquad 0 \le s \le r$$

函数 $\phi(\cdot)$ 是连续正定递增的(不必严格递增),且当 $V(x) \ge \phi(\|x\|)$ 时,有 $\|x\| \le r$。设 $\alpha_2(s)$ 是 $\mathcal{K}$ 类函数,满足 $\alpha_2(s) \ge k\phi(s), k > 1$,则

$$V(x) \le \phi(\|x\|) \le \alpha_2(\|x\|), \qquad \|x\| \le r$$

如果 $D = R^n$ 并且 $V(x)$ 是径向无界的,则 $\psi(s)$ 和 $\phi(s)$ 的定义变为

$$\psi(s) = \inf_{\|x\| \ge s} V(x), \quad \phi(s) = \sup_{\|x\| \le s} V(x), \qquad s \ge 0$$

函数 ψ 和 ϕ 都是连续正定递增的,且

$$\psi(\|x\|) \le V(x) \le \phi(\|x\|), \quad \forall x \in R^n$$

函数 α_1 和 α_2 的选取同前,由于 $V(x)$ 是径向无界的,当 s 趋于无穷时,$\psi(s)$ 和 $\phi(s)$ 趋于无穷,因此可选取 α_1 和 α_2 为 $\mathcal{K}_\infty$ 类函数。 $\qquad\square$

C.5　证明引理 4.4

由于 $\alpha(\cdot)$ 是局部利普希茨的,因此对于每个初态 $y_0 \ge 0$,方程都有唯一解。因为只要 $y(t) > 0$,就有 $\dot{y}(t) < 0$,所以方程的解具有对于所有 $t \ge t_0, y(t) \le y_0$ 的特性。因此当 $t \ge t_0$ 时,方程的解有界且可扩展。通过积分,有

$$-\int_{y_0}^{y} \frac{dx}{\alpha(x)} = \int_{t_0}^{t} d\tau$$

令 b 是小于 a 的任意正数,定义 $\qquad \eta(y) = -\int_{b}^{y} \frac{dx}{\alpha(x)}$

函数 $\eta(y)$ 在 $(0, a)$ 上是严格递减的可微函数,而且 $\lim_{y \to 0} \eta(y) = \infty$。该极限可根据以下两点得出。第一,因为只要 $y(t) > 0$,就有 $\dot{y}(t) = 0$,所以当 t 趋于无穷时,微分方程的解 $y(t) < 0$。第二,极限 $y(t)$ 趋于零仅在 t 趋于无穷时渐近出现,但由于解的唯一性,它不可能在有限时间出现。设 $c = -\lim_{y \to a} \eta(y)$($c$ 可为 ∞),函数 η 的值域为 $(-c, \infty)$,由于 η 是严格递减的,其反函数 η^{-1} 定义在 $(-c, \infty)$,对于任意 $y_0 > 0$,解 $y(t)$ 满足

$$\eta(y(t)) - \eta(y_0) = t - t_0$$

因此

$$y(t) = \eta^{-1}(\eta(y_0) + t - t_0)$$

另一方面,如果 $y_0 = 0$,那么 $y(t) \equiv 0$,因为 $y = 0$ 是平衡点。定义函数 $\sigma(r, s)$ 为

$$\sigma(r, s) = \begin{cases} \eta^{-1}(\eta(r) + s), & r > 0 \\ 0, & r = 0 \end{cases}$$

则对于所有 $t \ge t_0$ 和 $y_0 \ge 0$,有 $y(t) = \sigma(y_0, t - t_0)$。由于 η 和 η^{-1} 在其定义域内都是连续的,且 $\lim_{x \to \infty} \eta^{-1}(x) = 0$,所以函数 σ 是连续的。对于每个固定的 s,σ 在 r 上是严格递增的,因为

$$\frac{\partial}{\partial r} \sigma(r, s) = \frac{\alpha(\sigma(r, s))}{\alpha(r)} > 0$$

而对于每个固定的 r,σ 在 s 上是严格递减的,因为

$$\frac{\partial}{\partial s}\sigma(r,s) = -\alpha(\sigma(r,s)) < 0$$

此外,当 s 趋于无穷时,$\sigma(r,s)$ 趋于零,故 σ 是 $\mathcal{KL}$ 类函数。 $\square$

C.6   证明引理 4.5

一致稳定性:假设存在一个 $\mathcal{K}$ 类函数 α,满足

$$\|x(t)\| \leqslant \alpha(\|x(t_0)\|), \quad \forall\, t \geqslant t_0 \geqslant 0, \ \forall\, \|x(t_0)\| < c$$

给定 $\varepsilon > 0$,设 $\delta = \min\{c, \alpha^{-1}(\varepsilon)\}$,则对于 $\|x(t_0)\| < \delta$,有

$$\|x(t)\| \leqslant \alpha(\|x(t_0)\|) < \alpha(\delta) \leqslant \alpha(\alpha^{-1}(\varepsilon)) = \varepsilon$$

现在假设给定 $\varepsilon > 0$,存在 $\delta = \delta(\varepsilon) > 0$,使得

$$\|x(t_0)\| < \delta \Rightarrow \|x(t)\| < \varepsilon, \quad \forall\, t \geqslant t_0$$

对于固定的 ε,设 $\bar{\delta}(\varepsilon)$ 是所有适用的 $\delta(\varepsilon)$ 的上确界,函数 $\bar{\delta}(\varepsilon)$ 为正且非减,但不必连续。选择一个 $\mathcal{K}$ 类函数 $\zeta(r)$,满足 $\zeta(r) \leqslant k\,\bar{\delta}(r)$,$0 < k < 1$。设 $\alpha(r) = \zeta^{-1}(r)$,则 $\alpha(r)$ 是 $\mathcal{K}$ 类函数。设 $c = \lim\limits_{r \to \infty} \zeta(r)$,给定 $x(t_0)$,且 $\|x(t_0)\| < c$,又设 $\varepsilon = \alpha(\|x(t_0)\|)$,则 $\|x(t_0)\| < \bar{\delta}(\varepsilon)$,且

$$\|x(t)\| < \varepsilon = \alpha(\|x(t_0)\|) \tag{C.7}$$

一致渐近稳定性:假设存在一个 $\mathcal{KL}$ 类函数 $\beta(r,s)$,使式(4.20)成立,则

$$\|x(t)\| \leqslant \beta(\|x(t_0)\|, 0)$$

说明 $x = 0$ 是一致稳定的。而且,对于 $\|x(t_0)\| < c$,其解满足

$$\|x(t)\| \leqslant \beta(c, t - t_0)$$

上式说明当 t 趋于无穷时,$x(t)$ 趋于零,且对于 t_0 是一致的。现在假设 $x = 0$ 是一致稳定的,当 t 趋于无穷时,$x(t)$ 趋于零,且对于 t_0 是一致的,证明存在一个 $\mathcal{KL}$ 类函数 $\beta(r,s)$ 使式(4.20)成立。由一致稳定性可知,存在一个常数 $c > 0$ 及一个 $\mathcal{K}$ 类函数 α,使得对于任意 $r \in (0, c]$,解 $x(t)$ 满足

$$\|x(t)\| \leqslant \alpha(\|x(t_0)\|) < \alpha(r), \quad \forall\, t \geqslant t_0, \ \forall\, \|x(t_0)\| < r \tag{C.8}$$

此外,给定 $\eta > 0$,存在 $T = T(\eta, r) \geqslant 0$(与 η 和 r 有关,但与 t_0 无关),满足

$$\|x(t)\| < \eta, \quad \forall\, t \geqslant t_0 + T(\eta, r)$$

设 $\bar{T}(\eta, r)$ 是所有可用 $T(\eta, r)$ 的下确界,函数 $\bar{T}(\eta, r)$ 关于 η 是非负非增的,关于 r 是非减的,且对于所有 $\eta \geqslant \alpha(r)$,$\bar{T}(\eta, r) = 0$。设

$$W_r(\eta) = \frac{2}{\eta}\int_{\eta/2}^{\eta} \bar{T}(s, r)\, ds + \frac{r}{\eta} \geqslant \bar{T}(\eta, r) + \frac{r}{\eta}$$

函数 $W_r(\eta)$ 是正的,且具有以下性质:

- 对于每个固定的 r,$W_r(\eta)$ 是连续且严格递减的,当 η 趋于无穷时,$W_r(\eta)$ 趋于零;
- 对于每个固定的 η,$W_r(\eta)$ 关于 r 是严格递增的。

取 $U_r = W_r^{-1}$,则 U_r 同样具有前述 W_r 的两个性质,且有 $\bar{T}(U_r(s), r) < W_r(U_r(s)) = s$。因此

$$\|x(t)\| \leqslant U_r(t - t_0), \quad \forall\, t \geqslant t_0, \ \forall\, \|x(t_0)\| < r \tag{C.9}$$

根据式(C.8)和式(C.9),显然有

$$\|x(t)\| \leqslant \min\{\alpha(\|x(t_0)\|), \quad U_r(t-t_0)\}, \ \forall\, t \geqslant t_0, \ \forall\, \|x(t_0)\| < r$$

因此,不等式(4.20)成立,此时 $\beta(r,s) = \min\{\alpha(r), U_r(s)\}$。

全局一致渐近稳定性:如果对于所有 $x(t_0) \in R^n$,式(4.20)都成立,则与上一种情况一样,很容易看出原点是全局一致渐近稳定的。为了从相反方向证明,注意到在当前情况下,函数 $\delta(\varepsilon)$ 具有一个附加性质,即当 ε 趋于无穷时, $\bar{\delta}(\varepsilon)$ 趋于无穷,因而可选择 $\mathcal{K}$ 类函数 α 属于 $\mathcal{K}_\infty$ 类,且对于所有 $x(t_0) \in R^n$,不等式(C.7)都成立,对于任意 $r > 0$,不等式(C.9)成立。设

$$\psi(r,s) = \min\left\{\alpha(r), \inf_{\rho \in (r,\infty)} U_\rho(s)\right\}$$

则有

$$\|x(t)\| \leqslant \psi(\|x(t_0)\|, t-t_0), \quad \forall\, t \geqslant t_0, \ \forall\, x(t_0) \in R^n$$

如果 ψ 是 $\mathcal{KL}$ 类函数,则证明就此完成,但事实并非如此,所以定义函数

$$\phi(r,s) = \int_r^{r+1} \psi(\lambda, s)\, d\lambda + \frac{r}{(r+1)(s+1)}$$

为正,并且具有以下性质:

- 对于每个固定的 $s \geqslant 0$, $\phi(r,s)$ 关于 r 是连续且严格递增的;
- 对于每个固定的 $r \geqslant 0$, $\phi(r,s)$ 关于 s 严格递减,且当 s 趋于无穷时趋于零;
- $\phi(r,s) \geqslant \psi(r,s)$。

因此

$$\|x(t)\| \leqslant \phi(\|x(t_0)\|, t-t_0), \quad \forall\, t \geqslant t_0, \ \forall\, x(t_0) \in R^n \qquad (C.10)$$

根据式(C.10)和式(C.7)的全局性,可知

$$\|x(t)\| \leqslant \sqrt{\alpha(\|x(t_0)\|)\phi(\|x(t_0)\|, t-t_0)}, \ \forall\, t \geqslant t_0, \ \forall\, x(t_0) \in R^n$$

这样,不等式(4.20)全局成立,此时 $\beta(r,s) = \sqrt{\alpha(r)\phi(r,s)}$。 $\qquad\square$

C.7 证明定理 4.16

用一个引理,即 Massera 引理,构造李雅普诺夫函数的方法已很成熟,现在我们给出并证明 Massera 引理。

引理 C.1 设 $g:[0,\infty) \to R$ 是正的连续严格递减函数,当 t 趋于无穷时, $g(t)$ 趋于零。另设 $h:[0,\infty) \to R$ 是一个正的连续非减函数,则存在一个函数 $G(t)$,满足

- $G(t)$ 及其导数 $G'(t)$ 是对于所有 $t \geqslant 0$ 都有定义的 $\mathcal{K}$ 类函数。
- 对于当 $t \geqslant 0$ 时,满足 $0 \leqslant u(t) \leqslant g(t)$ 的任意连续函数 $u(t)$,存在与 u 无关的正常数 k_1 和 k_2,满足

$$\int_0^\infty G(u(t))\, dt \leqslant k_1; \quad \int_0^\infty G'(u(t))h(t)\, dt \leqslant k_2$$

$\qquad\qquad\qquad\qquad\qquad\qquad\qquad\qquad\qquad\qquad\qquad\qquad\qquad\qquad\qquad\diamond$

证明:由于 $g(t)$ 是严格递减的,故可选取序列 t_n,使

$$g(t_n) \leqslant \frac{1}{n+1}, \quad n = 1, 2, \cdots$$

我们利用该序列定义函数 $\eta(t)$:

(a) $\eta(t_n) = 1/\eta$。

(b) 在 t_n 和 t_{n+1} 之间, $\eta(t)$ 是线性的。

(c) 在区间 $0 < t \leqslant t_1$ 内, 有 $\eta(t) = (t_1/t)^p$, 其中 p 为正整数, 选择足够大的 p, 使导数 $\eta'(t)$ 在 t_1 处有一个正跳变, 即 $\eta'(t_1^-) < \eta'(t_1^+)$。

函数 $\eta(t)$ 是严格递减的, 且对于 $t \geqslant t_1$, 有 $g(t) < \eta(t)$。当 $t \to 0^+$ 时, $\eta(t)$ 变为无界的。 $\eta(t)$ 的反函数记为 $\eta^{-1}(s)$, 是严格递减函数, 当 $s \to 0^+$ 时变为无界的。显然, 对于任意非负函数 $u(t) \leqslant g(t)$, 有

$$\eta^{-1}(u(t)) \geqslant \eta^{-1}(g(t)) > \eta^{-1}(\eta(t)) = t, \quad \forall \, t \geqslant t_1$$

定义
$$H(s) = \frac{\exp[-\eta^{-1}(s)]}{h(\eta^{-1}(s))}, \quad s \geqslant 0$$

由于 η^{-1} 是连续的, 且 h 为正, 因此 $H(s)$ 在 $0 < s < \infty$ 上连续, 而当 $s \to 0^+$ 时, $\eta^{-1}(s) \to \infty$, 故 $H(s)$ 是定义在 $[0,\infty)$ 上的 $\mathcal{K}$ 类函数, 因此积分

$$G(r) = \int_0^r H(s) \, ds$$

存在, 且 $G(r)$ 和 $G'(r) = H(r)$ 都是 $[0,\infty)$ 上的 $\mathcal{K}$ 类函数。现在设 $u(t)$ 是连续非负函数, 满足 $u(t) \leqslant g(t)$, 有

$$G'(u(t)) = \frac{\exp[-\eta^{-1}(u(t))]}{h(\eta^{-1}(u(t)))} \leqslant \frac{e^{-t}}{h(t)}, \quad \forall \, t \geqslant t_1$$

因此
$$\int_{t_1}^\infty G'(u(t))h(t) \, dt \leqslant \int_{t_1}^\infty e^{-t} \leqslant 1$$

和
$$\int_0^\infty G'(u(t))h(t) \, dt \leqslant \int_0^{t_1} G'(g(t))h(t) \, dt + 1 \leqslant k_2$$

这说明引理中的第二个积分是有界的。对于第一个积分, 有

$$\int_{t_1}^\infty G(u(t)) \, dt = \int_{t_1}^\infty \int_0^{u(t)} \frac{\exp[-\eta^{-1}(s)]}{h(\eta^{-1}(s))} \, ds \, dt \leqslant \int_{t_1}^\infty \int_0^{\eta(t)} \frac{\exp[-\eta^{-1}(s)]}{h(0)} \, ds \, dt$$

当 $0 \leqslant s \leqslant \eta(t)$ 时, 有
$$-\eta^{-1}(s) \leqslant -t$$

因此, 当 $t \geqslant t_1$ 时, 有
$$\int_0^{\eta(t)} \frac{\exp[-\eta^{-1}(s)]}{h(0)} \, ds \leqslant \int_0^{\eta(t)} \frac{e^{-t}}{h(0)} \, ds = \frac{e^{-t}}{h(0)} \eta(t) \leqslant \frac{e^{-t}}{h(0)}$$

因而
$$\int_0^\infty G(u(t)) \, dt \leqslant \int_0^{t_1} G(g(t)) \, dt + \int_{t_1}^\infty \frac{e^{-t}}{h(0)} \, dt \leqslant k_1$$

所以, 引理中第一个积分也是有界的。引理证毕。   □

为了证明定理 4.16, 设
$$V(t,x) = \int_t^\infty G(\|\phi(\tau;t,x)\|_2) \, d\tau$$

其中 $\phi(\tau;t,x)$ 是始于 (t,x) 的解, G 是用引理 C.1 选择的 $\mathcal{K}$ 类函数。为了理解如何选择 G, 我们首先检验

$$\frac{\partial V}{\partial x} = \int_{t}^{\infty} G'(\|\phi\|_2) \frac{\phi^{\mathrm{T}}}{\|\phi\|_2} \phi_x \, d\tau$$

的上界。在定理 4.14 的证明中看到,假设 $\|\partial f/\partial x\|_2 \leqslant L$,对 t 一致,说明 $\|\phi_x(\tau;t,x)\|_2 \leqslant \exp[L(\tau-t)]$,因此

$$
\begin{aligned}
\left\| \frac{\partial V}{\partial x} \right\|_2 &\leqslant \int_{t}^{\infty} G'(\|\phi(\tau;t,x)\|_2) \exp[L(\tau-t)] \, d\tau \\
&\leqslant \int_{t}^{\infty} G'(\beta(\|x\|_2, \tau-t)) \exp[L(\tau-t)] \, d\tau \\
&\leqslant \int_{0}^{\infty} G'(\beta(\|x\|_2, s)) \exp(Ls) \, ds
\end{aligned}
$$

以 $\beta(r_0, s)$ 和 $\exp(Ls)$ 作为引理 C.1 中的函数 g 和 h,根据引理把 G 作为 $\mathcal{K}$ 类函数。因此对于所有 $\|x\|_2 \leqslant r_0$,积分

$$\int_{0}^{\infty} G'(\beta(\|x\|_2, s)) \exp(Ls) \, ds \overset{\text{def}}{=} \alpha_4(\|x\|_2)$$

有界,对 x 一致,而且是关于 $\|x\|_2$ 的连续严格递增函数,因为对于每个固定的 $s, \beta(\|x\|_2, s)$ 是关于 $\|x\|_2$ 的 $\mathcal{K}$ 类函数,因此 α_4 是 $\mathcal{K}$ 类函数,这就证明了定理中的最后一个不等式。现在考虑

$$
\begin{aligned}
V(t,x) &= \int_{t}^{\infty} G(\|\phi(\tau;t,x)\|_2) \, d\tau \\
&\leqslant \int_{t}^{\infty} G(\beta(\|x\|_2, \tau-t)) \, d\tau = \int_{0}^{\infty} G(\beta(\|x\|_2, s)) \, ds \overset{\text{def}}{=} \alpha_2(\|x\|_2)
\end{aligned}
$$

根据引理 C.1,对于所有 $\|x\|_2 \leqslant r_0$ 最后一个积分是有界的。函数 α_2 是 $\mathcal{K}$ 类函数,回顾定理 4.14 的证明,假设 $\|\partial f/\partial x\|_2 \leqslant L$,对 t 一致,说明 $\|\phi(\tau;t,x)\|_2 \geqslant \|x\|_2 \exp[-L(\tau-t)]$。因此

$$
\begin{aligned}
V(t,x) &\geqslant \int_{t}^{\infty} G(\|x\|_2 e^{-L(\tau-t)}) \, d\tau = \int_{0}^{\infty} G(\|x\|_2 e^{-Ls}) \, ds \\
&\geqslant \int_{0}^{(\ln 2)/L} G(\tfrac{1}{2}\|x\|_2) \, ds = \frac{\ln 2}{L} G(\tfrac{1}{2}\|x\|_2) \overset{\text{def}}{=} \alpha_1(\|x\|_2)
\end{aligned}
$$

显然,$\alpha_1(\|x\|_2)$ 是 $\mathcal{K}$ 类函数,因此对于所有 $\|x\|_2 \leqslant r_0$,V 满足不等式

$$\alpha_1(\|x\|_2) \leqslant V(t,x) \leqslant \alpha_2(\|x\|_2)$$

最后,V 沿系统轨线的导数由下式给出:

$$
\begin{aligned}
\frac{\partial V}{\partial t} + \frac{\partial V}{\partial x} f(t,x) = \\
-G(\|x\|_2) + \int_{t}^{\infty} G'(\|\phi\|_2) \frac{\phi^{\mathrm{T}}}{\|\phi\|_2} [\phi_t(\tau;t,x) + \phi_x(\tau;t,x)f(t,x)] \, d\tau
\end{aligned}
$$

由于

$$\phi_t(\tau;t,x) + \phi_x(\tau;t,x)f(t,x) \equiv 0, \quad \forall \tau \geqslant t$$

有

$$\frac{\partial V}{\partial t} + \frac{\partial V}{\partial x} f(t,x) = -G(\|x\|_2)$$

因而,定理中的三个不等式对于所有 $\|x\|_2 \leqslant r_0$ 都满足。注意,由于范数的等价性,我们可以用任意 p 范数表示不等式。如果是自治系统,那么解只与 $\tau-t$ 有关,即 $\phi(\tau;t,x) = \psi(\tau-t;x)$,因此有

$$V = \int_{t}^{\infty} G(\|\psi(\tau-t;x)\|_2) \, d\tau = \int_{0}^{\infty} G(\|\psi(s;x)\|_2) \, ds$$

与 t 无关。 $\qquad\square$

C.8   证明定理 4.17

对于
$$\dot{x} = f(x), \quad x(0) = x_0 \in R_A \tag{C.11}$$

的任何给定解 $x(t)$，把时间变量 t 代换为 $\tau = \int_0^t (1 + \|f(x(s))\|)$，得到系统

$$\frac{d\bar{x}}{d\tau} = \frac{1}{1 + \|f(\bar{x})\|} f(\bar{x}) \stackrel{\text{def}}{=\!=} \bar{f}(\bar{x}), \quad \bar{x}(0) = x_0 \tag{C.12}$$

其中 $\bar{x}(\tau) = x(t)$ 是用 τ 代换 t 后的 $x(t)$。原点是式(C.12)的渐近稳定平衡点，R_A 是其吸引区。如果 $V(x)$ 是方程(C.12)的李雅普诺夫函数，对于某个正定函数 $W(x)$ 满足

$$\frac{\partial V}{\partial x} \bar{f}(x) \leqslant -W(x)$$

则
$$\frac{\partial V}{\partial x} f(x) = (1 + \|f(x)\|) \frac{\partial V}{\partial x} \bar{f}(x) \leqslant -(1 + \|f(x)\|) W(x) \leqslant -W(x)$$

因为 $1 + \|f(x)\| \geqslant 1$。因此，上式足以构造出方程(C.12)的李雅普诺夫函数。用方程(C.12)构造李雅普诺夫函数更为容易，因为性质 $\|\bar{f}\| \leqslant 1$ 是指当 $t < 0$ 时，不具有有限逃逸时间。我们用式(C.12)证明定理的其余部分，将其改写为

$$\dot{x} = \bar{f}(x) \tag{C.13}$$

式中去掉了 $\bar{x}$ 上的横线，用 $\dot{x}$ 表示对 τ 的导数。

由引理 8.1 可知 R_A 是开集，当 $R_A \neq R^n$ 时，设 F 是 R^n 中 R_A 的补集。对于每个 $x \in R_A$，如果 $R_A \neq R^n$，定义

$$\omega(x) = \max \left\{ \|x\|, \ \frac{1}{\text{dist}(x, F)} - \frac{2}{\text{dist}(0, F)} \right\} \tag{C.14}$$

如果 $R_A = R^n$，则定义 $\omega(x) = \|x\|$。容易验证，$\omega(x)$ 是正定的且是局部利普希茨的。由于当 x 趋于 ∂R_A 时，$\text{dist}(x, F)$ 趋于零，因此当 x 趋于 ∂R_A 时，$\omega(x)$ 趋于无穷，而且当 $r_0 = (1/2)\text{dist}(0, F)$ 时，有

$$\inf_{y \in F} \{\|x - y\|\} \geqslant \inf_{y \in F} \{\|y\| - \|x\|\} \geqslant \inf_{y \in F} \{\|y\| - r_0\}, \quad \forall \|x\| \leqslant r_0$$

故
$$\text{dist}(x, F) \geqslant \text{dist}(0, F) - \frac{1}{2}\text{dist}(0, F) = \frac{1}{2}\text{dist}(0, F), \quad \forall \|x\| \leqslant r_0$$

因此，对于所有 $\|x\| \leqslant r_0$，有 $\omega(x) = \|x\|$。   □

引理 C.2   方程(C.13)的解满足

$$\omega(x(t)) \leqslant \beta(\omega(x(0)), t), \quad \forall t \geqslant 0, \ \forall x(0) \in R_A \tag{C.15}$$

其中，$\beta(r, s)$ 是定义在所有 $r \geqslant 0$ 和 $s \geqslant 0$ 上的 $\mathcal{KL}$ 类函数，且 $\beta(r, 0)$ 是 $\mathcal{K}_\infty$ 类函数。   ◇

证明： 首先证明对于任意常数 $r > 0$，存在一个常数 $b = b(r) > 0$，使得当 $\omega(x(0)) \leqslant r$ 时，方程(C.13)的解对于所有 $t \geqslant 0$ 都满足 $\omega(x(t)) \leqslant b$。假设反过来不成立，则存在一个方程(C.13)的解序列 $x^{(i)}(t)$ 及常数 t_i，使得 $\omega(x^{(i)}(0)) \leqslant r(i = 1, 2, 3, \cdots)$ 和 $\omega(x^{(i)}(t_i)) > i(i = 1, 2, 3, \cdots)$。设 T^* 是所有 $T \geqslant 0$ 的上确界，使得对于所有 $t \in [0, T]$，$x^{(i)}(t)(i = 1, 2, 3, \cdots)$ 都是有限的，即

$$T^* = \sup\{T \geqslant 0 \mid \limsup_{i \to \infty} \{\max_{0 \leqslant t \leqslant T} \{\omega(x^{(i)}(t))\} < \infty\} \tag{C.16}$$

分别考虑 $T^* < \infty$ 和 $T^* = \infty$ 两种情况。当 $T^* < \infty$ 时，设 τ_i 是正常数序列，使得对于每个 $i \geqslant 1$，

方程(C.13)的解满足

$$\omega(x(0)) \leqslant i \ \Rightarrow\ \omega(x(t)) \leqslant i+1,\ \forall\, 0 \leqslant t \leqslant 2\tau_i \tag{C.17}$$

由于 $x(t)$ 的连续性,该序列非空。我们总可以选择 τ_i,使得 $T^* > \tau_1 > \tau_2 > \cdots$,且 $\lim\limits_{i \to \infty}\tau_i = 0$。
设 $x^{(1,i)}(t)$ 是所有函数 $x^{(i)}(t)$ 中满足 $\omega(x^{(i)}(T^* - \tau_1)) > 1$ 的序列,则函数 $x^{(1,i)}(t)$ 形成一个
无限序列。为了理解这一点,设 I_1 是所有不属于序列 $x^{(1,i)}(t)$ 的 $x^{(i)}(t)$ 中 i 构成的集合,选择
τ_1,使得

$$\omega(x^{(i)}(t)) \leqslant 2,\qquad T^* - \tau_1 \leqslant t \leqslant T^* + \tau_1,\ \forall\, i \in I \tag{C.18}$$

如果在序列 $x^{(1,i)}(t)$ 中,仅存在有限个函数 $x^{(i)}(t)$,那么由式(C.18)可知

$$\lim_{i \to \infty}\sup \Big\{ \max_{0 \leqslant t \leqslant T^* + \tau_1}\{\omega(x^{(i)}(t))\} \Big\} < \infty \tag{C.19}$$

这与 T^* 的定义式(C.16)相矛盾,因此序列 $x^{(1,i)}(t)$ 是无限的。设 $x^{(2,i)}(t)$ 是所有函数 $x^{(1,i)}(t)$
中满足 $\omega(x^{(1,i)}(T^* - \tau_2)) > 2$ 的序列,重复前面的讨论可证明序列 $x^{(2,i)}(t)$ 也是无限的。重
复进行上述步骤,即可构造出一族子序列,以序列 $\tilde{x}^{(i)}(t)$ 结束,该序列满足

$$\omega(\tilde{x}^{(i)}(T^* - \tau_j)) \geqslant j,\ \forall\, j = 1,2,3,\cdots,\ \forall\, i = 1,2,3,\cdots \tag{C.20}$$

由于 $\| \tilde{x}^{(i)}(0) \| \leqslant \omega(\tilde{x}^{(i)}(0)) \leqslant r$ 和 $\| \bar{f}(x) \| \leqslant 1$,解 $\tilde{x}^{(i)}(t)$ 属于紧集 $\{ \| x \| \leqslant r + T \}$,其中
$0 < T < T^*$,因此序列 $\omega(\tilde{x}^{(i)}(t))$ 在区间 $t \in [0,T]$ 上有界,且对于 i 是一致的。可以从序列 $\tilde{x}^{(i)}(t)$
中选择一个子序列 $\bar{x}^{(i)}(t)$,该子系列在区间 $[0,T]$ 上一致收敛到定义在 $t \in [0,T^*)$ 上的解
$x(t)$,其中 $0 < T < T^*$。由式(C.20)及 $\lim\limits_{i \to \infty}\tau_i = 0$,可推出 $\lim\limits_{t \to T^*}\omega(x(t)) = \infty$。同样,当 $T^* = \infty$
时,对于任意 $T > 0$,解 $x^{(i)}(t)$ 属于紧集 $\{ \| x \| \leqslant r + T \}$。因此可选择一个在区间 $[0,T]$ 上一致
收敛于解 $x(t)$ 的子序列 $\bar{x}^{(i)}(t)$,定义在 $t \in [0,\infty)$ 上,且 $\lim\limits_{t \to T^*}\omega(\bar{x}(t)) = \infty$。这样就证明了存
在一个常数 T^* $(0 < T^* \leqslant \infty)$ 和一个解 $x(t)$,满足 $\omega(x(0)) \leqslant r$ 和 $\lim\limits_{t \to T^*}\omega(x(t)) = \infty$。但这是
不可能的,因为 $x(0) \in R_A$。由此可得,对于任意 $r > 0$,存在 $b = b(r) > 0$,使得方程(C.13)的解对
于所有 $t \geqslant 0$,满足 $\omega(x(t)) \leqslant b, \omega(x(0)) \leqslant r$。常数 $b(r)$ 可选择为 r 的递增函数,考虑到原点是稳
定的,故当 r 趋于零时,$b(r)$ 趋于零,而且当 r 趋于无穷时,$b(r)$ 趋于无穷,因为 $b(r) \geqslant r$。可以找
到一个 $\mathcal{K}_\infty$ 类函数 $\alpha(r)$,使得对于所有 $r \geqslant 0$ 满足 $b(r) \leqslant \alpha(r)$。这样,方程(C.13)的解满足

$$\omega(x(t)) \leqslant \alpha(\omega(x(0))),\ \forall\, t \geqslant 0,\ \forall\, x(0) \in R_A \tag{C.21}$$

另一方面,给定任意正常数 r 和 η,可以证明存在 $T = T(\eta,r) > 0$,使

$$\omega(x(0)) < r \ \Rightarrow\ \omega(x(t)) < \eta,\ \forall\, t \geqslant T \tag{C.22}$$

否则,就会存在方程(C.13)的一个解序列 $x^{(i)}(t)$ 和常数 τ_i,使

$$\lim_{i \to \infty}\tau_i = \infty,\quad \omega(x^{(i)}(0)) \leqslant r,\quad \omega(x^{(i)}(\tau_i)) \geqslant \eta$$

但是由式(C.21)可知,对于任意正常数 $\delta < \alpha^{-1}(\eta)$,方程(C.13)的每个解当 $\omega(x(\tau)) \leqslant \delta$ 时,
对于所有 $t \geqslant \tau$ 均满足 $\omega(x(t)) < \eta$。因此当 $0 \leqslant t \leqslant \tau_i$ 时,有 $\omega(x^{(i)}(t)) \geqslant \delta$。由于对于所有
$t \geqslant 0$ 有 $\omega(x^{(i)}(t)) \leqslant \alpha(r)$,因此从序列 $x^{(i)}(t)$ 中选择一个子序列 $\tilde{x}^{(i)}(t)$,在每个区间 $[0,T]$
上一致收敛,这里 $0 < T < \infty$。函数 $x(t) = \lim\limits_{i \to \infty}\tilde{x}^{(i)}(t)$ 是方程(C.13)的解,对于所有 $t \geqslant 0$,有
$\omega(x(t)) \geqslant \delta$。然而这是不可能的,因为 $x(0) \in R_A$。因此 $T(\eta,r)$ 存在,重复证明引理4.5的步
骤(有关全局一致渐近稳定性的证明),即可利用式(C.21)和式(C.22)证明存在一个 $\mathcal{KL}$ 类函
数 $\beta(r,s)$,有 $\beta(r,0) \geqslant \alpha(r)$,满足式(C.15)。　　　　　　　　　　　　　　　　　□

设 $\phi(t;x)$ 表示方程(C.13)在 $t=0$ 时刻始于 x 的解。因为 $\|\tilde{f}(x)\|$ 有界,因此 $\phi(t;x)$ 对于所有 $t\leqslant 0$ 都有定义,又由于 R_A 是不变集(见引理8.1),因此对于所有 $t\leqslant 0$,有 $\phi(t;x)\in R_A$。

定义 $g:R_A\to R$ 为

$$g(x) = \inf_{t\leqslant 0}\{\omega(\phi(t;x))\} \tag{C.23}$$

显然,根据定义有

$$g(\phi(t;x))\leqslant g(x), \quad \forall\, t\geqslant 0, \; \forall\, x\in R_A \tag{C.24}$$

$$\alpha^{-1}(\omega(x))\leqslant g(x)\leqslant \omega(x), \quad \forall\, x\in R_A \tag{C.25}$$

方程(C.25)的第一个不等式成立,因为根据方程(C.21),有 $\omega(x)\leqslant\alpha(\omega(\phi(t;x)))$,$\forall t\leqslant 0$。下面证明对于 $x\in R_A$,且当 $x\neq 0$ 时,$g(x)$ 是局部利普希茨的,这相当于证明 $g(x)$ 在紧集 $H=\{x\in R_A\,|\,c_1\leqslant\omega(x)\leqslant c_2\}$ 上是利普希茨的,其中 $c_2>c_1>0$。不等式(C.15)表示

$$c_1\leqslant\omega(x)\leqslant\beta(\omega(\phi(t;x)),-t), \quad \forall\, t<0, \; \forall\, x\in H$$

设 T_1 满足 $\beta(2c_2,T_1)=c_1$,则对于所有 $t\leqslant -T_1$,有

$$\beta(2c_2,T_1)=c_1\leqslant\beta(\omega(\phi(t;x)),-t)\leqslant\beta(\omega(\phi(t;x)),T_1)$$

因此

$$\omega(\phi(t;x))\geqslant 2c_2\geqslant 2\omega(x)\geqslant 2g(x), \quad \forall\, t\leqslant -T_1, \; \forall\, x\in H$$

说明对于所有 $x\in H$,在区间 $[-T_1,0]$ 内到达定义 $g(x)$ 的下确界。根据 $\phi(t;x)$ 对于任意紧时间区间,在 H 上是 x 的利普希茨函数(见定理3.4),以及 ω 在 R_A 上是局部利普希茨的,可推出 $g(x)$ 在 H 上也是利普希茨的。注意当 $c_1=0$ 时上述结论不成立,所以我们不证明 $g(x)$ 在 $x=0$ 处是局部利普希茨的。但 $g(x)$ 对于所有 $x\in R_A$ 是连续的,这是因为 $g(0)=0$,$g(x)\leqslant\omega(x)$ [根据式(C.25)]且 $\omega(x)$ 是连续的。

定义函数 $\tilde{V}:R_A\to R$ 为

$$\tilde{V}(x) = \sup_{t\geqslant 0}\left\{g(\phi(t;x))\frac{1+2t}{1+t}\right\} \tag{C.26}$$

利用式(C.24)和式(C.25),容易验证

$$\alpha^{-1}(\omega(x))\leqslant g(x)\leqslant\tilde{V}(x)\leqslant 2g(x)\leqslant 2\omega(x) \tag{C.27}$$

现在通过证明 $\tilde{V}(x)$ 是 $H=\{x\in R_A\,|\,c_1\leqslant\omega(x)\leqslant c_2\}$ $(c_2>c_1>0)$ 上的利普希茨函数,证明 $\tilde{V}(x)$ 对 $x\in R_A$ $(x\neq 0)$ 是局部利普希茨的。由式(C.15)和式(C.25),可得对于所有 $x\in H$,有

$$g(\phi(t;x))\frac{1+2t}{1+t}\leqslant 2\omega(\phi(t;x))\leqslant 2\beta(\omega(x),t)\leqslant 2\beta(c_2,t)$$

设 $T_2>0$ 满足 $4\beta(c_2,T_2)=\alpha^{-1}(c_1)$,则对于所有 $t\geqslant T_2$,有

$$g(\phi(t;x))\frac{1+2t}{1+t}\leqslant\frac{1}{2}\alpha^{-1}(c_1)\leqslant\frac{1}{2}\alpha^{-1}(\omega(x))\leqslant\frac{1}{2}\tilde{V}(x)$$

因此在区间 $[0,T_2]$ 到达定义 $\tilde{V}(x)$ 的上确界。重复前面对 $g(x)$ 的讨论,可以证明 $\tilde{V}(x)$ 在 H 上是利普希茨的。由于 $\tilde{V}(0)=0$,由式(C.27)可得对于所有 $x\in R_A$,$\tilde{V}(x)$ 是连续的。

接下来证明 $\tilde{V}(x(t))$ 沿方程(C.13)的解是递减的。由于 $\tilde{V}(x)$ 只是局部利普希茨的,因此沿方程(C.13)的解的导数可由

$$\dot{\tilde{V}}(x) = \limsup_{h\to 0^+}\frac{1}{h}[\tilde{V}(\phi(h;x))-\tilde{V}(x)] \tag{C.28}$$

计算。当 $x\neq 0$ 时,取 $r>\omega(x)$,根据 $\mathcal{KL}$ 类函数的性质,可找到定义在 $0<\rho<\infty$ 和 $0<r<\infty$ 上的函数 $\gamma_r(\rho)$,使得对于每个固定的 r,$\gamma_r(\rho)$ 对 ρ 是连续递减的,而对于每个固定的 ρ,$\gamma_r(\rho)$ 对

r 是递增的，且对于所有 $0 < \rho < \infty$，有 $4\beta(r, \gamma_r(\rho)) \leqslant \alpha^{-1}(\rho/2)$。设 h_0 对于所有 $t \in [0, h_0]$，满足 $\omega(\phi(t; x)) \geqslant (1/2)\omega(x)$，并选取 $h \in [0, h_0]$，则

$$\tilde{V}(\phi(h; x)) = \sup_{t \geqslant 0}\left\{ g(\phi(t; \phi(h; x)))\frac{1 + 2t}{1 + t} \right\} = \sup_{t \geqslant 0}\left\{ g(\phi(t + h; x))\frac{1 + 2t}{1 + t} \right\}$$

利用
$$g(\phi(t + h; x))\frac{1 + 2t}{1 + t} \leqslant 2\omega(\phi(t + h; x)) \leqslant 2\beta(\omega(x), t + h) < 2\beta(r, t + h)$$

可看出对于所有 $t + h \geqslant \gamma_r(\omega(x))$，有

$$g(\phi(t + h; x))\frac{1 + 2t}{1 + t} \leqslant \frac{1}{2}\alpha^{-1}\left(\frac{1}{2}\omega(x)\right) \leqslant \frac{1}{2}\alpha^{-1}(\omega(\phi(h; x))) \leqslant \frac{1}{2}\tilde{V}(\phi(h; x))$$

因此在某个时刻 t' 到达定义 $\tilde{V}(\phi(h; x))$ 的下确界，使得 $t' + h \leqslant \gamma_r(\omega(x))$，故

$$\begin{aligned}
\tilde{V}(\phi(h; x)) &= g(\phi(t' + h; x))\frac{1 + 2t'}{1 + t'} \\
&= g(\phi(t' + h; x))\frac{1 + 2t' + 2h}{1 + t' + h}\left[1 - \frac{h}{(1 + 2t' + 2h)(1 + t')} \right] \\
&\leqslant \tilde{V}(x)\left[1 - \frac{h}{2[1 + \gamma_r(\omega(x)]^2} \right]
\end{aligned}$$

设定
$$\eta_r(s) = \frac{\alpha^{-1}(s)}{2[1 + \gamma_r(s)]^2}$$

当 $s > 0, \eta_r(0) = 0$ 时，容易验证 $\eta_r(s)$ 是 $\mathcal{K}_\infty$ 类函数，且

$$\dot{\tilde{V}}(x) \leqslant -\eta_r(\omega(x))$$

由于前述不等式对于所有 $r > \omega(x)$ 成立，因此对于 $\bar{\eta}(s) = \sup_{r > s}\eta_r(s)$ 也成立，即对于所有 $x \neq 0$，有 $\dot{\tilde{V}}(x) \leqslant -\bar{\eta}(\omega(x))$。定义

$$\eta(s) = \int_{2s}^{2s+1} \eta_r(s)\, dr$$

$s > 0$，且 $\eta(0) = 0$，则 $\eta(s)$ 是 $[0, \infty)$ 上的连续正定函数，且 $\eta(s) \leqslant \bar{\eta}(s)$，由此可得

$$\dot{\tilde{V}}(x) \leqslant -\eta(\omega(x)), \quad \forall\, x \in R_A, \ x \neq 0 \tag{C.29}$$

除了光滑性，函数 $\tilde{V}(x)$ 满足定理 4.17 所述的所有条件。为了完成全部证明，我们用下面两个引理，使 $\tilde{V}(x)$ 光滑。这里只引用这两个引理，不做证明。　□

引理 C.3 设 D 是 R^n 上的开子集，并假设存在局部利普希茨函数 $\Phi: D \to R$ 和 $g: D \to R^n$ 以及连续函数 $\psi: D \to R$，使 $\Phi(x)$ 沿 $\dot{x} = g(x)$ 轨线的导数对于所有 $x \in D$ 满足 $\dot{\Phi}(x) \leqslant \psi(x)$，那么对于给定的任意连续函数 $\mu: D \to (0, \infty)$ 和 $\nu: D \to (0, \infty)$，存在一个光滑函数 $\Psi: D \to R$，使得对于所有 $x \in D$，有 $|\Phi(x) - \Psi(x)| \leqslant \mu(x)$ 和 $\dot{\Psi}(x) \leqslant \psi(x) + \nu(x)$。　◇

证明：见文献 [118] 定理 B.1。　□

引理 C.4 设 $D \subset R^n$ 是包含原点的定义域，函数 $\Phi: D \to [0, \infty)$ 是正定的局部利普希茨函数，且 $\Phi(x)$ 在 $x \neq 0$ 时光滑，则存在一个在 $(0, \infty)$ 上光滑的 $\mathcal{K}_\infty$ 类函数 σ，使得对于每个 $i = 0, 1, \cdots$，当 $r \to 0^+$ 时，$\sigma^{(i)}(r) \to 0$；对于所有 $r > 0$，有 $\sigma'(r) > 0$，且 $\Psi(x) = \sigma(\Phi(x))$ 在 D 上是光滑的。　◇

证明: 见文献[118]引理 4.3(定义域限定为 D,而不是 R^n)。

应用引理 C.3,其中 $D = R_A - \{0\}$,$\Phi(x) = \tilde{V}(x)$,$g(x) = \tilde{f}(x)$,$\psi(x) = -\eta(\omega(x))$,$\mu(x) = (1/2)\alpha^{-1}(\omega(x))$,$\nu(x) = (1/2)\eta(\omega(x))$,求在 $R_A - \{0\}$ 上光滑的函数 $\hat{V}(x)$,满足

$$\hat{\alpha}_1(\omega(x)) \leqslant \hat{V}(x) \leqslant \hat{\alpha}_2(\omega(x)), \qquad \dot{\hat{V}}(x) \leqslant -\hat{\alpha}_3(\omega(x))$$

其中,$\hat{\alpha}_1(r) = (1/2)\alpha^{-1}(r)$ 和 $\hat{\alpha}_2(r) = 2r + (1/2)\alpha^{-1}(r)$ 是 $\mathcal{K}_\infty$ 类函数,$\hat{\alpha}_3(r) = (1/2)\eta(r)$ 在 $[0, \infty)$ 上是连续正定函数。现在应用引理 C.4,其中 $D = R_A$,$\Phi = \hat{V}$,求一个 $\mathcal{K}_\infty$ 类函数 σ,使得 $V(x) = \sigma(\hat{V}(x))$ 在 R_A 上光滑。容易验证 $\alpha_i(r) = \sigma(\hat{\alpha}_i(r))$,$i = 1, 2$ 是 $\mathcal{K}_\infty$ 类函数,

$$\alpha_3(r) = \hat{\alpha}_3(r) \min_{t \in [\hat{\alpha}_1(r), \hat{\alpha}_2(r)]} \sigma'(t)$$

在 $[0, \infty)$ 上是连续正定的,且有

$$\alpha_1(\omega(x)) \leqslant V(x) \leqslant \alpha_2(\omega(x))$$

和

$$\dot{V}(x) = \sigma'(\hat{V}(x))\dot{\hat{V}}(x) \leqslant -\sigma'(\hat{V}(x))\hat{\alpha}_3(\omega(x)) \leqslant -\alpha_3(\omega(x))$$

函数 V 满足定理 4.17 中的所有条件。由 $\{V(x) \leqslant c\} \subset \{\omega(x) \leqslant \alpha_1^{-1}(c)\}$ 得出,对于任意 $c > 0$,集合 $\{V(x) \leqslant c\}$ 是 R_A 上的紧子集。 $\qquad\square$

C.9 证明定理 4.18

当 $\mu = 0$ 时,定理 4.18 即为定理 4.9,因此该定理的证明借鉴了定理 4.9 的一些概念和名词。设 $\rho = \alpha_1(r)$,则 $\alpha_2(\mu) < \rho$,且 $\alpha_2(\|x(t_0)\|) \leqslant \rho$。设 $\eta = \alpha_2(\mu)$ 并定义 $\Omega_{t,\eta} = \{x \in B_r \mid V(t, x) \leqslant \eta\}$ 和 $\Omega_{t,\rho} = \{x \in B_r \mid V(t, x) \leqslant \rho\}$,则

$$B_\mu \subset \Omega_{t,\eta} \subset \{\alpha_1(\|x\|) \leqslant \eta\} \subset \{\alpha_1(\|x\|) \leqslant \rho\} = B_r \subset D$$

和

$$\Omega_{t,\eta} \subset \Omega_{t,\rho} \subset B_r \subset D$$

集合 $\Omega_{t,\eta}$ 和 $\Omega_{t,\rho}$ 具有始于这两个集合内的解不会离开该集合的性质,因为 $\dot{V}(t, x)$ 在边界上的值是负的。由

$$\alpha_2(\|x(t_0)\|) \leqslant \rho \implies x(t_0) \in \Omega_{t_0,\rho}$$

可得对于所有 $t \geqslant t_0$,$x(t) \in \Omega_{t,\rho}$。始于 $\Omega_{t,\rho}$ 内的解在有限时间内一定会进入 $\Omega_{t,\eta}$,因为在集合 $\{\Omega_{t,\rho} - \Omega_{t,\eta}\}$ 上,$\dot{V}$ 满足

$$\dot{V}(t, x) \leqslant -k < 0$$

其中在包含 $\{\Omega_{t,\rho} - \Omega_{t,\eta}\}$ 的集合 $\{\mu \leqslant \|x\| \leqslant r\}$ 上,$k = \min\{W_3(x)\}$。上面的不等式表示

$$V(t, x(t)) \leqslant V(t_0, x(t_0)) - k(t - t_0) \leqslant \rho - k(t - t_0)$$

该式说明在时间区间 $[t_0, t_0 + (\rho - \eta)/k]$ 内 $V(t, x(t))$ 简化为 η。对于所有 $t \geqslant t_0$,始于 $\Omega_{t,\eta}$ 内的解都满足不等式(4.43),因为 $\Omega_{t,\eta} \subset \{\alpha_1(\|x\|) \leqslant \alpha_2(\mu)\}$。对于始于 $\Omega_{t,\rho}$ 内但在 $\Omega_{t,\eta}$ 外的解,设 $t_0 + T$ 是首次进入 $\Omega_{t,\eta}$ 的时刻。对于所有 $t \in [t_0, t_0 + T]$,

$$\dot{V} \leqslant -W_3(x) \leqslant -\alpha_3(\|x\|) \leqslant -\alpha_3(\alpha_2^{-1}(V)) \overset{\text{def}}{=\!=} -\alpha(V)$$

其中，α_3 和 α 都是 $\mathcal{K}$ 类函数，α_3 的存在性是由引理 4.3 得出的。类似于定理 4.9 的证明，我们可证明存在一个 $\mathcal{KL}$ 类函数 σ，使得

$$V(t, x(t)) \leqslant \sigma(V(t_0, x(t_0)), t - t_0), \quad \forall\, t \in [t_0, t_0 + T]$$

定义 $\beta(r, s) = \alpha_1^{-1}(\sigma(\alpha_2(r), s))$，可得

$$\|x(t)\| \leqslant \beta(\|x(t_0)\|, t - t_0), \quad \forall\, t \in [t_0, t_0 + T]$$

如果 $D = R^n$，则可选择 α_3 及 β 与 ρ 无关。如果 α_1 属于 $\mathcal{K}_\infty$ 类函数，则 α_2 也是 $\mathcal{K}_\infty$ 类函数，且可通过选取足够大的 ρ，使界 $\alpha_2^{-1}(\rho)$ 取得任意大，因此集合 $\{\|x\| \leqslant \alpha_2^{-1}(\rho)\}$ 内可包含任何初始状态 $x(t_0)$。 $\qquad\Box$

C.10 证明定理 5.4

通过证明 $\mathcal{L}_2$ 增益等于 $\sup\limits_{\omega \in R} \|G(j\omega)\|_2$ 可完成定理 5.4 的证明。设 c_1 是 $\mathcal{L}_2$ 增益，$c_2 = \sup\limits_{\omega \in R} \|G(j\omega)\|_2$，我们知道 $c_1 \leqslant c_2$。假设 $c_1 < c_2$，并设定 $\varepsilon = (c_2 - c_1)/3$，则对于任意 $u \in \mathcal{L}_2$，当 $\|\mu\|_{\mathcal{L}_2} \leqslant 1$ 时，有 $\|y\|_{\mathcal{L}_2} \leqslant c_2 - 3\varepsilon$。我们要通过找一个信号 u，满足 $\|u\|_{\mathcal{L}_2} \leqslant 1$，使 $\|y\|_{\mathcal{L}_2} \geqslant c_2 - 2\varepsilon$ 成立，即与上式矛盾。如果在整个实数轴 R 上定义信号，则容易构造这样的信号。这样做不失一般性，由于（见习题 5.19）无论信号定义在 $[0, \infty)$ 上还是定义在 R 上，$\mathcal{L}_2$ 增益都是一样的。现在选择 $\omega_0 \in R$，使 $\|G(j\omega_0)\|_2 \geqslant c_2 - \varepsilon$。设 $v \in C^m$ 是归一化向量（$v^* v = 1$），对应于厄米特矩阵 $G^{\mathrm{T}}(-j\omega_0)G(j\omega_0)$ 的最大特征值，因此 $v^* G^{\mathrm{T}}(-j\omega_0)G(j\omega_0)v = \|G(j\omega_0)\|_2^2$。把 v 表示为

$$v = \left[\alpha_1 e^{j\theta_1},\ \alpha_2 e^{j\theta_2},\ \cdots,\ \alpha_m e^{j\theta_m}\right]^{\mathrm{T}}$$

其中 $\alpha_i \in R$，使 $\theta_i \in (-\pi, 0]$。取 $0 \leqslant \beta_i \leqslant \infty$，使 $\theta_i = -2\arctan(\omega_0/\beta_i)$，如果 $\theta_i = 0$，则 $\beta_i = \infty$。定义 $m \times 1$ 传递函数矩阵 $H(s)$ 为

$$H(s) = \left[\alpha_1 \frac{\beta_1 - s}{\beta_1 + s},\ \alpha_2 \frac{\beta_2 - s}{\beta_2 + s},\ \cdots,\ \alpha_m \frac{\beta_m - s}{\beta_m + s}\right]^{\mathrm{T}}$$

如果 $\theta_i = 0$，则用 1 代替 $(\beta_i - s)/(\beta_i + s)$。容易看出，对于所有 $\omega \in R$，有 $H(j\omega_0) = v$ 和 $H^{\mathrm{T}}(-j\omega)H(j\omega) = \sum\limits_{i=1}^m \alpha_i^2 = v^* v = 1$，取 $u_\sigma(t)$ 作为 $H(s)$ 的输出，$H(s)$ 由标量函数

$$z_\sigma(t) = \left(\frac{1}{1 + e^{-\omega_0^2 \sigma/2}}\right)^{1/2} \left(\frac{8}{\pi\sigma}\right)^{1/4} e^{-t^2/\sigma} \cos(\omega_0 t), \quad \sigma > 0,\ t \in R$$

驱动。可以验证 $z_\sigma \in \mathcal{L}_2$ 和 $\|z_\sigma\|_{\mathcal{L}_2} = 1$[①]，因而有 $u_\sigma \in \mathcal{L}_2$ 和 $\|u_\sigma\|_{\mathcal{L}_2} \leqslant 1$，$z_\sigma(t)$ 的傅里叶变换为

$$Z_\sigma(j\omega) = \left(\frac{1}{1 + e^{-\omega_0^2 \sigma/2}}\right)^{1/2} \left(\frac{\pi\sigma}{2}\right)^{1/4} \left[e^{-(\omega - \omega_0)^2 \sigma/4} + e^{-(\omega + \omega_0)^2 \sigma/4}\right]$$

设 $y_\sigma(t)$ 是输入为 $u_\sigma(t)$ 时，$G(s)$ 的输出，$y_\sigma(t)$ 的傅里叶变换为 $Y_\sigma(j\omega) = G(j\omega)U_\sigma(j\omega) = G(j\omega)H(j\omega)Z_\sigma(j\omega)$，由帕塞瓦尔定理，得

---

① 为讨论方便，$\mathcal{L}_2$ 范数定义为 $\|z\|_{\mathcal{L}_2}^2 = \int_{-\infty}^{\infty} z^{\mathrm{T}}(t)z(t)\,dt$。

$$\begin{aligned} \|y_\sigma\|_{\mathcal{L}_2}^2 &= \frac{1}{2\pi}\int_{-\infty}^{\infty} Z_\sigma^{\mathrm{T}}(-j\omega)H^{\mathrm{T}}(-j\omega)G^{\mathrm{T}}(-j\omega)G(j\omega)H(j\omega)Z_\sigma(j\omega)\,d\omega \\ &= \frac{1}{2\pi}\int_{-\infty}^{\infty} H^{\mathrm{T}}(-j\omega)G^{\mathrm{T}}(-j\omega)G(j\omega)H(j\omega)\,|Z_\sigma(j\omega)|^2\,d\omega \end{aligned}$$

利用 $\quad |Z_\sigma(j\omega)|^2 \geqslant \dfrac{1}{1+e^{-\omega_0^2\sigma/2}}\left(\dfrac{\pi\sigma}{2}\right)^{1/2}\left[e^{-(\omega-\omega_0)^2\sigma/2}+e^{-(\omega-\omega_0)^2\sigma/2}\right]\overset{\text{def}}{=\!=}\psi_\sigma(\omega)$

可得

$$\|y_\sigma\|_{\mathcal{L}_2}^2 \geqslant \frac{1}{2\pi}\int_{-\infty}^{\infty} H^{\mathrm{T}}(-j\omega)G^{\mathrm{T}}(-j\omega)G(j\omega)H(j\omega)\psi_\sigma(\omega)\,d\omega$$

设 σ 趋于无穷,即可将频谱 $\psi_\sigma(\omega)$ 集中在频率 $\omega=\pm\omega_0$ 附近[①],因此当 σ 趋于无穷时,上述不等式的右边逼近

$$H^{\mathrm{T}}(-j\omega_0)G^{\mathrm{T}}(-j\omega_0)G(j\omega_0)H(j\omega_0)=\|G(j\omega_0)\|_2^2\geqslant(c_2-\varepsilon)^2$$

因此可选择一个有限而足够大的 σ,使 $\|y_\sigma\|_{\mathcal{L}_2}\geqslant c_2-2\varepsilon$。然而这与不等式 $\|y_\sigma\|_{\mathcal{L}_2}\leqslant c_2-3\varepsilon$ 矛盾,这样就证明了 $c_1=c_2$。 $\qquad\square$

C. 11 证明引理 6. 1

充分性:假设引理的条件都满足,由于 $G(s)$ 是赫尔维茨矩阵,则存在正常数 δ 和 μ^*,使得对于所有 $\mu<\mu^*$,$G(s-\mu)$ 所有元素的极点的实部都小于 $-\delta$。要证明 $G(s)$ 是严格正实矩阵,只需证明对于所有 $\omega\in R$,$G(j\omega-\mu)+G^{\mathrm{T}}(-j\omega-\mu)$ 是半正定的。设 $\{A,B,C,D\}$ 是 $G(s)$ 的最小实现,则

$$\begin{aligned} G(s-\mu) &= D+C(sI-\mu I-A)^{-1}B \\ &= D+C(sI-A)^{-1}(sI-A)(sI-\mu I-A)^{-1}B \\ &= D+C(sI-A)^{-1}(\mu I+sI-\mu I-A)(sI-\mu I-A)^{-1}B \\ &= G(s)+\mu N(s) \end{aligned} \tag{C.30}$$

其中 $\qquad\qquad N(s)=C(sI-A)^{-1}(sI-\mu I-A)^{-1}B$

由于 A 和 $(A+\mu I)$ 是赫尔维茨矩阵,对 μ 一致,所以存在 $k_0>0$,使

$$\sigma_{\max}\left[N(j\omega)+N^{\mathrm{T}}(-j\omega)\right]\leqslant k_0,\quad\forall\,\omega\in R \tag{C.31}$$

而且 $\lim\limits_{\omega\to\infty}\omega^2 N(j\omega)$ 存在,因此,存在 $k_1>0$ 和 $\omega_1>0$,使

$$\omega^2\sigma_{\max}\left[N(j\omega)+N^{\mathrm{T}}(-j\omega)\right]\leqslant k_1,\quad\forall\,|\omega|\geqslant\omega_1 \tag{C.32}$$

如果 $G(\infty)+G^{\mathrm{T}}(\infty)$ 是正定的,则存在 $\sigma_0>0$,使

$$\sigma_{\min}\left[G(j\omega)+G^{\mathrm{T}}(-j\omega)\right]\geqslant\sigma_0,\quad\forall\,\omega\in R \tag{C.33}$$

由式(C.30)、式(C.31)和式(C.33),可得

$$\sigma_{\min}\left[G(j\omega-\mu)+G^{\mathrm{T}}(-j\omega-\mu)\right]\geqslant\sigma_0-\mu k_0,\quad\forall\,\omega\in R$$

选择 $\mu<\sigma_0/k_0$,保证 $G(j\omega-\mu)+G^{\mathrm{T}}(-j\omega-\mu)$ 对于所有 $\omega\in R$ 是正定的,如果 $G(\infty)+G^{\mathrm{T}}(\infty)$ 是奇异的,引理的第三个条件保证了 $G(j\omega)+G^{\mathrm{T}}(-j\omega)$ 有 q 个奇异值,满足 $\lim\limits_{\omega\to\infty}\sigma_i(\omega)>0$,以及

---

① 当 σ 趋于无穷时,$\psi_\sigma(\omega)$ 逼近 $\pi[\delta(\omega-\omega_0)+\delta(\omega+\omega_0)]$,其中 $\delta(\cdot)$ 为冲激函数。

有 $p-q$ 个奇异值,满足 $\lim_{\omega\to\infty}\sigma_i(\omega)=0$ 和 $\lim_{\omega\to\infty}\omega^2\sigma_i(\omega)>0$。因此存在 $\sigma_1>0,\sigma_2>0$,使

$$\omega^2\sigma_{\min}\left[G(j\omega)+G^T(-j\omega)\right]\geqslant\sigma_1, \quad \forall\,|\omega|\geqslant\omega_2 \tag{C.34}$$

由式(C.30)、式(C.32)和式(C.34),可得

$$\omega^2\sigma_{\min}\left[G(j\omega-\mu)+G^T(-j\omega-\mu)\right]\geqslant\sigma_1-\mu k_1, \quad \forall\,|\omega|\geqslant\omega_3 \tag{C.35}$$

其中 $\omega_3=\max\{\omega_1,\omega_2\}$。在紧频率区间 $[-\omega_3,\omega_3]$ 上,有

$$\sigma_{\min}\left[G(j\omega)+G^T(-j\omega)\right]\geqslant\sigma_2>0 \tag{C.36}$$

因此,由式(C.30)、式(C.31)和式(C.36),可得

$$\sigma_{\min}\left[G(j\omega-\mu)+G^T(-j\omega-\mu)\right]\geqslant\sigma_2-\mu k_0, \quad \forall\,|\omega|\leqslant\omega_3 \tag{C.37}$$

选择 $\mu<\min\{\sigma_1/k_1,\sigma_2/k_0\}$,保证对于所有 $\omega\in R,G(j\omega-\mu)+G^T(-j\omega-\mu)$ 是正定的。

必要性:假设 $G(s)$ 是严格的正实矩阵,则存在 $\mu>0$,使得 $G(s-\mu)$ 也是正实矩阵,这就是说 $G(s)$ 是赫尔维茨正实矩阵,从而

$$G(j\omega)+G^T(-j\omega)\geqslant0, \quad \forall\,\omega\in R$$

故

$$G(\infty)+G^T(\infty)\geqslant0$$

设 $\{A,B,C,D\}$ 是 $G(s)$ 的最小实现。根据引理 6.3,存在 P,L,W 和 ε,满足式(6.14)到式(6.16)。设 $\Phi(s)=(sI-A)^{-1}$,有

$$G(s)+G^T(-s)=D+D^T+C\Phi(s)B+B^T\Phi^T(-s)C^T$$

用式(6.15)代换 C,用式(6.16)代换 $D+D^T$,则有

$$\begin{aligned}G(s)+G^T(-s)&=W^TW+(B^TP+W^TL)\Phi(s)B+B^T\Phi^T(-s)(PB+L^TW)\\&=W^TW+W^TL\Phi(s)B+B^T\Phi^T(-s)L^TW\\&\quad+B^T\Phi^T(-s)[-A^TP-PA]\Phi(s)B\end{aligned}$$

利用式(6.14),可得

$$G(s)+G^T(-s)=[W^T+B^T\Phi^T(-s)L^T]\,[W+L\Phi(s)B]+\varepsilon B^T\Phi^T(-s)P\Phi(s)B$$

由该方程可知,对于所有 $\omega\in R,G(j\omega)+G^T(-j\omega)$ 是正定的,因为如果它在某一频率 ω 上是奇异的,就会存在 $x\in C^p,x\neq0$,使得

$$(x^*)^T[G(j\omega)+G^T(-j\omega)]x=0\Rightarrow(x^*)^TB^T\Phi^T(-j\omega)P\Phi(j\omega)Bx=0\Rightarrow Bx=0$$

以及

$$(x^*)^T[G(j\omega)+G^T(-j\omega)]x=0\Rightarrow(x^*)^T[W+L\Phi(-j\omega)B]^T[W+L\Phi(j\omega)B]x=0$$

由于 $Bx=0$,上述方程表示 $Wx=0$,因此有

$$(x^*)^T[G(s)+G^T(-s)]x\equiv0, \quad \forall\,s$$

这与假设 $\det[G(s)+G^T(-s)]$ 不恒等于零相矛盾。现在如果 $G(\infty)+G^T(\infty)$ 是正定的,证明就此完成。否则,设 M 是任意 $p\times(p-q)$ 阶满秩矩阵,满足 $M^T(D+D^T)M=M^TW^TWM=0$,则 $WM=0$,且

$$M^T[G(j\omega)+G^T(-j\omega)]M=M^TB^T\Phi^T(-j\omega)(L^TL+\varepsilon P)\Phi(j\omega)BM$$

注意到 BM 一定是列满秩的,否则,存在 $x\neq0$,使得 $BMx=0$。取 $y=Mx$,可得

$$y^{\mathrm{T}}[G(j\omega) + G^{\mathrm{T}}(-j\omega)]y = 0, \quad \forall\, \omega \in R$$

上式与 $G(j\omega) + G^{\mathrm{T}}(-j\omega)$ 的正定性相矛盾。现在有

$$\lim_{\omega \to \infty} \omega^2 M^{\mathrm{T}}[G(j\omega) + G^{\mathrm{T}}(-j\omega)]M = M^{\mathrm{T}}B^{\mathrm{T}}(L^{\mathrm{T}}L + \varepsilon P)BM$$

BM 一定是列满秩的,就是说 $M^{\mathrm{T}}B^{\mathrm{T}}(L^{\mathrm{T}}L + \varepsilon P)BM$ 是正定的。　　　　　□

C.12　证明引理 6.2

充分性: 假设存在 $P = P^{\mathrm{T}} > 0, L$ 和 W,满足式(6.11)到式(6.13)。以 $V(x) = x^{\mathrm{T}}Px$ 作为 $\dot{x} = Ax$ 的李雅普诺夫函数,则式(6.11)表明 $\dot{x} = Ax$ 的原点是稳定的。因此,A 没有 $\mathrm{Re}[s] > 0$ 的特征值。设 $\Phi(s) = (sI - A)^{-1}$,有

$$G(s) + G^{\mathrm{T}}(s^*) = D + D^{\mathrm{T}} + C\Phi(s)B + B^{\mathrm{T}}\Phi^{\mathrm{T}}(s^*)C^{\mathrm{T}}$$

用式(6.12)代换 C,用式(6.13)代换 $D + D^{\mathrm{T}}$,则

$$\begin{aligned} G(s) + G^{\mathrm{T}}(s^*) &= W^{\mathrm{T}}W + (B^{\mathrm{T}}P + W^{\mathrm{T}}L)\Phi(s)B + B^{\mathrm{T}}\Phi^{\mathrm{T}}(s^*)(PB + L^{\mathrm{T}}W) \\ &= W^{\mathrm{T}}W + W^{\mathrm{T}}L\Phi(s)B + B^{\mathrm{T}}\Phi^{\mathrm{T}}(s^*)L^{\mathrm{T}}W \\ &\quad + B^{\mathrm{T}}\Phi^{\mathrm{T}}(s^*)[(s + s^*)P - A^{\mathrm{T}}P - PA]\Phi(s)B \end{aligned}$$

由式(6.11),可得

$$\begin{aligned} G(s) + G^{\mathrm{T}}(s^*) &= [W^{\mathrm{T}} + B^{\mathrm{T}}\Phi^{\mathrm{T}}(s^*)L^{\mathrm{T}}]\,[W + L\Phi(s)B] \\ &\quad + (s + s^*)B^{\mathrm{T}}\Phi^{\mathrm{T}}(s^*)P\Phi(s)B \end{aligned} \tag{C.38}$$

这说明,对于所有 $\mathrm{Re}[s] \geq 0$ 的 s,有 $G(s) + G^{\mathrm{T}}(s^*) \geq 0$,也就是说对于 $j\omega$ 不是 $G(s)$ 的元素极点的 $\omega, G(j\omega) + G^{\mathrm{T}}(-j\omega)$ 是半正定的,上式还说明 $G(s)$ 满足定义 6.4 的第三个条件。设 $j\omega_0$ 是 $G(s)$ 任一元素的 m 阶极点,那么对于任意 p-维复向量 x,在以 $j\omega_0$ 为圆心,以任意小 ρ 为半径的半圆弧上,$(x^*)^{\mathrm{T}}G(s)x$ 的取值为

$$(x^*)^{\mathrm{T}}G(s)x \approx (x^*)^{\mathrm{T}}K_0 x\rho^{-m}e^{-jm\theta}, \quad -\frac{\pi}{2} \leqslant \theta \leqslant \frac{\pi}{2}$$

其中 K_0 为极点 $s = j\omega_0$ 的残差矩阵,因此

$$\rho^m \mathrm{Re}[(x^*)^{\mathrm{T}}G(s)x] \approx \mathrm{Re}[(x^*)^{\mathrm{T}}K_0 x]\cos m\theta + \mathrm{Im}[(x^*)^{\mathrm{T}}K_0 x]\sin m\theta$$

当 $m > 1$ 时,该表达式符号不定,而式(C.38)表示它是非负的。因此,m 必须限制为 1。当 $m = 1$ 时,取 θ 近似为 $-\pi/2, 0$ 和 $\pi/2$,则 $\mathrm{Im}[(x^*)^{\mathrm{T}}K_0 x] = 0, \mathrm{Re}[(x^*)^{\mathrm{T}}K_0 x] \geqslant 0$,故 K_0 为半正定厄米特矩阵。

必要性: 首先证明一个特例,即 A 为赫尔维茨矩阵时的必要性,然后扩展到一般情况,即 A 在虚轴上有特征值时的必要性。

特例: 证明中用到谱因子分解的结果,这里只引用,不加证明。

引理 C.5　设 $p \times p$ 正则有理传递函数矩阵 $U(s)$ 为正实赫尔维茨矩阵,则存在一个 $r \times p$ 的正则有理赫尔维茨传递函数矩阵 $V(s)$,使

$$U(s) + U^{\mathrm{T}}(-s) = V^{\mathrm{T}}(-s)V(s) \tag{C.39}$$

其中,r 是 $U(s) + U^{\mathrm{T}}(-s)$ 的正常秩(normal rank),即在域为有理函数时 s 的秩,并且对于 $\mathrm{Re}[s] > 0$,秩 $V(s) = r$。　　　　　◇

证明: 见文献[214]定理 2。 □

现在假设 $G(s)$ 是正实赫尔维茨矩阵, 回顾 $\{A, B, C, D\}$ 是 $G(s)$ 的最小实现, 根据引理 C.5, 存在一个 $r \times p$ 传递函数矩阵 $V(s)$, 满足式(C.39)。设 $\{F, G, H, J\}$ 是 $V(s)$ 的最小实现, 因为 $V(s)$ 是赫尔维茨矩阵, 故矩阵 F 是赫尔维茨的。容易看出, $\{-F^T, H^T, -G^T, J^T\}$ 是 $V^T(-s)$ 的最小实现, 因此

$$\{\mathcal{A}_1, \mathcal{B}_1, \mathcal{C}_1, \mathcal{D}_1\} = \left\{ \begin{bmatrix} F & 0 \\ H^T H & -F^T \end{bmatrix}, \begin{bmatrix} G \\ H^T J \end{bmatrix}, \begin{bmatrix} J^T H & -G^T \end{bmatrix}, J^T J \right\}$$

是级联的 $V^T(-s)V(s)$ 的实现, 通过检验可控性和可观测性, 并利用当 $\text{Re}[s] > 0$ 时秩 $V(s) = r$ 的性质, 可看出该实现是最小实现。下面说明可控性检测[①], 可观测性检测与之相似。由

$$\begin{bmatrix} I & 0 \\ H(sI-F)^{-1} & I \end{bmatrix} \begin{bmatrix} sI-F & G \\ -H & J \end{bmatrix} = \begin{bmatrix} sI-F & G \\ 0 & H(sI-F)^{-1}G + J \end{bmatrix}$$

$$= \begin{bmatrix} sI-F & G \\ 0 & V(s) \end{bmatrix}$$

可看出 $\quad \text{rank } V(s) = r, \ \forall \text{ Re}[s] > 0 \ \Leftrightarrow \text{rank} \begin{bmatrix} sI-F & G \\ -H & J \end{bmatrix} = n_F + r, \ \forall \text{ Re}[s] > 0$

其中 n_F 是 F 的维数。下面通过反证法证明 $(\mathcal{A}_1, \mathcal{B}_1)$ 的可控性。假设 $(\mathcal{A}_1, \mathcal{B}_1)$ 是不可控的, 则存在一个复数 λ 和一个向量 $\omega \in C^{n_F+r}$, 将其分为 n_F 和 r 子向量, 使

$$(w_1^*)^T F + (w_2^*)^T H^T H = \lambda (w_1^*)^T \tag{C.40}$$

$$-(w_2^*)^T F^T = \lambda (w_2^*)^T \tag{C.41}$$

$$(w_1^*)^T G + (w_2^*)^T H^T J = 0 \tag{C.42}$$

方程(C.41)说明 $\text{Re}[\lambda] > 0$, 因为 F 是赫尔维茨的。方程(C.40)和方程(C.42)说明

$$\begin{bmatrix} (w_1^*)^T & (w_2^*)^T H^T \end{bmatrix} \begin{bmatrix} \lambda I - F & G \\ -H & J \end{bmatrix} = 0 \Rightarrow \text{ rank } V(\lambda) < r$$

这与当 $\text{Re}[s] > 0$ 时, 秩 $V(s) = r$ 相矛盾, 所以 $(\mathcal{A}_1, \mathcal{B}_1)$ 是可控的。

考虑李雅普诺夫方程 $\qquad KF + F^T K = -H^T H$

由于矩阵对 (F, H) 是可观测的, 则存在唯一的正定解 K, 该结果已在习题 4.22 中证明。利用相似变换

$$\begin{bmatrix} I & 0 \\ K & I \end{bmatrix}$$

可得 $V^T(-s)V(s)$ 的另一个最小实现

$$\{\mathcal{A}_2, \mathcal{B}_2, \mathcal{C}_2, \mathcal{D}_2\} =$$
$$\left\{ \begin{bmatrix} F & 0 \\ 0 & -F^T \end{bmatrix}, \begin{bmatrix} G \\ KG + H^T J \end{bmatrix}, \begin{bmatrix} J^T H + G^T K & -G^T \end{bmatrix}, J^T J \right\}$$

[①] 由于 $V(s)$ 的极点在 $V^T(-s)$ 中不会转变为零点, 故可将这个特征用于可控性讨论。

又由于 $\{-A^{\mathrm{T}},C^{\mathrm{T}},-B^{\mathrm{T}},D^{\mathrm{T}}\}$ 是 $U^{\mathrm{T}}(-s)$ 的最小实现,因此

$$\{\mathcal{A}_3,\mathcal{B}_3,\mathcal{C}_3,\mathcal{D}_3\} = \left\{ \begin{bmatrix} A & 0 \\ 0 & -A^{\mathrm{T}} \end{bmatrix}, \begin{bmatrix} B \\ C^{\mathrm{T}} \end{bmatrix}, \begin{bmatrix} C & -B^{\mathrm{T}} \end{bmatrix}, D + D^{\mathrm{T}} \right\}$$

是并联连接 $U(s)+U^{\mathrm{T}}(-s)$ 的一个实现。由于 A 的特征值都在左半开平面,而 $-A^{\mathrm{T}}$ 的特征值在右半开平面,容易看出这是最小实现。这样,根据方程(C.39)可知 $\{\mathcal{A}_2,\mathcal{B}_2,\mathcal{C}_2,\mathcal{D}_2\}$ 和 $\{\mathcal{A}_3,\mathcal{B}_3,\mathcal{C}_3,\mathcal{D}_3\}$ 是同一传递函数等价的最小实现。因此,它们具有相同的维数,且存在一个非奇异矩阵 T,满足[①]

$$\mathcal{A}_2 = T\mathcal{A}_3T^{-1}, \quad \mathcal{B}_2 = T\mathcal{B}_3, \quad \mathcal{C}_2 = \mathcal{C}_3T^{-1}, \quad J^{\mathrm{T}}J = \mathcal{D} + \mathcal{D}^{\mathrm{T}}$$

矩阵 T 必须是一个分块对角矩阵,为了理解这一点,将 T 划分为

$$T = \begin{bmatrix} T_{11} & T_{12} \\ T_{21} & T_{22} \end{bmatrix}$$

则矩阵 T_{12} 满足方程

$$FT_{12} + T_{12}A^{\mathrm{T}} = 0$$

上式两边左乘 $\exp(Ft)$,右乘 $\exp(A^{\mathrm{T}}t)$,得到

$$0 = \exp(Ft)[FT_{12}+T_{12}A^{\mathrm{T}}]\exp(A^{\mathrm{T}}t) = \frac{d}{dt}[\exp(Ft)T_{12}\exp(A^{\mathrm{T}}t)]$$

因此对于所有 $t \geqslant 0$,$\exp(Ft)T_{12}\exp(A^{\mathrm{T}}t)$ 是常数。特别地,由于 $\exp(0)=I$,当 t 趋于无穷时,有

$$T_{12} = \exp(Ft)T_{12}\exp(A^{\mathrm{T}}t) \to 0$$

因此 $T_{12}=0$。同样可以证明 $T_{21}=0$。由此可得矩阵 T_{11} 是非奇异的,且

$$F = T_{11}AT_{11}^{-1}, \quad G = T_{11}B, \quad J^{\mathrm{T}}H + G^{\mathrm{T}}K = CT_{11}^{-1}$$

定义

$$P = T_{11}^{\mathrm{T}}KT_{11}, \quad L = HT_{11}, \quad W = J$$

容易验证 P,L 和 W 满足方程

$$PA + A^{\mathrm{T}}P = -L^{\mathrm{T}}L, \quad PB = C^{\mathrm{T}} - L^{\mathrm{T}}W, \quad W^{\mathrm{T}}W = D + D^{\mathrm{T}}$$

至此完成了特殊情况下引理的证明。

　　一般情况:现在设 A 在虚轴上有特征值,则存在一个非奇异矩阵 Q,使得

$$QAQ^{-1} = \begin{bmatrix} A_0 & 0 \\ 0 & A_n \end{bmatrix}, \quad QB = \begin{bmatrix} B_0 \\ B_n \end{bmatrix}, \quad CQ^{-1} = \begin{bmatrix} C_0 & C_n \end{bmatrix}$$

其中 A_0 有在虚轴上的特征值,A_n 具有负实部的特征值。传递函数 $G(s)$ 可写为 $G(s) = G_0(s) + G_n(s)$,其中 $G_0(s) = C_0(sI-A_0)^{-1}B_0$ 的所有极点都在虚轴上,$G_n(s) = C_n(sI-A_n)^{-1}b_n+D$ 的所有极点都在左半开平面,因此 $G_0(s)$ 的极点是单极点,相应的留数矩阵都是半正定厄米特矩阵。根据此性质,可选择 Q 使

$$A_0 + A_0^{\mathrm{T}} = 0, \quad C_0 = B_0^{\mathrm{T}}$$

---

① 见文献[35]的定理5.20。

为了理解上式,注意到 $G_0(s)$ 可写为

$$G_0(s) = \frac{1}{s}F_0 + \sum_{i=1}^{m} \frac{1}{s^2+\omega_i^2}(F_i s + H_i) = \frac{1}{s}F_0 + \sum_{i=1}^{m}\left[\frac{1}{s-j\omega_i}R_i + \frac{1}{s+j\omega_i}R_i^*\right] \quad (C.43)$$

其中,F_0 是半正定对称矩阵,R_i 是半正定厄米特矩阵。如果式中每一项都可以找到一个具有性质(C.43)的最小实现,则并联连接将是 $G_0(s)$ 的最小实现,具有同样的性质,这可以通过 $(1/s)F_0$ 和 $\left[1/(s^2+\omega_i^2)\right](F_i s + H_i)$ 两项分别进行验证。如果 $r_0 = \mathrm{rank}\, F_0$,则 $(1/s)F_0$ 具有维数为 r_0 的最小实现,由 $\{0, N_0, N_0^{\mathrm{T}}\}$ 给出,其中 $F_0 = N_0^{\mathrm{T}} N_0$。如果 $r_i = \mathrm{rank}\, R_i$,则 $\left[1/(s^2+\omega_i^2)\right]$ $(F_i s + H_i)$ 具有 $2r_i$ 维的最小实现,由下式给出:

$$A_i = \begin{bmatrix} 0 & \omega_i I \\ -\omega_i I & 0 \end{bmatrix}, \quad B_i = \begin{bmatrix} M_{i1} \\ M_{i2} \end{bmatrix}, \quad C_i = \begin{bmatrix} M_{i1}^{\mathrm{T}} & M_{i2}^{\mathrm{T}} \end{bmatrix}$$

其中
$$M_{i1} = \frac{1}{\sqrt{2}}(N_i + N_i^*), \quad M_{i2} = \frac{j}{\sqrt{2}}(N_i - N_i^*), \quad R_i = (N_i^*)^{\mathrm{T}} N_i$$

显然,$\{A_i, B_i, C_i\}$ 具有性质(C.43)。

由于 $G_n(s)$ 是正实赫尔维茨矩阵,由对特殊情况的证明可知,存在矩阵 $P_n = P_n > 0$,L_n 和 W,满足
$$P_n A_n + A_n^{\mathrm{T}} P_n = -L_n^{\mathrm{T}} L_n, \quad P_n B_n = C_n^{\mathrm{T}} - L_n^{\mathrm{T}} W, \quad W^{\mathrm{T}} W = D + D^{\mathrm{T}}$$

容易验证
$$P = Q^{\mathrm{T}} \begin{bmatrix} I & 0 \\ 0 & P_n \end{bmatrix} Q, \quad L = \begin{bmatrix} 0 & L_n \end{bmatrix} Q$$

和 W 满足方程(6.11)到方程(6.13)。

C.13　证明引理 7.1

首先写出无限维方程(7.20)的时域表达式,考虑所有基频为 ω 的半波对称周期信号空间 $\mathcal{S}$,在有限区间内能量有限。可以看出这个信号在有限区间内是能量有限的,信号 $y \in \mathcal{S}$ 可由其傅里叶级数表示为

$$y(t) = \sum_{k \text{ odd}} a_k \exp(jk\omega t), \quad \sum_{k \text{ odd}} |a_k|^2 < \infty$$

定义 $\mathcal{S}$ 上的范数为
$$\|y\|^2 = \frac{\omega}{\pi} \int_0^{2\pi/\omega} y^2(t)\, dt = 2 \sum_{k \text{ odd}} |a_k|^2$$

在此范数下,$\mathcal{S}$ 是 Banach 空间,定义 $g_k(t-\tau)$ 为

$$g_k(t-\tau) = \frac{\omega}{\pi}\{G(jk\omega)\exp[jk\omega(t-\tau)] + G(-jk\omega)\exp[-jk\omega(t-\tau)]\}$$

当 m 为奇数且 $k > 0$ 时,有

$$\int_0^{\pi/\omega} g_k(t-\tau)\exp(jm\omega\tau)\, d\tau = \begin{cases} G(jk\omega)\exp(jk\omega t), & m = k \\ G(-jk\omega)\exp(-jk\omega t), & m = -k \\ 0, & |m| \neq k \end{cases} \quad (C.44)$$

定义 $\mathcal{S}$ 上的线性映射 g 和非线性映射 $g\,\psi$ 为

$$gy = \int_0^{\pi/\omega} \sum_{k\ odd;\ k>0} g_k(t-\tau)y(\tau)\,d\tau$$

$$g\psi y = \int_0^{\pi/\omega} \sum_{k\ odd;\ k>0} g_k(t-\tau)\psi(y(\tau))\,d\tau$$

其中
$$y(t) = \sum_{k\ odd} a_k \exp(jk\omega t), \qquad \psi(y(t)) = \sum_{k\ odd} c_k \exp(jk\omega t)$$

由方程(C.44)可看出

$$gy = \sum_{k\ odd} G(jk\omega)a_k \exp(jk\omega t)$$

$$g\psi y = \sum_{k\ odd} G(jk\omega)c_k \exp(jk\omega t)$$

在这些定义下,半波对称周期振荡存在的条件为

$$y = -g\psi y \tag{C.45}$$

方程(C.45)与方程(7.20)等价。为了消除高次谐波对基波的影响,定义映射 P_1 为

$$P_1 y = y_1 = a_1 \exp(j\omega t) + \bar{a}_1 \exp(-j\omega t) = 2\mathrm{Re}[a_1 \exp(j\omega t)]$$

及映射 P_h 为
$$P_h y = y_h = y - y_1 = \sum_{k\ odd;\ |k|\neq 1} a_k \exp(jk\omega t)$$

为不失一般性,取 $a_1 = a/2j$,使得 $y_1(t) = a\sin \omega t$,求解方程(C.45)相当于求解方程(C.46)和方程(C.47):

$$y_h = -P_h g\psi(y_1 + y_h) \tag{C.46}$$

$$y_1 = -P_1 g\psi(y_1 + y_h) \tag{C.47}$$

计算方程(C.47)的右边可看出,该方程等价于方程(7.35)。按照方程(7.36)定义的误差项 $\delta\Psi$ 满足

$$P_1 g\psi y_1 - P_1 g\psi(y_1 + y_h) = 2\mathrm{Re}[G(j\omega)a_1 \delta\Psi \exp(j\omega t)] \tag{C.48}$$

这样,为了得到 $\delta\Psi$ 的边界,需要求出 y_h 的边界。我们不求解方程(C.46),而是用压缩映射定理。在方程(C.46)的两端同加 $[P_h g(\beta+\alpha)/2]y_h$,可得

$$\left(I + P_h g\frac{\beta+\alpha}{2}\right)y_h = -P_h g\left[\psi(y_1 + y_h) - \frac{\beta+\alpha}{2}y_h\right] \tag{C.49}$$

考虑出现在上式左边的线性映射 $K = I + P_h g(\beta+\alpha)/2$,它把 $\mathcal{S}$ 映射到 $\mathcal{S}$。给定任意 $z \in \mathcal{S}$,定义

$$z(t) = \sum_{k\ odd} b_k \exp(jk\omega t)$$

考虑线性方程 $Kx = z$,并求出 $\mathcal{S}$ 上的解 x。把 x 表示为

$$x(t) = \sum_{k\ odd} d_k \exp(jk\omega t)$$

有
$$\left(I + P_h g\frac{\beta+\alpha}{2}\right)x = x_1 + \sum_{k\ odd;\ |k|\neq 1} \left[1 + \frac{\beta+\alpha}{2}G(jk\omega)\right] d_k \exp(jk\omega t)$$

因此,如果
$$\inf_{k\ odd;\ |k|\neq 1} \left|1 + \frac{\beta+\alpha}{2}G(jk\omega)\right| \neq 0 \tag{C.50}$$

则线性方程 $Kx = z$ 有唯一解。换句话说,条件(C.50)保证了线性映射 K 存在逆映射。如果 $\omega \in \Omega$,则该条件总能满足,因为只有当 $\rho(\omega) = 0$ 时,方程(C.50)的左边才为零。记 K 的逆映射为 K^{-1},则方程(C.49)可重写为

$$y_h = -K^{-1} P_h g \left[\psi(y_1 + y_h) - \frac{\beta + \alpha}{2}(y_1 + y_h) \right] \overset{\text{def}}{=} Ty_h$$

其中用到 $P_h g y_1 = 0$。我们希望对方程 $y_h = Ty_h$ 应用压缩映射定理,显然,T 是 $\mathcal{S}$ 到 $\mathcal{S}$ 的映射,还需验证 T 是 $\mathcal{S}$ 上的压缩映射,为此考虑

$$Ty^{(2)} - Ty^{(1)} = K^{-1} P_h g \left[\psi_T(y_1 + y^{(2)}) - \psi_T(y_1 + y^{(1)}) \right]$$

其中

$$\psi_T(y) = \psi(y) - \frac{\beta + \alpha}{2} y$$

设

$$\psi_T(y_1 + y^{(2)}) - \psi_T(y_1 + y^{(1)}) = \sum_{k \text{ odd}; \, |k| \neq 1} e_k \exp(jk\omega t)$$

则

$$\left\| Ty^{(2)} - Ty^{(1)} \right\|^2 = 2 \sum_{k \text{ odd}; \, |k| \neq 1} \left| \frac{G(jk\omega)}{1 + [(\beta + \alpha)/2] G(jk\omega)} \right|^2 |e_k|^2$$

$$\leqslant \left\{ \sup_{k \text{ odd}; \, |k| \neq 1} \left| \frac{G(jk\omega)}{1 + [(\beta + \alpha)/2] G(jk\omega)} \right| \right\}^2$$

$$\times \left\| \psi_T(y_1 + y^{(2)}) - \psi_T(y_1 + y^{(1)}) \right\|^2$$

根据对 ψ 斜率的限制,有

$$\left| \psi_T(y_1 + y^{(2)}) - \psi_T(y_1 + y^{(1)}) \right| \leqslant \left(\frac{\beta - \alpha}{2} \right) \left| y^{(2)} - y^{(1)} \right|$$

另外有

$$\sup_{k \text{ odd}; \, |k| \neq 1} \left| \frac{G(jk\omega)}{1 + [(\beta + \alpha)/2] G(jk\omega)} \right| \leqslant \frac{1}{\rho(\omega)}$$

其中 $\rho(\omega)$ 由式(7.38)定义,因此

$$\left\| Ty^{(2)} - Ty^{(1)} \right\| \leqslant \frac{1}{\rho(\omega)} \left(\frac{\beta - \alpha}{2} \right) \left\| y^{(2)} - y^{(1)} \right\|$$

由于

$$\frac{1}{\rho(\omega)} \left(\frac{\beta - \alpha}{2} \right) < 1, \quad \forall \, \omega \in \Omega$$

可得出只要 $\omega \in \Omega$,T 就是压缩映射。这样,根据压缩映射定理,方程 $y_h = Ty_h$ 有唯一解。由于 $T(-y_1) = 0$,把方程 $y_h = Ty_h$ 写为

$$y_h = Ty_h - T(-y_1)$$

并推出

$$\|y_h\| \leqslant \frac{1}{\rho(\omega)} \left(\frac{\beta - \alpha}{2} \right) \|y_h\| + \frac{1}{\rho(\omega)} \left(\frac{\beta - \alpha}{2} \right) a$$

因此

$$\|y_h\| \leqslant \frac{a[(\beta - \alpha)/2] / \rho(\omega)}{1 - [(\beta - \alpha)/2] / \rho(\omega)} = \frac{a[(\beta - \alpha)/2]}{\rho(\omega) - [(\beta - \alpha)/2]} = \frac{2\sigma(\omega)a}{\beta - \alpha}$$

式(7.40)得证。为证明式(7.41),在方程(C.47)的两边同加 $P_1 g \psi_{y_1}$,得

$$y_1 + P_1 g \psi y_1 = P_1 g[\psi y_1 - \psi(y_1 + y_h)] \tag{C.51}$$

对方程(C.51)的两边取范数,得

$$|1 + G(j\omega)\Psi(a)|a \leqslant |G(j\omega)| \ \left(\frac{\beta - \alpha}{2}\right) \|y_h\| \leqslant |G(j\omega)|\sigma(\omega)a$$

由上式可计算出边界 $|\delta\Psi| = \left|\dfrac{1}{G(j\omega)} + \Psi(a)\right| = \left|\dfrac{1 + G(j\omega)\Psi(a)}{G(j\omega)}\right| \leqslant \sigma(\omega)$

证毕。   □

C.14   证明定理7.4

如果在引理7.1的证明中定义了 $P_1 = 0, P_h = I$,那么如果 $\omega \in \tilde{\Omega}$,映射 T 就是压缩映射。因此, $y = y_h = 0$ 是 $y_h = Ty_h$ 的唯一解,这就证明了不存在基频为 $\omega \in \tilde{\Omega}$ 的半波对称周期解。条件

$$\left|\frac{1}{G(j\omega)} + \Psi(a)\right| \leqslant \sigma(\omega)$$

的必要性说明,若相应的误差圆与 $-\Psi(a)$ 的轨线不相交,就不存在基频为 $\omega \in \Omega'$ 的半波对称周期解。因此只剩定理的第三部分,需证明对每个定义 Γ 的完全交叉,存在一个半波对称周期解, $(\omega, a) \in \bar{\Gamma}$。该证明用到由阶次理论(degree theory)得到的一个结果。首先解释该结果。

假设给定一个连续可微函数 $\phi : D \to R^n$,其中 $D \subset R^n$ 是有界的开区域,设 $p \in R^n$ 是对于 D 内的某个 x 满足 $\phi(x) = p$ 的点,但在 D 的边界 ∂D 上,即 $\phi(x) \neq p$。我们只想证明 $\tilde{\phi}(x) = p$ 在 D 内有一个解,其中 $\tilde{\phi}(x)$ 是 $\phi(x)$ 的扰动。阶次理论通过保证当 ϕ 被扰动到 $\tilde{\phi}$ 时,没有解留在 D 内,从而证明了这一点,这就是为什么不允许有解在边界 ∂D 上。假设对于 $\phi(x) = p$ 的每个解 $x_i \in D$,雅可比矩阵 $[\partial\phi/\partial x]$ 是非奇异的,定义 ϕ 在点 p 相对于 D 的阶次为

$$d(\phi, D, p) = \sum_{x_i = \phi^{-1}(p)} \text{sgn}\left\{\det\left[\frac{\partial\phi}{\partial x}(x_i)\right]\right\}$$

注意如果 $\phi(x) \neq p, \forall x \in D$,则阶次为零。阶次的两个基本性质如下[①]:

- 如果 $d(\phi, D, p) \neq 0$,则 $\phi(x) = p$ 在 D 内至少有一个解。
- 如果 $\eta : \bar{D} \times [0, 1] \to R^n$ 连续,且对于所有 $x \in \partial D$ 和 $\mu \in [0, 1]$,有 $\eta(x, \mu) \neq 0$,则 $d[\eta(\cdot, \mu), D, p]$ 对于所有 $\mu \in [0, 1]$ 都是相同的(具有与之相同的特性)。

第二个性质也称为 d 的同伦不变性。

现在回到我们要解决的问题上,在 Γ 上定义

$$\phi(\omega, a) = \Psi(a) + \frac{1}{G(j\omega)}$$

其中 ϕ 是复变量。取 ϕ 的实部和虚部作为二阶向量的分量,这样 ϕ 就可以看成 Γ 到 R^2 的映射。根据假设,方程 $\phi(w, a) = 0$ 在 Γ 内有唯一解 (ω_s, a_s),在点 (ω_s, a_s) ϕ 对于 (ω, a) 的雅可比矩阵为

$$\begin{bmatrix} \frac{d}{da}\Psi(a)\big|_{a=a_s} & -\Psi^2(a_s)\left\{\frac{d}{d\omega}\text{Re}[G(j\omega)]\right\}_{\omega=\omega_s} \\ 0 & -\Psi^2(a_s)\left\{\frac{d}{d\omega}\text{Im}[G(j\omega)]\right\}_{\omega=\omega_s} \end{bmatrix}$$

---

① 这些性质的证明见文献[26]。

假设

$$\frac{d}{da}\Psi(a)\Big|_{a=a_s} \neq 0; \quad \frac{d}{d\omega}\text{Im}[G(j\omega)]\Big|_{\omega=\omega_s} \neq 0$$

保证了雅可比矩阵是非奇异的。这样

$$d(\phi,\Gamma,0) = \pm 1$$

我们想要证明

$$\tilde{\phi}(\omega,a) \stackrel{\text{def}}{=} \frac{1}{G(j\omega)} + \Psi(a) - \delta\Psi(\omega,a) = 0 \tag{C.52}$$

在 $\bar{\Gamma}$ 内有一个解,只需证明

$$d(\tilde{\phi},\Gamma,0) \neq 0$$

为此,定义

$$\eta(\omega,a,\mu) = (1-\mu)\phi(\omega,a) + \mu\tilde{\phi}(\omega,a) = \phi(\omega,a) - \mu\delta\Psi(\omega,a)$$

$\mu \in [0,1]$,使得当 $\mu=0$ 时,$\eta=\phi$;当 $\mu=1$ 时,$\eta=\tilde{\phi}$。可以验证

$$\left|\Psi(a) + \frac{1}{G(j\omega)}\right| \geq \sigma(\omega), \quad \forall\, (\omega,a) \in \partial\Gamma \tag{C.53}$$

例如,如果取边界为 $a=a_1$,则参考图 7.20,式(C.53)的左边是连接 $-\Psi(a)$ 轨线上对应于 $a=a_1$ 的点和 $1/G(j\omega)$ 轨线上对应于点 a 的线段的长度,其中 $\omega_1 \leq \omega \leq \omega_2$。通过构造,前一点在以后一点为圆心的误差圆外(或圆上),因此连接这两点的线段的长度一定大于(或等于)误差圆的半径 $\sigma(\omega)$。利用式(C.53),有

$$\begin{aligned}
|\eta(\omega,a,\mu)| &\geq |\phi(\omega,a)| - \mu|\delta\Psi(\omega,a)| \\
&= \left|\Psi(a) + \frac{1}{G(j\omega)}\right| - \mu|\delta\Psi(\omega,a)| \geq \sigma(\omega) - \mu\sigma(\omega)
\end{aligned}$$

式中用到边界(7.41)。这样,对于所有 $0 \leq \mu < 1$,上面最后一个不等式的右边为正,这表明当 $\mu < 1$ 时,在 $\partial\Gamma$ 上,$\eta(\omega,a,\mu) \neq 0$。假设在 $\partial\Gamma$ 上 $\eta(\omega,a,1) \neq 0$ 并不失一般性,因为不等式说明已找到了要求的解。这样,根据 d 的同伦不变性,有

$$d(\tilde{\phi},\Gamma,0) = d(\phi,\Gamma,0) \neq 0$$

因此,方程(C.52)在 $\bar{\Gamma}$ 上有一个解。证毕。 □

C.15 证明定理 8.1 和定理 8.3

证明这两个定理主要是以压缩映射理论为依据,该理论几乎贯穿于两个定理的证明中。为避免重复,我们先给出并证明一个引理,它是所用压缩映射理论的核心,然后用此引理证明这两个定理。引理的叙述似乎与定理 8.1 非常相似,但它有一个定理 8.3 需要的附加要求。

引理 C.6 考虑设系统为

$$\dot{y} = Ay + f(y,z) \tag{C.54}$$
$$\dot{z} = Bz + g(y,z) \tag{C.55}$$

其中,$y \in R^k, z \in R^m, A$ 的特征值实部为零,B 的特征值实部为负,f 和 g 是二次连续可微函数,与其一阶导数在原点均为零。则存在 $\delta > 0$,并对于所有 $\|y\| < \delta$,定义连续可微函数 $\eta(y)$,使得 $z=\eta(y)$ 为系统(C.54)~(C.55)的一个中心流形,而且如果对于所有 $\|y\| \leq r$,有 $\|g(y,0)\| \leq k\|y\|^p$,其中 $p > 1, r > 0$,则存在 $c > 0$,使得 $\|\eta(y)\| \leq c\|y\|^p$。 ◇

证明: 当对于所有 $t \in R$,流形内的解都有定义时,证明存在中心流形更为方便。一般来说,系统(C.54)~(C.55)的中心流形可能仅是局部的,即流形内的解可能只在区间 $[0,t_1) \subset R$ 上有

定义。因此,证明中用到下面的思想:考虑在原点的一个邻域内对方程(C.54)~(C.55)相同的一个修正方程,但它具有某些理想的全局性质,即保证中心流形内的解对于所有 t 有定义。我们证明修正方程存在一个中心流形。由于两个方程在原点的邻域内相同,这样就证明了原方程存在一个(局部)中心流形。

设 $\psi:R^k\to[0,1]$ 是光滑(无穷多次连续可微)函数[①],当 $\|y\|\leqslant 1$ 时,$\psi(y)=1$,当 $\|y\|\geqslant 2$ 时,$\psi(y)=0$。对于 $\varepsilon>0$,定义 F 和 G 为

$$F(y,z)=f\left(y\psi\left(\frac{y}{\varepsilon}\right),z\right);\quad G(y,z)=g\left(y\psi\left(\frac{y}{\varepsilon}\right),z\right)$$

函数 F 和 G 是二次连续可微的,连同其一阶偏导数都对 y 全局有界,即只要 $\|z\|\leqslant k_1$,函数对于所有 $y\in R^k$ 都是有界的。考虑修正系统

$$\dot{y}\quad=\quad Ay+F(y,z) \qquad (C.56)$$
$$\dot{z}\quad=\quad Bz+G(y,z) \qquad (C.57)$$

我们证明系统(C.56)~(C.57)存在一个中心流形。设 X 表示所有全局有界连续函数 $\eta:R^k\to R^m$ 的集合,以 $\sup\limits_{y\in R^k}\|\eta(y)\|$ 为范数,则 X 为 Banach 空间。当 $c_1>0,c_2>0,c_3>0$ 时,设 $S\subset X$ 是全体连续可微函数 $\eta:R^k\to R^m$ 的集合,对于所有 $x,y\in R^k$ 满足

$$\eta(0)=0,\ \frac{\partial\eta}{\partial y}(0)=0,\ \|\eta(y)\|\leqslant c_1,\ \left\|\frac{\partial\eta}{\partial y}(y)\right\|\leqslant c_2,\ \left\|\frac{\partial\eta}{\partial y}(y)-\frac{\partial\eta}{\partial y}(x)\right\|\leqslant c_3\|y-x\|$$

为证明 S 是闭集,设 $\eta_i(y)$ 是 S 内的收敛序列,并证明 $\eta(y)=\lim\limits_{i\to\infty}\eta_i(y)$ 属于 S,其中的关键步骤是证明 $\eta(y)$ 连续可微,其余可由反证法证明。由于连续可微可由分量方式证明,因此我们只对标量 η 证明。设 v 是 R^k 内的任意向量,$\|v\|=1$,μ 是正常数。根据均值定理,有

$$\eta_i(y+\mu v)-\eta_i(y)\quad=\quad\frac{\partial\eta_i}{\partial y}(y+\alpha_i\mu v)\mu v$$

$$\eta_j(y+\mu v)-\eta_j(y)\quad=\quad\frac{\partial\eta_j}{\partial y}(y+\alpha_j\mu v)\mu v$$

其中 $0<\alpha_i<1,0<\alpha_j<1$。通过加减项,可写出以下方程:

$$\left[\frac{\partial\eta_i}{\partial y}(y)-\frac{\partial\eta_j}{\partial y}(y)\right]\mu v\quad=\quad\left[\frac{\partial\eta_i}{\partial y}(y)-\frac{\partial\eta_i}{\partial y}(y+\alpha_i\mu v)\right]\mu v$$
$$-\left[\frac{\partial\eta_j}{\partial y}(y)-\frac{\partial\eta_j}{\partial y}(y+\alpha_j\mu v)\right]\mu v$$
$$+[\eta_i(y+\mu v)-\eta_j(y+\mu v)]-[\eta_i(y)-\eta_j(y)]$$

给定 $\varepsilon>0$,求足够大的 i_0 和 j_0,使得对于所有 $i>i_0$ 和 $j>j_0$,有

$$\sup_{y\in R^k}\|\eta_i(y)-\eta_j(y)\|<\frac{\varepsilon^2}{16c_3}$$

---

① 在标量情况下($k=1$),该函数的一个例子是:当 $|y|\leqslant 1$ 时,$\psi(y)=1$;当 $|y|\geqslant 2$ 时,$\psi(y)=0$;当 $1<|y|<2$ 时,

$$\psi(y)=1-\frac{1}{b}\int_1^{|y|}\exp\left(\frac{-1}{x-1}\right)\exp\left(\frac{-1}{2-x}\right)dx,\qquad 1<|y|<2$$

其中

$$b=\int_1^2\exp\left(\frac{-1}{x-1}\right)\exp\left(\frac{-1}{2-x}\right)dx$$

这是可能的,因为 $\{\eta_i\}$ 收敛。利用前述不等式及

$$\left\|\left[\frac{\partial \eta_\ell}{\partial y}(y) - \frac{\partial \eta_\ell}{\partial y}(y + \alpha_\ell \mu v)\right] \mu v\right\| \leqslant c_3 \alpha_\ell \mu^2 \|v\|^2 < c_3 \mu^2, \qquad \ell = i \text{ 或 } j$$

可以证明

$$\left\|\left[\frac{\partial \eta_i}{\partial y}(y) - \frac{\partial \eta_j}{\partial y}(y)\right] v\right\| < 2c_3\mu + \frac{\varepsilon^2}{8c_3\mu}$$

取 $\mu = \varepsilon/(4c_3)$,可得

$$\left\|\frac{\partial \eta_i}{\partial y}(y) - \frac{\partial \eta_j}{\partial y}(y)\right\| < \varepsilon$$

因此, $\partial \eta_i/\partial y$ 是 Banach 空间的 Cauchy 序列,该空间由 R^k 到 R^k 的全局有界连续函数组成,因而该序列收敛到连续函数 $J(y)$,即 $\eta(y)$ 是可微的,且 $\partial \eta/\partial y = J(y)$[①]。

对于给定的 $\eta \in S$,考虑系统

$$\dot{y} = Ay + F(y, \eta(y)) \tag{C.58}$$

$$\dot{z} = Bz + G(y, \eta(y)) \tag{C.59}$$

由于 $\eta(y)$ 和 $[\partial \eta/\partial y]$ 的有界性,方程(C.58)的右边对 y 是全局利普希茨的。因此,对每个初值 $y_0 \in R^k$,方程(C.58)有唯一解,对于所有 t 都有定义,且以固定函数 η 为参数,记为 $y(t) = \pi(t; y_0, \eta)$,其中 $\pi(0; y_0, \eta) = y_0$。方程(C.59)关于 z 是线性的,因此其解为

$$z(t) = \exp[B(t - \tau)]z(\tau)$$
$$+ \int_\tau^t \exp[B(t - \lambda)]G(\pi(\lambda - \tau; y(\tau), \eta), \eta(\pi(\lambda - \tau; y(\tau), \eta))) \, d\lambda$$

用 $\exp[-B(t-\tau)]$ 遍乘,将积分项移到另一边,并把积分变量 λ 代换为 $s = \lambda - \tau$,可得

$$z(\tau) = \exp[-B(t - \tau)]z(t)$$
$$+ \int_{t-\tau}^0 \exp(-Bs)G(\pi(s; y(\tau), \eta), \eta(\pi(s; y(\tau), \eta))) \, ds$$

该式对于任意 $t \in R$ 皆成立。积分项在 t 趋于负无穷时的极限为

$$\int_{-\infty}^0 \exp(-Bs)G(\pi(s; y(\tau), \eta), \eta(\pi(s; y(\tau), \eta))) \, ds \tag{C.60}$$

由于 η 是有界的, G 是全局有界的,其边界值为 π, B 是赫尔维茨的,故上面的极限有定义,将式(C.60)中的 $y(\tau)$ 用 y 表示,并将式(C.60)记为 $(P\eta)(y)$,得

$$(P\eta)(y) = \int_{-\infty}^0 \exp(-Bs)G(\pi(s; y, \eta), \eta(\pi(s; y, \eta))) \, ds \tag{C.61}$$

利用上面的定义,可得

$$\exp[B(t - \tau)][z(\tau) - (P\eta)(y(\tau))] =$$
$$z(t) - \int_{-\infty}^{t-\tau} \exp[-B(s - t + \tau)]G(\pi(s; y(\tau), \eta), \eta(\pi(s; y(\tau), \eta))) \, ds$$

将 $\xi = s - t + \tau$ 代入积分中,并利用 $\pi(\xi + t - \tau; y(\tau), \eta) = \pi(\xi; y(t), \eta)$,得到

$$\exp[B(t - \tau)][z(\tau) - (P\eta)(y(\tau))] = z(t) - (P\eta)(y(t))$$

上式说明对于任意 $t \in R$,如果 $z(\tau) = (P\eta)(y(\tau))$,则 $z(t) = (P\eta)(y(t))$,因此 $z = (P\eta)(y)$ 对于系统(C.58)~(C.59)定义了一个以 η 为参数的不变流形。

---

① 见文献[111]定理 9.1。

考虑系统(C.56)~(C.57),如果 $\eta(y)$ 是映射 $(P\eta)(y)$ 的一个不动点,即

$$\eta(y) = (P\eta)(y)$$

则 $z = \eta(y)$ 是系统(C.56)~(C.57)的中心流形。这一情况可理解为:首先,利用性质 $\eta \in S$ 及 $y = 0$ 是方程(C.58)的平衡点,由式(C.61)可看出

$$(P\eta)(0) = 0; \quad \frac{\partial(P\eta)}{\partial y}(0) = 0$$

其次,由于 $z = (P\eta)(y)$ 是系统(C.58)~(C.59)的不变流形,$(P\eta)(y)$ 满足偏微分方程

$$\frac{\partial}{\partial y}(P\eta)(y)[Ay + F(y, (P\eta)(y))] = B(P\eta)(y) + G(y, (P\eta)(y))$$

如果 $\eta(y) = (P\eta)(y)$,显然 $\eta(y)$ 满足同样的偏微分方程,因此它是系统(C.56)~(C.57)的一个中心流形。现在只剩下证明映射 $(P\eta)$ 有一个不动点,这将应用压缩映射定理证明。我们想要证明 $P\eta$ 是 S 到其自身的映射,且是 S 上的压缩映射。根据 F 和 G 的定义,存在一个非负连续函数 $\rho(\varepsilon)$,且 $\rho(0) = 0$,使得对于所有 $y \in R^k, z \in R^m$ 且 $\|z\| < \varepsilon$,有

$$\|F(y, z)\| \leqslant \varepsilon\rho(\varepsilon); \quad \left\|\frac{\partial F}{\partial y}(y, z)\right\| \leqslant \rho(\varepsilon); \quad \left\|\frac{\partial F}{\partial z}(y, z)\right\| \leqslant \rho(\varepsilon) \tag{C.62}$$

$$\|G(y, z)\| \leqslant \varepsilon\rho(\varepsilon); \quad \left\|\frac{\partial G}{\partial y}(y, z)\right\| \leqslant \rho(\varepsilon); \quad \left\|\frac{\partial G}{\partial z}(y, z)\right\| \leqslant \rho(\varepsilon) \tag{C.63}$$

由于 B 的特征值实部为负,因此存在正常数 β 和 C,使得对于 $s \leqslant 0$,有

$$\|\exp(-Bs)\| \leqslant C\exp(\beta s) \tag{C.64}$$

由于 A 的特征值实部为零,因此对于每个 $\alpha > 0$,存在一个正常数 $M(\alpha)$(当 α 趋于零时,它可能趋于无穷),使得对于 $s \in R$,有

$$\|\exp(As)\| \leqslant M(\alpha)\exp(\alpha|s|) \tag{C.65}$$

为了证明 $P\eta$ 是 S 到其自身的映射,需要证明存在正常数 c_1, c_2 和 c_3,使得如果对于所有 x, $y \in R^k$,$\eta(y)$ 是连续可微的,且满足

$$\|\eta(y)\| \leqslant c_1; \quad \left\|\frac{\partial \eta}{\partial y}(y)\right\| \leqslant c_2; \quad \left\|\frac{\partial \eta}{\partial y}(y) - \frac{\partial \eta}{\partial y}(x)\right\| \leqslant c_3\|y - x\|$$

那么 $(P\eta)(y)$ 是连续可微的,且满足同一不等式。由式(C.61)很容易看出 $(P\eta)(y)$ 的连续可微性。为了验证不等式,需要用到式(C.62)和式(C.63)给出的 F 和 G 的估计值,因此选择 c_1 满足 $0.5\varepsilon < c_1 < \varepsilon$。利用式(C.64)及 G 和 η 的估计值,由式(C.61)得

$$\|(P\eta)(y)\| \leqslant \int_{-\infty}^{0} \|\exp(-Bs)\| \|G\| \, ds \leqslant \int_{-\infty}^{0} C\exp(\beta s)\,\varepsilon\rho(\varepsilon) \, ds = \frac{C\varepsilon\rho(\varepsilon)}{\beta}$$

对于足够小的 ε,$(P\eta)(y)$ 的上界小于 c_1。设 $\pi_y(t; y, \eta)$ 表示 $\pi(t; y, \eta)$ 对 y 的雅可比矩阵,它满足变分方程

$$\dot{\pi}_y = \left[A + \left(\frac{\partial F}{\partial y}\right) + \left(\frac{\partial F}{\partial z}\right)\left(\frac{\partial \eta}{\partial y}\right)\right]\pi_y, \quad \pi_y(0; y, \eta) = I$$

其中 $$\left(\frac{\partial F}{\partial y}\right) = \left(\frac{\partial F}{\partial y}\right)(\pi(t; y, \eta), \eta(\pi(t; y, \eta)))$$

$\partial F / \partial z$ 和 $\partial \eta / \partial y$ 也具有相似的表达式。因此当 $t \leqslant 0$ 时,有

$$\pi_y(t; y, \eta) = \exp(At) - \int_t^0 \exp[A(t-s)] \left[\left(\frac{\partial F}{\partial y} \right) + \left(\frac{\partial F}{\partial z} \right) \left(\frac{\partial \eta}{\partial y} \right) \right] \pi_y(s; y, \eta) \, ds$$

利用式(C.65)及 F 和 η 的估计值,可得

$$\| \pi_y(t; y, \eta) \| \leqslant M(\alpha) \exp(-\alpha t) + \int_t^0 M(\alpha) \exp[\alpha(s-t)](1+c_2)\rho(\varepsilon) \| \pi_y(s; y, \eta) \| \, ds$$

用 $\exp(\alpha t)$ 遍乘各项,并应用 Gronwall-Bellman 不等式,证明[1]

$$\| \pi_y(t; y, \eta) \| \leqslant M(\alpha) \exp(-\gamma t)$$

其中 $\gamma = \alpha + M(\alpha)(1+c_2)\rho(\varepsilon)$。利用此边界,以及式(C.64)与 G 和 η 的估计值,继续计算雅可比矩阵 $[\partial(P\eta)(y)/\partial y]$ 的边界。由式(C.61)可得

$$\frac{\partial(P\eta)(y)}{\partial y} = \int_{-\infty}^0 \exp(-Bs) \left[\left(\frac{\partial G}{\partial y} \right) + \left(\frac{\partial G}{\partial z} \right) \left(\frac{\partial \eta}{\partial y} \right) \right] \pi_y(s; y, \eta) \, ds$$

这样,只要 ε 和 α 足够小,使 $\beta > \gamma$,就有

$$\begin{aligned} \left\| \frac{\partial(P\eta)(y)}{\partial y} \right\| &\leqslant \int_{-\infty}^0 C \exp(\beta s)(1+c_2)\rho(\varepsilon) M(\alpha) \exp(-\gamma s) \, ds \\ &= \frac{C(1+c_2)\rho(\varepsilon) M(\alpha)}{\beta - \gamma} \end{aligned}$$

当 ε 足够小时,$(p\eta)(y)$ 的雅可比矩阵边界将小于 c_2。为证明雅可比矩阵 $[\partial(P\eta)(y)/\partial y]$ 是利普希茨常数为 c_3 的利普希茨矩阵,注意到雅可比矩阵 $[\partial F/\partial y]$,$[\partial F/\partial z]$,$[\partial G/\partial y]$ 和 $[\partial G/\partial z]$ 对于所有 $x, y \in R^k, z, w \in B_\varepsilon$,都满足形如

$$\left\| \frac{\partial F}{\partial y}(y, z) - \frac{\partial F}{\partial y}(x, w) \right\| \leqslant L[\| y - x \| + \| z - w \|]$$

的利普希茨不等式。利用对于某个 $\varepsilon^* > 0$,有 $\varepsilon < \varepsilon^*$,可选择与 ε 无关的利普希茨常数 L,而且 L 可同时用于四个雅可比矩阵。利用这些不等式及 Gronwall-Bellman 不等式,重复前面的推导,可以证明对于所有 $x, y \in R^k$ 和 $t \leqslant 0$,有

$$\| \pi_y(t; y, \eta) - \pi_y(t; x, \eta) \| \leqslant L_1 \exp(-2\gamma t) \| y - x \|$$

其中 $L_1 = [(1+c_2)^2 L + \rho(\varepsilon) c_3] M^3(\alpha) / \gamma$。最后一个不等式可用于证明

$$\left\| \frac{\partial(P\eta)}{\partial y}(y) - \frac{\partial(P\eta)}{\partial y}(x) \right\| \leqslant \frac{C L_1(2\gamma - \alpha)}{M(\beta - 2\gamma)} \| y - x \|$$

只要 $\beta - 2\gamma > 0$。选择 α 和 ε 足够小,使得 $\beta - 2\gamma > \beta/2$,则

---

[1] 因为 t 出现在积分下限,所以实际上利用了 Gronwall-Bellman 不等式的另一种形式,即如果

$$y(t) \leqslant \lambda(t) + \int_t^a \mu(s) y(s) \, ds$$

则

$$y(t) \leqslant \lambda(t) + \int_t^a \lambda(s) \mu(s) \exp \left[\int_t^s \mu(\tau) \, d\tau \right] ds$$

$$\left\|\frac{\partial(P\eta)}{\partial y}(y) - \frac{\partial(P\eta)}{\partial y}(x)\right\| \leqslant [L_2 + \rho(\varepsilon)L_3 c_3]\|y - x\|$$

L_2 和 L_3 与 ε 和 c_3 无关。选取 $c_3 > L_2$，可选择足够小的 ε，使得 $L_2 + \rho(\varepsilon)L_3 c_3 < c_3$。这样就证明了对于足够小的 c_1 和足够大的 c_3，映射 $P\eta$ 是 S 到其自身的映射。为了证明它是 S 上的压缩映射，设 $\eta_1(y)$ 和 $\eta_2(y)$ 是 S 内的两个函数。另设 $\pi_1(t)$ 和 $\pi_2(t)$ 是相应于方程(C.58)始于 y 的解，即

$$\pi_i(t) = \pi(t; y, \eta_i), \quad i = 1, 2$$

用式(C.62)和式(C.63)给出的估计，可证明

$$\|F(\pi_2, \eta_2(\pi_2)) - F(\pi_1, \eta_1(\pi_1))\| \leqslant (1 + c_2)\rho(\varepsilon)\|\pi_2 - \pi_1\| + \rho(\varepsilon)\sup_{y \in R^k}\|\eta_2 - \eta_1\|$$

$$\|G(\pi_2, \eta_2(\pi_2)) - G(\pi_1, \eta_1(\pi_1))\| \leqslant (1 + c_2)\rho(\varepsilon)\|\pi_2 - \pi_1\| + \rho(\varepsilon)\sup_{y \in R^k}\|\eta_2 - \eta_1\|$$

根据式(C.58)，$\|\pi_2 - \pi_1\|$ 满足

$$
\begin{aligned}
\|\pi_2(t) - \pi_1(t)\| &\leqslant \int_t^0 M(\alpha)\exp[\alpha(s-t)][\rho(\varepsilon)\sup_{y \in R^k}\|\eta_2 - \eta_1\| \\
&\quad + (1 + c_2)\rho(\varepsilon)\|\pi_2(s) - \pi_1(s)\|]\,ds \\
&\leqslant \frac{1}{\alpha}M(\alpha)\rho(\varepsilon)\sup_{y \in R^k}\|\eta_2 - \eta_1\|\exp(-\alpha t) \\
&\quad + \int_t^0 (\gamma - \alpha)\exp[\alpha(s-t)]\|\pi_2(s) - \pi_1(s)\|\,ds
\end{aligned}
$$

其中用到 $\gamma = \alpha + M(\alpha)(1 + c_2)\rho(\varepsilon)$ 以及 $\pi_1(0) = \pi_2(0)$。用 $\exp(\alpha t)$ 遍乘各项，并应用 Gronwall-Bellman 不等式证明

$$\|\pi_2(t) - \pi_1(t)\| \leqslant \frac{1}{\alpha}M(\alpha)\rho(\varepsilon)\sup_{y \in R^k}\|\eta_2 - \eta_1\|\exp(-\gamma t)$$

把上述不等式用于

$$(P\eta_2)(y) - (P\eta_1)(y) = \int_{-\infty}^0 \exp(-Bs)[G(\pi_2, \eta_2(\pi_2)) - G(\pi_1, \eta_1(\pi_1))]\,ds$$

得

$$
\begin{aligned}
\|(P\eta_2)(y) - (P\eta_1)(y)\| &\leqslant \int_{-\infty}^0 Ce^{\beta s}[(1 + c_2)\rho(\varepsilon)\|\pi_2(s) - \pi_1(s)\| \\
&\quad + \rho(\varepsilon)\sup_{y \in R^k}\|\eta_2 - \eta_1\|]\,ds \\
&\leqslant C\rho(\varepsilon)\sup_{y \in R^k}\|\eta_2 - \eta_1\|\left[\frac{1}{\beta}\right. \\
&\quad \left. + \int_{-\infty}^0 e^{\beta s}(1 + c_2)\frac{1}{\alpha}M(\alpha)\rho(\varepsilon)e^{-\gamma s}\,ds\right] \\
&\leqslant b\sup_{y \in R^k}\|\eta_2 - \eta_1\|
\end{aligned}
$$

其中

$$b = C\rho(\varepsilon)\left[\frac{1}{\beta} + \frac{\gamma - \alpha}{\alpha(\beta - \gamma)}\right]$$

选择足够小的 ε 可保证 $b < 1$。因此 $P\eta$ 是 S 上的压缩映射。于是由压缩映射定理可知，映射 $P\eta$ 在 S 上有一个不动点。

现在假设 $\|g(y, 0)\| \leqslant k\|y\|^p$，函数 $G(y, 0)$ 满足同一边界。考虑闭子集

$$Y = \{\eta \in S \mid \|\eta(y)\| \leqslant c_4 \|y\|^p\}$$

其中 c_4 是一个待选的正常数。为了完成引理的证明,需证明 $P\eta$ 的不动点在 Y 内,也就是证明能够选择 c_4,使 $P\eta$ 把 Y 映射到其自身。利用式(C.63)给出的 G 的估计值,有

$$\|G(y,\eta(y))\| \leqslant \|G(y,0)\| + \|G(y,\eta(y)) - G(y,0)\| \leqslant k\|y\|^p + \rho(\varepsilon)\|\eta(y)\|$$

由于在集合 Y 内有 $\|\eta(y)\| \leqslant c_4\|y\|^p$,所以

$$\|G(y,\eta(y))\| \leqslant [k + c_4\rho(\varepsilon)]\|y\|^p$$

把该估计值用于式(C.61),可得

$$\|(P\eta)(y)\| \leqslant \int_{-\infty}^0 C \exp(\beta s) \, [k + c_4\rho(\varepsilon)]\|\pi(s;y,\eta)\|^p \, ds$$

因为 $\pi(t;0,\eta) = 0$,$\|\pi_y(t;y,\eta)\| \leqslant M(\alpha)\exp(-\gamma t)$,与引理 3.1 的证明一样,可以证明当 $t \leqslant 0$ 时,有

$$\|\pi(t;y,\eta)\| \leqslant M(\alpha)\exp(-\gamma t)\|y\|$$

因而

$$\|(P\eta)(y)\| \leqslant \frac{C[k + c_4\rho(\varepsilon)]M^p(\alpha)}{\beta - p\gamma}\|y\|^p \overset{\text{def}}{=\!=} c_5\|y\|^p$$

只要 ε 和 α 足够小,$\beta - p\gamma > 0$。选择足够大的 c_4,以及足够小的 ε,有 $c_5 < c_4$。因此,$P\eta$ 把 Y 映射到其自身,引理证明完毕。 □

证明定理 8.1 根据引理 C.6,当取 $A = A_1$,$B = A_2$,$f = g_1$ 和 $g = g_2$ 时,即可证明定理 8.1。 □

证明定理 8.3 定义 $\mu(y) = h(y) - \phi(y)$,利用 $\mathcal{N}(h(y)) = 0$ 和 $\mathcal{N}(\phi(y)) = O(\|y\|^p)$,其中 $\mathcal{N}(h(y))$ 由式(8.11)定义,可以证明 $\mu(y)$ 满足偏微分方程

$$\frac{\partial\mu}{\partial y}(y)[A_1 y + N(y,\mu(y))] - A_2\mu(y) - Q(y,\mu(y)) = 0 \tag{C.66}$$

其中

$$N(y,z) = g_1(y,\phi(y) + z)$$

且

$$\begin{aligned} Q(y,z) &= g_2(y,\phi(y) + z) - g_2(y,\phi(y)) + \mathcal{N}(\phi(y)) \\ &\quad - \frac{\partial\phi}{\partial y}(y)[g_1(y,\phi(y) + z) - g_1(y,\phi(y))] \end{aligned}$$

满足方程(C.66)的函数 $\mu(y)$ 是当 $A = A_1$,$B = A_2$,$f = N$ 和 $g = Q$ 时,形如方程(C.54)~方程(C.55)的中心流形,此时还有

$$Q(y,0) = \mathcal{N}(\phi(y)) = O(\|y\|^p)$$

因此,根据引理 C.6,存在一个连续可微函数 $\mu(y) = O(\|y\|^p)$,满足方程(C.66)。因此有 $h(y) - \phi(y) = O(\|y\|^p)$。简化后的系统为

$$\begin{aligned} \dot{y} &= A_1 y + g_1(y,h(y)) \\ &= A_1 y + g_1(y,\phi(y)) + g_1(y,h(y)) - g_1(y,\phi(y)) \end{aligned}$$

由于 g_1 是二次连续可微的,且其一阶偏导数在原点为零,因此在原点的邻域内有

$$\left\|\frac{\partial g_1}{\partial z}(y,z)\right\| \leqslant k_1\|y\| + k_2\|z\|$$

根据均值定理,可得 $g_{1i}(y,h(y)) - g_{1i}(y,\phi(y)) = \dfrac{\partial g_{1i}}{\partial z}(y,\zeta(y))[h(y) - \phi(y)]$

其中当 $\|y\| < 1$ 时,有　　　$\|\zeta(y)\| \leqslant \|\mu(y)\| + \|\phi(y)\| \leqslant k_3 \|y\|^p \leqslant k_3 \|y\|$

因此有　　　　　　　　$\|g_1(y, h(y)) - g_1(y, \phi(y))\| \leqslant k_4 \|y\| \|\mu(y)\| = O(\|y\|^{p+1})$

证毕。　　　　　　　　　　　　　　　　　　　　　　　　　　　　　　　　　□

C.16　证明引理 8.1

为了证明 R_A 是不变集,需要证明

$$x \in R_A \Rightarrow x(s) \stackrel{\text{def}}{=\!=} \phi(s; x) \in R_A, \quad \forall s \in R$$

由于　　　　　　　　　　　　$\phi(t; \phi(s; x)) = \phi(t + s; x)$

显然对于所有 $s \in R$, $\lim_{t \to \infty} \phi(t; x(s)) = 0$,因此 R_A 是不变集。为了证明 R_A 是开集,任取一点 $p \in R_A$,并证明 p 邻域内的每一点都属于 R_A。为此,设 $T > 0$ 足够大,使得 $\|\phi(T; p)\| < a/2$,其中选择 a 足够小,使域 $\|x\| < a$ 包含在 R_A 内。考虑 p 的邻域 $\|x - p\| < b$,根据解对初始状态的连续依赖性,选择 b 足够小,以保证在点 p 的邻域 $\|x - p\| < b$ 内的任意一点 q,在时间 T 处的解满足

$$\|\phi(T; p) - \phi(T; q)\| < \frac{a}{2}$$

则　　　　　　　　　　$\|\phi(T; q)\| \leqslant \|\phi(T; q) - \phi(T; p)\| + \|\phi(T; p)\| < a$

这样就证明点 $\phi(T; q)$ 在 R_A 内。因此,当 t 趋于无穷时,始于点 q 的解趋于原点,因此 $q \in R_A$ 且集合 R_A 是开集。关于 R_A 是连通集的证明留给读者完成(见习题 8.13)。关于 R_A 的边界由下一引理得出。

引理 C.7　开不变集的边界是不变集,因此开不变集的边界形成轨线。　　　　　　◇

证明:设 M 是开不变集,x 是 M 边界上的一点。存在序列 $x_n \in M$,收敛于 x。由于 M 是不变集,所以对于所有 $t \in R$,解 $\phi(t; x_n) \in M$,且对于所有 $t \in R$,序列 $\phi(t; x_n)$ 收敛于 $\phi(t; x)$。这样,对于所有 t, $\phi(t; x)$ 是 M 的一个聚点。此外,由于 x 是 M 的边界点,故有 $\phi(t; x) \notin M$。因此,对于所有 t,解 $\phi(t; x)$ 属于 M 的边界。　　　　　　　　　　　　　　　　　　□

C.17　证明定理 11.1

我们将解决由方程(11.10)和方程(11.11)以 (x, y) 为变量给出的全部问题,然后由式(11.9)的变量代换,得出 z 的误差估计。设 y 属于定义域 D_y,式(11.9)将 $D_x \times D_y$ 映射到 D_z。当分析方程(11.12)随 t 和 x 的缓慢变化的特性时,希望用边界层模型的一致指数稳定性性质(11.15)。不等式(11.15)只有当 $x \in D_x$ 时成立,因此为利用该式,需要确认缓慢变化的 x 总在 D_x 内。我们预期其成立,因为简化问题(11.8)的解 $\bar{x}$ 属于 S,而 S 是 D_x 内的一个紧子集,此外还预期误差 $\|x(t, \varepsilon) - \bar{x}(t)\|$ 将为 $O(\varepsilon)$,则对于足够小的 ε, x 将属于 D_x。但估计 $\|x(t, \varepsilon) - \bar{x}(t)\| = O(\varepsilon)$ 还未证明,所以不能运用该式开始证明。我们将用一个特殊技巧解决这一难题[①]。如果 $D_x \neq R^n$,设 E 是 R^n 内 D_x 的补集,并定义

---

① 该技巧用于证明中心流形定理(见附录 C.15)。

$$k = \frac{1}{2} \inf \{ \|x - y\| \mid x \in S, \ y \in E \} > 0$$

如果 $D_x = R^n$，取 k 为任意正常数，集合

$$S_1 = \{ x \in R^n \mid \text{dist}(x, S) \leqslant k/2 \}, \qquad S_2 = \{ x \in R^n \mid \text{dist}(x, S) \leqslant k \}$$

是 D_x 的紧子集，且 $S \subset S_1 \subset S_2$。设 $\psi: R^n \to [0, 1]$ 是光滑（无限多次连续可微）函数，当 $x \in S_1$ 时，$\psi(x) = 1$；当 x 不属于 S_2 时，$\psi(x) = 0$[①]。定义 F 和 G 为

$$F(t, x, y, \varepsilon) \ = \ f(t, \varphi(x), y + h(t, \varphi(x)), \varepsilon) \tag{C.67}$$

$$\begin{aligned} G(t, x, y, \varepsilon) \ = \ & g(t, \varphi(x), y + h(t, \varphi(x)), \varepsilon) - \varepsilon \frac{\partial h}{\partial t}(t, \varphi(x)) \\ & - \varepsilon \frac{\partial h}{\partial x}(t, \varphi(x)) f(t, \varphi(x), y + h(t, \varphi(x)), \varepsilon) \end{aligned} \tag{C.68}$$

其中 $\varphi(x) = (x - \xi_0)\psi(x) + \xi_0$。容易看出，由于 D_x 是凸集，因此对于所有 $x \in R^n$，$\varphi(x)$ 有界且属于 D_x。当 $x \in S_1$ 时，有 $\varphi(x) = x$，因此函数 F 与 f 是同一个函数。同样，函数 G 和 $g - \varepsilon[(\partial h/\partial t) + (\partial h/\partial x)f]$ 也是同一函数。可以验证，对于所有 $(t, x, y, \varepsilon) \in [0, t_1] \times R^n \times \Omega_1 \times [0, \varepsilon_0]$，其中 Ω_1 是 D_y 的任意紧子集，有

- F 和 G 及其对 ε 的一阶偏导数是连续且有界的；
- $F(t, x, y, 0)$ 对 (x, y) 的一阶偏导数有界；
- $G(t, x, y, 0)$ 和 $[\partial G(t, x, y, 0)/\partial y]$ 对 (t, x, y) 的一阶偏导数有界。

考虑修正奇异扰动问题

$$\dot{x} \ = \ F(t, x, y, \varepsilon), \qquad x(t_0) = \xi(\varepsilon) \tag{C.69}$$

$$\varepsilon \dot{y} \ = \ G(t, x, y, \varepsilon), \qquad y(t_0) = \eta(\varepsilon) - h(t_0, \xi(\varepsilon)) \tag{C.70}$$

当 $x \in S_1$ 时，修正问题方程（C.69）和方程（C.70）等价于原始问题方程（11.10）和方程（11.11）。在根据 $\bar{x}(t) \in S$ 预期解 $x(t, \varepsilon)$ 限制在 S_1 内时已选择了 S_1。边界层模型

$$\frac{dy}{d\tau} = G(t, x, y, 0) \tag{C.71}$$

在 $y = 0$ 处有一个平衡点，因为对于任意固定的 $x \in R^n$，有

$$G(t, x, y, 0) = g(t, \varphi(x), y + h(t, \varphi(x)), 0)$$

边界层模型（C.71）可以表示为式（11.14）的边界层模型形式，$\varphi(x) \in D_x$ 为冻结参数（frozen parameter）。由于不等式（11.15）对于冻结参数一致成立，很明显对于所有 $x \in R^n$，模型（C.71）的解满足同一不等式，即

$$\|y(\tau)\| \leqslant k\|y(0)\| \exp(-\gamma\tau), \ \forall \ \|y(0)\| < \rho_0, \ \forall \ (t, x) \in [0, t_1] \times R^n, \ \forall \ \tau \geqslant 0 \tag{C.72}$$

对方程（C.69）和方程（C.70）的简化问题是

$$\dot{x} = F(t, x, 0, 0), \quad x(t_0) = \xi_0 \tag{C.73}$$

只要 $x \in S_1$，该问题就与方程（11.8）的简化问题相同。由于方程（11.8）有唯一解 $\bar{x}(t)$，对于所

---

① ψ 的存在性证明见文献[111]中的第 23 章，引理 6.2。

有 $t \in [t_0, t_1]$ 和 $\bar{x}(t) \in S$ 有定义,故 $\bar{x}(t)$ 是 $t \in [t_0, t_1]$ 时方程(C.73)的唯一解。我们继续以方程(C.69)和方程(C.70)给出的修正奇异扰动问题证明此定理。在此基础上证明对于足够小的 ε,方程(C.69)和方程(C.70)的解 $x(t, \varepsilon)$ 属于 S_1。这样就证明了原始问题与修正问题有相同的解,并对方程(11.10)和方程(11.11)给出的原始问题证明了此定理。

考虑边界层模型(C.71),由于 $[\partial G / \partial y]$ 对 (t, x) 的一阶偏导数有界,且对于所有 (t, x),有 $G(t, x, 0, 0) = 0$,因此雅可比矩阵 $[\partial G / \partial t]$ 和 $[\partial G / \partial x]$ 满足

$$\left\| \frac{\partial G}{\partial t} \right\| \leqslant L_1 \|y\|; \quad \left\| \frac{\partial G}{\partial x} \right\| \leqslant L_2 \|y\|$$

利用这些估计和式(C.72),根据引理 9.8 可知存在一个李雅普诺夫函数 $V_1(t, x, y)$,对于所有 $y \in \{ \|y\| < \rho_0 \}$ 和所有 $(t, x) \in [0, t_1] \times R^n$,满足

$$c_1 \|y\|^2 \leqslant V_1(t, x, y) \leqslant c_2 \|y\|^2 \tag{C.74}$$

$$\frac{\partial V_1}{\partial y} G(t, x, y, 0) \leqslant -c_3 \|y\|^2 \tag{C.75}$$

$$\left\| \frac{\partial V_1}{\partial y} \right\| \leqslant c_4 \|y\|; \quad \left\| \frac{\partial V_1}{\partial t} \right\| \leqslant c_5 \|y\|^2; \quad \left\| \frac{\partial V_1}{\partial x} \right\| \leqslant c_6 \|y\|^2 \tag{C.76}$$

V_1 沿整个系统(C.69)~(C.70)轨线的导数为

$$\begin{aligned}
\dot{V}_1 &= \frac{1}{\varepsilon} \frac{\partial V_1}{\partial y} G(t, x, y, \varepsilon) + \frac{\partial V_1}{\partial t} + \frac{\partial V_1}{\partial x} F(t, x, y, \varepsilon) \\
&= \frac{1}{\varepsilon} \frac{\partial V_1}{\partial y} G(t, x, y, 0) + \frac{1}{\varepsilon} \frac{\partial V_1}{\partial y} [G(t, x, y, \varepsilon) - G(t, x, y, 0)] \\
&\quad + \frac{\partial V_1}{\partial t} + \frac{\partial V_1}{\partial x} F(t, x, y, \varepsilon)
\end{aligned}$$

利用式(C.75)、式(C.76)和估计

$$\|F(t, x, y, \varepsilon)\| \leqslant k_0; \quad \|G(t, x, y, \varepsilon) - G(t, x, y, 0)\| \leqslant \varepsilon L_3$$

可得
$$\begin{aligned}
\dot{V}_1 &\leqslant -\frac{c_3}{\varepsilon} \|y\|^2 + c_4 L_3 \|y\| + c_5 \|y\|^2 + c_6 k_0 \|y\|^2 \\
&\leqslant -\frac{c_3}{2\varepsilon} \|y\|^2 + c_4 L_3 \|y\|, \quad \varepsilon \leqslant \frac{c_3}{2c_5 + 2c_6 k_0}
\end{aligned}$$

这样,如果在某一时刻 $t^* \geqslant t_0$,有 $\|y(t^*, \varepsilon)\| < \rho_0 \sqrt{c_1/c_2} \overset{\text{def}}{=} \mu$,则全部问题的解 $y(x, \varepsilon)$ 将满足按指数衰减的边界

$$\|y(t, \varepsilon)\| \leqslant \mu \sqrt{c_2/c_1} \exp\left[\frac{-\alpha(t - t^*)}{\varepsilon} \right] + \varepsilon \delta, \quad \forall t \geqslant t^* \tag{C.77}$$

其中,$\alpha = c_3 / 4c_2$,$\delta = 2c_2 c_4 L_3 / c_1 c_3$。此外,$y(t_0, \varepsilon) = \eta(\varepsilon) - h(t_0, \xi(\varepsilon)) = \eta_0 - h(t_0, \xi_0) + O(\varepsilon)$ 及 $\eta_0 - h(t_0, \xi_0)$ 属于 Ω_y,Ω_y 是边界层模型

$$\frac{dy}{d\tau} = G(t_0, \xi_0, y, 0) = g(t_0, \xi_0, y + h(t_0, \xi_0), 0) \tag{C.78}$$

吸引区的紧子集。回顾(逆李雅普诺夫)定理 4.17 可知,存在一个李雅普诺夫函数 $V_0(y)$,在吸引区上满足

$$\frac{\partial V_0}{\partial y} g(t_0, \xi_0, y + h(t_0, \xi_0), 0) \leqslant -W_0(y)$$

其中，$W_0(y)$是正定的，且对于任意$c > 0$，$\{V_0(y) \leqslant c\}$是吸引区的紧子集。选择c_0，使得Ω_y在$\{V_0(y) \leqslant c_0\}$内，V_0沿整个系统（C.69）～（C.70）轨线的导数为

$$\dot{V}_0 = \frac{1}{\varepsilon} \frac{\partial V_0}{\partial y} G(t, x, y, \varepsilon)$$

$$= \frac{1}{\varepsilon} \frac{\partial V_0}{\partial y} G(t_0, \xi_0, y, 0) + \frac{1}{\varepsilon} \frac{\partial V_0}{\partial y} [G(t, x, y, \varepsilon) - G(t_0, \xi_0, y, 0)]$$

可以验证，对于所有$(t, y) \in [t_0, t_0 + \varepsilon T] \times \{V_0(y) \leqslant c_0\}$及某一$a_0 > 0$，有

$$\dot{V}_0 \leqslant \frac{1}{\varepsilon} [-W_0(y) + a_0 \varepsilon (1 + T)]$$

应用定理4.18证明存在$\varepsilon_1^* > 0$，使得对于$0 < \varepsilon < \varepsilon_1^*$，$y(t, \varepsilon)$在区间$[t_0, t_0 + \varepsilon T]$上满足不等式

$$\|y(t, \varepsilon)\| \leqslant \beta(\mu_2, (t - t_0)/\varepsilon) + \varrho(\varepsilon(1 + T))$$

其中β是$\mathcal{KL}$类函数，ϱ是$\mathcal{K}$类函数，且μ_2是正常数。选择T足够大，使$\beta(\mu_2, T) < \mu/2$，然后选择$\varepsilon^* < \varepsilon_1^*$足够小，使$\varrho(\varepsilon^*(1 + T)) < \mu/2$。由此可得，当$\varepsilon < \varepsilon^*$时，$y(t, \varepsilon)$满足

$$\|y(t, \varepsilon)\| < \mu_1 + \mu/2, \quad t \in [t_0, t_0 + \varepsilon T] \quad \text{且} \quad \|y(t_0 + \varepsilon T, \varepsilon)\| < \mu \qquad (\text{C.79})$$

其中$\mu_1 = \beta(\mu_2, 0)$。根据式（C.77）和式（C.79），当$k_1 > 0$时有

$$\|y(t, \varepsilon)\| \leqslant k_1 \exp\left[\frac{-\alpha(t - t_0)}{\varepsilon}\right] + \varepsilon\delta, \quad \forall t \geqslant t_0 \qquad (\text{C.80})$$

考虑式（C.69），将其右边记为

$$F(t, x, y, \varepsilon) = F(t, x, 0, 0) + [F(t, x, y, \varepsilon) - F(t, x, 0, 0)]$$

把式（C.69）看成降价系统（C.73）的扰动，括号内的扰动项满足

$$\begin{aligned}
\|F(t, x, y, \varepsilon) - F(t, x, 0, 0)\| &\leqslant \|F(t, x, y, \varepsilon) - F(t, x, y, 0)\| \\
&\quad + \|F(t, x, y, 0) - F(t, x, 0, 0)\| \\
&\leqslant L_4 \varepsilon + L_5 \|y\| \\
&\leqslant \theta_1 \varepsilon + \theta_2 \exp\left[\frac{-\alpha(t - t_0)}{\varepsilon}\right]
\end{aligned}$$

其中$\theta_1 = L_4 + L_5\delta$，$\theta_2 = L_5 k_1$。定义

$$u(t, \varepsilon) = x(t, \varepsilon) - \bar{x}(t)$$

则有

$$\begin{aligned}
u(t, \varepsilon) &= \xi(\varepsilon) - \xi(0) + \int_{t_0}^t [F(s, x(s, \varepsilon), y(s, \varepsilon), \varepsilon) - F(s, \bar{x}(s), 0, 0)] \, ds \\
&= \xi(\varepsilon) - \xi(0) + \int_{t_0}^t [F(s, x(s, \varepsilon), y(s, \varepsilon), \varepsilon) - F(s, x(s, \varepsilon), 0, 0)] \, ds \\
&\quad + \int_{t_0}^t [F(s, x(s, \varepsilon), 0, 0) - F(s, \bar{x}(s), 0, 0)] \, ds
\end{aligned}$$

且

$$\begin{aligned}
\|u(t, \varepsilon)\| &\leqslant k_2 \varepsilon + \int_{t_0}^t \left\{\theta_1 \varepsilon + \theta_2 \exp\left[\frac{-\alpha(s - t_0)}{\varepsilon}\right]\right\} ds + \int_{t_0}^t L_6 \|u(s, \varepsilon)\| \, ds \\
&\leqslant k_2 \varepsilon + \left[\theta_1 \varepsilon(t_1 - t_0) + \frac{\theta_2 \varepsilon}{\alpha}\right] + \int_{t_0}^t L_6 \|u(s, \varepsilon)\| \, ds
\end{aligned}$$

由 Gronwall-Bellman 引理,可得估计

$$\|x(t,\varepsilon) - \bar{x}(t)\| \leqslant \varepsilon k_3[1 + t_1 - t_0] \exp[L_6(t_1 - t_0)] \tag{C.81}$$

这就证明了对 x 的误差估计。还可得出,对于足够小的 ε,解 $x(t,\varepsilon)$ 对于所有 $t \in [t_0, t_1]$ 有定义。

为了证明对 y 的误差估计,考虑方程(C.70),为讨论方便,将其时间尺度用 τ 表示,有

$$\frac{dy}{d\tau} = G(t_0 + \varepsilon\tau, x(t_0 + \varepsilon\tau, \varepsilon), y, \varepsilon)$$

设 $\hat{y}(\tau)$ 表示边界层模型 $\quad \dfrac{dy}{d\tau} = G(t_0, \xi_0, y, 0), \quad y(0) = \eta_0 - h(t_0, \xi_0)$

的解,并设定 $\qquad\qquad\qquad v(\tau, \varepsilon) = y(\tau, \varepsilon) - \hat{y}(\tau)$

两边对 τ 求微分,并代入 y 和 $\hat{y}$ 的导数,得

$$\frac{dv}{d\tau} = G(t_0 + \varepsilon\tau, x(t_0 + \varepsilon\tau, \varepsilon), y(\tau, \varepsilon), \varepsilon) - G(t_0, \xi_0, \hat{y}(\tau), 0)$$

加减 $G(t_0 + \varepsilon\tau, x(t_0 + \varepsilon\tau, \varepsilon), v, 0)$,可得

$$\frac{dv}{d\tau} = G(t, x, v, 0) + \Delta G \tag{C.82}$$

其中 $t = t_0 + \varepsilon\tau, x = x(t_0 + \varepsilon\tau, \varepsilon), \Delta G = \Delta_1 + \Delta_2 + \Delta_3$,且

$$\begin{aligned}
\Delta_1 &= G(t, x, y, 0) - G(t, x, \hat{y}, 0) - G(t, x, v, 0) \\
\Delta_2 &= G(t, x, y, \varepsilon) - G(t, x, y, 0) \\
\Delta_3 &= G(t, x, \hat{y}, 0) - G(t_0, \xi_0, \hat{y}, 0)
\end{aligned}$$

可以验证

$$\begin{aligned}
\|\Delta_1\| &\leqslant k_4\|v\|^2 + k_5\|v\|\,\|\hat{y}\|, \qquad \|\Delta_2\| \leqslant \varepsilon L_3 \\
\|\Delta_3\| &\leqslant L_1|t - t_0|\,\|\hat{y}\| + L_2\|x - \xi_0\|\,\|\hat{y}\| \leqslant (L_1\varepsilon\tau + L_2\varepsilon a + L_2\varepsilon\tau k_0)\|\hat{y}\|
\end{aligned}$$

其中 k_4, k_5 和 a 是非负常数。重复得出式(C.80)的推导,可证明

$$\|\hat{y}(\tau)\| \leqslant k_1 e^{-\alpha\tau}, \quad \forall\, \tau \geqslant 0 \tag{C.83}$$

因此

$$\begin{aligned}
\|\Delta G\| &\leqslant k_4\|v\|^2 + k_5 k_1\|v\|\,e^{-\alpha\tau} + \varepsilon L_3 + \varepsilon a_1 k_1(1 + \tau)e^{-\alpha\tau} \\
&\leqslant k_4\|v\|^2 + k_5 k_1\|v\|e^{-\alpha\tau} + \varepsilon a_2
\end{aligned} \tag{C.84}$$

其中,$a_1 = \max\{L_2 a, L_1 + L_2 k_0\}, a_2 = L_3 + a_1 k_1 \max\{1, 1/\alpha\}$。我们已用到 $(1 + \tau)e^{-\alpha\tau} \leqslant \max\{1, 1/\alpha\}$,方程(C.82)可看成

$$\frac{dv}{d\tau} = G(t, x, v, 0) \tag{C.85}$$

的扰动,根据引理 9.8,上式有李雅普诺夫函数 $V_1(t, x, v)$,满足式(C.74)至式(C.76)。计算 V_1 沿方程(C.82)轨线的导数,并利用估计式(C.84),得

$$\begin{aligned}
\dot{V}_1 &= \frac{\partial V_1}{\partial t} + \frac{\partial V_1}{\partial x}F + \frac{1}{\varepsilon}\frac{\partial V_1}{\partial v}[G(t, x, v, 0) + \Delta G] \\
&\leqslant c_5\|v\|^2 + c_6 k_0\|v\|^2 - \frac{c_3}{\varepsilon}\|v\|^2 + \frac{c_4}{\varepsilon}\|v\|\,(k_4\|v\|^2 + k_5 k_1\|v\|e^{-\alpha\tau} + \varepsilon a_2)
\end{aligned}$$

当 $\|v\| \leqslant c_3/4c_4 k_4$ 和 $0 < \varepsilon < c_3/4(c_5 + c_6 k_0)$ 时,有

$$\dot{V}_1 \;\leqslant\; -\frac{c_3}{2\varepsilon}\|v\|^2 + \frac{c_4 k_5 k_1}{\varepsilon}\|v\|^2 e^{-\alpha\tau} + c_4 a_2 \|v\|$$

$$\leqslant\; -\frac{2}{\varepsilon}\left(k_a - k_b e^{-\alpha\tau}\right) V_1 + 2 k_c \sqrt{V_1}$$

其中，$k_a = c_3/4c_2$，$k_b = c_4 k_5 k_1/2c_1$，$k_c = c_4 a_2/2\sqrt{c_1}$。取 $W = \sqrt{V_1}$，得

$$D^+ W(\tau) \leqslant -\left(k_a - k_b e^{-\alpha\tau}\right) W + \varepsilon k_c$$

其中 $D^+ W(\tau)$ 是 W 对 τ 的上右导数。由比较原理（见引理 3.4），可得

$$W(\tau) \leqslant \phi(\tau, 0) W(0) + \varepsilon \int_0^\tau \phi(\tau, \sigma) k_c \, d\sigma$$

其中　　　$\phi(\tau, \sigma) = \exp\left[-\int_\sigma^\tau \left(k_a - k_b e^{-\alpha\lambda}\right)\, d\lambda\right]$，　　　$|\phi(\tau, \sigma)| \leqslant k_g e^{-\alpha_g(\tau - \sigma)}$

$k_g, \alpha_g > 0$。利用 $v(0) = O(\varepsilon)$，可得对于所有 $\tau \geqslant 0$，有 $v(\tau) = O(\varepsilon)$。这就证明了对于足够小的 ε，当 $t \in [t_0, t_1]$ 时，方程（C.69）和方程（C.70）的解满足

$$x(t, \varepsilon) - \bar{x}(t) = O(\varepsilon), \quad y(t, \varepsilon) - \hat{y}\left(\frac{t}{\varepsilon}\right) = O(\varepsilon)$$

由于 $\bar{x}(t) \in S$，因此存在 $\varepsilon_2^* > 0$ 足够小，使得对于所有 $t \in [t_0, t_1]$ 和所有 $\varepsilon < \varepsilon_2^*$，有 $x(t, \varepsilon) \in S_1$，故 $x(t, \varepsilon)$ 和 $y(t, \varepsilon)$ 是方程（11.10）和方程（11.11）的解。根据式（11.9），有

$$z(t, \varepsilon) - h(t, \bar{x}(t)) - \hat{y}\left(\frac{t}{\varepsilon}\right) = y(t, \varepsilon) - \hat{y}\left(\frac{t}{\varepsilon}\right) + h(t, x(t, \varepsilon)) - h(t, \bar{x}(t)) = O(\varepsilon)$$

其中用到 h 是 x 的利普希茨函数。最后，由于 $\hat{y}(\tau)$ 满足式（C.83），且

$$\exp\left[\frac{-\alpha(t - t_0)}{\varepsilon}\right] \leqslant \varepsilon, \quad \forall\, \alpha(t - t_0) \geqslant \varepsilon \ln\left(\frac{1}{\varepsilon}\right)$$

如果 ε 足够小，且满足

$$\varepsilon \ln\left(\frac{1}{\varepsilon}\right) \leqslant \alpha(t_b - t_0)$$

则 $\hat{y}(t/\varepsilon)$ 一项在 $[t_b, t_1]$ 上一致为 $O(\varepsilon)$，定理 11.1 证毕。　　　　　□

C.18　证明定理 11.2

该定理的证明与定理 11.1 的证明极其相似，这里仅指出两个主要的不同点。一是关于证明 x 属于 D_x，要用到降阶系统的李雅普诺夫函数 V；另一个是分析误差 $x - \bar{x}$，利用了降价系统的稳定性质。

下面利用李雅普诺夫函数 V，讨论对于所有 $t \geqslant t_0$，x 属于紧集 $\{W_1(x) \leqslant c\}$。因此，不必像证明定理 11.1 那样用函数 $\psi(x)$ 截短 x，函数 F 和 G 仍然由式（C.67）和式（C.68）定义，但要用 x 代换 $\varphi(x)$。与前一定理的证明一样，对于所有 $(t, x, y, \varepsilon) \in [0, \infty) \times \{W_1(x) \leqslant c\} \times \Omega_1 \times [0, \varepsilon_0]$，函数 F 和 G 性质相同，而且 $[\partial F/\partial x](t, x, 0, 0)$ 对 x 是利普希茨的，对 t 一致。对于所有 $x \in \{W_1(x) \leqslant c\}$，可重复前面的推导，证明 $y(t, \varepsilon)$ 满足式（C.80）。因此有

$$\dot{V} \leqslant -W_3(x) + k_6 \varepsilon + k_7 \exp\left[\frac{-\alpha(t - t_0)}{\varepsilon}\right]$$

由 $\xi_0 \in \{W_2(x) \leqslant \rho c\}$ 可看出,存在与 ε 无关的时间 $T_1 > 0$,使得对于足够小的 ε,对于所有 $t \in [t_0, t_0 + T_1]$,有 $x(t, \varepsilon) \in \{W_2(x) \leqslant c\}$。当 $t \geqslant t_0 + T_1$ 时,指数项 $\exp[-\alpha(t-t_0)/\varepsilon]$ 为 $O(\varepsilon)$,故

$$\dot{V} \leqslant -W_3(x) + k_8\varepsilon$$

利用该不等式,可以证明 $\dot{V}$ 在边界 $V(t,x) = c$ 上为负。因此,对于所有 $t \geqslant t_0, x(t,\varepsilon) \in \{W_1(x) \leqslant c\}$。

为分析逼近误差 $u(t,\varepsilon) = x(t,\varepsilon) - \bar{x}(t)$,把方程(C.69)看成降价系统(C.73)的扰动。这里不用 Gronwall-Bellman 引理推导 u 的估计,而是用李雅普诺夫分析法研究方程(C.73)原点的指数稳定性。李雅普诺夫分析法与证明定理 11.1 中的边界层分析法非常相似,因此只做简要描述。误差 u 满足方程

$$\dot{u} = F(t,u,0,0) + \Delta F \tag{C.86}$$

其中 $\quad \Delta F = [F(t,\bar{x}+u,0,0) - F(t,\bar{x},0,0) - F(t,u,0,0)] + [F(t,x,y,\varepsilon) - F(t,x,0,0)]$

可以验证 $\quad \|\Delta F\| \leqslant \tilde{k}_4\|u\|^2 + \tilde{k}_5\|u\| \|\bar{x}\| + \tilde{k}_6 \exp\left[\dfrac{-\alpha(t-t_0)}{\varepsilon}\right] + \varepsilon\tilde{k}_7$

把系统(C.86)看成系统 $\quad \dot{u} = F(t,u,0,0) \tag{C.87}$

的扰动。由于系统(C.87)的原点是指数稳定的,故可利用定理 4.14 得到一个李雅普诺夫函数 $\tilde{V}(t,u)$,利用该函数及方程(C.86),可得

$$\begin{aligned}
\dot{\tilde{V}} &= \frac{\partial \tilde{V}}{\partial t} + \frac{\partial \tilde{V}}{\partial u} F(t,u,0,0) + \frac{\partial \tilde{V}}{\partial u} \Delta F \\
&\leqslant -\tilde{c}_3\|u\|^2 + \tilde{c}_4\|u\| \left\{ \tilde{k}_4\|u\|^2 + \tilde{k}_5\|u\| \|\bar{x}\| + \tilde{k}_6 \exp\left[\frac{-\alpha(t-t_0)}{\varepsilon}\right] + \varepsilon\tilde{k}_7 \right\}
\end{aligned}$$

当 $\|u\| \leqslant \tilde{c}_3 / 2\tilde{c}_4\tilde{k}_4$ 时,有

$$\dot{\tilde{V}} \leqslant -2\left[\tilde{k}_a - \tilde{k}_b e^{-\tilde{\alpha}(t-t_0)}\right]\tilde{V} + 2\left\{\varepsilon\tilde{k}_c + \tilde{k}_d \exp\left[\frac{-\alpha(t-t_0)}{\varepsilon}\right]\right\}\sqrt{\tilde{V}}$$

其中 $\tilde{k}_a, \tilde{\alpha} > 0, \tilde{k}_b, \tilde{k}_c, \tilde{k}_d \geqslant 0$。应用比较原理,得

$$\tilde{W}(t) \leqslant \tilde{\phi}(t,t_0)\tilde{W}(0) + \int_{t_0}^{t} \tilde{\phi}(t,s)\left\{\varepsilon\tilde{k}_c + \tilde{k}_d \exp\left[\frac{-\alpha(s-t_0)}{\varepsilon}\right]\right\} ds$$

其中 $\tilde{W} = \sqrt{\tilde{V}}$ 且 $\quad |\tilde{\phi}(t,s)| \leqslant \tilde{k}_g e^{-\tilde{\sigma}(t-t_0)}, \quad \tilde{\sigma} > 0, \tilde{k}_g > 0$

由于 $u(t_0) = O(\varepsilon)$,且

$$\int_{t_0}^{t} \exp[-\tilde{\sigma}(t-s)] \exp\left[\frac{-\alpha(s-t_0)}{\varepsilon}\right] ds = O(\varepsilon)$$

可证明 $\tilde{W}(t) = O(\varepsilon)$,进而证明 $u(t,\varepsilon) = O(\varepsilon)$。其余证明可完全按照定理 11.1 的证明进行,在证明中注意边界层分析法对于所有 $\tau \geqslant 0$ 都适用。 $\qquad\square$

C. 19　证明定理 12.1

我们用 9.6 节的结果,把闭环系统(12.45)看成慢变系统进行分析。由于 w 在证明中不起作

用,因此把 $g(\mathcal{X},\rho,w)$ 写为 $g(\mathcal{X},\rho)$,可以验证 $g(\mathcal{X},\rho)$ 在定义域 $D_{\mathcal{X}} \times D_\rho$ 上连续可微,$\mathcal{X}_{\mathrm{ss}}(\alpha)$ 和 $A_{ms}(\alpha)$ 在 D_ρ 上连续可微。因为对于所有 $\alpha \in D_\rho,A_{ms}(\alpha)$ 是赫尔维茨矩阵,所以对于所有 $\alpha \in S$(D_ρ 的紧子集),$A_{ms}(\alpha)$ 对于 α 是一致赫尔维茨的。因此,对于 $\alpha \in S,A_{ms}$ 满足引理 9.9 中的所有假设。设 $P_{ms} = P_{ms}(\alpha)$ 是李雅普诺夫方程 $P_{ms}A_{ms} + A_{ms}^{\mathrm{T}}P_{ms} = -I$ 的解,以 $V(\mathcal{X}_\delta,\alpha) = \mathcal{X}_\delta^{\mathrm{T}}P_{ms}\mathcal{X}_\delta$ 作为冻结系统 $\dot{\mathcal{X}}_\delta = g(\mathcal{X}_\delta + \mathcal{X}_{\mathrm{ss}}(\alpha),\alpha)$ 的备选李雅普诺夫函数,引理 9.9 证明 $V(\mathcal{X}_\delta,\alpha)$ 满足式(9.41)、式(9.43)和式(9.44),我们只需验证其满足式(9.42)。冻结系统可重写为

$$\dot{\mathcal{X}}_\delta = A_{ms}(\alpha)\mathcal{X}_\delta + \Delta g(\mathcal{X}_\delta,\alpha)$$

其中,在某个域 $\{\|\mathcal{X}_\delta\|_2 < r_1\}$ 内

$$\|\Delta g(\mathcal{X}_\delta,\alpha)\|_2 = \|g(\mathcal{X}_\delta + \mathcal{X}_{\mathrm{ss}}(\alpha),\alpha) - A_{ms}(\alpha)\mathcal{X}_\delta\|_2 \leqslant k_1\|\mathcal{X}_\delta\|_2^2$$

这样,当 $\|\mathcal{X}_\delta\|_2 < 1/(4c_2k_1)$ 时,V 沿 $\dot{\mathcal{X}}_\delta = g(\mathcal{X}_\delta + \mathcal{X}_{\mathrm{ss}}(\alpha),\alpha)$ 轨线的导数满足

$$\dot{V} \leqslant -\|\mathcal{X}_\delta\|_2^2 + 2c_2k_1\|\mathcal{X}_\delta\|_2^3 \leqslant -\tfrac{1}{2}\|\mathcal{X}_\delta\|_2^2$$

因此存在 $r > 0$,使得对于所有 $(\mathcal{X}_\delta,\alpha) \in \{\|\mathcal{X}_\delta\|_2 < r\} \times S,V(\mathcal{X}_\delta,\alpha)$ 满足式(9.41)到式(9.44)。根据定理 9.3 即可证明定理 12.1。 $\square$

C.20 证明定理 12.2

为了分析闭环系统(12.58)~(12.59),我们把 9.6 节中慢变系统的稳定性分析与 11.5 节中奇异扰动系统的稳定性分析结合起来。由于 w 在证明中不起作用,可把方程(12.58)和方程(12.59)写为

$$\dot{\mathcal{X}} = g(\mathcal{X},\rho) + N(\rho)[\vartheta - \phi(\mathcal{X},\rho)] \tag{C.88}$$

$$\varepsilon\dot{\vartheta} = -\vartheta + \phi(\mathcal{X},\rho) \tag{C.89}$$

当 $\varepsilon = 0$ 时,可以得到降阶系统 $\dot{\mathcal{X}} = g(\mathcal{X},\rho)$,在定理 12.1 的证明中已用二次李雅普诺夫函数 $\mathcal{X}_\delta^{\mathrm{T}}P_{ms}\mathcal{X}_\delta$ 分析过该系统。可以验证 $\phi(\mathcal{X},\rho)$ 在定义域 $D_{\mathcal{X}} \times D_\rho$ 内是连续可微的,应用变量代换

$$\mathcal{Y} = \mathcal{X} - \mathcal{X}_{\mathrm{ss}}(\rho), \quad \mathcal{Z} = \vartheta - \phi(\mathcal{X},\rho)$$

则系统(C.88)~(C.89)转换为

$$\dot{\mathcal{Y}} = g(\mathcal{Y} + \mathcal{X}_{\mathrm{ss}}(\rho),\rho) + N(\rho)\mathcal{Z} - \frac{\partial \mathcal{X}_{\mathrm{ss}}}{\partial \rho}\dot{\rho} \tag{C.90}$$

$$\varepsilon\dot{\mathcal{Z}} = -\mathcal{Z} - \varepsilon\frac{\partial \phi}{\partial \mathcal{X}}[g(\mathcal{Y} + \mathcal{X}_{\mathrm{ss}}(\rho),\rho) + N(\rho)\mathcal{Z}] - \varepsilon\frac{\partial \phi}{\partial \rho}\dot{\rho} \tag{C.91}$$

以 $\mathcal{V} = \mathcal{Y}^{\mathrm{T}}P_{ms}\mathcal{Y} + (1/2)\mathcal{Z}^{\mathrm{T}}\mathcal{Z}$ 作为系统(C.90)~(C.91)的李雅普诺夫函数,可得在原点的某个邻域内,有

$$\begin{aligned}
\dot{\mathcal{V}} = & -\mathcal{Y}^{\mathrm{T}}\mathcal{Y} + 2\mathcal{Y}^{\mathrm{T}}P_{ms}\left[g(\mathcal{Y} + \mathcal{X}_{\mathrm{ss}}(\rho),\rho) - A_{ms}(\rho)\mathcal{Y} + N(\rho)\mathcal{Z} - \frac{\partial \mathcal{X}_{\mathrm{ss}}}{\partial \rho}\dot{\rho}\right] \\
& + \mathcal{Y}^{\mathrm{T}}\left[\frac{d}{dt}P_{ms}(\rho)\right]\mathcal{Y} \\
& -\frac{1}{\varepsilon}\mathcal{Z}^{\mathrm{T}}\mathcal{Z} - \mathcal{Z}^{\mathrm{T}}\left\{\frac{\partial \phi}{\partial \mathcal{X}}[g(\mathcal{Y} + \mathcal{X}_{\mathrm{ss}}(\rho),\rho) + N(\rho)\mathcal{Z}] + \frac{\partial \phi}{\partial \rho}\dot{\rho}\right\} \\
\leqslant & -\|\mathcal{Y}\|_2^2 - \frac{1}{\varepsilon}\|\mathcal{Z}\|_2^2 + c_1\|\mathcal{Y}\|_2^3 + c_2\|\mathcal{Y}\|_2\|\mathcal{Z}\|_2 + c_3\|\mathcal{Y}\|_2\|\dot{\rho}\|_2 \\
& + c_4\|\mathcal{Y}\|_2^2\|\dot{\rho}\|_2 + c_5\|\mathcal{Z}\|_2^2 + c_6\|\mathcal{Z}\|_2\|\dot{\rho}\|_2
\end{aligned}$$

其中 c_i 是正常数。把分析限制在邻域 $\|\mathcal{Y}\|_2 \leqslant c_7 \leqslant 1/(4c_1)$ 内,可得不等式

$$
\begin{aligned}
\dot{\mathcal{V}} \leqslant & -\frac{1}{2}\|\mathcal{Y}\|_2^2 - \frac{1}{2\varepsilon}\|\mathcal{Z}\|_2^2 + (c_3\|\mathcal{Y}\|_2 + c_4 c_7\|\mathcal{Y}\|_2 + c_6\|\mathcal{Z}\|_2)\|\rho\|_2 \\
& - \begin{bmatrix} \|\mathcal{Y}\|_2 \\ \|\mathcal{Z}\|_2 \end{bmatrix}^{\mathrm{T}} \begin{bmatrix} 1/4 & -c_2/2 \\ -c_2/2 & 1/(2\varepsilon)-c_5 \end{bmatrix} \begin{bmatrix} \|\mathcal{Y}\|_2 \\ \|\mathcal{Z}\|_2 \end{bmatrix}
\end{aligned}
$$

选择足够小的 ε^*,使得对于所有 $0 < \varepsilon < \varepsilon^*$,$2 \times 2$ 矩阵都是正定的。这样,对于某个正常数 α 和 β,有

$$
\dot{\mathcal{V}} \leqslant -2\alpha\mathcal{V} + 2\beta\sqrt{\mathcal{V}}\|\rho\|_2
$$

因此 $W = \sqrt{\mathcal{V}}$ 满足不等式 $D^+ W \leqslant -\alpha W + \beta\|\rho\|_2$

应用比较引理即可得定理 12.2。   □

C.21   证明定理 13.1

证明中用到了 14.3 节介绍的 Lie 括号和对合分布的概念以及完全可积性的概念。一个在 D 上由 $f_1, \cdots, f_k$ 产生的非奇异分布 Δ 是完全可积的,如果对于每个 $x_0 \in D$,存在 x_0 的一个邻域 N 和 $n-k$ 个实值光滑函数 $h_1(x), \cdots, h_{n-k}(x)$,满足

$$
\frac{\partial h_j}{\partial x} f_i(x) = 0, \quad \forall\, 1 \leqslant i \leqslant k, \quad 1 \leqslant j \leqslant n-k
$$

且对于所有 $x \in D$,行向量 $dh_1(x), \cdots, d_{n-k}(x)$ 是线性无关的,其中

$$
dh(x) = \frac{\partial h}{\partial x} = \left[\frac{\partial h}{\partial x_1}, \cdots, \frac{\partial h}{\partial x_n} \right]
$$

称为 h 的微分。微分几何学中的一个重要结论是 Frobenius 定理[①],该定理说明非奇异分布是完全可积的,当且仅当它是对合的。

首先给出并证明两个基本引理。

引理 C.8   对于所有 $x \in D$ 以及所有整数 k 和 j,当 $k \geqslant 0$ 和 $0 \leqslant j \leqslant \rho-k-1$ 时,有

$$
L_{ad_f^j g} L_f^k h(x) = \begin{cases} 0, & 0 \leqslant j+k < \rho-1 \\ (-1)^j L_g L_f^{\rho-1} h(x) \neq 0, & j+k = \rho-1 \end{cases} \quad (\text{C.92})
$$

◇

证明: 对 j 用归纳法证明该引理。根据相对阶的定义,当 $j=0$ 时,式(C.92)成立。现在假设对于某个 j,式(C.92)成立,证明对于 $j+1$,式(C.92)也成立。回顾雅可比恒等式(见习题 13.8)

$$
L_{[f,\beta]}\lambda(x) = L_f L_\beta \lambda(x) - L_\beta L_f \lambda(x)
$$

其中 λ 为任意实值函数,f 和 β 为任意向量场。取 $\lambda = L_f^k h, \beta = ad_f^j g$,得

$$
L_{ad_f^{j+1} g} L_f^k h(x) = L_{[f, ad_f^j g]} L_f^k h(x) = L_f L_{ad_f^j g} L_f^k h(x) - L_{ad_f^j g} L_f^{k+1} h(x)
$$

注意,由于 $j+k+1 \leqslant \rho-1 \Rightarrow j+k < \rho-1 \Rightarrow L_f L_{ad_f^j g} L_f^k h(x) = 0$

①   Frobenius 定理的证明见文献[88]。

故右边第一项为零。此外假设式(C.92)对于 j 成立,有

$$L_{ad_f^j g} L_f^{k+1} h(x) = \begin{cases} 0, & 0 \leqslant j+k+1 < \rho-1 \\ (-1)^j L_g L_f^{\rho-1} h(x) \neq 0, & j+k+1 = \rho-1 \end{cases}$$

因此

$$L_{ad_f^{j+1} g} L_f^k h(x) = \begin{cases} 0, & 0 \leqslant j+k+1 < \rho-1 \\ (-1)^{j+1} L_g L_f^{\rho-1} h(x) \neq 0, & j+k+1 = \rho-1 \end{cases}$$

证毕。 □

引理 C.9 对于所有 $x \in D$,有

- 行向量 $dh(x), dL_f h(x), \cdots, dL_f^{\rho-1} h(x)$ 是线性无关的;
- 列向量 $g(x), ad_f g(x), \cdots, ad_f^{\rho-1} g(x)$ 是线性无关的。 ◇

证明: 我们有

$$\begin{bmatrix} dh(x) \\ \vdots \\ dL_f^{\rho-1} h(x) \end{bmatrix} \begin{bmatrix} g(x) & \cdots & ad_f^{\rho-1} g(x) \end{bmatrix} =$$

$$\begin{bmatrix} L_g h(x) & L_{ad_f g} h(x) & \cdots & \cdots & L_{ad_f^{\rho-1} g} h(x) \\ L_g L_f h(x) & & & L_{ad_f^{\rho-2} g} L_f h(x) & * \\ \vdots & & & & \vdots \\ L_g L_f^{\rho-1} h(x) & * & \cdots & & * \end{bmatrix}$$

根据引理(C.9),上式等号右边矩阵形如:

$$\begin{bmatrix} 0 & \cdots & \cdots & 0 & \diamond \\ 0 & & & \diamond & * \\ \vdots & & & & \vdots \\ 0 & \diamond & & & * \\ \diamond & * & \cdots & & * \end{bmatrix}$$

其中◇表示非零元素。因此,矩阵是非奇异的,这就证明了引理 C.9,因为上式等号左边两个矩阵的任一矩阵的秩小于 ρ,则它们的积一定是奇异的。 □

引理 C.9 证明了 $\rho \leqslant n$。下面证明定理 13.1。$\rho = n$ 时的情况由引理 C.9 证明,引理第一条说明 $[\partial T / \partial x]$ 是非奇异的。考虑 $\rho < n$ 时的情况,分布 $\Delta = \text{span}\{g\}$ 是非奇异、对合的,且其维数为 1(注意任意一维非奇异分布都是对合的。)根据 Frobenius 定理,Δ 是完全可积的。因此,对于每个 $x_0 \in D$,存在 x_0 的邻域 N_1,以及 $n-1$ 个光滑函数 $\phi_1(x), \cdots, \phi_{n-1}(x)$,其微分是线性无关的,满足

$$L_g \phi_i(x) = 0, \ 1 \leqslant i \leqslant n-1, \ \forall \, x \in N_1$$

因为

$$L_g L_f^i h(x) = 0, \quad 0 \leqslant i \leqslant \rho-2$$

且 $dh(x), \cdots, dL_f^{\rho-2} h(x)$ 是线性无关的,因此可用 $h, \cdots, L_f^{\rho-2} h$ 作为这 $n-1$ 个函数的一部分。特别地,可取其为 $\phi_{n-\rho+1}, \cdots, \phi_{n-1}$。由于 $L_g L_f^{\rho-1} h(x) \neq 0$,行向量 $dL_f^{\rho-1} h(x_0)$ 与行向量 $d\phi_1(x_0), \cdots, d\phi_{n-1}(x_0)$ 是线性无关的。因此

$$\text{rank}\left[\frac{\partial T}{\partial x}(x_0)\right] = n \ \Rightarrow \ \frac{\partial T}{\partial x}(x_0) \text{ 是非奇异的}$$

且存在 x_0 的邻域 N_2,使得约束在 N_2 上的 $T(x)$ 在 N_2 上是微分同胚的,取 $N = N_1 \cap N_2$,即完成了定理 13.1 的证明。 $\qquad\qquad\qquad\qquad\qquad\qquad\qquad\qquad\qquad\qquad\qquad\qquad\qquad$ □

C.22 证明定理 13.2

系统
$$\dot{x} = f(x) + g(x)u$$

是可反馈线性化的,当且仅当存在一个足够光滑的函数 $h(x)$,使系统
$$\dot{x} = f(x) + g(x)u, \qquad y = h(x)$$

在 $D_0 \subset D$ 上具有相对阶 n,即 $h(x)$ 满足

$$L_g L_f^i h(x) = 0, \quad 0 \leqslant i \leqslant n-2 \quad \text{和} \quad L_g L_f^{n-1} h(x) \neq 0, \ \forall \, x \in D_0 \qquad (\text{C.93})$$

这样,为了证明该定理而需要证明,存在满足式(C.93)的 $h(x)$ 相当于条件 1 和条件 2。

必要性:假设存在 $h(x)$ 满足式(C.93)。引理 C.9 说明秩 $\mathcal{G} = n$,则 $\mathcal{D}$ 是非奇异的,且维数为 $n-1$。根据式(C.92),当 $k=0,\rho=n$ 时,有

$$L_g h(x) = L_{ad_f g} h(x) = \cdots = L_{ad_f^{n-2} g} h(x) = 0$$

上式可写为

$$dh(x)[g(x), ad_f g(x), \cdots, ad_f^{n-2} g(x)] = 0$$

该方程表明 $\mathcal{D}$ 是完全可积的,且根据 Frobenius 定理可知 $\mathcal{D}$ 是对合的。

充分性:假设满足条件 1 和条件 2,则 $\mathcal{D}$ 是非奇异的,且维数为 $n-1$。根据 Frobenius 定理,存在 $h(x)$,满足

$$L_g h(x) = L_{ad_f g} h(x) = \cdots = L_{ad_f^{n-2} g} h(x) = 0$$

利用雅可比恒等式(见习题 13.8),可以验证

$$L_g h(x) = L_g L_f h(x) = \cdots = L_g L_f^{n-2} h(x) = 0$$

而且 $\quad dh(x)\mathcal{G}(x) = dh(x)[g(x), ad_f g(x), \cdots, ad_f^{n-1} g(x)] = [0, \cdots, 0, L_{ad_f^{n-1} g} h(x)]$

由于秩 $\mathcal{G} = n$ 且 $dh(x) \neq 0$,则 $L_{ad_f^{n-1} g} h(x) \neq 0$ 一定成立。利用雅可比恒等式可以验证 $L_g L_f^{n-1} h(x) \neq 0$,由此完成了该定理的证明。

C.23 证明定理 14.6

出于分析的需要,我们把观测器的动力学方程用与其等价的尺度估计误差动力学方程

$$\eta_{ij} = \frac{x_{ij} - \hat{x}_{ij}}{\varepsilon^{\rho_i - j}}$$

代替,其中 $1 \leqslant i \leqslant m, 1 \leqslant j \leqslant \rho_i$。因此有 $\hat{x} = x - D(\varepsilon)\eta$,其中

$$\begin{aligned}
\eta &= [\eta_{11}, \cdots, \eta_{1\rho_1}, \cdots, \eta_{m1}, \cdots, \eta_{m\rho_m}]^{\mathrm{T}} \\
D(\varepsilon) &= \text{block diag}[D_1, \cdots, D_m] \\
D_i &= \text{diag}[\varepsilon^{\rho_i - 1}, \cdots, 1]_{\rho_i \times \rho_i}
\end{aligned}$$

闭环系统表示为

$$
\begin{aligned}
\dot{x} &= Ax + B\phi(x, z, \gamma(\vartheta, x - D(\varepsilon)\eta, \zeta)) \\
\dot{z} &= \psi(x, z, \gamma(\vartheta, x - D(\varepsilon)\eta, \zeta)) \\
\dot{\vartheta} &= \Gamma(\vartheta, x - D(\varepsilon)\eta, \zeta) \\
\varepsilon\dot{\eta} &= A_0\eta + \varepsilon B\delta(x, z, \vartheta, D(\varepsilon)\eta)
\end{aligned}
$$

其中　　　　　　$\delta(x, z, \vartheta, D(\varepsilon)\eta) = \phi(x, z, \gamma(\vartheta, \hat{x}, \zeta)) - \phi_0(\hat{x}, \zeta, \gamma(\vartheta, \hat{x}, \zeta))$

$(1/\varepsilon)A_0 = D^{-1}(\varepsilon)(A - HC)D(\varepsilon)$ 是 $\rho \times \rho$ 赫尔维茨矩阵,为方便,将系统改写为紧奇异扰动形式

$$\dot{\mathcal{X}} = F(\mathcal{X}, D(\varepsilon)\eta) \tag{C.94}$$

$$\varepsilon\dot{\eta} = A_0\eta + \varepsilon B\Delta(\mathcal{X}, D(\varepsilon)\eta) \tag{C.95}$$

其中 $F(\mathcal{X}, 0) = f(\mathcal{X})$。初始状态为 $\mathcal{X}(0) = (x(0), z(0), \vartheta(0)) \in \mathcal{S}, \hat{x}(0) \in \mathcal{Q}$。因此有 $\eta(0) = D^{-1}(\varepsilon)[x(0) - \hat{x}(0)]$,在式(C.95)中设定 $\varepsilon = 0$,则 $\eta = 0$,并得到降价系统

$$\dot{\mathcal{X}} = f(\mathcal{X}) \tag{C.96}$$

这正是状态反馈下的闭环系统。运用时间变量代换 $\tau = t/\varepsilon$,然后设定 $\varepsilon = 0$,可得边界层模型

$$\frac{d\eta}{d\tau} = A_0\eta$$

由于系统(C.96)的原点是渐近稳定的,且 $\mathcal{R}$ 是其吸引区,根据(逆李雅普诺夫)定理4.17,存在一个光滑正定函数 $V(\mathcal{X})$ 及连续正定函数 $U(\mathcal{X})$,都对于 $\mathcal{X} \in \mathcal{R}$ 有定义,满足

$$V(\mathcal{X}) \to \infty \text{ as } \mathcal{X} \to \partial\mathcal{R}$$

$$\frac{\partial V}{\partial \mathcal{X}} f(\mathcal{X}) \leqslant -U(\mathcal{X}), \quad \forall \mathcal{X} \in \mathcal{R}$$

且对于任意 $c > 0$,$\{V(\mathcal{X}) \leqslant c\}$ 是 $\mathcal{R}$ 的紧子集。设 $\mathcal{S}$ 是 $\mathcal{R}$ 内的任一紧集,选择正常数 b 和 c,满足 $c > b > \max_{\mathcal{X} \in \mathcal{S}} V(\mathcal{X})$,则

$$\mathcal{S} \subset \Omega_b = \{V(\mathcal{X}) \leqslant b\} \subset \Omega_c = \{V(\mathcal{X}) \leqslant c\} \subset \mathcal{R}$$

对于边界层系统,李雅普诺夫函数为 $W(\eta) = \eta^{\mathrm{T}}P_0\eta$,满足

$$\lambda_{\min}(P_0)\|\eta\|^2 \leqslant W(\eta) \leqslant \lambda_{\max}(P_0)\|\eta\|^2$$

$$\frac{\partial W}{\partial \eta} A_0\eta \leqslant -\|\eta\|^2$$

其中,P_0 是李雅普诺夫方程 $P_0A_0 + A_0^{\mathrm{T}}P_0 = -I$ 的正定解,且在整个证明过程中采用 $\|\cdot\| = \|\cdot\|_2$。由范数的等价性足以证明在 2 范数下式(14.114)和式(14.115)成立。设 $\Sigma = \{W(\eta) \leqslant \varrho\varepsilon^2\}$ 和 $\Lambda = \Omega_c \times \Sigma$,由于对于所有 $\mathcal{X} \in \Omega_c$ 和 $\eta \in R^\rho$,F 与 Δ 对 $\hat{x}$ 全局有界,于是有

$$\|F(\mathcal{X}, D(\varepsilon)\eta)\| \leqslant k_1, \quad \|\Delta(\mathcal{X}, D(\varepsilon)\eta)\| \leqslant k_2$$

其中 k_1 和 k_2 是与 ε 无关的正常数。此外,对于任意 $0 < \tilde{\varepsilon} < 1$,存在 L_1 与 ε 无关,使得对于所有 $(\mathcal{X}, \eta) \in \Lambda$ 及每个 $0 < \varepsilon \leqslant \tilde{\varepsilon}$,有

$$\|F(\mathcal{X}, D(\varepsilon)\eta) - F(\mathcal{X}, 0)\| \leqslant L_1\|\eta\|$$

今后只考虑 $\varepsilon \leqslant \tilde{\varepsilon}$ 的情况。首先证明存在正常数 ϱ 和 ε_1(与 ϱ 有关),使得对于每个 $0 < \varepsilon \leqslant \varepsilon_1$,紧集 Λ 为正不变集。证明这一点只需验证,对于所有 $(\mathcal{X}, \eta) \in \Lambda$ 有

$$\dot{V} \leqslant -U(\mathcal{X}) + \varepsilon k_3$$

和
$$\dot{W} \leqslant -\frac{1}{\varepsilon}\|\eta\|^2 + 2\|\eta\|\|P_0\|\|B\|k_2 \leqslant -\frac{1}{\varepsilon}\|\eta\|^2 + 2\|\eta\|\|P_0\|k_2$$

其中,$k_3 = L_1 L_2 \sqrt{\varrho/\lambda_{\min}(P_0)}$,$\|P_0\| = \lambda_{\max}(P_0)$,$\|B\| = 1$,且 L_2 是 Ω_c 上 $\|\partial V/\partial \mathcal{X}\|$ 的上界。取 $\varrho = 16k_2^2\|P_0\|^3$ 和 $\varepsilon_1 = \beta/k_3$,这里 $\beta = \min_{\mathcal{X} \in \partial \Omega_c} U(\mathcal{X})$,可以证明对于每个 $0 < \varepsilon \leqslant \varepsilon_1$,有对于所有 $(\mathcal{X}, \eta) \in \{V(\mathcal{X}) = c\} \times \Sigma$,$\dot{V} \leqslant 0$,对于所有 $(\mathcal{X}, \eta) \in \Omega_c \times \{W(\eta) = \varrho\varepsilon^2\}$,$\dot{W} \leqslant 0$。因此,$\Lambda$ 是正不变集。

现在考虑初始状态 $(\mathcal{X}(0), \hat{x}(0)) \in \mathcal{S} \times \mathcal{Q}$,可以验证其相应的初始误差 $\eta(0)$ 满足 $\|\eta(0)\| \leqslant k/\varepsilon^{(\rho_{\max} - 1)}$,其中 k 是某个非负常数,与 $\mathcal{S}$ 和 $\mathcal{Q}$ 有关,$\rho_{\max} = \max\{\rho_1, \cdots, \rho_m\}$。由于 $\mathcal{X}(0)$ 在 Ω_c 内,因此可以证明只要 $\mathcal{X}(t) \in \Omega_c$,就有

$$\|\mathcal{X}(t) - \mathcal{X}(0)\| \leqslant k_1 t \tag{C.97}$$

这样,存在一个有限时间 T_0,与 ε 无关,使得对于所有 $t \in [0, T_0]$,有 $\mathcal{X}(t) \in \Omega_c$。在此时间区间内,因为

$$W(\eta) \geqslant \varrho\varepsilon^2 \Rightarrow \|P_0\|\|\eta\|^2 \geqslant 16k_2^2\|P_0\|^3\varepsilon^2 \Leftrightarrow \|\eta\| \geqslant 4k_2\|P_0\|\varepsilon$$

故有
$$\dot{W} \leqslant -\frac{1}{2\varepsilon}\|\eta\|^2 - \frac{1}{2\varepsilon}\|\eta\|^2 + 2k_2\|P_0\|\|\eta\| \leqslant -\frac{1}{2\varepsilon}\|\eta\|^2, \qquad W(\eta) \geqslant \varrho\varepsilon^2$$

因此
$$W(\eta(t)) \leqslant \frac{\sigma_2}{\varepsilon^{2(\rho_{\max}-1)}} \exp(-\sigma_1 t/\varepsilon) \tag{C.98}$$

其中 $\sigma_1 = 1/(2\|P_0\|)$,$\sigma_2 = k_2\|P_0\|$。取 $\varepsilon_2 > 0$ 足够小,使得对于所有 $0 < \varepsilon \leqslant \varepsilon_2$,有

$$T(\varepsilon) \stackrel{\text{def}}{=} \frac{\varepsilon}{\sigma_1} \ln\left(\frac{\sigma_2}{\varrho\varepsilon^{2\rho_{\max}}}\right) \leqslant \frac{1}{2}T_0$$

注意到,当 ε 趋于零时,$T(\varepsilon)$ 趋于零,故 ε_2 存在。由此可得对于每个 $0 < \varepsilon \leqslant \varepsilon_2$,有 $W(\eta(T(\varepsilon))) \leqslant \varrho\varepsilon^2$。取 $\varepsilon_1^* = \min\{\bar{\varepsilon}, \varepsilon_1, \varepsilon_2\}$,保证对于每个 $0 < \varepsilon \leqslant \varepsilon_1^*$,轨线 $(\mathcal{X}(t), \eta(t))$ 在时间 $[0, T(\varepsilon)]$ 内进入 Λ,并对于所有 $t \geqslant T(\varepsilon)$ 该轨线都保持在其中,因而对于所有 $t \geqslant T(\varepsilon)$ 该轨线有界。另一方面,不等式(C.97)和不等式(C.98)也给出当 $T \in [0, T(\varepsilon)]$ 时,轨线是有界的。

下面证明式(14.114)。我们知道对于每个 $0 < \varepsilon \leqslant \varepsilon_1^*$,当 $t \geqslant T(\varepsilon)$ 时,解在集合 Λ 内,这里 Λ 在变量 η 方向上为 $O(\varepsilon)$。这样,可以找到 $\varepsilon_3 = \varepsilon_3(\mu) \leqslant \varepsilon_1^*$,使得对于 $0 < \varepsilon \leqslant \varepsilon_3$,有

$$\|\eta(t)\| \leqslant \mu/2, \qquad \forall\, t \geqslant T(\varepsilon_3) = \bar{T}(\mu) \tag{C.99}$$

利用对于所有 $(\mathcal{X}, \eta) \in \Lambda$,$\dot{V} \leqslant -U(\mathcal{X}) + \varepsilon k_3$,可得

$$\dot{V} \leqslant -\frac{1}{2}U(\mathcal{X}), \qquad \mathcal{X} \notin \{U(\mathcal{X}) \leqslant 2k_3\varepsilon \stackrel{\text{def}}{=} \nu(\varepsilon)\} \tag{C.100}$$

由于 $U(\mathcal{X})$ 是正定且连续的,故对于足够小的 ε,集合 $\{U(\mathcal{X}) \leqslant \nu(\varepsilon)\}$ 是紧集。设 $c_0(\varepsilon) = \max_{U(\mathcal{X}) \leqslant \nu(\varepsilon)}\{V(\mathcal{X})\}$,其中 $c_0(\varepsilon)$ 是非减的,且 $\lim_{\varepsilon \to 0} c_0(\varepsilon) = 0$。考虑紧集 $\{V(\mathcal{X}) \leqslant c_0(\varepsilon)\}$,有 $\{U(\mathcal{X}) \leqslant \nu(\varepsilon)\} \subset \{V(\mathcal{X}) \leqslant c_0(\varepsilon)\}$。选择 $\varepsilon_4 = \varepsilon_4(\mu) \leqslant \varepsilon_1^*$ 足够小,则对于所有 $\varepsilon \leqslant \varepsilon_4$,集合 $\{U(\mathcal{X}) \leqslant \nu(\varepsilon)\}$ 是紧集,集合 $\{V(\mathcal{X}) \leqslant c_0(\varepsilon)\}$ 在 Ω_c 内,且

$$\{V(\mathcal{X}) \leqslant c_0(\varepsilon)\} \subset \{\|\mathcal{X}\| \leqslant \mu/2\} \tag{C.101}$$

则对于所有 $\mathcal{X} \in \Omega_c$,但 $\mathcal{X} \notin \{V(\mathcal{X}) \leqslant c_0(\varepsilon)\}$,有与式(C.100)相似的不等式。由此可得集合 $\{V(\mathcal{X}) \leqslant c_0(\varepsilon)\} \times \Sigma$ 是正不变集,且 $\Omega_c \times \Sigma$ 内的每条轨线在有限时间内到达 $\{V(\mathcal{X}) \leqslant c_0(\varepsilon)\} \times \Sigma$,即给定式(C.101),存在一个有限时间 $\tilde{T} = \tilde{T}(\mu)$,使得对于每个 $0 < \varepsilon \leqslant \varepsilon_4$,有

$$\|\mathcal{X}(t)\| \leqslant \mu/2, \quad \forall\, t \geqslant \tilde{T} \tag{C.102}$$

取 $\varepsilon_2^* = \varepsilon_2^*(\mu) = \min\{\varepsilon_3, \varepsilon_4\}$，$T_2 = T_2(\mu) = \max\{\tilde{T}, \hat{T}\}$，则根据式（C.99），式（C.102），$\hat{x} = x - D(\varepsilon)\eta$ 及 $\|D(\varepsilon)\| = 1$，可得式（14.114）。

为了证明式（14.115），把区间 $[0, \infty)$ 分成三个区间 $[0, T(\varepsilon)]$，$[T(\varepsilon), T_3]$ 和 $[T_3, \infty)$，分别在每个子区间上证明式（14.115）。根据式（14.114）给出的 $\mathcal{X}(t)$ 的毕竟有界性，和系统（C.96）的原点的渐近稳定性，可推出存在一个与 ε 无关的有限时间 $T_3 \geqslant T(\varepsilon)$，使得对于每个 $0 < \varepsilon \leqslant \varepsilon_2^*$，有

$$\|\mathcal{X}(t) - \mathcal{X}_r(t)\| \leqslant \mu, \quad \forall\, t \geqslant T_3 \tag{C.103}$$

由式（C.97）可知，在区间 $[0, T(\varepsilon)]$ 上，有

$$\|\mathcal{X}(t) - \mathcal{X}(0)\| \leqslant k_1 t$$

同样可以证明，在同一个区间上，有

$$\|\mathcal{X}_r(t) - \mathcal{X}(0)\| \leqslant k_1 t$$

因此，有

$$\|\mathcal{X}(t) - \mathcal{X}_r(t)\| \leqslant 2k_1 T(\varepsilon), \quad \forall\, t \in [0, T(\varepsilon)]$$

由于当 ε 趋于零时，$T(\varepsilon)$ 趋于零，因此存在 $0 < \varepsilon_5 \leqslant \varepsilon_2^*$，使得对于每个 $0 < \varepsilon \leqslant \varepsilon_5$，有

$$\|\mathcal{X}(t) - \mathcal{X}_r(t)\| \leqslant \mu, \quad \forall\, t \in [0, T(\varepsilon)] \tag{C.104}$$

在区间 $[T(\varepsilon), T_3]$ 上，解 $\mathcal{X}(t)$ 满足

$$\dot{\mathcal{X}} = F(\mathcal{X}, D(\varepsilon)\eta(t)), \qquad \|\mathcal{X}(T(\varepsilon)) - \mathcal{X}_r(T(\varepsilon))\| \leqslant \delta_1(\varepsilon)$$

其中 $D(\varepsilon)\eta$ 是 $O(\varepsilon)$，并且当 ε 趋于零时，$\delta_1(\varepsilon)$ 趋于零。这样由定理 3.5 可得，存在 $0 < \varepsilon_6 \leqslant \varepsilon_2^*$，使得对于每个 $0 < \varepsilon \leqslant \varepsilon_6$，有

$$\|\mathcal{X}(t) - \mathcal{X}_r(t)\| \leqslant \mu, \quad \forall\, t \in [T(\varepsilon), T_3] \tag{C.105}$$

取 $\varepsilon_3^* = \min\{\varepsilon_5, \varepsilon_6\}$，则由式（C.103）到式（C.105）即可得式（14.115）。

最后，假设系统（C.96）的原点是指数稳定的，根据（逆李雅普诺夫）定理 4.14 可知，存在连续可微的李雅普诺夫函数 $V_1(\mathcal{X})$，它在球 $B_r \subset \mathcal{R}$ 上，满足不等式

$$b_1\|\mathcal{X}\|^2 \leqslant V_1(\mathcal{X}) \leqslant b_2\|\mathcal{X}\|^2, \qquad \frac{\partial V_1}{\partial \mathcal{X}}F(\mathcal{X}, 0) \leqslant -b_3\|\mathcal{X}\|^2, \qquad \left\|\frac{\partial V_1}{\partial \mathcal{X}}\right\| \leqslant b_4\|\mathcal{X}\|$$

其中 r, b_1, b_2, b_3 和 b_4 是正常数。利用 F 和 Δ 的局部利普希茨性质及 $F(0,0) = 0$ 和 $\Delta(0,0) = 0$，可证明复合李雅普诺夫函数 $V_2(\mathcal{X}, \eta) = V_1(\mathcal{X}) + W(\eta)$ 满足

$$\dot{V}_2 \leqslant -\mathcal{Y}^{\mathrm{T}}Q\mathcal{Y}$$

其中

$$Q = \begin{bmatrix} b_3 & -\beta_1 \\ -\beta_1 & (1/\varepsilon) - \beta_2 \end{bmatrix}, \qquad \mathcal{Y} = \begin{bmatrix} \|\mathcal{X}\| \\ \|\eta\| \end{bmatrix}$$

这里 β_1 和 β_2 为非负常数。对于足够小的 ε，矩阵 Q 是正定的，因此存在原点的一个邻域 $\mathcal{N}$，与 ε 无关，且 $\varepsilon_7 > 0$，使得对于每个 $0 < \varepsilon \leqslant \varepsilon_7$，原点是指数稳定的，并且当 t 趋于无穷时，$\mathcal{N}$ 内的每条轨线收敛于原点。根据式（14.114），存在 $\varepsilon_8 > 0$，使得对于每个 $0 < \varepsilon \leqslant \varepsilon_8$，始于 $\mathcal{S} \times \mathcal{Q}$ 的解在有限的时间内进入 $\mathcal{N}$。因此，对于每个 $0 < \varepsilon \leqslant \varepsilon_4^* = \min\{\varepsilon_7, \varepsilon_8\}$，原点是指数稳定的，且 $\mathcal{S} \times \mathcal{Q}$ 是吸引区的一个子集。

参考文献说明

这里列出了本书在编写过程中用到的主要参考文献。关于常微分方程理论，主要参考了 Hirsch and Smale[81]，Hale[75]，以及 Miller and Michel[135]；关于稳定性理论，参考了 Hahn[72]，Krasovskii[107]，以及 Rouche，Habets and Laloy[154]；另外还参考了 Vidyasagar[201]（第一版）和 Hsu and Meyer[85]。本书使用的各类参考文献都在相应的章节中列出。附录中的数学复习和压缩映射部分主要参照了 Bertsekas[27] 和 Luenberger[121] 的总结，对这些问题感兴趣并想进行全面了解的读者可参考任何一本数学分析的教材。我们用到的是 Apostol[10]。其他权威教材包括 Rudin[157] 和 Royden[156]。

第 1 章 隧道二极管电路和负阻振荡器选自 Chua，Desoer and Kuh[39]。质量弹簧系统的表达式依据的是 Mickens[134] 和 Southward[184]。霍普菲尔德神经网络的描述依据的是 Hopfield[82] 和 Michel，Farrel and Porod[131]。自适应控制的实例选自 Sastry and Bodson[168]。关于非线性现象（包括混沌），可参考 Strogatz[187]，这是一本写得很有趣的书。

第 2 章 2.1 节至 2.4 节的关于二阶系统的经典论述可在任何一本关于非线性系统的教材中找到，本书在表述上更倾向于 Chua，Desoer and Kuh[39] 中浅显易懂的叙述。2.5 节参考了 Parker and Chua[149]。2.6 节基于 Hirsch and Smale[81] 的第 10 章和第 11 章，Guckenheimer and Holmes[70] 的 1.8 节，以及 Strogatz[187]。2.7 节中关于分岔的内容参考了文献[70] 和文献[187]。

第 3 章 3.1 节至 3.3 节中的内容都是权威论述，可在任何一本研究生的常微分方程教材中找到一种或其他形式的叙述，3.1 节的表述更接近于 Vidyasagar[201]，而 3.2 节和 3.3 节中的表述则基于 Hirsch and Smale[81] 和 Coppel[43]。比较原理基于 Hale[75]，Miller and Michel[135] 和 Yoshizawa[213]。

第 4 章 Hahn[72]，Krasovskii[107] 和 Rouche，Habets and Laloy[154] 都是关于李雅普诺夫稳定性理论的权威参考书。4.1 节的表现风格受 Hirsch and Smale[81] 的影响较大，定理 4.1 的证明采用的是 Hirsch and Smale[81] 的 9.3 节。定理 4.3 的证明采用的是 Hahn[72] 的 25 节，Hale[75]，以及 Miller and Michel[135]。4.2 节中的不变原理直接采用的是 LaSalle[112] 原著中的叙述。定理 4.1 的证明采用的是 Rouche，Habets and Laloy[154] 的附录 III，不变原理在神经网络上的应用采用的是标准论述，并可在 Hopfield[82] 中找到。这里主要受 Salam[163] 的影响。例 4.11 的归纳可参考 Cohen and Grossberg[42]。4.3 节中的线性时不变系统的内容取材于 Chen[35]。定理 4.6 的证明选自 Kailath[94]。定理 4.7 关于线性化的证明根据的是 Rouche and Mawhin[155] 的 1.6 节和 1.7 节的思路，其中仔细考查了当特征值至少有一个在右半平面，而其余特征值在虚轴上的线性化情况。引理 4.3 的证明取自 Hahn[72] 的 24B 节。引理 4.4 的叙述和证明采用了 Hahn[72] 的 24E 节和 Sontag[181] 的引理 6.1 中的方法。引理 4.5 的证明取自 Hahn[72] 的 35 节（用于局部证明）以及 Lin，Sontag and Wang[118]（用于全局证明）。定理 4.8 和定理 4.9 的证明综合了 Hahn[72] 的 25 节，以及 Rouche，

Habets and Laloy[154]的1.6节。4.6节参考了 Vidyasagar[201]。在逆李雅普诺夫定理的证明中,定理4.14的证明依据的是Krasovskii[107]的定理11.1;定理4.16的证明依据的是 Miller and Michel[135]的5.13节,以及Hahn[72]的49节,并根据Hoppensteadt[83]给出了某些更深入的证明;定理4.17的证明依据的是Kurzweil[109]和Lin,Sontag and Wang[118];定理4.18的证明是根据 Miller and Michel[135]的定理和Corless and Leitmann[45]的方法给出的。输入-状态稳定性概念由Sontag[181]引入,Sontag在文中证明了一些基本结论(见文献[182])。本书在此问题上的叙述借鉴了 Krstic,Kanellakopolous and Kokotovic[108]给出的精彩描述。

第5章 5.1节和5.2节中关于$\mathcal{L}$-稳定性的处理基于 Desoer and Vidyasagar[53]和 Vidyasagar[201]。5.3节中关于$\mathcal{L}_2$增益的内容主要依据的是 van der Schaft[199],并借鉴了 Willems[209]以及 Hill and Moylan[77]和[79]中有关耗散系统的内容。定理5.4的证明依据的是文献[53]的2.6节,文献[200]的3.1.2节和文献[220]的4.3节,最小增益定理的表述参考了 Desoer and Vidyasagar[53]和 Teel,Georgiou,Praly and Sontag[192]。例5.14选自文献[192]。

第6章 无源性方法参考了若干文献,其中包括 Hill and Moylan[77]和[78],Sepulchre, Jankovic and Kokotovic[172],Byrnes,Isidori and Willems[31],Krstic,Kanellakopoulos and Kokotovic[108],Teel,Georgiou,Praly and Sontag[192],以及 Vidyasagar[201]。关于正实传递函数和正实引理的扩展处理在 Anderson and Vongpanitlerd[6]中给出。引理6.1的证明依据 Tao and Ioannou[190]和Wen[206]。引理6.2和引理6.3的证明依据 Anderson[4]。

第7章 绝对稳定性在控制论文献中已有很长的历史,关于其历史的情况可参阅 Hsu and Meyer[85]的5.9节和9.5节。本书对圆判据和Popov判据的表述参考了 Hsu and Meyer[85]的9.5节和第10章,Vidyasagar[201],Siljak[174]的8.6节至8.9节以及附录H,还参考了 Moore and Anderson[138]。对绝对稳定性的全面阐述来自 Narendra and Taylor[140]。描述函数方法的细节处理来自Atherton[18],以及 Hsu and Meyer[85]的第6章和第7章。7.2节中的表述采用了Mees[128]的第5章中的方法。引理7.1的证明选自 Mees and Bergen[130]。定理7.4的证明参考了 Mees and Bergen[130]和 Bergen and Franks[25]。误差分析的叙述吸收了Siljak[174]的附录G中的很多浅显易懂的描述,例题7.14也选自该文献。

第8章 8.1节的大部分内容取材于Carr[34],并借鉴了 Guckenheimer and Holmes[70]。定理8.1和定理8.3的证明取自Carr[34]的第2章。定理8.2采用了李雅普诺夫分析的证明,比Carr[34]的证明更简单。Miroslav Krstic 将推论8.1推荐给了本书作者。引理8.1的证明参考了Hahn[72]的33节。例8.10取自Willems[210]。估计吸引区部分参考了大量的文献。例如,在文献[28],[37],[65],[80],[133]和[143]中就有一些方法的描述。引理8.2的证明取自Popov[152]的211页,定理8.5的证明依据 Sastry and Bodson[168]的定理1.5.2。8.4节中有关周期解稳定性的讨论参考了Hahn[72]的81节,Miller and Michel[135]的6.4节,以及Hale[75]的VI.2节。这个问题的进一步讨论就是Poincaré映射法,见 Hirsch and Smale[81]的第13章和 Guckenheimer and Holmes[70]的1.5节,本书第二版也有该方法的描述。

第9章 9.1节和9.2节大量参考了控制论中关于鲁棒分析的文献,但可以说主要参考的是 Hahn[72]的 56 节和 Krasovskii[107]的 19 节和 24 节。当标称系统是线性系统时,Coppel [43]的 III.3 节也给出了类似的结论,但其推导不是基于李雅普诺夫理论的,而是利用了基本矩阵的性质。非零扰动在 Hahn[72]和 Krasovskii[107]中称为"持续扰动",非零扰动的结果还涉及总稳定性的概念(见 Hahn[72]的 56 节)。9.3 节的比较方法基于控制理论文献中比较引理的一个特殊应用。9.5 节关于互联系统稳定性的讨论大部分依据的是 Araki[11]的综述论文,并借鉴了 Siljak[175]和 Michel and Miller[132]。神经网络的例子取自 Michel,Farrel and Porod[131]。慢变系统的处理基于 Desoer and Vidyasagar[53]的 IV.8 节,Vidyasagar[201], Kokotovic,Khalil and O'Reilly[105]的 5.2 节,以及 Hoppensteadt[83]。引理 9.8 是 Hoppensteadt [83]中引理 2 在指数稳定条件下的特例。

第 10 章　10.1 节中的扰动方法是经典方法,可以在很多参考书中找到,细节处理可以参考 Kevorkian and Cole[98]和 Nayfeh[141]。定理 10.1 和定理 10.2 的渐近结论采用了 Hoppensteadt 在关于奇异扰动的著作中的论述,见 Hoppensteadt[84]。10.3 节参考了 Halanay[75]的 3.4 节。 10.4 节中平均化法的叙述基于 Sanders and Verhulst[166],Hale[75]的 V.3 节,Halanay[73]的 3.5 节,以及 Guckenheimer and Holmes[70]的 4.1 节和 4.2 节。振动摆的例子选自 Tikhonov, Vasileva and Volosov[194]。10.5 节中将平均化法应用于弱非线性振荡器的讨论参考了 Hale [75]的 183 页~186 页。10.6 节中关于一般平均化的讨论参考了 Sanders and Verhulst[166], Hale[75]的 V.3 节,以及 Sastry and Bodson[168]的 4.2 节。

第 11 章　奇异扰动法的表述主要依据 Kokotovic,Khalil and O'Reilly[105]的表述。 定理 11.1 和定理 11.2 的证明采用的是 Hoppensteadt[83]的思路。本书没有涉及高阶逼近的构造,对此感兴趣的读者可以参考 Hoppensteadt[84],Butuzov,Vasileva and Fedoryuk[29]和 O'Malley[145]。文献[83],文献[84]和文献[29]出现在 Kokotovic and Khalil[104]中。 例 11.11取自 Tikhonov,Vasileva and Volosov[194],该例的进一步讨论参见 Grasman[68]。定理 11.3 和定理 11.4 的证明参考了 Saberi and Khalil[160]。

第 12 章　12.2 节中的线性化设计是一般方法,几乎任何一本关于非线性控制的书中都可查阅到。积分控制的应用也很常见,但 12.4 节中给出的结论参考了 Huang and Rugh[86]和 Isidori and Byrnes[91]。12.5 节中增益分配的描述参考了 Lawrence and Rugh[114]和 Kaminer,Pascoal,Khargonekar and Coleman[96],并借鉴了 Astrom and Wittenmark[15]和 Rugh and Shamma[159]。

第 13 章　这一章讨论反馈线性化,其内容主要来自 Isidori[88]。13.1 节中浅显易懂的介绍参考了 Spong and Vidyasagar[185]的第 10 章。关于局部稳定性和跟踪的结论参考了 Isidori [88]的第 4 章,全局稳定性的讨论参考了很多文献,主要是由于全局稳定性问题已经引起很多学者的关注。论文[30],[46],[119],[161],[188]和[196]以及参考书[88],[108], [124]和[172]都可以给读者提供关于全局稳定性的基本结论,不仅有本书出现问题的公式表示,还有一般问题的公式表示,包括 14.3 节中讨论的反步法。例 13.16,例 13.17 和例 13.19 分别取自文献[30],文献[188]和文献[62]。

第 14 章　滑模控制一节参考了 Utkin[198],Slotine and Li[180],DeCarlo,Zak and Matthews [52]和 Young,Utkin and Ozguner[215]的综述论文。滑模控制器的连续逼近基于文献[55]。

李雅普诺夫再设计一节参考了 Corless and Leitmann[45]，Barmish，Corless and Leitmann[19]，以及 Spong and Vidyasagar[185]的第10章。关于李雅普诺夫再设计在有不确定项的非线性系统控制中的应用研究还可以参考 Corless[44]。14.2.1 节中的鲁棒稳定性设计称为最小-最大控制，14.2.2 节中非线性阻尼参考了 Krstic，Kanellakopolous and Kokotovic[108]的2.5 节。反步部分也参考了同一个文献[108]，并借鉴了 Qu[153]和 Slotine and Hedrick[179]。文献[108]包含了反步设计过程的全面讨论，包括反步在非线性系统自适应控制中的应用。其他递归方法还包括奇异扰动系统[105]的前向，交叉[153]，[172]和混合控制。基于无源控制的内容依据的是 Sepulchre，Jankovic and Kokotovic[172]和 van der Schaft[199]。这种方法在物理系统中的广泛应用可参阅文献[120]和文献[146]。高增益观测器一节参考了 Esfandiari and Khalil[56]和 Atassi and Khalil[16]。

本书编写过程中偶尔引用的其他文献也一并列在参考文献中。

参 考 文 献

[1] D. Aeyels and J. Peuteman. A new asymptotic stability criterion for nonlinear time-varying differential equations. *IEEE Trans. Automat. Contr.*, 43:968–971, 1998.

[2] J. K. Aggarwal. *Notes on Nonlinear Systems*. Van Nostrand Reinhold, New York, 1972.

[3] B. Aloliwi, H. K. Khalil, and E. G. Strangas. Robust speed control of induction motors. In *Proc. American Control Conf.*, Albuquerque, NM, 1997. WP16:4.

[4] B. D. O. Anderson. A system theory criterion for positive real matrices. *SIAM J. Control*, 5:171–182, 1967.

[5] B. D. O. Anderson, R. R. Bitmead, C. R. Johnson, Jr., P. V. Kokotovic, R. L. Kosut, I. M. Y. Mareels, L. Praly, and B. D. Riedle. *Stability of Adaptive Systems*. MIT Press, Cambridge, MA, 1986.

[6] B. D. O. Anderson and S. Vongpanitlerd. *Network Analysis and Synthesis: A Modern Systems Theory Approach*. Prentice-Hall, Englewood Cliffs, NJ, 1973.

[7] A. A. Andronov, A. A. Vitt, and S. E. Khaikin. *Theory of oscillators*. Dover, New York, 1966.

[8] A. M. Annaswamy. On the input–output behavior of a class of second-order nonlinear adaptive systems. In *American Control Conference*, pages 731–732, 1989.

[9] P. J. Antsaklis and A. N. Michel. *Linear Systems*. McGraw-Hill, New York, 1997.

[10] T. M. Apostol. *Mathematical Analysis*. Addison-Wesley, Reading, MA, 1957.

[11] M. Araki. Stability of large-scale nonlinear systems–quadratic-order theory of composite-system method using M-matrices. *IEEE Trans. Automat. Contr.*, AC-23:129–141, 1978.

[12] B. Armstrong and C. Canudas de Wit. Friction modeling and compensation. In W. Levine, editor, *The Control Handbook*, pages 1369–1382. CRC Press, 1996.

[13] D. K. Arrowsmith and C. M. Place. *Ordinary Differential Equations*. Chapman and Hall, London, 1982.

[14] R. B. Ash. *Real Analysis and Probability*. Academic Press, New York, 1972.

[15] K. J. Astrom and B. Wittenmark. *Adaptive Control*. Addison-Wesley, Reading, MA, second edition, 1995.

[16] A. N. Atassi and H. K. Khalil. A separation principle for the stabilization of a class of nonlinear systems. *IEEE Trans. Automat. Contr.*, 44:1672–1687, 1999.

[17] D. P. Atherton. *Stability of Nonlinear Systems*. John Wiley, New York, 1981.

[18] D. P. Atherton. *Nonlinear Control Engineering*. Van Nostrand Reinhold, London, student edition, 1982.

[19] B. R. Barmish, M. Corless, and G. Leitmann. A new class of stabilizing controllers for uncertain dynamical systems. *SIAM J. Control & Optimization*, 21:246–255, 1983.

[20] T. Basar and P. Bernhard. H_∞-*Optimal Control and Related Minimax Design Problems*. Birkhäuser, Boston, second edition, 1995.

[21] R. Bellman. *Introduction to Matrix Analysis*. McGraw-Hill, New York, second edition, 1970.

[22] R. E. Bellman, J. Bentsman, and S. M. Meerkov. Vibrational control of nonlinear systems: Vibrational controllability and transient behavior. *IEEE Trans. Automat. Contr.*, AC-31:717–724, 1986.

[23] B.W. Bequette. *Process Dynamics: Modeling, Analysis, and Simulation*. Prentice Hall, Upper Saddle River, NJ, 1998.

[24] A. R. Bergen, L. O. Chua, A. I. Mees, and E. W. Szeto. Error bounds for general describing function problems. *IEEE Trans. Circuits Syst.*, CAS-29:345–354, 1982.

[25] A. R. Bergen and R. L. Frank. Justification of the describing function method. *SIAM J. Control*, 9:568–589, 1971.

[26] M. Berger and M. Berger. *Perspectives in Nonlinearity*. W. A. Benjamin, New York, 1968.

[27] D. P. Bertsekas. *Dynamic Programming*. Prentice-Hall, Englewood Cliffs, NJ, 1987.

[28] F. Blanchini. Set invariance in control–a survey. *Automatica*, 35:1747–1767, 1999.

[29] V. F. Butuzov, A. B. Vasileva, and M. V. Fedoryuk. Asymptotic methods in the theory of ordinary differential equations. In R. V. Gamkrelidze, editor, *Mathematical Analysis*, volume 8 of *Progress in Mathematics*, pages 1–82. Plenum Press, New York, 1970.

[30] C. I. Byrnes and A. Isidori. Asymptotic stabilization of minimum phase nonlinear systems. *IEEE Trans. Automat. Contr.*, 36:1122–1137, 1991.

[31] C. I. Byrnes, A. Isidori, and J. C. Willems. Passivity, feedback equivalence, and the global stabilization of minimum phase nonlinear systems. *IEEE Trans. Automat. Contr.*, 36:1228–1240, 1991.

[32] C. I. Byrnes, F. D. Priscoli, and A. Isidori. *Output Regulation of Uncertain Nonlinear Systems*. Birkhauser, Boston, 1997.

[33] F. M. Callier and C. A. Desoer. *Multivariable Feedback Systems*. Springer-Verlag, New York, 1982.

[34] J. Carr. *Applications of Centre Manifold Theory*. Springer-Verlag, New York, 1981.

[35] C. T. Chen. *Linear System Theory and Design*. Holt, Rinehart and Winston, New York, 1984.

[36] H. D. Chiang, M. W. Hirsch, and F. F. Wu. Stability regions of nonlinear autonomous dynamical systems. *IEEE Trans. Automat. Contr.*, 33:16–27, 1988.

[37] H. D. Chiang and J. S. Thorp. Stability regions of nonlinear dynamical systems: a constructive methodology. *IEEE Trans. Automat. Contr.*, 34:1229–1241, 1989.

[38] J. H. Chow, editor. *Time-Scale Modeling of Dynamic Networks with Applications to Power Systems*. Number 46 in Lecture Notes in Control and Information Sciences. Springer-Verlag, New York, 1982.

[39] L. O. Chua, C. A. Desoer, and E. S. Kuh. *Linear and Nonlinear Circuits*. McGraw-Hill, New York, 1987.

[40] L. O. Chua and Y. S. Tang. Nonlinear oscillation via volterra series. *IEEE Trans. Circuits Syst.*, CAS-29:150–168, 1982.

[41] C. M. Close and D. K. Frederick. *Modeling and Analysis of Dynamic Systems*. Houghton Mifflin, Boston, second edition, 1993.

[42] M. A. Cohen and S. Grossberg. Absolute stability of global pattern formation and parallel memory storage by competitive neural networks. *IEEE Trans. Syst. Man, Cybern.*, 13:815–826, 1983.

[43] W. A. Coppel. *Stability and Asymptotic Behavior of Differential Equations*. D. C. Heath, Boston, 1965.

[44] M. Corless. Control of uncertain nonlinear systems. *J. Dyn. Sys. Measurement and Control*, 115:362–372, 1993.

[45] M. Corless and G. Leitmann. Continuous state feedback guaranteeing uniform ultimate boundedness for uncertain dynamic systems. *IEEE Trans. Automat. Contr.*, AC-26:1139–1144, 1981.

[46] J. M. Coron, L. Praly, and A. Teel. Feedback stabilization of nonlinear systems: sufficient conditions and Lyapunov and input–output techniques. In A. Isidori, editor, *Trends in Control*, pages 293–347. Springer-Verlag, New York, 1995.

[47] A. M. Dabroom and H. K. Khalil. Output feedback sampled-data control of nonlinear systems using high-gain observers. *IEEE Trans. Automat. Contr.*, 46, 2001.

[48] M. A. Dahleh and I. J. Diaz-Bobillo. *Control of Uncertain Systems: A Linear Programming Approach*. Prentice Hall, Upper Saddle River, NJ, 1995.

[49] E. J. Davison. The robust control of a servomechanism problem for linear time-invariant multivariable systems. *IEEE Trans. Automat. Contr.*, AC-21:25–34, 1976.

[50] D. M. Dawson, J. Hu, and T. C. Burg. *Nonlinear Control of Electric Machinery*. Marcel-Dekker, New York, 1998.

[51] R. A. Decarlo. *Linear Systems*. Prentice-Hall, Englewood Cliffs, NJ, 1989.

[52] R. A. DeCarlo, S. H. Zak, and G. P. Matthews. Variable structure control of nonlinear multivariable systems: A tutorial. *Proc. of IEEE*, 76:212–232, 1988.

[53] C. A. Desoer and M. Vidyasagar. *Feedback Systems: Input–Output Properties*. Academic Press, New York, 1975.

[54] J. C. Doyle, K. Glover, P. P. Khargonekar, and B. A. Francis. State-space solutions to standard H_2 and H_∞ control problems. *IEEE Trans. Automat. Contr.*, 34:831–847, 1989.

[55] F. Esfandiari and H. K. Khalil. Stability analysis of a continuous implementation of variable structure control. *IEEE Trans. Automat. Contr.*, 36:616–620, 1991.

[56] F. Esfandiari and H. K. Khalil. Output feedback stabilization of fully linearizable systems. *Int. J. Contr.*, 56:1007–1037, 1992.

[57] M. Fiedler and V. Ptak. On matrices with nonnegative off-diagonal elements and positive principal minors. *Czech. Math. J.*, 12:382–400, 1962.

[58] A. F. Filippov. Differential equations with discontinuous right-hand side. *Amer. Math. Soc. Translations*, 42:199–231, 1964.

[59] A. M. Fink. *Almost Periodic Differential Equations*. Number 377 in Lecture Notes in Mathematics. Springer-Verlag, New York, 1974.

[60] T. I. Fossen. *Guidance and Control of Ocean Vehicles*. John Wiley & Sons, New York, 1994.

[61] B. A. Francis. *A course in H_∞ control theory*, volume 88 of *Lect. Notes Contr. Inf Sci*. Springer-Verlag, New York, 1987.

[62] R. A. Freeman and P. V. Kokotovic. Optimal nonlinear controllers for feedback linearizable systems. In *Proc. American Control Conf.*, pages 2722–2726, Seattle, WA, 1995.

[63] F. R. Gantmacher. *Theory of Matrices*. Chelsea Publ., Bronx, NY, 1959.

[64] F. M. Gardner. *Phaselock Techniques*. Wiley-Interscience, New York, 1979.

[65] R. Genesio, M. Tartaglia, and A. Vicino. On the estimation of asymptotic stability regions: State of the art and new proposals. *IEEE Trans. Automat. Contr.*, AC-30:747–755, 1985.

[66] S. T. Glad. On the gain margin of nonlinear and optimal regulators. *IEEE Trans. Automat. Contr.*, AC-29:615–620, 1984.

[67] G. H. Golub and C. F. Van Loan. *Matrix Computations*. The John Hopkins University Press, Baltimore, 1983.

[68] J. Grasman. *Asymptotic Methods for Relaxation Oscillations and Applications*. Number 63 in Applied Mathematical Sciences. Springer-Verlag, New York, 1987.

[69] M. Green and D. J. N. Limebeer. *Linear Robust Control*. Prentice Hall, Englewood Cliffs, NJ, 1995.

[70] J. Guckenheimer and P. Holmes. *Nonlinear Oscillations, Dynamical Systems, and Bifurcations of Vector Fields.* Springer-Verlag, New York, 1983.

[71] V. Guillemin and A. Pollack. *Differential Topology.* Prentice-Hall, Englewood Cliffs, NJ, 1974.

[72] W. Hahn. *Stability of Motion.* Springer-Verlag, New York, 1967.

[73] A. Halanay. *Differential Equations: Stability, Oscillations, Time Lags*, volume 23 of *Mathematics in Science and Engineering.* Academic Press, New York, 1966.

[74] J. Hale and H. Kocak. *Dynamics and Bifurcations.* Springer-Verlag, New York, 1991.

[75] J. K. Hale. *Ordinary Differential Equations.* Wiley-Interscience, New York, 1969.

[76] P. Hartman. *Ordinary Differential Equations.* Wiley, New York, 1964.

[77] D. Hill and P. Moylan. The stability of nonlinear dissipative systems. *IEEE Trans. Automat. Contr.*, AC-21:708–711, 1976.

[78] D. J. Hill and P. J. Moylan. Stability results for nonlinear feedback systems. *Automatica*, 13:377–382, 1977.

[79] D. J. Hill and P. J. Moylan. Dissipative dynamical systems: basic input–output and state properties. *J. of The Franklin Institute*, 309:327–357, 1980.

[80] H. Hindi and S. Boyd. Analysis of linear systems with saturation using convex optimization. In *Proc. IEEE Conf. on Decision and Control*, pages 3081–3086, Tampa, FL, 1998.

[81] M. W. Hirsch and S. Smale. *Differential Equations, Dynamical Systems, and Linear Algebra.* Academic Press, New York, 1974.

[82] J. J. Hopfield. Neurons with graded response have collective computational properties like those of two-state neurons. *Proc. of the Natl. Acad. Sci. U.S.A.*, 81:3088–3092, May 1984.

[83] F. C. Hoppensteadt. Singular perturbations on the infinite interval. *Trans. Amer. Math. Soc.*, 123:521–535, 1966.

[84] F. C. Hoppensteadt. Properties of solutions of ordinary differential equations with small parameters. *Comm. Pure Appl. Math.*, 24:807–840, 1971.

[85] J. C. Hsu and A. U. Meyer. *Modern Control Principles and Applications.* McGraw-Hill, New York, 1968.

[86] J. Huang and W. J. Rugh. On a nonlinear multivariable servomechanism problem. *Automatica*, 26:963–972, 1990.

[87] P. A. Ioannou and J. Sun. *Robust Adaptive Control.* Prentice Hall, Upper Saddle River, NJ, 1995.

[88] A. Isidori. *Nonlinear Control Systems*. Springer-Verlag, Berlin, third edition, 1995.

[89] A. Isidori. *Nonlinear Control Systems II*. Springer-Verlag, London, 1999.

[90] A. Isidori and A. Astolfi. Disturbance attenuation and H_∞ control via measurement feedback in nonlinear systems. *IEEE Trans. Automat. Contr.*, 37:1283–1293, 1992.

[91] A. Isidori and C. I. Byrnes. Output regulation of nonlinear systems. *IEEE Trans. Automat. Contr.*, 35:131–140, 1990.

[92] A. Isidori, S. S. Sastry, P. V. Kokotovic, and C. I. Byrnes. Singularly perturbed zero dynamics of nonlinear systems. *IEEE Trans. Automat. Contr.*, 37:1625–1631, 1992.

[93] Z. P. Jiang, A. R. Teel, and L. Praly. Small gain theorem for ISS systems and applications. *Mathematics of Control, Signals, and Systems*, 7:95–120, 1994.

[94] T. Kailath. *Linear Systems*. Prentice-Hall, Englewood Cliffs, NJ, 1980.

[95] R. E. Kalman and J. E. Bertram. Control system analysis and design via the "second method" of Lyapunov, parts I and II. *Journal of Basic Engineering*, 82:371–400, 1960.

[96] I. Kaminer, A. M. Pascoal, P. P. Khargonekar, and E. E. Coleman. A velocity algorithm for the implementation of gain scheduled controllers. *Automatica*, 31:1185–1191, 1995.

[97] T. R. Kane, P. W. Likins, and D. A. Levinson. *Spacecraft Dynamics*. McGraw-Hill, New York, 1982.

[98] J. Kevorkian and J. D. Cole. *Perturbation Methods in Applied Mathematics*. Number 34 in Applied Mathematical Sciences. Springer-Verlag, New York, 1981.

[99] H. K. Khalil. Stability analysis of nonlinear multiparameter singularly perturbed systems. *IEEE Trans. Automat. Contr.*, AC-32:260–263, 1987.

[100] H. K. Khalil. High-gain observers in nonlinear feedback control. In H. Nijmeijer and T. I. Fossen, editors, *New Directions in Nonlinear Observer Design*, volume 244 of *Lecture Notes in Control and Information Sciences*, pages 249–268. Springer, London, 1999.

[101] P. P. Khargonekar, I. R. Petersen, and M. A. Rotea. H_∞-optimal control with state feedback. *IEEE Trans. Automat. Contr.*, 33:786–788, 1988.

[102] H. W. Knobloch and B. Aulbach. Singular perturbations and integral manifolds. *J. Math. Phys. Sci.*, 18:415–424, 1984.

[103] P. Kokotovic and M. Arcak. Constructive nonlinear control: a historical perspective. *Automatica*, 37:637–662, 2001.

[104] P. V. Kokotovic and H. K. Khalil, editors. *Singular Perturbations in Systems and Control*. IEEE Press, New York, 1986.

[105] P. V. Kokotovic, H. K. Khalil, and J. O'Reilly. *Singular Perturbations Methods in Control: Analysis and Design*. Academic Press, New York, 1986. Republished by SIAM, 1999.

[106] M. A. Krasnoselskii and A. V. Pokrovskii. *Systems with Hysteresis*. Springer-Verlag, Berlin, 1989.

[107] N. N. Krasovskii. *Stability of Motion*. Stanford University Press, Stanford, 1963.

[108] M. Krstic, I. Kanellakopoulos, and P. Kokotovic. *Nonlinear and Adaptive Control Design*. Wiley-Interscience, New York, 1995.

[109] J. Kurzweil. On the inversion of Lyapunov's second theorem on stability of motion. *Amer. Math. Soc., Transl ., Ser*. 2, 24:19–77, 1956.

[110] H. Kwakernaak and R. Sivan. *Linear Optimal Control Systems*. Wiley-Interscience, New York, 1972.

[111] S. Lang. *Real and Functional Analysis*. Springer-Verlag, New York, third edition, 1993.

[112] J. P. LaSalle. Some extensions of Lyapunov's second method. *IRE Trans. Circuit Theory*, CT-7:520–527, 1960.

[113] J. P. LaSalle. An invariance principle in the theory of stability. In J. K. Hale and J. P. LaSalle, editors, *Differential Equations and Dynamical Systems*, pages 277–286. Academic Press, New York, 1967.

[114] D. A. Lawrence and W. J. Rugh. Gain scheduling dynamic linear controllers for a nonlinear plant. *Automatica*, 31:381–390, 1995.

[115] S. Lefschetz. *Differential Equations: Geometric Theory*. Wiley-Interscience, New York, 1963.

[116] S. Lefschetz. *Stability of Nonlinear Control Systems*. Academic Press, New York, 1965.

[117] W. Leonard. *Control of Electrical Drives*. Springer, Berlin, second edition, 1996.

[118] Y. Lin, E. Sontag, and Y. Wang. A smooth converse lyapunov theorem for robust stability. *SIAM J. Contr. Optim.*, 34:124–160, 1996.

[119] Z. Lin and A. Saberi. Robust semi-global stabilization of minimum-phase input–output linearizable systems via partial state and output feedback. *IEEE Trans. Automat. Contr.*, 40:1029–1041, 1995.

[120] R. Lozano, B. Brogliato, O. Egeland, and B. Maschke. *Dissipative Systems Analysis and Control: Theory and Applications*. Springer, London, 2000.

[121] D. G. Luenberger. *Optimization by Vector Space Methods*. Wiley, New York, 1969.

[122] D. G. Luenberger. *Introduction to Linear and Nonlinear Programming*. Addison-Wesley, Reading, MA, 1973.

[123] I. M. Y. Mareels and D. J. Hill. Monotone stability of nonlinear feedback systems. *J. Mathematical Systems, Estimation and Control*, 2:275–291, 1992.

[124] R. Marino and P. Tomei. *Nonlinear Control Design: Geometric, Adaptive & Robust*. Prentice-Hall, London, 1995.

[125] J. L. Massera. Contributions to stability theory. *Annals. of Mathematics*, 64:182–206, 1956.

[126] I. D. Mayergoyz. *The Preisach Model for Hysteresis*. Springer-Verlag, Berlin, 1991.

[127] S. M. Meerkov. Principle of vibrational control: Theory and applications. *IEEE Trans. Automat. Contr.*, AC-25:755–762, 1980.

[128] A. I. Mees. *Dynamics of Feedback Systems*. Wiley, New York, 1981.

[129] A. I. Mees. Describing functions: ten years on. *IMA J. Applied Mathematics*, 32:221–233, 1984.

[130] A. I. Mees and A. R. Bergen. Describing functions revisited. *IEEE Trans. Automat. Contr.*, AC-20:473–478, 1975.

[131] A. N. Michel, J. A. Farrel, and W. Porod. Qualitative analysis of neural networks. *IEEE Trans. Circuits Syst.*, 36:229–243, 1989.

[132] A. N. Michel and R. K. Miller. *Qualitative Analysis of Large Scale Dynamical Systems*. Academic Press, New York, 1977.

[133] A. N. Michel, N. R. Sarabudla, and R. K. Miller. Stability analysis of complex dynamical systems. *Circuits Systems Signal Process*, 1:171–202, 1982.

[134] R. E. Mickens. *Introduction to Nonlinear Oscillations*. Cambridge University Press, London, 1981.

[135] R. K. Miller and A. N. Michel. *Ordinary Differential Equations*. Academic Press, New York, 1982.

[136] R. K. Miller and A. N. Michel. An invariance theorem with applications to adaptive control. *IEEE Trans. Automat. Contr.*, 35:744–748, 1990.

[137] N. Minorsky. *Nonlinear Oscillations*. Van Nostrand, Princeton, NJ, 1962.

[138] J. B. Moore and B. D. O. Anderson. Applications of the multivariable Popov criterion. *Int. J. Control*, 5:345–353, 1967.

[139] K. S. Narendra and A. M. Annaswamy. *Stable Adaptive Systems*. Prentice-Hall, Englewood Cliffs, NJ, 1989.

[140] K. S. Narendra and J. Taylor. *Frequency Domain Methods for Absolute Stability*. Academic Press, New York, 1973.

[141] A. H. Nayfeh. *Introduction to Perturbation Techniques*. Wiley, New York, 1981.

[142] H. Nijmeijer and A. J. van der Schaft. *Nonlinear Dynamic Control Systems*. Springer-Verlag, Berlin, 1990.

[143] E. Noldus and M. Loccufier. A new trajectory reversing method for the estimation of asymptotic stability regions. *Int. J. Contr.*, 61:917–932, 1995.

[144] H. Olsson. *Control Systems with Friction*. PhD thesis, Lund Institute of Technology, Lund, Sweden, 1996.

[145] R. E. O'Malley. *Singular Perturbation Methods for Ordinary Differential Equations*. Springer-Verlag, New York, 1991.

[146] R. Ortega, A. Loria, P. J. Nicklasson, and H. Sira-Ramirez. *Passivity-based Control of Euler-Lagrange Systems*. Springer, London, 1998.

[147] B. E. Paden and S. S. Sastry. A calculus for computing Filippov's differential inclusion with application to the variable structure control of robot manipulators. *IEEE Trans. Circuits Syst.*, CAS-34:73–82, 1987.

[148] M. A. Pai. *Power System Stability Analysis by the Direct Method of Lyapunov*. North-Holland, Amsterdam, 1981.

[149] T. S. Parker and L. O. Chua. *Practical Numerical Algorithms for Chaotic Systems*. Springer-Verlag, New York, 1989.

[150] R. V. Patel and M. Toda. Qualitative measures of robustness for multivariable systems. In *Joint Automatic Control Conference*, number TP8-A, 1980.

[151] W. R. Perkins and J. B. Cruz. *Engineering of Dynamic Systems*. John Wiley, New York, 1969.

[152] V. M. Popov. *Hyperstability of Control Systems*. Springer-Verlag, New York, 1973.

[153] Z. Qu. *Robust Control of Nonlinear Uncertain Systems*. Wiley-Interscience, New York, 1998.

[154] N. Rouche, P. Habets, and M. Laloy. *Stability Theory by Lyapunov's Direct Method*. Springer-Verlag, New York, 1977.

[155] N. Rouche and J. Mawhin. *Ordinary Differential Equations*. Pitman, Boston, 1973.

[156] H. L. Royden. *Real Analysis*. Macmillan, New York, 1963.

[157] W. Rudin. *Principles of Mathematical Analysis*. McGraw-Hill, New York, third edition, 1976.

[158] W. J. Rugh. *Linear System Theory*. Prentice-Hall, Upper Saddle River, NJ, second edition, 1996.

[159] W. J. Rugh and J. S. Shamma. Research on gain scheduling. *Automatica*, 36:1401–1425, 2000.

[160] A. Saberi and H. Khalil. Quadratic-type Lyapunov functions for singularly perturbed systems. *IEEE Trans. Automat. Contr.*, AC-29:542–550, 1984.

[161] A. Saberi, P. V. Kokotovic, and H. J. Sussmann. Global stabilization of partially linear composite systems. *SIAM J. Control & Optimization*, 28:1491–1503, 1990.

[162] M. Safonov. *Stability and Robustness of Multivariable Feedback Systems*. MIT Press, Cambridge, MA, 1980.

[163] F. M. A. Salam. A formulation for the design of neural processors. In *International Conference on Neural Networks*, pages I–173–I–180, July 1988.

[164] I. W. Sandberg. On the L_2-boundedness of solutions of nonlinear functional equations. *Bell Sys. Tech. J.*, 43:1581–1599, 1964.

[165] I. W. Sandberg. Global inverse function theorems. *IEEE Trans. Circuits Syst.*, CAS-27:998–1004, 1980.

[166] J. A. Sanders and F. Verhulst. *Averaging Methods in Nonlinear Dynamical Systems*. Number 59 in Applied Mathematical Sciences. Springer-Verlag, New York, 1985.

[167] S. Sastry. *Nonlinear Systems: Analysis, Stability and Control*. Springer, New York, 1999.

[168] S. Sastry and M. Bodson. *Adaptive Control*. Prentice Hall, Englewood Cliffs, NJ, 1989.

[169] S. Sastry, J. Hauser, and P. Kokotovic. Zero dynamics of regularly perturbed systems are singularly perturbed. *Systems Contr. Lett.*, 13:299–314, 1989.

[170] P. W. Sauer and M. A. Pai. *Power System Dynamics and Stability*. Prentice-Hall, Upper Saddle River, NJ, 1998.

[171] L. Sciavicco and B. Siciliano. *Modeling and Control of Robot Manipulators*. McGraw-Hill, New York, 1996.

[172] R. Sepulchre, M. Jankovic, and P. Kokotovic. *Constructive Nonlinear Control*. Springer, London, 1997.

[173] D. Shevitz and B. Paden. Lyapunov stability theory of nonsmooth systems. *IEEE Trans. Automat. Contr.*, 39:1910–1914, 1994.

[174] D. D. Siljak. *Nonlinear Systems*. Wiley, New York, 1969.

[175] D. D. Siljak. *Large Scale Dynamic Systems: Stability and Structure*. North-Holland, New York, 1978.

[176] H. Sira-Ramirez. Harmonic response of variable-structure-controlled van der Pol oscillators. *IEEE Trans. Circuits Syst.*, CAS-34:103–106, 1987.

[177] H. Sira-Ramirez. A dynamical variable structure control strategy in asymptotic output tracking problem. *IEEE Trans. Automat. Contr.*, 38:615–620, 1993.

[178] G. R. Slemon and A. Straughen. *Electric Machines*. Addison-Wesley, Reading, MA, 1980.

[179] J. J. E. Slotine and J. K. Hedrick. Robust input–output feedback linearization. *Int. J. Contr.*, 57:1133–1139, 1993.

[180] J. J. E. Slotine and W. Li. *Applied Nonlinear Control*. Prentice Hall, Englewood Cliffs, NJ, 1991.

[181] E. D. Sontag. Smooth stabilization implies coprime factorization. *IEEE Trans. Automat. Contr.*, 34:435–443, 1989.

[182] E. D. Sontag. On the input-to-state stability property. *European J. Control*, 1, 1995.

[183] E. D. Sontag and Y. Wang. On characterizations of the input-to-state stability property. *Systems Contr. Lett.*, 24:351–359, 1995.

[184] S. C. Southward. *Modeling and Control of Mechanical Systems with Stick-Slip Friction*. PhD thesis, Michigan State University, East Lansing, 1990.

[185] M. W. Spong and M. Vidyasagar. *Robot Dynamics and Control*. Wiley, New York, 1989.

[186] E. G. Strangas, H. K. Khalil, B. Aloliwi, L. Laubinger, and J. Miller. Robust tracking controllers for induction motors without rotor position sensor: analysis and experimental results. *IEEE Trans. Energy conversion*, 14:1448–1458, 1999.

[187] S.H. Strogatz. *Nonlinear Dynamics and Chaos*. Addison Wesley, Reading, MA, 1994.

[188] H. J. Sussmann and P. V. Kokotovic. The peaking phenomenon and the global stabilization of nonlinear systems. *IEEE Trans. Automat. Contr.*, 36:424–440, 1991.

[189] F. L. Swern. Analysis of oscillations in systems with polynomial-type nonlinearities using describing functions. *IEEE Trans. Automat. Contr.*, AC-28:31–41, 1983.

[190] G. Tao and P. A. Ioannou. Strictly positive real matrices and the Lefschetz-Kalman-Yakubovitch lemma. *IEEE Trans. Automat. Contr.*, 33:1183–1185, 1988.

[191] A. Teel and L. Praly. Tools for semiglobal stabilization by partial state and output feedback. *SIAM J. Control & Optimization*, 33, 1995.

[192] A. R. Teel, T. T. Georgiou, L. Praly, and E. Sontag. Input-output stability. In W. Levine, editor, *The Control Handbook*. CRC Press, 1995.

[193] A.R. Teel and L. Praly. Results on converse lyapunov functions from class $\mathcal{KL}$ estimates. In *Proc. IEEE Conf. on Decision and Control*, pages 2545–2550, Phoenix, Arizona, 1999.

[194] A. N. Tikhonov, A. B. Vasileva, and V. M. Volosov. Ordinary differential equations. In E. Roubine, editor, *Mathematics Applied to Physics*, pages 162–228. Springer-Verlag, New York, 1970.

[195] A. Tonnelier, S. Meignen, H. Bosch, and J. Demongeot. Synchronization and desychronization of neural oscillators. *Neural Networks*, 12:1213–1228, 1999.

[196] J. Tsinias. Partial-state global stabilization for general triangular systems. *Systems Contr. Lett.*, 24:139–145, 1995.

[197] V. Utkin, J. Guldner, and J. Shi. *Sliding Mode Control in Electromechanical Systems*. Taylor & Francis, London, 1999.

[198] V. I. Utkin. *Sliding Modes in Optimization and Control*. Springer-Verlag, New York, 1992.

[199] A. van der Schaft. L_2-*Gain and Passivity Techniques in Nonlinear Control*. Springer, London, 2000.

[200] M. Vidyasagar. *Large Scale Interconnected Systems*. Springer-Verlag, Berlin, 1981.

[201] M. Vidyasagar. *Nonlinear Systems Analysis*. Prentice-Hall, Englewood Cliffs, NJ, second edition, 1993.

[202] T. L. Vincent and W. J. Grantham. *Nonlinear and Optimal Control Systems*. Wiley-Interscience, New York, 1997.

[203] A. Visintin. *Differential Models of Hysteresis*. Springer, Berlin, 1994.

[204] J.V. Wait, L.P. Huelsman, and G.A. Korn. *Introduction to Operational Amplifiers*. McGraw-Hill, New York, 1975.

[205] C.-J. Wan, D.S. Bernstein, and V.T. Coppola. Global stabilization of the oscillating eccentric rotor. In *Proc. IEEE Conf. on Decision and Control*, pages 4024–4029, Orlando, FL, 1994.

[206] J. T. Wen. Time domain and frequency domain conditions for strict positive realness. *IEEE Trans. Automat. Contr.*, 33:988–992, 1988.

[207] S. Wiggins. *Introduction to Applied Nonlinear Dynamical Systems and Chaos*. Springer-Verlag, New York, 1990.

[208] J. C. Willems. *The Analysis of Feedback Systems*. MIT Press, Cambridge, MA, 1971.

[209] J. C. Willems. Dissipative dynamical systems, part I: general theory. *Arch. Rat. Mech. Anal.*, 45:321–351, 1972.

[210] J. L. Willems. The computation of finite stability regions by means of open Lyapunov surfaces. *Int. J. Control*, 10:537–544, 1969.

[211] H. H. Woodson and J. R. Melcher. *Electromechanical Dynamics, Part I: Discrete Systems*. John Wiley, New York, 1968.

[212] F. F. Wu and C. A. Desoer. Global inverse function theorem. *IEEE Trans. Circuit Theory*, CT-19:199–201, 1972.

[213] T. Yoshizawa. *Stability Theory By Liapunov's Second Method*. The Mathematical Society of Japan, Tokyo, 1966.

[214] D. C. Youla. On the factorization of rational matrices. *IRE Trans. Information Theory*, IT-7:172–189, 1961.

[215] K. D. Young, V. I. Utkin, and U. Ozguner. A control engineer's guide to sliding mode control. *IEEE Trans. Contr. Syst. Tech.*, 7:328–342, 1999.

[216] J. Zaborszky, G. Huang, B. Zheng, and T. C. Leung. On the phase portrait of a class of large nonlinear dynamic systems such as the power system. *IEEE Trans. Automat. Contr.*, 33:4–15, 1988.

[217] G. Zames. On the input–output stability of nonlinear time-varying feedback systems, part I. *IEEE Trans. Automat. Contr.*, AC-11:228–238, 1966.

[218] G. Zames. On the input–output stability of nonlinear time-varying feedback systems, part II. *IEEE Trans. Automat. Contr.*, AC-11:465–477, 1966.

[219] G. Zames. Feedback and optimal sensitivity: model reference transformations, multiplicative seminorms, and approximate inverses. *IEEE Trans. Automat. Contr.*, AC-26:301–320, 1981.

[220] K. Zhou, J. C. Doyle, and K. Glover. *Robust and Optimal Control*. Prentice Hall, Upper Saddle River, NJ, 1996.

[221] V. I. Zubov. *Methods of A.M. Lyapunov and Their Application*. Noordhoff, Groningen, The Netherlands, 1964.

符 号 表

$\equiv$	恒等,全等	$f^{-1}(\cdot)$	函数 f 的反函数
$\approx$	近似等于	$f'(\cdot)$	实函数 f 的一阶导数
$\overset{\text{def}}{=\!=}$	定义为	$D^{+}f(\cdot)$	上右导数
$<(>)$	小(大)于	∇f	向量的梯度
$\leqslant(\geqslant)$	小于(大于)等于	$\dfrac{\partial f}{\partial x}$	雅可比矩阵
$\ll(\gg)$	远小(大)于	$\dot{y}$	y 对时间的一阶导数
$\forall$	对于全部,对于每一个	$\ddot{y}$	y 对时间的二阶导数
$\in$	属于	$y^{(i)}$	y 对时间的 i 阶导数
$\subset$	子集	$L_f h$	h 对于向量场 f 的 Lie 导数
$\rightarrow$	趋于	$[f,g]$	向量场 f 和 g 的 Lie 括号
$\Rightarrow$	蕴含	$ad_f^k g$	$[f, ad_f^{k-1}g]$
$\Leftrightarrow$	等价,当且仅当	$\mathrm{diag}[a_1,\cdots,a_n]$	对角矩阵,其对角元素为 a_1 至 a_n
$\sum$	求和	$\mathrm{block\ diag}[A_1,\cdots,A_n]$	分块对角矩阵,其对角块为 A_1 至 A_n
$\prod$	乘积	$A^{\mathrm{T}}(x^{\mathrm{T}})$	矩阵 A(向量 x)的转置
$\|a\|$	标量 a 的绝对值	$\lambda_{\max}(P)(\lambda_{\min}(P))$	对称矩阵 P 的最大(最小)特征值
$\|x\|$	向量 x 的范数	$P>0$	正定矩阵 P
$\|x\|_p$	向量 x 的 p 范数	$P\geqslant 0$	半正定矩阵 P
$\|A\|_p$	矩阵 A 的诱导 p 范数	$\mathrm{Re}[z]$ 或 $\mathrm{Re}\,z$	复变量 z 的实部
$\max$	极大值	$\mathrm{Im}[z]$ 或 $\mathrm{Im}\,z$	复变量 z 的虚部
$\min$	极小值	$\bar{z}$ 或 z^*	复变量 z 的共扼
$\sup$	上确界,最小的上界	Z^*	复矩阵 Z 的共扼
$\inf$	下确界,最大的下界	$\mathrm{sat}(\cdot)$	饱和函数
R^n	n 维欧几里得空间	$\mathrm{sgn}(\cdot)$	符号函数
B_r	球 $\{x\in R^n \mid \|x\|\leqslant r\}$	$O(\cdot)$	数量级
$\bar{M}$	集合 M 的闭包	$\diamond$	定理,推理的结束标志
∂M	集合 M 的边界	$\triangle$	例子的结束标志
$\mathrm{dist}(p,M)$	从点 p 到集合 M 的距离	$\square$	证明的结束标志
$f:S_1\rightarrow S_2$	将集合 S_1 映射到集合 S_2 的函数 f	$[\mathrm{xx}]$	参考文献的序号 xx
$f_2\circ f_1$	两个函数的复合函数		

术 语 表

A

accumulation point　聚点

adaptive control　自适应控制

algebraic multiplicity　代数重数

almost-periodic oscillation　殆周期振荡

approximate solution　近似解

asymptotic method　渐近分析法

asymptotic stability　渐近稳定性

asymptotically stable equilibrium point　渐近稳定平衡点

augmented equation　增广方程

augmented system　增广系统

automotive suspension　自动悬置

autonomous system　自治系统

averaging method　平均化法

averaging system　平均系统

averaging　平均化

B

backlash　回差

backstepping　反步

banach space banach　空间

bias term　偏项

bifurcation　分岔

biochemical reactor　生化反应器

bistable circuit　双稳态电路

block modal form　块模式

block triangular　块三角阵

boundary layer　边界层

boundary point　边界点

boundary-layer interval　边界层区间

boundary-layer sustem(model)　边界层系统(模型)

bounded in the mean　均值有界

bounded input-bounded output stability　有界输入-有界输出稳定性

boundedness　有界性

C

canonical form　标准形

cascade system　级联系统

causal mapping　因果映射

center　中心

center manifold theorem　中心流形定理

chaos　混沌

chattering　抖动

circle criterion　圆判据

class $\mathcal{K}$ function　$\mathcal{K}$ 类函数

class $\mathcal{KL}$ function　$\mathcal{KL}$ 类函数

closed disk　闭圆盘

closed orbit　闭轨道

closed set　闭集

closed-form expression　闭式表达式

closed-loop system　闭环系统

closeness of solutions　解的封闭性

closure of set　集合的闭包

compact positively invariant subset　正不变紧子集

compact set　紧集

compactness　紧性

comparison method　比较法

comparison principle(lemma)　比较引理(方法)

complete integrability　完全可积性

complete　完备的

composite lyapunov function　复合李雅普诺夫函数

comprehensive coverage　全收敛

connectively asympotically stable　互联渐近稳定

conservative system　保守系统

constant signal　恒定信号

continuity of solution　解的连续性

continuum　连续统

contours　周线

contraction mapping theorem　压缩映射定理

critical circle　临界圆

critical clearance time　临界清除时间

cross-product　向量积项

D

damping injection　阻尼注入

dc motor　直流电机

dead-zone　死区

decoupled equation　去耦方程

linear growth condition　线性增长条件

linear vector space　线性向量空间

linearization　线性化

Lipschitz condition　利普希茨条件

locus　轨迹

loop transformation　环路变换

lossless system　无损耗系统

Lyapunov function　李雅普诺夫函数

Lyapunov redesign　李雅普诺夫再设计

Lyapunov stability　李雅普诺夫稳定性

Lyapunov surface　李雅普诺夫曲面

Lyapunov's indirect method　李雅普诺夫间接法

Lyapunov's stability theorem　李雅普诺夫稳定性定理

M

m-matrix　m 矩阵

magnetic suspension system　磁悬浮系统

magnitude notion　量值记号

manifold　流形

map　映射

mass-spring system　质量弹簧系统

matching condition　匹配条件

mean value theorem　均值定理

measure　测度

memoryless function　无记忆函数

minimal realization　最小实现

minimum phase system　最小相位系统

min-max control　最小-最大控制

model reference adaptive control system　参考模型自适应控制系统

monotonically increasing(decreasing)　单调递增（递减）

moving average　移动平均

multiple isolated equilibria　多孤立平衡点

multiple-time-scale　多时间尺度

N

negative definite function　负定函数

negative resistance oscillator　负阻振荡器

negative semidefinite function　半负定函数

neighborhood　邻域

neural network　神经网络

nominal model　标称模型

nominal system　标称系统

nominal value　标称值

non vanishing perturbation　非零扰动

nonautonomous system　非自治系统

nonempty, compact, invariant set　非空不变集

nonlinear damping　非线性阻尼

nonlinearity　非线性

nontrivial null space　非平凡零空间

nontrivial periodic solution　非平凡周期解

normal form　标准形

normal rank　正常秩

normed linear space　赋范线性空间

norm　范数

O

observability　可观测性

observer-based controller　基于观测器的控制器

one-degree of freedom　一阶自由度

open and connected set　开连通集

orbit　轨道

output strictly passive　严格输出无源

P

parasitic parameters　寄生参数

passive system　无源系统

passivity-based control　基于无源性的控制

peaking phenomenon　峰化现象

periodic orbit　周期轨道

periodic solution　周期解

persistently exciting　持续激励

perturbation method　扰动法

phase plane　相平面

phase portrait　相位图

phase-locked loop　锁相环

PI(proportional-integral)　比例积分

PID(proportional-integral-derivative)　比例积分微分

piecewise linear analysis　分段线性分析

plant　设备(被控对象)

p-norm　p 范数

popov plot　popov 曲线

positive definite function　正定函数

positive limit point (set)　正极限点(集)

positive semidefinite function　半正定函数

potential energy　势能

prey-predatory system　捕食系统

proper map　正则映射

Q

quadratic form　二次型

quasi-steady-state model　准稳态模型

R

radially unbounded function　径向无界函数
reaching phase　到达相位
recursive procedure　递归过程
reduced system(model)　降阶系统(模型)
region of attraction　吸引区
relative degree　相对阶
relaxation oscillation　松弛振荡
relaxes monotonically　单调释放
robust control　鲁棒控制
robustness　鲁棒性
rotating rigid body　刚性旋转体

S

saddle point　鞍点
saturation function　饱和函数
scheduling variable　分配变量
sector condition　扇形区域条件
semiglobal stabilization　半全局稳定
separation principle　分离原理
separatrix　分界线
settling time　稳定时间
sigmoid function　S形函数
signum function　符号函数
similarity transformation　相似变换
simple order of magnitude bound　单阶量界
simply connected region　简单连通域
singular perturbation method　奇异扰动方法
skew-symmetric　斜称的
sliding manifold　滑动流形
sliding mode control　滑模控制
sliding phase　滑动相位
slow model　慢模型
softening spring　软化弹簧
standard singular perturbation model　标准奇异扰动模型
state equation　状态方程
state feedback control　状态反馈控制
state model　状态模型
state plane　状态平面
steady-state control　稳态控制
storage function　存储函数
strength of the interconnections　互联强度
strictly proper transfer function　严格正则传递函数

structured perturbation　结构扰动
subharmonic oscillation　分频振荡
supremum　上确界

T

time-invariant linear system　线性时不变系统
time-variant linear system　线性时变系统
torque　力矩
tracking　跟踪
trajectory　轨线
transfer function　传递函数
transient response　瞬态响应
transition function　传递函数
triangle inequality　三角不等式
true constant parameter　真常数
truncation　舍位
tunnel diode circuit　隧道二极管电路
two-time-scale　二时间尺度

U

ultimate bound　最终边界
ultimate boundedness　毕竟有界性
underlying norm　底范数
unextended space　未扩展空间
uniform bound　一致有界
uniformly asymptotically stable　一致渐近稳定
uniformly continuous　一致连续
unmodeled dynamics system　未建模动力学系统
unstructured perturbation　非结构扰动
upper bound　上界
upper right-hand derivative　上右导数

V

variable gradient method　可变梯度法
variable structure control　可变结构控制
vector field diagram　向量场图
vector space　向量空间

W

Wien-bridge oscillator　文氏桥振荡器
worst case analysis　最坏情况分析

Z

zero dynamics　零动态
zero-state observability　零状态可观测性